QUÍMICA GERAL
EXPERIMENTAL

ERVIM LENZI
LUZIA OTILIA BORTOTTI FAVERO
MAURO BALDEZ DA SILVA
MANOEL JACÓ GARCIA GIMENES
EVILÁSIO DE ALMEIDA VIANNA FILHO
ALOISIO SUEO TANAKA

QUÍMICA GERAL
EXPERIMENTAL

3ª EDIÇÃO

Freitas Bastos Editora

Copyright © 2024 by *Ervim Lenzi, Luzia Otilia Bortotti Favero, Mauro Baldez da Silva, Manoel Jacó Garcia Gimenes, Evilásio de Almeida Vianna Filho e Aloisio Sueo Tanaka.*

Todos os direitos reservados e protegidos pela Lei 9.610, de 19.2.1998.
É proibida a reprodução total ou parcial, por quaisquer meios,
bem como a produção de apostilas, sem autorização prévia, por escrito, da Editora.

Direitos exclusivos da edição e distribuição em língua portuguesa:
Maria Augusta Delgado Livraria, Distribuidora e Editora

Direção Editorial: *Isaac D. Abulafia*
Gerência Editorial: *Marisol Soto*
Diagramação e Capa: *Julianne P. Costa*

Dados Internacionais de Catalogação na Publicação (CIP) de acordo com ISBD

```
Q6    Química Geral Experimental / Ervim Lenzi ... [et
      al.]. - 3. ed. - Rio de Janeiro : Freitas Bastos, 2024.
      692 p.; 21cm x 28cm.

      Inclui bibliografia.
      ISBN: 978-65-5675-366-9

      1. Química. 2. Química Geral Experimental. I. Lenzi,
      Ervim. II. Favero, Luzia Otilia Bortotti. III. Silva,
      Mauro Baldez da. IV. Gimenes, Manoel Jacó Garcia. V.
      Vianna Filho, Evilásio de Almeida. VI. Tanaka, Aloisio
      Sueo. VII. Título. I. Título.
                                                    CDD 540
2023-3792
                                                    CDU 54
```

Elaborado por Vagner Rodolfo da Silva - CRB-8/9410

Índices para catálogo sistemático:
1. Química 540
2. Química 54

Freitas Bastos Editora
atendimento@freitasbastos.com
www.freitasbastos.com

DADOS BIOGRÁFICOS DOS AUTORES

ERVIM LENZI

Natural de Salete (SC), (08.06.1943 - 16.07.2023). **Formação Acadêmica**: Licenciado em Química pela Universidade Federal de Santa Maria (UFSM-RS); Mestre em Química pela Pontifícia Universidade Católica do Rio de Janeiro (PUC/RJ) e Doutor em Química pela PUC/RJ. **Atividades de Ensino**: Química Geral, Química Inorgânica; Química Analítica e Química Ambiental em nível de Graduação; Química Analítica; Química Ambiental e Química Aquática em nível de Pós-Graduação. **Atividades de Pesquisa**: áreas de Química Ambiental; Agroquímica e Química Analítica. **Atividades de Extensão**: Análise de metais pesados; macro e micronutrientes (Estágios e Prestação de Serviços). **Atividades Administrativas** (na UEM): Diretor de Pesquisa e Pós-Graduação; Membro do Conselho de Ciência de Tecnologia do Estado do Paraná (CONCITEC); Coordenador de Colegiado de Curso; Membro do CEP e do COU. Aposentou-se aos 70 anos dos quais, 50 de magistério.

LUZIA OTILIA BORTOTTI FAVERO

Natural de Jundiaí do Sul (PR), 12.12.1955. **Formação Acadêmica**: Licenciada em Química pela Universidade Estadual de Londrina (UEL-PR); Especialista em Ensino de Química; Mestre em Química Aplicada pela Universidade Estadual de Maringá (UEM-PR). **Atividades de Ensino**: Química Geral; Química Orgânica; Instrumentação no Ensino de Química e Química do Solo. **Atividades de Extensão**: Análise de metais pesados; macro e micronutrientes (Estágios e Prestação de Serviços). Professora aposentada.

ALOISIO SUEO TANAKA

Natural de Marília (SP), 10.03.1951. **Formação Acadêmica**: Licenciado em Química pela Faculdade de Filosofia de Arapongas (PR); Especialista em Métodos e Técnicas de Análise Instrumental em Química; Mestre em Físico-Química Orgânica pela Universidade Federal de Santa Catarina (SC). **Atividades de Ensino**: Química Geral; Química Geral e Inorgânica, Metodologia do ensino de Química. **Atividades de Extensão**: Centro Interdisciplinar de Ciências (CIC) – Capacitação e Atualização de Professores; Atividades Diversas: Consultor do CAE e Consultor da Revista da APADEC. Professor aposentado após 28 anos de magistério na Universidade Estadual de Maringá.

MAURO BALDEZ DA SILVA

Natural de Uraí (PR), 27.06.1950. **Formação Acadêmica**: Licenciado em Química pela Universidade Estadual de Maringá (UEM-PR); Mestre em Físico-Química Orgânica pela Universidade Federal de Santa Catarina (SC). **Atividades de Ensino**: Química Geral. **Atividades de Pesquisa**: atua na área de Química do Meio Ambiente. **Atividades Administrativas** (na UEM): Atuou na Coordenação de Colegiado de Curso; Membro do Conselho de Ensino e Pesquisa (CEP). Aposentou-se após 26 anos de magistério na Universidade Estadual de Maringá.

EVILÁSIO DE ALMEIDA VIANNA FILHO

Natural de Curitiba (PR), 10.01.1949. **Formação Acadêmica**: Licenciado em Química pela Universidade Federal do Paraná (UFPR-PR); Especialista em Química Analítica; **Atividades de Ensino**: Química Geral; Química Geral e Inorgânica e Estágio Supervisionado. **Atividades de Extensão**: Atualização e capacitação de Professores do NRE, Maringá (PR). **Atividades Administrativas**: Presidente da Central do Vestibular Unificado da UEM (10 anos); Vice-Diretor do Centro de Ciências Exatas (CCE). Professor aposentado. Deu aulas durante 36 anos na Universidade Estadual de Maringá.

MANOEL JACÓ GARCIA GIMENES

Natural de Franca (SP), (17.02.1953 - 27.10.2023). **Formação Acadêmica**: Licenciado em Química pela Universidade Estadual de Maringá (UEM-PR). Especialista em Educação. **Atividades de Ensino**: Química Geral; e Prática e Metodologia do Ensino de Química. **Atividades de Extensão**: Educação Química e Desenvolvimento Regional. **Atividades Administrativas** (na UEM): a) Dedicou-se à Administração Universitária onde ocupou os seguintes cargos: Chefe do Departamento de Química; Diretor do Centro de Ciências Exatas; Pró-Reitor e Vice-Reitor; membro dos Conselhos: de Ensino Pesquisa e Extensão (CEP); de Administração (CAD) e Universitário (COU); b) Administração Municipal da região Noroeste do PR. Assessor e Consultor em Desenvolvimento Institucional. Professor aposentado. Trabalhou no magistério durante 29 anos na Universidade Estadual de Maringá.

HOMENAGEM AO PROF. ERVIM LENZI

Ervim Lenzi faleceu no dia 16 de julho de 2023 aos 80 anos. Nascido na cidade de Salete, Santa Catarina, teve descendência italiana assim como muitos dos colonizadores dessa região. Realizou sua graduação em Química pela Universidade Federal de Santa Maria e mestrado e doutorado em Química pela PUC do Rio de Janeiro. Ele, como mais ninguém se orgulhava de ser um Químico. Foi professor durante 50 anos, dos quais, 42 na Universidade Estadual de Maringá – UEM, onde se aposentou. Iniciou sua vida no magistério em 1963 numa turma de "Curso de Admissão" com 50 alunos, vestindo terno, gravata e jaleco branco. Esse último ele usou até seu último dia como professor.

O Professor Ervim, assim como era conhecido por muitos, falava de seus mestres com muito orgulho. Tanto que, muitos projetam traçar suas árvores genealógicas, mas o Prof. Ervim fez sua árvore da ciência, a qual ele a deixava exposta através de um *banner* em seu *office* com todo orgulho. Ele foi um Químico Analítico por formação e se apaixonou pela área ambiental. Fez parte do GEMA, orientando alunos de mestrado e doutorado. Suas pesquisas envolviam conceitos, preocupações e possíveis processos para remediação de contaminantes do meio ambiente. Em sala de aula, seus ex-alunos da disciplina de Química-Ambiental podem dizer com propriedade o quanto ele tinha conhecimento sobre o assunto e o transmitia com paixão. Foi o professor que chegava antes de qualquer aluno para as aulas (pontualidade britânica), ficando em pé na porta da sala com seu jaleco branco (impecável), transparecendo serenidade (que em alguns momentos de suas aulas era colocada de lado, para falar um pouco de experiências de vida; todos ficam estáticos prestando atenção), juntamente com um "bom dia" ou "boa tarde".

Lembranças à parte, todos os alunos sempre tiveram a curiosidade de saber o que ele anotava em um pequeno caderno, em uma postura em pé, durante as avaliações bimestrais. Alguns relatos dizem que era uma disfarçada maneira de fiscalizar aqueles que queriam se utilizar de métodos fraudulentos (Não precisava professor! Suas avaliações eram justas). É quase que unanimidade que ele foi um dos "melhores professores" do DQI. Sua dedicação a suas aulas, segundo relatos da família, começava antes mesmo do dia amanhecer juntamente como seus "amigos", os "livros", aos quais ele foi fiel até após sua aposentadoria, levando-os todos para seu ambiente domiciliar. O Prof. Ervim escreveu 5 livros de Química em parceria com sua amiga e Profa. Luzia O. B. Favero, sendo 3 da área Ambiental, com destaque para o livro "Introdução à Química da Atmosfera: Ciência, vida e sobrevivência", o qual recebeu o prêmio Jabuti em 2009.

Foi um cientista que conhecia bem a bíblia; nos prefácios dos livros pode constatar o conhecimento da relação ciência e religião. E se não bastasse, apresentou-se como um poeta ao fim do seu ciclo por aqui conosco. Ele sempre dizia que escreveria um livro de poemas e assim o fez com o livro "Momentos da Vida de um Homem". Mas poucos sabiam que esse livro demorou 50 anos para ser finalizado e que ele reportaria o seu eu interior, uma obra que durante a leitura nos faz refletir sobre a vida de um homem e a de nós mesmos. Um homem que dedicou sua última obra, aos Pais, Família (esposa, dois filhos, netos), Amigos, Mestres e aos seus Alunos, esse último como ele mesmo menciona, não teve tempo suficiente para falar da vida, merece sempre ser lembrado com admiração e inspiração para gerações futuras.

Para finalizar, como era bom conversar com o Prof. Ervim! As horas se passavam de forma despercebida diante de seus relatos de vida, conhecimentos e ensinamentos. Os amigos de trabalho mais próximos diziam que com ele era sempre "nós e para nós". Me sinto honrado de ter conhecido o Prof. Ervim como meu mestre, orientador e amigo de trabalho. Suas obras ficaram, Professor, graças à coragem, perseverança e alegria com que você abraçou a vida.

Prof. Dr. Vitor de Cinque Almeida

RECORDAÇÕES E AGRADECIMENTOS

Os autores lembram com respeito e com profundo agradecimento a todos os colegas, técnicos e professores, do Departamento de Química da Universidade Estadual de Maringá, que, ao longo destes anos de trabalho, de uma ou de outra forma, participaram na Disciplina de **Química Geral Experimental** e deixaram sua parcela de colaboração, que pode ter-se materializado nesta obra que está sendo apresentada. Alguns destes colegas deixaram o magistério. Outros se aposentaram. Alguns se transferiram para outras Instituições. Os autores desta obra, com a graça de Deus, continuaram aqui. Não por não ter outra opção, mas, para consolidar o que um dia sonharam.

Os autores lamentam a posição de colegas, que confundem ou não conseguem distinguir *área de educação-introdução de áreas de pesquisa*. A área de Química Geral (seja Experimental ou Teórica) é uma área de introdução do acadêmico na Universidade. Neste período, sob a orientação de Mestres em Química, ele vai escolher a área de pesquisa, se for da Química: Química Inorgânica; Química Orgânica; Físico Química; Química Ambiental entre outras.

Enfim, passou-se um quarto de século ou mais, e aqui estamos, de ano em ano, tentando introduzir da melhor forma possível novos discípulos, no belo e, ao mesmo tempo, misterioso caminho da Química. Sempre lembrando o pensamento de Napoleão Bonaparte:

A grandeza, ou a nobreza, de uma atividade não está no tipo (mais nobre, mais digno, mais importante), mas, na dedicação e amor com que a fazemos.

Imperador da França

O tempo passou como uma brisa. ... Enrugou nossas frontes. Encaneceu os cabelos. Empanou a visão... Encurvou a espinha. O tempo entardeceu o caminho da nossa vida. Porém, nunca nos tolheu e jamais há de diminuir sequer a vontade de sonhar, a vontade de vencer, a vontade de dizer ao jovem: **Vamos, em frente, a aula começou.**

Ervim Lenzi
Luzia Otilia Bortotti Favero
Aloisio Sueo Tanaka
Evilásio de Almeida Vianna Filho
Mauro Baldez da Silva
Manoel Jacó Garcia Gimenes

Nas cores das borboletas,
No perfume de uma flor,
Estão as provas completas
Do Químico, O Criador.

LISTA DE SÍMBOLOS E ABREVIATURAS

GRANDEZAS FUNDAMENTAIS

C – Coulomb, unidade de medida da carga elétrica no sistema MKS
ºC – grau Celsius, unidade de temperatura na escala Celsius
J – joule, unidade de energia, 1 caloria equivale a 4,184 Joule
K – grau Kelvin, unidade de temperatura na escala absoluta ou termodinâmica
kg – quilograma, unidade de massa
m – metro, unidade de comprimento
n – mol, unidade de quantidade de matéria
s – segundo, unidade de tempo

GRANDEZAS DERIVADAS DAS FUNDAMENTAIS OU COM DENOMINAÇÕES PRÓPRIAS E OUTRAS ESPECÍFICAS

Å – angström, unidade de comprimento
A – constante de Madelung
a – atividade da espécie i
{i} – atividade da espécie i
a – coeficiente linear da reta
b – coeficiente angular da reta
c_i – calor específico de uma espécie i
C – concentração
[i] – concentração da espécie i
c – velocidade da luz no vácuo
C – circunferência
d, D – densidade, (massa/volume)/ massa específica
Δ – (delta) variação da grandeza observada no intervalo inicial (i) até o final (f)
d – diâmetro
φ – diâmetro
ρ – peso específico
ε_o – constante de permissividade
E – energia
Ec – energia cinética
Ep – energia potencial
E – potencial elétrico
Eº – potencial elétrico de eletrodo padrão
E_H – potencial elétrico em relação ao eletrodo padrão de hidrogênio
F – Faraday (96.496 C)
F – força
g – aceleração da gravidade
G – energia livre de Gibbs
h – altura
h – constante de Planck
H – entalpia
H – pressão barométrica
h – pressão parcial máxima do vapor de água em determinada temperatura
Ka – constante de equilíbrio de um ácido
Ka_i – constante total de equilíbrio de dissociação (por etapa total) de um poliácido de Brönsted-Lowry
Kb – constante de equilíbrio de uma base
Kb_i – constante total de equilíbrio de dissociação (por etapa total) de uma polibase de Brönsted-Lowry
Kc – contante de equilíbrio em função da concentração
k_i – constante sucessiva (ou parcial) de formação de complexos
K_i – constante total de formação de complexo

Ke – constante de equilíbrio
Kp – constante de equilíbrio em função da pressão
Kpa – constante do produto de atividade
Kps – constante do produto de solubilidade
Kw – constante de equilíbrio da água, igual 1.10^{-14}
m – massa
M – massa molar
μ – momento dipolar
μ – potencial químico
n – índice de refração
n – número de mols da espécie
N – número de Avogadro
nc – número de coordenação
ppm – partes por milhão
ppb – partes por bilhão
ppt – partes por trilhão
P – perímetro
p – peso
P – pressão
p – pressão parcial
PE – ponto de ebulição
PF – ponto de fusão
Q – calor
r – distância entre dois íons
r – raio
R – constante molar dos gases
S – solubilidade de um soluto qualquer
S^0 – solubilidade intrínseca
S – superfície
T – temperatura
t – tempo
v – velocidade
V – volume
z_+ – carga elétrica da espécie positiva
z_- – carga elétrica da espécie negativa

GRANDEZAS E OU SÍMBOLOS LIGADOS AO TRATAMENTO ESTATÍSTICO DOS DADOS

α – nível de confiança dado na operação
cv – coeficiente de variação
d – desvio absoluto
dm – desvio médio
σ – desvio padrão
s_e, $σ_e$ – desvio padrão estatístico
s_r, $σ_r$ – desvio padrão sistemático
η – erro

$ε_\%$ – erro relativo
IA – incerteza absoluta
IR – incerteza relativa
∞ – infinito
IC – intervalo de confiança
LC – limite de confiança
L – limite de erro ou erro Limite
n – número de medidas do conjunto
t – coeficiente de Student
x_i – valor experimental
$\bar{x}$ – melhor valor, valor médio
μ – valor verdadeiro
ν – graus de liberdade do conjunto
z – variável reduzida

GRANDEZAS E OU SÍMBOLOS LIGADOS À ESTRUTURA ATÔMICA

Camadas da eletrosfera
$K, M, N, O, P, ...$ (correspondentes ao número quântico $n = 1, 2, 3, 4, ...$)
Função de onda
ψ – função de onda, grandeza que associada aos números quânticos descreve a forma, energia, e orientação dos orbitais atômicos ou moleculares.
Números quânticos
n – número quântico principal
l – número quântico secundário: $l = s, p, d, f, g, ...$, ou, $l = 0, 1, 2, 3, ..., n-1$
m (m_l) – número quântico magnético
s (m_s) – número quântico de *spin*
Outros
N – nêutrons no núcleo do átomo
P – número de prótons no núcleo do átomo
Z – número atômico
AO – orbital atômico

GRANDEZAS OU SÍMBOLOS LIGADOS À ESTRUTURA MOLECULAR

Orbitais moleculares
α – orbital molecular sigma ligante
α* – orbital molecular sigma antiligante
π – orbital molecular pi ligante
π* – orbital molecular pi antiligante
n – orbitais moleculares não-ligantes
$δ^+$ – polo positivo
$δ^-$ – polo negativo

μ – momento dipolar
EECC – Energia de Estabilização do Campo Cristalino
OM – Orbital Molecular
OMAL – Orbital Molecular Antiligante
OML – Orbital Molecular Ligante
TOM – Teoria do Orbital Molecular
TV – Teoria da Valência

ONDA

v – velocidade
λ – comprimento de onda
ν – frequência
ψ – elongação da onda (no átomo, função de onda)
c – velocidade da luz
$\bar{\nu}$ – número de onda

SIGNIFICADO DO USO DE LETRAS E NÚMEROS ENTRE PARÊNTESES E OU COLCHETES NA NUMERAÇÃO SEQUENCIAL DE REAÇÕES QUÍMICAS E EQUAÇÕES MATEMÁTICAS NO TEXTO

(R-X.Y) – Os parêntesis ( ) significam que os símbolos que então no seu interior identificam uma reação química que é citada pela primeira vez no texto.
- A letra R significa uma reação química representada por uma equação química e serve para diferenciá-la da numeração das equações matemáticas que não têm R.
- A letra X representa o número do capítulo em que aquela reação aparece.
- A letra Y representa o número sequencial daquela reação química dentro do capítulo.
- [R-X.Y] – Os colchetes [ ] significam que os símbolos que estão no seu interior identificam uma reação química que já foi citada anteriormente no capítulo e agora está sendo repetida.
- As letras R, X e Y têm o mesmo significado que foi exposto acima.
- (X.Y) – Os parêntesis ( ) significam que os símbolos que estão no seu interior identificam uma equação matemática, que é citada pela primeira vez no capítulo.
- A letra X representa o número do capítulo em foi citada aquela equação.
- A letra Y representa o número daquela equação matemática dentro do capítulo.
- [X.Y] – Os colchetes [ ] significam que os símbolos que estão no seu interior identificam uma equação matemática que já foi citada anteriormente no capítulo e agora está sendo repetida.
- As letras X e Y têm o mesmo significado que foi exposto acima.
- (E-X.Y) – Os parêntesis ( ) significam que os símbolos que então no seu interior identificam uma estrutura química que é citada pela primeira vez no texto.
- A letra E significa uma estrutura química.
- A letra X representa o número do capítulo em que aquela estrutura aparece.
- A letra Y representa o número sequencial daquela estrutura química dentro do capítulo.
- EF X.Y – Letras que precedem tabelas e figuras que estão nos Exercícios de Fixação.
- A letra E significa Exercício.
- A letra F significa Fixação.
- A letra X representa o número do capítulo em que aquela tabela/figura aparecem.
- A letra Y representa o número sequencial daquela tabela/figura dentro do item Exercícios de Fixação do referido capítulo.
- RA X.Y – Letras que precedem tabelas, figuras e quadros que estão no Relatório de Atividades.
- A letra R significa Relatório.
- A letra A significa Atividade.
- A letra X representa o número do capítulo em que aquela tabela, figura e quadros aparecem.
- A letra Y representa o número sequencial daquela tabela, figura e quadros dentro do item Relatório de Atividade do referido capítulo.

ABREVIATURAS

ABNT – Associação Brasileira de Normas Técnicas
BIPM – Bureau Internacional de Pesos e Medidas
CCEM – Comitê Consultivo de Eletricidade e Magnetismo
CCL – Comitê Consultivo de Comprimento
CCM – Comitê Consultivo para Massas e as Grandezas aparentes
CCPR – Comitê Consultivo de Fotometria e Radiometria
CCQM – Comitê Consultivo para a Quantidade de Matéria

CCRI – Comitê Consultivo de Radiações Ionizantes
CCT – Comitê Consultivo de Termometria
CCTF – Comitê Consultivo de Tempos de Frequência
CCU – Comitê Consultivo das Unidades
CGPM – Conferência Geral de Pesos e Medidas
CGS – centímetro, grama, segundo
CIPM – Comitê Internacional de Pesos e Medidas
CNPQ – Condições Normais de Temperatura e Pressão
EPI – equipamentos (material) de proteção individual
ISSO – Organização Internacional Padronização
IUPAC – União Internacional de Química Pura e Aplicada
IUPAP – União Internacional de Física Pura e Aplicada
MKS – metro, quilograma, segundo
MTS – metro, tonelada, segundo
SI – Sistema Internacional de Unidades de Medidas

Valores das principais constantes utilizadas no texto

Constante	Símbolo	Valor	Unidade
Aceleração da gravidade	G	9,80665	$m\ s^{-2}$
Carga do elétron	E	$1,60217733 \times 10^{-19}$	C
Constante de Boltzmann	K	$1,380658 \times 10^{-23}$	$J\ K^{-1}$
Constante de Faraday	F	$9,64485309 \times 10^{4}$	$C\ mol^{-1}$
Constante molar dos gases	R	8,314510 1,987215 0,0820578	$J\ mol^{-1}\ K^{-1}$ $cal\ mol^{-1}\ K^{-1}$ $L\ atm\ mol^{-1}\ K^{-1}$
Constante de permissividade	ε_0	$8,8541878 \times 10^{-12}$	$C^2\ N^{-1}\ m^{-2}$
Constante de Planck	H	$6,6260755 \times 10^{-34}$	$J\ s$
Equivalente mecânico do calor	J	4,1818	$kg\ m^2\ s^{-2}$
Número de Avogadro	N	$6,0221367 \times 10^{23}$	mol^{-1}
Ponto de fusão da água (1 atm)		273,15	K
Velocidade da luz no vácuo	C	$2,99792458 \times 10^{8}$	$m\ s^{-1}$
Volume molar (CNTP)	V	22,4136	L
Pi	π	3,1415	

PREFÁCIO

Antes de qualquer arrazoado é necessário posicionar: A quem o mestre vai ensinar? E quais são os parâmetros que norteiam o trabalho do mestre: o Professor de Química no início da Graduação onde vai ensinar Química Geral Experimental.

A quem o mestre vai ensinar?

O indivíduo que chega às mãos do mestre no primeiro ano de Universidade, especificamente à disciplina de Química Geral Experimental, é um jovem, cheio de vida, cheio de sonhos e de esperanças. O que há de mais sadio, mais nobre e mais bem cuidado da sociedade. É o que chega às mãos do mestre. Um jovem quase massacrado de um lado, mas, por outro vitorioso do vestibular, uma das primeiras, das muitas batalhas que a vida lhe reservou e vai lhe reservar.

Ali está o jovem. Silencioso e ansioso. Olhar vivo, irrequieto, questionador e, ao mesmo tempo, inseguro neste mundo novo e diferente. Enfim, chegou ao local tão falado e tão sonhado, a Universidade. É, a Universidade. Mas, *quem* é a Universidade?

Os primeiros mestres que vão encontrar este jovem curioso, todo ouvidos, todo sonhos, seja no laboratório, seja numa sala de aula, no corredor, *são a Universidade*. Daí a importância destes professores, dos quais, as boas maneiras, as mensagens de vida, de sonhos, devem concatenar-se com as ideias e pensamentos dos jovens recém-chegados. Assim, deve começar a vida Universitária.

Lamentavelmente, muitas vezes, não é o que acontece. A ausência de Mestres e a presença nefasta de acadêmicos veteranos, péssimos alunos, em geral, viciados que perderam a "virgindade" das ideias, dos sonhos e das esperanças, querendo dar o "trote", encurralando calouros como se fossem animais, para levá-los ao seu estado de vida desagregada, deformada e animalesca é o que os calouros, os chamados recém-chegados à Universidade, encontram a sua frente ditando normas de vida. É a *depravação do lugar sagrado*. De repente, ferem e matam um inocente nestes bacanais. Então, entra polícia, peritos, comparsas etc., mas, ... Não conseguem achar o(s) responsável(eis).

Afinal, *quem* é o responsável pela Universidade? Não existe? Existe responsável, sim. É o **Reitor**.

Parâmetros que interferem no trabalho do mestre

1. A Química é uma parte da Ciência da Natureza, e como tal, a introdução do aluno à Química (*ensino e seu estudo*) e à busca do novo conhecimento (*pesquisa*), Figura 1, devem seguir os passos próprios desta Ciência, chamada também de ciência experimental, ou ciência indutiva. O método da busca do novo conhecimento (dX = acréscimo infinitesimal da bagagem Científica do Universo, X°), isto é, a *pesquisa*, obedece aos processos da: observação; hipótese; experimentação; generalização e finalmente publicação. O último passo foi adicionado pelos autores deste trabalho, porque se sabe que um fato (dX = um acréscimo infinitesimal do todo científico desconhecido) torna-se ciência após ser conhecido do mundo científico e fazer parte da bagagem do

Conhecimento Humano, X. Hoje o Conhecimento Humano, X, cresce exponencialmente obedecendo à seguinte equação matemática:

$$X = X_o \cdot O^{\rho \cdot t}$$

Onde:
ρ = Razão de crescimento no tempo t;
t = Tempo medido em anos, meses etc., dependendo da unidade usada no cálculo da razão (ρ);
X_o = Bagagem Científica, ou Conhecimento Humano, no momento, ou no tempo considerado 0 (zero);
X = Bagagem Científica, ou Conhecimento Humano no momento, ou no tempo considerado t.

Estudar, conforme a Figura 1, é a busca da bagagem científica já existente, já descoberta. Portanto, ela não precisa seguir os passos formais da busca, ou da *pesquisa*. O aluno deve simular a pesquisa de alguns fatos científicos e *apreender* os passos deste caminho, inclusive até simular a publicação do trabalho. Mas, querer *redescobrir* toda a ciência, é utópico. Isto não é *estudar*. Entende-se que isto seria uma *perda de tempo*.

Ensinar é a operação educacional que tem duplo caminho. O primeiro, a *introdução do aluno* no conhecimento, a vivências, a técnicas, processos etc., já conhecidos e o segundo, a *transmissão* da informação, o conhecimento, ao *aluno*. Quem deve fazer isto é o *pesquisador*, ele que descobriu o princípio, o novo dX da bagagem científica, ele que conheceu as dificuldades para percorrer os meandros do método e chegar à generalização e publicação da verdade científica. Contudo, para isto, precisaria ter vivos todos os pesquisadores. Que tal uma *conversinha* com Platão, Arquimedes, Pitágoras, Leucipo, Demócrito, ..., Coulomb, Ampère, Lavoisier, Proust, Dalton, Gay-Lussac, Le Châtelier, ... Faraday, Newton, Planck, ... Volta, Avogadro, Rutherford, Bohr, Schrödinger, Fermi, De Broglie, Dirac, Einstein, Pauling... e... outros. Que maravilha não seria? Porém, isto é utópico.

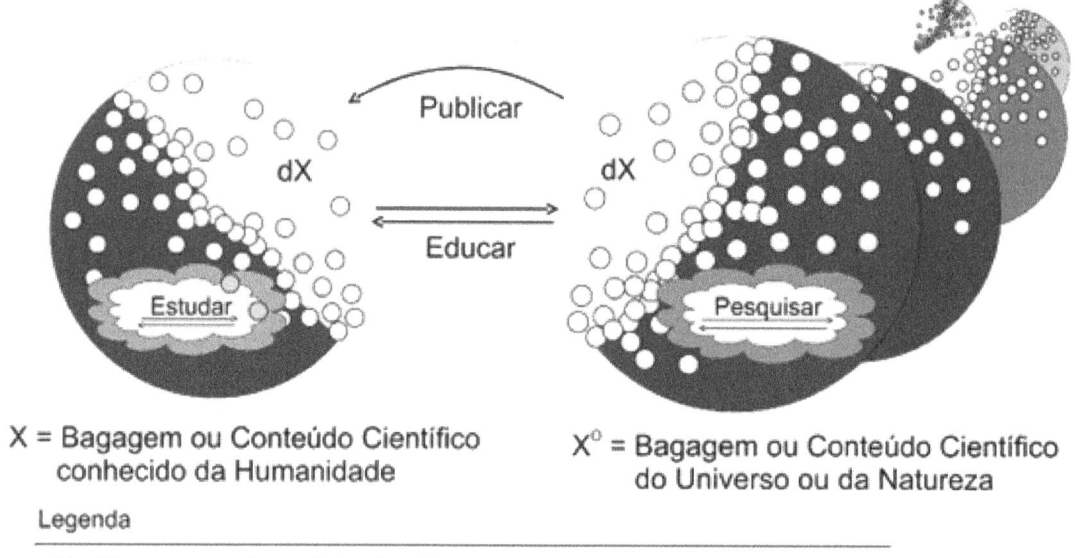

dX = Um *quantum* da verdade científica descoberta. X_o = Bagagem Científica conhecida do ser humano no tempo 0 (zero).

Figura 1 Bagagem do Conhecimento do Universo, X^o; Bagagem do Conhecimento descoberto pelo Homem, X; O entendimento das ações: estudar; pesquisar e publicar.

Hoje, o herdeiro com formação e responsabilidade para ensinar é o *professor*, denominado de *Mestre*.

Há uma diferença significativa entre *transmitir* conhecimentos e *ensinar* o *caminho das pedras* (educar), seja qual for a área do conhecimento humano. Sabe-se que o tema é polêmico, contudo, deseja-se deixar clara a posição dos autores sobre o assunto, pois, entende-se que nos anos de magistério (Ervim

– 50 anos; Luzia – 30 anos; Aloísio – 25 anos; Evilázio – 26 anos; Mauro – 23 anos e Jacó – 29 anos) "evita-se ser o *caniço agitado pelo vento...*" e procura-se transmitir uma mensagem de vida. Isto é, de educação. Dentro desta objetividade verifica-se que educar alguém é preparar este alguém para que, em qualquer situação presente, ou futura, tenha a capacidade de:

- livremente raciocinar e distinguir o "melhor" e o "pior", o "mais certo, o mais correto" e o "menos certo, o menos correto" para *si*, para o todo (o grupo, a sociedade, o meio ambiente etc.);
- livremente buscar, lutar, viver, mudar etc., para alcançar o melhor, sem prejudicar, sem interferir no direito e na liberdade do próximo, e do todo (do grupo, da sociedade, da natureza, do meio ambiente etc.);
- livremente analisar e criticar (no sentido construtivo) a si mesmo, em primeiro lugar, e de forma especial a autoridade, que deve ser a sinaleira da sociedade do que lhe foi ensinado, mas, que hoje em dia tornou-se, lamentavelmente na grande maioria, a proteção e o esconderijo da corrupção.

Como dizia o filósofo grego, Platão, educar alguém é:

Dar ao corpo e a alma toda a perfeição e beleza possíveis.

Na época, este conceito estava correto. Porém, hoje, com a população de 6 a 7 bilhões de seres humanos, a natureza sendo ameaçada, esta definição está incompleta, e, precisa ser complementada, conforme os autores a colocam, educar um ser humano é:

Dar ao corpo e a alma toda a perfeição e beleza possíveis e, ao mesmo tempo, ensinar-lhe a respeitar seu próximo (o ser humano e a natureza – o meio ambiente).

É desonesto, por parte do Mestre, preparar (*educar*) um ser humano, para ser uma pombinha pura, cândida, indefesa, para ser presa de uma *ave de rapina* ("os *vivos e espertos* da sociedade"). Educar um homem não é preparar um cordeirinho para o lobo mau, "o *esperto da sociedade*", tirar o seu proveito. Lamentavelmente os velhos latinos já diziam: **Homo homini lupus est** (*O homem é para o homem um lobo*). Educar, também, é preparar o homem para reconhecer o *gavião*, o *lobo mau*, e *forçar* a autoridade constituída a colocá-los nos seus devidos lugares, se a sociedade quiser ter paz. Por *indolência*, por *tolerância*, por *conivência*, por "*compreensão*" por parte dos que se dizem *bons*, a maldade está tomando conta. Afinal, o que é ser *bom*?

Vale a pena citar neste momento um pensamento de Einstein, conforme segue.

O mundo é um lugar perigoso de se viver, não por causa daqueles que fazem o mal, mas sim, por causa daqueles que observam e deixam o mal acontecer.

Albert Einstein

Um dos sinais do começo do fim é quando a abominação tomar conta do lugar sagrado. Assim falavam os antigos: "*Quando, pois, virdes erguido o ídolo abominável do devastador instalado no lugar santo*" (Daniel, 12, 11; Mateus, 24, 15; Marcos 13, 14; Apocalipse 11,2), este é o começo do fim.

O termo *livremente* é um termo chave na educação, que tem dois aspectos: significa *estar livre* da coação física, mental, psicológica, livre de qualquer tipo de fanatismo cego; e *ter o domínio* das próprias emoções, das forças internas que todo o lado animal do ser humano possui e que não pode suplantar a razão bem formada pela educação de que se está falando. O ser humano que não tiver este domínio cai no egoísmo e dali, pode-se esperar o que se está presenciando na sociedade moderna em todos os níveis.

Concluindo: O *ato de educar* visa preparar um ser humano ajustado e realizado consigo mesmo, e com o outro (a família, a sociedade, com a natureza, com o meio ambiente). Preparar o homem para *ser feliz*.

2. A Química Experimental é dispendiosa principalmente no tocante a:

- Reagentes, vidraria e materiais diversos;
- Espaço físico: laboratório (bancadas, capelas, armários etc.) e material de segurança;
- Quadro de pessoal: laboratoristas, técnicos, monitores etc. Por isto, em geral, os poderes públicos aliados à falta de recursos e à própria ignorância, bem como, a turmas numerosas de alunos e à preguiça de muitos professores fazem dos laboratórios do

ensino médio um local "pouco desejado", ou melhor, "pouco ambicionado", quando existe. Na Universidade, pelo menos no reconhecimento dos Cursos os laboratórios são exigidos.

3. O número de jovens que chegam à Universidade, nos diversos Cursos ofertados, é pequeno quando comparado com número de jovens com idade universitária. Contudo, tratando-se de química, onde a atividade laboratorial é individual na maioria das disciplinas, o número já não é tão pequeno. O trabalho de laboratório é um trabalho *tête à tête*, que implica em professores e técnicos, espaço e reagentes.

4. Uma prática de química feita por um "iniciante", isto é, um "calouro", que nunca entrou num Laboratório de Química, ou mesmo por um indivíduo "experiente", não significa que a mesma "dê certo" na primeira tentativa, envolvendo 90 minutos, ou o período destinado à execução de tal prática. Isto pode acontecer e é normal. O que não é normal é que no horário, na maioria dos Cursos Universitários, não preveem esta possibilidade de ter que repetir o experimento. Na maioria das vezes o aluno não limpou ainda a bancada, quando na porta já estão esperando os alunos da próxima aula.

A Universidade tem muitas coisas paradoxais. Por exemplo, ensina que cada indivíduo é diferente, em termos de capacidade de aprendizagem, de pessoa etc. e tal. Porém, na hora de fazer, o papo é outro. O período de aula tem 90 minutos e tem um conteúdo a ser assimilado, executado, igual para todos, como se todos fossem iguais. A disciplina tem carga horária de tantas horas, para as quais tem um conteúdo programático a ser cumprido, definido em extensão e profundidade, pressupondo condições iguais de assimilação, de entendimento dos alunos. Isto é correto?

5. Conforme se viu no início, a *bagagem científica* da humanidade cresce exponencialmente em todos os ramos da ciência. Os Currículos Mínimos de cada curso e as respectivas cargas horárias exigidas por lei crescem para poder dar uma visão e um preparo cada vez melhor ao novo profissional graduado. Contudo, o bom senso diz que não é possível passar metade da vida na escola antes de começar a trabalhar. Por isto, muitas vezes os diversos Cursos começam por enxugar a carga horária de matérias, disciplinas etc. O que antes era dado em 180 horas agora é dado em 60 horas e assim por diante. Por exemplo, um *conteúdo educacional* que até pouco tempo não se falava dele e que agora consta praticamente em todos os cursos é a disciplina, ou conteúdo, envolvendo o *Meio Ambiente*. Desta forma apareceu: Direito Ambiental; Química Ambiental; Engenharia Ambiental; Economia Ambiental; Desenvolvimento Sustentável etc.

É do conhecimento de todos nós químicos o princípio de Le Châtelier:

Todo o sistema em estado de equilíbrio ao sofrer alguma ação, reage no sentido de neutralizar, ou de compensar tal ação para restabelecer o equilíbrio.

Le Châtelier

Da mesma forma é o sistema [*mestre* ⇌ *discípulo*]. Ao longo dos tempos fortes interações foram, são e serão feitas sobre o equilíbrio dinâmico existente [*mestre* ⇌ *discípulo*]. Por exemplo: aumento do conteúdo; diminuição de carga horária; falta de recursos; aumento do número de alunos no laboratório, aumento da corrupção moral; relaxação dos princípios éticos. Contudo, segundo Le Châtelier, um sistema natural reage e restabelece um novo equilíbrio, por assim dizer, *alcança novamente a paz*.

Esta obra tem como objetivo embutir parâmetros no ensino da Química Geral Experimental que mantenham ou restabeleçam o equilíbrio [*mestre* ⇌ *discípulo*] apesar das mudanças que se fazem necessárias em muitos casos.

Nesta caminhada sobra-nos como experiência que: O fácil, ou o difícil, em qualquer tarefa é uma questão de motivação. Tudo o que se "gosta" (de fazer, de estudar, de ver etc.) é fácil de fazê-lo. Tudo o que não se "gosta" torna-se difícil.

Aqui está a arte do Mestre: conduzir e motivar o discípulo a "gostar" do que está fazendo.

Ervim Lenzi
Luzia Otilia Bortotti Favero
Aloisio Sueo Tanaka
Evilásio de Almeida Vianna Filho
Mauro Baldez da Silva
Manuel Jacó Garcia Gimenes

APRESENTAÇÃO

A obra **QUÍMICA GERAL EXPERIMENTAL** é um trabalho elaborado por uma equipe de Professores Universitários, os quais durante anos ministraram o conteúdo de Química Geral Experimental, no 1º Ano dos Cursos de Graduação que possuem Química na sua grade curricular. Entre eles: Química, Engenharia Química, Engenharia Civil, Engenharia de Produção, Farmácia, Bioquímica, Agronomia, Física, Zootecnia, Biologia, e outros.

O desenvolvimento da informática e os meios eletrônicos de informação se fazem presentes nesta edição.

1 DO CONTEÚDO

A obra QUÍMICA GERAL EXPERIMENTAL é constituída das seguintes partes:
- Princípios da Natureza (Tópico histórico-teórico das Leis das Combinações Químicas)

Esta Unidade envolve os *Princípios da Natureza* nos quais estão baseadas as principais leis enunciadas na química, que são visualizações parciais dos grandes princípios como: a Conservação da Energia; a Tendência ao Estado de Equilíbrio (envolvendo os princípios da Termodinâmica), a Dualidade da Matéria e a Mecânica Ondulatória, conduzindo ao Orbital Atômico (com a função de onda e os números quânticos) e ao Orbital Molecular (Teoria da Valência e Teoria do Orbital Molecular) da Mecânica Quântica (baseada no desenvolvimento físico-matemático e instrumentação sofisticada).

No começo, com a *balança* medindo a massa e com a *vidraria* medindo os volumes corrigidos por medidas precisas de temperatura e pressão, o homem chegou às leis ponderais e às leis volumétricas: a grande partida ou o grande início da Química. Depois, muito depois, veio o elétron, que é a base da combinação química.

- Preparação do aluno ao Laboratório (7 Unidades Didáticas)

1ª Unidade. Conhecimento das Normas Básicas de Segurança em Laboratório. Normas de apresentação de Relatórios. Localização dos instrumentos de segurança. Partes do laboratório. Principais instrumentos.

2ª Unidade. Aprendizagem de técnicas básicas de operações em Laboratório: Aquecimento (bico de Bunsen, chama); trabalhos em vidro; trabalhos com rolhas etc.

3ª Unidade. O método Científico (aprender a observar um fato; inferir hipóteses; fazer experimentação; como generalizar e como publicar a informação).

4ª Unidade. Leitura de instrumentos (algarismos significativos). Operações de números aproximados.

5ª Unidade. Precisão e Exatidão de um instrumento. Incerteza de uma medida (Erros. Desvio Padrão. Limite de confiança).

6ª Unidade. Propagação da incerteza em resultados calculados de grandezas medidas.

7ª Unidade. Manipulação das grandezas medidas: Tabelas, Figuras etc. Extrapolação de parâmetros: constantes etc.

- Preparação e calibração da Instrumentação (2 Unidades)

8ª Unidade. Calibração de instrumentos volumétricos.

9ª Unidade. Calibração da escala termométrica.

- Técnicas de obtenção, separação e purificação de substâncias (3 Unidades)

10ª Unidade. Filtração, evaporação.

11ª Unidade. Destilação simples e por arraste de vapor.

12ª Unidade. Recristalização.

- Determinação de propriedades das substâncias (2 Unidades)

13ª Unidade. Determinação do Ponto de Fusão de substâncias.

14ª Unidade. Determinação da Densidade de substâncias.

- Princípios de Química Analítica: Soluções; Preparação; Soluções Padrão e Padronização (5 Unidades)

15ª Unidade. Teoria das soluções: Conceitos; Unidades de Concentração; Cálculos para preparação e Aplicações.

16ª Unidade. Substâncias padrões e não padrões– Preparação de soluções.

17ª Unidade. Princípios da Titulometria. Padronização de Soluções.

18ª Unidade. Aplicações de soluções padronizadas. Controle de qualidade.

19ª Unidade. Princípios de espectroscopia.

- Estudo da Reação Química (3 Unidades)

20ª Unidade. Reações de síntese.

21ª Unidade. Reações de dupla troca e de complexação.

22ª Unidade. Reações de deslocamento (metais com água). Reações de
decomposição. Manipulação de gases.

- Estudo da Cinética Química (1 Unidade)

23ª Unidade. Cinética Química: Influência da concentração, da temperatura e do catalisador na velocidade da reação.

- Estudo do Equilíbrio Químico (3 Unidades)

24ª Unidade. Equilíbrio Químico: Sistema gasoso – influência da temperatura e da pressão. Sistema aquoso – influência da concentração (efeito do íon comum).

25ª Unidade. Equilíbrio Químico: Sistema ácido-base – Estudo do pH e da constante (Ka e Kb).

26ª Unidade. Equilíbrio Químico: Produto de solubilidade (Kps).

- Estudo da Termoquímica (1 Unidade)

27ª Unidade. Termoquímica: Entalpia de solução, Entalpia de diluição e Entalpia de neutralização.

- Estudo da Eletroquímica (1 Unidade)

28ª Unidade. Eletroquímica: Conceitos e aplicações – pilha

$Zn_{(m)} | Zn^{2+}_{(aq)} (a = 1) || Cu^{2+}_{(aq)} (a = 1) | Cu_{(m)}$.

Dentro de algumas Unidades Didáticas certos assuntos (3 a 4) devido a sua importância e para facilitar ao leitor ou ao estudante foram repetidos.

- Detalhes (Em quase todas as Unidades Didáticas existe um ou mais tópico denominado de Detalhes)

Estes, têm o objetivo de esclarecer, detalhar ou aprofundar mais algum assunto da Unidade. Em geral, é um assunto que está além do conteúdo da disciplina. Estes tópicos foram colocados para auxiliar ao Mestre e para que o acadêmico veja que o conteúdo não termina com a disciplina de Química Geral. Nela é que começa a Química.

2 DA ESTRUTURA DIDÁTICA

A obra é apresentada em *Unidades Didáticas* para serem executadas num período de 90 minutos no máximo, que corresponde a duas aulas geminadas de 45 minutos cada, ou, um múltiplo desse tempo. Conforme pode ser visto no prefácio, a seguir, uma série de fatores foram colocando imposições ao longo do tempo, para que as aulas de química prática, ou outras disciplinas, fossem compactadas. Uma disciplina ocupando um horário de 4 horas diretas seria compatível para matérias profissionalizantes, mas, não para principiantes, que entre outras dificuldades exigiriam muitas salas, professores, reagentes, materiais diversos etc., e tornar-se-iam dispendiosas para a Instituição (desculpa dos administradores).

Desta forma, os autores compactaram textos e práticas para que o aluno fosse o menos possível prejudicado com esta evolução dos fatos. Como a maioria das disciplinas corresponde a períodos mínimos de 90 minutos estas práticas possibilitariam a montagem de horários sem deixar horas *vazias*, ou *extras*, para professores e alunos.

O fato de ter destinado apenas um período a cada um dos três últimos tópicos deve-se à limitação do tempo e, o assunto será abordado em outras disciplinas.

Cada *Unidade Didática* é constituída de 5 partes básicas: 1 *Aspectos Teóricos*; 2 *Parte Experimental*; 3 *Exercícios*; 4 *Relatório de Atividades*; 5 *Referências Bibliográficas*.

- *Aspectos Teóricos*

Nos *aspectos teóricos* o aluno tem subsídios de conteúdo para compreender e preparar a prática e com o auxílio das *Referências Bibliográficas* ter à mão uma fonte definida de consulta, sem se perder na biblioteca.

Atenção: O professor abordará, no Laboratório, antes da prática, a parte *Aspectos Teóricos* levando no máximo 15 a 20 minutos para isto. O texto foi escrito para ganhar tempo. Isto é, não ficar escrevendo no quadro e o aluno copiando etc. Além do mais, o aluno pode preparar a prática antes do dia da execução, em particular, sem depender demasiado da biblioteca.

- *Parte Experimental*

Na *Parte Experimental* o aluno tem a descrição do *material* necessário, do *procedimento* a ser seguido para executar a prática e dos possíveis *cálculos* a serem feitos, muitas vezes exemplificados. Sempre que possível, o aluno tem um *Quadro Resumo* de registro dos dados *experimentais*, *consultados* e *calculados*. Ao longo de todas as práticas, é feita uma fixação, em forma de repetição do *tratamento estatístico* dos dados, em termos de *algarismos significativos*, *desvio padrão* e *intervalo de confiança*. O acadêmico deve ter seu *Diário de Laboratório* para fazer o registro de dados experimentais e calculados.

- Exercícios

Todas as **Unidades Didáticas** têm explicitada a parte dos *exercícios*. Na realidade os exercícios correspondem a uma atividade de fixação do conteúdo.

- Relatório de Atividades

Em tópico próprio, a seguir, será detalhado o significado do *Relatório de Atividades*

- Referências Bibliográficas

O calouro deve habituar-se a ir à biblioteca. É um *costume* salutar e recomendável. Cada Unidade Didática tem um referencial bibliográfico para que o aluno possa de forma rápida, por nome de autor, por título, ou por assunto ter acesso a outras obras e ver a forma distinta de pensar de outros autores sobre o mesmo assunto e até mesmo as limitações encontradas.

Recomenda-se que cada acadêmico tenha o seu computador com a possibilidade de buscar assuntos em *sites* eletrônicos.

- Figuras de Materiais

No início de cada **Unidade Didática** encontram-se, ao longo de todo o texto, Figuras contendo os principais materiais utilizados no Laboratório de Química Geral Experimental. No verso de cada Figura estão os nomes dos componentes da mesma e das respetivas partes quando estas existirem. A identificação e os respectivos nomes não devem ser decorados. Contudo, o uso repetido dos diferentes instrumentos deve levar a fixar os seus nomes.

3 DO RELATÓRIO DE ATIVIDADES

Existem professores que exigem *Relatório* de todos os experimentos que são realizados. É correto ou não? Na realidade precisa-se ver qual é o objetivo de um *Relatório*. O Professor deve ter em mente que a elaboração de um Relatório bem feito é trabalhoso e leva tempo. Tempo este, que o aluno nem sempre dispõe e que o professor também não tem para fazer a devida correção e devolução do relatório ao aluno para que o mesmo tome conhecimento dos seus erros e os corrija. Fazer *Relatório de Atividades* para que o aluno estude, fixe o conteúdo da prática, também não justifica.

A cada Unidade Didática acompanha uma página que se constitui no *Relatório de Atividades*. Na realidade é o registro de dados medidos ou calculados ao longo do período de aula. Ao terminar a aula o Relatório de Atividades está pronto e deve ser entregue ao professor. Ele coleta poucas informações, mas, importantes. Ele serve para despertar no acadêmico o registro de dados no *Diário de Laboratório*.

Os autores entendem que deva ser cobrado um Relatório por Semestre, para treinar o aluno a *redigir trabalhos científicos* e não para forçar o aluno a estudar. Isto é, aprender a *redigir* e a *publicar* suas generalizações. É por isto que na 1ª Unidade é dado ao aluno a composição de um relatório, que na realidade são as partes que constituem um *Manuscrito*, ou um *Artigo Científico*. Para isto, o professor escolherá uma prática que permite mais facilmente alcançar o objetivo. Este Relatório (Artigo Científico) deve ser corrigido de próprio punho do mestre, devolvido ao aluno e exigido um retorno corrigido pelo aluno.

Isto, até que o mesmo "*assimile*" ou "*incorpore*" o significado de *Título* do Trabalho, *Resumo*, *Palavras-chave*, *Introdução*; *Material e Métodos*, *Resultados e Discussão*, *Conclusão* e *Referências Bibliográficas*.

A Unidade Didática 7 ensina como elaborar Tabelas e Figuras, que são fundamentais para a compilação e compreensão de experimentos. Estas, dentro do "artigo" devem estar bem concatenadas com o texto e vice-versa.

4 DAS PROVAS

Atendido o Regulamento pertinente de cada Escola (Instituição) entende-se que, para esta disciplina, a prova pode ser com consulta de todo o material que o aluno usou para prepará-la. Contudo, neste tipo de prova o professor deve ficar atento ao tempo de duração da prova e às perguntas formuladas que devem apresentar um caráter peculiar próprio para esta forma de prova. Ressalta-se que a cobrança do aspecto estatístico dos resultados é acumulativa, isto é, em qualquer prova deve ter cobrança de algarismos significativos, incertezas, limites de confiança etc.

5 DO MESTRE

A obra **Química Geral Experimental** não tem o objetivo de substituir o Mestre, apenas ela vem auxiliá-lo a ganhar tempo para gastá-lo com o aluno transmitindo vivências, informações, situações químicas. O Mestre, mais do que nunca, é insubstituível, principalmente, no Laboratório.

Ervim Lenzi
Luzia Otilia Bortotti Favero
Aloisio Sueo Tanaka
Evilásio de Almeida Vianna Filho
Mauro Baldez da Silva
Manoel Jacó Garcia Gimenes

SUMÁRIO

HOMENAGEM AO PROF. ERVIM LENZI — 7
RECORDAÇÕES E AGRADECIMENTOS — 9
LISTA DE SÍMBOLOS E ABREVIATURAS — 11

PREFÁCIO — 15
APRESENTAÇÃO — 19

PRINCÍPIOS DA NATUREZA — 37
PRINCÍPIOS DA NATUREZA — 39
1 INTRODUÇÃO — 39
2 LEIS DAS COMBINAÇÕES QUÍMICAS — 40
  2.1 Leis ponderais — 40
    2.1.1 Aspectos gerais — 40
    2.1.2 Lei de Lavoisier ou lei da conservação da massa (1789) — 40
Detalhes 1 — 41
    2.1.3 Lei de Proust ou lei das proporções definidas (1799) — 42
Detalhes 2 — 43
Detalhes 3 — 44
    2.1.4 Lei de Dalton ou das proporções múltiplas (1803) — 44
    2.1.5 Lei de Richter e Wenzel ou dos números proporcionais (1792) — 45
  2.2 Leis Volumétricas das combinações químicas — 47
    2.2.1 Aspectos gerais — 47
    2.2.2 Leis de Gay-Lussac ou leis volumétricas (1808) — 47
3 A MATÉRIA CONSTITUÍDA DE PARTÍCULAS INDIVISÍVEIS: TEORIA ATÔMICO-MOLECULAR — 48
Detalhes 4 — 48
4 DIVISÃO DO ÁTOMO E BASES TEÓRICAS DAS LEIS DAS COMBINAÇÕES QUÍMICAS — 50
  4.1 Dados históricos — 50
Detalhes 5 — 50
  4.2 Orbital atômico e orbital molecular — 51

5 APLICAÇÃO DAS LEIS DAS COMBINAÇÕES – A ESTEQUIOMETRIA E SUAS BASES ... 55
Detalhes 6 ... 56
6 NA NATUREZA TODO E QUALQUER SISTEMA TENDE AO ESTADO DE EQUILÍBRIO ... 56
7 A ESTRUTURA DA MATÉRIA ... 58
8 EXERCÍCIOS DE FIXAÇÃO ... 60
9 REFERÊNCIAS BIBLIOGRÁFICAS E SUGESTÕES PARA LEITURA ... 62

UNIDADE DIDÁTICA 01 ... 65
INTRODUÇÃO AO LABORATÓRIO ... 65
1.1 Aspectos Teóricos ... 65
   1.1.1 Introdução ... 65
   1.1.2 Segurança em laboratório ... 66
   1.1.3 Preparação ao Laboratório ... 67
   1.1.4 Proteção própria ... 67
   1.1.5 Acidentes em laboratório ... 67
   1.1.6 Normas de segurança em laboratório ... 68
   1.1.7 Trabalhando no laboratório ... 69
   1.1.8 Coletando dados no laboratório ... 69
   1.1.9 Descarte dos resíduos ... 70
   1.1.10 Apresentação dos resultados – Relatório de Atividades ... 70
   1.1.11 Obras de consulta no laboratório ... 70
   1.1.12 Normas para elaboração do relatório de atividade de laboratório ... 71
1.2 Parte Experimental ... 73
   1.2.1 O laboratório ... 73
   1.2.2 A capela ... 73
   1.2.3 O chuveiro de segurança e o "lavador de olhos" ... 73
   1.2.4 O extintor ... 73
   1.2.5 As obras de consulta ... 73
   1.2.6 O almoxarifado ... 73
   1.2.7 A vidraria (principal) ... 73
   1.2.8 Os reagentes (almoxarifado) 73
   1.2.9 A sala de preparação ... 73
   1.2.10 Os locais de descarte dos resíduos do laboratório ... 73
1.3 Exercícios de fixação ... 73
Detalhes 1.1 ... 74
1.4 Relatório de Atividades ... 75
1.5 Referências Bibliográficas ... 76

UNIDADE DIDÁTICA 02 ... 81
TÉCNICAS BÁSICAS DE LABORATÓRIO ... 81
2.1 Aspectos Teóricos ... 81
   2.1.1 Introdução ... 81
   2.1.2 O bico de Bunsen ... 81
   2.1.3 Manipulação e trabalhos com vidros ... 84
   2.1.4 Perfuração de rolhas ... 87
   2.1.5 Materiais de laboratório ... 88
Detalhes 2.1 ... 90
2.2. Parte Experimental ... 91
   2.2.1 Manipulação do bico de Bunsen ... 91
   2.2.2 Manipulação de vidros ... 92
   2.2.3 Manipulação de rolhas ... 92
   2.2.4 Montagem de equipamentos simples ... 92
   2.2.5 Uso da estufa e dessecador ... 92
2.3 Informações Técnicas ... 93
2.4 Exercícios de fixação ... 93

2.5 Relatório de Atividades ... 94
2.6 Referências Bibliográficas e Sugestão para Leitura ... 95

UNIDADE DIDÁTICA 03 ... 99
O MÉTODO CIENTÍFICO ... 99
3.1 Aspectos Teóricos ... 99
   3.1.1 Introdução ... 99
   3.1.2 O processo da observação ... 100
   3.1.3 O processo da hipótese ... 101
   3.1.4 O processo da experimentação ... 102
   3.1.5 O processo da generalização ... 102
   3.1.6 O processo da divulgação ... 102
Detalhe 3.1 ... 104
3.2 Parte Experimental ... 104
   3.2.1 Observação (e registro) de uma vela apagada ... 104
Detalhe 3.2 ... 105
Detalhe 3.3 ... 106
   3.2.2 Observação (e registro) de uma vela acesa – Interação da vela com o meio ambiente ... 110
Detalhe 3.4 ... 110
   3.2.3 Comprovação da hipótese ... 113
Detalhes 3.5 ... 114
3.3 Informações Técnicas ... 114
3.4 Exercícios de fixação ... 114
3.5 Relatório de atividades ... 116
3.6 Referências Bibliográficas e Sugestões para Leitura ... 117

UNIDADE DIDÁTICA 04 ... 121
MEDIDA DE UMA GRANDEZA E SUA REPRESENTAÇÃO ... 121
UNIDADES DE MEDIDA, LEITURAS DE ESCALAS E ALGARISMOS SIGNIFICATIVOS ... 121
4.1 Aspectos Teóricos ... 121
   4.1.1 Introdução ... 121
   4.1.2 Grandezas em ciências da natureza ... 122
   4.1.3 Unidades de medida de uma grandeza ... 122
Detalhes 4.1 ... 124
   4.1.4 Medir uma grandeza ... 125
Detalhes 4.2 ... 126
Detalhes 4.3 ... 127
   4.1.5 Instrumento de medida ... 128
   4.1.6 Medida do melhor valor ... 129
   4.1.7 Algarismos significativos em medições ... 130
   4.1.8 Algarismos significativos em resultados calculados ... 132
Detalhes 4.4 ... 132
Detalhes 4.5 ... 134
   4.1.9 Arredondamentos de números aproximados ... 135
   4.1.10 Notação científica ... 135
   4.1.11 Conceitos de grandezas utilizadas na química ... 135
4.2 Parte Experimental ... 137
   4.2.1 Dimensão da constante de Avogadro: medida de massa ... 137
   4.2.2 Dimensão da constante de Avogadro: medida de volume ... 137
4.3 Exercícios de Fixação ... 138
4.4 Relatório de Atividades ... 139
4.5 Referências Bibliográficas Sugestões para Leitura ... 141

UNIDADE DIDÁTICA 05 — 145
MEDIDA DE UMA GRANDEZA E SUA REPRESENTAÇÃO — 145
INCERTEZA DE UMA MEDIDA — 145

- 5.1 Aspectos Teóricos — 145
  - 5.1.1 Introdução — 145
  - 5.1.2 Medida do melhor valor — 146
  - 5.1.3 Precisão, exatidão (acurácia) e sensibilidade — 147
  - 5.1.4 Tipos de incertezas (erros) — 150
- Detalhes 5.1 — 151
  - 5.1.5 Medida da incerteza estatística associada à medida de uma grandeza — 152
- Detalhes 5.2 — 153
  - 5.1.6 Determinação do erro (incerteza) acumulado numa medida — 155
- Detalhes 5.3 — 155
  - 5.1.7 Distribuição de frequências, área, probabilidade e intervalo de confiança. — 155
  - 5.1.8 A estatística dos conjuntos com número pequeno de amostras, indivíduos, medidas etc. — 159
  - 5.1.9 Exemplos e conclusão — 161
- Detalhes 5.4 — 163
  - 5.2 Parte Experimental — 164
    - 5.2.1 Verificação qualitativa da sensibilidade de um instrumento — 164
    - 5.2.2 Indução quantitativa do conceito de sensibilidade e de precisão de uma proveta — 164
    - 5.2.3 Treinamento de leituras de diferentes tipos de instrumentos de laboratório — 165
    - 5.2.4 Resultados de medidas realizadas n vezes — 165
  - 5.3 Exercícios de Fixação — 166
  - 5.4 Relatório de Atividades — 169
  - 5.5 Referências Bibliográficas e Sugestões para Leitura — 171

UNIDADE DIDÁTICA 06 — 175
MEDIDA DE UMA GRANDEZA E SUA REPRESENTAÇÃO — 175
PROPAGAÇÃO DAS INCERTEZAS EM OPERAÇÕES MATEMÁTICAS — 175

- 6.1 Aspectos Teóricos — 175
  - 6.1.1 Introdução — 175
  - 6.1.2 Propagação do erro absoluto (dR) e do erro relativo (εR) na resposta calculada — 177
- Detalhes 6.1 — 177
- Detalhes 6.2 — 178
  - 6.1.3 Propagação do desvio padrão (σ_R, s_R) — 182
  - 6.2 Parte Experimental — 185
    - 6.2.1 Medida, conjunto de medidas e seus parâmetros característicos — 185
    - 6.2.2 Propagação de desvio absoluto e desvio padrão em termos de "incerteza estatística" (s_e) em cálculos matemáticos. — 186
    - 6.2.3 Desvio padrão em termos de incerteza estatística (s_e) e incerteza sistemática residual (s_r), propagados em cálculos matemáticos — 187

6.2.4 Coeficiente de variação (cv) para cada grandeza medida. ... 187
6.3 Exercícios de Fixação ... 187
Desafio 6.1 ... **188**
6.4 Relatório de Atividades ... 190
6.5 Referências Bibliográficas e Sugestões para Leitura ... 191

UNIDADE DIDÁTICA 07 — 195
APRESENTAÇÃO E INTERPRETAÇÃO DE RESULTADOS, TABELAS E GRÁFICOS ... 195

7.1 Aspectos Teóricos ... 195
   7.1.1 Introdução ... 195
   7.1.2 Tratamento estatístico dos dados ... 196
   7.1.3 Tabelas ... 196
   7.1.4 Quadro ... 198
   7.1.5 Gráficos e Figuras ... 198
Detalhes 7.1 ... **203**
Detalhes 7.2 ... **204**
   7.2 Parte Experimental ... 208
   7.2.1 Análise de uma equação do 1º grau ... 208
   7.2.2 Análise de uma equação do 2º grau ... 209
Detalhes 7.3 ... **210**
7.3 Exercícios de Fixação ... 210
7.4 Relatório de Atividades ... 212
7.5 Referências Bibliográficas e Sugestões para Leitura ... 213

UNIDADE DIDÁTICA 08 — 217
EXATIDÃO DE INSTRUMENTOS ... 217
CALIBRAÇÃO DE INSTRUMENTOS VOLUMÉTRICOS ... 217

8.1 Aspectos Teóricos ... 217
   8.1.1 Introdução ... 217
   8.1.2 Erros do instrumento ... 218
   8.1.3 Calibração de instrumentos volumétricos ... 218
Detalhes 8.1 ... **223**
Detalhes 8.2 ... **223**
   8.2 Treinamento Teórico ... 224
   8.2.1 Calibração de um balão volumétrico nas condições ambiente de 28,0 ºC e 1 atm ... 224
   8.2.2 Calibração de um balão volumétrico nas condições ambiente de 15,0 ºC e 1 atm ... 226
   8.2.3 Conferir a calibração de um balão volumétrico ... 227
   8.3 Parte Experimental ... 229
   8.3.1 Conferir a calibração de um balão volumétrico aferido para um volume de 25 mL ... 229
   8.3.2 Conferir a calibração de pipetas aferidas para um volume de 10 mL ... 230
Detalhes 8.3 ... **231**
   8.3.3 Conferir a calibração de uma bureta aferida para um volume de 25 mL ... 231
   8.4 Exercícios de Fixação ... 233
   8.5 Relatório de Atividades ... 235
   8.6 Referências Bibliográficas e Sugestões para Leitura ... 236

UNIDADE DIDÁTICA 09 — 239
EXATIDÃO DE INSTRUMENTOS ... 239
CALIBRAÇÃO DE TERMÔMETRO ... 239
   9.1 Aspectos Teóricos ... 239

  9.1.1 Introdução   239
  9.1.2 Escala termométrica   241
  9.1.3 Principais tipos de escalas termométricas   242
  9.1.4 Tipos de escalas de temperatura   243
Detalhes 9.1   244
 9.2 Parte Experimental   245
  9.2.1 Calibração da escala de um termômetro no intervalo 0,0 °C – 100,0 °C   245
  9.2.2 Calibração de qualquer intervalo de escala de um termômetro   247
 9.3 Exercícios de Fixação   248
 9.4 Relatório de Atividades   249
 9.5 Referências Bibliográficas e Sugestões para Leitura   250

UNIDADE DIDÁTICA 10   253
TÉCNICAS DE SEPARAÇÃO DE MISTURAS   253
FILTRAÇÃO E EVAPORAÇÃO   253
 10.1 Aspectos Teóricos   253
  10.1.1 Introdução   253
  10.1.2 Substâncias puras e misturas   256
  10.1.3 Métodos de separação   256
  10.1.4 Filtração   256
Detalhes 10.1   258
  10.1.5 Evaporação   263
 10.2 Parte Experimental   263
  10.2.1 Preparação de uma mistura   263
  10.2.2 Filtração simples   265
  10.2.3 Evaporação   266
  10.2.4 Limpeza   267
 10.3 Exercícios de Fixação   267
 10.4 Relatório de Atividades   268
 10.5 Referências Bibliográficas e Sugestões para Leitura   269

UNIDADE DIDÁTICA 11   273
TÉCNICAS DE SEPARAÇÃO DE MISTURAS   273
DESTILAÇÃO   273
 11.1 Aspectos Teóricos   273
  11.1.1 Introdução   273
  11.1.2 Destilação simples   275
  11.1.3 Destilação fracionada   276
Detalhes 11.1   277
  11.1.4 Destilação por arraste de vapor   278
  11.1.5 Destilação sob pressão reduzida (a vácuo)   280
Detalhes 11.2   281
 11.2 Parte Experimental   282
  11.2.1 Introdução aos experimentos   282
  11.2.2 Destilação simples   282
  11.2.3 Destilação por arraste de vapor   283
 11.3 Exercícios de Fixação   285
 11.4 Relatório de Atividades   286
 11.5 Referências Bibliográficas e Sugestões para Leitura   287

UNIDADE DIDÁTICA 12   291
TÉCNICAS DE SEPARAÇÃO DE MISTURAS   291
PURIFICAÇÃO DE SUBSTÂNCIAS – RECRISTALIZAÇÃO   291
 12.1 Aspectos Teóricos   291
  12.1.1 Introdução   291
  12.1.2 A dissolução   292
Detalhes 12.1   293

12.1.3 O estado cristalino — 295
12.1.4 A cristalização — 298
12.2 Parte Experimental — 300
12.2.1 Recristalização do ácido benzoico — 300
12.3 Exercícios de Fixação — 300
12.4 Relatório de Atividades — 302
12.5 Referências Bibliográficas e Sugestões para Leitura — 304

UNIDADE DIDÁTICA 13 — 307
PROPRIEDADES FÍSICAS DAS ESPÉCIES QUÍMICAS — 307
DETERMINAÇÃO DO PONTO DE FUSÃO — 307
13.1 Aspectos Teóricos — 307
13.1.1 Introdução — 307
13.1.2 Ponto de fusão — 308
13.1.3 A fusão e o estado cristalino — 308
Detalhes 13.1 — 309
13.1.4 Energia e mudança de estado — 317
13.1.5 Ponto de fusão e sua medida – Instrumentação — 319
13.2 Parte Experimental — 323
13.2.1 Determinação do ponto de fusão de uma substância — 323
Detalhes 13.2 — 323
13.2.2 Construção da curva de aquecimento da amostra. — 324
13.3 Exercícios de Fixação — 324
13.4 Relatório de Atividades — 326
13.5 Referências Bibliográficas Sugestões para Leitura — 327

UNIDADE DIDÁTICA 14 — 331
PROPRIEDADES FÍSICAS DAS ESPÉCIES QUÍMICAS — 331
DENSIDADE E SUA DETERMINAÇÃO — 331
14.1 Aspectos Teóricos — 331
14.1.1 Introdução — 331
14.1.2 Medida da densidade — 332
14.1.3 Cálculo da densidade — 334
14.2 Treinamento Teórico Prático — 336
14.2.1 Exercício-Problema — 336
Detalhes 14.1 — 339
14.3 Parte Experimental — 342
14.3.1 Determinação da densidade de um metal (sólido maciço e insolúvel em água) — 342
Detalhes 14.2 — 344
14.4 Exercícios de Fixação — 344
14.5 Relatório de Atividades — 346
14.6 Referências Bibliográficas e Sugestões para Leitura — 347

UNIDADE DIDÁTICA 15 — 351
TEORIA DAS SOLUÇÕES — 351
CONCEITOS, UNIDADES DE CONCENTRAÇÃO, CÁLCULOS E APLICAÇÕES — 351
15.1 Aspectos Teóricos — 351
15.1.1 Introdução — 351
15.1.2 Unidades de concentração — 353
Detalhes 15.1 — 358
15.1.3 Solução Padrão — 362
Detalhes 15.2 — 363
Detalhes 15.3 — 364
15.1.4 Preparação de soluções — 367
15.1.5 Diluição de soluções — 367

15.1.6 Cálculo de resultados — 367
15.2 Exercícios de Fixação — 367
15.3 Relatório de Atividades — 370
15.4 Referências Bibliográficas e Sugestões para Leitura — 371

UNIDADE DIDÁTICA 16 — 375
SUBSTÂNCIAS PADRÕES E NÃO PADRÕES — 375
PREPARAÇÃO DE SOLUÇÕES — 375
16.1 Aspectos Teóricos — 375
16.1.1 Introdução — 375
16.1.2 Soluções padrão — 375
16.1.3 Preparação de soluções — 376
Detalhes 16.1 — 377
16.2 Parte Experimental — 389
16.2.1 Preparo de uma solução padrão — 389
Segurança 16.1 — 389
16.2.2 Preparação de uma solução de uma substância sólida que não é padrão primário — 390
Segurança 16.2 — 390
16.2.3 Preparação de uma solução de uma substância (solução) líquida que não é padrão primário — 391
Segurança 16.3 — 391
16.3 Exercícios de Fixação — 393
16.4 Relatório de Atividades — 394
16.5 Referências Bibliográficas e Sugestões para Leitura — 395

UNIDADE DIDÁTICA 17 — 399
SOLUÇÕES — 399
PADRONIZAÇÃO DE SOLUÇÕES — 399
17.1 Aspectos Teóricos — 399
17.1.1 Introdução — 399
17.1.2 Materiais e reagentes — 400
Detalhes 17.1 — 403
Detalhes 17.2 — 405
17.2 Parte Experimental — 407
17.2.1 Padronização da solução de hidróxido de sódio ±0,1 mol L^{-1} — 407
Detalhes 17.3 — 409
17.2.2 Padronização da solução de ácido clorídrico ±0,1 mol L^{-1} — 412
17.3 Exercícios de Fixação — 414
17.4 Relatório de Atividades — 415
17.5 Referências Bibliográficas e Sugestões para Leitura — 417

UNIDADE DIDÁTICA 18 — 421
CONTROLE DE QUALIDADE EM QUÍMICA ANALÍTICA — 421
18.1 Aspectos Teóricos — 421
18.1.1 Introdução — 421
18.1.2 Controle de qualidade na produção e fiscalização de produtos químicos — 422
Detalhes 18.1 — 422
18.1.3 Controle de Qualidade — 425
18.2 Parte Experimental — 426
18.2.1 Conferir o teor de hidróxido de sódio (NaOH) na soda cáustica — 426
18.2.2 Conferir o teor da acidez total do vinagre — 429
Segurança 18.1 — 431
18.3 Exercícios de Fixação — 432
18.4 Relatório de Atividades — 434
18.5 Referências Bibliográficas e Sugestões para Leitura — 436

UNIDADE DIDÁTICA 19 — 439
ANÁLISE QUÍMICA QUALITATIVA DE ELEMENTOS PELA CHAMA — 439

- 19.1 Aspectos Teóricos — 439
  - 19.1.1 Introdução — 439
  - 19.1.2 Radiação onda — 441
  - 19.1.3 Radiação corpúsculo — 442
  - 19.1.4 Chama azul e camisa azul — 444
  - 19.1.5 Interação da radiação do visível com a matéria — 445
  - 19.1.6 Análise química de elementos pela chama — 446
  - 19.1.7 Reações do elemento na chama — 446
- 19.2 Parte Experimental — 447
  - 19.2.1 Observação das cores emitidas por diversos elementos na chama — 447
- 19.3 Exercícios de Fixação — 449
- 19.4 Relatório de Atividades — 450
- 19.5 Referências Bibliográficas e Sugestões para Leitura — 451

UNIDADE DIDÁTICA 20 — 455
REAÇÕES QUÍMICAS — 455
REAÇÃO DE SÍNTESE — 455

- 20.1 Aspectos Teóricos — 455
  - 20.1.1 Introdução — 455
- Detalhes 20.1 — 457
  - 20.1.2 Reações endotérmicas e exotérmicas — 460
  - 20.1.3 Reações reversíveis e irreversíveis. — 461
  - 20.1.4 Reações de oxirredução — 462
  - 20.1.5 Reações de análise ou decomposição — 469
  - 20.1.6 Reações de síntese — 470
  - 20.1.7 Funções inorgânicas — 471
- Detalhes 20.2 — 473
  - 20.2 Parte Experimental — 478
  - 20.2.1 Síntese de um óxido ácido — 478
- Segurança 20.1 — 480
  - 20.2.2 Síntese de um óxido básico — 480
- Segurança 20.2 — 481
  - 20.2.3 Identificação do caráter ácido e básico dos óxidos — 482
- Segurança 20.3 — 482
  - 20.3 Exercícios de Fixação — 483
  - 20.4 Relatório de Atividades — 484
  - 20.5 Referências Bibliográficas e Sugestões para Leitura — 486

UNIDADE DIDÁTICA 21 — 489
REAÇÕES QUÍMICAS — 489
REAÇÕES DE DUPLA TROCA E DE COMPLEXAÇÃO — 489

- 21.1 Aspectos Teóricos — 489
  - 21.1.1 Reação de dupla troca — 489
- Detalhes 21.1 — 492
  - 21.1.2 Reação de complexação — 495
- Detalhes 21.2 — 496
- Detalhes 21.3 — 501
  - 21.2 Parte Experimental — 506
  - 21.2.1 Reação de dupla troca — 506
  - 21.2.2 Reação de complexação — 506
- Segurança 21.1 — 507
  - 21.3 Exercícios de Fixação — 508
  - 21.4 Relatório de Atividades — 509
  - 21.5 Referências Bibliográficas e Sugestões para Leitura — 511

UNIDADE DIDÁTICA 22 — 515
REAÇÕES QUÍMICAS — 515
REAÇÃO DE DESLOCAMENTO E MANIPULAÇÃO DE GASES — 515

- 22.1 Aspectos Teóricos — 515
  - 22.1.1 Conceitos — 515
  - 22.1.2 Manipulação de gases — 517
  - 22.1.3 Medidas de volume, temperatura, pressão e leis dos gases — 519
- Detalhes 22.1 — 520
- Detalhes 22.2 — 520
  - 22.2 Parte Experimental — 521
  - 22.2.1 Coleta de 250 mL de ar — 521
  - 22.2.2 Deslocamento do íon cobre pelo ferro — 523
  - 22.2.3 Ação do sódio metálico na água — 523
  - 22.2.4 Obtenção do oxigênio — 523
- Detalhes 22.3 — 525
  - 22.2.5 Obtenção do gás hidrogênio — 527
  - 22.2.6 Reação de síntese da água — 528
- Segurança 22.1 — 529
  - 22.3 Exercícios de Fixação — 530
  - 22.4 Relatório de Atividades — 532
  - 22.5 Referências Bibliográficas e Sugestões para Leitura — 533

UNIDADE DIDÁTICA 23 — 537
CINÉTICA QUÍMICA — 537
INFLUÊNCIA DA CONCENTRAÇÃO, DA TEMPERATURA E DO CATALISADOR NA VELOCIDADE DA REAÇÃO — 537

- 23.1 Aspectos Teóricos — 537
  - 23.1.1 Introdução — 537
  - 23.1.2 Velocidade média (v_m) – velocidade instantânea (v_i) — 538
  - 23.1.3 Velocidade instantânea da reação (v_i) — 542
  - 23.1.4 Leis de velocidade da reação química — 547
  - 23.1.5 Fatores que influenciam na velocidade das reações químicas — 549
- 23.2 Parte Experimental — 550
  - 23.2.1 Aspectos gerais — 550
- Segurança 23.1 — 551
  - 23.2.2 Influência da concentração de reagentes na velocidade da reação — 551
  - 23.2.3 Influência da temperatura na velocidade da reação — 553
  - 23.2.4 Influência do catalisador na velocidade da reação — 554
- 23.3 Exercícios de Fixação — 555
- 23.4 Relatório de Atividades — 557
- 23.5 Referências Bibliográficas e Sugestões para Leitura — 559

UNIDADE DIDÁTICA 24 — 563
EQUILÍBRIO QUÍMICO — 563

- 24.1 Aspectos Teóricos — 563
  - 24.1.1 Conceito de equilíbrio químico — 563
  - 24.1.2 Tendência do estabelecimento do equilíbrio químico — 567
  - 24.1.3 A constante de equilíbrio — 569
  - 24.1.4 O valor e interpretação da constante de equilíbrio (K) — 570

24.1.5 Efeitos causados por agentes externos sobre o estado de equilíbrio ... 571
24.2 Parte Experimental ... 576
24.2.1. Influência da temperatura no equilíbrio químico ... 576
Segurança 24.1 ... 579
Detalhes 24.1 ... 579
24.2.2 Influência da concentração no equilíbrio químico ... 583
Segurança 24.2 ... 585
Detalhes 24.2 ... 586
24.2.3 Influência da concentração dos íons H^+ no equilíbrio químico ... 587
24.3 Exercícios de Fixação ... 588
24.4 Relatório de Atividades ... 590
24.5 Referências Bibliográficas e Sugestões para Leitura ... 593

UNIDADE DIDÁTICA 25 ... **597**
EQUILÍBRIO QUÍMICO ... 597
ESTUDO DO EQUILÍBRIO ÁCIDO-BASE ... 597
25.1 Aspectos Teóricos ... 597
25.1.1 Conceito de ácido-base e medida da acidez ... 597
25.1.2 A acidez na natureza ... 600
25.1.3 Teoria de Brönsted e Lowry ... 600
Detalhes 25.1 ... 603
25.1.4 Doação e recepção do próton ... 606
25.1.5 Determinação da constante de dissociação de um ácido fraco (Ka) ... 606
25.1.6 Indicadores ácido-base ... 609
25.1.7 Medidas de pH ... 611
25.2 Parte Experimental ... 611
25.2.1 Preparação de soluções padrão ácidas e básicas ... 611
25.2.2 Determinação da concentração de íons hidrogênio em uma solução aquosa de concentração desconhecida ... 613
25.2.3 Determinação da constante de dissociação de um ácido. ... 613
Desafio 25.1 ... 614
25.3 Exercícios de Fixação ... 615
25.4 Relatório de Atividades ... 617
25.5 Referências Bibliográficas e Sugestões para Leitura ... 618

UNIDADE DIDÁTICA 26 ... **621**
EQUILÍBRIO QUÍMICO ... 621
PRODUTO DE SOLUBILIDADE ... 621
26.1 Aspectos Teóricos ... 621
26.1.1 Solubilidade ... 621
26.1.2 Constante do produto de atividade ou constante termodinâmica (Kpa) ... 623
26.1.3 Concentração e atividade de uma espécie i em solução ... 624
26.1.4 Constante do produto de atividade (Kpa) e constante do produto de solubilidade (Kps) ... 626
26.1.5 Solubilidade (S) e constante do produto de solubilidade (Kps) ... 626
Detalhes 26.1 ... 628

26.1.6 Diagramas de solubilidade de compostos simples sem reações secundárias ... 630
26.1.7 Fatores que influenciam a solubilidade de um soluto ... 631
26.2 Parte Experimental ... 631
26.2.1 Determinação do produto de solubilidade do cloreto de chumbo (II), $PbCl_2(s)$ ... 631
26.2.2 Construção de um Diagrama de log [Cátion] versus log [Ânion] ... 632
26.3 Exercícios de Fixação ... 633
26.4 Relatório de Atividades ... 634
26.5 Referências Bibliográficas e Sugestões para Leitura ... 635

UNIDADE DIDÁTICA 27 ... 639
TERMOQUÍMICA ... 639
CALOR DE REAÇÃO ... 639
27.1 Aspectos Teóricos ... 639
27.1.1 Introdução ... 639
27.1.2 Sistema, ambiente, função de estado, estado de um sistema ... 640
27.1.3 Energia, temperatura, calor, calor de reação ou entalpia ... 640
27.1.4 Reações endotérmicas e reações exotérmicas ... 641
27.1.5 Entalpia de uma reação (H) ... 642
27.1.6 Entalpia de solução (fase líquida) ... 645
Detalhes 27.1 ... 647
27.2 Parte Experimental ... 649
27.2.1 Determinação do calor (entalpia) de diluição ($\Delta H_{(dil)}$) de um processo exotérmico ... 649
Segurança 27.1 ... 649
27.2.2 Determinação da entalpia integral de solução ($\Delta H_{(sol)}$) do cloreto de amônio ($NH_4Cl_{(s)}$, p.a.) ... 653
27.2.3 Determinação da entalpia (ou calor) de neutralização ($\Delta H_{(Neutr)}$) ... 654
27.2.4 Verificação de uma reação em que a energia liberada é energia de natureza elétrica ... 656
27.3 Exercícios de Fixação ... 657
27.4 Relatório de Atividades ... 659
27.5 Referências Bibliográficas e Sugestões para Leitura ... 661

UNIDADE DIDÁTICA 28 ... 665
ELETROQUÍMICA ... 665
CONCEITOS E APLICAÇÕES ... 665
28.1 Aspectos Teóricos ... 665
28.1.1 Introdução ... 665
28.1.2 Reação de oxirredução ... 666
28.1.3 Eletrodo e potencial de eletrodo ... 666
28.1.4 Células ou pilhas elétricas ... 667
28.1.5 Eletrodo padrão de hidrogênio, potenciais padrões e formais de eletrodo ... 670
28.1.6 Diferença de potencial de uma pilha (E) e energia livre (G) ... 672
28.1.7 Energia e a equação de Nernst ... 674

28.1.8 Cálculo do potencial elétrico de um eletrodo ou de uma reação ... 675
Detalhes 28.1 ... **677**
  28.2 Parte Experimental ... 680
  28.2.1 Verificação da espontaneidade de uma reação de oxirredução: ... 680
Segurança 28.1 ... **681**
  28.2.2 Pilha de corrosão ... 682
  28.2.3 Pilha de Daniell ... 683
Detalhes 28.2 ... **684**
  28.3 Exercícios de Fixação ... 687
  28.4 Relatório de Atividades ... 689
  28.5 Referências Bibliográficas e Sugestões para Leitura ... 690

> **Lembra-te**
> ...
> **porque és pó, e em pó te tornarás.**
> ...
>
> Gênesis, 3, 19

PRINCÍPIOS DA NATUREZA

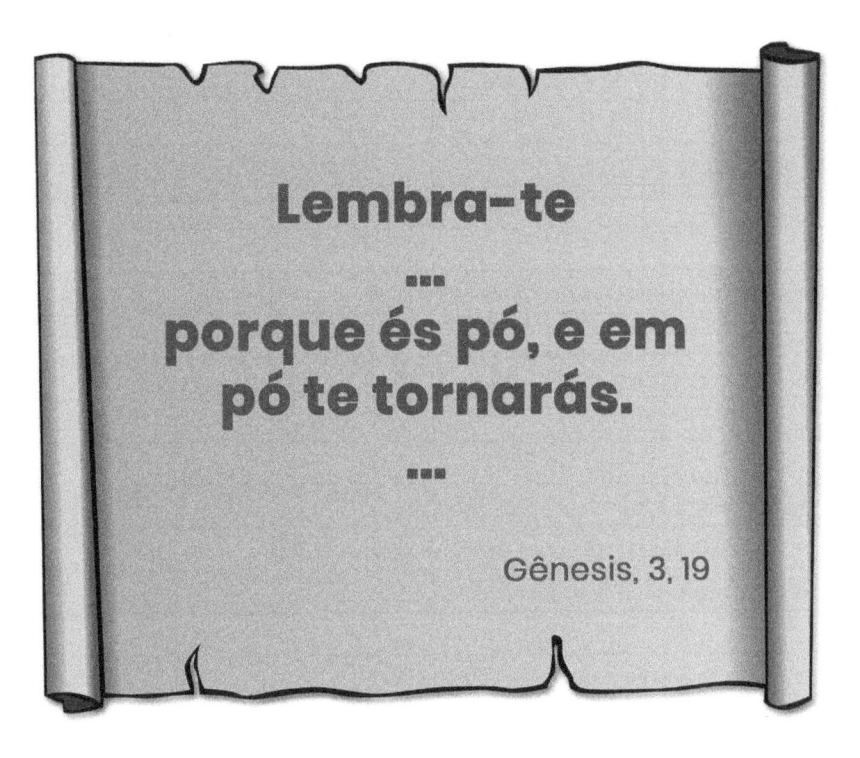

Na Natureza têm-se seres animados e inanimados. Entre os animados têm-se seres racionais e irracionais.

Todos os seres animados, isto é, que têm vida, nascem, crescem, reproduzem, e, de repente parece que "sai algo" deste ser, e "morre". Tanto os seres racionais como os irracionais possuem o *dom da vida*, mas, não possuem o domínio sobre ela. Chega um momento em que as condições de manutenção desta vida acabam. Esta, um *quantum de energia* que o homem desconhece totalmente, retorna ao seu Criador e o corpo segue os Princípios da Natureza da qual este *quantum vital* tomou a matéria inanimada e com ela constituiu o ser.

Nesta construção do ser, gerenciado por este *quantum vital*, a Química a serviço da vida é vital. Após a saída deste *quantum vital* do organismo vivo, ele retorna, mediante as reações da Química ao estado material do qual foi tomado, pelo *princípio organizador*, o *quantum vital*. Volta ao pó, isto é, aos elementos que compõem a natureza.

É isto que Javé Deus, o Criador, quis dizer:
"... porque és pó, e em pó tornarás".

Só em 1789 da nossa era, o grande químico francês, Lavoisier (1743-1794) usando a balança e manipulando a matéria que constitui a natureza, postulou seu princípio:

Na natureza, nada se cria e nada se perde, tudo se transforma.

A matéria ficou e a *vida* foi para onde? O *quantum vital* de cada ser, ao morrer, vai para onde?

Continuando a leitura do Livro do Gênesis, Capítulo 3, versículos 22-24, tem-se:

²²Disse então Javé Deus: "Eis que o homem se tornou como um de nós, conhecendo o bem e o mal! Não aconteça agora que ele estenda a mão e tome também da Árvore da Vida, dela coma, e viva para sempre"! ²³Lançou-o então Javé Deus para fora do jardim paradisíaco do Éden de delícias, para que cultivasse a terra donde fora tirado. ²⁴Ele expulsou o homem e colocou no lado oriental do jardim do paraíso os querubins e a flama da espada fulgurante para guardar o caminho da Árvore da Vida.

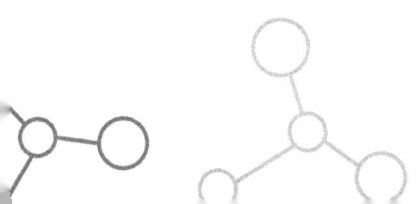

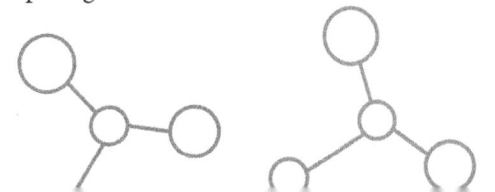

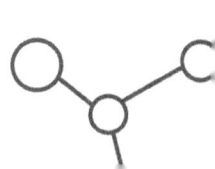

PRINCÍPIOS DA NATUREZA

Conteúdo	Página
1 Introdução	39
2 Leis das Combinações Químicas	40
2.1 Leis Ponderais	40
2.1.1 Aspectos gerais	40
2.1.2 Lei de Lavoisier ou lei da conservação da massa (1789)	40
Detalhes 1	41
2.1.3 Lei de Proust ou lei das proporções definidas (1799)	42
Detalhes 2	43
Detalhes 3	44
2.1.4 Lei de Dalton ou das proporções múltiplas (1803)	44
2.1.5 Lei de Richter e Wenzel ou dos números proporcionais (1792)	45
2.2 Leis Volumétricas das combinações químicas	47
2.2.1 Aspectos gerais	47
2.2.2 Leis de Gay-Lussac ou leis Volumétricas (1808)	47
3 A matéria Constituída de Partículas Indivisíveis: Teoria Atômico-Molecular	48
Detalhes 4	48
4 Divisão do Átomo e Bases Teóricas das Leis das Combinações Químicas	50
4.1 Dados históricos	50
Detalhes 5	50
4.2 Orbital atômico e orbital molecular	51
5 Aplicação das Leis das Combinações – A Estequiometria e suas Bases	55
Detalhes 6	56
6 Na Natureza Todo e Qualquer Sistema Tende ao Estado de Equilíbrio	56
7 A estrutura da Matéria	58
8 Exercícios de Fixação	60
9 Referências Bibliográficas e Sugestões para Leitura	62

PRINCÍPIOS DA NATUREZA

1 INTRODUÇÃO

A Ciência da Natureza, da qual a Química é um capítulo, é a explicação dos fatos diários, ou momentâneos, que nos envolvem, obedecendo a regras que permitem ter confiança universal nas conclusões obtidas. Os passos formais para se chegar aos princípios são: a *observação*, a *hipótese*, a *experimentação*, a *generalização* e por fim à *publicação*, que conduz ao conhecimento do trabalho realizado, ao debate público e finalmente ao Conhecimento Humano acumulado ao longo dos séculos.

A Química trata de transformações, mudanças, de algo dinâmico, que na Natureza estão associadas à *matéria inanimada* e quase sempre à *matéria com vida* (animada). Independente de *princípios vitais*, os fenômenos químicos acontecem, mas, existem alguns que dependem de princípios vitais, pois, quando a vida de um ser desaparece, as reações químicas de sustentação ao ser também desaparecem e começam outras reações químicas que conduzem o corpo inanimado a pó, isto é, aos elementos que foram utilizados na sua formação.

Os *princípios vitais*, para os quais não existe classificação nenhuma, observa-se que aparentemente apresentam *unidades de energia diferenciada* (um microorganismo autotrófico, outro heterotrófico, uma planta, um mosquito, ..., um homem) associadas a um *princípio global coordenador*, fazendo crer que tudo se processa dentro de um determinado objetivo, a Árvore da Vida, segundo o Gênesis.

Tudo na natureza tem um *estado potencial de transformação*. Parece que nos mais olvidados recônditos da mesma, surgem misteriosamente *vórtices de vida*. Isto é, *unidades de energia* arquitetadas e armazenadas num código genético, que de uma forma obediente ao *princípio global coordenador*, a Árvore da Vida, se materializam (nascem), crescem, se multiplicam através de uma bem organizada e sucedida infinidade de *Reações Químicas*, que de repente param de acontecer no sentido construtivo, parecendo que algo vivificador foi retirado dali e a matéria organizada volta ao pó donde foi tomada. Dizemos que *morreu*. E o princípio que comandava a construção do organismo, onde foi? Morreu?

Os fenômenos químicos que acontecem na matéria inanimada seguem aparentemente o princípio de, em sua espontaneidade, chegar ao estado de equilíbrio tendendo ao *máximo da entropia*.

As *unidades energéticas vitais*, que ainda não têm explicação na ciência dos homens, parecem que tendem a um estado de equilíbrio, enquanto vivas, com tendência a alcançar um *estado mais entrópico* possível. Os fenômenos químicos dentro de um sistema vital dependem das interações destes dois processos, animado e inanimado.

A dificuldade, ou a deficiência, da Ciência explicar os fatos, nos é descrita pelo fundador da Mecânica Ondulatória, que é o núcleo da moderna Mecânica Quântica, que assim escreveu:

...

A imagem científica do mundo que nos rodeia é muito deficiente. Proporciona uma grande quantidade de informação sobre os fatos, reduz toda experiência a uma ordem maravilhosamente consistente, mas, guarda um silêncio sepulcral sobre todos e cada um dos aspectos que têm a ver com o coração, sobre o que importa. Não é capaz de dizer-nos uma palavra sobre o que significa quando sentimos algo azul, amargo, ou doce, fisicamente doloroso ou prazeroso; não sabe nada do belo ou do feio, do bom ou do mal, de Deus e da eternidade. As vezes a ciência pretende dar uma resposta as estas questões, mas suas respostas são na maioria das vezes tão tontas que nos sentimos inclinados a não levá-las a sério.

...

Erwin Schrödinger (1887-1961)
(Wilber, 1986)

De qualquer forma, o ser humano, observa, analisa, faz hipóteses, experimenta, generaliza e leva ao conhecimento de todos, o resultado do seu trabalho. Por isto, a seguir apresentaremos, resumidamente o que o homem observou, mediu e publicou sobre alguns *aspectos químicos* importantes dos Princípios que regem a Natureza.

2 LEIS DAS COMBINAÇÕES QUÍMICAS

2.1 LEIS PONDERAIS

2.1.1 Aspectos gerais

Os corpos são constituídos de matéria. Esta é formada de substâncias puras, ou de misturas das mesmas. Uma das propriedades básicas da matéria é a *massa* dos corpos e como consequência da ação da gravidade, o seu *peso*. Esta propriedade pode ser medida com o auxílio de uma balança.

A Natureza que nos cerca é formada de substâncias que obedecem aos Princípios da Natureza. A Química como Ciência, apesar de suas limitações, tenta explicar as propriedades e as transformações destas substâncias e chegar aos Princípios da Natureza.

As substâncias na natureza quando reagem entre si, não o fazem de qualquer forma. Mas, elas se combinam dentro de princípios, ou normas, predefinidos denominados de *Leis das Combinações Químicas*.

A *massa* de um corpo (substância, ou mistura de substâncias) e o seu *peso* foi uma das primeiras propriedades que o homem aprendeu a *medir* com o auxílio da *balança*. Desta forma as primeiras leis químicas estão baseadas na medida da massa das substâncias reagentes. Dali, o porquê de *Leis Ponderais*, como também são chamadas algumas das *Leis das Combinações*.

2.1.2 Lei de Lavoisier ou lei da conservação da massa (1789)

O químico francês Antoine Laurent Lavoisier, usando a balança, observou que a massa das substâncias reagentes, antes e após a reação, apesar da formação de substâncias diferentes continuava a mesma. Seu experimento clássico foi o da decomposição térmica do $HgO_{(s)}$, conforme Reação (R-1).

O experimento deve ser feito num tubo fechado. Pesa-se num tubo fechado a *massa do reagente* $HgO_{(s)}$ ($m_{(R)}$). A seguir o tubo fechado é aquecido formando-se mercúrio líquido, $Hg_{(liq)}$, e gás oxigênio, $O_{2(g)}$, cuja massa, medida na mesma temperatura ambiente, é a *massa dos produtos*, $m_{(P)}$.

$$\underbrace{2HgO_{(s)}}_{\text{Reagentes}} \xrightarrow{\Delta} \underbrace{2Hg_{(liq)} + O_{2(g)}}_{\text{Produtos}} \quad \text{(R-1)}$$

Massa dos reagentes = Massa dos produtos
$$[m_{(R)}] = [m_{(P)}]$$

Δ - O símbolo Δ colocado numa reação química significa que o processo se deu com auxílio de calor.

Generalizando para o caso dos reagentes A, B e C, formando D, E e F, tem-se a Reação (R-2) e a Reação (R-3). As condições ambientes antes da reação e depois da reação devem ser as mesmas, com o sistema fechado, isto é, *não pode sair e nem entrar massa no sistema*. E, a reação deve ser completa ou total, isto é, deslocada totalmente à direita, conforme indica a seta unilateral.

$$\underbrace{A}_{\text{Reagente}} \xrightarrow{\text{Condições de reação}} \underbrace{D}_{\text{Produto}} \quad \text{(R-2)}$$

Massa dos reagentes = Massa dos produtos

$$[m_{(R)}] = [m_{(P)}]$$

E,

$$\underbrace{A + B + C}_{\substack{m_A + m_B + m_C \\ \text{Reagentes}}} \xrightarrow{\text{Condições de reação}} \underbrace{D + E + F}_{\substack{m_D + m_E + m_F \\ \text{Produtos}}} \quad \text{(R-3)}$$

Massa dos reagentes = Massa dos produtos

$$[m_{(R)}] = [m_{(P)}]$$

Figura 1 Lei de Lavoisier – Antoine Laurent Lavoisier (França, 1743-1790, guilhotinado na Revolução Francesa) estabeleceu a lei da conservação das massas em 1789.

Após muitas observações e experimentos, em 1789, Lavoisier publicou um livro que continha um conceito bem fundamentado dos elementos químicos e a verificação *da lei da conservação matéria* nas reações químicas.

Detalhes 1

O princípio de Lavoisier apresenta-se enunciado sob diversas formas, mas, todas querem dizer a mesma coisa, ou seja, *ao longo de uma reação química nada se perde, como também não forma nova matéria, apenas há a transformação de uma substância em outra*. Entre alguns enunciados tem-se os que seguem:

Na natureza, nada se cria e nada se perde, tudo se transforma.

Num sistema fechado a massa das substâncias reagentes é igual à soma das massas dos produtos obtidos.

A massa de um sistema químico isolado é invariável, sejam quais forem as transformações que nele se produzam.

A matéria não pode ser criada nem destruída; pode apenas ser transformada.

Nas reações químicas realizadas em sistema fechado a massa total do sistema permanece inalterada.

O Princípio de Lavoisier é fundamental no *balanceamento de equações químicas*, quando utilizamos o *método do balanço de massa*. Este método baseia-se no fato que, se x átomos (x = 1, 2, 3, ...) reagiram, o mesmo número deve aparecer como produto, pois *nada se perde e nada se cria* ao longo da reação.

A frase que o Criador disse a Adão no Paraíso, "Lembra-te ... Porque és pó, e em pó tornarás" (Gênese, 3, 19), não está colocada no início desta unidade para lembrar a morte, ou pelo masoquismo de sua lembrança. Ela está ali colocada, porque deixa claro que a matéria de que é constituído o corpo dos seres, entre eles o homem, é terra (pó) e a ela vai voltar. Isto é, nada se perde, nada se cria, tudo se transforma.

É o princípio da Lei de Lavoisier, ditado pelo próprio Criador, no começo da humanidade, muito antes do homem pensar cientificamente. Assim, os átomos de H, C, O, P, Ca, e outros, que constituem o corpo humano, em reações químicas foram tirados da terra, pelas plantas, animais etc., dos quais o homem se alimentou e se alimenta e quimicamente os incorpora ao seu corpo.

Um dia tudo será devolvido à terra e num conjunto de processos químicos, se nada se perder e mesmo se criar, voltaremos ao pó.

Porém, sobre o responsável pelo ajuntamento dos átomos para formar o corpo, isto é, *a vida*, a ciência da natureza ainda não falou, não escreveu nada. Praticamente, a desconhece.

Muitos acreditam que, ao morrer tudo acaba. Porém, esta *energia vital*, o *quantum vital* de cada ser, que comanda o código genético e conduz o ser até a morte, tem uma dimensão que o conhecimento humano desconhece. Não é por isto, que tudo acaba.

Quem sabe, algum dia o ser humano "mereça a confiança" de Javé Deus, o Criador, que lhe permita o acesso à Árvore da Vida.

2.1.3 Lei de Proust ou lei das proporções definidas (1799)

As proporções, segundo as quais, dois elementos, ou duas, ou mais substâncias se combinam para formar determinado composto, ou determinados compostos, são definidas e invariáveis.

Ao se definir a quantidade de um reagente que participa da reação automaticamente ficam definidas as quantidades dos demais, independente do local, pressão e temperatura. Esta lei é uma das bases de todos os cálculos estequiométricos. Ela permite prever quantidades de reagentes e de produtos que se necessitam, ou que se formam num processo químico.

A proporção de combinação, determinada empiricamente, permite definir os coeficientes das espécies que reagem, caso estas sejam conhecidas.

As proporções de combinação baseiam-se nas respectivas massas molares e nos coeficientes das espécies envolvidas na reação.

Generalizando para o caso dos reagentes A, B e C formando D, E e F tem-se:

- Se A se combina com B, para formar D e E, então, ao tomar a massa m_A de A, já está definida, ou fixada, a massa m_B de B que reage com A, bem como, as massas m_D e m_E dos produtos formados, conforme Reação (R-4).

$$\underbrace{A + B}_{\text{Reagentes}} \xrightarrow{\text{Condições de reação}} \underbrace{D + E}_{\text{Produtos}} \quad (R\text{-}4)$$
$$\underbrace{m_A + m_B}_{} \qquad\qquad \underbrace{m_D + m_E}_{}$$

- Ao se tomar dois valores de massa para o reagente A, tais como: m_{A1} e m_{A2}, fica definida a seguinte proporção, conforme Reação (R-4) e Equação (1).

$$\underbrace{A + B}_{\text{Reagentes}} \xrightarrow{\text{Condições de reação}} \underbrace{D + E}_{\text{Produtos}} \quad (R\text{-}4)$$
$$\underbrace{m_A + m_B}_{} \qquad\qquad \underbrace{m_D + m_E}_{}$$

$$\text{Experimento 1:} \ \frac{m_{A1}}{m_{A2}} = \frac{m_{B1}}{m_{B2}} = \frac{m_{D1}}{m_{D2}} = \frac{m_{E1}}{m_{E2}} = \text{Constante} \quad (1)$$
Experimento 2:

Embasados na Equação (1) são feitos os *cálculos estequiométricos*. Na realidade, a Equação (1) está baseada nas massas molares definidas pela reação química (R-4) ou nos seus múltiplos e ou submúltiplos, que definem as proporções de combinação dos reagentes, bem como dos produtos formados. A reação deve ser total, isto é, deslocada à direita. A quantidade de massas dos reagentes deve ser aquela que vai reagir. Não pode ter a mais nem a menos.

Detalhes 2

As massas molares dos reagentes e dos produtos de uma reação química balanceada são à base dos cálculos estequiométricos. Seja o exemplo dado a seguir, conforme Reação (R-5).

$$\underbrace{2HgO_{(s)}}_{2\cdot(200{,}59+15{,}999)g} \xrightarrow{\Delta} \underbrace{2Hg_{(liq)}}_{2\cdot 200{,}59\ g} + \underbrace{O_{2(g)}}_{2\cdot 15{,}999\ g} \quad (R\text{-}5)$$

Massas Molares:

Massas indicadas
na reação balanceada: 433,178 g   401,18 g   31,998 g

Massa qualquer de HgO: 2,00 g   x g   y g

Estabelecimento
da Proporção:

$$\frac{433{,}178\ g}{2{,}00\ g} = \frac{401{,}18\ g}{x\ g} = \frac{31{,}998\ g}{y\ g}$$

Cálculo das massas formadas:

$$x = \frac{2{,}00 \cdot 401{,}18\ g \cdot g}{433{,}178\ g} = 1{,}852\ g\ \text{de Mercúrio}$$

$$y = \frac{2{,}00 \cdot 31{,}998\ g \cdot g}{433{,}178\ g} = 0{,}148\ g\ \text{de Oxigênio}$$

Legenda

Δ = O símbolo Δ colocado numa reação química significa que o processo se deu com auxílio de calor.

A estequiometria é a parte dos cálculos da química que investiga, estuda e analisa:

- as proporções em que os elementos se combinam e a proporção em que se produzem;
- a quantidade formada de um composto a partir de um valor dado;
- a quantidade necessária de um reagente para produzir uma quantidade predefinida de reagente;
- a proporção dos elementos que formam um composto qualquer;
- a proporção de combinação (seja em massa ou em volumes) dos elementos numa reação química.

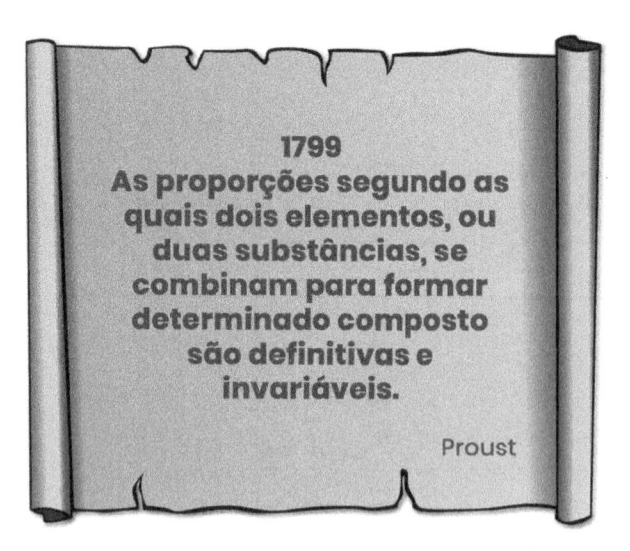

Figura 2 Lei de Proust – Joseph Louis Proust (França-Espanha, 1754-1826), estabeleceu a lei das proporções definidas, para os compostos químicos em 1799.

> **1799**
> As proporções segundo as quais dois elementos, ou duas substâncias, se combinam para formar determinado composto são definitivas e invariáveis.
>
> Proust

Detalhes 3

O enunciado do princípio de Proust pode apresentar-se com outras nuanças, tais como:

Uma substância pura apresenta composição ponderal fixa, qualquer que seja a fonte natural de onde é extraída e qualquer que seja o método empregado na sua obtenção.

Quando duas ou mais substâncias se combinam para formar a mesma espécie química composta, elas o fazem em proporções de peso fixos e invariáveis.

Numa mesma reação química, seja ela qual for, as massas das substâncias participantes (reagentes e produtos) guardam entre si uma relação fixa e constante.

2.1.4 Lei de Dalton ou das proporções múltiplas (1803)

As diferentes massas de um elemento B que pode combinar-se com a mesma massa de outro A, para formar compostos distintos, as massas de B formam uma série de números que estão entre si numa razão simples.

Assim, por hipótese, sejam m_{B1}, m_{B2}, m_{B3}, ... as diferentes massas de B que se combinam com a massa fixa m_A de A dando os compostos D, E, F, ... e, representando por a, b, c, ... os números inteiros e pequenos, como mostra as Reações de (R-6) a (R-9).

$$\underbrace{A + B}_{\text{Reagentes}} \xrightarrow{\text{Condições de reação}} \underbrace{D}_{\text{Produtos}} \quad \text{(R-6)}$$
$$m_A + m_{B1}$$

$$\underbrace{A + B}_{\text{Reagentes}} \xrightarrow{\text{Condições de reação}} \underbrace{E}_{\text{Produtos}} \quad \text{(R-7)}$$
$$m_A + m_{B2}$$

$$\underbrace{A + B}_{\text{Reagentes}} \xrightarrow{\text{Condições de reação}} \underbrace{F}_{\text{Produtos}} \quad \text{(R-8)}$$
$$m_A + m_{B3}$$

$$\underbrace{A + B}_{\text{Reagentes}} \xrightarrow{\text{Condições de reação}} \underbrace{G}_{\text{Produtos}} \quad \text{(R-9)}$$
$$m_A + m_{B4}$$

$$\frac{m_{B1}}{a} = \frac{m_{B2}}{b} = \frac{m_{B3}}{c} = \frac{m_{B4}}{d} \therefore \text{Onde, a, b, c, d = números inteiros e pequenos} \quad (5)$$

$$a:b:c:d = \text{relação simples entre si} \quad (6)$$

Quadro 1 Exemplo numérico da Lei de Dalton em que as diferentes massas de oxigênio que se combinam com a mesma massa de nitrogênio formam entre si uma relação simples.

Reagentes		Produtos	Análise da relação das massas reagentes		
			Nitrogênio	Oxigênio	Relação
N_2 + $1/2 \cdot O_2$ 28,0 g 16,0 g	$\xrightarrow{\text{Condições de reação}}$	N_2O	$\frac{28,0}{16,0} = 1,75$ g	$\frac{16,0}{16,0} = 1,0$	1
N_2 + O_2 28,0 g 32,0 g	$\xrightarrow{\text{Condições de reação}}$	N_2O_2	$\frac{28,0}{16,0} = 1,75$ g	$\frac{32,0}{16,0} = 2,0$	2
N_2 + $3/2 \cdot O_2$ 28,0 g 48,0 g	$\xrightarrow{\text{Condições de reação}}$	N_2O_3	$\frac{28,0}{16,0} = 1,75$ g	$\frac{48,0}{16,0} = 3,0$	3
N_2 + $2 \cdot O_2$ 28,0 g 64,0 g	$\xrightarrow{\text{Condições de reação}}$	N_2O_4	$\frac{28,0}{16,0} = 1,75$ g	$\frac{64,0}{16,0} = 4,0$	4
N_2 + $5/2 \cdot O_2$ 28,0 g 80,0 g	$\xrightarrow{\text{Condições de reação}}$	N_2O_5	$\frac{28,0}{16,0} = 1,75$ g	$\frac{80,0}{16,0} = 5,0$	5

1808
As diferentes massas de um elemento que podem combinar-se com a mesma de outro, para formar compostos distintos, formam uma série de múmeros que estão entre sim numa razão simples.
Dalton

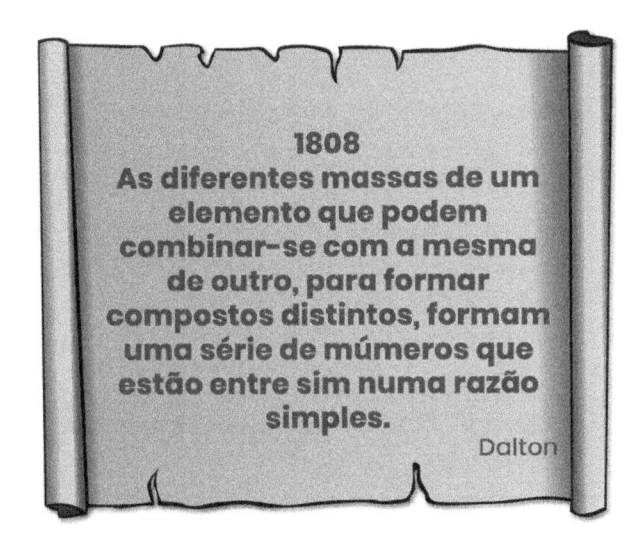

Figura 3 Lei de Dalton – John Dalton (Inglaterra, 1766-1844) publicou a primeira de uma série de memórias que apresentavam as massas atômicas, estabeleciam a lei das proporções múltiplas e fundamentavam a teoria atômica da matéria.

2.1.5 Lei de Richter e Wenzel ou dos números proporcionais (1792)

As proporções, segundo as quais, dois corpos se combinam entre si, são as mesmas que aquelas, segundo as quais, se combinam separadamente com a mesma massa de um terceiro, ou então, são múltiplos simples daquelas massas.

A *Lei de Richter e Wenzel* é também chamada de lei das *proporções recíprocas*, ou dos *números proporcionais* e ou *lei dos equivalentes*.

Por hipótese, seja a massa m_A da substância A e a massa m_B de B que se combinam com a massa fixa m_C de C dando os compostos D e E respectivamente. E sejam as massas m_A' e m_B' as massas de A e B que se combinam entre si para formar o composto F, como segue:

$$\underbrace{A + C}_{\text{Reagentes}} \xrightarrow{\text{Condições de reação}} \underbrace{D}_{\text{Produtos}} \quad \text{(R-10)}$$
$$m_A + m_C$$

$$\underbrace{B + C}_{\text{Reagentes}} \xrightarrow{\text{Condições de reação}} \underbrace{E}_{\text{Produtos}} \quad \text{(R-11)}$$

$$\underbrace{A + C}_{\text{Reagentes}} \xrightarrow{\text{Condições de reação}} \underbrace{F}_{\text{Produtos}} \quad \text{(R-12)}$$

Logo

$$\frac{m_{A1}}{m_{B1}} = \frac{m_A}{m_B} \cdot \frac{a}{b} \quad \therefore \quad \text{Onde}: a, b = 1, 2, \cdots (7)$$

A seguir, através das Reações (R-13), (R-14) e (R-15), nas quais são colocadas as massas: m_{A1}; m_{B1}; m_A; e m_B será exemplificada a *Lei Richter e Wenzel*.

$$\underbrace{\begin{array}{c}\text{Hidrogênio (H}_2\text{)} + \text{Cloro (Cl}_2\text{)} \\ 0{,}2016\,\text{g} \quad\quad\quad 7{,}09\,\text{g}\end{array}}_{} \xrightarrow{\text{Condições de reação}} \underbrace{\text{Cloreto de hidrogênio (2 HCl)}}_{} \quad \text{(R-13)}$$

$$\underbrace{\begin{array}{c}\text{Sódio (2 Na)} + \text{Cloro (Cl}_2\text{)} \\ 4{,}60\,\text{g} \quad\quad\quad 7{,}09\,\text{g}\end{array}}_{} \xrightarrow{\text{Condições de reação}} \underbrace{\text{Cloreto de sódio (2 NaCl)}}_{} \quad \text{(R-14)}$$

$$\underbrace{\begin{array}{c}\text{Hidrogênio (H}_2\text{)} + \text{Sódio (2 Na)} \\ 0{,}1008\,\text{g} \quad\quad\quad 2{,}30\,\text{g}\end{array}}_{\text{Reagentes}} \xrightarrow{\text{Condições de reação}} \underbrace{\text{Hidreto de sódio (2 NaH)}}_{\text{Produtos}} \quad \text{(R-15)}$$

Substituindo os valores das massas: m_{A1}; m_{B1}; m_A; e m_B da Equação (7), pelos valores numéricos dos dados nas Reações (R-13), (R-14) e (R-15), chega-se às Equações (8) e (9).

$$\frac{0{,}1008\,(m_{A1})}{2{,}30\,(m_{B1})} = \frac{0{,}2016\,(m_A)}{4{,}60\,(m_B)} \cdot \frac{a}{b} \quad (8)$$

$$\frac{a}{b} = \frac{0{,}1008 \cdot 4{,}60}{2{,}30 \cdot 0{,}2016} = \frac{0{,}46368}{0{,}46368} = \frac{1}{1} \quad (9)$$

1792
As proporções, segundo as quais dois elementos se combinam entre sim, são as mesmas que aquelas, segundo as quais se combinam separadamente com a mesma massa de um terceiro ou então, são múltiplos simples daquelas.

Richter e Wenzel

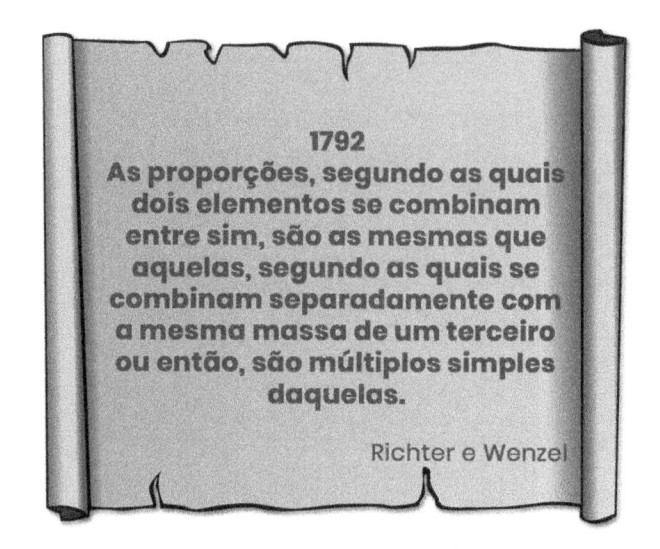

Figura 4 Lei de Richter e Wenzel – Jeremias Benjamin Richter (Alemanha, 1762-1807) e Karl Federik Wenzel (Alemanha, 1740-1793), estabeleceram a Lei das proporções recíprocas.

2.2 LEIS VOLUMÉTRICAS DAS COMBINAÇÕES QUÍMICAS

2.2.1 Aspectos gerais

Além da massa, outra grandeza física que os homens de ciência, na época, tinham facilidade, ou pelo menos tinham instrumentos para medi-la, era o *volume*, juntamente com as respectivas *temperaturas* e *pressões*. Dali, o porquê que apareceram as *Leis Volumétricas* das combinações químicas, bem como, o florescimento das *Leis dos Gases*.

2.2.2 Leis de Gay-Lussac ou leis volumétricas (1808)

É importante observar que, em todas as leis analisadas, a *reação é completa*, isto é, a constante de seu equilíbrio (Ke) é muito grande, significando que os *reagentes* se converteram em *produtos*.

Para efeito de análise das *Leis de Gay-Lussac* serão considerados os reagentes $A_{(g)}$ e $B_{(g)}$, bem como, seus produtos formados $D_{(g)}$ e $E_{(g)}$ todos na mesma temperatura (T) e pressão (P) como sendo nas Condições Normais de Temperatura e Pressão (CNTP), isto é, T = 0 °C (273,15 K) e P = 1atm (760 mmHg), conforme a Reação (R-16).

$$\underbrace{\left. A_{(g)} \right|_{T,P} + \left. B_{(g)} \right|_{T,P}}_{\text{Reagentes}} \xrightarrow{\text{Condições de reação}} \underbrace{\left. D_{(g)} \right|_{T,P} + \left. E_{(g)} \right|_{T,P}}_{\text{Produtos}} \quad \text{(R-16)}$$
$$V_A \text{ mL} \quad\quad V_B \text{ mL} \quad\quad\quad\quad\quad\quad V_D \text{ mL} \quad\quad V_E \text{ mL}$$

T= Temperatura, P= Pressão: nas Condições Normais de Temperatura e Pressão (CNTP)

Por hipótese, sejam os volumes dos reagentes: V_A mL ($A_{(g)}$); V_B mL ($B_{(g)}$); e os volumes dos produtos formados: V_D mL ($D_{(g)}$) e V_E mL ($E_{(g)}$) medidos e expressos nas CNTP. A *Lei de Gay-Lussac* confirma a Equação (10).

$$\frac{V_A \text{ mL}}{a} = \frac{V_B \text{ mL}}{b} = \frac{V_D \text{ mL}}{d} = \frac{V_E \text{ mL}}{e} = \cdots \quad (10)$$

Onde: a, b, d, e ... correspondem a uma relação simples.

1808
1ª Lei
Quando dois gases se combinam, há uma relação muito simples entre seus volumes, nas mesmas condições de temperatura e pressão. E quando o composto também é gasoso há uma relação muito simples entre o volume do composto e os volumes dos componentes, nas mesmas condições de temperatura e pressão.

2ª Lei
Salvo o caso de gases simples, que se combinem volume a volume, há contração, isto é, o volume do composto gasoso formado é menor que o da soma dos volumes dos gases componentes.

Gay-Lussac

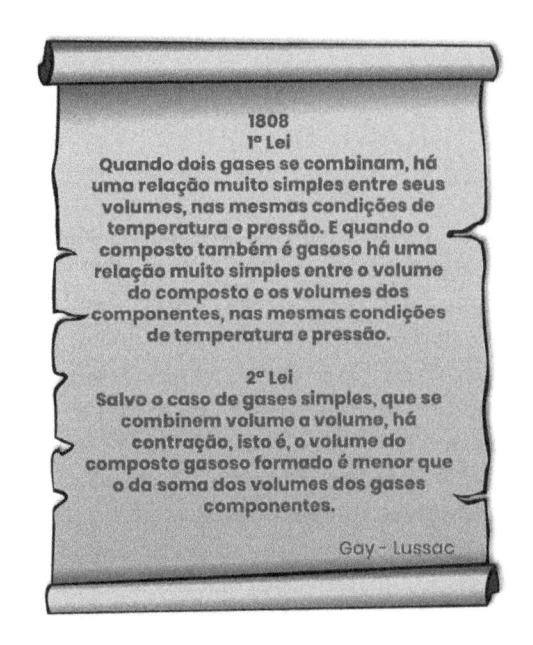

Figura 5 Lei de Gay-Lussac – Joseph Louis Gay-Lussac (França, 1778-1850) descobriu as leis volumétricas das combinações dos gases.

Para confirmar as *Leis de Gay-Lussac* será dado o exemplo da Reação (R-17), na qual consta o volume de cada reagente e do produto formado nas CNTP.

$$\underbrace{\underset{224\,mL}{1H_{2(g)}|_{T,P}} + \underset{224\,mL}{1Cl_{2(g)}|_{T,P}}}_{\text{Reagentes}} \xrightarrow{\text{Condições de reação}} \underbrace{\underset{2\cdot 224\,mL = 448\,mL}{2HCl_{2(g)}|_{T,P}}}_{\text{Produtos}} \quad (R\text{-}17)$$

Hidrogênio + Cloro → Cloreto de Hidrogênio

T=Temperatura, P=Pressão: nas Condições Normais de Temperatura e Pressão (CNTP)

Aplicando à Reação (R-17) o princípio da Equação (10) chega-se à Equação (11), Equação (12) e Equação (13), que confirma Gay-Lussac.

$$\frac{224\,mL}{a} = \frac{224\,mL}{b} = \frac{448\,mL}{d} \quad (11)$$

$$\frac{224\,mL}{1} = \frac{224\,mL}{1} = \frac{448\,mL}{2} = 224\,mL \quad (12)$$

Logo,

$$a, b, d \rightarrow 1, 1, 2 \quad (13)$$

3 A MATÉRIA CONSTITUÍDA DE PARTÍCULAS INDIVISÍVEIS: TEORIA ATÔMICO-MOLECULAR

As expressões: números *pequenos* e *inteiros*; *relações simples* expressas por *números inteiros* etc., que foram aparecendo com as Leis das Combinações (Leis Ponderais e Leis Volumétricas) forçaram os homens de ciência que usavam com maestria a balança, os instrumentos volumétricos, os termômetros e os barômetros etc., a perscrutar o porquê de tais números e de tais relações simples. Voltaram a estudar o pensamento dos antigos filósofos gregos.

Lá, na antiga Grécia, muito antes de Cristo, falava-se de que a matéria era constituída de partículas indivisíveis "átomos". (Atenção: hoje sabemos que o átomo é divisível, contudo, continuamos a usar a palavra átomo, pois, ela identifica uma *unidade estável da matéria*, que participa das combinações químicas). Mas, como já foi dito, é divisível.

Detalhes 4

Vejamos um pouco desta história fascinante.

Nos anos:

- 450 AC (Antes de Cristo) Leucipo (Grécia) propôs o conceito atômico da matéria.
- 400 AC Demócrito de Abdera (Grécia, 460-357 AC aprox.) aluno de Leucipo, foi um dos maiores atomistas dos tempos antigos. Ensinava: **As únicas coisas que existem são átomos e o espaço vazio; tudo o mais é mera opinião.**
- 300 AC Epícuro de Samos (Grécia, 342-270 AC aprox.) fundou um sistema filosófico baseado no atomismo de Demócrito.
- 60 AC Tito Lucrécio Caro (Roma, 95-55 AC aprox.) tentou formular uma explicação racional dos fenômenos naturais, mediante a ampliação das ideias de Demócrito e Epícuro. Seu poema De Rerum Natura é o registro mais completo do atomismo grego existente.
- 1650-1700 DC (Depois de Cristo) Robert Boyle (Inglaterra 1621-1691); Robert Hooke (Inglaterra, 1635-1703) e Isaac Newton (Inglaterra, 1642-1727) explicaram as leis de Boyle introduzindo a Teoria cinética dos gases.

- 1675 Isaac Newton (Inglaterra) introduziu a teoria corpuscular da luz.
- 1738 Daniel Bernoulli (Suiça 1700-1782) propôs uma teoria cinética quantitativa para os gases.
- 1785 Charles Augustin Coulomb (França, 1736-1806) propôs a lei da atração e repulsão das cargas elétricas (Lei de Coulomb).
- 1789 LAVOISIER (França) – a Lei da conservação da matéria.
- 1792 RICHTER (Alemanha) – postulou a Lei dos números proporcionais.
- 1799 PROUST (França) – postulou a Lei das proporções definidas.
- 1805 GAY-LUSSAC (França) – postulou a Leis volumétricas dos gases.
- 1808 DALTON (Inglaterra) – postulou a Lei das proporções múltiplas.

Década de 1810

1. Os elementos químicos são formados de pequenas partículas indivisíveis, chamadas de átomos.
2. Os átomos de um mesmo elemento químico têm a mesma massa e os átomos de elementos químicos diferentes têm massas diferentes entre si.
3. Os átomos dos elementos químicos permanecem inalterados nas reações químicas: os átomos não podem ser criados e nem destruídos nas reações químicas.
4. Os compostos são formados pela ligação entre átomos de dois ou mais elementos químicos, em porporções fixas e simples, tais como: 1:1; 1:2; 1:3; 2:3; etc.
5. A relação entre as massas m e as massas molares M, das espécies A e B é: $m_a/m_b = (M_a/M_b) \cdot (a/b)$. Onde, a/b=relações simples.

John Dalton

Figura 6 Princípios de John Dalton – 1810, John Dalton (Inglaterra, 1766-1844) o mesmo que postulou a Lei das proporções múltiplas, ressuscitou, postulou e propôs a Teoria Atômica.

As *relações simples* resultantes das leis volumétricas de Gay-Lussac não tinham uma explicação satisfatória generalizada pela Teoria Atômica de Dalton.

Com o avanço dos estudos sobre gases, Avogadro postulou sua hipótese e introduziu o conceito de *molécula*.

- 1858 Stanislao Cannizzaro (Itália, 1826-1910) dissipou as divergências entre os valores das massas atômicas, mediante o esclarecimento da acepção dos termos: massa atômica, massa molecular e massa equivalente.

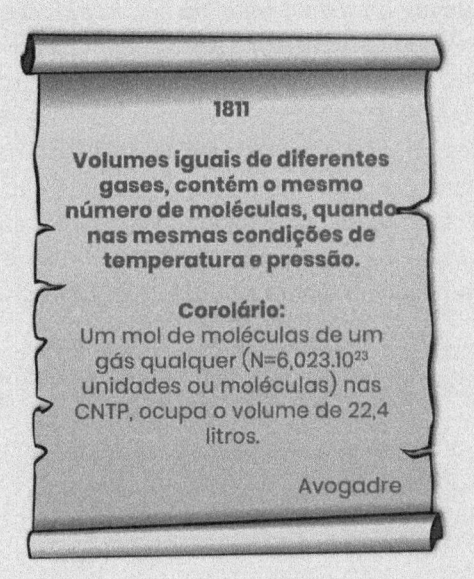

1811

Volumes iguais de diferentes gases, contém o mesmo número de moléculas, quando nas mesmas condições de temperatura e pressão.

Corolário:
Um mol de moléculas de um gás qualquer ($N=6,023 \cdot 10^{23}$ unidades ou moléculas) nas CNTP, ocupa o volume de 22,4 litros.

Avogadro

Figura 7 Princípio de Avogadro – 1811, Lorenzo Romano Amadeo Avogadro (Itália, 1776-1856) apresentou a hipótese de Avogadro e fez a distinção entre átomos e moléculas.

A *molécula* é a *unidade fundamental* de qualquer substância, ou espécie química, que ainda apresenta as propriedades da mesma. Ela pode estar constituída de um átomo só, ou de dois, ou de mais átomos iguais ou diferentes entre si. Ela mantém as propriedades características da substância que representa e é constituída por um número mínimo de átomos que formam a *fórmula molecular*. Por exemplo, o hidrogênio é um gás combustível e de propriedades osmóticas. A menor porção de hidrogênio que detêm estas propriedades é a molécula (H_2). Se a dividirmos ela perde suas propriedades.

O postulado de Avogadro foi um passo importante no caminho do estudo da matéria. Mostrou a possibilidade dos átomos se associarem para formar outras unidades químicas mais estáveis que o próprio átomo, caso contrário os átomos não se ligariam.

4 DIVISÃO DO ÁTOMO E BASES TEÓRICAS DAS LEIS DAS COMBINAÇÕES QUÍMICAS

4.1 DADOS HISTÓRICOS

O homem dividiu a Ciência em partes, ou áreas, para poder melhor dominá-la. Contudo, esta visão seccionada do *todo* o inibe de ver as relações holísticas existentes entre uma e outra parte, além de tolher-lhe a capacidade de ver que o Autor de tudo é O Mesmo.

Assim, para compreendermos melhor as *Leis das Combinações Químicas* vamos vasculhar o que estava sendo feito na ciência enquanto acontecia o que descrevemos até o presente dentro do caminho da visão do átomo, que na época admitia-se indivisível.

Detalhes 5

Continuando a fascinante história da Ciência Moderna

Nos anos:

- 1831 Michael Faraday (Inglatera, 1791-1867) descobriu as leis da eletrólise. Verificou que a massa das substâncias estava associada às cargas elétricas.
- 1869 Dmitri Ivanovich Mendeleyev (Rússia, 1834-1907) e Julius Lothar Meyer (Alemanha, 1830-1907) apresentaram independentemente a Tabela da Classificação Periódica, sendo que Mendeleyev previu elementos que foram descobertos anos mais tarde.
- 1891 Johnstone Stoney (Inglaterra, 1826-1911) apresentou a designação de **elétron** para a unidade elementar de carga elétrica negativa na eletrólise.

Mas, se o átomo era indivisível, o elétron vinha de onde? Não havia resposta para esta pergunta.

- 1896 Antoine Henri Becquerel (França, 1852-1923) descobriu a radioatividade do Urânio.
- 1897 Joseph John Thomson (Inglaterra, 1856-1940) determinou a relação q/m dos raios catódicos.
- 1899-1900 Diversos pesquisadores identificaram a composição da radioatividade: partículas α^{2+}, β^- e γ.
- 1900 Max Karl Ernst Ludwig Planck (Alemanha, 1858-1947) apresentou pela primeira vez as bases da Teoria Quântica.
- 1905 Albert Einstein (Alemanha, Suiça e EUA, 1879-1955) apresentou a explicação quântica do efeito fotoelétrico.
- 1908 Louis Karl Heinrich Friedrich Paschen (Alemanha, 1865-1947) verificou experimentalmente a existência das séries espectrais do átomo de Hidrogênio previstas por Rydberg-Ritz.
- 1909 Robert Andrews Millikan (EUA, 1868-1953) determinou de forma precisa a carga do elétron (q = $1,602.10^{-19}$ C).
- 1909 Ernest Rutherford (Inglaterra, 1871-1937) e Thomas Royds (Inglaterra, 1884-1955) mostraram que as partículas alfa (α) são átomos de Hélio duplamente ionizadas (α^{2+}, He^{2+}).

- 1911 Ernest Rutherford (Inglaterra) Hans Geiger (Alemanha, 1882-1945) e Ernest Marsden (Inglaterra, 1889-1970) demonstraram a necessidade do modelo nuclear do átomo para explicar o espalhamento das partículas alfa.

A partir deste momento a ciência envolvendo química partiu para dois caminhos distintos: o caminho do *núcleo*, as reações nucleares etc.; e o caminho da química propriamente dito, o estudo e a interpretação da *eletrosfera*.

- 1913 Niels Henrik David Bohr (Dinamarca, 1885-1962) criou a primeira teoria bem sucedida da estrutura da eletrosfera, ou da estrutura atômica. Dividiu a eletrosfera em camadas.
- 1915 Arnold Johannes Wilhelm Sommerfeld (Alemanha, 1868-1951) melhorou o modelo atômico de Bohr introduzindo órbitas elípticas e efeitos relativísticos.
- 1916 Theodore Lyman (EUA, 1874-1954) encontrou e explicou a série de raias espectrais de Lyman, prevista pela teoria de Bohr.
- 1919 Ernest Rutherford (Inglaterra) produziu hidrogênio e oxigênio bombardeando nitrogênio com partículas alfa. A primeira transmutação de um elemento feita pelo homem.
- 1923 Arthur Holly Compton (EUA, 1892-1967) descobriu o efeito Compton e mostrou que o fóton tem quantidade de movimento, característica das partículas.
- 1924 Louis Victor De Broglie (França, 1892-1987) apresentou o conceito de ondas de De Broglie, início da teoria da dualidade da matéria: onda-corpúsculo e corpúsculo-onda.
- 1925 George Eugene Uhlenbeck (Java, Holanda, EUA, 1900-1988) e Samuel Abraham Goudsmit (Holanda, EUA, 1902-1978) introduziram o "*spin*" e momento magnético do elétron na teoria atômica.
- 1925 Wolfang Pauli (Áustria, Suíça, 1900-1958) anunciou o princípio da exclusão de Pauli.
- 1925 Max Born (Alemanha, 1882-1970), Werner Karl Heisenberg (Alemanha, 1901-1976), Pascual Jordan (Alemanha, 1902-1980) desenvolveram a base da Mecânica Quântica.
- 1926 Erwin Schrödinger (Áustria, Irlanda, 1887-1961) propôs a teoria da mecânica ondulatória do átomo de Hidrogênio, donde aparecerem os números quânticos e a posterior distribuição eletrônica dos elétrons num átomo.
- 1927 W. Heitler, F. London e Slater propuseram, baseados nas ideias do par eletrônico de G.N. Lewis, I. Langmuir e outros, o modelo quanto-mecânico para a molécula do hidrogênio. Seu estudo é mais conhecido como modelo da Teoria da Valência (TV). Ele foi tratado posteriormente por muitos outros cientistas, entre eles Linus Pauling e C. A. Coulson.
- 1928 Mulliken, Hund e depois muitos outros, propuseram o modelo da formação do par eletrônico pelo Teoria do Orbital Molecular (TOM).

4.2 ORBITAL ATÔMICO E ORBITAL MOLECULAR

A combinação dos elementos deixou de ter uma explicação apenas experimental ponderal e volumétrica no momento em que a Mecânica Quântica floresceu. O elétron foi tratado como onda-partícula e com o auxílio da física-matemática e de equipamentos sofisticados explicou a distribuição dos elétrons nos elementos, nos seus *endereços quânticos* (Números Quânticos), nos átomos e nas moléculas, enfim a própria Tabela Periódica.

Ficou provado que cada elemento tende a uma estabilidade eletrônica individual naturalmente e na busca desta estabilidade dão-se as *reações químicas* e que esta estabilidade química se aproximava da configuração eletrônica dos gases nobres, que têm seus subníveis eletrônicos completos.

A Tabela Periódica apresentado por Mendeleyev (1869) baseada nas propriedades químicas dos elementos, formando os períodos e as famílias, agora foi explicada pela Mecânica Quântica na distribuição eletrônica em níveis e subníveis energéticos, originando os *elementos representativos* (bloco ns^{1-2} e $ns^2\ np^{1-5}$), *elementos de transição* (bloco nd^{1-10}, bloco f^{1-14}) e *gases nobres* ou *inertes*, não reativos (bloco n^2, $ns^2\ np^6$). Aqui ficou provado que as propriedades químicas eram definidas pelos elétrons da camada de valência.

Portanto, os elementos químicos alcançam a estabilidade eletrônica:
- Formando um, ou mais, pares eletrônicos que são atraídos por um dos elementos que se ligam, por ser mais eletronegativo, constituindo um Orbital Atômico (OA) com um elétron do outro elemento dando-lhe carga negativa no balanço das mesmas e criando o fato da recepção e a doação de elétrons (eletrovalência), formando retículos cristalinos, onde se encontram os íons numa estrutura predefinida e com isto o elemento adquire sua configuração eletrônica estável;
- Tendendo a uma estabilidade eletrônica individual dentro de um grupo de no mínimo 2 átomos, a molécula, através da formação de pelo menos um par eletrônico compartilhado entre os dois átomos que se combinam. O espaço onde se encontra o par é denominado de Orbital Molecular (OM). Quando o par é formado por um elétron de cada átomo que se liga temos a covalência comum, quando o par é formado por elétrons do mesmo elemento e coordenado dativamente ao outro elemento temos a ligação covalente dativa ou coordenada.

Com este conhecimento, a massa equivalente que surgiu das leis ponderais, pela mecânica quântica é a massa do elemento, da substância etc., associada a cada um dos elétrons envolvidos na combinação, ou para efeito de pesagem (massa) é a massa associada a um mol de elétrons ($N = 6,023.10^{23}$ elétrons). Exemplos: Assim, 2 g de Hidrogênio se combinam 16 g de Oxigênio, portanto, na proporção definida e fixa de 1g de H:8g de O, porque cada 1,0 g de Hidrogênio está associada a um mol de elétrons (é a massa equivalente do H) e 16,0 gramas de Oxigênio estão associados a 2 mols de elétrons, portanto, 8,0 g de Oxigênio é a massa equivalente do mesmo. A massa do cloro associada a um mol de elétrons é 35,5 g (é a massa equivalente do Cloro) logo a proporção de combinação definida e fixa é 1g de H para 35,5 g de Cl, formando o HCl.

O número de elétrons de cada elemento, na camada de valência, é que define o número de massas equivalentes de cada átomo.

Em termos de regras práticas tem-se:
- Pela Teoria da Valência (TV) é o número de elétrons que se encontra disponível na camada de valência para formar efetivamente pares eletrônicos, que podem ser doados ou recebidos (eletrovalência), ou compartilhados (covalência); que foi antecedida pela regra do octeto para compostos comuns (Lewis e Langmuir) e pela regra do Número Atômico Efetivo para complexos (Sidwick);
- Pela Teoria do Orbital Molecular (TOM) é igual a ½(número de elétrons que ocupam orbitais moleculares ligantes – número de elétrons que ocupam orbitais moleculares antiligantes) = ordem da ligação, pois, nesta teoria todos os elétrons de cada átomo entram na formação dos OM (ligantes e antiligantes).

Formação da molécula de hidrogênio, $H_{2(g)}$

O gás Hidrogênio tem massa molar 2,0 g e fórmula molecular H_2. Pela mecânica quântica dois átomos ligam-se entre si para formar uma molécula através de um OMLσ (Orbital Molecular Ligante Sigma), conforme segue, na Figura 8.

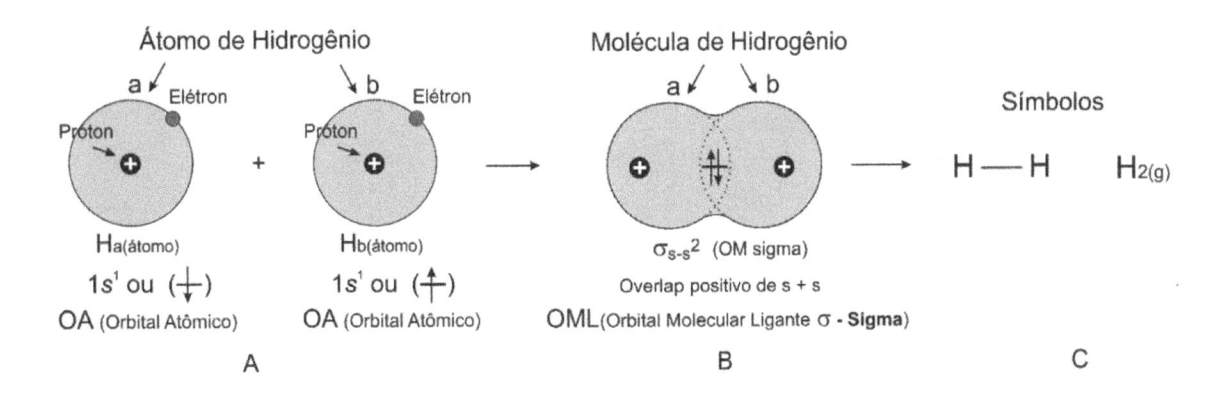

Figura 8 Visualização da combinação de dois átomos de Hidrogênio formando a molécula de Hidrogênio: (A) Átomos de Hidrogênios livres; (B) Sobreposição positiva dos dois orbitais atômicos (*overlap*) formando o Orbital Molecular Ligante Sigma (σ_{s-s}); (C) Simbolização da molécula de Hidrogênio.

Na parte A da Figura 8 observa-se que cada átomo de H tem 1 elétron que ocupa um espaço ao redor do seu núcleo. Este *espaço* ocupado pelo *elétron-onda* – carácter dual da matéria (onda e partícula) denomina-se de *orbital atômico* (AO), simbolizado por $1s^1$. A *massa do átomo* de hidrogênio associada a 1 mol ($6,023 \cdot 10^{23}$) de elétrons, denomina-se de *massa equivalente*. Esta massa vale 1,0 g de Hidrogênio.

A massa de 1 equivalente de hidrogênio combina-se com a massa de outro equivalente de hidrogênio ou de qualquer outro elemento. Por isto, conforme a parte B da Figura 8, 1 átomo de H se combina com outro átomo de H, na *proporção constante* de 1 para 1. A mesma Figura 8 B, visualiza que um OA do H_a se liga ao OA do H_b, formando um Orbital Molecular Ligante (OML) denominado de sigma (σ_{s-s}).

Formação da molécula de cloro, $Cl_{2(g)}$

O gás cloro tem massa molar 71,0 g e fórmula molecular Cl_2. Pela mecânica quântica os dois átomos ligam-se entre si para formar a molécula de cloro, através de um OML do tipo σ_{p-p}. A Figura 9, em suas partes A, B e C visualiza a combinação dos dois átomos de cloro (**a** e **b**). Pela Teoria da Valência (TV) e ou pela Teoria do Orbital Molecular (TOM) tem-se a explicação do motivo da combinação na proporção de 1:1.

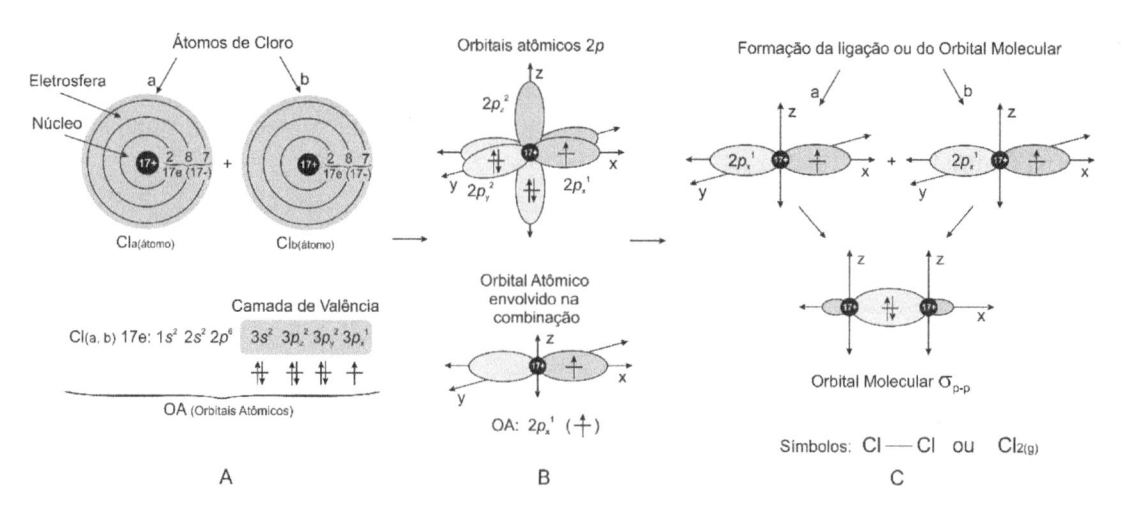

Figura 9 Visualização da combinação dos dois átomos de cloro para formar a molécula do gás cloro ($Cl_{2(g)}$): (A) Visualização dos átomos de cloro (a, b) e respectiva distribuição eletrônica dos seus OA; (B) Visualização do subnível 2p, com: $2p_y^2$; $2p_z^2$; e $2p_x^1$; (C) Visualização da combinação na proporção de 1:1, formando-se o OML$\sigma_{p\text{-}p}$.

Cada átomo tem a massa de 1 equivalente, pois, tem efetivamente um elétron (ou um mol de elétrons) envolvido em caso de um mol de átomos de cloro, com a massa molar de 35,45 g. Cada átomo apresenta um elétron no estado de valência, $2p_x^1$.

Conforme Figura 9 C, observa-se que o átomo **a** de cloro se aproxima frontalmente do átomo **b** pelos eixos x, havendo uma sobreposição (*overlap*) efetiva dos dois orbitais atômicos formando o Orbital Molecular Ligante do tipo $\sigma_{p\text{-}p}$.

Os elétrons desemparelhados (sozinhos) nos orbitais $2p_x^1$ do átomo **a** e de **b** fazem a combinação na proporção de 1:1 ou de 35,45 g do átomo **a** de cloro para 35,45 g do átomo **b** de cloro. Uma *proporção previamente definida* pelos elétrons que vão formar o par ligante (OML).

Como o gás hidrogênio é formado de moléculas (partículas, ou unidades livres) que possuem 2 átomos e o gás cloro também, verifica-se a *Lei de Gay-Lussac*: *um volume* de Hidrogênio reage com *um volume* de cloro, nas mesmas condições de temperatura e pressão para dar *dois volumes* de gás clorídrico de fórmula molecular HCl com massa molar igual à soma das respectivas massas equivalentes do H e do Cl, isto é, 1,0 g + 35,45 g = 36,45 g. A Reação (R-18) mostra em termos qualitativos e quantitativos o que se quer explicar.

$$\underbrace{\underset{\substack{1H_{2(g)}\,|\,T,P \\ 224\ mL \\ \text{1 volume de H}}}{\text{Hidrogênio}} + \underset{\substack{1Cl_{2(g)}\,|\,T,P \\ 224\ mL \\ \text{1 volume de Cl}}}{\text{Cloro}}}_{\text{Reagentes}} \xrightarrow{\text{Condições de reação}} \underbrace{\underset{\substack{2HCl_{2(g)}\,|\,T,P \\ 2\cdot 224\ mL = 448\ mL \\ \text{2 volumes de HCl}}}{\text{Cloreto de Hidrogênio}}}_{\text{Produtos}} \qquad (R\text{-}18)$$

T=Temperatura, P=Pressão: nas Condições Normais de Temperatura e Pressão (CNTP)

A Figura 10 visualiza a combinação de *um átomo de H* com *um átomo de cloro* em termos de Orbitais Atômicos de H ($1s^1$) e de Cl ($2p_x^1$), formando o Orbital Molecular Ligante $\sigma_{s\text{-}p}$. Quem determina a *proporção de 1:1* ou das *massas constantes de reação* são os elétrons envolvidos na reação.

A reação se faz entre os átomos e não entre as moléculas. Estas, antes da reação são desmontadas nos seus átomos constituintes. Por exemplo, um quantum (fóton) da luz visível faz a homólise da molécula de cloro, conforme Reação (R-19).

$Cl_{2(g)}$ + 1 fóton (h·v) → Cl• + Cl• (onde, • representa um elétron desemparelhado) (R-19)

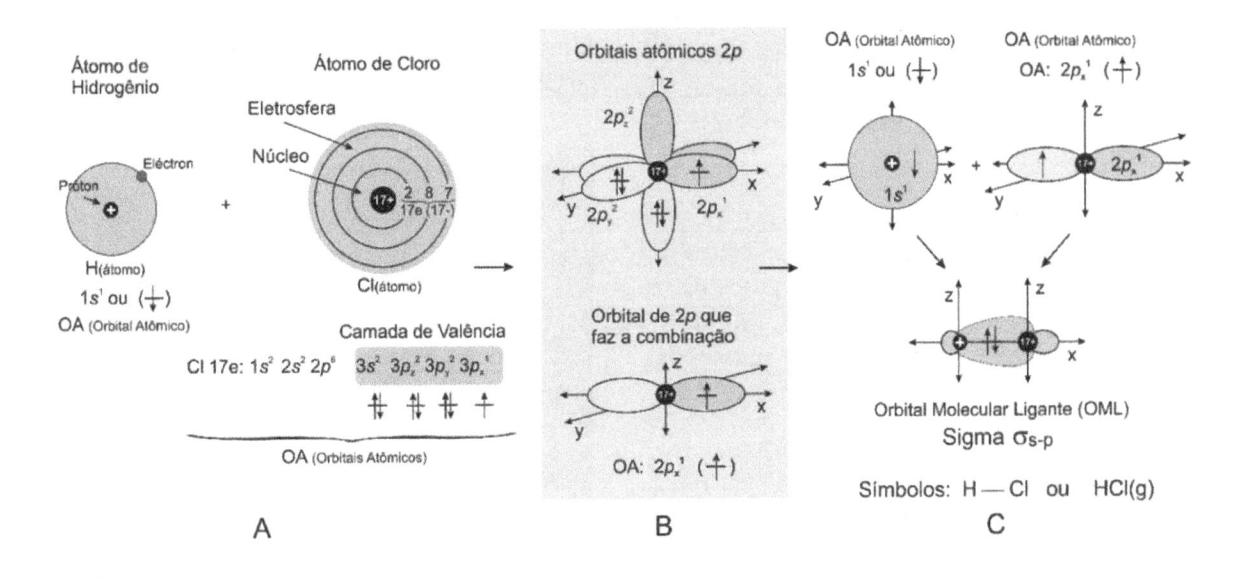

Figura 10 Visualização da combinação do átomo de H com o átomo de Cloro: (A) Detalhamento dos átomos com seus níveis de energia e camada de valência; (B) Orbital atômico do cloro envolvido na combinação; (C) Formação do Orbital Molecular Ligante (OML) σ_{s-p}.

5 APLICAÇÃO DAS LEIS DAS COMBINAÇÕES – A ESTEQUIOMETRIA E SUAS BASES

A Estequiometria é a parte da química que trata da aplicação das leis das combinações químicas. A *Estequiometria*, também chamada de *teoria das massas equivalentes*, se ocupa das relações ponderais envolvidas nas combinações químicas.

Conforme será visto mais a frente, nas Unidades Didáticas, foi adotada, em química, como única unidade de medida de *quantidade de matéria*, o *mol*, assim definida:

O **mol** é a quantidade de matéria (n) de um sistema que contém tantas entidades elementares quanto são os átomos contidos em 12 gramas de carbono 12.

O termo *massa equivalente*, *equivalente-grama* etc., foi banido dos termos ditos atualizados da química. Contudo, a *massa* de um elemento, de uma substância, de um íon etc., *associada a um mol* de elétrons, envolvida numa reação química é a massa que equivale a de outra do mesmo elemento ou de outro elemento, também associada a um mol de elétrons. Dali, o termo: *massas equivalentes*, isto é, que se equivalem. É a massa que estabelece a *proporção fixa* e *definida*, ou a *relação simples dos números pequenos* e que demonstram as *leis das combinações químicas*, sejam as explicadas pela balança (*ponderais*), sejam as explicadas pela medida de volume (*volumétricas*), ou todas elas explicadas pela Mecânica Quântica, com os seus postulados.

A *estequiometria* traz de prático para o químico a possibilidade de fazer:

- O balanço das equações químicas, pelo método do balanço de massa (dito aritmético) e pelo método do balanço eletrônico (dito de óxido-redução);
- O cálculo da previsão de quantidades produzidas de substâncias (em massa, ou em volume) em função de uma dada quantidade de reagente. Ou, de quantidades necessitadas de reagentes em função de uma determinada quantidade de produto necessitada (em massa, ou em volume).

> **Detalhes 6**
>
> Os princípios da estequiometria clássica são:
>
> I. As relações de peso, segundo as quais se combinam os elementos para formar compostos químicos definidos são fixas e invariáveis.
>
> II. Quando duas ou mais substâncias químicas reagem, a transposição se efetua igualmente segundo relações de pesos fixos e invariáveis, que são as mesmas que aqueles segundo os quais os elementos se combinam uns com os outros.
>
> III. Todo o composto químico (substância) contém em todas as suas partículas os mesmos componentes e na mesma proporção de massas.
>
> IV. A massa de uma substância composta é igual à soma das massas dos seus componentes.
>
> Pelo princípio da formação da ligação química que envolve o elétron (pela mecânica quântica), podemos acrescentar:
>
> V. Todo cálculo de massas em reações químicas (estequiometria) tem por base a massa de cada espécie envolvida na reação associada a um mol de elétrons (massa-equivalente).

6 NA NATUREZA TODO E QUALQUER SISTEMA TENDE AO ESTADO DE EQUILÍBRIO

As combinações químicas, cujas leis tratamos anteriormente, ocorrem para obedecer também a este grande princípio da natureza, que pode assim ser enunciado:

Um sistema físico, ou químico, (acreditamos que pode ser generalizado para qualquer situação: social, político, psíquico etc.) sempre tende a sofrer de forma espontânea e irreversível uma mudança de um estado inicial (i) de desequilíbrio para um estado final (f) de equilíbrio.

Em alguns textos de Físico-Química é tratado como o *princípio do equilíbrio móvel*, postulado por Le Chatelier (1885), conforme Figura 11.

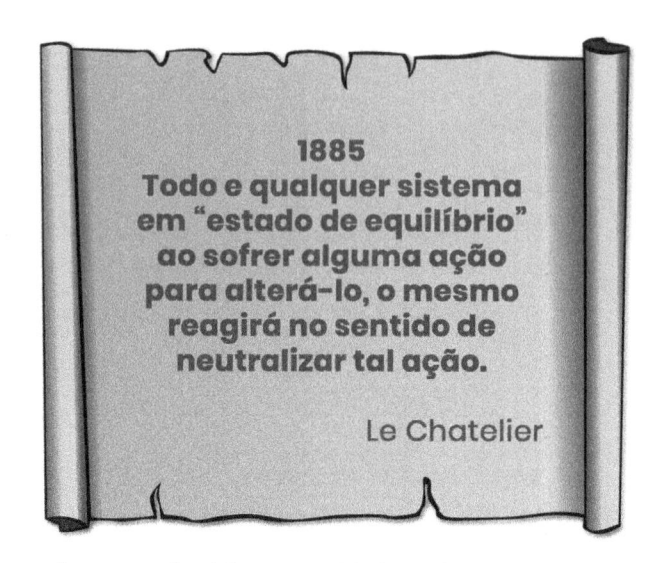

Figura 11 Princípio do equilíbrio móvel – 1885, Henri Louis Le Chatelier (França, 1850-1936).

A medida desta tendência natural de alcançar o equilíbrio e neste trajeto provocar um conjunto de fenômenos, entre eles a própria Combinação Química dos elementos, das substâncias etc., é feita pela *energia livre do sistema*, medida como energia livre de Gibbs (G).

A Figura 12 introduz o assunto, com o significado de cada parte de interesse.

Aplicando este princípio à reação utilizada no estudo da *Lei de Lavoisier* tem-se a Reação (R-20).

$$a A + b B \rightleftarrows d D + e E \qquad (R\text{-}20)$$

Onde, complementando os dados da Figura 12, tem-se:

A, B, D, E, sãos as espécies envolvidas na reação agora em *estado de equilíbrio*;

a, b, d, e, são os coeficientes de cada espécie na Reação (R-21),

$$aA + bB \underset{\text{Sentido 2}}{\overset{\text{Sentido 1}}{\rightleftarrows}} dD + eE \qquad \text{(R-21)}$$

Reagentes (Lado esquerdo) — Produtos (Lado direito)

$$Ke = \frac{\text{Produtos}}{\text{Reagentes}} = \frac{\{D\}^d \cdot \{E\}^e}{\{A\}^a \cdot \{B\}^b} \qquad (14)$$

Onde:
$\rightleftarrows$ = Duas setas que indicam a direção da reação: Sentido 1 (direita), Sentido 2 (esquerda da reação);
Ke = Constante de equilíbrio (Kpa);
pa = Produto de atividades das espécies;
{ i } = atividade da espécie i;
a, b, d, e = Coeficientes das espécies na reação;
a, b, d, e = Expoentes das espécies na equação de Ke ou Kpa.

Quando:
- Ke ou Kpa for grande (por exemplo, $1 \cdot 10^{10}$) a reação é do 1° tipo (total no sentido 1);
- Ke ou Kpa for pequena (por exemplo, $1 \cdot 10^{-10}$) a reação é do 2° tipo (total no sentido 2);
- Em outras situações do valor de Ke e ou Kpa a reação é do 3° tipo (reações reversíveis significativamente). Em qualquer situação sempre se estabelece o equilíbrio dinâmico.

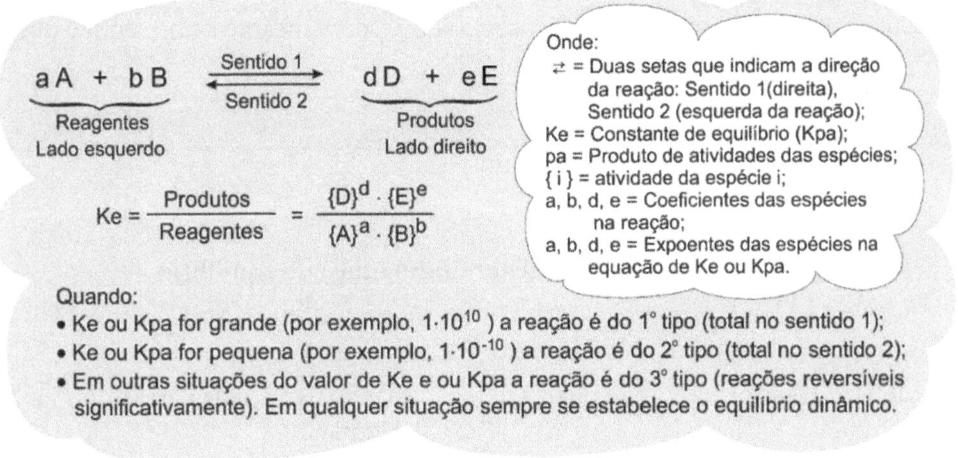

Figura 12 Visualização do estudo do equilíbrio químico com o significado das partes de interesse.

Pela termodinâmica demonstra-se que aplicando este princípio à reação utilizada no estudo da Lei de Lavoisier tem-se a Equação (15).

$$\Delta G = \Delta G^\circ + R \cdot T \cdot \ln \frac{(a_D)^d \cdot (a_E)^e \cdot \ldots}{(a_A)^a \cdot (a_B)^b \cdot \ldots} \quad (15)$$

Onde:
Δ = Variação da propriedade observada no intervalo inicial (i) até o final (f);
G = É a grandeza de estado – energia livre do sistema;
R = Constante dos gases perfeitos, (R = PV/nT);
T = Temperatura absoluta;
(a) = Atividade da espécie i;

Aplicando este princípio à reação utilizada no estudo, tem-se a Equação (16).

$$\Delta G^\circ = \sum_{i=1}^{n}\left(n_i \cdot \mu_i^\circ\right)_{\text{Produtos da reação}} - \sum_{j=1}^{k}\left(n_j \cdot \mu_j^\circ\right)_{\text{Reagentes da reação}} \quad (16)$$

E,
n_i e n_j = Número de mols da espécie i e da espécie j;

μ_i° e μ_j° = *potencial químico* da espécie i e da espécie j = energia livre padrão de formação ($\Delta G^\circ_{f(i)}$), conforme Equação (17)

$$\mu_i = \left(\frac{G_i}{n_i}\right)_{\text{Para: T,P, atividade (a) definidos}} \therefore \mu_j = \left(\frac{G_j}{n_j}\right)_{\text{Para: T,P, atividade (a) definidos}} \quad (17)$$

$$Q = \frac{(a_D)^d \cdot (a_E)^e \cdot \ldots}{(a_A)^a \cdot (a_B)^b \cdot \ldots} = \frac{\text{Produto das atividades dos Produtos}}{\text{Produto das atividades dos Reagentes}} \quad (18)$$

O valor de G mede a tendência de o sistema deslocar-se para o equilíbrio, ou não. Para o que se tem três situações distintas:

1ª Situação
$\Delta G <$ zero
Portanto, um valor negativo. Este nos diz que o processo espontaneamente se dá no sentido de deslocar-se para formar mais produtos até alcançar o equilíbrio.

2ª Situação
ΔG > zero
Portanto, um valor positivo. Este nos diz que o processo se dá espontaneamente no sentido dos reagentes.
3ª Situação
ΔG = zero
Este valor nos diz que o processo alcançou o *estado de equilíbrio*.
Portanto, quando G = 0 (zero), tem-se a Equação (19)

$$Q = K = \frac{(a_D)^d \cdot (a_E)^e \cdot \ldots}{(a_A)^a \cdot (a_B)^b \cdot \ldots} = \text{Constante termodinâmica de equilíbrio} \quad (19)$$

Donde a Equação (15) transforma-se na equação (20).

$$\ln K = \frac{-\Delta G^\circ}{R \cdot T} \quad (20)$$

Ao final, todo o estado de equilíbrio é expresso por uma constante termodinâmica (K), que nos informa em que condições de produtos e reagentes ele é alcançado, porém, nada nos diz sobre, quando isto pode acontecer.

7 A ESTRUTURA DA MATÉRIA

Nos últimos cento e cinquenta anos a Ciência deu passos gigantescos e evoluiu de forma exponencial. As Universidades e Institutos de Pesquisa se multiplicaram. O número de pesquisadores cresceu. As máquinas evoluíram tornando-se *melhores*, mais *sensíveis*, mais *acessíveis* e em *maior número*.

A Tecnologia, que é a Ciência como tal, convertendo-se em instrumentos, máquinas, produtos e artefatos a serviço do homem, teve como consequência:
- Geração de lucros e de capital;
- Nova visão de domínio do homem sobre o outro homem;

Os povos sem Ciência não passam de cortadores de lenha e carregadores de água para os povos mais esclarecidos.

(Ernest Rutherford)
- Investimento pesado na pesquisa;
- As Universidades investiram e investem na Pós-graduação e como consequência geram pesquisas e preparam novos pesquisadores nas mais variadas áreas do Conhecimento Humano.

Em termos de Ciência os resultados no *campo da Química*, neste período, com o desenvolvimento da Física-Matemática, com a Teoria Quântica, e a Teoria da Dualidade da Matéria, impulsionaram as explicações mais convincentes sobre a estrutura de átomos (Modelo Mecânica-Quântico), moléculas (Teoria da Valência, Teoria do Orbital Molecular) e as interações da energia com a matéria.

Os resultados no campo da *Física Experimental e Teórica*, neste período, tiveram um desenvolvimento e aperfeiçoamento impressionante de técnicas e máquinas (aceleradores, colisores, e detectores de partículas) nas quais foram observadas inúmeras partículas resultantes da "quebra" de átomos. Assim, o número de partículas subatômicas (umas elementares e outras não), algumas conhecidas experimentalmente, e outras apenas por hipótese dos modelos matemáticos desenvolvidos, bem como, o tipo de forças que as ligam e as regem, aumentou rapidamente (Beiser, 1969). Os físicos, para se adaptarem à nova realidade, e terem um modelo (teoria) mais racional e consistente que contivesse este "mundo" de partículas descobertas, previstas e possíveis "como um todo", nos anos de 1970 a 1973, criaram o MODELO PADRÃO DA FÍSICA DE PARTÍCULAS (Moreira, 2009), que também, não deixa de ser uma Teoria da Física de Partículas.

A Figura 13 apresenta as ideias básicas do Modelo Padrão (Modelo Standard) da Física de Partículas.

A partícula, *bóson de Higgs*, prevista em meados de 1964, pelo físico escocês Peters Higgs, foi confirmada experimentalmente em 2012, segundo medidas realizadas no **LHC** (Large Hadron Collider), mediante os detectores **ATLAS** (**A T**oroidal LHC Apparatu**S**) e CMS (Compact Muon Solenoid), entre outros, do **CERN** (antigo acrônimo para *Conseil Européen pour la Recherche Nucléaire*), hoje, *Organisation Européenne pour la Recherche Nucléaire*. (CHO, 2012; CMS Collaboration, 2012a).

A esta partícula, *bóson de Higgs*, está associado outro *campo de forças*, previsto como, *Campo de Higgs*. Portanto, mais uma, além das 4 partículas (*partículas de força*) observadas na natureza, conforme a Figura 13, (ATLAS Collaboration, 2012; CMS Collaboration, 2012b).

A propriedade fundamental deste *bóson de Higgs*, é que, ao interagir com outra partícula compatível lhe confere a **massa** da mesma, uma das características básicas da matéria. Aqui, com esta prova experimental da existência do bóson de Higgs, estaria uma prova contundente do Big-Bang inicial.

Apesar das evidências experimentais do Modelo Padrão da Física de Partículas, existem ainda muitos aspectos a ser esclarecidos pelo Modelo (ou Teoria).

Enquanto isto, novas formas de pensar aparecem sobre o assunto, que só podem ser eliminadas, quando tudo estiver esclarecido.

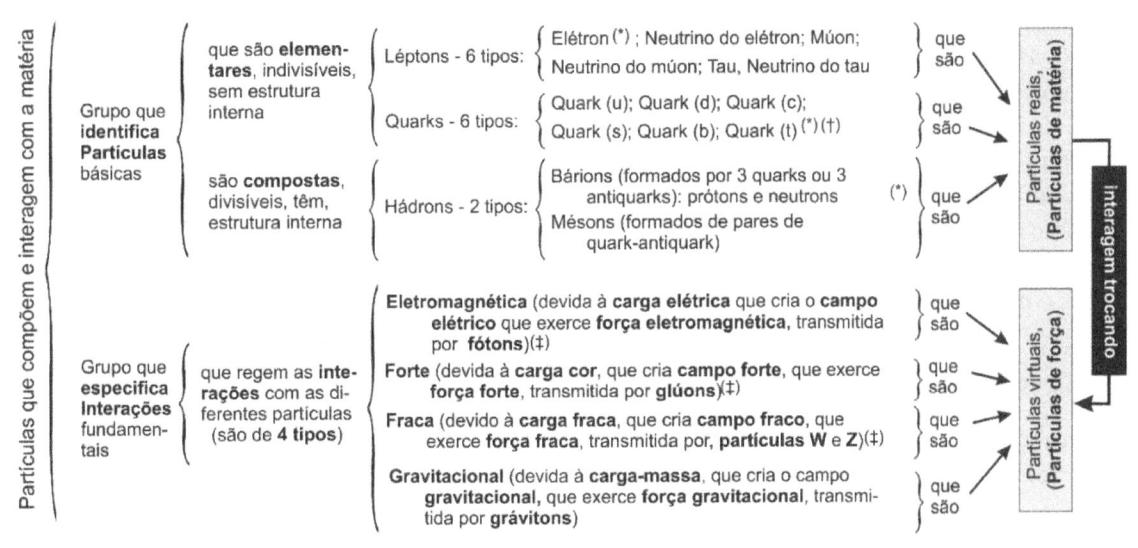

Figura 13 Visualização simplificada do Modelo Padrão da Física de Partículas.
FONTE: Beiser, 1969; Moreira, 2009; CMS Collaboration, 2012 (a); CMS Collaboration, 2012 (b); CHO, 2012; ATLAS Collaboration, 2012.

Apesar de toda esta evolução da ciência, em termos de *reações de químicas* as partículas fundamentais necessitadas são: *elétron* (e) com carga negativa, na eletrosfera; *próton* (p) com carga positiva, no núcleo; *nêutron* (n) sem carga, no núcleo. Estas são as partículas que definem a *identidade do átomo*, que compõem os elementos.

Esta identidade, nas reações químicas, passa de uma espécie a outra sem se modificar como identidade. Aqui, não estão incluídas as *reações químicas nucleares*, nas quais há modificação da identidade dos átomos.

O átomo que interessa na química é o átomo caracterizado ou identificado por um:
- Número Atômico (Z), em que, Z = p (número de prótons no núcleo do átomo);
- Número de Massa (A), em que, A = p + n (prótons + nêutrons = nucleontes).

Cada identidade (átomo) caracterizada por um número atômico (Z = número de prótons) constitui um *elemento* (E) que ocupa uma posição própria na Tabela Periódica.

Figura 14 apresenta as características de E (elemento).

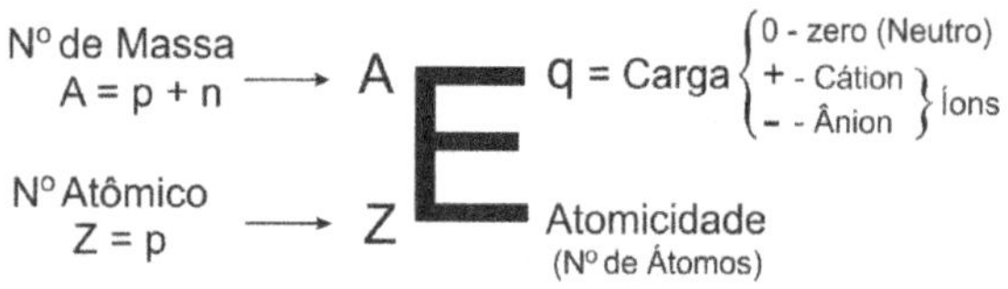

Figura 14 Visualização da caracterização de um elemento químico.

Os termos que derivam da presença de mesmo número de prótons e mais ou menos nêutrons e elétrons no elemento são:

- Isótopos: São átomos do mesmo elemento com o mesmo número de prótons e diferentes números de massa;
- Isóbaros: São átomos de elementos químicos diferentes que possuem o mesmo número de massa;
- Isótonos: São átomos de elementos químicos diferentes que possuem o mesmo número de nêutrons;
- Isoeletrônicos: São átomos ou íons diferentes com o mesmo número de elétrons.

8 EXERCÍCIOS DE FIXAÇÃO

Observação: Na resolução dos exercícios consulte as massas dos elementos na tabela no final do livro.

1. A decomposição térmica do calcário ou carbonato de cálcio, produz dois compostos: a cal ou óxido de cálcio e o gás carbônico ou dióxido de carbono:

$$CaCO_3 \xrightarrow{\Delta} CaO + CO_2$$
Carbonato de cálcio — Óxido de cálcio — Dióxido de carbono

O óxido de cálcio puro ou hidratado é muito usado na construção civil. Mas o dióxido de carbono, que é um gás liberado para a atmosfera, aumenta o efeito estufa e segundo o Protocolo de Kioto deve ter sua emissão controlada, ou fazer reflorestamentos para que na fotossíntese as plantas absorvam este gás.
a) Partindo de 2 toneladas de calcário com 80% de pureza quanto de óxido de cálcio é produzido?
b) E a massa de gás carbônico que liberada na atmosfera?

2. O potássio (K) é um elemento necessário para o desenvolvimento das plantas. Ele é um macronutriente. Observando a análise de solo um agrônomo receita 60 kg de potássio (K) por hectare, para o cultivo de soja. Dentre os fertilizantes que contém potássio o agricultor opta pelo cloreto de potássio (KCl). Quantos kg de cloreto de potássio o agricultor devera adicionar por hectare de solo para satisfazer a receita do agrônomo?

3. O metal chumbo não existe na natureza em seu estado nativo. O principal minério para a extração deste metal é a galena (PbS – sulfeto de chumbo). A extração do chumbo da galena, seu uso como aditivo da gasolina (chumbo tetraetila) e outros usos, espalhando-o por toda parte causou grande mal para o meio ambiente e para o homem, pois o chumbo é um elemento tóxico. Considerando uma galena com 85% de pureza, qual a massa de Pb obtida a partir de uma tonelada de galena?

4. O ácido acetilsalicílico, conhecido como AAS, é um analgésico bastante usado. Este ácido é sintetizado a partir do ácido salicílico e do anidrido acético, conforme reação abaixo.

$$C_7H_6O_{3(s)} + C_4H_6O_{3(l)} \rightarrow C_9H_8O_{4(s)} + H_2O$$
Ácido salicílico — anidrido acético — Ácido acetilsalicílico

a) Quantos gramas de anidrido acético são necessários para reagir com 10,0 g de ácido salicílico?

b) Quantos gramas de ácido acetilsalicílico se formarão?

c) Se a reação iniciar com 10,0 g de ácido salicílico e 5,00 de anidrido acético, qual dos dois reagentes é o limitante? Quantos gramas sobram do reagente em excesso?

Observação: Não se esqueça de fazer o balanceamento da equação.

5. Em condições de altas temperaturas e pressão o gás nitrogênio reage com o gás hidrogênio formando a amônia também gasosa. Esta é uma reação muito importante, pois fixa o nitrogênio da atmosfera. A partir da amônia, podem-se sintetizar muitos outros produtos nitrogenados como fertilizantes, ácido

nítrico e outros. A equação química que representa está reação está abaixo representada.

$$N_{2(g)} + H_{2(g)} \xrightarrow[600 \text{ atm}]{500 \, °C} NH_{3(g)}$$

Considere que os gases estão na mesma temperatura e pressão, e responda:

a) 500 mL de nitrogênio reagirá com quantos mL de hidrogênio?

b) Que vai produzir quantos mL de amônia?

c) Qual a massa de amônia produzida, se os gases estivem nas CNTP?

Respostas: 1. 896,47; 703,53; 2. 114,40; 3. 736,10; 4. 3,69; 13,04; 1,31; 5. 1500; 1000; 161,18.

9 REFERÊNCIAS BIBLIOGRÁFICAS E SUGESTÕES PARA LEITURA

ATKINS, P. W. **The 2nd law – Energy chaos, and form**. New York: Scientific American Books, 1994. 216 p.

ATLAS Collaboration. *Observation of a new particle in the search for Standard Model Higgs boson with ATLAS detector at the LHC.* **Physics Letters B**, v. 716, p. 1-29, 2012.

BARROW, G. **Química Física**. 4. ed. Versión española de Salvador Sernent. Barcelona: Editorial Reverté, 1985. Vol. 1 (500 p.) e Vol 2 (528 p.).

BEISER, A. **Conceitos de física moderna**. Traduzido por Gita K. Ghinzberg. São Paulo: Editora da Universidade de São Paulo e Editora Polígono, 1969. 458 p.

BONATO, Irmão Firmino. **Química**. 10. ed. São Paulo: Editora FTD, 1968. Volume 01, 305 p.

CARVALHO, G. C. **Química moderna**. São Paulo: Livraria Nobel, 1969. Volume 1, 244 p.

CHO, A. *The discovery of Higgs boson.* **Science**, v. 338, (21 of December), p. 1524-1525, 2012.

CMS Collaboration. *A new boson with a mass of 125 GeV observed with the CMS Experiment at Large Hadron Collider.* **Science**, v. 338, (21 of December), p. 1569-1575, 2012(a).

CMS Collaboration. *Observation of a new boson at a mass of 125 GeV with the CMS experiment at the LHC.* **Physics Letters B**, v. 716, p. 30-61, 2012(b).

ENCICLOPÉDIA UNIVERSAL ILUSTRADA EUROPEO-AMERICANA. Madrid: Espasa Calpe, 1922. Volumes 1 a 70.

GARCIA-COLIN SHERER, L.; MENZER, M. M.; MOSHINSKY, M. **Niels Bohr: científico, filósofo, humanista**. México: Consejo Nacional de Ciencia y Tecnología – SES, 1986. 129 p.

MOREIRA, M. A. *O Modelo Padrão da Física de Partículas.* **Revista Brasileira de Ensino de Física**, v. 31, n. 1, p. 10306-1 a 1306-11, 2009.

RHEINBOLDT, H. **História da balança e a vida de J. J. Berzelius**. São Paulo: Editora Universidade de São Paulo e Nova Stella Editorial, 1988. 293 p.

WHER, M. R.; RICHARD Jr, J. A. **Física do átomo**. Tradução de Carlos Campos de Oliveira. Rio de Janeiro: Ao Livro Técnico, 1965. 467 p.

WILBER, K. [Editor] **Questiones Quânticas – Escritos místicos de los físicos más famosos del mondo**. Barcelona: Editorial Kairós, 1986. 298 p.

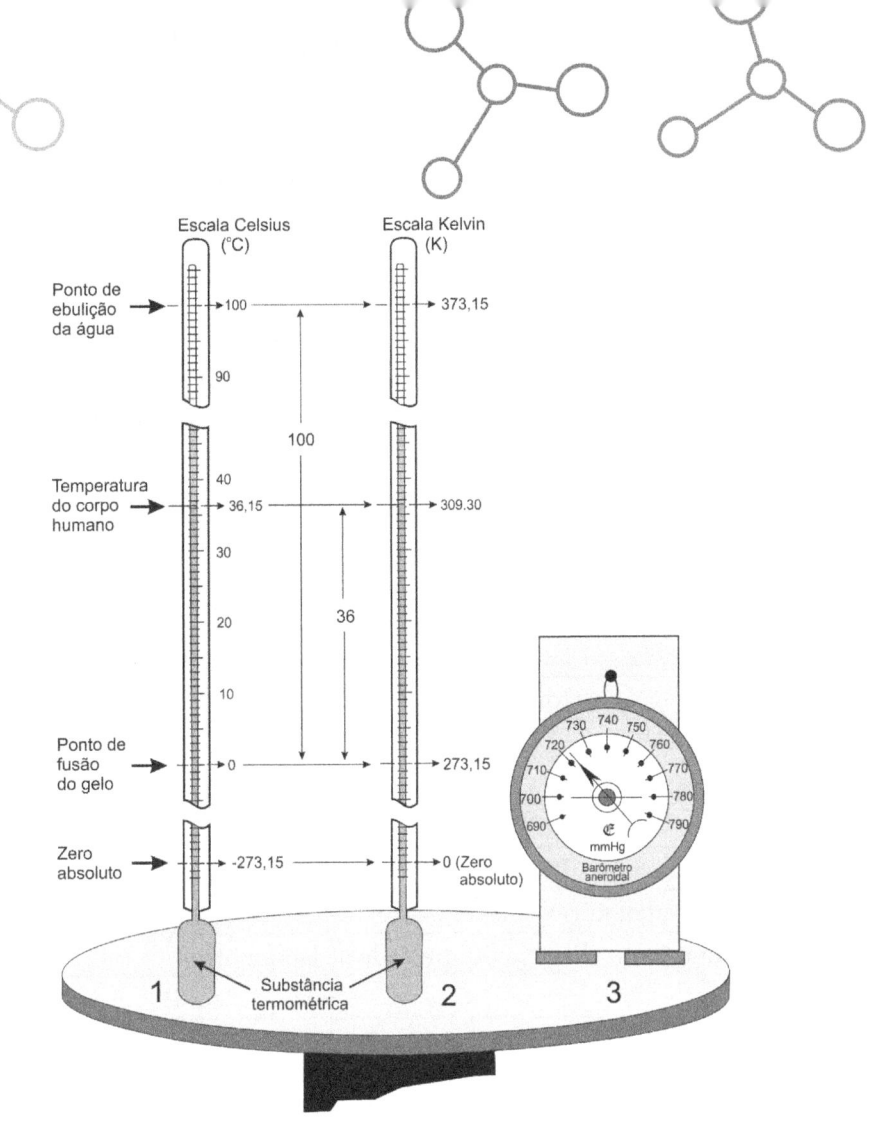

UNIDADE DIDÁTICA 01

1 – Termômetro em Celsius: Usado para medidas de temperatura. É formado por um bulbo de vidro ligado a um tubo, também de vidro muito fino, que contém mercúrio ou outra *substância termométrica*. O volume do bulbo é muito maior do que o do tubo, por isso, quando o mercúrio se aquece, dilata e ocupa parte do tubo, que é graduado. A escala do termômetro apresentado, é a escala Celsius. A escala do termômetro 1 (-273,15 a 100 ºC) é apenas didática para comparar com a escala Kelvin. Na prática, existem termômetros com segmentos de escala que dependem da *substância termométrica* utilizada na construção do mesmo.

2 – Termômetro em escala Kelvin: Na realidade este termômetro, como instrumento, não existe, o que é demonstrado no desenho é a relação entre as duas escalas: Celsius e Kelvin.

3 – Barômetro: Instrumento destinado a medir a pressão atmosférica. No caso, corresponde a um barômetro aneroidal.

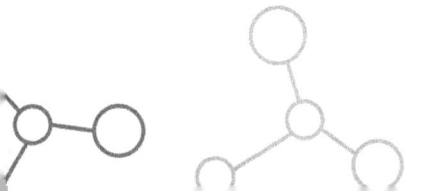

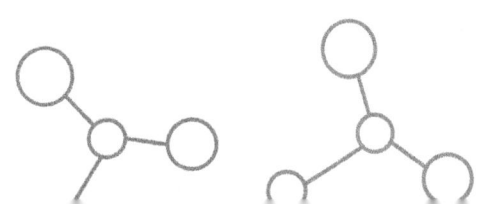

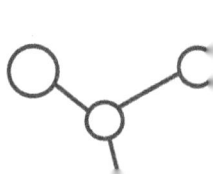

UNIDADE DIDÁTICA 01

INTRODUÇÃO AO LABORATÓRIO

Conteúdo	Página
1.1 Aspetos Teóricos	65
1.1.1 Introdução	65
1.1.2 Segurança em laboratório	66
1.1.3 Preparação ao laboratório	67
1.1.4 Proteção própria	67
1.1.5 Acidentes em laboratório	67
1.1.6 Normas de segurança em laboratório	68
1.1.7 Trabalhando no laboratório	69
1.1.8 Coletando dados no laboratório	69
1.1.9 Descarte dos resíduos	70
1.1.10 Apresentação dos resultados – Relatório de Atividades	70
1.1.11 Obras de consulta no laboratório	70
1.1.12 Normas para elaboração do relatório de atividade de laboratório	71
1.2 Parte Experimental	73
1.2.1 O laboratório	73
1.2.2 A capela	73
1.2.3 O chuveiro de segurança e o "lavador de olhos"	73
1.2.4 O extintor	73
1.2.5 As obras de consulta	73
1.2.6 O almoxarifado	73
1.2.7 A vidraria (principal)	73
1.2.8 Os reagentes (almoxarifado)	73
1.2.9 A sala de preparação	73
1.2.10 Os locais de descarte dos resíduos do laboratório	73
1.3 Exercícios de Fixação	73
Detalhes 1.1	74
1.4 Relatório de Atividades	75
1.5 Referências Bibliográficas	76

Unidade Didática 01
INTRODUÇÃO AO LABORATÓRIO

Objetivos:
- Mostrar ao aluno a estrutura de um laboratório (capelas, extintores, chuveiro, gases, almoxarifado, portas de segurança, sala de balanças etc.).
- Conscientizar o aluno ou o leitor dos perigos que um laboratório pode apresentar e as respectivas normas de segurança.
- Introduzir o acadêmico no trabalho de laboratório.
- Introduzir o acadêmico na atividade de registrar dados e informações obtidas.
- Ensinar a apresentar os resultados de forma técnica e científica.

Ao longo de cada Unidade Didática estes objetivos serão revisados e aplicados ao respectivo conteúdo.

1.1 ASPECTOS TEÓRICOS

1.1.1 Introdução

Os primeiros contatos dos alunos com o laboratório de química são importantes. Os alunos devem receber uma série de informações motivadoras e vitais:
- para sentirem-se motivados ao laboratório, à pesquisa, à criatividade;
- para si próprios, no sentido de se protegerem dos perigos que podem surgir e ser evitados no laboratório;
- no sentido de fazer bom uso da instrumentação que está ao seu alcance;
- para ter sucesso no trabalho laboratorial e sentirem-se realizados.

Ao entrar num laboratório de Química ou num laboratório onde se manipulam, transportam ou se estocam produtos químicos, deve-se ter em mente que há a possibilidade de encontrar produtos *inflamáveis*, *explosivos*, *corrosivos* e *tóxicos*. Isto é, existe a possibilidade de provocar algum tipo de acidente com prejuízos leves ou graves, para si mesmo, para os colegas, à Instituição e/ou para o ambiente.

Muitas vezes aparentemente não ocorre nada. No entanto, pode ser uma exposição (contato, inalação etc.) à alguma substância cancerígena que origina no organismo o carcinoma.

Estudos realizados nos Estados Unidos, Inglaterra e Suécia, apontaram que os químicos, particularmente aqueles que trabalham em laboratórios, têm uma elevada taxa de morte por câncer.

Portanto, antes de realizar qualquer atividade nesses ambientes citados, deve-se ter a devida informação sobre os cuidados a serem tomados e as normas a serem seguidas, para ter toda a segurança.

Para motivar-se neste assunto, é importante meditar sobre este pensamento:

> Não esquecer que, ao entrar num laboratório de química sem as devidas orientações, pode-se prejudicar, comprometer ou mesmo perder a saúde. Em casos fatais, a vida.

1.1.2 Segurança em laboratório

Todo químico deve estar consciente dos perigos potenciais existentes num laboratório, relacionados aos produtos químicos ali presentes, principalmente no tocante ao manuseio, transporte e estocagem dos mesmos. A segurança no laboratório é assunto de interesse de todos que frequentam o mesmo, não apenas do professor ou do assessor técnico. Acidentes vão ocorrer, na maioria dos casos, por falta de cuidado e de reflexão antes de agir e por negligência.

Existem algumas normas gerais para o trabalho em laboratório que o bom senso recomenda que são as seguintes:

Rápidos Lembretes
(para conhecimento do acadêmico antes de trabalhar no Laboratório)

- Localizar todas as partes do laboratório principalmente as de segurança: porta de segurança; chuveiro de segurança; lavador de olhos; extintor; capela; equipamentos (material) de proteção individual (EPI).
- Localizar telefones: ambulatório, segurança da instituição, bombeiros, entre outros. E saber as respectivas finalidades.
- Preparar-se para realizar cada experiência. Ler antes os conceitos referentes ao experimento, e a seguir, o roteiro da experiência e consultar referências de segurança para a realização da prática, por exemplo, Lewis 1996.
- Usar os Equipamentos de Proteção Individual (EPI): avental recomendado; óculos de proteção; luvas.
- Ler com atenção o rótulo de qualquer reagente antes de usá-lo. Obedecer às informações contidas nele.
- Antes de ligar qualquer instrumento se certificar que a tomada da rede tenha a voltagem compatível com a do instrumento.
- Sempre que necessário utilizar a capela.
- O laboratório não é local para comer, beber, fumar, receber amigos, brincadeiras etc. O laboratório é um local de trabalho que exige atenção e conhecimento de qualquer ação a ser realizada no local.

> • Antes de começar o trabalho, onde está o seu material de registro de dados e informações (Diário de Laboratório)?

A seguir são apresentadas as orientações, lembretes de segurança, normas de segurança etc. dadas por autores, instituições, laboratórios de pesquisa, organizações, entre outros, para fazer do laboratório um local de *trabalho seguro* e *cheio de atrações*. Entre estes, tem-se: Luxon, 1971; Manufacturing Chemists Association, 1972; Oddone *et al.*, 1980; Melnikow & Bernstein, 1981; Baccan & Barata, 1982; Corkern & Munchausen, 1983; Beran, 1994; Bretherick, 1990; Lewis, 1996; Furr, 2000; Pereira *et al.*, 2006.

1.1.3 Preparação ao Laboratório

Antes de participar da atividade laboratorial, o acadêmico, deve:

Saber localizar todas as partes do laboratório principalmente as de segurança: porta de segurança; chuveiro de segurança; lavador de olhos; extintor; capela; material de proteção individual (EPI).

Localizar telefones: ambulatório, segurança da instituição; bombeiros; entre outros. E saber as respectivas finalidades. O Professor deve orientar o acadêmico nesta atividade.

Conhecer a prática que vai executar, sequência de etapas, o conteúdo inerente (teoria) da prática. No caso de reagentes ter pesquisado além do rótulo um Handbook apropriado que relaciona as propriedades das referidas substâncias que irá manipular (inflamáveis, corrosivas, explosivas, venenosas, cancerígenas, mutagênicas etc.). Recomenda-se consultar o autor, LEWIS, 1996.

Possuir seu *Diário de Laboratório* para fazer os respectivos registros (dados, resultados, observações etc.).

1.1.4 Proteção própria

O acadêmico, como todo ser humano, bem como os animais, instintivamente defende-se e luta para sobreviver. Porém, não basta sobreviver, é preciso *viver com saúde plena*. Para isto, deve ter e usar:

- Os Equipamentos (material) de Proteção Individual (EPI), isto é, avental, luvas e óculos de segurança, protetores dos olhos. Nas capelas deve haver vidros de segurança. Os EPI devem ser usados todo o tempo para proteger-se contra acidentes de laboratório ocasionados por outros ou por si mesmo. (Lentes de contato não devem ser usadas, se elas forem uma proteção adicional, por indicação médica, então são absolutamente necessárias).
- Usar um guarda-pó, (ou avental), fácil de ser tirado em caso de necessidade.
- Sapatos de material que não tenha afinidade com líquidos, isto é, protejam os pés. Chinelos, sandálias são proibidos em laboratório.
- Não usar roupas de natureza sintética, pois, em caso de incêndio elas se agarram (grudam) na pele.
- Cabelos longos devem ser atados, ou amarrados. Não usar gravatas, lenços atados ao pescoço, soltos.
- Jamais cheirar, testar o gosto, ou tocar um produto químico, ou uma solução, a menos, que esteja orientado para isto. Produtos venenosos nem sempre estão rotulados, o que é um erro grave.

Observação: Sob orientação do professor e dependendo da prática algum item pode ser omitido ou afrouxado seu uso.

1.1.5 Acidentes em laboratório

Apesar de todos os cuidados, um descuido por parte de alguém pode provocar um acidente, por exemplo:
- derramamento de algum reagente sobre si, no chão, sobre um colega;
- o sistema de aquecimento a gás de cozinha pode ter vazamentos e dar início a um incêndio;
- alguém, sem saber pegou um material superaquecido deixado por descuido na bancada (vidro, ferro, cerâmica etc.) e se queimou;
- a ebulição de um líquido em um tubo (frasco), sem as pérolas de vidro ou pedaços de cerâmica saltou no rosto do vizinho;
- alguém aspirou, via bocal, uma solução tóxica;

- alguém ao introduzir a pipeta no aspirador mecânico, a mesma se quebrou e atingiu a palma da mão perfurando-a;
- alguém colocou uma pinça superaquecida na bancada e a ponta da mesma entrou em contato com um fio-condutor de corrente elétrica e a camada protetora de isolante derreteu e provocou um curto-circuito; entre outras situações.

Nestas e outras situações de acidente, deve-se:
- Ter os telefones do ambulatório, do médico, dos bombeiros e outros necessários devem estar em local visível e de destaque no Laboratório.
- Manter a calma. Evitar pânicos. A maior atenção deve dirigir-se ao indivíduo "o ser humano". Em caso de alguém sofrer danos:
  - em primeiro lugar providenciar auxílio imediatamente ao acidentado;
  - depois, tomar todos os cuidados com o acidente: usar extintor, estancar gases inflamáveis, limpar e retirar reagentes etc.
- Em caso de incêndio disparar o extintor na base da chama movendo-o de um lado para o outro. Pequenas chamas podem ser abafadas (apagadas), com uma toalha molhada. Não usar toalhas secas, pois podem também incendiar-se.
- Mesmo que o acidente ou o prejuízo seja pequeno informar o professor ou o técnico de laboratório.
- O derramamento de produtos químicos sobre uma grande parte (área) do corpo exige uma ação imediata. Usar o *chuveiro de segurança*, enxaguando a área afetada por 5 minutos pelo menos. Remover toda a roupa contaminada se necessário. Usar um detergente suave e água somente. Não usar pomadas, cremes, loções etc. Buscar ajuda médica imediatamente.
- Lavar as mãos sempre que necessário. Ao final das atividades de laboratório recomenda-se lavar as mãos, braços e faces (partes expostas do corpo).
- Sempre que a pele (mãos, braços, face etc.) entrar em contato com produtos químicos, lavá-la imediatamente, usando sabão comum e água. No caso dos olhos, usar o "*eyewashfountain*", aparelho próprio para esguichar uma solução lavadora nos olhos e face, sem contato direto, ou esfregar, com as mãos. Procurar socorro imediatamente. Não esfregar a área afetada com as mãos antes de lavá-la, principalmente se for os olhos e a face.
- Tratar o derramamento de algum produto químico no laboratório da seguinte forma:
  - alertar os colegas (vizinhos) de bancada do laboratório e ao professor ou ao técnico de laboratório;
  - limpar o derramamento conforme instruções do professor ou do técnico; e
  - se a substância for volátil, inflamável, explosiva ou tóxica, avisar a todos os presentes no laboratório e evacuar o ambiente sem tumulto.
- Em casos de abrasões (raspões), luxações, cortes, queimaduras lavar a área com água corrente. Falar imediatamente com o monitor, professor etc.

1.1.6 Normas de segurança em laboratório

O acadêmico deve saber que a convivência dele mesmo e com outros ou não, no Laboratório, exige alguns princípios de comportamento que devem ser respeitados para o seu bem e dos demais colegas. Para isto, deve saber respeitar e comportar-se:
- Nunca trabalhar sozinho no laboratório. O técnico ou o professor devem estar presentes.
- Limpar imediatamente qualquer derramamento de produtos químicos, papéis, vidrarias etc.
- Manter a bancada, enfim o laboratório, ordenado, limpo, bem como as gavetas, os armários e as capelas em uso. Conforme a orientação do Professor ou do técnico, jogar no lixo ou guardar o que for necessário.
- Comer, beber, mascar qualquer coisa e fumar no laboratório é proibido.
- Experiências não autorizadas, fora do previsto, são proibidas. Se sua intuição química lhe sugere maiores experimentos, primeiro consulte o professor ou o técnico.
- Manter gavetas, puxadores, ou cabines fechadas. Manter os corredores entre as ban-

cadas livres. Não colocar pastas, material de esporte, ou outros objetos no chão perto de bancadas, ou no corredor.
- Após o trabalho de laboratório recolher o material, limpar a bancada, lavar a vidraria etc., limpar o ralo da pia (tanque) de possíveis pedaços de papéis, vidros e outros resíduos.
- Estar ciente das atividades realizadas ao seu redor. Não se pode ser vítima dos erros de colegas. Alertá-los de seus erros (técnicas impróprias, perigosas e pouco seguras). Se for o caso, avise o professor ou o técnico presente.
- Respeitar rigorosamente as precauções recomendadas.

1.1.7 Trabalhando no laboratório

Para se obter o melhor rendimento das atividades de Laboratório, o bom-senso diz que no período de atividade em Laboratório o acadêmico deve:
- Preparar cada experimento estudando o roteiro da prática antes mesmo de ir ao laboratório. Uma preparação prévia não o faz perder tempo, reduz as chances de prejuízos possíveis, danificação de instrumentos e obterá mais proveito do experimento.
- Manter sempre uma atitude (comportamento) sadia e eficaz. Brincadeiras de qualquer tipo, principalmente grosserias e outras atitudes descuidadas são proibidas.
- Visitas de amigos, (ou amigos convidados) no laboratório são proibidas. Para sua segurança é preciso sua concentração total no experimento. Pode trocar ideias com os colegas no laboratório, mas, não pode ser uma "algazarra". Deve haver uma "atmosfera de aprendizagem".
- Há necessidade de cálculos antes de começar a mexer com o material? Completar estes antes de começar qualquer atividade prática. Executá-los no *Diário do Laboratório*. Evitar apagar dados do Diário. Se necessário colocar um "x" sobre a parte errada ou duvidosa.
- Ter o cuidado ao estudar o experimento, compreendendo as razões de cada etapa e por que está fazendo aquilo.
- Observar se falta algum material e buscá-lo, se for o caso, no almoxarifado.
- Rever os questionamentos antes e ao longo do experimento. Estes são colocados com o objetivo de o aluno entender os princípios químicos da atividade.
- Aprende-se muito discutindo com outras pessoas, principalmente se for com o professor.
- *É importante ter no Laboratório um ou mais Handbooks para consulta de propriedades, constantes etc.*

1.1.8 Coletando dados no laboratório

O registro dos dados teóricos, experimentais e deduzidos de experimentos deve obedecer a alguns princípios para não perder tempo e ser fiel aos resultados medidos.

Os mesmos autores citados anteriormente, entre eles, BERAN (1994), dão algumas orientações neste sentido, conforme seguem. Portanto, o acadêmico, na atividade de laboratório, deve:
- Ter um **Diário de Laboratório**, isto é, um caderno capa dura, com páginas numeradas, no qual cada aula de Laboratório iniciará uma nova página, com a data e todas as informações inerentes à prática.
- Registrar todos os dados e medidas, que estão sendo objeto do experimento, no seu *caderno de laboratório*. Dados em pedaços de papel etc., devem ser passados no caderno de laboratório.
- Registrar os dados de forma permanente (com tinta de preferência) a medida que vai executando o experimento.
- Se cometer algum erro ao registrar os dados, fazer um risco por cima (uma linha), não o apagar. E, ao lado ou abaixo, registrar o valor correto. Se forem muitos os dados imaginados errados traçar sobre eles uma linha em diagonal e fazer adiante o registro dos dados corretos.
- Fazer a anotação dos dados medidos com número real de algarismos significativos.
- Acreditar nos seus dados. O maior e ines-

timável patrimônio de um cientista é a sua integridade (sua honestidade). Por isto é um cientista. Uma resposta incorreta resultante de dados sérios, de um trabalho honesto é infinitamente melhor do que uma resposta correta obtida de um trabalho fraudado (desonroso).
- Para alguns experimentos você precisa esquematizar seu próprio Relatório. Este deve ser feito cuidadosamente.
- Assessorar-se de obras de referência, como:
- Handbook of Chemistry and Physics (LIDE, 1996-1997);
- Sax's Dangerous Properties of Industrial Materials (LEWIS, 1996);
- Livros especializados etc.

Em geral, estas obras são mais confiáveis e fontes mais completas de informação técnica e científica do que colegas de laboratório.

Com relação ao *registro de dados* em laboratório, cada professor tem uma maneira própria de fazer e cobrar dos alunos um registro das informações e resultados da execução de um experimento.

Deve-se tomar cuidado, pois são dois tipos de registros. Um que o acadêmico deve guardar para estudar e ter como material seu. Outro é o registro (tipo *Relatório*) que o professor recolhe no final da atividade e avalia como participação do acadêmico no Laboratório.

DURST & GOKEL (1985) recomendam as seguintes diretrizes:
- Usar um caderno de capa dura (encadernado e não em formato de espiral);
- Se as páginas não estiverem numeradas, numerá-las;
- Usa-se nova página para cada experimento;
- Fazer o registro com tinta, tendo em vista que as anotações devem ser permanentes.
- Registra-se:
- Data do experimento;
- Título do experimento;
- Material necessário;
- Procedimento;
- Dados medidos;
- Cálculos, Equações, Reações etc.;
- Discussão; e
- Conclusão.

1.1.9 Descarte dos resíduos

- O descarte dos resíduos (sólidos, líquidos e gasosos) deve ser feito sob orientação do professor e ou do corpo técnico do Laboratório. No Laboratório devem existir locais próprios para estes descartes.

1.1.10 Apresentação dos resultados – Relatório de Atividades

Para efeito de *avaliação do rendimento escolar* e tendo como objetivo a introdução do aluno ao futuro trabalho da produção científica e correspondente publicação de suas pesquisas, exige-se um Relatório do Experimento.

A elaboração do Relatório obedece às normas que constam ao final deste texto.

Recomenda-se que seja realizado um relatório minucioso apenas de algumas práticas, pois necessita de muito tempo para sua elaboração e o acadêmico tem muita coisa para fazer além de relatórios. Acredita-se que um relatório por bimestre é o suficiente, desde que elaborado dentro do formato de um *artigo científico*, como se verá.

O que deve ser cobrado, em cada aula de laboratório, é o preenchimento de um **Relatório de Atividades** preparado pelo próprio professor numa folha apenas. Neste, o acadêmico registra em local próprio (Tabela, Quadro etc.) algum valor medido ou calculado ao longo de todo o período da atividade. Terminou a aula, terminou o Relatório, que é entregue pelo acadêmico.

A escolha destes valores ou dados a ser registrados é feita pelo professor com os quais ele pode avaliar atividade do acadêmico durante a aula.

1.1.11 Obras de consulta no laboratório

É impossível ter uma biblioteca no Laboratório, como também, é impossível guardar na memória constantes tabeladas, propriedades diversas de compostos, informações técnicas etc. Contudo, é possível ter alguns **Manuais** presentes no laboratório para os mais variados tipos de consultas que podem ser feitas ao longo ou no fim, do experimento. Como, por exemplo: saber o ponto de ebulição ou de fusão de alguma substância, saber de antemão a periculosidade (a toxicidade, a inflamabilidade, o caráter explosivo, o caráter corrosivo etc.), ou outras informações técnicas.

Entre as diversas obras, recomenda-se, as mais atualizadas possível:

a) Obras de consultas de propriedades físicas e físico-químicas

- LIDE, D. R. [Editor] **Handbook of Chemistry and Physics**. 77. ed. New York: CRC – Press, 1997.
- BUDAVARI, S. [Editor] **The Merck Index**. 12. ed. New Jersey (USA): MERCK & Co., 1996.

b) Obras de consultas de propriedades periculosas de substâncias

- LEWIS, R. J. [Editor] **SAX's Dangerous Properties of Industrial Material**. 9. ed. New York: Van Nostrand Reinhold, 1996. v. 01, v. 02 and v. 03.

c) Obra de consultas de preparação de soluções

MORITA, T.; ASSUMPÇÃO, R. M. V. **Manual de Soluções, Reagentes & Solventes. Padronização, preparação e Purificação**. São Paulo: Editora Edgard Blücher, 1972. 672 p.

1.1.12 Normas para elaboração do relatório de atividade de laboratório

A elaboração de um *Relatório de Atividades de Laboratório*, nos moldes de um *Artigo Científico*, é trabalhoso e leva tempo. O acadêmico não tem apenas uma disciplina para acompanhar, estudar e aprender. Por isto, o professor não deve cobrar muitos relatórios. Deve cobrar alguns (2 a 4 no máximo por ano). Porém, estes que são cobrados, devem ser recolhidos, corrigidos e devolvidos aos acadêmicos para ver onde erraram e o que deve ser aperfeiçoado.

O Relatório em formado de artigo científico deve ser elaborado dentro de *normas*, conforme segue.

O objetivo destes relatórios é preparar o acadêmico na elaboração de artigos científicos, que vão sendo exigidos nas futuras atividades de pesquisa.

NORMAS PARA APRESENTAÇÃO DE RELATÓRIO DE ATIVIDADES

Um relatório de experiências realizadas em laboratório, em geral, é composto das seguintes partes: **Título, Introdução, Materiais e Métodos, Resultados e Discussão, Conclusão** e **Referências Bibliográficas**. Cada uma destas partes deve ser destacada em separado, através de um subtítulo, contendo, pelo menos, o nome específico da parte.

TÍTULO. O título dever ter sentido completo. Deve ser curto e exato. Deve traduzir a ideia do que foi feito. A medida que se consegue diminuir o número de palavras mantendo o mesmo sentido significa que o mesmo não está bom.

RESUMO. O resumo é de fato uma compactação de todas as partes de trabalho. Uma ou duas linhas da *Introdução*. Uma ou duas linhas dos *Materiais e Métodos*. Uma ou duas linhas dos *Resultados e Discussão*. Uma ou duas linhas da *Conclusão*.

INTRODUÇÃO. Uma boa introdução deve conter:

- uma colocação clara do problema, da experiência, do projeto etc., executado;
- uma fundamentação do problema, a significância do problema, o escopo e os limites do trabalho;
- uma descrição rápida do que já foi feito sobre o assunto citando a literatura pertinente;
- a relação entre o trabalho feito e os anteriores já publicados;
- os objetivos a serem alcançados com o experimento.

MATERIAIS E MÉTODOS. Esta seção deve conter relatos exatos e claros de como foi feita a experiência, de modo que, baseada nesses relatos, qualquer pessoa possa repeti-la. Notar que não basta copiar o procedimento experimental contido no material referente à experiência, pois, na melhor das hipóteses, toda a forma de redação deve ser mudada. Lembrar que a forma de tratamento do verbo é a impessoal, usando a voz passiva no tempo passado. Além disso, cada equipamento utilizado deverá ser claramente especificado. Assim esta seção deverá conter uma descrição detalhada de como a parte experimental foi realizada, sem a inclusão dos resultados obtidos experimentalmente ou cálculos realizados.

RESULTADOS E DISCUSSÃO. Esta parte do relatório deve conter os resultados medidos, calculados com o respectivo tratamento estatístico, se possível, usar equações, figuras, tabelas, quadros etc. Estes devem ser numerados e com os títulos próprios.

Devem ser claros, explicativos por si só, isto é, sem ter a necessidade de ler no texto o assunto para compreendê-los. No texto devem estar relacionados pelos respectivos números. A discussão dos resultados deve ser objetiva. Ela deve justificar as conclusões do experimento.

CONCLUSÃO. A conclusão deve basear-se na afirmação, ou na negação das hipóteses levantadas nos objetivos da experiência e comprovações alcançadas nas discussões. Muitas vezes podem estar junto com a discussão dos resultados. A conclusão deve ser curta e objetiva, isto é, sem divagações.

REFERÊNCIAS BIBLIOGRÁFICAS. Finalmente, deve-se mencionar as fontes bibliográficas consultadas. Recomenda-se a utilização das normas para a citação bibliográfica da Associação Brasileira de Normas Técnicas (ABNT – NBR 6023), que para o caso de:

a) Livros e manuais são:

Sobrenome do autor, iniciais do nome completo (tudo maiúsculo). Título em negrito (com subtítulo, se houver), tradutor ou organizador etc. Edição. Local da publicação, Editora, Ano da publicação, páginas consultadas.

Exemplo:

DIAS, G. **Gonçalves Dias: poesia**. Organizada por Manuel Bandeira. 11. Ed. Rio de Janeiro: Editora Agir, 1983. p. 50-56.

b) Artigos de revista são:

Sobrenome do autor, iniciais do nome completo (tudo em maiúsculo). Título do artigo. Título da revista em negrito, volume, fascículo, página inicial – página final, ano.

Exemplo:

BOTELHO, C.; BARBOSA, L. S. G.; SILVA, M. D.; MEIRELLES, S. M. P. Fluxo migratório de casos de malária em Cuiabá/MT, 1986. **Rev. Inst. Med. Trop.**, v. 30, n. 2, p. 212-220, 1988.

c) Demais formatos de publicação – Consultar a ABNT – NBR 6023 e outras referências.

1.2 PARTE EXPERIMENTAL

Nesta aula o aluno tomará conhecimento do laboratório e seus acessórios "in loco".

1.2.1 O laboratório

Saída de emergência; tomadas elétricas; registros e bicos de gás; parte hidráulica (torneiras e registros); bancadas etc.

1.2.2 A capela

Janelas protetoras de vidro, exaustor, forma de uso.

1.2.3 O chuveiro de segurança e o "lavador de olhos"

Ver onde se encontra e se funciona. Mostra como se usa.

1.2.4 O extintor

Ver onde se encontra; como funciona e para que tipo de chama é utilizado.

1.2.5 As obras de consulta

Apresentá-las e mostrar como consultá-las.

1.2.6 O almoxarifado

Visitar o almoxarifado central. Ver a parte de vidraria e a parte de reagentes.

1.2.7 A vidraria (principal)

Apresentar ao aluno um protótipo das vidrarias mais utilizadas em laboratório.

1.2.8 Os reagentes (almoxarifado)

Apresentar alguns reagentes embalados, mostrando o rótulo e seu significado.

1.2.9 A sala de preparação

Mostrar a sala de preparação. O destilador de água etc.

1.2.10 Os locais de descarte dos resíduos do laboratório

Mostrar o local para descartar resíduos *líquidos*, resíduos *sólidos* e resíduos *gasosos*.

1.3 EXERCÍCIOS DE FIXAÇÃO

1.1 Dadas as informações básicas de um livro, conforme Figura 1.1, fazer sua referência bibliográfica segundo as Normas da ABNT.

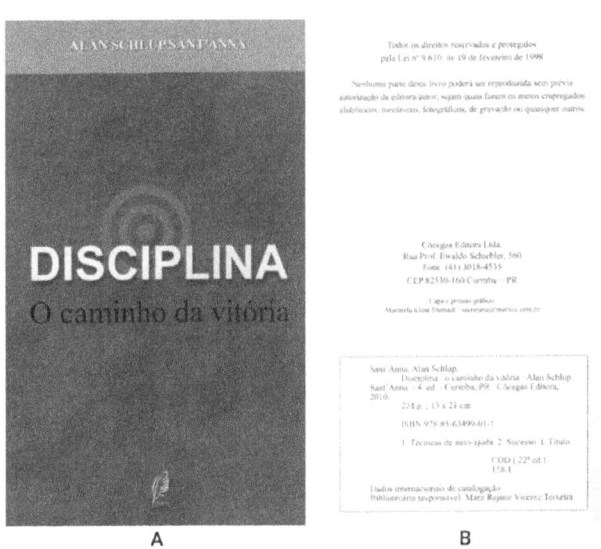

Figura EF 1.1 Visualização de um livro: (A) Cópia da capa; (B) Página inicial com as informações da Editora

1.2 Dada a cópia da primeira página de um Artigo Científico, conforme Figura 1.2, fazer a sua referência bibliográfica segundo as Normas da ABNT.

Figura EF 1.2 Visualização da primeira página de um artigo científico publicado na Revista Acta Scientiarum Technology.

Detalhes 1.1

A ABNT NBR 6023 de agosto de 2002 – **Informação e documentação – Referências – Elaboração**, no tocante a Patentes, diz o seguinte:

7.8 Patente

Os elementos essenciais são: entidade responsável e/ou autor, título, número da patente e datas (do período de registro)

EMBRAPA. Unidade de Apoio, Pesquisa e Desenvolvimento de Instrumentação Agropecuária (São Carlos, SP). Paulo Estevão Cruvinel. **Medidor digital multissensor de temperatura para solos**. BR n. PI 8903105-9 26 jun. 1989, 30 maio 1995.

1.3 Dada uma Carta Patente, conforme Figura 1.3, fazer sua referência bibliográfica, segundo as Normas da ABNT.

Figura EF 1.3 Visualização das informações básicas de uma Carta Patente.

1.4 RELATÓRIO DE ATIVIDADES

| Universidade _____ |
| Centro de Ciências Exatas – Departamento de Química |
| Disciplina: QUÍMICA GERAL EXPERIMENTAL – Cód: _____ |
| Curso: _____ Ano: _____ |
| Professor:_____ |

_____	_____
Nome do Acadêmico	Data

UNIDADE DIDÁTICA 01: INTRODUÇÃO AO LABORATÓRIO

Quadro RA 1 Informações sobre Normas de Segurança em Laboratório.

1 Qual o motivo de "*Ler com atenção o rótulo que se encontra sobre o frasco do reagente*"?
_____
_____
_____

2 Qual o motivo de "*É proibido comer, beber, mascar chicletes ou fumar no Laboratório*"?
_____
_____
_____
_____

Quadro RA 2 Dos componentes de um Laboratório de Química

1 Quando se deve usar a capela?
_____
_____
_____

2 Esquematize 3 instrumentos de vidro e coloque o nome.

Quadro RA 3 Das Referências Bibliográficas.

1 Dar a Referência Bibliográfica da Figura 1.1
_____
_____
_____

1.5 REFERÊNCIAS BIBLIOGRÁFICAS

ABNT **Apresentação de relatórios técnico-científicos: NBR 10709**. Associação Brasileira de Normas Técnicas, Rio de janeiro, agosto de 1989. 9 p.

ABNT **Informação e documentação – referências – elaboração: NBR 6023**. Associação Brasileira de Normas Técnicas, Rio de janeiro, agosto de 2002. 24 p.

ABNT **Informação e documentação – trabalhos acadêmicos – apresentação: NBR 14724**. Associação Brasileira de Normas Técnicas, Rio de janeiro, julho de 2001. 6 p.

BACCAN, N.; BARATA, L. E. J. **Manual de segurança para o laboratório químico**. Campinas: Unicamp, 1982. 63 p.

BERAN, J. A. **Laboratory manual for principles of general chemistry**. 5. ed., New York: John Wiley, 1994, 514 p.

BERY, K. O. Safety concerns at the local laboratory. **Journal of Chemical Education**, v. 66, n. 02, p. A58, 1989.

BETTELHEIM, F.; LANDESBERG, J. **Laboratory experiments for GENERAL, ORGANIC & BIOCHEMISTRY**. 2. ed. Philadelphia (USA): Saunders College Publishing, 1995. 552 p.

BRETHERICK, L. Chemical laboratory safety: the academic anomaly. **Journal of Chemical Education**, v. 61, n. 01, p. A12, 1990.

BRETHERICK, L. **Hazards in the chemical laboratory**. 4. ed. London: The Royal Socciety of Chemistry, 1986. 604 p.

BRONAUGH, J. C. Safety showers and eyewash fountains. **Journal of Chemical Education**, v. 66, n. 1, p. A27, 1989.

CHRISPINO, A. **Manual de química experimental**. São Paulo (SP): Editora Ática, 1991. 230 p.

CORKERN, W. H.; MUNCHAUSEN, L. L. Safety in the chemistry laboratories: a specific program. **Journal of Chemical Education**, v. 60, n. 11, p. A301, 1983.

COSTALONGA, A. G. C.; FINAZZI, G. A.; GONÇALVES, M. A. **Normas de armazenamento de produtos químicos**. 41 p. 2010. Disponível em <http://www.unesp.br/pgr/pdf/iq2.pdf> Acesso em 30 de março de 2013.

CRUZ, A. C.; PEROTA, M. L. L. R.; MENDES, M. T. R. **Elaboração de referências (NBR 6023/2000)**. Rio de Janeiro: Editora Interciência, 2000. 71 p.

CURTI, M. G.; CRUZ, A. C. **Guia para apresentação de trabalhos acadêmicos, dissertações e teses**. Maringá, PR: Dental Press Editora, 2001. 104 p.

DIB, C. Z.; MISTRORIGO, G. F. **Primeiros socorros**. São Paulo: Editora Pedagógica e Universitária, 1978, 215 p.

DODD, J. S. [Editor] **The ACS (American Chemical Society) style guide – As a manual for authors and editors**. Washington: American Chemical Society, 1986. 264 p.

DURST, H. D.; GOREL, G. W. **Química orgánica experimental**. Versión española. Barcelona: Editorial Reverté, 1985. 592 p.

FURR, A. K. [Editor] **CRC HANDBOOK OF LABORATORY SAFETY**. 5th Edition. Boca Raton – Florida: CRC Press, 2000. 784 p.

GHS – **GLOBALLY HARMONIZED SYSTEM OF CLASSIFICATION AND LABELLING OF CHEMICALS**. 4th. Edition. New York: United Nations, 2011. 568 p. (Disponível em: <http://www.unece.org/trans/danger/publi/ghs/ghs_rev04/04files_e.html> Acessado em 29 de março de 2013.

HORWITZ, E. (Editor). **Official Methods of Analysis in the Association of Official Analytical Chemists,** 13. ed., Washington: Association of Official Analytical Chemists, 1980.

JOYCE, R.; McKUSICK, R. B. Handling and disposal of chemicals in laboratory. *In*: LIDE, D.R. HANDBOOK OF CHEMISTRY AND PHYSICS. Boca Raton (USA): CRC Press, 1996-1997.

LEWIS, R. J. [Editor] **Sax's Dangerous Properties of Industrial Materials**, 9th Edition. New York: Van Nostrand Reinhold, 1996, (vol. I, II, III).

LUXON, S. G. [Editor] **Hazards in the chemical laboratory**. 5th. Edition. Cambridge: Royal Society of Chemistry, 1971. 675 p.

MANAHAN, S. E. **Environmental chemistry**. 6. ed. Boca Raton (Florida – USA): CRC Press, 1994. 811 p.

MANUFATURING CHEMISTS ASSOCIATION **Guide for safety in the chemical laboratory**. 2. ed. New York: Van Nostrand Reinhold Company, 1972.

MELNIKOW, J.; KEEFFE, J. R.; BERNSTEIN, R. L. Carcinogens and mutagens in the undergraduate laboratory. **Journal of Chemical Education**, v. 58, n. 01, p. A11, 1981.

MSDS. **Where to find Material Safety data Sheets on the Internet**. 2013. Disponível em <http://www.ilpi.com/msds/> Acessado em 29 de março de 2013.

O'MALLEY, G. F. [Editor] **MERCK MANUAL – HOME HEALTH HANDBOOK**. Germany: Merck, 2009.

ODDONE, G. C.; VIEIRA, L. O.; PAIVA; M. A. D. **Guia de prevenção de acidentes em laboratório**. Rio de Janeiro: Divisão de Informação Técnica e Propriedade Industrial – Petrobras, 1980. 37 p.

PEREIRA, M. M.; ESTRONCA, T. M. R.; NUNES, R. M. D. R. **Guia de segurança no Laboratório de Química**. 2006. Disponível em: <https://woc.uc.pt/quimica/genericpagefiles/GUIA_Seguranca.pdf> Acessado em, 02 de março de 2012.

Produtos químicos – Informações sobre segurança, saúde e meio ambiente. Parte 3: Rotulagem. Versão corrigida em 26 de janeiro de 2010, 33 p.

REY, L. **Planejar e redigir trabalhos científicos**. São Paulo: Editora Edgard Blücher, 1987. 246 p.

ROBERTS, J. L.; HOLLENBERG, J. L.; POSTMA, J. M. **General chemistry in laboratory**. 3. ed. New York: W. H. Freeman and Company, 1991. 498 p.

SIGMA-ALDRICH CATALOG, **Biochemicals and reagents for life science research**. USA: SIGMA ALDRICH, 1999. 2880 p.

STOKER, H. C. **Preparatory chemistry**. 4. ed. New York: Macmillan Publishing Company, 1993. 629 p.

THE CHICAGO MANUAL OF STYLE. 14. ed. Chicago: The University of Chicago Press, 1993. 921 p.

THOMAS SCIENTIFIC CATALOG: 1994/1995. New Jersey (USA): Thomas Scientific, 1995. 1929 p.

UFPR. **Normas para apresentação de documentos científicos**. Curitiba (PR): Editora UFPR, 2000. 40 p.

WHEATHERALL, M. **Método científico**. Tradução de Leonid Hegeberg. São Paulo: Editora Polígono, 1970. 282 p.

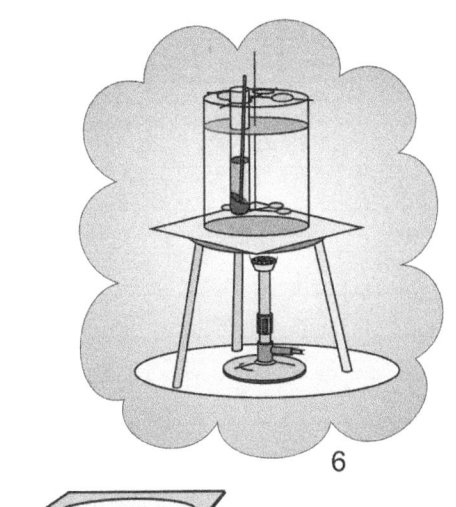

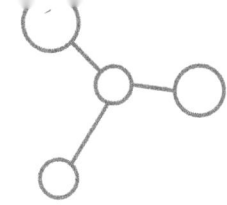

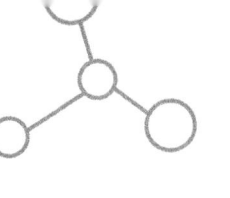

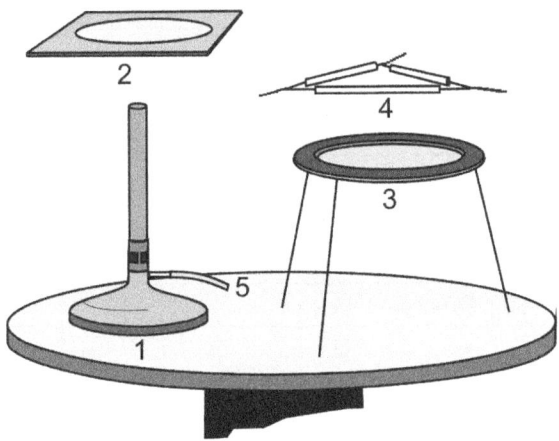

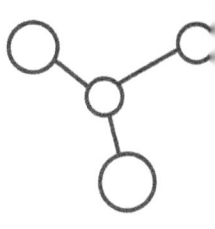

UNIDADE DIDÁTICA 02

1 – Bico de Bunsen: É um tipo de queimador a gás usado para aquecimento no laboratório. É feito de alumínio ou ferro. Existem bicos de Bunsen de vários tipos disponíveis no mercado. Normalmente ele possui anel regulador de ar, placa estabilizadora na extremidade superior. Pode também conter válvula de controle do fluxo de gás na base. Outros queimadores à gás são os de Tirril e Meker.

2 – Tela de amianto: Fica sobre o tripé e é usada para distribuir o calor da chama do bico de Bunsen ou da lamparina à álcool para aquecer uniformemente o objeto sobre ela colocado.

3 – Tripé: Peça metálica em forma de anel com 3 pés (dali o nome tripé), sobre o qual é colocada a tela e sobre ela o frasco a ser aquecido.

4 – Triângulo de porcelana: É uma peça formada por 3 tubinhos de porcelana dentro dos quais passam fios metálicos que se unem em forma de triângulo. Este, substitui a tela de amianto em calcinações de materiais, onde o cadinho, seguro pelo triângulo de porcelana fica diretamente sobre a chama do bico de Bunsen.

5 – Mangueira especial: Condutora do gás combustível.

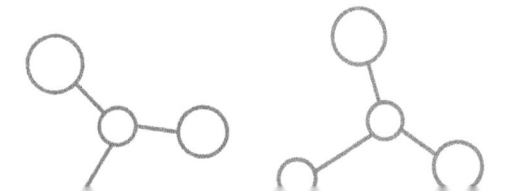

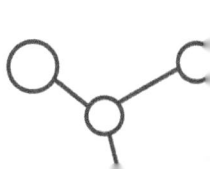

UNIDADE DIDÁTICA 02
TÉCNICAS BÁSICAS DE LABORATÓRIO

Conteúdo	Página
2.1 Aspectos Teóricos	81
2.1.1 Introdução	81
2.1.2 O bico de Bunsen	81
2.1.3 Manipulação e trabalhos com vidros	84
2.1.4 Perfuração de rolhas	87
2.1.5 Materiais de laboratório	88
Detalhes 2.1	90
2.2. Parte Experimental	91
2.2.1 Manipulação do bico de Bunsen	91
2.2.2 Manipulação de vidros	92
2.2.3 Manipulação de rolhas	92
2.2.4 Montagem de equipamentos simples	92
2. 2.5 Uso da estufa e dessecador	92
2.3 Informações Técnicas	93
2.4 Exercícios de Fixação	93
2.5 Relatório de Atividades	94
2.6 Referências Bibliográficas e Sugestões para Leituras	95

Unidade Didática 02
TÉCNICAS BÁSICAS DE LABORATÓRIO

> **Objetivos:**
> - Aprender a usar o bico de Bunsen, conhcer os tipos de chamas.
> - Aprender a cortar vidros, tubos de vidro, abrandar suas bordas.
> - Aprender a dobrar vidros, fazer tubos capilares, construir aparelhos simples;
> - Aprender a furar rolhas de borracha, de cortiça.
> - Aprender a usar a estufa e o dessecador com os respectivos cuidados.

2.1 ASPECTOS TEÓRICOS

2.1.1 Introdução

Existem diversas operações técnicas básicas gerais de laboratório nas quais o aluno deve ser introduzido para poder ter sucesso e segurança em seus trabalhos. Entre estas técnicas encontramos: o aquecimento com o bico de Bunsen; o corte de vidros; a operação de dobrar tubos de vidro; de furar rolhas e de construir aparelhos simples; usar a estufa e o dessecador. Esta unidade didática pretende exatamente ensinar estas operações.

As diversas técnicas devem, de preferência, ser demonstradas primeiramente pelo professor e depois feitas pelos alunos. Nesta demonstração o mestre deve frisar os **cuidados**, os **perigos**, que podem aparecer em cada situação. Por exemplo, ao acender o bico de Bunsen, em que momento deve ser riscado o palito de fósforo, ou o acendedor elétrico? Depois que se sente o cheiro do gás?

Um tubo de vidro quente, recém-retirado da chama, tem a mesma aparência que um tubo frio, onde deixá-lo para evitar acidentes?

Um vidro cortado aparentemente não apresenta perigo, contudo, apresenta bordas cortantes, que podem provocar cortes, acidentes, ...

2.1.2 O bico de Bunsen

Grande parte dos aquecimentos utilizados em laboratório é feito mediante o bico de Bunsen, ou de suas modalidades. O bico de Bunsen é um instrumento, Figura 2.1, que recebe um gás combustível (por exemplo, o gás de cozinha), que entra por um orifício muito pequeno na base de um tubo o qual, na mesma base, possui janelas (orifícios) que podem ser fechadas ou mantidas abertas por um anel metálico móvel, também com orifícios. Estas janelas são usadas para regular a entrada de ar para a chama.

As regulagens do controle de entrada de ar e da entrada de gás combustível originaram outros modelos de queimadores (bicos), como, por exemplo, o bico de Tirril e o bico de Mecker, que produzem chamas mais quentes.

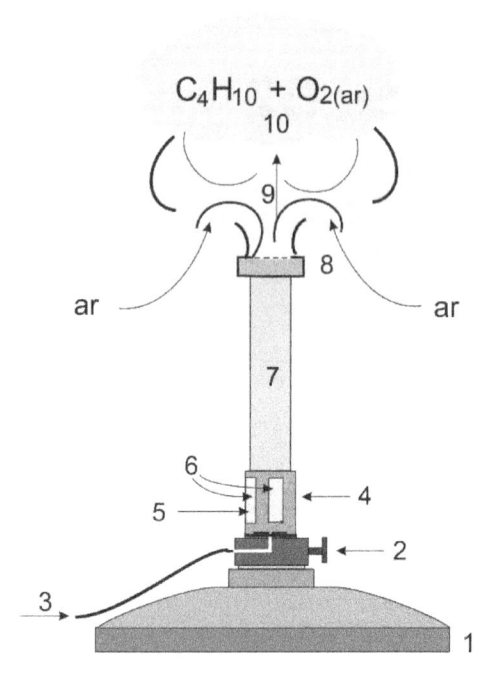

Legenda

1 - Base metálica;
2 - Regulador da entrada do gás;
3 - Entrada de gás combustível;
4 - Anel metálico;
5 - Janelas;
6 - Entrada de ar com Oxigênio;
7 - Tubo metálico onde se misturam os gases;
8 - Queimador (diferentes tipos);
9 - Mistura combustível;
10 - Butano - combustível + Oxigênio (ar) - comburente.

Figura 2.1 Bico de Bunsen e suas partes principais, com entrada e saída do comburente (oxigênio – ar) e combustíveis (butano), sem estar aceso.

A chama

Em termos químicos, a **chama** é um **estado plasmático** da matéria. Nela encontra-se o estado indefinido e instável da matéria, Figura 2.2.

Os saltos quânticos dos elétrons emitem as cores características de cada chama. A chama amarela, verde, lilás, azul etc. são resultantes dos saltos quânticos dos elétrons que saem de um *estado ativado* para um estado *estável*, emitindo energia que se vê na sua cor.

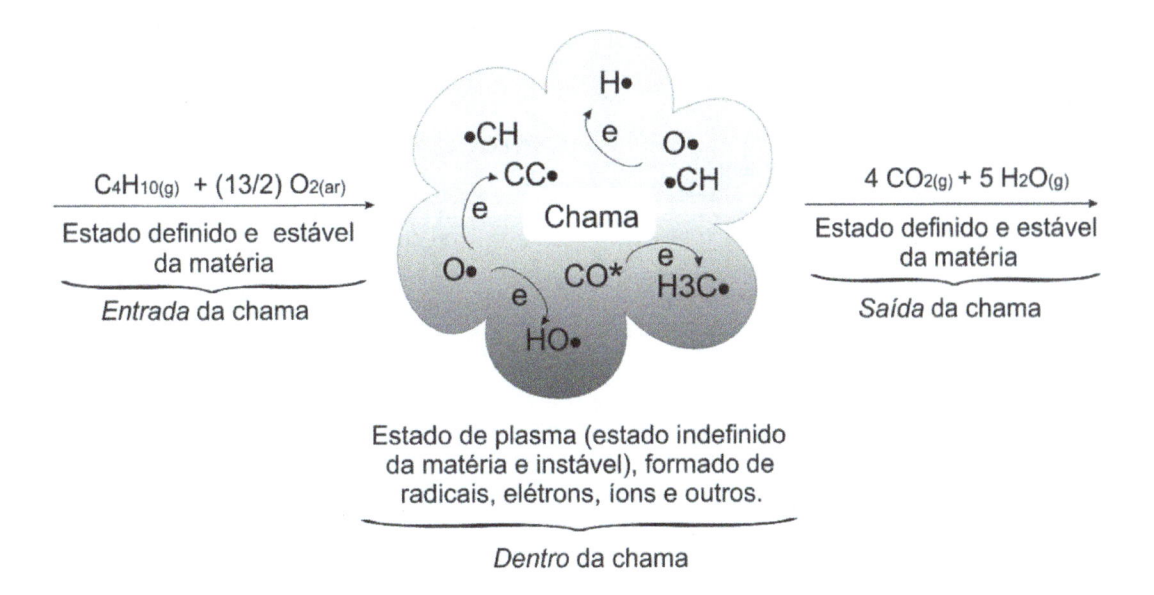

Figura 2.2 A chama: o plasma químico da matéria.

A Figura 2.3 apresenta dois tipos básicos de chamas: a **chama oxidante** A, de cor azulada, é mais quente e a **chama redutora** B, de cor amarelada, é menos quente que a oxidante.

A chama *oxidante*, se colocar o dedo nela, queima. A chama *redutora* já é mais amena. Se colocar uma cerâmica fria sobre ela, pode-se observar a fuligem formada, que são partículas de carvão não oxidado.

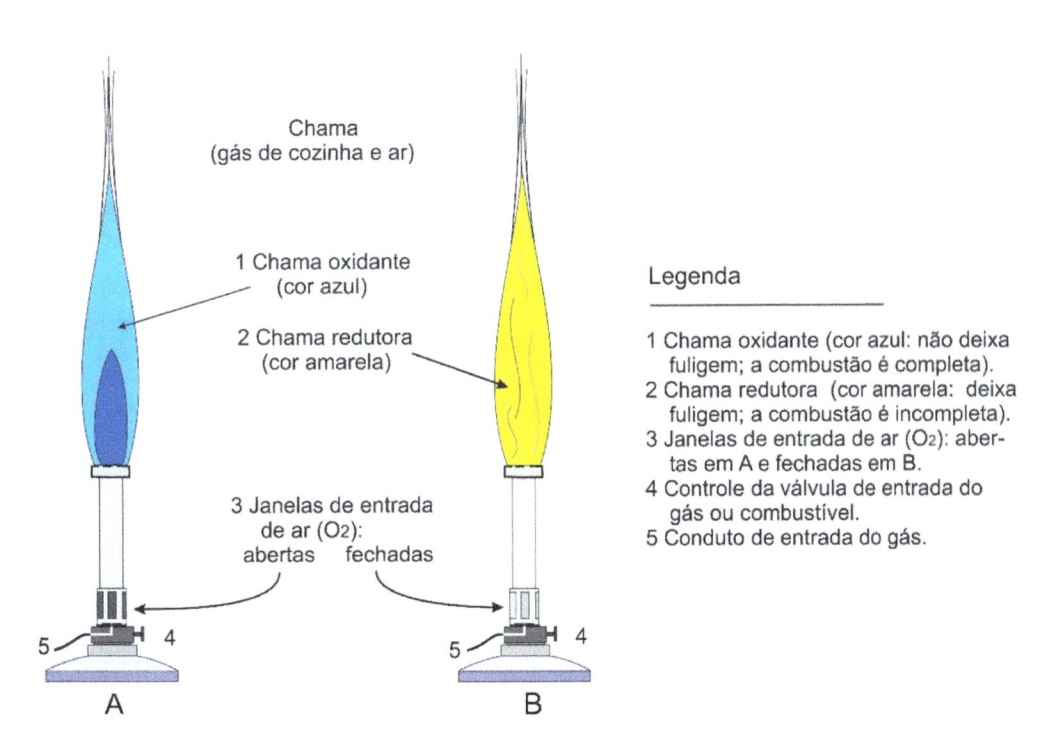

Figura 2.3 Bico de Bunsen mostrando os dois tipos básicos de chamas: chama oxidante é azulada (A) e chama redutora é brilhante e amarelada (B).

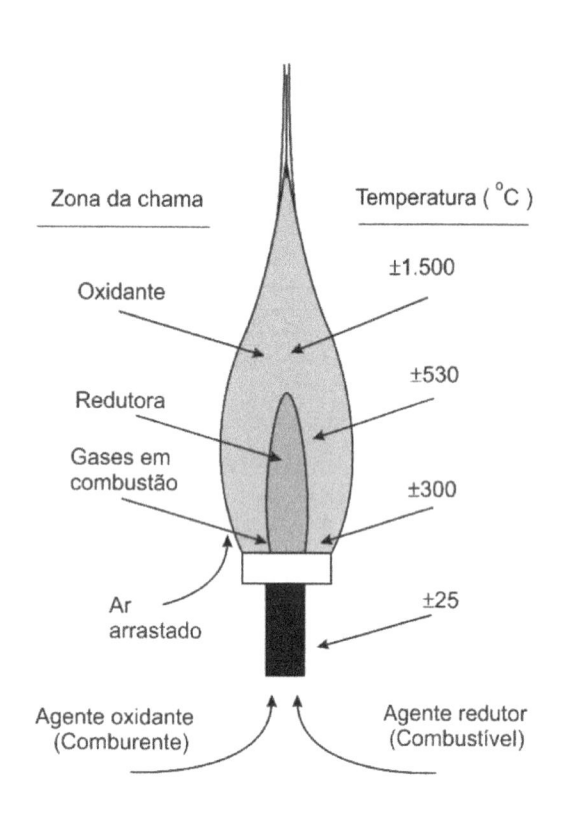

Figura 2.4 A chama e suas partes principais.

Regiões da chama

A chama como um todo, pode ser oxidante ou redutora. Contudo, uma chama normal apresenta diversas partes denominadas de **zonas da chama**. A Figura 2.4 mostra as diversas zonas de uma chama:

- **Zona oxidante** que pode chegar a 1.560 °C;
- **Zona redutora** que pode chegar a 530 °C;
- **Zona externa** da chama que apresenta uma coloração azul violeta, quase invisível onde os gases estão expostos ao ar (ar secundário) e sofrem combustão completa. Esta é uma *zona oxidante*;
- **Zona interna** da chama que é limitada por uma *casca* azulada, contendo os gases que ainda não sofreram combustão, formando uma *mistura carburante*;
- **Zona intermediária** que é luminosa (amarelada), caracterizada por combustão incompleta, pela falta de oxigênio. A chama apresenta pequenas partículas de carbono que, incandescentes dão luminosidade à chama. Esta é a **zona redutora**.

2.1.3 Manipulação e trabalhos com vidros

Cortar um tubo de vidro

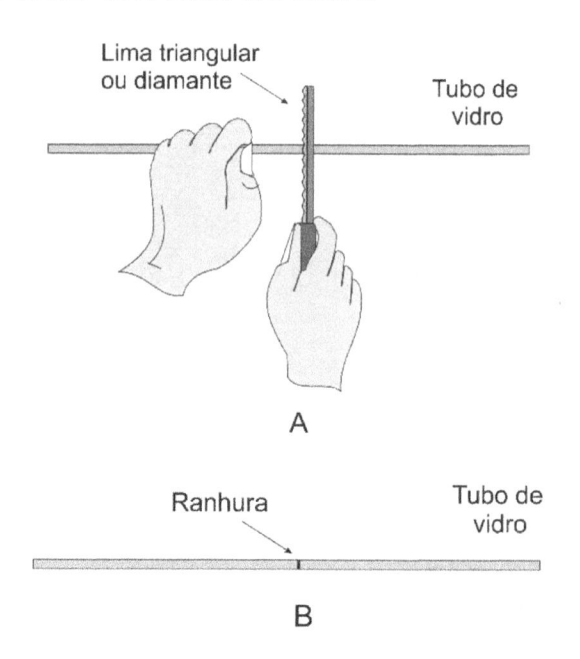

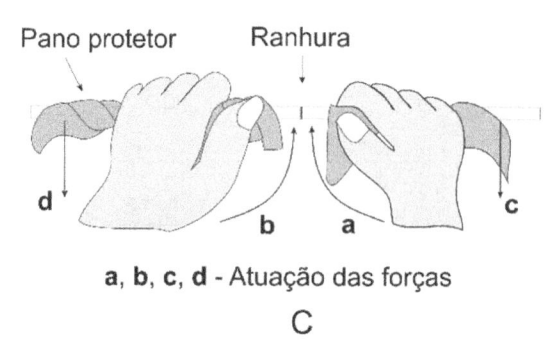

Figura 2.5 Trabalhos com vidros – corte de um tubo. Partes: A, B e C.

Corte do vidro

O instrumento utilizado para cortar vidro, em suas mais variadas formas, é o **diamante** devido a sua alta dureza. Com o diamante faz-se uma incisão (ou ranhura, ou corte superficial) no local a ser cortado. No laboratório, para o corte de tubos de vidro, utiliza-se a **lima triangular**, com a qual se faz a ranhura, mais ou menos profunda, dependendo do diâmetro e da espessura do tubo de vidro a ser cortado, Figura 2.5 A e B.

A Figura 2.5 B mostra a incisão ou a ranhura no tubo, feita com lima ou diamante.

A seguir com um **material protetor**, em geral, um **pano** grosso, enrola-se o tubo de vidro em ambos os lados da ranhura, onde o vidro será cortado. Conforme a Figura 2.5 C, com os dedos polegares (protegidos) colocados como **pontos de apoio** à direita e à esquerda da ranhura (forças **a** e **b**) e com auxílio das duas mãos forçam-se as duas extremidades conforme indicam as setas da Figura 2.5 C, forças **c** e **d**.

Polimento das bordas de vidro

As extremidades de um pedaço de vidro que foi cortado são geralmente muito afiadas, Figura 2.6 A e B, podem produzir cortes e ou outros acidentes. Por isso, devem ser *polidas* ou *abrandadas*, o que é feito na chama oxidante de um bico de Bunsen ou de um maçarico.

A parte do vidro que se quer **polir** é introduzida lentamente na zona oxidante da chama com movimento rotacional para que haja um aquecimento uniforme. Deixa-se chegar ao rubro, Figura 2.7 B e C.

Após esta operação, retirar o tubo de vidro e colocá-lo sobre uma tela de amianto, longe da possibilidade de ser agarrado por alguém desavisado, até esfriar completamente.

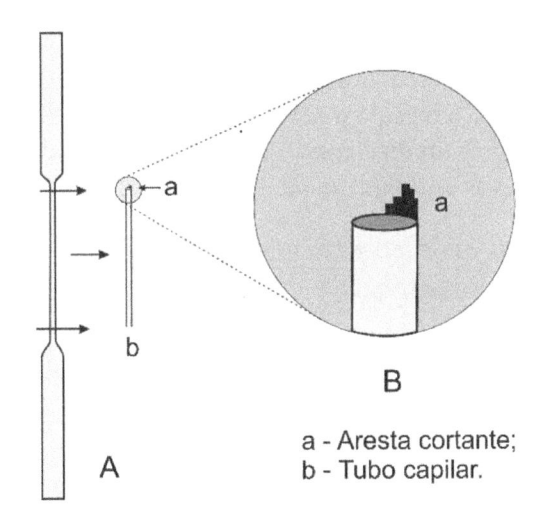

Figura 2.6 Visualização da formação da aresta cortante: (A) Obtenção do capilar; (B) Visualização da aresta cortante ampliada e que é perigosa e provoca cortes.

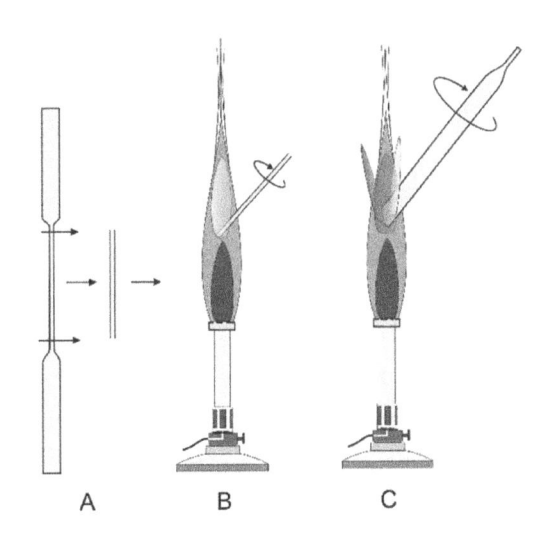

Figura 2.7 Visualização do polimento ou abrandamento das arestas cortantes, com o fogo: (A) Obtenção do capilar; (B) e (C) Abrandamento de arestas cortantes.

Curvatura de vidros

Muitas vezes necessita-se de um tubo de vidro dobrado num ângulo de 30°, 60°, 90° etc., para a construção de um aparelho qualquer. Para isto, deve-se adaptar no bico de Bunsen uma peça chamada **borboleta** (leque), ou equivalente, que alarga a chama e a mantém uniforme, Figura 2.8. Ou, então, utiliza-se um bico tipo **maçarico** apropriado para chamas mais quentes e com mais recursos para uma otimização rápida da chama.

Para trabalhos em vidro existem laboratórios próprios com toda uma instrumentação sofisticada para cortes, abrandamentos, para têmpera, alargamentos (formação de balões) polimentos etc. As Figuras 2.8, 2.9, 2.10 e a 2.11 mostram algumas operações com vidro.

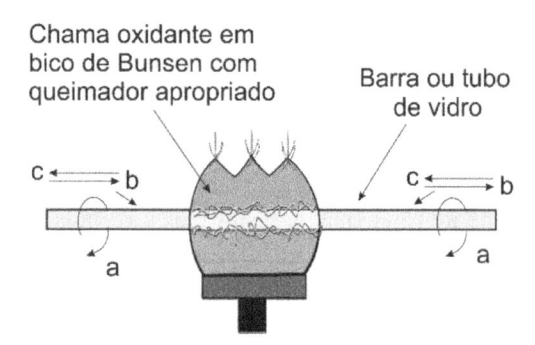

Figura 2.8 A Curvatura de tubos de vidro: Aquecimento inicial.

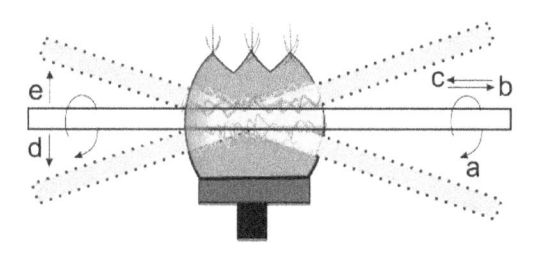

a, b, c - Tipos de movimentos da barra de vidro ao ser aquecida.

Figura 2.8 B Curvatura de tubos de vidro: Amolecimento do tubo de vidro.

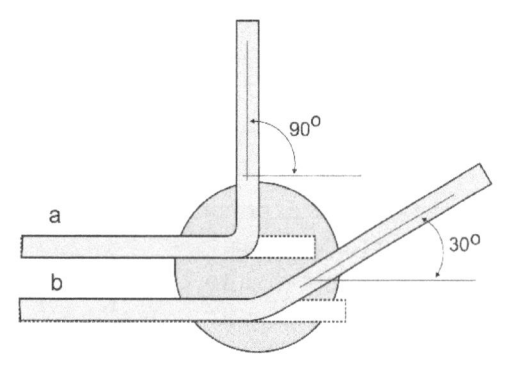

a, b, c, d, e - Indicação dos movimentos da barra de vidro na chama.

Figura 2.8 C Curvatura de tubos de vidro: Curvar cuidadosamente o tubo no ângulo de interesse.

a, b - Tubos de vidro dobrados conforme o ângulo de interesse.

A fase inicial consiste em preaquecer o tubo de vidro na região onde deve ser curvado ou dobrado. Para isto, o tubo é introduzido na chama e movimentado para a esquerda e para a direita, simultaneamente rotacionado para frente e para trás, para não haver um choque térmico e haver um aquecimento uniforme na região do tubo onde será curvada, Figura 2.8 A.

Manter o tubo de vidro na parte mais quente da chama em permanente movimento (rotação e translação etc.) até sentir que o tubo está suficiente mole para ser trabalhado. Ele quase começa a se deformar pelo próprio peso. Conforme mostra a Figura 2.8 B.

Neste momento, dependendo da sua plasticidade, o tubo deve ser retirado da chama, rápida e cuidadosamente dobrado no ângulo desejado. Para isto, exerce-se uma força nas extremidades frias do tubo para cima ou para baixo, Figura 2.8 C.

Uma curvatura bem feita deve ser suave, mantendo o mesmo diâmetro em toda a sua extensão.

O tubo na região de curvatura, não deve apresentar estrangulamentos ou outras deformações.

Fabricação de tubos capilares e derivados.

Um tubo capilar é um tubo de diâmetro reduzido, que pode ser obtido pela distensão de tubos de vidro. O processo é o mesmo que o da formação da curvatura. Quando o tubo estiver mole, retirá-lo da chama e distendê-lo, Figura 2.9 A, mediante tração nas duas extremidades.

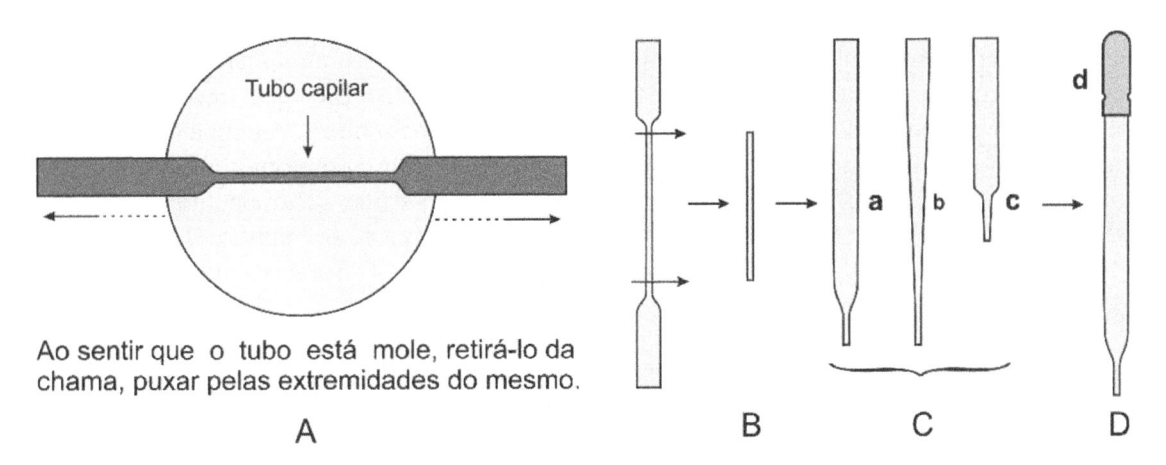

Figura 2.9 Trabalhos com vidro: (A) e (B) Fabricação de tubos capilares; (C) Fabricação de tubos de vidro para conta-gotas (a, b, c); (D) Conta-gotas (d), sistema para fazer sucção, em geral, peça de borracha).

Para verificar se o tubo é **capilar** ou não, basta introduzi-lo numa solução aquosa colorida (para poder observar), e, se o tubo for capilar o líquido sobe pelo tubo, baseado no fenômeno da **capilaridade**.

A fabricação de um **conta-gotas**, Figura 2.9 C e D, baseia-se no mesmo processo, tendo na parte superior um sistema para fazer sucção.

2.1.4 Perfuração de rolhas

A construção de instrumentos simples de laboratório, muitas vezes, exige rolhas de borracha, de plástico, ou de cortiça **perfuradas** para poder adaptar um tubo, ou um termômetro. Para esta operação existem sistemas de perfuração como *brocas elétricas* com diversos diâmetros, Figura 2.10 A, ou *perfuradores manuais* (*vazador*), também, de diversas bitolas (diâmetros), conforme pode ser visto na Figura 2.10 B.

A rolha deve ser colocada e firmada sobre uma base de madeira ou outro material, que também pode ser furada.

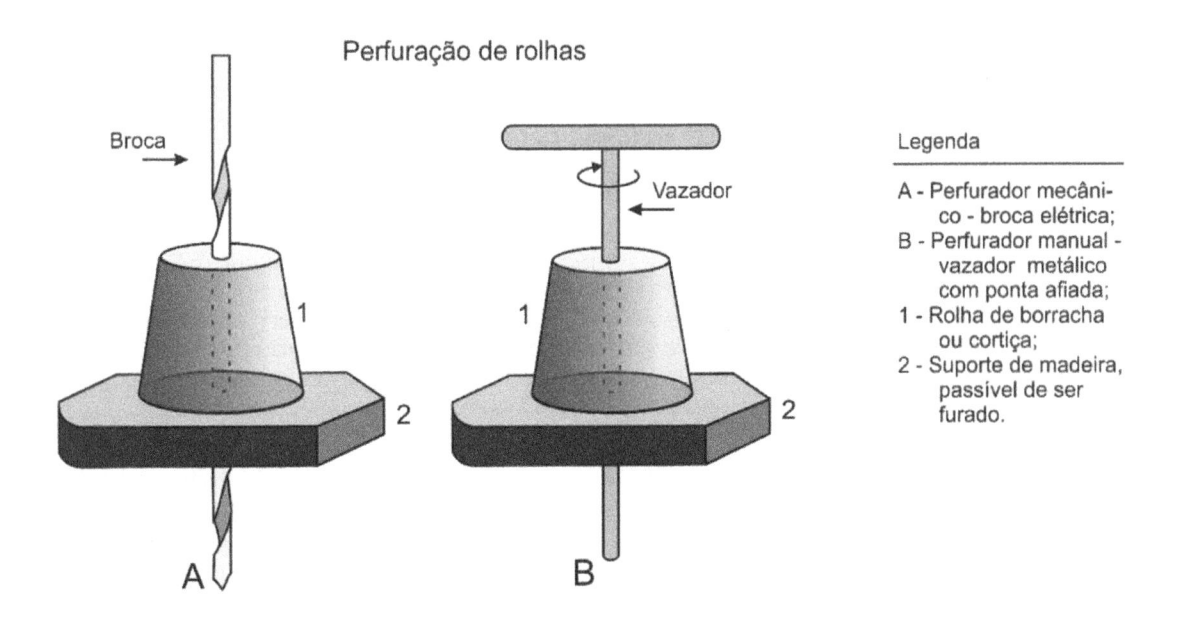

Figura 2.10 Perfuração de rolhas: (A) Broca elétrica; (B) Perfurador manual (Vazador).

A introdução do tubo na rolha perfurada deve ser feita com cuidados especiais protegendo as mãos com panos (ou uma porção de estopa) para evitar acidentes em caso de quebra do tubo. Usar vaselina ou umedecer o tubo antes de introduzi-lo no orifício.

2.1.5 Materiais de laboratório

Dessecador

O dessecador é um instrumento de vidro com alta resistência mecânica e inerte quimicamente, constituído por: a *parte inferior*; o *corpo de dessecador*, parte maior; uma *tampa superior*, e, uma *placa de cerâmica* vitrificada que serve como suporte para cadinhos e pesa filtros. A tampa e o corpo do dessecador estão ajustados com um sistema esmerilado e untado, para evitar a entrada de ar, umidades etc.

A Figura 2.11 exemplifica. Em A, com um dessecador mais sofisticado, e em B um mais simples.

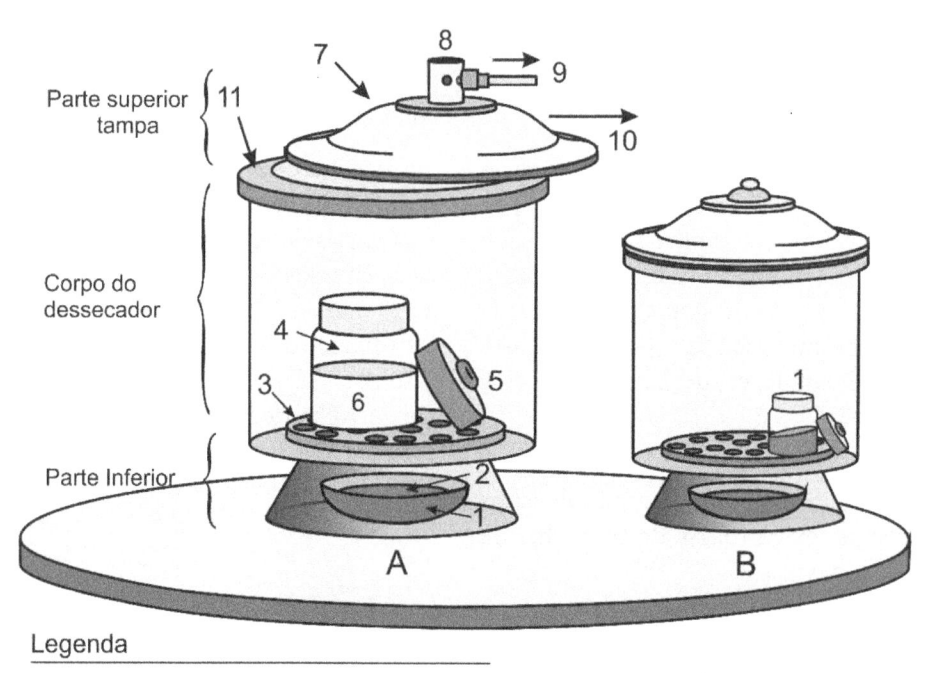

Legenda

A - Dessecador com sistema a vácuo: 1 - Cápsula com sílica-gel seca; 2 - Sílica-gel azul (seca); 3 - Placa vitrificada de cerâmica com orifícios; 4 - Pesa-filtro; 5 - Tampa (sistema esmerilado); 6 - Substância seca; 7 - Tampa; 8 - Sistema para vácuo; 9 - Saída para a bomba a vácuo; 10 - Forma de abrir: deslizar horizontalmente a tampa; 11 - Borda engraxada com silicone.
B - Dessecador mais simples: 1 - Pequeno pesa-filtro com indicador de sílica-gel.

Figura 2.11 Dessecador: (A) Dessecador com sistema a vácuo tendo: 1 e 2 – cápsula com sílica-gel azul (seca); 3 – Placa vitrificada de cerâmica com orifícios; 4 e 5 – Pesa-filtro e tampa; 6 – Substância sólida; 7, 8 e 9 – Tampa do dessecador com sistema a vácuo e despressurizador, com saída para a bomba a vácuo; 10 – Seta indicando a forma de abrir o dessecador; 11 – Superfície untada com silicone. (B) Dessecador mais simples, tendo no seu interior um pequeno pesa-filtro com indicador de sílica-gel azul.

O dessecador é usado com diversas finalidades nas atividades de laboratório, entre elas têm-se:
- Criar uma atmosfera independente do meio ambiente, em geral, sem umidade (seca) e sem certos componentes que podem reagir com ácidos, bases, sais etc.;
- Levar às condições do ambiente externo algum corpo (cadinho) ou substância, em termos de temperatura, isto é, baixar sua temperatura ou subir sua temperatura, até alcançar a externa;

- Retirar de substâncias alguma umidade aderida às mesmas;
- Estabilizar padrões de referência ou simplesmente padrões, antes de serem utilizados.

A *parte inferior* do dessecador é reservada ao material que se deseja que opere alguma ação no *corpo do dessecador*. Isto é, que absorva a umidade, que retire o gás carbônico, que elimine algo em especial.

Em 1 e 2, da Figura 2.11, observa-se a presença de uma cápsula de porcelana com a sílica-gel azul (seca) que retira a umidade do ambiente. Várias substâncias são usadas para este fim como mostra a Tabela 2.1. A eficiência de alguns secantes (desidratantes) é avaliada pela água residual que fica no ar do dessecador, Tabela 2.1.

Tabela 2.1 Alguns exemplos de agentes de secagem e suas eficiências.

Agente secante	Água residual mg/L de ar	Agente secante	Água residual mg/L de ar
$CaCl_2$ (anidro)	1,5	Al_2O_3	0,005
NaOH (bastões)	0,8	...	...
...	...	H_2SO_4	0,003
Sílica gel	0,03	...	...
...	...	P_2O_5	0,00002

FONTE: Mendham *et al.* 2002; Morita & Assumpção, 1972.

Algumas substâncias são bastante eficientes como o ácido sulfúrico (H_2SO_4), mas também difícil de manusear e pode causar acidentes. A sílica gel (SiO_2) e a alumina (Al_2O_3) são dessecantes bastante usados. No caso da sílica-gel, é eficiente, fácil de manusear, sólido, não é tóxico e nem corrosivo, e pode ser regenerada facilmente. Mas não indica quando sua capacidade de absorver água está exaurida.

Para indicar o grau de umidade da sílica gel ou outro secante qualquer é usado como "indicador" o cloreto de cobalto, um sal, que tem *cor azul* quando seco (ou anidro) e *rosa claro* quando úmido. Se a sílica gel está úmida, portanto, *cor rosa*, ou quando começa a ficar um "*azul pálido*" nas laterais dos seus cristais, deve ser levada na estufa para secar à 150 – 180 ºC e ser novamente usada. A explicação da *cor rosa* e *cor azul* é dada pela Química de Coordenação (Complexos), conforme Reação (R-2.1).

Pela Reação (R-2.1) observa-se que, ao aquecer o "cloreto de cobalto hidratado" (Cloreto de hexaaquocobalto(II)) – rosa, o mesmo perde água e transforma-se no "cloreto de cobalto anidro" (Tetraclorocobaltato(II) de cobalto) – azul. Isto é, a reação acontece no *sentido 1*.

A mesma reação acontece em sentido contrário, *sentido 2*, ao se adicionar ou ao se deixar o material anidro – azul, em ambiente úmido.

Esta é a propriedade utilizada como *indicador* de *ambiente seco* e ou úmido. Portanto, não é a sílica-gel que muda de cor, ela apenas absorve água, conforme Reação (R-2.2), no sentido 2. A sílica-gel, inicialmente no dessecador, foi colocada anidra ou seca. A sua tendência é absorver água da vizinhança, no caso da atmosfera do dessecador. A medida que a sílica gel absorve a umidade ambiente, o indicador cloreto de cobalto anidro, o complexo $Co[CoCl_4]$, também vai absorvendo água e se transformando no cloreto de hexaaquocobalto(II), $[Co(H_2O)_6]Cl_2$, rosa.

$$2[Co(H_2O)_6]Cl_2 \underset{\text{Sentido 2}}{\overset{\text{Sentido 1}}{\rightleftarrows}} Co[CoCl_4] + 12H_2O \quad (R\text{-}2.1)$$

Cor rosa (A) — Δ — Cor azul (B)

(A) - Cloreto de hexaaquocobalto (II); (B) - Tetracloro cobalto (II) de cobalto.
Δ - Sistema de aquecimento da reação.

$$2(SiO_2)_n \cdot nH_2O \underset{\text{Sentido 2}}{\overset{\text{Sentido 1}}{\rightleftarrows}} (SiO_2)_n + nH_2O \quad (R\text{-}2.2)$$

Incolor ou esbranquiçado — Δ — Incolor ou esbranquiçado

Δ - Sistema de aquecimento da reação.

Pesa-filtro

O *pesa-filtro* (**4**) com a respectiva tampa (**5**), sistema macho e fêmea esmerilado, conforme Figura 2.11 é um instrumento de vidro, usado na pesagem e secagem de sólidos. A substância sólida (**6**) da Figura 2.11, foi secada na estufa no pesa-filtro, e depois transferida para o dessecador, ainda quente, onde deve esfriar sem absorver umidade. Ao ser retirado do dessecador o pesa-filtro deve ser tampado, com tampa também de vidro (**5**) para não absorver umidade do ar durante a manipulação e pesagem. O pesa-filtro pode ser utilizado também para líquidos.

Detalhes 2.1

Água associada aos compostos químicos

A existência da água numa substância sólida, pode se apresentar de diversas formas. Segundo Skoog *et al.* (2006); Ayres (1970); Lenzi *et al.* (2009) estas formas são agrupadas em dois tipos: **água essencial**; e, **água não essencial**.

I. Água essencial

A água essencial faz parte da estrutura da substância. Ela tem relação estequiométrica com as demais partes do composto. Pode ser classificada em:

- **água de cristalização** ou *reticular*, quando sua retirada decompõe o retículo cristalino, mas, a substância continua com suas propriedades químicas;
- **água de constituição**, quando sua retirada transforma o composto em outro, por exemplo, Reação (R-2.3).

$$Ca(HO)_{2(s)} \leftrightarrows CaO_{(s)} + H_2O_{(vapor)} \qquad (R-2.3)$$

- **água de complexação, hidratação aniônica e catiônica,** segundo Ohlweiler (1967), quando se encontra na esfera de coordenação do átomo central, por exemplo, no composto $CuSO_4.5H_2O$, existem 4 moléculas de água coordenadas pelo cobre e uma ligada ao íon SO_4^{2-} pelos hidrogênios da água.

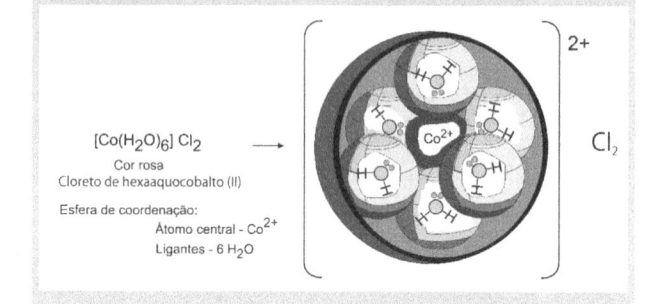

Figura 2.12 Visualização da água de coordenação no complexo Cloreto de hexaaquo cobalto(II).

II. Água não essencial

A água *não essencial* não se faz necessária na caracterização da composição da substância. Não ocorre em proporção estequiométrica. É retida no sólido como consequência de forças físicas do tipo de Van der Waals. Pode ser dividida em três tipos: **água de adsorção**, caracterizando um fenômeno mais superficial; **água de sorção**, caracterizando água de adsorção (superfície) e de absorção (no todo da substância, não apenas na superfície) e **água de oclusão**, que corresponde a moléculas retidas em espaços vazios da estrutura do material e que, muitas vezes, pode ter aspectos estequiométricos com o restante da substância, como no caso dos *clatratos* (Hagan, 1962). Por exemplo: $6X.46H_2O$, onde X = Ar, Kr, Xe, Cl_2, CH_4 e outros, conforme Huheey (1975).

> III. Umidade
>
> Ainda dentro da água *não essencial* está a água devida a *umidade* do material, que não apresenta relação estequiométrica nenhuma com a espécie química úmida e que ao ser aquecida é a primeira a ser eliminada.

Estufa

A estufa é um aparelho fundamental num laboratório, principalmente, de Química. Ela é usada principalmente para secagem de materiais, reagentes, amostras, entre outros. A Figura 2.13 mostra a parte interna de um modelo qualquer.

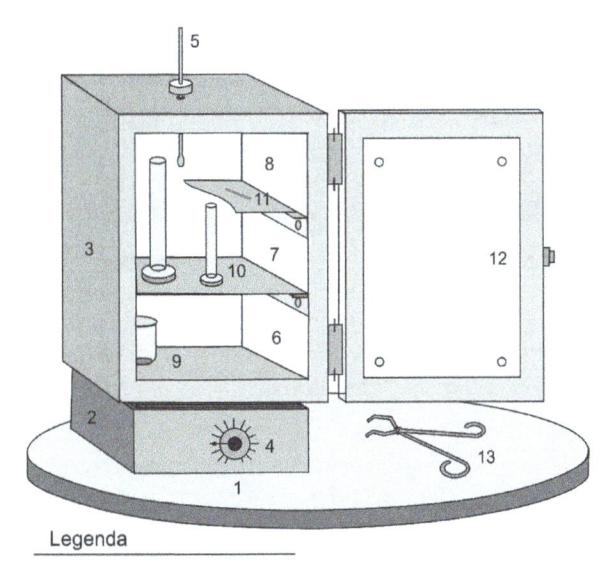

Legenda

1 - Exemplo de uma estufa aberta; 2 - Parte inferior da estufa; 3 - Parte superior ou corpo; 4 - Controle - liga/desliga, com regulagem da temperatura;   5 - Termômetro e saída do ar;   6, 7 e 8 - Prateleiras internas; 9, 10 e 11 - Materiais para secar;   12 - Porta de abertura com tranca; 13 - Pinça metálica.

Figura 2.13 Modelo de estufa comum de laboratório de Química.

Numa estufa a temperatura é controlada por um termostato e geralmente alcança uma faixa de 40 à 300 ºC, com uniformidade de ± 2 ºC. Para maiores sensibilidades de temperatura a faixa de controle é menor.

Existem diversos modelos, como as de:
- Atmosfera inerte de gás nitrogênio ou outro gás;
- Circulação de ar;
- Secagem e esterilização bacteriológica;
- Incubação bacteriológica;
- Secagem, circulação e renovação da atmosfera interna;
- Vácuo, e outros.

Agora mesmo, tome o seu computador, e acesse um *site de busca eletrônica* na internet. Coloque como título de busca: Tipos de estufas para laboratório. O próprio fabricante faz propaganda de seus produtos.

Dentre todas as imagens, as imagens da chama - das mais ingênuas às mais apuradas; das sensatas às mais loucas - contém um símbolo de poesia. Todo sonhador inflamado é um poeta em potencial. Toda a fantasia diante da chama é uma fantasia admiradora. (...)
Temos pela chama uma admiração inata. A chama determina a acentuação do prazer de ver algo além do sempre visto. Ela nos força a olhar.

(Bachelard, 1961)

2.2. PARTE EXPERIMENTAL

2.2.1 Manipulação do bico de Bunsen

a – *Material*
- *Bico de Bunsen;*
- *Instalação do gás combustível, respectivos registros (ou uma botija de gás com um bico de Bunsen adaptado);*

- *Caixa de fósforo;*
- *Caderno para anotação, caneta etc.*

b – *Procedimento*
- Sob orientação do professor, acender o bico do Bunsen. Regular a entrada de gás, e, depois, a entrada de ar (pelas janelas).
- Fazer uma *chama oxidante* (azul), e, depois, produzir uma *chama redutora* (amarela brilhante).
- Em cada situação tentar observar as partes da chama.

2.2.2 Manipulação de vidros

a – *Material*
- *Bico de Bunsen (com adaptador de chama para trabalhos em vidro);*
- *Fósforo;*
- *Barra de vidro (tubo com 80 cm de comprimento e 0,5 ou 0,7 cm de diâmetro);*
- *Lima triangular (ou diamante – aparelho próprio para cortar vidro);*
- *Pano, ou uma porção de estopa (para proteger as mãos).*

b – *Procedimento*
Sob orientação professor aprender e treinar:
- Cortar um tubo de vidro.
- Abrandar as bordas do corte na chama.
- Dobrar um tubo em ângulo reto ou outro.
- Fazer um tubo capilar.
- Fazer um tubo de vidro para conta-gotas.

2.2.3 Manipulação de rolhas

a – *Material*
- *Rolhas de diversos diâmetros de cortiça e borracha*
- *Suporte de madeira;*
- *Prendedor de rolha (tipo morsa);*
- *Furador manual (com diversos diâmetros), ou furador elétrico (com diversos tipos de brocas);*
- *No caso de furador elétrico ter um suporte para o mesmo, que possibilite descer e subir a broca sem desviar de direção, para que o furo seja reto.*

b – *Procedimento*
- Pegar, tocar, observar rolhas de cortiça e de borracha, ambas com bitolas diferentes.
- Sob a orientação do professor o aluno deverá aprender e treinar a furar rolhas e com os vidros dobrados montar aparelhos simples como um frasco lavador.

2.2.4 Montagem de equipamentos simples

Ao final desta prática o aluno deve ser capaz de montar equipamentos simples, tais como, os da Figura 2.14.

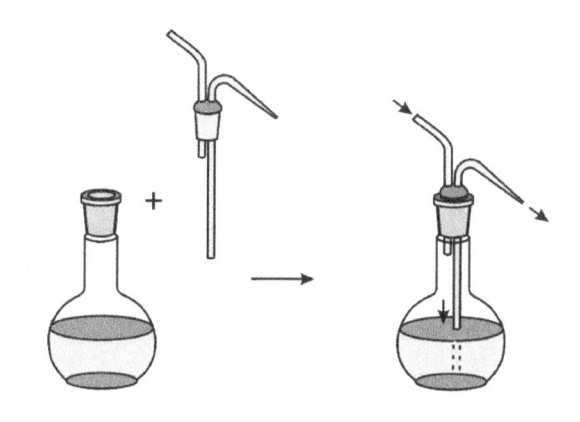

Figura 2.14 Frasco lavador (manipulação de rolhas e vidros).

2.2.5 Uso da estufa e dessecador

a – *Material*
- *Estufa;*
- *Dessecador;*
- *Cápsula de porcelana;*
- *Sílica gel rosa.*

b – *Procedimento*
- Ligar a estufa e acertar o termostato para 170 ºC;
- Colocar sílica gel (rosa) em uma cápsula de porcelana até 2/3 de sua capacidade;
- Levar a cápsula de porcelana na estufa;
- No final da aula observar a cor da sílica gel que está na estufa, se já estiver azul, transfe-

rir a cápsula de porcelana para o dessecador, caso contrário deixar na estufa até que fique completamente azul antes de transferir para o dessecador.

2.3 INFORMAÇÕES TÉCNICAS

Informações Técnicas

BUTANO

(Componente do liquegás, gás de cozinha)

Propriedades: Gás incolor e inodoro (por isto adiciona-se um composto gasoso organosulfurado – mercaptana, cujo cheiro característico permite sentir vazamentos).

Atenção: gás extremamente inflamável.

Efeitos tóxicos: O gás tem um efeito anestésico, mas, não é tóxico.

Reações perigosas: Forma mistura explosiva com o ar. Manter janelas e portas abertas no ambiente onde houve vazamentos.

Primeiros socorros: Ver Manual de Segurança em Laboratório.

Disposição final de resíduos: Restos, ou cilindros com vazamentos devem ser levados em áreas distantes do fogo e liberá-los lentamente para a atmosfera, ou num queimador especial.

Referências: Lewis, 1996; Budavari, 1996; Joyce & McKusick, 1996-1997; Bretherick, 1985; Oddone *et al.*, 1980.

2.4 EXERCÍCIOS DE FIXAÇÃO

2.1 Considere um queimador a gás (bico de Bunsen, Mecker etc.) usado para aquecimento de líquidos em laboratório, usando com combustível o gás de cozinha.

I. Escreva a reação de combustão.

II. Descreva a chama.

a) Quando a janela de entrada de ar está aberta.

b) Quando a janela de entrada de ar está fechada.

2.2 Um bico de Bunsen, usado para aquecimentos em laboratório, devido à falta de regulagem e sujeiras está com a chama amarela. Explique:

a) Por que a chama se apresenta desta cor.

b) Quais os problemas de se usar a chama amarela.

2.3 Caso você queira fundir um fio de cobre, em qual região da chama você colocaria? Faça um desenho esquemático da chama e explique sua resposta. (Ponto de fusão do cobre: 1083 ºC).

2.4 Você já conhece a utilização doméstica do vidro: copos, taças, utensílios de cozinha como tigelas e outros. Estes objetos não devem ser aquecidos. Em caso de aquecimento indevido, geralmente eles trincam, racham. Observando melhor alguns objetos de vidros podem ser aquecidos: mamadeiras, panelas e leiteiras, e claro, como foi visto hoje, objetos de vidro usados em laboratório. Faça uma pesquisa de como é feito o vidro comum e o termo resistente. Substâncias usadas e o método resumido. Observe com cuidado a diferença de ambos.

2.5 a) O que é um dessecante? b) Quais dessecantes são mais usados? c) Como podemos observar que o dessecante sílica gel não está sendo mais eficiente?

2.5 RELATÓRIO DE ATIVIDADES

Universidade _____	
Centro de Ciências Exatas – Departamento de Química	
Disciplina: QUÍMICA GERAL EXPERIMENTAL – Cód: _____	
Curso: _____ Ano: _____	
Professor:_____	

_____ Nome do Acadêmico	_____ Data

UNIDADE DIDÁTICA 02: TÉCNICAS BÁSICAS DE LABORATÓRIO

1 Manipulação do bico de Bunsen

1.1 Nomear as partes do bico de Bunsen numeradas na Figura 2.15.	1.2 Pintar a *chama oxidante* e a *redutora* com as cores adequadas, Figura 2.16.
	1.3 Na *chama oxidante* especificar as zonas da chama e dar as suas temperaturas, Figura 2.16.
$C_4H_{10} + O_{2(ar)}$ 1 - 2 - 3 - 4 - 5 - 6 - 7 - 8 - 9 - 10 -	
Figura 2.15 Bico de Bunsen e suas partes.	**Figura 2.16** Tipos de chamas

2 Manipulação de Vidros: Faça um desenho das peças que sua equipe conseguiu fazer e identifique-as.

3.1 Para que serve um Dessecador?
_____
_____
_____

3.2 Como se pode saber que o dessecador está em condições de uso?
_____
_____
_____

2.6 REFERÊNCIAS BIBLIOGRÁFICAS E SUGESTÃO PARA LEITURA

AYRES, G. H. **Quantitative chemical analysis**. 2. ed. New York: Harper & Row, Publishers, 1970. 710 p.

BACHELARD, G. **A chama de uma vela** Tradução de Glória de Carvalho Lins. Rio de Janeiro: Editora Bertrand Brasil, 1989. 112 p.

BETTELHEIM, F.; LANDESBERG, J. **Laboratory experiments for GENERAL, ORGANIC & BIOCHEMISTRY**. 2. ed. Philadelphia: Saunders College Publishing, 1995. 552 p.

BRETHERICK, L. **Handbook of reactive chemical hazards**. 3rd ed. London: Butterworths. 1985. 604 p.

BUDAVARI, S. [Editor] **THE MERCK INDEX**. 12th Edition. Whitehouse Station, N. J. USA: MERCK, 1996.

CHRISPINO, A. **Manual de química experimental**. São Paulo (SP): Editora Ática, 1991. 230 p.

CHRISTEN, H. R. **Fundamentos de la química general e inorgânica**. Versión española por el Dr. José Beltrán. Barcelona: Editorial Reverté, 1977. 840 p.

COTTON, F. A.; WILKINSON, G. **Química inorgânica**. Tradução de Horácio de Macedo da primeira edição inglesa *Basic Inorgânic Chemistry*. Rio de Janeiro: LTC Editora, 1978. 601 p.

GIESBRECHT. (Coordenador). **Experiências de Química – Técnicas e conceitos básicos**. PEQ – Projetos de Ensino de Química de Professores da USP. São Paulo: Editora Moderna, 1982. 241 p.

HAGAN, S. M. **Clathrate inclusion compounds**. New York (USA): Reinhold Publishing Corporation, 1962. 189 p.

HARRIS, D. C. **Análise química quantitativa**. Tradução da quinta edição inglesa feita por Carlos Alberto da Silva Riehl & Alcides Wagner Serpa Guarino. Rio de Janeiro: LTC Editora, 2001. 862 p.

HORNE, R. A. **Marine chemistry – The structure of water and the Chemistry of Hydrosphere**. New York: John Wiley, 1969. 568 p.

HUHEEY, J. E. **Inorganic chemistry – Principles of structure and reactivity**. New York: Harper & Row, 1975. 737 p.

JOYCE, R.; McKUSICK, R. B. Handling and disposal of chemicals in laboratory. *In*: LIDE, D.R. HANDBOOK OF CHEMISTRY AND PHYSICS. Boca Raton (USA): CRC Press, 1996-1997.

LENZI, E.; FAVERO, L. O. B.; LUCHESE, E. B. **Introdução à química da água – Ciência, vida e sobrevivência**. Rio de Janeiro: LTC Editora, 2009. 604 p.

LEWIS, R. J. [Editor] Sax's Dangerous Properties of Industrial Materials, 9th Edition. New York: Van Nostrand Reinhold, 1996, (vol. I, II, III).

MENDHAN, J.; DENNEY, R. C.; BARNES, J. D.; THOMAS, M. J. K. **Vogel – Análise química quantitativa**. Tradução da sexta edição inglesa feita por Júlio Carlos Afonso; Paula Fernandes de Aguiar e Ricardo Bicca de Alencastro. Rio de Janeiro: LTC Editora, 2002. 462 p.

MORITA, T.; ASSUMPÇÃO, R. M. V. **Manual de soluções, reagentes & solventes**. 2 Edição. São Paulo: Editora Edgard Blücher, 1972. 627 p.

ODDONE, G. C.; VIEIRA, L. O.; PAIVA, M. A. D. **Guia de prevenção de acidentes em laboratório**. Rio de Janeiro: Divisão de Informação Técnica e Propriedade Industrial – Petrobras, 1980. 37 p.

OHLWEILER, O. A. **Introdução à química geral**. Porto Alegre: Editora Globo, 1967. 637 p.

POMBEIRO, A. J. L. O. **Técnicas e operações Unitárias em Química Laboratorial**. Lisboa: Fundação Calouste Gulbenkian, 1980. 1069 p.

ROBERTS, J. L.; HOLLENBERG, J. L.; POSTMA, J. M. **General chemistry in laboratory**. 3. ed. New York: W.H. Freeman and Company, 1991. 498 p.

SEMISHIN, V. **Prácticas de Química General Inorgánica**. Traducido del ruso por K. Steinberg. Moscu: Editorial MIR, 1967. 391 p.

SIGMA-ALDRICH CATALOG, **Biochemicals and reagents for life science research**. USA: SIGMA ALDRICH, 1999. 2880 p.

SKOOG, D. A.; WEST, D. M.; HOLLER, F. J.; CROUCH, S. R. **Fundamentos de química analítica**. Tradução da 8ª. ed. americana feita por Marcos Tadeu Grassi. São Paulo: Thomson Learning, 2006. 999 p.

SKOOG, D. A.; WEST, D. M.; HOLLER, F. J. **Fundamentals of analytical Chemistry**. 6. ed. New York (USA): Saunders College Publishing, 1992. 892 p.

THOMAS SCIENTIFIC CATALOG: 1994/1995. Swedesboro, New Jersey (USA): Thomas Scientific, 1995. 1929 p.

TRINDADE, D. F.; OLIVEIRA, F. P.; BANUTH, G. S. L.; BISPO, J. G. **Química básica experimental**. São Paulo: ÍCONE Editora, 1986. 175 p.

VASILYEVA, Z.; GRANOVSKAYA, A.; MAKARYCHEVA, E.; TAPEROVA, A.; FRIDENBERG, E. **Laboratory Experiments in General Chemistry**. Translated from Russian by Alexander Rosinkin. Moscow: MIR Publishing, 1974. 364 p.

VOGEL, A. I. **Química orgânica.** Tradução da 3ª edição por Carlos Alberto Coelho Costa e outros. Rio de Janeiro: Ao Livro Técnico, 1971. vol. 01, 2 e 3. 1251 p.

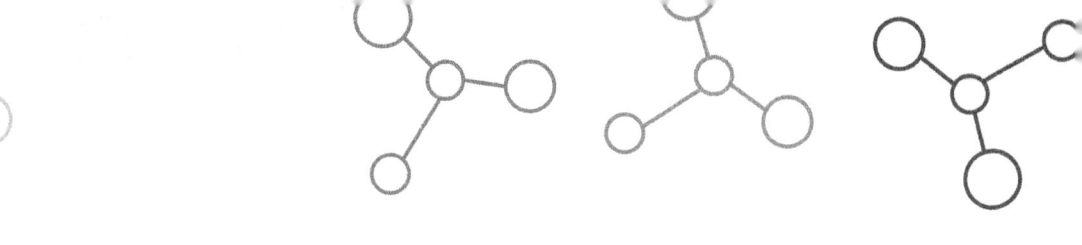

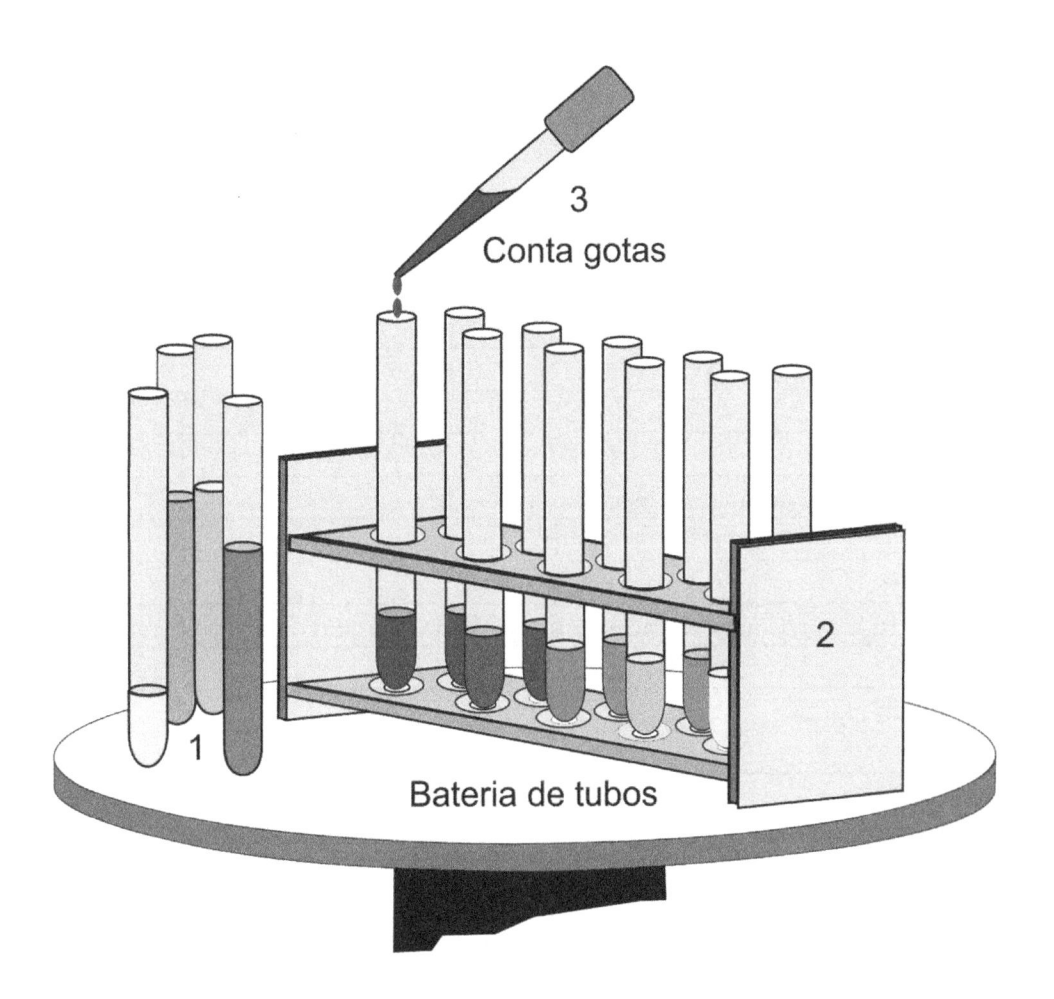

UNIDADE DIDÁTICA 03

3 Conta gotas

1

Bateria de tubos

2

1 – Tubo de ensaio: Recipiente cilíndrico, sem base para ficar em pé, e sem calibração. Utilizado em reações químicas, principalmente para testes de reação. São encontrados no mercado com várias dimensões, sendo os menores de 12x75 mm e os maiores de 25x250 mm. Existem tubos de ensaio com tampa.

2 – Estante para tubos de ensaio: Suporte de tubos de ensaio, para que os mesmos possam ficar "de pé". Confeccionadas de vários materiais, como ferro recoberto de polietileno, alumínio e outros. As mais comuns são feitas de madeira, devido ao baixo custo e facilidade na confecção. Existem estantes de vários tamanhos, para 6, 12, 24, ou mais unidades e para diferentes diâmetros de tubos de ensaio.

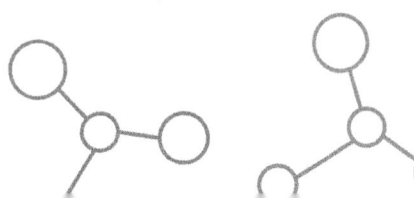

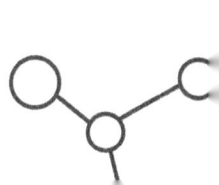

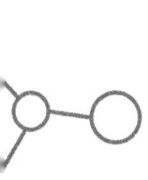

UNIDADE DIDÁTICA 03

O MÉTODO CIENTÍFICO

Conteúdo	Página
3.1 Aspectos Teóricos	99
3.1.1 Introdução	99
3.1.2 O processo da observação	100
3.1.3 O processo da hipótese	101
3.1.4 O processo da experimentação	102
3.1.5 O processo da generalização	102
3.1.6 O processo da divulgação	102
Detalhes 3.1	104
3.2 Parte Experimental	104
3.2.1 Observação (e registro) de uma vela apagada	104
Detalhes 3.2	105
Detalhes 3.3	106
3.2.2 Observação (e registro) de uma vela acesa – Interação da vela com o meio ambiente	110
Detalhes 3.4	110
3.2.3 Comprovação da hipótese	113
Detalhes 3.5	114
3.3 Informações Técnicas	114
3.4 Exercícios de Fixação	114
3.5 Relatório de Atividades	116
3.6 Referências Bibliográficas e Sugestões para Leitura	117

Unidade Didática 03
O MÉTODO CIENTÍFICO

Objetivos:
- Informar o que é, e quais são as etapas do *método científico*;
- Desenvolver o hábito e o espírito da *observação científica*;
- Iniciar a aprendizagem do *registro científico* dos fatos observados.

A ciência á a explicação dos fatos observados a cada momento.

3.1 ASPECTOS TEÓRICOS

3.1.1 Introdução

O *método* é a ordem que se deve dar aos diferentes processos (conjunto de operações, de atos etc.) necessários para se atingir um determinado fim. Ou como dizia Descartes: ***é o caminho a seguir para se chegar à verdade nas ciências.***

Na busca da verdade científica, não envolvendo as ciências morais, existem dois tipos de métodos, o *método racional* e o *método experimental*.

O método racional é o método que parte dos fatos, das hipóteses ou proposições admitidas, "a priori", como evidentes por si só, isto é, como verdades, e, a seguir demonstra a verdade ou a relação, a ser demonstrada. É o método próprio da matemática.

O método experimental se apoia nos fatos observados na prática, na experiência. Este é o método das ciências da natureza, que tem por objetivo os fenômenos do universo material. São os métodos das ciências experimentais, ou ciências indutivas, pois, parte dos fatos singulares, de propriedades observadas para a generalização, desembocando num princípio ou numa lei científica. Alguns autores o denominam de método científico.

O método do estudo das ciências da natureza tem quatro processos intrínsecos, a saber:

1º - a *observação*;
2º - a *hipótese*;
3º - a *experimentação*;
4º - a *generalização*.

E, um processo extrínseco, a saber:
5º - a *divulgação*.

3.1.2 O processo da observação

O processo de *observar* alguma coisa, um objeto, um fato, um acontecimento, é aplicar a atenção a esta coisa, a este objeto ou a este fato a fim de conhecê-lo.

É pela observação que começam as ciências experimentais. A natureza dotou o ser humano com alguns "instrumentos naturais" de observação "os sentidos" para detectar propriedades do meio ambiente que o envolve, necessitadas para a sua sobrevivência. Por exemplo, o *olfato*. O cheiro de comida desperta a fome, que o leva a se alimentar. Um cheiro ruim instintivamente o leva a afastar-se do local, pois, pode lhe fazer mal. Assim como, um aroma agradável o leva a aproximar-se.

O sentido da *visão* é o mais amplo, e a maioria das observações começa por ele.

O ato de observar pode ser aprimorado ou aperfeiçoado, com o uso de instrumentos, tais como: o microscópio, o espectroscópio, o metro, a balança, o termômetro, e com o conhecimento do próprio método, das suas etapas e da experiência anterior do observador.

Muitas pessoas nos antecederam e fizeram observações. Hoje, para se *fazer melhor* qualquer coisa, qualquer atividade, já existem caminhos que iniciam ou introduzem o principiante e o tornam mais apto. Como também, para fazer uma boa observação de um objeto, ou de uma propriedade, ou de alguma coisa, já existem trilhas introdutórias. Existem alguns passos que o observador seguindo-os o leva a fazer uma observação melhor e mais segura. Por exemplo, na arte culinária já existem receitas prontas para se fazer muitos pratos gostosos. Assim é na arte da observação.

Os principais passos ou pontos que despertam o ato de observar um objeto ou um fato, já apresentados na literatura, são os seguintes:

As propriedades organolépticas

As propriedades *organolépticas* são as propriedades de um objeto, de um corpo detectadas por um dos cinco sentidos dos seres humanos:
- A cor (ligada ao sentido da visão);
- O cheiro ou o odor (ligado ao sentido do olfato);
- O sabor (ligado ao sentido do gosto, do paladar);
- A sensação ao toque (ligada ao sentido do tato);
- O ruído (ligado ao sentido da audição).

As propriedades físicas

As propriedades *físicas* de um corpo são as propriedades que, mesmo variando de valor, elas não alteram a composição química do objeto ou do corpo. Entre as principais propriedades físicas de um objeto ou de um corpo têm-se:

1º O **estado físico**: *sólido* (se sólido, pode ser cristalino, ou amorfo), *líquido, gasoso e plasma*. As passagens de um estado para o outro caracterizam os pontos de fusão, pontos de ebulição e pontos de sublimação.

2º A **extensão** de um corpo é caracterizada por seu volume e massa.
- Um **volume** (V) de um corpo que tem uma forma geométrica pode ser calculado pelas Equações (3.1) a (3.4).

Se o corpo tem *forma prismática* reta, então sua base é calculada pela Equação (3.1).

$$b = a.c \qquad (3.1)$$

onde, b = base; a = comprimento; c = profundidade.

O volume pode ser calculado pela Equação (3.2).

$$V = base \cdot altura = a.c.h \qquad (3.2)$$

onde, V = volume; a = comprimento; c = profundidade; h = altura.

Se o corpo tiver *forma cilíndrica*, a base, que é uma circunferência, **é calculada pela Equação (3.3).**

$$b = \pi \cdot r^2 \qquad (3.3)$$

onde, b = base; π = constante de valor 3,1416; r = raio da circunferência.

O volume é dado pela Equação (3.4).

$$V = base \cdot altura = \pi \cdot r^2 \cdot h \quad (3.4)$$

onde, V = volume; π = constante de valor 3,1416; r = raio da circunferência; h = altura.

- Uma **massa** (m), que pode ser quantificada com uma balança. Se tem uma massa (m) e sobre ela atua a gravidade (g = 10 m s^{-2}) dando-lhe um peso (p) característico de acordo com a Equação (3.5).

$$p = g \cdot m \quad (3.5)$$

3º A **divisibilidade é a propriedade que permite** *dividir* o corpo sem alterar as propriedades físicas. Por exemplo, uma folha de papel pode ser dividida em partes. E, as partes continuam com as propriedades de papel. Por exemplo, a folha de papel queima, as partes da folha também queimam.

4º Outras **propriedades**: a dureza, a tenacidade, a plasticidade, a maleabilidade, a expansibilidade, a fluidez, a tensão superficial.

As propriedades químicas

As propriedades **químicas** são propriedades que alteram a natureza do corpo. Por exemplo, a folha de papel, citada anteriormente, ela queima. Após queimar não continua com as propriedades de papel, virou cinza. Isto é, transformou-se em óxidos com propriedades totalmente diferentes do papel.

Entre estas propriedades citam-se como exemplos:

- Reação com o ar (O_2, N_2);
- Reação com a água (H_2O);
- Reação com ácidos (HCl etc.);
- Reação com bases (NaOH etc.);
- Reação com agentes complexantes.

As propriedades físico-químicas

As propriedades físico-químicas são as propriedades que dependem de aspectos químicos e físicos dos corpos, das substâncias etc., entre elas citam-se algumas:

- Entalpia (calor) de combustão;
- Entalpia (calor) de fusão;
- Entalpia (calor) de vaporização;
- Entalpia (calor) de dissolução;
- Momento dipolar;
- Absortividade molar.

As interações com o meio ambiente

Por *meio ambiente* entende-se o "*mundo*" que envolve o corpo, o fenômeno, o fato, que está sendo observado. O meio ambiente é constituído da atmosfera, hidrosfera e geosfera (crosta terrestre e demais camadas). Todas elas acionadas pela força gravitacional. E, sobre todos estes fatores está o sol, que é a maior fonte de energia para o meio ambiente. Esta energia dá início ao *ciclo hidrológico* e a *biossíntese* pela função clorofiliana.

Neste item serão analisados 2 exemplos de interação de corpos com o meio ambiente:

- Uma **vela apagada** no ar (*interação física* com o meio) e uma **vela acesa** no ar (*interação química* com o meio). A vela acesa apresenta a chama que a apagada não tem. O que é a chama? Quais as propriedades da chama?

Esta interação é para desenvolver a capacidade de observação.

- Uma **vela de parafina apagada** colocada na água.

O exemplo serve para, além de desenvolver o espírito de observação, aplicar as etapas intrínsecas do método científico (observação, hipótese, experimentação e generalização).

3.1.3 O processo da hipótese

Após serem observados e registrados os fatos, os corpos, os fenômenos etc., trata-se de descobrir a *lei da sua manifestação*, isto é, explicá-los. Esta *explicação*, muitas vezes, não é evidente. É necessário recorrer a uma explicação provisória dos fatos, dos fenômenos observados – chamada de *hipótese*.

É nesta etapa do método científico que se caracterizam os gênios, os homens cientificamente capacitados, porque não existe regra para inventar, ou para descobrir. É a intuição de cada um que entra em ação. A intuição é a *iluminação súbita*, ou o *esta-*

lo, ou a capacidade de ver com clareza a relação que existe no fato ou no fenômeno observado. Esta capacidade pode ser aprimorada, contudo, a dose dela que caracteriza o gênio já é inerente a cada indivíduo.

A hipótese dirige o trabalho de pesquisa e relaciona os fatos ou fenômenos observados. Este processo é auxiliado pelo conhecimento que o autor possui, sua imaginação, criatividade e a sua capacidade de associar os fatos observados com o que ele possui na memória ou que alguma vez já tenha observado e estudado.

3.1.4 O processo da experimentação

A experimentação é o conjunto de passos, de atos, utilizados na verificação da hipótese. Em geral, é realizada com auxílio de instrumentos. Grandezas são medidas, relacionadas, comparadas pelos métodos estatísticos etc., na tentativa de confirmar a explicação provisória dada inicialmente, que é a hipótese.

A experimentação baseia-se no seguinte princípio, aceito como verdade (*hipótese científica*):

> Dadas as mesmas condições, os mesmos fenômenos ou os mesmos acontecimentos ocorrerão.
>
> Weatherall (1970)

Normalmente otimizam-se todos os fatores (variáveis) que influenciam um determinado fenômeno em observação. Os mesmos são mantidos constantes enquanto se varia um deles, como fator independente (variável independente – X) medindo-se a variação da propriedade em análise (a resposta – Y, ou R, que é o fator dependente ou variável dependente). Assim, chega-se à Equação (3.6).

$$\text{Resposta (Y)} \propto \text{fator (X)} \quad (3.6)$$
$$Y = f(X)$$

Após uma série de medidas de pares coordenados de X_i - Y_i do fenômeno em experimentação, mediante gráficos ou equações próprias, estabelece-se a relação matemática entre as duas variáveis.

Hoje existem métodos que, ao mesmo tempo, alteram diferentes variáveis que influenciam o fenômeno em observação. Contudo, não são objeto deste estudo.

3.1.5 O processo da generalização

A generalização consiste essencialmente em passar da descoberta de uma relação constante entre dois fatos, ou dois fenômenos, ou duas propriedades, ou duas variáveis (X e Y) à afirmação de uma relação essencial, e consequentemente universal e necessária, entre estes dois fatores, ou dois fenômenos, ou duas propriedades ou duas variáveis (X e Y).

As *leis científicas* são as relações constantes e necessárias que derivam da natureza de fatos obtidos pelo raciocínio indutivo.

As *teorias científicas* são hipóteses que têm por fim unificar um grande número de leis científicas sob uma mesma, mais ampla e mais geral.

3.1.6 O processo da divulgação

Os compêndios de Filosofia ao tratar do método das ciências da natureza não falam do processo da divulgação dos princípios ou leis descobertas, como uma etapa a mais do método científico. No entanto, se Lavoisier não tivesse divulgado ou publicado seu trabalho, tudo se passaria como se nada tivesse acontecido no mundo científico.

Para algo tornar-se ciência deve ser conhecido do mundo científico, analisado, criticado e aceito pelo menos, por uma parte do mesmo.

Desta forma, podem-se dividir os processos do método das ciências da natureza em processos intrínsecos (a observação, a hipótese, a experimentação e a generalização) e os processos extrínsecos (a divulgação e suas formas de publicação).

Hoje existem centenas de *Jornais* e *Revistas* de caráter científico onde são publicados semanalmente ou periodicamente, os avanços da ciência.

Cuidado

Em Química, experiências feitas sem conhecimento de causa podem levar a graves consequências. Podem causar até a... Por que não dizer? Até a morte.

Não é questão de assustar, de tirar o gosto pela química ou mesmo de pessimismo. A verdade é que depois de perdermos a saúde e mesmo a vida, não adianta reclamar.

Hoje temos segurança completa em tudo o que fizermos em laboratório, mas, é preciso antes de fazer a experiência saber quais são os perigos a que estamos expostos e obedecer às Normas de Segurança compatíveis.

Vejamos o exemplo que segue.

REMINISCÊNCIAS QUÍMICAS
Ira Remsen

Enquanto lia um livro texto de Química, chamou-me a atenção a afirmação - "acido nítrico age sobre cobre"-. Apesar de ler e reler, sem conseguir entender tal afirmação, estava decidido a descobrir o que isto significava. Cobre era mais ou menos familiar para mim, pois moedas deste metal estavam então em uso. Lembrava-me de ter visto um frasco rotulado Ácido Nítrico no consultório médico, ao qual eu tinha acesso. Não conhecia suas peculiaridades, mas o espírito de aventura tinha se apossado de mim. De posse do ácido nítrico e cobre, restava-me então aprender o que as palavras "age sobre" significavam. A afirmação "ácido nítrico age sobre o cobre" deveria corresponder a mais do que meras palavras. No interesse do conhecimento eu estava disposto a sacrificar um dos poucos centavos de cobre que possuía.

Coloquei um deles sobre a mesa, abri o frasco rotulado Ácido Nítrico, derramei parte do líquido sobre o cobre e me preparei para a observação. Mas, era aquilo que estava presenciando? A moeda sofrera mudanças e estas não eram pequenas. Um líquido azul esverdeado espumava sobre a moeda e sobre a mesa. O ar, na vizinhança da ocorrência, coloriu-se de vermelho escuro. Uma grande nuvem colorida ergueu-se. Era desagradável e sufocante. Como poderia eu interromper aquilo? Tentei livrar-me daquela inconveniente situação recolhendo a moeda com os dedos e atirando-a pela janela. Aprendi outra coisa: Ácido Nítrico não somente age sobre cobre, mas também sobre "dedos". A dor levou-me a outro experimento não premeditado. Enfiei os dedos através dos bolsos da calça e mais uma coisa foi descoberta. Ácido nítrico age sobre "calças". Levando tudo isso em consideração, aquele foi o mais impressionante e provavelmente o mais custoso experimento por mim realizado... Foi, sem dúvida, uma revelação. Provocou-me o desejo de aprender mais sobre aquele notável tipo de ocorrência. Evidentemente, a única maneira de aprender sobre aquilo foi observar os resultados, experimentar, trabalhar num laboratório.

Extraído de: **Retroprojetando em Química**

Arnaldo R. Carvalho
VIII ENEQ

> **Detalhe 3.1**
>
> O "documento científico" é o material (por exemplo, texto, desenhos, figuras) que compõe a informação que descreve o fato ou o fenômeno que será comunicado aos pares, à comunidade científica e à comunidade em geral. Apresenta-se de duas formas:
>
> - *Documento científico primário* ou simplesmente *documento primário*, quando se trata da comunicação do fato inédito (pela primeira vez). Pode ser na forma de: Tese; Artigo científico; Patente; Nota Técnica; Manuscrito; Manual etc.
> - *Documento científico secundário* ou simplesmente *documento secundário*, por exemplo: Livro didático, que utiliza a informação existente já publicada e lhe dá um formato diferente, como seja o formato pedagógico, que não foi objeto do documento primário.

3.2 PARTE EXPERIMENTAL

3.2.1 Observação (e registro) de uma vela apagada.

a – Objetivo

O objetivo desta prática é introduzir o aluno ao ato de observar um fato, ou um fenômeno, como, por exemplo, uma vela apagada e fazer o devido registro dos fatos observados.

b – *Material*
- *Velas de diferentes tamanhos e bitolas;*
- *Régua (ou paquímetro, pálmer ou outros);*
- *Balança;*
- *Relógio;*
- *Béquers;*
- *Erlenmeyers;*
- *Bacia rasa com água;*
- *Papel, caneta etc.*

c – *Procedimento*
- Pegar a vela com as mãos: tocar, sentir, olhar, cheirar, colocar perto do ouvido para ver se emite sons, ..., descrever as propriedades organolépticas.
- Continuar a observação da vela seguindo as diversas etapas descritas no item 3.1.2.
- Registrar o número máximo de propriedades observadas numa vela qualquer apagada.
- Se o aluno quiser maiores detalhes de como melhorar o registro das observações deve consultar a *Unidade Didática 07* e também, ver Tabela 3.1 e Tabela 3.2, conforme segue no Detalhe 3.2.

d – *Resultados e respectivo registro*

Como se verá mais a frente, em Ciências da Natureza, é necessário fazer o registro das observações realizadas, bem como, das hipóteses levantadas, dos experimentos concretizados e das conclusões e generalizações feitas. Este registro deve ser feito em *caderno* ou *livro próprio*, paginado. Deve constar a *data* da realização do experimento e respectivo registro. Se houver cálculos, os mesmos também devem constar.

Se for observado algum erro, as linhas ou a(s) página(s) onde consta o erro devem ser marcadas com um "x". Não se deve apagar ou muito menos rasgar a(s) página(s).

Detalhe 3.2

A Tabela 3.1 mostra como fazer o registro das propriedades organolépticas em tabela com *formato científico*.

Tabela 3.1 Propriedades organolépticas das velas de parafina: A, B e C, (mesmo fabricante, apenas tamanhos diferentes).

Sentido envolvido	Vela A	Vela B	Vela C
Sentido do tato	Sólido untuoso e temperatura ambiente	Sólido untuoso e temperatura ambiente	Sólido untuoso e temperatura ambiente
Sentido da visão	Sólido esbranquiçado	Sólido esbranquiçado	Sólido esbranquiçado
Sentido do olfato	Sólido inodoro	Sólido inodoro	Sólido inodoro
Sentido do sabor (*)	Sólido insípido (*)	Sólido insípido (*)	Sólido insípido (*)
Sentido da audição	Corpo insonoro	Corpo insonoro	Corpo insonoro

(*) Só testar ou experimentar o sabor quando se tem segurança que o material não é venenoso.

A Tabela 3.2 apresenta o registro em formato científico das *propriedades físicas extensivas* (propriedades que dependem da quantidade de material do objeto analisado), *propriedades intensivas* (propriedades que independem da quantidade de matéria observada do objeto), e *constantes* encontradas na observação da vela.

Tabela 3.2 Propriedades físicas das velas de parafina: A, B e C, mesmo fabricante, apenas tamanhos diferentes, nas condições de laboratório (20 °C e pressão ambiente) (*).

Propriedade física observada, medida e ou calculada, quando necessário (**)	Vela A	Vela B	Vela C
Propriedades extensivas (propriedades que dependem da quantidade de matéria da amostra)			
Comprimento ou altura = h (cm)	12,30	10,30	8,70
Diâmetro, ϕ (cm) (†)	1,83	1,39	1,40
Raio, $r = \phi/2$ (cm)	1,83/2 = 0,915	1,39/2 = 0,695	1,40/2 = 0,70
Circunferência, C (cm) ($\forall$)	5,75	4,37	4,40
Área da base (cm^2) = $\pi \cdot r^2$	3,14·(0,915)^2 = 2,629	3,14·(0,695)^2 = 1,517	3,14·(0,70)^2 = 1,539
Volume medido, V (cm^3)	50,00-18,22 = 31,78	41,62-26,00 = 15,62	41,80-28,40 = 13,40
Volume calculado = V = b·h	2,629·12,30 = 32,34	1,517·10,30 = 15,63	1,539·8,70 =13,39
Massa da vela, m (g)	29,0529	14,2788	12,3223
Propriedades intensivas			
Densidade, m/V(g cm^{-3})	29,0529/31,78 = 0,9142	14,2788/15,62 = 0,9141	12,3223/13,48 = 0,9141
Temperatura (°C)	20 °C (ambiente)	20 °C (ambiente)	20 °C (ambiente)

Propriedade física observada, medida e ou calculada, quando necessário (**)	Vela A	Vela B	Vela C
Elasticidade, Dureza, Plasticidade, Condutibilidade etc. (***)	(Não observadas)	(Não observadas)	(Não observadas)
Constantes			
Valor de π (****) = C/ϕ = $C/2 \cdot r$	5,75/1,83 = 3,1421 = 3,14	4,37/1,39 = 3,1416 = 3,14	4,40/1,40 = 3,1429 = 3,14

(*) O Laboratório com os respectivos materiais inclusive a água destilada foi acondicionado à temperatura de 20 °C e pressão ambiente local, mas poderia ser outra temperatura. (**) Os arredondamentos nem sempre obedeceram ao número de algarismos significativos da medida, pois estes arredondamentos poderiam causar desvios maiores (por falta ou por excesso) nos cálculos posteriores. (†) Na medida do diâmetro foi usado o paquímetro. ($\forall$) Na medida da circunferência foi utilizado o método da retificação da circunferência. (***) Estas propriedades não foram observadas e nem medidas. (****) O valor de pi (π) já era conhecido de Arquimedes no ano 250 a.C.

Detalhe 3.3

A disciplina Química Geral Experimental visa introduzir o acadêmico a adquirir hábitos de um futuro pesquisador. O uso de instrumentos, fazer medidas e respectivos registros são inerentes.

I. Como medir a circunferência C de um corpo cilíndrico uniforme, no caso a vela.

É evidente que depende dos instrumentos disponíveis de medida.

a) Supondo que se tenha uma régua (cm), papel e lápis ou caneta.

A Figura 3.1 visualiza o processo de medida. Dispor a vela deitada sobre a folha de papel. Marcar o ponto **A** na vela e no papel. Com cuidado "rolar" a vela sobre a folha, conforme mostra a Figura 3.1. Marcar o ponto **B** no papel, quando o corpo cilíndrico deu uma volta completa ou 360°. A seguir, com a régua (metro, trena etc.), mede-se a distância **A - B** no papel. A distância **A - B** é igual à circunferência retificada, **C**.

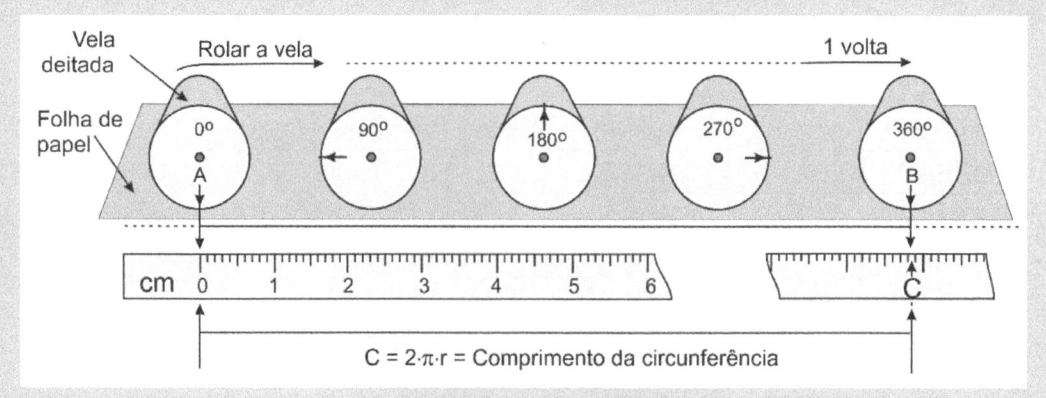

Figura 3.1 Medida da circunferência de um corpo cilíndrico uniforme (vela).

b) Supondo que se tenha um fio (linha), régua e uma caneta.
A Figura 3.2 mostra como fazer para medir a circunferência do corpo cilíndrico (vela).

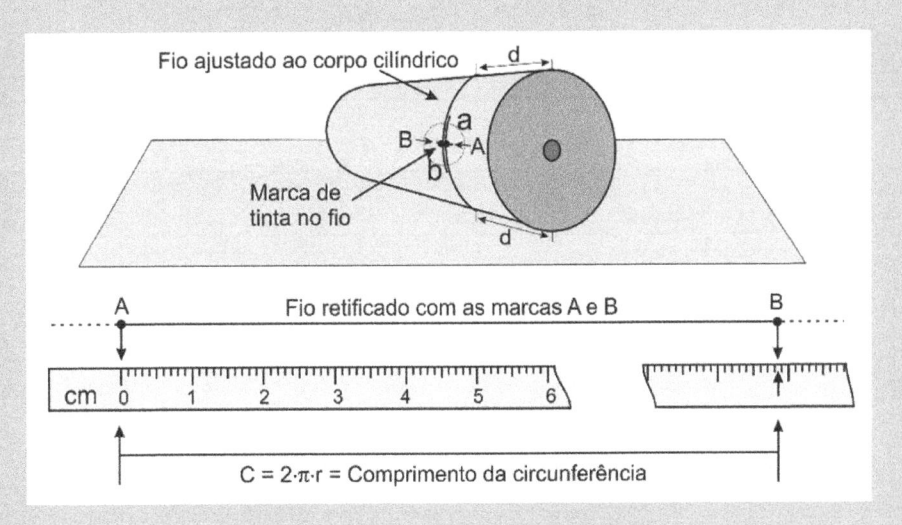

Figura 3.2 Visualização da medida da Circunferência, C, da vela.

Com a linha ou fio de extremidades **a - b** envolve-se a vela a uma distância **d** da extremidade da mesma. Com uma caneta à tinta marcam-se as posições vizinhas **A** e **B** (ver Figura 3.2). Retifica-se a linha sobre uma régua e lê-se a distância **A - B,** que é o comprimento da circunferência, C.

c) Supondo que se tenha um instrumento para medir o diâmetro da vela (corpo cilíndrico), ϕ, por exemplo, um paquímetro.

Se o leitor não souber usar o paquímetro, através do micro, via internet, acesse um "*site*" de busca de informação e procure "Como usar o paquímetro" e terá todas as informações necessárias. Por leitura direta terá o valor do diâmetro (ϕ).

Tendo o valor do diâmetro (ϕ) determina-se, por cálculo, o valor de C (circunferência), utilizando a Equação (3.7).

$$\text{Circunferência, } C = 2 \cdot \pi \cdot r = \pi \cdot \phi \tag{3.7}$$

Onde: $\pi = 3{,}14$; ϕ = Diâmetro medido experimentalmente.

Entre os instrumentos de medida direta e confiável do diâmetro da vela (corpo cilíndrico) encontra-se o paquímetro. A Figura 3.3 apresenta um paquímetro com seus principais elementos.

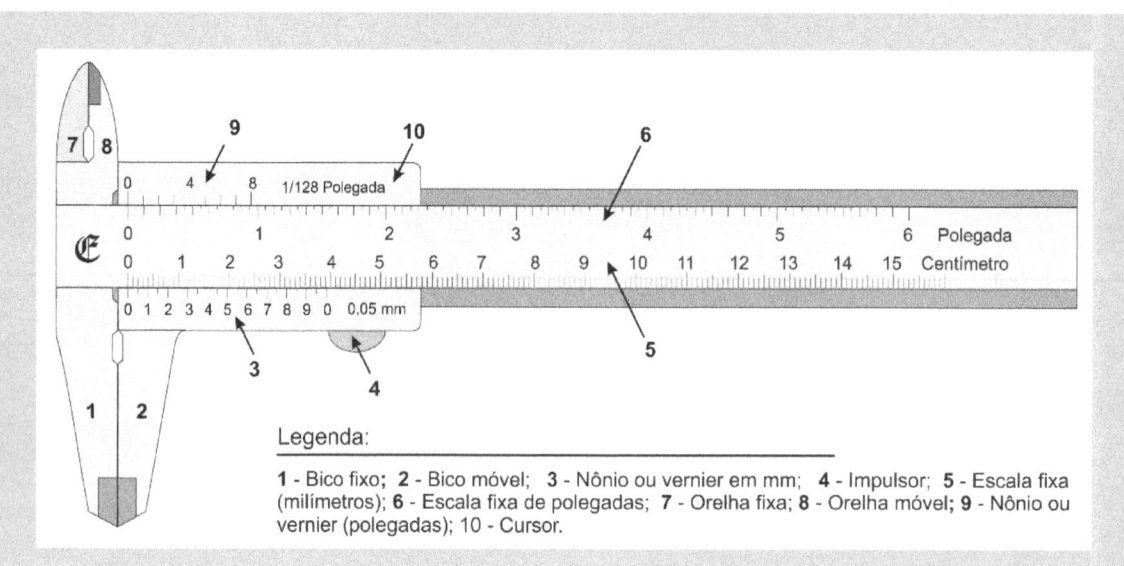

Figura 3.3 Visualização do paquímetro e seus elementos principais.

A Figura 3.4 mostra o paquímetro sendo utilizado na medida do diâmetro de um corpo cilíndrico, no caso a vela.

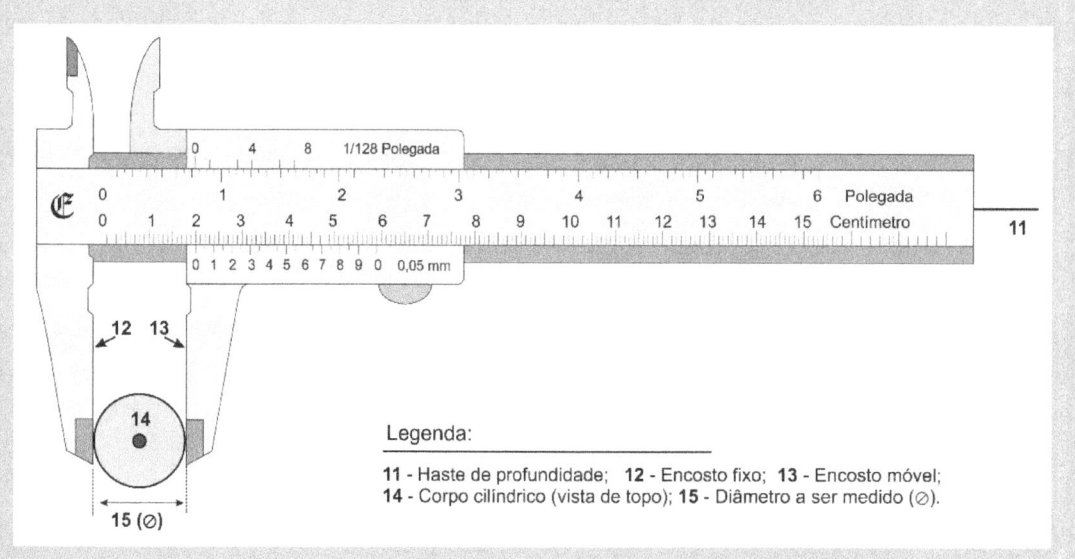

Figura 3.4 Visualização da medida do diâmetro da vela (corpo cilíndrico) com paquímetro.

II. Como medir experimentalmente o volume, V, da vela.

a) O volume da vela pode ser calculado pela expressão da Equação (3.8).

$$V \text{ (Corpo cilíndrico)} = (\text{base} \cdot \text{altura}) = \pi \cdot r^2 = \pi \cdot (\phi/2)^2 \cdot h \tag{3.8}$$

Onde, a base é a área do círculo ($\pi \cdot r^2$) e o raio, r = diâmetro/2.

b) O volume pode ser medido diretamente, conforme segue.

A medida do volume baseia-se numa propriedade física da matéria, a *impenetrabilidade*. Isto é, o espaço ocupado por um corpo, ao mesmo tempo, não pode ser ocupado por outro.

Deve-se tomar cuidado para que não haja reação, absorção ou dissolução de um no outro. Os dois corpos devem ser inertes um em relação ao outro.

A Figura 3.5 mostra a operação de medida do volume, V, de um corpo sólido, por deslocamento de um líquido que não ocupa o seu lugar ao mesmo tempo (não dissolve e não penetra no seu interior).

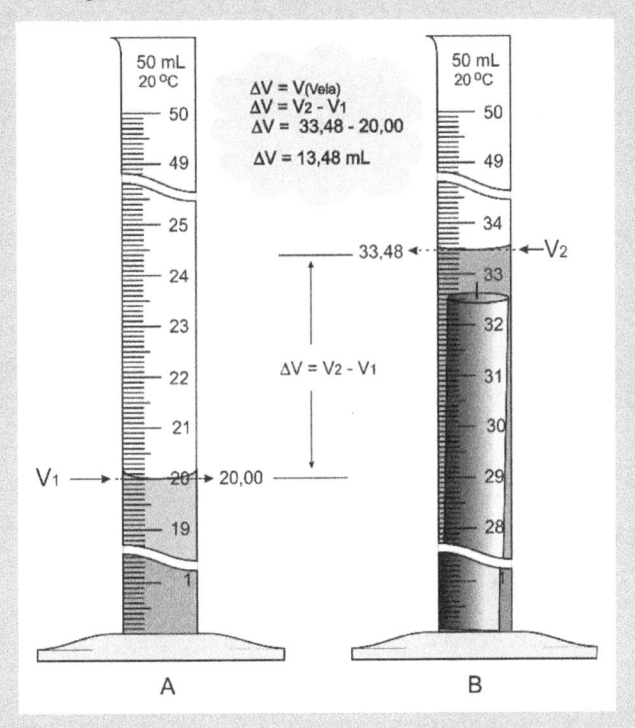

Figura 3.5 Visualização de medida do volume do sólido, a vela (V): (A) medida do volume do líquido (água) sem a vela (V_1); (B) medida do novo volume do líquido com a vela imersa (V_2).

Exemplo da Figura 3.5

Na proveta, parte A da citada da Figura, mede-se o volume só do líquido, V_1. Deve-se tomar cuidado para que o volume do líquido mais o do corpo que se quer medir não ultrapasse o volume 50 mL da proveta. Em B, já foi introduzida a vela na proveta e o nível do líquido subiu. Com auxílio de um palito ou agulha mergulha-se a vela totalmente, e lê-se V_2. A Equação (3.9) mostra como calcular o volume do corpo, no caso, a vela.

$$V_{(Vela)} = \Delta V = V_2 - V_1 = (33,48 - 20,00) \text{ mL} = 13,48 \text{ mL} \tag{3.9}$$

Assim procede-se com as outras velas.

3.2.2 Observação (e registro) de uma vela acesa – Interação da vela com o meio ambiente.

a – *Material*
- O material é o mesmo, que em 3.2.1;
- Fósforo e o bico de Bunsen com gás butano;
- Copo Erlenmeyer de 250 mL (ou com menor e maior capacidade);
- Prato fundo (ou bacia, tigela, tina etc.).

b – *Procedimento 1*: Vela acesa ao ar livre
- Acender a vela.
- Observar a chama, fazer hipóteses sobre ela, experimentar estas hipóteses, concluir a respeito.
- Se necessário acender o bico de Bunsen para comparar as chamas, analisar as suas partes etc.
- Registrar o número máximo de propriedades observadas numa vela qualquer acesa, omitindo as propriedades da mesma apagada.

Detalhe 3.4

I. Observação da chama

A Figura 3.6 apresenta uma vela acesa ao ar livre em diferentes posições: vertical, horizontal e inclinada.

No tocante à chama da vela, observa-se que ela apresenta a tendência de dirigir-se no sentido vertical, seja qual for a posição da vela. Na Figura 3.6 tem-se: = ângulo entre a chama e a linha horizontal (LH); = ângulo entre a vela e a linha horizontal (LH). Em ambos os casos têm-se valores de ângulos relacionados ao círculo trigonométrico.

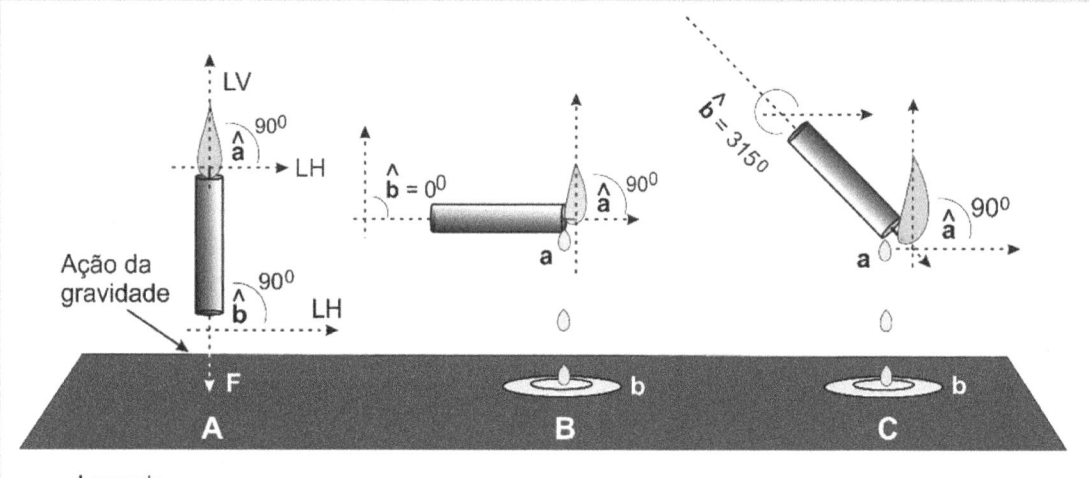

Legenda

$\hat{a}$ = Ângulo entre a chama e a linha horizontal; $\hat{b}$ = Ângulo entre a vela e a horizontal;
A - Vela acesa na posição vertical; B - Vela acesa na posição horizontal; C - Vela acesa na posição de 315°; LV - Linha vertical; LH - Linha horizontal; F - Força gravitacional; **a** - Gotas de parafina da vela derretida pelo calor da chama; **b** - Parafina solidificada. Observação: os ângulos foram considerados segundo o círculo trigonométrico.

Figura 3.6 Vela acesa ao ar livre: (A) Na posição vertical; (B) Na posição horizontal; (C) Na posição inclinada de 315°.

II. Inversão térmica

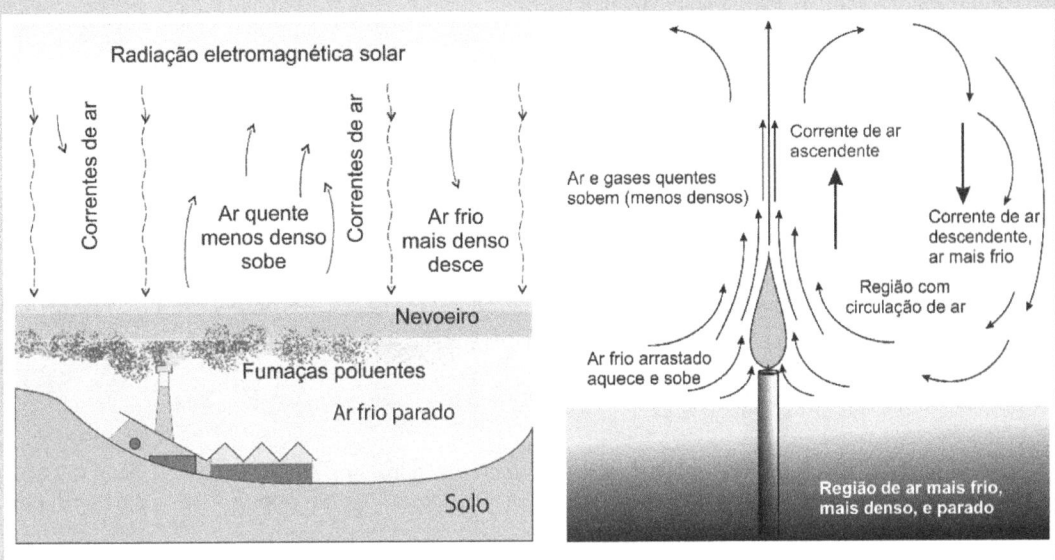

Figura 3.7 Fenômeno da "inversão térmica" na atmosfera.

Figura 3.8 Simulação da "inversão térmica" em laboratório com uma vela.

A Figura 3.7 mostra, de forma simplificada, o fenômeno da *inversão térmica* da atmosfera. A Figura 3.8 mostra algo semelhante obtido em laboratório com uma vela acesa.

Na natureza a radiação solar incide na superfície da terra e aquece os corpos ali presentes, que emitem radiação de comprimentos de onda mais longos os quais aquecem o ar. Aquecido, este fica mais leve, e sobe, formando correntes de ar ascendentes que sobem. Em seu lugar desce o ar mais frio (mais denso), formando correntes descendentes. Este fato cria a circulação do ar.

A *inversão térmica* é o mesmo fenômeno com a diferença que esta "circulação de ar" se dá a certa altitude da superfície da terra. Abaixo forma-se uma região "sem circulação de ar". Formam-se naturalmente devido a situações geográficas do local ou nuvens, nevoeiros etc., que impedem a chegada da radiação solar até a superfície da terra, conforme Figura 3.7.

Observa-se que a vela acesa (ou mais de uma, com a base da chama na mesma altura) cria acima desta linha uma região com circulação do ar e outra abaixo sem circulação, simulando em laboratório o fenômeno da inversão térmica, Figura 3.8. Como provar?

c – *Procedimento 2*: Vela acesa em ambiente fechado, sob pressão ambiente constante

A Figura 3.9 mostra como fixar a vela no fundo da tina (tigela ou bacia) e a Figura 3.10 mostra como criar um ambiente fechado sob pressão ambiente constante.

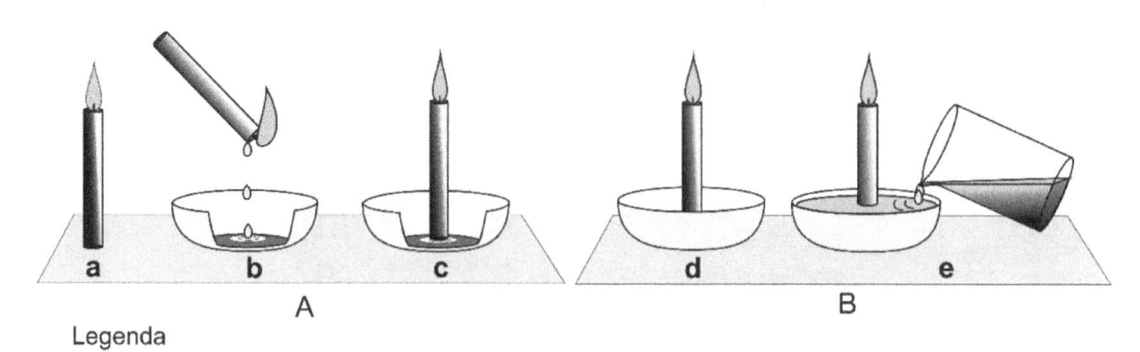

Legenda

a - Vela acesa; **b** - Bacia na qual se está pingando parafina derretida mediante a vela acesa; **c** - Fixação da vela acesa no fundo da bacia; **d** - Bacia com a vela acesa; **e** - Colocação de água na bacia.

Figura 3.9 Visualização da vela acesa: (A) Sendo fixada no fundo de uma bacia; (B) A bacia é enchida de água até próximo à superfície.

O copo Erlenmeyer está cheio de ar e é invertido e colocado rapidamente sobre a vela acesa até que suas bordas mergulhem na água. A Figura 3.10 mostra o fenômeno que acontece no copo Erlenmeyer.

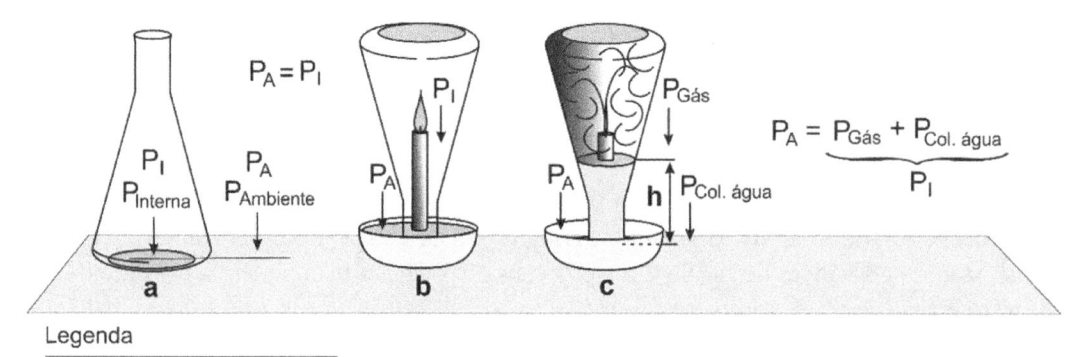

Legenda

a - Copo tipo Erlenmeyer aberto e cheio de ar; **b** - Bacia com a vela fixa no fundo da mesma e cheia de água, com o copo emborcado sobre a vela acesa (operação rápida) tendo a boca mergulhada na água da bacia; **c** - A vela aos poucos apaga, formam-se fumaças, que com o tempo, desaparecem e o nível da água sobe dentro do copo Erlenmeyer; **h** - Altura da coluna de água.

P_I = Pressão interna no copo Erlenmeyer; P_A = Pressão ambiente; $P_{Gás}$ = Pressão dos gases no copo Erlenmeyer; $P_{Col.\ água}$ = Pressão exercida pela coluna de água que se formou no copo.

Figura 3.10 Visualização da observação em que um componente da atmosfera é consumido (o oxigênio) e em seu lugar sobe a água.

3.2.3 Comprovação da hipótese

Fato: uma vela na água (bacia rasa) com aplicação das etapas do método científico.

a – *Material*
- *O material é o mesmo que em 3.2.1;*
- *Velas (A, B e C, pelo menos);*
- *Bacia com água destilada.*

b – *Procedimento*
- Colocar uma vela apagada dentro da água. A Figura 3.11 mostra o fato.
- Aplicar os passos do *método científico*:

Fato: Vela dentro da água

1º **Observação** do fato (fenômeno):

A vela boia na água e não afunda. Repetir o fato observado com outras velas de mesmo material (velas: A, B e C), mesma temperatura e pressão. Com todas as velas observa-se que a mesma boia.

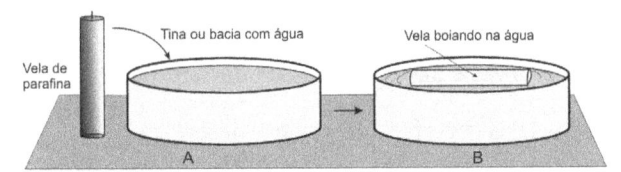

Figura 3.11 Colocação de uma vela apagada dentro da água: (A) Vela e a bacia ou tina prontas; (B) Vela dentro da água.

2º **Hipótese** (explicação do fenômeno):

As velas não afundam provavelmente por serem mais leves que a água. Um corpo mais leve que a água não afunda, assim mostram as experiências na vida real. Até a pessoa para não afundar coloca uma boia para fica mais leve e flutuar.

A propriedade física que mede se um corpo é mais leve que o outro é *densidade*. O corpo de menor densidade coloca-se naturalmente acima e o de maior abaixo. Portanto, a parafina deve ter densidade menor que a água, por isto boia.

(*Observação*: O volume de ar deslocado é desprezível para criar um *empuxo* para manter a flutuabilidade das velas).

3º **Experimentação** (implica em ir ao Laboratório e fazer medidas da densidade):

Inicialmente deixar as velas A, B e C, ou mais, fabricadas com mesmo material, no caso parafina, a água e demais materiais utilizados no experimento estabilizarem suas temperaturas à temperatura ambiente de 20 ºC e a pressão ambiente (1 atm ou próxima de 1).

a) Medir a densidade das velas.

Com a Equação 3.10 determina-se a densidade da vela.

$$D = \frac{m}{V} \qquad (3.10)$$

Onde, m = massa da vela em gramas (g) e V = o volume em mL ou cm^3.

Estes valores já foram medidos anteriormente, conforme Tabela 3.2. Repetir o procedimento 3 vezes e com velas diferentes e de mesmo material, na mesma temperatura e pressão. Registrar os dados para cada experimento e para cada repetição. A Tabela 3.3 mostra o registro para uma repetição das medidas referentes as velas A, B e C.

Pelos resultados da Tabela 3.3 a densidade média das velas é d = 0,9141 g cm^{-3} (ou g mL^{-1}).

b) Medir a densidade da água.

No tocante à densidade da água, já existem tabelas que possuem estes valores para diferentes temperaturas, por exemplo, Lide, 1996-1997, onde se encontra, para a densidade da água pura a 20 ºC e 1 atm, o valor de d = 0,998203 g cm^{-3} (ou g mL^{-1}).

No caso de não ter em mãos a tabela das densidades, via um *site de busca eletrônica,* acessar a mesma.

Também pode ser determinada experimentalmente no laboratório mediante um balão de 25 mL ou 50 mL de capacidade e água destilada. Caso tudo não estiver a 20 ºC fazer as devidas correções de temperatura, flutuabilidade e pressão atmosférica. Porém, isto é assunto para outras aulas.

> **Detalhes 3.5**
>
> A Tabela 3.2 mostra os dados e respectivos resultados das densidades das velas: A, B e C
>
> **Tabela 3.3** Valores de uma medida da densidade das velas A, B e C utilizadas no experimento (20 °C e pressão de 1 atm) (*).
>
> | Tipo da Vela | Propriedades das velas | | |
> |---|---|---|---|
> | | Massa, M(†) (g) | Volume, V(∀) (mL) | Densidade m/V, (g mL^{-1}) |
> | Vela A | 29,0529 | 31,78 | 0,9142 |
> | Vela B | 14,2788 | 15,62 | 0,9141 |
> | Vela C | 12,3223 | 13,48 | 0,9141 |
> | | | **Média:** | **0,9141** |
>
> (*) Condições ambientais do experimento. (†) Massa medida com a balança. (∀) Volume medido pelo método do deslocamento de volume de água.
>
> 4° **Conclusão** (generalização):
>
> Observando os resultados experimentais (valor médio), baseados na hipótese tem-se:
>
> Densidade das velas, $d_{Vela\,(20\,°C\,e\,1\,atm)}$ = 0,9141 g cm^{-3};
>
> Densidade da água, $d_{Água\,(20\,°C\,e\,1\,atm)}$ = 0,998203 g cm^{-3}.
>
> Portanto, para as três velas A, B e C, ou todas as velas feitas com o mesmo material e nas mesmas condições de temperatura e pressão, tem-se: $d_{Vela} < d_{Água}$. Logo, as velas A, B e C na água, nas referidas condições, devem boiar.
>
> 5° **Publicação** (Fazer o primeiro ensaio de redação de um manuscrito ou de um artigo científico). Para isto, seguir as etapas descritas na Unidade Didática 01.
>
> (O aluno deve *assimilar* o significado de cada parte do manuscrito: *Título, Introdução, Material e Métodos, Resultados, Discussão, Conclusão, Resumo, Referências Bibliográficas*).

3.3 INFORMAÇÕES TÉCNICAS

A Unidade Didática 02, traz nas Informações Técnicas, item 2.3, a periculosidade e cuidados a serem tomados na manipulação do gás butano.

3.4 EXERCÍCIOS DE FIXAÇÃO

3.1 Cite e conceitue as etapas do método cientifico.

3.2. Leia um artigo publicado em uma revista científica de química. Identifique as etapas do método científico no artigo. Resuma cada uma delas.

3.3 Vamos treinar a capacidade de observar e descrever um objeto ou um fato. Para isso tenham em mãos duas garrafas de bebida refrigerante gaseificada, as duas devem ser do mesmo tipo. Colocar uma das garrafas na geladeira e manter a outra em temperatura ambiente. Esperar por 24 horas aproximadamente.

a) Procure informações sobre o conteúdo das garrafas no rótulo.

b) Observar e descrever as garrafas tampadas.

c) Abrir as garrafas. Observar e descrever.

3.4. Em posse de um comprimido anti ácido efervescente, observe:

a) A embalagem e nela a composição do comprimido. Componentes que você não conhece procure o significado em um *site* de pesquisa.

b) Abra a embalagem e observe o comprimido: textura, tamanho, se tiver uma balança determine a massa (compare o valor obtido com o valor dado na embalagem), cor, cheiro etc.

b) Coloque o comprimido em um copo com água. Observe.

Descreva o que foi observado com detalhes. Monte tabelas relacionando os itens observado. Comente as tabelas. Lembre-se: escrever ou descrever é preciso treinar.

3.5. Quando você abriu as garrafas de refrigerante pode observar a saída de um gás. Colocando o comprimido efervescente na água também houve evolução de um gás.

Seja a hipótese: "O gás que sai do refrigerante é o mesmo liberado pelo comprimido efervescente quando em contato com a água."

Encontre uma metodologia que possa comprovar ou refutar tal hipótese. Pesquise qual seria este gás. Faça um ensaio de redação de um manuscrito ou artigo cientifico envolvendo esta atividade.

3.5 RELATÓRIO DE ATIVIDADES

Universidade _____ Centro de Ciências Exatas – Departamento de Química Disciplina: QUÍMICA GERAL EXPERIMENTAL – Cód._____ Curso:_____ Ano:_____ Professor:_____	Relatório de Atividades

_____ Nome do Acadêmico	_____ Data

UNIDADE DIDÁTICA 03: O MÉTODO CIENTÍFICO

1. DESCRIÇÃO DA VELA

1.1 VELA APAGADA:

1.2 VELA ACESA:

2. HIPÓTESES:

2.1. AS VELAS NÃO AFUNDAM PROVAVELMENTE POR SEREM MAIS LEVES QUE A ÁGUA.

Tabela 1 Valores de uma medida da densidade das velas A, B e C utilizadas no experimento (20 °C e pressão de 1 atm) (*).

Tipo da Vela	Propriedades das velas		
	Massa, $m^{(\dagger)}$ (g)	Volume, $V^{(\triangledown)}$ (mL)	Densidade m/V, (g mL^{-1})
Vela A			
Vela B			
Vela C			
		Média:	

(*) Condições ambientais do experimento. (†) Massa medida com a balança. ($\triangledown$) Volume medido pelo método do deslocamento de volume de água.

2.2. HIPÓTESE LEVANTADA PELA EQUIPE:

2.2.1 Procedimento

2.2.2 Coleta de dados

2.2.3 Conclusão

3.6 REFERÊNCIAS BIBLIOGRÁFICAS E SUGESTÕES PARA LEITURA

BRETHERICK, L. **Handbook of reactive chemical hazards**. 3rd ed. London: Butterworths. 1985. 604 p.

BUDAVARI, S. [Editor] **THE MERCK INDEX**. 12th Edition. Whitehouse Station, N. J. USA: MERCK, 1996.

CERVO, A. L.; BERVIAN, P. A. **Metodologia científica**. 4. ed. São Paulo: Editora McGraw-Hill do Brasil, 1996. 209 p.

CHRISPINO, A. **Manual de química experimental**. São Paulo (SP): Editora Ática, 1991. 230 p.

COTTON, F. A.; LYNCH, L. D. **Curso de química.** Traduzido, adaptado e coordenado pelo Prof. Horácio Macedo. Rio de Janeiro: FORUM Editora, 1968. 658 p.

GIESBRECHT. (Coordenador). **Experiências de Química – Técnicas e conceitos básicos**. PEQ – Projetos de Ensino de Química de Professores da USP. São Paulo: Editora Moderna, 1982. 241 p.

HENNIG, G. J. **Metodologia do ensino de ciências**. Porto Alegre (RS): Editora Mercado Aberto, 1985. 414 p.

JOLIVET, R. **Curso de filosofia**. Tradução de Eduardo Prado de Mendonça, 18. ed. Rio de Janeiro: Livraria AGIR Editora, 1990. 330 p.

JOYCE, R.; McKUSICK, R. B. Handling and disposal of chemicals in laboratory. *In*: LIDE, D. R. **HANDBOOK OF CHEMISTRY AND PHYSICS**. Boca Raton (USA): CRC Press, 1996-1997.

LEWIS, R. J. [Editor] Sax's **Dangerous Properties of Industrial Materials**. 9th Edition. New York: Van Nostrand Reinhold, 1996, (vol. I, II, III).

LIDE, D. R.[Editor] **HANDBOOK OF CHEMISTRY AND PHYSICS**. Boca Raton (USA): CRC Press, 1996-1997.

ODDONE, G. C.; VIEIRA, L. O.; PAIVA, M. A. D. **Guia de prevenção de acidentes em laboratório**. Rio de Janeiro: Divisão de Informação Técnica e Propriedade Industrial – Petrobras, 1980. 37 p.

POMBEIRO, A. J. L. O. **Técnicas e operações unitárias em química experimental**. Lisboa: Fundação Calouste Gulbenkian, 1980. 1.069 p.

REY, L. **Planejar e redigir trabalhos científicos**. São Paulo: Editora Edgard Blücher, 1987. p. 133-178.

SIGMA-ALDRICH CATALOG. **Biochemicals and reagents for life science research**. USA: SIGMA ALDRICH, 1999. 2880 p.

STOKER, H. S. **Preparatory chemistry**. 4. ed. New York. MacMillan Publishing Company, 1993. 629 p.

THOMAS SCIENTIFIC CATALOG: 1994/1995. New Jersey (USA): Thomas Scientific, 1995. 1929 p.

WHEATHERALL, M. **Método científico**. Tradução de Leonid Hegeberg. São Paulo: Editora Polígono, 1970. p. 01-63.

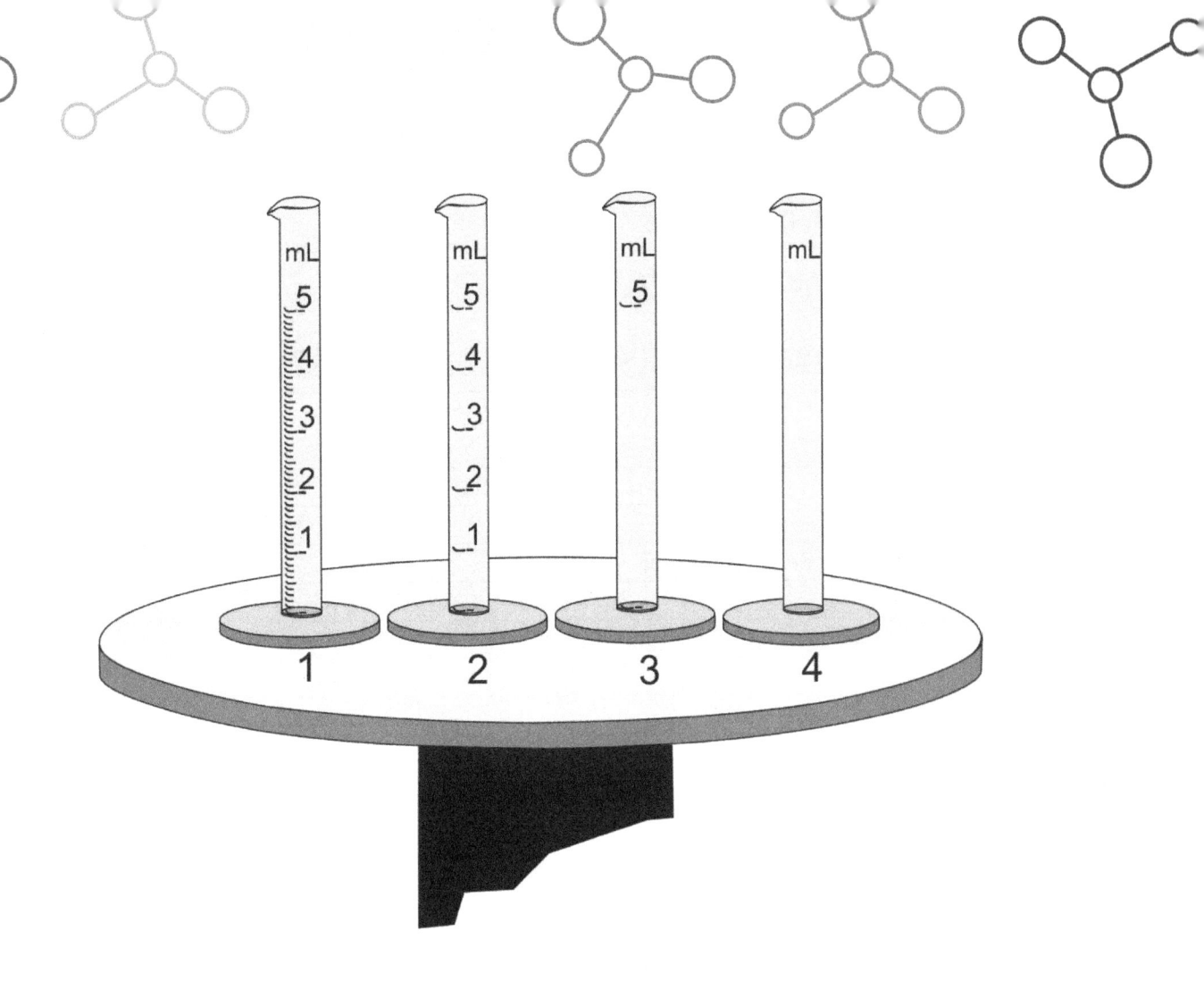

UNIDADE DIDÁTICA 04

Provetas ou Cilindros graduados: São instrumentos de vidro, usados para medidas aproximadas e exatas (conforme o caso) de volumes líquidos. São encontradas nas capacidades de 5, 10, 25, 50, 100, 250, 500, 1000 e 2000 mL.

1 – Proveta de 5 mL, intervalo de graduação 1/10 mL, erro limite (L) de ± 0,1 mL.
2 – Proveta de 5 mL, intervalo de graduação 1 mL, erro limite (L) de ± 0,5 mL.
3 – Proveta de 5 mL, permite apenas uma medida (5 mL), pois não tem divisões.
4 – Proveta de 5mL, não graduada.

A precisão aumenta da proveta número 4 a 1, pois graduações com menores intervalos possibilitam medidas mais precisas e menores erros na medida, quando se trata de instrumentos graduados.

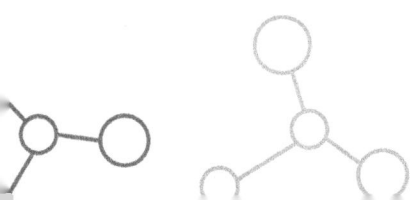

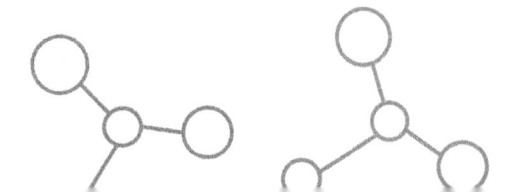

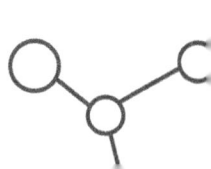

UNIDADE DIDÁTICA 04

MEDIDA DE UMA GRANDEZA E SUA REPRESENTAÇÃO

UNIDADES DE MEDIDA, LEITURAS DE ESCALAS E ALGARISMOS SIGNIFICATIVOS

Conteúdo	Página
4.1 Aspectos Teóricos	121
4.1.1 Introdução	121
4.1.2 Grandezas em ciências da natureza	122
4.1.3 Unidades de medida de uma grandeza	122
Detalhes 4.1	124
4.1.4 Medir uma grandeza	125
Detalhes 4.2	126
Detalhes 4.3	127
4.1.5 Instrumento de medida	128
4.1.6 Medida do melhor valor	128
4.1.7 Algarismos significativos em medições	130
4.1.8 Algarismos significativos em resultados calculados	132
Detalhes 4.4	132
Detalhes 4.5	134
4.1.9 Arredondamentos de números aproximados	135
4.1.10 Notação científica	135
4.1.11 Conceitos de grandezas utilizadas na química	135
4.2 Parte Experimental	137
4.2.1 Dimensão da constante de Avogadro: medida de massa	137
4.2.2 Dimensão da constante de Avogadro: medida de volume	137
4.3 Exercícios de Fixação	138
4.4 Relatório de Atividades	139
4.5 Referências Bibliográficas e Sugestões para Leitura	141

Unidade Didática 04
MEDIDA DE UMA GRANDEZA E SUA REPRESENTAÇÃO
UNIDADES DE MEDIDA, LEITURAS DE ESCALAS E ALGARISMOS SIGNIFICATIVOS

Objetivos:
Aprender a identificar grandezas: *extensivas; intensivas; constantes*.
- Aprender a identificar *instrumentos de medidas aproximadas e instrumentos de medidas exatas e medidas* (ou resultados) *exatas e medidas aproximadas*.
- Aprender a ler um instrumento calibrado e expressar o resultado com o número correto de *algarismos significativos*.
- Aprender a expressar o número correto de algarismos significativos num resultado obtido por cálculo (operações matemáticas).
- Aprender a usar a *notação científica* na expressão de resultados de medidas.
- Aprender a *nomenclatura* e a *notação* da grandeza *quantidade de matéria* e *unidades derivadas*, utilizadas na Química.

Na realização da prática pretende-se que o acadêmico perceba e sinta, a grandeza da constante de *Avogadro*, bem como, da *massa dos átomos* e a *massa das moléculas*, quando comparados com os valores palpáveis do dia a dia.

4.1 ASPECTOS TEÓRICOS

4.1.1 Introdução

A Ciência Química tem por objetivo o *estudo* da matéria que compõe os corpos e as substâncias que existem na natureza ou que podem ser criadas por fenômenos naturais, ou realizados pelo ser humano. Entende-se por estudo: a identificação; a análise da composição qualitativa e quantitativa das espécies químicas; conhecimento das propriedades e possíveis aplicações das substâncias; criação de novos compostos químicos, entre outros.

Trata-se de uma Ciência Exata e da Natureza em cujo desenvolvimento utiliza-se o método científico das Ciências da Natureza.

A *descrição científica* de um fato, um experimento, uma observação, enfim, um fenômeno qualquer, apresenta caráter científico no momento em que pode e é medido ou mensurado, expresso ou representado por uma relação matemática de variáveis, enfim quantificado.

O que pode ser medido é uma *grandeza*. Para medir alguma coisa precisa-se ter a *unidade de medida* desta grandeza e de um *instrumento de medida*.

O instrumento de medida necessita previamente ser calibrado ou aferido com um *padrão*, já existente ou criado para isto.

Observa-se que há necessidade prévia de conceituar os termos colocados: *grandeza*; *unidade de medida*; *instrumento de medida*; *padrão*; entre outros.

4.1.2 Grandezas em ciências da natureza

Em Ciências da Natureza existem dois tipos de grandezas: *grandezas extensivas* e *grandezas intensivas*. Pode-se adicionar uma terceira: *grandezas constantes*.

- As *grandezas extensivas* são as grandezas cujo valor medido depende da quantidade de matéria envolvida na medida. Se a quantidade de matéria utilizada for grande o valor encontrado é grande e vice-versa. Por exemplo, a massa e o volume de um corpo.
- As *grandezas intensivas* são as grandezas cujo valor medido independe da quantidade de matéria, dependem do estado em que o sistema se encontra. Por exemplo, a temperatura da água, o *potencial elétrico* de um corpo qualquer.
- As *grandezas constantes* ou simplesmente, *constantes*, são grandezas que, naquelas condições dadas, independentes da quantidade de matéria utilizada no processo de medida, são constantes. Por exemplo, o valor pi (π = 3,14), entre outras.

4.1.3 Unidades de medida de uma grandeza

Antes de desejar medir uma grandeza precisa-se saber qual é a unidade de medida desta grandeza. O ser humano, impelido, ou, por assim dizer, forçado:

- pelo crescimento demográfico e em consequência a necessidade de comprar, vender, trocar bens (roupas, terras, gasolina, óleo, energia elétrica, comida, água), entre outras coisas;
- pela evolução técnica e científica dos últimos dois séculos;
- pela globalização que a humanidade está assumindo cada vez mais, e consequentemente, a necessidade de "falar a mesma língua", ao se tratar de relacionar-se com outras nações, isto é, a unidade de massa, de tempo, de calor etc., deve ser a mesma em toda parte, para facilitar tudo.

Aos poucos, foi substituindo as unidades antigas de medida (pé, côvado, polegada, légua, alqueire, galão etc.) por unidades modernas e universalmente discutidas e aceitas, dentro de *Sistema Internacional de Unidades*, denominado de SI (INMETRO, 2007).

As unidades de medida no SI são divididas em dois grupos: *Unidades de base* ou *fundamentais* e as *Unidades derivadas*. E um terceiro grupo são as *Unidades fora do SI*.

Unidades base ou fundamentais

Unidade base ou fundamental é a unidade, em geral, que não pode ser decomposta em outras, é unidimensional. Exemplos: para a grandeza *dimensão* (comprimento, largura, altura) a unidade base é o *metro* (m); para a grandeza *massa* a unidade base é o *quilograma* (kg); para a grandeza tempo a unidade base é o *segundo* (s), entre outros.

As unidades base ou fundamentais do SI, hoje aceitas, são as que seguem abaixo.

- *Unidade de comprimento* – metro (símbolo – m)

O metro é o comprimento do trajeto percorrido pela luz no vácuo durante um intervalo de tempo de 1/299.792.458 de segundo.

- *Unidade de massa* – quilograma (símbolo – kg)

O quilograma é a unidade de massa (e não de peso, nem de força); ele é igual à massa do protótipo internacional do quilograma.

- *Unidade de tempo* – segundo (símbolo – s)

O segundo é a duração de 9.192.631.770 períodos da radiação correspondente à transição entre dois níveis hiperfinos do estado fundamental do átomo de césio 133.

- *Unidade de corrente elétrica* – Ampère (símbolo – A)

O ampère é a intensidade de uma corrente elétrica constante que, mantida em dois condutores paralelos, retilíneos, de comprimento infinito, de secção circular desprezível e situados à distância de 1 metro entre si, no vácuo, produz entre estes condutores uma força igual $2 \cdot 10^{-7}$ newton por metro de comprimento.

- *Unidade de temperatura* – Kelvin (símbolo – K)

O Kelvin, unidade de temperatura termodinâmica, é a fração de 1/273,15 da temperatura termodinâmica no ponto tríplice da água.

- *Unidade de quantidade de matéria* – mol (símbolo – mol)

1º O mol é a quantidade de matéria de um sistema contendo tantas entidades elementares quantos átomos existentes em 0,012 quilograma de carbono-12; seu símbolo é mol;

2º Quando se utiliza o mol, as entidades elementares devem ser especificadas, podendo ser átomos, moléculas, íons, elétrons, assim como outras partículas ou agrupamentos especificados de tais partículas.

- *Unidade de intensidade luminosa* – candela (símbolo – cd)

A candela é a intensidade luminosa, numa dada direção de uma fonte que emite uma radiação monocromática de frequência $540 \cdot 10^{12}$ hertz e cuja intensidade energética nessa direção é 1/683 watt por esterradiano.

Definições dadas no *Compte-rendus* da Conferência Geral (CR)

Unidades derivadas

Unidade derivada é a unidade que se liga às fundamentais por uma relação lógica. Exemplo: velocidade (espaço.tempo^{-1}), força (massa.espaço.tempo^{-2}), metro quadrado etc.

Tanto as unidades base quanto as unidades derivadas podem assumir *unidades múltiplos* e *unidades submúltiplos*.

As unidades múltiplos correspondem a unidades: 10^1, 10^2, 10^3, ... da unidade base ou fundamental. As unidades submúltiplos correspondem a unidades 10^{-1}, 10^{-2}, 10^{-3}, ... da respectiva unidade base ou fundamental. Elas estruturam os respectivos sistemas decimais para cada tipo de unidade. Cada múltiplo e ou submúltiplo tem um prefixo próprio no nome da unidade. Por exemplo, Unidade base: metro. Unidade múltiplo: decâmetro (dam), hectômetro (hm), quilômetro (km) etc. Unidade submúltiplo: decímetro (dm); centímetro (cm), milímetro (mm), ..., entre outras.

Sistemas de unidades

Sempre que uma grandeza envolve duas ou mais dimensões e ou duas ou mais unidades base foi convencionado que as unidades envolvidas devem se encontrar no mesmo sistema: CGS – centímetro, grama, segundo; MKS – metro, quilograma, segundo; MTS – metro, tonelada, segundo. Por exemplo, a grandeza *força* é dada pela Equação (4.1):

Força (F)=Massa(m) · Aceleração (α)=m · α   (4.1)

A aceleração (**α**) é dada pela Equação (4.2):

$$\alpha = \frac{\text{Velocidade}(v)}{\text{Tempo}(t)} \qquad (4.2)$$

Enquanto a velocidade é dada pela Equação (4.3):

$$V = \frac{\text{Espaço}(e)}{\text{Tempo}(t)} \qquad (4.3)$$

Compactando as Equações (4.1), (4.2) e (4.3), chega-se à Equação (4.4):

$$F = m \cdot \frac{e}{t^2} \qquad (4.4)$$

Onde,
F = força; m = massa; e = espaço; t = tempo.

Observa-se que, a *força* é uma grandeza que envolve três unidades base: *quilograma*, *metro* e *segundo*. Como cada unidade base pode ter múltiplos e submúltiplos, para se uniformizar resultados da medida de força convencionou-se usá-las num dos sistemas de unidades, por exemplo, no CGS, onde, o C = centímetro (espaço); G = grama (massa) e S = segundo (tempo). O mesmo acontece com o sistema MKS e MTS ou outros adotados.

Unidades fora do SI

Apesar do esforço para se unificar e universalizar o Sistema de Unidades utilizam-se unidades populares e mesmo científicas que resistem a qualquer modificação. Por exemplo, a grandeza *volume* tem como unidade no SI, o m^3 (metro cúbico), com seus múltiplos e submúltiplos. Como submúltiplos têm-se o dm^3 (decímetro cúbico) e o cm^3 (centímetro cúbico).

O povo e a comunidade, mesmo a científica, usam para medir a grandeza *volume* a *unidade litro* (L), com os seus múltiplos e submúltiplos. Esta unidade não é do SI.

Existem costumes regionais que resistem a modificações, por exemplo, para áreas de terra costuma-se, no Brasil, utilizar a unidade *alqueire*.

Detalhes 4.1

Sistema Internacional de Unidades de Medida

O primeiro passo dado, no sentido de formar um Sistema Internacional de Unidades de Medidas, foi a criação do *Sistema Métrico Decimal* durante a Revolução Francesa e o depósito resultou, em 22 de junho de 1799, de dois padrões de platina, representando o *metro* e o *quilograma*, nos Arquivos da República, em Paris.

A organização, a política e o controle do Sistema Internacional de Unidades de Medidas (SI), hoje é realizada pela seguinte estrutura:

1º Órgão *Autoridade* máxima:

CONFERÊNCIA GERAL DE PESOS E MEDIDAS (CGPM). Ela é formada de delegados de todos os Estados Membros da Convenção do Metro e reúne-se, atualmente, de quatro em quatro anos.

2º Órgão *Fiscalizador*:

COMITÊ INTERNACIONAL DE PESOS E MEDIDAS (CIPM). A sua principal função é garantir a unificação mundial das unidades de medidas, tratando diretamente ou submetendo propostas à Conferência Geral.

3º Órgão *Legislador*:

BUREAU INTERNACIONAL DE PESOS E MEDIDAS (BIPM). A sua missão principal é:

- Estabelecer os padrões fundamentais (de base) e as escalas das principais grandezas físicas e conservar os protótipos internacionais.
- Efetuar a comparação dos padrões nacionais e internacionais.
- Assegurar a coordenação das técnicas de medidas correspondentes.
- Efetuar e coordenar a determinação de constantes físicas que intervém naquelas atividades.

4º Órgãos *Auxiliares*:

Diante da extensão das tarefas confiadas ao BIPM, em 1927, o Comitê Internacional instituiu os *Comitês Consultivos*, órgãos destinados a esclarecer questões que ele submete a seu exame. Os Comitês Consultivos podem criar *Grupos de Trabalho* temporários ou permanentes, para o estudo de assuntos particulares.

Atualmente são 9 Comitês:

I Comitê Consultivo de Eletricidade e Magnetismo (CCEM), criado em 1927 e atualizado em 1997.

II Comitê Consultivo de Fotometria e Radiometria (CCPR), criado em 1933 e atualizado em 1971.

III Comitê Consultivo de Termometria (CCT), criado em 1937.

IV Comitê Consultivo de Comprimento (CCL), criado em 1952.

V Comitê Consultivo de Tempos de Frequência (CCTF), criado em 1956.

VI Comitê Consultivo de Radiações Ionizantes (CCRI), criado em 1958 e renomeado em 1997.

VII Comitê Consultivo das Unidades (CCU), criado em 1964.

VIII Comitê Consultivo para Massas e as Grandezas aparentes (CCM), criado em 1980.

IX Comitê Consultivo para a Quantidade de Matéria (CCQM), criado em 1993.

Observação: O Brasil adota as Normas do Sistema Internacional de Unidades e Medidas – SI (Brasil, CONMETRO/MDIC, Resolução nº 12 (1988), de 12 de outubro de 1988).

4.1.4 Medir uma grandeza

Operação de medir

Medir uma grandeza é verificar quantas vezes a unidade de medida adotada cabe nesta grandeza. Ou, responder à pergunta: Esta grandeza corresponde a quantas unidades de medida?

A *unidade de medida* de uma grandeza pode caber nesta grandeza muitas vezes, por exemplo, 12,5 vezes, bem como, apenas uma parte dela, por exemplo, 0,5 vezes. Para entender, tome-se como exemplo, o comprimento da sala de aula. Grandeza a ser medida é o comprimento da sala de aula; unidade de medida, o *metro* (poderia ser: o passo, o pé, o palmo, a polegada, o côvado, a milha etc.). A Figura 4.1 mostra a execução da medida do comprimento da sala de aula.

A unidade de medida está sempre associada a um *instrumento* apropriado e devidamente calibrado, como se verá mais a frente. Por exemplo, para medir um comprimento ou um espaço usa-se a unidade *metro* (ou, seus múltiplos e submúltiplos). Os instrumentos que possuem estas unidades de medida podem ser: o metro, a régua, paquímetro, pálmer, trena etc.

Resultado da medida

Em geral, o resultado é um *número* que possui um ou mais *dígitos* ou também denominados de *algarismos*. Por exemplo, a Figura 4.1 apresenta a medida da distância entre o ponto A e o ponto B da sala. O resultado mostra que a unidade fundamental, o metro, coube 12,5 vezes sobre a (ou na) distância AB ou AB = 12,5 m.

Ao longo deste estudo serão utilizados os termos dígitos, números, algarismos, entre outros, por isto, necessita-se conhecer o seu significado.

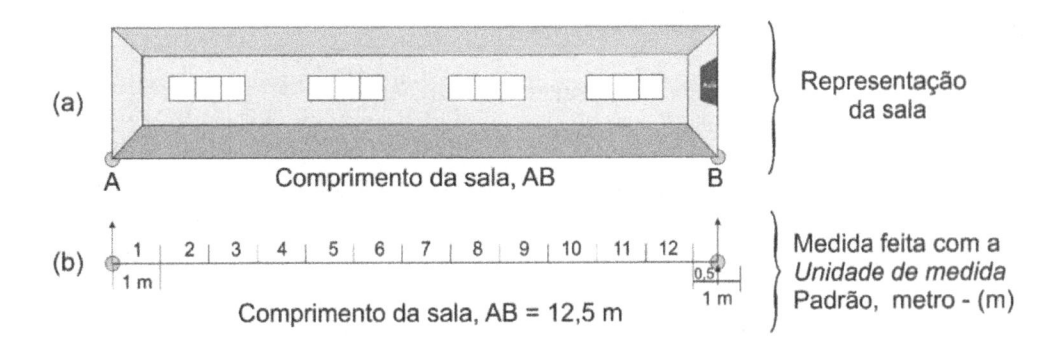

Figura 4.1 Visualização de realização de uma medida: (a) Grandeza a ser medida; (b) Realização da medida com a unidade padrão – o metro.

Logo, para fazer alguma medida precisa-se de uma unidade de medida, própria desta grandeza e de dígitos ou algarismos que são usados para escrever o resultado na forma de um número, conforme Figura 4.1.

Dígito ou *algarismo* é um símbolo arábico que pode ser 0, 1, 2, 3, 4, 5, 6, 7, 8 e 9. Estes símbolos são usados para representar os *números*.

Número é a soma total, conta, resultado ou o agregado de uma coleção de unidades, ou uma generalização deste conceito, que representa a medida de uma grandeza. É o conjunto de todos os conjuntos equivalentes a um conjunto dado. A Figura 4.1 mostra o número correspondente à medida da distância entre A e B, AB = 12,5 m. Um número é constituído de, pelo menos, um dígito (ou algarismo), neste caso, o número é igual ao dígito (ou algarismo) e significa o número de vezes que a unidade de medida coube nesta grandeza ao ser comparada com ela ou "medida". O número é formado de dígitos ou algarismos que, conforme sua posição dentro do mesmo apresenta ou têm um *significado*, ver Figura 4.1. Dali, surge o termo *algarismo significativo*.

No número são representados apenas os algarismos (ou dígitos) que têm *significado*. O assunto será abordado mais a frente.

A unidade de medida, no caso, o metro (m), ao ser usado na medida da grandeza, pode caber muitas vezes e ao final apenas uma fração da mesma. Desta forma, o número que representa a medida desta grandeza tem uma parte inteira e outra fracionária, separadas por uma vírgula (ou por ponto, dependendo do sistema de cada país).

Lendo o número do resultado, na Figura 4.1, tem-se: doze metros e cinco décimos de metro. Daqui, ou disso, surge a necessidade de usar múltiplos e submúltiplos da unidade fundamental ou unidade base.

O resultado obtido de uma medida pode ser *número exato* ou um *número aproximado*. Ambos expressam resultados corretos. No número exato todos os dígitos são significativos e certos. No número aproximado o último dígito é significativo, mas, incerto ou por falta ou por excesso.

Concluindo, os algarismos (ou dígitos) que têm significado dentro de um número, que expressa a medida desta grandeza, dependem do tamanho da grandeza e da unidade de medida.

Detalhes 4.2

Conforme a dimensão da grandeza a ser medida: *grande* (por exemplo, a distância: Rio de Janeiro – Brasil a Roma – Itália); *pequena* (por exemplo, a distância AB da sala de aula vista anteriormente); para facilitar a operação da medida e a expressão dos resultados foram criados *múltiplos* e *submúltiplos* da grandeza fundamental ou mesmo derivada.

Múltiplo de uma *unidade de medida* é tomar como unidade de medida o valor de 10 unidades da unidade padrão (ou mais: 100; 1000 etc. a unidade padrão). No caso, por exemplo, se a unidade de medida for o metro (1 m), ao se tomar a grandeza equivalente a 10 metros, tem-se o múltiplo, 1 dam = 1 decâmetro. A Figura 4.2 visualiza a operação medida do comprimento da sala de aula (AB) com o múltiplo do metro, o *decâmetro*.

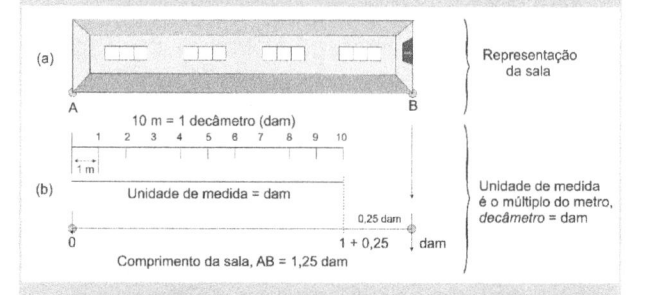

Figura 4.2 Visualização de realização de uma medida: (a) Grandeza a ser medida; (b) Conceito de múltiplo da unidade de medida e realização da medida com a unidade múltiplo do padrão – o decâmetro (dam).

O *submúltiplo* de uma unidade de medida é tomar como unidade de medida o valor de um décimo (1/10) da unidade padrão (ou menos: 1/100; 1/1000 etc.). No caso, por exemplo, se a unidade padrão de medida for o metro, ao se tomar a décima parte (1/10) como unidade de medida tem-se o *decímetro* = 1 dm. Figura 4.3 visualiza o conceito.

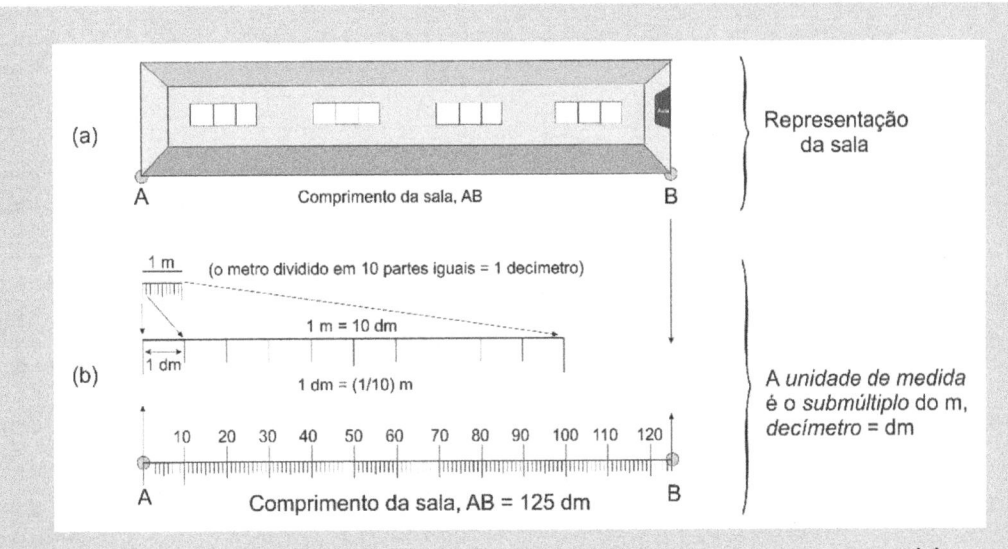

UNIDADE DIDÁTICA 04: MEDIDA DE UMA GRANDEZA E SUA REPRESENTAÇÃO
UNIDADES DE MEDIDA, LEITURAS DE ESCALAS E ALGARISMOS SIGNIFICATIVOS

Figura 4.3 Visualização de realização de uma medida: (a) Grandeza a ser medida; (b) Conceito de *submúltiplo* da unidade de medida e realização da medida com a unidade *submúltiplo* do padrão – o *decímetro* (dm).

Detalhes 4.3

As unidades fundamentais (ou de base) de medidas podem utilizar *múltiplos* e *submúltiplos* para os diferentes valores de grandezas a ser medidas.

A Tabela 4.1 na coluna A mostra o valor a ser medido; a coluna C o valor da grandeza em potência de 10; a coluna D apresenta o respectivo prefixo a ser colocado no nome da unidade básica; a coluna E mostra o respectivo símbolo.

O litro (L) não é uma unidade do SI (Sistema Internacional de Unidades e Medidas), contudo, é ainda aceito devido a larga utilização em todos os níveis da sociedade.

Tabela 4.1 Múltiplos e submúltiplos da unidade fundamental – o litro, L.

A	B	C	D	E	F
1.000.000.000.000.000.000.000.000	=	10^{24}	yotta[*]	Y	(†)
1.000.000.000.000.000.000.000.	=	10^{21}	zetta[*]	Z	(†)
1.000.000.000.000.000.000	=	10^{18}	exa	E	(†)
1.000.000.000.000.000	=	10^{15}	peta	P	(†)
1.000.000.000.000	=	10^{12}	tera	T	(†)
1.000.000.000	=	10^{9}	giga	G	gigalitro – GL [(†)]
1.000.000	=	10^{6}	mega	M	megalitro – ML [(†)]
100.000	=	10^{5}	hectociclo[**]	hk	(†)
10.000	=	10^{4}	míria[**]	ma	(†)
1.000	=	10^{3}	quilo	k	quilolitro – kL[(†)]
100	=	10^{2}	hecto	h	hectolitro –hL[(†)]

A	B	C	D	E	F
10	=	10^1	deca	da	decalitro – daL[†]
Unidade de medida – litro, L					
0,1	=	10^{-1}	deci	d	decilitro – dL[‡]
0,01	=	10^{-2}	centi	c	centilitro –cL[‡]
0,001	=	10^{-3}	mili	m	mililitro – mL[‡]
0,000.1	=	10^{-4}	(decimili)[**]	(dm)	decimililitro –dmL[‡], [#]
0,000.01	=	10^{-5}	(centimili)[**]	(cm)	centimililitro-cmL[‡], [#]
0,000.001	=	10^{-6}	micro	µ	microlitro - µL [‡]
0,000.000.1	=	10^{-7}	(decimicro)[**]	(dµ)	[‡]
0,000.000.01	=	10^{-8}	(centimicro)[**]	(cµ)	[‡]
0,000.000.001	=	10^{-9}	nano (milimicro)	n	nanolitro – nL[‡]
0,000.000.000.001	=	10^{-12}	pico	p	picolitro – pL[‡]
0,000.000.000.000.001	=	10^{-15}	femto	f	[‡]
0,000.000.000.000.000.001	=	10^{-18}	atto	a	[‡]
0,000.000.000.000.000.000.001	=	10^{-21}	zepto[*]	z	[‡]
0,000.000.000.000.000.000.000.001	=	10^{-24}	yocto[*]	y	[‡]

(*) Adoções recentes; (**) Não são prefixos do SI; (†) Múltiplos; (‡) Submúltiplos; (#) Pelo SI não é permitido o uso sequencial de dois prefixos ou não se usa dois prefixos na mesma unidade.

FONTE: Schwartz &Warneck (1995); Dodd (1986); INMETRO (2007).

4.1.5 Instrumento de medida

Existem dois tipos de instrumentos de medida. O instrumento de medida exata e o instrumento de medida aproximado.

Instrumentos de medida exata

O *instrumento* de *medida exata* é o instrumento que foi *calibrado* mediante um padrão e os resultados lidos ou obtidos com ele, são certos ou corretos, podendo gerar resultados com números exatos e com números aproximados, porém, ambos corretos. Os resultados obtidos com estes instrumentos são ou aproximam-se muito do verdadeiro valor da grandeza. Os dígitos ou os algarismos que compõem os resultados de ambos são todos significativos.

Em Química, uma das grandezas que a cada instante necessita ser medida é o volume de algum líquido ou solução. Por isto, a Figura 4.4 mostra alguns instrumentos de medida de volume exato.

Entre estes instrumentos, tem-se: provetas de capacidade pequena (5 a 10 mL), Figura 4.4 A; balões volumétricos, Figura 4.4 B; pipetas volumétricas de transferência total, Figura 4.4 D; pipetas volumétricas de transferência parcial, Figura 4.4 E; picnômetros; buretas, Figura 4.4 C, entre outros. Estes instrumentos são devidamente calibrados e suas calibrações conferidas.

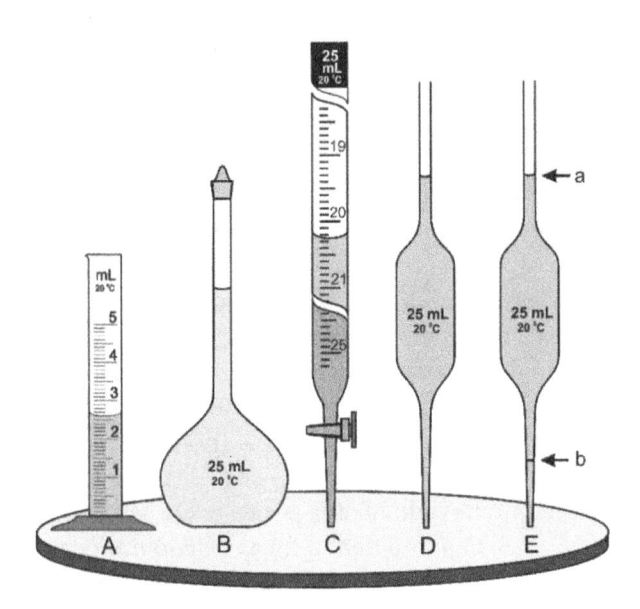

Figura 4.4 Visualização de alguns instrumentos de volume exato (as figuras não se encontram na mesma escala): (A) Proveta; (B) Balão volumétrico; (C) Bureta; (D) Pipeta volumétrica de esgotamento total; (E) Pipeta volumétrica de esgotamento parcial (a e b indicação do volume a ser transferido).

Os instrumentos de medida exata de volume apresentam um formato, tal que, uma ou duas gotas do líquido adicionado é sensível visualmente ao operador do instrumento.

Instrumentos de medida aproximada

São instrumentos de laboratório que apresentam uma calibração com o objetivo de informar ao observador a "quantidade" desejada de forma aproximada. Entre estes instrumentos, tem-se: provetas, copos Erlenmeyer, copos béquer, pipetas graduadas etc. A Figura 4.5 apresenta alguns instrumentos de medida de *volume aproximado*.

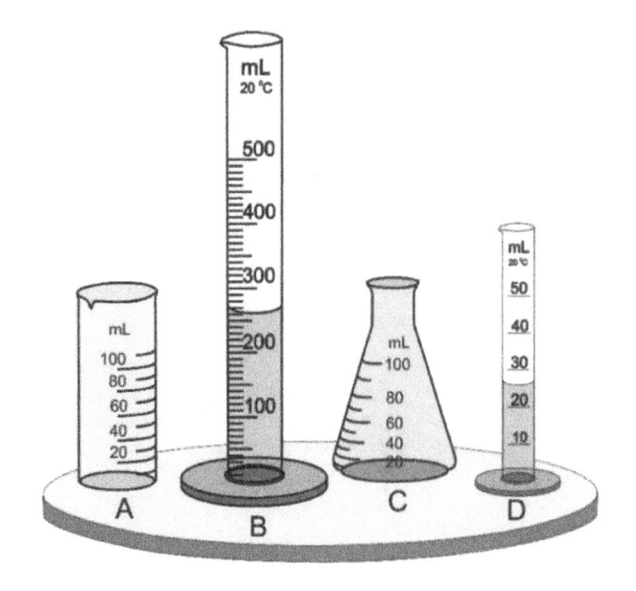

Figura 4.5 Visualização de alguns instrumentos de medida de volume aproximado: (A) Copo béquer; (B) Proveta (ou cilindro graduado); (C) Copo Erlenmeyer; (D) Proveta.

Observa-se, em Química, que ao longo de um experimento os volumes exatos a serem medidos são poucos, porém, os volumes aproximados são muitos.

A medida de um volume exato exige cuidados maiores, tempo e o respectivo instrumento é mais caro do que o de medida aproximada. Por isto, recomenda-se que cada instrumento seja usado conforme a necessidade.

4.1.6 Medida do melhor valor

Sempre que se faz a medida de uma grandeza, é bom lembrar que, nunca se obtém o *verdadeiro valor* (μ - letra grega denominada de *mü*) desta grandeza. O que se obtém desta, é o *melhor valor* (x_i - se for uma medida, ou se for uma média de x_i medidas), chamado também de melhor estimativa ou valor experimental.

O erro (μ - letra grega denominada de *eta*) cometido na medida será dado pela Equação (4.5):

$$\eta = \bar{x} - \mu \qquad (4.5)$$

Como μ (valor verdadeiro) não se conhece, o erro η expressa uma *incerteza,* normalmente caracterizada como probabilidade de quanto o melhor valor ($\bar{x}$) difere do verdadeiro valor (μ).

Normalmente o *melhor valor* é o resultado da *média aritmética* de n medidas (x_i) da referida grandeza (X), conforme Equação (4.6):

$$\bar{x} = \frac{(x_1 + x_2 + x_3 + ... + x_n)}{n} = \frac{\sum_{i=1}^{n} x_i}{n} \qquad (4.6)$$

Observação: a medida da incerteza será objeto da próxima Unidade Didática.

4.1.7 Algarismos significativos em medições

Origem dos algarismos significativos – *Exemplo 1*

Conforme visto, o valor medido de uma grandeza é expresso por algarismos (0, 1, 2 ... 9). A quantidade de algarismos presentes em um número escrito na forma ou no *sistema decimal* (em que as unidades, subunidades etc. estão divididas em dez partes – como múltiplos ou submúltiplos), depende da escala do instrumento usado na medida.

Cada algarismo (ou dígito) dentro do *número* que expressa o resultado medido tem o seu significado, qualitativo e quantitativo, quando a escala do instrumento é colocada sobre ou comparada com a grandeza a ser medida. O último algarismo do número, que tem algum significado, corresponde a *um dígito incerto*, que é uma fração da menor divisão da escala, que não está subdivida, portanto, não permitindo leitura de *um algarismo certo*. A Figura 4.6 visualiza o conteúdo em análise.

Ao se proceder a medida da grandeza X, conforme Figura 4.6, coloca-se o "zero" (0) da escala do instrumento de medida no ponto A (ponto de origem) do objeto a ser medido. E leva-se a escala de medida até o ponto final do objeto, ponto B. Ou seja, o valor de X = AB. O ponto final B foi ampliado num destaque da Figura 4.6, onde se observa que o objeto a ser medido passou o valor de 15 cm, mas não chegou a 16 cm. Seu comprimento ficou entre 15 e 16 cm. Logo, tem-se certeza que os dígitos 1 e 5, formando o número 15 são *dígitos certos*, isto é, que não apresentam dúvida na leitura.

Agora, para facilitar o final da leitura, a unidade da escala 15-16 cm (1 cm) está dividida em 10 partes iguais, originando o submúltiplo 0,1 cm ou 1 mm (milímetro). Observando o destaque da Figura 4.6, verifica-se que o comprimento do objeto passou o 6 mm (0,6 cm), mas, não chegou ao marco dos 7 mm (0,7 cm). Logo, tem-se certeza que o 0,6 cm é ainda um *dígito certo*.

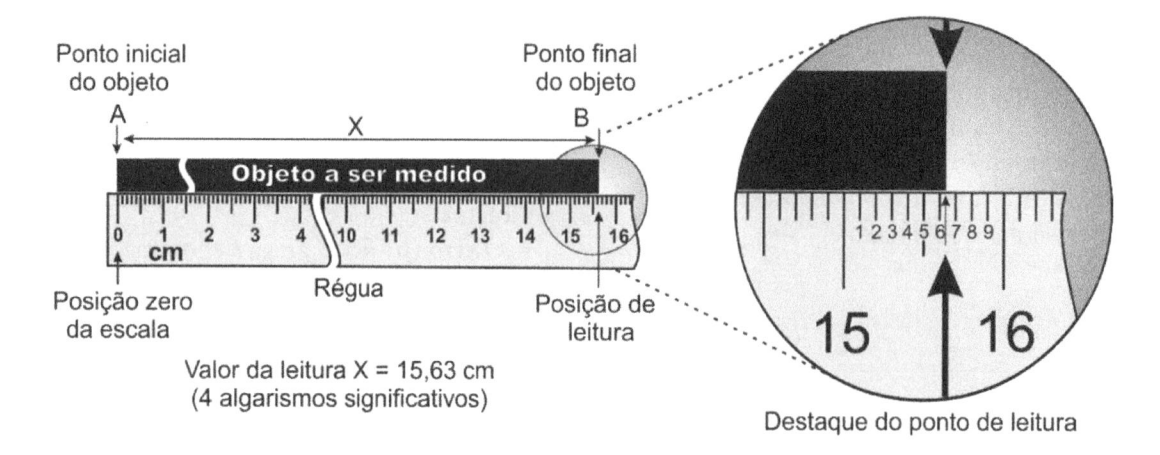

Figura 4.6 Visualização da operação de medir um objeto com uma escala que tem como menor divisão da escala 0,1 cm, tendo em destaque a posição de leitura da escala mostrando a incerteza ou a dúvida da leitura que gera o algarismo incerto.

Entre a divisão 0,6 e 0,7 cm ficou o comprimento do objeto que está sendo medido. Como se está no sistema decimal, divide-se pela imaginação esta subunidade (1 mm) em 10 partes iguais e tem-se o valor 0,1 mm ou 0,01 cm. Observando atentamente pode-se "ler" 0,02 cm ou 0,03 cm. Contudo, se o leitor afirmar que a leitura está mais próxima de 0,01 cm ou de 0,04 cm, também não está errado. Neste momento "sente-se" que este último dígito é "duvidoso", está baseado no *bom-senso* do observador, pode ser um ou outro, mas, tem significado na leitura. Este é o último dígito significativo ou que possui significado na leitura da Figura 4.6. Como os 4 valores são possíveis, tudo indica que o *valor médio* é o mais provável, ou seja: (0,01 + 0,02 + 0,03 + 0,05)/4 = 0,0275. Como, só tem significado até o segundo dígito depois da vírgula, o valor correto é 0,03 cm. Logo, o resultado da medida é dado pela Equação (4.7):

$$X = AB = 15 \text{ cm} + 0,6 \text{ cm} + 0,03 \text{ cm} = 15,63 \text{ cm} \quad (4.7)$$

Com este instrumento de medida o resultado do comprimento AB tem quatro algarismos significativos: três dígitos certos e um, o último, incerto. Porém, todos significativos. Isto significa que com este instrumento de medida o resultado deve ter estes quatro dígitos. Se faltarem dígitos ou tiver a mais, o resultado está errado.

Portanto, ao se fazer alguma medida com um instrumento calibrado deve-se observar qual é a menor divisão da escala. A unidade do último algarismo significativo da leitura corresponderá à décima parte da menor unidade da escala.

Origem dos algarismos significativos – *Exemplo 2*

Neste exemplo vamos considerar o mesmo objeto com o comprimento X = AB a ser medido, porém, com uma régua cuja calibração tenha apenas a unidade dos centímetros, como menor unidade da escala, conforme a Figura 4.7.

Seguindo o mesmo raciocínio que o do *Exemplo 1*, observa-se que o objeto passa o comprimento dos 15 cm, mas, não atinge os 16 cm. Logo, tem com leitura os dígitos 1 e 5 como certos.

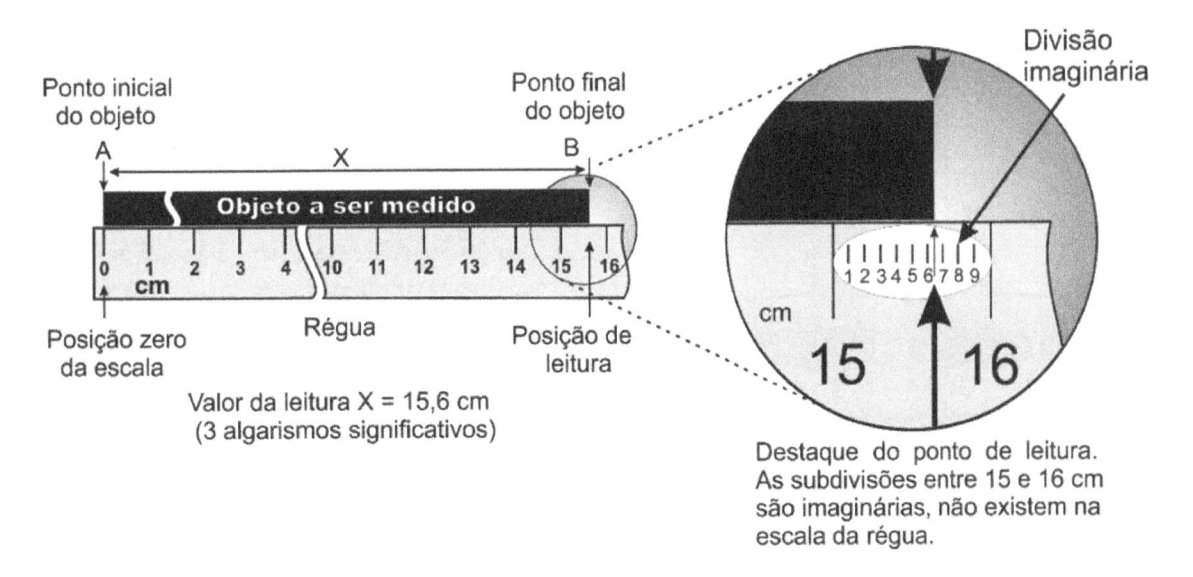

Figura 4.7 Visualização da operação de medir um objeto com uma escala que tem o cm como menor divisão da escala, tendo em destaque a "posição de leitura da escala" mostrando a "incerteza" ou a "dúvida" da leitura que gera o "algarismo incerto".

Entre os 15 cm e 16 cm surge mais um dígito, o *duvidoso*, mas, significativo. Divide-se pela imaginação a unidade 1 cm em dez partes, conforme o destaque da Figura 4.7. Observa-se que o comprimento AB fica entre o 0,6 cm e o 0,7 cm. Contudo, se alguém "achar" que pode ser 0,5 cm ou 0,8 cm, também, são leituras corretas, pois, na prática, não existe a divisão da unidade 1 cm do destaque. É evidente que o valor mais provável será o resultante da média aritmética das 4 leituras: (0,5 + 0,6 + 0,7 + 0,8 cm)/4 = 0,65 cm. O resultado só pode ter um dígito. Por arredondamento pode ser 0,6 cm por falta ou 0,7 cm por excesso. O resultado será dado pelas Equações (4.8) e (4.9):

$$X = AB = 15 \text{ cm} + 0,6 \text{ cm} = 15,6 \text{ cm} \quad (4.8)$$

$$X = AB = 15 \text{ cm} + 0,7 \text{ cm} = 15,7 \text{ cm} \quad (4.9)$$

Tanto um quanto o outro dos dois resultados das Equações (4.8) e (4.9) estão corretos. Este instrumento de medida permite dois dígitos significativos certos e um dígito significativo incerto ou duvidoso.

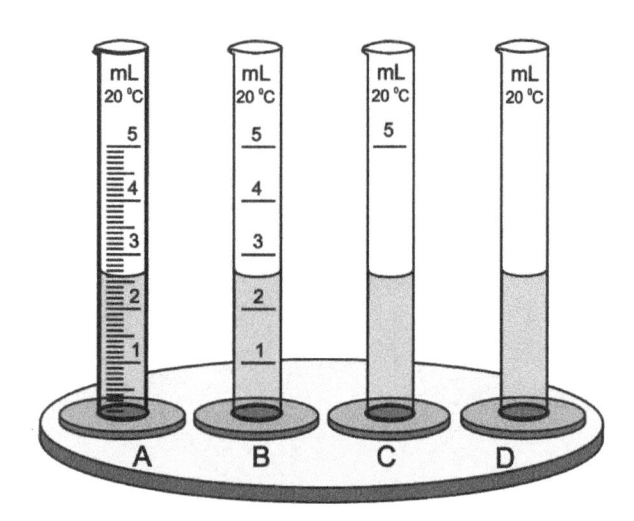

Figura 4.8 Visualização de 4 provetas com diferentes calibrações.

Observa-se que há necessidade de dar ao resultado um intervalo de valores ou um limite de confiança que tenha certa probabilidade de conter o resultado correto, como será visto na próxima Unidade Didática.

A título de exercício de fixação do conteúdo, observar os volumes de solução contida nas provetas da Figura 4.8 (A, B, C e D) e registrar as respectivas leituras dos volumes.

4.1.8 Algarismos significativos em resultados calculados

O elemento que decide o número de algarismos significativos de um resultado medido com um instrumento que apresenta uma escala de leitura é a escala do instrumento, conforme visto.

Quando se trata de definir os algarismos significativos para um valor calculado, existem as *regras práticas* descritas abaixo. Porém, se os números envolvidos nas operações forem resultantes de medidas realizadas com escalas e que geram *números aproximados*, o número de algarismos significativos das referidas leituras determinam previamente os do resultado calculado. Logo, a *escala do instrumento* usado nas medidas decide o número de algarismos significativos nos resultados finais. E, supõe-se que os números em manipulação, estejam registrados com o número correto de *dígitos significativos*.

É importante lembrar que os *números exatos* ou os que não são números aproximados, não influenciam no cômputo do número final de algarismos significativos do resultado.

Detalhes 4.4

A Figura 4.9 mostra os instrumentos A (pipeta volumétrica de transferência total de 25 mL) e B (balão volumétrico de 25 mL), ambos, tendo como escala "uma risca", indicando a transferência de 25 mL exatamente. É uma *medida exata* e um *instrumento de medida exata*.

Leitura do volume transferido de cada instrumento:

A – 25 mL (número exato);

B – 25 mL (número exato);

C – 25,00 mL (número aproximado);

D – 25,0 mL (número aproximado).

Antes de entrar em detalhes, há necessidade de se definir *incerteza absoluta* (IA) e *incerteza relativa* (IR) de uma medida. Seja dado o seguinte exemplo prático. Numa titulação foi medido o volume de 22,35 mL do titulante. Esta medida pode ser lida como 2235 *centésimos de mililitro* (ao se utilizar este submúltiplo como unidade). Portanto, *um centésimo de mL* (ou 0,01 mL) é a menor unidade lida desta escala decimal, ainda significativa. A esta menor unidade dá-se o nome de incerteza absoluta.

A incerteza relativa é a razão da menor unidade lida, com aquela escala (ainda significativa) e o valor da medida lida nesta unidade, que para o caso, dá $1/2235 = 4,5 \cdot 10^{-4}$ (este número dá a ideia ou uma relação de grandeza apenas).

Para estabelecer o número de algarismos significativos no resultado de uma operação, foram estabelecidas as seguintes regras práticas:

Primeira Regra – Em operações de *adição* e *subtração* a *incerteza absoluta* (IA) no resultado é igual a do componente com maior incerteza absoluta.

Exemplo 1 – Foram determinados três valores de massa com uma balança analítica, respectivamente: A - 10,0051 g; B - 1,9724 g; e C - 0,0003 g.

Todos os três valores tem a mesma *Incerteza Absoluta* (IA) igual a 1 décimo-milésimo de grama como menor unidade significativa lida, ou 0,0001 g. Logo, o resultado da soma terá como último dígito significativo (o incerto), o submúltiplo décimo-milésimo de grama (ou 0,0001 g), conforme dados do Quadro 4.1.

Exemplo 2 – Dois carros percorreram: A – 42598 m; B – 42593 m. Os dois resultados têm a mesma Incerteza Absoluta, o metro. O resultado da diferença será em *metro*, conforme dados do Quadro 4.1.

Exemplo 3 – O resultado de três análises titulométricas de ferro em amostras diferentes deu como resultados: A – 0,5362 g L^{-1}; B – 0,0014 g L^{-1} e C – 0,25 g L^{-1}. No total, quantos gramas de ferro por litro daria? Os resultados das amostras A e B têm a mesma incerteza absoluta (*décimo-milésimo de grama* por litro). O resultado da amostra C tem como Incerteza

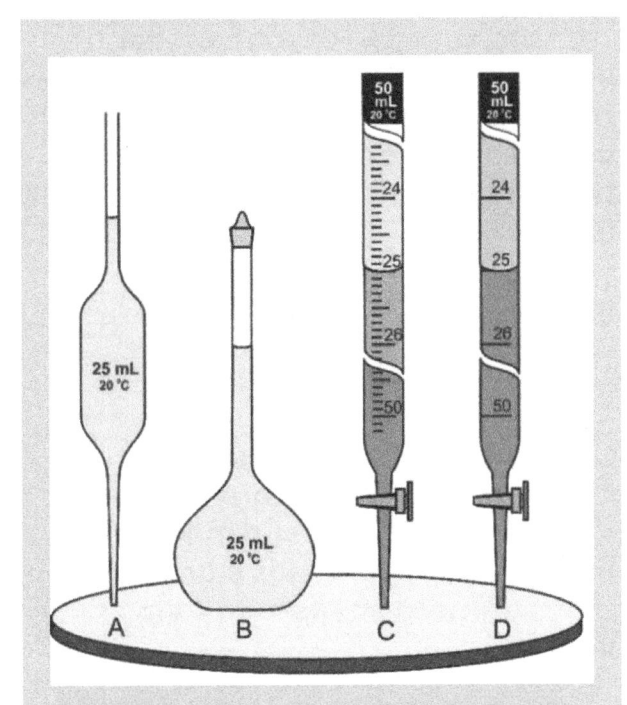

Figura 4.9 Visualização de medida de volumes: (A) e (B) Volumes com números exatos (não apresenta algarismo incerto); (C) e (D) Volumes com números aproximados, mas, corretos.

A mesma Figura 4.9 apresenta os instrumentos C (uma bureta de 50 mL de capacidade, calibrada em mL, com uma escala tendo como menor divisão da mesma 0,1 mL) e D (uma bureta de 50 mL de capacidade, calibrada em mL, com uma escala tendo como menor divisão da mesma 1 mL). De ambas foram transferidos 25 mL, 0 a 25 mL, tendo como leituras corretas: C – 25,00 mL; e D - 25,0 mL. As buretas C e D apesar de *leituras certas* dão *números aproximados*, C com 4 algarismos significativos e D com três algarismos significativos.

Isso significa que o valor 25 mL, valor exato, não influencia o número de algarismos significativos quando participa de operações matemáticas. Os resultados 25,00 mL e 25,0 mL decidem no número de algarismos significativos do resultado obtido de cálculos com estes valores.

Absoluta *centésimo de grama*. Logo, o resultado terá como unidade *décimo de grama*, pois, 1 *décimo de grama* > 1 *décimo-milésimo de grama*, conforme dados do Quadro 4.1.

Quadro 4.1 Algarismos significativos em operações de soma e subtração.

Exemplo 1 Soma		Exemplo 2 Subtração		Exemplo 3 Soma	
A	10,0051 g			A	0,5362g L^{-1}
B	+1,9724 g	A	42598 m	B	+0,0014 g L^{-1}
C	+0,0003 g	B	- 42595 m	C	+0,25 g L^{-1}
	————		————		————
	11,9778 g		**3 m**		**0,7876**
					0,79 g L^{-1}

Segunda Regra – **Em operações de** *multiplicação* **e** *divisão* **a** *incerteza relativa* **(IR) no resultado é a mesma que a do componente com** *maior incerteza relativa*.

Exemplo 1 – Duas massas: A = 0,12 g; B = 9,678 g, primeiramente foram multiplicadas (A.B) e depois divididas (A/B) membro a membro. Quais são seus resultados?

Quadro 4.2 Algarismos significativos em operações de multiplicação e divisão.

Multiplicação	Divisão
a) Cálculo da IR$^{(*)}$ dos membros (A e B)	a) Cálculo da IR$^{(*)}$ dos membros (A e B)
IR$_A$ = 0,01/0,12 = 1/12 = 0,083	IR$_A$ = 0,01/0,12 = 1/12 = 0,083
IR$_B$ = 0,001/9,678 = 1/9.678 = 0,0001033	IR$_B$ = 0,001/9,678 = 1/9.678 = 0,0001033
IR$_A$ > IR$_B$	IR$_A$ > IR$_B$
b) Operação (A·B)	b) Operação (A/B)
0,12 · 9,678 = 1,16136	0,12/9,678 = 0,012399
Resultado: **1,2**	Resultado: **0,012**

(*) IR – Incerteza Relativa.

Terceira Regra – **Na solução de** *potências* **e** *extração de raízes* **mantém-se nas respostas tantos algarismos significativos quantos houver na** *base da potência* **ou** *no radicando*.

$(4,5)^2$ = 20,25 ⇒ 20
$(4,5)^4$ = 410,06 ⇒ 41 x 10^1
$(4,5)^{1/2}$ = 2,121 ⇒ 2,1

Quarta Regra – **Na obtenção do** *logaritmo* **de um número a** *mantissa* **do logaritmo deve ter o mesmo número de algarismos significativos que o número em estudo e vice-versa.**

Detalhes 4.5

Os logaritmos, são operações matemáticas realizadas não com os números, mas sim, com os expoentes de uma base que lhe corresponde ao número.

Vamos trabalhar com logaritmos decimais ou na base 10. Sejam os números: A = 458745 e B = 3321. Vamos converter estes números em potências de base 10: A = 10^{5,6615713}; B = 10^{3,52126888}. A soma A + B, em termos de logaritmos, é realizada via expoentes. Isto, não vamos fazer aqui.

Assim, tomando-se o log A = log 458745 = 5, 6615713. A parte antes da vírgula (no caso, dígito 5) denomina-se de *característica do logaritmo* e a parte que vem depois da vírgula, chama-se de *mantissa do logaritmo*, no caso, 6615713.

Os logaritmos, são operações matemáticas realizadas não com os números, mas sim, com os expoentes de uma base que lhe corresponde ao número.

Vamos trabalhar com logaritmos decimais ou na base 10. Sejam os números: A = 458745 e B = 3321. Vamos converter estes números em potências de base 10: $A = 10^{5,6615713}$; $B = 10^{3,52126888}$. A soma A + B, em termos de logaritmos, é realizada via expoentes. Isto, não vamos fazer aqui.

Assim, tomando-se o log A = log 458745 = 5, 6615713. A parte antes da vírgula (no caso, dígito 5) denomina-se de *característica do logaritmo* e a parte que vem depois da vírgula, chama-se de *mantissa do logaritmo*, no caso, 6615713.

Exemplo 1 – Na medida da densidade de um corpo encontrou-se para a sua massa igual 28 g e seu volume 8,3 mL. Sabe-se que a densidade (d), é a razão entre a massa (m) e o volume (v), Equação (4.10). Qual é o valor da densidade calculada pela *matemática normal* e pelos *logaritmos*, em ambos os casos levando em consideração os *algarismos significativos* nos resultados?

a) Resolvendo pela matemática normal, tem-se a Equação (4.10):

$$d = \frac{m}{v} \qquad (4.10)$$

d = 28 g/8,3 mL = 3,373   ⇒ **3,4** g mL^{-1}

b) Resolvendo pelos logaritmos, tem-se:

log d = log 28 - log 8,3 = 1,**45** - 0,**92** ⇒ 0,**53**

Fazendo o caminho inverso, ou seja, dar o resultado em número e não em expoente, tem-se:

d = $10^{0,53}$ = 3,388 ⇒**3,4** g mL^{-1}

4.1.9 Arredondamentos de números aproximados

O arredondamento de números é a operação de eliminar os dígitos que não têm significado no número.

No arredondamento de números aproximados, ou de resultados de operações matemáticas, serão obedecidas as seguintes normas:

a) se o dígito a ser desprezado, por não ter significado, for menor que 5, então, o dígito anterior a ele no número decimal, não muda;

b) se o dígito a ser desprezado for 5 ou maior, o dígito anterior a ele é aumentado de uma unidade.

Ver exemplos já dados anteriormente e os abaixo para três algarismos significativos:

2,45***178*** ⇒ 2,45

2,45***680*** ⇒ 2,46

Observação: existem outras normas de arredondamento que não serão abordadas aqui.

4.1.10 Notação científica

A *notação científica* é uma forma de apresentar um número de maneira mais racional. O número na notação científica tem duas partes.

A primeira parte é formada de um dígito inteiro seguido de vírgula e dos demais algarismos significativos da cifra decimal, ou zeros quando forem significativos. *A segunda parte* é constituída de uma potência de 10^x que permite deslocar a vírgula *x casas* para a direita, ou para a esquerda, conforme a necessidade.

Nos exemplos abaixo, admite-se que todos os valores apresentados para as três medidas de comprimento tenham o mesmo número de algarismos significativos, isto é, três algarismos significativos. No lado direito estão os números em formato de *notação científica*, para três algarismos significativos.

0,000.000.000.230 m	⇒ 2,30 x 10^{-10} m
456.780.000.000.000 m	⇒ 4,57 x 10^{14} m
75 x 10^{-2} m	⇒ 7,50 x 10^{-1} m

4.1.11 Conceitos de grandezas utilizadas na química

Unidade de Quantidade de matéria

A União Internacional de Química Pura e Aplicada (IUPAC), a União Internacional de Física Pura e Aplicada (IUPAP) e Organização Internacional Padronização (ISO) definiram como *unidade de medida de quantidade de matéria* o **mol**. Esta decisão foi ratificada pela 14ª Conferência Geral de pesos e medidas. Desta forma o mol é a unidade base do SI (Sistema Internacional) para a grandeza, *Quantidade de Matéria*, assim definido:

> **Mol**
> O mol é a quantidade de matéria, simbolizada por n, de um sistema que contém tantas entidades elementares quanto os átomos contidos em 12g de carbono 12.
>
> IUPAC

E com a definição do *mol* ficaram também definidos:

a) *Constante de Avogadro* ou *Número de Avogadro* ($N_A = 6{,}023.10^{23}$) é a constante que estabelece a igualdade entre a quantidade de matéria (n) e o número de entidades (átomos, moléculas, íons, fórmulas etc.), N, conforme Equação (4.11):

$$N \propto n$$
$$N = N_A.n \qquad (4.11)$$

b) *Massa molar* (M) = é uma constante específica de cada tipo de matéria e corresponde à massa de $6{,}023.10^{23}$ unidades da referida espécie de matéria, a qual estabelece a igualdade entre a massa em gramas (m) e a respectiva quantidade de matéria (n), conforme Equação (4.12):

$$M \propto n$$
$$m = M.n \qquad (4.12)$$

Portanto, a *massa molar* (M_X) é a massa em gramas de uma porção de matéria igual a 1,0 mol. Por exemplo, a massa molar do cloreto de sódio (NaCl) é $M_{NaCl} = 58{,}5$ g mol^{-1}.

c) *Volume molar* (V_M) é a constante de proporcionalidade entre o volume V e a quantidade matéria n. Como o volume é dependente da pressão e da temperatura, o volume molar também o é. Assim, o volume molar da água é 18,06 cm^3 mol^{-1}, a 20 °C e a 1 atm de pressão, e 18,24 cm^3 mol^{-1} a 50 °C, conforme Equação (4.13):

$$V \propto n$$
$$V = V_M.n \qquad (4.13)$$

d) *Massa atômica* (m_a) é a massa de um átomo (normalmente se considera a massa isotópica natural do referido elemento). Por exemplo, a massa atômica do sódio (Na) $m_a = 3{,}82.10^{-23}$ g. Como é um valor muito pequeno utiliza-se outra unidade de massa atômica (u).

e) *Unidade de massa atômica* (u) é a massa igual a 1/12 da massa de um átomo de carbono 12, conforme Equação (4.14):

$$1 \text{ u} = 1{,}66 \times 10^{-24} \text{ g} \qquad (4.14)$$
$$\text{ou}$$
$$6{,}023 \times 10^{23} \text{ u} = 1 \text{ g}$$

f) *Massa molecular* (m_x) é a massa da entidade que constitui a substância, isto é, molécula, ou fórmula unitária. Por exemplo, a massa molecular da água é $m_{H2O} = 18{,}0$ u, ou em gramas $18 \times 1{,}66.10^{-24} = 2{,}99.10^{-23}$ g.

g) *Concentração em quantidade de matéria* (C mol L^{-1}) é a constante de proporcionalidade direta entre o volume V da solução e a quantidade de matéria do soluto (n), conforme Equação (4.15):

$$n \propto V$$
$$n = C.V \qquad (4.15)$$

Onde, C é a concentração em mols por litro de solução, que seria a maneira de representar a concentração, conforme preconizado pela IUPAC.

O Quadro 4.1 apresenta a nomenclatura de unidades de grandezas recomendadas e a obsoleta.

Quadro 4.3 Nomenclatura recomendada e a obsoleta.

Nomenclatura recomendada	Nomenclatura obsoleta
1 Quantidade de matéria	1 Número de moles, ou número de moléculas-grama, ou número de átomos-grama etc.
2 Massa molar	2 Átomo-grama, molécula-grama (ou mol), peso-fórmula etc.
3 Mols	3 Moles

Nomenclatura recomendada	Nomenclatura obsoleta
4 Concentração em quantidade de matéria	4 Molaridade
5 Unidade de concentração: mol L^{-1}	5 Molar
6 u	6 u.m.a.
7 Fração em mol ou quantidade de matéria	7 Fração molar

FONTE: Silva & Rocha Filho, 1990.

4.2 PARTE EXPERIMENTAL

As práticas que seguem, além dos algarismos significativos, visam levar o acadêmico à percepção da grandeza da *constante de Avogadro* ou o *número de Avogadro, N*.

4.2.1 Dimensão da constante de Avogadro: medida de massa

a – *Material*
- *Balança com precisão de pelo menos 0,01g;*
- *Pesa-filtro (ou material equivalente);*
- *Grãos de soja;*
- *Grãos de milho;*
- *Grãos de feijão;*
- *Grãos de trigo etc.*

b – *Procedimento*
- Numa balança que tem a precisão de pelo menos um centésimo de grama, pesar seis grãos de soja juntos, repetindo a experiência por no mínimo três vezes desde a zeragem da mesma (com alunos diferentes). Anotar o valor de cada pesagem, em local próprio do Quadro RA 4.1 do Relatório de Atividades.
- Determinar o valor que mais se aproxima do *verdadeiro valor* (*média*). Repetir a experiência com 6 grãos de milho e 6 grãos de feijão, e outros se quiser.

c – *Cálculos e registro de resultados*
Supondo que:
1º um grão de soja, ou de milho e ou feijão seja um átomo, ou uma fórmula (para compostos iônicos), ou uma molécula de alguma espécie, por exemplo, de água (H_2O);
2º a produção anual a nível nacional em 2022/2023, foi 154.600.000 toneladas de soja; 131.900.000 toneladas de milho e 3.040.000 toneladas de feijão.
Solicitam-se:
- Quantos anos se passariam para produzir a quantidade de cada espécie de grãos, que contém a constante de Avogadro de grãos ($6,023 \times 10^{23}$ unidades). Calcular e expressar os respectivos resultados, para os grãos de soja, de milho e de feijão, em termos de algarismos significativos na forma costumeira e na forma de notação científica.
- Quantos séculos seriam?

Anotar o valor de cada resultado calculado, em local próprio do Quadro RA 4.1 do Relatório de Atividades.

4.2.2 Dimensão da constante de Avogadro: medida de volume

a – *Material*
- *Uma proveta de 10-mL, ou menor;*
- *Copo béquer (20 ou 50-mL) com a metade de água;*
- *Conta-gotas;*
- *Copo béquer de 50-mL.*

b – *Procedimento e registro de medidas*
- Com um conta-gotas colocar numa proveta apropriada (10 mL, ou menor) 20 gotas de água.
- Ler o volume resultante.
- Registrar o volume levando em consideração os algarismos significativos.
- Repetir a experiência pelo menos três vezes (com alunos diferentes).
- Determinar o melhor valor do volume das 20 gotas de água. O registro dos diferentes

valores, medidos e calculados, devem ser feitos em local próprio do Quadro RA 4.2 do Relatório de Atividades.

c –*Cálculos e registro de resultados*
Supondo que:
- cada gota de água seja uma molécula de água;
- a superfície do Brasil é 8.551.965 km².

Determinar:
- A massa molar da água (M_{H2O}) e pesá-la, ou a massa de $6,023.10^{23}$ moléculas de água;
- A massa de uma molécula de água;
- Agora, apenas como exercício da imaginação, considerar que uma gota de água seja uma molécula. Qual a massa molar da água? Densidade da água = 1 g ml^{-1}
- Qual seria a altura da camada de água que se formaria sobre o Brasil (superfície) com $6,023 \times 10^{23}$ gotas?
- O registro dos diferentes valores, medidos e calculados, devem ser feitos em local próprio do Quadro RA 4.2 do Relatório de Atividades.

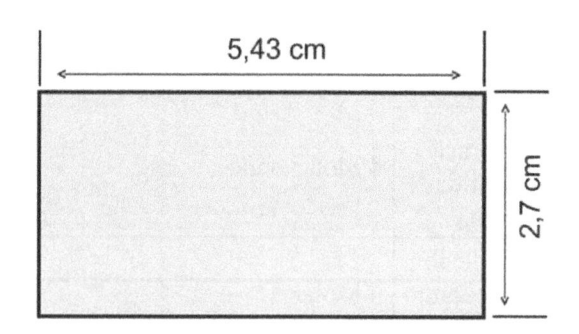

Figura EF 4.1 Retângulo de largura igual 2,7 cm e comprimento igual 5,43 cm.

4.3 EXERCÍCIOS DE FIXAÇÃO

4.1. Calcule a área de um objeto que mede 2,5 cm de comprimento e 4,8 cm de largura. Qual o perímetro deste objeto?

4.2. Considere a Figura EF 4.1 e as medidas de suas arestas.

a) Calcule a área da Figura EF 4.1.

b) Calcule o perímetro da mesma figura.

c) As duas medidas (5,43 cm e 2,7 cm) foram efetuadas com a mesma régua? Qual a escala de graduação da(s) régua(s)?

4.3. $3,02 \times 10^{24}$ moléculas de uma substância A pesa 24,567 g. Qual a massa molar desta substância?

4.4. Observe a Figura EF 4.2, e responda:

a) Qual o nome deste objeto?

b) Qual sua utilidade no laboratório?

c) Coloque uma escala neste instrumento.

d) Trace um menisco em uma altura qualquer da escala.

e) Faça a leitura correta do volume traçado.

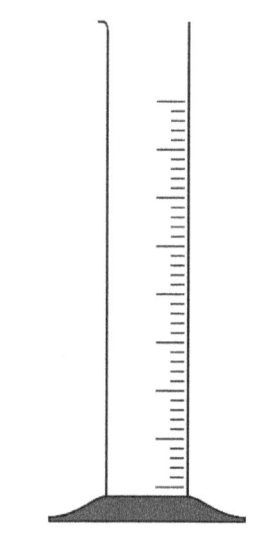

Respostas: **4.1.** 12; 14,6 **4.2.** 15; 16,3 **4.3.** 4,90

4.4 RELATÓRIO DE ATIVIDADES

Universidade _____ Centro de Ciências Exatas – Departamento de Química Disciplina: QUÍMICA GERAL EXPERIMENTAL – Cód: _____ Curso: _____ Ano: _____ Professor:_____	Relatório de Atividades
_____ Nome do Acadêmico	_____ Data

UNIDADE DIDÁTICA 04: UNIDADES DE MEDIDA, LEITURAS DE ESCALAS E ALGARISMOS SIGNIFICATIVOS

Quadro RA 4.1 Dados relativos ao Experimento 4.2.1 – Dimensão da Constante (ou Número) de Avogadro, com medidas de massa.

Pesagem dos 5 grãos			Cálculos para produzir N = 6,023·10²³ de grãos		
Tipo de grão	Massa dos 6 grãos x_i (g)	Valor médio (($\bar{x}$), $\bar{x}_s =$, $\bar{x}_m =$, $\bar{x}_f =$)	Produção anual de 2022/2023, em (t)$^{(*)}$	Anos necessários	Séculos necessários
Soja	$x_{s1} =$				
(s)	$x_{s2} =$		154.600.000	_____	
	$x_{s3} =$				_____
		$\bar{x}_s =$			
Milho	$x_{m1} =$				
(m)	$x_{m2} =$		13.190.000		
	$x_{m3} =$				_____
		$\bar{x}_m =$			
Feijão	$x_{f1} =$				
(f)	$x_{f2} =$		3.040.000		
	$x_{f3} =$				_____
		$\bar{x}_f =$			

$^{(*)}$ t – Tonelada.

Quadro RA 4.2 Dados relativos ao Experimento 4.2.2 – Dimensão do Número (ou Constante) de Avogadro, com medidas de volume.

Volume das 20 gotas de água				Cálculos e algarismos significativos	
Experimento	Volume (mL)	Volume médio ($\bar{x}$)	Volume de 1 gota (mL)	Problema proposto	Resultado
1	_____			1 Massa molar da água	_____
2	_____			2 Massa molecular da água	_____

Volume das 20 gotas de água				Cálculos e algarismos significativos	
Experi-mento	Volume (mL)	Volume médio ($\bar{x}$)	Volume de 1 gota (mL)	Problema proposto	Resultado
	_____				
3				3 Dado superfície do Brasil, S = 8.551.965 km². Qual a altura da	
	_____			camada de água formada com o	
			_____	Número de Avogadro (N) de	
				gotas de água sobre esta superfície?	_____

4.5 REFERÊNCIAS BIBLIOGRÁFICAS SUGESTÕES PARA LEITURA

ABNT NBR ISO 31-12:2006 – **Grandezas e unidades. Parte 12: Números e características**. Associação Brasileira de Normas Técnicas, 2006. p. 1-29.

ABNT NBR ISO 80000-3:2007 – **Grandezas e unidades. Parte 3: Espaço e tempo**. Associação Brasileira de Normas Técnicas, 2007. p. 1-19.

AMBROGI, A.; LISBÔA, J. C. F. A química fora e dentro da escola. In: **Ensino de química dos fundamentos à prática**. São Paulo: Secretaria de Estado da Educação, 1990. 46 p.

BARTHEM, R. **Metrologia legal.** 2011. Disponível em: http://www.if.ufrj/teaching/metrol/metro.html. Acesso em: 10 de fevereiro de 2011.

BERGLUND, M.; WIESER, M. E. Isotopic compositions of the elements 2009 (IUPAC Technical Report).**PureAppl. Chem.**, v. 83, n. 2, p. 397-410, 2011.

Brasil, CONMETRO/MDIC, Resolução nº 11 (1988), de 12 de outubro de 1988. *Aprova Regulamentação Metrológica das Unidades de Medida*. Ministério do Desenvolvimento, Indústria e Comércio (MDIC), Conselho Nacional de Metrologia, Normalização e Qualidade Industrial (CONMETRO). Publicada no **Diário Oficial da União**, de 12 de outubro de 1988, Seção 1 p(s) 20524.

Brasil, CONMETRO/MDIC, Resolução nº 13 (2006), de 20 de dezembro de 2006. *Autoriza a utilização da supervisão metrológica como forma de execução do controle legal de instrumentos de medição para determinadas classes de instrumentos*. Ministério do Desenvolvimento, Indústria e Comércio (MDIC), Conselho Nacional de Metrologia, Normalização e Qualidade Industrial (CONMETRO). Publicada no **Diário Oficial da União**, de 22 de dezembro de 2006, Seção 1, p. 176.

Brasil, CONMETRO/MDIC, Resolução nº. 12 (1988), de 12 de outubro de 1988. *Adota quadro geral de unidades de medida e emprego de unidades fora do Sistema do Sistema Internacional de Unidades – SI*. Ministério do Desenvolvimento, Indústria e Comércio (MDIC), Conselho Nacional de Metrologia, Normalização e Qualidade Industrial (CONMETRO). Publicada no **Diário Oficial da União**, de 21 de outubro de 1988, Seção 1 p(s) 20524.

CHASSOT, A. J. **A educação no ensino da química**. Ijuí (RS): Livraria UNIJUÍ Editora, 1990. 117 p.

CHRISPINO, A. **Manual de química experimental**. São Paulo (SP): Editora Ática, 1991. 230 p.

COTTON, F. A.; LYNCH, L. D. **Manual do curso de química.** Adaptação e coordenação de Horácio Macedo. São Paulo: Forum Editora, 1968. 658 p.

DODD, J. S. [Editor] **The ACS Style Guide** – *A Manual for authors and Editors*.Washington: American Chemical Society, 1986, 264 p.

FULKROD, J. E. How big is Avogadros's number (or how small are atoms, molecules and ions). **J. Chem. Ed. 58** (2) p. 197, 1971.

GIESBRECHT, E. (Coordenador). **Experiências de química – Técnicas e conceitos básicos**. PEQ – Projetos de Ensino de Química de Professores da USP. São Paulo: Editora Moderna, 1982. 241 p.

GORIN, G. Mole and chemical amount. **Journal of Chemical Education**, 71(2), 114-116, 1994.

INMETRO (Instituto Nacional de Metrologia, Normatização e Qualidade Industrial) – **SI Sistema Internacional de Unidades**. 8ª Edição (revisada). Rio de Janeiro: INMETRO – Instituto Nacional de Metrologia, Normalização e Qualidade Industrial, 2007. 114 p.

LYALIKOW, Y. **Physicochemical analysis.** Translated from the Russian by David Sobelev. Moscow: MIR Publications, 1968. p. 11-32.

MILLER, J. C.; MILLER, J. N. Basic statistical methods for analytical chemistry. Part I – Statistic of repeated measurements. **Analyst, 113**, 1351-1356, 1988.

PETERS, D. G.; HAYES, J. M.; HIEFTJE, G. M. **Chemical separation and measurements**. Philadelphia (USA): Saunders Golden Series, 1974. 749 p.

POMBEIRO, A. J. L. O. **Técnicas e operações unitárias em química laboratorial**. Lisboa: Fundação Calouste Gulbenkian, 1980. 1.069 p.

ROCHA FILHO, R. C.; SILVA, R. R. Sobre o uso correto de certas grandezas em química. **Química Nova**, 14 (4), 300-305, 1991.

RUSSEL, J. B. **Química geral**. 2. ed. Rio de Janeiro: MAKRON Books do Brasil Editora, 1994. Vol. 01, 619 p.

SCHWARTZ, S. E.; WARNECK, P. Units for use in atmospheric chemistry (IUPAC Recommendations, 1995). **Pure & Applied Chemistry**, vol. 67, n. 8/9, 1377-1406, 1995.

SIENKO, M. J.; PLANE, R. A. **Química**. Tradução de Ernesto Giesbrecht. São Paulo: Companhia Editora Nacional, 1968. 650 p.

SIGMA-ALDRICH CATALOG, **Biochemicals and reagents for life science research**. USA: SIGMA ALDRICH, 1999. 2880 p.

SILVA, R. R.; ROCHA Filho, R. C. Sobre o uso da grandeza de matéria e sua unidade, o mol. In: **Ensino de química dos fundamentos à prática**. São Paulo: Secretaria de Estado da Educação, 1990. Vol. 1, 46 p.

THOMAS SCIENTIFIC CATALOG: 1994/1995. New Jersey (USA): Thomas Scientific, 1995. 1929 p.

VUOLO, A. **Fundamentos da teoria dos erros**. São Paulo: Editora Edgard Blücher, 1992. 225 p.

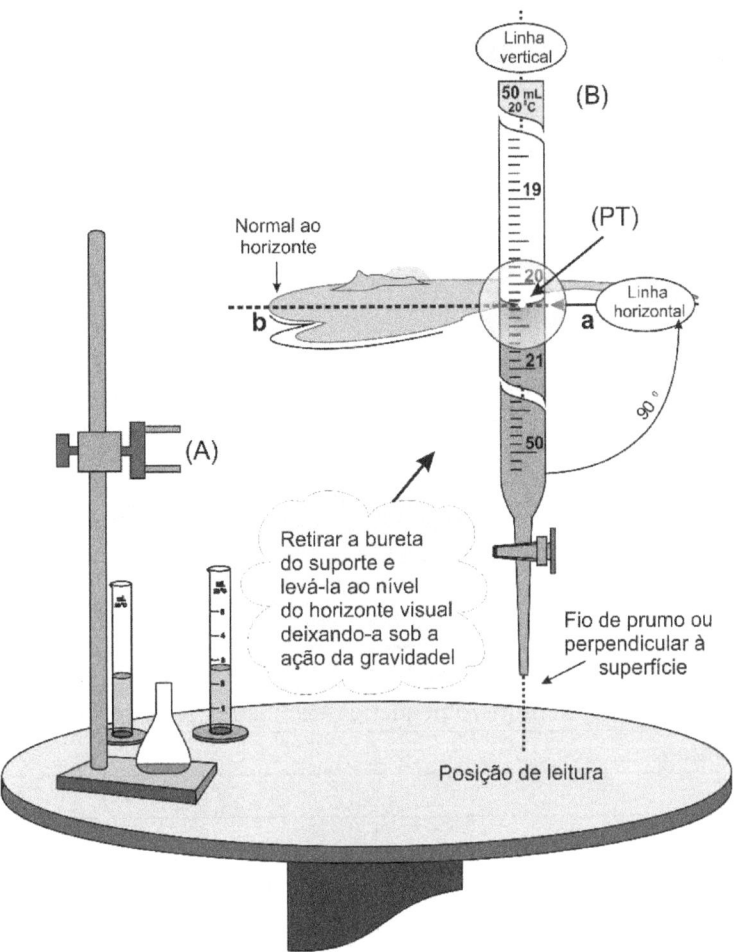

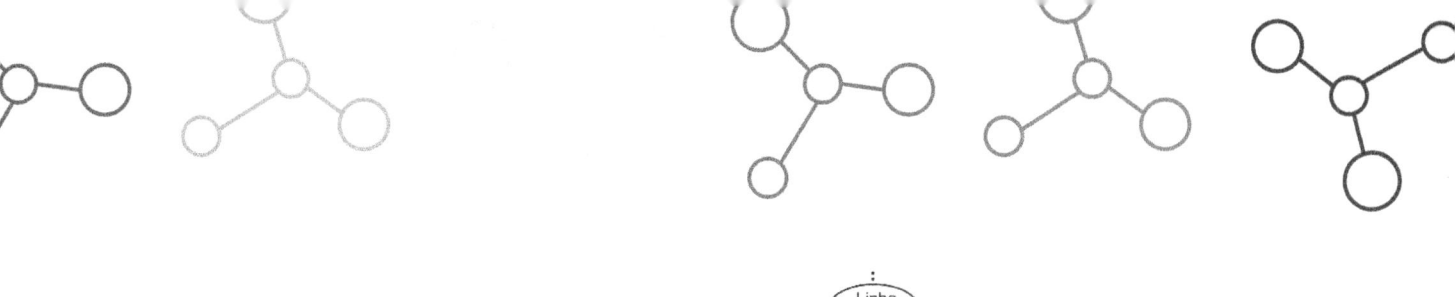

UNIDADE DIDÁTICA 05

A figura mostra o menisco formado por um líquido em um tubo circular (proveta, bureta, balão volumétrico) e a posição correta de leitura, que deve ser feita pelo fundo do menisco com olho no ponto da linha do horizonte (horizontal) e a normal (vertical) do ponto.

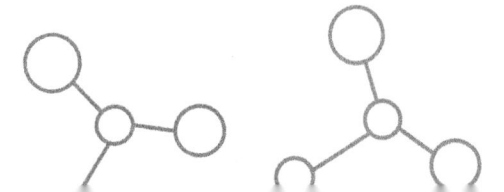

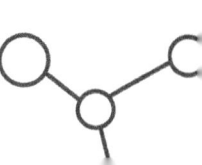

UNIDADE DIDÁTICA 05

MEDIDA DE UMA GRANDEZA E SUA REPRESENTAÇÃO

INCERTEZA DE UMA MEDIDA

Conteúdo	Página
5.1 Aspectos Teóricos	145
5.1.1 Introdução	145
5.1.2 Medida do melhor valor	146
5.1.3 Precisão, exatidão (acurácia) e sensibilidade	147
5.1.4 Tipos de incertezas (erros)	150
Detalhes 5.1	151
5.1.5. Medida da incerteza estatística associada à medida de uma grandeza	152
Detalhes 5.2	153
5.1.6 Determinação do erro (incerteza) acumulado numa medida	155
Detalhes 5.3	155
5.1.7 Distribuição de frequências, área, probabilidade e intervalo de confiança	155
5.1.8 A estatística dos conjuntos com número pequeno de amostras, indivíduos, medidas etc.	159
5.1.9 Exemplos e conclusão	161
Detalhes 5.4	163
5.2 Parte Experimental	164
5.2.1 Verificação qualitativa da sensibilidade de um instrumento	164
5.2.2 Indução quantitativa do conceito de sensibilidade e de precisão de uma proveta	164
5.2.3 Treinamento de leituras de diferentes tipos de instrumentos de laboratório	165
5.2.4 Resultados de medidas realizadas n vezes	165
5.3 Exercícios de Fixação	166
5.4 Relatório de Atividades	169
5.5 Referências Bibliográficas e Sugestões para Leitura	171

Unidade Didática 05
MEDIDA DE UMA GRANDEZA E SUA REPRESENTAÇÃO
INCERTEZA DE UMA MEDIDA

Objetivos
- Aprender o conceito de *precisão* e *exatidão* de um instrumento, de uma medida, de um observador.
- Aprender o conceito de *incerteza estatística* e *incerteza sistemática* (ou erros).
- Conhecer as diversas formas de representar a incerteza (ou o erro) de uma medida.
- Aprender a calcular os diversos tipos de incertezas (ou erros).
- Aprender a ler diversos tipos de escalas usadas em laboratório.
- Aprender a expressar ou representar uma medida com seu erro e o melhor valor com o repectivo erro.
- Utilizar corretamente um instrumento preciso e exato quando necessário.

Um dos primeiros passos para *fazer ciência*, em Ciências da Natureza, é saber medir uma grandeza e expressar seu resultado de forma técnica e científica.

5.1 ASPECTOS TEÓRICOS

5.1.1 Introdução

Uma boa motivação didática da presente Unidade Didática e seus objetivos é preparar um bureta, conforme Figura 5.1. Ela foi utilizada numa titulação, da qual foi transferido o volume indicado com o destaque da referida leitura. Entregar a cada acadêmico uma papeleta na qual cada um deve registrar a própria leitura, feita individualmente, sem um ter contato com o resultado do outro. A seguir, recolher os resultados lidos e transcrevê-los no Quadro, em forma de Tabela, sem identificar o leitor.

O professor deve aproveitar a dispersão dos resultados lidos, do mesmo volume para:
- Mostrar que os algarismos certos praticamente todos acertaram. A dispersão está no dígito incerto ou duvidoso.
- Mostrar que o melhor valor é a média, que se encontra no "meio" da maioria das leituras.

$$\eta = (x_i - \mu) \text{ ou } (\overline{x} - \mu) \quad (5.1)$$

Como μ (valor verdadeiro), quase sempre, não se conhece, faz com que o erro η conduza a uma *incerteza*, normalmente caracterizada como a *probabilidade* de quanto o melhor valor ($\overline{x}$) difere do valor verdadeiro (μ). Ou a probabilidade P que expressa a certeza, a confiança de que o intervalo de valores ($\overline{x} \pm \eta$) contém o valor verdadeiro (μ).

5.1.2 Medida do melhor valor

Normalmente o *melhor valor* é o resultado da média aritmética de n medidas da referida grandeza (x). Conforme Equação (5.2):

$$\overline{x} = \frac{x_1 + x_2 + x_3 + ... + x_n}{n} = \frac{\sum_{i=1}^{n} x_i}{n} \quad (5.2)$$

A Tabela 5.1 apresenta um exemplo de medida da grandeza do volume de solução gasto numa titulação. Foram realizadas vinte e duas medidas do volume (n = 22), por acadêmicos experientes, nas mesmas condições. O valor médio do conjunto de medidas foi calculado conforme Equação (5.3):

$$\overline{x} = [18,80 + 18,90 + (19,00).2 + (19,10).3 + (19,20).4 + (19,30).4 + (19,40).3 + (19,50).2 \quad (5.3)$$
$$+ 19,60 + 19,70]/22 = 423,5/22 = 19,25 \text{ mL}$$

O *valor verdadeiro* que consta da Tabela 5.1, μ = 19,80 mL foi calculado pelo *padrão* que se combinou com a quantidade de analito (espécie química que estava sendo determinada) presente neste volume.

Observa-se, à primeira vista, que o melhor valor (média) difere do valor verdadeiro (μ). Isto significa que há um *erro sistemático* no método usado.

Os dados da referida Tabela 5.1 serão utilizados posteriormente para exemplificar cálculos de obtenção dos diversos tipos de erros ao longo da Unidade Didática 05.

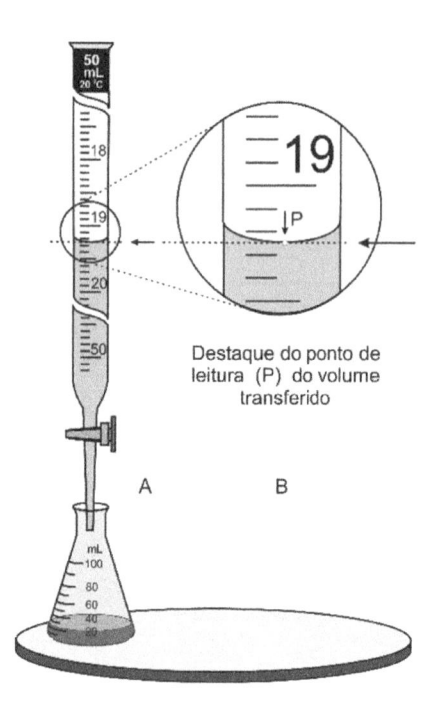

Figura 5.1 Leitura de um volume transferido da bureta (A) com destaque do ponto de leitura (B).

- Mostrar que sempre existem valores que *visualmente* não fazem parte do conjunto, estão fora do bom-senso.
- Mostrar a importância do conjunto de valores das leituras para se representar o *melhor valor*.
- Mostrar que os valores escritos em *ordem crescente* ou *decrescente* permitem visualizar melhor o conjunto, no tocante à *frequência* dos resultados.

Observação: Para o professor preparar o assunto e não "perder tempo" na aula escrevendo uma tabela no quadro e depois ordenar os dados, é interessante que ele faça a leitura da bureta com os alunos individualmente numa aula anterior.

Este experimento prévio induz que, sempre que se faz a medida de uma grandeza, nunca se obtém o *valor verdadeiro* (μ) desta grandeza. O que se obtém desta é o *melhor valor* (x se for uma medida, ou $\overline{x}$, se for uma média de x_i medidas), chamado também de *melhor estimativa*, ou *valor experimental*.

O erro (η - letra grega denominada de *eta*) cometido na medida será dado pela Equação (5.1):

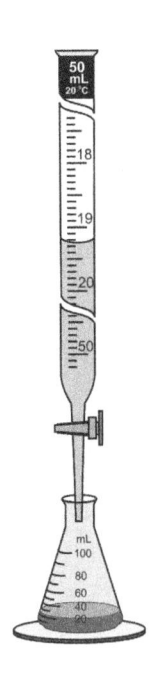

Figura 5.2 Visualização do ponto de leitura do volume adicionado na titulação.

Tabela 5.1 Dados relativos à medida do volume de uma solução padronizada numa titulação qualquer.

Medida n (x_i)	Valor medido (mL)	$d_i = x_i - \bar{x}$ (mL)	$d_i = \lvert x_i - \bar{x} \rvert$* (mL)	$d_i^2 = (x_i - \bar{x})^2$ (mL)²
I	II	III	IV	V
(1)x_1	18,80	-0,45	0,45	0,2025
(2)x_2	18,90	-0,35	0,35	0,1225
(3)x_3	19,00	-0,25	0,25	0,0625
(4)x_4	19,00	-0,25	0,25	0,0625
(5)x_5	19,10	-0,15	0,15	0,0225
(6)x_6	19,10	-0,15	0,15	0,0225
(7)x_7	19,10	-0,15	0,15	0,0225
(8)x_8	19,20	-0,05	0,05	0,0025
(9)x_9	19,20	-0,05	0,05	0,0025
(10)x_{10}	19,20	-0,05	0,05	0,0025
(11)x_{11}	19,20	-0,05	0,05	0,0025
(12)x_{12}	19,30	0,05	0,05	0,0025
(13)x_{13}	19,30	0,05	0,05	0,0025
(14)x_{14}	19,30	0,05	0,05	0,0025
(15)x_{15}	19,30	0,05	0,05	0,0025
(16)x_{16}	19,40	0,15	0,15	0,0225
(17)x_{17}	19,40	0,15	0,15	0,0225
(18)x_{18}	19,40	0,15	0,15	0,0225
(19)x_{19}	19,50	0,25	0,25	0,0625
(20)x_{20}	19,50	0,25	0,25	0,0625
(21)x_{21}	19,60	0,35	0,35	0,1225
(22)x_{22}	19,70	0,45	0,45	0,2025
	$\sum = 423{,}50$	$\sum = 0$	$\sum = 3{,}90^{(*)}$	$\sum = 1{,}055$

$\bar{x} = 19{,}25$ mL

$\mu_v = 19{,}80$ mL (valor verdadeiro)(**)

(*)Valor absoluto. (**) O valor verdadeiro do volume gasto (μ_v) foi determinado estequiometricamente.

5.1.3 Precisão, exatidão (acurácia) e sensibilidade

As três propriedades estão relacionadas aos *resultados* obtidos por algo: métodos, instrumentos, pessoas etc.

A *precisão* e a *exatidão* estão intimamente ligadas ao conjunto dos resultados e aos possíveis erros das medidas. *A sensibilidade* está ligada à causa e efeito, que podem atuar num resultado.

Algo pode ser preciso ou pode ser exato e ambos sensíveis. Também pode ser preciso, exato e pouco sensível ao mesmo tempo. Um conceito é independente do outro.

O que interessa nesta Unidade Didática é a *precisão* e a *exatidão*, que definem os *erros* ou *incertezas estatísticas* e as *incertezas sistemáticas* respectivamente.

Exatidão

A *exatidão* de algo (um valor, conjunto de valores, método(s), observador(es) etc.) está associada ao valor verdadeiro (μ) deste algo. Assim, um valor é *mais exato*, quando ele se aproxima mais do *valor verdadeiro*. Um método é mais exato quando ele produz valores mais próximos do valor verdadeiro. Um conjunto de valores é mais exato quando sua *média* ($\bar{x}$) é mais próxima do valor verdadeiro (μ). O mesmo acontece com um observador, ele é exato quando mede o valor verdadeiro da grandeza que observa. Pode também acontecer que tanto o método e o observador causem a falta de exatidão do resultado (valor, conjunto etc.).

Precisão

A *precisão* de algo (um valor, conjunto de valores, método(s), observador(es) etc.) está associada ao seu afastamento ou sua *dispersão* em relação a um *valor central*, que pode ser a média ($\bar{x}$), o valor verdadeiro (μ), ou outro valor qualquer. Aqui, a *precisão* está relacionada a um valor ou a um conjunto de valores, medidas, que refletem seu autor, ou o método utilizado na medida. Esta grandeza de dispersão é medida de diversas formas, entre elas, o *desvio padrão*.

Sensibilidade

A *sensibilidade* de algo está na capacidade deste produzir uma resposta elevada, um sinal significativo com um estímulo insignificante ou mínimo. Por exemplo, uma gota de água provoca o aumento visualmente detectável de um volume. Também, é considerado sensibilidade de algo a capacidade deste (instrumento, olho, método, escala etc.) detectar uma *quantidade mínima* ou menor possível de um analito.

Relação entre exatidão e precisão.

Para entender a diferença e o conceito de cada termo serão comparados os resultados de uma análise titulométrica realizada por três técnicos (A, B, C), dos quais se pretende analisar a *precisão* e a *exatidão* dos mesmos.

A Tabela 5.2 apresenta os resultados dos experimentos realizados pelos técnicos.

Tabela 5.2 Quadro dos resultados experimentais da análise de um padrão que contém μ = 60,66% de cloreto, por três técnicos, utilizando o mesmo método, soluções e nas mesmas condições.

Técnico A		Técnico B		Técnico C	
Análise	Resultado (%)	Análise	Resultado (%)	Análise	Resultado (%)
A1	61,05	B1	58,66	C1	61,63
A2	59,86	B2	58,66	C2	61,59
A3	60,66	B3	58,64	C3	62,66
A4	61,07	B4	58,64	C4	60,68
A5	60,66	B5	58,65	C5	60,94
	Parâmetros de cada Técnico ou conjunto A, B, C				
	$\bar{x}_A$=60,66%		$\bar{x}_B$=58,65%		$\bar{x}_C$=61,50%
	$\bar{x}_A - \mu = 0$		$\bar{x}_B - \mu = -2,01$		$\bar{x}_C - \mu = +0,84$
	$\Delta_A = 61,07-59,86$* $\Delta_A = 1,21$		$\Delta_B = 58,66-58,64$* $\Delta_B = 0,02$		$\Delta_C = 62,66-60,68$* $\Delta_C = 1,98$

(*) Δ - Intervalo de valores ou amplitude do conjunto = (Valor maior do conjunto – Valor menor do conjunto), é uma forma de medir a dispersão dos resultados medidos.

Para que o experimento tenha sucesso, é importante que a única variável que possa influenciar os resultados das medidas seja o *técnico* (mais experiente, mais habilidoso, mais cuidadoso etc.). Com este objetivo, será utilizada a mesma técnica (repetida cinco vezes por cada técnico), uma substância padrão única que se conhece o valor verdadeiro μ a ser encontrado pelos analistas-técnicos, as mesmas soluções, buretas com calibração idêntica (se for possível a mesma bureta), mesmas condições de temperatura e pressão, entre outras. Enfim, tudo deve ser "igual" e qualquer diferença nos resultados será atribuída exclusivamente à variável "técnico", cuja *precisão* e *exatidão* (ou acurácia) se deseja avaliar. O mesmo deve ser feito ao se avaliar métodos, valores etc.

Analisando cada conjunto A, B e C da Tabela 5.2, observa-se que possui quatro parâmetros, conforme segue:

- A média verdadeira ($\mu = 60,66\%$) que é igual para os três conjuntos.
- A média de cada conjunto, $\bar{x}_A = 60,66\%$; $\bar{x}_B = 58,65\%$; $\bar{x}_C = 61,50\%$.
- O desvio da média de cada conjunto em relação ao valor verdadeiro (μ) da percentagem de cloro, dado pela diferença: $\bar{x}_A - \mu = 0$; $\bar{x}_B - \mu = -2,01$ e $\bar{x}_C - \mu = +0,84$.
- A amplitude ou dispersão dos dados de cada conjunto, que corresponde à diferença entre o valor maior e o menor do conjunto: $\Delta_A = 61,07-59,86 = 1,21$; $\Delta_B = 58,66-58,64 = 0,02$; $\Delta_C = 62,66-60,68 = 1,98$

A Figura 5.3 visualiza os resultados dos três técnicos numa posição dos dados colocados em linha reta sobre a escala das medidas.

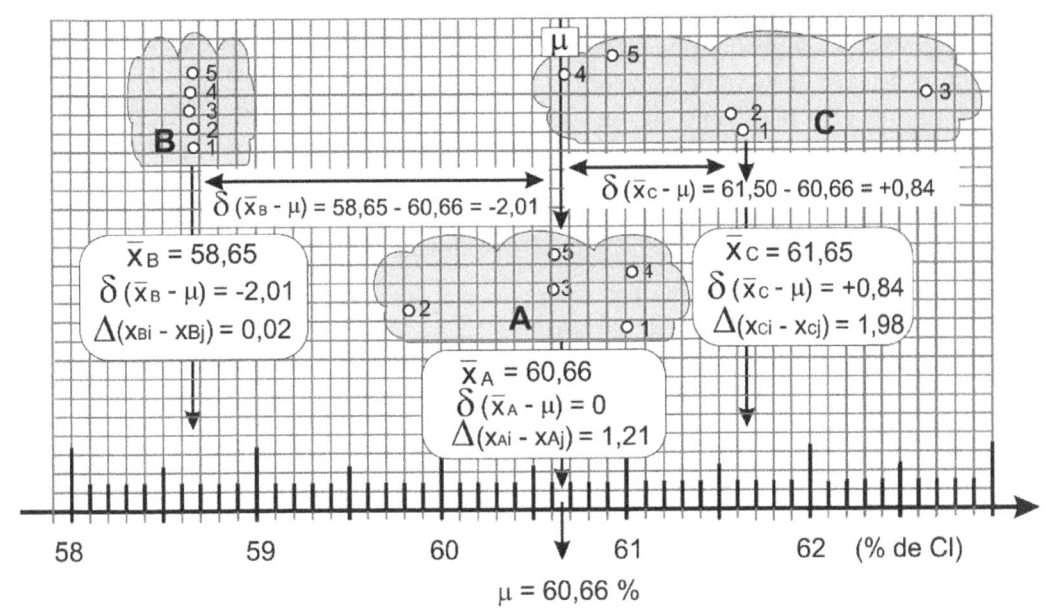

Legenda

A, B e C = conjunto de valores medidos pelo técnico A, ou B, ou C. $\Delta(x_{Bi} - x_{Bj})$ = *Amplitude* ou *dispersão* do conjunto B (onde, i = valor maior e j = valor menor do conjunto B). ○ i = posicionamento linear do valor medido x_i do respectivo conjunto. $\delta(\bar{x}_i - \mu_i)$ - Desvio entre a média do conjunto i, e, o valor verdadeiro da média.

Figura 5.3 Visualização dos experimentos dos três técnicos A, B e C, em termos de: valor verdadeiro (μ) dos três conjuntos; média de cada conjunto; amplitude ou dispersão de cada conjunto.

Interpretando os resultados da Tabela 5.2 e Figura 5.3 conclui-se que:

- O técnico A é o mais *exato*, pois seus resultados têm a *média* igual ao valor verdadeiro ($\bar{x}_A = 60,66 = \mu$). Porém, é *pouco preciso*, pois seus resultados estão muito dispersos ($\Delta_A = 1,21$).
- O técnico B é o mais *preciso* dos três, pois seus resultados repetem-se sobre o *valor médio do conjunto* $\bar{x}_B$, que não precisa ser necessariamente o *valor verdadeiro* (μ), como é o caso do *exato*. Sua característica é a *pequena dispersão* dos resultados ou a *pequena amplitude* do seu intervalo de valores ($\Delta_B = 0,01$). É o técnico *menos exato*, pois, a

média do seu conjunto é mais afastada do *valor verdadeiro*, $\bar{x}_B - \mu = -2,01$.

- O técnico C é menos exato que A e mais exato que B. O técnico C é menos preciso dos três. As expressões menos ou mais, podem ser convertidas em números, utilizando as diferenças: (média do conjunto, $\bar{x}_i$) – (valor verdadeiro, μ) para a *exatidão*; e, valores dos intervalos dos conjuntos, para a *precisão*.

Conclusão

A exatidão de algo está associada ao valor verdadeiro (μ). Este algo, quanto mais próximo do verdadeiro, mais exato é e vice-versa. Observa-se que a falta de exatidão é expressa por um valor que é sempre positivo e ou sempre negativo. Este valor mede o erro sistemático. Este tipo de erro tem como eliminá-lo, pelo menos reduzi-lo ao um valor mínimo aceitável.

A precisão de algo está associada ao menor afastamento de um valor referência, que pode ser a média do conjunto, o valor verdadeiro da grandeza (μ) etc. Se for um conjunto de valores sua precisão é medida pelo menor intervalo ou menor dispersão dos mesmos. Por exemplo, comparando a precisão dos resultados do técnico A ($\Delta_A = 1,21$) e do técnico B ($\Delta_B = 0,02$), conforme Tabela 5.2 e Figura 5.3. Multiplicando ambos por 100, tem-se: técnico A ($\Delta_A = 1,21$), onde, $1,21 \cdot 100 = 121$; e, técnico B ($\Delta_B = 0,02$), onde, $0,02 \cdot 100 = 2$. Como a precisão corresponde ao inverso da amplitude do intervalo, o técnico B é 60 vezes mais preciso que o técnico A.

Observa-se ainda, na análise da precisão, que os valores do conjunto se repetem ora à esquerda do valor referência e ou ora à direita, quando analisados numa distribuição linear (reta), tendo ao meio o valor central da distribuição. As diferenças entre os valores da esquerda com o valor de referência geram números negativos, e a diferença entre os valores da direita em relação ao valor de referência geram números positivos. Estes números negativos e positivos são os erros estatísticos, inerentes a própria medida, não há como eliminá-los.

Existe uma forma mais técnica de medir esta dispersão do conjunto que é o desvio padrão, conforme se verá à frente.

5.1.4 Tipos de incertezas (erros)

A *incerteza* de uma medida apresenta-se em duas formas fundamentais:

Incerteza estatística

A *incerteza estatística* (erro), também chamada de *casual*, *fortuita* etc., é a incerteza que ora é positiva e ora é negativa. Não dá para prever o sinal. Ela se distribui simetricamente ao redor do *valor médio*, $\bar{x}$. A Tabela 5.1, na coluna III, $d_i = (x_i - \bar{x})$, mostra o fato.

Tomando a coluna III da Tabela 5.1, que apresenta os valores do desvio absoluto, isto é, a diferença entre a média do conjunto e o valor x_i considerado ($x_i - \bar{x}$). Observa-se que, as diferenças, ora são negativas (posicionam-se à esquerda do valor de referência – média) e ora são positivas (posicionam-se à direita da média). Quando o número de medidas (n) é grande, o somatório destas diferenças dá zero, conforme Equação (5.4):

$$\sum_{i=1}^{n} d_i = 0 \text{ (zero)} \quad \text{quando } n \to \infty \quad (5.4)$$

Esta é uma característica das grandezas aleatórias. Ela, a incerteza ou o erro, é inerente a grandeza a ser medida. Ela reflete a precisão da medida do melhor valor.

A Figura 5.4 mostra provetas com escalas que geram uma medida precisa e outra imprecisa. Isto é, a maior ou menor repetição das n medidas sobre um valor médio qualquer. A precisão mede o maior ou menor, espalhamento das n medidas.

Incerteza sistemática

A incerteza sistemática é a incerteza (ou erro) que mede o maior ou o menor, afastamento do melhor valor ($\bar{x}$ = média) do valor verdadeiro (μ). Tem sinal, isto é, a diferença ($\bar{x} - \mu$), pode ser sempre positiva, ou sempre negativa. A principal fonte deste erro é a calibração do instrumento. Em geral, estes erros são reduzidos ao mínimo, mediante o aprimoramento da instrumentação e controle de variáveis (por exemplo, a temperatura), o qual é denominado de erro sistemático residual (σ_r ou s_r). O erro sistemático mede a maior ou menor, exatidão da medida ou do método etc., isto é, mede o quanto esta medida, ou média, se afasta, ou se aproxima, do valor verdadeiro (μ). A Figura 5.4 relaciona os diversos tipos de erros. As provetas A e D estão descalibradas, pois o corpo preto, que está no fundo das mesmas, falsifica a escala de leitura.

Detalhes 5.1

A Figura 5.4 apresenta, para o leitor, um exercício resolvido que diferencia uma proveta *mais* exata e *menos exata* de uma proveta *mais precisa* de *menos precisa*.

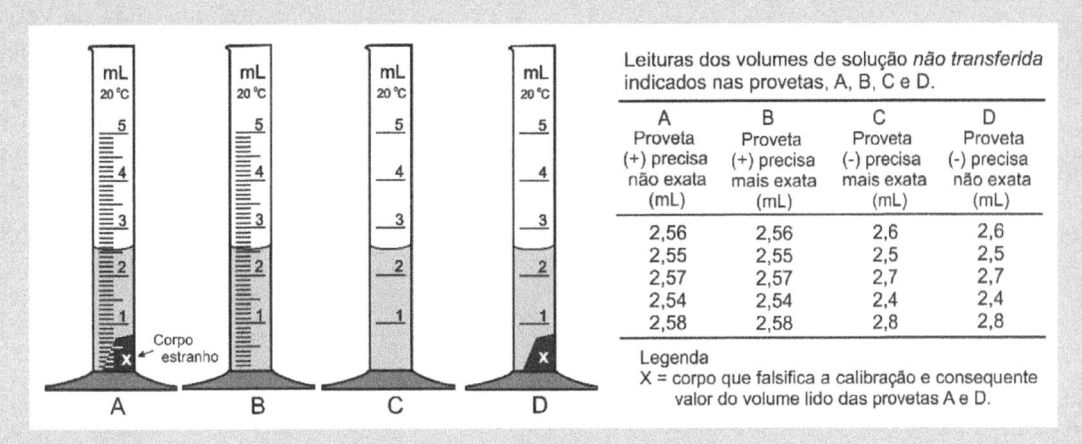

Leituras dos volumes de solução *não transferida* indicados nas provetas, A, B, C e D.

A Proveta (+) precisa não exata (mL)	B Proveta (+) precisa mais exata (mL)	C Proveta (-) precisa mais exata (mL)	D Proveta (-) precisa não exata (mL)
2,56	2,56	2,6	2,6
2,55	2,55	2,5	2,5
2,57	2,57	2,7	2,7
2,54	2,54	2,4	2,4
2,58	2,58	2,8	2,8

Legenda
X = corpo que falsifica a calibração e consequente valor do volume lido das provetas A e D.

Figura 5.4 Visualização do conceito de medida precisa (ou mais precisa) e medida exata (ou mais exata) numa proveta normal e outra falsificada.

Em termos de exatidão:

As provetas B e C apresentam a mesma exatidão, apesar de B ter um número maior de algarismos significativos. As provetas A e D não são exatas, sua calibração foi falsificada por um *corpo estranho* X (corpo preto no fundo). O volume lido com estas provetas é falso.

Em termos de precisão:

As provetas A e B são *mais precisas*, apresentam maior número de algarismos significativos, o que permite ler valores mais próximos a um de referência, como a média, mesmo que falsa. As provetas C e D são menos precisas que A e B.

Observa-se que a exatidão não tem nada a ver com a precisão da medida, do instrumento etc.

Recomenda-se que o leitor faça uma tabela, tipo a da Figura 5.4, porém, com os valores de *volumes transferidos* das provetas.

Os valores das provetas A e D, nesta nova tabela, são ainda falsificados?

5.1.5 Medida da incerteza estatística associada à medida de uma grandeza

A *incerteza estatística* (ou erro estatístico) pode ser medida e expressa de diversas formas, entre elas, tem-se:

Amplitude ou intervalo de valores

Ao se analisar um conjunto de valores, a primeira coisa a ser feita é colocá-los em ordem crescente ou decrescente de valores. Isto é, formar o rol de dados. Esta disposição facilita a visualização dos dados em diferentes operações que serão realizadas mais a frente.

A *amplitude* ou o *intervalo de valores* é uma forma simples de expressar a *dispersão dos resultados*. Toma-se o valor maior do conjunto e subtrai-se o menor do mesmo. Por exemplo, seja o caso de determinar a amplitude do conjunto dos resultados experimentais da Tabela 5.1. A Equação (5.5) mostra o resultado.

$$\text{Amplitude do conjunto} = x_{maior} - x_{menor} = \quad (5.5)$$
$$19{,}70 \text{ mL} - 18{,}80 \text{ mL} = 0{,}90 \text{ mL}$$

Erro padrão ou desvio padrão (σ, ou s)

O *erro padrão* ou *desvio padrão*, representado por (σ) para um conjunto infinito de medidas ou representado por (s) para um conjunto de dados finito, é obtido extraindo a raiz quadrada da variância, a qual, é a média dos quadrados dos desvios absolutos.

Para um número infinito de graus de liberdade, que é igual ao número de medidas (n), ou (n-1), (n-2) etc., se o conjunto de dados, até aquele momento, foi utilizado para calcular algum parâmetro do sistema, para o *desvio padrão* (σ), tem-se a Equação (5.6):

$$\sigma = \sqrt{\sigma^2} = \sqrt{\text{Variância}} = \sqrt{\frac{\sum_{i=1}^{n}(x_i - \mu)^2}{n-1}} \quad \therefore \quad \text{quando} \to n = \infty, \quad \sigma = \sqrt{\frac{\sum_{i=1}^{n}(x_i - \mu)^2}{n}} \quad (5.6)$$

Onde, o grau de liberdade é igual (n – 1), porque o conjunto de dados foi utilizado para calcular a média (σ, ou μ).

Para um número finito de graus de liberdade, isto é, n pequeno, o valor (n-1) não pode ser tomado igual a n, isto é, o valor -1 não pode ser eliminado. Logo, tem-se a Equação (5.7). Neste caso o desvio padrão é representado pela letra s.

$$s = \sqrt{s^2} = \sqrt{\text{Variância}} = \sqrt{\frac{\sum_{i=1}^{n}(x_i - \overline{x})^2}{n-1}} \quad (5.7)$$

Exemplificando com os dados da Tabela 5.1, e substituindo na Equação (5.7) tem-se a Equação (5.8):

$$s = \sqrt{\frac{\sum_{i=1}^{n}(x_i - \overline{x})^2}{n-1}} = \sqrt{\frac{1{,}055}{22-1}} = 0{,}224 \to s = 0{,}22 \text{ mL} \quad (5.8)$$

A Figura 5.5 visualiza os dados experimentais da Tabela 5.1, em termos de *amplitude* ou intervalo de valores (19,70 – 18,80 = 0,90 mL), espalhamento dos resultados, *erro sistemático* (-0,55 mL), *erro casual* ou fortuito, *desvio padrão* (s = 0,22 mL).

A mesma Figura 5.5 mostra que o método utilizado produz um conjunto de dados que apresentam um *erro sistemático*, isto é, todas as medidas situam-se à esquerda do valor verdadeiro (μ). O valor deste erro sistemático é determinado pela diferença entre o *valor verdadeiro* (μ) e a *média* do conjunto ($\overline{x}$), conforme mostra a Equação (5.9):

$$\text{Erro sistemático} = (\overline{x} - \mu) = (19{,}25 - 19{,}80) = \quad (5.9)$$
$$-0{,}55 \text{ mL}$$

Detalhes 5.2

É interessante observar que:

Se for diminuído 0,55 mL de todos os elementos do conjunto da Tabela 5.1 e representados na Figura 5.5, se reproduzirá um novo conjunto sobre a posição do *valor verdadeiro*, μ. Agora, sem o *erro sistemático*.

A nova posição do conjunto mantém a mesma *dispersão dos dados*, seja qual for a forma de medi-la e expressá-la (amplitude, desvio padrão etc.).

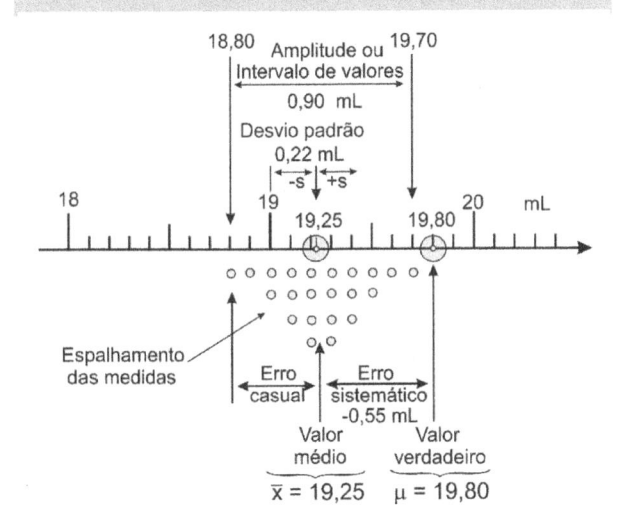

Figura 5.5 Ilustração dos termos erro sistemático, erro casual, desvio padrão dos dados da Tabela 5.1.

Erro Limite ou Limite de erro (L)

O *erro limite* é o erro admitido na construção e calibração dos instrumentos, de tal forma adotado, que é:

"o *valor máximo* atribuído a este erro para se ter 100% de certeza que o valor verdadeiro, medido com esta escala, está inserido no intervalo formado pelo *melhor valor* ($\bar{x}$) e o *erro limite*, ou ($\bar{x} \pm L$)".

Na realidade é um *erro sistemático*, isto é, ele acontece em um dos lados do melhor valor e tem sinal. Porém, como, por hipótese e definição, foi atribuído para mais (+L) e para menos (-L), assume o papel de um *erro estatístico*, (fortuito, casual) que por propriedade do sistema acontece em ambos os lados do melhor valor. Em função desta hipótese pode ser relacionado com o erro estatístico.

O erro limite é muito usado em especificações técnicas de instrumentos, padrões de calibração, componentes de máquinas, peças de laboratórios etc. Em geral, toma-se como valor para o erro limite o *valor da menor divisão da escala* do instrumento.

O erro limite (L) não é uma grandeza paramétrica. Ele deve ser convertido em desvio padrão para poder ser considerado uma grandeza paramétrica e assim envolvê-lo em operações de *decisão estatística*.

Na curva de *distribuição normal de frequências* ou de Gauss, como se verá a frente, ao se colocar ao ponto central da curva (z = 0) o limite de -3σ e + 3σ, tem-se praticamente 100% da área da curva neste intervalo, conforme Figura 5.6.

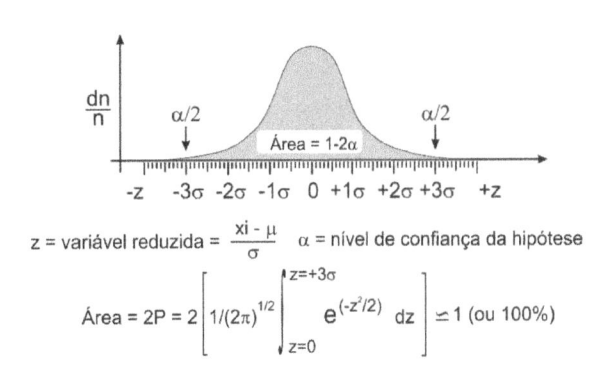

$$z = \text{variável reduzida} = \frac{x_i - \mu}{\sigma} \quad \alpha = \text{nível de confiança da hipótese}$$

$$\text{Área} = 2P = 2\left[1/(2\pi)^{1/2} \int_{z=0}^{z=+3\sigma} e^{(-z^2/2)} \, dz \right] \cong 1 \text{ (ou 100\%)}$$

Figura 5.6 Visualização da área correspondente a distribuição de frequências (probabilidade) nos limites de -3 σ e +3 σ.

Normalmente para converter o erro limite em desvio padrão, que é um parâmetro estatístico e utilizado em cálculos estatísticos, faz-se, conforme Equação (5.10):

$$L \cong 3\,\sigma \text{ (ou 3 s)} \qquad (5.10)$$

No exemplo em estudo, a bureta tem como menor divisão da escala, Figura 5.2, 0,1 mL, logo, tem-se o erro limite, (L) conforme Equação (5.11) e Equação (5.12):

$$\text{Erro limite} = L = 0{,}1 \text{ mL} \qquad (5.11)$$

$$\text{Erro limite} = L = 0{,}1 \text{ mL} = 3\,\sigma \text{ (ou s)} \qquad (5.12)$$

E, finalmente, o valor do *desvio padrão* em que foi convertido o erro limite, conforme Equação (5.13):

$$\sigma \text{ (ou s)} = \frac{L}{3} = \frac{\text{Menor divisão da escala}}{3} = \frac{0,1 \text{ mL}}{3} = 0,0333 \text{ ou } 0,03 \text{ mL} \quad (5.13)$$

Em geral, considerando a possibilidade de as condições de temperatura e pressão, uso do instrumento etc., não serem as ideais, é consenso, dividir a menor divisão da escala por 2, conforme Equação (5.14):

$$\sigma \text{ (ou s)} = \frac{L}{2} = \frac{\text{Menor divisão da escala}}{2} = \frac{0,1 \text{ mL}}{2} = 0,05 \text{ mL} \quad (5.14)$$

Erro absoluto ou desvio absoluto (d, η)

O *desvio absoluto* é o erro cujo valor resulta da diferença entre o *valor da medida* (x_i) e o *melhor valor* ($\overline{x}$) ou o *valor verdadeiro* (μ) da medida, se conhecido. Muitas vezes, por analogia, considera-se o valor obtido pela diferença entre o melhor valor ($\overline{x}$) e o valor verdadeiro (μ) da medida. A Equação (5.15) mostra o erro absoluto:

$$d_i = x_i - \overline{x} \quad (5.15)$$

No exemplo da Tabela 5.1, coluna III, apresenta os erros absolutos (ou desvios absolutos) para todas as vinte e duas medidas. No caso de i = 1 ($x_i = x_1 =$ 18,80 mL), tem-se como resultado o valor dado pela Equação (5.16):

$$d_1 = 18,80 - 19,25 = -0,45 \text{ mL} \quad (5.16)$$

Observa-se que o erro absoluto tem sinal, positivo ou negativo, dependendo se o valor de x_i for maior ou menor que $\overline{x}$.

Erro relativo (ε)

O *erro relativo* é o valor resultante da razão entre o *desvio absoluto* (d) e o *valor verdadeiro* (μ). Quando o valor verdadeiro não é conhecido, usa-se em seu lugar o melhor valor ($\overline{x}$).

A título de exemplo será calculado o erro relativo da medida x_1 = 18,80 mL da Tabela 5.1, que faz parte do conjunto com vinte e duas medidas e ($\overline{x}$) = 19,25mL. A Equação (5.17) mostra o resultado.

$$\varepsilon = \frac{x_1 - \overline{x}}{\overline{x}} = \frac{18,80 - 19,25}{19,25} = \frac{-0,45}{19,25} \cdot \frac{\text{mL}}{\text{mL}} = -0,02338 \quad (5.17)$$

Como o resultado pode ser grande ou pequeno, para efeito de comparação com outros erros relativos, seu valor é "reduzido" ao *valor referência* 100. Isto é, dado em percentagem, conforme Equação (5.18).

> Em 19,25 mL → (18,80 mL - 19,25 mL)
> Em 100 mL → x mL

$$\varepsilon_\% = \frac{18,80 - 19,25}{19,25} \cdot \left(\frac{\text{mL}}{\text{mL}}\right) \cdot 100 = \frac{-0,45}{19,25} \cdot 100 = -2,3376 = -2,3\% \quad (5.18)$$

Ou, em equação literal, tem-se a Equação (5.19):

$$\varepsilon_\% = \frac{d_i}{\overline{x}} \cdot 100 \quad \text{ou} \quad \varepsilon_\% = \frac{d_i}{\mu} \cdot 100 \quad (5.19)$$

É bom lembrar que, costuma-se usar a expressão erro relativo em outras relações, por exemplo, média do conjunto e média verdadeira.

Desvio médio (dm)

O *desvio médio* é o valor resultante da média dos desvios absolutos tomados em valor absoluto para não anular o resultado, ou da diferença de cada valor lido (x_i) da média ou o melhor valor ($\overline{x}$), ou do valor verdadeiro (μ), se conhecido, conforme Equação (5.20):

$$dm = \frac{\sum_{i=1}^{n}|x_i - \bar{x}|}{n} \quad \text{ou} \quad dm = \frac{\sum_{i=1}^{n}|x_i - \mu|}{n} \quad (5.20)$$

No exemplo em estudo, Tabela 5.1, coluna IV, chega-se à Equação (5.21):

$$dm = \frac{\sum_{i=1}^{n}|x_i - \bar{x}|}{n} = \frac{3,9}{22} = 0,1773 = 0,18 \text{ mL} \quad (5.21)$$

Coeficiente de Variação (cv)

O *coeficiente de variação* é o resultado da razão do desvio padrão (s, ou σ) e o melhor valor ($\bar{x}$), ou do valor verdadeiro (μ) se conhecido, dado em percentagem, conforme Equação (5.22):

$$cv = \frac{s}{\bar{x}} \cdot 100 \quad \text{ou} \quad \frac{\sigma}{\mu} \cdot 100 \quad (5.22)$$

No exemplo em estudo, Tabela 5.1, relacionando com a Equação (5.7), chega-se à Equação (5.23):

$$cv = \frac{0,22}{19,25} \cdot 100 = 1,142\% = 1,1\% \quad (5.23)$$

5.1.6 Determinação do erro (incerteza) acumulado numa medida

Os *erros estatísticos* e os *erros sistemáticos* (ou erros residuais) da medida são convertidos primeiramente em *desvio padrão* (s_e ou σ_e, e s_r ou σ_r) respectivamente. Após, trabalha-se com as *variâncias* que, conforme visto, correspondem ao desvio padrão elevado ao quadrado. As variâncias são aditivas ao passo que os desvios padrões não são.

Antes de continuar é bom lembrar que os erros sistemáticos são sempre positivos ou sempre negativos. Não tem sentido somá-los (acumulá-los) aos erros estatísticos. O único caso em que é possível é o erro limite, atribuído à construção e calibração da escala, conforme visto.

Logo a *variância acumulada* na medida do melhor valor da grandeza X, é dada pela Equação (5.24) para n infinito.

$$(\sigma_x)^2 = (\sigma_e)^2 + (\sigma_r)^2 \quad (5.24)$$

Ou, Equação (5.25) para n finito.

$$(s_x)^2 = (s_e)^2 + (s_r)^2 \quad (5.25)$$

Ao se passar para *desvio padrão* (σ_x), tem-se a Equação (5.26) e para (s_x) a Equação (5.27):

$$\sqrt{\sigma^2} = \sigma = \sqrt{\sigma_e^2 + \sigma_r^2} \quad (5.26)$$

$$\sqrt{s^2} = s = \sqrt{s_e^2 + s_r^2} \quad (5.27)$$

Detalhes 5.3

Na maioria dos cálculos, considerando o avanço tecnológico na calibração de instrumentos e consequente diminuição dos *erros de calibração*, muitos desprezam o *erro sistemático* ou *erro residual* no tocante ao *erro limite* (*L*).

5.1.7 Distribuição de frequências, área, probabilidade e intervalo de confiança.

Ao se expressar um resultado, envolvendo números aproximados, aparecem os seguintes problemas:
- O último dígito do número que expressa o resultado, que ainda é significativo, porém, é duvidoso, dependendo do bom-senso do observador, pode ser um ou pode ser outro, conforme visto na Unidade Didática 04.
- Sempre que se faz um arredondamento de um dígito num número, o mesmo pode ter sido arredondado *por falta* ou pode ter sido arredondado *por excesso*. O número de algarismos significativos está correto, mas, o valor, agora do *número arredondado*, na maioria dos casos, ficou menor (diz-se, por falta devido ao arredondamento) ou maior (diz-se, por excesso devido ao arredondamento).

Para resolver estas situações, costuma adicionar-se ao melhor valor medido ($\bar{x}$) um *intervalo de confiança* (IC) ou *limite de confiança* (LC), determinado mediante o envolvimento dos erros cometidos na medida do melhor valor e convertido em probabilidade, que com certo nível de confiança permite afirmar que um dos valores do intervalo IC ou LC é o verdadeiro. Assim, o valor verdadeiro da medida da grandeza X é dado pela Equação (5.28):

$$\mu_X = \bar{x} - LC \qquad (5.28)$$

Como determinar o valor de LC?

Quando se fala em incerteza de alguma coisa, o assunto é tratado em termos de um *intervalo de confiança*, o qual dá um conjunto de valores, que reflete a probabilidade de que um deles seja o valor verdadeiro.

Para melhor compreender o assunto será retomada a Tabela 5.1 e refeita com a inclusão de alguns termos, tais como: classe ou categoria de indivíduos; frequência absoluta da classe; frequência relativa da classe.

- *Classe* ou *categoria de indivíduos* é o grupo de indivíduos do conjunto que se assemelham em alguma coisa, por exemplo, no valor. Assim, na Tabela 5.1 os indivíduos que tem o mesmo valor, fazem parte desta classe ou categoria. Ver Tabela 5.3, Coluna I.
- *Frequência absoluta da classe* (fa) é o número de indivíduos presentes nesta classe ou categoria. Em geral, esta frequência é uma fração do conjunto de n indivíduos, é simbolizada por dn. Observando a Tabela 5.3, Coluna II, a Classe correspondente ao valor 19,20, tem-se um dn = 4. Isto significa que este valor no conjunto inicial (Tabela 5.1) repete-se quatro vezes, logo tem frequência 4.
- Interessa chegar a falar em probabilidade (P) de um fato acontecer. A *probabilidade total* de um fato acontecer é *um* (1) e a de não acontecer é *zero* (0). Necessita-se converter estas frequências de uma medida em probabilidade igual a um. Para isto, calculam-se as *frequências relativas* (fr) de cada classe, o que é obtido dividindo a fração (dn) pelo total de indivíduos (n), conforma Equação (5.29):

$$fr = \frac{dn}{n} = \text{frequência relativa da classe} \qquad (5.29)$$

A Tabela 5.3, coluna III, mostra as frequências relativas das diversas classes do conjunto de indivíduos (medidas). Observa-se ao final da coluna que o somatório das *frequências relativas* é igual 1,00 (um), que é a probabilidade total das medidas acontecerem.

Tabela 5.3 Classe, frequências absolutas (dn), frequências relativas (fr) da classe dos volumes medidos da Tabela 5.1 e variável reduzida (z).

Classe (*)	Frequência absoluta (fa = dn) (**)	Frequência relativa (fr = dn/n)	Variável reduzida (z) (†) $z = \dfrac{x_i - \mu_x}{\sigma_x}$ ou $z = \dfrac{x_i - \bar{x}}{s_x}$
(I)	(II)	(III)	(IV)
18,80	1	0,046	-2,0
18,90	1	0,046	-1,6
19,00	2	0,091	-1,1
19,10	3	0,136	-0,68
19,20	4	0,182	-0,23
19,30	4	0,182	+0,23
19,40	3	0,136	+0,68
19,50	2	0,091	+1,1
19,60	1	0,046	+1,6
19,70	1	0,046	+2,0
	22	1,00	

* *Classe* é o conjunto de dados que apresentam as mesmas características; ** *Frequência* é o número de vezes que o mesmo valor se repete, ou o número de indivíduos da classe; † No presente estudo será dado o carácter de n tendendo ao infinito, logo, s e $\bar{x}$ assumirão os valores de σ e μ.

Para um universo de valores (conjunto qualquer de medidas, ou erros etc.), cuja distribuição de frequência segue a *distribuição de Gauss*, ou dita, *distribuição normal*, a probabilidade, P(x), ou um dn/n, de um valor, se dar, é dada pela Equação (5.30):

$$\frac{dn}{n} = P(x) = \frac{1}{\sigma \cdot \sqrt{2 \cdot \pi}} \cdot e^{\left[-\frac{1}{2}\left(\frac{x_i - \mu}{\sigma}\right)^2\right]} \cdot dx \quad (5.30)$$

Na Equação (5.30) observa-se a presença do desvio padrão do conjunto de medidas, σ, conforme definido e calculado anteriormente em suas diferentes formas. As outras formas de medida da incerteza, tais como: erro relativo; desvio médio; coeficiente de variação etc., não servem para este cálculo estatístico. Não são grandezas paramétricas.

Para integrar a Equação (5.30) é necessário utilizar o artifício matemático da variável z, denominada de *variável reduzida*, pois, envolve ao mesmo tempo x_i, μ_x e σ_x, variáveis com significado semelhante; conforme descrito anteriormente, aqui, para n = ∞ (infinito), a variável z é representada pela Equação (5.31):

$$z = \frac{x_i - \mu}{\sigma} = \text{variável reduzida} \quad (5.31)$$

Derivando e Equação (5.30) em relação a x, isto é, tomando dz/dx, de (5.31), tem-se a Equação (5.32):

$$\frac{dz}{dx} = \frac{1}{\sigma} \quad e \quad dx = \sigma \cdot dz \quad (5.32)$$

Substituído na Equação (5.30) o valor equivalente de dx, origina uma equação diferencial mais fácil de ser integrada, conforme Equação (5.33):

$$\frac{dn}{n} = P(x) = \frac{1}{\sqrt{2 \cdot \pi}} \cdot e^{-\frac{z^2}{2}} \cdot dz \quad (5.33)$$

Tomando a Equação (5.33) e integrando-a para os diferentes intervalos de valores de z, isto é, de z_1 = 0 a $z_2 = z_a$, qualquer, conforme a Figura 5.7, tem-se o valor de uma área (parte escura da Figura 5.8).

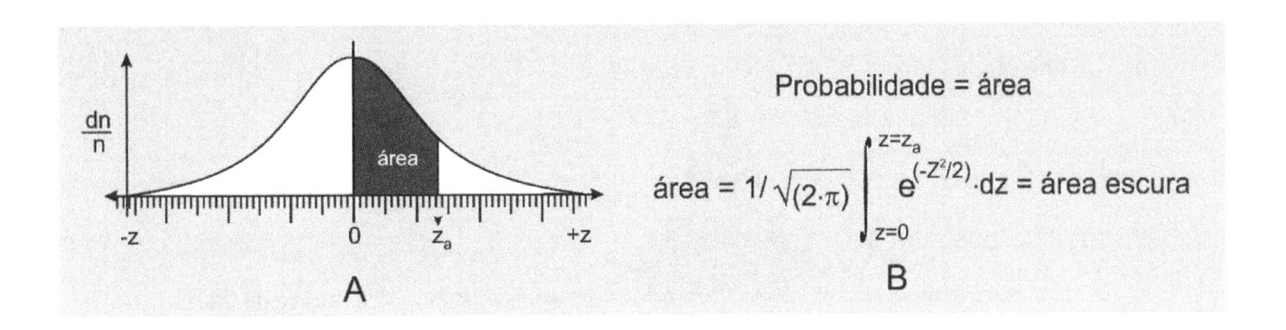

Figura 5.7 Área de integração para os valores de z no intervalo, 0 a +z_a.

A forma de integração e determinação das diferentes áreas é dada na Parte B da Figura 5.7. Existem, na área de Estatística, tabelas com as áreas para os diferentes valores de z. Através de um *site* eletrônico, via internet, o leitor ou o acadêmico, pode acessar agora mesmo uma Tabela contendo estas áreas.

Aqui, a título de curiosidade e de forma qualitativa, serão colocados três exemplos de áreas integradas:

- *Exemplo 1*

Limites de integração da Equação (5.33): (z = -∞ a z = +∞). A área integrada corresponde a 100% da área da curva de Gauss, isto é, 100% de certeza que as *frequências relativas* dos "indivíduos" do conjunto em estudo estão nesta área, conforme Equação (5.34):

$$\int_{z=-\infty}^{z=+\infty} \frac{dn}{n} = 2 \cdot \int_{z=0}^{z=+\infty} \frac{dn}{n} = 1 = \text{Área total debaixo da curva, Figura 5.8} = 100\% \text{ de probabilidade} \quad (5.34)$$

- *Exemplo 2*

Limites de integração da Equação (5.33): (z = -3·σ a z = +3·σ). A área integrada corresponde a 99,7% da área da curva de Gauss, isto é, 99,7% de certeza que as *frequências relativas* dos "indivíduos" do conjunto em estudo estão nesta área. Apenas 0,15% das *frequências relativas* com z < -3·σ e 0,15% das frequências com z > +3·σ, totalizando 0,3% de toda a área estão fora da curva de Gauss, conforme mostra de forma qualitativa a Equação (5.35):

$$\int_{z=-3\cdot\sigma}^{z=+3\cdot\sigma} \frac{dn}{n} = 2 \cdot \int_{z=0}^{z=+3\cdot\sigma} \frac{dn}{n} = 0,997 = \text{Área total debaixo da curva, Figura 5.8} = 99,7\% \text{ de probabilidade} \quad (5.35)$$

- *Exemplo 3*

Limites de integração da Equação (5.33): (z = -2·σ a z = +2·σ). A área integrada corresponde a 95% da área da curva de Gauss, isto é, 95% de certeza que as *frequências relativas* dos "indivíduos" do conjunto em estudo, estão nesta área. Apenas 2,5% das frequências relativas com z < -2·σ e 2,5% das frequências com z > +2·σ, totalizando 5% de toda a área estão fora da curva de Gauss, conforme mostra de forma qualitativa a Equação (5.36):

$$\int_{z=-2\cdot\sigma}^{z=+2\cdot\sigma} \frac{dn}{n} = 2 \cdot \int_{z=0}^{z=+2\cdot\sigma} \frac{dn}{n} = 2 \cdot 0,475 = \text{Área total debaixo da curva, Figura 5.8} = 95\% \text{ de probabilidade} \quad (5.36)$$

A Figura 5.8 apresenta a integral para z = ± 2.σ, relativa aos dados da Tabela 5.1 e Tabela 5.3.

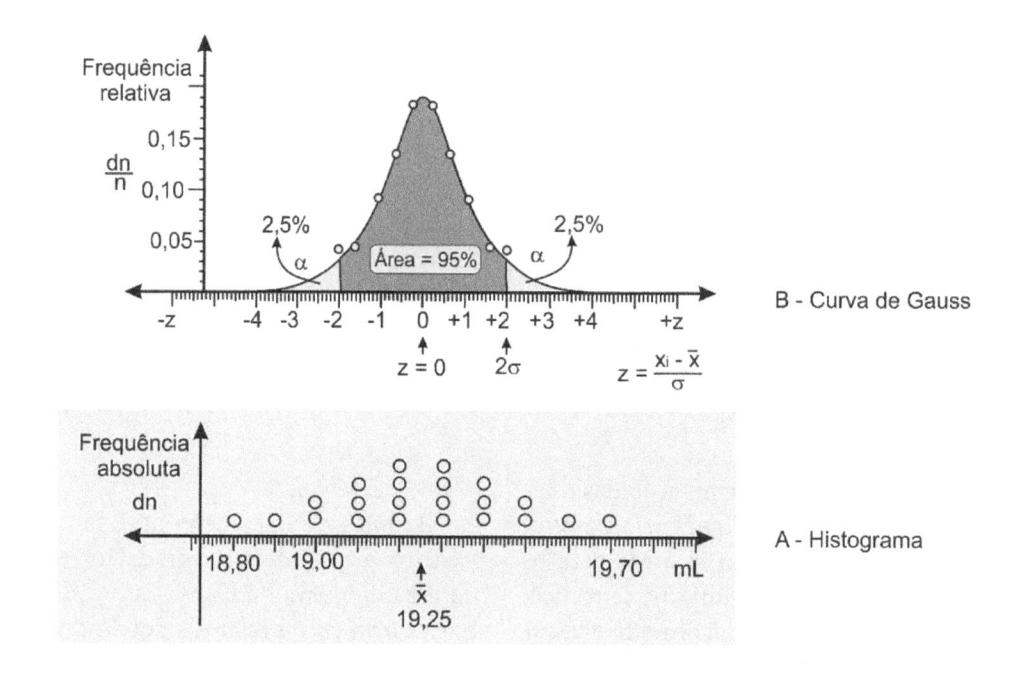

Figura 5.8 Distribuição de frequências: (A) Histograma – Distribuição das frequências absolutas, correspondente às 22 medidas da Tabela 5.1; (B) Histograma – Distribuição das frequências relativas – Curva de Gauss – para os dados tendo a mesma média e o mesmo desvio padrão de (A). Referente aos dados da Tabela 5.1 e Tabela 5.3.

A Parte B da Figura 5.8 mostra a área, ou a probabilidade, que lhe corresponde a 95% de confiança que o *valor verdadeiro* está neste intervalo. Contudo, lembramos que o erro sistemático residual não foi incluído no cálculo.

Limite de Confiança (LC) ou Intervalo de Confiança (IC).

Retornando à Equação (5.28), abaixo repetida, agora têm-se subsídios para responder ou dizer, quanto vale o LC.

$$\mu_x = \overline{x} \pm LC \qquad [5.28]$$

O importante é ter os parâmetros do conjunto que está sendo analisado, no caso, o conjunto das vinte e duas medidas da Tabela 5.1, que por hipótese corresponde a n tendendo ao infinito e sem erros sistemáticos passíveis de correção. Estes parâmetros são inerentes a qualquer conjunto:

- *Melhor estimativa* ou média aritmética do conjunto: $\overline{x} \cong \mu = 19,25$ mL
- *Desvio padrão* do conjunto: $S_X \cong \sigma_X = 0,22$ mL;
- *Nível de confiança* dado ao intervalo de valores para que um deles seja o verdadeiro: 95% (que lhe corresponde para a variável reduzida o intervalo de $z \geq -2 \cdot \sigma e$ e $z \leq +2 \cdot \sigma e$).

Com estas considerações o valor do LC é dado pela Equação (5.37):

$$LC = \pm 2 \cdot \sigma_x = \pm 2 \cdot 0,22 \text{ mL} = \pm 0,44 \text{ mL} \qquad (5.37)$$

Substituindo na Equação (5.28) o valor de LC da Equação (5.37), chega-se ao valor de LC como se desejava, conforme Equação (5.38):

$$\mu_x = (19,25 \pm 0,44) \text{ mL} \qquad (5.38)$$

Conforme visto, omitindo o erro sistemático, o valor verdadeiro do conjunto X com vinte e duas medidas, tem como intervalo de valores, dos quais um é o verdadeiro: (18,81 - 19,69) mL.

Se for feita a correção do erro sistemático das leituras do conjunto X, o que vai mudar é apenas o valor da melhor medida, o LC continua o mesmo.

Logo,

$\overline{x}$ = 19,25 + erro sistemático = 19,25 + 0,55 = 19,80.

Este é o melhor valor do conjunto X, agora sem o erro sistemático. Adicionando-se ao melhor valor o LC, tem-se o resultado dado pela Equação (5.39):

$$\mu_x = (19,80 \pm 0,44) \text{ mL} \qquad (5.39)$$

5.1.8 A estatística dos conjuntos com número pequeno de amostras, indivíduos, medidas etc.

Em Química, nem sempre é possível trabalhar com um número infinito de amostras, medidas ou, n → ∞. Entre os fatores limitantes tem-se:

- Obtenção das amostras (por exemplo: amostras lunares, amostras da estratosfera; amostras do fundo do mar, amostra de sangue humano para análise).
- Custo das análises.
- Tempo de execução das análises.
- Pessoal qualificado para executar as análises.
- Equipamento apropriado.

Em geral, trabalha-se com um conjunto pequeno de amostras, de análises, de medidas, de dados, isto é, n finito, e com eles infere-se conclusões como se n fosse infinito.

Primeiramente obtêm-se os parâmetros estatísticos do conjunto:

- *valor de* n;
- *graus de liberdade* pequeno;
- *melhor valor* ($\overline{x}_x$);
- *desvio padrão*, s_x.

A seguir, em vez da variável reduzida, z, para definir o LC, busca-se um parâmetro estatístico, próprio para pequenos conjuntos, que a substitui, denominado de *coeficiente de student*, simbolizado por $t_{\alpha,\nu}$, onde, α = é o *nível de confiança* dado na operação e $\nu = (n-1)$ = *graus de liberdade* do sistema, obtido do experimento. Existem Tabelas dos Coeficientes de Student, nas quais, para cada par de valores (α, ν) encontra-se um valor próprio de $t_{\alpha,\nu}$, que substitui a variável reduzida z, que é usada para n tendendo ao infinito. Estas Tabelas podem ser acessadas via internet em *sites* de busca de informação eletrônica.

A Tabela 5.4 contém alguns valores do coeficiente (t). O objetivo é orientar o leitor a saber utilizar a tabela destes coeficientes.

O estatístico inglês, W. S. Gosset, que publicava seus trabalhos com o pseudônimo "Student", observou que, na medida em que n diminuía e a diferença (n-1) graus de liberdade tornava-se significativa, a distribuição da variável z já não era mais normal. Desta forma Student definiu o *parâmetro* (ou *estatística*) t, (**t** originado de *Student*), conforme Equação (5.40):

$$t = \frac{\bar{x} - \mu}{s/\sqrt{n}} \qquad (5.40)$$

Tabela 5.4 Alguns valores da Distribuição de Student (**t**) com (ν) graus de liberdade e nível de confiança (α) do teste.(*)

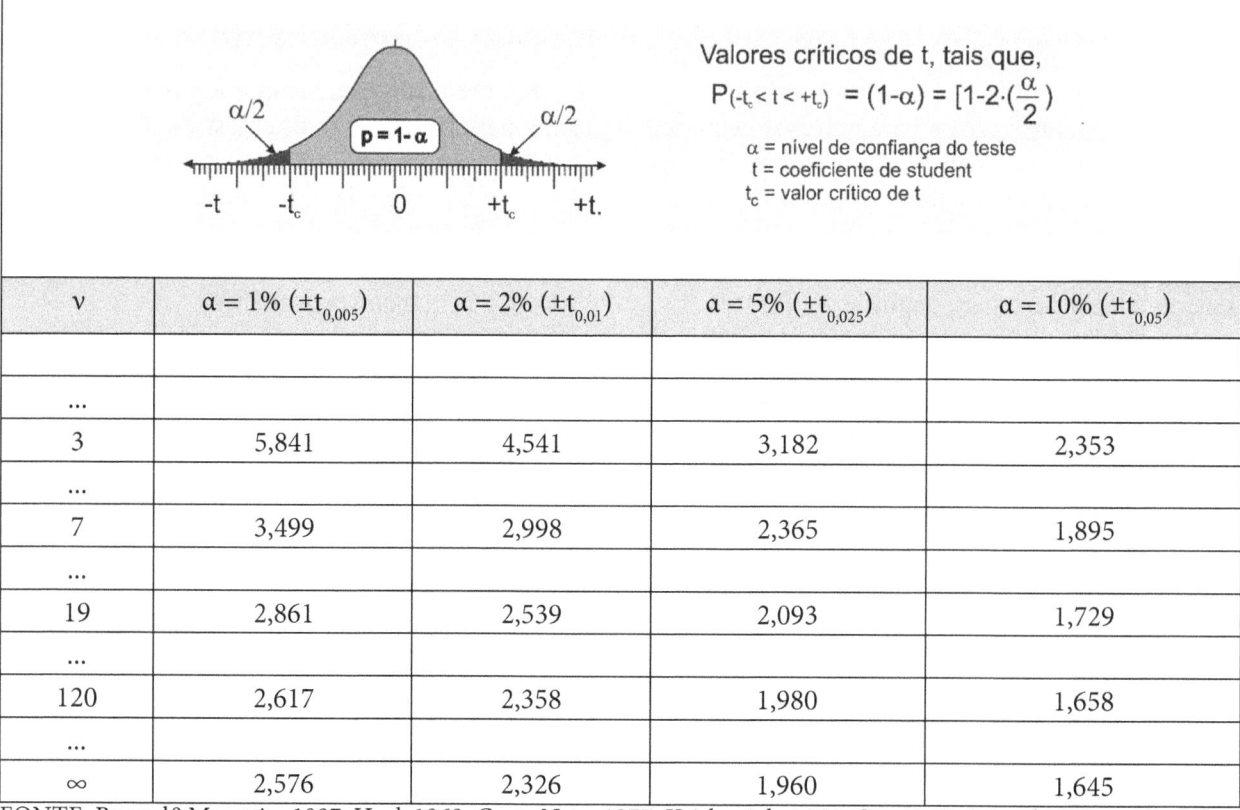

Valores críticos de t, tais que,
$P_{(-t_c < t < +t_c)} = (1-\alpha) = [1-2 \cdot (\frac{\alpha}{2})]$

α = nível de confiança do teste
t = coeficiente de student
t_c = valor crítico de t

ν	$\alpha = 1\%$ ($\pm t_{0,005}$)	$\alpha = 2\%$ ($\pm t_{0,01}$)	$\alpha = 5\%$ ($\pm t_{0,025}$)	$\alpha = 10\%$ ($\pm t_{0,05}$)
...				
3	5,841	4,541	3,182	2,353
...				
7	3,499	2,998	2,365	1,895
...				
19	2,861	2,539	2,093	1,729
...				
120	2,617	2,358	1,980	1,658
...				
∞	2,576	2,326	1,960	1,645

FONTE: Bussad&Morettin, 1987; Hoel, 1969; Costa Neto, 1977; Krishnaiah, 1980; Ott, 1993; Spiegel 1972.
(*) A tabela completa pode ser encontrada também em *sites* de busca eletrônica, mediante palavras-chave do assunto.

Adaptando a Equação (5.40) para o conjunto X, chega-se à Equação (5.41):

$$\bar{x} - \mu = \frac{t \cdot s}{\sqrt{n}} = t \cdot \frac{s_x}{\sqrt{n}} \quad \text{Adaptando para o conjunto X, tem-se:} \quad \bar{x} - \mu_x = t_{\alpha,\nu} \cdot \frac{s_x}{\sqrt{n_x}} \qquad (5.41)$$

E, finalmente, Equação (5.42) e Equação (5.43):

$$\mu_x = \bar{x} \pm t_{\alpha,\nu} \cdot \frac{s_x}{\sqrt{n_x}} \quad \text{onde,} \quad \frac{s_x}{\sqrt{n_x}} = s_{\bar{x}} = \text{desvio padrão da mídia} \qquad (5.42)$$

$$\mu_x = \bar{x} \pm t_{\alpha,\nu} \cdot s_{\bar{x}} \quad (5.43)$$

5.1.9 Exemplos e conclusão

A seguir, serão colocados dois exemplos, nos quais será executada a *operação de medida* e os resultados serão apresentados de forma científica.

O primeiro exemplo em uma única medida. O segundo envolvendo 8 medidas, realizadas por 8 acadêmicos experientes.

O ponto fundamental é a *escala de medida* que será usada. Antes de qualquer passo é necessário ver a escala, qual é a unidade da mesma, quantos submúltiplos ela apresenta ou qual é a *menor unidade possível* de ser lida na escala. Assim, ao proceder uma medida de: potencial elétrico; corrente elétrica; volume; massa; absorbância etc., a primeira preocupação é conhecer a escala de medida.

Exemplo 1

No caso de uma única medida, como apresentar o resultado?

Com uma régua foi medido o comprimento da capa do livro de Química Geral Experimental. O ponto de leitura está mostrado na Figura 5.9.

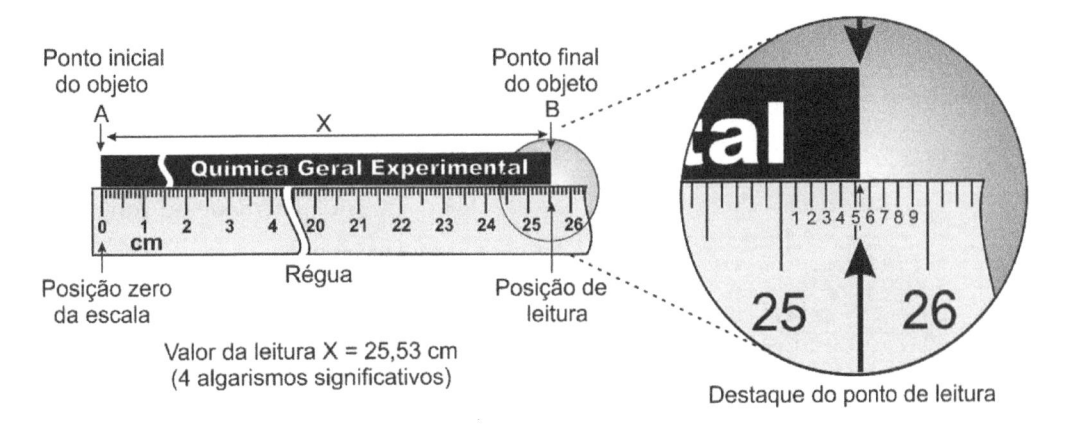

Figura 5.9 Visualização da medida do comprimento da capa do livro de Química geral experimental com uma régua.

Ao analisar a régua, observa-se que a unidade presente é o centímetro, que é a centésima parte do metro que é a unidade base. O centímetro por sua vez está dividido em 10 partes iguais, o submúltiplo, o milímetro. Esta é a menor divisão da escala usada. Portanto, o número que vai expressar o resultado indicado na Figura 5.9, terá dígito incerto, mas significativo, 0,1 mm (décima parte do milímetro) ou 0,01 cm (centésima parte do centímetro).

A leitura realizada no *destaque* da Figura 5.9 é X = 25,53 cm. É uma única leitura. O último dígito do número, no caso 2, depende do *bom-senso* do leitor. Podia ser 3, 1, 4.

Não há incerteza estatística a ser "adicionada" a este valor. O que há é a *incerteza sistemática* devida à calibração que por definição pode ser ± L (erro Limite).

Pela escala da régua, $L = \pm 0,1$ cm. Em termos de desvio padrão para o erro de calibração (erro sistemático residual - s_r) tem-se, $L = 3 \cdot s_r = 1$ mm $= 0,1$ cm e finalmente, tem-se Equação (5.44):

$$s_r = L/3 = 0,1/3 = 0,0333 = 0,03 \text{ cm} \quad (5.44)$$

E, o resultado final da medida, com uma única leitura, associada a sua incerteza é dado pela Equação (5.45):

$$\mu_x = x_1 \pm s_r = 25,53 \pm 0,03 \text{ cm} \quad (5.45)$$

Exemplo 2

Oito acadêmicos da disciplina, já com experiência, fizeram as respectivas leituras, utilizando o destaque da Figura 5.9, que registradas foram respectivamente: 25,52; 25,52; 25,54; 25,53; 25,53; 25,52; 25,53; 25,51 cm. Como expressar o resultado com a respectiva incerteza?

a) Preparação dos dados

Para caracterizar os parâmetros envolvidos, a solução será mais detalhada. A Figura 5.10 e a Tabela 5.5 apresentam os preparativos necessitados.

- No tocante ao erro sistemático ou devido à calibração (s_r)

Por definição é o *erro limite*, que corresponde ao valor da menor divisão da escala, que para mais e para menos no melhor valor, dá 100% de certeza que o *valor verdadeiro* (μ_x) está neste intervalo. A Figura 5.10 mostra como encontrar a menor divisão da escala. No caso, é $L = 0,1$ cm. Convertendo-o em desvio padrão, tem-se a Equação (5.46):

$$s_r = L/3 = 0,1/3 = 0,0333 \text{ cm} \qquad (5.46)$$

Menor divisão da escala
$L = 0,1$ cm

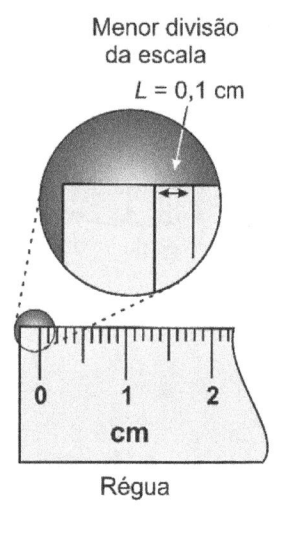

Figura 5.10 Visualização da menor divisão da escala.

Tabela 5.5 Quadro de medidas e parâmetros do conjunto X, finito.

	Medidas e parâmetros do conjunto finito	
x_i	Valor (cm)	Parâmetros
1	25,51	
2	25,52	n = 8
3	25,52	ν = n-i (i = 1, 2, 3, ...) (*)
4	25,52	$\bar{x}$ =25,525=25,53 cm
5	25,53	s_x = 0,00926 = 0,01 cm
6	25,53	$s_{\bar{x}} = s_x/\sqrt{n} = 0,00926/\sqrt{8} = 0,00327$
7	25,53	$t_{\alpha,\nu} = t_{95,7} = 2,365$ (**)
8	25,54	

* Graus de liberdade; ** Os graus de liberdade do coeficiente de Student (t) são (n-1), para o exemplo, 8-1 = 7.

- No tocante ao *erro estatístico* (s_e)

O *erro estatístico* está associado à dispersão do conjunto das n medidas, no caso, n = 8. A Tabela 5.5 resume o que deve ser feito com o conjunto (X) de valores medidos. Primeiramente foram colocados em ordem crescente (*rol* de dados). Em *Parâmetros*, da mesma Tabela 5.4, encontra-se o que deve ser feito com o conjunto X. Foram explicitados e ou calculados os seguintes parâmetros do conjunto X:

- *número de medidas* do conjunto, n = 8 (população do conjunto);
- *graus de liberdade* do conjunto, ν = n-i (i = 1, 2, 3, ...);
- *melhor valor* do conjunto, média, $\bar{x}$ =25,525=25,53 cm;
- *desvio padrão estatístico*, s_x = 0,00926 = 0,01 cm;
- *desvio padrão da média*, $s_{\bar{x}} = s_x/\sqrt{n} = 0,00926/\sqrt{8} = 0,00327$;
- *coeficiente de Student*, $t_{\alpha,\nu} = t_{95,7} = 2,365$.

Estes parâmetros definem estatisticamente o conjunto e permitem fazer inferências estatísticas sobre o mesmo.

Recomenda-se que o arredondamento dos algarismos significativos para o número correto dos mesmos, seja feito após a última operação, caso contrário, pode conduzir a resultados falsos. O próprio leitor pode experimentar e concluir.

- No tocante ao *erro acumulado* no resultado

Conforme visto nas Equações (5.24) e (5.25), esta última aqui repetida, o erro acumulado na medida da grandeza X é a soma das variâncias referentes ao erro estatístico (σ_e)² e ao erro sistemático de calibração (σ_r)²:

$$(s_x)^2 = (s_e)^2 + (s_r)^2 \qquad [5.25]$$

Substituindo na Equação (5.25) os valores de cada variável encontrados na Tabela 5.3 e Equação (5.46), tem-se a Equação (5.47) e, finalmente, a Equação (5.48):

$$s_x^2 = (0{,}00926)^2 + (0{,}0333)^2 = 0{,}00119464 \quad (5.47)$$

$$s_x = 0{,}034566 = 0{,}03 \text{ cm} \quad (5.48)$$

- No tocante ao *Limite de Confiança* (LC) no resultado

Por tratar-se de um conjunto pequeno, em vez da variável reduzida (z), deve-se trabalhar com o *coeficiente de Student* ($t_{\alpha,v}$), que, para o caso, já se encontra na Tabela 3.5, $t_{95,(8-1)}$; $t_{95,7} = 2{,}365$.

$$LC = t_{\alpha,v} \cdot S_x \quad (5.49)$$

Substituindo os valores da Tabela 5.4 tem-se:

$$LC = 2{,}365 \cdot 0{,}00926 = 0{,}02189 \quad (5.50)$$

$$LC = 0{,}02 \quad (5.51)$$

Algarismos Significativos de s ou σ (desvio padrão) e LC ou IC
- No número que expressa o *desvio padrão* (σ, s) mantém-se no máximo dois algarismos significativos. (Vuolo, 1992).
- Os algarismos significativos do *desvio padrão* (σ, s) ou Limite de Confiança (LC) mantém-se o número que iguale a IA (*Incerteza absoluta*) do *melho valor* ($\bar{x}$).

Detalhes 5.4

Descarte de dados

Conceito

Muitas vezes, uma simples observação num conjunto de dados X, medidas etc. verifica-se que um ou outro não pertence ao conjunto X. Tudo indica que deve ser eliminado ou descartado.

Para isto existem critérios, denominados de *Testes de Rejeição de Dados*. O mais clássico é o "Teste t". O mais simples é o teste de Lyalikov (1964). Lyalikov foi um físico-químico russo e publicou seu "teste", nas primeiras páginas do seu livro, PhysicochemicalAnalysis (Lyalikow, 1964).

Critério

Seu critério é muito simples e não exige consulta de tabelas de coeficientes. Os parâmetros que usa são obtidos do próprio conjunto de dados X, $\left(\sigma_{\bar{X}} \text{ ou } s_{\bar{X}}\right)$ no qual consta o "duvidoso".

O teste consiste em *determinar* o *desvio padrão da média* do conjunto X, e *rejeitar* todo valor x_i do conjunto, cuja diferença (erro absoluto) $d_i = |x_i - \bar{x}|$ for maior que, $3 \cdot \sigma_{\bar{X}}$ ou $3 \cdot s_{\bar{X}}$. Traduzindo numa expressão matemática, tem-se a Equação (5.52)

Rejeita-se todo x_i que:

$$d_i = |x_i - \bar{x}| > 3 \cdot \frac{\sigma_X}{\sqrt{n}} = 3 \cdot \sigma_{\bar{X}} \quad (5.52)$$

Aplicação

Considere-se o exemplo do conjunto obtido pelos 8 acadêmicos experientes, conforme visto, e mais um de "última hora", cujo resultado foi 25,02. Portanto, seja o conjunto X formado por: 25,52; 25,52; 25,54; 25,53; 25,53; 25,52; 25,53; 25,51; 25,02 cm.

Logo, trata-se de compor o rol de dados, calcular as diferenças e os parâmetros do conjunto X, conforme Tabela 5.6.

Observando-se a Tabela 5.6, verifica-se que o único resultado rejeitado foi o n =1 (x_1), pois seu $d_1 = 0{,}44889 > 0{,}17$.

Todas as demais medidas foram aceitas pelo teste.

Tabela 5.6 Quadro de medidas e parâmetros do conjunto X, para efeito da análise de rejeição de dados.

Medidas e parâmetros do conjunto finito				
x_i	Valor (cm)	$d_i = \|x_i - \bar{x}\|$	Situação da medida	Parâmetros e critério de rejeição
1	25,02	0,44889	Rejeitada	n = 9
2	25,51	0,04111	Aceita	ν = n-i (i = 1, 2, 3, ...)(*)
3	25,52	0,05111	Aceita	$\bar{x}$ = 25,46889 = 25,47 cm
4	25,52	0,05111	Aceita	s_x = 0,16855 = 0,17 cm
5	25,52	0,05111	Aceita	$s_{\bar{x}} = s_x/\sqrt{n} = 0,16855/\sqrt{9} = 0,056185 = 0,06$
6	25,53	0,06111	Aceita	
7	25,53	0,06111	Aceita	Critério de rejeição:
8	25,53	0,06111	Aceita	$d_i > 3.0,06 = 0,18$
9	25,54	0,07111	Aceita	

* Graus de liberdade; os graus de liberdade do coeficiente de Student(t) são (n-1), para o exemplo, 9-1 = 8.

5.2 PARTE EXPERIMENTAL

5.2.1 Verificação qualitativa da sensibilidade de um instrumento

a – *Material*
- *Proveta de 100 mL;*
- *Balão volumétrico de 100 mL;*
- *Pipeta ou conta-gotas;*
- *Água;*
- *Material de registro: Diário de Laboratório; computador, calculadora etc.*

b – *Procedimento*
- Encher um balão volumétrico de 100 mL com água até a marca da aferição.
- Repetir o procedimento com uma proveta de 100,0 mL.
- Acrescentar, com uma pipeta, ou conta-gotas, 3 gotas de água no balão volumétrico de 100 mL e 3 gotas na proveta.

c – *Observações:*
- Como variou o menisco da água nos dois instrumentos após o acréscimo das gotas?
- Algum dos instrumentos mostrou maior variação no nível do líquido com o acréscimo das gotas?
- Qual dos dois instrumentos é mais sensível? Por quê?
- Em caso de uma medida de um volume de 100 mL, – com maior sensibilidade – com qual dos dois instrumentos você faria a medida?

5.2.2 Indução quantitativa do conceito de sensibilidade e de precisão de uma proveta

a – *Material*
- *Provetas de 10, 25, 50, 100, 250, e 500 mL;*
- *Pipeta graduada de 10 mL ou bureta de 25 mL*
- *Água.*
- *Material de registro: Diário de Laboratório; computador, calculadora etc.*

b – *Procedimento*
- Colocar sobre a bancada, em ordem crescente, provetas graduadas de 10, 25, 50, 100, 250 e 500 mL de capacidade respectivamente.

- Colocar exatamente, com o auxílio de uma pipeta graduada de 10 mL, 9,00 mL de água em cada proveta.
- A seguir fazer as observações, registros e cálculos, conforme seguem:

c – *Observações e cálculos*
Preencher a Tabela RA 5.1.

d – *Conclusões*
Com embasamento no quadro de valores observados, medidos e registrados responder os seguintes questionamentos:
- Qual proveta é mais sensível? Por quê?
- Qual proveta é mais precisa? Por quê?
- Pode-se afirmar que a proveta mais sensível é também a mais exata?
- Pode-se afirmar que a proveta mais precisa é também a mais exata?

5.2.3 Treinamento de leituras de diferentes tipos de instrumentos de laboratório

a – *Material*
- Termômetro;
- Barômetro (em sala própria);
- Béquer de 100mL;
- Régua comum;
- Material de registro: Diário de Laboratório; computador, calculadora etc.

b – *Procedimento*
- Ler a temperatura da água, em graus Celsius.
- Colocar aproximadamente 50 mL de água em um béquer de 100 mL;
- Observar a escala usada no termômetro;
- Colocar o termômetro na água de forma que o bulbo fique submerso e sem se encostar nas paredes ou fundo do béquer;
- Esperar a temperatura se estabilizar e fazer a leitura;
- Anotar o resultado na Tabela RA 5.2 no Relatório de Atividades.
- Ler a pressão atmosférica, em mmHg.
- Observar a escala do barômetro;
- Fazer a leitura da pressão atmosférica (se houver escala em mais de uma unidade efetuar a leitura em todas);
- Anotar o resultado na Tabela RA 5.2 no Relatório de Atividades.

- Medir as dimensões de um objeto com uma régua comum.
- Separar um pequeno objeto (caderno, livro, apagador, agenda ou outro que esteja no laboratório);
- Observar a escala da régua;
- Medir as 3 dimensões do objeto: comprimento; largura; e, altura;
- Anotar o resultado na Tabela RA 5.2 no Relatório de Atividades.

c – *Observações e registros*
Preencher a Tabela RA 5.2 do relatório de atividade.

5.2.4 Resultados de medidas realizadas n vezes

Atenção: Para este experimento, pode ser utilizado o experimento que foi realizado na Introdução, Figura 5.1.

a – *Material*
- *Bureta de 25,00 mL de capacidade, com água transferida até o destaque da Figura 5.11, colocada num suporte metálico numa bancada do laboratório;*
- *25 papeletas (pedaços de papel) em número suficiente para cada acadêmico (turmas de 20);*
- *Máquina de calcular ou computador.*

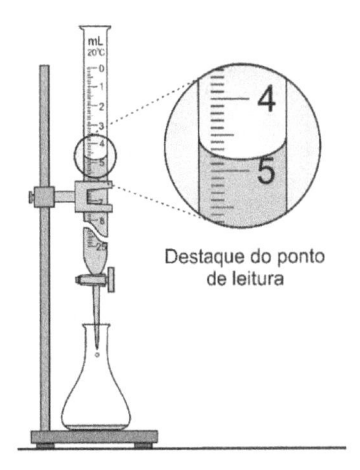

Figura 5.11 Bureta com água transferida até a marca visualizada no destaque do ponto de leitura.

b – *Procedimento*
- Cada acadêmico receberá uma papeleta e individualmente fará a sua leitura, sem outros darem palpites e terem conhecimento da leitura, e a entregarão ao professor;
- De posse de todas as papeletas com as respectivas leituras o professor colocará no quadro os resultados;
- Cada acadêmico registrará na sua própria tabela os resultados, conforme Tabela 5.7;
- A seguir procederá aos cálculos, conforme segue indicado.

c – *Cálculos*
- Preencher o restante da Tabela 5.7 em que foram registradas as 20 leituras.

Tabela 5.7 Quadro de valores relativos à leitura e registro individual da bureta da Figura 5.11.(†)

N° (x_i)	Rol das leituras (mL) (‡)	$d_i = |x_i - \bar{x}|$ (mL)	Leituras rejeitadas	Parâmetros estatísticos do conjunto das leituras
x_1				n = 20
x_2				$\bar{x} =$
x_3				$s_e(*) =$
x_4				$S_r(**) =$
x_5				$s_x = \sqrt{(s_e)^2 + (s_r)^2} =$
...				$s_{\bar{x}} = s_x/\sqrt{n} =$
x_{18}				$t_{\alpha,\nu} = t_{5\%,19} = 2{,}093$
x_{19}				
x_{20}				Critério de Rejeição:

(†) Utilizar um programa computacional para efetuar os cálculos, por exemplo, o EXCEL.(‡) Rol das leituras corresponde ao conjunto das leituras ordenadas em ordem crescente de valores; (*) O *erro estatístico* das medidas na forma de desvio padrão ($\sigma_e = s_e$); (**) O *erro sistemático* residual na forma de desvio padrão ($\sigma_r = s_r$);

5.3 EXERCÍCIOS DE FIXAÇÃO

5.1. No laboratório foi comparada a sensibilidade de uma proveta e de um balão volumétrico de mesma capacidade de volume. a) Qual se apresenta mais sensível? b) Explique o porquê desta maior sensibilidade? c) O que pode ser dito da sensibilidade da pipeta volumétrica e da graduada considerando ambas de mesma capacidade?

5.2. Um aluno necessita medir um volume de 7,50 mL. Tem a sua disposição uma proveta de 10 mL e outra de 25 mL. Qual das duas provetas o aluno deve usar? Justifique sua resposta.

5.3. Ler os valores indicados na Figura EF 5.1: A, B e C, registrar os dados e outras informações conforme Tabela EF 5.1.

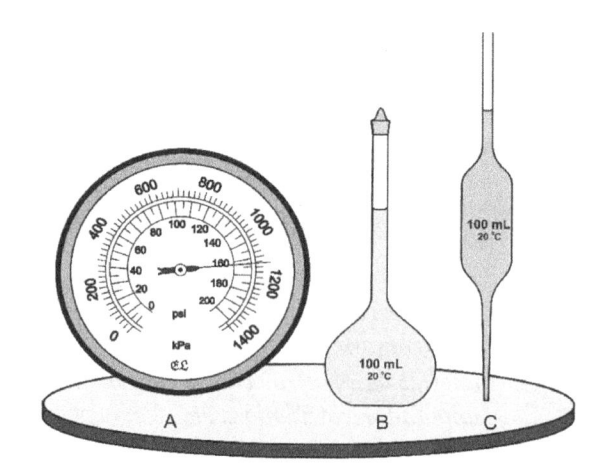

Figura EF 5.1 Instrumentos de laboratório: (A) Manômetro com escala de medida em psi (*pound per inch*) e kPa (quiloPascal); (B) Balão volumétrico de 100 mL de capacidade; (C) Pipeta volumétrica de transferência total de 100 mL de capacidade.

UNIDADE DIDÁTICA 05: MEDIDA DE UMA GRANDEZA E SUA REPRESENTAÇÃO
INCERTEZA DE UMA MEDIDA

Tabela EF 5.1 Quadro de valores lidos e calculados referentes aos instrumentos da Figura EF 5.1: (A) 4 Manômetro com escalas em psi (*pound per inch* – libra por polegada) e em kP (quiloPascal); (B) Balão volumétrico; (C) Pipeta volumétrica.

Instrumento	Menor divisão da escala – *Limite de erro* (L) – em mL	Valor da leitura Indicada no instrumento	Erro residual sistemático, mL(s, σ)	Intervalo de confiança (95% ou) ±2.s (ou ± 2.σ)
A – Manômetro (psi)				
A – Manômetro (kPa)				
B – Balão volumétrico				
C – Pipeta volumétrica				

5.4. Identificar cada instrumento da Figura EF 5.2: A, B, C, D, E e F, fazer a respectiva leitura do volume de solução transferida ou contida com a incerteza associada, no caso de uma leitura, preenchendo da Tabela EF 5.2.

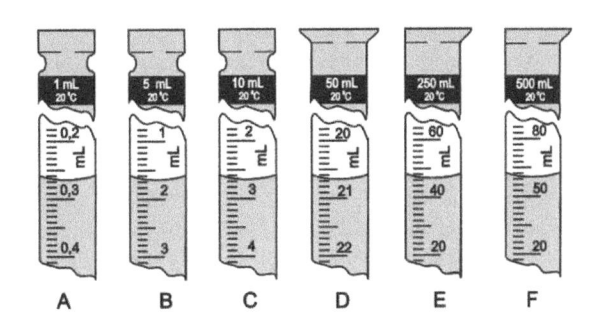

Figura EF 5.2 Visualização de diferentes instrumentos de laboratório com as respectivas escalas de leitura, cada um indicando um volume de solução que está contida no instrumento ou foi transferida.

Tabela EF 5.2 Quadro de valores relativos à Figura EF 5.2, na qual são apresentados os instrumentos: A, B, C, D, E e F mostrando um volume de solução que está contida ou transferida do respectivo instrumento.

Nome do instrumento	Menor divisão da escala	Erro limite (mL)	Erro sistemático (s_r)	Volume transferido (mL)	Volume não transferido (mL)
A					
B					
C					

Nome do instrumento	Menor divisão da escala	Erro limite (mL)	Erro sistemático (s_r)	Volume transferido (mL)	Volume não transferido (mL)
D					
E					
F					

5.5. Considere os valores: $x_1 = 3,49$; $x_2 = 3,54$; $x_3 = 3,67$; $x_4 = 3,69$ $x_5 = 3,70$. Estes valores são resultados da medida do volume do titulante gasto em uma titulação. Com estes dados calcule: a) a média; b) o desvio médio; c) o desvio padrão; d) o coeficiente de variação; e) o intervalo de confiança para 95% de certeza.

5.6. Dois meninos estão brincando de atirar dardos em um alvo. Cada menino tem o direito a 5 dados. Em uma primeira rodada um dos meninos, distraído, obteve baixa precisão, baixa exatidão; o outro conseguiu alta precisão, mas baixa exatidão. Em uma segunda rodada o primeiro garoto melhorou e conseguiu uma alta precisão e alta exatidão; já o segundo teve baixa precisão, alta exatidão. Faça um desenho de cada uma destas situações.

Resposta: **5.5.** 3,62; 0,082; 0,096; 2,65; 0,266.

5.4 RELATÓRIO DE ATIVIDADES

Universidade _____	
Centro de Ciências Exatas – Departamento de Química	Relatório de Atividades
Disciplina: QUÍMICA GERAL EXPERIMENTAL – Cód: _____	
Curso: _____ Ano: _____	
Professor:_____	

_____	_____
Nome do Acadêmico	Data

UNIDADE DIDÁTICA 05: MEDIDAS DE UMA GRANDEZA E SUA REPRESENTAÇÃO

INCERTEZA DE UMA MEDIDA

Item 5.2.2 Indução quantitativa do conceito de sensibilidade e de precisão de uma proveta

Tabela RA 5.1 Quadro de valores medidos e calculados referentes ao volume de 9,00 mL colocados nas diferentes provetas, visando os conceitos de *sensibilidade* e *precisão* de instrumentos.

Proveta com capacidade de (mL)	Menor divisão da escala – *Limite de erro* (L) – em mL	Valor do volume dos 9 mL (mL)	Erro residual sistemático, mL (s, σ)	Intervalo de confiança (95% ou) $\pm 2\cdot s$ (ou $\pm 2\cdot\sigma$)(*)
10				
25				
50				
100				
250				
500				

(*) Supondo que este resultado (do erro sistemático residual) seja resultante de n leituras, onde, n → ∞.

Item 5.2.3 Treinamento de leituras de diferentes tipos de instrumentos de laboratório

Tabela RA 5.2 Quadro de valores medidos e calculados referentes aos instrumentos de laboratório: termômetro; barômetro; régua.

Instrumento	Menor divisão da escala – *Limite de erro* (L)	Valor da medida	Erro residual Sistemático (s, σ)
Termômetro			
Barômetro			
Régua			
Comprimento			
Largura			
Altura			

5.5 REFERÊNCIAS BIBLIOGRÁFICAS E SUGESTÕES PARA LEITURA

BETTELHEIM, F.; LANDESBERG, J. **Laboratory experiments for GENERAL, ORGANIC & BIOCHEMISTRY**. 2. ed. Philadelphia: Saunders College Publishing, 1995. 552 p.

BUSSAD, W. O.; MORETTIN, P. A. **Estatística básica**. 4. ed. São Paulo (SP): ATUAL EDITORA., 1987. 321 p.

CHRISPINO, A. **Manual de química experimental**. São Paulo (SP): Editora Ática, 1991. 230 p.

COSTA NETO, P. L. O. **Estatística**. 15ª Reimpressão. São Paulo (SP): Editora Edgard Blücher, 1977. 264 p.

GIESBRECHT, E. (Coordenador). **Experiências de química – Técnicas e conceitos básicos**. PEQ – Projetos de Ensino de Química de Professores da USP. São Paulo: Editora Moderna, 1982. 241 p.

HOEL, P. G. **Estatística elementar**. Tradução da 3ª edição americana, por Anna Luiza de Barros da Costa. Rio de Janeiro: Editora Fundo de Cultura, 1969. 312 p.

KRISHNAIAH, P. R. [Editor] **HANDBOOK OF STATISTICS**. Amsterdam: North Holland Publishing Company, 1980.

LIDE, D. R. [Editor-in-Chief] **HANDBOOK OF CHEMISTRY AND PHYSICS**. 77th Edition. Boca Raton, Florida (USA): CRC Press (Chemical Rubber Publishing Company), 1996.

LYALIKOV, Y. **Physicochemical analysis**. Translated from the Russian by David Sobelev. Moscow: Mir Publications, 1968. p. 11-32.

MILLER, J. C.; MILLER, J. N. Basic statistical methods for analytical chemistry. Part I – Statistic of repeated measurements. **Analyst, 113**, 1351-1356, 1988.

MILLER, J. C.; MILLER, J. N. **Estadística para química analítica**. Segunda Edición. Versión en español de R. I. Hornillos y C. M. Jímenez. España: Addison-Wesley Iberoamericana, 1993. 211 p.

OTT, R. L. **An introduction to statistical methods and data analysis**. 4th Edition. Belmont, California: DUXBURY Press (A division of Wadsworth), 1993. 1051 p.

PARRATT, L. G. **Probability and experimental errors in science**. New York: Dover Publications, 1961. 255 p.

PETERS, D. G.; HAYES, J. M.; HIEFTJE, G. M. **Chemical separation and measurements**. Philadelphia (USA): Saunders Golden Series, 1974. 749 p.

POMBEIRO, A. J. L. O. **Técnicas e operações unitárias em química laboratorial**. Lisboa: Fundação Calouste Gulbenkian, 1980. 1.069 p.

ROBERTS, J. L.; HOLLENBERG, J. L.; POSTMA, J. M. **General chemistry in laboratory**. 3. ed. New York: W.H. Freeman and Company, 1991. 498 p.

RUSSEL, J. B. **Química geral**. 2. ed. Rio de Janeiro: MAKRON Books do Brasil Editora, 1994. v. 01, 619 p.

SIGMA-ALDRICH CATALOG, **Biochemicals and reagents for life science research**. USA: SIGMA ALDRICH, 1999. 2880 p.

Sites eletrônicos – Qualquer *site de busca eletrônica*, mediante *palavras chaves*, o leitor ou o pesquisador terá em mãos o material (Tabelas, figuras, textos etc.) que deseja consultar.

SKOOG, D. A.; WEST, D. M.; HOLLER, F. J. **Analytical chemistry**. 6. ed. Philadelphia (USA): Saunders College Publishing, 1992. 892 p.

SPIEGEL, M. R. **Estatística**. Tradução de Pedro Cosentino. Rio de Janeiro: Editora McGraw-Hill do Brasil, 1972. 580 p.

STOKER, H. C. **Preparatory chemistry**. 4. ed. New York: Macmillan Publishing Company, 1993. 629 p.

THOMAS SCIENTIFIC CATALOG: 1994/1995. New Jersey (USA): Thomas Scientific, 1995. 1929 p.

TREPTOW, R. S. Precision and accuracy in measurements. **J. Chem. Ed. 75**, 08, 992-995, 1998.

VUOLO, A. **Fundamentos da teoria dos erros**. São Paulo: Editora Edgard Blücher, 1992. 225 p.

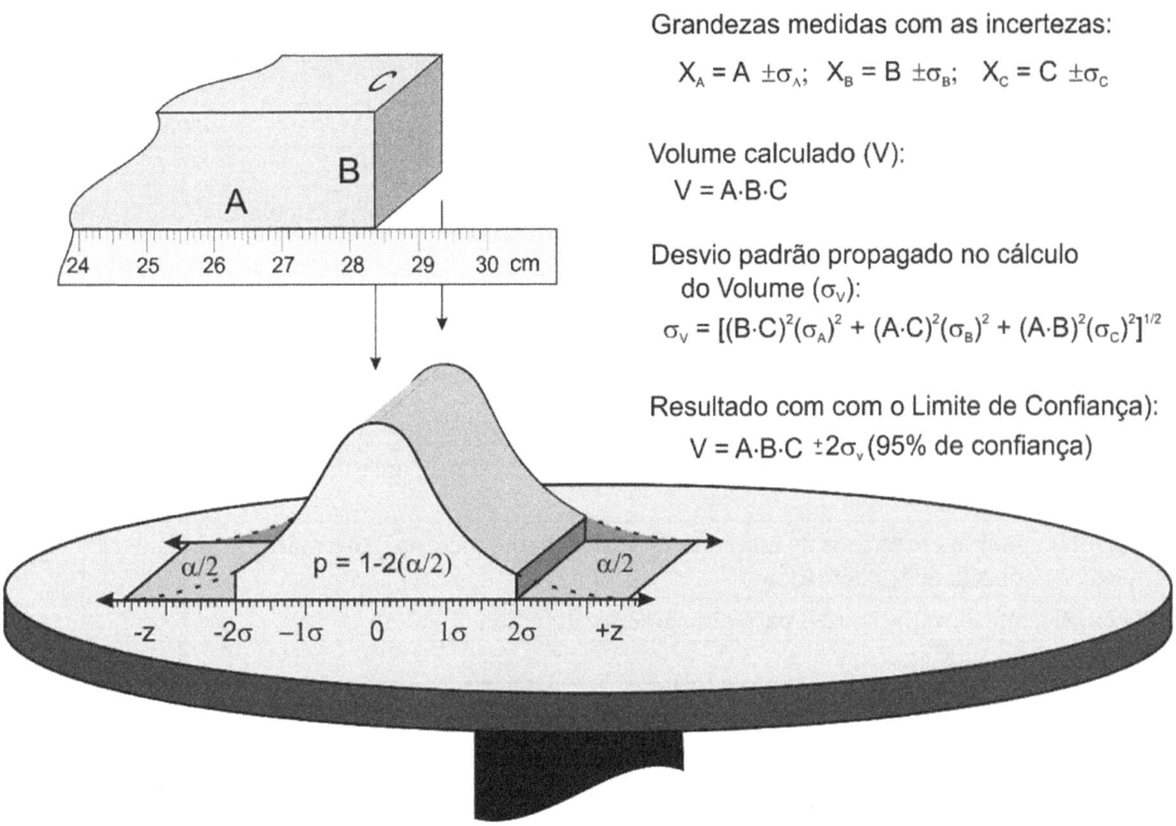

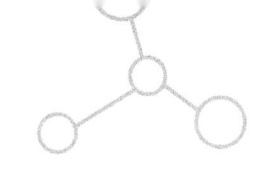

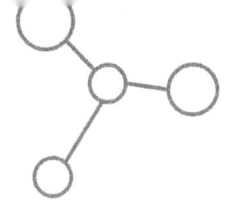

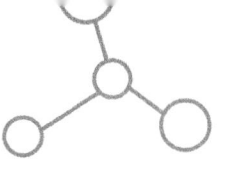

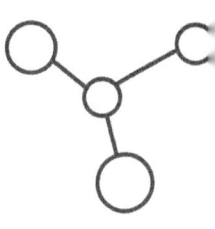

Grandezas medidas com as incertezas:

$X_A = A \pm \sigma_A; \quad X_B = B \pm \sigma_B; \quad X_C = C \pm \sigma_C$

Volume calculado (V):
 $V = A \cdot B \cdot C$

Desvio padrão propagado no cálculo do Volume (σ_V):

$\sigma_V = [(B \cdot C)^2 (\sigma_A)^2 + (A \cdot C)^2 (\sigma_B)^2 + (A \cdot B)^2 (\sigma_C)^2]^{1/2}$

Resultado com com o Limite de Confiança):
 $V = A \cdot B \cdot C \pm 2\sigma_V$ (95% de confiança)

UNIDADE DIDÁTICA 06

A Figura mostra as medidas das arestas de um prisma reto (A = 10,05 cm; B = 20,07 cm e C = 12,03 cm) com o cálculo do volume e a propagação da incerteza cometida na leitura do comprimento das arestas. O resultado final está expresso com o nível de 95% de confiança.

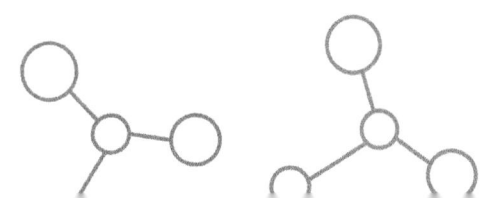

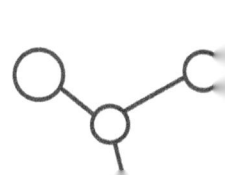

UNIDADE DIDÁTICA 06

MEDIDA DE UMA GRANDEZA E SUA REPRESENTAÇÃO

PROPAGAÇÃO DAS INCERTEZAS EM OPERAÇÕES MATEMÁTICAS

Conteúdo	Página
6.1 Aspectos Teóricos	175
6.1.1 Introdução	175
6.1.2 Propagação do erro absoluto (dR) e do erro relativo (εR) na resposta calculada	177
Detalhes 6.1	177
Detalhes 6.2	178
6.1.3 Propagação do desvio padrão (σR, sR)	182
6.2 Parte Experimental	185
6.2.1 Medida, conjunto de medidas e seus parâmetros característicos	185
6.2.2 Propagação de desvio absoluto e desvio padrão em termos de incerteza estatística (se) em cálculos matemáticos	186
6.2.3 Desvio padrão em termos de incerteza estatística (se) e incerteza sistemática residual (sr), propagados em cálculos matemáticos	187
6.2.4 Coeficiente de variação (cv) para cada grandeza medida	187
6.3 Exercícios de Fixação	187
Desafio 6.1	188
6.4 Relatório de Atividades	190
6.5 Referências Bibliográficas e Sugestões para Leitura	191

Unidade Didática 06
MEDIDA DE UMA GRANDEZA E SUA REPRESENTAÇÃO
PROPAGAÇÃO DAS INCERTEZAS EM OPERAÇÕES MATEMÁTICAS

Objetivos
- Aprender a deduzir as diferentes equações matemáticas de propagação de erros em cálculos da Química.
- Aprender a calcular a propagação dos diferentes tipos de erros em operações matemáticas utilizadas pela Química.

6.1 ASPECTOS TEÓRICOS

6.1.1 Introdução

Existem grandezas que apresentam apenas uma *dimensão*. São grandezas *unidimensionais*. Por exemplo, o *comprimento* de uma reta. Ela não tem largura e altura. Isto é, ao se expressar a sua medida a unidade que a acompanha tem expoente *um* (1). Por exemplo, seja um segmento de reta $\overline{ab}$, Figura 6.1.

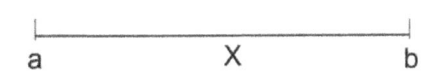

Figura 6.1 Exemplo de uma grandeza com uma dimensão.

A medida do *comprimento* do segmento de reta, $\overline{ab}$, da Figura 6.1, depende de uma unidade fundamental o *metro* (m) ou, no caso, o do submúltiplo, o *centímetro* (cm), e só numa dimensão, pois ele não tem largura e altura. Sua grandeza medida é representada, conforme Equação (6.1):

$$\overline{ab} = [X \pm \sigma_x (\text{ou } s_x)]\text{cm}^1 \qquad (6.1)$$

Outra grandeza cuja medida depende de uma única unidade fundamental e apenas numa dimensão, é um *perímetro* (P) de algum polígono. Seja o quadrado apresentado na Figura 6.2.

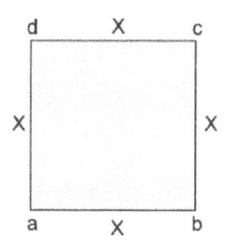

Figura 6.2 Exemplo de um quadrado e seu perímetro

A medida do *perímetro* P do quadrado da Figura 6.2 depende da medida de X ±σ, conforme Equação (6.2):

$$P = (X \pm \sigma_X)cm^1 + (X \pm \sigma_X)cm^1 + (X \pm \sigma_X)cm^1 + (X \pm \sigma_X)cm^1 = 4(X \pm \sigma_X)cm^1$$
$$P = 4.(X \pm \sigma_X)cm^1 \qquad (6.2)$$

O *comprimento* do segmento $\overline{ab}$ e o *perímetro* do quadrado são grandezas *unidimensionais*, pois a unidade da medida na *equação dimensional* tem expoente *um*. Isto é, cm^1 ou apenas cm, pois o expoente 1 não se escreve.

Existem grandezas que apresentam duas dimensões, que podem ser medidas com a mesma unidade fundamental, por exemplo, *superfície* (S) que tem como unidade o m^2. São chamadas de *bidimensionais*. Por exemplo, a *superfície* (S) do quadrado da Figura 6.2 depende do produto da medida de duas grandezas de valor X ±σ_X. Assim, tem-se a Equação (6.3):

$$S = (X \pm \sigma_X)cm^1.(X \pm \sigma_X)cm^1 = (X \pm \sigma_X)^2 cm^2 \qquad (6.3)$$

Também existem grandezas que apresentam três dimensões, com a mesma unidade fundamental, por exemplo, *volume* (V) dado em m^3. São chamadas de grandezas *tridimensionais*. A Figura 6.3, mostra um corpo de forma prismática reta, ângulos de 90°. A grandeza derivada chama-se volume (V).

A medida do volume, ou melhor, o valor calculado do volume, depende das medidas (X ±σ_X); (Y ±σ_Y) e (Z ±σ_Z). O seu produto determina o volume (V), conforme Equação (6.4).

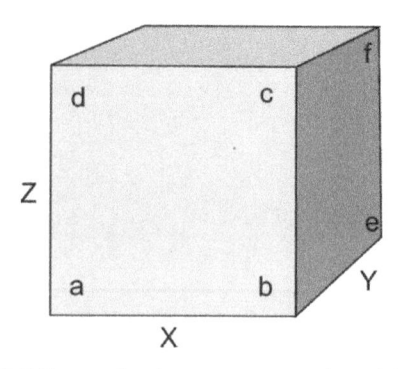

Figura 6.3 Exemplo de um corpo prismático reto.

$$V = (X \pm \sigma_X)cm^1.(Y \pm \sigma_Y)cm^1.(Z \pm \sigma_Z)cm^1 = (X \pm \sigma_X). (Y \pm \sigma_Y).(Z \pm \sigma_Z).cm^1.cm^1.cm^1$$
$$V = (X \pm \sigma_X).(Y \pm \sigma_Y).(Z \pm \sigma_Z)cm^3 \qquad (6.4)$$

Se, $X = Y = Z$ e $\sigma_X = \sigma_Y = \sigma_Z$

O volume pode ser expresso da forma da Equação (6.5):

$$V = (X \pm \sigma_X)^3 cm^3 = (Y \pm \sigma_Y)^3 cm^3 = (Z \pm \sigma_Z)^3 cm^3 \qquad (6.5)$$

Ao se considerar a grandeza *velocidade* = (*unidade de comprimento*) / (*unidade de tempo*) = $m^1 s^{-1}$, tem-se que a velocidade tem dimensão um (1) em relação ao *comprimento* e a dimensão menos um (-1) em relação ao *tempo*.

Desta forma, independente da dimensão da grandeza medida e calculada, pode-se generalizar que uma grandeza qualquer R (resposta) de uma operação matemática das grandezas físicas X, Y, Z, ..., pode ser representada pela Equação (6.6):

$$R = f(x, y, z, ...) \qquad (6.6)$$

Onde, x, y, z, ... são *variáveis independentes* entre si, relativas às grandezas, X, Y, Z, ..., e em relação a R, que é a *variável dependente*. A relação de R com x, y, z, ..., pode ser:
- Linear 1°; 2°; 3°; ...; n° grau;
- Exponencial; Logarítmica;
- Trigonométrica, entre outras.

A pergunta a ser respondida, ao longo desta Unidade Didática 06, é: Como se operam as *incertezas* (erros) das medidas envolvidas no cálculo matemático de obtenção da Resposta, R, para poder expressá-las nas respostas?

6.1.2 Propagação do erro absoluto (dR) e do erro relativo (ɛR) na resposta calculada

Introdução

Recomenda-se ao leitor ou ao acadêmico a revisar os conceitos de *erro absoluto* e *erro relativo* vistos na Unidade Didática 05. O leitor ou o acadêmico deve ter também uma noção de *cálculo infinitesimal* (limites, derivadas etc.).

Neste estudo de propagação do erro na resposta resultante de uma operação matemática, o *erro* ou o *desvio absoluto* (dx) é aquele pequeno Δx que adicionado ou diminuído da variável x ($\pm \Delta x$) ou *variável independente*, que é a medida da grandeza X, e que se reflete na resposta y calculada, ou *variável dependente*, conforme Equação (6.7):

$$y \pm \Delta y \text{ (onde, } y = \text{variável dependente)} = f(x \pm \Delta x), \text{ (onde, } x = \text{variável independente)} \quad (6.7)$$

Detalhes 6.1

Revisando um pouco o Capítulo da *Derivada de uma Função*, conforme Equação (6.7) e aplicando a mesma equação para um sistema de cálculo, isto é, o envolvimento da variável x num cálculo f(x) que gera a resposta R, tem-se a Equação (6.8):

$$R = f(x) \quad (6.8)$$

Agora, inserindo a ideia de que o *erro cometido* na medida da grandeza X é $\pm \Delta x$ (variação infinitesimal de x), o qual juntamente com a variável x é submetido à operação matemática, que gera a *resposta* R $\pm \Delta R$, onde ΔR é o acréscimo correspondente na resposta calculada, tem-se a Equação (6.9):

$$R \pm \Delta R = f(x \pm \Delta x) \quad (6.9)$$

Para facilitar a análise, toma-se o acréscimo positivo na função, isto é, $+\Delta x$, o que equivale ao negativo. Separando o valor de ΔR, tem-se a Equação (6.10):

$$\Delta R = f(x + \Delta x) - R \quad (6.10)$$

Donde, dividindo-se ambos os membros da Equação (6.10) pelo incremento Δx, tem-se a razão dos *incrementos* das duas variáveis, a dependente (R) pela independente (x), conforme Equação (6.11):

$$\frac{\Delta R}{\Delta x} = \frac{f(x + \Delta x) - R}{x} \quad (6.11)$$

Levando a razão dos incrementos ao limite para o momento em que $\Delta x \to 0$, chega-se à Equação (6.12):

$$\lim_{\Delta x \to 0} \frac{\Delta R}{\Delta x} = \lim_{\Delta x \to 0} \frac{f(x + \Delta x) - R}{\Delta x} = \frac{dR}{dx} = \text{derivada da função } f(x) \quad (6.12)$$

E, separando a derivada, tem-se a Equação (6.13):

$$\frac{dR}{dx} = \text{derivada da função } f(x) \qquad (6.13)$$

Finalmente, chega-se à *equação diferencial*, conforme a Equação (6.14):

$$dR = \left[\text{derivada da função } f(x)\right] \cdot dx \qquad (6.14)$$

A equação diferencial (6.14) é a expressão do erro propagado. Logo, para se calcular o erro propagado numa operação matemática qualquer, necessita-se:

- a derivada de f(x); e,
- o valor dx, que é o erro cometido na medida da grandeza X.

O *erro absoluto* (dR) propagado na resposta (R) de uma operação matemática é a soma dos *acréscimos infinitesimais parciais* obtidos na derivação parcial da função em relação a cada uma das variáveis que entram no cálculo.

Assim, para a função R = f(x, y, z, ...), deriva-se inicialmente a função em relação x, mantendo-se as demais variáveis envolvidas na função, no caso, as variáveis y e z constantes. Depois, deriva-se a função em relação a y, mantendo-se as variáveis x e z constantes. Depois, deriva-se a função em relação z, mantendo-se as variáveis x e y constantes. E, assim, se procede para as demais variáveis possíveis presentes na função. Ao final, soma-se o incremento provocado por cada variável no incremento resposta R, dando dR. A Equação (6.15) apresenta a derivada parcial para a função R = f(x, y, z, ...):

$$dR = \left(\frac{\partial R}{\partial x}\right)_{y,z,\cdots} \cdot dx + \left(\frac{\partial R}{\partial y}\right)_{x,z,\cdots} \cdot dy + \left(\frac{\partial R}{\partial z}\right)_{x,y,\cdots} \cdot dz + \cdots \qquad (6.15)$$

Portanto, acha-se a derivada da função, a qual é expressa na forma de *equação diferencial*.

Detalhes 6.2

Analisando a Equação (6.15) observa-se que o *erro acumulado* na resposta é a soma da fração de erro (incremento) que cada variável adiciona na resposta.

Decompondo a Equação (6.15) em cada fração tem-se respectivamente a Equação (6.16), Equação (6.17) e a Equação (6.18).

a) Incremento dR_x (na resposta R) devido à medida da grandeza X (variável x com erro ou incremento ±dx).

$$dR_x = \left(\frac{\partial R}{\partial x}\right)_{y,z,\cdots} \cdot dx \qquad (6.16)$$

b) Incremento dR_y (na resposta R) devido à medida da grandeza Y (variável y com erro ou incremento ±dy).

$$dR_y = \left(\frac{\partial R}{\partial y}\right)_{x,z,\cdots} \cdot dy \qquad (6.17)$$

c) Incremento dR_z (na resposta R) devido à medida da grandeza Z (variável z com erro ou incremento ±dz).

$$dR_z = \left(\frac{\partial R}{\partial z}\right)_{x,y,\cdots} \cdot dz \qquad (6.18)$$

Portanto, nas equações em que aparecem: dx, dy, dz, ..., são os *incrementos infinitesimais* e que na *teoria dos erros* correspondem aos mesmos erros nas respectivas medidas das grandezas: X, Y, Z, ...

Propagação do erro numa expressão do tipo: R = k.x

a – Erro absoluto (dR)

Aplica-se o que foi dito na introdução. Isto é, deriva-se a equação e determina-se sua diferencial partindo da Equação (6.19):

$$R = k.x \qquad (6.19)$$

Onde, k = 1, 2, 3, 4, ..., = constante.

Derivando a Equação (6.19), tem-se a Equação (6.20):

$$\frac{dR}{dx} = k \quad (6.20)$$

E a diferencial, conforme Equação (6.21):

$$dR = k.dx \quad (6.21)$$

Portanto, para achar o *erro absoluto propagado* na resposta R na função da Equação (6.19) basta multiplicar a constante k pelo *erro absoluto* (dx) da medida de X.

b - Erro relativo propagado na operação matemática (ε_R)

Recomenda-se ao leitor ou ao acadêmico revisar o conceito de *erro relativo*. O *erro relativo* é determinado pela divisão, membro a membro, das Equações (6.21) e (6.19), conforme Equações (6.22) e (6.23):

$$\varepsilon_R = \frac{dR}{R} = \frac{k.dx}{k.x} = \frac{dx}{x} = \varepsilon_x \quad (6.22)$$

Portanto,

$$\varepsilon_R = \varepsilon_x \quad (6.23)$$

Segundo demonstrado na Unidade Didática 05, o *erro relativo* é dado em relação ao valor 100, logo em percentagem. Para isto, basta multiplicar a Equação (6.22) por 100, conforme Equação (6.24):

$$\varepsilon_{R(\%)} = \frac{dx}{x} \cdot 100 \quad (6.24)$$

Propagação do erro numa expressão do tipo: R = x.y

a – Erro absoluto (dR)

A função R = x.y, conforme Equação (6.25), corresponde a uma multiplicação de duas variáveis, em que a medida de x gera a *incerteza absoluta* dx e a medida de y gera a *incerteza absoluta* dy. Na prática, se x e y forem grandezas de comprimento, podem simbolizar o cálculo de uma área ou *superfície* (S).

$$R = x.y \quad (6.25)$$

Se as duas variáveis estivessem sendo multiplicadas pelas constantes k_x e k_y o processo seria o mesmo que no presente, onde, as duas constantes valem 1 (unidade).

Deduzindo a *equação diferencial*, que lhe corresponde ao *erro propagado*, dR, tem-se a Equação (6.26):

$$dR = \left(\frac{\partial R}{\partial x}\right)_y \cdot dx + \left(\frac{\partial R}{\partial y}\right)_x \cdot dy \quad (6.26)$$

Efetuando a operação $\left(\frac{\partial R}{\partial x}\right)_y$ na Equação (6.26), chega-se à Equação (6.27):

$$\left(\frac{\partial R}{\partial x}\right)_y = y.1 = y \quad (6.27)$$

Efetuando a operação $\left(\frac{\partial R}{\partial y}\right)_x$ na Equação (6.26), chega-se à Equação (6.28):

$$\left(\frac{\partial R}{\partial y}\right)_x = x.1 = x \quad (6.28)$$

Substituindo na Equação (6.26) os termos equivalentes das Equações (6.27) e (6.28), chega-se à Equação (6.29):

$$dR = y.dx + x.dy \quad (6.29)$$

Portanto, o *erro acumulado* é a soma de duas frações, uma relativa à *variável x* e outra relativa à *variável y*, não esquecendo que elas são independentes uma da outra.

b – Erro relativo propagado na operação matemática (e_R)

O erro relativo propagado resulta da divisão membro a membro da Equação (6.29) pela Equação (6.25), conforme Equação (6.30):

$$\varepsilon_R = \frac{dR}{R} = \frac{y.dx + x.dy}{x.y} = \frac{y.dx}{x.y} + \frac{x.dy}{x.y} = \frac{dx}{x} + \frac{dy}{y} = \varepsilon_x + \varepsilon_y \quad (6.30)$$

Ou, conforme Equação (6.31):

$$\varepsilon_R = \varepsilon_x + \varepsilon_y \quad (6.31)$$

Representando o erro relativo em percentagem, tem-se a Equação (6.32):

$$\varepsilon_{R\%} = \varepsilon_x.100 + \varepsilon_y.100 \quad (6.32)$$

Propagação do erro numa expressão do tipo: $R = \dfrac{x}{y}$

a – Propagação do erro absoluto (dR)
A Equação (6.33) mostra que o resultado R, corresponde a uma divisão das variáveis x e y. Trata-se de saber como o erro se acumula na resposta R, neste tipo de operação.

$$R = \frac{x}{y} \quad (6.33)$$

A determinação da equação diferencial, leva à Equação (6.26):

$$dR = \left(\frac{\partial R}{\partial x}\right)_y \cdot dx + \left(\frac{\partial R}{\partial y}\right)_x \cdot dy \quad [6.26]$$

Determinando os valores de $\left(\dfrac{\partial R}{\partial x}\right)_y$ e $\left(\dfrac{\partial R}{\partial y}\right)_x$ pela derivação parcial da Equação (6.33), tem-se a Equação (6.34) e a Equação (6.35):

$$\left(\frac{\partial R}{\partial x}\right)_y = \frac{1}{y} \cdot 1 = \frac{1}{y} \quad (6.34)$$

$$\left(\frac{\partial R}{\partial y}\right)_x = \frac{-x}{y^2} \quad (6.35)$$

Substituindo os valores das Equações (6.34) e (6.35) na Equação (6.26), tem-se a Equação (6.36):

$$dR = \left(\frac{1}{y}\right) \cdot dx + \left(\frac{-x}{y^2}\right) \cdot dy \quad (6.36)$$

A Equação (6.36) mostra que o *erro absoluto acumulado* numa divisão de duas variáveis é um acúmulo de duas frações de erro: uma devida à variável x e a outra devida à variável y.

b – Propagação do erro relativo (ε_R)
Dividindo membro a membro a Equação (6.36) pela Equação (6.33), tem-se a Equação (6.37):

$$\varepsilon_R = \frac{dR}{R} = \frac{\left(\frac{1}{y}\right) \cdot dx + \left(\frac{-x}{y^2}\right) \cdot dy}{\frac{x}{y}} = \frac{y}{x} \cdot \left(\frac{1}{y}\right) \cdot dx + \frac{y}{x} \cdot \left(\frac{-x}{y^2}\right) \cdot dy = \frac{dx}{x} + \frac{dy}{y} = \varepsilon_x + \varepsilon_y \quad (6.37)$$

Simplificando, tem-se a Equação (6.38), que lhe corresponde ao *erro relativo* acumulado na resposta R.

$$\varepsilon_R = \frac{dR}{R} = \varepsilon_x + \varepsilon_y \quad (6.38)$$

Referindo o erro relativo ao valor 100, tem-se o erro relativo percentual, conforme Equação (6.39):

$$\varepsilon_R = \varepsilon_x \cdot 100 + \varepsilon_y \cdot 100 \quad (6.39)$$

Propagação do erro numa expressão do tipo: $R = x^2$, ou $R = y^2$

a – Propagação do erro absoluto (dR)
A expressão de cálculo de propagação do erro é dada na Equação (6.40). Trata-se de uma *potência*.

$$R = x^2 \quad (6.40)$$

O expoente *dois* da Equação (6.40), para outros casos, pode ser 3, 4, ..., ou mesmo, uma função.
Determina-se a *derivada* e a respectiva *equação diferencial* da Equação (6.40), conforme Equações (6.41) e (6.42):

$$\frac{dR}{dx} = 2.x^{2-1} = 2.x \quad (6.41)$$

$$dR = 2 \cdot x \cdot dx \quad (6.42)$$

b – Propagação do erro relativo (ε_R)

Dividindo, membro a membro, a Equação (6.42) pela Equação (6.40), tem-se as Equações (6.43) e (6.44):

$$\varepsilon_R = \frac{dR}{R} = \frac{2.x.dx}{x^2} = 2 \cdot \frac{dx}{x} = 2.\varepsilon_x \quad (6.43)$$

$$\varepsilon_R = 2 \cdot \varepsilon_x \quad (6.44)$$

Propagação de erros nos demais tipos de funções

Entre as funções que são de uso comum podem-se encontrar:

a) R = x.y.z (que pode corresponder ao cálculo do volume de um corpo se forem grandezas de mesma natureza de comprimento e se entre si formarem ângulos retos);

b) R = x^3 = y^3 = z^3 (que equivale ao cálculo do volume de um cubo, três lados iguais), se as variáveis estiverem nas condições do item anterior;

c) R = k^x (que corresponde a um função exponencial).

d) R = resultado de funções logarítmicas, trigonométricas, entre outras.

A Tabela 6.1 apresenta alguns tipos de funções e os resultados das deduções das expressões para os respectivos *erros absolutos* (dR) e *erros relativos* (ε_R).

Recomenda-se que o leitor ou o acadêmico que tiver deficiência em Cálculo, no tocante a Derivadas, faça uma revisão do assunto.

Portanto, pelo que o leitor pode concluir, para se determinar o *erro propagado* numa resposta calculada R, é necessário ter:

- as *medidas* (os valores) das variáveis envolvidas na operação (x, y, z, ...);
- as *incertezas* (erros, desvios etc.) de cada variável medida, no caso erros absolutos: dx; dy; dz; ...;
- a *derivada da função* que relaciona as variáveis medidas: R = f(x, y, z, ...) e sua *equação diferencial*.

Tabela 6.1 Fórmulas para cálculo da propagação de incertezas (erros) absolutas (dR) e relativas (ε_R).

Fórmula	Expressão de cálculo (função)	Erro absoluto propagado (dR)	Erro relativo propagado (ε_R)
I	R = k.x	dR = k.dx	$\varepsilon_R = \varepsilon_x$
II	R = x + y	dR = dx + dy	$\varepsilon_R = \dfrac{x.\varepsilon_x + y.\varepsilon_y}{x + y}$
III	R = x.y	$d_R = x.d_y + y.d_x$	$\varepsilon_R = \varepsilon_x + \varepsilon_y$
IV	R = x.y.z	dR = (y.z).dx + (x.z).dy + (x.y).dz	$\varepsilon_R = \varepsilon_x + \varepsilon_y + \varepsilon_z$
V	R = $\dfrac{x}{y}$	$dR = \left(\dfrac{1}{y}\right) \cdot dx + \left(\dfrac{-x}{y^2}\right) \cdot dy$	$\varepsilon_R = \varepsilon_x + \varepsilon_y$
VI	R = f(x, y, z, ...)	$d_R = (\partial R/\partial x)_{y,z}.dx + (\partial R/\partial y)_{x,z}.dy + (\partial R/\partial z)_{x,y}.dz + ...$	

6.1.3 Propagação do desvio padrão (σ_R, s_R)

Apresentação da equação geral

A propagação do *desvio padrão* em operações de cálculos entre as variáveis medidas com suas respectivas incertezas (ou erros) é determinada pelo cálculo da *variância* (σ_R^2 ou s_R^2).

A dedução da expressão geral da propagação da variância não é objetivo do presente trabalho. Contudo, para os interessados, ela começa com a Equação (6.6), aqui repetida.

$$R = f(x, y, z, ...) \qquad [6.6]$$

Inicialmente determina-se a propagação do *erro absoluto*, conforme a Equação (6.15), também, aqui repetida.

$$dR = \left(\frac{\partial R}{\partial x}\right)_{y,z,\cdots} \cdot dx + \left(\frac{\partial R}{\partial y}\right)_{x,z,\cdots} \cdot dy + \left(\frac{\partial R}{\partial z}\right)_{x,y,\cdots} \cdot dz + \cdots \quad [6.15]$$

A Tabela 6.1 fórmula VI, repete os dados da Equação (6.6) e da Equação (6.15).

Em continuidade da dedução da expressão da *variância* eleva-se ao quadrado individualmente ambos os termos da Equação (6.15), não esquecendo que o membro do lado direito da equação é um polinômio. Depois, com alguns artifícios matemáticos chega-se à *expressão geral da variância*, para os casos ideais, conforme Equação (6.45):

$$(\sigma_R)^2 = \left(\frac{\partial R}{\partial x}\right)^2_{y,z,\cdots} \cdot (\sigma_x)^2 + \left(\frac{\partial R}{\partial y}\right)^2_{x,z,\cdots} \cdot (\sigma_y)^2 + \left(\frac{\partial R}{\partial z}\right)^2_{x,y,\cdots} \cdot (\sigma_z)^2 + \cdots \quad (6.45)$$

Desta forma, a Equação (6.45) é a expressão geral de *propagação da variância* em uma resposta, R, quando calculada com:
- *variáveis*, x, y, z, ... *independentes*;
- um *número* (n) *infinito* ou tendendo ao infinito;
- *medidas* (x_i, y_i, z_i, ...) que apresentam um desvio padrão individual, isto é: $x \pm \sigma_X$; $y \pm \sigma_Y$; $z \pm \sigma_Z$; ...;

- a *hipótese que os termos* que envolvem o produto *de incrementos de variáveis* sem estarem ao quadrado, devido aos sinais +(mais) e ou – (menos), sejam iguais a zero, ou que possam ser desprezados.

Extraindo a raiz quadrada da Equação (6.45) chega-se ao desvio padrão (σ_R), conforme Equação (6.46):

$$\sigma_R = \sqrt{\left(\frac{\partial R}{\partial x}\right)^2_{y,z,\cdots} \cdot (\sigma_x)^2 + \left(\frac{\partial R}{\partial y}\right)^2_{x,z,\cdots} \cdot (\sigma_y)^2 + \left(\frac{\partial R}{\partial z}\right)^2_{x,y,\cdots} \cdot (\sigma_z)^2 + \cdots} \quad (6.46)$$

A Equação (6.46) é aplicada para o caso de n finito, originando o *desvio padrão*, s_x.

A seguir serão deduzidas expressões de desvio padrão para alguns tipos de funções matemáticas.

Propagação do desvio padrão numa função do tipo: R = k.x

A Equação (6.19) mostra a resposta (R) calculada com a medida da variável x multiplicada por uma constante k, como visto anteriormente.

$$R = k.x \qquad [6.19]$$

Aplicando a equação geral da variância (6.45) na função matemática da Equação (6.19), tem-se a Equação (6.47):

$$(\sigma_R)^2 = \left(\frac{\partial R}{\partial x}\right)^2 \cdot (\sigma_x)^2 = \left(\frac{dR}{dx}\right)^2 \cdot (\sigma_x)^2 \qquad (6.47)$$

Determinando $\dfrac{\partial R}{\partial x} = \dfrac{dR}{dx}$ da Equação (6.19), chega-se a Equação (6.48):

$$\frac{\partial R}{\partial x} = \frac{dR}{dx} = k \qquad (6.48)$$

Introduzindo o valor da Equação (6.48) na Equação (6.47), tem-se a Equação (6.49):

$$(\sigma_R)^2 = (K)^2 \cdot (\sigma_x)^2 \qquad (6.49)$$

E, extraindo a raiz quadrada da Equação (6.49), tem-se a Equação (6.50), que é o *desvio padrão propagado* na resposta calculada pela Equação (6.25).

$$\sigma_R = \sqrt{(k)^2 \cdot (\sigma_x)^2} = desvio\ padrão\ propagado \quad (6.50)$$

Propagação do desvio padrão numa função, do tipo: R = x.y

A análise da propagação do *desvio padrão* em operações matemáticas será feita numa função de *multiplicação de variáveis* conforme Equação (6.25):

$$R = x.y \quad [6.25]$$

Aplicando a equação geral da *variância* (6.45) à Equação (6.25), tem-se a Equação (6.51):

$$(\sigma_R)^2 = \left(\frac{\partial R}{\partial x}\right)_y^2 \cdot (\sigma_x)^2 + \left(\frac{\partial R}{\partial y}\right)_x^2 \cdot (\sigma_y)^2 \quad (6.51)$$

Derivando parcialmente a função R = x.y, em relação a x, e depois, em relação a y, tem-se as Equações (6.27) e a (6.28), respectivamente:

$$\left(\frac{\partial R}{\partial x}\right)_y = y.1 = y \quad [6.27]$$

$$\left(\frac{\partial R}{\partial y}\right)_x = x.1 = x \quad [6.28]$$

Introduzindo as Equações (6.27) e (6.28) na Equação (6.51), tem-se a Equação (6.52), que é a *variância propagada*.

$$(\sigma_R)^2 = (y)_y^2 \cdot (\sigma_x)^2 + (x)_x^2 \cdot (\sigma_y)^2 \quad (6.52)$$

Extraindo a raiz quadrada da Equação (6.52) tem-se a Equação (6.53), que é a expressão do *desvio padrão propagado* na operação de multiplicação.

$$\sigma_R = \sqrt{(y)_y^2 \cdot (\sigma_x)^2 + (x)_x^2 \cdot (\sigma_y)^2} \quad (6.53)$$

Na expressão da Equação (6.53) os valores de x e de y, são os *melhores valores* das medidas das grandezas X e Y, portanto, as *médias*. Os valores de σ_x e σ_y são os *desvios padrões* dos dois conjuntos de medidas.

Propagação do desvio padrão do cálculo da média de um conjunto qualquer

O cálculo da média é dado pela Equação (6.54) ou Equação (6.55):

$$\bar{x} = \left(\frac{1}{n}\right) \cdot \sum_{i=1}^{n} x_i = \frac{x_1 + x_2 + \cdots + x_n}{n} = \left(\frac{1}{n}\right) \cdot (x_1 + x_2 + \ldots + x_n) \quad (6.54)$$

$$\bar{x} = \left(\frac{1}{n}\right) \cdot x_1 + \left(\frac{1}{n}\right) \cdot x_2 + \left(\frac{1}{n}\right) \cdot x_3 + \ldots + \left(\frac{1}{n}\right) \cdot x_n \quad (6.55)$$

Aplicando a *propagação da variância* à Equação (6.55), chega-se à Equação (6.56):

$$(\sigma_{\bar{x}})^2 = \left(\frac{\partial \sigma_{\bar{x}}}{\partial x_1}\right)^2_{x_2,x_3\ldots x_n} \cdot (\sigma_{x_1})^2 + \left(\frac{\partial \sigma_{\bar{x}}}{\partial x_2}\right)^2_{x_1,x_3\ldots x_n} \cdot (\sigma_{x2})^2 + \ldots + \left(\frac{\partial \sigma_{\bar{x}}}{\partial x_n}\right)^2_{x_1,x_2,x_3,\ldots,x_{n-1}} \cdot (\sigma_{x_n})^2 \quad (6.56)$$

Determinando as derivadas parciais indicadas na Equação (6.56), partido da Equação (6.55), têm-se respectivamente as Equações (6.57), (6.58), (6.59) e (6.60):

$$\left(\frac{\partial \bar{x}}{\partial x_1}\right)_{x_2,x_3,\ldots,x_n} = \left(\frac{1}{n}\right) \cdot 1 + \left(\frac{1}{n}\right) \cdot 0 + \ldots = \left(\frac{1}{n}\right) \cdot 1 \quad (6.57)$$

$$\left(\frac{\partial \bar{x}}{\partial x_2}\right)_{x_1,x_3,\ldots,x_n} = \left(\frac{1}{n}\right) \cdot 0 + \left(\frac{1}{n}\right) \cdot 1 + \left(\frac{1}{n}\right) \cdot 0 + \ldots = \left(\frac{1}{n}\right) \cdot 1 \quad (6.58)$$

$$\left(\frac{\partial \overline{x}}{\partial x_3}\right)_{x_1,x_2,\ldots,x_n} = \left(\frac{1}{n}\right)\cdot 0 + \left(\frac{1}{n}\right)\cdot 0 + \left(\frac{1}{n}\right)\cdot 1 + \ldots = \left(\frac{1}{n}\right)\cdot 1 \qquad (6.59)$$

$$\left(\frac{\partial \overline{x}}{\partial x_n}\right)_{x_1,x_2,\ldots,x_{n-1}} = \left(\frac{1}{n}\right)\cdot 0 + \left(\frac{1}{n}\right)\cdot 0 + \ldots + \left(\frac{1}{n}\right)\cdot 1 = \left(\frac{1}{n}\right)\cdot 1 \qquad (6.60)$$

Introduzindo as derivadas parciais, conforme Equações (6.57) a (6.60) na Equação (6.56), chega-se à Equação (6.61), que é a propagação das variâncias na resposta R.

$$(\sigma_{\overline{x}})^2 = \left(\frac{1}{n}\cdot 1\right)^2_{x_2,x_3\ldots x_n}\cdot (\sigma_{x_1})^2 + \left(\frac{1}{n}\cdot 1\right)^2_{x_1,x_3\ldots x_n}\cdot (\sigma_{x_2})^2 + \cdots + \left(\frac{1}{n}\cdot 1\right)^2_{x_1,x_2,x_3,\ldots,x_{n-1}}\cdot (\sigma_{x_n})^2 \qquad (6.61)$$

Pondo em evidência os termos iguais, tem-se a Equação (6.62):

$$(\sigma_{\overline{x}})^2 = \left(\frac{1}{n}\right)^2 \cdot \left[(\sigma_{x_1})^2 + (\sigma_{x_2})^2 + (\sigma_x)_3^2 + \ldots + (\sigma_{x_n})^2\right] \qquad (6.62)$$

Como a *média* se refere ao *mesmo universo amostral* os *desvios padrões* para n = ∞, são iguais, conforme Equação (6.63):

$$\sigma_{x_1} = \sigma_{x_2} = \sigma_{x_3} = \ldots = \sigma_{x_n} = \sigma_x \qquad (6.63)$$

Introduzindo esta igualdade da Equação (6.63) na Equação (6.62), tem-se a Equação (6.64):

$$(\sigma_{\overline{x}})^2 = \left(\frac{1}{n}\right)^2 \cdot n \cdot (\sigma_x)^2 = \frac{(\sigma_x)^2}{n} = \text{Variância propagada no cálculo da mídia} \qquad (6.64)$$

Levando a Equação (6.64) a *desvio padrão propagado*, tem-se a Equação (6.65):

$$\sigma_{\overline{x}} = \sqrt{\frac{(\sigma_x)^2}{n}} = \frac{\sigma_x}{\sqrt{n}} = \text{Desvio padrão da média} \qquad (6.65)$$

O *desvio padrão da média* é um *parâmetro*, que caracteriza o conjunto juntamente com os demais (n, $\nu = (n-i)$, $\overline{x}$, s_x) e permite fazer *inferências estatísticas*. Devido a sua importância foi feita a sua dedução.

Propagação do desvio padrão em outros tipos de funções

Da mesma forma determina-se o *desvio padrão propagado* na resposta (R) para os diferentes tipos de funções: *somas*; *multiplicações*; *divisões*; *potenciação*; *logarítmicas*; entre outras.

A Tabela 6.2 apresenta um Quadro de Fórmulas no qual são apresentadas algumas equações rotineiras de cálculo da resposta R, as equações das respectivas variâncias e finalmente as equações do desvio padrão.

Tabela 6.2 Quadro de fórmulas para o cálculo da propagação do desvio padrão em operações matemáticas

Fórmula	Expressão de cálculo	Variância calculada (σ^2, ou s^2)	Desvio padrão propagado (σ, ou s)
I	$R = x \pm y \pm z$	$(\sigma_R)^2 = (\sigma_x)^2 + (\sigma_y)^2 + (\sigma_z)^2$	$\sigma_R = [(\sigma_x)^2 + (\sigma_y)^2 + (\sigma_z)^2]^{1/2}$
II	$R = k.x$	$(\sigma_R)^2 = k^2.(\sigma_x)^2$	$\sigma_R = [k^2.(\sigma_x)^2]^{1/2}$
III	$R = x.y$	$(\sigma_R)^2 = y^2.(\sigma_x)^2 + x^2.(\sigma_y)^2$	$\sigma_R = [y^2.(\sigma_x)^2 + x^2.(\sigma_y)^2]^{1/2}$
IV	$R = x.y.z$	$(\sigma_R)^2 = (y.z)^2.(\sigma_x)^2 + (x.z)^2.(\sigma_y)^2 + (x.y)^2.(\sigma_z)^2$	$\sigma_R = [(y.z)^2.(\sigma_x)^2 + (x.z)^2.(\sigma_y)^2 + (x.y)^2.(\sigma_z)^2]^{1/2}$
V	$R = k.(x/y)$	$(\sigma_R)^2 = (k/y)^2 . (\sigma_x)^2 + [(k.x)/y^2]^2.(\sigma_y)^2$	$\sigma_R = \{(k/y)^2.(\sigma_x)^2 + [(k.x)/y^2]^2.(\sigma_y)^2\}^{1/2}$

Fórmula	Expressão de cálculo	Variância calculada (σ^2, ou s^2)	Desvio padrão propagado (σ, ou s)
VI	$R = f(x,y,z, \ldots)$	$(\sigma_R)^2 = (\partial R/\partial_x)^2\|_{y,z} \cdot (\sigma_x)^2 +$ $(\partial R/\partial y)^2\|_{x,z} \cdot (\sigma_Y)^2 +$ $(\partial R/\partial z)^2\|_{x,y} \cdot (\sigma_Z)^2 + \ldots$	$\sigma_R = \{(\partial R/\partial x)^2\|_{y,z} \cdot (\sigma_x)^2 +$ $(\partial R/\partial y)^2\|_{x,z} \cdot (\sigma_y)^2 +$ $(\partial R/\partial z)^2\|_{x,y} \cdot (\sigma_z)^2 + \ldots\}^{1/2}$
VII	$R = \bar{x} = \left(\dfrac{1}{n}\right) \cdot \sum_{i=1}^{n} x_i$	$(\sigma_{\bar{x}})^2 = \dfrac{(\sigma_x)^2}{n}$	$\sigma_{\bar{x}} = \sqrt{\dfrac{(\sigma_x)^2}{n}} = \dfrac{\sigma_x}{\sqrt{n}}$

6.2 PARTE EXPERIMENTAL

6.2.1 Medida, conjunto de medidas e seus parâmetros característicos

a – *Material*
- Metro (régua);
- Um corpo prismático (reto);
- Material de registro e cálculos: Diário de Laboratório; calculadora etc.

b – *Procedimento*

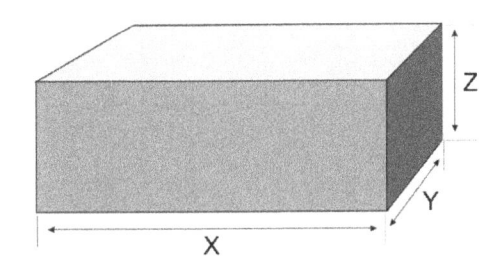

Figura 6.4 Paralelepípedo reto.

- Tomar um corpo tridimensional, em forma de *paralelepípedo reto, Figura 6.4,* de arestas de comprimentos X, Y e Z.
- Com uma régua medir cada aresta pelo menos 5 vezes (cinco alunos, as leituras devem ser individuais e independentes um do outro), registrando os resultados, levando em consideração os *algarismos significativos*.
- Anotar o erro limite (*L*). Proceder o *registro* e *cálculos* conforme Tabela 6.3.

c – *Cálculos e Registros de dados*

Tabela 6.3 Quadro de valores medidos e calculados relativos ao paralelepípedo da Figura 6.4.

Parâ-metros	Aresta X		Aresta Y		Aresta Z	
	Valor (cm)	$dx_i = \|x_i - \bar{x}\|$	Valor (cm)	$dy_i = \|y_i - \bar{y}\|$	Valor (cm)	$dz_i = \|z_i - \bar{z}\|$
	$x_1 =$		$y_1 =$		$z_1 =$	
	$x_2 =$		$y_2 =$		$z_2 =$	
	$x_3 =$		$y_3 =$		$z_3 =$	
	$x_4 =$		$y_4 =$		$z_4 =$	
	$x_5 =$		$y_5 =$		$z_5 =$	

L						
$\bar{x}_i$ (*)						
dm (**)						
σ_x ou s_x (***)						
$\sigma_{\bar{x}}$ (†)						
$t_{95\%,4}(\sigma)$						

(*) Melhor valor ou média; (**) Desvio médio; (***) Desvio padrão; (†) Desvio padrão da média; (s) Coeficiente de Student com $\alpha = 95\%$ e $\nu = (n-1) = 4$ graus de liberdade.

6.2.2 Propagação de desvio absoluto e desvio padrão em termos de "incerteza estatística" (s_e) em cálculos matemáticos.

Nesta etapa de cálculos está envolvido apenas o *erro estatístico* (σ_e ou s_e). Os resultados devem ser registrados na Tabela 6.4.

- Calcular ou transferir da Tabela 6.3 o valor das grandezas solicitadas.
- Calcular o erro (*desvio*) *absoluto propagado* no cálculo de cada propriedade, assumindo para o *desvio absoluto* os *desvios médios* (dm) das medidas das arestas: X, Y e Z.
- Calcular o erro (*desvio*) *padrão estatístico acumulado* (σ_R ou s_R) na operação matemática de cálculo de cada propriedade.
- Calcular o Intervalo de Confiança (IC) ou o Limite de Confiança (LC) com a probabilidade de 95% de certeza que um dos valores do intervalo é o verdadeiro (μ). Consultar a Tabela 5.4 (Coeficiente de *Student*) na Unidade Didática 05.

As grandezas solicitadas são:
- O *comprimento* de cada aresta: X; Y; e Z
- A *superfície* de cada face: XY; XZ; e YZ;
- O *perímetro* de cada face: XY; XZ; e YZ;
- O *volume* do paralelepípedo: V = X·Y·Z

Preencher a Tabela 6.4 no campo referente ao assunto.

Tabela 6.4 Quadro de valores das grandezas calculados com respectivos desvios absolutos e desvios estatísticos propagados (*)

Propriedade do paralelepípedo	Valor da grandeza (Unidade)	Desvios: absoluto(**)(a) e propagado(b)	Desvios: padrão(***)(c) Propagado(d)	Intervalo de confiança (95%)	Resultado com IC (Unidade)
Aresta		(a)	(c)		
Aresta		(a)	(c)		
Aresta		(a)	(c)		
Superfície XY		(b)	(d)		
Superfície XZ		(b)	(d)		
Superfície YZ		(b)	(d)		
Perímetro XY		(b)	(d)		
Perímetro XZ		(b)	(d)		
Perímetro YZ		(b)	(d)		
Volume		(b)	(d)		

(*) Consultar as fórmulas correspondentes na parte teórica e respectivas tabelas: Tabela 6.1, Tabela 6.2 e dados experimentais na Tabela 6.3. (**) Considerar desvio absoluto igual ao desvio médio entre as cinco medidas. (***) Não está sendo considerado o erro residual.

6.2.3 Desvio padrão em termos de incerteza estatística (s_e) e incerteza sistemática residual (s_r), propagados em cálculos matemáticos

Nesta etapa de cálculos estão envolvidos o *erro estatístico* (σ_e ou s_e) e o *erro sistemático* (σ_r ou s_r) acumulados na medida da grandeza (X, Y, e Z) e propagados nos cálculos matemáticos.

Os resultados devem ser registrados na Tabela RA 6.1.
- Calcular o valor das grandezas solicitadas (repetir os valores das Tabelas 6.3 e 6.4).
- Calcular o *erro (desvio) padrão estatístico* e o *erro (desvio) padrão sistemático acumulado* nas medidas de X, Y e Z.
- Calcular o *desvio padrão propagado* na operação matemática de cálculo de cada propriedade.
- Calcular o Intervalo de Confiança (IC) ou o Limite de Confiança (LC) com a probabilidade de 95% de certeza que um dos valores do intervalo é o verdadeiro (μ). Consultar a Tabela 5.4 (coeficiente de Student) na Unidade Didática 05.

As grandezas solicitadas são:
- O *comprimento* de cada aresta: X; Y; e Z
- A *superfície* da face XY.
- O *perímetro* da face XY.
- O *volume* do paralelepípedo: V = X.Y.Z

Preencher a Tabela RA 1 no Relatório de Atividades.

6.2.4 Coeficiente de variação (cv) para cada grandeza medida.

Estruturar uma Tabela contendo o *nome da grandeza medida* (ou propriedade, conforme Tabela 6.3) o *desvio padrão estatístico da medida, desvio padrão estatístico propagado no cálculo da grandeza* e o *coeficiente de variação* (cv).

6.3 EXERCÍCIOS DE FIXAÇÃO

6.1. Com um instrumento para medir o pH de uma solução (pH-Metro), o mesmo técnico, fez 6 medidas, partindo em cada uma do início do processo, isto é, ligou o aparelho, deixou estabilizar a 25 °C e uma atm, o calibrou com uma solução de pH 4,00. A seguir, fez as medidas cujos resultados foram: 3,83; 3,80; 3,81; 3,60; 3,82; 3,83.

Solicitam-se:

Fazer uma Tabela de Valores contendo: número da medida (coluna I); valor da medida (coluna II), conforme foi sendo registrado, rol de valores (ordem crescente de valores) (coluna III); desvios absolutos (dx_i) de cada medida (coluna IV); mais duas colunas a serem preenchidas com o número da medida aceita (coluna V), e novo rol dos valores aceitos (coluna VI).

Na mesma Tabela, abaixo dos dados experimentais, colocar os parâmetros do conjunto dos dados brutos (sem análise nenhuma) contendo:

- número de medidas do conjunto, n;
- graus de liberdade do conjunto, $\nu = (n-i)$, onde i = 1, 2, 3, ... igual o número de vezes que o conjunto foi utilizado até aquele momento para calcular algum parâmetro necessitado nesta próxima operação;
- melhor estimativa do valor verdadeiro ou média do conjunto, $\bar{x}$;
- desvio padrão do conjunto, s_x;
- desvio padrão da média, $\sigma_{\bar{x}}$;
- Coeficiente de Student, $t_{\alpha,\nu}$, para um nível de 95% de certeza de que um dos valores do conjunto é o verdadeiro (α = 95%).

Com os parâmetros calculados verificar se todos os dados do conjunto de leituras são aceitos. Aplicar o critério de Lyalikov, conforme Unidade Didática 05.

Preencher colunas V e VI.

Abaixo das colunas V e VI da referida Tabela de Valores, colocar os novos parâmetros do conjunto de dados aceitos.

6.2. Um resultado é calculado pela expressão:

$$W = x + y + z$$

Sendo conhecidos: a) os respectivos desvios padrões: s_x = 0,10; s_y = 0,20 e s_z = 0,50.

b) as respectivas medidas: x = 8,0; y = 2,0 e z = 1,0.

Calcular o desvio acumulado em W (s_w).

6.3. Para determinar a densidade de uma amostra de vinagre um analista fez 6 medidas do volume com o auxílio de uma proveta de 10 mL e determinou a massa em uma balança semi-analítica. Obteve os seguintes resultados:

V_1 = 10,01 mL; V_2 = 10,02 mL; V_3 = 9,88 mL; V_4 = 10,03 mL; V_5 = 10,00 mL; V_6 = 10,01 mL

m_1 = 10,05 g; m_2 = 10,05 g; m_3 = 10,00 g; m_4 = 10,04 g; m_5 = 10,05 g; m_6 = 10,05 g.

Organize os dados em uma tabela.

Calcule o desvio padrão(s) da massa e do volume e o desvio padrão da densidade(s).

Calcule o limite de confiança a ser dado a melhor valor para ter 95% de certeza que o valor verdadeiro da densidade se encontra no referido intervalo.

Desafio 6.1

Titulação do cloreto (Cl⁻) pelo método de Mohr (volumetria de precipitação), ver Figura 6. 5.

Uma amostra de massa, m_a = 4,1370 g, contendo cloreto de sódio (NaCl) foi dissolvida, com água destilada, num balão volumétrico de 250 mL capacidade, ($V_a = V_{amostra}$ = 250 mL). Com uma pipeta volumétrica foram transferidos 25 mL da solução ($V_A = V_{Alíquota}$ = 25 mL), para um copo Erlenmeyer. Numa bureta de 50 mL de capacidade foi colocada a solução padrão de nitrato de prata ($AgNO_3$) de concentração 0,0995 mol L⁻¹ (C_P = 0,0995 mol L⁻¹). No final da titulação foram gastos 35,85 mL (V_P = 35,85 mL) de solução padrão de nitrato de prata. A reação ocorrida na titulação está expressa abaixo.

$$\underbrace{Na^+_{(aq)} + Cl^-_{(aq)}}_{\text{Solução de NaCl}} + \underbrace{Ag^+_{(aq)} + NO_3^-{}_{(aq)}}_{\text{Solução de AgNO}_3} \rightleftarrows AgCl_{ppt} + Na^+_{(aq)} + NO_3^-{}_{(aq)} \quad \text{(R-6.1)}$$

$$\underbrace{1Cl^-_{(aq)} + 1Ag^+_{(aq)}}_{\text{Reação da titulação}} \rightleftarrows \underset{\text{Precipitado}}{AgCl_{ppt}} \quad Kps_{(AgCl)} = 1,60^{-10}$$

$\underset{\text{Analito (A)}}{1Cl^-_{(aq)}} + \underset{\text{Padrão (P)}}{1Ag^+_{(aq)}}$

As variáveis envolvidas, conforme técnica descrita, são: m_a = (4,1370 ±0,00005) g; Va = 250 mL; V_A = 50 mL; C_P = (0,0995 ±0,0005) mol L⁻¹; V_P = (35,85 ±0,05) mL.

a) Deduzir a expressão de cálculo da percentagem de cloreto da amostra.

b) Dar o resultado da percentagem de cloreto na amostra.

c) Dar o erro propagado no cálculo da percentagem de cloreto na amostra

d) Dar o intervalo de confiança (IC) com 95% de segurança que um dos seus valores é o verdadeiro.

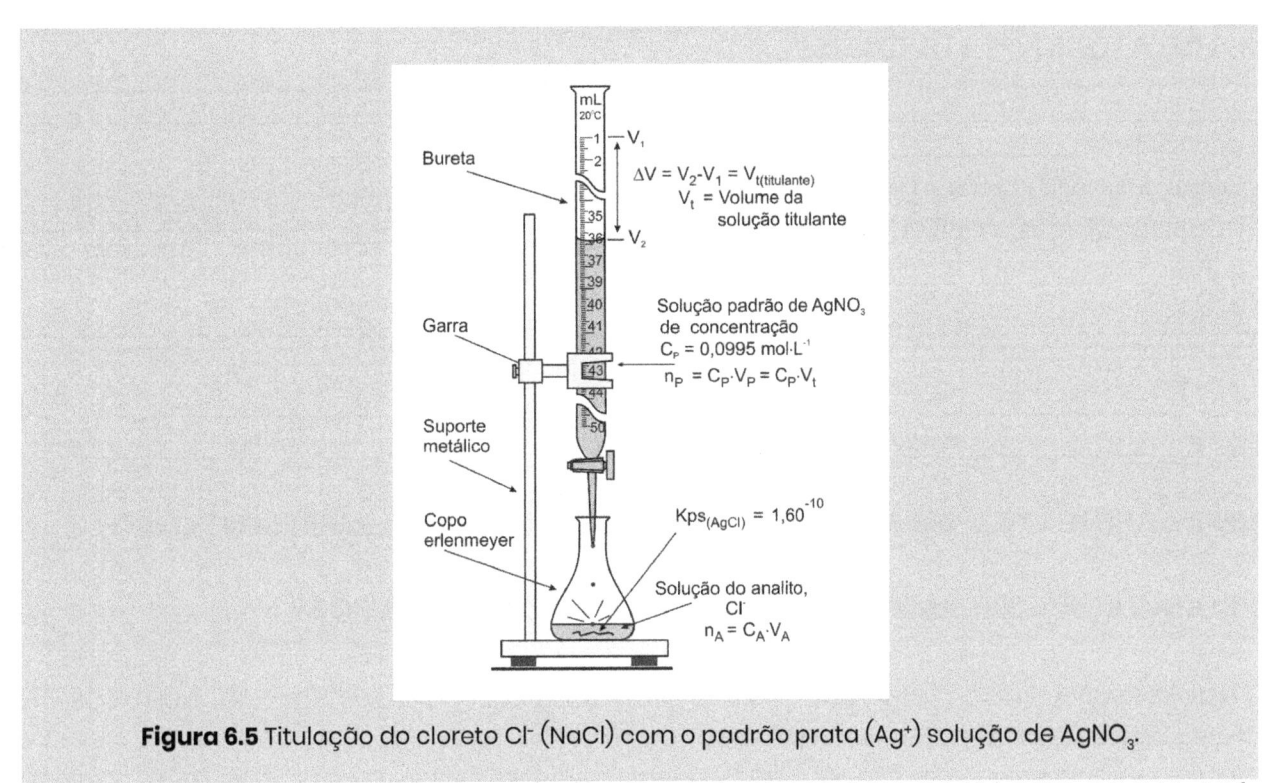

Figura 6.5 Titulação do cloreto Cl⁻ (NaCl) com o padrão prata (Ag⁺) solução de $AgNO_3$.

Respostas: **6.1.b.** 6; (n-1); 3,78; 0,09; 0,04; 2,571; **c.** 3,60; **e.** 5; (n-1); 3,82; 0,013; $5,9.10^{-4}$, 2,776; **6.2.** 0,11; **6.3.b.** 0,06; 0,02; $8,68.10^{-3}$; **c.** 0,022

6.4 RELATÓRIO DE ATIVIDADES

Universidade _____ Centro de Ciências Exatas – Departamento de Química Disciplina: QUÍMICA GERAL EXPERIMENTAL – Cód: _____ Curso: _____ Ano: _____ Professor:_____	Relatório de Atividades

_____ Nome do Acadêmico	_____ Data

UNIDADE DIDÁTICA 06: MEDIDA DE UMA GRANDEZA E SUA REPRESENTAÇÃO

PROPAGAÇÃO DAS INCERTEZAS EM OPERAÇÕES MATEMÁTICAS

Tabela RA 6.1 Quadro de valores das grandezas calculados com respectivos desvios absolutos e desvios estatísticos propagados (*).

Propriedade do paralelepípedo	Valor da grandeza (Unidade)	Desvio padrão acumulado na medida (†)	Desvio padrão propagado no cálculo (s_R)	Intervalo de Confiança (95%)	Resultado com IC (Unidade)
Aresta X	(σ)				
Aresta Y	(σ)				
Aresta Z	(σ)				
Superfície XY	(σ)				
Perímetro XY	(σ)				
Volume	(σ)				

(*) Consultar as fórmulas correspondentes na parte teórica e respectivas tabelas: Tabela 6.1, Tabela 6.2 e dados experimentais nas Tabelas 6.3 e 6.4. (†) É o *desvio padrão* envolvendo o *erro estatístico* (s_e) e o *erro sistemático* (s_r) da medida. (σ) Repetir os valores já calculados das Tabelas 6.3 e 6.4.

6.5 REFERÊNCIAS BIBLIOGRÁFICAS E SUGESTÕES PARA LEITURA

ALEXÉEV, V. **Analyse qualitative**. Traduit du russe. Moscou: Éditions MIR, 1980. 592 p.

ALEXÉEV, V. **Analisis cuantitativo**. Traducido del ruso por E. Limínik. Moscú: Editorial MIR, 1978. 517 p.

GIESBRECHT, E. (Coordenador). **Experiências de química – Técnicas e conceitos básicos**. PEQ – Projetos de Ensino de Química de Professores da USP. São Paulo: Editora Moderna, 1982. 241 p.

LYALIKOV, Y. **Physicochemical analysis**. Translated from the Russian by David Sobelev. Moscow: MIR Publications, 1968. p. 11-32.

MAURER, W. A. **Curso de cálculo diferencial e integral**. São Paulo: Editora Edgard Blücher Ltda., 1967. 4 Volumes.

MILLER, J. C.; MILLER, J. N. Basic statistical methods foranalytical chemistry. Part I – Statistic of repeated measurements. **Analyst**, 113, 1351-1356, 1988.

POMBEIRO, A. J. L. O. **Técnicas e operações unitárias em química labortorial**. Lisboa: Fundação Calouste Gulbenkian, 1980. 1.069 p.

SKOOG, D. A.; WEST, D. M.; HOLLER, F. J. **Analytical chemistry**. 6. ed. Philadelphia (USA): Saunders College Publishing, 1992. 892 p.; Appendix 12, p. A.34 – A.39.

STOKER, H. C. **Preparatory chemistry**. 4. ed. New York: Macmillan Publishing Company, 1993. 629 p.

STROBEL, H. **Instrumentatión química**. Tradución española. Mexico: Editorial Limusa, 1968. p. 33-55.

VUOLO, A. **Fundamentos da teoria dos erros**. São Paulo: Editora Edgard Blücher, 1992. 225 p.

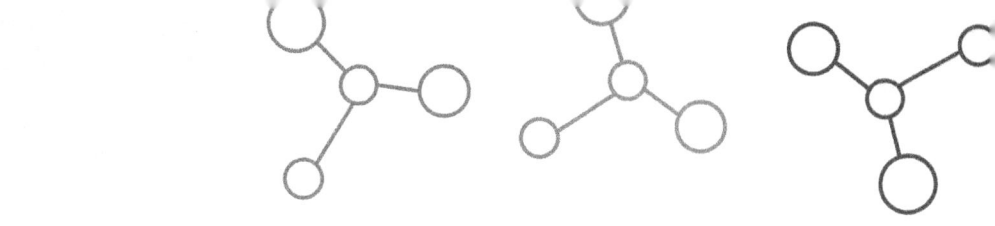

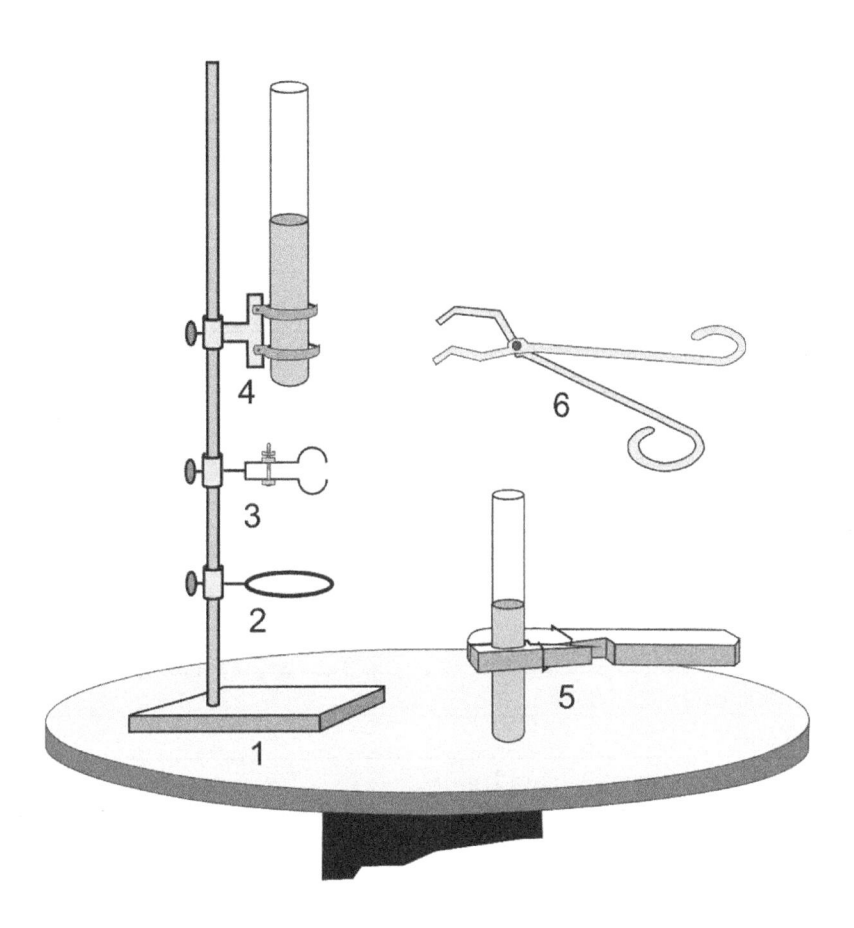

UNIDADE DIDÁTICA 07

1 – Suporte Universal: Usado para fixar anéis para funil, garras que sustentam tubos, condensadores etc. É constituído de uma base, pesada o suficiente para manter o centro de gravidade o mais perto da superfície da mesa, e uma haste, geralmente feito de ferro e pintado. A haste se encontra na forma niquelada.

2 – Anel para funil: É usado, preso no suporte universal, para sustentar funis de decantação, funis para filtração etc.

3 e 4 – Garras: Dois diferentes tipos de garra. As garras são usadas na sustentação de tubos de ensaio, buretas, provetas, balões e outros instrumentos. No mercado são encontrados os mais diversos tipos de garras. Com ajustes duplos e simples, tamanhos diferentes que se adaptam aos vários tipos de instrumentos. Algumas garras são recobertas de níquel, para proteção máxima contra a corrosão. Geralmente a parte que entra em contato com o instrumento é protegido com vinil.

5 – Pinça de madeira: Usada para segurar tubos de ensaio durante o aquecimento no bico de Bunsen.

6 – Pinça metálica: Possui cabos longos. Usadas para remover cadinhos de fornos de muflas ou do triângulo de porcelana, quando está aquecido.

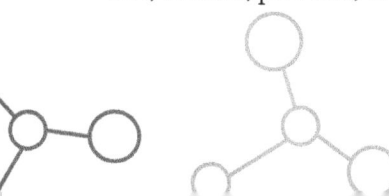

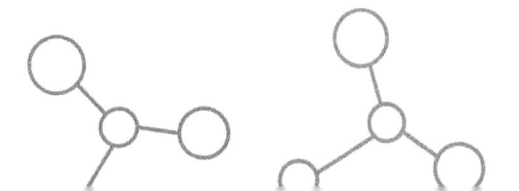

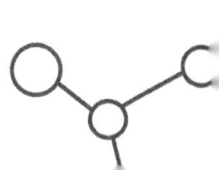

UNIDADE DIDÁTICA 07

APRESENTAÇÃO E INTERPRETAÇÃO DE RESULTADOS, TABELAS E GRÁFICOS

Conteúdo	Página
7.1 Aspectos Teóricos	195
7.1.1 Introdução	195
7.1.2 Tratamento estatístico dos dados	196
7.1.3 Tabelas	196
7.1.4 Quadro	198
7.1.5 Gráficos e Figuras	198
Detalhes 7.1	203
Detalhes 7.2	204
7.2 Parte Experimental	208
7.2.1 Análise de uma equação do 1º grau	208
7.2.2 Análise de uma equação do 2º grau	209
Detalhes 7.3	210
7.3 Exercícios de Fixação	210
7.4 Relatório de Atividades	212
7.5 Referências Bibliográficas e Sugestões para Leitura	213

Unidade Didática 07
APRESENTAÇÃO E INTERPRETAÇÃO DE RESULTADOS, TABELAS E GRÁFICOS

Objetivos
- Aprender a dispor os dados de um problema em forma de Tabelas e Gráficos.
- Aprender a dimensionar o papel para colocar o gráfico simetricamente e vice-versa.
- Aprender a calcular parâmetros do problema, através do gráfico.
- Aprender a estabelecer a equação da relação existente entre as varáveis x e y.

Muitas vezes, um desenho explica melhor um assunto que um livro inteiro de conversa.

7.1 ASPECTOS TEÓRICOS

7.1.1 Introdução

Os resultados experimentais, isto é, que vão ser medidos ou que foram observados, medidos e os calculados a partir deles, necessitam de alguns cuidados fundamentais.

Cuidados preliminares: uso correto da escala de medida; expressão do resultado com o número de dígitos significativos que têm significado; número de repetições necessárias. Registro da informação em local apropriado, por exemplo, *Diário de Laboratório*.

Cuidados da preparação dos dados experimentais: compactar os dados experimentais numa "tabela", na qual se deve prever o número de *linhas* e de *colunas* conforme as informações existentes e as serem obtidas da posterior análise.

Análise estatística dos dados registrados: fazer ordenação crescente ou decrescente dos dados (rol dos dados); se necessário fazer uma análise de rejeição de dados; determinar os parâmetros estatísticos do conjunto de dados (graus de liberdade, média, desvio padrão, desvio padrão da média, entre outros). Quando necessário, fazer a análise de *regressão*; de *variância* e ou a análise *multivariada* dos dados experimentais.

Elaboração de figuras (*gráficos*) a partir dos dados já organizados.

Elaboração do texto: após ter os objetivos do trabalho, os embasamentos teóricos, métodos e materiais utilizados, os dados medidos e trabalhados, tudo está pronto para redigir o trabalho final.

Os dados agrupados de forma racional (Tabelas) e dispostos de forma visual (Figuras e Gráficos) permitem, pela mera observação dos mesmos, ou com pequenos detalhes de observação e cálculos, interpretar qualitativa e quantitativamente a interação das variáveis envolvidas.

As *tabelas* e os *gráficos* (figuras) devem ser autoexplicativos. Isto é, com os dados e informações neles presentes o leitor deve ser capaz de compreender o que os mesmos querem informar. Caso isto não seja possível, os mesmos estão incompletos.

7.1.2 Tratamento estatístico dos dados

Os dados experimentais devem ter caráter científico:

- Os dígitos (ou algarismos) que representam as grandezas medidas e os dígitos das grandezas calculadas devem ter significado na cifra (ou número), resultando algarismos certos e incerto da medida, quando esta não for exata. O significado depende da escala do instrumento usado na medida e da operação matemática realizada entre estes números.
- Os dados experimentais devem ser submetidos a um tratamento de *purificação* ou de *rejeição* dos que não pertencem ao conjunto, isto é, os que estão muito fora do conjunto.
- A seguir aplica-se a estatística própria das *medidas repetitivas* (média, desvio padrão, intervalo de valores, mediana etc.), conforme a necessidade.
- Dependendo do conjunto de dados procede-se a *análise de regressão*, *análise de variância* e ou *análise multivariada*, entre outras.

O *Planejamento da Pesquisa*, realizado antes de iniciar a execução, indiretamente prevê o tratamento estatístico necessitado aos dados medidos.

7.1.3 Tabelas

Os dicionários definem *Tabela* como uma *pequena tábua*, ou um *pequeno quadro* onde se indicam, se mostram, ou se agrupam informações, dados etc.

Uma *tabela científica* está baseada nos eixos cartesianos ortogonais do plano XY, que corresponde à superfície da folha de papel. A qualquer ponto, P_i, do plano XY, lhe corresponde uma *abcissa* x_i e uma *ordenada* y_i denominadas de *coordenadas do ponto* $P(x_i, y_i)$ do plano XY, conforme Figura 7.1. Por este motivo, não há necessidade de enquadrar os elementos da tabela em quadrados ou em linhas verticais e horizontais.

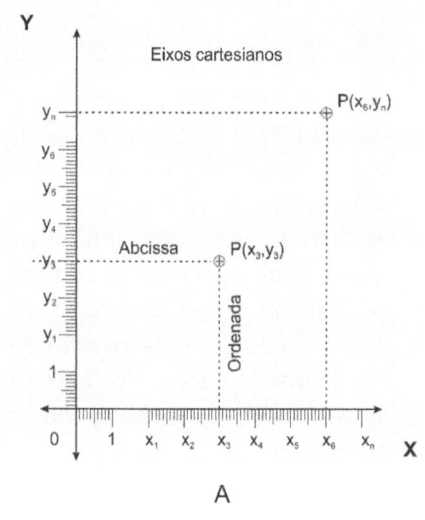

Figura 7.1 Visualização da origem da tabela científica: (A) Eixos cartesianos mostrando dois pontos com suas respectivas coordenadas; (B) Tabela com um conjunto de valores referentes a uma titulação.

Uma tabela divide-se em 4 partes: *título*, *cabeçalho*, *corpo* e *rodapé* da tabela, conforme mostra a Figura 7.2. Estas partes estão separadas por linhas horizontais (em geral, simples). Observa-se na Figura 7.2 que: a linha 1 separa o título do cabeçalho; a linha 2 separa o cabeçalho do corpo da tabela; a linha 3 separa o corpo da tabela do rodapé da mesma. Normalmente estas são as únicas linhas tanto horizontais quanto verticais que uma tabela possui quando apresentada na forma científica. Contudo, nada impede, para efeito de esclarecimento, aglutinação de dados etc., adicionar linhas secundárias na tabela (menos intensas), conforme mostra a Figura 7.2, com explicações no rodapé da Tabela.

Título

O *título* da tabela sempre se encontra na parte superior da mesma. Começa com **Tabela nº...**, normalmente em negrito. Após um espaço, segue o título propriamente dito. Este deve ser breve, conciso e autoexplicativo do cabeçalho e do corpo da tabela. Uma técnica simples para aperfeiçoar ou enxugar o título é:

- Evitar o uso excessivo de adjetivos e advérbios;
- Escrever o título e depois, retirar palavras, uma a uma, observando se o sentido continua o mesmo. Se o sentido continuar o mesmo é porque esta palavra pode ser dispensada.

Tabela 1 Dados relativos à titulação de neutralização de 25 mL de solução de ácido clorídrico, HCl (Analito - A) com uma solução padronizada de hidróxido de sódio, NaOH (1,000 mol L^{-1}) [†].

Leitura (x_i)	Valor lido (mL)	Operações com os dados		(*)
		$d_i = x_i - \bar{x}$ (mL)	$(d_i)^2 = (x_i - \bar{x})^2$ (mL)^2	
1	20,09	0,10	0,010	
2	19,90	-0,09	0,0081	
3	19,93	-0,06	0,0036	
4	20,08	0,09	0,0081	
...	...	...	...	
n	19,95	-0,04	0,0016	
	$\bar{x}$ = 19,99 mL (‡) (*)	$\sum = \cdots$ (*)	$\sum = \cdots$ (*)	

(†) - O experimento foi realizado nas condições de 20°C e 1 atm de pressão; (‡) - Média aritmética do conjunto de valores; (*) - Linhas secundárias da tabela.

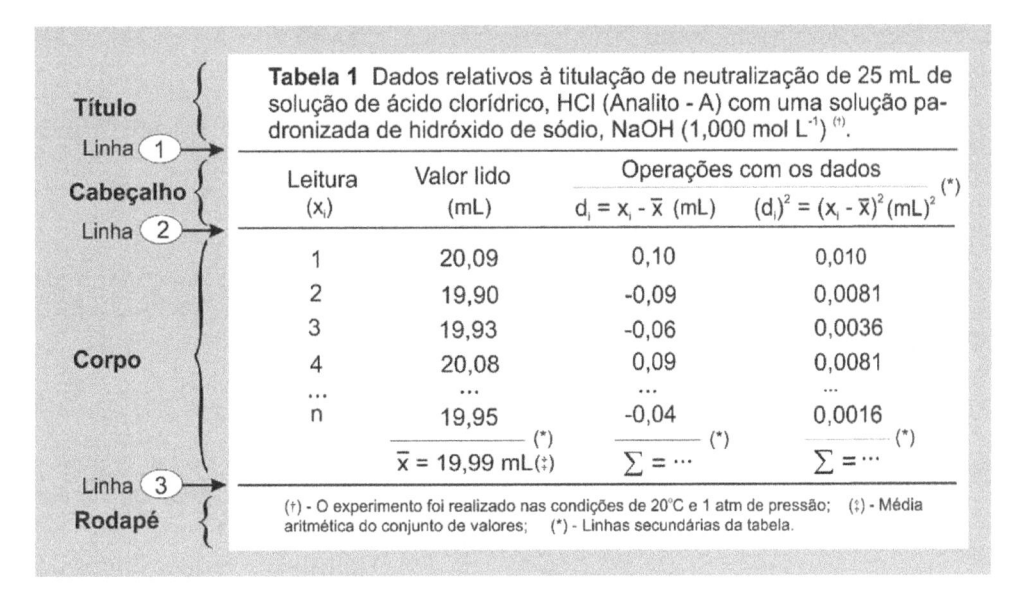

Figura 7.2 Visualização das partes de uma Tabela Científica e respectivas disposições: Título; Cabeçalho; Corpo; Rodapé.

Cabeçalho

O *cabeçalho* está separado do título por uma linha horizontal (Linha 1). O cabeçalho explica ou diz, o que significam os números, ou informações que vêm verticalmente abaixo de cada item do mesmo. Os itens do cabeçalho e os da 1ª coluna, do corpo da tabela são, por assim dizer, os valores contidos na abcissa e na ordenada de um sistema cartesiano, que vão definir os pontos coordenados do corpo da tabela. O cabeçalho separa-se do corpo da tabela por uma linha horizontal (Linha 2). No cabeçalho, em caso de subcabeçalhos, podem-se usar segmentos de linhas horizontais, conforme mostra a Figura 7.2, mostrado pelo asterisco (*).

Corpo da tabela

Conforme dito acima, a 1ª coluna do corpo da tabela contém variáveis que estão relacionadas com as do cabeçalho e no ponto encontro das respectivas coordenadas (linhas horizontais e linhas verticais), que não são traçadas, registram-se os valores das grandezas medidas ou calculadas. No corpo da tabela não existem traços (linhas verticais ou horizontais). Algumas vezes para efeito de clareza usam-se segmentos de linhas horizontais. O final do corpo da tabela é separado por uma linha horizontal (Linha 3), que o separa dos dizeres do rodapé.

Rodapé

O *rodapé* é a parte da tabela que vem após a linha horizontal (Linha 3) que, no final, por assim dizer "fecha" o corpo da mesma. Neste, quando necessário, colocam-se explicações, ou maiores detalhes, referentes ao título, cabeçalho e corpo da tabela e explicações que se fazem necessárias, para que a tabela tenha um sentido próprio, contudo, o mesmo deve ser sucinto.

7.1.4 Quadro

O Quadro é um "*arranjo*" de "*coisas*" em formato de quadrilátero constituído de: palavras, figuras, expressões, funções, nomes, pensamentos, ideias, ou mesmo números, em formato de *colunas* e *linhas* como se fosse uma tabela, porém, predominantemente preenchido por palavras. Apresenta traços (linhas) horizontais e verticais, conforme a necessidade.

Os quadros, também como as tabelas, apresentam o *título*, *cabeçalho*, *corpo do quadro* e *rodapé*. O Quadro 7.1 apresenta um exemplo de Quadro.

Quadro 7.1 Classificação dos hidrocarbonetos acíclicos e caracterização das suas funções orgânicas.[†]

Composto orgânico	Grupo	Função orgânica
Hidrocarbonetos Acíclicos (Compostos de Hidrogênio e Carbono)	Saturados	Alcanos (Parafinas) - ligações simples apenas: $R_1H_2C-CH_2-CH_2R$
	Insaturados	Alcenos (Olefinas) - ligações duplas e simples: $R_1HC=CH-CH_2R$
		Alcinos - ligações triplas e simples: $R_1C\equiv C-CH_2R$
		Alceninos - ligações triplas, duplas e simples: $R_1C\equiv C-HC=CH-CH_2R$

(†) - Esta classificação tem finalidade didática.

7.1.5 Gráficos e Figuras

Conceitos

O *gráfico* é a representação do conjunto dos dados tabelados ou não. Porém, quando tabelados facilita o trabalho da construção do gráfico. Na tabela eles se encontram em ordem crescente ou decrescente de valores facilitando a escolha de uma escala adequada com o tamanho do papel onde será construído. Os dados ordenados da tabela ajudam a *evitar erros* de construção da figura.

Existem os mais variados tipos de gráficos, dependendo da área e finalidade. Todos têm algo em comum:
- o *título* da figura colocado abaixo da mesma ou gráfico, precedido por **Figura nº...**;
- o *corpo da figura*; e
- a *legenda*, se necessária, ver Figura 7.3.

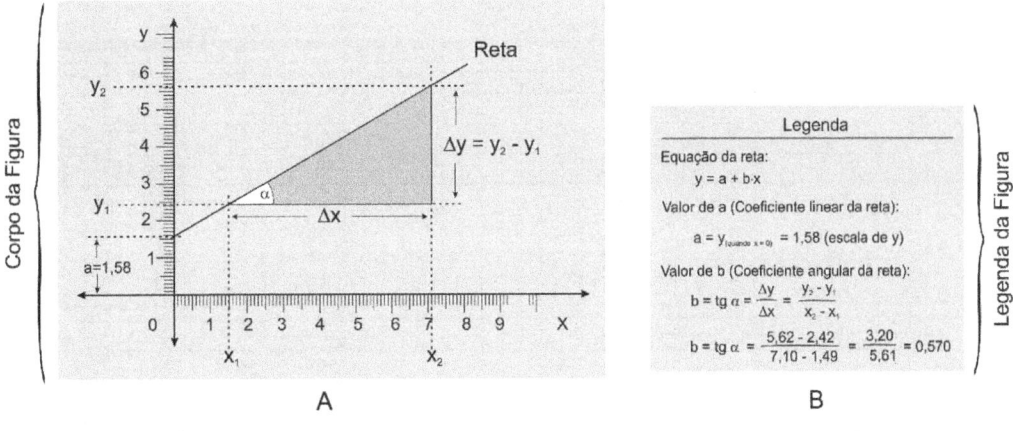

Figura 7.3 Visualização das partes que compõem uma Figura ou um Gráfico: (A) Corpo da Figura; (B) Legenda da Figura; (C) Título da Figura.

As figuras, também como as tabelas, devem ter significado próprio, devem ser autoexplicativas. Isto é, se alguém extraviar uma figura, quem a encontrar, através dos dados e informações nela presentes, deve compreender o que o autor quis informar nela, sem ter que consultar o texto.

Na realidade, o gráfico é a visualização do que os dados da tabela querem mostrar ou dizer.

A finalidade de um gráfico pode ser diversa. Por exemplo:

- *Visualizar a correlação* existente entre variáveis medidas; conforme Figura 7.4;
- *Calcular parâmetros* (constantes etc.). Por exemplo, a determinação do coeficiente linear e o coeficiente angular de uma reta, conforme Figura 7.3;
- *Escolher* entre dois métodos o mais sensível. Por exemplo, a determinação da sensibilidade de um método analítico;
- *Identificar compostos* químicos, conforme Figuras 7.5 e 7.6;
- *Interpolar respostas*. Por exemplo, através da *curva analítica* determinar a *concentração* de uma solução desconhecida;
- *Mostrar a estrutura* e *funcionamento* de algum equipamento;
- *Mostrar o caminho* de algum processo ou método, neste caso denominado de fluxograma.

Estes são alguns exemplos de figuras e gráficos normalmente utilizados em atividades de carácter científico.

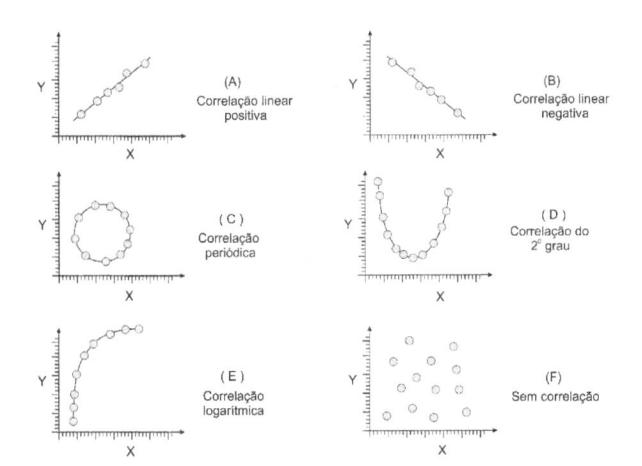

Figura 7.4 Tipos de correlações: (A) Linear positiva; (B) Linear negativa; (C) Correlação periódica; (D) Correlação do 2° grau; (E) Correlação logarítmica; (F) Sem correlação.

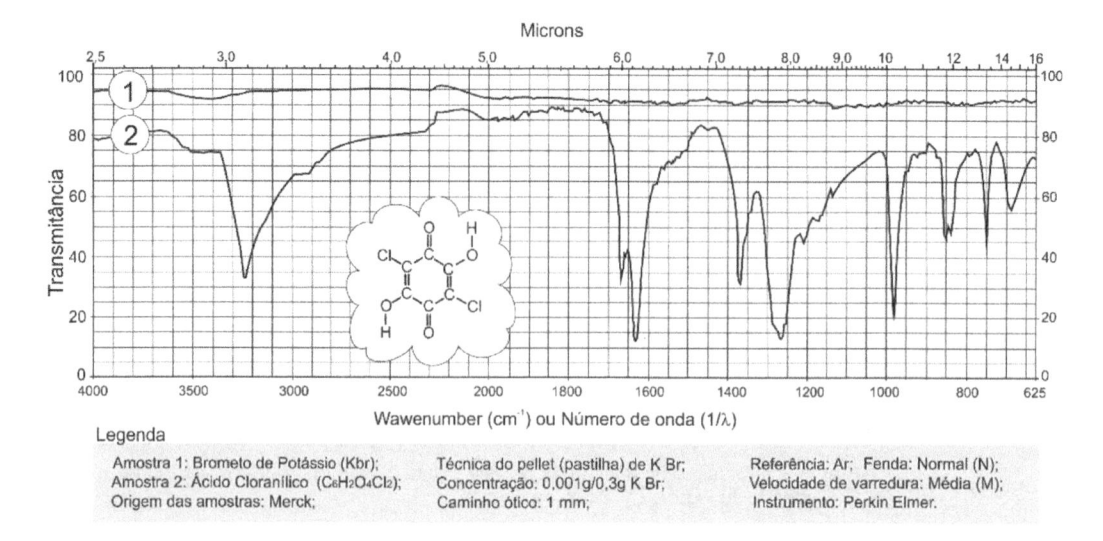

Figura 7.5 Espectro de infravermelho na técnica do pellet (pastilha) de brometo de potássio (KBr): Amostra (1) Espectro do KBr; Amostra (2) Espectro do ácido cloranílico $(C_6H_2O_4Cl_2)$ no infravermelho.

FONTE: Lenzi, 1972.

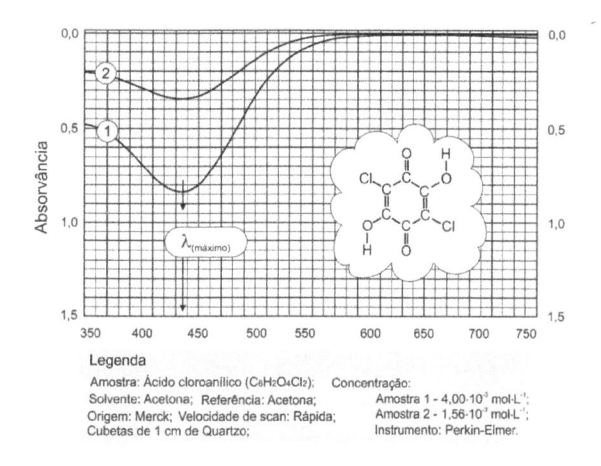

Figura 7.6 Espectro do ácido cloranílico $(C_6H_2O_4Cl_2)$ no visível da radiação eletromagnética.

FONTE: Lenzi, 1972.

Construção do gráfico

Hoje, com o computador, existem os mais variados programas computacionais gráficos, nos quais basta introduzir os dados experimentais e a máquina já dá o gráfico desejado impresso.

Os autores recomendam ao leitor e ao acadêmico que tomem conhecimento e saibam utilizar alguns destes programas, pois, cada um tem suas vantagens e desvantagens.

Recomenda-se ao leitor que utilize o método no qual ele mesmo pode fazer suas alterações e dar às Figuras peculiaridades de interesse. Muitas vezes os programas são rígidos e não permitem muitas modificações. Por isto, também se aconselha ao acadêmico que aprenda a programar e fazer seu próprio desenho com aqueles aspectos que os programas prontos nem sempre trazem embutidos.

Aqui, neste momento, trata-se de aprender os princípios básicos, materiais e algumas técnicas, inerentes ao trabalho. Régua, esquadros (60° e 45°), compasso, papel, entre outros materiais, são os básicos para qualquer começo de desenho.

A Figura 7.7 mostra um papel quadriculado com quadrados de 1 mm de lado ou outros, que servem para sistemas de duas variáveis e Figuras no Plano XY.

A Figura 7.8 apresenta um papel triangulado para sistemas de três variáveis no Plano XY.

A Figura 7.9 (papel semi-log) e Figura 7.10 (papel log – log) mostram papéis próprios para sistemas de funções logarítmicas e exponenciais.

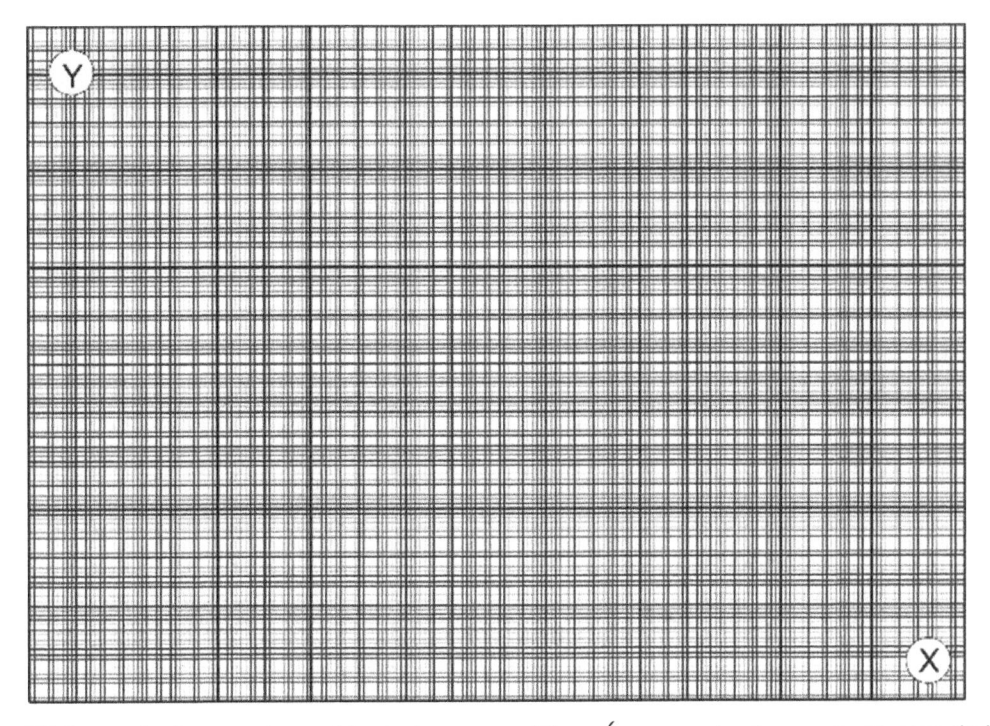

Figura 7.7 Exemplo de papel quadriculado para gráficos (em quadrados com um mm de lado).

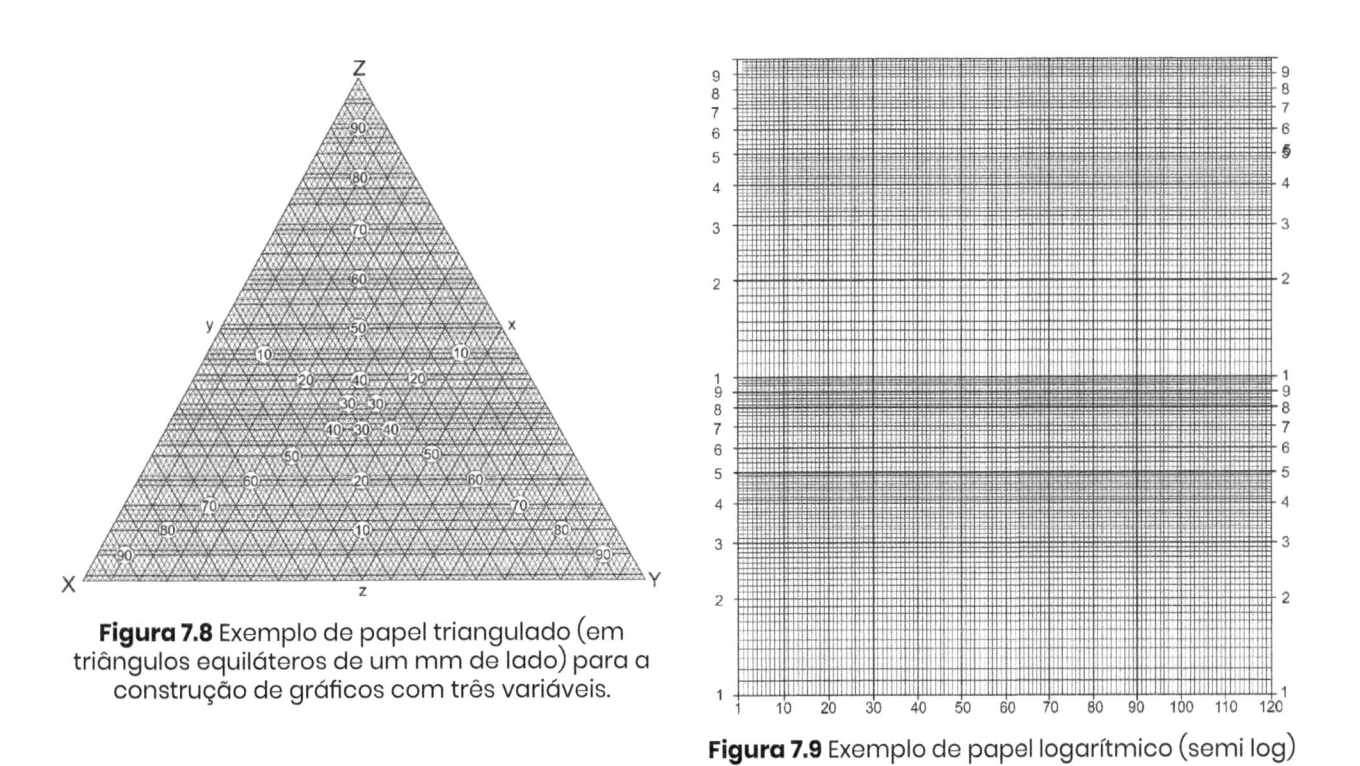

Figura 7.8 Exemplo de papel triangulado (em triângulos equiláteros de um mm de lado) para a construção de gráficos com três variáveis.

Figura 7.9 Exemplo de papel logarítmico (semi log) para gráficos.

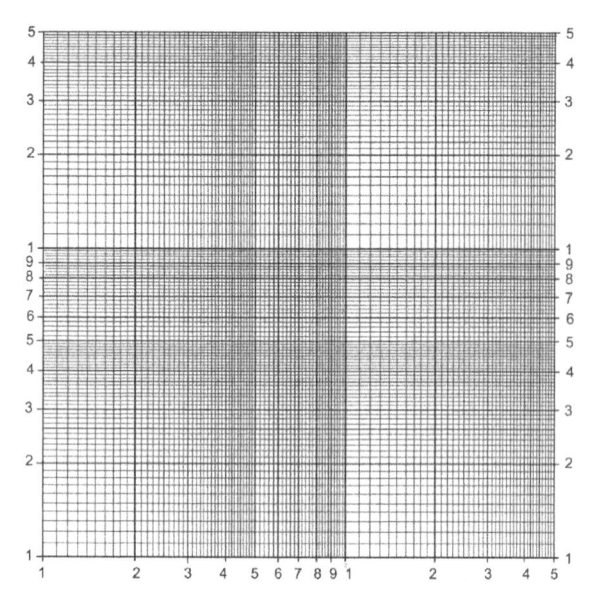

Figura 7.10 Exemplo de papel log-log para gráficos.

Um gráfico pode ter duas, três, quatro, ou mais variáveis em estudo ao mesmo tempo. Em geral, trabalha-se com duas, a variável *x* (variável independente) disposta sobre o *eixo horizontal* do sistema cartesiano, denominado de eixo das *abcissas* e a variável *y* (variável dependente) disposta sobre o *eixo vertical* em relação ao eixo do x, denominado de eixo das *ordenadas*, Figura 7.11.

Sobre os semieixos do x colocam-se os valores da variável x, correspondendo às abcissas. Sobre os semieixos do y colocam-se os valores da variável y, correspondendo às ordenadas dos pontos coordenados $P_{(x,y)}$.

Antes de começar qualquer etapa observar o que deve constar na área da folha de desenho para prever a área de cada parte. Entre as partes previstas estão:
- Área necessária para a figura (ou gráfico) em si, a qual está baseada nos dados experimentais e no tamanho ou dimensão da folha, por exemplo, tipo A4;
- Área necessária para o título da figura;
- Área necessária para a legenda. A *legenda* é um texto explicativo que acompanha a ilustração, figura, mapa etc., para esclarecer detalhes ou símbolos usados no gráfico, que deveriam complementar o título ou a própria figura, ver Figura 7.3.
- Área da *moldura* da figura. A *moldura* da figura corresponde à área que envolve o conjunto (figura, título, legenda) de forma simétrica e o separa da margem da folha de papel.

A escala a ser utilizada depende dos valores das variáveis medidas x e y. Normalmente, se o valor do número a ser colocado no eixo das abcissas ou ordenadas for maior, ou menor, que as divisões possíveis que o planejado do papel, trabalha-se com um número multiplicado por uma potência positiva ou negativa de 10 ($10^{\pm x}$) – notação científica – isto é, um múltiplo ou um submúltiplo, que repõe o número de algarismos significativos na resposta a ser definida através do gráfico.

Conforme o número de variáveis medidas a serem apresentadas no gráfico existem outros tipos de papéis, usados na construção de gráficos, já preparados e disponíveis no comércio. Por exemplo, se as variáveis a serem representadas são 3 (X, Y, Z), na superfície e não no espaço, usa-se o *papel triangulado* (desenhado em *triângulos equiláteros* com um mm de lado), conforme Figura 7.8.

Dependendo do tipo de função matemática (entre x e y) que se deseja representar existe papel próprio. Por exemplo, *papel semi-logarítmico* (Figura 7.9), *papel log - log* (Figura 7.10) etc.

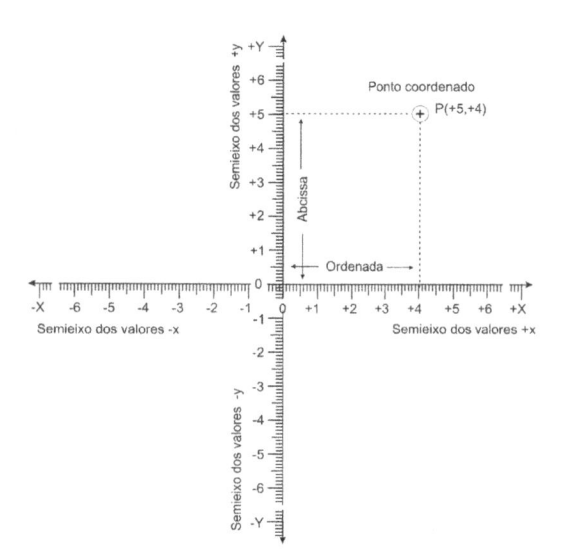

Figura 7.11 Eixos cartesianos mostrando os sinais dos semieixos e um ponto coordenado.

Detalhes 7.1

Um aspecto importante associado aos eixos cartesianos ortogonais é a figura da *circunferência trigonométrica* ou *ciclo trigonométrico*. Este, nada mais é do que uma circunferência de raio igual unidade (r = 1) com o seu centro no ponto coordenado P(x=0; y = 0) e origem da circunferência no ponto A do semieixo do X e seu sentido anti-horário. A Figura 7.12 ilustra o assunto.

A cada ponto da *circunferência trigonométrica* lhe correspondem diferentes relações sobre os semieixos cartesianos:

- Entre os valores das coordenadas do ponto;
- Entre os valores dos semieixos criados pela intersecção da tangente do ponto da circunferência e os respectivos semieixos.

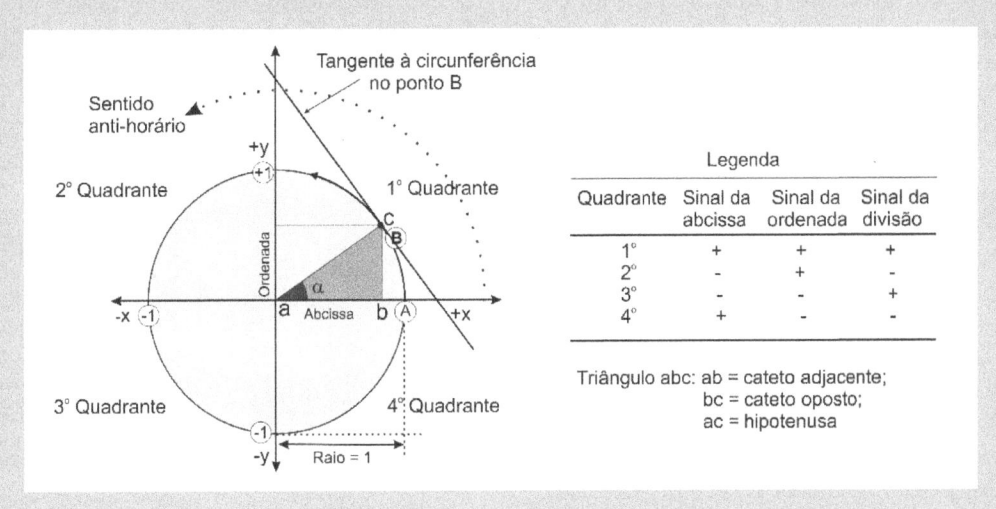

Figura 7.12 Visualização da circunferência trigonométrica: sinais das ordenadas, abcissas de cada ponto da circunferência e sinal da operação com as coordenadas.

Analisando o ponto B da circunferência, Figura 7.12, que coincide com **c** do triângulo **abc**, observa-se que ele define o triângulo retângulo **abc**, assim como qualquer outro ponto da circunferência define seu respectivo triângulo retângulo, tendo como únicas exceções os 4 pontos dos semieixos pelos quais passa a circunferência, nos quais os triângulos tornam-se uma linha.

As diferentes relações entre a abcissa e a ordenada de cada ponto da circunferência geram as diferentes funções trigonométricas: seno, cosseno, tangente e cotangente. Por exemplo, ao se considerar o ponto B da circunferência trigonométrica e o respectivo triângulo retângulo formado **abc**, ao se relacionar o cateto **bc** (denominado de cateto oposto ao ângulo α) e o cateto **ac** (cateto adjacente ao ângulo α) tem-se a função trigonométrica *tangente do ângulo* α, conforme Equação (7.1).

$$\text{tg} - = \frac{\text{Cateto oposto}}{\text{Cateto adjacente}} = \frac{bc}{ab} = \frac{\text{Comprimento bc na unidade do raio}}{\text{Comprimento ab na unidade do raio}} \tag{7.1}$$

> Os segmentos **ab** e **cd** nos diferentes quadrantes têm sinais diferentes o que pode gerar valores negativos e positivos. Da mesma forma podem ser tratadas as demais funções trigonométricas.
>
> As funções secantes e cossecantes estão relacionadas às intersecções da tangente à circunferência trigonométrica, nos diferentes pontos considerados da mesma com os semieixos envolvidos. No exemplo em análise ao ponto B com os semieixos +x e +y.
>
> O assunto não é objetivo desta Unidade Didática. Recomenda-se ao leitor revisar o conteúdo.

Os gráficos, não permitem uma leitura com muitos algarismos significativos com o seu valor real, devido à limitação das divisões da escala. Por isto, resolve-se o problema pelo *método dos mínimos quadrados* onde, pode-se manter o número correto de algarismos significativos da medida.

Detalhes 7.2

Para todos os tipos de funções o princípio "da soma dos mínimos quadrados", baseia-se no seguinte:

A melhor curva é aquela que apresenta a menor soma dos quadrados das diferenças entre cada valor experimental (Y_i) o seu melhor valor estimado (Y_{est}), ou $\delta_i = (Y_i - Y_{est})$.

Onde, chega-se à Equação (7.2):

$$S \text{ (soma)} = (\delta_1)^2 + (\delta_2)^2 + (\delta_3)^2 + ... + (\delta_n)^2 \quad (7.2)$$

Assim, a *melhor reta* de uma função linear é a reta dos mínimos quadrados onde, o coeficiente linear é **a** e o coeficiente angular é **b**, conforme Equação (7.3):

$$y = a + b.x \quad (7.3)$$

Os coeficientes a e b são calculados pelas Equações (7.4) e (7.5), respectivamente, envolvendo apenas as medidas de x_i e sua resposta y_i:

$$a = \frac{\left(\sum_{i=1}^{n} y_i\right) \cdot \left(\sum_{i=1}^{n} x_i^2\right) - \left(\sum_{i=1}^{n} x_i\right) \cdot \sum_{i=1}^{n}(x_i \cdot y_i)}{n \cdot \sum_{i=1}^{n} x_i^2 - \left(\sum_{i=1}^{n} x_i\right)^2} \quad (7.4)$$

$$b = \frac{n \cdot \sum_{i=1}^{n}(x_i \cdot y_i) - \left(\sum_{i=1}^{n} x_i\right) \cdot \left(\sum_{i=1}^{n} y_i\right)}{n \cdot \sum_{i=1}^{n} x_i^2 - \left(\sum_{i=1}^{n} x_i\right)^2} \quad (7.5)$$

Onde, n é o número de pares de medidas x_i e y_i.

Aplicação da elaboração de gráficos e cálculos dos coeficientes (a e b)

Construção da Figura

Na realização de um experimento, pela medida da variável x (variável independente, variada à vontade) e da variável y (variável dependente de x), para a função y = f(x), obtiveram-se os *dados originais* da Tabela 7.1.

Tabela 7.1 Valores de x e y da função y = f(x), adimensionais.

N°	Dados originais		Dados para o papel 14x24 cm		Dados para o papel 24x29 cm			Generalização
n	y_i	x_i	y_i	x_i	y_i	x_i		y_i ou $x_i = A_i$
1	5.005	100,0	$5,005.10^3$	10,00.10	20,02.250	12,50.8		$(v/u).A_i = B_i$*
2	2.505	50,00	$2,505.10^3$	5,000.10	10,02.250	6,250.8		$(u/v).B_i = A_i$
3	505,0	10,00	$0,505.10^3$	1,000.10	2,020.250	1,250.8		
4	5,000	0,000	$0,005.10^3$	0,000.10	0,002.250	0,000.8		
5	-495,0	-10,00	$-0,495.10^3$	-1,000.10	1,980.250	-1,250.8		
6	-2.495	-50,00	$-2,495.10^3$	-5,000.10	9,980.250	-6,250.8		
7	-4.995	-100,0	$-4,995.10^3$	-10,00.10	19,98.250	12,50.8		

(*) u e v são constantes que vão estabelecer a escala de cada eixo coordenado.

Na hora de fazer o gráfico com os *dados originais* temos uma folha de papel milimetrado de dimensões 24 cm de comprimento e 14 cm de altura. Como fazer?

Desejamos ter uma Figura centralizada na folha disponível e com uma *margem* em todos os lados. Para isto, seguiremos diversos passos:

1º Passo – Análise dos intervalos de valores de x e y

A variável x, que é a variável independente, conforme Tabela 7.1, apresenta o intervalo de valores de –100,0 a + 100,0 unidades, ou seja, um total de 200 unidades, que, por convenção, ocuparão as posições do eixo das abcissas (x).

A variável y, que é a variável dependente, apresenta o intervalo de valores de –4.995 a 5.005 unidades, ou seja, um total de 10.000 unidades, que por convenção ocuparão as posições do eixo das ordenadas (Y).

2º Passo – Margens escolhidas

Se definirmos uma margem de 2 centímetros de cada lado teremos para:

a) o comprimento do papel, isto é, entre o lado esquerdo e o lado direito (lado do observador), com margens de 2 cm, onde serão dispostas as 200 unidades da variável X, terá:

Eixo dos X = Eixo das abcissas: 24 cm – 2.2 cm = 20 cm

b) a largura do papel, isto é, entre o lado superior do papel e o inferior (considerando o observador), com margens de 2 cm, onde serão dispostas as 10.000 unidades da variável Y, terá:

Eixo dos Y = Eixo das ordenadas: 14 cm – 2.2 cm = 10 cm

Observação: Tanto para o comprimento quanto para a largura da folha destinada ao desenho os *2 cm* destinados à margem foram divididos em 1,5 cm com margem propriamente dita e intocáveis, e 0,5 cm como margem mais próxima da figura, podendo, caso necessário, ser utilizada. Ver Figura 7.13.

3º Passo – Número de unidades de x e y por unidade de papel (escala de cada variável)

O cálculo resume-se a uma *regra de três simples*, ou seja:

a) Para a variável x

---

200 unidades da variável x → 20 cm de papel
x → 1 cm de papel

x = 200x1/20 = 10 unidades/cm

Escala: 1: 10 (isto é, uma unidade no papel equivale 10 unidades no real).

b) Para a variável y

> 10.000 unidades de y $\longrightarrow$ 10 cm de papel
> y $\longrightarrow$ 1 cm de papel
>
> y = 10.000x1/10= 1000
>
> Escala: 1:1000 (isto é, uma unidade no papel equivale 1000 unidades no real).

Neste gráfico estão sendo usadas duas escalas para distribuir a figura em *toda a área disponível*.

Pode-se utilizar uma escala única determinada pela dimensão maior da Figura (mapa, gráfico, foto etc.). O que acontece normalmente.

4º Passo – Cálculos dos valores de y e x a serem colocados em 10 e 20 cm do papel respectivamente

Cada valor de y_i e cada valor de x_i é dividido pelo respectivo valor da *escala* acima calculada e tabelado contendo como fator multiplicativo o mesmo valor da escala. A Tabela 7.1 nas colunas de *Dados para o papel 14x24 cm*, traz os valores dos *dados originais* (reduzidos, como também poderiam ter sido ampliados) para serem levados ao Gráfico dentro das dimensões do papel.

A mesma Tabela 7.1 traz os *dados originais* calculados para serem colocados num *papel de dimensão 24x29 cm* (com dois cm de margem também). E, por fim, a Tabela 7.1 traz a fórmula da generalização, segundo a qual, cada *dado original* A_i é multiplicado e dividido por constantes tais, cujo resultado (escala) é compatível com as dimensões do papel em que deve ser feito o desenho. E, consta também a multiplicação pelo inverso do fator (escala) que reproduz o valor do dado original.

5º Passo – Construção do gráfico (ou Figura)

Com as informações dadas nos Passos anteriores e mais os dados da Tabela 7.1 (*Dados para o papel 14x24 cm*) construímos a Figura 7.13.

Cálculos dos coeficientes

a – Determinação gráfica dos coeficientes **a** e **b**

1º Coeficiente linear a

O *coeficiente linear* da reta **a** é o valor da ordenada y quando a abcissa vale zero, conforme Equação (7.6):

$$\text{Coeficiente linear da reta} = \mathbf{a} = (y)_{\text{quando } x = 0} \quad (7.6)$$

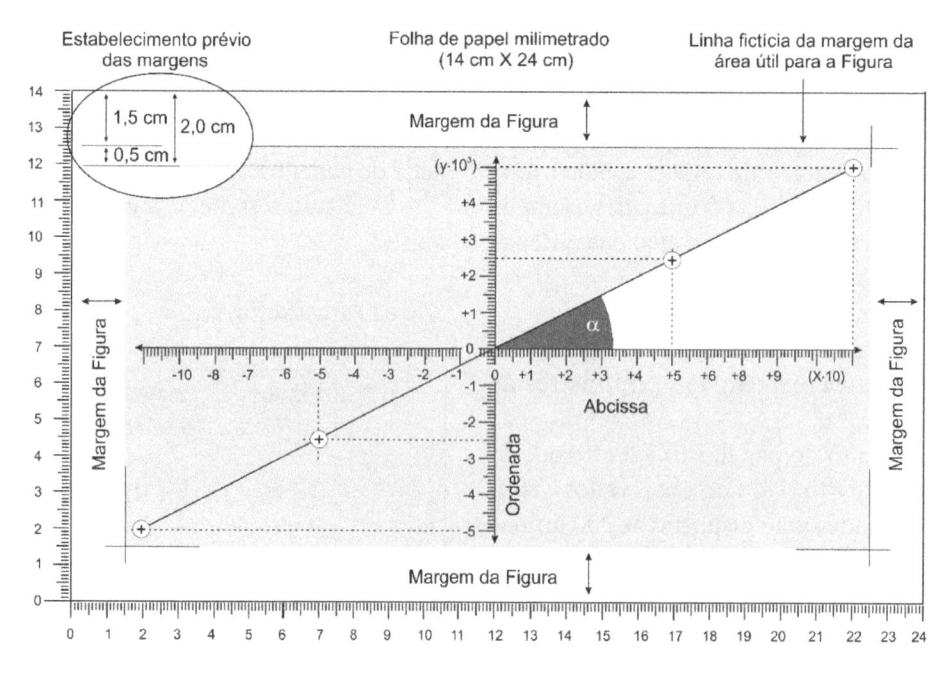

Figura 7.13 Dimensionamento do papel e construção de uma Figura a partir de dados experimentais das medidas de x_i e y_i.

Analisando a Figura 7.13 e repetido na Figura 7.14, observa-se que o valor de y neste momento, isto é, quando x = 0, é igual a zero. Logo, Tem-se o valor da Equação (7.7):

$$\text{Coeficiente linear da reta} = \mathbf{a} = (y)_{quando\ x=0} = 0,0\ (zero) \quad (7.7)$$

O fato do coeficiente linear **a** ser igual a zero significa que a reta passa pela origem dos semieixos. Isto corresponde a uma observação feita no gráfico obtido da plotagem dos dados experimentais. É um fato científico.

A obtenção do valor de **a** pelo processo estatístico dos *mínimos quadrados* pode coincidir com o valor obtido pelo método gráfico ou não. Não significa que haja erro no processo. São limitações de um método em relação ao outro.

2º Coeficiente angular b

O coeficiente angular da reta (**b**) mede a inclinação da reta, dada pela tangente do ângulo α (tg α), o que é realizado pela relação Δy/Δx, conforme explicitado na Equação (7.8):

$$\text{Coeficiente angular da reta} = \mathbf{b} = \operatorname{tg} \alpha = \frac{\Delta y}{\Delta x} = \frac{y_2 - y_1}{x_2 - x_1} \quad (7.8)$$

Pela Figura 7.13 observa-se que o valor de $y_2 = 5,00 \cdot 10^3$ e de $y_1 = 0,00$. Na mesma Figura 7.13 verifica-se que $x_2 = 10,00 \cdot 10$ e $x_1 = 0,00$. Estes valores introduzidos na Equação (7.8) geram o valor de **b**, conforme Equação (7.9):

$$\text{Coeficiente angular } \mathbf{b} = \operatorname{tg} \alpha = \frac{\Delta y}{\Delta x} = \frac{y_2 - y_1}{x_2 - x_1} = \frac{5,00 \cdot 10^3 - 0,00}{100,00 - 0,00} = 50,0 \quad (7.9)$$

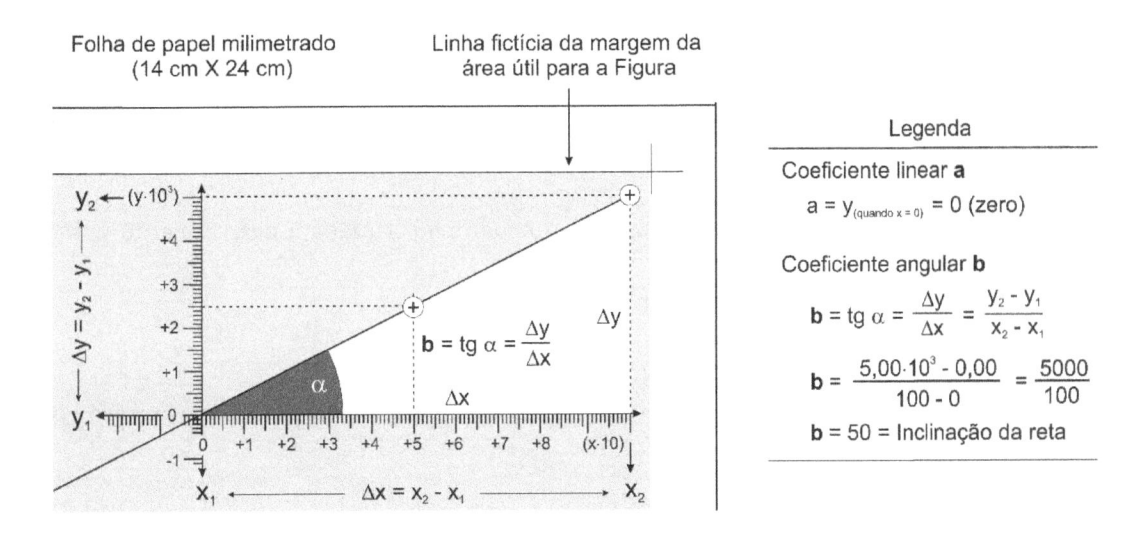

Figura 7.14 Determinação dos valores de ΔY; ΔX e respectivos coeficientes: **(a)** coeficiente linear; **(b)** coeficiente angular.

b – Determinação dos coeficientes pelo método dos mínimos quadrados

Os coeficientes **a** e **b** são determinados pelas Equações (7.4) e (7.5), abaixo transcritas.

$$a = \frac{\left(\sum_{i=1}^{n} y_i\right) \cdot \left(\sum_{i=1}^{n} x_i^2\right) - \left(\sum_{i=1}^{n} x_i\right) \cdot \sum_{i=1}^{n}(x_i \cdot y_i)}{n \cdot \sum_{i=1}^{n} x_i^2 - \left(\sum_{i=1}^{n} x_i\right)^2} \quad [7.4]$$

$$b = \frac{n \cdot \sum_{i=1}^{n}(x_i \cdot y_i) - \left(\sum_{i=1}^{n}x_i\right) \cdot \left(\sum_{i=1}^{n}y_i\right)}{n \cdot \sum_{i=1}^{n}x_i^2 - \left(\sum_{i=1}^{n}x_i\right)^2} \qquad [7.5]$$

A Tabela 7.2 apresenta os cálculos com as variáveis y e x necessitadas nas Equações (7.4) e (7.5).

1º Cálculo do coeficiente linear da reta (a)

Substituindo as expressões da Equação (7.4) pelos respectivos valores da Tabela 7.2, tem-se à Equação (7.10):

$$a = \frac{(35,00) \cdot (2,520 \cdot 10^4) - (0,00) \cdot (1,262 \cdot 10^6)}{7 \cdot (2,520 \cdot 10^4) - 0,00} = \frac{8,820 \cdot 10^5}{1,764 \cdot 10^5} = 5,00 \qquad (7.10)$$

Tabela 7.2 Parâmetros para o cálculo do coeficiente linear e angular da função $y = f(x)$.

N	y_i	x_i	$(x_i)^2$	$y_i \cdot x_i$
1	5.005	100,0	$1,000 \cdot 10^4$	$5,005 \cdot 10^5$
2	2.505	50,00	$2,500 \cdot 10^3$	$1,2525 \cdot 10^5$
3	505,0	10,00	$1,000 \cdot 10^2$	$5,050 \cdot 10^3$
4	5,000	0,00	0,0000	$0,0000 \cdot 10^0$
5	-495,0	-10,00	$1,000 \cdot 10^2$	$4,950 \cdot 10^3$
6	-2.495	-50,00	$2,500 \cdot 10^3$	$1,12475 \cdot 10^5$
7	-4.995	-100,0	$1,000 \cdot 10^4$	$4,995 \cdot 10^5$
n = 6	$\sum y_i = 35,00$	$\sum x_i = 0,00$	$\sum (x_i)^2 = 2,52 \cdot 10^4$	$\sum (y_i \cdot x_i) = 1,262 \cdot 10^6$

2º Cálculo do coeficiente angular da reta (b)

Substituindo as expressões da Equação (7.5) pelos respectivos valores da Tabela 7.2, chega-se à Equação (7.11), que dá o valor do coeficiente angular da reta.

$$b = \frac{7 \cdot (1,260 \cdot 10^6) - (0,00) \cdot (35,00)}{7 \cdot (2,520 \cdot 10^4) - 0,00} = \frac{8,820 \cdot 10^6}{1,764 \cdot 10^5} = 50,00 \qquad (7.11)$$

Comparando os resultados obtidos pelos dois métodos, observamos que, os do método matemático dos mínimos quadrados são resultados mais exatos, mais precisos, isto é, com um número maior de algarismos significativos.

O papel milimetrado é limitado quanto ao número de algarismos significativos do resultado. Além do mais, a inclinação da reta, ou da curva, se os pontos da reta forem dispersos é muito subjetiva. Isto introduz incertezas na determinação gráfica de **a** e de **b**.

7.2 Parte Experimental

7.2.1 Análise de uma equação do 1º grau

a – *Material*
- *Régua,*
- *Esquadros de 45º e 30-60º;*
- *Papel milimetrado;*
- *Lápis, borracha;*
- Material de registro: Diário do Laboratório; calculadora, computador, entre outros.

b – *Procedimento*
- Um químico preparou seis soluções aquosas de uma substância A, por exemplo, açúcar (FM = $C_{12}H_{22}O_{11}$), com 5 réplicas (repeti-

ções) cada e com as seguintes concentrações em g L^{-1}, (C_A): 0,00 (branco); 2,00; 6,00; 10,00; 14,00; 18,00 respectivamente. Após a medida de uma propriedade qualquer (por exemplo, a *doçura,* em escala apropriada) de cada solução com 5 réplicas e obtendo o *melhor valor* ($\overline{x}$) do sinal analítico para cada solução, com o respectivo **desvio padrão (s_y)**. Encontrou respectivamente: 0,031 ±0,0079; 0,173 ±0,0094; 0,422 ±0,0084; 0,702 ±0,0084; 0,956 ±0,0085; 1,248 ±0,0110.

- Após, ele preparou uma amostra com cinco réplicas, que continha C_A g L^{-1} de valor desconhecido. Fez a leitura da propriedade (doçura) encontrando $\overline{Y}_A$ = 0,850 ±0,0084 de sinal analítico (da variável doçura).

c – *Cálculos e gráficos*
- 1. Colocar os dados experimentais e calculados do problema em forma de uma Tabela RA 7.1 no Relatório de Atividades.
- 2. Com os dados da Tabela RA 7.1 e uma folha de papel milimetrado, fazer o gráfico de y = f(x), sabendo que x é a *variável independente* que é variada a vontade (no exemplo dado x = 0; 2; 6; 10; 14; 18) e y é a *variável dependente* de x, que é lida ou medida (como sinal analítico). Anexar o gráfico no Relatório de Atividade.
- 3. Estabelecer graficamente a equação da *melhor reta* que passa pelos pontos coordenados do gráfico, isto é, determinar graficamente os valores de **a** e **b**. Reescrever a Equação (7.3), no Relatório de Atividades, com estes coeficientes.
- 4. Dar a concentração de açúcar da amostra desconhecida, sem considerar o desvio padrão.
- 5. Se fosse necessário colocar o intervalo de confiança de 95% de certeza que o valor verdadeiro (μ) da propriedade medida (doçura) se encontra nele, como fazer?
- 6. Sem compromisso, tentar estabelecer a equação da reta pelo método matemático dos *mínimos quadrados* utilizando as Equações (7.4) e (7.5).

7.2.2 Análise de uma equação do 2º grau

a – *Material*
- *O mesmo do experimento de 7.2.1.*

b – *Procedimento*
- Um químico analisando experimentalmente duas variáveis x (*variável independente*) e y (*variável dependente*), sem se preocupar com os desvios das medidas, observou que ao variar x ele podia medir y, conforme os dados da Tabela 7.3.

c – *Cálculos e gráficos*

1. Com os dados do experimento construir o gráfico centralizado em uma folha quadriculada de papel A4 e traçar a *melhor curva.*

2. Sabe-se que o gráfico representa uma equação do 2º grau do tipo dado pela Equação (7.12). Os coeficientes da equação do 2º grau (**a**, **b**, **c**) foram colocados conforme o tradicional do estudo da Equação (7.12):

$$y = a.x^2 + b.x + c \qquad (7.12)$$

Tentar determinar através do gráfico e artifícios de matemática, os parâmetros **a**, **b** e **c** da Equação (7.12).

Tabela 7.3 Quadro de valores obtidos na observação da variação de x com a consequente medida de y.

Teste	Valor de y*	Valor de x*	Teste	Valor de y*	Valor de x*
1	-5,0	-2,0	6	3,8	1,5
2	-2,3	-1,5	7	3,0	2,0
3	0,0	-1,0	8	0,0	3,0
4	3,0	0,0	9	-2,3	3,5
5	4,0	1,0	10	-5,0	4,0

(*) As unidades de medida de x e y foram omitidas.

> **Detalhes 7.3**
>
> As raízes da equação do segundo grau (x' e x") são valores que substituídos na equação igualam a mesma a zero, conforme Equação (7.13):
>
> $$a.x^2 + b.x + c = 0 \qquad (7.13)$$
>
> A solução da Equação (7.13) é dada pela equação de Bhaskara, dada pela Equação (7.14):
>
> $$x = \frac{-b \pm \sqrt{b^2 - 4 \cdot a \cdot c}}{2 \cdot a} \qquad (7.14)$$

> Quando $a \neq 0$, tem-se as relações dadas pela Equação (7.15) e Equação (7.16):
>
> $$\text{Soma das raízes} = S = x_1 + x_2 = \frac{-b}{a} \qquad (7.15)$$
>
> $$\text{Produto das raízes} = P = x_1 \cdot x_2 = \frac{c}{a} \qquad (7.16)$$

7.3 EXERCÍCIOS DE FIXAÇÃO

7.1. Considere a Tabela EF 7.1 com dados sobre o metal chumbo.

Tabela EF 7.1 Valores da massa e do volume de amostras do metal chumbo.

Número da amostra	Massa (m_{Pb}) (g)	Volume (V_{Pb}) (cm³)	Densidade (D) (g cm⁻¹)	Desvio absoluto (d_D) $d = D_i - \bar{D}$
1	3,99	0,35		
2	7,43	0,67		
3	10,31	0,90		
4	13,56	1,20		
5	15,71	1,37		
n =			$\bar{D} =$	$\bar{d}_D =$

a) Complete a Tabela EF 7.1. Calcule a densidade média e o desvio médio. Expresse o resultado corretamente.

b) Em papel milimetrado, construa um gráfico colocando a massa na ordenada e o volume na abcissa.

c) Calcule a equação da reta usando o método gráfico.

d) Qual o significado físico do valor do coeficiente angular desta reta?

7.2. Abaixo têm-se as massas de 32 amostras de grãos de soja. Organize uma tabela que conste o número da amostra, o valor da massa, o rol de dados, o desvio absoluto. Calcule a massa média, o desvio padrão, e o LC com 95% de confiança. Inclua estes dados na tabela já organizada.

Massas de grãos de soja: 0,227; 0,259; 0,266; 0,163; 0,164; 0,236; 0,151; 0,224; 0,161; 0,197; 0,179; 0,137; 0,269; 0,272; 0,183; 0,138; 0,167; 0,231; 0,232; 0,258; 0,124; 0,215; 0,161; 0,141; 0,147; 0,147; 0,173; 0,140; 0,162; 0,195; 0,160; 0,214.

7.3. Pesquise as propriedades das bases ou hidróxidos. Com as informações obtidas monte um quadro. Siga as instruções dadas na Unidade Didática.

7.4. Para a determinação colorimétrica da concentração de fosfato, em uma amostra dada, é necessário construir uma curva de calibração. Dois alunos obtiveram os seguintes resultados para a curva de calibração:

Tabela EF 7.1 Valores de absorbância lidos no espectrofotômetro para cada concentração.

Conc. (ppm)	0,00	10	20	30	40	50	60
Absorbancia	0,00	0,03	0,06	0,09	0,11	0,14	0,17

Os valores apresentados na tabela, foram obtidos no espectrofotômetro operando no espectro da luz visível sob 270nm.

Calcule o coeficiente linear e angular da reta pelo método dos mínimos quadrados.

Escreva a equação da reta referente a esta curva de calibração.

Respostas: **7.1.a.** 11,34; 0,12; **7.2.** 0,190; 0,045; 0,016; **7.4.a.** 0,061; 0,0027.

7.4 RELATÓRIO DE ATIVIDADES

Universidade _____	
Centro de Ciências Exatas – Departamento de Química	Relatório de Atividades
Disciplina: QUÍMICA GERAL EXPERIMENTAL – Cód: _____	
Curso: _____ Ano: _____	
Professor:_____	

Nome do Acadêmico	Data

UNIDADE DIDÁTICA 07: APRESENTAÇÃO E INTERPRETAÇÃO DE RESULTADOS, TABELAS E GRÁFICOS

1 Colocar os dados medidos e calculados do problema em forma de uma tabela. Tabela RA 7.1.

2. Em uma folha de papel milimetrado, fazer o gráfico de y = f(x), sabendo que x é a *variável independente* que é variada a vontade (no exemplo dado x = 0; 2; 6; 10; 14; 18) e y é a *variável dependente* de x, que é lida, ou medida (como sinal analítico). Colar o gráfico neste relatório.

3. Estabelecer graficamente a equação da *melhor reta* que passa pelos pontos coordenados do gráfico. Isto é, determinar graficamente os valores de **a** e **b**. Reescrever a Equação [7.3] com estes coeficientes.

4. Dar a concentração de açúcar da amostra desconhecida, sem considerar o desvio padrão.

7.5 REFERÊNCIAS BIBLIOGRÁFICAS E SUGESTÕES PARA LEITURA

ANTAR NETO, A.; LAPA, N.; SAMPAIO, J. L. P.; CAVALLANTTE, S. L. **Trigonometria**. 14ª Edição. São Paulo: Editora MODERNA, 1979. 314 p.

CHRISPINO, A. **Manual de química experimental**. São Paulo (SP): Editora Ática, 1991. 230 p.

COSTA NETO, P. L. O. **Estatística**. 15ª reimpressão. São Paulo: Editora Edgard Blücher, 1977. 264 p.

DANTE, L. R. **Matemática**. São Paulo: Editora Ática, 2005. 464 p.

DODD, J. S. [Editor] **The ACSstyle guide – as a manual for authors and editors**. Washington: ACS Press, 1986. 264 p.

GIESBRECHT. E. (Coordenador). **Experiências de química – técnicas e conceitos básicos**. PEQ – Projetos de Ensino de Química de Professores da USP. São Paulo: Editora Moderna, 1982. 241 p.

LENZI, E. **Estrutura do complexo cloranilato de ítrio**. Dissertação de Mestrado, 92 p. 1972. Dissertação de Mestrado apresentada ao Programa de Pós-Graduação em Química da Pontifícia, Departamento de Química da Universidade Católica do Rio de Janeiro, RJ. Aprovada em 29 de abril 1972.

LUFT, C. P. **O escrito científico – sua estrutura e apresentação**. 3ª Edição: Porto Alegre: Livraria LIMA Livreiros e Editores, 1971. 55 p.

MILLER, J. C.; MILLER, J. N. **Estatística para química analítica**. Segunda Edición. España: ADDISON-WESLEY Iberoamericana. 1988. 211 p.

POMBEIRO, A. J. L. O. **Técnicas e operações unitárias em química laboratorial**. Lisboa: Fundação Calouste Gulbenkian, 1980. 1.069 p.

UFPR **Normas para a apresentação de documentos científicos**. Curitiba: Editora da UFP. 2000, 39 p.

REY, L. **Planejar e redigir trabalhos científicos**. São Paulo: Editora Edgard Blücher, 1987. 240 p.

ROBERTS, J. L.; HOLLENBERG, J. L.; POSTMA, J. M. **General chemistry in laboratory**: 3. ed. New York: W.H. Freeman and Company, 1991. 498 p.

SIGMA-ALDRICH CATALOG, **Biochemicals and reagents for life science research**. USA: SIGMA ALDRICH Co., 1999. 2880 p.

SPIEGEL, M. R. **Estatística**. 4ª reimpressão da tradução de Pedro Cosentino. São Paulo: Editora McGraw-Hill do Brasil, 1972. 580 p.

SPIRIDONOV, V. P.; LOPATKIN, A. A. **Tratamiento matemático de dados físico-químicos**. Traducidodel Ruso por el Ingeniero A. Guardian Moscu: Editorial MIR, 1973. 206 p.

THOMAS SCIENTIFIC CATALOG: 1994/1995. New Jersey (USA): Thomas Scientific Co, 1995. 1929 p.

WHEATHERALL, M. **Método científico**. Tradução de Leonid Hegeberg. São Paulo: Editora Polígono, 1970. 282 p.

http://www.ebah.com.br/content/ABAAAfMRIAA/relatorio-pratico-determinacao-colorimetrica-concentracao-fosfato-amostra-dada-atraves-espectrofotometro

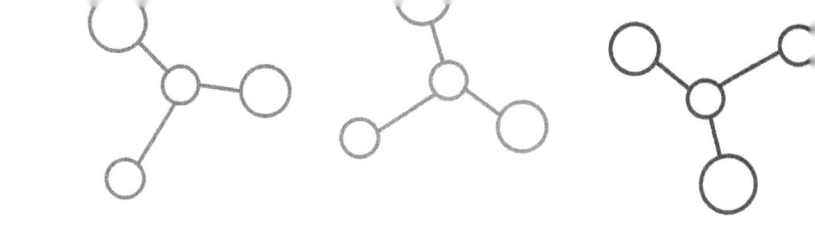

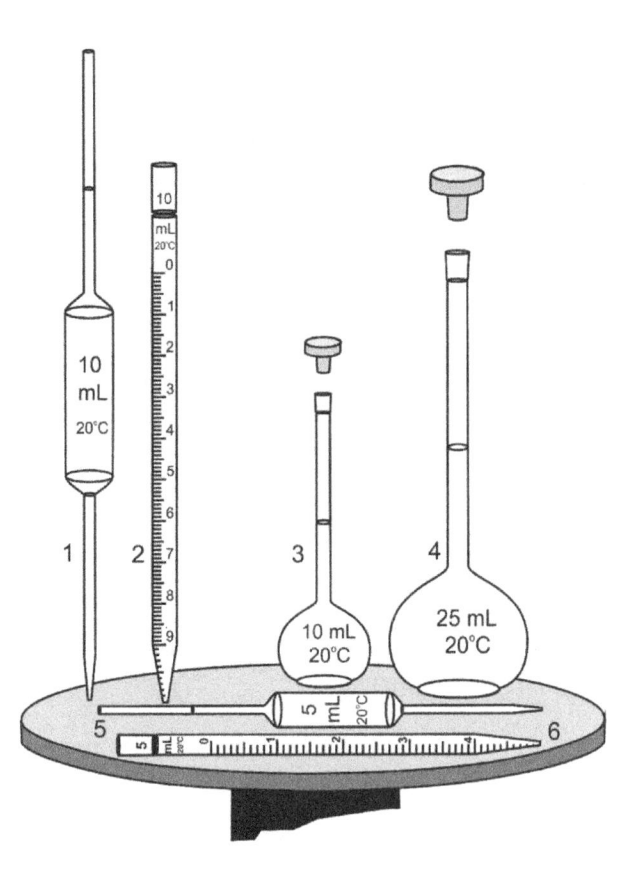

UNIDADE DIDÁTICA 08

1 e 5 – Pipetas volumétricas: Usadas para medir volumes fixos de líquidos. São encontradas nas capacidades, em mL, de 1; 2; 3; 4; 5; 10; 15; 20; 25; 50; 100, geralmente codificadas a cores. São as pipetas mais exatas encontradas no mercado. Possuem limites de erro (L), em mL, de ± 0,006; ± 0,006; ± 0,01; ± 0,01; ± 0,01; ± 0,02; ± 0,03; ± 0,03; ± 0,03; ± 0,05; ± 0,08, respectivamente. Possuem duas ou uma faixa. As duas faixas indicam que a pipeta entrega sua capacidade total quando a última gota é assoprada. As pipetas com uma faixa apenas não devem ser assopradas.

2 e 6 – Pipetas graduadas: Usadas para medir volumes variados de líquidos. São codificadas a cores. As linhas finas de gravação asseguram maior precisão. São encontradas, também, com uma ou duas faixas como as pipetas volumétricas.

3 e 4 – Balões volumétricos: Utilizados, em geral, para preparação de soluções de concentrações exatas. Possuem rolha de vidro esmerilhado, ou de polietileno, ou sem encaixe esmerilhado para rolha. São encontrados nos mercados nos volumes, em mL, de 1; 2; 5; 10; 25; 50; 100; 200; 250; 500; 1000; 2000, apresentando os seguintes limites de erro, em mL: ± 0,010; ± 0,015; ± 0,02; ± 0,02; ± 0,03; ± 0,05; ± 0,08; ± 0,10; ± 0,12; ± 0,20; ± 0,30; ± 0,50, respectivamente. Os balões volumétricos têm medidas precisas para soluções a 20 °C. Não se deve colocar soluções quentes nem aquecê-los durante a limpeza ou em outra situação qualquer. O aquecimento altera o volume da peça. Durante a limpeza deve-se evitar agentes abrasivos que, também, podem alterar o volume.

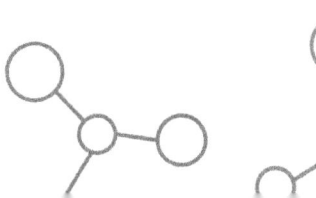

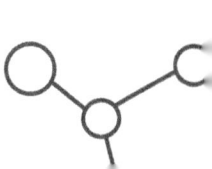

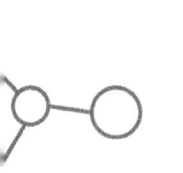

UNIDADE DIDÁTICA 08

EXATIDÃO DE INSTRUMENTOS

CALIBRAÇÃO DE INSTRUMENTOS VOLUMÉTRICOS

Conteúdo	Página
8.1 Aspectos Teóricos	217
8.1.1 Introdução	217
8.1.2 Erros do instrumento	218
8.1.3 Calibração de instrumentos volumétricos	218
Detalhes 8.1	223
Detalhes 8.2	223
8.2 Treinamento Teórico	224
8.2.1 Calibração de um balão volumétrico nas condições ambiente de 28,0 °C e 1 atm	224
8.2.2 Calibração de um balão volumétrico nas condições ambiente de 15,0 °C e 1 atm	226
8.2.3 Conferir a calibração de um balão volumétrico	227
8.3 Parte Experimental	229
8.3.1 Conferir a calibração de um balão volumétrico aferido para um volume de 25 mL	229
8.3.2 Conferir a calibração de pipetas aferidas para um volume de 10 mL	230
Detalhes 8.3	231
8.3.3 Conferir a calibração de uma bureta aferida para um volume de 25 mL	231
8.4 Exercícios de Fixação	233
8.5 Relatório de Atividades	235
8.6 Referências Bibliográficas e Sugestões para Leitura	236

UnidadeDidática 08
EXATIDÃO DE INSTRUMENTOS
CALIBRAÇÃO DE INSTRUMENTOS VOLUMÉTRICOS

Objetivos
- Aprender a calibrar (aferir) um instrumento de medida de volume.
- Aprender a conferir a calibração de um instrumento.
- Conferir a calibração de balões volumétricos, pipetas, buretas, etc.
- Verificar a existência de erros sistemáticos na calibração de instrumentos.

8.1 ASPECTOS TEÓRICOS

8.1.1 Introdução

A *precisão* de um instrumento mede a maior, ou menor, **dispersão** das medidas feitas com este instrumento (x_1, x_2, x_3, ..., x_i) ao redor do seu melhor valor ($\bar{x}$). A precisão reflete os *erros estatísticos*, ou *erros casuais*, ou também chamados erros fortuitos da medida, os quais não têm como evitá-los. Eles, ora são negativos e ora são positivos. A forma de expressá-los já foi estudada.

A *exatidão* de um instrumento mede o quanto as medidas (x_1, x_2, x_3, ..., x_i), ou o melhor valor do conjunto ($\bar{x}$), feitas com este instrumento, se afastam do verdadeiro valor da medida (μ). A exatidão reflete o *erro sistemático* do instrumento, ou do valor medido. O erro sistemático pode ser determinado. Ele tem sinal, isto é, pode ser sempre positivo, ou sempre negativo. Nunca acontece como o estatístico que na repetição da medida pode ser positivo e ou negativo.

O erro sistemático pode originar-se de:
- *erros do instrumento* (calibração ou aferição);
- *erros do método*; e,
- *erros do observador* (erros pessoais).

O desvio ou o erro sistemático pode ser controlado e diminuído. De posse de seu valor, pode ser feita a correção no resultado final. Entretanto, nem sempre isto é possível na prática. Por motivos diversos, pode ser que não seja possível de reduzir, ou estabelecer correções para erros sistemáticos.

As vezes, eliminar um erro sistemático, relativamente pequeno em um experimento, pode custar muito tempo e dinheiro, sendo inviável qualquer procedimento para a correção do mesmo.

Erros sistemáticos de qualquer tipo, que não possam ser reduzidos a um valor baixo, ou para os quais não seja possível fazer correções, são chamados de *erros sistemáticos residuais* (Vuolo, 1991).

Conforme alguns autores, as incertezas sistemáticas *residuais* podem ser tratadas como incertezas estatísticas, para efeito de indicação do erro padrão no resultado final de uma grandeza.

8.1.2 Erros do instrumento

Uma das principais fontes dos erros sistemáticos é a *calibração do instrumento*. Por isto, é necessário conferir se o instrumento em uso está corretamente calibrado ou aferido.

Esta atividade é peculiar de cada tipo de instrumento. Na química são usados muitos instrumentos aferidos, mas, entre os mais necessitados estão a balança, os termômetros, e os aparelhos de medida de volume, tais como: balões volumétricos, pipetas volumétricas, pipetas graduadas, buretas, provetas etc.

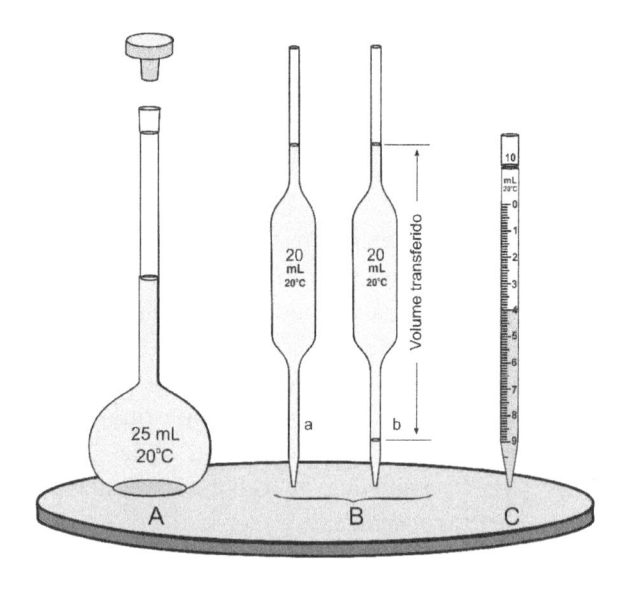

Figura 8.1 Exemplos de instrumentos volumétricos: (A) Balão volumétrico; (B) Pipetas volumétricas de transferência total (a) e parcial (b); (C) Pipeta graduada.

Nesta atividade e nesta Unidade Didática serão abordados apenas os instrumentos de medida de volume.

Estes aparelhos dividem-se em dois grupos:

a) Instrumentos aferidos de transferência total

Estes apresentam apenas um traço de aferição referente a sua capacidade volumétrica numa dada temperatura. Por exemplo, os balões volumétricos de 10 mL, 50 mL, 100 mL de capacidade. Eles não permitem medir volumes intermediários, por exemplo, 8,55 mL. A Figura 8.1 A, apresenta um balão volumétrico de 25 mL de capacidade.

Estes instrumentos, por princípio, são *exatos*. Não apresentam erro na medida do volume indicado nas respectivas condições nele expressas, conforme Figura 8.1 A e B.

b) Instrumentos volumétricos graduados

Estes instrumentos apresentam formas cilíndricas de diâmetros variáveis com aferições ao longo do cilindro indicando o volume correspondente de cada parte do cilindro. Apresentando divisões em termos de unidades e subunidades de volume, possibilitando a leitura de um volume qualquer, conforme Figura 8.1 C.

8.1.3 Calibração de instrumentos volumétricos

Princípio

O fundamento da calibração de um instrumento volumétrico, do tipo descrito, está no fato de a água pura a 3,98 °C ($\cong 4$ °C) possuir a densidade igual 1,00 g mL^{-1}, conforme Equação (8.1):

$$d = \frac{\text{Massa}\,(g)}{\text{Volume}\,(mL)} = \frac{m}{V} = 1,00 \left(\frac{g}{mL}\right) \qquad (8.1)$$

Nestas condições a massa é igual ao volume da água, conforme Equação (8.2):

$$d = \frac{m}{V} = 1,00 \quad \therefore \quad V = m \qquad (8.2)$$

Assim, em princípio ou teoricamente, pesa-se a 4 °C, e no vácuo, a massa de água pura, cujo volume se quer aferir no instrumento. A seguir deixa-se a temperatura chegar a 20 °C e então afere-se (marca-se) o instrumento indicando o volume e a temperatura de calibração.

O fato de ser feita a pesagem no vácuo é que o corpo, no ar, sofre o *efeito do empuxo*. Isto é, o corpo desloca um volume de ar idêntico ao que ele ocupa, e isto causa sobre o corpo uma ação de força contrária à ação da gravidade, igual ao peso de ar deslocado.

Porém, apesar da ideia ser correta, é inviável pesar água no vácuo e trabalhar a 4 °C. Na prática, pesa-se a água na temperatura e na pressão ambiente, conforme segue.

Fundamento experimental

Na prática, pesa-se a água na temperatura e à pressão ambiente, e depois, se fazem as correções necessárias. A Figura 8.2 apresenta, de forma estilizada, uma balança de dois pratos, nos quais são mostrados o balão volumétrico com a água e os pesos que compensam a massa, com o fiel da balança indicando 0 (zero), isto é, *massa dos pesos = massa do balão com a água*.

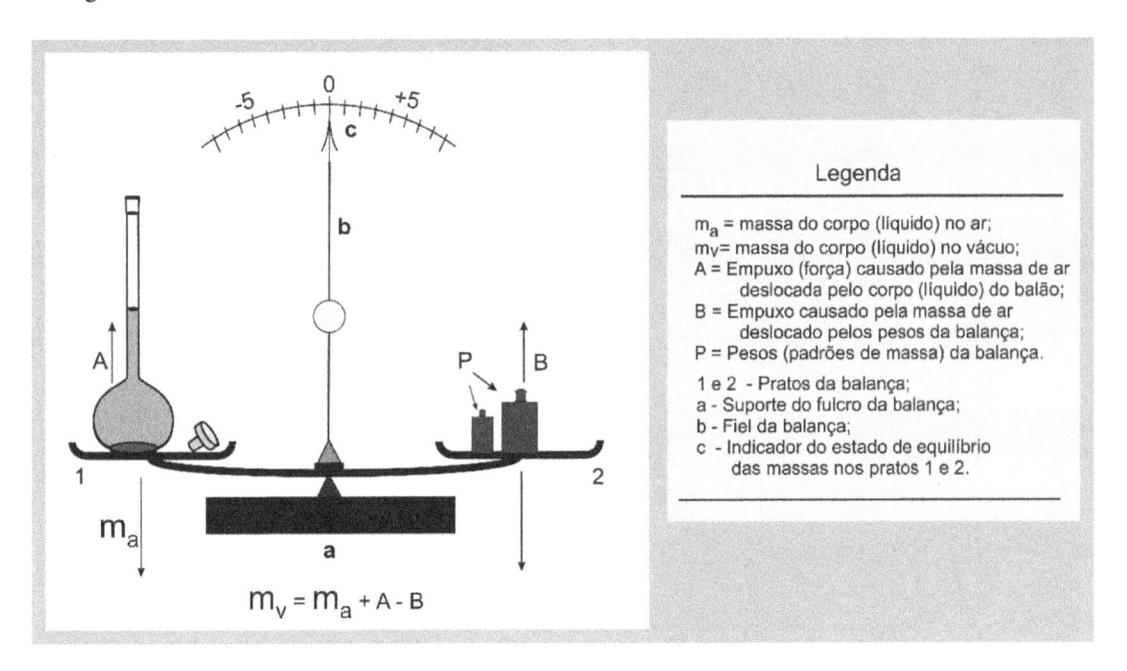

Figura 8.2 Determinação da massa de um corpo no vácuo.

Por hipótese, sejam:
- m_a = Massa do material (água que está no balão que se quer calibrar) no ar;
- m_v = Massa do material (água que está no balão que se quer calibrar) no vácuo;
- A = Massa de ar deslocada pelo corpo que causa o empuxo devido ao ar deslocado;
- B = Massa de ar deslocada pelos pesos da balança, que causam o empuxo devido aos pesos.

Em termos de massa, conforme a Figura 8.2, a massa do corpo no vácuo é dada pela Equação (8.3):

$$m_v = m_a + A - B \qquad (8.3)$$

Sejam:
- V e V' = os volumes correspondentes do corpo (água) e dos pesos respectivamente;
- d e d' = as densidades do corpo (água) e dos pesos respectivamente;
- d_{ar} = a densidade do ar (lembrando que depende da pressão, temperatura e umidade relativa).

Onde, têm-se as Equações (8.4) e (8.5):

$$A = V \cdot d_{ar} \qquad (8.4)$$

$$B = V' \cdot d_{ar} \quad (8.5)$$

Introduzindo as Equações (8.4) e (8.5), na Equação (8.3) tem-se a Equação (8.6):

$$m_v = m_a + V \cdot d_{ar} - V' \cdot d_{ar} \quad (8.6)$$

Pela Equação (8.1), tem-se a Equação (8.7) e a Equação (8.8):

$$d = \frac{m_v}{V} \quad \therefore \quad V = \frac{m_v}{d} \quad (8.7)$$

$$d' = \frac{m_a}{V'} \quad \therefore \quad V' = \frac{m_a}{d'} \quad (8.8)$$

Introduzindo as Equações (8.7) e (8.8) na Equação (8.6), e adaptando matematicamente, chega-se à Equação (8.9), à Equação (8.10) e à Equação (8.11):

$$m_v = m_a + \frac{m_v}{d} \cdot d_{ar} - \frac{m_a}{d'} \cdot d_{ar} \quad (8.9)$$

$$m_v - \frac{m_v}{d} \cdot d_{ar} = m_a - \frac{m_a}{d'} \cdot d_{ar} \quad (8.10)$$

$$m_v \left(1 - \frac{d_{ar}}{d}\right) = m_a \left(1 - \frac{d_{ar}}{d'}\right) \quad (8.11)$$

Que, finalmente, produz a Equação (8.12):

$$m_v = m_a \cdot \frac{\left(1 - \frac{d_{ar}}{d'}\right)}{\left(1 - \frac{d_{ar}}{d}\right)} \quad \text{(Equação da flutuabilidade)} \quad (8.12)$$

A densidade do ar (d_{ar}) depende da *temperatura*, da *pressão* e da *umidade relativa* do mesmo.

Estas variáveis vão influenciar sobre o *empuxo* do ar deslocado ou do *efeito da flutuabilidade* (Harris, 2001). A densidade do ar seco é dada pela Equação (8.13).

A Tabela 8.1 apresenta a massa de 1 mL de ar seco a diferentes temperaturas e pressões calculadas mediante a Equação (8.13), cujo valor é a densidade do ar.

$$d_{ar} = \frac{0{,}0012982}{(1 + 0{,}003670 \cdot T)} \cdot \frac{H}{760} \quad (8.13)$$

Onde, T = temperatura do ar (°C), e H = Pressão barométrica em mmHg.

Tabela 8.1 Dados parciais da massa em gramas de 1,0 mL de ar seco a diferentes temperaturas e pressões.

Temperatura (°C)	Pressão barométrica (mmHg)			
	720	740	760	780
0	0,001225	0,001250	0,001293	0,001397
...	...	...	...	...
15	0,001161	0,001193	0,001225	0,001258
...	...	...	...	...
20	0,001141	0,001173	0,001204	0,001236
...	...	...	...	...
25	0,001122	0,001153	0,001181	0,001215
...	...	...	...	...

FONTE: Ohlweiler (1968). Observação: Buscar os demais valores em *site eletrônico*, via internet.

A densidade do ar úmido é dada pela Equação (8.14).

$$d_{ar} = \frac{0{,}0012928}{(1 + 0{,}003670 \cdot T)} \cdot \frac{H - \left(\frac{3}{8}\right) \cdot h}{760} \quad (8.14)$$

Onde: H = pressão barométrica; T = temperatura; h = pressão parcial máxima do vapor de água.

Os valores da pressão parcial máxima de vapor de água (h) para algumas temperaturas são os seguintes:

Temperatura (°C)	0	10	15	20	25	30	35
h (mmHg)	4,6	9,2	12,8	17,5	23,8	31,8	42,2

A Tabela 8.2 apresenta os valores calculados para o peso de 1 mL de ar úmido, que é a sua densidade.

Considerando as condições médias de umidade (50%), temperatura e pressão de laboratório, raramente a densidade do ar cai fora do intervalo de valores 0,0011 - 0,0013. Em função disto é costume tomar como densidade do ar 0,0012 g mL^{-1}.

Por outro lado, a água está contida no recipiente de vidro, a ser calibrado, o qual está sujeito à dilatação dada pela Equação (8.15):

$$V_f = V_i \cdot [1 + 2{,}5 \cdot 10^{-5} \cdot (T_f - T_i)] \quad (8.15)$$

Onde, T_f = Temperatura final, e T_i = Temperatura inicial.

Tabela 8.2 Peso em gramas de 1,0 mL de ar saturado a diferentes temperaturas e pressões.

Temperatura (°C)	Pressão barométrica em mmHg			
	720	740	760	780
0	0,001225	0,001256	0,001290	0,001324
...	...	...	...	...
15	0,001153	0,001185	0,001217	0,001250
...	...	...	...	...
20	0,001131	0,001163	0,001194	0,001226
...	...	...	...	...
25	0,001108	0,001139	0,001170	0,001201
...	...	...	...	...

FONTE: OHLWEILER (1968). Observação: Buscar os demais valores em *site eletrônico*, via internet.

Tabela 8.3. Apresentação de alguns valores da densidade absoluta da água dada em função da temperatura (d_T).

Em (°C)	Temperatura Em décimos de grau (°C)									
	0,0	0,1	0,2	0,3	0,4	0,5	0,6	0,7	0,8	0,9
...	...	...	...	...	...	...	...	...	...	...
10	0,999700	691	682	673	664	654	645	635	624	615
...	...	...	...	...	...	...	...	...	...	...
20	0,998203	183	162	141	120	099	078	056	035	013
...	...	...	...	...	...	...	...	...	...	...
30	0,995646	616	586	555	525	494	464	433	402	371
...	...	...	...	...	...	...	...	...	...	...

FONTE: LIDE (1996-1997). Observação: Buscar os demais valores em *site eletrônico*, via internet.

Pela fórmula da densidade e Tabela 8.3, tem-se a Equação (8.16):

$$m_v = d_T \cdot V_T \quad (8.16)$$

Onde, d_T = densidade na temperatura de trabalho.

Pelas Equações (8.12) e (8.16) chega-se nas Equações (8.17) e (8.18):

$$m_a = d_T \cdot V_T \cdot \frac{\left(1 - \dfrac{d_{ar}}{d}\right)}{\left(1 - \dfrac{d_{ar}}{d'}\right)} \quad (8.17)$$

$$m_a = V_T \cdot \frac{(d_T - d_{ar})}{\left(1 - \dfrac{d_{ar}}{d'}\right)} \quad (8.18)$$

Relacionando as Equações (8.15) e (8.18) demonstra-se a Equação (8.19), para 20 °C que é a temperatura de calibração dos instrumentos volumétricos.

$$m_a = V_{20} \cdot \left[1 + 2,5 \cdot 10^{-5} \cdot (T-20)\right] \cdot \frac{(d_T - d_{ar})}{\left(1 - \frac{d_{ar}}{d'}\right)} \quad (8.19)$$

Onde, 20 = 20,00 °C (temperatura de calibração do material); T = temperatura ambiente de trabalho, em °C.

Aplicação

a) Calibrar um balão volumétrico de 25 mL de capacidade

Trata-se de calibrar um balão volumétrico de 25-mL de capacidade a 20,00 °C e a temperatura de trabalho (T) no laboratório é 17,0 °C.

A atividade consiste em calcular a massa de água pura (m_a) que pesada a 17,0 °C num balão volumétrico de 25-mL corresponda ao volume de 25 ml de capacidade a 20 °C. E, no nível da água no balão, colocar a marca (a aferição) significando que colocando líquido até aquela aferição o volume é 25 mL à 20 °C.

Tomando a Equação (8.19) e substituindo as variáveis pelos valores de trabalho, que seguem de forma organizado, chega-se a Equação (8.20), onde,

V_{20} = 25 mL;
T = 17,0 °C;
d_{17} = 0,998774 g ml^{-1};
d_{ar} = 0,00120 g mL^{-1}, é a densidade do ar levando em consideração a temperatura, pressão e umidade, que pode ser calculada pela Equação (8.14);

d' = 8,40 g mL^{-1}, densidade do latão dos pesos da balança.

$$m_a = 25 \cdot \left[1 + 2,50 \cdot 10^{-5} \cdot (17,0-20,00)\right] \cdot \frac{(0,998774 - 0,00120)}{\left(1 - \frac{0,00120}{8,40}\right)} \quad (8.20)$$

$$m_a = 24,9410 \text{ g}$$

Portanto, esta será a massa de água a 17,0 °C, que pesada no balão volumétrico descontando a massa do mesmo, no menisco do nível da água permite marcar (aferir) o volume de 25 mL de capacidade a 20,0 °C.

b) Conferir a calibração (aferição) de um balão volumétrico

Mantendo as mesmas condições de temperatura, pressão e umidade que a prática anterior, toma-se um balão volumétrico de 25 mL de capacidade, já calibrado, limpo e seco. Pesa-se o mesmo vazio. Após, coloca-se água até a marca de leitura, com o menisco do líquido de forma correta.

Pesa-se o sistema balão + água. Faz-se a diferença para encontrar massa da água (m_a). É lógico que deverá dar (m_a) 24,9410 g ou próximo a este valor.

Com esta massa e conhecendo a densidade calcula-se o volume (V_{20}). Se houver uma diferença de até ± 0,03 mL o balão volumétrico é classificado na **Classe A**, segundo o *National Physical Laboratory*, Tabela 8.4. Este material serve para trabalhos científicos. Os outros, (com erro > 0,03), **Classe B** servem para trabalhos que exigem menor exatidão nos resultados.

Tabela 8.4 Erro máximo permitido em balões volumétricos para que os mesmos pertençam à Classe A, segundo o *National Physical Laboratory*.

Propriedade	Unidade	Valores						
Capacidade Volumétrica	mL	25	50	100	250	500	1000	2000
Tolerância (erro)	±mL	0,033	0,04	0,06	0,10	0,15	0,2	0,4

FONTE: Vogel, 1960.

Na prática, para alunos iniciantes, o *efeito do empuxo* (*flutuabilidade*) envolvendo a densidade do ar deslocado e a consequente pressão barométrica, temperatura e umidade, é omitida e considera-se, conforme Equação (8.21) e Equação (8.22):

$$\text{Massa de água no ar } (m_a) = \text{Massa de água no vácuo } (m_v) \quad (8.21)$$

$$m_a = m_v \quad (8.22)$$

E corrige-se o efeito da temperatura no volume mediante a Tabela 8.3.

Contudo, não é correto. Deve-se ensinar o certo, isto é, corrigir o efeito da temperatura e o efeito da flutuabilidade ou o empuxo provocado pela massa de ar deslocado pelo balão e pelos pesos da balança.

Detalhes 8.1

- Cuidados na leitura do volume indicado no balão

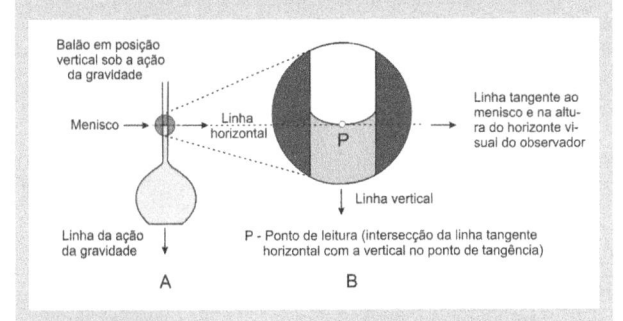

Figura 8.3 Visualização dos cuidados necessários na leitura indicada num balão volumétrico.

- Cuidados na leitura do volume indicado numa bureta

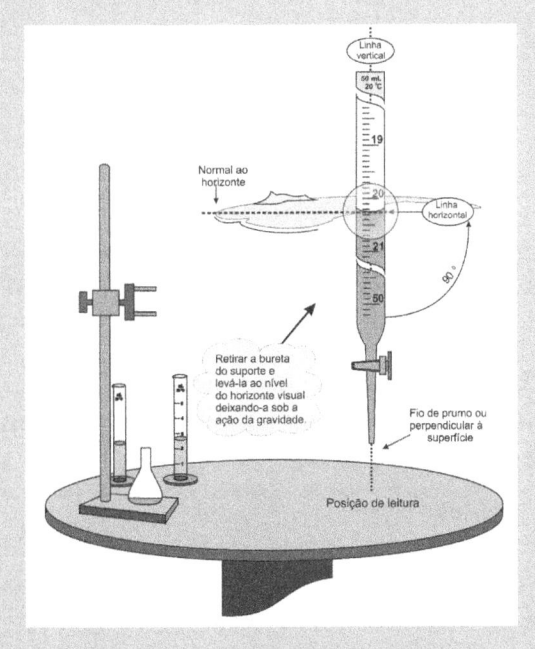

Figura 8.4 Visualização dos cuidados necessários para fazer leituras de volumes na bureta.

Detalhes 8.2

Calibração ou aferição de um balão volumétrico de 25 mL de capacidade

1º Preparação do material e cálculo da massa de água

a) Sala climatizada a 20 °C e 1 atm com: a balança; balão a ser calibrado (limpo e seco); água pura; conta-gotas; copos etc.

b) Tabela com densidade da água pura ou o respectivo valor: $d_{20\,°C} = 0{,}998203$ g mL^{-1}.

c) Massa da água pura a 20 °C, a ser adicionada no balão a ser calibrado, também a 20 °C, e "tarado" ou "massa zerada". Caso a balança não disponha desta "zeragem da tara, registrar o valor ($m_{Balão}$). Calculo da massa de água a 20 °C, no vácuo. A massa da água a 20 °C é igual o produto do volume nesta temperatura e a densidade da água a 20 °C, como mostra a Equação (8.23):

$$m_{20} = V_{20} \cdot d_{20} = (25 \text{ mL}) \cdot (0{,}998203 \text{ gmL}^{-1}) = 24{,}9551 \text{ g}. \quad (8.23)$$

d) Cálculo e correção do efeito do empuxo do ar deslocado pela água do balão (efeito da flutuabilidade). Adaptando a Equação (8.12), tem-se a Equação (8.24):

$$m_a = m_v \cdot \frac{\left(1 - \dfrac{d_{ar}}{d}\right)}{\left(1 - \dfrac{d_{ar}}{d'}\right)} \quad \text{(Equação da flutuabilidade)} \quad (8.24)$$

Onde:

m_v = Massa da água no vácuo = $V_{20\,°C} \cdot d_{20\,°C}$ = (25 mL).(0,998203 g mL^{-1}) = 24,9551 g;

m_a = Massa da água no ar; d_{ar} = densidade do ar, $d_{ar20\,°C}$ = 0,00120 g mL^{-1}; d = Densidade da água na temperatura de 20 °C, d_{20} = 0,998203 g mL^{-1}; d' = Densidade dos pesos da balança, d' = 8,40 g mL^{-1} (metal não oxidável).

Introduzindo os respectivos valores das variáveis na Equação (8.24), chega-se as Equações (8.25) e (8.26):

$$m_a = 24,9705 \cdot \frac{\left(1 - \dfrac{0,00120}{0,998203}\right)}{\left(1 - \dfrac{0,00120}{8,40}\right)} \quad (8.25)$$

$$m_a = 24,9287 \text{ g} \quad (8.26)$$

2º Calibração do balão

Na calibração de um balão seguir os passos 1, 2 e 3 da Figura 8.5.

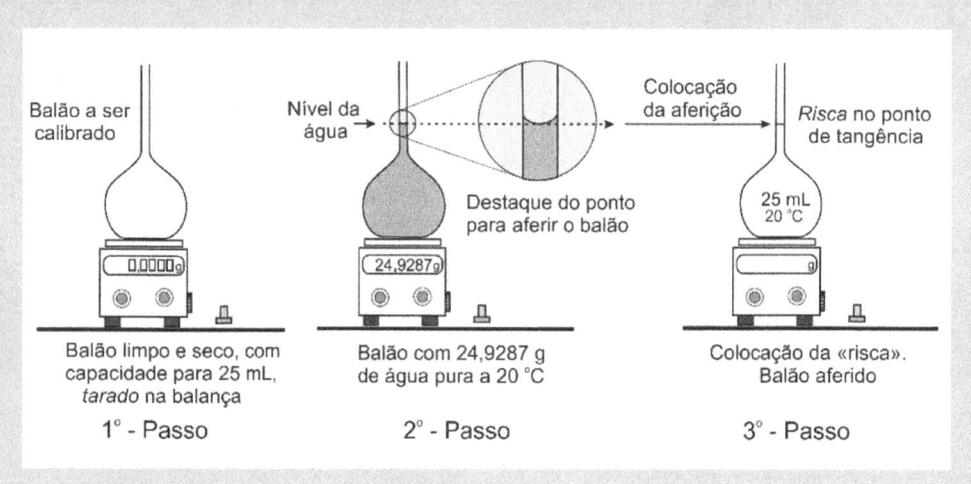

Figura 8.5 Visualização da calibração (aferição) de um balão volumétrico a 20 °C.

8.2 TREINAMENTO TEÓRICO

Para o acadêmico ou o leitor entender e fixar as diversas etapas para *aferir* e *conferir calibrações* em balões ou outros instrumentos volumétricos estão sendo propostos os exercícios que seguem. As etapas ou passos correspondem às *correções dos efeitos* da:

- *Temperatura* quando o sistema todo não se encontra a 20 °C. Para isto, utiliza-se a dilatação do vidro do balão e não da água. Para se encontrar o volume do balão utiliza-se a medida da massa da água nele contida até a indicação do respectivo volume (risca) medida no ar (m_a) e depois converte-se em massa no vácuo, pela densidade absoluta da água.

- *Flutuabilidade* ou *empuxo* causado pela massa de ar deslocada devido ao volume do balão e dos pesos da balança. A Equação de correção já foi explicada e deduzida nos aspectos teóricos desta Unidade Didática.

8.2.1 Calibração de um balão volumétrico nas condições ambiente de 28,0 °C e 1 atm

Dados

- Balão de 1000 mL de capacidade estando à temperatura ambiente a 28,0 °C e 1 atmosfera de pressão, conforme Figura 8.6.
- Coeficiente de dilatação cúbica do vidro pyrex, $\beta = 2,50 \cdot 10^{-5}$ °C^{-1};

UNIDADE DIDÁTICA 08: EXATIDÃO DE INSTRUMENTOS
CALIBRAÇÃO DE INSTRUMENTOS VOLUMÉTRICOS

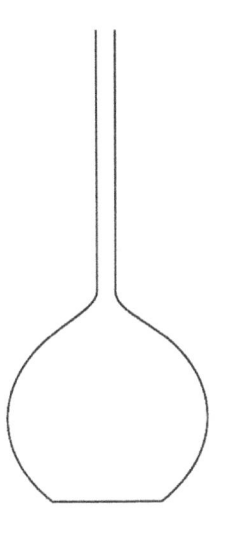

Figura 8.6 Balão de 1000 mL para ser aferido.

- Tabela das Densidades Absolutas da Água em diferentes temperaturas. (Para outros valores de temperaturas, recomenda-se o acadêmico acessar um *site* de busca eletrônica via internet e ter na hora esta tabela). $d_{28} = 0,996232$ g mL^{-1}.
- Densidade do ar, $d_{ar} = 0,00120$ g mL^{-1};
- Equações de cálculo:

I Repetindo a Equação (8.24):

$$m_a = m_v \cdot \frac{\left(1 - \frac{d_{ar}}{d}\right)}{\left(1 - \frac{d_{ar}}{d'}\right)} \quad \text{(Equação da flutuabilidade)} \quad [8.24]$$

II Repetindo a Equação (8.15):

$$V_f = V_i \cdot [1 + 2,5.10^{-5} \cdot (T_f - T_i)] \quad [8.15]$$

III Repetindo e adaptando a Equação (8.1), tem-se a Equação (8.27):

$$\text{Densidade da água} = d_{28} = \frac{m}{V_{28}} \quad (8.27)$$

Material
- Balança analítica;
- Água destilada;
- Copos béquer de diversas capacidades: 25, 50, 100, 500 mL;
- Conta-gotas;
- Termômetro de líquidos com escala de: -10 °C a 120 °C;
- Papel toalha;
- Condições ambientes: temperatura de 28,0 °C e pressão de 1 atm;
- Calculadora ou computador se possível;
- Diário de Laboratório.

Etapas de cálculo

1ª Cálculo do *volume dos 1000 mL* do balão de vidro a 20 °C na temperatura de 28,0 °C

Os 1000 mL a 20 °C, tanto o vidro que contém a água quanto a água, nesta temperatura de 20 °C, é 1000 mL, conforme será registrado no balão. O volume de 1000 mL do balão de vidro agora vai estar a 28 °C, temperatura de trabalho. Nesta temperatura o volume do balão vai ser diferente. Mediante a Equação (8.15) calcula-se o novo volume e tem-se a Equação (8.28) e a Equação (8.29).

$$V_{28} = V_{20} \cdot [1 + 2,5.10^{-5} \cdot (T_{28} - T_{20})] \quad (8.28)$$

$$V_{28} = 1000 \cdot [1 + 2,5.10^{-5} \cdot (28,0 - 20,0)] = 1000,20 \, \text{mL} \quad (8.29)$$

2ª Cálculo da *massa de água* no vácuo que lhe corresponde ao volume de 1000,20 mL a 28,0 °C

Introduzindo os valores das variáveis na Equação (8.27) e adaptando-a, tem-se a Equação (8.30).

$$m_v = d_{28} \cdot V_{28} = 0,996232 \cdot 1000,20 \, \frac{g}{mL} \, mL = 996,4312 \, g \quad (8.30)$$

3ª Cálculo da massa no ar com o efeito da flutuabilidade (ou do empuxo)

Adaptando a Equação (8.24) nela introduzindo: $d_{ar} = 0,00120$ g mL^{-1} (densidade do ar); $d = 0,996232$ g mL^{-1} (densidade da água a 28,0 °C); $d' = 8,40$ g mL^{-1} (densidade do metal dos pesos da balança), chega-se nas Equações (8.31) e (8.32):

$$m_a = m_v \cdot \frac{\left(1 - \dfrac{d_{ar}}{d}\right)}{\left(1 - \dfrac{d_{ar}}{d'}\right)} = 996{,}4312 \cdot \frac{\left(1 - \dfrac{0{,}00120}{0{,}996232}\right)}{\left(1 - \dfrac{0{,}00120}{8{,}40}\right)} = 996{,}4312 \cdot \frac{0{,}9987955}{0{,}9998571} \qquad (8.31)$$

$$m_{a(28)} = 995{,}3732 \, g \qquad (8.32)$$

Observação: Se a balança permitir maior número de algarismos significativos depois da vírgula é bom utilizá-los.

4ª Pesagem da massa e aferição da risca do volume

Tendo a massa de $m_{a(28°C)} = 995{,}3732$ g, toma-se o balão a ser calibrado (ou aferido) limpo e seco, também a 28,0 °C, coloca-se na balança e "zera-se" a sua massa. A seguir ajusta-se a massa de 995,3732 g no visor da balança e adiciona-se água a 28,0 °C até este valor.

Na tangente do menisco do nível da água dentro do balão "marca-se" a "risca" do volume, conforme Figura 8.5, e escreve-se no balão, **1000 mL a 20 °C**.

8.2.2 Calibração de um balão volumétrico nas condições ambiente de 15,0 °C e 1 atm

Dados
- Balão de 250 mL de capacidade estando à temperatura ambiente a 15,0 °C e uma atmosfera de pressão;
- Coeficiente de dilatação cúbica do vidro pyrex, $\beta = 2{,}50 \cdot 10^{-5}$ °C^{-1};
- Tabela das Densidades Absolutas da Água em diferentes temperaturas (para outros valores de temperaturas, recomenda-se para o acadêmico acessar um *site* de busca eletrônica via internet e ter na hora esta tabela): $d_{15} = 0{,}999099$ g mL^{-1};
- Densidade do ar, $d_{ar} = 0{,}00120$ g mL^{-1};
- Equações de cálculo:

I Repetindo aqui a Equação (8.12):

$$m_v = m_a \cdot \frac{\left(1 - \dfrac{d_{ar}}{d'}\right)}{\left(1 - \dfrac{d_{ar}}{d}\right)} \quad \text{(Equação da flutuabilidade)} \qquad [8.12]$$

II Repetindo a Equação (8.15):

$$V_f = V_i \left[1 + 2{,}5 \cdot 10^{-5} \cdot (T_f - T_i)\right] \qquad [8.15]$$

III Repetindo e adaptando a Equação (8.1), tem-se a Equação (8.33):

$$\text{Densidade da água} = d_{15} = \frac{m}{V_{15}} \qquad (8.33)$$

Material
- Balança analítica;
- Água destilada;
- Copos béquer de diversas capacidades: 25, 50, 100, 500 mL;
- Conta-gotas;
- Termômetro de líquidos com escala de: -10 °C a 120 °C;
- Papel toalha, entre outros;
- Condições ambientes: temperatura de 15,0 °C e pressão de 1 atm;
- Diário de Laboratório.

Etapas de cálculo

1ª Cálculo do volume dos 250 mL do balão de vidro a 20 °C na temperatura de 15,0 °C

Os 250 mL a 20 °C, tanto o vidro que contém a água quanto a água, nesta temperatura de 20 °C é 250 mL, conforme será registrado no balão. O volume de 250 mL do balão de vidro agora vai estar a 15,0 °C, temperatura de trabalho. Nesta temperatura o volume do balão vai ser diferente. Mediante a Equação (8.34) calcula-se o novo volume e tem-se a Equação (8.35):

$$V_{15} = V_{20} \cdot \left[1 + 2{,}5 \cdot 10^{-5} \cdot (T_{15} - T_{20})\right] \qquad (8.34)$$

$$V_{15} = 250 \cdot \left[1 + 2{,}5 \cdot 10^{-5} \cdot (15{,}0 - 20{,}0)\right] = 249{,}9688 \, mL \qquad (8.35)$$

2ª Cálculo da massa de água correspondente no vácuo ao volume 250 mL a 15,0 °C

Introduzindo os valores das variáveis na Equação (8.33) e adaptando-a, tem-se a Equação (8.36):

$$m_v = d_{\text{água},15} \cdot V_{\text{água},15} = 0,999099 \cdot 249,9688 \, \frac{g}{mL} \cdot mL = 249,7435 g \quad (8.36)$$

3ª Cálculo da massa no ar com o efeito da flutuabilidade (ou do empuxo)

Adaptando a Equação (8.24) nela introduzindo: $d_{ar} = 0,00120$ g mL^{-1} (densidade do ar); $d = 0,999099$ g mL^{-1} (densidade da água a 15,0 °C); $d' = 8,40$ g mL^{-1} (densidade do metal dos pesos da balança), chega-se a Equação (8.37) e a Equação (8.38):

$$m_a = m_v \cdot \frac{\left(1 - \frac{d_{ar}}{d}\right)}{\left(1 - \frac{d_{ar}}{d'}\right)} = 249,7435 \cdot \frac{\left(1 - \frac{0,00120}{0,999099}\right)}{\left(1 - \frac{0,00120}{8,40}\right)} = 249,7435 \cdot \frac{0,99879892}{0,99985714} \quad (8.37)$$

$$m_{a,15} = 249,4792 g \quad (8.38)$$

4ª Pesagem da massa e aferição da risca do volume

Tendo a massa de $m_{a,15} = 249,4792$ g, toma-se o balão a ser calibrado (ou aferido) limpo e seco, também a 15,0 °C, coloca-se na balança e "zera-se" a sua massa ou "tara-se" o mesmo. A seguir ajusta-se a massa de 249,4780 g no visor da balança e adiciona-se água a 15,0 °C até este valor.

Na *tangente do menisco* do nível da água dentro do balão, "marca-se" a "risca" do volume, conforme Figura 8.5, e escreve-se no balão, **250 mL a 20 °C**.

8.2.3 Conferir a calibração de um balão volumétrico

Os dois exercícios anteriores (8.2.1 e 8.2.2) o balão não tinha nenhuma calibração, tratava-se de colocar a aferição. Agora, tem-se o balão aferido, trata-se de conferir se esta aferição está correta ou não.

Dados
- Balão volumétrico no qual está escrito **250 mL a 20 °C**, porém, a temperatura ambiente é 15,0 °C e a pressão 1 atm;
- Coeficiente de dilatação cúbica do vidro pyrex, $\beta = 2,50 \cdot 10^{-5}$ °C^{-1};
- Tabela das Densidades Absolutas da Água em diferentes temperaturas (para outros valores de temperaturas, recomenda-se ao acadêmico acessar um *site* de busca eletrônica, via internet, e ter na hora esta Tabela): $d_{15} = 0,999099$ g mL^{-1}.
- Densidade do ar, $d_{ar} = 0,00120$ g mL^{-1};
- Equações de cálculo:

I Repetindo a Equação (8.12):

$$m_v = m_a \cdot \frac{\left(1 - \frac{d_{ar}}{d'}\right)}{\left(1 - \frac{d_{ar}}{d}\right)} \quad \text{(Equação da flutuabilidade)} \quad [8.12]$$

II Repetindo a Equação (8.15):

$$V_f = V_i \cdot [1 + 2,5 \cdot 10-5 \cdot (T_f - T_i)] \quad [8.15]$$

III Repetindo a Equação (8.33):

$$\text{Densidade da água} = d_{15} = \frac{m}{V_{15}} \quad [8.33]$$

Material
- Balão calibrado com a aferição de **250 mL a 20 °C**, conforme Figura 8.7;
- Balança analítica;
- Água destilada;
- Copos béquer de diversas capacidades: 25, 50, 100, 500 mL;
- Conta-gotas;
- Termômetro de líquidos com escala de 10 °C a 120 °C;
- Papel toalha;
- Condições ambientes: temperatura de 15,0°C e pressão de 1 atm;
- Calculadora ou computador;
- Diário de Laboratório.

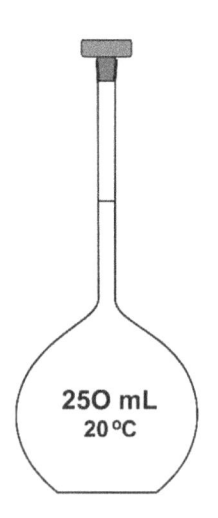

Figura 8.7 Balão calibrado com aferição de 250 mL a 20°C.

Etapas de cálculo

Agora, tem-se o balão calibrado no qual está escrito **250 mL a 20 °C**. Esta aferição está correta? Como fazer para comprová-la? As etapas são as que seguem:

1ª Determinar a massa da água no ar ocupando o volume do balão de 250 mL

Lava-se o balão volumétrico calibrado com a aferição de **250 mL a 20 °C**. Deixa-se secar. Não esquecendo que o ambiente está na temperatura de 15,0 °C e 1 atm de pressão e nestas condições encontram-se os demais materiais de laboratório. A seguir, na balança, "tara-se" (zera-se) a massa do balão destampado ou determina-se a massa do balão vazio destampado e registra-se $m_{balão}$. Depois, coloca-se água no balão, a qual também deve estar a 15,0 °C, mediante copo, conta-gotas etc., que também devem estar a 15,0 °C, tendo o cuidado para não derramar gotas, respingos etc. fora do local correto, que é o volume de 250 mL do balão. Registrar a massa da água no ar (m_a). Caso a balança não possibilita a "zeragem da tara", registra-se a massa da água ($m_{água\ no\ ar}$) mais a do balão ($m_{balão}$) = massa total = $m_{(água+balão)}$. Com estes valores determina-se m_a = massa de água no ar a 15,0 °C e 1 atm. O valor encontrado para a massa m_a é o da Equação (8.39) ou próximo.

$$m_{a,15} = 249{,}4778\,g \qquad (8.39)$$

2ª Determinar a massa de água no vácuo (m_v)

Trata-se de corrigir o efeito do empuxo ou da flutuabilidade devido ao ar deslocado. Para isto, usa-se a Equação (8.12) que, após introduzir o valor da massa ao ar (m_a) medido, Equação (8.39), e as demais constantes, se transforma na Equação (8.40) e na Equação (8.41):

$$m_v = 249{,}4778 \cdot \frac{\left(1 - \dfrac{0{,}00120}{8{,}40}\right)}{\left(1 - \dfrac{0{,}00120}{0{,}999099}\right)} = 249{,}4778 \cdot \frac{0{,}99985714}{0{,}998798917} \qquad (8.40)$$

$$m_v = 249{,}742121\,g \qquad (8.41)$$

3ª Determinar o volume da água a 15 °C

Após determinar a massa de água no vácuo, que lhe corresponde ao volume a 15,0 °C, determina-se seu volume a 15,0 °C. Para isto, utiliza-se a Tabela 8.3 em que d_{15} = 0,999099 g mL^{-1}. Este valor é introduzido na Equação (8.33), que adaptada produz a Equação (8.42) e a Equação (8.43):

$$V_{água,15} = \frac{m}{d_{água,15}} = \frac{249{,}742121}{0{,}999099} \cdot \frac{g}{\frac{g}{mL}} = 249{,}9673\,mL \qquad (8.42)$$

$$V_{água,15} = 249{,}9673\,mL \qquad (8.43)$$

4ª Calcular o volume do balão de vidro a 20 °C

O volume da água a 15,0 °C é o mesmo que o do vidro que a contém a 15,0 °C. Agora trata-se de corrigir o efeito de dilatação devido à temperatura, o que é feito com a Equação (8.42), adaptada para $T_{Inicial}$ = 15,0 °C, e T_{Final} = 20,0 °C, cujos valores introduzidos na Equação (8.42) geram a Equação (8.44) e, finalmente a Equação (8.45):

$$V_{20} = V_{15} \cdot [1 + 2{,}5 \cdot 10^{-5}(T_{20} - T_{25})] \qquad (8.44)$$

$$V_{20} = 249{,}9673 \cdot [1 + 2{,}5 \cdot 10^{-5}(20{,}0 - 15{,}0)] \qquad (8.45)$$

$$V_{20} = 249{,}9985\,mL \qquad (8.45)$$

5ª Realizar o teste de significância

A seguir, se faz a diferença entre o *valor do rótulo*, isto é, **250 mL a 20 °C,** ($V_{Teórico}$), e o *valor experimental* ou *prático* da "conferência", $V_{Prático}$ = 249,9985 mL a 20 °C, segundo Equação (8.46) e Equação (8.47):

$$\Delta V_{20°C} = V_{Teórico20°C} - V_{Prático20°C} \quad (8.46)$$

$$\Delta V_{20°C} = 250 - 249,9985 = 0,0015 \text{ mL} \quad (8.47)$$

Conforme Tabela 8.4, para um volume de 250 mL a diferença é significativa quando o valor ΔV for maior que 0,10 mL. Neste caso, o instrumento calibrado faz parte da **Classe B** de instrumentos. No exemplo dado, o balão de 250 mL em que foi conferida a calibração, obtendo-se um $\Delta V = 0,0015$ mL, é da **Classe A**.

8.3 PARTE EXPERIMENTAL

8.3.1 Conferir a calibração de um balão volumétrico aferido para um volume de 25 mL

Material
- *Balão volumétrico de 25 mL de capacidade, calibrado a 20 °C, limpo e seco;*
- *Uma balança analítica (com pelo menos 0,001g);*
- *Um termômetro para líquidos;*
- *Copos béquer de 20 mL;*
- *Pipeta graduada de 10 mL e um conta-gotas;*
- *Calculadora e computador se possível;*
- *Papel toalha;*
- *Diário de Laboratório.*

Procedimento
- Pesar o balão (limpo e seco) vazio, registrar m_b = massa do balão;
- Colocar no balão água destilada até que o menisco da mesma no balão esteja no ponto ideal de leitura. Cuidar para não manusear o balão com mãos úmidas, engraxadas etc. Registrar a massa do balão (m_b) + a massa da água (m_a) = massa total (m_t);
- Registrar a temperatura da água do balão (T °C), que deve ser a mesma do ambiente;
- Registrar todos os dados na Tabela RA 1 e Tabela RA 2 do Relatório de Atividades.

c) *Resultados e Cálculos*
- Determinar e registrar na Tabela RA 8.1 no Relatório de Atividades, a massa da água no ar, naquela temperatura da pesagem:

$$m_a = m_t - m_b \quad (8.48)$$

- Determinar a massa da água correspondente no vácuo (m_v), a T °C usando a Tabela 8.3, caso não contenha os dados necessários, buscar via internet mediante um *site* de busca de informação, onde se encontram as densidades para cada temperatura, bem como os demais dados necessários para corrigir a flutuabilidade, Equação (8.12), abaixo repetida:

$$m_v = m_a \cdot \frac{\left(1 - \frac{d_{ar}}{d'}\right)}{\left(1 - \frac{d_{ar}}{d}\right)} \quad \text{(Equação da flutuabilidade)} \quad [8.12]$$

- Determinar o volume da massa de água no vácuo (m_v) a T °C, que é o mesmo do vidro do balão. Utilizar a expressão da Equação (8.42).

$$V_T = \frac{m}{d_T} \cdot \frac{g}{\frac{g}{mL}} = \frac{m}{d_T} \cdot mL \quad (8.49)$$

A massa não varia com a temperatura. O que varia é o volume e a densidade da mesma.

- Determinar o volume do vidro do balão na temperatura de 20 °C, utilizando a expressão da dilatação cúbico do vidro, conforme Equação (8.44).

$$V_{20} = V_{15} \cdot [1 + 2{,}5 \cdot 10^{-5}(T_{20} - T_{25})] \quad [8.44]$$

- Determinar o valor de ΔV, isto é, comparar o valor experimental ($V_{Prático}$), obtido pela Equação (8.44) com o valor de **25 mL a 20 °C** ($V_{Teórico}$), como está escrito no balão, mediante a Equação (8.46).

$$\Delta V_{20°C} = V_{Teórico\,20°C} - V_{Prático\,20°C} \quad [8.46]$$

- Conferir a que Classe de Instrumento pertence este balão, conforme informações da Tabela 8.4.

> **Observação:**
> Conforme informado em Unidades Didáticas anteriores, o valor que mais se aproxima do *verdadeiro valor* (μ) de uma grandeza X medida, é a média aritmética de um conjunto de medidas ($\bar{x}$). Portanto, o experimento deve ser repetido diversas vezes para se trabalhar com o valor médio, e, com segurança afirmar se o instrumento pertence à **Classe A** ou à **Classe B**. Uma única medida não é significativa.

8.3.2 Conferir a calibração de pipetas aferidas para um volume de 10 mL

a – *Material*
- *Uma pipeta volumétrica de transferência total e uma pipeta graduada aferidas para 10 mL de capacidade, calibradas a 20 ºC, limpas e secas, Figura 8.8.*
- *Uma balança analítica (para pelo menos 0,001g);*
- *Um termômetro para líquidos;*
- *Copos béquer de 20 mL;*
- *Calculadora e computador se possível;*
- *Papel toalha;*
- *Diário de Laboratório.*

b – Procedimento
- Pesar o copo béquer de 20 mL limpo e seco no ar, na temperatura T ºC em que se deve encontrar o restante do material e o próprio laboratório. Registrar a massa (mb).
- Encher uma das duas pipetas por aspiração mecânica com água destilada até que o menisco do líquido alcance a marca da aferição. Transferir totalmente o líquido para o copo de massa m_b, cuidando para que esta operação não seja muito rápida nem muito lenta. Pesar o béquer com a água. E registrar seu valor ($m_b + m_a = m_t$).
- Registrar a temperatura da água e do ambiente.
- Repetir o experimento com a outra pipeta.

> **Observação:**
> Deve-se tomar cuidado para evitar tocar com a mão engraxada ou úmida, tanto o copo béquer quanto a pipeta. Usar um papel toalha para evitar tais contatos. Ao aspirar o líquido com a boca ou com o aspirador mecânico, evitar deixar saliva ou umidade na pipeta etc. A pipeta se não estiver bem limpa ficam ao longo da parede interna da mesma, gotículas de água, que vão causar um erro sistemático grosseiro na medida.

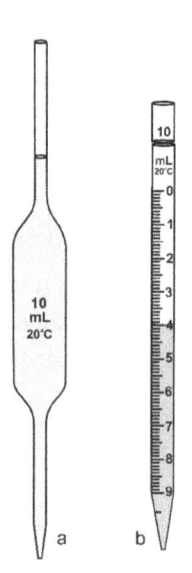

Figura 8.8 Pipetas volumétricas: (a) Transferência total; (b) Graduada.

Detalhes 8.3

A Figura 8.9 apresenta detalhes de como transferir aquela(s) gota(s) que sempre ficam na ponta da pipeta, devido à tensão superficial da água.

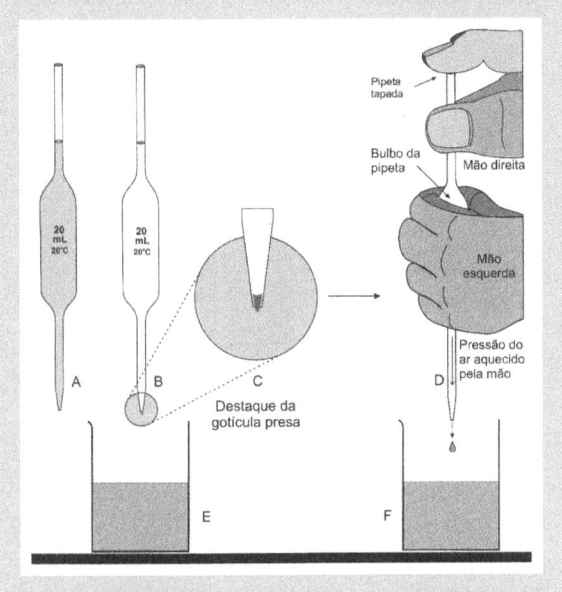

Figura 8.9 Visualização dos detalhes de como liberar as gotas presas na ponta da pipeta pela tensão superficial, sem assoprar com a boca.

A Figura 8.9 visualiza em:

A – Pipeta volumétrica de 20 mL, cheia de uma solução qualquer;

B e E – Mostra-se a pipeta com o líquido transferido para um copo béquer e apresenta um detalhe na ponta da pipeta vazia, ou melhor, cheia de ar;

C – Visualiza o detalhe ampliado, no qual se observa uma quantidade de solução "presa" pela tensão superficial do líquido, na ponta da pipeta. Em alguns casos conforme as indicações da pipeta (Ver descrição da figura introdutória da Unidade Didática 08) deve ser também liberada com o restante do volume para ser uma transferência exata.

D e F – Esta parte da Figura 8.9, mostra como *liberar* esta quantidade de solução presa na ponta da pipeta, caso não se tenha um aspirador mecânico e sem utilizar a boca para assoprar, o que não é recomendado. O processo consiste em:

- Primeiro tapar (bem fechado) a parte superior da pipeta com o dedo indicador da mão direita;
- Segundo, com a mão esquerda quente (se estiver fria esfregá-la na roupa) e, segurar o bulbo da pipeta. O calor da mão aquece o bulbo e este aquece o ar preso entre a ponta onde está a pequena quantidade de solução a ser liberada e a parte superior fechada com o dedo indicador. O ar quente dentro da pipeta sobe, pois diminui a sua densidade. Como ele está preso na pipeta, aumenta a pressão interna do gás (ar), que força a queda das últimas gotículas de solução retidas na ponta da pipeta. Isto acontece só quando a pressão interna do gás (ar) for maior que a força da tensão superficial que segura as gotículas.

c – *Resultados e cálculos*
- Calcular a massa da água contida na pipeta com a Equação (8.48):

$$m_a = m_t - m_b \qquad [8.48]$$

- Fazer os demais cálculos para cada pipeta, conforme feito para o balão volumétrico de 25 mL e ao final verificar em que *Classe de instrumento* a mesma se encontra.

8.3.3 Conferir a calibração de uma bureta aferida para um volume de 25 mL

a – *Material*
- Bureta calibrada a 20 °C para uma capacidade de 25 mL, limpa e seca, conforme Figura 8.10;

- *Uma balança analítica (para pelo menos 0,001g);*
- *Dois copos béquer de 50 mL de capacidade limpos e secos;*
- *Um termômetro (°C) para líquidos;*
- *Copos béquer de 20 mL;*
- *Calculadora e computador se possível;*
- *Papel toalha;*
- *Diário de Laboratório etc.*

b – *Procedimento*

O experimento será desenvolvido em duas etapas. A primeira é para conferir a calibração dos 25 mL. A segunda é para conferir a calibração dos 10 primeiros mL da bureta, mL a mL. A posição de leitura na bureta é dada pela Figura 8.4.

1ª etapa

Encher a bureta com água destilada até a marca 0 mL, Figura 8.10, com todo o cuidado (enchendo a parte inferior da bureta, eliminando bolhas de ar aderidas na parede interior). Colocá-la num suporte adequado. Pesar o béquer de 50 mL de capacidade, (seco e limpo) registrando sua massa (m_{bq}). Sem manusear muito o béquer com as mãos, deixar escorrer a água da bureta, com uma velocidade média (nem muito devagar e nem muito ligeiro) no mesmo. Pesar o sistema béquer + água e registrar. Registrar a temperatura da água no béquer.

2ª etapa

Fazer tudo como foi feito anteriormente, usando agora o segundo béquer de 50 mL. Porém, no momento de deixar escorrer o líquido da bureta para o béquer, deixar escorrer apenas o volume de um mL, isto é, da marca, ou da aferição 0 a 1 mL. Pesar e registrar a massa correspondente m_1. Depois, deixar escorrer para o béquer, junto a água do primeiro mL, o volume correspondente do segundo mL, correspondente às aferições (marcas) 1 e 2 mL da bureta. Retornar a pesar e registrar a massa m_2. Assim continuar, com o terceiro mL (volume de água entre as aferições 2 e 3 mL), pesar e registrar m_3, com o quarto mL (m_4), com quinto mL (m_5) etc., até pesar a água escorrida correspondente à aferição 9 – 10 mL da bureta. Se alguém quiser continuar com os demais mL até os 25 pode. Nota: é importante que cada mL escorrido e pesado corresponda exatamente a leituras corretas com relação ao menisco e a aferição, para isto, ver detalhes da Figura 8.4. Registrar a temperatura da água.

Figura 8.10 Bureta calibrada de 25 mL a 20 °C

c – Resultados e cálculos
- Efetuar os cálculos para o volume total da bureta seguindo as equações dadas no item 8.3.1.
- Construir uma Tabela com seguintes dizeres e formato, conforme modelo da Tabela 8.5. Com o auxílio da Tabela 8.3 e das Equações (8.48) e (8.49):

$$m_a = m_t - m_{bq} \qquad [8.48]$$

$$V_T = \frac{m}{d_T} \cdot \frac{g}{\frac{g}{mL}} = \frac{m}{d_T} \cdot mL \qquad [8.49]$$

- Calcular e conferir se a calibração dos 10 primeiros mL da bureta de 25 mL está correta. Preencher o quadro da Tabela 8.5.

Tabela 8.5 Verificação da aferição dos 10 primeiros mL de uma bureta de 25 mL calibrada a 20 °C, Figura 8.9.

Intervalo (mL)	Leitura (mL)	Volume aparente (mL)	Peso m_i (g)	Volume verdadeiro (mL)	Erro absoluto (mL)	Volume total (mL)	Correção total (mL)
0,00 - 1,00							
1,00 – 2,00							
2,00 – 3,00							
3,00 – 4,00							
4,00 – 5,00							
5,00 – 6,00							
6,00 – 7,00							
7,00 – 8,00							
8,00 – 9,00							
9,00 - 10,00							

8.4 EXERCÍCIOS DE FIXAÇÃO

8.1. Uma equipe de alunos desejando calibrar um balão volumétrico de 25,00 mL, obteve os seguintes resultados:

Massa do balão limpo e seco: m_1 = 32,025 g; m_2 = 32,126 g; m_3 = 32,089 g

Massa do balão + água: m_1=57,175 g; m_2=56,999 g; m_3=57,271 g

Temperatura da água: 20,0 °C; densidade do ar: 0,001204 g mL^{-1}; densidade da água a 20,0 °C: 0,998203 g mL^{-1}.

Construir uma tabela com os dados fornecidos e calculados.

Calcular o volume corrigido do balão.

Calcular o ΔV e classificar o balão.

Calcular o desvio padrão da medida.

8.2. Uma equipe obteve os dados dispostos na Tabelas EF 8.1 e EF 8.2, para a calibração de uma pipeta volumétrica de 10 mL.

Tabela EF 8.1 Dados referente a massa da água, usada na calibração do balão

Massa$_{béquer}$ (g)	Massa$_{béquer+ água}$ (g)	Massa$_{água}$ (g)
32,64	42,42	
31,83	41,64	
37,49	47,32	

Tabela EF 8.2 Outros dados importantes na calibração de um instrumento.

Temperatura	=	25,6 °C
Densidade da água	=	0,997888 g mL^{-1}
Densidade do ar	=	0,00120 g mL^{-1}
Densidade dos pesos	=	8,40 g mL^{-1}

Calcule o volume corrigido da pipeta, e expresse corretamente o resultado.

8.3. Uma equipe de alunos tem a função de aferir um balão volumétrico para o volume de 100 mL. A temperatura do laboratório está em 22,0 °C e a pressão e umidade dentro da normalidade. Seguindo as orientações desta Unidade:

a) Efetue os cálculos necessários.

b) Escreva como a equipe deve proceder para efetuar esta tarefa.

8.4. Porque é importante a calibração dos instrumentos de laboratório? Que tipo de erro a calibração evita ou diminui? Com a calibração melhora a precisão ou a exatidão do experimento? Por quê?

Respostas: **8.1.** 25,140; 0,14; 0,02 **8.2.** 9,84.

UNIDADE DIDÁTICA 08: EXATIDÃO DE INSTRUMENTOS
CALIBRAÇÃO DE INSTRUMENTOS VOLUMÉTRICOS

8.5 RELATÓRIO DE ATIVIDADES

Universidade _____ Centro de Ciências Exatas – Departamento de Química Disciplina: QUÍMICA GERAL EXPERIMENTAL – Cód: _____ Curso: _____ Ano: _____ Professor:_____	Relatório de Atividades

_____ Nome do Acadêmico	_____ Data

UNIDADE DIDÁTICA 08: EXATIDÃO DE INSTRUMENTOS

CALIBRAÇÃO DE INSTRUMENTOS VOLUMÉTRICOS

1. Conferir a calibração de um balão volumétrico de volume de 25 mL, conforme item 8.3.1, da Parte Experimental.

- Determinar e registrar na Tabela RA 8.1 a massa da água no ar, na temperatura da pesagem:

Tabela RA 8.1 Dados referente a massa da água, usada na calibração do balão

$m_{balão}$	=	
$m_{balão+água}$	=	
$m_{água}$	=	
Temperatura	=	

- Determinar a massa da água correspondente no vácuo (m_v), na temperatura da pesagem (T °C) usando a Tabela RA 8.2. Caso a Tabela RA 8.2 não contenha os dados necessários, buscar via internet em um *site* de busca de informação, onde se encontram as densidades para cada temperatura, bem como os demais dados necessários para corrigir a flutuabilidade.

Tabela RA 8.2 Outros dados importantes na calibração de um instrumento.

Temperatura	=	
Densidade da água	=	
Densidade do ar	=	0,00120 g mL^{-1}
Densidade dos pesos	=	8,40 g mL^{-1}

- Determinar o volume da massa de água no vácuo na temperatura de trabalho que é o mesmo do vidro do balão.
- Determinar o volume do balão na temperatura de 20 °C.
- Determinar o valor de ΔV. Conferir a que Classe de Instrumento pertence este balão, conforme informações da Tabela 8.4.

8.6 REFERÊNCIAS BIBLIOGRÁFICAS E SUGESTÕES PARA LEITURA

CHRISPINO, A. **Manual de química experimental**. São Paulo (SP): Editora Ática, 1991. 230 p.

GIESBRECHT, E. (Coordenador). **Experiências de química – técnicas e conceitos básicos**. PEQ – Projetos de Ensino de Química de Professores da USP. São Paulo: Editora Moderna, 1982. 241 p.

HARRIS, D. C. **Análise química quantitativa**. Tradução da quinta edição inglesa feita por Carlos Alberto da Silva Riehl & Alcides Wagner Serpa Guarino. Rio de Janeiro: LTC, 2001. 862 p.

LIDE, D. R. [Editor] **HANDBOOK OF CHEMISTRY AND PHYSICS**. Boca Raton (USA): CRC Press, 1996-1997.

MENDHAN, J.; DENNEY, R. C.; BARNES, J. D.; THOMAS, M. J. K. **Vogel – análise química quantitativa**. Tradução da sexta edição inglesa feita por Júlio Carlos Afonso; Paula Fernandes de Aguiar e Ricardo Bicca de Alencastro. Rio de Janeiro: LTC – Livros Técnicos e Científicos Editora S.A., 2000. 462 p.

OHLWEILER, O. A. **Teoria e prática da análise quantitativa inorgânica**. Brasília: Editora Universidade de Brasília, 1968. Volume 01, 02, 03 e 04.

PETERS, D. G.; HAYES, J. M.; HIEFTJE, G. M. **Chemical separation and measurements**. Philadelphia (USA): Saunders Golden Series, 1974. 749 p.

POMBEIRO, A. J. L. O. **Técnicas e operações unitárias em química laboratorial**. Lisboa: Fundação Calouste Gulbenkian, 1980. 1069 p.

SIGMA-ALDRICH CATALOG, **Biochemicals and reagents for life science research**. USA: SIGMA ALDRICH Co., 1999. 2880 p.

SILVA, R. R. da; BOCCHI, N.; ROCHA FILHO, R. C. **Introdução à química experimental**. São Paulo: McGraw-Hill, 1990. 296 p.

SKOOG, D. A.; WEST, D. M.; HOLLER, F. J. **Analytical chemistry**. 6. ed. Philadelphia (USA): Saunders College Publishing, 1992. 892 p.

STOKER, H. C. **Preparatory chemistry**. 4. ed. New York: Macmillan Publishing Company, 1993. **THOMAS SCIENTIFIC CATALOG**: 1994/1995. New Jersey (USA): Thomas Scientific Co., 1995. 629 p.

VOGEL, A. I. **Química analítica quantitativa – volumetria e gravimetria**. Version castellana de Miguel Catalano e Elsiades Catalano. Buenos Aires: Editora Kapelusz, 1960. 812 p.

VUOLO, A. **Fundamentos da teoria dos erros**. São Paulo: Editora Edgard Blücher, 1992. 225 p.

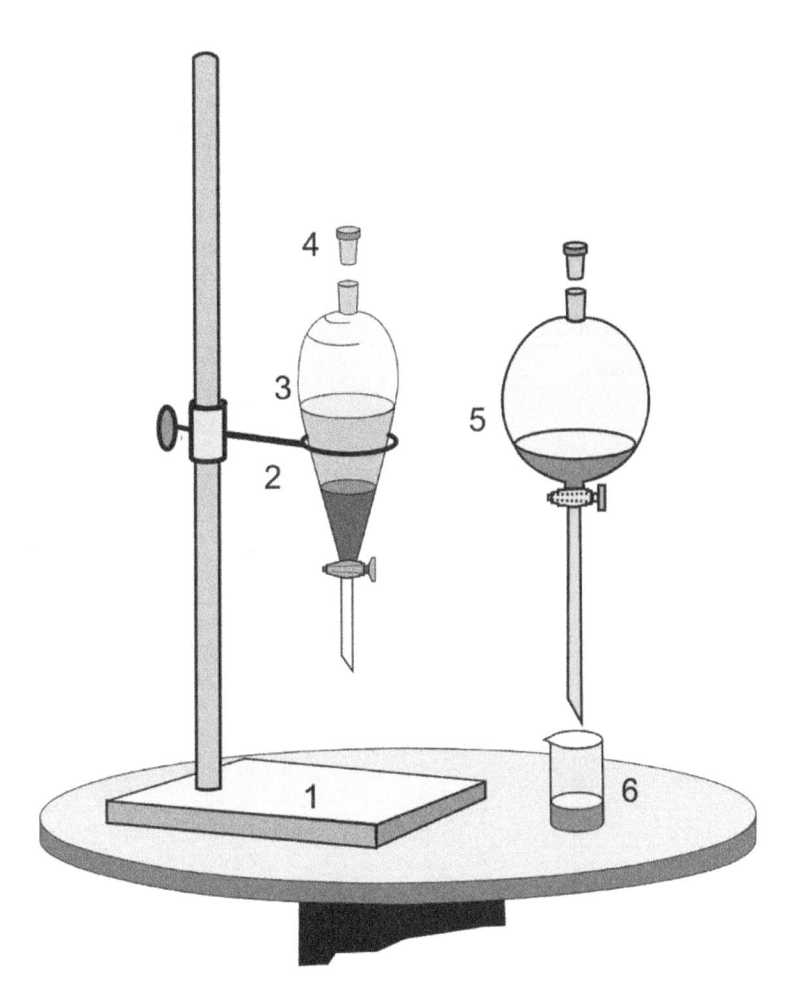

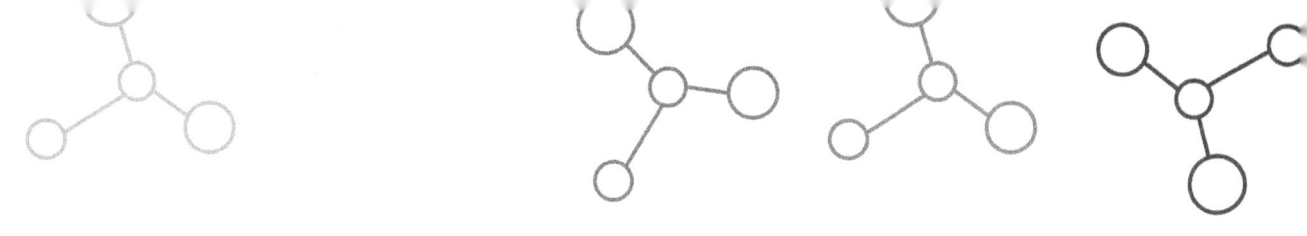

UNIDADE DIDÁTICA 09

1 – Suporte Universal: Usado para fixar anéis para funil, garras que sustentam tubos, condensadores etc. É constituído de uma base, pesada o suficiente para manter o centro de gravidade o mais perto da superfície da mesa, e uma haste, geralmente feito de ferro e pintado. A haste se encontra na forma niquelada.

2 – Anel para funil: É usado, preso no suporte universal, para sustentar funis de decantação, funis para filtração etc.

3 e 5 – Funil de decantação: São apresentados dois diferentes formatos de funil ou ampola, de decantação ou de separação. Possuem torneira de vidro esmerilhado ou teflon na base e tampa de vidro esmerilhado.

4 – Tampa para funil: Confeccionada de vidro esmerilhado ou teflon.

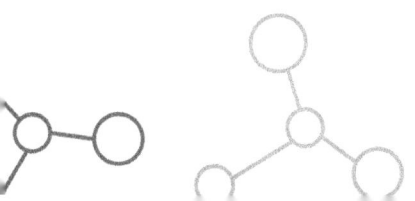

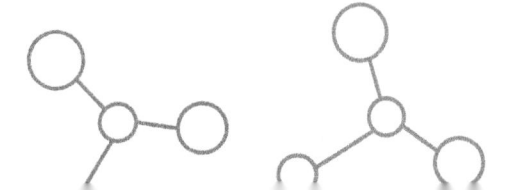

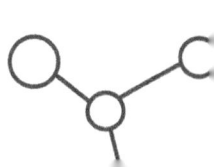

UNIDADE DIDÁTICA 09

EXATIDÃO DE INSTRUMENTOS

CALIBRAÇÃO DE TERMÔMETROS

Conteúdo	Página
9.1 Aspectos Teóricos	239
9.1.1 Introdução	239
9.1.2 Escala termométrica	241
9.1.3 Principais tipos de escalas termométricas	242
9.1.4 Tipos de escalas de temperatura	243
Detalhes 9.1	244
9.2 Parte Experimental	245
9.2.1 Calibração da escala de um termômetro no intervalo de 0,0 - 100,0 °C	245
9.2.2 Calibração de qualquer intervalo de escala de um termômetro	247
9.3 Exercícios de Fixação	248
9.4 Relatório de Atividades	249
9.5 Referências Bibliográficas e Sugestões para Leitura	250

Unidade Didática 09
EXATIDÃO DE INSTRUMENTOS
CALIBRAÇÃO DE TERMÔMETRO

Objetivos
- Conhecer as matérias primas para a construção de termômetros.
- Conhecer os diversos tipos de escalas termométricas.
- Saber calibrar um termômetro.

9.1 ASPECTOS TEÓRICOS

9.1.1 Introdução

Qualquer medida está sujeita a dois tipos fundamentais de erros. O *erro estatístico*, que mede a precisão da medida e o *erro sistemático* que mede a exatidão da medida. Ou, indiretamente, a *precisão* e a *exatidão* do instrumento que está sendo utilizado, bem como, do próprio operador.

Os erros sistemáticos podem se originar de:
- Erros do instrumento (calibração ou aferição);
- Erros do método;
- Erros da escolha do padrão e da própria padronização;
- Erros pessoais do operador.

Uma das principais fontes de erros sistemáticos é a *calibração do instrumento*. Por isto, é necessário conferir se o instrumento em uso está corretamente calibrado ou aferido.

Não é pelo fato do instrumento (do mais simples ao mais complexo) estar em funcionamento no laboratório, que a aferição ou a conferência da calibração é desnecessária. De tempos em tempos é necessário fazer uma verificação da calibração de todos os instrumentos do Laboratório. Para isto existe o Técnico. Contudo, é bom, tanto o acadêmico quanto o professor saber fazer a calibração. Todo instrumento que possui uma calibração necessita de uma aferição ou de uma conferência da mesma de tempos em tempos. Instrumentos mais sofisticados necessitam de aferição sempre que for utilizado.

Erros sistemáticos de qualquer tipo, que não possam ser reduzidos a um valor baixo, ou para os quais não seja possível fazer correções, são chamados de *erros sistemáticos residuais* (Vuolo, 1991).

Alguns autores tratam as incertezas sistemáticas residuais, dentro de valores compatíveis, como incertezas estatísticas, para efeito de indicação do erro padrão no resultado final de uma grandeza, conforme já foi visto.

Nesta unidade serão abordados os instrumentos utilizados na medida da temperatura: *os termômetros*. Para isto, há necessidade de rever alguns conceitos básicos.

Calor

O *calor* é a energia que o próprio corpo possui. É o *conteúdo calorífico* denominado pela termodinâmica de *entalpia*. É uma grandeza termodinâmica simbolizada por H. O calor flui entre um sistema e a sua vizinhança ou vice-versa, como consequência da diferença de temperatura que existe entre eles. A unidade de medida da grandeza calor, no SI (Sistema Internacional) é o *joule* (**J**), conforme Equação (9.1):

$$1 \text{ joule} = 1 \text{ kg m}^2 \text{s}^{-2} \qquad (9.1)$$

Usa-se também a *caloria* (cal) definida como a quantidade de calor necessária para elevar a temperatura de 1 grama de água pura de 1 °C, precisamente de 14,5 a 15,5 °C. A relação entre as duas unidades é dada pela Equação (9.2):

$$1 \text{ cal} = 4,184 \text{ J} \qquad (9.2)$$

Os corpos, mais especificamente as substâncias, podem receber ou perder calor, e neste ganho ou perda de energia calorífica passarem de um estado físico para outro, sem perderem as suas identidades. Por exemplo, a água passa de sólido (gelo) para líquido e finalmente para o gasoso ao receber calor. Ao perder calor segue o caminho contrário.

Temperatura

A *temperatura* é a medida do estado, ou do nível da agitação térmica, ou é a medida do nível de *energia térmica média* das partículas de um corpo, ou de um sistema físico.

Todas as substâncias têm pontos constantes de temperatura para *solidificar* se estiverem no estado líquido ou fundir se estiverem no estado sólido (PF = ponto de fusão), ou para *volatilizar* se estiverem no estado líquido ou liquefazer se estiverem no estado gasoso (PE = ponto de ebulição). Algumas substâncias se sublimam, isto é, passam do sólido para o gasoso diretamente. Todos estes pontos de transição de estado físico são constantes, desde que a pressão ambiente, que se exerce sobre eles, seja constante. Os valores tabelados destes pontos de fusão e ebulição são referenciados à pressão de 1 atm.

Estes valores constantes de fusão e ebulição ou pontos de transição são importantes na química, pois são características que identificam ou ajudam a identificar qualquer substância.

Termômetro

O *termômetro é o instrumento utilizado para determinar a temperatura de um corpo. Os animais superiores, entre eles o homem, estão dotados de um termômetro rudimentar, o sentido do tato que dá uma medida de sensação de frio, ou de calor (quente), possibilitando aos mesmos a reação de proteção e sobrevivência, frente aos desequilíbrios possíveis.*

Um termômetro mede a variação do *estado térmico* de um corpo mediante a medida da variação de uma propriedade mensurável da substância termométrica (substância de que é feito o termômetro: mercúrio, álcool etc.), denominada de *propriedade termométrica*.

Em geral, toma-se uma substância que colocada junto (encostada) ao corpo do qual se deseja conhecer o estado térmico, rapidamente adquire o estado energético do mesmo e tenha a variação apreciável de alguma propriedade susceptível de ser medida. Esta substância é chamada de *substância termométrica*. Por exemplo: o mercúrio, o álcool, um gás ideal.

Como *grandezas termométricas* citam-se: pressão e volume (para gases); dilatação da coluna capilar (mercúrio, álcool etc.); resistência elétrica; força eletromotriz, cor do corpo ou sua nuança, entre outras. A

Tabela 9.1 apresenta exemplos de termômetros, substâncias termométricas e propriedades termométricas.

A temperatura é uma grandeza fundamental. Sua unidade de medida depende da escala adotada, o assunto que será estudado a seguir.

Tabela 9.1 Termômetros com as respectivas substâncias termométricas e propriedades termométricas

Termômetro e substância termométrica	Propriedade termométrica	Símbolo
• Termômetro metálico - metal (fio, barra)	Dilatação térmica de corpos metálicos em forma de fio, barra etc.	l
• Termômetro de mercúrio, álcool etc.	Dilatação térmica de líquidos em função do comprimento	h (x)
• Termômetro de gás a pressão constante com gás ideal	Dilatação térmica de gases em função do volume	V
• Termômetro a gás a volume constante com gás ideal	Dilatação térmica dos gases em função da pressão	p
• Bolômetro – fio metálico	Resistência elétrica	r
• Par termoelétrico – junção de dois metais	Força termo-eletromotriz	e
• Pirômetro – corpo sólido	Brilhança de corpos incandescentes	b

9.1.2 Escala termométrica

A *escala termométrica* é a sequência ordenada de números que mediante a lei da correspondência entre a propriedade termométrica da substância termométrica (x) e o estado térmico do corpo (T), definem uma função de graus de temperatura, os estados térmicos do frio e do calor (quente). Esta lei da correspondência conduz a uma expressão matemática denominada de *equação termométrica*, conforme Equação (9.3):

$$T = f(x) \qquad (9.3)$$

Onde,
T = Temperatura;
x = propriedade termométrica.

Se há dependência linear, a igualdade dada pela Equação (9.3) é expressa pela Equação (9.4):

$$T = a + b.x \qquad (9.4)$$

Onde os símbolos **a** e **b** *são as constantes termométricas* determinadas experimentalmente conforme segue.

São definidos dois pontos fixos de T (temperatura) associados a dois estados térmicos diferentes e facilmente realizáveis de uma substância, cuja propriedade termométrica (x) se vai medir. Estes pontos fixos são:

I O *ponto de fusão do gelo*, ou *ponto de gelo*, que é o estado térmico do gelo fundente sob a pressão de uma atmosfera que se exerce sobre a sua superfície;

II O *ponto de ebulição da água*, ou *ponto de vapor*, que é o estado térmico do vapor de água em ebulição sob a pressão de uma atmosfera que se exerce sobre a sua superfície.

Essas temperaturas se denominam também *pontos fixos fundamentais* e o intervalo que as separa de *intervalo fundamental*. Ao ponto de gelo atribui-se a temperatura T_g e ao ponto de vapor atribui-se a temperatura T_v, instituídos por convenção. Por exemplo, na escala de graus Celsius (°C) $T_g = 0,00$ °C e $T_v = 100,00$ °C, respectivamente. Aos estados térmicos representados por T_g e T_v está associada a variação da propriedade termométrica x_g e x_v respectivamente da substância termométrica. No caso do mercúrio ou do álcool seria a dilatação sofrida pelas respectivas colunas em centímetros (cm), ou milímetros (mm) ao passarem de T_g para T_v. Para o caso do termômetro de mercúrio em graus Celsius pode-se estabelecer a *lei de correspondência* colocando os valores de T_g e T_v no eixo das ordenadas e seus pontos correspondentes x_g e x_v no eixo das abcissas cartesianas. A Figura 9.1 apresenta a correlação.

Agora, tendo a lei de correspondência, no caso a equação de uma reta, divide-se a altura (h), ou espaço (x) correspondente à dilatação em 100 partes iguais. Cada uma corresponderá a *1 grau Celsius* (°C). Substituindo-se na equação da reta qualquer valor de x ter-se-á, por cálculo, o valor de T (°C), para aquela divisão da escala.

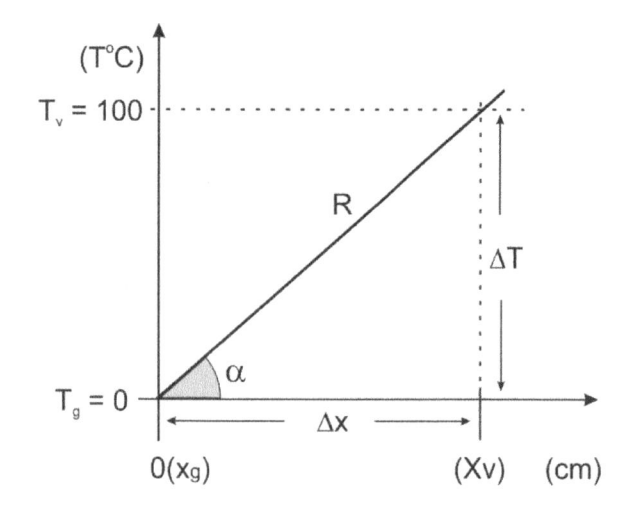

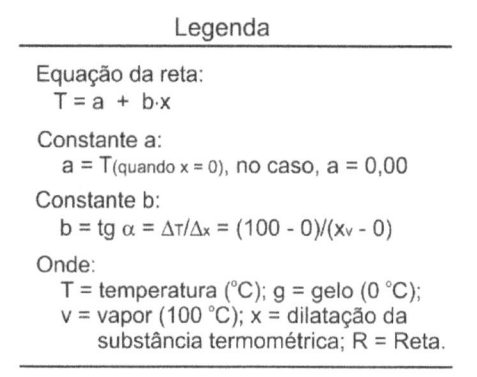

Figura 9.1 Determinação da equação termométrica, T = a + b·x

9.1.3 Principais tipos de escalas termométricas

Hoje em dia, as principais escalas termométricas em uso são:
- A *escala Celsius*, simbolizada por °C, é chamada também de *escala de graus centígrados*, contudo, esta denominação é obsoleta, isto é, não se usa mais (Rocha, 1988);
- A *escala de Kelvin*, simbolizada por K, denominada de escala absoluta de temperatura; e,
- A *escala Fahrenheit*, simbolizada por F, muito usada pelos povos de língua inglesa (neste trabalho não será apreciada).

A Figura 9.2 mostra a escala Celsius e a escala Kelvin de medida de temperaturas, comparando pontos conhecidos na prática ou no dia a dia da vida dos seres vivos.

A escala Celsius de temperatura

Hoje, tanto nos instrumentos (termômetros) quanto nos trabalhos científicos, utiliza-se a escala de graus Celsius. Nesta, conforme foi dito anteriormente, ao ponto de fusão do gelo (de água pura) atribuiu-se o valor da temperatura de 0,00 °C e ao ponto de ebulição atribuiu-se a temperatura 100,00 °C respectivamente, a 1 atm de pressão que se exerce sobre a superfície da água sólida ou líquida. E a altura da coluna de mercúrio que dilatou ao passar de um estado para o outro foi dividida em 100 partes iguais, correspondendo a cada centésimo da escala, a um grau Celsius. O valor de 1 grau Kelvin, em termos de dilatação da substância termométrica é o mesmo.

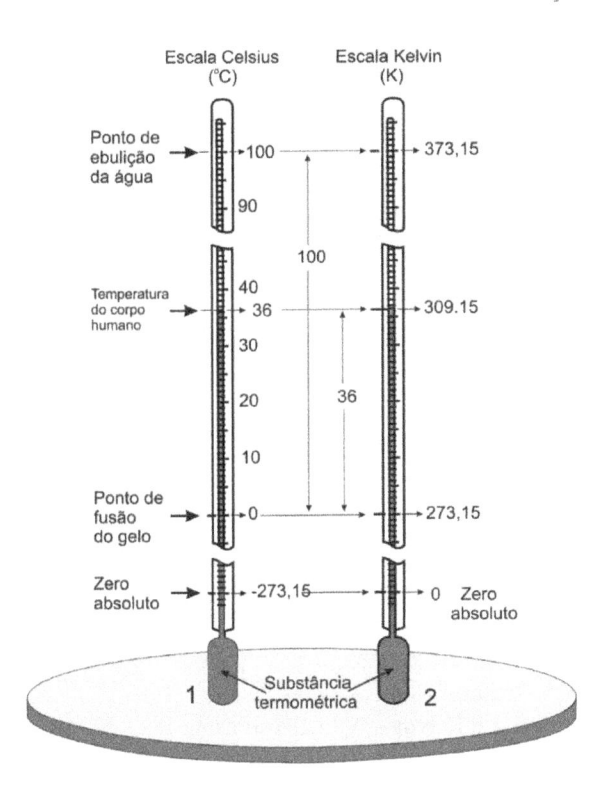

Figura 9.2 Comparação de duas escalas termométricas: (1) Escala Celsius em graus Celsius (°C); (2) Escala Kelvin em graus Kelvin (K), denominada também escala absoluta.

Logo,

Grau Celsius
O *grau Celsius* (1 °C) é a variação de temperatura correspondente à *variação da propriedade termométrica* (no caso, dilatação da coluna (tubo) capilar de mercúrio ou de álcool), igual a 1 centésimo da viariação observada, quando o termômetro passa do *ponto do gelo* para o *ponto de vapor* da água quimicamente pura.

Figura 9.3 Conceito de grau Celsius.

A escala Kelvin ou absoluta de temperatura

A escala absoluta de temperatura ou a escala Kelvin (K), difere da escala Celsius (°C) apenas nos seguintes aspectos:

- Nos números colocados nos pontos fixos (ponto de fusão e ponto de ebulição da água), pois, a variação da propriedade termométrica para cada grau Kelvin é a mesma que a do grau Celsius. A Figura 9.2 apresenta a relação entre as duas escalas.
- A escala Kelvin tem o *zero absoluto*, significando que neste ponto, não há energia térmica no corpo. A partir deste 0 (zero absoluto) o estado vibracional das partículas começa a aumentar. Ao chegar na fusão do gelo (0 °C) a escala Kelvin corresponde em graus 273,15 K.

As leituras são feitas na escala Celsius (°C) e transformadas para graus Kelvin (K) pela relação abaixo, Equação (9.5). Não existe o instrumento, termômetro de Kelvin. O que existe é a escala Kelvin de temperaturas. A Equação (9.5) mostra como converter uma na outra.

$$T_K = 273 + T\,°C \qquad (9.5)$$

Na realidade, o valor de 273 K para o 0 °C ponto de fusão do gelo, deve ser corrigido para 273,15 K. No entanto, para operações sem muitas consequências científicas usa-se 273 K.

Exemplo. A temperatura do corpo humano, em graus centígrados, é aproximadamente 36 °C. Quantos graus Kelvin são? A Equação (9.6) dá o resultado.

$$T_K = 273 + 36 = 309\,K \qquad (9.6)$$

Em operações e cálculos termodinâmicos usa-se apenas a escala absoluta.

9.1.4 Tipos de escalas de temperatura

Os tipos de *escalas termométricas* diferenciam-se uma da outra pelos valores adotados, pelos diversos autores, nos pontos fundamentais da água pura a 1 atm de pressão ambiente: *no ponto de fusão do gelo* e *no ponto de ebulição*.

A Tabela 9.2 mostra estes valores adotados pelos principais autores de escalas, Fahrenheit, Réaumir, Celsius e Kelvin.

Tabela 9.2 Principais tipos de escalas termométricas com seus valores adotados para os pontos de fusão do gelo e de ebulição da água pura a uma atm de pressão.

Sobrenome do autor da escala	Ano da criação	Nome da Escala	Símbolo do Grau da escala	Valor adotado no ponto de fusão do gelo	Valor adotado no ponto de ebulição
Fahrenheit (*)	1724	Fahrenheit	°F	32 °F	212 °F
Réaumir (**)	1730	Réaumir	°R	0 °R	80 °R
Celsius (***)	1742	Celsius	°C	0 °C	100 °C
Kelvin (****)	1854	Kelvin	K	273,15 K (†)	373,15 K (†)

(*) Fahrenheit (Gabriel-Daniel Fahrenheit, 1686-1736, Prússia); (**) Réaumir (René Antoine Réaumir, 1683-1757, França); (***) Celsius (Anders Celsius, 1701- 1744, Suécia); (****) Kelvin (Lord Kelvin – Willian Thomson, 1824-1907, Irlanda); (†) Este valor não foi adotado é consequência do "zero absoluto".

Relações entre os números de graus das diferentes escalas

Uma dedução matemática, não apresentada aqui, permite estabelecer uma relação de cálculo entre os valores do número de graus dados por Fahrenheit, Réaumir e Celsius, das diferentes escalas para a mesma temperatura.

Para calcular o valor do número de graus Celsius (C) correspondente ao valor dado do número de graus em Réaumir (R), ou em Fahrenheit (F), e, ou em Kelvin, utiliza-se a Equação (9.7):

$$C = \frac{5}{4} \cdot R = \frac{5}{9} \cdot (F - 32) = K - 273 \quad (9.7)$$

Para calcular o número de graus Réaumir (R), em função dos outros graus utiliza-se a Equação (9.8):

$$R = \frac{4}{5} \cdot C = \frac{4}{9} \cdot (F - 32) = \frac{4}{5} \cdot (K - 273) \quad (9.8)$$

Para calcular o número de graus Fahrenheit (F), em função dos outros graus utiliza-se a Equação (9.9):

$$F = \frac{9}{5} \cdot C + 32 = \frac{9}{4} \cdot R + 32 = \frac{9}{5} \cdot (K - 273) + 32 \quad (9.9)$$

Detalhes 9.1

Como qualquer área da Ciência, esta da Termometria, também está em permanente desenvolvimento e evolução. Contudo, deve ficar um princípio: *O que é bom, prático, útil, apesar de antigo, sempre é usado, sempre é "novo"*.

Vamos colocar algo que é muito antigo: a *roda*. Vamos trocar a *roda* porque é antiga? É claro que se aparecer um "processo" um "dispositivo" melhor que a *roda*, ela será substituída, não por ser antiga, mas, por ter aparecido algo melhor que a *roda*.

Classificação dos diferentes tipos de termômetros

Conforme o seu uso e finalidade os termômetros podem ser agrupados, entre outros, em:

- *Termômetros comuns* – são os utilizados em salas, ruas etc. (construídos com as diferentes escalas: Celsius, Réaumir e Fahrenheit);
- *Termômetros de máxima e mínima* – indicam o valor máximo e o mínimo da temperatura num determinado intervalo de tempo;
- *Termômetros clínicos* – envolvendo a faixa de temperatura do corpo humano;
- *Termômetros diferenciais* – para determinar a diferença de temperatura de dois corpos;
- *Pirômetros* – para altas temperaturas;
- *Termômetros de precisão* – substância termométrica mais sensível;
- *Termômetros meteorológicos* – medem a temperatura do ambiente informando a máxima e a mínima;
- *Termômetro de culinária* – utilizado em panelas, comidas etc.;
- *Termômetro de radiação* – medem a temperatura da atmosfera e da superfície da Terra – são usados em satélites meteorológicos;
- *Termômetros digitais*; pirômetro ótico; termômetro de lâmina bimetálica; termopar; entre outros.

9.2 PARTE EXPERIMENTAL

9.2.1 Calibração da escala de um termômetro no intervalo 0,0 °C – 100,0 °C

a – *Material*
- *Termômetro a ser calibrado;*
- *50 mL de uma mistura de gelo pilado (macerado, socado) e água;*
- *Béquer de 50 e 100 mL de capacidade;*
- *Erlenmeyer de 100 mL de capacidade;*
- *Bico de Bunsen;*
- *Tripé com tela de amianto;*
- *Fósforo;*
- *Papel milimetrado;*
- *Suporte universal com anel;*
- *Computador para entre outras finalidades, acessar a internet se necessário;*
- *Diário de laboratório, calculadora etc.*

b – *Procedimento*
- Adicionar cerca de 50 mL de uma mistura de gelo pilado e água em um béquer de 100 mL e agitar bem.
- Introduzir o termômetro a ser calibrado, de modo que o bulbo do mercúrio esteja completamente imerso na mistura. O termômetro não deve tocar nas paredes ou fundo do béquer.
- Registrar a temperatura, após a estabilização térmica, na Tabela RA 9.1 no Relatório de Atividades.
- Adicionar 50 mL de água a um copo Erlenmeyer de 100 mL.
- Com o auxílio do suporte universal, adaptar termômetro em calibração com o bulbo próximo à superfície do líquido, porém, sem tocá-la.
- Aquecer a água à ebulição.
- Após a estabilização térmica registrar a temperatura observada no termômetro na Tabela RA 9.1 no Relatório de Atividades.
- Adicionar em um béquer de 50 mL aproximadamente 40 mL de água a temperatura ambiente e determinar a temperatura da mesma, com o termômetro usado na calibração. Mergulhar o bulbo na água sem tocar o fundo ou as paredes do béquer. Registrar o resultado na Tabela RA 9.1 no Relatório de Atividades.
- Utilizar os métodos *gráfico* e pela *equação termométrica*, para calcular a temperatura correta da água.

c – *Gráfico e cálculos*
- Numa folha de papel milimetrado lançar nas abcissas os pontos 0,0 °C e 100,0 °C, como pontos corretos, certos, e reais por definição, genericamente denominados de T_C (temperatura correta). Lançar nas ordenadas os valores de temperatura lidos na escala do termômetro em observação para o ponto de fusão do gelo e para o ponto de ebulição

da água, genericamente denominados de T_L (temperaturas lidas).

- Construir o gráfico e colar no Relatório de Atividades.
- Calcular os coeficientes a e b da reta. Escrever a equação da reta, que é a Equação Termométrica deste termômetro. Transcrever a equação termométrica no Relatório de Atividades.
- Usando a Equação Termométrica corrigir a temperatura da água e registrar na Tabela RA 9.1 do Relatório de Atividades.

d – *Exemplos de cálculos*

A título de treinamento, supor que foram lidos para o ponto de fusão T_L = - 8,0 °C e para o ponto de ebulição T_L = 97,1 °C. A Figura 9.4 apresenta o gráfico.

Para se fazer a correção do valor lido na escala do termômetro existem dois métodos, conforme segue.

1º Método gráfico – da Regressão no gráfico

Neste método, tendo a leitura de uma dada temperatura da escala a ser calibrada (T_L), localiza-se nas ordenadas o respectivo valor e faz-se a *regressão no gráfico*, localizando seu ponto coordenado (T_C) nas abcissas.

Toma-se o valor lido, T_L = 53,60 °C, e sobre as ordenadas do gráfico da Figura 9.4, localiza-se o ponto 53,60. A partir deste ponto, paralelo ao eixo das abcissas, segue-se até encontrar a reta. Desta reta, segue-se paralelo ao eixo das ordenadas até encontrar o eixo das abcissas. Ali está o valor da temperatura correta, T_C = 58,70 °C.

2º Método da equação de trabalho

Pelo gráfico determinam-se os valores das *constantes termométricas* **a** e **b**, Figura 9.4.

O valor de **a** (*coeficiente linear* da reta), corresponde ao valor da ordenada quando a abcissa vale 0 (zero). A Figura 9.4 mostra a sua determinação, onde **a** = -8,00.

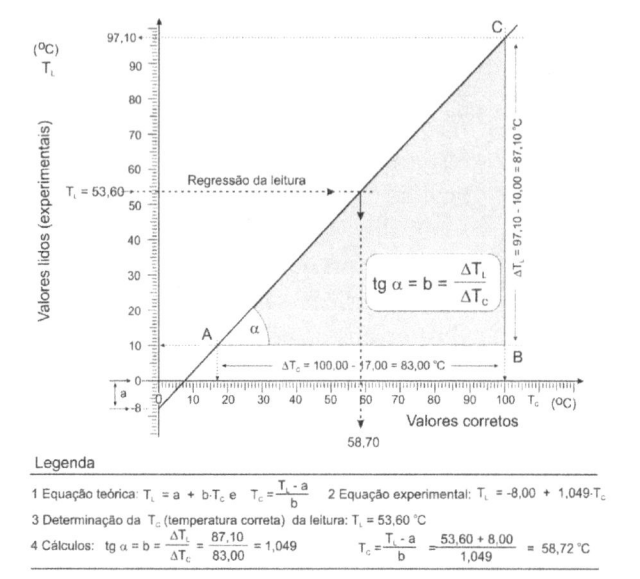

Figura 9.4 Construção da reta de calibração da escala do termômetro, com detalhes de cálculo na legenda.

O valor de **b** (*coeficiente angular* da reta) é determinado pela inclinação da reta ou pela determinação da tangente do ângulo (α) entre a reta e o eixo das abcissas, ver Figura 9.4. O valor da tangente na circunferência trigonométrica, que lhe corresponde ao triângulo retângulo ABC, em destaque na Figura 9.4, é dado pela Equação (9.10):

$$b = \tg \alpha = \frac{\text{Comprimento do cateto oposto}}{\text{Comprimento do cateto adjacente}} = \frac{\Delta T_{(\text{Leituras})}}{\Delta T_{(\text{Valor Correto})}} = \text{Inclinação da reta} \quad (9.10)$$

Obtido os valores dos catetos pela Figura 9.4, e introduzindo-os na Equação (9.10), tem-se a Equação (9.11):

$$b = \tg \alpha = \frac{\Delta T_{(\text{Leituras})}}{\Delta T_{(\text{Valor Correto})}} = \frac{87,10}{83,00} = 1,049 \quad (9.11)$$

Explicitando a variável de interesse na Equação da reta (9.12), chega-se à Equação (9.13):

$$T_L = a + b \cdot T_C \quad (9.12)$$

$$T_C = \frac{(T_L - a)}{b} \quad (9.13)$$

E, finalmente, introduzindo os valores de **a** e **b** na Equação (9.13), chega-se ao valor correto da temperatura lida com um termômetro descalibrado.

e – *Aplicação 1*
Uma substância X de ponto de fusão desconhecido foi analisada com o termômetro que foi calibrado, conforme Figura 9.4. A temperatura de fusão encontrada para a referida substância foi, $T_L = 53{,}60\ °C$.
Qual é o valor correto da temperatura (T_C) do ponto de fusão desta substância?

Substituindo-se o valor lido da temperatura de fusão desta substância, $T_L = 53{,}60\ °C$, na Equação (9.13) chega-se a Equação (9.14), que dá a temperatura correta ou corrigida.

$$T_C = \frac{[53{,}60 - (-8{,}00)]}{1{,}049} = 58{,}72\ °C \quad (9.14)$$

f – *Aplicação 2*
Uma substância Y de ponto de fusão desconhecido foi analisada com o termômetro que foi calibrado, conforme Figura 9.4. A temperatura de fusão encontrada para a referida substância foi, $T_L = -5{,}00\ °C$.
Qual é o valor correto da temperatura do ponto de fusão desta substância (T_C)?

- Solução gráfica – via regressão

Toma-se o valor lido na escala do "termômetro descalibrado", -5,00 °C, e localiza-se o respectivo valor no eixo das ordenadas ou dos valores lidos (T_L). Este ponto encontra-se abaixo do eixo das abcissas (ou, o eixo dos x). A partir deste ponto, segue-se a linha da regressão, conforme Figura 9.5. A Figura 9.5 é um *destaque* da Figura 9.4. Foi feito para facilitar a localização do valor $T_C = 2{,}90\ °C$.

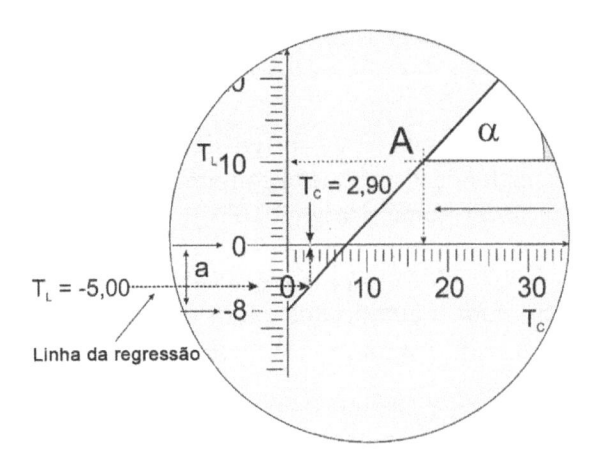

Figura 9.5 Destaque visualizando o valor da leitura $T_L = -5{,}00\ °C$ com a linha de regressão localizando o valor correto da leitura, $T_C = 2{,}90\ °C$.

- Solução matemática

Como o gráfico de calibração é mesmo para as duas leituras, tem-se, conforme já determinados, o valor do:
- *coeficiente linear da reta*, **a** = -8,00; e,
- *coeficiente angular da reta*, **b** = 1,049;
- valor da leitura, $T_L = -5{,}00\ °C$.

Tomando estes valores e introduzindo-os na Equação (9.13) chega-se à Equação (9.15):

$$T_C = \frac{(T_L - a)}{b} = \frac{[-5{,}00 - (-8{,}00)]}{1{,}049} = 2{,}86\ °C \quad (9.15)$$

9.2.2 Calibração de qualquer intervalo de escala de um termômetro

O método é o mesmo que o realizado em 9.2.1. Para isto, se necessitam de substâncias cujos pontos de fusão (e de ebulição) sejam conhecidos e os seus valores estejam neste intervalo da escala. Os pontos de fusão dados das substâncias serão os valores de T_C a serem colocados nas abcissas. E os valores de T_L serão os valores das respectivas leituras na escala do termômetro que se quer calibrar.

9.3 EXERCÍCIOS DE FIXAÇÃO

9.1. Qual a temperatura correta de um líquido, cuja medida foi de 28,4 °C, feita com um termômetro de equação termométrica igual a: $T_L = 1,80 + 0,98\, T_C$?

9.2. Calcular a equação de correção de um termômetro com o auxílio dos dados a seguir: $TF_{água} = -0,2$ °C; $TE_{água} = 98,7$ °C; $P_{atm} = 1$ atm.

9.3. Qual a temperatura de ebulição da água pura em uma pressão atmosférica 732,8 mmHg?

9.4. Com os dados da calibração de um termômetro foi construída a curva da Figura EF 9.1.

a) Qual a equação de correção da temperatura para esse termômetro?

b) Se a temperatura de um líquido for medida com esse termômetro, dando como resultado 68,9 °C, qual a temperatura correta desse líquido?

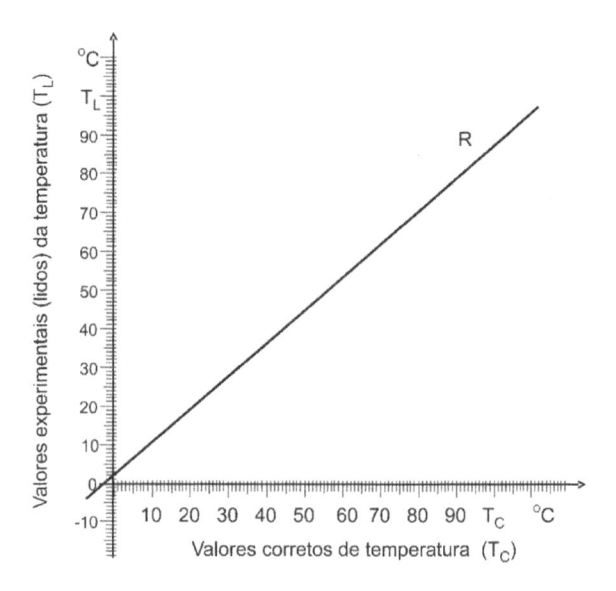

Figura EF 9.1 Reta de calibração da escala de um termômetro.

Respostas: **9.1.** 27,14; **9.2.** $T_L = T_C - 2$; **9.4.** $T_L = 0,83\, T_C + 1,9$; 80,7.

9.4 RELATÓRIO DE ATIVIDADES

Universidade _____ Centro de Ciências Exatas – Departamento de Química Disciplina: QUÍMICA GERAL EXPERIMENTAL – Cód: _____ Curso: _____ Ano: _____ Professor: _____	Relatório de Atividades

_____ Nome do Acadêmico	_____ Data

UNIDADE DIDÁTICA 09: EXATIDÃO DE INSTRUMENTOS

CALIBRAÇÃO DE TERMÔMETRO

Tabela RA 9.1 Dados referente a calibração do termômetro.

Parâmetros		Medidas
Temperatura de ebulição da água (T_e)	=	
Temperatura de fusão da água (T_f)	=	
Pressão atmosférica ambiente (P_a)	=	
Temperatura de ebulição da água na Pa (pressão ambiente) (T_e)	=	
Temperatura da amostra de água (T_L)	=	

1. Em papel milimetrado construa o gráfico com os dados de calibração do termômetro, na Tabela RA 9.1.

2. A partir do gráfico escreva a equação de termométrica para este termômetro.

3. Corrija a temperatura da água que foi medida com este termômetro.

a) Pelo método da regressão.

b) Pela equação termométrica.

9.5 REFERÊNCIAS BIBLIOGRÁFICAS E SUGESTÕES PARA LEITURA

CHRISPINO, A. **Manual de química experimental**. São Paulo (SP): Editora Ática, 1991. 230 p.

DURST, H. D.; GOKEL, G. W. **Química orgánica experimental**. Versión castellana. Barcelona: Editorial Reverté, 1985. 592 p.

GIESBRECHT, E. (Coordenador). **Experiências de química – técnicas e conceitos básicos**. PEQ – Projetos de Ensino de Química de Professores da USP. São Paulo: Editora Moderna, 1982. 241 p.

HALLIDAY, D.; RESNICK, R. **Fundamentos de física – gravitação, ondas e termodinâmica**. Versão brasileira. 2. ed. Rio de Janeiro: LTC. 1991. v. 02, 280 p.

MARCIANO, M. **Física**. 9. ed. Coleção FTD (Irmãos Maristas). São Paulo: Editora FTD, 1965. v. 02, p. 13-59.

OHLWEILER, O. A. **Teoria e prática de análise quantitativa inorgânica**. Brasília: Editora Universidade de Brasília, 1968. Volume 01 e 02.

PETERS, D. G.; HAYES, J. M.; HIEFTJE, G. M. **Chemical separation and measurements**. Philadelphia (USA): Saunders Golden Series, 1974. 610 p.

POMBEIRO, A. J. L. O. **Técnicas e operações unitárias em química laboratorial**. Lisboa: Fundação Calouste Gulbenkian, 1980. 1.069 p.

ROCHA Filho, R. C. **Grandezas e unidades de medida – *O sistema internacional de unidades***. São Paulo (SP): Editora Ática, 1988. 88 p.

SIGMA-ALDRICH CATALOG, **Biochemicals and reagents for life science research**. USA: SIGMA ALDRICH Co., 1999. 2880 p.

SKOOG, D. A.; WEST, D. M.; HOLLER, F. J. **Analytical chemistry**. 6. ed. Philadelphia (USA): Saunders College Publishing, 1992. 892 p.

STOKER, H. C. **Preparatory chemistry**. 4. ed. New York: Macmillan Publishing Company, 1993. 629 p.

THOMAS SCIENTIFIC CATALOG: 1994/1995. New Jersey (USA): Thomas Scientific Co., 1995. 1929 p.

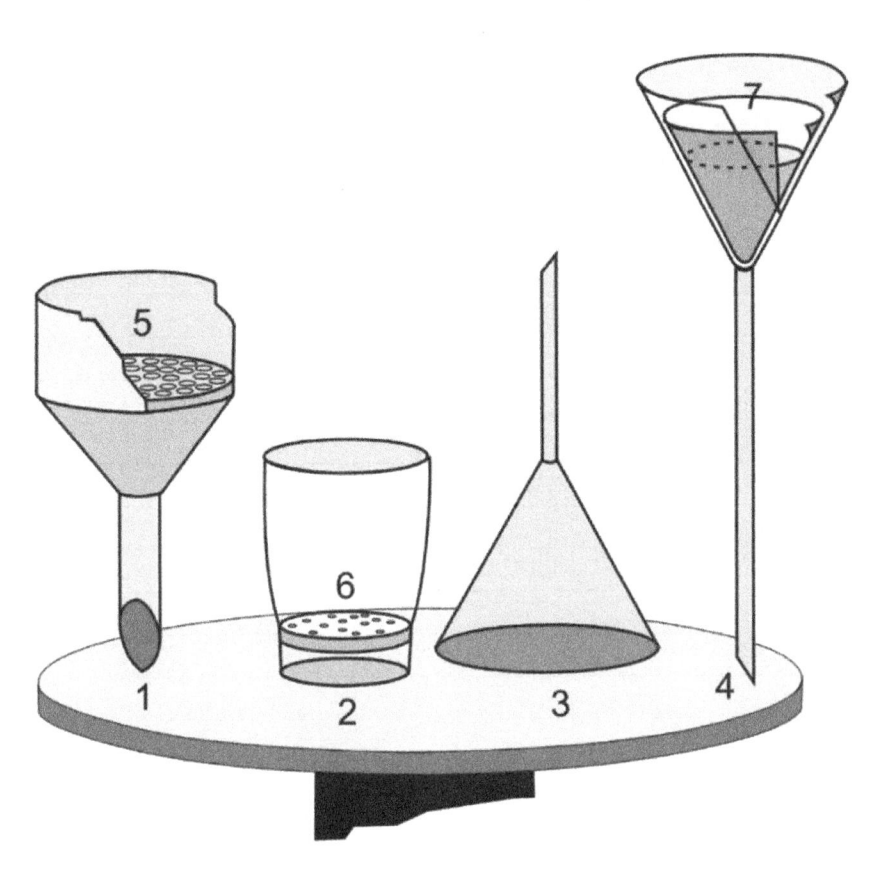

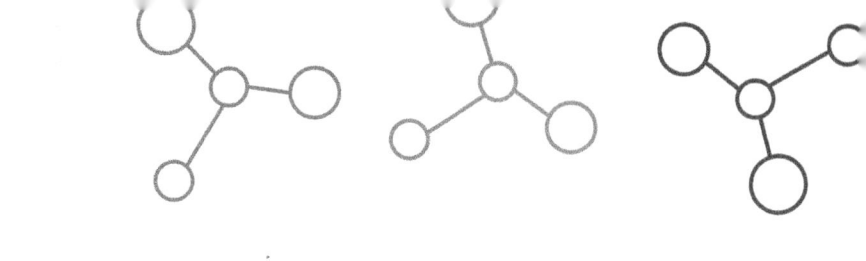

UNIDADE DIDÁTICA 10

1 – Funil de Büchner: Usado juntamente com o kitassato para filtração a vácuo. É feito de porcelana, e existe no mercado de vários diâmetros. No seu interior tem uma placa de porcelana com orifícios **(5)**. Sobre esta placa se coloca o papel de filtro durante o processo de filtração.

2 – Cadinho filtrante (Gooch): Usado para filtração de sucção (vácuo). Existe em duas formas, alta e baixa, nas capacidades de 30 e 50 mL, ambos em vidro borossilicato. O meio filtrante é feito de vidro sinterizado, com número e tamanho variado de poros **(6)**.

3 – Funil de vidro: Haste curta. Usado em transferência de líquidos e filtrações de laboratório. Existe disponível em vários tamanhos. O ângulo de abertura pode ser de 58° ou de 60°.

4 – Funil de vidro: Haste longa. Usado também em transferências de líquidos e filtrações mais lentas. O funil de haste longa e estrias é chamado de funil analítico. A haste longa quando cheia do filtrado "pesa mais" e faz uma "sucção" mais efetiva na base do funil (onde se exerce a mesma).

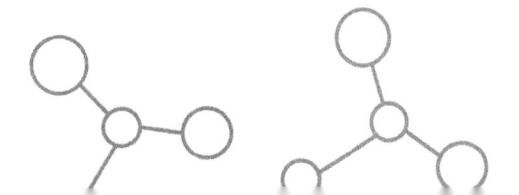

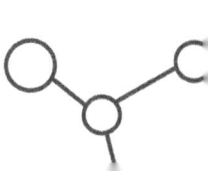

UNIDADE DIDÁTICA 10

TÉCNICAS DE SEPARAÇÃO DE MISTURAS

FILTRAÇÃO E EVAPORAÇÃO

Conteúdo	Página
10.1 Aspectos Teóricos	253
10.1.1 Introdução	253
10.1.2 Substâncias puras e misturas	256
10.1.3 Métodos de separação	256
10.1.4 Filtração	256
Detalhes 10.1	258
10.1.5 Evaporação	263
10.2 Parte Experimental	263
10.2.1 Preparação de uma mistura	263
10.2.2 Filtração simples	265
10.2.3 Evaporação	266
10.2.4 Limpeza	267
10.3 Exercícios de Fixação	267
10.4 Relatório de Atividades	268
10.5 Referências Bibliográficas e Sugestões para Leitura	269

Unidade Didática 10
TÉCNICAS DE SEPARAÇÃO DE MISTURAS
FILTRAÇÃO E EVAPORAÇÃO

Objetivos
- Revisar e fixar os conceitos de matéria, substância, corpo, estados físicos e propriedades da matéria: substância elemento; substância composto; mistura; tipos de misturas.
- Preparar uma mistura *homogênea* (água + sal) e *heterogênea* (água + sal + areia).
- Separar os componentes da mistura preparada por *filtração* e *evaporação* da água.
- Calcular a composição centesimal da mistura.

10.1 ASPECTOS TEÓRICOS

10.1.1 Introdução

Matéria, corpo e substância

A *Ciência Química* é a parte do conhecimento humano que estuda a *matéria*, suas propriedades e suas transformações. Por sua vez, a matéria é tudo aquilo que tem *massa* e *ocupa espaço*. Ela é constituída de partículas menores ligadas entre si (**átomos**, **íons** e ou **moléculas**). A madeira, vidro, terra, ferro, ar, água, gasolina, são exemplos de matéria. Não são consideradas como matéria várias formas de energia: luz, calor, eletricidade etc. Porém, dentro da teoria da dualidade da matéria, *onda-corpúsculo*, são consideradas formas materiais de energia. Também, não são considerados matéria: pensamentos, ideias, emoções (como a sede, a fome, entre outras).

Tudo o que ocupa espaço e tem massa (a matéria) é constituído de substâncias ou, também chamadas de *espécies químicas*. As substâncias quando puras, são caracterizadas por suas propriedades específicas, que definem sua natureza química e física, ou seja, substância é uma determinada espécie de matéria. São exemplos de substâncias: a água; o oxigênio; o ferro; o alumínio.

Determinada quantidade de uma substância ou de várias substâncias constituem um *corpo*. Este é a matéria determinada quanto à forma e quanto à sua natureza. O tijolo, a mesa, um kg de areia, um litro de água são exemplos de corpos. Não se deve esquecer que um corpo pode ser constituído por uma, duas ou mais espécies químicas (substâncias). A *substância* caracteriza a *qualidade* (espécie) de matéria. A *massa* do corpo caracteriza a *quantidade* de matéria.

Estados físicos da matéria

A matéria pode apresentar-se em três estados físicos estáveis, o *sólido*, o *líquido*, o *gasoso*, e um estado de transição, o *plasma* (químico e nuclear). No caso dos três estados físicos estáveis o que caracteriza um ou o outro são as forças existentes entre os constituintes da matéria: **átomos**; **íon** e ou *moléculas* e o estado de *agitação térmica* das mesmas, que aumenta com o aumento da temperatura e vice-versa.

Estas forças de interação entre as partículas constituintes da matéria (as *forças de coesão*) são de natureza química e física. Entre as forças de coesão têm-se: ligação iônica; ligação covalente; ligação coordenada; ligação metálica; ligações (pontes) de hidrogênio e Forças de Van der Waals. Estas últimas são forças fracas quando comparadas *às* primeiras. Entre elas, se apresentam: Forças de Debye, Forças de Keeson, Forças de London. (Sebera, 1968).

Não se pode esquecer que a *pressão ambiente*, que se exerce sobre os corpos, devida à pressão atmosférica, também tem influência no estado físico da matéria. Ela é favorável a manter juntas as partículas que constituem os copos.

a) Estado sólido

Na medida em que a "agitação térmica" (vibração, estiramento, rotação etc.) das partículas constituintes da matéria é pequena e em termos de temperatura, se está próximo do zero absoluto, prevalecem as forças químicas e físicas citadas e tem-se o estado sólido da matéria.

A matéria no *estado sólido* apresenta-se com *massa, forma* e *volume definidos*. Os corpos sólidos podem apresentar estruturas do tipo:
- *Cristalino*, no qual as partículas que compõem o sólido: átomos; íons (cátions e ânions); moléculas ocupam no espaço do sólido, posições definidas e apresentam uma célula, chamada *célula cristalina*, que se repete ao longo do sólido;
- *Amorfo*, no qual não há uma organização como no cristalino. Em geral, correspondem a materiais constituídos de macromoléculas de massa molar elevada.

No caso de um "pó" tem-se um corpo, também no estado sólido, com massa e volume definidos e forma indefinida. Ele apresenta propriedades de um fluido. Contudo, pode ser também um corpo cristalino ou amorfo que foi "moído" ou reduzido a "pó".

b) Estado líquido

A medida que a agitação das partículas aumenta com o aumento da temperatura, chega um momento em que a resultante desta "agitação térmica" é igual a "força de coesão" existente entre as partículas que compõem o estado sólido e a ação exercida pela pressão ambiente. Neste momento desestrutura-se o estado sólido e se forma o *estado líquido*, no qual atuam as forças mais fracas, como as de Van der Waals, e a pressão ambiente. Neste momento, diz-se que foi alcançado o *ponto de fusão* (PF) da espécie.

A matéria no *estado líquido* apresenta-se com massa e volume definidos com *forma indefinida*.

c) Estado gasoso

No estado líquido as partículas ainda apresentam entre si forças pequenas de atração (tipo Van der Waals) e a pressão ambiente que se exerce sobre sua superfície também é favorável a manutenção deste estado. Porém, na medida em que a "agitação térmica" aumenta, a resultante desta agitação pode chegar a ser maior e o estado líquido desaparece e o material volatiliza. Neste momento, diz-se que foi alcançado o *ponto de ebulição* da substância (PE).

A matéria no *estado gasoso* apresenta-se com massa definida, volume e forma indefinidos. Um gás ocupa todo o volume que lhe é disponível.

d) Estado plasmático

A matéria no *estado de plasma* se encontra em estado de transição, isto é, não está no seu estado fundamental estável. Este estado pode ser:
- Plasma químico – quando nele se encontram radicais, íons, elétrons, átomos livres etc., por exemplo, a *chama*.
- Plasma nuclear – quando nele se encontram pedaços de átomos, partículas subatômicas etc. Por exemplo, reações nucleares, o sol.

Propriedades da matéria

As substâncias, ou as espécies químicas, distinguem-se entre si pelas suas *propriedades físicas* e *químicas*.

As *propriedades físicas* de uma espécie química são as propriedades que podem ser observadas sem transformá-la em outra substância. Isto é, não alteram a natureza da substância. A cor, o sabor, o tamanho, o estado físico, os pontos de ebulição (PE) e de fusão (PF), a densidade são exemplos de propriedades físicas.

As *propriedades químicas* das substâncias são as características que elas possuem e, que ao sofrerem alguma modificação alteram a sua natureza, isto é, transformam-se em outras. Por exemplo, ao queimar a gasolina, ela desaparece e aparecem gás carbônico, água e calor no seu lugar, conforme Reação (R-10.1):

$$C_8H_{18(líquido)} + 25/2\, O_{2(gás)} \rightarrow 8CO_{2(gasoso)} + 9H_2O_{(vapor)} + Energia(-\Delta H) \quad (R\text{-}10.1)$$
Gasolina - Octano Oxigênio(Ar) Gás Carbônico Água

Assim cada substância pura é caracterizada por uma série de propriedades físicas e químicas, que a distinguem das demais.

Mudanças da matéria

As *mudanças* ou *modificações* que a matéria (substância) pode ter são espontâneas, ou forçadas pela natureza, ou pela ação antrópica. Podem ser mudanças físicas ou mudanças químicas.

As *mudanças físicas* se processam sem alterar a natureza das substâncias envolvidas. Uma nova substância nunca é formada numa mudança física. A Figura 10.1 apresenta o nome das diversas mudanças físicas de uma substância qualquer.

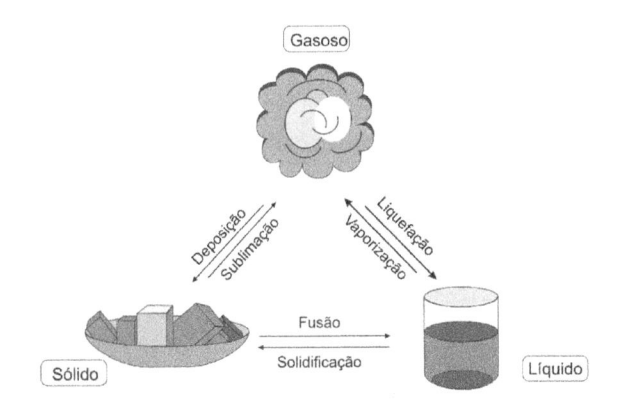

Figura 10.1 Visualização das mudanças do estado físico de uma substância.

As temperaturas em que ocorrem as mudanças são constantes, denominadas de Ponto de Fusão, Ponto de Ebulição, característicos de cada substância pura.

A *mudança química* é toda modificação que envolve a natureza química da substância. Esta transformação parte de uma ou mais substâncias que desaparecem na mudança e aparecem outras (uma, duas, ou mais) com propriedades diferentes das primeiras. Por exemplo, a Reação (R-10.2):

$$CH_{4(g)} + O_{2(g)} \rightarrow CO_{2(g)} + H_2O_{(v)} \quad (R\text{-}10.2)$$
Metano Oxigênio(ar) Gás Carbônico Água

Uma mudança química é uma *reação química*. Existem mudanças que são difíceis de serem classificadas em físicas ou em químicas. A dissolução de um sal, por exemplo, ou a dissolução do ácido clorídrico (HCl) na água. A primeira dissolução é considerada uma mudança física porque se pode recuperar o sal por um processo físico e não houve mudança de propriedades, conforme Reação (R-10.3):

$$NaCl_{(s)} + H_2O_{(líq)} \rightarrow Na^+_{(aq)} + Cl^-_{(aq)} \quad (R\text{-}10.3)$$

Na segunda, houve uma reação química, o sistema adquiriu propriedades ácidas, portanto, é uma mudança química, Reação (R-10.4):

$$HCl_{(g)} + H_2O_{(líq)} \rightarrow H_3O^+_{(aq)} + Cl^-_{(aq)} \quad (R\text{-}10.4)$$
Ácido

10.1.2 Substâncias puras e misturas

Todas as amostras de matéria podem ser constituídas de uma espécie química apenas (substância pura), ou da reunião de duas ou mais, formando uma mistura. No universo material (natureza) praticamente não existem substâncias puras, quase tudo são misturas. Algumas exceções: o ouro nativo, o diamante, e outros minerais podem ser encontrados no estado de substâncias puras. As rochas são misturas de diferentes minerais.

A *substância pura* é a matéria constituída de uma espécie química apenas. Esta possui propriedades químicas e físicas próprias e características. A menor partícula livre desta substância denomina-se *molécula*.

A substância pura de acordo com o número de elementos, ou tipos de átomos, que a constitui pode ser classificada em *substância elemento* e *substância composto*.

A *substância elemento* é a substância constituída de apenas um tipo de elemento químico. Por exemplo: o cloro (Cl_2) é formado pelo elemento cloro (Cl), o oxigênio (O_2) é formado do elemento oxigênio (O).

A *substância composto* é a substância constituída por dois ou mais tipos de elementos químicos diferentes. Por exemplo: a água (H_2O) é formada dos elementos hidrogênio (H) e oxigênio (O), o ácido sulfúrico (H_2SO_4) é formado pelos elementos hidrogênio (H), enxofre (S) e oxigênio (O).

A *mistura* é uma reunião (uma junção física) de duas ou mais substâncias puras, onde, cada uma guarda suas propriedades químicas e físicas. Na prática, uma substância fica dispersa na outra, ou nas outras. Por isto, pode ser chamada de *dispersão*.

As misturas, de acordo com o seu estado físico, podem ser classificadas em:
- misturas *sólidas*;
- misturas *líquidas*; e
- misturas *gasosas*.

As misturas, de acordo com o tamanho (ou dimensão) das partículas das substâncias nelas presentes, podem ser classificadas em:
- *soluções* (diâmetro < 10 angströms);
- *coloides* (diâmetro = 10 - 1000 angströms); e
- *misturas heterogêneas* (diâmetro >1000 angströms).

Nas *misturas heterogêneas* observam-se pontos de *composição física homogênea*, porém, distintos de outros na mesma mistura, um ao lado do outro. Estes pontos, ou partes, ou fração da mistura, têm propriedades químicas e físicas diferentes das demais e são denominados de *fase (s) da mistura*.

Ao se misturar água e areia forma-se uma mistura heterogênea de duas fases (*bifásica*), a fase sólida constituída pelas partículas de areia e a fase líquida constituída pela água. Ao se juntar um pouco de sal nesta mistura verifica-se que o sal "desaparece", isto é, *dissolve-se* na água formando uma *mistura homogênea* (sal + água) de fase líquida e a mistura continua tendo duas fases. Porém, se for acrescentada uma quantidade maior de sal que não se dissolve mais e fica depositado no fundo, tem-se uma mistura *trifásica*: uma líquida (água + sal dissolvido) e duas sólidas (a areia e o sal).

10.1.3 Métodos de separação

Conforme dito no início desta Unidade, a Química é a Ciência que estuda as propriedades das substâncias. Mas, para que estas propriedades sejam características de cada substância ela deve estar no seu *estado de pureza*. Isto é, só ela. Portanto, ela deve ser separada da mistura.

O primeiro passo a ser dado no caminho da separação de substâncias puras, ou simplesmente substâncias, é *separar as fases* da mistura.

A separação das fases de uma mistura heterogênea é feita por processos físicos mecânicos, tais como: *filtração*; *decantação*; *levigação*; *flotação*, entre outros.

A separação dos componentes de uma mistura homogênea (solução) necessita de métodos físicos mais enérgicos, tais como: a *destilação fracionada*, a *fusão fracionada* etc., denominados de *processos de fracionamento*.

10.1.4 Filtração

A filtração é a operação de separação das fases de uma mistura heterogênea constituída de uma fase sólida (ou mais) e outra fluída (líquida ou gasosa) através de um meio poroso capaz de reter a fase sólida. A filtração pode ser efetuada à pressão normal ou à pressão reduzida com o objetivo de acelerá-la.

UNIDADE DIDÁTICA 10: TÉCNICAS DE SEPARAÇÃO DE MISTURAS FILTRAÇÃO E EVAPORAÇÃO

O meio poroso a ser utilizado depende:

a) da natureza da mistura a ser filtrada. Por exemplo, na mistura de água e areia pode-se usar: algodão comum, papel filtro, tecido etc. Na mistura de ácido sulfúrico concentrado e cacos de vidro não se pode usar nenhum dos meios porosos citados acima. No caso, usa-se algodão de vidro. Nenhum dos componentes de qualquer fase pode reagir com o meio filtrante.

b) do resultado esperado da filtração, ou seja, uma filtração qualitativa, ou uma filtração analítica quantitativa.

Em laboratório as filtrações normalmente são efetuadas com papel filtro de porosidade adequada, que cada fabricante especifica no rótulo do material, dobrado ou adaptado conforme o objetivo e tipo da filtração, segundo mostram a Figuras 10.2, 10.3, 10.4 e 10.6, entre outras.

A Figura 10.2 ilustra as diferentes etapas para preparar o papel filtro a ser colocado no funil.

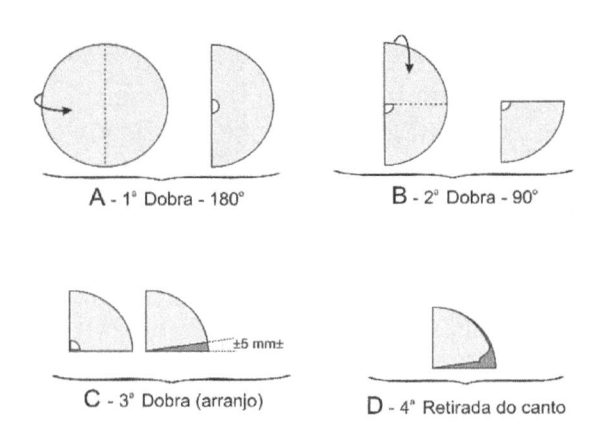

Figura 10.2 Demonstração dos principais passos da preparação do papel filtro para a filtração simples de uma mistura heterogênea.

A Figura 10.3 detalha um pouco mais a parte D, da Figura 10.2. Na Figura 10.3 A, em 1 e 2, tem-se a retirada do canto do papel filtro. O canto do papel filtro de uma das dobras é rasgado.

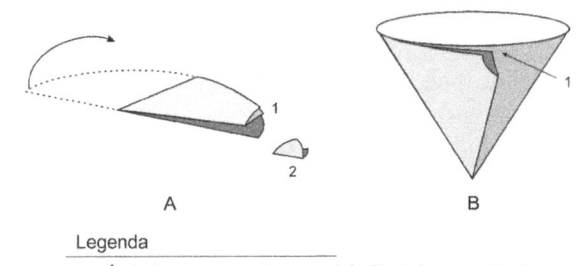

Legenda
A: 1 - Retirada do canto do papel; 2 - Papel do canto retirado.
B: 1 - Visualização da parte sem o canto, em leve posição de desnível em relação a parte aberta do papel filtro.

Figura 10.3 Visualização da retirada de um dos cantos do papel filtro dobrado a "quase" 90° e sua acomodação final para ser colocado no funil.

A parte B, da Figura 10.3, em 1, mostra que a parte dobrada do papel filtro em que foi tirado o canto é levemente rebaixada, em relação à outra metade, ao ser colocado no funil. Alguns autores dizem que esta operação evita a passagem de ar, internamente entre o funil e o papel filtro, da parte superior do funil para a parte inferior do mesmo, auxiliando numa maior sucção efetiva (Roberts *et al.*, 1991). Mas, para que isto aconteça, o papel filtro deve ser *colocado* no funil, a seguir *umedecido* (com água destilada) e *acomodado* na parede do funil, com as próprias mãos. Encher com água pura o papel filtro já no funil, e, observar o escorrimento da água destilada. Se esta, não fluir com certa velocidade, repetir o processo. Nesta operação, são importantes duas coisas:

- O funil deve estar limpo (desengordurado) e suas pareces não podem estar ressequidas.
- A geometria do funil, ou seja, a sua construção deve ter o ângulo correto para o papel adaptar-se às paredes do mesmo.

Em operações analíticas gravimétricas, em que se necessita o *teor de cinzas* do papel, o canto que foi "rasgado" do papel deve ser colocado junto ao papel filtro com o resíduo, para também ser calcinado.

A Figura 10.4 mostra o papel filtro colocado no funil de tal forma que entre o papel e a parede de vidro, ponto **a** da Figura 10.4, não haja possibilidade de passagem de ar.

É importante que o funil esteja bem limpo, principalmente no tocante a gorduras. Isto pode ser observado pela coluna de filtrado que se forma na haste do mesmo, Figura 10.4. Esta coluna de líquido tem a finalidade de fazer a sucção da solução que está no papel filtro e laterais entre o vidro do funil e o papel filtro.

Desta forma, a pressão ambiente, Pa, que se exerce sobre a solução que está no papel filtro, atua eficazmente quando se faz a sucção, que cria uma espécie de vácuo entre a coluna de líquido na haste e a solução no papel filtro e paredes de contato, desde que seja vedada a passagem de ar da parte superior para a inferior, dentro do funil.

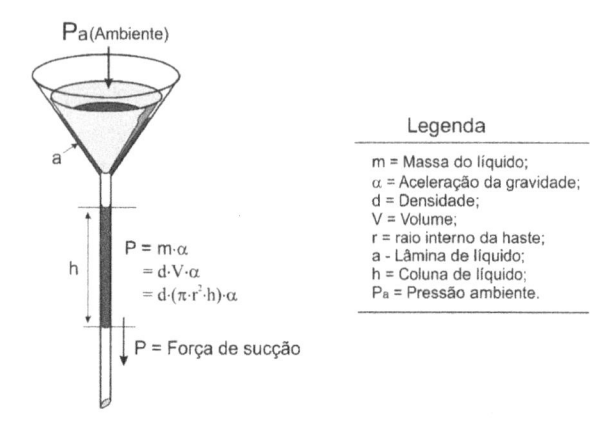

$P = m \cdot \alpha$
$ = d \cdot V \cdot \alpha$
$ = d \cdot (\pi \cdot r^2 \cdot h) \cdot \alpha$

P = Força de sucção

Legenda
m = Massa do líquido;
α = Aceleração da gravidade;
d = Densidade;
V = Volume;
r = raio interno da haste;
a - Lâmina de líquido;
h = Coluna de líquido;
P_a = Pressão ambiente.

Figura 10.4 Visualização do papel filtro colocado no funil de haste longa e explicação física da força de sucção (vácuo) na filtração.

Detalhes 10.1

A operação *filtração* é uma operação simples. No entanto, para se obter um resultado satisfatório na separação de fases de uma mistura, existem alguns detalhes que o operador deve antes conhecer.

I No tocante ao *tipo de papel filtro*

Existem dois tipos básicos de papel filtro: o *qualitativo* e o *quantitativo*.

- Papel filtro qualitativo

Este é o tipo de papel filtro que não apresenta especificação ao tocante do *teor de cinzas*. Sua fabricação tem menos exigências quanto aos possíveis componentes residuais (silicatos e outros compostos minerais na pasta da celulose). As dimensões dos seus poros são maiores. A filtração é mais rápida. Porém, dependendo da dimensão das partículas da mistura pode não ser eficiente na separação de uma fase da outra.

- Papel filtro quantitativo

Este é um material mais exigente na sua fabricação. Retirada de componentes que possam aumentar o teor de cinzas. O teor de cinzas deve ser inferior a 0,0001 g. Existem no mercado na forma de discos, retângulos e com várias porosidades. Dependendo da finalidade tem-se os agentes filtrantes que não são de papel.

Hoje, com o auxílio da *internet* e um *computador*, pode-se acessar rapidamente um *site de busca eletrônica*, mediante uma palavra chave, por exemplo, "*tipos de papel de filtro*", e ter os tipos de fabricantes, tipos de materiais filtrantes, porosidade, finalidade etc.

Por curiosidade, são colocadas algumas informações sobre estes tipos de filtros de papel na Tabela 10.1.

Tabela 10.1 Especificações de papéis filtros quantitativos, utilizados na Química Analítica Quantitativa.

Número (†)	Faixa/ cor	Velocidade da Filtração	Retenção de partículas (*) μ (10^{-6} m)	Espessura do papel (mm)	Teor de cinzas (**)
40	Branca	Média	8 μ	0,17	< 0,0001 g
41	Preta	Rápida	20-25 μ	0,19	< 0,0001 g
42	Azul	Lenta	2 μ	0,15	< 0,0001 g

(†) Na maioria dos casos depende do fabricante. (*) Dimensão a partir da qual o filtro começa a reter as partículas. (**) O teor de cinzas depende do tamanho e do tipo do papel, contudo, este é o valor máximo para um papel quantitativo.

III No tocante à *formação dos precipitados*

Existem diversas variáveis que influenciam no processo de formação de precipitados e que devem ser controladas para se chegar a um sistema cristalino ou coloidal de partículas. Entre elas, tem-se:

- Solubilidade do precipitado (dada pelo Kps);
- Temperatura do sistema para espécies com ΔH favorável à solubilidade;
- Concentração dos reagentes;
- Velocidade de adição e mistura dos reagentes;
- pH principalmente quando influencia no processo.

Von Weimarn, em 1925, relacionou estas variáveis matematicamente e as apresentou na Equação (10.1), que denominou de *supersaturação relativa*:

$$\text{supersaturação relativa} = \frac{Q-S}{S} \qquad (10.1)$$

Onde: Q = Concentração do soluto em qualquer momento (ou instante do processo). S = Solubilidade no equilíbrio do sistema.

II No tocante aos *tipos de particulados*

O sucesso de uma filtração não depende apenas da qualidade do papel filtro, depende também das partículas a serem separadas no processo.

As partículas ideais para a filtração correspondem aos precipitados de partículas grandes, insolúveis. Estas são facilmente filtráveis e laváveis.

Em termos de diâmetro das partículas ou micelas em suspensão, estas podem ser classificadas em dois grupos:

- Suspensões cristalinas, cujas partículas apresentam diâmetros, $\varphi > 10^{-4}$ cm. Estas são de fácil filtração. Na sua formação são criadas poucas, e aumentam de tamanho com a maturação do precipitado, pela agregação de íons da solução mãe nas suas estruturas.
- Suspensões coloidais cujas partículas apresentam diâmetro, $\varphi < 10^{-4}$ cm. Estas são de difícil filtração. Na sua formação criam-se muitas micelas e não crescem pelas condições ambientes. A Figura 10.5 mostra uma micela ou partícula coloidal.

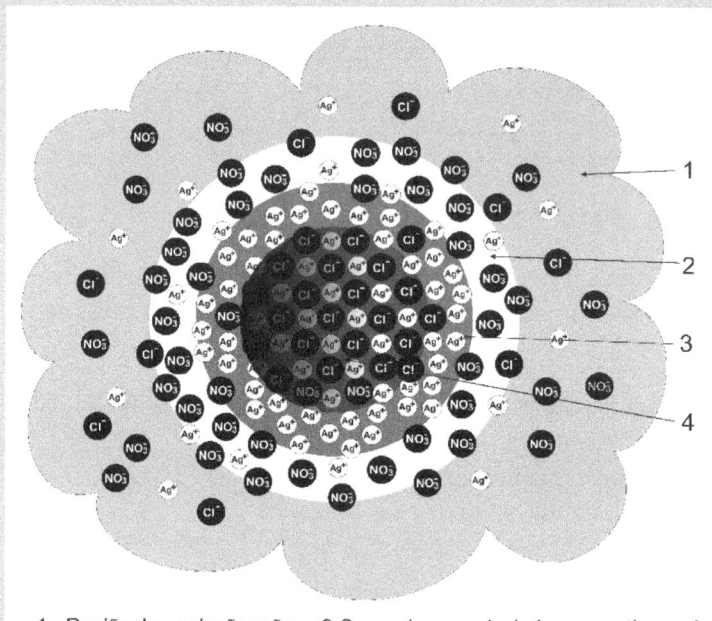

1 - Região da «*solução mãe*»; 2 *Segunda camada* de íons negativos adsorvidos sobre a partícula coloidal do cloreto de prata - AgCl (Camada do contra-ion); 3 - *Primeira camada* de íons positivos adsorvidos sobre a partícula coloidal do cloreto de prata - AgCl (Camada de absorção); 4 - *Micela coloidal* de cloreto de prata - AgCl.

Figura 10.5 Visualização de uma micela coloidal dentro do líquido mãe, formada pelo precipitado de cloreto de prata ($AgCl_{(ppt)}$), em solução de nitrato de prata ($AgNO_3$)

Conclusões:

- Quando, (Q-S)/S = grande → conduz a solutos coloidais (nº grande de partículas e tamanho pequeno).
- Quando, (Q-S)/S = pequeno → conduz a solutos cristalinos (nº pequenos de partículas e tamanho grande).
- Quando S é muito baixo (pequeno) em relação a Q naturalmente formam-se suspensões coloidais.

As filtrações podem ser do tipo:

Filtração comum

A filtração comum é uma operação realizada num funil comum e trata-se de uma filtração simples. Em geral, o funil é de haste curta e o papel filtro não apresenta muitas qualificações.

Filtração analítica

A filtração analítica é a operação usada em Química Analítica Quantitativa, onde o funil é um funil analítico, munido de haste longa e o papel filtro quantitativo. A filtração é mais lenta. O peso da coluna de líquido da haste acelera a filtração. As Figuras 10.4 e 10.6 mostram este tipo de procedimento. Na filtração com finalidades analíticas, a *fração* (soluto ou solvente) em que estiver envolvido o *analito* (espécie de interesse na análise), não pode ser perdida no processo. A sua perda causará erros sistemáticos no resultado. Nas operações de transferência de solução, do copo para o funil, deve-se tomar cuidado. Gotas perdidas ou que escorreram para parede externa do copo, são erros no resultado. Para evitar ou pelo menos amenizar estas perdas utiliza-se o bastão de vidro, sobre o qual estas gotas, pela tensão superficial do líquido, são drenadas para dentro do funil sobre o papel filtro. As Figuras 10.6, 10.7 e 10.8 mostram estes cuidados que o operador deve ter na filtração.

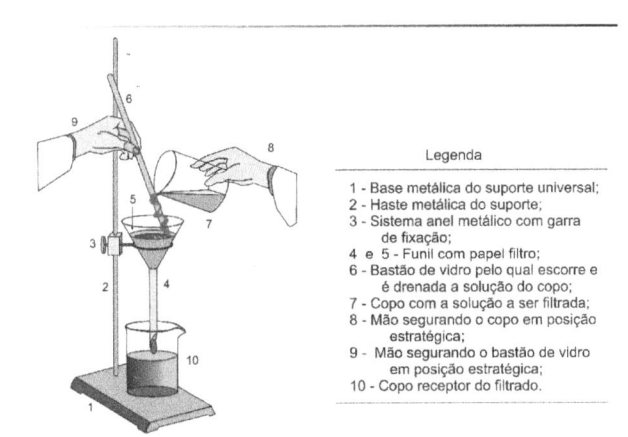

Figura 10.6 Visualização da transferência da solução para o funil com o auxílio do bastão de vidro.

FONTE: Trindade *et al.*, 1986; Roberts *et al.*, 1991.

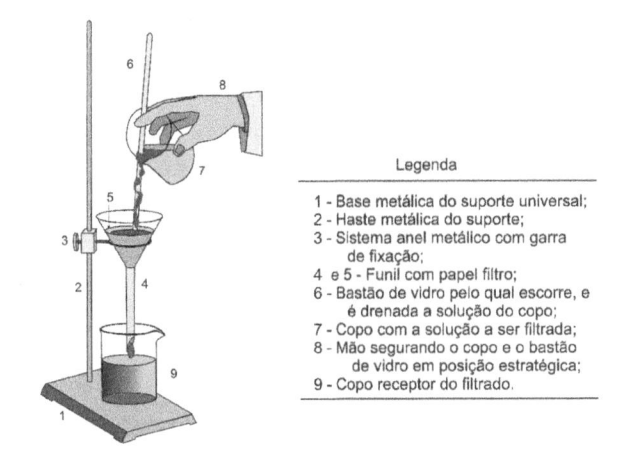

Figura 10.7 Visualização da transferência de uma solução do copo para o funil utilizando o bastão de vidro e uma única mão.

FONTE: Trindade *et al.*, 1986; Roberts *et al.*, 1991.

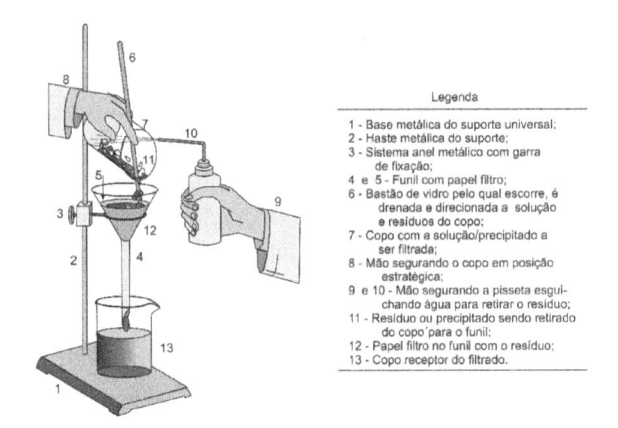

Figura 10.8 Visualização da transferência de uma solução do copo com precipitado e respectiva lavagem do copo com recolhimento das frações.

FONTE: Trindade *et al.*, 1986; Roberts *et al.*, 1991.

Filtração com funil de Büchner

A filtração com *funil de Büchner* **é uma operação** efetuada sob pressão reduzida. Isto é, uma bomba a vácuo (ou trompa d'água) diminui a pressão na parte interior do frasco (kitassato) onde é recolhido o filtrado. Com isto, provoca-se uma sucção do líquido que atravessa a membrana porosa, acelerando a filtração. Este tipo de filtração é muito usado quando a fase sólida apresenta-se gelatinosa (em forma coloidal).

A Figura 10.9 apresenta uma filtração com funil de Büchner. A trompa d´água, parte B da Figura 10.9, é um equipamento que com o auxílio de um fluxo de água aumenta a sucção dos gases (ar, vapores) que se encontram no Kitassato e com isto, gera um vácuo que acelera a filtração. A forma de sucção dos gases está visualizada na parte A e B da Figura 10.9. É bom lembrar que a sucção dos gases gera um vácuo no Kitassato e dentro do funil de Büchner, abaixo do papel filtro (item 4, parte A, da Figura 10.9), o qual força a passagem do líquido através do papel e dos orifícios vitrificados do funil e acelera a filtração. Em vez de uma trompa d`água pode-se usar uma bomba geradora de vácuo.

Filtração em cadinhos com placa porosa

Este tipo de filtração é realizada em cadinhos com placa porosa (ou placa de vidro sinterisado) ou de porcelana. Tanto um como o outro são adaptados na boca do Kitassato e a filtração é realizada sob pressão reduzida. Nestes, a placa porosa é o meio filtrante. A Figura 10.10 mostra este tipo de filtração.

A parte A da Figura 10.10, mostra o cadinho (ou funil): 2 – a placa porosa; 3 – o cadinho (funil) em forma de copo; 1 – luva de borracha que serve para adaptar o cadinho ao Kitassato.

A Parte B da Figura 10.10, mostra a montagem do sistema cadinho e copo Kitassato, tendo a luva de borracha (5) para facilitar o contato vidro-vidro, já que nem um e nem outro são esmerilados, e vedar a passagem de ar. A parte C, da Figura 10.10, é a trompa d´água, já vista anteriormente.

Filtração com cadinho de Gooch.

Esta filtração também é feita sob pressão reduzida. O cadinho de porcelana vitrificada tem orifícios no fundo, sobre os quais é colocado o meio filtrante (Figura 10.11) e é adaptado na boca do Kitassato, substituindo o funil de Büchner.

A adaptação também é feita com uma luva de borracha para vedar a passagem de ar do ambiente para dentro do Kitassato e prejudicar a sucção do sistema de vácuo.

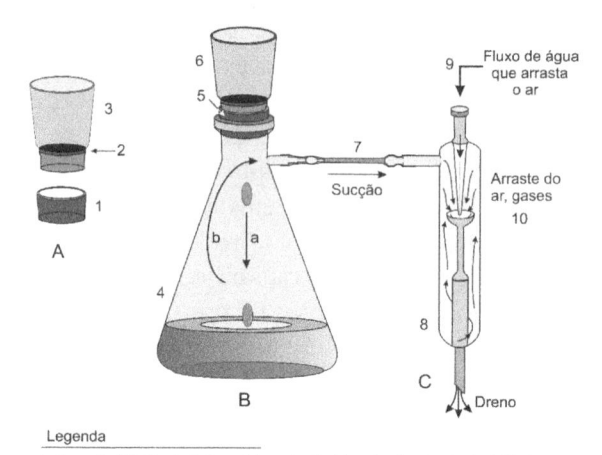

Figura 10.10 Visualização da filtração com cadinho poroso: (A) Cadinho e suas partes; (B) Montagem do cadinho no Kitassato; (C) Trompa d´água.

FONTE: Trindade *et al.*, 1986.

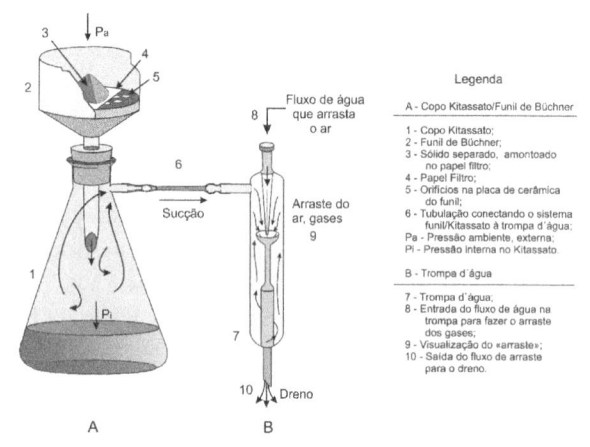

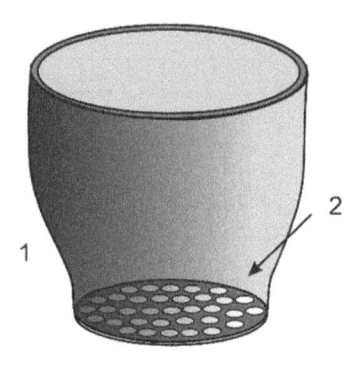

Figura 10.9. Técnica da filtração a vácuo usando o funil de Büchner (A) com auxílio da trompa d´água (B).

Figura 10.11 Visualização de um modelo do cadinho de Gooch.

Filtração a quente.

A filtração em temperaturas fora da temperatura do ambiente exige uma técnica própria. Para este tipo de filtração existem funis com parede dupla que permitem através da passagem de um líquido aquecido manter a temperatura que se deseja na filtração. Caso não se tenha tal funil utiliza-se preguear o papel filtro conforme a Figura 10.12, onde o menor contato com a parede fria (ou quente) do funil evita troca de calor.

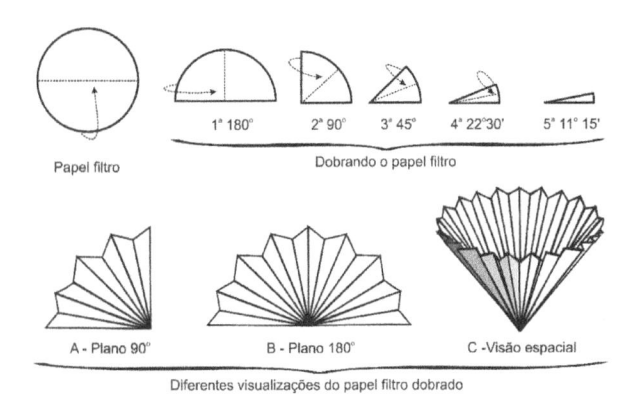

Figura 10.12 Visualização da preparação do papel filtro para a filtração a quente.

A Figura 10.13 apresenta o papel filtro no funil, sistema pronto para a filtração. O processo de filtração é lento e não dá para ser acelerado, pois o ar entre o papel e o funil protege o quente ou o frio, mas, não possibilita vedar o sistema para fazer sucção, se necessário.

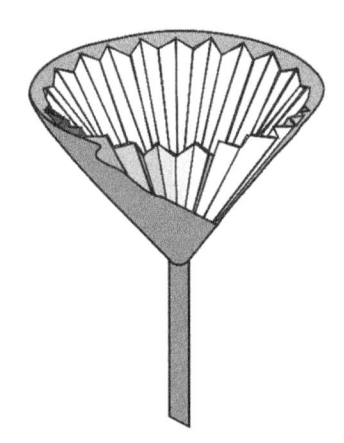

Figura 10.13 Visualização do papel filtro pregueado e funil, prontos para a filtração a quente.

Hoje, existem funis com camisas apropriadas que possibilitam trabalhar na temperatura desejada. O problema é o preço.

10.1.5 Evaporação

A *evaporação* é um processo físico natural de separar componentes de uma mistura homogênea. Normalmente a *fase líquida*, o *solvente*, vaporiza sob a ação de calor (ambiente ou antrópico), deixando a *fase sólida* que é o *soluto*. Na evaporação, em geral, não há interesse em coletar o vapor que se desprende da mistura.

Além dos sistemas naturais existentes, a maior aplicação deste processo é a obtenção do sal, cloreto de sódio (NaCl), a partir da água do mar. A mesma é conduzida em grandes tanques rasos onde sob a ação do calor do sol, vaporiza a água e fica o "sal bruto". Este, depois é tratado e purificado.

10.2 PARTE EXPERIMENTAL

10.2.1 Preparação de uma mistura

a – *Material*
- *Barrilete ou frasco com água destilada e deionizada;*
- *Frasco com sal de cozinha puro;*
- *Frasco com areia pura (bem lavada);*
- *Balança analítica;*
- *Bastão de vidro;*
- *Um copo béquer de 100 mL;*
- *Dois copos béquer de 50 mL;*
- *Calculadora e computador, se possível;*
- *Material de registro: Diário de Laboratório, lápis, caneta etc.*

b – *Cálculos*

Fazer os cálculos para preparar 40,00 g de uma mistura que contenha 70,00% de água pura; 8,00% de cloreto de sódio puro (sal de cozinha); 22,00% de areia pura. As percentagens estão em massa:massa. Tomar como densidade da água, $d_{água}$ = 1,0 g mL^{-1}. Registrar os resultados na Tabela RA 10.1.

c – *Procedimento*
- *Pesagens*

Pesar o béquer de 100 mL, e registrar o valor na Tabela 10.2.

Com o béquer na balança adicionar os X g de água calculados e registrados na Tabela 10.2. Registrar o valor da massa total (massa do béquer + massa da água) na Tabela 10.2.

Pesar o béquer de 50 mL (m_{b1}), e registrar o valor na Tabela 10.2.

Com o béquer na balança adicionar os Y g de sal calculados e registrados na Tabela RA 10.1. Registrar o valor da massa total (massa do béquer + massa do sal) na Tabela 10.2.

Pesar o outro béquer de 50 mL (m_{b2}), e registrar o valor na Tabela 10.2.

Com o béquer na balança adicionar os Z g de areia, calculados e registrados na Tabela RA 10.1. Registrar o valor da massa total (massa do béquer + massa da areia) na Tabela 10.2.

Não esquecendo que, ao final ter-se-á:

X .... g de água
+Y .... g de sal
+Z .... g de areia
_____
40,00 g de mistura

Observação: Embora as massas calculadas e pesadas devam ser as mesmas, é admissível pequenas discrepâncias nas casas decimais para facilitar a pesagem.

- *Preparação da mistura homogênea*

No copo béquer de 100 mL, que contém os X g de água, adicionar os Y g de sal (cuidar para não perder sal). Com o auxílio do bastão de vidro dissolver o mesmo. Deixar em repouso. Cuidar para não retirar o bastão de vidro da mistura e colocá-lo sobre a mesa, ou mesmo secá-lo etc., pois, se estaria tirando massa do sistema. Observar a mistura sal e água e responder as questões abaixo:

I. Há sal no fundo do béquer?

II. Como conferir que o sal se dissolveu e não desapareceu?

III. Quantas fases a mistura homogênea apresenta?

- *Preparação da mistura heterogênea*

Ao copo béquer contendo a solução (sal + água) adicionar os Z g de areia. Agitar o sistema com o bastão de vidro. Deixar em repouso. Observar e responder as questões abaixo:

I. Há areia no fundo do béquer?

II. Como provar se a areia se dissolveu ou não? Porque a areia está no fundo?

III. Quantas fases o sistema tem?

IV. Supondo ser a areia uma substância pura, quantas espécies químicas o sistema apresenta?

A atividade agora será separar as espécies químicas misturadas usando os métodos estudados, a *filtração* e a *evaporação*. Depois, calcular as percentagens mediante os dados experimentais. Admitindo as percentagens colocadas inicialmente como verdadeiras (μ), pois foram pesadas, calcular o erro absoluto e o erro relativo para cada espécie envolvida no experimento.

d – Resultados

Tabela 10.2 Massas experimentais dos componentes necessárias para preparar uma mistura de água, sal e areia.

Parâmetros	Massa (g)
Água	
Massa do béquer: (m_b)	
Massa total = Massa do béquer + Massa da água: $m_t = m_b + m_a$	=
Massa da água: $m_a = m_t - m_b$	=
Sal	
Massa do béquer: (m_{b1})	=
Massa total = Massa do béquer + Massa do sal $m_t = m_{b1} + m_s$	=
Massa do sal: $m_s = m_t - m_{b1}$	=
Areia	
Massa do béquer: (m_{b2})	=

Parâmetros	Massa (g)
Massa total = Massa do béquer + Massa da areia $m_t = m_{b2} + m_{ar}$ =	
Massa da areia: $m_{ar} = m_t - m_{b2}$ =	

- Completar a Tabela RA 10.1 no Relatório de Atividades.

10.2.2 Filtração simples

a – *Material*
- *40,00 g de mistura preparada em 10.2.1;*
- *Papel filtro;*
- *Bastão de vidro;*
- *Suporte universal com anel suporte para o funil;*
- *Proveta com capacidade para 100-mL, (melhor seria um balão volumétrico de 100-mL);*
- *Pisseta com água pura (destilada e deionizada);*
- *Balança analítica;*
- *Calculadora e computador, se possível;*
- *Material de registro: Diário de Laboratório, lápis, caneta etc.*

b – *Procedimento*
- Preparar o papel filtro seguindo os passos mostrados na Figura 10.2.
- Ao terminar, pesar o papel filtro e registrar sua massa na Tabela 10.3.
- Colocar o papel de filtro no funil e para fixá-lo umedecê-lo com um pouco de água destilada e deionizada.
- Armar o funil no anel do suporte universal, conforme mostra a Figura 10.3, Figura 10.6, Figura 10.7 e Figura 10.8, substituindo o copo béquer pela proveta de 100-mL.
- Introduzir a haste do funil na proveta (4 cm) encostando-a na parede da mesma para que o filtrado escorra por ela sem "pingar" provocando respingos e perdas de material.
- Transferir a mistura heterogênea, com o auxílio do bastão de vidro, para o papel filtro do funil. Cuidar para não perder nada da mistura na operação. Levar em consideração os cuidados mostrados na transferência do sobrenadante, conforme figuras citadas, e do resíduo que sobra no fundo do béquer. Com o auxílio da pisseta com água pura retirar todo o resíduo do béquer, evitando a introdução de muita água no sistema, Figura 10.8.
- Lavar o resíduo do papel filtro com 3 a 4 porções de água destilada para retirar todo o sal que ainda estiver ali.
- Retirar o papel filtro com o resíduo areia, colocar num vidro de relógio com cuidado para não perder areia e levar a estufa a 110 °C para secar.
- Colocar em um dessecador e esfriar até a temperatura ambiente.
- A seguir é pesado, registrando a massa da areia com o papel filtro na Tabela 10.3.
- Tomar cuidado com a proveta contendo o filtrado (água + sal). Após retirar o funil, escorridas possíveis gotas do funil e das paredes da proveta, ler corretamente o volume ocupado pelo filtrado na proveta. Registrar o volume na Tabela 10.4.

c – *Resultados e Cálculos*

Tabela 10.3 Dados relativos a massa da areia, obtidos no item 10.2.2 – Filtração

Parâmetros	Massa (g)
Massa do papel filtro: (m_{pf}) =	
Massa total = Massa do papel filtro + Massa da areia: $m_t = m_{pf} + m_{ar}$ =	
Massa areia: $m_{ar} = m_t - m_{pf}$ =	

- Calcular a massa da areia pela diferença
Massa da areia
$m_{ar} = m_t - m_{pf}$ = ... - .... = ... g
Valor verdadeiro (μ) = Z g (pesados inicialmente na preparação)

Com estes dados calcular:

o erro absoluto (d) =............................

o erro relativo (ε) =............................

a composição centesimal da areia na mistura = ...

rendimento do processo = ...

A determinação da massa de mais um componente permite determinar a do terceiro por diferença, pois se conhece a massa total da mistura heterogênea. Isto será feito pela evaporação da água sobrando o soluto, o sal.

- Preencher a Tabela RA 10.2 do Relatório de Atividades.

10.2.3 Evaporação

a – *Material*

- *A proveta com o filtrado com o volume do mesmo lido e registrado na Tabela 10.4.*
- *Cápsula seca de porcelana de 100-mL de capacidade, coberta com um vidro de relógio adequado, num dessecador apropriado;*
- *Pipeta volumétrica de 25 mL, ou 20 mL;*
- *Tripé, ou suporte universal com um suporte para tela de amianto;*
- *Tela de amianto;*
- *Fósforos;*
- *Sistema de gás;*
- *Pinça de madeira ou metálica;*
- *Calculadora e computador, se possível;*
- *Material de registro: Diário de Laboratório, lápis, caneta etc.*

b – *Procedimento*

- Pesar a cápsula de porcelana com o vidro de relógio e registrar a massa na Tabela 10.4.
- Com o bastão de vidro limpo homogeneizar o filtrado, pois as últimas porções de água de lavagem da areia têm concentrações diferentes de sal das primeiras que estão no fundo da proveta.
- Com a pipeta volumétrica transferir para a cápsula 25 mL (ou 20 mL) do filtrado.
- O sistema cápsula + filtrado, cobertos pelo vidro de relógio são levados sobre a tela de amianto para com o auxílio do bico de Bunsen evaporar a água. O aquecimento deve ser cuidadoso para não se perder sal por excesso de calor.
- Ao se verificar que, na cápsula de porcelana, não há mais água para evaporar, com uma pinça retira-se a cápsula que é colocada no dessecador para esfriar.
- Ao alcançar o equilíbrio térmico, pesar a cápsula com o sal registrando a massa total, na Tabela 10.4.

c – *Resultados e Cálculos*

Tabela 10.4 Dados referentes a massa do sal obtidos no procedimento 10.2.3 – Evaporação.

Parâmetros		Medidas
Volume do filtrado (Vf)	=	
Volume da alíquota (Va)	=	
Massa da cápsula de porcelana + massa vidro de relógio (m_{cv}):	=	
Massa total = Massa da cápsula de porcelana + massa vidro de relógio + massa do sal: $m_t = m_{cv} + m_s$	=	
Massa de sal na alíquota: $m_s = m_t - m_{cv}$	=	

- Calcular a massa do sal contida nos 25 mL do filtrado:

$m_a = m_t - m_{cv} =$ .... g

- Calcular a massa do sal no volume total do filtrado lido na proveta (ou num balão volumétrico se foi usado o balão).

Volume do filtrado, Vf = ... mL.

Massa do sal recuperado, m = ... g

- Tomando-se o valor da massa pesada no início (Y g de sal) como o verdadeiro valor, μ, calcular:

O erro absoluto, d = ...

O erro relativo, ε = ...

A composição centesimal do sal na mistura = ...

Rendimento do processo = ...

- Preencher a Tabela RA 10.2 do Relatório de Atividades.

10.2.4 Limpeza

Limpar o material, as bancadas etc. Colocar cada objeto no seu lugar. Não esquecer que *um bom trabalho de laboratório começa com a ordem e a limpeza do material e termina da mesma forma.*

10.3 EXERCÍCIOS DE FIXAÇÃO

10.1. Um químico recebe uma amostra de uma mistura homogênea de água e açúcar e é incumbido de separar os componentes dessa mistura. Como você acha que ele deve proceder?

10.2. Descrever um processo prático para se obter isoladamente de cada um dos componentes de uma mistura de areia, sal e serragem.

10.3. Uma equipe de alunos procedeu, em aula experimental, a separação de dois sólidos X e Y, baseado na solubilidade de um deles em água. No decorrer do experimento e após filtração e pesagem, obteve-se a massa do sólido X igual a 5,43 g. O filtrado foi recolhido numa proveta perfazendo um volume de 74,4 mL. Retirou-se uma alíquota de 20,0 mL do filtrado e submeteu-se a evaporação da água. A massa do sólido Y na alíquota foi de 0,95 g. Preencha os dados da Tabela EF 10.1 e justifique os resultados encontrados.

Tabela EF 10.1 Dados obtidos na separação da mistura

Amostra	Massa teórica (g)	Massa exp. (g)	Composição centesimal	Rendimento do processo
X	5,50			
Y	4,50			

10.4. Uma equipe realizou a separação de uma mistura de areia + sal de cozinha. A equipe obteve uma massa igual a 8,57 g para o papel de filtro + areia, enquanto que, para a cápsula de porcelana + vidro de relógio + sal o valor foi de 142,23 g. Sabe-se que a massa do papel de filtro era 0,92 g e da cápsula de porcelana + vidro de relógio 139,58 g. Considere que todo o filtrado foi usado na evaporação.

a) Faça um esboço do esquema experimental utilizado para realizar esta separação e calcule as massas de sal e de areia.

A partir dos valores corretos das massas, calcule o erro relativo cometido, o rendimento experimental obtido (R), e comente quais foram as principais fontes de erro para esta prática.

Dados: massas adicionadas: de areia = 7,50 g; de sal = 2,80 g

Respostas: **10.3.** (5,43; 3,53); (54,3; 35,3); (98,7; 78,4); **10.4.** (2,65; 7,65), (-15%; 15%); (94,64%; 102%)

10.4 RELATÓRIO DE ATIVIDADES

Universidade _____ Centro de Ciências Exatas – Departamento de Química Disciplina: QUÍMICA GERAL EXPERIMENTAL – Cód: _____ Curso: _____ Ano: _____ Professor: _____	Relatório de Atividades
_____ Nome do Acadêmico	_____ Data

UNIDADE DIDÁTICA 10: TÉCNICAS DE SEPARAÇÃO DE MISTURAS:

FILTRAÇÃO E EVAPORAÇÃO

Tabela RA 10.1 Massa dos componentes necessárias para preparar uma mistura de água, sal e areia dentro das porcentagens especificada.

Componentes da mistura	% de participação na mistura	Massa (g) (Valor calculado)
Água	70,00%	X =
Sal	8,00%	Y =
Areia	22,00%	Z =
_____	_____	_____
Total (mistura)		

Tabela RA 10.2 Composição centesimal da mistura e erros.

Componentes da mistura	Massa (g) calculada (μ)	Massa (g) experimental	Composição centesimal da mistura	Erro absoluto	Erro relativo	Rendimento do processo
Água						
Sal						
Areia						
_____	_____	_____			_____	
Total (mistura)						

10.5 REFERÊNCIAS BIBLIOGRÁFICAS E SUGESTÕES PARA LEITURA

BERAN, J. A. **Laboratory manual for principles of general chemistry**. 2. ed. New York: John Wiley & Sons, 1994. 514 p.

BETTELHEIM, F.; LANDESBERG, J. **Laboratory experiments for GENERAL, ORGANIC & BIOCHEMISTRY**. 2. ed. Philadelphia: Saunders College Publishing, 1995. 552 p.

CHRISPINO, A. **Manual de química experimental**. São Paulo (SP): Editora Ática, 1991. 230 p.

DURST, H. D.; GOKEL, G. W. **Química orgánica experimental**. Versiónespañola. Barcelona: Editorial Reverté, 1985. 592 p.

GIESBRECHT, E. (Coordenador). **Experiências de química – Técnicas e conceitos básicos**. PEQ – Projetos de Ensino de Química de Professores da USP. São Paulo: Editora Moderna, 1982. 241 p.

HARRIS, D. C. **Análise química quantitativa**. Tradução da quinta edição inglesa feita por Carlos Alberto da Silva Riehl & Alcides Wagner Serpa Guarino. Rio de Janeiro: LTC, 2001. 862 p.

MASTERTON, W. L.; SLOWINSKI, E. J.; STANITSKI, C. L. **Princípios de química**. Tradução de Jossyl de Souza Peixoto. Rio de Janeiro: Editora Guanabara, 1985. 681 p.

MENDHAN, J.; DENNEY, R. C.; BARNES, J. D.; THOMAS, M. J. K. **Vogel – Análise química quantitativa**. Tradução da sexta edição inglesa feita por Júlio Carlos Afonso; Paula Fernandes de Aguiar e Ricardo Bicca de Alencastro. Rio de Janeiro: LTC, 2000. 462 p.

POMBEIRO, A. J. L. O. **Técnicas e operações unitárias em química laboratorial**. Lisboa: Fundação Calouste Gulbenkian, 1980. 1.069 p.

ROBERTS, J. L.; HOLLENBERG, J. L.; POSTMA, J. M. **General chemistry in laboratory**. 3. ed. New York: W. H. Freeman and Company, 1991. 498 p.

SEBERA, K. D. **Estrutura eletrônica & Ligação química**. Tradução de Caetano Belliboni, São Paulo: Editora da Universidade de São Paulo e Editora Polígono, 1968. 315 p.

SIGMA-ALDRICH CATALOG, **Biochemicals and reagents for life science research**. USA: SIGMA ALDRICH Co., 1999. 2880 p.

SILVA, R. R.; BOCCHI, N.; ROCHA Filho; R. C. **Introdução à química experimental**. São Paulo: McGraw-Hill, 1990. 296 p.

SKOOG, D. A.; WEST, D. M.; HOLLER, F. J.; CROUCH, S. R. **Fundamentos de química analítica**. Tradução da 8ª edição americana por Marco Tadeu Grassi. São Paulo: THOMSON – Thomson Learning, 2006. 999 p.

STOKER, H. C. **Preparatory chemistry**. 4. ed. New York: Macmillan Publishing Company, 1993. 629 p.

THOMAS SCIENTIFIC CATALOG: 1994/1995. New Jersey (USA): Thomas Scientific Co., 1995. 1929 p.

TRINDADE, D. F.; OLIVEIRA, F. P.; BANUTH, G. S. L.; BISPO, J. G. **Química básica experimental**. São Paulo: ÍCONE Editora, 1986. 175 p.

VOGEL, A. I. **Química orgânica**. Tradução da 3ª Edição por Carlos Alberto Coelho Costa, Oswaldo Faria dos Santos e Carlos Edmundo Metelo Neves. Rio de Janeiro: Ao Livro Técnico, 1971. 1.251 p (Volumes 1, 2 e 3).

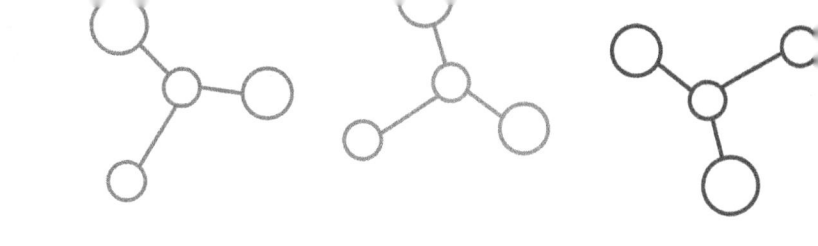

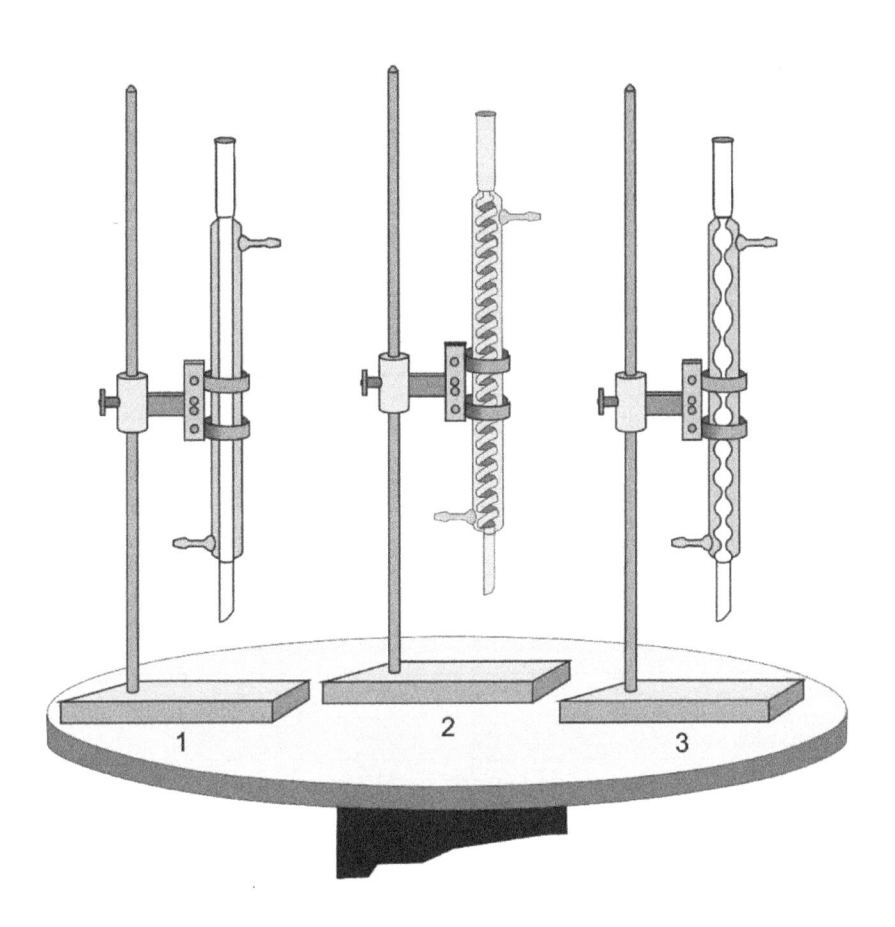

UNIDADE DIDÁTICA 11

1 – **Condensadores de Liebig:** São os mais comuns. Apresentam comprimentos variados, como 300, 400, 500 e 600 mm.

2 – **Condensadores de Grahan ou de serpentina comum:** A serpentina aumenta a área de condensação e a eficiência do instrumento. Pode ser encontrado nos comprimentos de 200, 300, 400 e 500 mm.

3 – **Condesadores de Allihn ou de bolas:** A área de condensação é expandida pelas bolas, aumentando sua eficiência. São usados principalmente para refluxo. Pode ser encontrado nos mesmos comprimentos que os condensadores de Liebig.

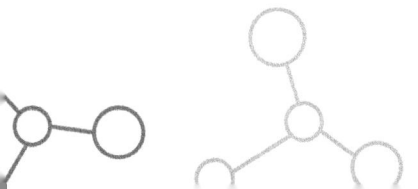

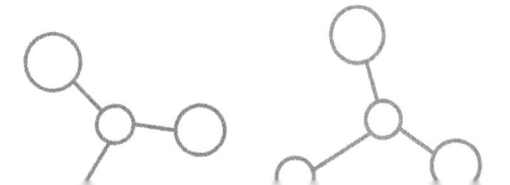

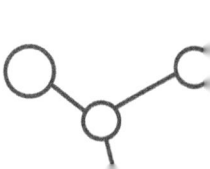

UNIDADE DIDÁTICA 11

TÉCNICAS DE SEPARAÇÃO DE MISTURAS

DESTILAÇÃO

Conteúdo	Página
11.1 Aspectos Teóricos	273
11.1.1 Introdução	273
11.1.2 Destilação simples	275
11.1.3 Destilação fracionada	276
Detalhes 11.1	277
11.1.4 Destilação por arraste de vapor	278
11.1.5 Destilação sob pressão reduzida (a vácuo)	280
Detalhes 11.2	281
11.2 Parte Experimental	282
11.2.1 Introdução aos experimentos	282
11.2.2 Destilação simples	282
11.2.3 Destilação por arraste de vapor	283
11.3 Exercícios de Fixação	285
11.4 Relatório de Atividades	286
11.5 Referências Bibliográficas e Sugestões de Leitura	287

Unidade Didática 11
TÉCNICAS DE SEPARAÇÃO DE MISTURAS
DESTILAÇÃO

Objetivos
- Aprender os conceitos básicos sobre *destilação, pressão de vapor, refluxo, ponto de ebulição* e sua variação com a pressão.
- Conhcer os diversos tipos de destilação: *simples; fracionada;* com *arraste de vapor;* sob *pressão reduzida.*
- Fazer uma *destilação simples* e uma *destilação com arraste de vapor.*

11.1 ASPECTOS TEÓRICOS

11.1.1 Introdução

A Química, conforme visto, é a parte da Ciência que estuda as propriedades das substâncias, suas transformações e aplicações. Mas, para que estas propriedades sejam características de cada substância, ela deve estar no seu *estado de pureza*. Isto é, só ela. Portanto, a substância deve ser separada da mistura.

Separar as substâncias de uma mistura é um dos objetivos desta Unidade Didática.

O primeiro passo a ser dado no caminho da separação das substâncias puras ou simplesmente substâncias, é *separar as fases* da mistura.

A separação das fases de uma mistura heterogênea, também, conforme visto, é feita por processos físicos mecânicos, tais como: filtração; decantação; levigação; flotação; magnéticos, entre outros. São processos que exigem menos energia para executá-los.

A separação dos componentes de uma mistura homogênea (solução), de um sistema monofásico, com frequência necessita de métodos físicos mais enérgicos, denominados de processos de fracionamento:
- destilação simples (sob pressão normal, sob pressão reduzida etc.);
- destilação fracionada, fusão fracionada, entre outros.

Pressão de vapor de uma substância

Se um líquido for introduzido num recipiente onde se fez o vácuo, ele evapora ou desprenderá vapores, até que atinja uma pressão definida, característica de cada líquido, conforme Figura 11.1. Esta pressão depende da temperatura do líquido. Ela é dada em milímetros da altura da coluna de mercúrio (Hg) e denomina-se *pressão de vapor* do referido líquido. Indiretamente mede a maior, ou menor energia que as moléculas necessitam para se liberarem do seio do líquido, rompendo as forças químicas e físicas fracas que atuam entre elas, por exemplo, forças de Van der Waals.

A *pressão ambiente* que se exerce sobre elas é a das próprias moléculas que se liberaram do seio da fase líquida, pois, em princípio, estava no vácuo, conforme mostra a Figura 11.1.

Quando a pressão de vapor de um líquido se tornar igual à pressão total exercida sobre a sua superfície ele *ferve* ou entra em *ebulição*.

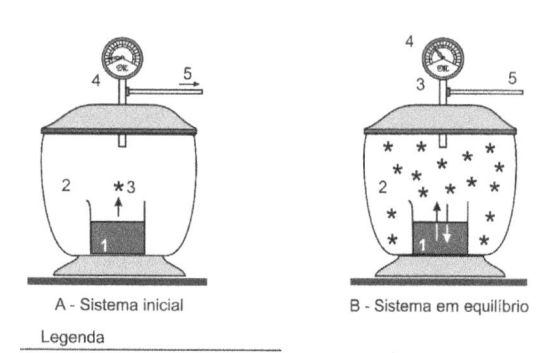

Figura 11.1 Medida da pressão de vapor de um líquido, ou de um sólido: (A) Sistema inicial; (B) Sistema no estado de equilíbrio entre a fase líquida ou sólida e o respectivo vapor.

Ebulição

A Figura 11.2 ilustra o fenômeno da ebulição. O processo da ebulição consiste na liberação de "bolhas", que correspondem inicialmente a gases absorvidos nas paredes do frasco ou dissolvidos no líquido. Estes, com *energia cinética* maior vão carreando junto moléculas do líquido que também alcançam tal energia.

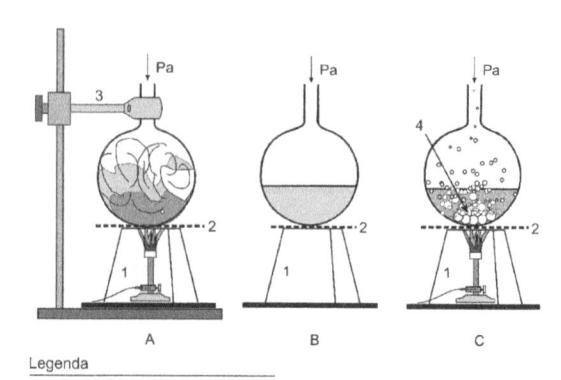

Figura 11.2 O processo da ebulição: (A) Ebulição tumultuosa (sem pérolas de vidro); (B) Líquido normal; (C) Ebulição normal (com pérolas de vidro).

A seguir, bolhas (fração do líquido no estado gasoso) se formam no seio do líquido, na superfície das paredes do vaso, ou na superfície de *pérolas de vidro* (bolinhas, pedaços de vidro) colocadas no fundo do frasco para facilitar a ebulição e que a mesma não seja tumultuosa, Figura 11.2. Estas bolhas perpassam o seio do líquido chegando à superfície, dando a esta a movimentação típica da ebulição.

Quando a *pressão de vapor* de um líquido se tornar igual à pressão total exercida sobre a sua superfície ele *ferve*, ou entra em *ebulição*.

A temperatura em que se dá a ebulição na pressão de 760 mmHg, ou de 1 atmosfera, é o *ponto de ebulição* do líquido. Se a pressão exercida sobre a superfície do líquido baixar, ou subir, a temperatura de ebulição diminui ou sobe também.

Sobre esta propriedade e supondo que a substância, em análise, seja estável no seu ponto de ebulição, foram criados diversos tipos de aparelhos para fazer a destilação (os destiladores), que podem ser agrupados em quatro ou mais categorias, para destilações:

- *Simples* (Figura 11.3);
- *Fracionada* (Figura 11.6 e 11.7);
- *Com arraste de vapor* (Figura 11.8); e,
- *Com pressão reduzida* ou *a vácuo* (Figura 11.9).

11.1.2 Destilação simples

A propriedade de cada substância líquida ter uma temperatura de ebulição, e nesta temperatura ser estável, é aproveitada na destilação. A Figura 11.3 visualiza o processo da destilação simples.

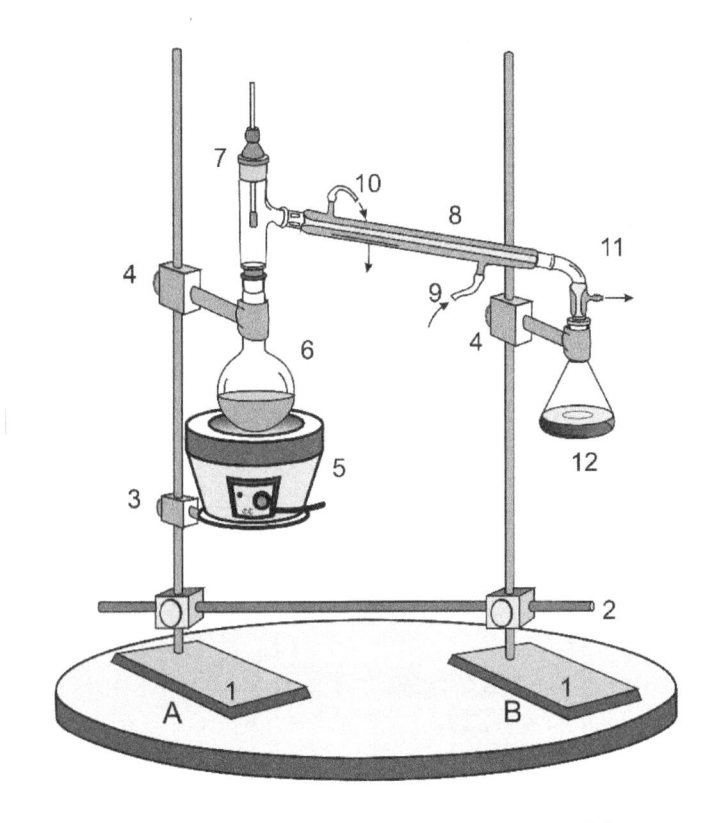

Legenda

A - Unidade de vaporização

1 e 2 - Sistema: suporte metálico unificado do conjunto do experimento;
3 - Garra com anel metálico;
4 - Garras com prendedor de tubulações, com proteção de cortiça;
5 - Manta aquecedora (manta elétrica);
6 - Balão de fundo redondo com a mistura a ser destilada;
7 - Sistema de vidro, macho/fêmea esmerilhado, com termômetro (controle de temperatura na cabeça de destilação);

B - Unidade de condensação e coleta do destilado

8 - Condensador simples;
9 - Entrada da *água fria* ligada à torneira e na parte inferior do condensador;
10 - Saída da água após refrigerar o sistema;
11 - Sistema adaptado para o vácuo ou em contato com o ambiente externo, pelo qual flui o destilado;
12 - Frasco coletor de destilado.

Figura 11.3 Aparelho para a destilação simples: (A) Unidade de vaporização; (B) Unidade de condensação e coleta do destilado.
FONTE: Durst & Gokel, 1985; Giesbrecht, 1982; Bettelheim & Landesberg, 1995; Vogel, 1971; Pombeiro, 1980.

A *destilação* é um processo de separação de um composto misturado com outro, podendo ser este outro um soluto sólido ou um líquido, formando uma fase líquida. Por exemplo, água + sal (cloreto de sódio) e álcool (etanol) + água, respectivamente. A condição é que a substância a ser destilada deve ter um *ponto de ebulição* diferenciado e mais baixo do que os demais da mistura. Aquece-se a mistura, os *vapores* são conduzidos por uma tubulação própria (de vidro em geral) a um *condensador* no qual trocam calor, se *condensam* e ou se *liquefazem*. Este líquido é denominado de *destilado*. Conforme visto, a Figura 11.3 mostra uma destilação simples.

Em geral, o destilado é uma substância pura. Contudo, existem certos compostos que em determinadas proporções adquirem propriedades de uma substância pura e destilam juntas. Estas misturas, na fase líquida, são denominadas de *misturas azeotrópicas*. Por exemplo, quando a água e o etanol estiverem misturados na proporção de 4,4% de água para 95,6% de etanol, em massa, os dois destilam juntos a 78,15 °C, como se fossem uma substância pura. Para se obter o álcool anidro, isto é, sem água, adiciona-se uma substância sólida higroscópica, como, por exemplo, o óxido de cálcio (CaO), que reage com a água produzindo hidróxido de cálcio ($Ca(OH)_2$). A seguir, submete-se a mistura a uma destilação, pois agora somente o etanol destila, sendo assim recolhido puro em outro recipiente. Para quantidades maiores de etanol pode-se usar outra mistura azeotrópica, desta vez ternária. A mistura de 7,5% de água, 18,5% de etanol e 74% de benzeno é uma mistura azeotrópica de ponto de ebulição igual a 64,9 °C. Portanto, acrescentando benzeno a mistura de 95% de etanol e 5% de água e destilando, separa no balão de destilação o etanol anidro.

11.1.3 Destilação fracionada

A *destilação fracionada* é um processo físico de separação dos componentes de misturas líquidas em suas frações ou componentes. Ela é possível, desde que estes tenham pontos de ebulição distintos e separados um do outro. O destilador utilizado para tal separação diferencia-se do usado na destilação simples por ter entre o balão de destilação e o condensador uma *coluna de fracionamento*. A Figura 11.4 mostra alguns tipos de colunas de fracionamento, e, as Figuras 11.5 e 11.6 apresentam o destilador com estas colunas.

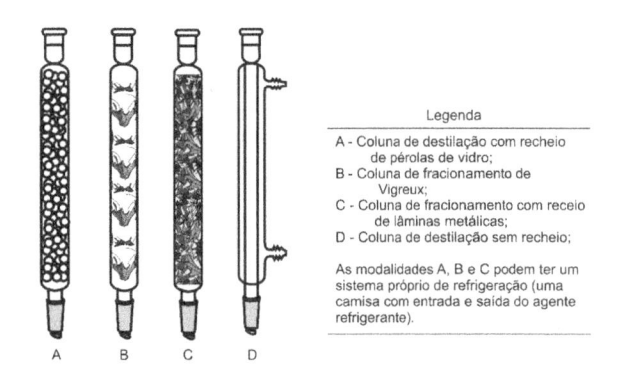

Figura 11.4 Colunas de destilação com diferentes recheios.

FONTE: Durst & Gokel, 1985; Giesbrecht, 1982; Vogel, 1971; Pombeiro, 1980.

A coluna de fracionamento é projetada de tal forma que ao longo da sua altura acontece uma, ou mais destilações simples. A coluna pode ter estruturas internas diferentes, tais como: *saliências, bandejas,* ou *pratos perfurados*, ou pode ser preenchida com *pequenos pedaços de cerâmica, vidro, metal em formas de anéis, pérolas,* ou de *selas*. O objetivo é providenciar uma "*superfície maior*" onde o vapor que sobe na coluna encontra o líquido (vapor liquefeito) que desce a coluna e haja uma troca de calor. O vapor se move para cima dentro da coluna e parte dele condensa sobre o material de preenchimento. Este vapor condensado é mais rico em conteúdo do líquido menos volátil da mistura. O condensado goteja coluna abaixo, onde encontra o vapor mais quente subindo a coluna, havendo troca de calor. Neste encontro, parte do líquido da espécie mais volátil deixa o condensado e junta-se ao vapor ascendente enquanto mais do componente menos volátil deixa o vapor e junta-se ao líquido descendente. O resultado é que no topo da coluna vapor puro é coletado e na base da coluna mais líquido e mais puro é acumulado Figura 11.5.

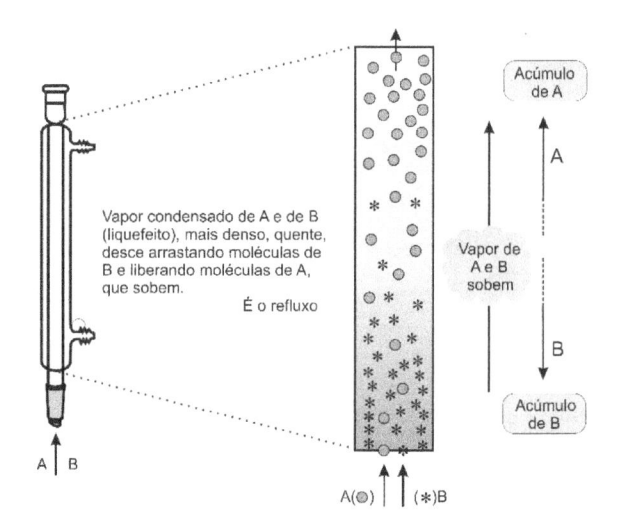

Figura 11.5 Visualização da separação de dois compostos A e B em uma coluna de fracionamento (com recheio ar).

O processo do vapor movendo-se *coluna acima* e o condensado gotejando *coluna abaixo* é chamado de *refluxo*. As Figuras 11.6 e 11.7 mostram um sistema deste tipo, uma destilação fracionada.

Detalhes 11.1

Uma das grandes aplicações da destilação fracionada é a destilação do *petróleo bruto*. O petróleo bruto obtido do poço petrolífero é uma mistura de muitos componentes orgânicos inflamáveis (hidrocarbonetos) e em menor escala compostos inorgânicos. É denominado de óleo mineral. É constituído de um líquido escuro-pardo, com reflexos azulados na luz, de cheiro forte e desagradável devido a compostos sulfurados presentes na mistura, imiscível na água, queima com formação de muito brilho e fumaça.

A Tabela 11.1 apresenta uma ideia das frações obtidas de sua destilação nas torres industriais de destilação fracionada.

Tabela 11.1 Produtos obtidos do *petróleo bruto* na torre do fracionamento(*)

Intervalo de temperatura	Produto obtido	Usos e aplicações
Até 40 °C	Gases combustíveis	Aquecimento da usina, preparação do gás butano.
40 °C a 70 °C	Éter de petróleo (densidade = 0,65 g mL^{-1})	Lubrificação de máquinas frigoríficas, solvente.
70 °C a 150 °C	Gasolina, essência mineral, (densidade = 0,70 g mL^{-1})	Motores à explosão, Fabricação de lacas e vernizes, solventes.
150 °C a 280 °C	Querosene	Combustível para aviões, aquecimento, iluminação.
280 °C a 350 °C	Gás-oil (óleo diesel) (densidade = 0,90 g mL^{-1})	Motores tipo diesel.
Resíduo A 350 °C	Mazute, Fuel-oil →	Aquecimento industrial. Extração de: • Parafinas; • Vaselina; • Óleo de lubrificação; • Alcatrão de petróleo; • Coque de petróleo.

(*) Bonato, 1960.

11.1.4 Destilação por arraste de vapor

A destilação por *arraste de vapor* é um método para isolar e purificar substâncias na fase líquida. Ela se aplica a líquidos que são imiscíveis em água (quando o vapor usado para o arraste é de água), ou com miscibilidade muito pequena. Esta operação envolve co-destilação da substância a purificar com a água.

Esta destilação tem como principal vantagem o fato da mistura entrar em ebulição a uma temperatura inferior ao ponto de ebulição da água. Por isto, é muito usada na purificação de substâncias:

- que se decompõem a temperaturas mais elevadas;
- com moléculas de massa molar elevada;
- na separação de um composto em uma mistura reacional que contém outros compostos não voláteis.

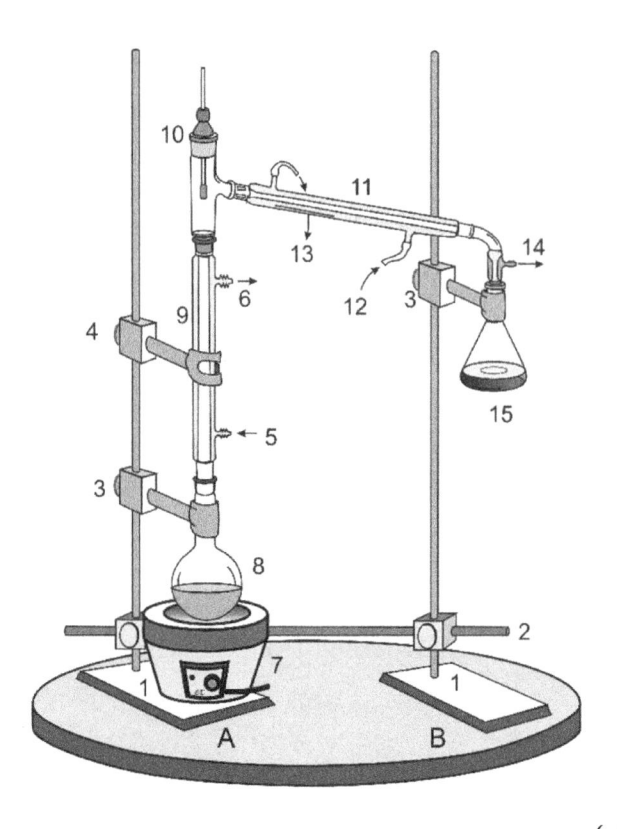

Legenda

A - Unidade de destilação com refluxo

1 e 2 - Sistema: suporte metálico unificado do conjunto do experimento;
3 e 4 - Garras com prendedor de tubulações e com protetor de cortiça;
5 - Entrada da *água fria* ligada à torneira e na parte inferior do condensador;
6 - Saída da água após refrigerar o sistema;
7 - Manta elétrica (sistema de aquecimento);
8 - Balão de fundo redondo com a mistura a ser destilada e fracionada;
9 - Condensador simples/refluxo;
10 - Sistema de vidro, macho/fêmea esmerilado, com termômetro (controle de temperatura na cabeça de destilação).

B - Unidade de condensação e coleta

11 - Condensador simples refrigerado;
12 e 13 - Entrada e saída do refrigerante;
14 - Sistema adaptado para o vácuo ou em contato com o ambiente externo, pelo qual flui o destilado;
15 - Frasco coletor de destilado.

Figura 11.6 Aparelho para destilação fracionada simples. (A) Sistema de destilação com refluxo; (B) Sistema de condensação e coleta.

FONTE: Durst & Gokel, 1985; Giesbrecht, 1982; Vogel, 1971; Pombeiro, 1980.

UNIDADE DIDÁTICA 11: TÉCNICAS DE SEPARAÇÃO DE MISTURAS
DESTILAÇÃO

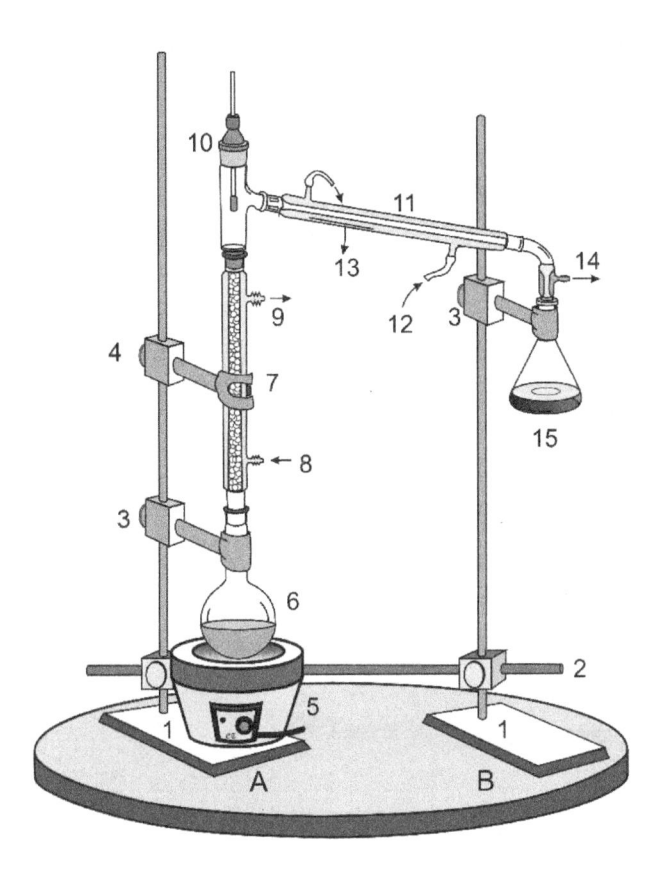

Legenda

A - Unidade de destilação com refluxo

1 e 2 - Sistema: suporte metálico unificado do conjunto do experimento;
3 e 4 - Garras com prendedor de tubulações e com protetor de cortiça;
5 - Manta elétrica (sistema de aquecimento);
6 - Balão de fundo redondo com a mistura a ser destilada;
7 - Condensador com coluna recheada de; pérolas de vidro (ou outro recheio);
8 - Entrada da *água fria* ligada à torneira e na parte inferior do condensador;
9 - Saída da água após refrigerar o sistema;
10 - Sistema de vidro, macho/fêmea esmerilhado, com termômetro (controle de temperatura na cabeça de destilação).

B - Unidade: Condensador e coleta do destilado

11 - Condensador simples, com refrigerante água;
12 e 13 - Entrada e saída do líquido refrigerante no condensador;
14 - Sistema adaptado para o vácuo ou em contato com o ambiente externo, pelo qual flui o destilado;
15 - Frasco coletor de destilado.

Figura 11.7 Aparelho de destilação fracionada: (A) Unidade de destilação de refluxo com recheio (pérolas de vidro ou outro); (B) Unidade de condensação e coleta do destilado.

FONTE: Durst & Gokel, 1985; Giesbrecht, 1982; Vogel, 1971; Pombeiro, 1980.

Para que uma substância possa ser arrastada por vapor de água, é necessário que ela seja insolúvel, ou muito pouco solúvel em água, se for o vapor de arraste, não sofra decomposição a quente e possua apreciável pressão de vapor.

A Figura 11.8 mostra uma destilação por arraste de vapor.

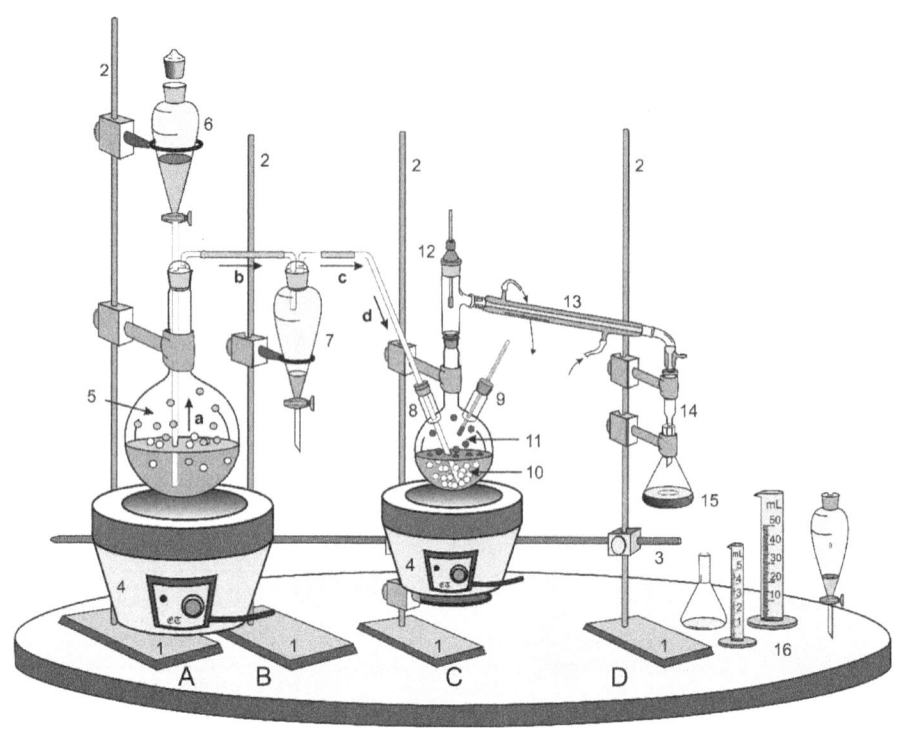

Legenda

A - Unidade geradora do *vapor de arraste*: 4 - Manta aquecedora; 5 - Balão de geração do vapor; 6 - Sistema de recarga do líquido usado para gerar o *vapor de arraste* e sistema de escape, se necessário.
B - Unidade de transporte e segurança na condução do vapor; 7 - Tubo ou funil de decantação; **b** e **c** - Conexões.
C - Unidade de destilação da substância de interesse pelo arraste com vapor: 8 - Tubulação de entrada do vapor; 9 - Sistema de controle de temperatura; 10 - Chegada do vapor dentro do líquido a ser destilado por arraste; 11 - *Vapores da substância* a ser destilada por arraste; 12 - Sistema de controle de temperatura.
D - Unidade de condensação e coleta do destilado: 13 - Condensador com entrada e saída do líquido refrigerante; 14 - Dreno do destilado; 15 - Sistema coletor do destilado por arraste; 16 - Frascos auxiliares da coleta.
Aspectos gerais: 1, 2 e 3 - Sistema de suporte metálico para sustentação do experimento (bases, hastes, garras, prendedores etc); **a**, **b**, **c** e **d** - Direção do vapor utilizado no arraste.

Figura 11.8 Aparelho para destilação por arraste de vapor. (A) Unidade geradora do vapor; (B) Unidade de transporte e segurança do vapor; (C) Unidade de destilação por arraste de vapor; (D) Unidade de condensação e coleta do destilado por arraste.

FONTE: Durst & Gokel, 1985; Giesbrecht, 1982; Vogel, 1971; Pombeiro, 1980.

11.1.5 Destilação sob pressão reduzida (a vácuo)

O método da destilação *sob pressão reduzida* é o método da destilação simples ou outro ao qual se adapta um sistema de vácuo para reduzir a pressão total sobre a superfície da mistura líquida que está sendo destilada. Esta diminuição da pressão sobre a superfície do líquido a ser destilado facilita a vaporização.

Conforme já foi citado, os pontos de ebulição tabelados referem-se à pressão ambiente, isto é, sobre a superfície do líquido que está sendo destilado exerce-se a pressão de uma atmosfera (760 mmHg).

Ao se diminuir esta pressão facilita-se à pressão de vapor do líquido que está sendo destilado e as suas moléculas são liberadas mais facilmente, ou abaixa-se o ponto de ebulição do mesmo. Desta forma, o composto entra em ebulição numa temperatura mais baixa.

O método é muito aplicado para destilar compostos que no seu ponto de ebulição normal podem decompor-se.

A Figura 11.9 apresenta um sistema de destilação a vácuo.

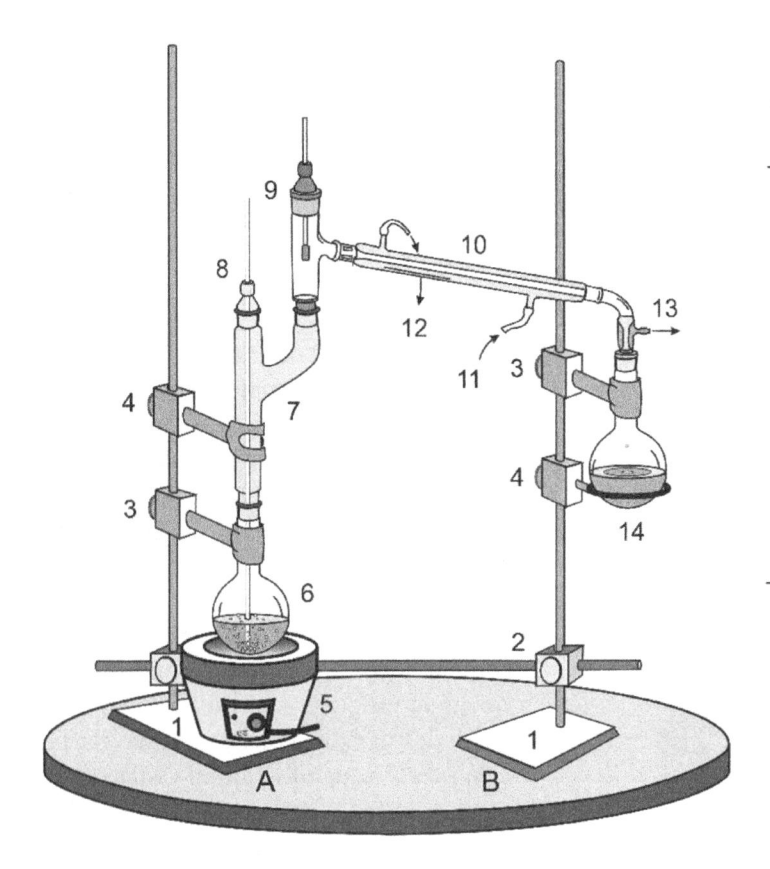

UNIDADE DIDÁTICA 11: TÉCNICAS DE SEPARAÇÃO DE MISTURAS
DESTILAÇÃO

Legenda

A - Unidade de vaporização/destilação

1 e 2 - Sistema: suporte metálico unificado do conjunto do experimento;
3 e 4 - Garras com prendedor de tubulações e protetor de cortiça;
5 - Manta elétrica (sistema de aquecimento);
6 - Balão de fundo redondo com a mistura a ser destilada;
7 - Tubo de Claisen;
8 - Sistema macho/fêmea de vidro esmerilado com tubo caplilar para entrada de ar e de segurança, em caso de super pressão interna do sistema;
9 - Sistema de vidro, macho/fêmea esmerildado, com termômetro (controle de temperatura na cabeça de destilação).

B - Unidade de condensação/coleta do destilado

10 - Condensador simples;
11 - Entrada da *água fria* ligada à torneira e na parte inferior do condensador;
12 - Saída da água após refrigerar o sistema;
13 - Sistema adaptado para o vácuo (ou em contato com o ambiente externo), pelo qual flui o destilado;
14 - Frasco coletor de destilado.

Figura 11.9 Aparelho de destilação simples sob pressão reduzida (ou a vácuo). (A) Unidade de vaporização/destilação; (B) Unidade de condensação e coleta do destilado. FONTE: Durst & Gokel, 1985; Giesbrecht, 1982; Vogel, 1971; Pombeiro, 1980.

Detalhes 11.2

O Ciclo Hidrológico

O *Ciclo Hidrológico* é o conjunto das transformações físicas que a água, na natureza, sofre sob a ação da luz solar, mantendo com isto as necessidades dos seres vivos sobre a terra. Entre estas modificações, têm-se que, a água na fase líquida:

- *Evapora* (*vaporiza*);
- *Sobe* para a atmosfera, pelas correntes de ar quente;
- *Condensa*, no caminho, formando neblinas, serração e nuvens que são levadas pelo vento e diferenças de densidades, para bem longe ou distante do seu ponto formação carregando consigo calor ou frio.
- *Esfria* (perde calor) formando a chuva, neve, granizo etc.;
- *Precipita* ou *volta* ao solo;
- *Percola no solo*, dissolvendo materiais, entre eles, nutrientes;
- *Retorna* ao lençol freático ou ao mar.

E, o processo recomeça, por isto denomina-se *Ciclo Hidrológico*. A Figura 11.10 visualiza o *Ciclo Hidrológico*. Observa-se neste processo a presença das etapas básicas da *destilação*: a *vaporização* e a *condensação*.

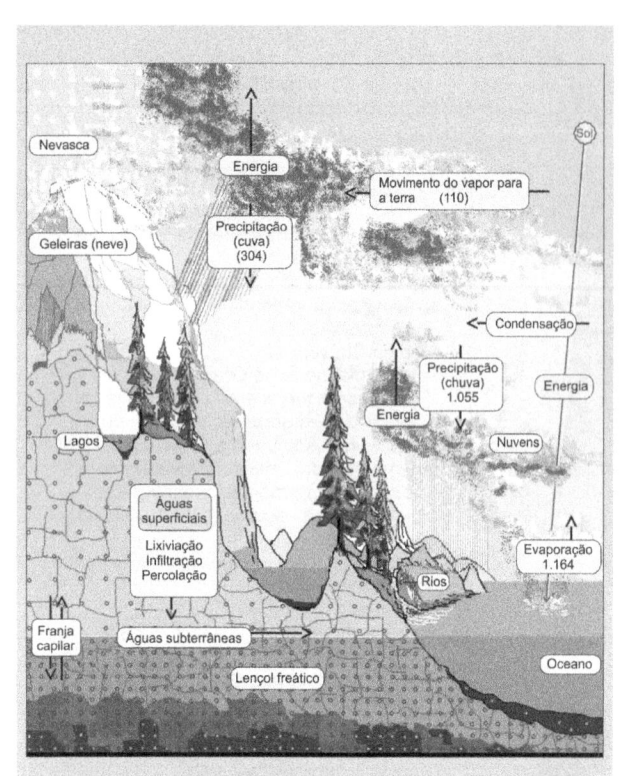

Figura 11.10 Visualização do Ciclo Hidrológico.
FONTE: Lenzi *et al.*, 2009; Lenzi & Favero, 2009.

11.2 PARTE EXPERIMENTAL

11.2.1 Introdução aos experimentos

Nas práticas que seguem serão manipulados compostos inflamáveis, fogo, circuitos elétricos, linha de vácuo etc., necessitando cuidados especiais. Por isso, antes de começar a montar algum experimento colocam-se as seguintes recomendações de segurança para o processo de destilação:

Recomendações

- Toda aparelhagem para a destilação deve estar aberta para a atmosfera afim de evitar um aumento de pressão interna do sistema com o aquecimento.
- O balão de destilação deve conter uma capacidade de volume no mínimo uma vez e meia ou duas vezes maior que a do volume do líquido presente a ser destilado. Se o balão estiver muito cheio, entre outros problemas, pode ocorrer um arraste mecânico do líquido a destilar, impurificando o destilado.
- Nunca aquecer o balão até a secura para não haver risco de:

    a - a temperatura subir e destilar outro composto da mistura;

    b - quebra ou fusão do vidro do balão, já que não há líquido para absorver e dissipar o calor recebido.
- Antes de iniciar a destilação deve-se adicionar ao balão algum material poroso e inerte para evitar uma *ebulição tumultuosa*, conforme visto. O material poroso retém ar em seus poros, que ao ser aquecido, se expande, liberando-se para o seio do líquido auxiliando na formação de bolhas, promovendo uma ebulição normal.
- A água usada como trocadora de calor do condensador deve fluir em sentido contrário ao do vapor.
- Ao se destilar substâncias inflamáveis, principalmente quando forem voláteis, não se deve utilizar bico de Bunsen, pois pode ocorrer vazamentos ou carregamento dos seus vapores pelo ar, indo se incendiar na chama. Nestes casos utilizar aquecedores elétricos.
- Durante a destilação controlar o aquecimento de modo que o líquido destile a uma velocidade constante.

11.2.2 Destilação simples

a – *Material*
- *Balão de destilação de 500 mL, ou outro;*
- *Condensador;*
- *Conexões para ligar o balão ao condensador (refrigerador);*
- *Suportes metálicos, pelo menos dois;*
- *Garras de diversos tipos para segurar o balão, o condensador etc.;*
- *Mangueiras para conectar a torneira ao condensador e formar o sistema refrigerador;*
- *Proveta para coletar o destilado;*
- *Solução de sulfato de cobre(II) ($CuSO_4$) ou outra solução a ser destilada;*
- *Termômetro;*
- *Papel milimetrado;*

- *Fonte de calor (bico de Bunsen, manta elétrica etc.);*
- *Material de registro dos dados: Diário de Laboratório, calculadora e computador (se possível).*

Observação: Existem fabricantes, de materiais de laboratório, que já vendem um conjunto (kit) completo para a destilação, com conexões de macho e fêmea esmerilados. Agora mesmo, busque na internet, através de um *site* de busca eletrônica, o conteúdo: "Conjunto para destilação".

b – *Procedimento*
- Montar a aparelhagem para a destilação simples: balão de destilação, condensador e frasco para coletar o destilado, seguindo a Figura 11.3.
- Colocar cerca de 150 mL da solução de sulfato de cobre(II) (ou outra) no balão de destilação.
- Ligar a corrente de água no sistema refrigerador (condensador).
- Iniciar o aquecimento. Observar.
- Anotar a temperatura do momento em que as primeiras gotas do destilado alcançarem o condensador.
- Continuar a destilação lentamente, anotando a temperatura de destilação e o volume do destilado em intervalos regulares (a cada 2 mL do destilado, por exemplo).

c – *Análise e conclusões*
- Construir um gráfico lançando a temperatura nas ordenadas e o volume correspondente de destilado nas abcissas.
- Qual a conclusão inferida do gráfico?

11.2.3 Destilação por arraste de vapor

a – *Material*
- *Mesmo material que o da destilação simples;*
- *Uma unidade de produção de vapor, e um sistema de condução do mesmo, com segurança, até o balão de destilação que permita a entrada do vapor de arraste, (Figura 11.8, A e B).*
- *Um funil de separação.*
- *Provetas de 5, 10, 50 mL de capacidade para medir o volume do destilado.*
- *Balança analítica.*
- *Amostra de cravo-da-índia (ou outra amostra).*

b – *Experimento*
- Montar a unidade geradora de vapor com a condução segura do vapor gerado até o interior da mistura contida no balão no qual deve ser arrastado o vapor da substância de interesse (Parte A, B e C da Figura 11.8).
- Montar a unidade A da Figura 11.11 para a destilação por arraste de vapor: balão de destilação para a extração, condensador e frasco (copo, funil de decantação ou proveta) para a coleta do destilado.
- Colocar no balão gerador de vapor, um volume de água correspondente a mais ou menos 30-40% da capacidade total.
- Pesar a quantidade de amostra a ser utilizada para o arraste do respectivo vapor, no caso de "cravo-da-índia", registrando a massa (m_a) na Tabela 11.2.
- Transferir para o balão de destilação a massa pesada, adicionando 20 a 25% do volume do balão em água;
- Aquecer por alguns minutos o balão de destilação (Parte C da Figura 11.8 ou Parte A da Figura 11.11) para evitar uma condensação excessiva do vapor ao entrar em contato com a água ali contida.
- Aquecer suavemente a água do balão gerador de vapor (Parte A da Figura 11.8), controlando o aquecimento de modo que a taxa de gotejamento do destilado seja de aproximadamente de 1 a 2 gotas por segundo.
- Recolher o destilado em um funil de separação (o sistema deve estar aberto para o ambiente externo). Após terminar a destilação, deixar separar a *fase do destilado* da fase do *vapor de arraste* também condensado. Transferir do funil de separação a fase do destilado para uma proveta adequada no tocante ao volume, e, medir o volume (V_d) que foi destilado e anotar na Tabela 11.1.

Figura 11.11 Visualização da destilação por arraste de vapor: (A) Unidade de destilação da substância de interesse por arraste de vapor (**c** e **d**– chegada do vapor de arraste); (B) Unidade de condensação, coleta e medida do volume do destilado.

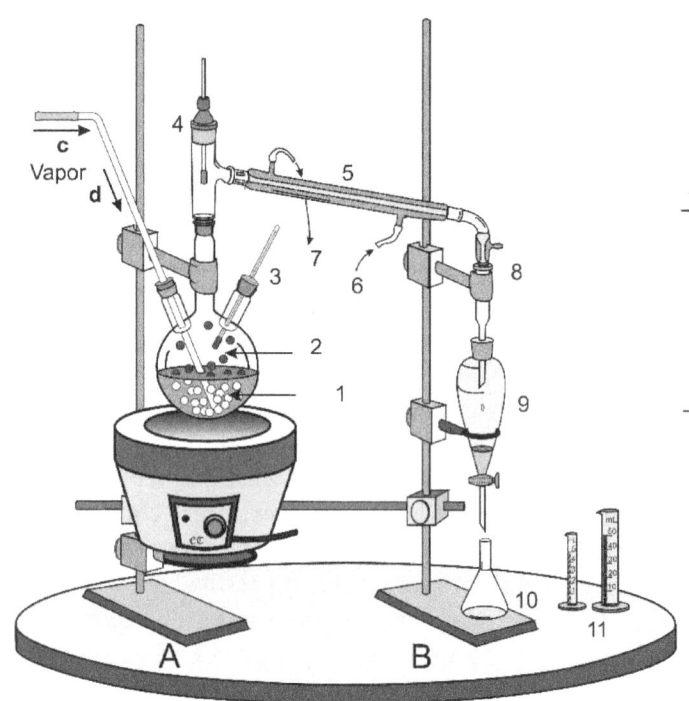

Legenda

A - Unidade de destilação da substância de interesse

1 - Tubulação de entrada do vapor para o arraste; 2 - Vapores da substância a ser destilada por arraste; 3 - Sistema de controle de temperatura no balão de arraste; 4 - Controle de temperatura na cabeça de destilação.

B - Unidade de condensação e coleta do destilado:

5 - Condensador com entrada (6) e saída (7) do líquido refrigerante; 8 - Dreno do destilado; 9 - Sistema coletor do destilado por arraste (funil de separação); 10 - Frasco de coleta de descarte do vapor de arraste condensado; 11 - Provetas para medir o volume do destilado «arrastado».

- Ou, pode-se optar por recolher o destilado num copo qualquer e, depois da destilação finalizada, transferir o material destilado (fase do *vapor de arraste* e fase do *vapor destilado*) para um funil de separação, tendo os seguintes cuidados:
- Antes de transferir o destilado, observar se a torneira do funil de separação está devidamente fechada;
- Esperar alguns minutos para as duas fases se separarem e a seguir abrir a torneira do funil e recolher a fase de interesse (ou do material que foi arrastado pelo vapor de água) para um béquer previamente tarado ou de massa conhecida (m_b). Anotar a massa na Tabela 11.2.
- Pesar um béquer tarado com o destilado, registrando a massa, m_{b+d}, na Tabela 11.2.
- Determinar a massa do destilado (m_d), pela Equação 11.1, e registrar na Tabela 11.2.

$$m_d = m_{(b+d)} - m_b \quad (11.1)$$

c – *Cálculos*

Com os dados coletados devidamente registrados na Tabela 11.2, calcular o rendimento do processo.

Tabela 11.2 Dados referente a destilação do cravo-da-índia ou outra planta aromática.

Parâmetros		Medidas
Massa da amostra (m_a)	=	
Volume do destilado (V_d)	=	
Massa do béquer (m_b)	=	
Massa do béquer + destilado (m_{b+d})	=	
Massa do destilado ($m_d = m_{b+d} - m_b$)	=	

11.3 EXERCÍCIOS DE FIXAÇÃO

11.1. Explique a diferença de destilação simples e destilação fracionada. Quando cada uma deve ser usada?

11.2. Explique a destilação a pressão reduzida e quando ela deve ser usada.

11.3. Temos uma mistura homogênea de água (líquida) e acetona (líquida). Qual é o processo de fracionamento mais indicado para separar os componentes dessa mistura? (Procure os pontos de ebulição da água e da acetona na literatura).

11.4. A Figura EF 11.1 esquematiza os equipamentos para uma destilação simples em laboratório.

a) Dê o nome dos equipamentos usados.

b) Que tipo de mistura pode ser separada por esse processo.

c) Explique como o sistema funciona. Indique na figura o trajeto do vapor, entrada e saída da água de refrigeração, e outros detalhes para boa compreensão do processo.

d) Cite o exemplo de um produto obtido por este sistema.

11.5. A destilação de 354,0 g de folhas secas de Eucalipto citriodoro foi obtido 5,29 mL de óleo essencial. Qual o rendimento do processo?

Respostas: 11.5. 1,49%

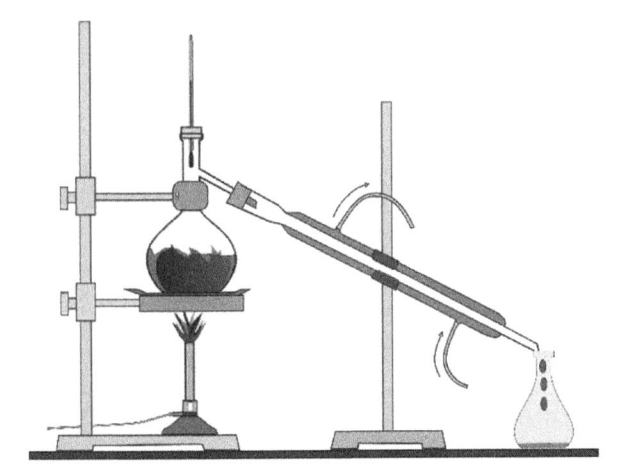

Figura EF 11.1 Esquema dos equipamentos usados em laboratório para uma destilação simples.

QUÍMICA GERAL EXPERIMENTAL

11.4 RELATÓRIO DE ATIVIDADES

Universidade _____	
Centro de Ciências Exatas – Departamento de Química	
Disciplina: QUÍMICA GERAL EXPERIMENTAL – Cód: _____	
Curso: _____ Ano: _____	
Professor: _____	

Nome do Acadêmico	Data

UNIDADE DIDÁTICA 11: TÉCNICAS DE SEPARAÇÃO DE MISTURAS

DESTILAÇÃO

1) Qual a massa de cravo-da-índia usada na destilação?

....
....

2) Qual o volume de destilado, considerando a água condensada e óleo essencial?

....
....

3) Qual o volume do óleo essencial destilado?

....
....

4) Como foi possível identificar a presença de óleo essencial no destilado?

....
....

5) Que composto(s) forma(m) o óleo essencial do cravo-da-índia? Qual a sua utilidade?

....
....

11.5 REFERÊNCIAS BIBLIOGRÁFICAS E SUGESTÕES PARA LEITURA

BETTELHEIM, F.; LANDESBERG, J. **Laboratory experiments for GENERAL, ORGANIC & BIOCHEMISTRY**.2. ed. Philadelphia: Saunders College Publishing, 1995. 552 p.

BONATO, F. **Química** – 2ª Série do Curso Colegial. 3ª Edição. São Paulo: Editora Coleção FTD, 1960. 463 p.

CHRISPINO, A. **Manual de química experimental**. São Paulo (SP): Editora Ática, 1991. 230 p.

DURST, H. D.; GOKEL, G. W. **Química orgánica experimental**. Versión española. Barcelona: Editorial Reverté, 1985. 592 p.

GIESBRECHT, E. (Coordenador). **Experiências de química – técnicas e conceitos básicos**. PEQ – Projetos de Ensino de Química de Professores da USP. São Paulo: Editora Moderna, 1982. 241 p.

LENZI, E.; FAVERO, L. O. B.; **Introdução à química da atmosfera – ciência, vida e sobrevivência**. Rio de Janeiro: LTC, 2009. 465 p.

LENZI, E.; FAVERO, L. O. B.; LUCHESE, E. B. **Introdução à química da água – ciência, vida e sobrevivência**. Rio de Janeiro: LTC, 2009. 604 p.

MOELLER, T.; BAILAR Jr, J. C.; KLEINBERG, J.; GUSS, C. D.; CASTELLON, M. E.; METZ, C. **Chemistry**. New York: Academic Press, 1980. p. 399-406.

MUROV, S.; STEDJEE, B. **Experiments in basic chemistry**. New York: John Wiley & Sons, 1994. 593 p.

POMBEIRO, A. J. L. O. **Técnicas e operações unitárias em química experimental**. Lisboa: Fundação Calouste Gulbenkian, 1980. 1.069 p.

ROBERTS, J. L.; HOLLENBERG, J. L.; POSTMA, J. M. **General chemistry in laboratory**. 3. ed. New York: W.H. Freeman and Company, 1991. 498 p.

SIGMA-ALDRICH CATALOG, **Biochemicals and reagents for life science research**. USA: SIGMA ALDRICH Co., 1999. 2880 p.

SILVA, R. R.; BOCCHI, N.; ROCHA Filho; R. C. **Introdução à química experimental**. São Paulo: McGraw-Hill, 1990. 296 p.

THOMAS SCIENTIFIC CATALOG: 1994/1995. New Jersey (USA): Thomas Scientific Co., 1995. 1929 p.

VOGEL, A. I. **Química orgânica**. Tradução da 3ª Edição por Carlos Alberto Coelho Costa, Oswaldo Faria dos Santos e Carlos Edmundo Metelo Neves. Rio de Janeiro: Ao Livro Técnico, 1971. 1.251 p (Volumes 1, 2 e 3).

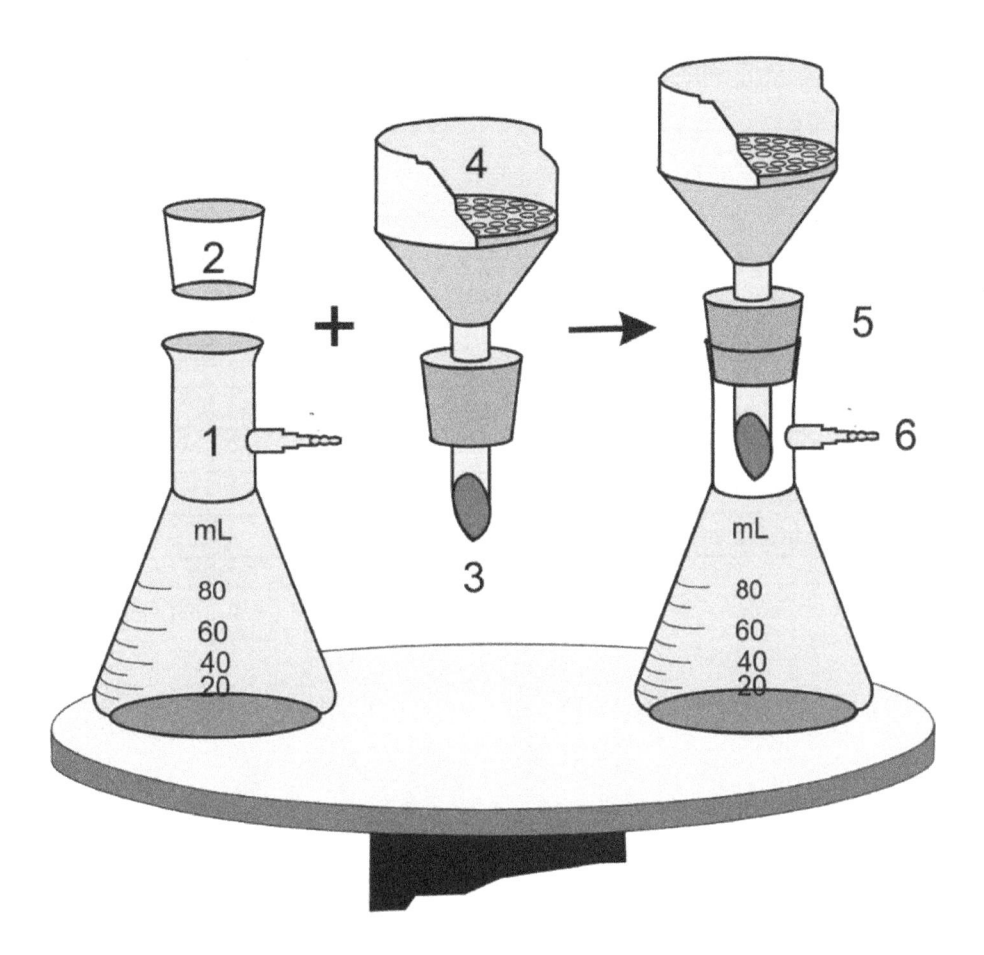

UNIDADE DIDÁTICA 12

Conjunto para filtração por sucção: (**1**) Kitassato, (**2**) rolha de borracha com furo no centro, (**3**) funil de Büchner, (**4**) placa de porcelana perfurada onde deve ser colocado o papel filtro, (**5**) conjunto para a filtração a vácuo montado, (**6**) saída lateral de ar, onde deve ser acoplada uma bomba de vácuo, ou trompa de vácuo, para fazer a sucção.

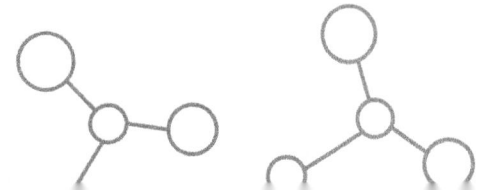

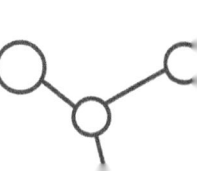

UNIDADE DIDÁTICA 12

TÉCNICAS DE SEPARAÇÃO DE MISTURAS

PURIFICAÇÃO DE SUBSTÂNCIAS – RECRISTALIZAÇÃO

Conteúdo	Página
12.1 Aspectos Teóricos	291
12.1.1 Introdução	291
12.1.2 A dissolução	292
Detalhes 12.1	293
12.1.3 O estado cristalino	295
12.1.4 A cristalização	298
12.2 Parte Experimental	300
12.2.1 Recristalização do ácido benzoico	300
12.3 Exercícios de Fixação	300
12.4 Relatório de Atividades	302
12.5 Referências Bibliográficas e Sugestões de Leitura	304

Unidade Didática 12
TÉCNICAS DE SEPARAÇÃO DE MISTURAS
PURIFICAÇÃO DE SUBSTÂNCIAS – RECRISTALIZAÇÃO

Objetivos
- Aprender os conceitos básicos de miscibilidade, imiscibilidade de compostos, soluções saturadas, insaturadas, super-saturadas.
- Aprender os conceitos e regras básicas da solubilização de compostos, sua recristalização (reprecipitação e purificação).
- Conhecer as forças que atuam entre as unidades (íons, átomos e moléculas) do composto no estado sólido.

12.1 ASPECTOS TEÓRICOS

12.1.1 Introdução

As misturas homogêneas podem ser sólidas, líquidas ou gasosas. Em cada tipo existem diferentes técnicas para isolar e separar seus constituintes puros.

O estado líquido da mistura homogênea é o estado que muito facilita a separação dos seus constituintes. A fluidez controlável da mistura é um dos fatores favoráveis. Por exemplo, uma mistura no estado sólido, uma liga metálica, muitas vezes, é levada ao estado de fusão, e, depois, por solidificação fracionada separam-se os componentes. Numa mistura homogênea sólida, muitas vezes, utilizam-se também as diferentes solubilidades em determinado solvente ou mistura de solventes. Uma mistura gasosa, por exemplo, o ar (nitrogênio, oxigênio), é inicialmente liquefeito e depois se faz a destilação dos seus componentes.

Entre as principais técnicas de separação de substâncias de uma mistura homogênea, na fase líquida (sistema monofásico), encontram-se: a evaporação; a destilação; a sublimação; a cristalização, a precipitação e a solidificação; a extração; a cromatografia; a eletrólise, entre outros.

A escolha de uma ou outra técnica, depende do tipo de substância que se pretende separar ou purificar e de suas propriedades.

No caso de *misturas na fase líquida*, provavelmente a melhor técnica para separar seus componentes é a destilação. Na *destilação* aproveita-se, como propriedade base, a diferença de volatilidade das substâncias.

No caso de *misturas na fase sólida*, a melhor técnica para separar e ou purificar seus componentes é a *cristalização* (ou a *recristalização*). Neste processo, conforme será visto nesta Unidade Didática, escolhe-se o melhor solvente no qual é dissolvido o sólido, que a seguir é precipitado. Repetindo-se o processo quantas vezes forem necessárias, cada vez em solvente puro.

Na *cristalização* de componentes em solução aquosa usa-se a *diferença de solubilidade* das substâncias num determinado solvente ou em misturas de solventes. Na *cristalização* de um material em estado de fusão utilizam-se os *diferentes pontos de fusão* (PF) ou *pontos de solidificação* (PS), característicos de cada espécie química.

12.1.2 A dissolução

Uma *solução* é, conforme visto, uma *mistura homogênea* (monofásica) de duas ou mais substâncias entre si. É constituída de um *solvente* (ou *dispersante*) e um *soluto* (ou *disperso*). O *solvente* é o componente presente na mistura em maior quantidade. Ele dá o estado físico da solução (gasoso, líquido, ou sólido), no qual o soluto está dissolvido. O *soluto* é a substância, ou as substâncias, presentes em menor quantidade que o solvente. Ele apresenta-se disperso no solvente.

Para se entender o assunto são colocadas duas situações:

- Num saco de 60 kg de *açúcar* é colocado um copo de 100 mL de água. O *dispersante* ou o *solvente* é o *açúcar* e o *disperso* ou o *soluto* é a água;
- Num latão *d'água* de 25 L é colocado um copo de 100 g de *açúcar*. O *dispersante* ou o *solvente* é a água e o *disperso* ou o *soluto* é o *açúcar*.

A dissolução de um sólido num solvente ou sua precipitação neste solvente são fenômenos opostos. A Figura 12.1 mostra o fenômeno da dissolução e precipitação de um sólido cristalino (recristalização ou reprecipitação de uma substância).

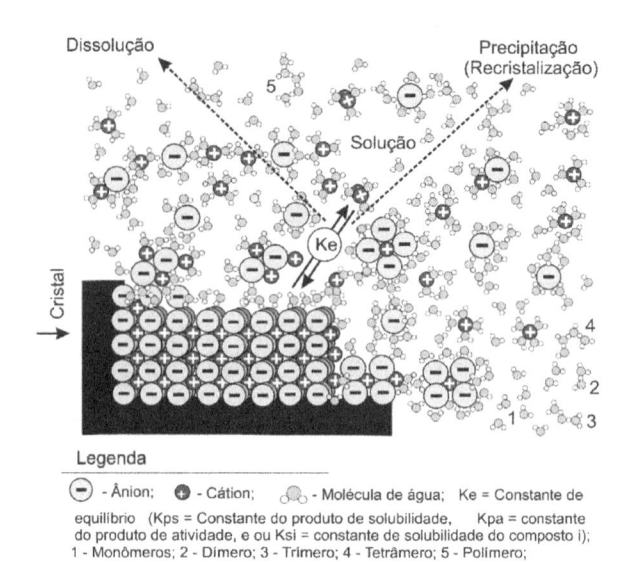

Figura 12.1 Visualização do fenômeno da dissolução e da precipitação (recristalização) de um composto sólido iônico.

O fenômeno da precipitação, no qual há a formação de um componente sólido no seio da solução, muitas vezes pode formar um sólido cristalino, um coloide, e ou sólido amorfo.

A Reação de dissolução (R-12.1) exemplifica a situação do composto $AB_{(sólido)}$ que se dissolve formando a espécie $A^+_{(aq)}$ e a espécie $B^-_{(aq)}$, onde, (aq) indica a espécie que está em solução aquosa.

$$AB_{(sólido)} \leftrightarrows A^+_{(aq)} + B^-_{(aq)} \qquad Ke \qquad (R\text{-}12.1)$$

O fenômeno da *dissolução* de um composto qualquer num determinado solvente, é regido pela constante de equilíbrio, Ke, dada pela Equação (12.1) para qualquer situação e ou pela Equação (12.2) para compostos pouco solúveis. Isto significa que, enquanto não for alcançado o valor da constante de equilíbrio, o composto se dissolve. E, também, depois de alcançado o valor, tudo o que for adicionado, precipita.

$$Ke = Kpa = \{A^+_{(aq)}\}.\{B^-_{(aq)}\} \qquad (12.1)$$

Onde, em Química:
- O símbolo *chave*, { i } significa a *atividade* da espécie i na solução. Por sua vez, a *atividade* é dada pelo produto, $\gamma_i . [\,i\,]$, ou seja, (coeficiente de atividade).(concentração de i).

- O símbolo colchete, [i] é a *concentração* de i em mol L⁻¹.

$$Ke = Kps = [A^+_{(aq)}] \cdot [B^-_{(aq)}] \qquad (12.2)$$

Detalhes 12.1

Dissolução de compostos em que há reação secundária no meio

O que foi generalizado para a dissolução de compostos, conforme Reação (R-12.1), Equações (12.1) e (12.2) é válido quando os componentes liberados na solubilização não reagem com alguma espécie presente na *solução mãe*. A *solução mãe* é a solução na qual acontecem os fenômenos de dissolução, precipitação etc.

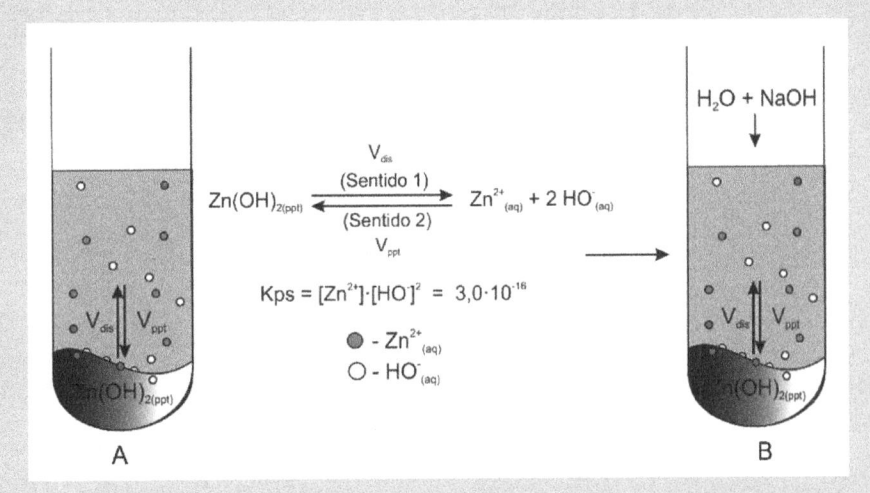

Figura 12.2 Dissolução do precipitado hidróxido de zinco $(Zn(HO)_{2(ppt)})$: (A) Situação sem reações secundárias; (B) Situação com reações secundárias do $Zn^{2+}_{(aq)}$ com o íon $HO^-_{(aq)}$ adicionado, formando complexos.

I Quando há reações com alguém da *solução mãe*

Existem situações em que, um dos elementos ou mais, que se formam na solubilização do composto $AB_{(sólido)}$ reage ou é complexado por algum reagente presente na *solução mãe*. A Figura 12.2 A, mostra a situação ideal. Em B da mesma figura, tem-se a situação em que é adicionado um composto, o hidróxido de sódio, NaOH, cujo ânion liberado, $HO^-_{(aq)}$, complexa o cátion $Zn^{2+}_{(aq)}$. A Figura 12.3, na curva MNOP mostra o comportamento da solubilidade do precipitado de hidróxido de zinco, $Zn(OH)_{2(s)}$.

Na parte C, da mesma Figura 12.3, está a explicação química do que acontece. A solubilidade do precipitado $Zn(OH)_{2(aq)}$ aumenta com a adição do íon comum $HO^-_{(aq)}$, pois, o cátion $Zn^{2+}_{(aq)}$ é sequestrado pelo íon $HO^-_{(aq)}$, formando hidroxocomplexos de Zn: $[Zn(OH)]^{1+}_{(aq)}$; $[Zn(OH)_2]^0_{(aq)}$; $[Zn(OH)_3]^{1-}_{(aq)}$; $[Zn(OH)_4]^{2-}_{(aq)}$. Enquanto se dão estas reações de complexação, devido à diminuição da concentração do íon $Zn^{2+}_{(aq)}$, o valor do Kps diminui, e, isto, não pode acontecer. Como consequência para manter o valor do Kps dissolve-se mais precipitado para repor o íon $Zn^{2+}_{(aq)}$ que foi sequestrado da solução.

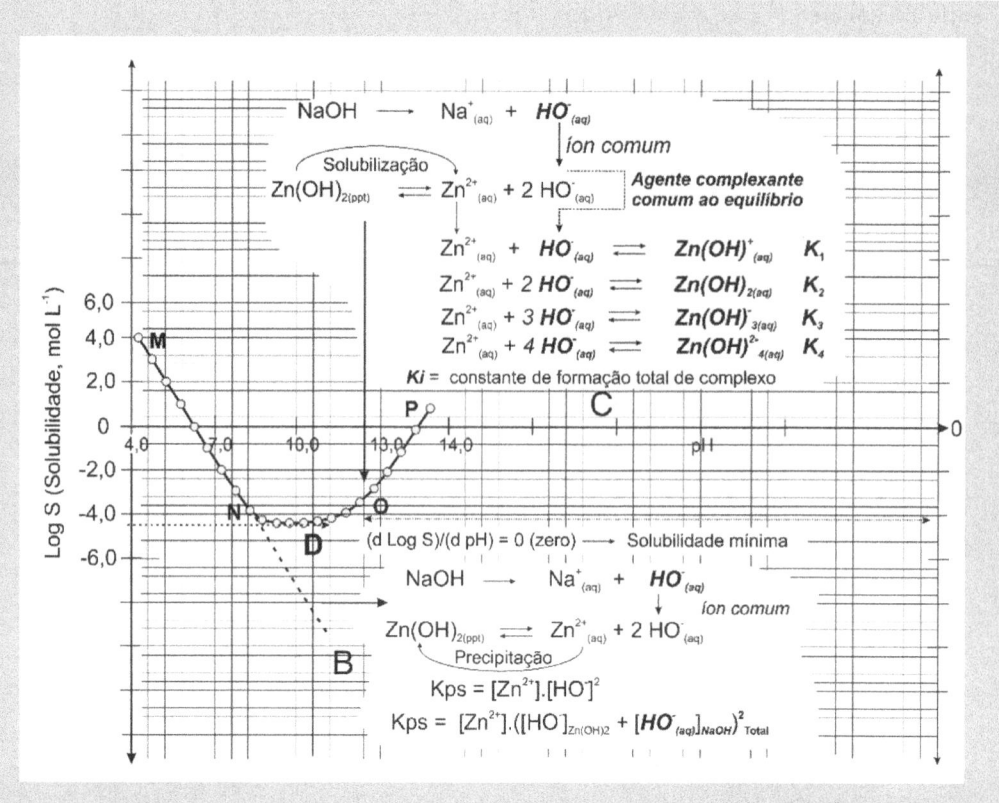

Figura 12.3 Visualização do comportamento do hidróxido de zinco $(Zn(OH)_{2(ppt)})$ na solução ao se adicionar o íon comum $HO^-_{(aq)}$, na forma de hidróxido de sódio (NaOH): Reta MNB – comportamento ideal; Curva MNOP – Comportamento devido à complexação do íon $Zn^{2+}_{(aq)}$ da solução; (B) Explicação da reta MB; (C) Explicação da curva MNOP.

FONTE: Lenzi *et al.*, 2011.

II Quando não há reações com espécies da *solução mãe*.

A reta MB da Figura 12.3, mostra o caminho da situação em que não há reações com espécies da solução mãe. A medida que se adiciona o íon comum, para manter constante o Kps, precipita mais $Zn(OH)_{2(ppt)}$. Em B da Figura 12.3, encontra-se a explicação.

A *solubilidade* de um soluto (ou de uma substância) é a quantidade máxima do mesmo que pode ser dissolvida numa certa quantidade de solvente, numa dada temperatura e pressão. Em geral, esta quantidade é dada em mols de soluto por litro de solução (mol L^{-1}). Conforme a razão entre a quantidade de soluto e o volume da solução, esta pode ter diversas denominações, entre elas:

- *Solução saturada*: é a solução que contém o máximo de soluto disperso, ou dissolvido, em equilíbrio com o soluto sólido (precipitado, ou não dissolvido) na própria solução. Nesta solução há o *corpo de fundo* que é o sólido, que não dissolveu, em equilíbrio com o dissolvido. A solução sobrenadante está saturada.
- *Solução insaturada*: é a solução que contém menos soluto do que ela pode dissolver. Se for muito pouco quando comparado com o máximo que pode dissolver denomina-se de *solução diluída*. Se a quantidade for grande quando comparada com o máximo que pode dissolver denomina-se de *solução concentrada*.

- *Solução supersaturada*: é a solução que contem no seu meio mais soluto que a saturada. É uma situação pouco estável, qualquer modificação nas condições da solução, tais como, temperatura, agitação, pressão, provoca a precipitação do excesso de soluto.

Considerando soluções em que o solvente e o soluto estão na mesma fase, isto é, sólido, líquido ou gasoso, usam-se os termos *miscíveis, parcialmente miscíveis* e *imiscíveis* para dizer se o soluto se dissolve, ou dissolve-se pouco, ou não se dissolve. Se for o caso do solvente estar numa fase e o soluto em outra (exemplo, solvente líquido e soluto sólido) diz-se que são *solúveis, pouco solúveis* ou *insolúveis,* um no outro.

O fenômeno da *dissolução* é o resultado da interação de forças elétricas (ligações químicas fortes e ou fracas) entre as moléculas do solvente com as unidades (íons: cátions e ânions, átomos, ou moléculas) do soluto que se encontram ancoradas (ligadas) em posições definidas na *estrutura reticular* do sólido chamada de *sólido cristalino*, ou o contrário, *sólido amorfo*. A Figura 12.4 mostra algumas estruturas cristalinas.

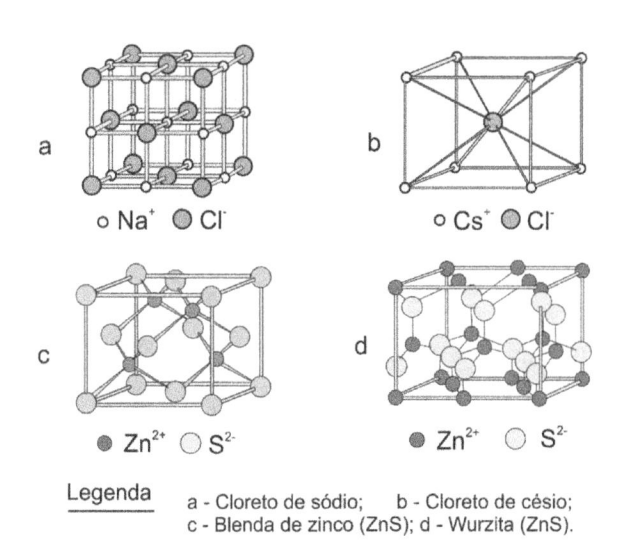

Figura 12.4 Exemplos de estruturas cristalinas de compostos minerais.

FONTE: Christen, 1977; Flint, 1970; Huheey, 1972; Cotton & Wilkinson, 1978.

A dissolução, obedece ao ditado popular: *semelhante dissolve semelhante*. Adiante se falará da *polaridade* da molécula, o que permite traduzir esta lei em *solvente polar dissolve soluto polar* e *solvente apolar dissolve soluto apolar*. Isto é, substâncias de polaridade semelhante se dissolvem. Porém, sabe-se pela termodinâmica que a dissolução se dá quando o meio que envolve o sólido e suas reações com os componentes da estrutura sólida gerarem uma energia favorável (ΔH_{sol}) superior ou pelo menos igual à *energia reticular* (ΔH_{ret}) do retículo cristalino (sólido).

12.1.3 O estado cristalino

Para uma substância encontrar-se no *estado sólido* significa que as unidades que a compõem (cátions e ânions, átomos, ou moléculas) se atraem entre si. Entre elas existe uma *força de coesão*. A medida que diminui esta força passa-se do estado sólido para o líquido e ao final para o gasoso. A força de atração entre as citadas unidades pode ser do tipo: iônicas, covalentes e forças de Van der Waals.

Forças iônicas e ou eletrovalentes

Estas forças são fortes, característica das *ligações químicas iônicas*. É o caso dos *sólidos iônicos*, onde as unidades que se atraem são os íons positivos (cátions) e os íons negativos (ânions). Os pontos de fusão e de ebulição destas substâncias são muito elevados, significando a necessidade de muita energia para quebrar as ligações. A Figura 12.5 mostra: em A, um cristal de NaCl; em B, um trímero de cátions Na^+ e um trímero de ânions Cl^-, se atraindo entre si; em C, um cátion atraindo um ânions com as *linhas de força* do campo elétrico criado pelas cargas, que originam a força F que atrai os íons entre si.

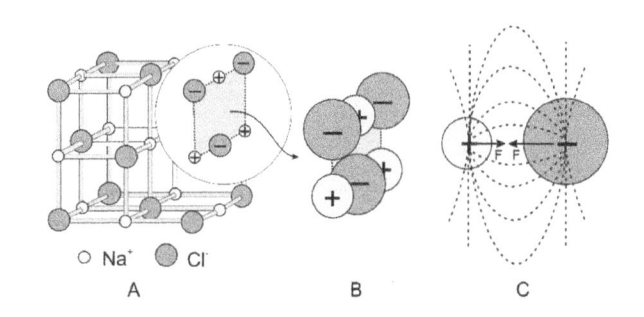

Figura 12.5 Visualização de um cristal de NaCl (cloreto de sódio): (A) Estrutura cristalina; (B) Separação de um trímero de cátions e de ânions; (C) Visualização das linhas de força do campo elétrico entre os íons da estrutura cristalina, que criam a força de atração F.

Forças covalentes

Se as unidades que se atraem para constituir o sólido forem átomos, como no caso do diamante e grafite formados pelo elemento carbono, e metais em geral, têm-se as *ligações covalentes* que também são muito fortes. Na maioria dos casos são forças originadas pela sobreposição de orbitais atômicos (*overlap* efetivo) formando os orbitais moleculares. É o caso das ligações entre átomos, por exemplo, no diamante, onde o carbono apresenta orbitais hibridizados do tipo sp^3, e no grafite com orbitais hibridizados do tipo sp^2, nos metais com macro orbitais moleculares. São características das ligações covalentes. A Figura 12.6 compara o sistema diamante como grafite.

Ao se comparar um sólido cristalino com ligações iônicas, e um sólido com ligações covalentes, em termos macroscópicos, tem-se:

- Ao ser *percutido* ou se dar uma *pancada* com um martelo, o composto iônico se *esfarela* e o covalente se *amassa*. Por exemplo, uma rocha se esfarela, se "brita", ao passo que um metal não;
- Os compostos iônicos, como sólidos, são *maus condutores* do calor, eletricidade etc. e os covalentes são *bons condutores*;
- Os compostos iônicos que se dissolvem em água são condutores de corrente elétrica, os covalentes que se dissolvem em água não são ou são maus condutores de corrente elétrica.

Forças tipo Van der Waals

Entre estas forças, têm-se: Ligação (ponte) de hidrogênio, Forças de Debye, Forças de Keeson, Forças de London. As interações podem acontecer entre:

- íon-dipolo permanente;
- íon-dipolo induzido;
- dipolo permanente-dipolo permanente;
- dipolo permanente-dipolo induzido;
- dipolo induzido-dipolo induzido, entre outras.

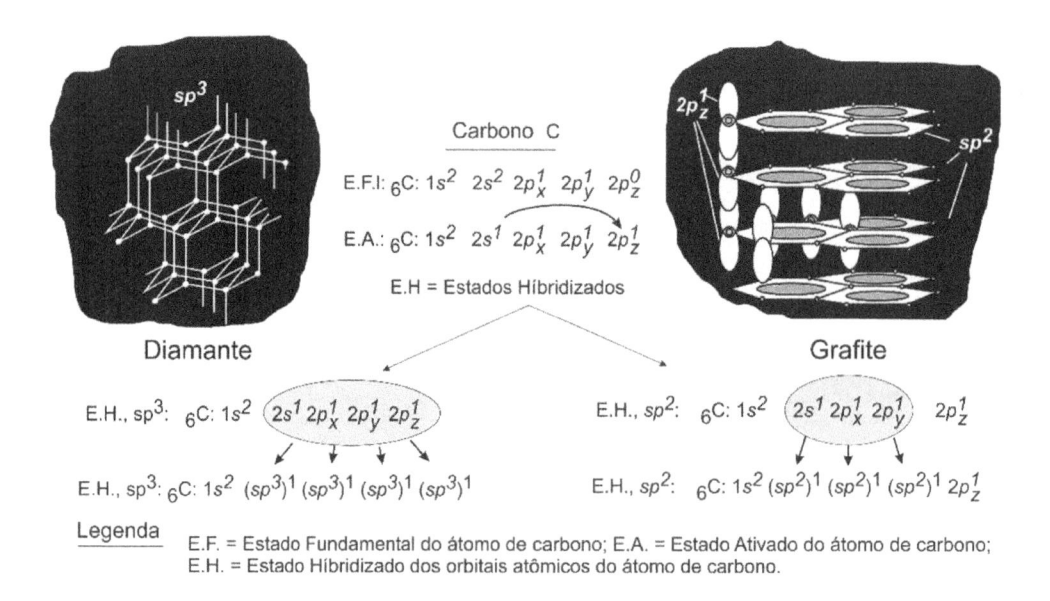

Figura 12.6 Visualização da ligação covalente (forças de natureza covalente) no diamante e no grafite.

FONTE: Lenzi & Favero, 2009; Lenzi *et al.*, 2009.

Dentro de uma molécula pode acontecer que a distribuição geométrica das cargas positivas não coincida com a das negativas, conforme Figura 12.7 A, onde, r ≠ 0, ou então, coincida, Figura 12.7 B, onde, r = 0. O valor de r é a distância entre os dois centros de ação das cargas elétricas.

No primeiro caso, em A, formam-se dois polos, um positivo separado do negativo por certa distância r. Desta forma têm-se duas espécies de moléculas: *as apolares* (sem dipolo) e *polares* ou *dipolares* (com dipolo).

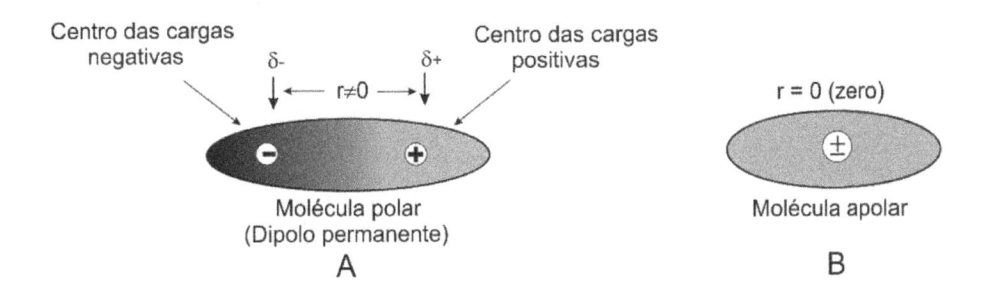

Figura 12.7 Modelos de moléculas no tocante à distribuição de suas cargas elétricas positivas e negativas: (A) Molécula com dipolo permanente, molécula dipolar; (B) Molécula apolar ou sem dipolo.

Nas espécies dipolares a força que retém as moléculas juntas para formar o estado sólido são as atrações entre os dipolos das moléculas os quais são *dipolos permanentes*, pois são características destas espécies (Forças de Debye), Figura 12.7 A.

A atração entre as *moléculas apolares* se faz através de *dipolos instantâneos induzidos*, conforme mostra a Figura 12.8 (Forças de London). Normalmente estes sólidos apresentam pontos de fusão e de ebulição baixos e alguns próximos do zero absoluto como é o caso do Hélio sólido.

Os elétrons, caracterizados como *onda-corpúsculos*, apresentam movimentação de cargas na eletrosfera. Neste movimento de cargas criam-se, por momentos ou instantes, distribuições desiguais de cargas diferentes, isto é, *dipolos*, denominados de instantâneos. Estes dipolos vão induzir outros nas moléculas vizinhas, conforme mostras as partes, II, III e IV, da Figura 12.8. Esta maior ou menor indução depende da *polarizabilidade* da eletrosfera da molécula ou do próprio íon.

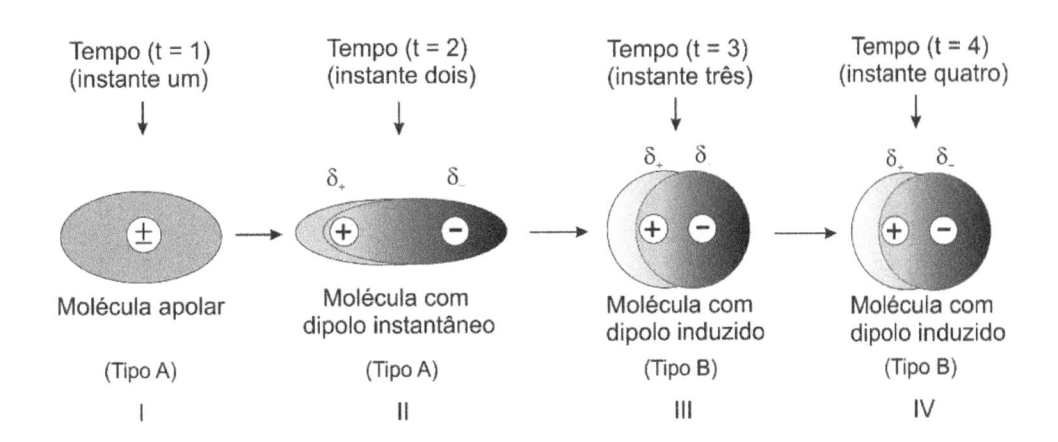

Figura 12.8 Visualização de dipolos induzidos: (I) Molécula apolar (Tipo A); (II) Molécula Tipo A com um dipolo instantâneo; (III) e (IV) Moléculas do tipo B, com dipolos instantâneos induzidos.

A Figura 12.9 detalha melhor a formação dos dipolos induzidos, mostrando as linhas de força do campo elétrico entre as moléculas com dipolo instantâneo induzido.

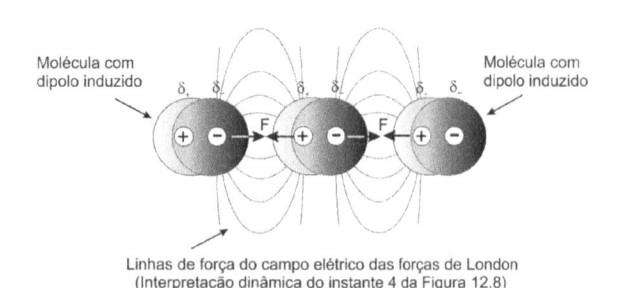

Figura 12.9 Dipolos instantâneos, dipolos induzidos entre os quais se estabelecem as Forças de London (forças fracas), visualizadas pelas linhas de força do campo elétrico que criam a força F.

O estado sólido, conforme já citado anteriormente, pode ser *cristalino* ou *amorfo*. O *estado cristalino* é caracterizado por uma estrutura reticular definida na qual, em posições definidas, se colocam as unidades (íons, átomos, ou moléculas) da substância. Tendo este sólido propriedades características de acordo com a direção-eixo em observação (*anisotropia*).

No estado sólido amorfo não há estrutura cristalina e as propriedades são as mesmas em qualquer direção-eixo, por isto, denominadas espécies *isotrópicas*.

A Figura 12.4 mostra alguns tipos de sistemas cristalinos.

12.1.4 A cristalização

A *cristalização* é a operação inversa da dissolução. Isto é, as unidades (íons, moléculas) saem da solução e fixam-se, ou ancoram, no retículo cristalino, Figura 12.1. É claro que, neste retículo são ancoradas ou fixadas unidades idênticas (íons ou moléculas), quanto ao tamanho, carga e propriedades, dando início ao processo de separação ou de purificação. Porém, dependendo dos *agentes estranhos* ao cristal, presentes na *solução mãe*, podem também ancorar no sistema cristalino que está se formando. Esta "*ancoragem no cristal*" pode ocorrer por:

- *Co-precipitação*, isto é, o agente estranho ocupa um lugar no retículo cristalino, conforme Figura 12.10 (1) e ou;
- *Oclusão*, isto é, tipo de um *aprisionamento* do agente estranho ao cristal, conforme Figura 12.10 (2).

Estas situações ocorrem quando o agente estranho (impureza) presente na solução mãe apresenta: raio, carga e esfera de coordenação, semelhantes aos íons do cristal. Além disto, depende da sua concentração na *solução mãe*.

A *recristalização* é a operação de tornar a cristalizar a substância. Nesta operação, primeiramente dissolve-se a substância num determinado solvente puro em que, em temperaturas mais elevadas é mais solúvel. A seguir, resfria-se o sistema e o soluto, em excesso na temperatura mais baixa, volta separar-se em forma de cristais. Os *agentes estranhos*, *oclusos* e ou *co-precipitados*, presentes no cristal, vão se dispersar na *solução mãe*.

Observa-se que, neste processo, o solvente apresenta uma importância especial e deve apresentar propriedades características. Tais características são reconhecidas quando o solvente:

- Dissolver grande quantidade de soluto em temperaturas elevadas e pequena quantidade em temperaturas baixas;
- Dissolver impurezas mesmo a frio, ou então, não dissolvê-las mesmo a quente;
- Ao ser esfriado o solvente deve produzir cristais bem formados do sólido purificado e facilmente removíveis e filtráveis.

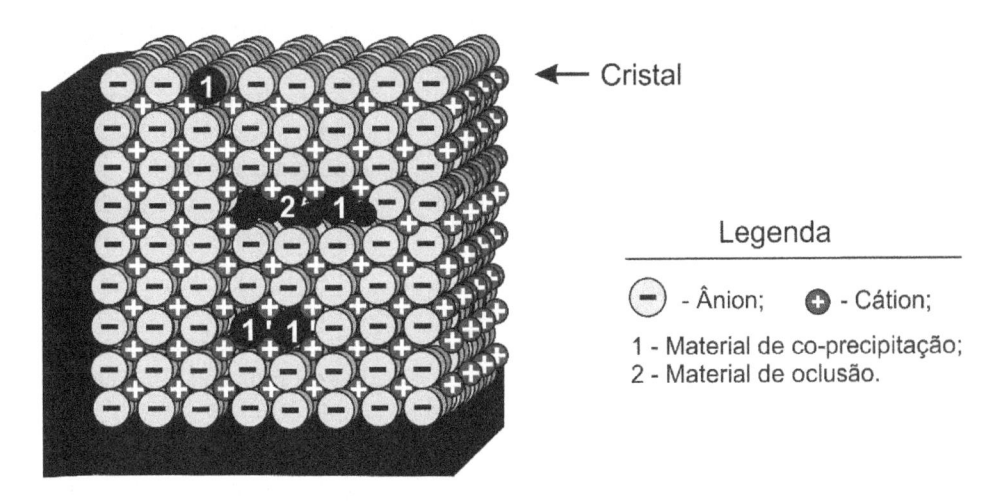

Figura 12.10 Visualização de um cristal com impurezas do tipo: (1) Co-precipitação; (2) Oclusão.

Outros fatores, tais como, a facilidade de manipulação, a volatilidade, a possibilidade de recuperação do solvente e o custo, também devem ser considerados.

A escolha do solvente a ser usado para a recristalização, em geral, é realizada através de *tentativas experimentais*. Os seguintes passos são seguidos:
- Coloca-se 0,1 g de substância pulverizada em um tubo de ensaio.
- Adiciona-se o solvente, gota a gota, sob agitação contínua. Após haver adicionado cerca de 1 (um) mL de solvente aquece-se a mistura até a ebulição. Se a amostra dissolver facilmente no solvente frio, ou não se dissolver após o aquecimento, o solvente não é adequado.
- Se o composto dissolver totalmente no solvente aquecido, esfriar o sistema para verificar se ocorre a recristalização.
- Se a cristalização não ocorrer rapidamente pode ser devido a ausência de germes adequados para o crescimento dos cristais. Neste caso, friccionar fortemente as paredes internas do tubo com uma baqueta ou bastão de vidro e esfriar. Se, mesmo assim, não ocorrer a cristalização, o solvente é rejeitado. Se houver cristalização o solvente é adequado.
- Repetir o processo com outros solventes até encontrar o melhor deles.

Algumas vezes ocorre que nenhum solvente sozinho cumpre todas as exigências de um bom solvente para a recristalização. Em tais casos deve-se recorrer aos chamados *sistemas de solventes mistos*.

A escolha do *sistema de solventes mistos* baseia-se na miscibilidade dos dois entre si e na grande afinidade do soluto a ser recristalizado por um dos dois solventes e pouca com o outro. Além disto, os pontos de ebulição de ambos devem estar próximos.

Entre alguns pares de solventes mistos mais usados, têm-se:
- Metanol-água;
- Etanol-água;
- Acetona-éter de petróleo (hexano);
- Éter-éter de petróleo;
- Tolueno-éter de petróleo;
- Acetona-água; entre outros.

12.2 PARTE EXPERIMENTAL

12.2.1 Recristalização do ácido benzoico

a – *Material*
- *Ácido benzoico, p.a.;*
- *Água quimicamente pura;*
- *Copo Erlenmeyer de 250 mL;*
- *Bico de Bunsen, tela de amianto, tripé, fósforo;*
- *Carvão ativado;*
- *Papel filtro pregueado;*
- *Funil (preparado na haste metálica com anel metálico);*
- *Copos béquer de diversas capacidades;*
- *Vidro de relógio para cobrir o béquer;*
- *Banho de gelo;*
- *Funil de Büchner;*
- *Papel filtro;*
- *Bastão de vidro;*
- *Material de registro: Diário do Laboratório, calculadora e computador.*

b – *Procedimento*
- Pesar 2,00 g da substância a ser purificada por recristalização, no caso, ácido benzoico, e transferir para um copo Erlenmeyer de 250 mL.
- Adicionar cerca de 25 mL do solvente apropriado, no caso água, e aquecer até a ebulição.
- Adicionar mais solvente, em pequenas porções, mantendo a ebulição e a agitação até que a substância se dissolva completamente.
- Adicionar de 5 a 10 mL do solvente, cerca de 0,05 g de carvão ativo, e aquecer a mistura até a ebulição.
- Preparar um papel filtro pregueado, o funil e o béquer para receber o filtrado.
- Verter rapidamente a solução no filtro.
- Recolher o filtrado num béquer, cobrir com um vidro de relógio e deixar em repouso.
- Quando frio, colocar o frasco em banho de gelo até completar o processo de cristalização.
- Preparar o funil de Büchner com papel filtro de massa conhecida (m_p) e registrada na Tabela RA 12.1.
- Filtrar os cristais formados no funil de Büchner.
- Secar os cristais no papel sobre um vidro de relógio ao ar, ou em estufa com temperatura controlada e pesá-los (m_{p+c}), registrando o valor na Tabela RA 12.1.
- Determinar a massa dos cristais (m_c) registrando o valor na Tabela RA 12.1.

c – *Cálculos*
- Determinar a massa do produto cristalizado pela Equação 12.3 registrando o valor na Tabela RA 12.1.

$$m_c = m_{p+c} - m_p \qquad (12.3)$$

- Calcular o rendimento do processo de recristalização ou a porcentagem (%) de recuperação do ácido benzoico e registrar o valor na Tabela RA 12.1.

12.3 EXERCÍCIOS DE FIXAÇÃO

12.1. Faça um esquema da aparelhagem da filtração a vácuo, usando o nome correto de cada instrumento. Explique como funciona e porque a filtração a vácuo é mais rápida que a filtração comum.

12.2. Explique detalhadamente porque a recristalização purifica um sólido. Comente a escolha do solvente, e as operações em que as impurezas são eliminadas.

12.3. 4,87 g de ácido benzoico impuro foi submetido a purificação através da recristalização. Após todas as operações foi recuperado 3,44 g do ácido puro. Qual a % de recuperação do ácido? Quais as etapas que dão maior margem de erro neste método?

12.4. No intuito de purificar um sólido A através da recristalização, um analista fez testes de solubilidade do sólido com vários solventes. Os resultados foram registrados na Tabela EF 12.1. Qual o melhor solvente para a técnica de recristalização deste sólido? Explique por que?

Tabela EF 12.1 Comportamento do sólido A frente a vários solventes.

Solvente	Solubilidade a frio	Solubilidade a quente	Após resfriar
Etanol	Insolúvel	Solúvel	Precipita rapidamente
Metanol	Pouco Solúvel	Solúvel	Não precipita
Tetracloreto de carbono	Solúvel	Solúvel	Cristaliza por evaporação do solvente
Benzeno	Solubiliza grande parte do sólido	Solúvel	Precipita uma pequena quantidade

12.5. Os dados registrados na Tabela EF 12.2 foram obtidos na purificação de um sólido A. com estes dados calcule a porcentagem de recuperação do sólido (ou o rendimento do processo).

Tabela EF 12.2 Dados referente a purificação do sólido A.

Parâmetros		Massa (g)
Massa do sólido A impuro	=	10,34
Massa papel filtro (m_p)	=	0,98
Massa papel filtro +sólido A (m_{p+A})	=	8,11
Massa do solido A purificado ($m_A = m_{p+A} - m_p$)	=	
Rendimento do processo	=	

Respostas: **12.3.** 70,6; **12.5.** 7,13; 68,9

12.4 RELATÓRIO DE ATIVIDADES

Universidade _____	
Centro de Ciências Exatas – Departamento de Química	
Disciplina: QUÍMICA GERAL EXPERIMENTAL – Cód: _____	
Curso: _____ Ano: _____	
Professor: _____	

Nome do Acadêmico	Data

UNIDADE DIDÁTICA 12: TÉCNICA DE SEPARAÇÃO DE MISTURAS

PURIFICAÇÃO DE SUBSTÂNCIAS – RECRISTALIZAÇÃO

1. Quais as dificuldades de executar o processo de purificação do ácido benzoico:

a) Na dissolução?

....
....

b) Na filtração?

....
....

c) Na filtração a vácuo?

....
....

2. Pesquisar a função do carvão ativado no processo de purificação da substância pelo método da recristalização.

....
....

3. Complete a Tabela RA 12.1 e calcule a porcentagem de recuperação do ácido benzoico (rendimento do processo).

Tabela RA 12.1 Dados referente a purificação do ácido benzoico.

Parâmetros		Massa (g)
Massa papel filtro (m_p)	=	
Massa papel filtro + cristais de ácido benzoico (m_{p+c})	=	
Massa dos cristais de ácido benzoico ($m_c = m_{p+c} - m_p$)	=	
Rendimento do processo	=	

12.5 REFERÊNCIAS BIBLIOGRÁFICAS E SUGESTÕES PARA LEITURA

CHRISPINO, A. **Manual de química experimental**. São Paulo (SP): Editora Ática, 1991. 230 p.

CHRISTEN, H. R. **Fundamentos de la química general e inorgánica**. Versión española por el Dr. José Beltrán. Barcelona: Editorial Reverté, 1977. 840 p.

COTTON, F. A.; LYNCH, L. D. **Curso de química**. Traduzido por Horácio Macedo. Rio de Janeiro: FORUM Editora, 1968. 658 p.

COTTON, F. A.; WILKINSON, G. **Química inorgânica**. Tradução de Horácio Macedo. Rio de Janeiro: LTC, 1978. 601 p.

DURST, H. D.; GOKEL, G. W. **Química orgánica experimental**. Versión castellana Barcelona: Editorial Reverté, 1985. 592 p.

FLINT, E. **Princípios de cristalografía**. Traducido del ruso por Manoel T. Hisbert. Moscu: Editorial PAZ. 1970. 247 p.

HUHEEY, J. E. **Inorganic chemistry – principles of structure and reactivity**. New York: Harper & Row Publishers, 1972. 737 p.

LENZI, E.; ALMEIDA, V. C.; FAVERO, L. O. B.; BECKER, F. J. Detalhes da utilização do íon hidróxido, HO^-, no tratamento de efluentes contaminados com metal pesado zinco. **Acta Scientiarum (Technology)**, 33, (3), p. 313-322, 2011.

LENZI, E.; FAVERO, L. O. B. **Introdução à química da atmosfera – Ciência, vida e sobrevivência**. Rio de Janeiro: LTC, 2009. 465 p.

LENZI, E.; FAVERO, L. O. B.; LUCHESE, E. B. **Introdução à química da água – ciência, vida e sobrevivência**. Rio de Janeiro: LTC, 2009. 604 p.

OHLWEILER, O. A. **Teoria e prática de análise quantitativa inorgânica**. Brasília: Editora Universidade de Brasília, 1968. Volume 1, 2, 3 e 4.

PETERS, D. G.; HAYES, J. M.; HIEFTJE, G. M. **Chemical separation and measurements**. Philadelphia (USA): Saunders Golden Series, 1974: 601 p.

SEMISHIN, V. **Prácticas de química general inorgánica**. Traducido del ruso por K. Steinberg. Moscu: Editorial MIR, 1967. 391 p.

SIGMA-ALDRICH CATALOG, **Biochemicals and reagents for life science research**. USA: SIGMA ALDRICH Co., 1999. 2880 p.

SILVA, R. R.; BOCCHI, N.; ROCHA Filho, R. C. **Introdução à química experimental**. Rio de Janeiro: McGraw-Hill, 1990. 296 p.

SKOOG, D. A.; WEST, D. M.; HOLLER, F. J. **Analytical chemistry**. 6. ed. Philadelphia (USA): Saunders College Publishing, 1992. p. 892 p

SOARES, B. G.; SOUZA, N. A.; PIRES, D. X. **Química orgânica – Teoria e técnicas de preparação, purificação e identificação de compostos orgânicos**. Rio de Janeiro: Editora Guanabara, 1988. p. 57-60.

STOKER, H. C. **Preparatory chemistry**. 4. ed. New York: Macmillan Publishing Company, 1993. 629 p.

THOMAS SCIENTIFIC CATALOG: 1994/1995. New Jersey (USA): Thomas Scientific Co., 1995. 1929 p.

TRINDADE, D. F.; OLIVEIRA, F. P.; BANUTH, G. S.; BISPO, J. G. **Química básica experimental**. São Paulo: ÍCONE Editora, 1986. 175 p.

VASILYEVA, Z.; GRANOVSKAYA, A.; MAKARYCHEVA, E.; TAPEROVA, A.; FRIDENBERG, E. **Laboratory experiments in general chemistry**. Translated from Russian by Alexander Rosinkin. Moscow: MIR Publishing, 1974. 364 p.

VOGEL, A. I. **Química Orgânica – Análise orgânica qualitativa**. Tradução da 3. ed. por Carlos Alberto Coelho Costa *et al.*, Rio de Janeiro: Ao Livro Técnico, 1971. p. 136-154.

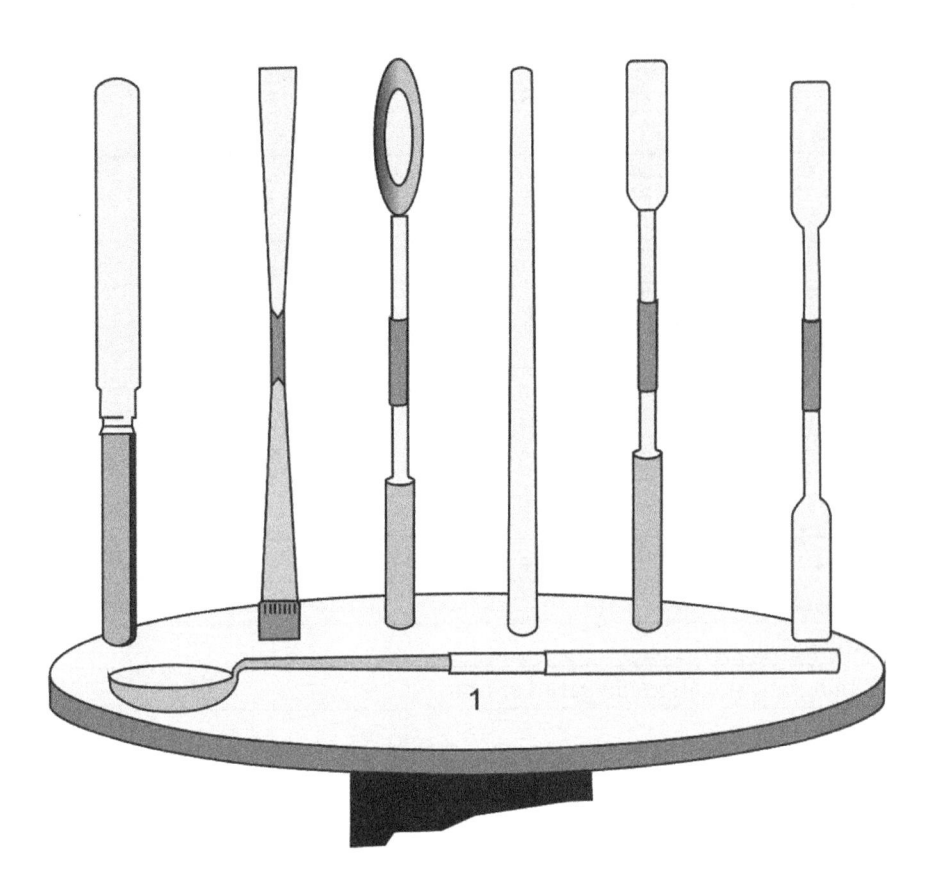

UNIDADE DIDÁTICA 13

Espátulas e colheres: Usadas na manipulação e transferência de substâncias sólidas. São encontradas em tamanhos diferentes e de materiais distintos: aço inoxidável, porcelana, níquel e vidro.

UNIDADE DIDÁTICA 13

PROPRIEDADES FÍSICAS DAS ESPÉCIES QUÍMICAS

DETERMINAÇÃO DO PONTO DE FUSÃO

Conteúdo	Página
13.1 Aspectos Teóricos	307
13.1.1 Introdução	307
13.1.2 Ponto de fusão	308
13.1.3 A fusão e o estado cristalino	308
Detalhes 13.1	309
13.1.4 Energia e mudança de estado	317
13.1.5 Ponto de fusão e sua medida – Instrumentação	319
13.2 Parte Experimental	323
13.2.1 Determinação do ponto de fusão de uma substância	323
Detalhes 13.2	323
13.2.2 Construção da curva de aquecimento da amostra	324
13.3 Exercícios de Fixação	324
13.4 Relatório de Atividades	326
13.5 Referências Bibliográficas e Sugestão para Leitura	327

Unidade Didática 13
PROPRIEDADES FÍSICAS DAS ESPÉCIES QUÍMICAS
DETERMINAÇÃO DO PONTO DE FUSÃO

> **Objetivos**
> - Aprender a diferenciar forças iônicas, forças covalentes, pontes de hidrogênio, e, forças de Van der Waals (forças de Debye, forças de London, entre outras).
> - Aprender a associar os pontos de fusão (PF) e de ebulição (PE) com o tipo de ligação existente entre as unidades (íons, moléculas e átomos) que compõem o sólido.
> - Aprender a determinar o ponto de fusão de um substância.
> - Aprender a diferenciar *calor sensível* de *calor latente*.

13.1 ASPECTOS TEÓRICOS

13.1.1 Introdução

Um composto, uma substância ou uma espécie química, quando pura, ela apresenta propriedades físicas, físico-químicas e químicas próprias dela, que a caracterizam.

Experimentos realizados nas mesmas condições repetem o mesmo valor da propriedade analisada. São constantes. Estas propriedades podem servir para:
- Identificar uma substância;
- Testar seu estado de pureza;
- Calibrar instrumentos, métodos, entre outras.

Existem propriedades que dependem do tamanho da amostra, ou melhor, da quantidade de matéria. Estas são ditas *extensivas*. Por exemplo, a massa, o volume de um corpo. Quanto maior a quantidade tomada da substância maior o valor medido.

As propriedades que não dependem do tamanho da amostra tomada são ditas *intensivas*. Por exemplo, a temperatura e a densidade de uma substância.

Entre as principais propriedades físicas que caracterizam determinada substância e permitem dizer se a mesma está pura ou não, têm-se: ponto de fusão; ponto de ebulição; índice de refração; densidade; absortividade molar.

13.1.2 Ponto de fusão

Define-se como ponto de fusão de um composto a temperatura na qual a fase sólida está em equilíbrio com a fase líquida, definida a pressão ambiente que se exerce sobre a substância. Os valores tabelados destas constantes estão relacionados a uma atmosfera de pressão. Neste ponto ou nesta temperatura, um acréscimo de energia (calor) ao sistema é usado pelo mesmo para romper a estrutura sólida e a temperatura permanece constante. Este calor adicionado é denominado *calor latente* de fusão. O calor utilizado pelo sistema para elevar a temperatura do mesmo é denominado de *calor sensível*. A Figura 13.13 mostra graficamente a diferença entre um e outro.

Na prática, ao se determinar o ponto de fusão de uma substância, encontra-se um intervalo de valores que pode variar de um a dois graus Celsius, sobre o verdadeiro valor. Por exemplo, se a temperatura de fusão de uma espécie química for 121,0 °C, a temperatura em que o sólido começa a fundir-se é 120,6 °C ($T_{inicial}$) e a temperatura em que todo sólido se fundiu é 121,6 °C (T_{final}). Existem algumas condições experimentais que permitem diminuir o intervalo, ou fazer com que seu valor tenda a zero. Isto é, que o fenômeno se dê no valor da temperatura de fusão. Entre estas condições, têm-se:

- Substância pura, pulverizada e seca;
- Se usado o método do tubo capilar (1 mm de diâmetro por 10 cm de comprimento) a coluna da substância deve ser bem compactada e de 2 a 4 mm de altura;
- Aquecimento lento principalmente próximo ao ponto de fusão;
- Evitar erros de paralaxe nas leituras;
- O tubo capilar deve estar aberto e em contato com a atmosfera ambiente para que a pressão seja de uma atmosfera.

As Figuras 13.15, 13.16 e 13.17 detalham os cuidados necessários para minimizar o desvio do valor verdadeiro.

13.1.3 A fusão e o estado cristalino

Para uma substância encontrar-se no estado sólido significa que as unidades que a compõem (cátions e ânions, átomos ou moléculas) se atraem entre si. Entre eles existe uma *força de coesão*. A medida que diminui esta força, passa-se do *estado sólido* para o *líquido* e ao final, para o *gasoso*.

Forças iônicas

A força de atração entre as citadas unidades pode ser forte, característica das ligações químicas. É o caso dos sólidos iônicos, Figura 13.1, onde as unidades que se atraem para formar o estado sólido são os íons positivos (cátions) e os íons negativos (ânions). Na Figura 13.1 estão representadas apenas as cargas elétricas nas posições do retículo cristalino.

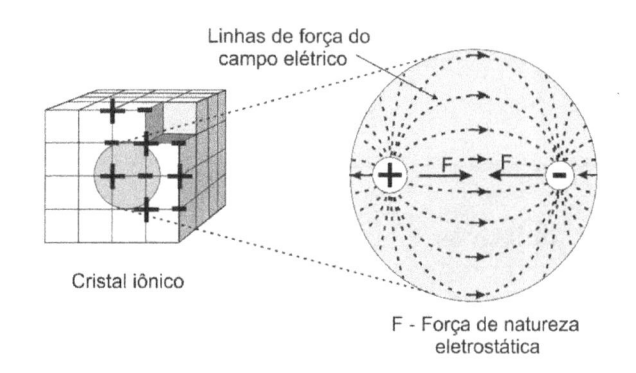

Figura 13.1 Composto iônico mostrando as cargas puntiformes (íons), positivas (cátions) e negativas (ânions), se atraindo segundo a Lei de Coulomb.

Os pontos de fusão (PF) e pontos de ebulição (PE) destas substâncias são muito elevados, significando a necessidade de muita energia para quebrar as ligações. Por exemplo, os pontos de fusão do fluoreto de sódio (NaF) é 997 °C e do óxido de magnésio (MgO) é 2.800 °C.

Detalhes 13.1

Energia reticular, ΔH_{Ret} ou U_o

I Aspectos gerais

Nas propriedades macroscópicas de um composto iônico, foi visto que ao se dar uma pancada forte sobre um cristal iônico ele se *esfarela*, se *brita*, ou se *quebra* em pedaços. Para compreender o porquê disto, é interessante rever como é sua estrutura em nível de retículo cristalino. A análise será realizada com o composto cloreto de sódio, $NaCl_{(s)}$. A Figura 13.2 mostra o ordenamento dos íons.

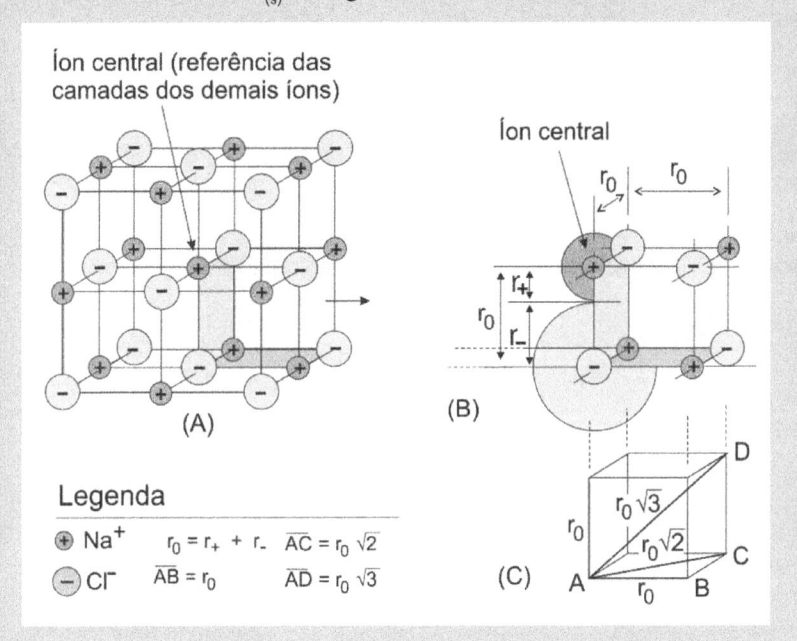

Figura 13.2 Cristal de cloreto de sódio ($NaCl_{(s)}$): (A) Visualização da estrutura cristalina; (B) Visualização de uma célula cristalina com as nuvens eletrônicas de um íon sódio (Na^+) e um íon cloreto (Cl^-); (C) Relação dos raios da 1ª camada (r_o), 2ª camada etc.

FONTE: Lenzi *et al.*, 2009.

A Figura 13.2 A, mostra apenas os núcleos dos átomos envolvidos. A Figura 13.2 B, apresenta para um cátion e um ânion a eletrosfera. Para visualizar melhor a Figura 13.3 mostra alguns núcleos envolvidos no cristal com as respectivas eletrosferas.

Observa-se que uma "martelada" atua com uma força (m) e se propaga nas eletrosferas dos íons vizinhos criando forças de repulsão entre as eletrosferas negativas e se esta força for forte, também cria uma força de repulsão entre as cargas positivas dos núcleos, tendo como consequência o rompimento do cristal em "pedacinhos". Por isto, se esfarela.

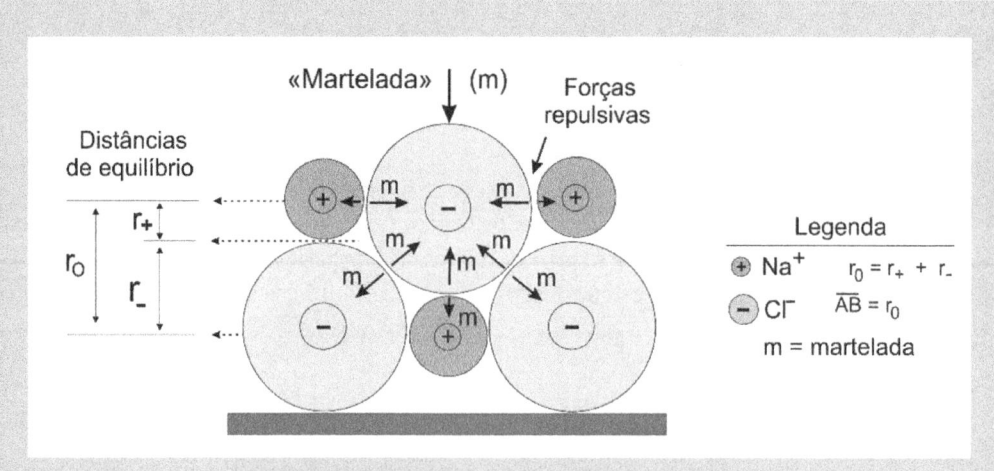

Figura 13.3 Visualização do efeito de uma "martelada" (m) sobre o cristal de cloreto de sódio.

Para compreender melhor a energia reticular, isto é, a força de coesão que mantém o estado cristalino, considerar-se-á o cristal de cloreto de sódio (NaCl), da Figura 13.2 e a Figura 13.4.

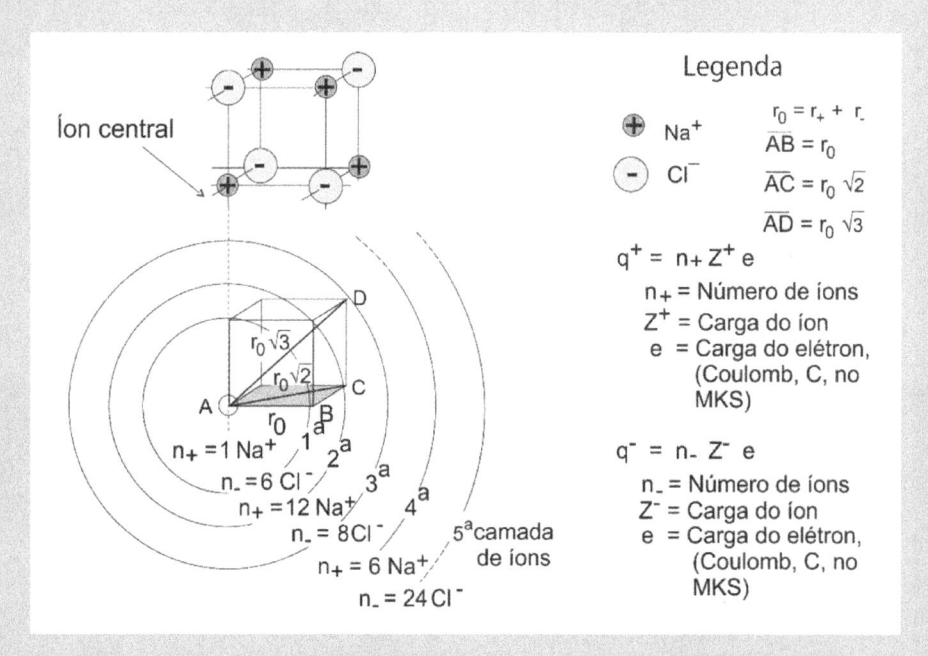

Figura 13.4 Visualização do modelo de camadas de íons iguais a partir de um íon central.
FONTE: Lenzi *et al.*, 2009.

Agora, se fosse possível, vamos "sentar" no lugar, ou sobre o íon Na^+, que ocupa o centro do cristal, das Figuras 13.2 A e 13.4. Ali, "sentado na poltrona giratória" ou o íon sódio (Na^+), ao redor vê-se:

- Uma 1ª camada mais próxima de íons Cl⁻, em número de 6, e a uma distância r ($r = r_+ + r_-$), que na posição de equilíbrio dos íons no estado reticular estabilizado é simbolizado por $r = r_0$.
- A seguir, a uma distância de $r_0(2)^{1/2}$, observa-se uma 2ª camada mais próxima de 12 íons Na⁺, de mesma carga que o íon sódio (Na⁺) onde "está-se sentado".
- Continuando a observação na "cadeira giratória", detecta-se a uma distância $r_0(3)^{1/2}$ uma 3ª camada de 8 íons cloretos (Cl⁻). Continuando a observação, na "cadeira giratória", verifica-se a uma distância $2.r_0$, uma 4ª camada de 6 íons sódio (Na⁺). E, assim, pode-se continuar a observação e conferir a repetição alternada de novas camadas de íons. Este modelo de análise é denominado de *modelo de camadas de íons*, Figura 13.4.

A distância entre cada camada de íons e o íon central, é calculada pelo teorema de Pitágoras nos diferentes triângulos retângulos formados, conforme Figura 13.2 B e C.

O *modelo de camadas de íons* baseia-se em algumas hipóteses, que seguem;

- Os íons são cargas puntiformes e são posicionadas em pontos geometricamente definidos.
- As forças de atração e repulsão que se exercem entre os íons são de natureza eletrostática, que obedecem à lei de Coulomb.
- A aproximação maior ou menor dos íons é definida pela força de repulsão entre os íons devido à impossibilidade de um estar no mesmo espaço que o outro (impenetrabilidade da matéria).
- Admitindo a não idealidade dos íons surgem forças menores entre os íons tais como, forças de Van der Waals, forças vibracionais etc.
- Cada uma destas forças gera no sistema uma energia potencial correspondente, cuja somatória, quando alcançado o *estado de equilíbrio*, gera a energia reticular (U_0 ou ΔH_{ret} quando abordada na forma de entalpia do sistema) de cada sistema cristalino.

Traduzindo estes postulados numa relação matemática tem-se a Equação (13.1):

$$U_0 = \Delta H_{ret} = E_{coulômbica} + E_{repulsão} + E_{Van\ der\ Waals} + E_{vibracional} \quad (13.1)$$

A fração de energia devido às forças de Van der Waals e às forças vibracionais é pequena comparada com a resultante das forças coulômbicas e repulsivas. Nos casos que tendem à idealidade é desprezada, e a Equação (13.1) é analisada na forma da Equação (13.2):

$$U_0 = \Delta H_{ret} = E_{coulômbica} + E_{repulsão} \quad (13.2)$$

Partindo de Lei de Coulomb, baseados no modelo de camadas, demonstra-se que a energia de natureza coulômbica (atrativa, por isto, é negativa), E_C, é dada pela Equação (13.3).

II Fração coulômbica de energia (E_C) – atrativa

$$E_c = -\frac{A.N.Z^+.Z^-.e^2}{4.\pi.\varepsilon_0.r} \quad (13.3)$$

Onde:

- A = Constante de Madelung, que depende da geometria do sistema cristalino;
- N = Constante de Avogadro $n(6,03 \cdot 10^{23})$;

- Z^+ e Z^- = cargas formais do cátion e do ânion, respectivamente;
- e = Carga do elétron, no MKS é dada em Coulombs, C;
- r = Distância entre os dois íons. No estado de equilíbrio é $r_o = r_+ + r_-$;
- ε_o = Constante de permissividade, obtida da Equação (13.4) e Equação (13.5):

$$K = \frac{1}{4.\pi.\varepsilon_0} = \text{Constante dielétrica}; \quad \varepsilon_0 = \frac{1}{4.\pi.K} \tag{13.4}$$

Onde,

$$K = 8,9888.10^9 \left(kg.m.s^{-2}.m^2.C^{-2} \text{ ou } N.m^2.C^{-2}\right) \tag{13.5}$$

E, finalmente, chega-se ao valor da constante de permissividade, no sistema MKS, conforme Equação (13.6):

$$\varepsilon_0 = \frac{1}{4\,(3,1416)\,(8,9888 \times 10^9)} \frac{1}{C^{-2}.kg.\,m.\,s^{-2}.m^2} = 8,854.10^{-12}\ C^2.N.m^{-2} \tag{13.6}$$

Estas observações e cálculos foram introduzidos para não confundir esta constante denominada de constante de permissividade a com a *constante dielétrica*, símbolo κ.

III Fração de energia repulsiva, E_R

A fração E_R, é a *energia repulsiva* devida à impenetrabilidade da matéria, isto é, as nuvens eletrônicas, dos íons do retículo, a partir de certa aproximação começam a se repelir. Medidas empíricas mostram que para uma distância r entre duas partículas (dois átomos, dois íons) e para um mol (N) a energia repulsiva é dada pela Equação (13.7):

$$E_R = \frac{B.N}{r^n} \tag{13.7}$$

Onde, B é uma constante, N constante de Avogadro que permite expressar a energia por mol e n é o expoente de Born relativo à compressibilidade dos gases raros ou íons que possuem a mesma configuração eletrônica. Seu valor é dado em tabelas próprias.

Relacionando as Equações (13.3) e (13.7) com a Equação (13.2), chega-se à Equação (13.8):

$$U_o = \Delta H_{ret} = -\frac{A.N.Z^+.Z^-.e^2}{4.\pi.\varepsilon_o.r} + \frac{B.N}{r^n} \tag{13.8}$$

Para saber o momento em que se chegou à distância de equilíbrio entre as forças coulômbicas do sistema e às repulsivas do mesmo procura-se na função de U o momento em dU/dr = 0. Para isto, deriva-se U em relação a r (dU/dr) na Equação (13.8), conforme mostra a Equação (13.9):

$$\frac{dU}{dr} = -\left[\frac{0 - A.N.Z^+.Z^-.e^2\,(4.\pi.\varepsilon_o)}{(4.\pi.\varepsilon_o.r)^2}\right] + \left(-\frac{n.B.N}{r^{(n+1)}}\right) \tag{13.9}$$

Quando for alcançado o momento em que dU/dr = 0, pela Equação (13.9) obtém-se a constante B, dada pela Equação (13.10):

$$B = \frac{A.N.Z^+.Z^-.e^2.r^{(n-1)}}{4.\pi.\varepsilon_o.n} \tag{13.10}$$

Ao se introduzir a constante B da Equação (13.10) na Equação (13.8), tem-se que, $U = U_0$ e $r = r_0$ condições do estado de equilíbrio. Donde, simplificando e colocando em evidência o que é possível, chega-se a Equação (13.11):

$$U_o = \Delta H_{Ret} = -\frac{A.N.Z^+.Z^-.e^2}{4.\pi.\varepsilon.r_o}\left(1 - \frac{1}{n}\right) \tag{13.11}$$

A Equação (13.11) é denominada de Equação de Born-Landé. Ela dá para a energia reticular, o valor da soma das energias de natureza coulômbica (E_C) e as energias de natureza repulsiva (E_R).

Portanto, ao fundir o sólido é necessário fornecer-lhe energia calorífica até alcançar o valor de U_o ou ΔH_{Ret}.

Forças covalentes

No caso do diamante e do grafite, que são as formas alotrópicas do carbono, as unidades que se atraem são átomos. Estas substâncias, Figura 13.5, que são constituídos por átomos de carbono (C), têm-se as *ligações covalentes*, que, também, são muito fortes e consequentemente têm elevados pontos de fusão e ebulição. Por exemplo, o grafite ($C_{(s)}$) tem ponto de fusão 3.727 °C e o metal molibdênio ($Mo_{(s)}$) 2.610 °C. Outros átomos com outras estruturas formando, por exemplo, os metais também estão ligados pela ligação covalente.

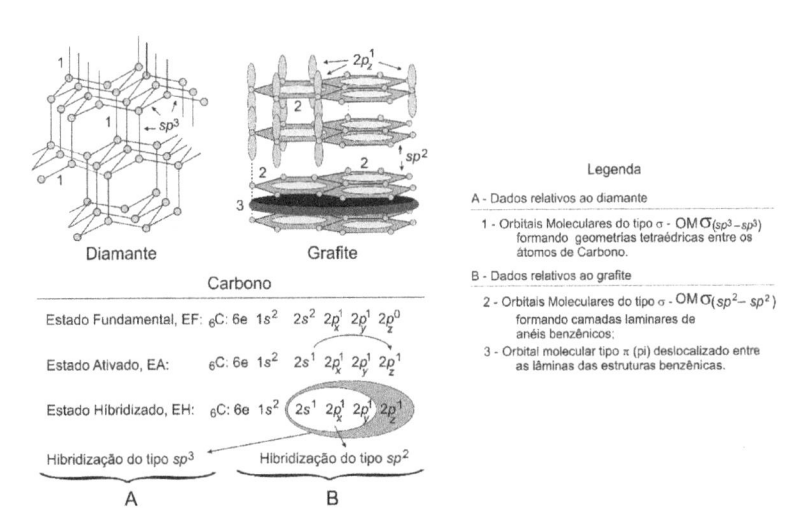

Figura 13.5 Ligações entre átomos de carbono C mostrando as forças covalentes: (A) Direcionadas segundo os orbitais hibridizados sp³ no estado alotrópico diamante; (B) Direcionadas segundo os orbitais hibridizados sp² no estado alotrópico grafite.

FONTE: Lenzi *et al.*, 2009.

Forças de Van der Waals

Se as unidades que se atraem para formar o estado sólido forem *moléculas*, ou átomos livres, como no caso dos gases raros, em geral, estas forças são mais fracas, ou fracas, e denominam-se de Forças de Van der Waals (entre elas as Forças de Debye e as Forças de London).

Dentro de uma molécula pode acontecer que a distribuição geométrica das cargas positivas coincida com as das negativas ou não. Neste último caso se formam dois polos, um positivo separado do negativo por certa distância **r**.

Desta forma têm-se duas espécies de moléculas, as apolares, onde, **r** = 0 (sem dipolo) e as polares ou dipolares, onde r ≠ 0 (com dipolo).

A Figura 13.6 mostra uma molécula polar A e uma apolar B.

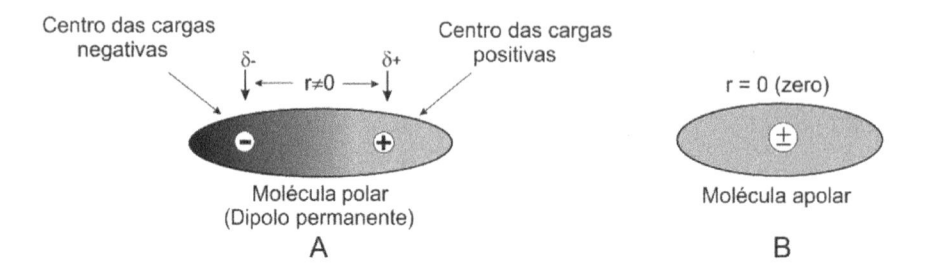

Figura 13.6 Distribuição da carga elétrica em moléculas: (A) Molécula polar; (B) Molécula apolar. FONTE: Lenzi *et al.*, 2009.

Nas espécies dipolares a força que retém as moléculas juntas para formar o estado sólido são as atrações entre os dipolos das moléculas os quais são dipolos permanentes, pois são característicos destas espécies (que criam as Forças de Debye), Figura 13.7. Em geral, seus pontos de fusão são baixos e ou muito baixos.

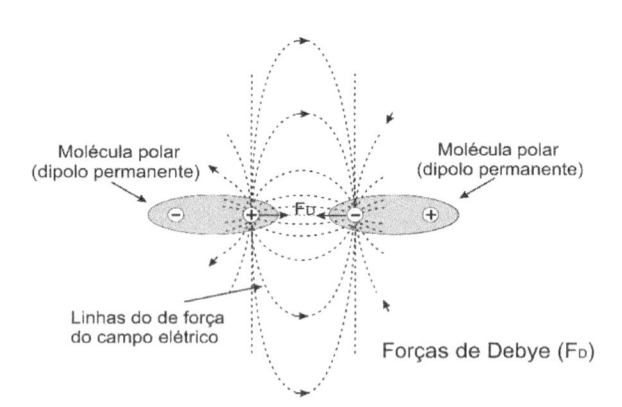

Figura 13.7 Forças de coesão, tipo Van der Waals, entre moléculas polares criando as forças de Debye. FONTE: Lenzi *et al.*, 2009.

A atração entre as moléculas apolares se faz através de *dipolos instantâneos induzidos* nas moléculas apolares, que constituem as forças de London. A carga elétrica negativa (isto é, a nuvem eletrônica), de uma molécula apolar, considerando que os elétrons estão em contínuo movimento, *modelo da onda-corpúsculo,* podem num determinado instante (t) encontrarem-se mais para um lado do centro das cargas positivas criando instantaneamente um *dipolo instantâneo*. A Figura 13.8 apresenta a formação de um dipolo instantâneo e a formação dos dipolos induzidos.

A molécula (tipo A) no instante 1, conforme Figura 13.8 I, é *apolar*. A mesma molécula, num instante 2 ou no momento seguinte, numa oscilação eletrônica, cria uma distribuição eletrônica não uniforme e forma-se um *dipolo instantâneo*, Figura 13.8 II. Este dipolo, vizinho a uma molécula do tipo B, apolar, induz nesta uma polarização da nuvem eletrônica, conforme III, da mesma Figura 13.8, criando um *dipolo induzido*, o qual induz outro na molécula vizinha, conforme Figura 13.8 IV.

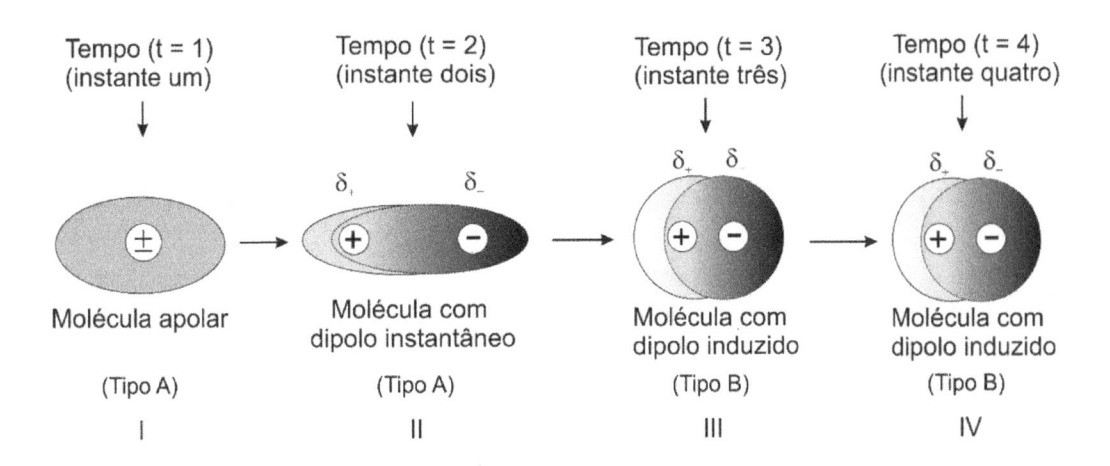

Figura 13.8 Esquematização do momento dipolar instantâneo induzindo dipolos induzidos instantâneos e estes criando o campo de Forças de London.

FONTE: Lenzi et al., 2009.

E, finalmente, entre estes dipolos induzidos e instantâneos, há formação das ligações tipo Forças de London. A figura 13.9, mostra este tipo de ligação fraca.

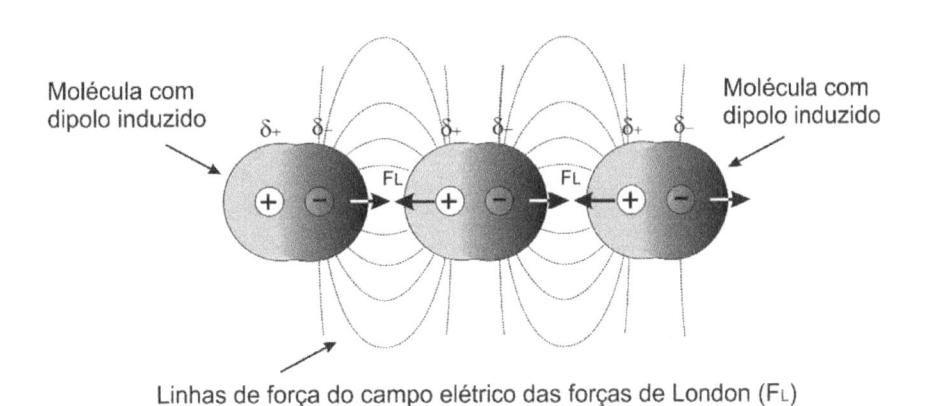

Figura 13.9 Visualização da formação das ligações fracas do tipo, Forças de London (F_L).

FONTE: Lenzi et al., 2009.

Normalmente estes sólidos apresentam pontos de fusão e pontos de ebulição baixos e alguns próximos do zero absoluto (0 K ou –273 ºC), como é o caso do hélio sólido com ponto de fusão de –269,7 ºC ou 3,3 K, ou do hidrogênio –259,2 ºC ou 13,8 K.

Ponte de hidrogênio

O termo "ponte", em química, tem o mesmo significado tradicional, pois indica algo que liga dois lados ou dois pontos separados. Assim, é a *ponte de hidrogênio*. Trata-se de um átomo de hidrogênio ligado numa molécula, o qual, também, liga-se a outra molécula. A condição é que a ligação entre o átomo de hidrogênio e o restante da molécula apresente uma polarização ou um dipolo natural. As Figuras 13.10 e 13.11 mostram o que é uma ponte de hidrogênio.

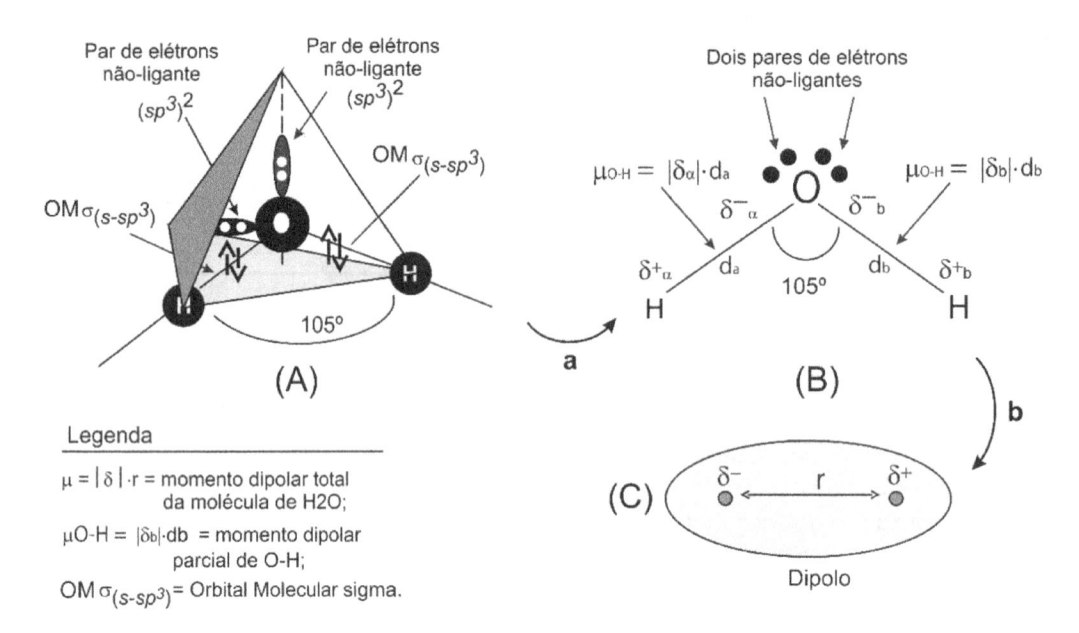

Figura 13.10 Visualização da estrutura da molécula de água: (A) Molécula de água com o oxigênio hibridizado em sp^3; (B) Representação dos dipolos parciais da molécula de água, μ_{O-H}; (C) Representação do momento dipolar total da molécula de água.

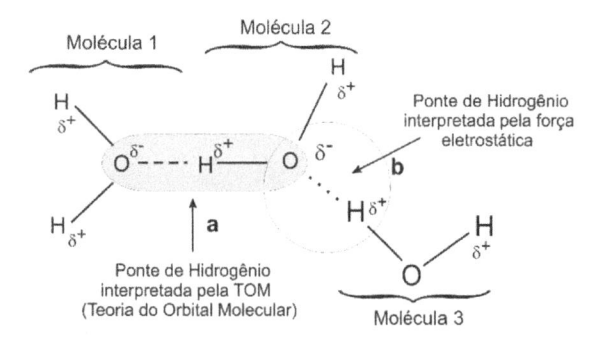

Figura 13.11 Representação da ponte de hidrogênio: (a) Interpretação da Teoria do Orbital Molecular (TOM); (b) Interpretação da eletrostática ou ligação iônica.

Na Figura 13.10 há a preocupação de visualizar: (A) A estrutura da molécula de água, na qual o átomo de oxigênio apresenta uma hibridização do tipo sp^3, com pares eletrônicos isolados e duas ligações O-H, do tipo σ; (B) Em forma estilizada é apresentada a molécula de água com os dois polos parciais (μ_{O-H}); (C) Nesta parte é apresentada a molécula inteira com o dipolo total da mesma, μ_{H2O}.

A ponte de hidrogênio ou a ligação de hidrogênio, corresponde a um hidrogênio de uma molécula ligado a região negativa de outra molécula, no caso, o oxigênio. A Figura 13.11 visualiza o fato. Como a molécula de água apresenta dois hidrogênios, cada um com o momento μ_{O-H}, a mesma pode formar duas pontes de hidrogênio. A Figura 13.11 mostra em **a**, uma ponte, e em **b**, a segunda ponte. A primeira, explicada como um *orbital molecular* envolvendo os três átomos, O-H-O (TOM), e, a segunda ponte, explicada pela *atração eletrostática* entre as cargas das duas moléculas.

Este tipo de interação é que faz com que a água ao solidificar tenha densidade menor que a mesma líquida, em temperatura próxima de 0 °C e flutua. Fato importantíssimo na natureza, conforme Figura 13.12.

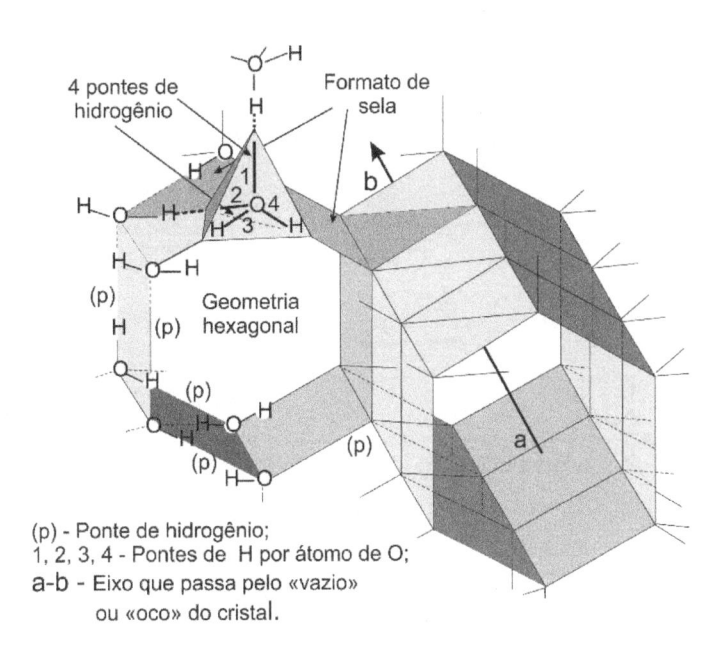

Figura 13.12 Visualização de um pedaço de gelo mostrando a estrutura tetraédrica do oxigênio, e, as pontes de hidrogênio, juntamente com os "vazios" ou "ocos" dos cristais, que lhe dão densidade menor que a da água líquida próxima de 0 °C.

FONTE: Lenzi *et al.*, 2009.

Assim, a fusão do gelo é apenas um enfraquecimento das quatro pontes de hidrogênio que mantém a estrutura sólida. No estado líquido, elas continuam formando dímeros, trímeros, polímeros de moléculas de água, se movimentando no seio da fase líquida.

Estado físico amorfo

O estado sólido, conforme já citado anteriormente, pode ser cristalino, ou amorfo. O estado cristalino é caracterizado por uma estrutura reticular definida, na qual, em posições definidas se colocam as unidades (íons, átomos ou moléculas) da substância. Assim, este sólido tem propriedades características de acordo com a *direção-eixo* em observação (*anisotropia*). No estado sólido amorfo não há estrutura cristalina e as propriedades são as mesmas em qualquer direção-eixo, por isto, denominadas espécies *isotrópicas*.

O estado amorfo, em geral, corresponde a sistemas constituídos de macromoléculas e coloides e ou preparados no momento da solidificação. Uma substância amorfa é a designação dada à estrutura que não têm ordenação espacial a longa distância, como os sólidos regulares. São exemplos de sólidos amorfos, resinas, lacas, polímeros, materiais preparados no momento do resfriamento, entre outros.

13.1.4 Energia e mudança de estado

Se a um corpo sólido é fornecido calor sua temperatura sobe ou aumenta até iniciar-se a fusão. Este calor que altera a temperatura de um corpo denomina-se *calor sensível*. Iniciada a fusão o calor fornecido então é utilizado pelo sistema para romper as ligações que mantém a estrutura cristalina e a temperatura não sobe ou não aumenta. O calor fornecido para fazer este trabalho de fusão, denomina-se de *calor latente*. A Figura 13.13 mostra, para um caso generalizado, as mudanças de estado físico de uma substância com os diferentes tipos de calor e nomes dos respectivos pontos de mudança.

QUÍMICA GERAL EXPERIMENTAL

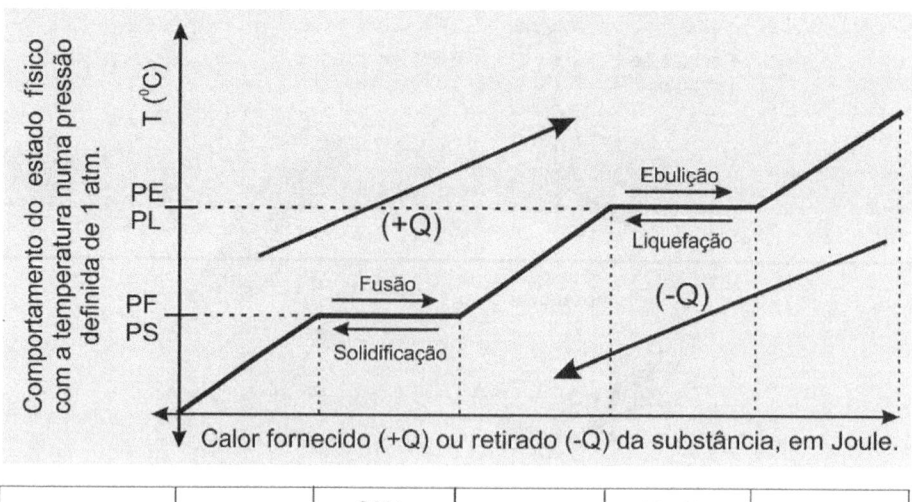

[Gráfico: Comportamento do estado físico com a temperatura numa pressão definida de 1 atm. Eixo Y: T (°C) com marcações PE/PL e PF/PS. Eixo X: Calor fornecido (+Q) ou retirado (-Q) da substância, em Joule. Setas indicando Fusão/Solidificação e Ebulição/Liquefação.]

Estado físico	Sólido	Sólido + Líquido	Líquido	Líquido + Gás	Gás
Tipo de calor	Sensível	Latente	Sensível	Latente	Sensível
Propriedade Termoquímica	Calor Específico (C_s)	ΔH_f ΔH_{solid}	Calor específico (C_{liq})	ΔH_{vap} ΔH_{liquef}	Calor específico ($C_{gás}$)
Equação de cálculo	$Q = C_s \cdot m \cdot \Delta T$	$Q = \Delta H_f \cdot n$ $Q = \Delta H_{solid} \cdot n$	$Q = C_{liq} \cdot m \cdot \Delta T$	$Q = \Delta H_{vap} \cdot n$ $Q = \Delta H_{liquef} \cdot n$	$Q = C_{gás} \cdot m \cdot \Delta T$

Legenda

PF = Ponto de Fusão; PS = Ponto de Solidificação; PE = Ponto de Ebulição; PL = Ponto de Liquefação; (+Q) = Calor absorvido em Joule por grama; (-Q) = Calor liberado em Joule por grama; m = Massa, em gramas, da espécie envolvida na transformação; n = Número de mols da espécie envolvida na transformação; $\Delta H_{fusão}$ = Entalpia (Calor) de fusão, em Joule por mol; ΔH_{solid} = Entalpia (Calor) de solidificação, em Joule por mol; ΔH_{vap} = Entalpia (Calor) de vaporização, em Joule por mol; ΔH_{liquef} = Entalpia (Calor) de liquefação, em Joule por mol.

Figura 13.13 Visualização do aquecimento e resfriamento de uma substância pura, com as diferentes denominações e quantificações de valores.

FONTE: Christen, 1977; Stoker, 1993; Russel, 1994; Masterton, 1990.

Se estas transformações forem exemplificadas com a substância água, na Natureza, onde o sol fornece energia (+Q) e a falta dele (-Q), isto é, a água vai perdendo calor, tem-se o *Ciclo Hidrológico*, conforme Figura 13.14.

No Laboratório o ser humano acompanha os fenômenos, na Natureza, os fatos acontecem naturalmente.

Calor sensível e calor latente

A temperatura do sólido, ao ser aquecido, se eleva até alcançar o ponto de fusão. Este calor que muda a temperatura denomina-se de *calor sensível*.

A mudança de estado físico sólido para líquido corresponde ao rompimento da estrutura e ao enfraquecimento de forças de natureza iônica, ou covalente (coordenada ou não), ou Forças de Van der Waals (entre elas as Forças de Debye e de London). O calor necessário para provocar esta mudança, sem variar a temperatura é denominado de calor latente de fusão e a temperatura neste ponto, é a temperatura do ponto de fusão.

Partindo-se de um gás e retirando-se calor (isto é, esfriando-o) passa-se pelos mesmos pontos, porém, em caminho inverso. Agora, denominados de ponto de condensação (ou liquefação) e de solidificação. A Figura 13.13 visualiza estes fenômenos físicos, provocados pelo calor (+Q) e ou (-Q) e a Figura 13.14, exemplifica com a substância água na Natureza, mediante a energia do sol ou sua falta.

13.1.5 Ponto de fusão e sua medida – Instrumentação

Todo o instrumento de medida do ponto de fusão de uma substância necessita de uma fonte de calor, um meio de transferência (condução) do calor, um suporte para a substância e um termômetro para medir o ponto de fusão. Entre os principais métodos têm-se os seguintes.

Método do tubo capilar

O método do tubo capilar é o mais simples e funciona com eficiência. Ele tem duas formas de ser aplicado, num copo béquer comum ou num recipiente próprio denominado de tubo de Thiele, conforme será visto. O material necessitado corresponde a:

- Tubo capilar com diâmetro de 1 mm e comprimento de 8 a 10 cm;
- Tubo de vidro com diâmetro de 4 a 5 mm e comprimento de 50 a 100 cm;
- A substância, cujo ponto de fusão se quer determinar. Deve ser pura, p.a., isto é, 99,9% de pureza. Deve estar seca e pulverizada ou moída;
- Dois vidros de relógio, limpos e secos;
- Suporte universal metálico com garras e anel metálico;
- Termômetro com graduação em graus Celsius (°C), com a faixa de escala de interesse;
- O líquido (ou fluido) que pode ser a própria água se a temperatura de fusão da substância for baixa, menor que 100 °C, ou um óleo mineral se a temperatura for elevada, maior que 100 °C. Em geral, um óleo mineral, que tenha ponto de ebulição acima de 250 °C;
- O bico de Bunsen e fósforo;
- Borracha ou barbante;
- Material de registro de dados: Diário de Laboratório, calculadora e computador.

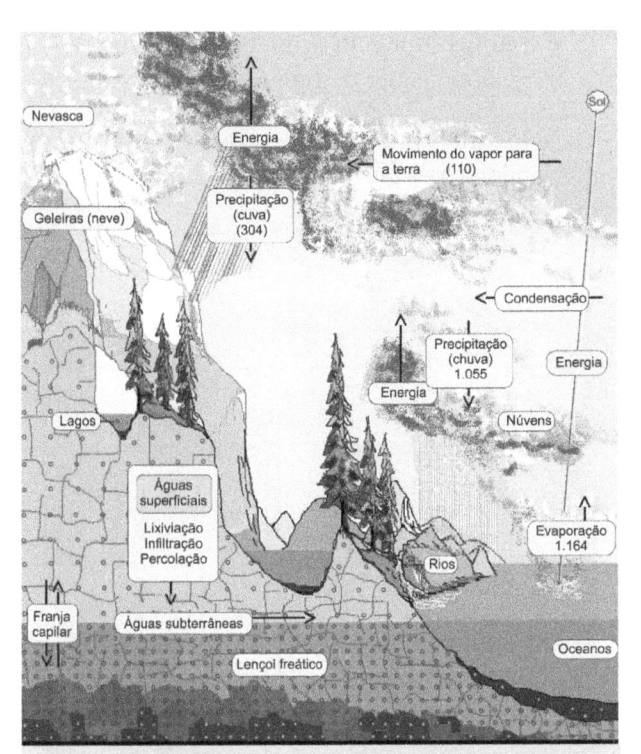

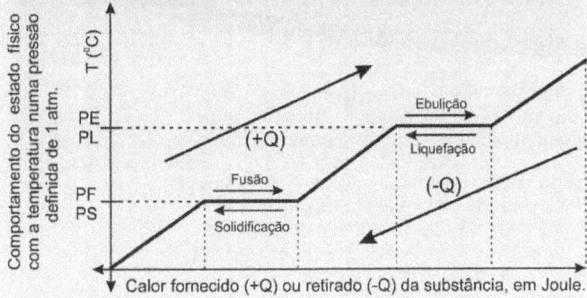

Figura 13.14 Visualização do Ciclo Hidrológico, tendo como elementos-chave, a água e o calor do sol (+Q) e a sua falta (-Q).

FONTE: Lenzi & Favero, 2009; Lenzi et al., 2009.

Terminada a fusão o calor fornecido volta a elevar a temperatura do líquido (isto é, o estado cinético das moléculas). Este calor, também, denomina-se de *calor sensível*, pois, a temperatura muda. Ao iniciar a ebulição a temperatura estaciona até evaporar todo o líquido. Esta temperatura é a temperatura de ebulição, ou o ponto de ebulição e o calor fornecido *calor latente de vaporização*. A seguir, fornecendo mais calor ao sistema, a temperatura do mesmo continua subindo, novamente tem-se o calor sensível.

Observa-se que o *calor sensível* aumenta o estado cinético dos constituintes do corpo (sólido, líquido e gasoso). O *calor latente* é uma energia utilizada para romper uma estrutura.

Na técnica do tubo Thiele
- Tubo de Thiele, Figura 13.16.

Na técnica do copo béquer
- Tela de amianto;
- Bastão de vidro;
- Aquecedor com agitador mecânico;
- Copo béquer de 100 mL de capacidade.

A Figura 13.15 mostra como se introduz no tubo capilar a substância que se quer analisar.

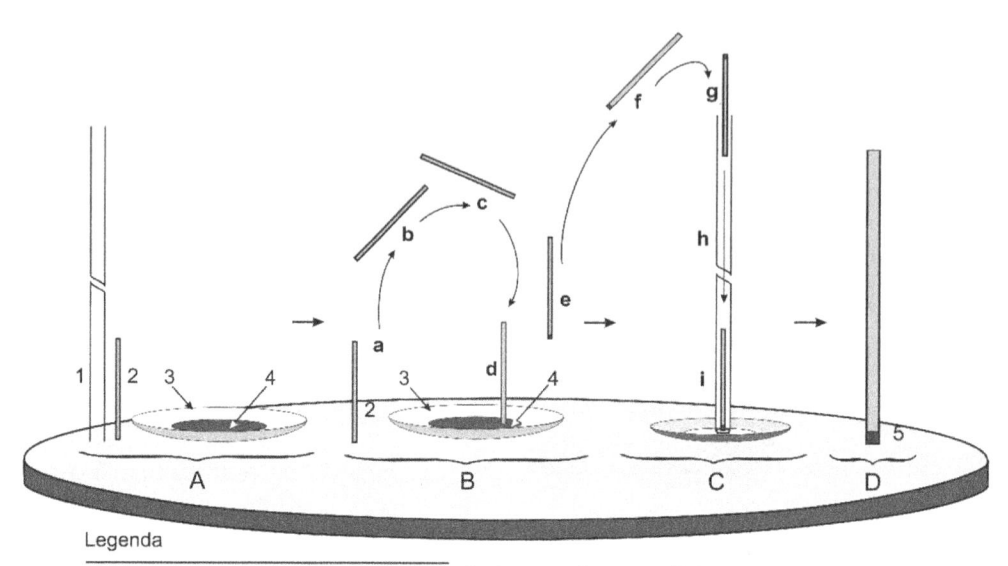

Legenda

A - Material pronto para introduzir a substância no capilar: 1 - Tubo de vidro com 50 cm a 100 cm de comprimento e diâmetro 0,4 cm a 0,5 cm; 2 - Tubo capilar fechado na parte inferior; 3 - Vidro de relógio; 4 - Substância seca, moída que se quer o ponto de fusão (P.F.).
B - Operação de colocação da substância na boca do capilar invertido: 2, 3 e 4 - Mesmos significados que em A; a, b, c, d - Diferentes posições de inversão do capilar; d - «Bicada» com o lado aberto do capilar na substância; e - Capilar com um pouco da substância na «boca do tubo».
C - Introdução da substância no fundo do tubo capilar: f, g - Inversão da posição do tubo capilar; h, i - Queda livre do capilar dentro do tubo de vidro, com 50 a 100 cm.
D - Ampliação do capilar com a substância compactada no fundo: 5 - Coluna de 3 a 5 mm da substância.

Figura 13.15 Detalhes sobre a introdução da substância em análise (amostra) no tubo capilar. A legenda dá maiores esclarecimentos.

Na Figura 13.15 A, está o material necessário para a operação. Em B, da Figura 13.15, mostra-se que o capilar deve ser invertido e com a "boca" para baixo, "bica-se" a substância seca no vidro de relógio. Esta, forçada, entra no pequeno orifício do capilar. Quase sempre, repete-se a operação. Para que a substância vá ao fundo do tubo capilar é necessário colocar o tubo de boca para cima, e, dentro de um tubo de vidro de 50 a 100 cm de comprimento, na posição vertical, deixar o capilar cair em queda livre. A Figura 13.15 C, mostra a operação. Repete-se a técnica até se ter uma coluna compacta de 2 a 4 mm de altura, conforme Figura 13.15 C. Uma coluna muito grande de substância no capilar dificulta ou aumenta o tempo entre começo da fusão e o final da mesma no capilar.

A Figura 13.16 mostra a técnica do tubo de Thiele. Em A, está o tubo capilar "amarrado" ao termômetro na posição de amostra-bulbo. Em B, encontra-se a técnica em funcionamento.

Nem sempre o Laboratório dispõe de uma vidraria e um vidreiro para confeccionar o tubo de Thiele ou recursos para comprar em número suficiente para todos os acadêmicos. O mesmo resultado, com um pouco mais de atenção e observação pode ser obtido com um copo béquer que substitui o tubo de Thiele. A Figura 13.17 mostra a técnica em funcionamento.

UNIDADE DIDÁTICA 13: PROPRIEDADES FÍSICAS DAS ESPÉCIES QUÍMICAS
DETERMINAÇÃO DO PONTO DE FUSÃO

Legenda

A - Termômetro/Tubo capilar

1 e 2 - Tubo capilar com a amostra;
3 - Borracha ou outro meio para amarrar o capilar ao termômetro;
a - Abertura do tubo capilar;
4 - Termômetro em graus Celsius;
5 - Alça de vidro para suspender o termômetro;

B - Tubo de Thiele/Experimento

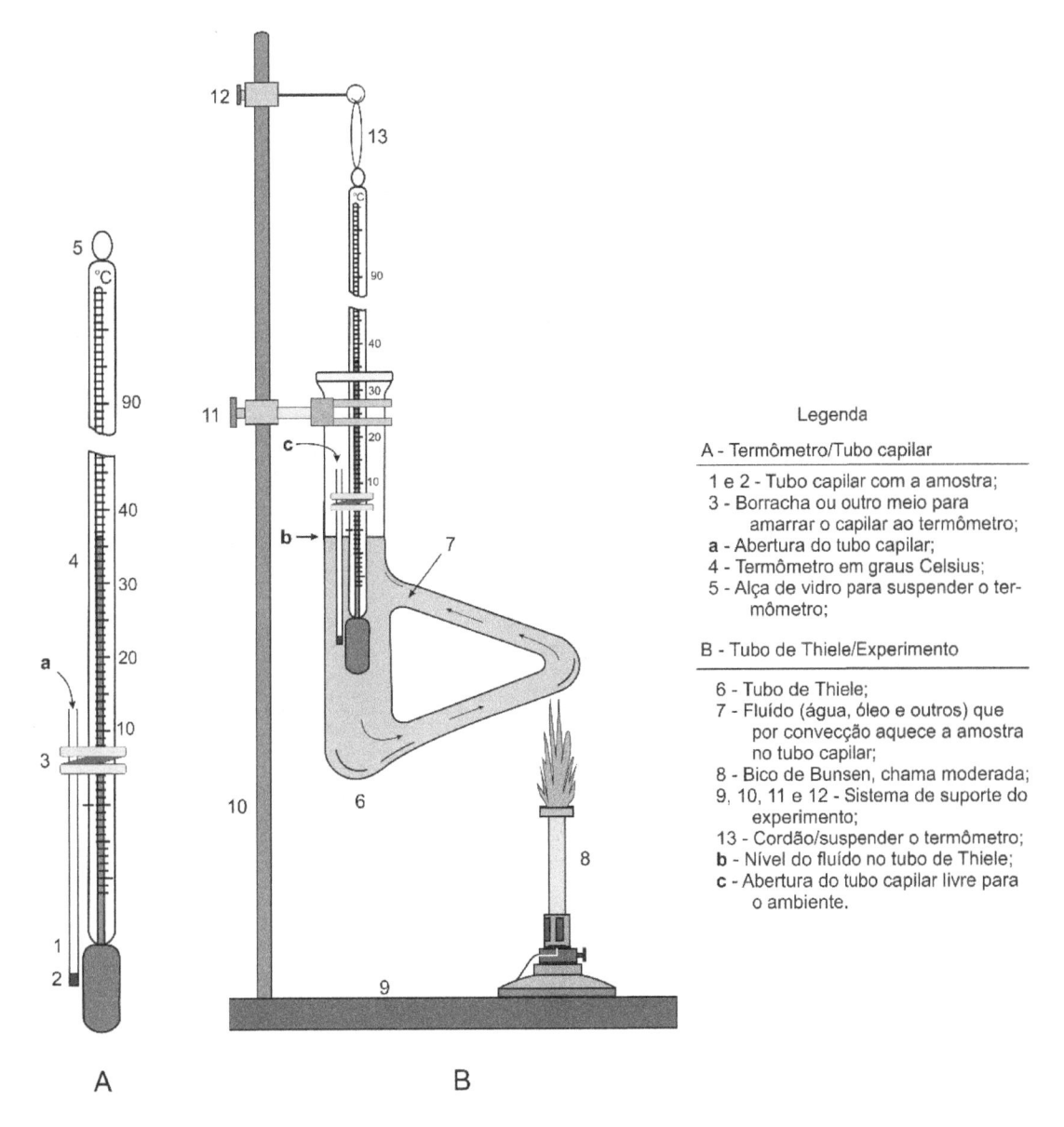

6 - Tubo de Thiele;
7 - Fluído (água, óleo e outros) que por convecção aquece a amostra no tubo capilar;
8 - Bico de Bunsen, chama moderada;
9, 10, 11 e 12 - Sistema de suporte do experimento;
13 - Cordão/suspender o termômetro;
b - Nível do fluído no tubo de Thiele;
c - Abertura do tubo capilar livre para o ambiente.

Figura 13.16 Determinação do ponto de fusão de uma substância com o tubo de Thiele: (A) Tubo capilar "amarrado" ao termômetro; (B) Tubo de Thiele com o capilar "amarrado" no termômetro.

FONTE: Durst & Gokel, 1985; Giesbrecht, 1982; Pombeiro, 1980.

O observador, do momento inicial em que a amostra começa a fundir ao momento final em que terminou a fusão da amostra, deve colocar-se em posição adequada, pois o copo é maior que o tubo Thiele em termos de volume de água ou óleo mineral, tornando o momento menos visível e sensível.

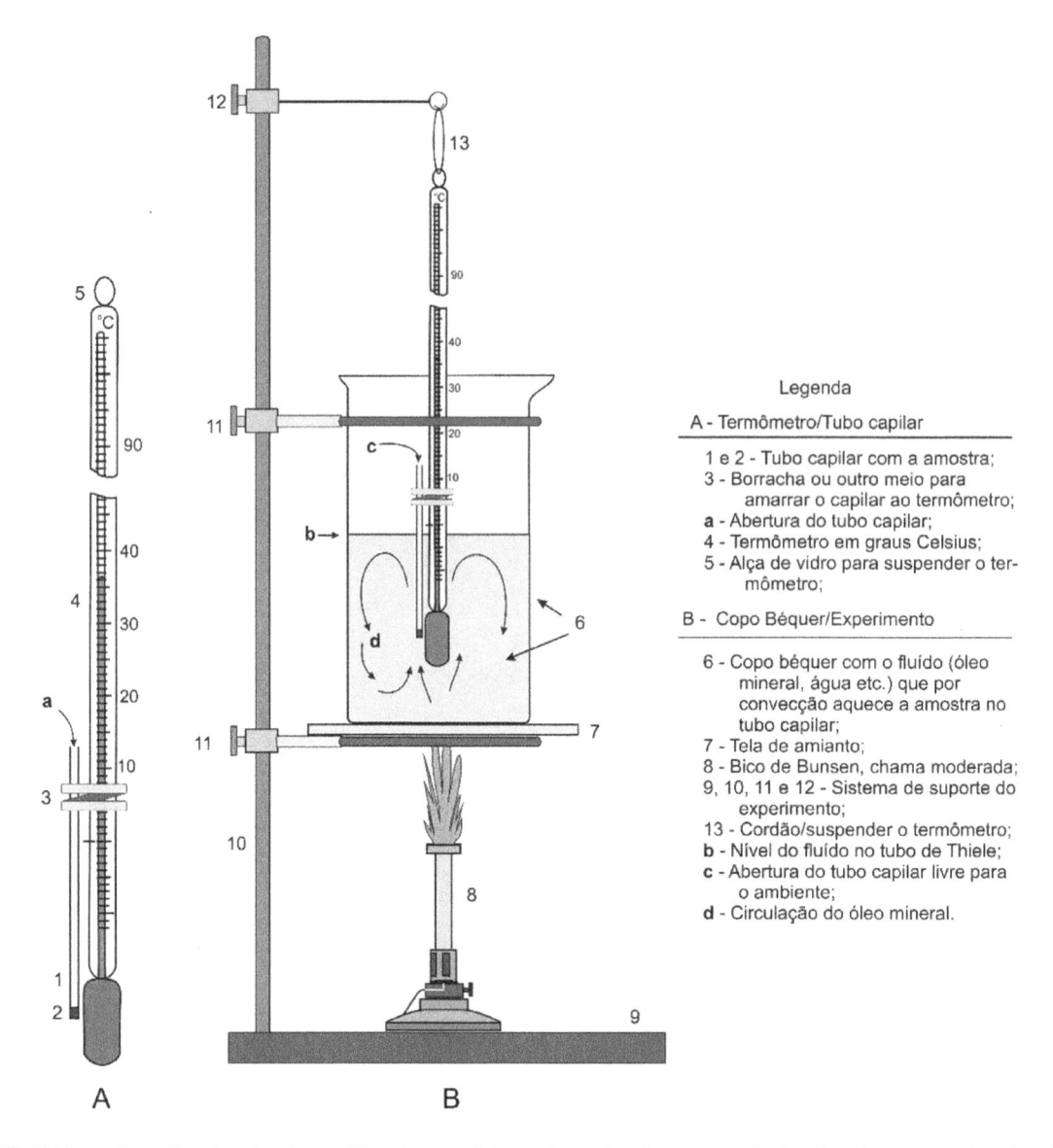

Figura 13.17 Visualização da técnica utilizada na determinação do ponto de fusão de uma substância: (A) Tubo capilar com a substância "amarrado" no termômetro; (B) A técnica em funcionamento.

FONTE: Durst & Gokel, 1985; Giesbrecht, 1982; Pombeiro, 1980.

Ainda, pode-se citar outros métodos, tais como:
- Aparelho de Thomas-Hoover

Este aparelho é o método do tubo capilar mais sofisticado.
- Aparelho com placa de aquecimento

Este aparelho resume-se a um bloco maciço de aquecimento (de aço inoxidável), com controle de temperatura, sobre o qual se coloca a substância cujo ponto de fusão se deseja conhecer, e, num local próprio do bloco, coloca-se o termômetro para registrar a temperatura do momento da fusão. A vantagem deste aparelho é que nele não se manipulam líquidos (óleo ou água) e pode alcançar temperaturas bem mais elevadas.

13.2 PARTE EXPERIMENTAL

13.2.1 Determinação do ponto de fusão de uma substância

a – Material

- *Tubo capilar de 1 mm de diâmetro e aproximadamente 10 cm de comprimento;*
- *Tubo de vidro com diâmetro de 0,3 a 0,5 cm com 50 a 100 cm de comprimento;*
- *Amostra (no caso, pode ser m-nitrobenzaldeído) em pó e seca; (caso não esteja moída e seca: almofariz com pistilo para moer a amostra; estufa com regulagem de temperatura para secar a amostra);*
- *Termômetro graduado de -10 ºC a 150 ºC.*
- *Tubo de Thiele;*
- *Água para a condução do calor (se a amostra apresentar ponto de fusão maior do que 100 ºC usar óleo mineral);*
- *Sistema para amarrar o capilar ao termômetro de tal forma que a coluna de 2 a 3 mm de altura da amostra no capilar fique na altura e o mais próximo possível do bulbo de mercúrio;*
- *Bico de Bunsen;*
- *Suporte universal com dispositivo (garra) para o tubo de Thiele e para o termômetro, se não estiver preso com a rolha na boca do tubo, conforme Figura 13.16;*
- *Cronômetro;*
- *Material de registro e cálculos: Diário de Laboratório; computador etc.*

b – Procedimento

- Preparação da amostra no tubo capilar: Introduzir a substância seca e pulverizada em pequenas porções no lado aberto do tubo capilar. Para isto, num vidro de relógio limpo e seco colocar um pouco da amostra e com o capilar emborcado perpendicularmente sobre a amostra "bicá-la" de tal forma que a amostra entre no capilar. Depois de colocar cada porção na boca do capilar deixar cair o mesmo com a ponta lacrada para baixo dentro do tubo de vidro com 50 a 100 cm de comprimento aberto nas duas extremidades, conforme Figura 13.15.
- Repetir esta operação várias vezes até se obter, na parte inferior do capilar uma coluna de amostra compactada de 2 a 3 mm de altura.
- Fixar o capilar ao termômetro com o auxílio de um anel de borracha (ou outro material), de tal forma que a substância fique o mais próximo possível do bulbo de mercúrio do termômetro.
- Imergir o sistema em água (ou óleo), contido no tubo de Thiele, evitando que o lado aberto do capilar mergulhe na água (ou óleo).
- Aquecer lentamente o braço do tubo de Thiele (cerca de 2 ºC por minuto, quando faltarem uns 20 ºC para alcançar a temperatura de fusão), observando o aspecto da amostra no capilar, registrando a temperatura (ºC) e o respectivo tempo (min) decorrido, na Tabela RA 13.1.

Atenção: Se o ponto de fusão for desconhecido fazer um teste inicial rápido para localizar mais ou menos o ponto de fusão.

- Considerar como faixa de fusão a temperatura inicial (T_i) onde ou quando a amostra sólida começa a se liquefazer e temperatura final (T_f), onde ou quando a amostra está completamente fundida e registrar os valores na Tabela RA 13.1.
- Registrar o valor da pressão ambiente do Laboratório, no rodapé da Tabela RA 13.1.
- Repetir o experimento mais duas vezes com duas novas amostras e registrar os valores lidos na Tabela RA 13.1.

Detalhes 13.2

m – Nitrobenzaldeído

Fórmula: $C_7H_5NO_3$;

Características: Massa molar (M) = 153,15; sólido de coloração levemente amarelada; ponto de fusão 58ºC; Ponto de ebulição 164 ºC; insolúvel na água e solúvel no álcool, clorofórmio, éter.

> **Toxicidade**: Moderadamente perigoso
>
> **Perfil de segurança**: Veneno por rota intravenosa. Pode explodir violentamente em destilação à vácuo. Decomposição térmica muito perigosa. Ao ser aquecido para decomposição emite fumaças tóxicas de NO_x.

c – Cálculos

Calcular com o auxílio dos dados experimentais:
- O valor médio do intervalo de temperatura de cada uma das três repetições.
- O valor médio das três repetições ou o melhor valor do ponto de fusão.
- O desvio padrão (s_e) do erro estatístico.
- O desvio padrão (s_r) do erro sistemático residual, levando em consideração o erro limite, L.
- O desvio padrão do melhor valor (s).
- O intervalo de confiança com 99% de chance que o verdadeiro valor do ponto de fusão se encontra nele.
- Preencher o Quadro Resumo da Tabela RA 13.1.

Com o auxílio do Handbook of Chemistry and Physics ou outro, pesquisar o verdadeiro valor do ponto de fusão da substância (μ). Com ele determinar:
- O erro absoluto da medida (d);
- O erro relativo da medida (ε);
- O coeficiente de variação da medida;
- Preencher o Quadro Resumo da Tabela RA 13.1.

13.2.2 Construção da curva de aquecimento da amostra.

Com os dados da Tabela RA 13.1 do Relatório de Atividades construir um gráfico, tendo nas abcissas o tempo decorrido e nas ordenadas as temperaturas correspondentes.

13.3 EXERCÍCIOS DE FIXAÇÃO

13.1. Quais os objetivos de se determinar as constantes físicas das substâncias?

13.2. Três alunos determinaram a temperatura de fusão de um sólido A e construíram a Tabela EF 13.1. Com os dados da Tabela EF 13.1 calcule:

a) o ponto de fusão para cada repetição;

b) o melhor valor;

c) os desvios absolutos;

d) o desvio padrão e o desvio padrão da média.

e) Considerando que a literatura traz como ponto de fusão da substância A é de 62,5 °C, calcule o erro cometido pela equipe.

Tabela EF 13.1 Medidas das temperaturas iniciais e finais de fusão da substância A

Repetições	T inicial °C	T final °C	Ponto de fusão	Desvio (s)
1	61,3	62,9		
2	62,0	63,0		
3	61,8	62,8		

13.3. Aquecer um sólido que inicialmente está 10 °C, até uma temperatura de 150 °C. Sabe-se que seu ponto de fusão é de 58 °C e seu ponto de ebulição é de 112 °C. Pede-se: a) Construir o gráfico de mudança de estado físico para este sólido. b) Explique como pode ser observado no gráfico o calor latente de fusão e ebulição.

13.4. Explicar porque durante a mudança de estado a temperatura de uma substância pura permanece constante.

13.5. A temperatura de ebulição de uma substância, em ambiente aberto, depende da pressão atmosférica, e esta, depende da altitude do local. Assim, quanto maior a altitude, menor a pressão atmosférica e menor a temperatura de ebulição. Considerando as cidades de Campos de Jordão (São Paulo) a uma altitude de 1628 m e Santos (São Paulo), litoral. Em qual delas, a água, numa panela aberta, ferve em menor temperatura?

Resposta: **13.2.** (62,1; 62,5; 62,3); (62,3); (0,2; 0,2; 0,0); (0,28; 0,16) (0,32).

13.4 RELATÓRIO DE ATIVIDADES

Universidade _____ Centro de Ciências Exatas – Departamento de Química Disciplina: QUÍMICA GERAL EXPERIMENTAL – Cód: _____ Curso: _____ Ano: _____ Professor: _____	Relatório de Atividades
_____ Nome do Acadêmico	_____ Data

UNIDADE DIDÁTICA 13: PROPRIEDADES FÍSICAS DAS ESPÉCIES QUÍMICAS

DETERMINAÇÃO DO PONTO DE FUSÃO

Tabela RA 13.1 Quadro resumo das medidas do ponto de fusão do m-Nitrobenzaldeído (*).

Amostra	Temperatura inicial (T_i) (°C)	Temperatura final (T_f) (°C)	Temperatura média do intervalo (°C)
Nº 1	_____	_____	_____
Nº 2	_____	_____	_____
Nº 3	_____	_____	_____

Dados calculados e tabulados:

a) valor médio experimental = _____ °C b) desvio padrão estatístico (s_e) = _____ °C

c) desvio padrão sistemático residual (s_r) = _____ °C d) desvio padrão da média (s) = _____ °C

e) intervalo de confiança (P = 99%) = _____ °C

f) valor médio teórico (bibliográfico) = _____ °C g) desvio absoluto (d) = _____ °C

h) erro relativo (ε) = _____ % i) coeficiente de variação (cv) = _____ %

(*) Pressão ambiente: _____ mmHg.

13.5 REFERÊNCIAS BIBLIOGRÁFICAS SUGESTÕES PARA LEITURA

BERAN, J. A. **Laboratory manual for principles of general chemistry**. 2. ed. New York: John Wiley & Sons, 1994. 514 p.

CHRISPINO, A. **Manual de química experimental**.São Paulo (SP): Editora Ática, 1991. 230 p.

CHRISTEN, H. R. **Fundamentos de la química general e inorgánica**. Versiónespañola por el Dr. José Beltrán. Barcelona: Editorial Reverté, 1977. 840 p.

DURST, H. D.; GOKEL, G. W. **Química orgánica experimental**. Versión castellana, Barcelona: Editorial Reverté, 1985. 592 p.

GIESBRECHT, E. (Coordenador). **Experiências de química – Técnicas e conceitos básicos**. PEQ – Projetos de Ensino de Química de Professores da USP. São Paulo: Editora Moderna, 1982. 241 p.

LENZI, E.; FAVERO, L. O. B. **Introdução à química da atmosfera – Ciência, vida e sobrevivência**. Rio de Janeiro: LTC, 2009. 465 p.

LENZI, E.; FAVERO, L. O. B.; LUCHESE, E. B. **Introdução à química da água – Ciência, vida e sobrevivência**. Rio de Janeiro: LTC, 2009. 604 p.

MASTERTON, W. L.; SLOWINSKI, E. J.; STANITSKI, C. L. **Princípios de química**. Tradução de Jossyl de Souza Peixoto. Rio de Janeiro: Editora Guanabara Koogan, 1990. 681 p.

MUROV, S.; STEDJEE, B. **Exeriments in basic chemistry**. 3. ed. New York: John Wiley & Sons, 1994. 593 p.

NEKRASOV, B. **Química general**. Traducido del ruso por Maria L. Riera. Moscu: Editorial PAZ, 1970. 557 p.

POMBEIRO, A. J. L. O. **Técnicas e operações unitárias em química laboratorial**. Lisboa: Fundação Calouste Gulbenkian, 1980. 1.069 p.

RUSSEL, J. B. **Química geral**. 2ª Edição. Coordenação e tradução de Maria Elizabeth Brotto e outros. Rio de Janeiro: MAKRON Books do Brasil, 1994. 1.268 p. Volume 1 e Volumes 2.

SHRIVER, D. F.; ATKINS, P. W.; LANGFORD, C. H. **Inorganic chemistry**. 2nd Edition. Oxford: Oxford University Press, 1998. 819 p.

SIGMA-ALDRICH CATALOG, **Biochemicals and reagents for life science research**. USA: SIGMA ALDRICH, 1999. 2880 p.

SILVA, R. R.; BOCCHI, N.; ROCHA Filho, R. C. **Introdução à química experimental**. Rio de Janeiro: McGraw-Hill, 1990. 296 p.

STOKER, H. C. **Preparatory chemistry**. 4. ed. New YorK: Macmillan Publishing Company, 1993. 629 p.

THOMAS SCIENTIFIC CATALOG: 1994/1995. New Jersey (USA): Thomas Scientific Co., 1995. 1929 p.

TRINDADE, D. F.; OLIVEIRA, F. P.; BANUTH, G. S., BISPO, J. G. **Química básica experimental**. São Paulo: ÍCONE Editora, 1986. 175 p.

VOGEL A. I. **Química orgânica**. Tradução da 3ª Edição por Carlos Alberto Coelho Costa, Oswaldo Faria dos Santos e Carlos Edmundo Metelo Neves. Rio de Janeiro: Ao Livro Técnico, 1971. 1.251 p (Volumes 1, 2 e 3).

VOGEL, A. I. **Química Orgânica – Análise Orgânica Qualitativa**. Tradução da 3. ed. por Carlos Alberto Coelho Costa et al., Rio de Janeiro: Ao Livro Técnico, 1971. p. 83-96.

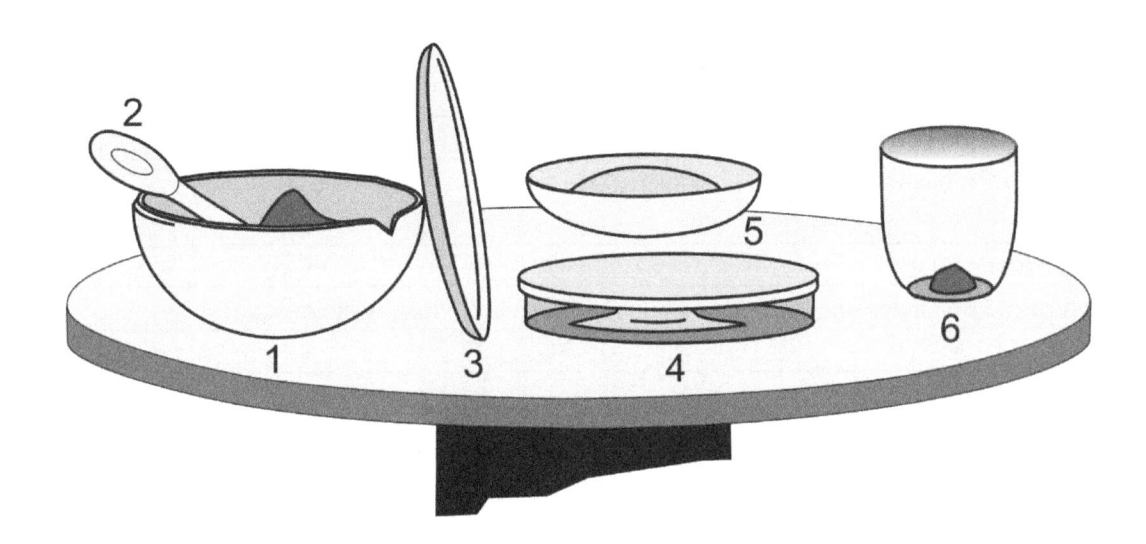

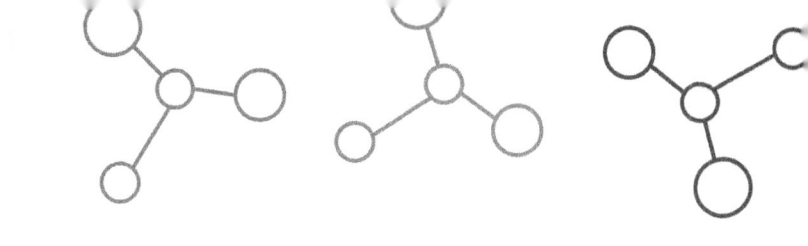

UNIDADE DIDÁTICA 14

1 – Almofariz e pistilo (2): Usado para triturar e pulverizar sólidos em pequenas quantidades. Geralmente de porcelana, numa versão melhor e mais cara é encontrado em ágata.

3 – Vidro de relógio: Usado para cobrir béqueres em evaporação, pesagens e fins diversos.

4 – Placa de Petri: Usadas para fins diversos. É de vidro borossilicato, resiste ao aquecimento em autoclave para esterilização, quando usadas para cultura de microrganismos.

5 – Cápsula de porcelana: Usada para evaporar líquidos de soluções, na secagem de sólidos, podem ser utilizadas em estufas. São encontradas em várias capacidades, em mL, 35, 70, 80, 120, 150, 250, 385, 525, 765 etc.

6 – Cadinho de porcelana: Usado na secagem de sólidos, podem ser usados em estufas e muflas.

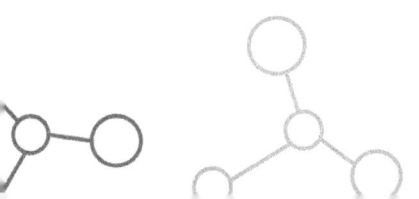

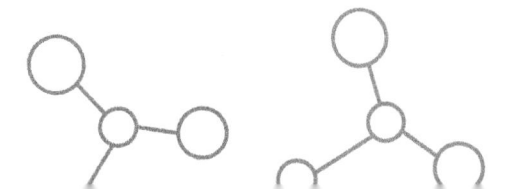

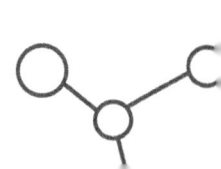

UNIDADE DIDÁTICA 14

PROPRIEDADES FÍSICAS DAS ESPÉCIES QUÍMICAS

DENSIDADE E SUA DETERMINAÇÃO

Conteúdo	Página
14.1 Aspectos Teóricos	331
14.1.1 Introdução	331
14.1.2 Medida da densidade	332
14.1.3 Cálculo da densidade	334
14.2 Treinamento Teórico Prático	336
14.2.1 Exercício-Problema	336
Detalhes 14.1	339
14.3 Parte Experimental	342
14.3.1 Determinação da densidade de um metal (sólido maciço e insolúvel em água)	342
Detalhes 14.2	344
14.4 Exercícios de Fixação	344
14.5 Relatório de Atividades	346
14.6 Referências Bibliográficas e Sugestões para Leitura	347

Unidade Didática 14
PROPRIEDADES FÍSICAS DAS ESPÉCIES QUÍMICAS
DENSIDADE E SUA DETERMINAÇÃO

Objetivos
- Aprender os conceitos de densidade absoluta e densidade relativa.
- Conhecer alguns métodos de determinação da densidade de um corpo sólido, líquido e gasoso.
- Conhecer os diversos instrumentos de medida da densidade.
- Determinar a densidade dos metais: cobre, ferro.

14.1 ASPECTOS TEÓRICOS

14.1.1 Introdução

A *densidade*, a *densidade absoluta* ou *massa específica* de uma substância ou de um corpo qualquer, é a razão da *massa desta* substância ou corpo, pelo *volume* que o mesmo ocupa numa determinada *pressão atmosférica* e *temperatura*. A Equação (14.1) expressa este conceito numa expressão matemática.

$$\text{Densidade} = \frac{\text{Massa do corpo (substância)}}{\text{Volume do corpo (substância)}} \therefore D = \frac{m}{V} \quad (14.1)$$

As unidades, mais frequentemente usadas para expressar a grandeza densidade, dependem do estado físico das substâncias ou corpos, que estão sendo analisados. Para:
- *Sólidos*: massa (g)/volume (cm^3) = g cm^{-3};
- *Líquidos*: massa (g)/volume (mL) = g mL^{-1};
- *Gases*: massa (g)/volume (L) = g L^{-1}.

É bom lembrar ao leitor para não confundir a densidade acima definida com:

a) *Peso específico*: que é a razão do peso do corpo pelo volume que ele ocupa. O peso de um corpo é dado pela Equação (14.2):

$$P = m.g \quad (14.2)$$

Onde,
P = peso do corpo;
m = massa do corpo;
g = aceleração da gravidade.

E o peso específico (ρ), conforme Equação (14.3), é:

$$\text{Peso específico} = \frac{\text{Peso do corpo}}{\text{Volume do corpo}} \therefore \rho = \frac{P}{V} \quad (14.3)$$

As unidades de medida da grandeza peso específico, dependem do sistema adotado: CGS (dina cm^{-3}); MKS (N m^{-3}) etc.

b) *Densidade relativa*: A densidade relativa é a relação entre duas massas específicas, ou dois pesos específicos.

A densidade relativa é um número adimensional que informa quantas vezes um corpo é mais denso que o outro.

Sejam as densidades das substâncias A e B, respectivamente, conforme Equação (14.4):

$$D_A = \frac{m_A}{V_A} \quad \text{e} \quad D_B = \frac{m_B}{V_B} \quad (14.4)$$

Relacionando as duas igualdades e tomando a unidade de volume para A e B ($V_A = V_B = 1$), chega-se a Equação (14.5):

$$\frac{D_A}{D_B} = \frac{\frac{m_A}{V_A}}{\frac{m_B}{V_B}} = \frac{m_A}{m_B} = D_{A,B} = \text{Densidade relativa de A em relação a B} \quad (14.5)$$

Ou, pelos pesos específicos, tem-se a Equação (14.6):

$$\rho_A = \frac{P_A}{V_A} \quad \text{e} \quad \rho_B = \frac{P_B}{V_A} \quad (14.6)$$

Se considerar o volume de A (V_A) e volume de B (V_B) igual a 1 (unidade) e relacionando os dois pesos específicos, chega-se a Equação (14.7):

$$\frac{\rho_A}{\rho_B} = \frac{\frac{P_A}{V_A}}{\frac{P_B}{V_B}} = \frac{P_A}{P_B} \quad \text{Como,} \; P = m \cdot g \; \rightarrow \; \frac{m_A \cdot g}{m_B \cdot g} = \frac{m_A}{m_B} = D_{A,B} \quad (14.7)$$

A densidade de uma substância ou de um corpo depende da natureza específica de cada substância ou do corpo, da temperatura do corpo e pressão que se exerce sobre ele.

14.1.2 Medida da densidade

O princípio da medida da densidade de uma substância ou de um corpo é simples. Precisa-se *medir a massa do corpo* e o seu *volume* numa dada *temperatura* (T) e *pressão* (P) definidas. Em geral, para líquidos e sólidos: 760 mmHg e 20 °C e para os gases: 760 mmHg e 0 °C ou 273 K, respectivamente.

A densidade resulta da divisão do valor da massa pelo volume. Porém, no laboratório, ao começar fazer o experimento aparece uma série de problemas. O corpo é um gás? É um líquido? É um sólido que se dissolve na água?

Determinação da densidade de corpos sólidos

Na determinação da densidade de corpos sólidos ou substâncias sólidas, o pesquisador depara-se com situações complicadas, como, por exemplo, corpos sólidos porosos, outros que são solúveis, outros que reagem com a água etc. Desta forma, o estudo será dividido conforme segue.

Em todos os métodos procura-se determinar a relação massa/volume, usando a balança analítica e um instrumento de medida de volume (proveta, balão volumétrico ou o picnômetro próprio para isto). Os físicos, em geral, medem a massa do corpo e depois com mesma balança medem a massa de água deslocada pelo corpo compensando o empuxo sofrido pelo mesmo dentro da água com massa equivalente no prato da balança, até alcançar o equilíbrio da mesma. Para isto, usam-se a balança e os mesmos instrumentos de volume acima citados, ou pode-se usar o areômetro de Nicholson.

a) Sólidos insolúveis, não porosos (impenetráveis por outro corpo ou substância líquida ou gasosa) e mais densos que a água.

Determina-se a massa (m) do corpo com o auxílio de uma balança. A seguir mede-se o volume do corpo por imersão do mesmo num líquido (em geral, a água) de volume conhecido (V_i), dentro de um instrumento graduado. A leitura do novo volume (agora, líquido + corpo = V_f) é direta. Donde o volume do corpo é ($V = V_f - V_i$). O líquido não pode reagir ou dissolver o corpo. Ver Figura 14.6.

b) Sólidos insolúveis, não porosos (impenetráveis por outro corpo ou substância líquida ou gasosa) e menos densos que a água.

Escolhe-se outro líquido menos denso que o corpo e segue-se como já foi feito ou agrega-se ao corpo outro sólido mais denso, de tal forma que os dois mergulhem no líquido, e segue-se o restante da técnica como no primeiro item, diminuindo o volume do corpo agregado.

c) *Sólidos insolúveis* e porosos

Estes sólidos apresentam dois tipos de densidade. A *densidade aparente* e a *densidade real*. A densidade aparente é a razão da massa pelo volume do sólido, isto é, o volume das partículas mais o volume dos poros (micro e macroporos do sólido). A densidade real é a razão da massa pelo volume das partículas apenas, sem os poros (o sólido poroso foi moído e pulverizado).

d) *Corpos sólidos solúveis* em água

Em caso do corpo sólido ser solúvel em água, troca-se a água por outro líquido em que o sólido não é solúvel.

Determinação da densidade dos líquidos

Na determinação da densidade das substâncias ou corpos líquidos, o problema é o mesmo, medir a massa do corpo líquido (m) e relacioná-la com o respectivo volume (V). Isto é feito de diversas maneiras.

a) Processo da balança

O mais simples é usar uma balança analítica e um picnômetro ou um balão volumétrico de volumes aferidos. Pode-se medir o efeito do empuxo provocado pelo líquido deslocado pelo corpo quando nele imerso (usando um frasco qualquer ou o areômetro de Fahrenheit). Deve ficar claro que a temperatura e a pressão devem estar definidas e constantes.

b) Processo dos densímetros

Os densímetros são aparelhos que colocados dentro do líquido, tendo um peso na extremidade inferior flutuam em posição vertical, indicando no *ponto de afloramento*, por simples leitura, o valor da densidade do líquido. Há densímetros para líquidos mais densos que a água e menos denso que a água. Existem densímetros próprios para certos casos de uso intenso, por exemplo, os alcoômetros, termolactodensímetros, sacarímetros etc.

c) O processo da areômetro de Baumé

A Figura 14.1 mostra um areômetro de Baumé e sua aplicação na medida da densidade do ácido sulfúrico. Este processo tem vantagem principalmente ao se trabalhar com materiais corrosivos, tóxicos etc. Quanto menos manipulados melhor.

O areômetro de Baumé é semelhante a um densímetro, Figura 14.1. No afloramento do mesmo tem-se uma leitura em graus Baumé, °Bé, que precisa ser convertida em unidades próprias para líquidos (g mL^{-1}).

Existem dois tipos: os *pesa-ácidos* (para líquidos mais densos que a água) e os *pesa-espíritos* (menos densos que a água).

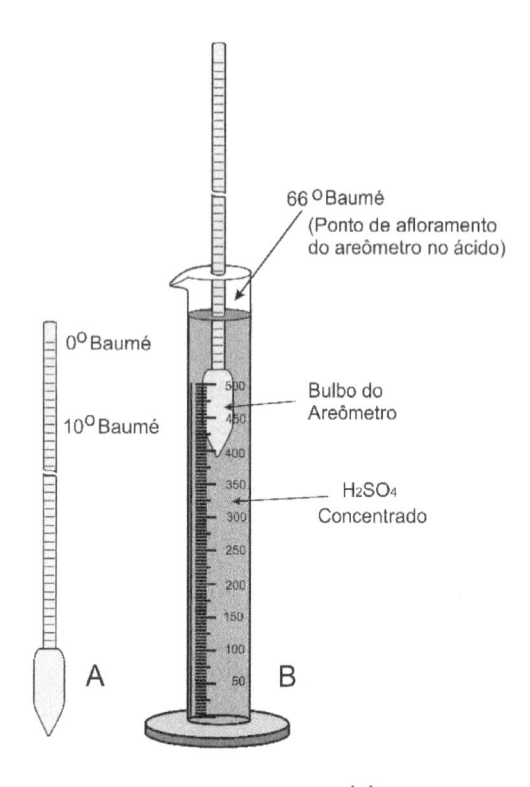

Figura 14.1 Areômetro de Baumé: (A) Vista simplificada de um areômetro de Baumé; (B) Visualização do uso do areômetro.

A densidade dos líquidos nesta escala do areômetro é dada em graus Baumé (°Bé). Para converter graus Baumé em unidades de g mL⁻¹, ou kg L⁻¹, utiliza-se, para um areômetro tipo pesa-ácidos, a expressão dada pela Equação (14.8):

$$\frac{145}{1} - \frac{145}{\text{Densidade (D)}} = {}^\circ\text{Bé} \qquad (14.8)$$

Onde, o valor 145 é uma constante característica do próprio instrumento, material usado e respectiva construção.

Por exemplo, no ácido sulfúrico concentrado o areômetro marca 66 °Bé, qual será sua densidade em g mL⁻¹?

Pela Equação (14.8) tem-se o resultado dado pela Equação (14.9):

$$145.(D) - 145 = (66).(D)$$
$$D = 1,84 \text{ g mL}^{-1} \qquad (14.9)$$

Determinação da densidade dos gases

A densidade dos gases é medida segundo modificações e atualizações dos métodos clássicos de Vitor Meyer, Dumas (picnômetro), Hofmann etc. O volume do gás é corrigido pelas Equações (14.10) e (14.11):

$$\frac{P_0 \cdot V_0}{T_0} = \frac{P_1 \cdot V_1}{T_1} \qquad (14.10)$$

$$P \cdot V = n \cdot R \cdot T \qquad (14.11)$$

Onde: P = Pressão em que se encontra o gás; V = Volume do gás; T = Temperatura em que se encontra o gás; n = número de mols de gás; R = Constante dos gases perfeitos = $P_0 \cdot V_0 / nT_0$ (para n = 1: V_0 = 22,4 L; P_0 = 1 atm; T_0 = 273 K). O valor resultante de R depende das unidades utilizadas para V, P. A temperatura, T, sempre é dada em graus absolutos ou Kelvin.

14.1.3 Cálculo da densidade

O melhor valor de uma grandeza medida é o valor médio da mesma, resultante de n medidas.

Para a determinação da densidade, como é uma *grandeza intensiva*, o ideal é determinar a massa de diversas amostras: m_1; m_2; m_3; m_4; m_5 etc. e seus respectivos volumes: V_1; V_2; V_3; V_4; V_5 etc.

A seguir, com estes *dados experimentais*, faz-se o cálculo da densidade que pode seguir três caminhos, conforme segue.

1º Caminho – *Método do cálculo das densidades*
- Medem-se os pares coordenados de *massa* (m_i) e respectivo *volume* (V_i).
- Elabora-se uma tabela, conforme Tabela 14.1.
- Calculam-se os valores das densidades, que, em princípio, devem ser os mesmos ou próximos.
- Calcula-se o valor médio do conjunto das densidades, $\overline{D}$, e o desvio padrão do conjunto, s_D.

Tabela 14.1 Quadro de valores relativos à determinação da densidade de um corpo qualquer.

Número da medida	Massa, m_i (g)	Volume, V_i (mL)	Densidade $D_i = m_i/V_i$	Desvio absoluto $d = D_i - \overline{D}$
1	m_1	V_1	$m_1/V_1 = D_1$	$d_1 = D_1 - \overline{D}$
2	m_2	V_2	$m_2/V_2 = D_2$	$d_2 = D_2 - \overline{D}$
3	m_3	V_3	$m_3/V_3 = D_3$	$d_3 = D_3 - \overline{D}$
...	...	...	...	$d_n = D_n - \overline{D}$
n	m_n	V_n	$m_n/V_n = D_n$	
	$\overline{m} = \dfrac{1}{n} \cdot \sum_{i=1}^{n} m_i$ $\overline{m} = \underline{\qquad}$	$\overline{V} = \dfrac{1}{n} \cdot \sum_{i=1}^{n} V_i$ $\overline{V} = \underline{\qquad}$	$\overline{D} = \dfrac{1}{n} \cdot \sum_{i=1}^{n} D_i$ $\overline{D} = \underline{\qquad}$	$- s_D = \sqrt{\dfrac{\sum (D_i - \overline{D})^2}{n-1}}$ $\pm S_D = \underline{\qquad}$

2º Caminho – *Método do gráfico*

Com os dados experimentais de m_i (massa) e de V_i (volume) de diferentes quantidades do corpo ou substância em estudo, conforme Tabela 14.1, constrói-se o gráfico da Figura 14.2.

Legenda

Mi = Massa do corpo i
Vi = Volume do corpo i
tg α = inclinação da reta

$$\text{tg } \alpha = \frac{dM}{dV} = \frac{\Delta M}{\Delta V} = D$$

$$\frac{\Delta M}{\Delta V} = \frac{Mb - Ma}{Vb - Va} = D$$

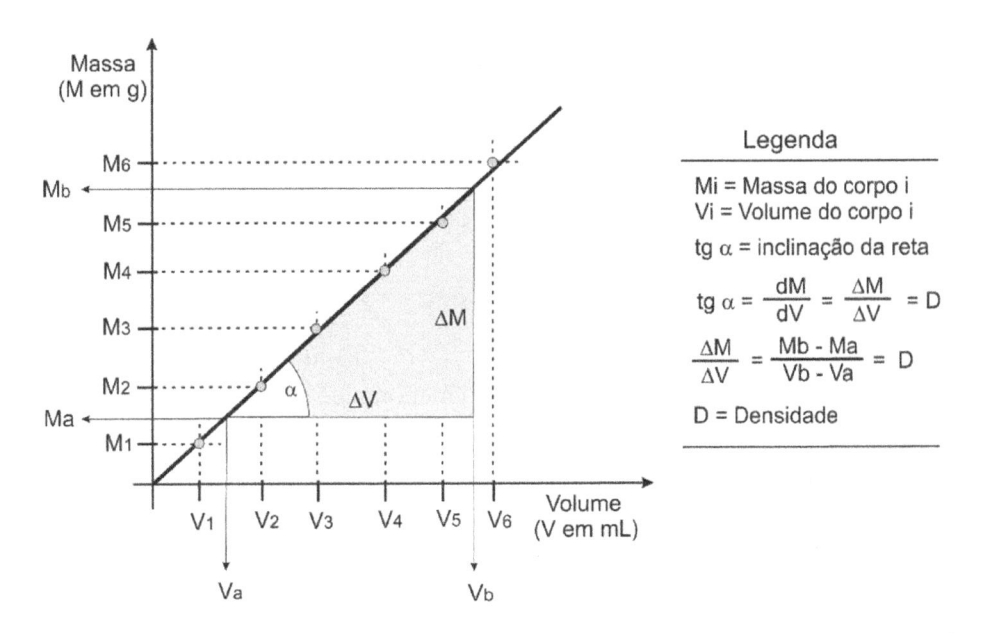

D = Densidade

Figura 14.2 Gráfico da determinação da densidade de um corpo, onde a inclinação da reta (tg α) é a densidade procurada (D).

A fundamentação teórica está no que segue. Como se sabe que a massa (m) é diretamente proporcional ao volume (V) do corpo, tem-se a Equação (14.12):

$$m \propto V \qquad (14.12)$$

Introduzindo a constante de proporcionalidade que é a densidade D, tem-se a Equação (14.13):

$$m = D.V \qquad (14.13)$$

Derivando a massa (m) em relação ao volume (V), tem-se a Equação (14.14):

$$\frac{dm}{dV} = d = tg\ \alpha = \frac{\Delta m}{\Delta V} = \text{Densidade} = \text{Coeficiente angular da reta} \qquad (14.14)$$

Portanto, a inclinação da reta (ou o coeficiente angular da reta) é a densidade do corpo e é constante independe da quantidade tomada, pois é uma propriedade intensiva.

3º Caminho – *Matemática-estatística dos mínimos quadrados*
Inicialmente constrói-se a Tabela 14.2 baseada nas medidas de massa (m_i) e respectivos volumes (V_i).

Tabela 14.2 Quadro de valores para calcular a densidade pelo método dos *mínimos quadrados*.

Número (n)	Massa, m_i (g)	Volume, V_i (mL)	$V_i^2 = V_i \cdot V_i$	$m_i^2 = m_i \cdot m_i$	$V_i m_i$
1	m_1	V_1	V_1^2	m_1^2	$V_1 . m_1$
2	m_2	V_2	...	...	...
3	m_3	V_3	...	...	...
...	...	...	...	...	...
N	m_n	V_n	V_n^2	m_n^2	$V_n . m_n$
	$(\sum m_i) =$	$(\sum V_i) =$	$\sum (V_i^2) =$	$\sum (m_i^2) =$	$\sum (V_i \cdot m_i) =$

O mesmo parâmetro (**b** = coeficiente angular da reta) pode ser obtido pela estatística, pelo *método da reta dos mínimos quadrados* com a vantagem que se pode ter o número de algarismos significativos corretos e a reta é a melhor em termos matemáticos e não subjetivos.

A equação para calcular o valor de **a** (coeficiente linear) também é obtida pelo método dos mínimos quadrados. No caso, a = 0 (zero), pois, se o volume é 0,00 mL a sua massa é 0,00 g, contudo, a expressão matemática de cálculo de **a** é dada pela Equação (14.15):

$$a = \frac{\left(\sum_{i=1}^{n} m_i\right) \cdot \left[\sum_{i=1}^{n} (V_i^2)\right] - \left(\sum_{i=1}^{n} V_i\right) \cdot \left[\sum_{i=1}^{n} (V_i \cdot m_i)\right]}{n \cdot \left(\sum_{i=1}^{n} (V_i^2)\right) - \left(\sum_{i=1}^{n} V_i\right)^2} \qquad (14.15)$$

A expressão de cálculo de **b** = $tg\alpha$ que é igual à densidade (D) é dada pela Equação (14.16):

$$b = \frac{n \cdot \left[\sum_{i=1}^{n}(V_i \cdot m_i)\right] - \left(\sum_{i=1}^{n} V_i\right) \cdot \left(\sum_{i=1}^{n} m_i\right)}{n \cdot \left[\sum_{i=1}^{n}(V_i^2)\right] - \left(\sum_{i=1}^{n} V_i\right)^2} = \text{Densidade} = d \qquad (14.16)$$

O cálculo pode ser executado por qualquer calculadora que tenha esta função de cálculo. Ou, o cálculo é facilitado se o operador preencher o quadro de valores da Tabela 14.2.

14.2 TREINAMENTO TEÓRICO PRÁTICO

14.2.1 Exercício-Problema

Na identificação de um *mineral*, obtido de uma mina, foram coletados cristais de diferentes tamanhos e devidamente armazenados. Entre as propriedades analisadas encontra-se a determinação da *densidade dos cristais*. Por ser um sólido insolúvel em água foi utilizado o método tradicional da determinação da massa do cristal (m_i) pela balança analítica e respectivo volume (V*i*) pelo deslocamento da água numa proveta, conforme Figura 14.6.

a – Material
- *Amostra (cristais de diferentes tamanhos, bem formados, secos e estocados em dessecador);*
- *Balança analítica;*
- *Pinça metálica;*
- *Pesa-filtro;*
- *Vidro de relógio;*
- *Provetas de 5 mL e de 10 mL de capacidade;*
- *Papel milimetrado, régua, lápis, borracha;*
- *Material de registro de dados: Diário de Laboratório; calculadora, computador.*

b – Procedimento
- Retirar do dessecador o pesa-filtro com os cristais secos e com a pinça levar um e colocá-lo no vidro de relógio previamente zerado ou tarado, já na balança. Registrar a massa m_i na Tabela 14.3.
- Numa proveta de 10 mL (dependendo do volume inicial de água, pode ser de 5 mL) colocar o volume, $V_{inicial} = V_i$ de água. Registrar no Diário de Laboratório.
- Com a pinça transferir com cuidado, do vidro de relógio da balança, para dentro da proveta com V_i mL de água (evitar deixar o cristal cair e respingar água pelas paredes da proveta). Observar se há bolhas de ar na superfície do cristal. Se houver, fazer uma pequena agitação na proveta para desprender as bolhas. Registrar o volume final da água + o volume do cristal, $V_{final} = V_f$.
- Registrar na Tabela 14.3 o volume do cristal (V_c), que é igual $V_c = V_f - V_i$, que, no caso, corresponde ao V_1.
- Repetir as mesmas etapas para cada uma das demais amostras (cristais do pesa-filtro), registrando os dados na Tabela 14.3.
- Registrar a temperatura da água e a pressão atmosférica, no Diário de Laboratório.

c – Resultados e cálculos da densidade (d)

Tabela 14.3 Quadro de valores relativos à determinação da densidade de um mineral desconhecido.

Número da medida	Massa, m_i (g)	Volume (Vc) $V_i = V_{final} - V_{inicial}$ (mL)	Densidade $D_i = m_i/V_i$ (g mL^{-1})	Dados calculados característicos do conjunto
1	10,25	1,37	7,48	n = 6
2	12,70	1,70	7,47	ν = n-i, onde, i = 1, 2, ...(†)
3	15,89	2,12	7,50	$\overline{D}$ = 7,505 = 7,50 g mL^{-1}(*)
4	20,38	2,71	7,52	s_D = 0,0232 (**)
5	22,08	2,94	7,51	$s_{\overline{D}}$ = 0,0095 = 0,010 (***)
6	25,48	3,40	7,49	$t_{\alpha,\nu} = t_{0,05, 5}$ = 2,571 (σ)
	------	------		
Soma	106,78	14,24		
Média	17,7967	2,3733		

(†) Graus de liberdade do conjunto de medidas experimentais; (*) A média foi calculada com: $\overline{D} = \dfrac{1}{n} \cdot \sum_{i=1}^{n} D_i$;

(**) O desvio padrão foi calculado com: $s_D = \sqrt{\dfrac{\sum (D_i - \overline{D})^2}{n-1}}$; (***) O desvio padrão da média foi calculado com:

$s_{\overline{D}} = \dfrac{s_D}{\sqrt{n}}$; (σ) Coeficiente de Student para $\alpha = 0{,}05$, e,$\nu =$ n-1 = 6-1 = 5, consultado em Tabela própria.

1º Caminho

- Calcular os parâmetros característicos do conjunto.

A última coluna da Tabela 14.3 traz os parâmetros calculados e que caracterizam o conjunto dos dados experimentais. Nesta coluna encontra-se o valor da densidade, = 7,50 g mL^{-1}. No rodapé da Tabela 14.3, estão as equações utilizadas nos cálculos.

2º Caminho

A Figura 14.3 apresenta a solução por este processo. A seguir vem a descrição.

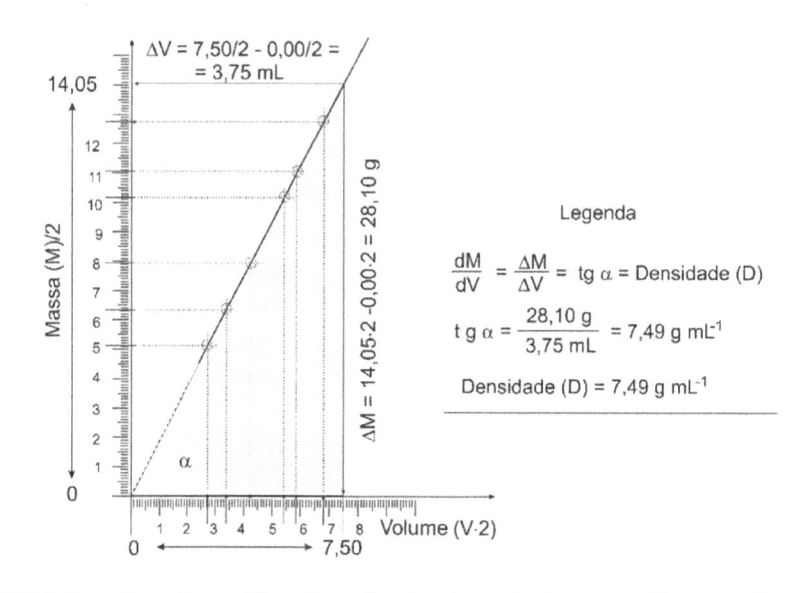

Figura 14.3 Determinação gráfica do valor da densidade, D = Inclinação da reta = tgα.

- Preparar uma folha A4 de papel milimetrado. Dividir ou multiplicar os valores de m_i (massa) e de V_i (volume) por constantes numéricas para que o valor maior fique adequadamente colocado no papel e o gráfico fique estético na página disponível. Isto, caso necessário.
- Com este objetivo, os valores de m_i (massas) foram divididos por dois, e os valores de V_i (volumes) multiplicados por dois, não esquecendo que, ao utilizar estes mesmos valores, agora devem ser multiplicados por dois e divididos por dois, respectivamente, para se ter os valores originais. Isto foi feito na construção da Figura 14.3.

3º Caminho

O cálculo da densidade pelo 3º *Caminho* significa aplicar a Equação (14.16) deduzida matematicamente pelo processo dos *mínimos quadrados*, transcrita a seguir.

$$b = \dfrac{n \cdot \left[\sum_{i=1}^{n}(V_i \cdot m_i)\right] - \left(\sum_{i=1}^{n} V_i\right) \cdot \left(\sum_{i=1}^{n} m_i\right)}{n \cdot \left[\sum_{i=1}^{n}(V_i^2)\right] - \left(\sum_{i=1}^{n} V_i\right)^2} = \text{Densidade} = d \quad [14.16]$$

Quando a solução feita "na mão", isto é, sem um programa estatístico de cálculo, preenche-se a Tabela 14.2, que, com os dados do problema, gera a Tabela 14.4.

Introduzindo os valores calculados da Tabela 14.4 na Equação (14.16), chega-se à Equação (14.17) e finalmente à (14.18).

Tabela 14.4 Quadro de valores para calcular a densidade (d) pelo método dos mínimos quadrados.

Número (n)	Massa, m_i (g)	Volume, V_i (mL)	$V_i^2 = V_i \cdot V_i$	$m_i^2 = m_i \cdot m_i$	$V_i \cdot m_i$
1	10,25	1,37	1,877	105,06	14,04
2	12,70	1,70	2,890	161,29	21,59
3	15,89	2,12	4,494	252,49	33,69
4	20,38	2,71	7,344	415,34	55,23
5	22,08	2,94	8,644	487,53	64,92
6	25,48	3,40	11,560	649,23	86,63
Σ	106,78	14,24	36,809	2.070,946	276,0963

$$b = \frac{6 \cdot (276,0963) - (14,24) \cdot (106.78)}{6 \cdot (36,809) - (14,24)^2} = \frac{136,0308}{18,0764} = 7,53 \frac{g}{mL} \qquad (14.17)$$

$$b = 7,53 \frac{g}{mL} = \text{Densidade} = D \qquad (14.18)$$

O valor de **a** = *coeficiente linear da reta*, é zero (0,00), pois, se a amostra tem *volume zero* a sua *massa é zero*. E, por definição **a** é o valor da ordenada (m) quando a abcissa (V) é zero. Como os valores são experimentais pode dar um valor levemente diferente de zero.

A título de curiosidade será calculado o valor dado pela Equação (14.15). Substituindo na Equação (14.15) os valores calculados na Tabela 14.4, chega-se à Equação (14.19):

$$a = \frac{(106,78) \cdot (36,809) - (14,24) \cdot (276,0963)}{6 \cdot (36.809) - (14,24)^2} = \frac{-1,14628}{18,0764} = -0,0634 \qquad (14.19)$$

Analisando os resultados do cálculo da *densidade* (D) pelos 3 caminhos, tem-se: 1º - D = 7,50 g mL^{-1}; 2º - D = 7,49 g mL^{-1}; e, 3º - D = 7,53 g mL^{-1}. O geólogo russo, Betejtin (1977), diz que a densidade do material analisado, que é a galena (PbS), varia de 7,4 a 7,6 g mL^{-1}. O geólogo Leprevost (1975), estabelece os valores 7,2 a 7,6 g mL^{-1}.

Detalhes 14.1

Cálculo do *desvio padrão propagada* na determinação da densidade (d)

I *Desvio padrão sistemático* ou residual (s_r ou σ_r)

Como para cada valor medido de *massa* e de *volume* foi realizada apenas uma operação ou uma medida, isto é, sem repetições, tem-se apenas o *erro de calibração* do instrumento (s_r), que convertido em desvio padrão dá os seguintes valores: Massa: s_m = 0,0333 g; e para o volume: s_V = 0,0333 mL. A Figura 14.4 e Figura 14.5 mostram como foram determinados. Como a balança e a proveta foram os mesmos para as seis medidas de pares, massa/volume, o erro propagado será o mesmo para todos os seis pares de medidas.

Erro Limite = L

$L = \pm 0{,}1 \text{ g} = \pm 3 \cdot \sigma$

$\sigma = \dfrac{0{,}1}{3} = 0{,}0333 \text{ g}$

$s_r = \sigma_r = \sigma_{rm}$

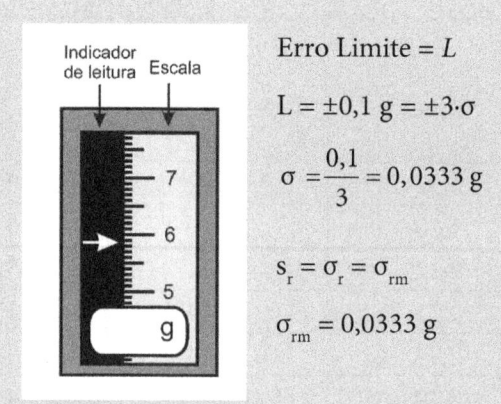

$\sigma_{rm} = 0{,}0333 \text{ g}$

Figura 14.4 Determinação do desvio padrão da calibração da escala da balança.

Erro Limite = L

$L = \pm 0{,}1 \text{ mL} = \pm 3 \cdot \sigma$

$\sigma = \dfrac{0{,}1}{3} = 0{,}0333 \text{ mL}$

$s_r = \sigma_r = \sigma_{rV}$

$\sigma_{rV} = 0{,}0333 \text{ mL}$

Figura 14.5 Determinação do desvio padrão da calibração escala da proveta.

A relação de cálculo do erro propagado no cálculo da densidade (d) é dada pela Equação (14.20):

$$D = \dfrac{m - s_m}{V - s_V} \qquad (14.20)$$

Determinando o desvio padrão propagado no cálculo da densidade, σ_D ou s_D, pela Equação (14.20), chega-se à Equação (14.21):

$$\sqrt{\text{Variância no cálculo de D}} = s_d = \sqrt{\left(\dfrac{\partial D}{\partial m}\right)_V^2 \cdot (s_m)^2 + \left(\dfrac{\partial D}{\partial V}\right)_m^2 \cdot (s_V)^2} \qquad (14.21)$$

Determinado o valor de cada expressão: $\left(\dfrac{\partial D}{\partial m}\right)_V$ e $\left(\dfrac{\partial D}{\partial V}\right)_m$, através da derivada parcial da Equação (14.20), chega-se às Equações (14.22) e (14.23):

$$\frac{\partial D}{\partial m} = \left(\frac{1}{V}\right)_V \tag{14.22}$$

$$\frac{\partial D}{\partial V} = \left(-\frac{m}{V^2}\right)_m \tag{14.23}$$

Relacionando as Equações (14.22) e (14.23) com a Equação (14.21), chega-se à Equação (14.24):

$$s_D = \sqrt{\left(\frac{1}{V}\right)_V^2 \cdot (s_m)^2 + \left(-\frac{m}{V^2}\right)_m^2 \cdot (s_V)^2} \tag{14.24}$$

Considerando um par de valores do experimento, como, por exemplo: $m_3 = 15{,}89$ g e $V_3 = 2{,}12$ mL com os respectivos desvios padrões $s_m = 0{,}0333$ g e $s_V = 0{,}0333$ mL e aplicando-lhe a Equação (14.24), chega-se à Equação (14.25) e Equação (14.26):

$$s_D = \sqrt{\left(\frac{1}{2{,}12}\right)_V^2 \cdot (0{,}0333)^2 + \left(-\frac{15{,}89}{(2{,}12)^2}\right)_m^2 \cdot (0{,}0333)^2} \tag{14.25}$$

$$S_D = 0{,}119 = 0{,}12 \text{ g mL}^{-1} \tag{14.26}$$

Neste desvio padrão, calculado com a Equação (14.24), está envolvido apenas o *erro padrão sistemático* da balança e o *erro padrão sistemático* da proveta. O erro padrão estatístico não se encontra envolvido.

II *Desvio padrão estatístico* na medida da densidade (s_{eD} ou σ_{eD})

O *desvio padrão estatístico*, $s_{eD} = 0{,}0232$ e o desvio padrão da média, $s_{\bar{D}} = 0{,}0095 = 0{,}010$, que constam da Tabela 14.3, correspondem à dispersão das medidas da densidade, D. Nestes desvios não se encontra o desvio atribuído à calibração da balança e da proveta.

O *desvio padrão estatístico* foi obtido pela Equação (14.27), que consta no rodapé da Tabela 14.3.

$$s_D = \sqrt{\frac{\sum (D_i - \bar{D})^2}{n-1}} \tag{14.27}$$

O desvio padrão acumulado no cálculo da densidade é dado pelas Equações (14.28) a (14.30):

$$\sigma_{D(\text{Acumulado no cálculo de D})} \text{ ou } s_D = \sqrt{(s_{eD})^2 + (s_{rD})^2} \quad (14.28)$$

$$\sigma_{D(\text{Acumulado no cálculo de D})} \text{ ou } s_D = \sqrt{(0,0232)^2 + (0,119)^2} \quad (14.29)$$

$$\sigma_{d(\text{Acumulado no cálculo de d})} \text{ ou } s_D = 0,12 = 0,12 \text{ g mL}^{-1} \quad (14.30)$$

III O desvio padrão acumulado no cálculo da média $\overline{D}$

O desvio padrão acumulado no cálculo da média ($\overline{D}$) é dado pelas Equações (14.31) a (14.33):

$$\sigma_{\overline{D}(\text{Acumulado na média})} \text{ ou } s_{\overline{D}} = \sqrt{(s_{e\overline{D}})^2 + (s_{r\overline{D}})^2} \quad (14.31)$$

$$\sigma_{\overline{D}(\text{Acumulado na média})} \text{ ou } s_{\overline{D}} = \sqrt{(0,0095)^2 + (0,119)^2} \quad (14.32)$$

$$\sigma_{\overline{D}(\text{Acumulado na média})} \text{ ou } s_{\overline{D}} = 0,119 = 0,12 \text{ g mL}^{-1} \quad (14.33)$$

Analisando os resultados da Equação (14.30) e da Equação (14.33), observa-se que são os mesmos, devido ao erro de calibração que é grande ou elevado, se comparado com o estatístico.

14.3 PARTE EXPERIMENTAL

14.3.1 Determinação da densidade de um metal (sólido maciço e insolúvel em água)

a – *Material*
- *Balança analítica;*
- *Amostras de metais (ferro, cobre);*
- *Proveta graduada de 5 mL, 10 mL ou capacidade maior;*
- *Água destilada;*
- *Termômetro;*
- *Barômetro;*
- *Papel milimetrado, régua, lápis, borracha;*
- *Material de registro de informações: diário de Laboratório, calculadora, computador.*

b – *Procedimento*

Para cada amostra do metal (1, 2, 3, 4, 5 etc.) cuja densidade se quer conhecer, seguir os seguintes passos:

- Determinar a massa do corpo em balança analítica, registrando seu valor na Tabela RA 14.1.
- Colocar cerca de 3,5 mL de líquido (água destilada) em uma proveta de 5 mL ou de 10 mL. Anotar o volume exato na Tabela RA 14.1 (algarismos significativos). Exemplo, Figura 14.6.

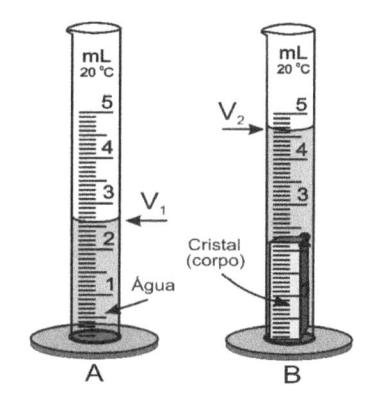

Figura 14.6 Medida do volume de um cristal: (A) Volume de líquido que não reaja com o material (V_1); (B) Medida do volume do líquido mais o do cristal (V_2); Volume do cristal; $V_c = V_2 - V_1$.

- Colocar, cuidadosamente, a amostra do metal sólido na proveta contendo a água destilada e observar o deslocamento do nível da água na proveta. Se houver alguma bolha de ar presa ao sólido removê-la com pequena agitação. Ler e registrar o novo volume na Tabela RA 14.1. Observação: a amostra deve ficar totalmente imersa na água.
- Calcular o volume do corpo, $V_{cristal} = V_f - V_i$ e registrar seu valor na Tabela RA 14.1.
- Registrar a temperatura da água, que deve ser a mesma que a do sólido, e a pressão atmosférica.
- Repetir o procedimento para as demais amostras do corpo, ou substância sólida.

c – Compilação dos dados experimentais e cálculos

- Construir uma tabela com os dados coletados no experimento, Tabela RA 14.1 no Relatório de atividades;
- Calcular:

1º A densidade média ($\overline{D}$) a partir dos valores médios de $\overline{m}$ e $\overline{V}$;

2º A densidade média ($\overline{D}$) a partir dos valores das densidades calculadas em cada par de medidas;

3º O desvio padrão propagado (s_D) no cálculo da densidade média a partir da razão $\dfrac{\overline{m} - s_m}{\overline{V} - s_V}$;

4º O desvio padrão propagado (s_D) no cálculo da densidade média do corpo a partir da média aritmética das densidades obtidas para cada par de valores m_i/V_i da Tabela RA 14.1.

5º Dar o intervalo de valores ao melhor valor que tenha 99% de certeza que o verdadeiro valor está neste intervalo.

- Pesquisar no **Handbook of Chemistry and Physics** ou num *site de busca* na internet, o verdadeiro valor da densidade do corpo (μ_d) e com ele calcular:

1º O desvio (erro) absoluto da medida da densidade (d_D);

2º O desvio (erro) relativo da medida da densidade (ε_D);

3º O coeficiente de variação da medida da densidade (cv_D).

- Desenhar

Com os dados da Tabela RA 14.1 construir um gráfico conforme a Figura 14.2 e por ele determinar a densidade, $D = tg\alpha$.

- Calcular a densidade pelo método dos mínimos quadrados. Preencher o quadro da Tabela 14.5 e, ao final, determinar **b** = D, utilizando a Equação (14.16).

Tabela 14.5 Quadro de valores para calcular a densidade pelo método dos mínimos quadrados.

Número (n)	(V = volume)	(m = massa)	$V^2 = V \cdot V$	$m^2 = m \cdot m$	$V \cdot m$
1					
2					
3					
...					
N					
	_____	_____	_____	_____	_____
	($\sum V$)=	($\sum m$)=	[$\sum(V^2)$] =	[$\sum(m^2)$] =	($\sum V \cdot m$) =

> **Detalhes 14.2**
>
> **Eureka**
>
> Arquimedes de Siracusa, viveu em Siracusa, Grécia, nos anos 287 a.C. – 212 a.C. Foi um matemático, físico, engenheiro, inventor, e astrônomo grego. Embora poucos detalhes de sua vida sejam conhecidos, são suficientes para que seja considerado um dos principais cientistas da Antiguidade Clássica.
>
> Certa vez, conta a história, o rei de Siracusa comprou uma coroa de ouro. Uma conversa chegou aos ouvidos do rei que o material usado pelo ourives era falsificado. O rei chamou Arquimedes, *o cientista da corte*, e lhe pediu para descobrir se, de fato, a coroa era falsificada *ou não*. Arquimedes pediu um tempo para pensar no assunto. O *problema o preocupou*.
>
> Um belo dia, o sábio grego estava em sua casa tomando banho, numa banheira, entretido com *essa questão*. De repente, ele teve um vislumbre da solução e saiu correndo nu pelas ruas da cidade, gritando "Eureka, Eureka!", que em grego quer dizer "Descobri, descobri!".
>
> Apesar de sua alegria, não tinha provado nada ainda. O que ele descobriu foi o caminho que lhe permitiria provar o fato.
>
> *Este caminho que intuiu*, foi o que hoje *se chama*, o "Princípio de Arquimedes", *o qual se baseia no empuxo que um corpo sofre quando está dentro de um líquido ou um fluido*. A partir deste empuxo, pode-se afirmar:
>
> "*Um corpo imerso em um líquido ou fluido* irá flutuar, afundar ou ficar neutro de acordo com o peso do corpo e o peso do líquido deslocado por este corpo".
>
> Ou seja, se o peso do líquido deslocado pelo objeto for maior que o peso do corpo, ele irá flutuar. Mas, se o peso do objeto for superior ao peso do líquido deslocado, o corpo irá afundar. Se for igual ficará no meio do caminho, não afunda nem flutua.
>
> Fazendo o experimento com coroas de ouro puro e de ligas de ouro, concluiu que a coroa não era de ouro puro e que o ourives a tinha feito misturando os metais.
>
> Ele usou a *densidade* para provar que a coroa tinha sido feita com uma liga (mistura) de *ouro, prata* e *cobre*.
>
> Conta a história que, durante a invasão de Siracusa pelo exército romano, Arquimedes estava na parte superior de sua casa estudando um problema matemático sobre a geometria de círculos desenhados no chão. Ele, observando os seus círculos, ouviu um barulhão e gritou em Latim: "*Noli turbare circulus meus*". Ou, "não atrapalhem meus círculos". Neste momento, os soldados romanos o mataram.
>
> Observação:
>
> O "estalo da intuição" das grandes descobertas, ou mesmo pequenas, nem sempre aparece na mesa de trabalho. É preciso estar "antenado". O que é importante, é manter a mente disponível para associar o problema com as novas situações que se criam a cada instante.

14.4 EXERCÍCIOS DE FIXAÇÃO

14.1. Qual a massa de 2,00 cm³ de ferro, sabendo que a densidade absoluta do ferro é de 7,86 g cm^{-3}?

14.2. A Tabela EF 14.1 contém os valores de massas e volumes, refere-se a amostras de canos de cobre usados em tubulações para circulação de água aquecida.

Tabela EF 14.1 Dados referentes as amostras de canos de cobre.

Amostra Nº	Massa (g)	Volume (cm³)
1	10,05	1,35
2	18,99	2,64
3	30,01	4,08
4	47,14	6,29
5	64,05	8,73

a) Com os dados da Tabela EF 14.1 calcule a densidade média, o desvio padrão (Se), o desvio padrão da média e a porcentagem de erro (sabendo-se que a densidade do cobre na literatura é 8,93 g/cm³).

b) Construa um gráfico da massa versus volume e calcule a densidade pelo gráfico.

c) Calcule a densidade usando a fórmula dos mínimos quadrados.

d) Considerando que 446,50 g de cobre puro ocupam o volume de 50,00 cm³, comparar a densidade deste cobre com o valor calculado para as amostras de tubulações. Sabendo que a densidade é uma propriedade intensiva e específica, discuta a diferença dos valores obtidos.

14.3. Foram determinadas as massas e os volumes de 5 amostras de cada sólido: X, Y, Z. Com os dados construiu-se o gráfico da Figura EF 14.1. Observe o gráfico e responda: a) Qual dos três sólidos apresenta menor densidade? b) Qual a relação entre as densidades dos sólidos Y e Z?

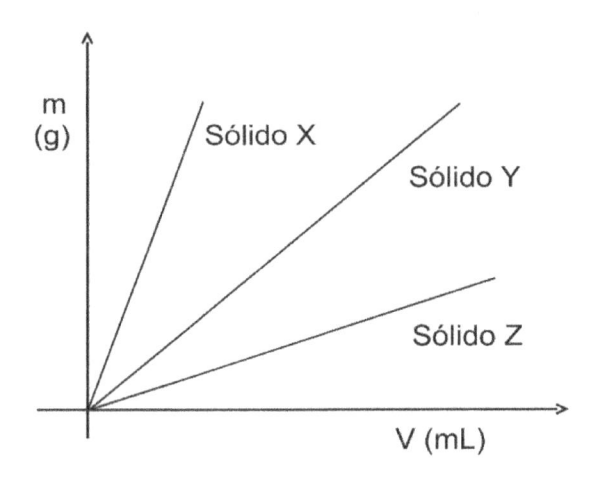

Figura EF 14.1 Gráfico obtido a partir das massas e volumes determinados experimentalmente dos sólidos X, Y, Z.

14.4. Com uma balança semianalítica com precisão de ± 0,001 g foi determinada a massa de um béquer limpo e seco (m_b = 30,335 g). Transferiu-se para o béquer 1 mL de água com auxílio de uma pipeta volumétrica. Determinou-se a massa do conjunto (m_{b+a} = 31,326 g). O procedimento foi repetido para os volumes de 2, 5, 10, 20 e 25 mL. Sempre usando pipetas volumétricas na determinação dos volumes do líquido. Obtiveram-se as massas respectivamente iguais a: 32,317; 35,001; 39,524; 48,999; 54,879 g. Com auxílio de um termômetro determinou-se a temperatura do líquido com precisão de ± 0,1 ºC (T = 20 ºC).

a) Calcular a massa da água.

b) Construir uma tabela contendo os dados do experimento.

c) Em papel milimetrado ou usando programa próprio no computador, plotar os dados obtidos (massa nas ordenadas e volume nas abcissas) e calcular a densidade pela regressão linear. Não se esquecer que esse tipo de gráfico passa pela origem, pois quando a massa é zero o volume obrigatoriamente será zero.

d) Pesquisar na literatura (tabelas próprias, Handbooks) a densidade da água na temperatura de trabalho, e calcular o erro relativo porcentual.

Respostas: **14.1.** 15,7; **14.2. a)** (7,36; 0,11; 0,05; 17,6) **c.** 7,39.

14.5 RELATÓRIO DE ATIVIDADES

Universidade _____ Centro de Ciências Exatas – Departamento de Química Disciplina: QUÍMICA GERAL EXPERIMENTAL – Cód: _____ Curso: _____ Ano: _____ Professor: _____	Relatório de Atividades
_____ Nome do Acadêmico	_____ Data

1. Completar a Tabela RA 14.1 com os dados coletados no experimento.

Tabela RA 14.1 Medidas das massas (m_i) e dos respectivos volumes (V_i) das amostras do sólido para a determinação de sua densidade.

Medida (Nº)	Massa (m_i) (g)	Volume inicial V_i (mL)	Volume final (V_f) (mL)	Volume (mL) $V_i = V_f - V_i$	Densidade (g mL^{-1}) $D_i = m_i / V_i$	Desvio absoluto
1						
2						
3						
...						
n						
					$S_e =$	
Temperatura:			Pressão:			

2. Com os dados da Tabela RA 14.1, calcular:

1º A densidade média $(\overline{D})$ a partir dos valores das densidades calculadas em cada par de medidas;

2º O desvio padrão propagado (s_D) no cálculo da densidade média do corpo a partir da média aritmética das densidades obtidas para cada par de valores m_i/V_i da Tabela RA 14.1.

3. Pesquisar no **Handbook of Chemistry and Physics** ou num *site de busca* na internet, o verdadeiro valor da densidade do corpo (μ_d) e com ele calcular:

1º O desvio (erro) absoluto da medida da densidade (d_D);

2º O desvio (erro) relativo da medida da densidade (ε_D);

14.6 REFERÊNCIAS BIBLIOGRÁFICAS E SUGESTÕES PARA LEITURA

BETEJTIN, A. **Curso de mineralogia**. Tercera Edicón. Traducido del ruso por L. Vládov. Moscú: Editorial MIR, 1977. 739 p.

BETTELHEIM, F.; LANDESBERG, J. **Laboratory experiments for GENERAL, ORGANIC & BIOCHEMISTRY**. 2. ed. Philadelphia: Saunders College Publishing, 1995. 552 p.

BUSSAD, W. O.; MORETTIN, P. A. **Estatística básica**. 4. ed. São Paulo (SP): ATUAL EDITORA, 1991. 321 p.

CHRISPINO, A. **Manual de química experimental**. São Paulo (SP): Editora Ática, 1991. 230 p.

COSTA NETO, P. L. O. **Estatística**. 15ª Reimpressão. São Paulo (SP): Editora Edgard Blücher, 1977. 264 p.

COTTON, F. A.; LYNCH, L. D. **Curso de química**. Traduzido por Horácio Macedo. Rio de Janeiro: FORUM Editora, 1968. 658 p.

DURST, H. D.; GOKEL, G. W. **Química orgánica experimental**. Versión castellana. Barcelona: Editorial Reverté, 1985. 592 p.

HOEL, P. G. **Estatística elementar**. Tradução da 3ª edição americana, por Anna Luiza de Barros da Costa. Rio de Janeiro: Editora Fundo de Cultura, 1969. 312 p.

LEPREVOST, A. **Química analítica dos minerais**. Curitiba: Universidade Federal do Paraná e Livros Técnicos e Científicos Editora, 1975. 293 p.

LIDE, D. R. [Editor] **Handbook of chemistry and physics**. 77. ed. New York: CRC – Press, 1997.

MARCIANO, M. **Física**. 9. ed. São Paulo: Editora FTD, 1965. v. 02, 780 p.

MAURER, W. A. **Curso de cálculo diferencial e integral**. São Paulo: Editora Edgard Blücher, 1967. 4 Volumes.

MEE, A. J. **Química física**. Versión española de 4. ed. inglesa por Juán Sancho. Barcelona: Editorial Gustavo Gili, 1953. 800 p.

MILLER, J. C.; MILLER, J. N. Basic statistical methods for analytical chemistry. Part I – Statistic of repeated measurements. **Analyst**, **113**, 1351-1356, 1988.

MUROV, S.; STEDJE, B. **Experiments in basic chemistry**. 3. ed New York: John Wiley & Sons, 1994. 393 p.

SEMISHIN, V. **Prácticas de química general inorgánica**. Traducido del ruso por K. Steinberg. Moscu: Editorial MIR, 1967. 391 p.

SIGMA-ALDRICH CATALOG, **Biochemicals and reagents for life science research**. USA: SIGMA ALDRICH, 1999. 2.880 p.

SPIEGEL, M. R. **Estatística**. Tradução de Pedro Cosentino, revisada por Carlos José P. Lucena. Rio de Janeiro: Editora McGraw-Hill do Brasil, 1972. 580 p.

STOKER, H. C. **Preparatory chemistry**. 4. ed. New York: Macmillan Publishing Company, 1993. 629 p.

THOMAS SCIENTIFIC CATALOG: 1994/1995. New Jersey (USA): Thomas Scientific, 1995. 1929 p.

TRINDADE, D. F.; OLIVEIRA, F. P.; BANUTH, G. S.; BISPO, J. G. **Química básica experimental**. São Paulo: ÍCONE Editora, 1986. 175 p.

VOGEL, A. I. **Química orgânica – Análise orgânica qualitativa**. Tradução da 3. ed. por Carlos Alberto Coelho Costa *et al*. Rio de Janeiro: Ao Livro Técnico, 1971. v. 01, p. 1085-1087.

VUOLO, A. **Fundamentos da teoria dos erros**. São Paulo: Editora Edgard Blücher, 1992. 225 p.

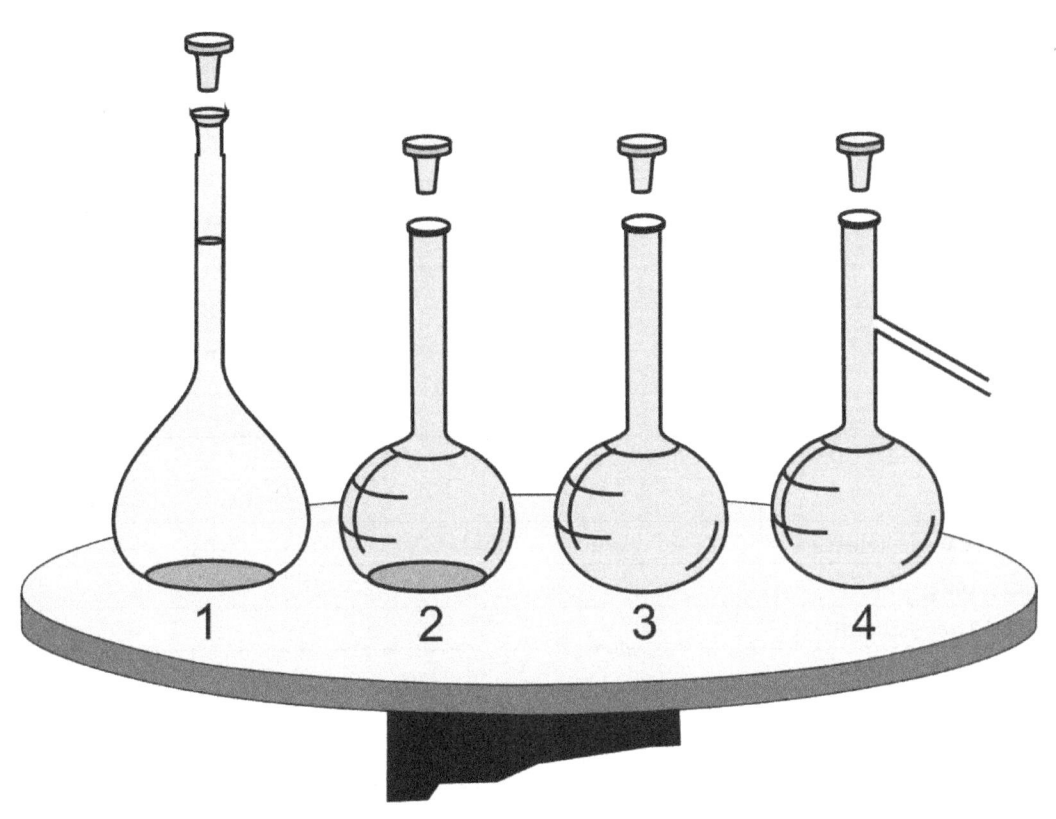

UNIDADE DIDÁTICA 15

Balões de Vidros

1 – Balão volumétrico: Utilizado, em geral, para preparação de soluções de concentrações exatas. Possuem rolha de vidro esmerilhado, ou de polietileno, ou sem encaixe esmerilhado para rolha. São encontrados no mercado nos volumes, em mL, de 1; 2; 5; 10; 25; 50; 100; 200; 250; 500; 1000; 2000, apresentando os seguintes limites de erro, em mL: ± 0,010; ± 0,015; ± 0,02; ± 0,02; ± 0,03; ± 0,05; ± 0,08; ± 0,10; ± 0,12; ± 0,20; ± 0,30; ± 0,50, respectivamente. Os balões volumétricos têm medidas precisas para soluções a 20 ºC. Não se deve colocar soluções quentes nem aquecê-los durante a limpeza ou em outra situação qualquer. O aquecimento altera o volume da peça. Durante a limpeza deve-se evitar agentes abrasivos que, também, podem alterar o volume.

2 – Balão de fundo chato: Usado para aquecimento e armazenamento de líquidos. É encontrado no mercado, com rolha esmerilhada ou não, com gargalo longo ou curto, e com as seguintes capacidades, em mL: 125, 250, 300, 500, 1000, 2000, 3000, entre outras. É confeccionado em vidro borossilicato para resistir ao aquecimento.

3 – Balão do fundo redondo: Usado para aquecimento de líquidos e reações com desprendimento de gases. Seu formato se adapta a mantas de aquecimento, onde geralmente é usado.

4 – Balão de destilação: Usados em destilações e extrações. Possui saída lateral para se encaixar o condensador. O mercado possui disponível em vários tamanhos.

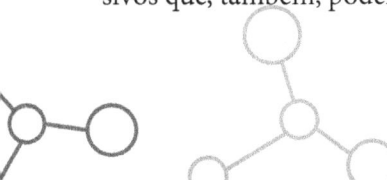

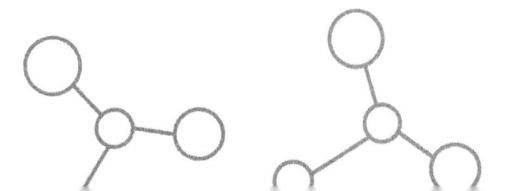

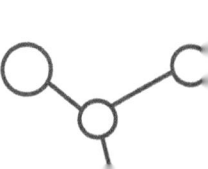

UNIDADE DIDÁTICA 15

TEORIA DAS SOLUÇÕES

CONCEITOS, UNIDADES DE CONCENTRAÇÃO, CÁLCULOS E APLICAÇÕES

Conteúdo	Página
15.1 Aspectos Teóricos	351
15.1.1 Introdução	351
15.1.2 Unidades de concentração	353
Detalhes 15.1	358
15.1.3 Solução Padrão	362
Detalhes 15.2	363
Detalhes 15.3	364
15.1.4 Preparação de soluções	367
15.1.5 Diluição de soluções	367
15.1.6 Cálculo de resultados	367
15.2 Exercícios de Fixação	367
15.3 Relatório de Atividades	370
15.4 Referências Bibliográficas e Sugestões para Leitura	371

UnidadeDidática 15
TEORIA DAS SOLUÇÕES
CONCEITOS, UNIDADES DE CONCENTRAÇÃO, CÁLCULOS E APLICAÇÕES

Objetivos
- Revisar os conceitos de *substância, mistura* e *solução*.
- Revisar os diversos tipos de forças que atuam entre as partículas de um corpo no estado sólido.
- Conhecer os diversos tipos de unidades de concentração, que muitas vezes, mesmo obsoletos, são ainda utilizados.
- Conhecer a *unidade padrão* de medida de matéria.
- Saber o que é *padrão primário, solução padrão* e *solução padronizada*.
- Saber *calcular* e *expressar* a concentração em suas diferentes modalidades, tanto para preparar uma solução ou calcular a concentração para um problema experimental.

15.1 ASPECTOS TEÓRICOS

15.1.1 Introdução

Substâncias puras e misturas

Todas as amostras de matéria podem ser constituídas de uma espécie química apenas (substância pura) ou da reunião de duas ou mais, formando uma mistura. No universo natural da matéria (natureza) praticamente não existem substâncias puras, quase tudo são misturas. O ouro nativo e o diamante são exceções, e algumas espécies cristalinas, podem ser encontradas no estado de substâncias puras.

A *substância pura* é a matéria constituída de uma espécie química apenas. Esta possui propriedades químicas e físicas próprias e características.

A substância pura de acordo com o número de elementos ou tipos de átomos que a constitui, pode ser classificada em *substância elemento* e *substância composto*.

A *substância elemento* é a substância constituída de apenas um tipo de elemento químico. Por exemplo: o cloro (Cl_2) é formado pelo elemento cloro (Cl), o oxigênio (O_2) é formado do elemento oxigênio (O), o hélio (He) é constituído de um átomo único, que se repete para formar a substância hélio.

A *substância composto* é constituída por dois ou mais tipos de elementos químicos diferentes. Por exemplo: a água (H_2O) é formada dos elementos hidrogênio (H) e oxigênio (O), o ácido sulfúrico (H_2SO_4) é formado pelos elementos hidrogênio (H), enxofre (S) e oxigênio (O).

A *mistura* é uma reunião (uma combinação física) de duas ou mais substâncias puras, onde, cada uma, guarda suas propriedades químicas e físicas. Na prática, uma substância fica dispersa na outra ou nas outras. Por isto, pode ser chamada de *dispersão*.

As misturas, de acordo com o seu estado físico, podem ser classificadas em: *sólidas, líquidas* e *gasosas*.

As misturas, de acordo com o tamanho das partículas das substâncias nelas presentes, podem ser classificadas em: *soluções* (diâmetro < 10 angströms); *coloides* (diâmetro = 10 – 1000 angströms); e *misturas heterogêneas* (diâmetro > 1000 angströms). Angströms, cujo símbolo é Å, é uma unidade de medida de comprimento que equivale a 10^{-10} m. Portanto: 1 Å = 10^{-7} cm = 10^{-10} m.

Na presente Unidade Didática interessam as soluções. Como as soluções são misturas monofásicas, podem apresentar-se na forma de: *soluções sólidas*, *soluções líquidas*, soluções *gasosas*. Destas, serão objeto de estudo da Unidade Didática 15 as *soluções líquidas*.

Estado físico e interação partícula-partícula

O assunto foi abordado em Unidades Didáticas anteriores. Como se trata de aprendizagem, a repetição de algo, em momento propício, é uma das formas de gravar ou fixar o conteúdo. Para uma substância ou solução encontrar-se no *estado sólido* significa que as unidades que o compõem (cátions e ânions, átomos ou moléculas) se atraem entre si, nas condições de *temperatura* e *pressão* em que se encontra. Entre estas unidades (moléculas, íons, átomos etc.) existe uma *força de coesão*. Na medida em que esta força diminui, passa-se do estado sólido para o líquido, e ao final, para o gasoso. Isto é possível aumentando a temperatura e diminuindo a pressão. O caminho contrário, também acontece pela diminuição da temperatura e aumento da pressão.

Num *gás ideal* as partículas se repelem, lembrando que no *gás real* há indícios de certa interação entre as moléculas que se repelem.

Conforme já visto, na Unidade Didática 13, as partículas (íons, moléculas e átomos) ligam-se entre si para formar as forças de coesão (estado sólido e ou líquido) através das forças, tipo:

- *Forças iônicas*: quando as partículas que formam o composto são íons (cátions e ânions);
- *Forças covalentes*:
a) quando as partículas que formam o composto são átomos (*covalência comum*);
b) quando as partículas que formam o composto são cátions e moléculas (*covalência coordenada* ou *covalência dativa*);
c) quando formam *Pontes de Hidrogênio* ou *Ligações de Hidrogênio*;
- *Forças de Van der Waals* do tipo:
a) *Forças de Keesom* – quando as partículas que formam o composto são polares, ou apresentam dipolo permanente e as interações são de natureza *dipolo-dipolo*;
b) *Forças de Debye* – quando as partículas que formam o composto umas são polares, e, as outras são apolares e as interações são de natureza *dipolo-dipolo induzido*;
c) *Forças de London* – quando as partículas que formam o composto são apolares e as interações são de natureza *dipolo instantâneo-dipolo induzido*.

A dissolução

Uma *solução* é uma *mistura homogênea* (monofásica) de duas ou mais substâncias entre si. É constituída de um *solvente* (ou *dispersante*) e um *soluto* (ou *disperso*). O *solvente* é o componente presente na mistura em maior quantidade. Ele dá o estado físico da solução (gasoso, líquido, ou sólido), no qual o soluto está dissolvido. O *soluto* é a substância ou as substâncias, presentes em menor quantidade que o solvente. Ele apresenta-se disperso no solvente.

A *solubilidade* de um soluto (ou de uma substância) é a quantidade máxima do mesmo que pode ser dissolvida numa certa quantidade de solvente, numa dada temperatura e pressão. Em geral, esta quantidade é dada em mols de soluto por litro de solução. Conforme a razão entre a quantidade de soluto e o volume da solução, esta pode ter diversas denominações:

- *Solução saturada*: é a solução que contém o máximo de soluto disperso, ou dissolvido, em equilíbrio com o soluto sólido (precipitado, ou não dissolvido) na própria solução, denominado de *corpo de fundo*.
- *Solução insaturada*: é a solução que contém menos soluto do que ela pode dissolver. Se for muito pouco quando comparado com o máximo de soluto, que pode dissolver denomina-se de *solução diluída*. Se a quantidade for grande quando comparada com o máximo, que pode dissolver, denomina-se de *solução concentrada*.
- *Solução supersaturada*: é a solução que contém uma quantidade maior que o máximo que pode conter, porém, de forma instável. Qualquer agitação pode provocar a precipitação do excesso.

Considerando soluções em que o solvente e o soluto estão na mesma fase, isto é, sólido, líquido, ou gás-gás, usam-se os termos *miscíveis, parcialmente miscíveis* e *imiscíveis* para dizer se o soluto se dissolve, ou dissolve-se pouco, ou não se dissolve. Se for o caso do solvente estar numa fase e o soluto em outra (exemplo, solvente líquido e soluto sólido) diz-se que são *solúveis, pouco solúveis* ou *insolúveis*, um no outro.

O fenômeno da *dissolução* de um sólido é o resultado da interação de forças de natureza elétrica, forças cinéticas (vibracionais, translacionais, rotacionais etc.) entre as moléculas do solvente com as unidades (íons: cátions e ânions, átomos, ou moléculas) do soluto. Estas se encontram ancoradas (ligadas) em posições definidas na estrutura reticular do sólido chamada de *sólido cristalino*, ou o contrário, *sólido amorfo*. A dissolução, obedece ao dito popular: *semelhante dissolve semelhante*, ou, em outras palavras, *solvente polar dissolve soluto polar e solvente apolar dissolve soluto apolar*. Isto é, substâncias de polaridade semelhante se dissolvem entre si.

15.1.2 Unidades de concentração

Conceito de concentração

A concentração (C) de uma solução é a relação entre a quantidade de soluto e a quantidade especificada de solvente, conforme item (I) da Equação (15.1) ou quantidade especificada de solução, conforme item (II) da Equação (15.1). De maneira mais simplificada, concentração (C) é a razão da quantidade de soluto pela quantidade de solvente, ou pela quantidade de solução. Em símbolos matemáticos, tem-se a Equação (15.1):

$$C = \frac{\text{Quantidade de soluto}}{\text{Quantidade de solvente}} \quad e \quad C = \frac{\text{Quantidade de soluto}}{\text{Quantidade de solução}} \quad (15.1)$$

O termo *quantidade* pode ser entendido como:
- *Massa* (em gramas, g; quilogramas, kg; pictogramas, pg; nanogramas, ng; microgramas, μg etc.);
- *Volume* (picolitro, pL; nanolitro, nL; microlitro, μL; mililitro, mL; litro, L, ou dm^3 etc.);
- *Número de mols* (n);
- *Número de equivalentes-grama* (n_E).

Desta forma, verifica-se, a primeira vista, que a concentração pode ser expressa por diversas combinações de unidades originando um grande número de denominações para a grandeza concentração.

Unidade de Quantidade de matéria

A União Internacional de Química Pura e Aplicada (IUPAC), a União Internacional de Física Pura e Aplicada (IUPAP) e Organização Internacional Padronização (ISO) definiram como *unidade de medida de quantidade de matéria*, o **mol**. Esta decisão foi pela 14ª Conferência Geral de Pesos e Medidas. Desta forma, o **mol**, é a unidade base do SI (Sistema Internacional) para a grandeza *Quantidade de Matéria*, assim definido:

> **Mol**
> O *mol* é a quantidade de matéria (n) de um sistema que contém tantas entidades elementares quantos são os átomos contidos em 12 gramas de carbono 12.

E, com a definição do *mol*, ficaram também definidos:

a) *Constante de Avogadro* ou *Número de Avogadro* ($N_A = 6,023.10^{23}$): A constante de Avogadro é a constante que estabelece a igualdade entre a quantidade de matéria (n) e o número de entidades (átomos, moléculas, íons, fórmulas etc.) (N), conforme Equação (15.2).

$$N \propto \mathbf{n}$$
$$N = N_A.\mathbf{n} \qquad (15.2)$$

b) *Massa molar* (M_x): A *massa molar* é uma constante específica de cada tipo de matéria e corresponde à massa de $6,023.10^{23}$ unidades da referida *espécie de matéria*, a qual, estabelece a igualdade entre a massa em gramas (m) e a respectiva quantidade de matéria (n), conforme Equação (15.3). Por exemplo, para a espécie cloreto de sódio, a massa molar é, $M_{NaCl} = 58,5$ g mol^{-1}.

$$m \propto \mathbf{n}$$
$$m = M.\mathbf{n} \qquad (15.3)$$

c) *Volume molar* (V_m): O *volume molar* é a constante de proporcionalidade entre o volume V e a quantidade matéria **n**, conforme Equação (15.4):

$$V \propto \mathbf{n}$$
$$V = V_m.\mathbf{n} \qquad (15.4)$$

Como o volume é dependente da pressão e da temperatura, o *volume molar* o é também. Assim, o *volume molar* da água é 18,06 cm³ mol^{-1} a 20 ºC e a 1atm de pressão e 18,24 cm³ mol^{-1} a 50 ºC e a mesma pressão.

d) *Massa atômica* (m_a): A *massa atômica* é a massa de um átomo (normalmente, se considera a massa isotópica natural do referido elemento mais abundante). Por exemplo, a massa atômica do sódio (Na), $m_{Na} = 3,82.10^{-23}$ g. Como é um valor muito pequeno utiliza-se outra unidade de massa, a *unidade de massa atômica* (u).

e) *Unidade de massa atômica* (u): A *unidade de massa atômica* é a massa igual a 1/12 da massa de um átomo de carbono 12. Para entender melhor, pode-se estabelecer a seguinte proporção:

12 g de C, contém → $6,023.10^{23}$ átomos de C
x g → 1 átomo de $_{12}$C

Resolvendo a proporção, tem-se a Equação (15.5):

$$x\,g = \frac{12\,g\,de\,_{12}C.1\,\text{Átomo de}\,_{12}C}{6,023.10^{23}\,\text{Átomo de}\,_{12}C} = 1,9924.10^{-23}\,g \quad (15.5)$$

Determinando 1/12 da massa obtida da Equação (15.5) chega-se ao valor de **u** (*unidade de massa atômica*), conforme Equação (15.6):

$$u = \frac{1,9924.10^{-23}\,g}{12} = 1,660.10^{-24}\,g \qquad (15.6)$$

Ao se tomar o valor da unidade de massa atômica e se multiplicar pela constante de Avogadro, chega-se ao valor 1,00 g, conforme Equação (15.7):

$$6,023.10^{23}\,u = 6,023.10^{23}.1,660.10^{-24}\,g = \qquad (15.7)$$
$$1,00\,g$$

f) *Massa molecular* (m_X): A massa molecular é a massa da entidade que constitui a substância, isto é, da molécula, ou fórmula unitária. Por exemplo, a massa molecular da água é $m_{H2O} = 18,0$ u, ou em gramas $18 \times 1,66.10^{-24} = 2,99.10^{-23}$ g.

g) *Concentração em quantidade de matéria*, C (mol L^{-1}). Existe uma proporcionalidade direta entre o volume V da solução e a quantidade de matéria do soluto (**n**), conforme Equação (15.8):

$$n \propto V$$
$$n = C.V \qquad (15.8)$$

Onde, C é a concentração em mols por litro da solução (a unidade mol L^{-1}), que é a maneira de representar a concentração, conforme preconizado pela IUPAC.

Formas de apresentar a concentração

Apesar das recomendações da IUPAC com relação à unidade de medida da grandeza *quantidade de matéria* (**mol**), no sentido de uniformizar a notação e, a nomenclatura química, a grande parte das obras atualizadas de química, continua utilizando unidades de concentração consideradas obsoletas. Neste intuito, são aqui abordadas diferentes maneiras de apresentar e definir a concentração de uma solução. Apesar de tudo, a maneira *mais antiga* e *mais simples* de medir a quantidade de matéria de uma substância é a medida da sua *massa*, ou do seu *volume*. Efetivamente o que é medido na balança é a massa em gramas (ou kg), que pode corresponder a x mols. (Observação: nos instrumentos de medida direta de massa e volume, como balanças, balões, buretas etc., encontram-se as escalas g, kg, L, mL etc., e não, **mol**).

a) Concentração em percentagem (%) de soluto na solução total

Quando a quantidade de soluto for relativamente grande (na ordem de percentagem do total) em relação ao total da solução. Em geral, esta relação pode ser expressa em termos de massa/massa (m.m^{-1}); volume/volume (v.v^{-1}), e massa/volume (m.v^{-1}), conforme segue. As unidades de massa (g), volume (mL) podem ser outras. É uma questão de bom-senso.

• Concentração em % (m.m^{-1})

Esta forma de expressar a concentração é dada pela Equação (15.9), em geral, utilizada quando soluto, solvente e solução, são sólidos.

$$C_{(\% \, m.m^{-1})} = \frac{\text{Massa do soluto}}{\text{Massa da solução}} \cdot 100 = \frac{\text{Massa do soluto}}{\text{Massa do soluto} + \text{massa do solvente}} \cdot 100 \qquad (15.9)$$

Porém, para entender esta equação, será demonstrada como se chegou a ela.

Massa do soluto (g) contida na → Massa da solução (g)
Massa do soluto (g) contida em → 100 gramas de solução

Resolvendo a proporção, chega-se à Equação (15.9), vista anteriormente.

$$C_{(\% \, m.m^{-1})} = \text{Massa de soluto (g) em 100 g de solução} = \frac{\text{Massa do soluto (g)}}{\text{Massa da solução (g)}} \cdot 100 \qquad [15.9]$$

• Concentração em % (v.v^{-1})

Esta forma de expressar a concentração é dada pela Equação (15.10), é usada quando soluto, solvente e solução são líquidos.

$$C_{(\% \, v.v^{-1})} = \frac{\text{Volume do soluto (mL)}}{\text{Volume da solução (mL)}} \cdot 100 \qquad (15.10)$$

• Concentração em % (m.v^{-1})

Esta forma de expressar a concentração é dada pela Equação (15.11), é utilizada quando soluto é sólido, solvente e solução são líquidos. Corresponde à massa de soluto em 100 mL de solução (soluto + solvente).

$$C_{(\% \, m v^{-1})} = \frac{\text{Massa do soluto (g)}}{\text{Volume da solução (mL)}} \cdot 100 \quad (15.11)$$

b) Concentração em ppm, ppb e ppt etc.

Estas formas de expressar a concentração são utilizadas quando a relação entre a quantidade de soluto e a quantidade de solução é muito pequena. A expressão *ppm* significa *partes por milhão*, ou seja, *uma parte de soluto* está contida em *um milhão de partes de solução*; em termos numéricos a *1,0 g de soluto* lhe correspondem *um milhão* de gramas $(1,0.10^6 g)$ *de solução*. Da mesma forma, para *ppb – partes por bilhão*, significa uma parte de soluto em um bilhão de partes de solução. E, *ppt– partes por trilhão*, significa uma parte de soluto em um trilhão de partes de solução etc.

Observação: Deve-se tomar cuidado que, um bilhão no Brasil, França, Estados Unidos corresponde a mil milhões = $1,0.10^9$, ao passo que, em Portugal, Alemanha, Grã Bretanha corresponde a um milhão de milhões = $1,0.10^{12}$.

• *Soluções sólidas*

Nas soluções sólidas as partes soluto/solução são expressas em massa do soluto por massa da solução (m.m^{-1}), onde:

1,0 ppm (m.m^{-1}) = 1,0 µg g^{-1} = 10^{-6}g g^{-1} = mg kg^{-1};
1,0 ppb (m.m^{-1}) = 1,0 ng g^{-1} = 10^{-9}g g^{-1} = µg kg^{-1};
1,0 ppt (m.m^{-1}) = 1,0 pg g^{-1} = 10^{-12}g g^{-1} = ng kg^{-1}

• *Soluções gasosas*

Nas soluções gasosas, se o soluto for gasoso, usam-se as mesmas expressões utilizando-se a unidade de volume como medida, em geral, são partes de soluto em mL (mililitros) por partes de solução total em L (litros) (v.v^{-1}). Assim, uma solução gasosa com um ppm de hélio significa:

1,0 ppm (v.v^{-1}) = 1,0 µL L^{-1} = 10^{-6} mL L^{-1}

• *Soluções líquidas*

Nas soluções líquidas pode-se usar o sistema v.v^{-1} como nas gasosas quando o soluto é um líquido. Quando o soluto é sólido utiliza-se expressar o soluto em massa (µg = 10^{-6} g; ng = 10^{-9} g etc.) e a solução total em volume (mL). Pode-se usar as denominações ppm, ppb etc. se a massa for igual ao volume, isto é, densidade igual a 1,0 g mL^{-1}.

c) Concentração em mol por litro (mol L^{-1})

Esta forma de expressar a concentração, durante muito tempo, foi denominada de *Molaridade* de uma solução, e simbolizada por M. Hoje, este termo é considerado obsoleto. Utiliza-se *mol por litro* e simboliza-se por mol L^{-1}. Aliás, o correto segundo o SI é mol dm^{-3} (mol por decímetro cúbico). O litro (L) não é uma unidade reconhecida pelo SI. O SI ainda aceita o litro, porque todo mundo usa esta unidade.

A concentração em mols por litro de uma solução é a razão do número de mols do soluto (**n**) pelo volume total da solução em litros (L), ou o número de mols do soluto contidos num litro de solução. A expressão matemática desta modalidade de expressar a concentração e que é a forma aceita pelo Sistema Internacional (SI) é dada pela Equação (15.12). Nesta modalidade de expressar a concentração utiliza-se para o soluto o número de mols (**n**) que equivalem à massa em gramas.

$$C_{(mol L^{-1})} = \frac{\text{Número de mols de soluto (n)}}{\text{Volume da solução total em litros (L)}} = \frac{n(\text{soluto})}{L(\text{solução})} = \frac{n(\text{soluto})}{dm^3(\text{solução})} \quad (15.12)$$

Pela Equação (15.3), chega-se à Equação (15.13):

$$n = \frac{\text{Massa do soluto (g)}}{\text{Massa molar do soluto }(M)} \therefore n = \frac{m_{(g)}}{M_{(mol)}} \quad (15.13)$$

Relacionando a Equação (15.13) com a Equação (15.12), chega-se à Equação (15.14):

$$C_{(mol L^{-1})} = \frac{m_{(g)}}{M_{(mol)} \cdot V_{L(\text{solução})}} \quad (15.14)$$

A grande parte dos cálculos de *preparação de soluções* e de *solução de cálculos experimentais* são resolvidos com as Equações (15.13) e (15.14).

d) Molalidade de uma solução

A molalidade de uma solução expressa a relação do número de mols de soluto pela massa do solvente em quilogramas. Ou, o número de mols do soluto por kg de solvente.

$$C_{(mol\,kg^{-1})} = \text{Molalidade (m)} = \frac{\text{Número de mols do soluto}}{\text{Massa do solvente em kg}} = \frac{n}{m_{(kg)}} \quad (15.15)$$

e) Normalidade de uma solução

A normalidade é uma unidade de concentração em desuso. Contudo, na química analítica quantitativa ela é ainda é utilizada por muitos. A normalidade de uma solução é a relação do número de equivalentes-gramas do soluto (n_E) e o volume da solução em litros. Ou é o número de equivalentes-gramas por litro de solução. A expressão matemática é dada pela Equação (15.16):

$$C_{(n_E\,L^{-1})} = \text{Normalidade (N)} = \frac{\text{Número de Equivalentes - gramas}}{\text{Volume da solução em litros}} = \frac{n_E}{V_L} \quad (15.16)$$

Onde, a Equação (15.17) dá o valor de n_E.

$$n_E = \frac{\text{Massa do soluto (g)}}{\text{Equivalente - grama do soluto (E)}} = \frac{m_{(g)}}{E} \quad (15.17)$$

Relacionando a Equação (15.17) com a Equação (15.16), chega-se à Equação (15.18):

$$\text{Normalidade (N)} = \frac{m_{(g)}}{E \cdot V_{(L)}} \quad (15.18)$$

O *equivalente-grama* de uma espécie química é massa desta espécie envolvida com um mol de elétrons ($6,023.10^{23}$ elétrons) numa reação qualquer. Por exemplo: 1,0 g de H equivale 8,0 g de O; equivale 35,5 g de Cl; equivale a 23,0 g de Na etc. Estas massas se equivalem entre si, pois numa reação química envolvem o mesmo mol de elétrons ($6,023.10^{23}$ elétrons).

f) *Fração molar* do soluto

A fração molar do soluto é a razão do número de mols do soluto (n_{soluto}) pelo número total de mols da solução ($n_T = n_{soluto} + n_{solvente}$). A expressão matemática que explicita este raciocínio é dada pela Equação (15.19):

$$C_{(n_s\,n_T^{-1})} = \text{Fração molar} = \frac{n_{soluto}}{n_{(soluto + solvente)}} = \frac{n_s}{n_{T(solução)}} \quad (15.19)$$

g) p-Valores e p-Funções

Sempre que os valores de algo (concentração, constantes etc.) forem muito pequenos, por exemplo, $0,0000001 = 10^{-7}$ mol L^{-1}, reduz-se o número a uma expressão exponencial de base 10, e trabalha-se com os expoentes, tomados negativamente. Isto, nada mais é que -log do número. No exemplo citado tem-se a Equação (15.20):

$$\text{p-valor} = -\log 10^{-7,00} = 7,0 \quad (15.20)$$

Se a função for a concentração de H^+, em mol L^{-1}, então, tem-se a Equação (15.21):

$$-\log [H^+] = \text{p-função}$$
$$pH = -\log [H^+] \quad (15.21)$$

Um p-valor é um expoente. Ele não tem unidade, contudo, o número que gerou este expoente, tem unidade.

Detalhes 15.1

O que acontece com o soluto ao dissolver-se?

Ao se colocar um soluto num determinado solvente podem acontecer diferentes fenômenos. Entre eles, têm-se os seguintes:

I Insolubilidade do soluto no solvente água

A Figura 15.1 mostra a situação em que o soluto $AB_{(s)}$ no solvente, em geral água, é insolúvel.

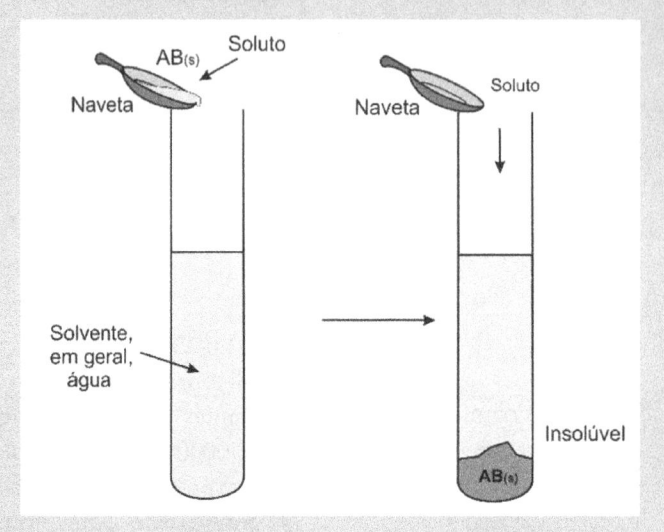

Figura 15.1 Insolubilidade do soluto $AB_{(s)}$ no solvente água.

II Solubilidade do soluto $AB_{(s)}$ no solvente água

A Figura 15.2 visualiza o fenômeno da formação de uma *solução saturada*. A solução para ser saturada deve ter a presença do "corpo de fundo".

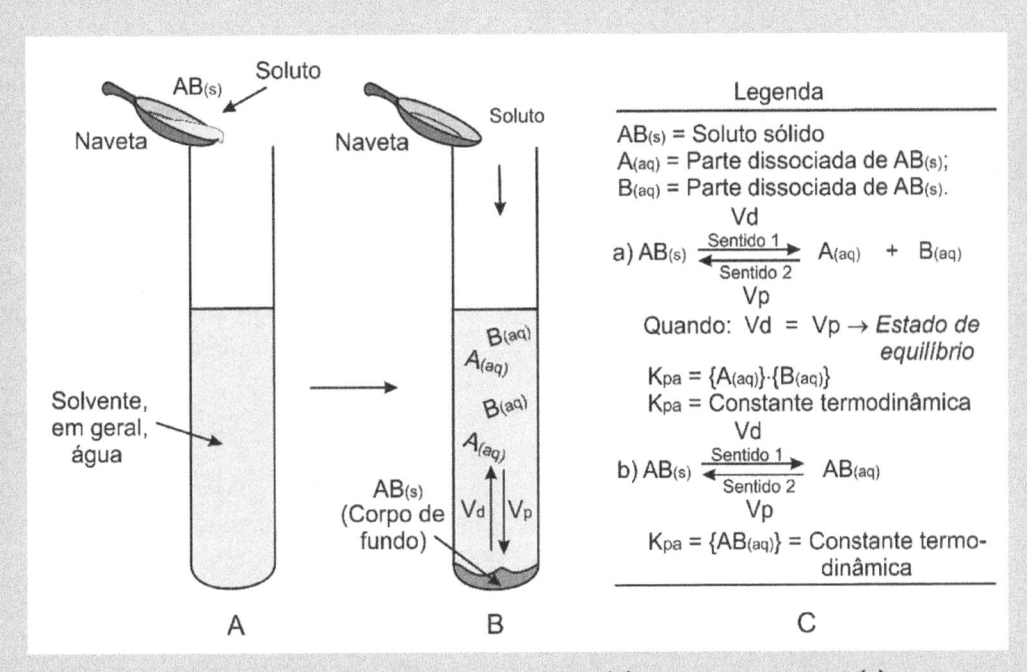

UNIDADE DIDÁTICA 15: TEORIA DAS SOLUÇÕES
CONCEITOS, UNIDADES DE CONCENTRAÇÃO, CÁLCULOS E APLICAÇÕES

Figura 15.2 Dissolução do soluto $AB_{(s)}$ no solvente água: (A) Partes envolvidas; (B) Dissolução com formação do corpo de fundo; (C) Legenda com situações **a** e **b** de dissolução. Observação: As cargas elétricas estão sendo omitidas para facilitar o trabalho

A dissolução do soluto $AB_{(s)}$ no solvente água pode se apresentar de duas formas.

Primeira forma

Na primeira, há a dissociação do composto $AB_{(s)}$, isto é, a unidade AB é separada, conforme mostra a Reação (R-15.1). As cargas elétricas estão sendo omitidas para facilitar o trabalho. A parte B da Figura 15.2, visualiza o fenômeno.

$$\underset{\substack{\text{Soluto}\\\text{"Corpo de fundo"}}}{AB_{(s)}} + \underset{\text{Solvente}}{\text{Água}} \underset{\underset{V_{p(\text{precipitação})}}{\text{Sentido 2}}}{\overset{\overset{V_{d(\text{dissolução})}}{\text{Sentido 1}}}{\rightleftarrows}} \underset{\text{Solução}}{\underline{A_{(aq)} + B_{(aq)}}} \qquad (R\text{-}15.1)$$

Os símbolos $A_{(aq)}$ e $B_{(aq)}$ significam que, tanto uma quanto outra espécie, estão envolvidas por um *esfera de moléculas* de solvente água, denominada de *esfera de hidratação* ou *solvatação*, constituindo uma unidade livre na solução. Portanto, na solução a espécie A e a espécie B não se encontram sozinhas. Isto faz com que, a *concentração das espécies* seja uma, mas, o seu comportamento ou sua *atividade* seja outra.

Para entender o assunto, será feita uma comparação associando as espécies A e B num litro de solução, com os 11 jogadores de futebol do time A e os 11 do time B num campo de futebol. A *concentração dos jogadores* é 11 A/campo e 11 B/campo, de cada lado. Porém, a *atividade dos 11 jogadores*, apresenta fatores que a modifica. Por exemplo, 11 jogadores com 20 anos de idade cada um, é diferente de 11 jogadores com 50 anos cada um. A *atividade dos jogadores* depende também do tempo de jogo, da pressão atmosférica do ambiente, da temperatura do dia, da torcida que dá apoio, entre outros. Contudo, a concentração é a mesma: 11 jogadores/campo. Na parte C da Figura 15.2, observa-se que, quando a velocidade de dissolução do soluto $AB_{(s)}$, V_d, for igual à velocidade de precipitação do soluto, V_p, alcançou-se o momento de "*estado de equilíbrio*". Neste momento se estabelece a *constante termodinâmica* de equilíbrio Kpa, que é dada em função das *atividades das espécies presentes*, conforme Equação (15.22):

$$Kpa = \{A_{(aq)}\} \cdot \{B_{(aq)}\} = a_{A(aq)} \cdot a_{B(aq)} \quad (15.22)$$

Onde:

- $\{i\}$ = atividade da espécie i;
- $\{i\} = a_i = \gamma_i \cdot [i]$ = (Coeficiente de atividade da espécie i).(Concentração de i)

Introduzindo este detalhe na Equação (15.22), chega-se às Equações (15.23) e (15.24):

$$Kpa = \{A_{(aq)}\} \cdot \{B_{(aq)}\} = $$
$$= \gamma_{A_{(aq)}} \cdot [A_{(aq)}] \cdot \gamma_{B_{(aq)}} \cdot [B_{(aq)}] = \gamma_{A_{(aq)}} \cdot \gamma_{B_{(aq)}} \cdot [A_{(aq)}] \cdot [B_{(aq)}] \quad (15.23)$$

$$Kpa = \{A_{(aq)}\} \cdot \{B_{(aq)}\} = \gamma_{A(aq)} \cdot \gamma_{B(aq)} \cdot Kps \quad (15.24)$$

Quando a solução for ideal ou próxima do ideal, tem-se que $\gamma_{A(aq)} = \gamma_{B(aq)} = 1$ e a Equação (15.24), transforma-se na Equação (15.25):

$$Kpa = Kps \quad (15.25)$$

A constante Kps é denominada de *Constante do Produto de Solubilidade*. É utilizada para compostos muito pouco solúveis, cujas soluções tendem a idealidade.

Segunda forma

Na segunda, a unidade AB do soluto $AB_{(s)}$ permanece unida, não se dissocia. A Reação (R-15.2) mostra o que acontece.

$$AB_{(s)} + \text{Água} \underset{V_{p(precipitação)}}{\overset{V_{d(dissolução)}}{\rightleftharpoons}} AB_{(aq)} \quad (R-15.2)$$

Soluto "Corpo de fundo" Solvente Sentido 1 / Sentido 2 Solução

Este tipo de sólido corresponde a um sistema cristalino em que no retículo está a unidade AB, em geral, ligada a outra igual por forças mais fracas, tipo de Van der Waals.

Também neste caso, ao se alcançar o momento em que a $V_{(d)} = V_{(p)}$ se estabeleceu o "*estado de equilíbrio*" da dissolução, que é dado pela constante termodinâmica, conforme a Equação (15.26):

$$Kpa = \{AB_{(aq)}\} = a_{AB(aq)} \quad (15.26)$$

Terceira forma

A Figura 15.3 visualiza esta situação. Nas partes A e B, tudo como nas duas situações anteriores.

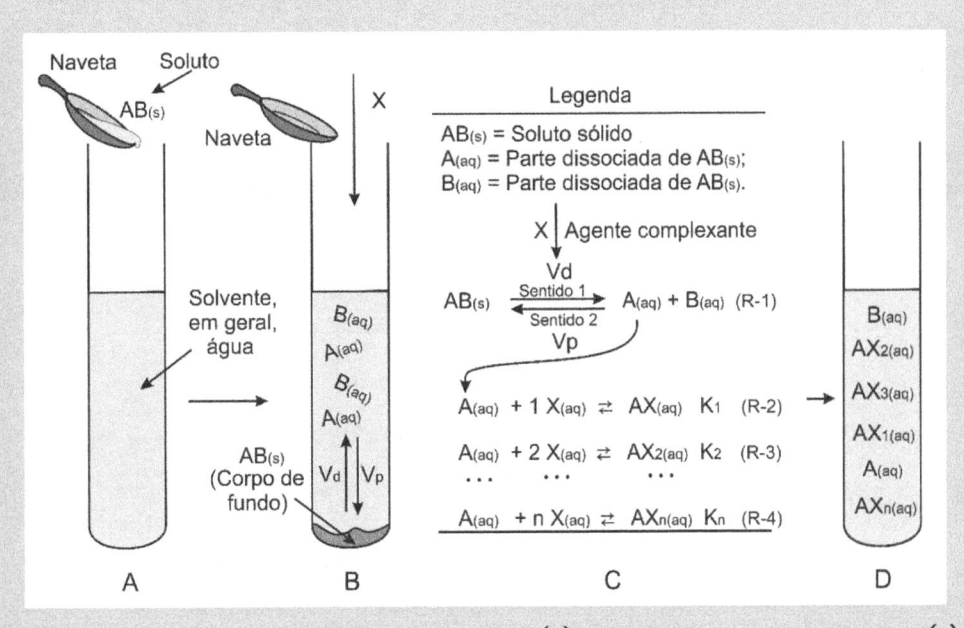

Figura 15.3 Visualização da dissolução do soluto $AB_{(s)}$: (A) Soluto $AB_{(s)}$ e o solvente água; (B) Dissolução do soluto com adição de X, agente complexante de A; (C) Reações que se dão entre $A_{(aq)}$ e $X_{(aq)}$; (D) Dissolução completa do soluto $AB_{(s)}$.

Em C, da Figura 15.3, observa-se que o componente A, da dissociação de $AB_{(s)}$ reage com X, um agente adicionado, que veio de fora, e, complexa A, conforme Reações (R-2), (R-3), e, (R-4), da parte C, da Figura 15.3.

A espécie A, que se dissociou do soluto $AB_{(s)}$, se encontra na solução em diversas formas: $A_{(aq)}$; $AX_{1(aq)}$; $AX_{2(aq)}$; $AX_{3(aq)}$; ..., $AX_{n(aq)}$.

A *concentração total da espécie A*, $C_{A(Total)}$, é igual à *solubilidade* (S) *do soluto* $AB_{(s)}$, e, é a soma das concentrações, em mol L^{-1}, de todas as espécies presentes na solução, que possuem A na sua unidade. A Equação (15.27) dá esta concentração.

$$C_{A(Total)} = \text{Solubilidade, } S = [A_{(aq)}] + [AX_{1(aq)}] + [AX_{2(aq)}] + ... + [AX_{n(aq)}] \quad (15.27)$$

Existem algumas partes da Química que têm interesse em saber, além da fração molar do soluto, conforme definido no texto, Equação (15.19), necessitam conhecer a fração de alguma ou de todas as espécies presentes, em relação ao total do soluto presente, sem contabilizar o solvente. Por exemplo, há interesse em saber qual é a fração da espécie $A_{(aq)}$ presente na solução. A Equação (15.28) dá a expressão de cálculo desta fração.

$$\text{Fração de } A_{(aq)} = \alpha_{A_{(aq)}} = \frac{\left[A_{(aq)}\right]}{C_{A\,(Total)}} = \frac{\left[A_{(aq)}\right]}{C_{Soluto}} = \frac{\left[A_{(aq)}\right]}{\text{Solubilidade (S)}} \quad (15.28)$$

Relacionando a Equação (15.28) com a Equação (15.27), chega-se à Equação (15.29), que permite calcular esta fração:

$$\text{Fração de } A_{(aq)} = \alpha_{A_{(aq)}} = \frac{\left[A_{(aq)}\right]}{\left[A_{(aq)}\right] + \left[AX_{1(aq)}\right] + \left[AX_{2(aq)}\right] + ... + \left[AX_{n(aq)}\right]} \quad (15.29)$$

Seguindo o mesmo caminho chega-se às Equações (15.30), (15.31) e (15.32), referentes a:

Fração da espécie $AX_{1(aq)}$, Equação (15.30):

$$\text{Fração de } AX_{1(aq)} = \alpha_{AX_{1(aq)}} = \frac{\left[AX_{1(aq)}\right]}{\left[A_{(aq)}\right] + \left[AX_{1(aq)}\right] + \left[AX_{2(aq)}\right] + ... + \left[AX_{n(aq)}\right]} \quad (15.30)$$

Fração de $AX_{2(aq)}$, Equação (15.31):

$$\text{Fração de } AX_{2(aq)} = \alpha_{AX_{2(aq)}} = \frac{\left[AX_{2(aq)}\right]}{\left[A_{(aq)}\right] + \left[AX_{1(aq)}\right] + \left[AX_{2(aq)}\right] + ... + \left[AX_{n(aq)}\right]} \quad (15.31)$$

Fração de $AX_{n(aq)}$, Equação (15.32):

$$\text{Fração de } AX_{n(aq)} = \alpha_{AX_{n(aq)}} = \frac{\left[AX_{n(aq)}\right]}{\left[A_{(aq)}\right] + \left[AX_{1(aq)}\right] + \left[AX_{2(aq)}\right] + ... + \left[AX_{n(aq)}\right]} \quad (15.32)$$

Ao conjunto de todas as frações representadas graficamente denomina-se de *Diagrama de Distribuição* das espécies envolvidas no sistema em equilíbrio.

15.1.3 Solução Padrão

A solução, conforme visto, é preparada com um *soluto* e um *solvente*. O *soluto*, dependendo da finalidade da solução, bem como, o solvente, devem ser quimicamente puros. Esta purificação e preservação, além das dificuldades, tempo, experiência, implica em custos.

A Química Analítica está baseada ou "creditada" em substâncias denominadas de *Substâncias Padrões* ou *Padrões Primários* e *Materiais de Referências*.

Substância Padrão ou Padrão Primário (P)

A *substância padrão*, que é também um *material de referência*, apresenta algumas características para ser escolhida como tal. Entre estas características, têm-se:

1ª Estabilidade
O composto não pode ser deliquescente, eflorescente, ou higroscópico.

O composto não pode sofrer mudanças químicas ao ser aquecido (para poder secá-lo).

O composto deve ser facilmente pesável.

O composto deve ser estável no ar e em solução.

2ª Pureza

O composto deve ser obtido numa pureza de 99,5%, ou maior.

3ª Solubilidade

O composto deve ser facilmente solúvel em água, ácidos comuns ou bases.

4ª Disponibilidade

O composto deve ser facilmente encontrado no comércio.

Deve ter um preço razoável.

5ª Alto peso molecular

O composto deve possuir um alto peso molecular para permitir uma pesagem mais exata.

6ª Toxicidade

O padrão primário deve possuir a menor toxicidade possível.

Entre milhares de substâncias conhecidas, poucas são as que possuem as condições de serem *padrões primários*. Sua utilização principal é na Química Analítica Clássica, onde, quanto mais puro o material menos interferências causadas pelos concomitantes. A concentração do analito é definida estequiometricamente.

Detalhes 15.2

Pureza de uma substância

A purificação de uma substância implica em agregação de valor a mesma. Os reagentes utilizados desde a água, vidraria etc. devem estar sempre mais livres de impurezas possível. Os equipamentos utilizados para certificar a pureza e também as impurezas, também são mais sofisticados. O resultado reflete-se no preço. A Tabela 15.1 mostra o exemplo do *cloreto de sódio (NaCl)*, popularmente denominado de *sal de cozinha*.

Tabela 15.1 Reagente cloreto de sódio (NaCl), (M_{NaCl} = 58,44 g mol^{-1}) com diferentes graus de pureza e respectivos preços. (*)

Grau de pureza	Características do reagente	Quantidade em (g)	Preço em Dólar (US $)	Preço de 1 g (US $)
99,999% (TSCA)(†)	Pellets anidros, 10 mesh	Ampolas com 25 g	146,00	5,84
99,99% (TSCA)	Pellets anidros, 10 mesh	Ampolas com 25 g	82,60	3,30
≥ 99,0%	ACS Reagent	Frascos com 25 g	22,10	0.89
≥ 98,5%	ReagentPlus	Frascos com 500 g	21,60	0,05

(*) FONTE: Dados obtidos de Aldrich (2005–2006); (†) TSCA – Toxic Substances Control Act, sob o controle da EPA – Environmental Protection Agency dos Estados Unidos da América.

Ao analisar os preços do cloreto de sódio da Tabela 15.1 e, ao se comparar o preço de 1 g do ReagentPlus com o de 1 g do Reagente 99,999%, o último, vale US$ 135,00 a mais. Portanto, houve uma agregação de valor devido ao processo de *purificação* e *certificação*.

Em Química existem alguns termos que dão a classe (ou o grau) de pureza do reagente. Nos últimos tempos com o desenvolvimento de equipamentos mais sofisticados e níveis analíticos mais sensíveis estes graus de pureza de reagentes estão sendo dirigidos para as diferentes áreas da Pesquisa. Por exemplo:

a) No geral de produtos

- Reagente, **P.A.** – para (ou pro) análise; o grau de pureza é maior que 99%. As impurezas são da ordem de traços. Em inglês: AR – Reagentes Analíticos utilizados em análise.
- Reagente, **A.C.S.** – American Chemical Society, pureza ≥ 99%.
- Reagente, **U.S.P.** – United States Pharmacopeia, considera um grau de pureza de ≥ 95%.
- Reagente, **ReagentPlus** – Reagentes da Sigma-Aldrich Co., com pureza ≥ 98,5%.
- Reagente, **Primary Standard** (Padrão Primário) – Reagentes de pureza excepcional para padronizações volumétricas e preparação de padrões de referência.
- Reagente, C.P. – **ChemicallyPure** – Reagentes de pureza desejável para uso em aplicações gerais de Laboratório.

b) Ácidos

- Reagente, **OmniTrace Grade Acids** – Reagentes ou ácidos de alta pureza para análise de metais traços na faixa de ppb.
- Reagente, **Tracemetal Plus** – Ácidos para análise de metais traços críticos, preparados por dupla *sub-boilling destillation*. Impurezas menores que ppt.

c) Reagentes para Espectrofotometria e Cromatografia Líquida de Alta Pressão

- Reagente, **HPLC/Spectro** – Reagentes dentro das exigências e procedimentos para Padrões de Cromatografia em HPLC e Espectrofometria.

d) Reagentes para: Pesticidas & Resíduos; Soluções Padrão; Aplicações Biotecnológicas; Reagentes para Soluções Volumétricas.

e) Existem ainda denominações próprias de cada fabricante.

Materiais Padrões de Referência (MPR)

Um Material Padrão de Referência é um material preparado a partir das mais diferentes matrizes, por exemplo: um solo qualquer, um sedimento, uma liga, um minério, uma planta etc. Não há necessidade de purificação. As condições de preparação são rigorosas:

- No tocante à coleta do material, secagem, moagem, homogeneização, entre outras.
- Na análise dos elementos de interesse no MPR. Junto com o MPR é fornecido uma lista dos elementos com as respectivas *concentrações certificadas*.

Detalhes 15.3

Materiais Padrões de Referência (em matrizes)

O desenvolvimento científico e tecnológico, de forma exponencial, e como consequência a produção de uma infinidade de dados, que por princípio devem ser *corretos* e *seguros*, além dos padrões das *substâncias puras* e seus *padrões primários* começaram a ser produzidos *Materiais de Referência Padrão – Certificados*.

Estes materiais, em geral, são obtidos de amostras naturais complexas, constituídas de seus elementos *principais, secundários* e *elementos traços*. Podendo também ser sintéticos.

A sua preparação obedece a um *ritual técnico* e *científico severo*, desde:

- a *coleta* do material;
- a *preparação inicial* (moagem, secagem, peneiração, homogeneização, quarteamento etc.);
- a *digestão* das amostras;
- o *método de quantificação* dos diferentes analitos (principais, secundários e traços);
- o *tratamento estatístico* dos resultados experimentais.

Hoje, em nível global, existem muitas instituições que produzem Materiais Padrões de Referência – Certificados.

A Tabela 15.2 apresenta algumas Instituições, responsáveis pela produção e comercialização destes *Materiais Padrões de Referência*.

Tabela 15.2 Instituições envolvidas no Controle, Produção e Disponibilização de Materiais Padrões de Referência – Certificados. (*)

Sigla	Nome
NIST	National Institute of Standards and Technology U.S. Department of Commerce, Gaithersburg, Mariland – USA
CITAC	Cooperation on International Traceability in Analytical Chemistry Organismo constituído de 35 membros de 25 países. A metade é constituída de membros de Institutos Nacionais de Metrologia e a outra metade de Membros de Comitês Consultivos.
ILAC	International Laboratory Accreditation Cooperation
AQCS	Analytical Quality Control Services International atomic Energy Agency, Vienna – Austria
NRC	National Research Council Institute for Environmental Research and Technology, Ottawa – Canada
INMETRO	Instituto Nacional de Metrologia, Normalização e Qualidade Industrial Rio de Janeiro – Brasil

(*) FONTE: INMETRO (2010).

A título de exemplo, na Tabela 15.3 constam alguns valores CERTIFICADOS DA ANÁLISE do MATERIAL PADRÃO DE REFERÊNCIA – SRM 2704 – *Buffalo River Sediment*.

O objetivo de introduzir o assunto é a utilização destes *materiais de referência certificados* para *validar* o(s) método(s) desenvolvido(s), os resultados obtidos etc. Enfim, ter certeza que os resultados analíticos produzidos são *válidos*, isto é, certos ou corretos.

A *validação* do método ou do resultado é realizada pelo próprio pesquisador, que, juntamente com a amostra que está analisando, submete uma idêntica alíquota do *Material Padrão de Referência Certificado*, cujo resultado lhe é fornecido ao comprar o referido material.

Tabela 15.3 Cópia de alguns Valores Certificados do SRM 2704 – *Buffalo River Sediment* do NIST – *National Institute of Standards and Technology*).

Elemento	Percentagem % (m m^{-1})	Elemento	Percentagem % (m m^{-1})
...		...	
Magnésio	1,20 ±0,02	Titânio	0,457 ±0,018
...		...	
Elemento	µg g^{-1}	Elemento	µg g^{-1}
...		...	
Cádmio	3,45 ±0,22	Mercúrio	1,47 ±0,07
...		...	

Na execução das análises das amostras do sedimento coletado no rio Paraná, em paralelo submete ao mesmo processo analítico uma *alíquota* do SRM-22704. Se o resultado encontrado experimentalmente, por exemplo, para o *magnésio* (Mg) 1,20 ±0,02%; *chumbo* (Pb) 161 ±17 µg g^{-1}; zinco (Zn) 438 ±12µg g^{-1} etc., pode afirmar que os resultados obtidos para as amostras do sedimento do rio Paraná são corretos ou validos. Os resultados do seu método de análise para o magnésio (Mg), chumbo (Pb), zinco (Zn) etc. foram validados.

Caso não obtenha estes resultados referenciados para o SRM-2704, deverá rever as diferentes etapas a que foi submetido o SRM-2704 juntamente com as suas amostras.

E, se mesmo após esta reanálise, ainda não obtiver o valor referência do MPR, significa que o seu método analítico deve ter um erro sistemático. Deverá trocá-lo ou pesquisar a origem da incerteza.

Concentração da solução

Quando se considera o *valor exato da concentração* de uma solução, esta pode apresentar-se das seguintes maneiras:

a) *Solução Padrão* - A solução padrão é a solução preparada mediante a pesagem direta da massa exata de uma *substância padrão*, denominada de *padrão primário*, e, sua diluição, com solvente, num balão volumétrico de volume conhecido e exato. Por princípio, esta concentração é certa, exata, sem erro. Pode-se dizer, *certificada*.

b) Solução grosseira - A solução grosseira é a solução preparada com um composto que não é padrão primário. A sua concentração exata só será conhecida após a sua titulação, ou sua determinação (que se chama de *padronização*). A partir do qual pode tornar-se uma *solução padronizada* e ser utilizada como uma solução padrão.

Uma solução padrão com finalidades analíticas deve ter as seguintes características:
- Ser estável ao longo do tempo, isto é, sua concentração deve ser sempre a mesma.
- Reagir rapidamente com o analito. O analito (A) é o objeto da análise.
- Reagir completamente com o analito, isto é, não apresentar reversibilidade significativa da reação, o que é medido pela grandeza da Constante de Equilíbrio da reação.

Na prática, são muito poucas as substâncias que preenchem as características de padrão primário e que formam uma solução ideal em termos analíticos.

15.1.4 Preparação de soluções

Ao preparar uma solução começa-se questionando: *qual é a massa em gramas do soluto* a ser pesada, que no *volume total de solução* (V_T), *massa total da solução* (m_T), ou *massa em kg de solvente* dá a concentração desejada. Isto vale para qualquer tipo de unidade de concentração.

Mediante as Equações (15.1) a (15.14) e (15.33), umas mais usadas outras menos, calculam-se as massas a serem pesadas, ou tendo as massas e o volume, calcula-se a concentração etc.

15.1.5. Diluição de soluções

Preparar uma solução padrão é demorado e exige cuidado, como se verá. Por isto, na maioria dos trabalhos de *rotina de laboratório*, já se possuem *soluções padrão prontas*, mais concentradas, as quais são diluídas na concentração desejada.

A diluição de uma solução é o processo no qual mais solvente é adicionado à solução e, como a *quantidade de soluto* é a mesma a concentração diminui.

Na prática parte-se de uma solução concentrada de concentração C_C e chega-se a uma solução diluída de concentração C_D. O volume inicial da solução concentrada é V_C e o volume final da solução diluída V_D. Como a quantidade de soluto não varia, tem-se pelas fórmulas já apresentadas a Equação (15.33).

Quantidade de soluto (g, µg, ng, n, n_E etc) = $C_C \cdot V_C = C_D \cdot V_D$ = constante

$$C_C \cdot V_C = C_D \cdot V_D \quad (15.33)$$

Com esta igualdade pode-se calcular qualquer uma das variáveis, conforme a exigência do problema.

A segurança dos resultados produzidos na Química Analítica depende das Substâncias Padrões e, algumas vezes dos Materiais Padrões de Referência. Conforme visto, a Substância Padrão ou chamado também de Padrão Primário, devido principalmente a sua pureza, sabe-se a concentração do elemento de interesse. Nos Materiais Padrão de Referência os valores das concentrações dos elementos são certificados pelo próprio fabricante.

Por mais sofisticado que seja um instrumento, ele necessita ser calibrado e sem interferências de espécies presentes. Por isto, a Substância Padrão, cujas características foram definidas é praticamente insubstituível.

Na Química Analítica Clássica, na qual a determinação da concentração do analito é feita através da sua reação com o Padrão e posterior cálculo estequiométrico, observa-se que, saber preparar uma solução padrão, é fundamental na Química. Por isto, será dado um enfoque especial a esta preparação, nos mais variados aspectos: cálculos, material, limpeza, procedimentos, estocagem, entre outras.

15.1.6 Cálculo de resultados

Em geral, realizada uma análise, ou posto um problema, necessita-se expressar o resultado numa determinada unidade de concentração. Para isto, utilizam-se as Equações (15.1) a (15.14) e (15.33), conforme o caso e necessidade.

15.2 EXERCÍCIOS DE FIXAÇÃO

15.1. Foram misturados 80,00 mL de álcool metílico e 80,00 mL de água, que ao final deram o volume de 154,00 mL. Qual a concentração C (% v.v^{-1}) da solução?

15.2. Tem-se 25,00 mL de uma solução de cloreto de sódio (NaCl) de C (% m.v^{-1}) igual a 12,00%. Qual é a quantidade de NaCl presente na solução?

15.3. A quantidade de 0,500 g de uma amostra de sedimentos foi decomposta integralmente e dissolvida num balão volumétrico de 50 mL com água destilada e deionizada. A leitura da concentração de chumbo nesta solução deu 1,50 µg mL^{-1}. Qual a concentração de Pb na amostra de sedimento em:

a) C (µg g^{-1}, ou ppm)?

b) C (ng g^{-1}, ou ppb)?

c) C (% m.m^{-1})?

15.4. Necessita-se preparar um litro de uma solução que contenha 1000 µg de prata (Ag). Quantos gramas de nitrato de prata (AgNO$_3$) (padrão primário) devem ser pesados?

15.5. Uma solução saturada de ácido clorídrico (HCl) tem a concentração de 37,00% (m.m^{-1}). A densidade deste ácido é de 1,18 g mL^{-1}. Necessita-se preparar 1000 mL de solução do mesmo de C = 0,550 mol L^{-1}. Solicitam-se:

a) Qual o volume de HCl a 37,00% deve ser utilizado nesta preparação?

b) A solução resultante é uma solução padrão? Justifique a resposta.

15.6. Foram misturados 9,00 g de cloreto de sódio (NaCl) a 85,00 g de água. Solicitam-se:

a) Qual a concentração C (mol kg$^{-1}_{(solvente)}$)?

b) Qual a concentração C (% m m^{-1})?

15.7. Tem-se uma solução padrão de cobre com 50,00 µg mL^{-1}. Necessitam-se preparar 250 mL da mesma solução com 10,00 µg mL^{-1}. Que volume da solução concentrada deve-se utilizar?

15.8. Misturaram-se 150,00 mL de uma solução de hidróxido de sódio (NaOH) 3,00 mol L^{-1} com 250,00 mL de outra solução de hidróxido de sódio (NaOH) 2,00 mol L^{-1}. Qual a concentração final em mol L^{-1}?

15.10. Dado o Diagrama de distribuição das espécies formadas pelo hidróxido de zinco (Zn(OH)$_{2(ppt)}$) com a variação do pH do meio, conforme Figura EF 15.1. Solicita-se:

A partir de qual valor de pH todo o zinco presente está na forma do cátion Zn$^{2+}_{(aq)}$ e a partir de qual valor de pH ele praticamente desaparece da solução, para aparecer em outras formas?

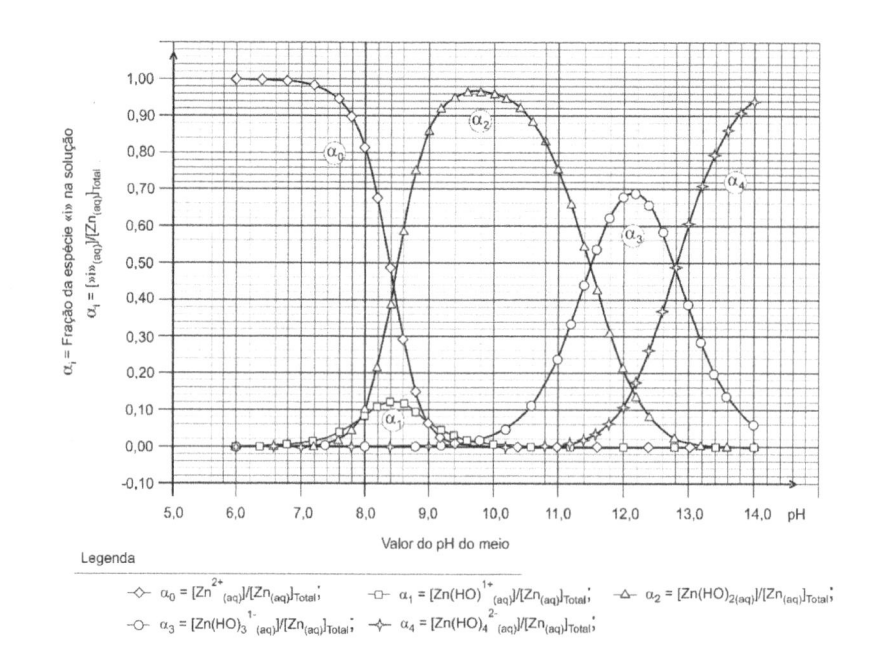

Figura EF 15.1 Diagrama de distribuição das espécies formadas pelo hidróxido de zinco (Zn(OH)$_{2(ppt)}$) em função do pH do meio.

Respostas: **15.1.** 50; **15.2.** 3; **15.3.** 150; $1,5.10^5$; 0,015; **15.4.** $1,575.10^{-3}$; **15.5.** 45,93; **15.6.** 1,81; 9,57; **15.7.** 50; **15.8.** 2,38.

15.3 RELATÓRIO DE ATIVIDADES

Universidade _____ Centro de Ciências Exatas – Departamento de Química Disciplina: QUÍMICA GERAL EXPERIMENTAL – Cód: _____ Curso: _____ Ano: _____ Professor: _____	Relatório De Atividades

_____ Nome do Acadêmico	_____ Data

UNIDADE DIDÁTICA 15: TEORIA DAS SOLUÇÕES
CONCEITOS, UNIDADES DE CONCENTRAÇÃO, CÁLCULOS E APLICAÇÕES

1) Foram dissolvidos 5,00 g de glicose ($C_6H_{12}O_6$) em água para dar 65,60 g de solução. Solicitam-se:

a) Qual a concentração C (% m.m^{-1}) da solução?

b) Supondo que a densidade da água seja igual 1,00 g mL^{-1}, qual é a concentração C (% m.v^{-1}) da solução?

3) Foram dissolvidos 15,000 g do padrão primário dicromato de potássio ($K_2Cr_2O_7$) em um balão volumétrico de 250-mL com água destilada e deionizada.

a) Qual é a concentração C (mol L^{-1})?

b) Precisa-se preparar 500 mL de solução 0,250 mol L^{-1} do mesmo padrão. Qual a massa do mesmo a ser pesada?

4) A análise de 2,000 g de uma rocha lunar mostrou que 0,500 g eram de ferro e 0,00450 g de selênio. Qual é a concentração de cada elemento em % m.m^{-1} e ppm?

15.4 REFERÊNCIAS BIBLIOGRÁFICAS E SUGESTÕES PARA LEITURA

ALDRICH – **Desenvolvendo Ciência**. Catálogo de produtos. São Paulo: Sigma-Aldrich Brasil, 2005 – 2006.

AMBROGI, A.; LISBÔA, J. C. F. A química fora e dentro da escola. *In*: **Ensino de química dos fundamentos à prática**. São Paulo: Secretaria de Estado da Educação, 1990. vol. 01, 46 p.

BERAN, J. A. **Laboratory manual for principles of general chemistry**. 2. ed. New York: John Wiley & Sons, 1994. 514 p.

CHRISPINO, A. **Manual de química experimental**. São Paulo (SP): Editora Ática, 1991. 230 p.

COTTON, F. A.; LYNCH, L. D. **Curso de química**. Traduzido por Horácio Macedo. Rio de Janeiro: FORUM Editora, 1968. 658 p.

GIESBRECHT, E. (Coordenador). **Experiências de química – Técnicas e conceitos básicos**. PEQ – Projetos de Ensino de Química de Professores da USP. São Paulo: Editora Moderna, 1982. 241 p.

GORIN, G. Mole and chemical amount. **Journal of Chemical Education**, v. 71, n. 02, p. 114-116, 1994.

MASTERTON, W. L.; SLOWINSKI, E. J.; STANITSKI, C. L. **Princípios de química**. Tradução de Jossyl de Souza Peixoto. Rio de Janeiro: Editora Guanabara Koogan, 1990. 681 p.

MORITA, T.; ASSUMPÇÃO, R. M. V. **Manual de soluções reagentes e solventes – Padronização, preparação purificação**. 2ª Edição. São Paulo: Editora Edgard Blücher, 1976. 627 p.

MUROV, S.; STEDJEE, B. **Experiments in basic chemistry**. 3. ed. New York: John Wiley & Sons, 1994. 593 p.

NEKRASOV, B. **Química general**. Traducido del ruso por Maria L. Riera. Moscu: Editorial PAZ, 1970. 557 p.

POMBEIRO, A. J. L. O. **Técnicas e operações unitárias em química experimental**. Lisboa: Fundação Calouste Gulbenkian, 1980. 1.069 p.

ROCHA Filho, R. C.; SILVA, R. R. Sobre o uso correto de certas grandezas em química. **Química Nova**, v. 14, n. 04, p. 300-305, 1991.

RUSSEL, J. B. **Química geral**. 2ª Edição. Coordenação e tradução de Maria Elizabeth Brotto e outros. Rio de Janeiro: MAKRON Books do Brasil Editora, 1994. 1.268 p. Volume 1 e Volumes 2.

SEBERA, D. K. **Estrutura eletrônica & Ligação química**. São Paulo (SP): Editora Polígono, 1968. 315 p.

SEMISHIN, V. **Prácticas de química general inorgánica**. Traducido del ruso por K. Steinberg. Moscu: Editorial MIR, 1967. 390 p.

SIENKO, M. J.; PLANE, R. A. **Química**. Tradução de Ernesto Giesbrecht e outros. São Paulo: Companhia Editora Nacional, 1968. 650 p.

SIGMA-ALDRICH CATALOG. **Biochemicals and reagents for life science research**. USA: SIGMA ALDRICH Co., 1999. 2880 p.

SILVA, R. R.; ROCHA Filho, R. C. Sobre o uso da grandeza de matéria e sua unidade, o mol. *In*: **Ensino de química dos fundamentos à prática**. São Paulo: Secretaria de Estado da Educação, 1990. vol. 01, 46 p.

SILVA, R. R.; BOCCHI, N.; ROCHA Filho, R. C. **Introdução à química experimental**. Rio de Janeiro: McGraw-Hill, 1990. 296 p.

SKOOG, D. A.; WEST, D. M. **Fundamentals of analytical chemistry**. New York: Saunders College Publishing, 1982. 859 p.

SKOOG, D. A.; WEST, D. M.; HOLLER, F. J. **Analytical chemistry**. 6. ed. Philadelphia (USA): Saunders College Publishing, 1992. 892 p.

STOKER, H. C. **Preparatory chemistry**. 4. ed. New York: Macmillan Publishing Company, 1993. 629 p.

THOMAS SCIENTIFIC CATALOG: 1994/1995. New Jersey (USA): Thomas Scientific Co., 1995. 1929 p.

TIMM, J. A. **General chemistry**. 4th Edition. New York: McGraw-Hill Book Company and Kogakusha Company. 1972. 647 p.

VASILYEVA, Z.; GRANOVSKAYA, A.; MAKARYCHEVA, E.; TAPEROVA, A.; FRIDENBERG, E. **Laboratory experiments in general chemistry**. Translated from Russian by Alexander Rosinkin. Moscow: MIR Publishing, 1974. 364 p.

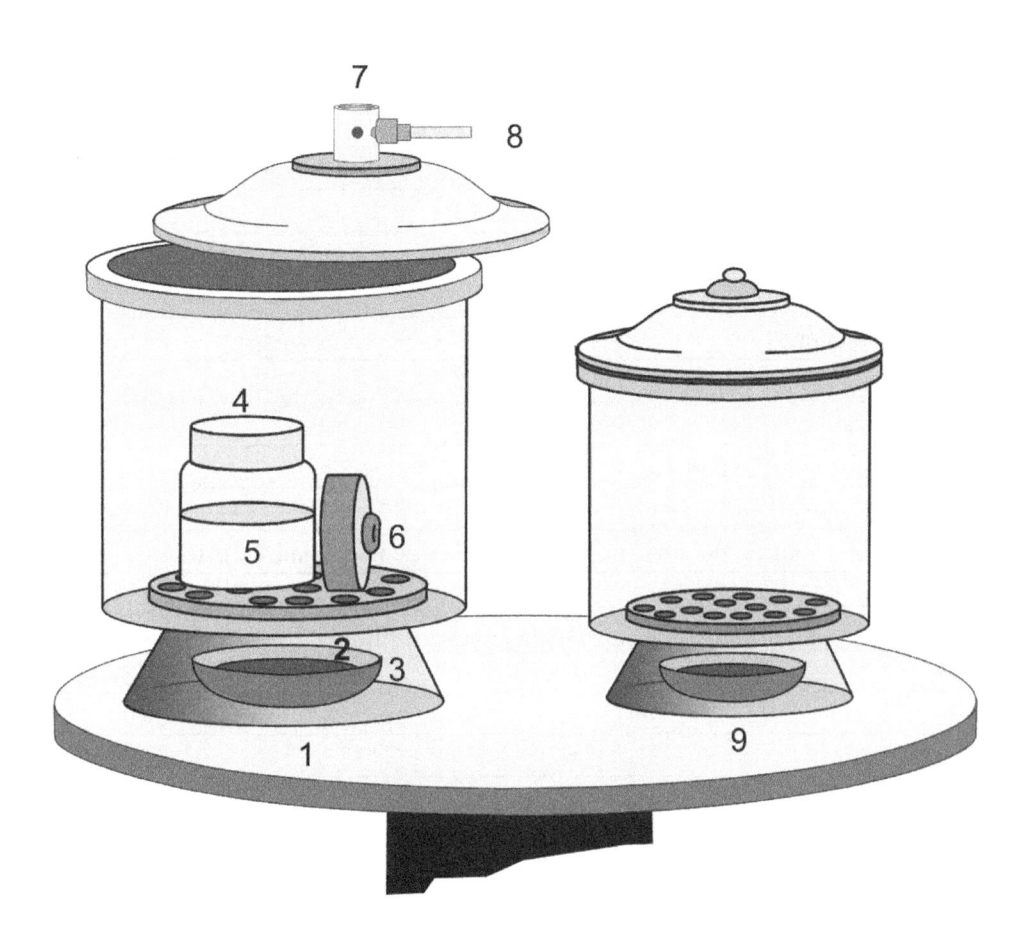

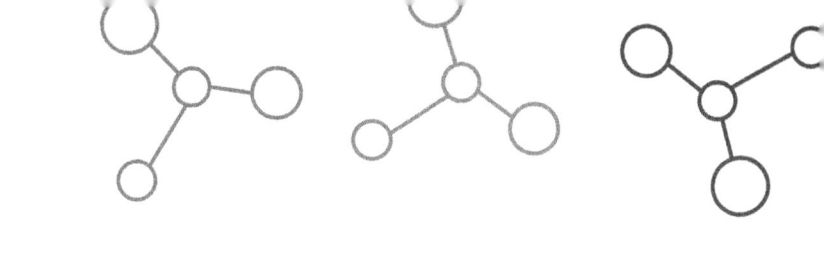

UNIDADE DIDÁTICA 16

1 – Dessecador: Usado para resfriar substâncias em ausência de umidade ou mantê-las secas. Confeccionado em vidro com alta resistência mecânica e inerte quimicamente. Na parte inferior do dessecador é colocado um recipiente, no desenho, uma cápsula de porcelana (3), contendo sílica gel (2). A sílica gel tem a propriedade de adsorver água, e é colocada no dessecador com a finalidade de capturar as moléculas de água do ar. Para indicar o grau de umidade da sílica gel é usado o cloreto de cobalto(II), um sal, que tem cor azul quando seco e rosa claro quando úmido. Se a sílica gel esta úmida, portanto, cor rosa, deve ser levada na estufa para secar e novamente usada. O dessecador pode ser simples (9) ou com saída para bomba de vácuo (7, 8).

4 – Pesa filtro: Instrumento de vidro, usado na pesagem e secagem de sólidos. A substância sólida (5) é secada na estufa e depois transferida para o dessecador, ainda quente, onde deve esfriar sem absorver umidade. Ao ser retirado do dessecador o pesa filtro deve ser tampado, com tampa também de vidro (6) para não absorver umidade do ar durante a manipulação e pesagem.

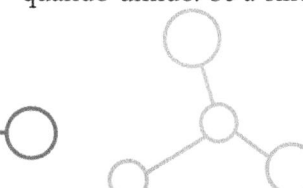

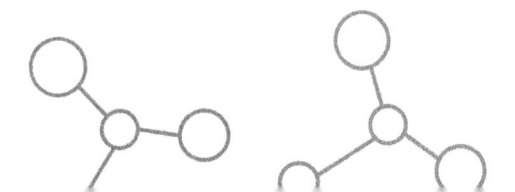

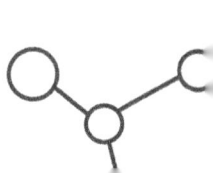

UNIDADE DIDÁTICA 16

SUBSTÂNCIAS PADRÕES E NÃO-PADRÕES

PREPARAÇÃO DE SOLUÇÕES

Conteúdo	Página
16.1 Aspectos Teóricos	375
16.1.1 Introdução	375
16.1.2 Soluções padrão	375
16.1.3 Preparação de soluções	376
Detalhes 16.1	377
16.2 Parte Experimental	389
16.2.1 Preparação de uma solução padrão	389
Segurança 16.1	389
16.2.2 Preparação de uma solução de uma substância sólida que não é padrão primário	390
Segurança 16.2	390
16.2.3 Preparação de uma solução de uma substância (solução) líquida que não é padrão primário	391
Segurança 16.3	391
16.3 Exercícios de Fixação	393
16.4 Relatório de Atividades	394
16.5 Referências Bibliográficas e Sugestões para Leitura	395

Unidade Didática 16
SUBSTÂNCIAS PADRÕES E NÃO PADRÕES
PREPARAÇÃO DE SOLUÇÕES

Objetivos
- Aprender os conceitos básicos sobre *substância padrão*.
- Aprender a calcular a massa a ser pesada, a preparar e a estocar a respectiva *solução padrão*.
- Calcular a massa (ou o volume) a ser utilizado na preparação de *soluções grosseiras*, isto é, não padrões.
- Aprender a lidar com os *descartes de soluções*.

16.1 ASPECTOS TEÓRICOS

16.1.1 Introdução

Ao preparar uma *solução* começa-se questionando: a solução deve ser *padrão* ou não? O soluto é uma *substância padrão* ou não?

Dependendo da finalidade existem soluções cujo título ou concentração, não necessita ser exato. Podem ter concentrações aproximadas. Não exigem muito rigor. Em contrapartida, existem áreas da química que exigem soluções de título exato. São as *soluções padrão*.

Uma *solução padrão* provém da dissolução de uma quantidade exata de massa de uma substância padrão num volume conhecido de solução total.

No caso de não se possuir a substância padrão prepara-se uma solução dita "*grosseira*", isto é, de título ou concentração aproximado e depois, com auxílio de outra solução padrão, determina-se o valor exato da mesma. Esta operação denomina-se de *padronização* e a solução é a *solução padronizada*, que agora passa ser solução padrão.

16.1.2 Soluções padrão

A *solução padrão* é a solução cuja concentração é conhecida exatamente. Normalmente é obtida pela dissolução de uma massa exata, pesada diretamente, de uma *substância padrão*.

Uma substância padrão primário é uma substância, ou espécie química, confiável em termos de estabilidade, de composição química, de pureza, que serve de material de referência e permite preparar soluções de concentrações exatas e conhecidas por medida direta (pesagem). Como este conceito é fundamental em Química a definição será repetida, segundo outro autor.

Conforme já foi visto na Unidade Didática 15 uma substância padrão tem propriedades características, entre elas: alta pureza (maior que 99,5%); elevado peso molecular; estabilidade no estado de pureza ou de solução; baixa toxicidade; preço acessível etc.

Segundo VOGEL (1960) uma substância padrão primário deve satisfazer as seguintes exigências:

1º Deve ser obtida, purificada e secada facilmente. De preferência deve ser secada a 110 – 120 ºC. Deve manter-se em estado estável e de pureza por longo e longo tempo. Em geral, as espécies hidratadas não possuem esta característica, pois, é difícil eliminar a umidade totalmente sem ocasionar uma decomposição parcial.

2º A substância deve ser estável no ar. Esta condição pressupõe que a substância não seja higroscópica, eflorescente, deliquescente. Isto implica que não reaja com a água da atmosfera, não se oxide com o oxigênio do ar e que não reaja com o CO_2 da atmosfera. Ela não pode variar de composição ao longo do tempo.

3º O conteúdo de impureza não pode ultrapassar a 0,01-0,02%. Isto significa que o teor de pureza deve alcançar níveis maiores que 99,95%.

4º Deve possuir massa molecular elevada. Isto significa que o erro relativo da pesagem será pequeno. Numa balança analítica comum o erro de pesagem é da ordem de 0,1 a 0,2 mg, de tal maneira que para ter um erro relativo de 1 por 1000, é necessário pesar, mais ou menos, cerca de 0,2 g de reagente.

5º A substância deve ser fácil de dissolver, nas condições de trabalho.

6º A substância padrão deve ter reações rápidas (instantâneas) e completas com a substância problema (analito). Isto é, deslocadas no sentido dos produtos. Isto significa que o ponto de equivalência é alcançado rapidamente e o ponto final da reação pode ser indicado com confiança por um agente externo da reação (por exemplo, um indicador).

7º Tenha preço acessível.

A preparação de uma solução padrão a partir de uma substância padrão (padrão primário) a ser utilizada na análise volumétrica depende do tipo de volumetria. Isto é, deseja-se determinar a concentração de uma base, de um ácido, de um agente oxidante, de um redutor etc.?

A solução padrão tem sua aplicação na Química Analítica, a qual tem um capítulo que trata da determinação da concentração, ou do *título* de soluções (*Titulometria*), medindo o *volume* de uma *solução padrão* que reage com uma substância contida num *volume* conhecido de solução da mesma, cujo título se deseja conhecer. Portanto, baseia-se na medida de volumes (*Volumetria*).

16.1.3 Preparação de soluções

Conforme visto, a Química Analítica está baseada em *substâncias padrões*, denominadas de *Padrões Primários*. Com estas substâncias padrões:

- A *Química Analítica Clássica*, através da Titulometria de Neutralização, de Precipitação, de Oxidorredução e de Complexação, quantifica os analitos das mais diferentes amostras, mediante a reação química do padrão com os mesmos e com posterior cálculo da concentração do analito pela estequiometria.

- A *Química Analítica Instrumental* necessita dos *padrões primários* para calibrar os instrumentos dos mais sofisticados aos mais simples.

UNIDADE DIDÁTICA 16: SUBSTÂNCIAS PADRÕES E NÃO-PADRÕES
PREPARAÇÃO DE SOLUÇÕES

Detalhes 16.1

Preparação de uma solução padrão

A preparação de uma solução padrão exige uma série de medidas práticas a serem tomadas: antes da preparação; na preparação; e, depois da preparação.

A solução padrão a ser preparada como exemplo, é uma solução de dicromato de potássio ($K_2Cr_2O_7$), 0,1000 mol L^{-1}.

I Medidas práticas antes da preparação

A substância padrão, dicromato de potássio ($K_2Cr_2O_7$), deve estar seca, pura etc., isto é, deve estar no *estado de Padrão Primário*, e na temperatura ambiente para poder pesá-la.

- Cálculo da massa de dicromato de potássio ($K_2Cr_2O_7$) a ser pesada

Primeiro é necessário determinar a massa molar (M) do dicromato de potássio, que é igual à soma das massas molares dos átomos que constituem a molécula de dicromato de potássio ($K_2Cr_2O_7$). Para isto, é necessária uma Tabela Periódica, onde se encontram as massas atômicas de cada elemento. Consultando a mesma, e tomando o número de vezes que cada átomo participa da molécula, tem-se:

K → 2 K = 2.39,0983 = 78,1966

Cr → 2 Cr = 2.51,996 = 103,992

O → 7 O = 7.15,999 = 111,993

_____

Massa Molar, M = 294,1816 g mol^{-1}

Pela Equação (16.1), determina-se a massa necessária ($m_{(g)}$) para preparar 500 mL (ou V_L = 0,500 L) de solução de concentração C = 0,1000 mol L^{-1}.

$$C = \frac{m}{M \cdot V_L} \tag{16.1}$$

Onde:

C = Concentração em mol L^{-1};

m = massa do soluto em gramas (g);

M = massa molar do soluto em gramas (g mol^{-1});

V_L = volume da solução em litros (L).

Da Equação (16.1) chega-se à Equação (16.2), que dá o valor da massa a ser pesada.

$$m = C \cdot M \cdot V_{(L)} \tag{16.2}$$

Introduzindo as *condições de preparação* da solução, chega-se à Equação (16.3), e (16.4):

$$m = 0,1000 \cdot 294,1816 \cdot 0,5000 \, \frac{mol}{L} \cdot \frac{g}{mol} \cdot L = 14,70908 \text{ g} \tag{16.3}$$

Ou,

$$\text{Massa a ser pesada, m} = 14,7091 \text{ g} \tag{16.4}$$

Até o momento presente, o fator limitante do número de algarismos significativos foi o número que expressa a massa molar e a balança a ser utilizada que tem quatro algarismos após a vírgula.

- Secagem da substância padrão

Transferem-se aproximadamente 16 a 17 g de dicromato de potássio ($K_2Cr_2O_7$) para um pesa-filtro limpo e seco. Uma quantidade um pouco maior que a calculada para ser pesada exatamente. Isto, devido ao fato que, após retirar uma substância padrão do seu frasco estoque, ela não deve mais retornar ao mesmo, para evitar introduzir impurezas no estoque e acarretar erros nas próximas preparações. O que sobrar de substância padrão dos 16 a 17 g que serão secados, é utilizada para outras finalidades. Pode até ser usada para preparar uma solução que posteriormente é padronizada.

O pesa-filtro com a substância padrão é levado à estufa, já na temperatura de secagem, com o auxílio de uma pinça e ali deixado, semiaberto, ou coberto por um vidro de relógio, pelo tempo recomendado pela técnica utilizada, no caso, uma hora com a estufa a 145 °C a 150 °C (Morita & Assumpção, 1972).

A Figura 16.1, visualiza o fato.

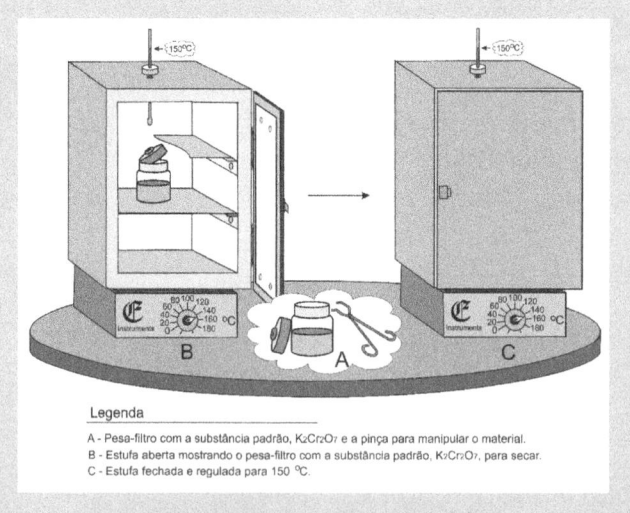

Figura 16.1 Visualização da secagem da substância padrão: (A) Separação da quantidade necessária em um pesa-filtro; (B) Introdução na estufa com o auxílio de uma pinça; (C) Permanência na estufa por 1 (uma) hora a 150 °C.

Apesar da estufa estar previamente calibrada na temperatura de trabalho, no caso, 150 °C, é conveniente fazer um controle da mesma, no termômetro da parte superior da estufa. Junto ao termômetro, na parte superior da estufa, existe uma abertura pela qual saem os vapores e o ar quente do interior da mesma.

Decorrido o tempo de secagem, com o auxílio de uma pinça, retirar o pesa-filtro da estufa e rapidamente colocá-lo num dessecador previamente preparado, isto é, seco (sílica-gel azul), conforme Figura 16.2.

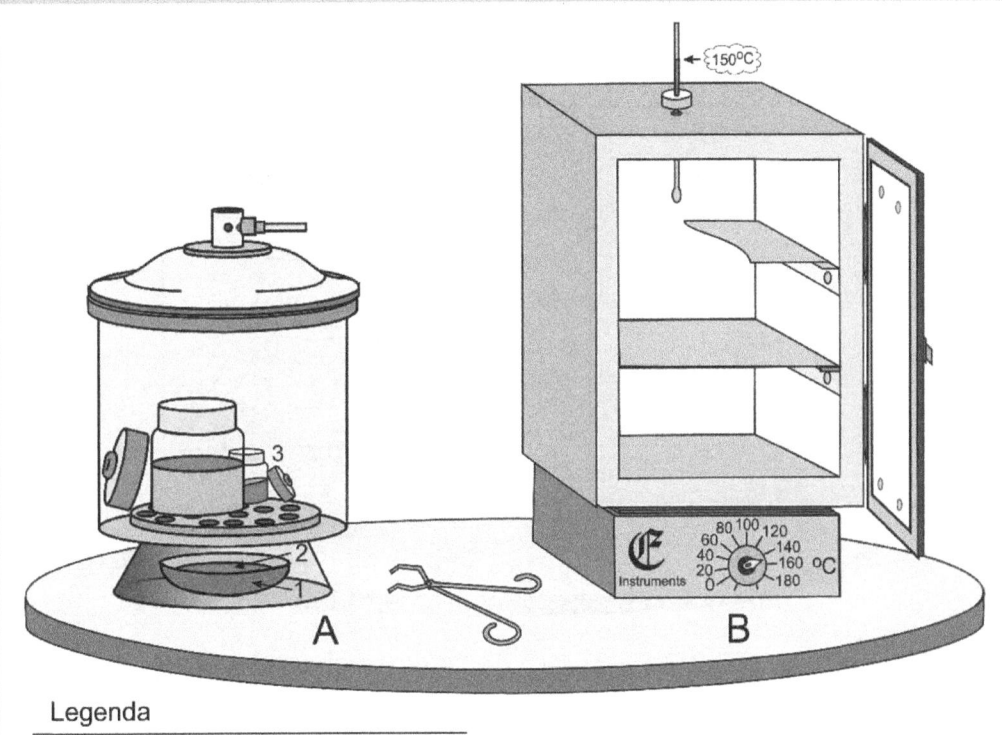

Legenda

A - Dessecador com o pesa-filtro e a substância padrão, $K_2Cr_2O_7$, seca, aguardando estabilizar a temperatura para a do meio ambiente: 1, 2 - Cápsula com sílica-gel seca (azul) ; 3 - Pesa-filtro com sílica-gel seca (azul).

B - Estufa aberta, vazia, da qual foi retirada a substância padrão, $K_2Cr_2O_7$, e levada ao dessecador.

Figura 16.2 Retirada do pesa-filtro com a substância padrão da estufa para o dessecador.

Após, com cuidado, segurando o dessecador com as duas mãos, o mesmo é levado à sala de balanças. Como o material introduzido no dessecador está quente, ele aquece o ambiente interno do dessecador e aumenta a pressão. Para evitar problemas, pode-se despressurizar o ambiente interno com o auxílio da parte superior do dessecador, abrindo a válvula de escape e fechando imediatamente.

Na bancada, ao lado da balança, já se encontra outro dessecador com o material necessário para fazer a pesagem da massa dos 14,7091 g de dicromato de potássio ($K_2Cr_2O_7$): pesa-filtro, limpo e seco; espátulas, limpas e secas. A Figura 16.3 mostra a bancada com os dois dessecadores.

O pesa-filtro limpo e seco, com o auxílio da pinça, é colocado sobre o prato da balança analítica de quatro decimais e sua massa zerada. A seguir ajusta-se a balança com seus botões adequados o valor de 14,709... g. Com o auxílio das espátulas (limpas e secas) coloca-se a substância padrão no pesa-filtra até ajustar o último dígito da escala: 14,7091 g. Esta operação não pode demorar muito, pois, a umidade do ambiente é reabsorvida pelo material seco. Nunca se deve deixar o dessecador aberto durante estas operações. A forma de abri-lo é deslizando a tampa horizontalmente, conforme visto na Unidade 02.

Tapar o pesa-filtro, agora podendo ser manipulado com as mãos, e levá-lo para a bancada de preparação da solução.

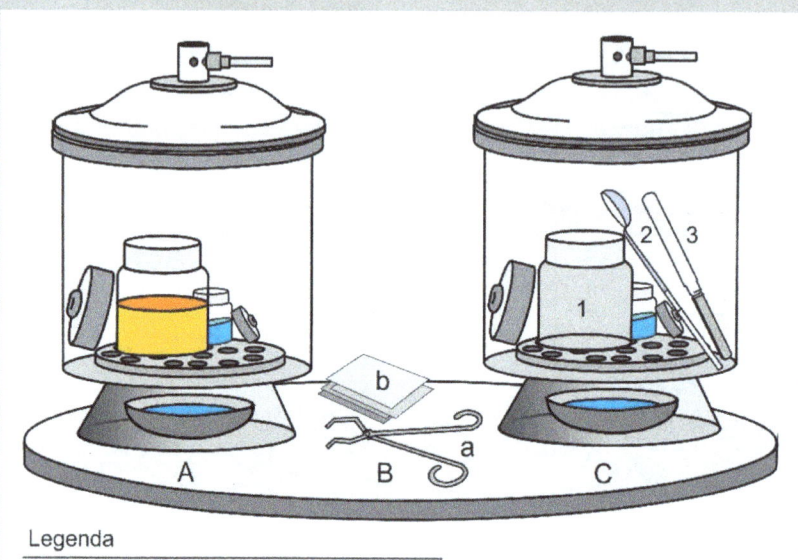

Legenda
A - Dessecador seco (sílica-gel azul) com a substância padrão, $K_2Cr_2O_7$, seca, esperando para entrar em equilíbrio térmico com o meio ambiente.
B - Material auxiliar: a - pinça metálica; b - papel toalha.
C - Dessecador seco (sílica-gel azul) com: 1 - O pesa-filtro, limpo e seco, para pesar a quantidade necessária do padrão, $K_2Cr_2O_7$; 2 e 3 - Espátulas limpas e secas para utilizar na pesagem da substância padrão.

Figura 16.3 Visualização de parte da bancada da sala de balanças: (A) Dessecador com o pesa-filtro e a substância padrão estabilizando a temperatura; (C) Dessecador com o material utilizado na pesagem da massa calculada da substância padrão.

II Preparação da solução padrão

Antes de começar a dissolver qualquer coisa, é preciso ter todo o material necessário pronto, limpo e seco.

UNIDADE DIDÁTICA 16: SUBSTÂNCIAS PADRÕES E NÃO-PADRÕES
PREPARAÇÃO DE SOLUÇÕES

- Água quimicamente pura (bidestilada e deionizada);
- Balão volumétrico de 500 mL de capacidade com tampa;
- Copo béquer de 50 a 100 mL;
- Bastão de vidro;
- Funil de vidro;
- Pisseta com água quimicamente pura;
- Conta-gotas.

É importante o operador saber que a massa de dicromato de potássio ($K_2Cr_2O_7$), *substância padrão*, m = 14,7091 g, deve ser *transferida quantitativamente* para o balão de 500 mL. *Transferência quantitativa* significa não perder e nem adicionar nada mais de padrão do que a massa pesada.

A Figura 16.4 mostra o material necessário para fazer a dissolução da substância padrão, $K_2Cr_2O_7$. Muitas vezes, para se evitar transferir a substância padrão sólida, para um copo béquer maior, antes de iniciar a dissolução, pesa-se diretamente a *substância padrão* num copo béquer limpo, seco, e guardado no dessecador para esta finalidade.

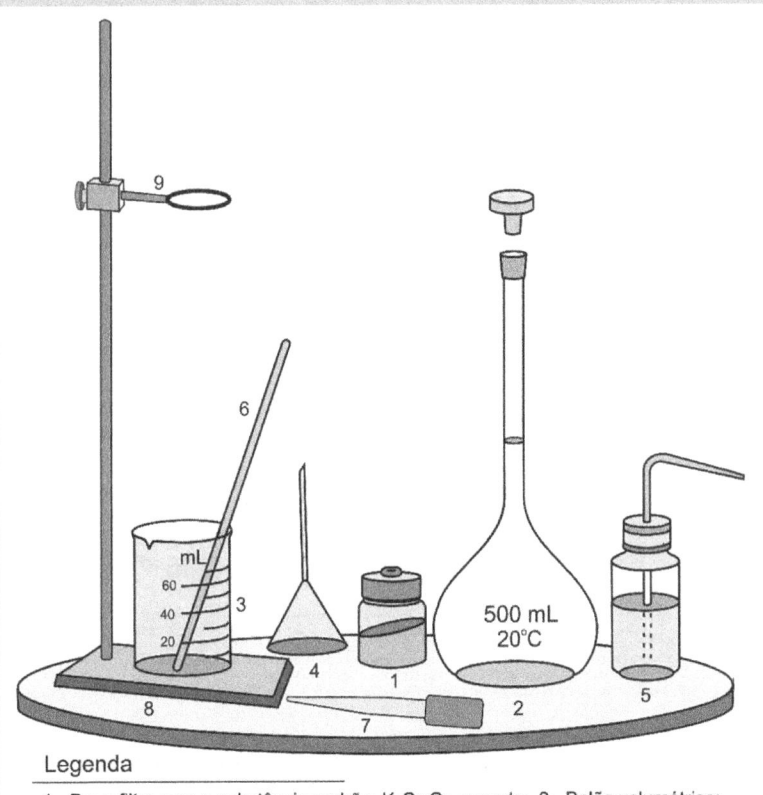

Legenda

1 - Pesa-filtro com a substância padrão, $K_2Cr_2O_7$, pesada; 2 - Balão volumétrico; 3 - Copo Béquer; 4 - Funil; 5 - Pisseta com água quimicamente pura; 6 - Bastão de vidro; 7 - Conta-gotas; 8 - Suporte metálico; 9 - Garra com anel metálico.

Figura 16.4 Visualização do material necessário para preparar a dissolução da substância padrão dicromato de potássio $K_2Cr_2O_7$.

Antes de transferir a *substância padrão* para o balão, costuma-se:

- Testar se não há vazamentos na tampa do balão. Para isto, colocar 50 a 100 mL de água quimicamente pura, tapar o balão com a tampa, dar uma enxaguada interna e emborcar o balão para conferir possíveis vazamentos, pela tampa, quando o balão está fechado.
- Dissolver, em um béquer, a substância padrão com porções de água quimicamente pura e transferir estas porções para o balão, utilizando um funil e o bastão de vidro para não perder nada, nem uma gota, conforme Figura 16.5 C, bem como, a pisseta com água quimicamente pura para, em cada porção enxaguar o bastão de vidro.

Cuidado:

*Cada vez que o bastão de vidro entrar em contato com a solução, seja no pesa-filtro, ou num copo béquer maior, ou na transferência da solução é necessário enxaguá-lo, pois sempre fica alguma porção aderida ao mesmo, que, se perdida, a transferência **não é quantitativa**. E, deve-se recomeçar, pois há erro sistemático na preparação. Aqui, o "negócio" não é "mais ou menos".*

A Figura 16.5 visualiza o processo de dissolução da substância padrão e respectiva transferência para o balão de 500 mL.

Legenda
A - Transferência da substância padrão, $K_2Cr_2O_7$, do pesa-filtro para um copo Béquer, maior. B - Dissolução da substância padrão, no copo Béquer, com o auxílio da pisseta. C - Transferência da solução do padrão para o balão volumétrico de 500 mL. Tanto o pesa-filtro quanto o copo Béquer devem ser lavados 2 a 3 vezes após as transferências das porções. Finalmente o funil e o bastão devem também ser lavados, e, em todas as «lavagens» as respectivas frações devem ser recolhidas no balão.

Figura 16.5 Dissolução da substância padrão: (A) Transferência do padrão sólido para um copo béquer maior; (B) Dissolução do padrão no copo béquer com o auxílio de uma pisseta; (C) Transferência das frações de dissolução da substância padrão e respectivas lavagens do material para o balão volumétrico de 500 mL.

Qualquer operação de preparação de uma solução padrão, deve ter o cuidado de evitar a perda de material. O princípio de Lavoisier: *Na natureza nada se perde, nada se cria, tudo se transforma*, é verdadeiro, mas, quando o ser humano "mete a mão no negócio", o princípio continua verdadeiro, contudo, parte da massa pesada pode ter sido perdida.

A importância dos cuidados necessários deve-se ao fato que, se o padrão estiver errado, tudo o mais, baseado neste padrão, estará errado. Por isto, todo o cuidado é pouco.

III Finalização da dissolução e estocagem da solução.

A massa pesada da *substância padrão* praticamente foi transferida. Como segurança deve-se ainda dar duas ou três enxaguadas nos materiais envolvidos na transferência do material, Figura 16.6, com pequenas porções de água quimicamente pura e recolhê-las no balão volumétrico, entre eles: o *pesa-filtro*, o *copo béquer* utilizado na dissolução, o *bastão de vidro* e o *funil*.

Legenda
A - Lavagem do bastão de vidro, após cada operação; B - Lavagem do funil, ao final da transferência.

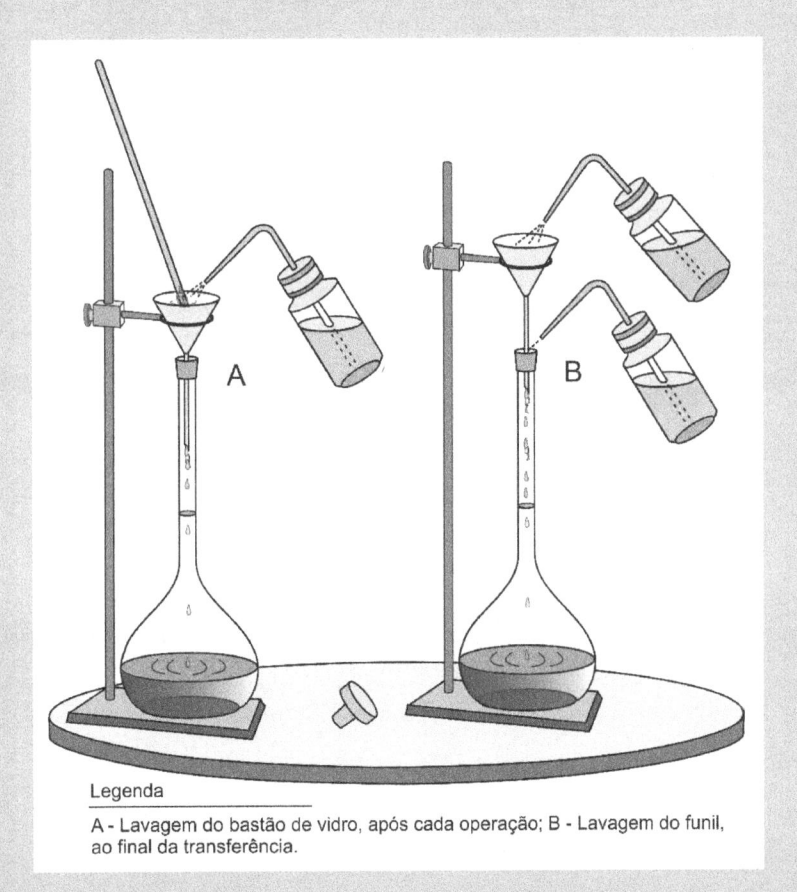

Figura 16.6 Últimas operações de dissolução e transferência da *substância padrão* para o balão de 500 mL. Lavagem do material: (A) Bastão de vidro e (B) Funil com pequenas porções de água quimicamente pura com o seu recolhimento no balão.

Os cálculos foram feitos para que a massa = 14,7091 g de $K_2Cr_2O_7$ estejam contidos em 500 mL de solução e uniformemente distribuídos, isto é, seja uma solução verdadeira.

A Figura 16.7 visualiza a parte final da preparação da solução. Completa-se o volume do balão com muito cuidado. Quem não tem prática deve usar um conta-gotas para não ultrapassar o volume de 500 mL.

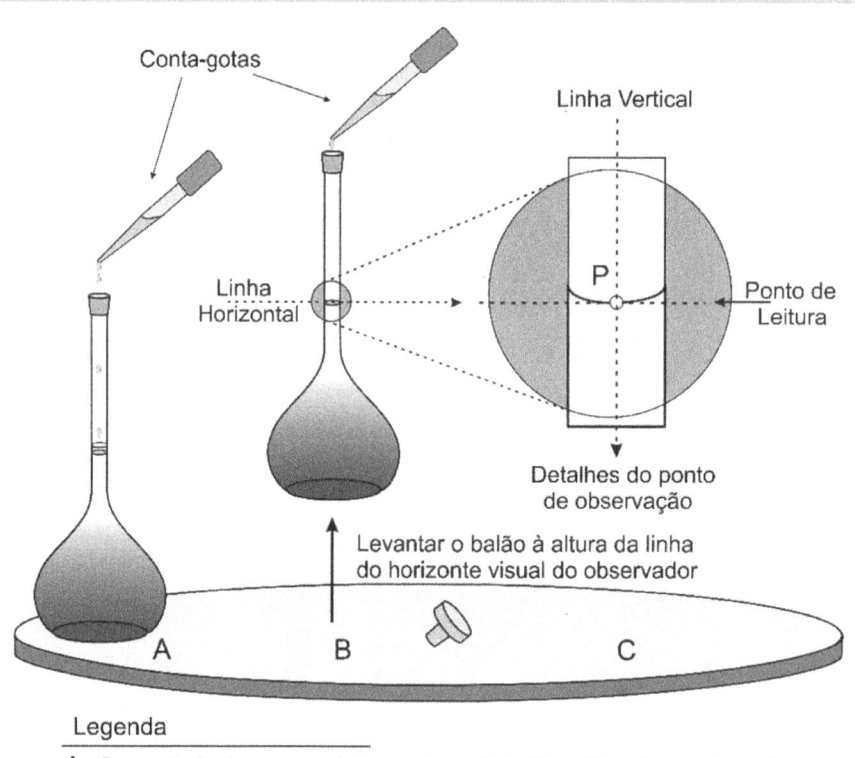

Legenda

A - Operação final para completar o volume do balão, utilizando o conta-gotas.
B - Posição do balão para completar seu volume: altura da linha do horizonte visual do operador e o balão sob a ação da gravidade (isto é, na vertical).
C - Detalhes do ponto P, ponto de observação do volume completo.

Figura 16.7 Cuidados tomados no preenchimento do volume de 500 mL com água quimicamente pura.

UNIDADE DIDÁTICA 16: SUBSTÂNCIAS PADRÕES E NÃO-PADRÕES
PREPARAÇÃO DE SOLUÇÕES

- A homogeneização da solução:

A homogeneização da solução implica na distribuição uniforme da substância padrão dissolvida nos 500 mL da solução. Isto significa que, ao retirar qualquer fração de volume de solução, sabe-se quanto de substância padrão está sendo tomada. A homogeneização da solução no balão deve ser feita como mostra a Figura 16.8. São realizadas diversas operações de inversão do balão, de tal forma que a parte do fundo fique em cima, aguardando um pouco para que, pela própria densidade e ação da gravidade, desça, misturando-se com a menos densa. Com o balão invertido "agita-se" a solução. Repete-se a operação por 4 a 5 vezes. Se a solução for colorida, observa-se visualmente o momento em que a solução está homogeneizada. Tomar o cuidado de após cada inversão do balão destampá-lo devido a pressão interna.

É importante, no início da operação, o operador ter testado vazamentos na rolha do balão. Ao iniciar a homogeneização da solução "assentar" a rolha tapando o balão na palma da mão esquerda e com a mão direita inverter o balão e agitá-lo nas diferentes posições A, B e C da Figura 16.8.

Na parte D da Figura 16.8, tem-se a solução homogeneizada. Em geral, prepara-se um terço a mais de solução para poder dispô-la nas operações de enxágue de vidraria.

Do balão, é proibido pipetar, introduzir qualquer coisa. Do balão, derrama-se a solução e não retorna mais para o mesmo.

Legenda

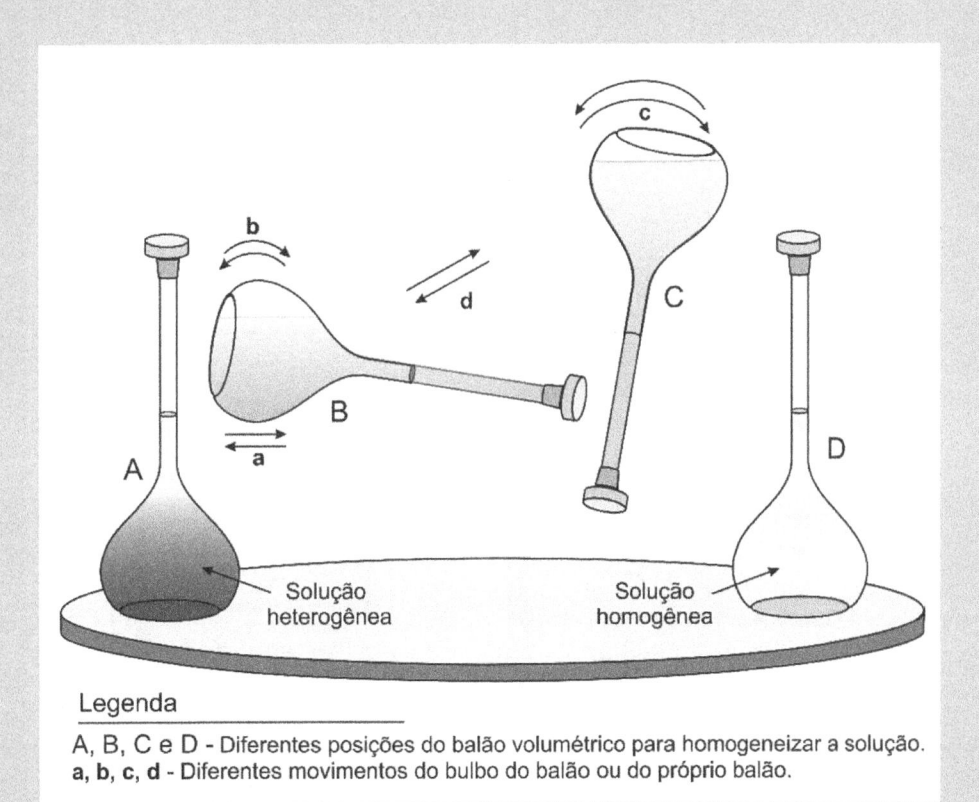

A, B, C e D - Diferentes posições do balão volumétrico para homogeneizar a solução.
a, b, c, d - Diferentes movimentos do bulbo do balão ou do próprio balão.

Figura 16.8 Homogeneização da solução do padrão no balão volumétrico.

- A transferência para um *frasco estoque*:

O balão volumétrico é um instrumento utilizado para preparar a solução. Nunca deve servir para estocar a solução.

Figura 16.9 mostra o frasco estoque contendo a solução 0,1000 mol L^{-1} da substância padrão de dicromato de potássio ($K_2Cr_2O_7$).

Terminada a preparação o balão deve ser lavado e fechado, mesmo úmido, e guardado. O *frasco estoque*, dependendo da solução, pode ser de vidro ou de plástico.

No caso, a solução de dicromato de potássio ($K_2Cr_2O_7$) deve ser estocada em frasco de vidro. A limpeza do frasco é cuidadosa. Antes de transferir a solução devem ser feitos 2 a 3 enxágues com porções da solução padrão preparada. Por isto, já foi preparada em maior quantidade. Após, é transferido o restante da solução padrão. O frasco deve ser rotulado ou etiquetado.

O rótulo segue os dados da Figura 16.9. Um bom rótulo de soluções preparadas em laboratório deve conter algumas informações essenciais, tais como:

- Fórmula ou nome da substância dissolvida;
- Solução padrão ou não;
- Concentração em que foi preparada;
- Data da preparação;
- Se o material é tóxico, venenoso;
- Autor da solução.

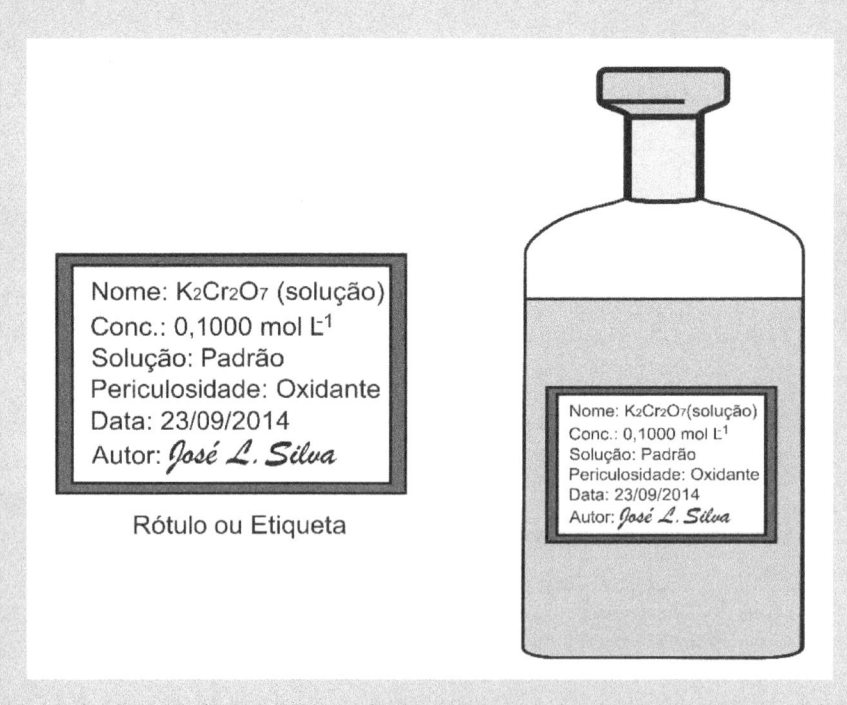

Figura 16.9 Exemplo de um rótulo para um frasco estoque de solução preparada no laboratório.

O rótulo de um produto comercial tem muito mais informações, aliás, nunca se deve abrir um frasco sem antes ler e entender o que está no rótulo do mesmo.

IV Utilização da solução padrão

A solução padrão guardada (estocada) num frasco estoque, ao ser utilizada, deve-se ter os seguintes cuidados:

- Tomar um copo béquer com um volume duas ou mais vezes maior que a quantidade de solução padrão a ser utilizada. Por exemplo, necessita-se de 50 mL de solução padrão, logo, toma-se um copo béquer de 100 mL.
- Abrir o frasco estoque da solução padrão e transferir ou derramar de 10 a 15 mL da solução padrão para o copo béquer, utilizando o lado rótulo para cima e tapar o frasco estoque. Enxaguar o copo béquer com os 10 a 15 mL de solução padrão. Descartar esta solução. Repetir a "operação enxágue".
- Transferir 80 a 100 mL da solução padrão para o copo béquer. Fechar o frasco estoque e colocá-lo num local seguro.
- Do copo béquer, pipetar com um aspirador mecânico uns 5 a 10 mL da solução e enxaguar a pipeta com a solução padrão, descartando a solução de enxágue. Repetir a operação.
- Finalmente, pipetar do copo béquer o volume de 50 mL e transferir para o local necessitado da solução padrão.

Cuidado:

Caso não tiver pipetador mecânico (ou aspirador mecânico), utilizar uma *bureta* de 50,00 mL ou um *balão volumétrico* de 50 mL, fazendo previamente o enxágue com a solução padrão.

Supondo que não tenha a referida bureta e nem o balão, e precisa utilizar a aspiração bocal. Se acontecer isto, colocar um pouco mais de solução padrão no copo Béquer, e mergulhar a ponta da pipeta de 50 mL bem no fundo do copo. Depois, aspirar a solução. Para não entrar solução na boca a ponta da pipeta deve estar dentro do seio da solução, de preferência no fundo do copo. Treinar esta operação com água pura, que se entrar na boca não faz mal. A arte da segurança está em não deixar entrar ar no ato da aspiração.

V Segurança na manipulação do(s) reagente(s)

Entende-se por manipulação todas as operações que podem acontecer no laboratório, desde a busca, preparação da solução, utilização, e descarte(s).

Recomenda-se o acadêmico, tomar o seu computador e acessar o *site*:

"Safety data sheet of potassium dicromate"

Preparação de 1 litro de uma solução padrão 0,1000 mol L^{-1} de hidrogeno-ftalato de potássio (KHC$_8$H$_4$O$_4$)

a) Aspectos gerais

O hidrogeno-ftalato de potássio (KHC$_8$H$_4$O$_4$) p.a., (M = 204,22865 g mol^{-1}) apresenta uma pureza superior a 99,9%. Não é higroscópico e possui as propriedades de substância padrão, portanto, é um *padrão primário*.

Ele reage com uma base forte segundo a Reação (R-16.1):

$$KHC_8H_4O_{4(aq)} + NaOH_{(aq)} \leftrightarrows KNaC_8H_4O_{4(aq)} + H_2O_{(l)} \qquad (R\text{-}16.1)$$

A reação é rápida e totalmente deslocada para a direita, o que possibilita definir com facilidade o momento final da reação e indicá-lo com um *indicador* (fenolftaleína, ou azul de timol). A Unidade Didática 23 detalha melhor os *indicadores*. O *padrão primário* hidrogeno-ftalato de potássio é utilizado na padronização de bases em Titulometria de neutralização.

b) Cálculos

Para calcular quantos gramas de hidrogeno-ftalato de potássio se deve pesar para preparar um litro (V_L) de solução de concentração (C) 0,1000 mol L^{-1}, utilizar a Equação (16.2):

$$m = C.M.V_{(L)} = (0{,}1000).(204{,}22860).(1) \qquad [16.2]$$
$$[(mol\ L^{-1}).(g\ mol^{-1}).(L)]$$

$$m = 20{,}4229\ g$$

c) Técnica

Pesam-se aproximadamente 21 g do padrão e são levados à estufa, por duas horas a 120 ºC. A seguir, levados à temperatura ambiente em dessecador. Após, pesam-se exatamente 20,4229 g dissolvem-se inicialmente em um béquer de 1000 mL com água quente. Após esfriar, a solução é transferida quantitativamente para um balão volumétrico de 1000 mL e o volume completado.

Em todas as etapas cuidar para não perder nada, conforme visto no Detalhe 16.1.

Preparação de uma solução padrão 0,1000 mol L^{-1} de dicromato de potássio ($K_2Cr_2O_7$)

a) Aspectos gerais

O dicromato de potássio anidro, isto é, sem água de umidade e cristalização, $K_2Cr_2O_7$ p.a. (M = 294,1816 g mol^{-1} conforme calculado anteriormente) encontra-se disponível num grau de pureza superior a 99,9%. É importante, antes de qualquer operação, observar o que diz o rótulo em que está embalado o dicromato de potássio, para ver se ele possui alguma água de hidratação. Caso possuir é necessário calcular o valor do M com esta junto. É estável, não é higroscópico. Ele é uma *substância padrão*. Suas reações em meio ácido, agindo como oxidante, são rápidas e completas, isto é, deslocadas totalmente para a direita. Portanto, presta-se para a titulometria. Por exemplo, na titulação de uma solução de íons ferro(II) (Fe^{2+}), usando como indicador difenilamin-sulfonato de sódio ou ácido N-fenilantranílico, tem-se a Reação (R-16.2):

$$K_2Cr_2O_{7(s)} + \text{água} \leftrightarrows 2\ K^+_{(aq)} + Cr_2O_7^{2-}_{(aq)} \qquad (R\text{-}16.2)$$

Considerando apenas as espécies que se oxidam e se reduzem no meio ácido tem-se Reação (R-16.3):

$$Cr_2O_7^{2-}_{(aq)} + 6\ Fe^{2+}_{(aq)} + 14\ H^+_{(aq)} \leftrightarrows 2\ Cr^{3+}_{(aq)} + 6\ Fe^{3+}_{(aq)} + 7\ H_2O_{(l)} \qquad (R\text{-}16.3)$$

b) Cálculos

Para calcular quantos gramas de dicromato de potássio ($K_2Cr_2O_7$) devem ser pesados para preparar um litro (V_L) de uma solução de concentração (C) 0,1000 molL^{-1} utiliza-se a Equação (16.2):

$$m = C.M.V_{(L)} = (0{,}1000).(294{,}1816).(1). \qquad [16.2]$$
$$[(mol\ L^{-1}).(g\ mol^{-1}).(L)]$$

$$m = 29{,}4182\ g$$

c) Técnica

Deixar na estufa, a 140-150ºC, aproximadamente 32 g de dicromato de potássio ($K_2Cr_2O_7$), *padrão primário* pulverizado (se necessário, num gral de ágata, moer o dicromato se estiver na forma cristalina). Após, levar à temperatura ambiente em dessecador e, em um pesa-filtro, pesar 29,4182 g. Num balão volumétrico de 1000 mL dissolver o dicromato com água destilada e deionizada e completar o volume. Tomar os cuidados necessários para fazer uma transferência quantitativa do padrão, conforme visto no Detalhe 16.1.

16.2 PARTE EXPERIMENTAL

16.2.1 Preparo de uma solução padrão

Preparação de 250 mL de uma solução padrão 0,1000 mol L^{-1} de ácido oxálico dihidratado, $H_2C_2O_4 \cdot 2H_2O$.

Segurança 16.1

Ácido Oxálico ($H_2C_2O_4$)

Risco: Grau elevado (HR 3)

Atenção: Evitar contato com olhos e pele

Efeitos tóxicos: O ácido oxálico e suas soluções concentradas irritam "queimam" os olhos e a pele. Se ingerido causa queimaduras severas e conforme letais. Sua ação sistêmica deve-se à complexação do cálcio do sangue pelo oxalato. Há uma obstrução das tubulações renais pelo oxalato de cálcio insolúvel.

Reações perigosas: Reação extremamente violenta com o álcool furfurílico, prata (Ag) e clorato de sódio ($NaClO_3$).

Primeiros socorros: Ver Manual de Segurança em Laboratório.

Disposição final de resíduos: Antes de desfazer-se dos resíduos falar com o Professor.

FONTE: Oddone *et al.* (1980); Lewis (1996); Budavari (1996); Bretherick (1986); Luxon (1971).

O ácido oxálico dihidratado ($H_2C_2O_4 \cdot 2H_2O$) p.a., massa molar $M = 126,0665$ g mol^{-1}, tem sido muito usado como substância padrão. Contudo, alguns autores não o recomendam devido a possível umidade do mesmo e o recomendam apenas para iniciantes em trabalhos de analítica volumétrica. Pode-se eliminar o problema deixando o ácido em dessecador por 24 ou 48 horas.

a – *Material*
- *Balão volumétrico de 250 mL de capacidade;*
- *Béquer de 50 mL, ou pesa-filtro;*
- *Bastão de vidro (diâmetro 0,25 cm e 20 cm de comprimento);*
- $H_2C_2O_4 \cdot 2H_2O$, *p.a.;*
- *Funil;*
- *Papel-toalha;*
- *Espátula;*
- *Balança analítica (para 0,0001 g se possível);*
- *Água destilada e deionizada;*
- *Material de Registro: Diário de Laboratório, calculadora e computador.*

b – *Cálculos preparativos*

O rótulo do frasco do Ácido Oxálico apresenta as seguintes características:

$H_2C_2O_4 \cdot 2H_2O$ (M = 126,0665 g mol^{-1});
Dosagem: 99,8%.

- Cálculo da massa de $H_2C_2O_4 \cdot 2H_2O$

Utilizando a Equação (16.2), tem-se:

$$m = C.M.V_{(L)} \qquad [16.2]$$

onde:
C = 0,1000 mol L^{-1};
M = massa molar = 126,0665 g
$V_{(L)}$ = volume em litros = 0,250 L

$$m = 0,1000 \cdot 126,0665 \cdot 0,250 \text{ (g)}$$

$$m = 3,1517 \text{ g}$$

- Cálculo da massa considerando a impureza

100 g (impuro) --------- 99,8 g (puro)
X g (impuro) ----------- 3,1517 g (puro)

Onde, X = 3,1580 g

Observa-se que o resultado para este número de algarismos significativos é o mesmo que o obtido desconsiderando a impureza de 0,2%.

Com os dados preencher a Tabela RA 16.1. e Tabela RA 16.2 no Relatório de Atividades.

c – *Procedimento*

- Colocar 80 a 120 mL de água destilada e deionizada no balão limpo e tapar com a respectiva rolha. Enxaguar o balão e emborcá-lo, segurando a tampa. Conferir se há vazamentos de água no balão fechado. Não havendo, descartar a água de enxágue e continuar.
- Num béquer de 50 mL pesar a massa calculada (3,1580 g), ou outra, se as condições forem outras. Adicionar ao béquer cerca de 25 mL de água e dissolver o soluto. Com auxílio de um funil e o bastão de vidro transferir a solução para o balão volumétrico de 250 mL. Lavar repetidas vezes com porções de água, o béquer, o bastão e o funil vertendo as respectivas porções de água para o balão. Adicionar água até que o menisco inferior do nível do líquido tangencie a marca de calibração do balão.
- Tapar o balão e emborcá-lo de modo a homogeneizar a solução. Repetir esta operação diversas vezes.
- Transferir a solução do balão para um frasco estoque limpo (de polietileno ou vidro) depois de "enxaguá-lo" duas ou três vezes com pequenas porções da solução preparada.
- Pôr a etiqueta (rótulo) colocando, conforme visto: $H_2C_2O_4$, C = 0,1000 mol L^{-1}, data e autor.

16.2.2 Preparação de uma solução de uma substância sólida que não é padrão primário

O experimento trata de preparar uma solução grosseira, isto é, uma solução de uma substância que não é padrão primário. Logo sua concentração é aproximada.

No caso, deve ser preparado 100 mL de uma solução de hidróxido de sódio (NaOH) com concentração aproximada de 0,1 mol L^{-1}.

Segurança 16.2

Hidróxido de sódio (soda cáustica) – NaOH

Atenção: evitar contato com olhos e pele

Efeitos tóxicos: O hidróxido de sódio sólido e as soluções concentradas "queimam" os olhos e a pele. Se ingerido causa queimaduras severas e conforme letais. Soluções com concentração 2,5 mol L^{-1} causam danos severos aos olhos.

Reações perigosas: Reação extremamente exotérmica quando dissolvido em pouca água; reage vigorosamente com clorofórmio/álcool; explode ao ser aquecido com zircônio.

Primeiros socorros: Ver Manual de Segurança em Laboratório.

Disposição final de resíduos: Usar protetor de olhos. Jogá-los no tanque (recipiente próprio) e adicionar água com permanente agitação até sua diluição completa, após jogá-los no sistema de esgoto. Lavar com bastante água onde foram inicialmente colocados.

FONTE: Oddone *et al.* (1980); Lewis (1996); Budavari (1996); Bretherick (1986); Luxon (1971).

a – *Material*
- *Balão volumétrico de 100-mL de capacidade;*
- *Béquer de 50-mL (ou de 100-mL);*
- *Bastão de vidro (diâmetro 0,25 cm e 20 cm de comprimento);*
- *NaOH, p.a.;*
- *Funil;*
- *Papel-toalha;*
- *Espátula;*
- *Balança analítica (para 0,0001 g se possível);*
- *Água destilada e deionizada;*
- *Material de registro: Diário de Laboratório, calculadora e computador.*

b – *Cálculos preparativos*

O rótulo do frasco do hidróxido de sódio (NaOH) apresenta as seguintes características:
NaOH (M = 39,9972 g mol^{-1});
Dosagem 97%.

O cálculo da massa de hidróxido de sódio (NaOH) a ser pesada, obedece ao que segue:

- Cálculo da massa de hidróxido de sódio (NaOH) como se fosse puro (100%).

Utilizando a Equação (16.2) tem-se:

$$m = C.M.V_{(L)} \qquad [16.2]$$

Onde:
C = 0,1000 molL^{-1};
M = massa molar = 39,9972 g mol^{-1};
$V_{(L)}$ = volume em litros = 0,100 L

m = (0,1000).(39,9972).(0,100) = 0,39997 g.

- Cálculo da massa de hidróxido de sódio (NaOH) a 97%.

100 g de NaOH → 97 g NaOH
x → 0,39997 g de NaOH

$$x = 0,4123 \text{ g} \qquad (16.5)$$

Com os dados preencher a Tabela RA 16.1 e Tabela RA 16.2 do Relatório de Atividades.

c – *Procedimento*
- Num béquer de 50 mL, limpo e seco, pesar a massa calculada (0,4123 g). Como o hidróxido de sódio (NaOH) é higroscópico, isto é, absorve água da atmosfera e não é um padrão, recomenda-se pesar um pouco mais, por exemplo, 0,43 g de NaOH.
- Adicionar ao béquer cerca de 25mL de água e dissolver o soluto.

Atenção:
Muito cuidado com os olhos, não esfregar os olhos com a mão durante a operação.

É conveniente, ao adicionar a água, imediatamente agitar a mistura com bastão de vidro, pois, se deixar parado o hidróxido de sódio reage com o vidro do copo. A dissolução desta base em água é uma reação muito exotérmica.

Esperar o restabelecimento do equilíbrio térmico com o ambiente. Com auxílio de um funil e o bastão de vidro transferir a solução para o balão volumétrico de 100 mL. Lavar repetidas vezes com porções de água, o béquer, o bastão e o funil vertendo a água para o balão. Adicionar água até que o menisco inferior do nível do líquido tangencie a marca de calibração do balão.

- Tapar o balão e emborcá-lo de modo a homogeneizar a solução. Repetir esta operação diversas vezes.
- Transferir a solução do balão para um frasco estoque de polietileno limpo após "enxaguá-lo" duas ou três vezes com pequenas porções da solução preparada. Pôr a etiqueta (rótulo) colocando NaOH, C = ± 0,1 mol L^{-1}, data e autor.

16.2.3 Preparação de uma solução de uma substância (solução) líquida que não é padrão primário

No experimento é feita a preparação de 1000 mL de solução de ácido clorídrico (HCl) com concentração aproximada de 0,1 mol L^{-1}.

Segurança 16.3

Cloreto de Hidrogênio – HCl

O cloreto de hidrogênio (HCl) é um gás incolor, fumega em atmosfera úmida. Tem vapores picantes e sufocantes. Dissolve-se na água formando o ácido clorídrico.

Atenção: Causa severas queimaduras. É irritante para o sistema respiratório.

Efeitos tóxicos: O gás é irritante para os olhos e sistema respiratório; irrita também a pele e pode causar queimaduras severas para a pele e os olhos.

> **Reações perigosas**: Reage violentamente com o alumínio; em contato com o flúor incendeia.
>
> **Primeiros socorros**: Ver Manual de Segurança em Laboratório.
>
> **Disposição final de resíduos**: O gás clorídrico deve ser solto em torre lavadora de gases utilizando água. Em laboratório fazê-lo borbulhar numa coluna de água. Diluí-lo. A solução diluída é neutralizada e despejada no esgoto.
>
> FONTE: Oddone *et al.* (1980); Lewis (1996); Budavari (1996); Bretherick (1986); Luxon (1971).

a – Material
- *Balão volumétrico de 1000-mL de capacidade;*
- *Béquer de 100-mL;*
- *Bastão de vidro (diâmetro 0,25 cm e 20 cm de comprimento);*
- Ácido clorídrico (HCl) p.a.;
- *Funil;*
- *Papel-toalha;*
- *Água destilada e deionizada;*
- *Pipeta volumétrica de 10 mL (ou proveta de 10-mL);*
- *Pera ou pipetador (para aspirar o ácido concentrado);*
- *Material de registro: Diário de Laboratório, calculadora e computador.*

b – Cálculos preparativos

O rótulo do frasco do ácido clorídrico apresenta as seguintes características:

HCl (M = 36,46 g mol^{-1});
Pureza = 37% (m.m^{-1});
Densidade = 1,19 g mL^{-1}.

- Cálculo da massa de ácido clorídrico (HCl) como se fosse puro (100%).

Utilizando a Equação (16.2), tem-se:

$$m = C.M.V_{(L)} \qquad [16.2]$$

Onde:
C = 0,1000 molL^{-1};
M = massa molar = 36,46 g mol^{-1};
V$_{(L)}$ = volume em litros = 1 L

m = (0,1000).(36,46).(1) = 3,646 g.

- Cálculo da massa de ácido clorídrico (HCl) a 37%

100 g de HCl (impuro) ⟶ 37 g de HCl (puro)
x ⟶ 3,646 g de HCl

$$x = 9{,}854 \text{ g de HCl} \qquad (16.6)$$

- Cálculo do volume de solução de ácido clorídrico (HCl) a 37%

Não se costuma pesar este ácido, pois é fumegante e os seus vapores corroem o sistema metálico da balança. Converte-se a massa em volume com o auxílio da Equação (16.7) e na capela, mede-se o volume que equivale à massa, mediante uma proveta ou uma pipeta graduada.

$$V = \frac{m}{d} \qquad (16.7)$$

Onde:
V = volume em mL;
d = densidade em g mL^{-1};
m = massa em g.

$$V = \frac{9{,}854}{1{,}18} \cdot \frac{g}{\frac{g}{mL}} = 8{,}3508 \text{ mL} = 8{,}35 \text{ mL}$$

$$V = 8{,}35 \text{ mL}$$

Com os dados preencher as tabelas RA 16.1 e RA 16.2 no Relatório de Atividades.

c – Procedimento
- Colocar cerca de 50 ml de água no copo béquer. Na capela, com a proveta, ou com a pipeta graduada e pera (aspirador mecânico), medir o volume calculado, 8,35 mL (recomenda-se medir um pouco mais, pois é uma solução do gás cloreto de hidrogênio (HCl)

na água, por exemplo, 8,50 mL) e transferi-lo lentamente para o béquer, agitando com auxílio de um bastão de vidro. Esperar o restabelecimento do equilíbrio térmico com o ambiente.
- Transferir a solução para o balão volumétrico de 1000 mL (1 L). Enxaguar o copo béquer com água destilada e deionizada, recolhendo cada porção no balão volumétrico.
- Completar o volume até o menisco. Fechar com tampa e homogeneizar a solução emborcando o balão e agitando-o.
- Estocar a solução de ácido clorídrico (HCl) em frasco estoque (que pode ser de vidro ou polietileno), após tê-lo "enxaguado" com 2 a 3 porções da própria solução. Rotulá-lo com o nome da substância, HCl, a concentração, C= ± 0,1 mol L^{-1}, data e autor.

16.3 EXERCÍCIOS DE FIXAÇÃO

16.1. Qual o volume de ácido sulfúrico (H_2SO_4) necessário para preparar 500 mL de solução 0,5 mol L^{-1}. Dados: M = 98,00 g mol^{-1}; pureza = 95%, densidade = 1,98 g mL^{-1}.

16.2. Qual a massa de carbonato de sódio (Na_2CO_3) necessária para preparar 250 mL de solução 0,25 mol L^{-1}. Dados: M =105,99 g mol^{-1}; pureza: 99,5%.

16.3. São dissolvidos 400 g de cloreto de sódio (NaCl) em água suficiente para 2 L de solução. Qual é a concentração em mol L^{-1} dessa solução?

16.4. Uma solução apresenta massa de 30 g e ocupa um volume de 40 mL. Qual é a sua densidade absoluta em g mL^{-1}.

16.5. Uma solução de soro fisiológico, com densidade de 1 g mL^{-1}, apresenta 0,9% em massa de cloreto de sódio (NaCl). Qual a concentração em quantidade de matéria da solução (mol L^{-1})?

16.6 500 mL de solução de ácido clorídrico foi preparada adicionando-se 4,10 mL do ácido concentrado. Pergunta-se: a) Qual a concentração, em mol L^{-1}, desta solução? b) Porque esta operação deve ser feita na capela? c) Esta solução é uma solução padrão? d) Se não como pode se tornar uma solução padrão? Dados: M = 36,46 g mol^{-1}; Densidade = 1,20 g mL^{-1}; Pureza = 36,5%.

Respostas: **16.1.** 13,02; **16.2.** 6,66; **16.3.** 3,42; **16.4.** 0,75; **16.5.** 0,15; **16.6.** 0,1.

16.4 RELATÓRIO DE ATIVIDADES

Universidade _____ Centro de Ciências Exatas – Departamento de Química Disciplina: QUÍMICA GERAL EXPERIMENTAL – Cód: _____ Curso: _____ Ano: _____ Professor:_____	Relatório de Atividades

_____ Nome do Acadêmico	_____ Data

UNIDADE DIDÁTICA 16: SUBSTÂNCIAS PADRÕES E NÃO-PADRÕES

PREPARAÇÃO DE SOLUÇÕES

1) Observe o rótulo das substâncias usadas no preparo da solução. Com os dados disponíveis no rótulo preencha a Tabela RA 16.1.

Tabela RA 16.1 Dados referentes as substâncias usadas para o preparo de soluções.

Parâmetros	Ácido Oxálico	Hidróxido de Sódio	Ácido Clorídrico
Fórmula			
Massa Molar			
Pureza			
Densidade (para líquidos)			
Volume de solução a ser preparado			

2) Observe os dados da Tabela RA 16.1. Eles podem ser iguais ou diferentes daqueles usados nos cálculos desta Unidade. Caso sejam iguais, basta transcrever os resultados dos cálculos na Tabela RA 16.2. Se forem diferentes, refaça os cálculos seguindo os passos demonstrados na Unidade.

Tabela RA 16.2 Dados necessários no preparo de soluções padrão ou não padrão

Solução	Massa ou Volume	Concentração (mol L^{-1})
Ácido Oxálico		
Hidróxido de Sódio		
Ácido Clorídrico		

16.5 REFERÊNCIAS BIBLIOGRÁFICAS E SUGESTÕES PARA LEITURA

AMBROGI, A.; LISBÔA, J. C. F. A química fora e dentro da escola. In: **Ensino de química dos fundamentos à prática**. São Paulo: Secretaria de Estado da Educação, 1990. vol. 01, 46 p.

BACCAN, N.; BARATA, L. E. J. **Manual de segurança para o laboratório químico**. Campinas: Unicamp, 1982. 63 p.

BERAN, J. A. **Laboratory manual for principles of general chemistry**. 2. ed. New York: John Wiley & Sons, 1994. 514 p.

BRETHERICK, L. **Hazards in the chemical laboratory**. 4. ed. London: The Royal Society of Chemistry, 1986. 604 p.

BUDAVARI, S. [Editor] **THE MERCK INDEX**. 12th Edition. Whitehouse Station, N. J. USA: MERCK & CO., 1996.

FURR, A. K. [Editor] **CRC HANDBOOK OF LABORATORY SAFETY**. 5th Edition. Boca Raton – Florida: CRC Press, 2000. 784 p.

GORIN, G. Mole and chemical amount. **Journal of Chemical Education**, v. 71, n. 2, p. 114-116, 1994.

HORWITZ, E. (Editor). **Official Methods of Analysis in the Association of Official Analytical Chemists**. 13. ed., Washington: Association of Official Analytical Chemists, 1980.

JOYCE, R.; McKUSICK, R. B. Handling and disposal of chemicals in laboratory. *In*: LIDE, D. R. **HANDBOOK OF CHEMISTRY AND PHYSICS**. Boca Raton (USA): CRC Press, 1996-1997. p. 16.4.

LEWIS, R. J. [Editor] **Sax's Dangerous Properties of Industrial Materials**. 9th Edition. New York: Van Nostrand Reinhold, 1996, (vol. I, II, III).

LUXON, S. G. [Editor] **Hazards in the chemical laboratory**. 5th. Edition. Cambridge: Royal Society of Chemistry, 1971. 675 p.

MORITA, T.; ASSUMPÇÃO, R. M. V. **Manual de soluções, reagentes & solventes – padronização, preparação e purificação**. 2. ed. (reimpressão). São Paulo: Editora Edgard Blücher, 1976. 627 p.

ODDONE, G. C.; VIEIRA, L. O.; PAIVA, M. A. D. **Guia de prevenção de acidentes em laboratório**. Rio de Janeiro: Divisão de Informação Técnica e Propriedade Industrial – Petrobras, 1980. 37 p.

POMBEIRO, A. J. L. O. **Técnicas e operações unitárias em química laboratorial**. Lisboa (Portugal): Fundação Calouste Gulbenkian, 1980. 1.069 p.

ROCHA Filho, R. C.; SILVA, R. R. Sobre o uso correto de certas grandezas em química. **Química Nova**, v. 14, n. 4, p. 300-305, 1991.

SEMISHIN, V. **Prácticas de química general inorgánica**. Traducido del ruso por K. Steinberg. Moscu: Editorial MIR, 1967. 391 p.

SILVA, R. R.; ROCHA Filho, R. C. Sobre o uso da grandeza de matéria e sua unidade, o mol. In: **Ensino de química dos fundamentos à prática**. São Paulo: Secretaria de Estado da Educação, 1990. vol. 01, 46 p.

SILVA, R. R.; BOCCHI, N.; ROCHA Filho, R. C. **Introdução à química experimental**. Rio de Janeiro: McGraw-Hill, 1990. 296 p.

SKOOG, D. A.; WEST, D. M.; HOLLER, F. J. **Analytical chemistry**. 6. ed. Philadelphia (USA): Saunders College Publishing, 1992. 892 p.

STOKER, H. C. **Preparatory chemistry**. 4. ed. New York: Macmillan Publishing Company, 1993. 629 p.

VOGEL, A. I. **Química analítica quantitativa – volumetria y gravimetria**. Versión castellana de Miguel Catalano e Elsiades Catalano. Buenos Aires: Editorial Kapelusz, 1960. 811 p.

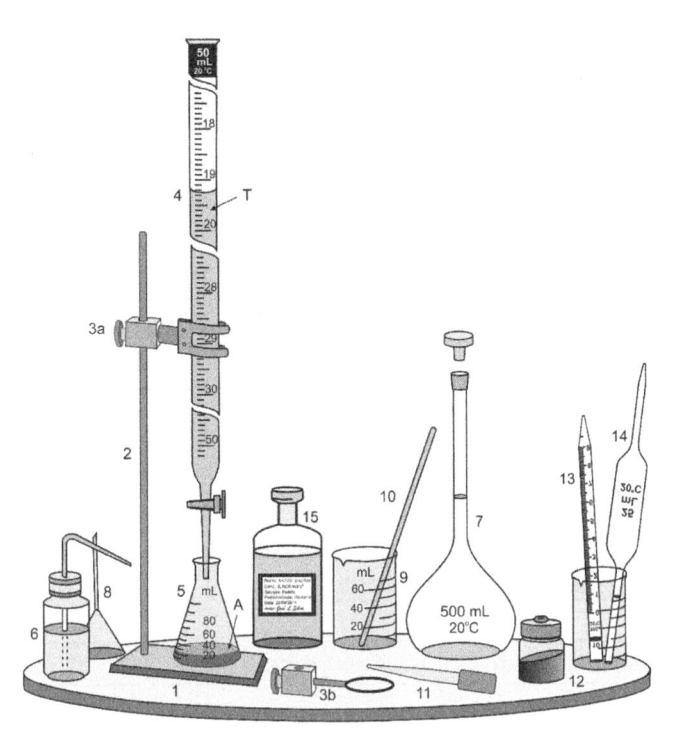

UNIDADE DIDÁTICA 17

Conjunto para titulação.

1 – Suporte Universal: Usado para fixar anéis para funil, garras que sustentam tubos, condensadores, bureta etc. É constituído de uma base (1), pesada o suficiente para manter o centro de gravidade o mais perto da superfície da mesa, e uma haste (2), geralmente feito de ferro e pintado. A haste se encontra na forma niquelada.

3a e 3b – Garras: As garras são usadas na sustentação de tubos de ensaio, buretas, provetas, balões e outros instrumentos. No mercado são encontrados os mais diversos tipos de garras. Com ajustes duplos e simples, tamanhos diferentes que se adaptam aos vários tipos de instrumentos. Algumas garras são recobertas de níquel, para proteção máxima contra a corrosão. Geralmente a parte que entra em contato com o instrumento é protegido com vinil.

4 – Bureta: Usadas para verter quantidades precisas de líquidos, nas titulações, preparos de soluções padrão etc. As buretas são constituídas de um tubo de parede uniforme para assegurar a exatidão especificada. A gravação é permanente em linhas bem delineadas, o que proporciona maior facilidade de leitura. A torneira é de vidro esmerilhado ou de teflon, acabada para assegurar um escoamento livre e suave. São encontradas nas capacidades de, em mL, 10, 25, 50 e 100 com as respectivas graduações 1/10, 1/10, 1/10 e 1/5 e erros limites (L) de ±0,04; ±0,06; ±0,10; ±0,20. Existem também buretas automáticas que facilitam o trabalho em laboratórios de rotina. A bureta, geralmente contém a solução titulante (T), de concentração conhecida, que é adicionada lentamente na solução problema (A), que está contida no Erlenmeyer (5). Um indicador apropriado sinaliza o final da titulação.

5 – Erlenmeyer: Usado para titulações e aquecimento de líquidos. Pode apresentar boca estreita ou larga, junta esmerilhada ou não e parede reforçada. A junta esmerilhada serva para conectar condensadores em caso de refluxo. Também existe a opção de tampa ou sem tampa.

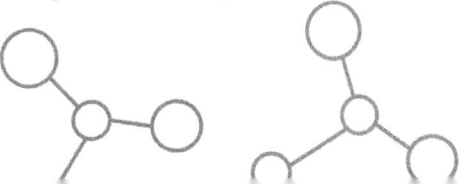

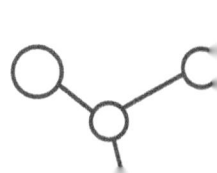

UNIDADE DIDÁTICA 17

SOLUÇÕES

PADRONIZAÇÃO DE SOLUÇÕES

Conteúdo	Página
17.1 Aspectos Teóricos	399
17.1.1 Introdução	399
17.1.2 Materiais e reagentes	400
Detalhes 17.1	403
Detalhes 17.2	405
17.2 Parte Experimental	407
17.2.1 Padronização da solução de hidróxido de sódio $\pm 0,1$ mol L^{-1}	407
Detalhes 17.3	409
17.2.2 Padronização da solução de ácido clorídrico $\pm 0,1$ mol L^{-1}	412
17.3 Exercícios de Fixação	414
17.4 Relatório de Atividades	415
17.5 Referências Bibliográficas e Sugestões para Leitura	417

Unidade Didática 17
SOLUÇÕES
PADRONIZAÇÃO DE SOLUÇÕES

Objetivos
- Revisar na prática: a preparação do material (instrumentos de medida exata, medida aproximada e outros), respectiva limpeza e calibração; secagem, cálculo da massa, pesagem e dissolução de uma substância Padrão Primário.
- Padronizar uma solução grosseira de hidróxido de sódio (NaOH) com solução padrão de ácido oxálico ($C_2H_2O_4 \cdot 2H_2O$).
- Padronizar uma solução grosseira de ácido clorídrico (HCl) com solução padronizada de hidróxido de sódio (NaOH).
- Aprender a calcular e expressar os resultados de forma científica: valor médio; desvio padrão; desvio padrão da média ; e, Limite de Confiança com 95% de segurança.

17.1 ASPECTOS TEÓRICOS

17.1.1 Introdução

Em Química Analítica Clássica, pela determinação da concentração de uma espécie química (substância, íon etc.), chamada *analito* de uma amostra problema e baseada na propriedade desta espécie química *reagir* com uma *substância padrão*, denomina-se de *Titulometria*.

Em geral, trabalha-se com soluções, nas quais pode-se obter uma maior homogeneidade e representatividade tanto do padrão quanto da amostra problema. Por isto, nesta técnica medem-se *volumes*. Esta titulometria, baseada na medida de volumes, denomina-se de *Volumetria*.

As principais *reações químicas* utilizadas na volumetria são reações de:
- Ácido-base (Acidimetria e Alcalimetria dependendo se o padrão é um ácido ou uma base);
- Oxirredução (Oxidimetria: Permanganometria; Cromatometria; Iodometria; Iodatometria; Bromatometria; entre outras);
- Precipitação;
- Complexação (Complexometria).

Em química, *padronizar* uma solução significa torná-la *solução padrão*. Isto é, determinar a concentração exata do seu soluto, ou o seu título, podendo depois ser usada como solução padrão desde que tenha as propriedades de tal solução. Entre as principais propriedades de uma solução padrão têm-se que a sua *concentração deve ser constante ou estável por meses e longos anos e sua reação com o analito tenha as características citadas a seguir.* Para isto, utiliza-se a propriedade que uma substância padrão tem de *reagir com o analito* da solução a ser padronizada. Conforme já dito, entende-se por *analito*, o elemento, ou o íon, ou a molécula, ou a espécie presente (soluto) na solução, que se deseja analisar ou quantificar. O restante dos componentes da solução, denominam-se de *concomitantes*.

Para que seja uma *reação ideal* para uso analítico de titulação (padronização) com determinação visual do ponto final, ela deve:
- *Ser completa e rápida (instantânea) para identificar claramente o ponto final da reação.*
- *Possibilitar escrever a equação balanceada da mesma, para poder fazer os cálculos estequiométricos a partir das medidas dos volumes da solução padrão (V_p) e da solução a ser padronizada, o analito (V_A).*
- *Ter um método instrumental, ou mesmo visual (indicador) para identificar o ponto de equivalência da titulação.*

O *ponto de equivalência* é o ponto da padronização em que o número de mols do padrão que foram adicionados à solução da qual se quer determinar a concentração do analito reagiram com o mesmo, sem sobrar ou faltar, tanto de um quanto do outro. É o ponto da padronização em que o número de equivalentes do padrão adicionado é igual ao número de equivalentes do analito. Contudo, hoje não usa mais esta terminologia, conforme foi falado em Unidades Didáticas anteriores.

O *ponto final* da titulação corresponde ao momento físico e químico em que o ponto de equivalência foi alcançado.

Indicador de ponto final é o meio, *instrumental* ou *visual*, que permite identificar o ponto final. O mais simples é uma mudança física, ou química, que indica este momento. Por exemplo, o aparecimento, ou o desaparecimento, ou a mudança instantânea de uma cor provocada por um reagente que desapareceu ou que apareceu. Em geral, para estudos analíticos de ácidos e bases usam-se os *indicadores coloridos* que mudam de cor com o pH. Para isto, verifica-se o pH em que a reação alcançou o ponto de equivalência e escolhe-se o indicador cujo *ponto de viragem* (ponto em que há mudança de cor) esteja nesta faixa de pH. Os demais métodos: precipitação, oxirredução e complexação, têm também indicadores que possibilitam a titulação visual.

17.1.2 Materiais e reagentes

Entre os materiais e reagentes utilizados nesta unidade que trata da *titulação volumétrica*, ou simplesmente *titulometria* encontram-se os seguintes.

Reagentes

São necessitados diversos padrões primários e indicadores de ponto final para as variadas áreas da volumetria que envolvem titulações de:
- neutralização (acidimetria, alcalimetria);
- precipitação;
- complexação;
- oxidaçãorredução (permanganometria, dicromatometria, cerimetria, iodometria; iodatometria etc.).

A água destilada e deionizada é fundamental para qualquer parte da Química. Ela é o suporte das reações químicas.

Vidraria

São necessários: *balões volumétricos* de diversas capacidades; *pipetas volumétricas* de transferência total e graduadas; *buretas* de diversas capacidades; *copos Erlenmeyer* de diversas capacidades; *copos béquer* de diversas capacidades; *conta-gotas*; *dessecador* com material desidratante (sílica-gel com indicador de umidade); *frascos para estocagem* de soluções e respectivos *rótulos*; entre outras vidrarias.

A Figura 17.1 visualiza a maior parte da vidraria necessária numa titulação.

UNIDADE DIDÁTICA 17: SOLUÇÕES
PADRONIZAÇÃO DE SOLUÇÕES

Legenda

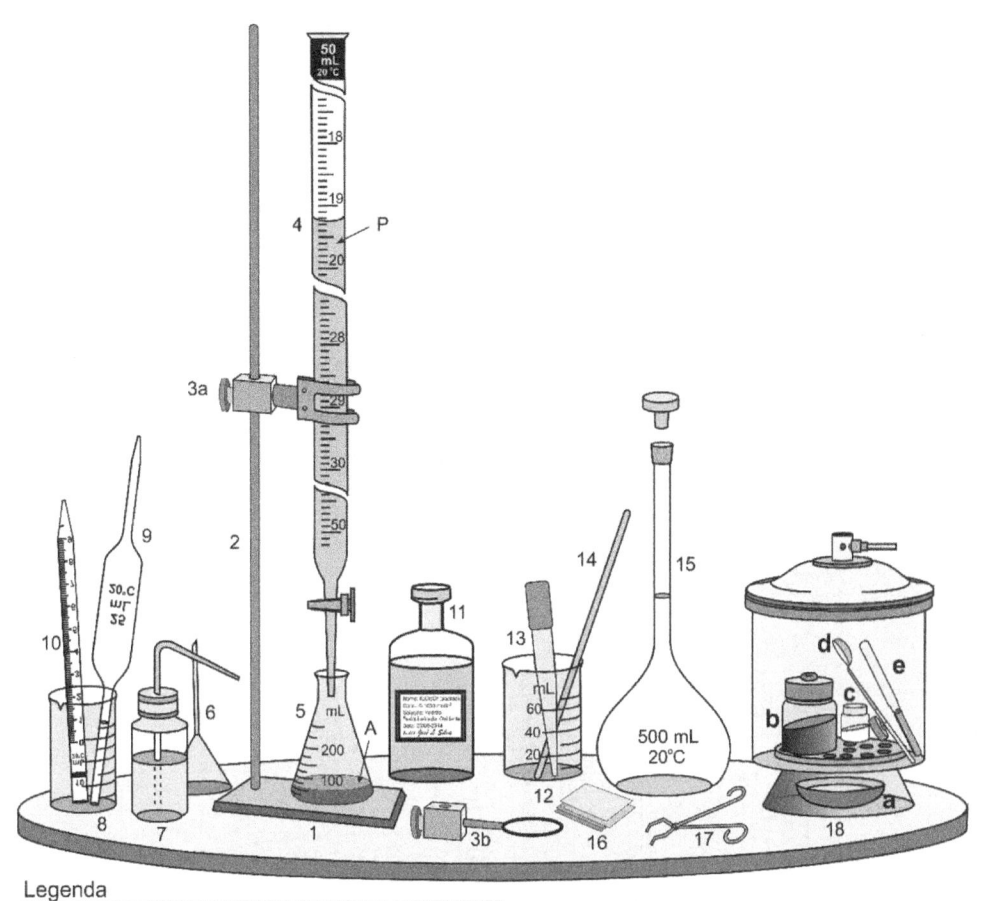

1 e 2 - Suporte metálico (1 - Base, e 2 - Haste); 3a - Garra com prendedor de bureta; 3b - Garra com anel metálico; 4 - Bureta de 50 mL com a solução titulante (ou padrão, P); 5 - Copo Erlenmeyer com a solução do analito (A); 6 - Funil; 7 - Pisseta com água destilada e deionizada; 8 - Copo Béquer auxiliar; 9 - Pipeta volumétrica de 25 mL; 10 - Pipeta graduada de 10 mL; 11 - Frasco estoque com a solução Padrão; 12 - Copo Béquer; 13 - Conta-gotas; 14 - Bastão de vidro; 15 - Balão volumétrico; 16 - Papel-toalha (lenços); 17 - Pinça; 18 - Dessecador: **a** - Sílica-gel **b** - Pesa-filtro com a substância padrão; **c** - Pesa-filtro com sílica-gel; **d**, **e** - Espátulas metálicas. (Observação: Os desenhos não se encontram na mesma escala).

Figura 17.1 Visualização do material (vidraria, reagentes etc.) necessário numa titulação.

Equipamentos

Entre os principais equipamentos têm-se: balança analítica (sensibilidade 0,0001 g); estufa com controle de temperatura; termômetro, barômetro, materiais de coleta e preparação das amostras, entre outros.

Medidas a serem feitas

Em volumetria, a palavra já diz, medem-se volumes. A Figura 17.2 visualiza quais são os volumes que devem ser medidos.

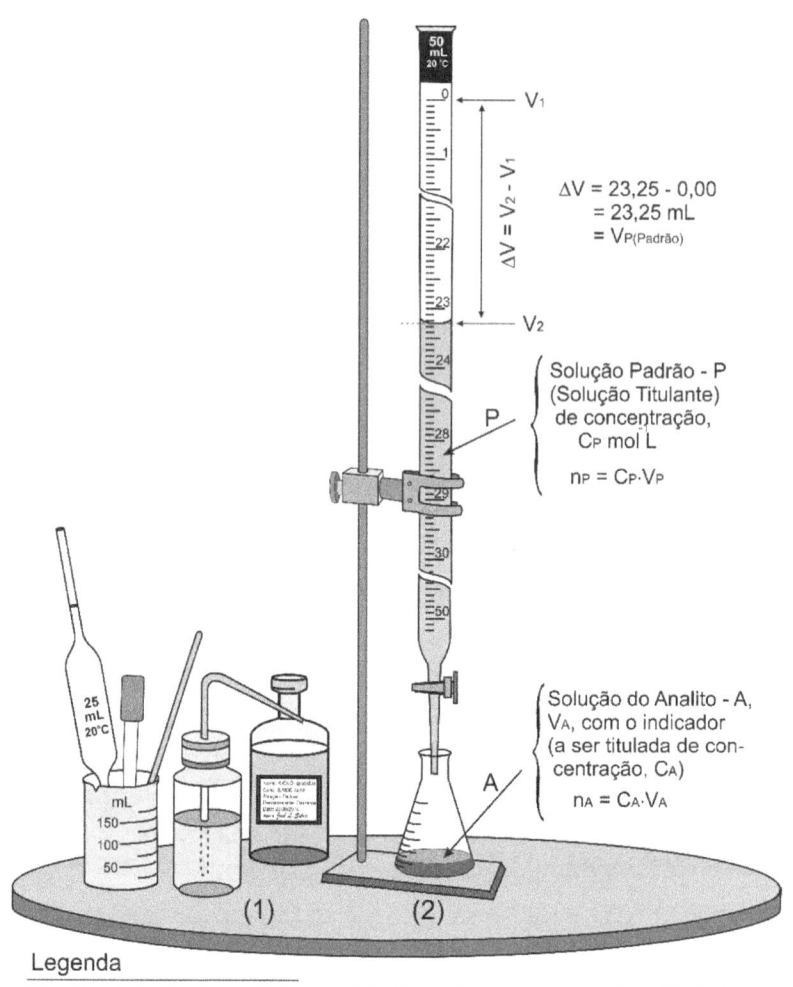

Figura 17.2 Esquematização de uma titulação tendo na bureta a solução padrão (P) ou titulante, de concentração, C_p; no copo Erlenmeyer o volume, V_A, da solução do analito de concentração, C_A.

A Figura 17.2 mostra a bureta com a *solução padrão* de concentração (C_p), o copo Erlenmeyer com a *solução do analito* de *volume exato* e conhecido (V_A). Ao se deixar escorrer a solução padrão, que contém o reagente que vai reagir com o analito, na bureta pode-se ler o volume escorrido. Ao se completar a reação (*ponto de equivalência*) o indicador, que está junto com o analito, muda de cor, sinalizando o *ponto final*. Neste momento, faz-se a leitura do volume da solução padrão (V_p) que foi adicionada à solução do analito.

A Figura 17.2 mostra as variáveis envolvidas na titulação e as respectivas medidas:
- Volume da solução titulante ou solução Padrão (V_p) e de concentração padrão conhecida (C_p);
- Volume da solução analito, solução a ser analisada (V_A) medida exatamente, e de concentração a ser determinada estequiometricamente (C_A).

Reação química de titulação

Uma reação é própria para a titulação quando esta é *instantânea*; *totalmente deslocada para a direita* (produtos), isto é, *completa*, o que se verifica pela constante de equilíbrio grande, possui uma equação definida e possível de ser balanceada. O Detalhe 17.1 traz como exemplo de titulação ácido-base a reação entre o hidrogeno-ftalado de potássio e o hidróxido de sódio.

Detalhes 17.1

Reação do padrão (P) com o analito (A) em titulações ácido-base

O padrão, P, utilizado é hidrogeno-ftalato de potássio $KHC_8H_4O_4$ e o analito, A, hidróxido de sódio comercial, NaOH. Ambos são sólidos. A dissolução do padrão é dada pela Reação (R-17.1):

$$KHC_8H_4O_{4(s)} + \text{Água}_{(l)} \leftrightarrows HC_8H_4O_{4\,(aq)}^- + K^+_{(aq)} \quad\quad (R\text{-}17.1)$$

A liberação do ânion hidrogeno-ftalato na solução continua dissociando o próton, conforme Reação (R-17.2):

$$HC_8H_4O_{4\,(aq)}^- + \text{Água}_{(l)} \leftrightarrows C_8H_4O_{4\,(aq)}^{2-} + H^+_{(aq)} \quad\quad (R\text{-}17.2)$$

A reação de dissolução do analito é dada pela Reação (R-17.3). É uma reação fortemente exotérmica, isto é, libera calor.

$$NaOH_{(s)} + \text{Água}_{(l)} \leftrightarrows Na^+_{(aq)} + HO^-_{(aq)} + \text{Calor} \quad\quad (R\text{-}17.3)$$

Tomando a solução do padrão, Reação (R-17.2), isto é, o produto formado (lado direito) e adicionando à solução do analito, Reação (R-17.3), chega-se à Reação (R-17.4):

$$C_8H_4O_{4\,(aq)}^{2-} + H^+_{(aq)} + Na^+_{(aq)} + HO^-_{(aq)} \leftrightarrows C_8H_4O_{4\,(aq)}^{2-} + H_2O_{(l)} + Na^+_{(aq)} \quad\quad (R\text{-}17.4)$$

Eliminando da Reação (R-17.4) os termos iguais em ambos os lados, chega-se à Reação (R-17.5):

$$H^+_{(aq)} + HO^-_{(aq)} \leftrightarrows H_2O_{(l)} \quad\quad Ke \quad\quad (R\text{-}17.5)$$

A constante de equilíbrio, Ke, é o inverso da constante de auto-ionização da água, simbolizada por Kw, que a 25 °C e a 1 atm de pressão é igual a $Kw = 1{,}0 \cdot 10^{-14}$, conforme Equação (17.1):

$$Ke = \frac{1}{Kw} = \frac{1}{1{,}0 \cdot 10^{-14}} = 1{,}0 \cdot 10^{+14} \quad\quad (17.1)$$

O valor elevado de Ke indica que a reação é totalmente dirigida no sentido dos produtos. E, instantânea. Características apropriadas para ser usada na titulação.

Em todas as reações de titulação ácido-base ou de *neutralização*, o que acontece quimicamente entre o padrão e o analito, é a reação entre o *cátion hidrônio*, $H^+_{(aq)}$, e o ânion hidróxido, $HO^-_{(aq)}$, onde um ou o outro é o padrão, conforme Reação (R-17.5).

Cálculos

Os cálculos envolvidos na titulação são simples. Obedecem às seguintes etapas:

1ª Cálculo do número de mols da substância padrão (n_P) adicionado na reação.

O número de mols da substância padrão adicionado no copo Erlenmeyer é dado pela Equação (17.2), já vista em Unidade Didática anterior.

$$c_P = \frac{n_P}{V_{P(L)}} \quad (17.2)$$

Onde,

C_P = concentração da solução padrão em mol L^{-1};

n_P = número de mols da substância padrão;

V_P = volume da solução padrão dado em litros.

Rearranjando a Equação (17.2) tem-se Equação (17.3):

$$n_P = C_P \cdot V_P \quad (17.3)$$

2ª Cálculo do número de mols do analito (n_A) que reagiu com o padrão.

Para efetuar este cálculo necessita-se estabelecer a equação balanceada ocorrida entre o padrão (P) e o analito (A). Suponha-se que a *substância padrão* é o hidrogeno-ftalato de potássio e o analito, o hidróxido de sódio, NaOH. Supondo que *a* mols de hidrogeno-ftalato de potássio (KHC$_8$H$_4$O$_4$) reagem com *b* mols de hidróxido de sódio (NaOH). A reação é dada por (R-17.6) ou (R-17.7):

(R-17.6)

Ou

$$a\ KHC_8H_4O_{4(aq)} + b\ NaOH_{(aq)} \rightarrow c\ KNaC_8H_4O_{4(aq)} + d\ H_2O \quad (R-17.7)$$

Onde, pode-se estabelecer a proporção que segue:

> **a** mols de P reage com ⟶ **b** mols de analito
> **n$_P$** mols de P ⟶ **n$_A$** mols do analito A

Resolvendo a proporção chega-se a Equação (17.4):

$$n_A = n_P \cdot \frac{b}{a} \quad (17.4)$$

Como, para a reação em estudo, **a** = **b** = 1, chega-se à Equação (17.5):

$$n_A = n_P \quad (17.5)$$

O número de mols do analito (n_A) está contido da alíquota da solução problema que foi transferida para o copo Erlenmeyer na titulação.

3ª Cálculo da concentração do analito, no caso, hidróxido de sódio (NaOH)

Conforme Unidade Didática 15, a concentração do analito (A) é dada pela Equação (17.6):

$$C_A = \frac{n_A}{V_{A(L)}} \qquad (17.6)$$

Onde,

C_A = concentração da solução do analito ou a solução problema em mol L^{-1};

n_A = número de mols do analito;

V_A = volume da solução do analito ou da solução problema que foi transferida para o balão Erlenmeyer e foi titulada, dado em litros.

4ª Cálculo da massa do analito

Estes cálculos encontram-se na Unidade Didática 18.

Detalhes 17.2

Cuidados com a Bureta

A bureta é o instrumento básico da titulometria. Deve-se tomar alguns cuidados com ela. Alguns deles são observados e tomados antes de começar qualquer titulação e outros durante a titulação. A Figura 17.3 mostra uma bureta com a indicação de alguns problemas.

I Cuidados anteriores à titulação

1º Conferir a calibração da bureta. Recomenda-se trabalhar sempre com a mesma bureta calibrada em algum momento das atividades de Laboratório.

2º Verificar se a bureta tem *vazamentos*. Para isto, basta encher a bureta com água e fechar a torneira da mesma. Se o espaço da bureta que fica abaixo da torneira, "o bico" por onde escorre a água, estiver com bolhas ou um vazio, conforme Figura 17.3, item **d**, deve ser retirado. A seguir "zerar o nível da água" com o zero da escala, mediante a torneira ou um conta-gotas. Secar com papel toalha a torneira (parte anterior e posterior) e a ponta do bico da bureta. Colocá-la no suporte e deixá-la por uns 5 a 10 minutos. Neste período observar se o nível "zero" da água se mantém e observar a formação de possíveis gotas na parte inferior da bureta (torneira, "bico" etc.).

3º Verificar se a torneira está *"dura"* ou *"rígida" para abrir e fechar*. Isto não pode acontecer, pois, tira a sensibilidade do ato de finalizar o acréscimo de mais uma gota, por exemplo. Se isto acontecer, é necessário, desmontar o sistema torneira/bureta e passar uma *graxa de silicone*, para que tenha a devida sensibilidade no abrir e fechar.

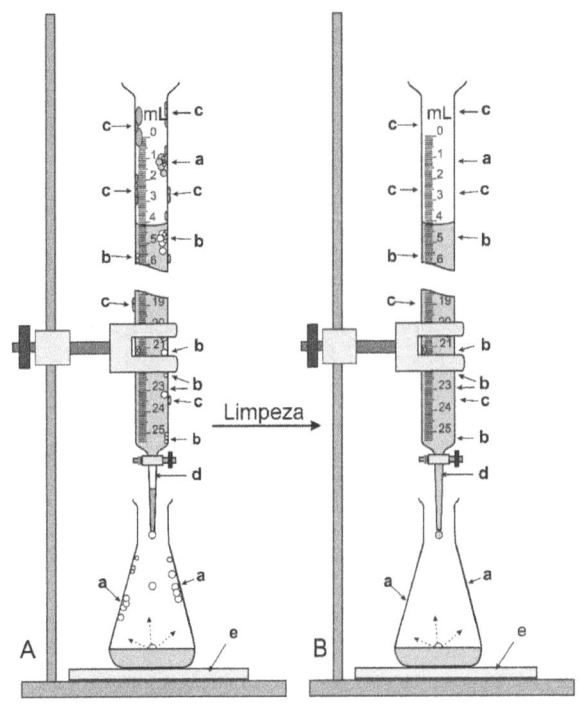

Legenda

A - Bureta com problemas iniciais: **a** - «Bolhas» ou gotículas de solução; **b** - Bolhas de ar; **c** - Sujeira de gordura com solução, interna e externamente; **d** - Vazio com ar; **e** - Placa de cerâmica branca.

B - Bureta em *condições iniciais boas* de trabalho.

Figura 17.3 Visualização de bureta/copo Erlenmeyer e suporte: (A) bureta com alguns problemas iniciais; (B) bureta *aparentemente em boas condições iniciais de trabalho*.

4º O próximo passo é conferir a *limpeza da bureta*. A Figura 17.3, em A, itens **a**, **b**, **c**, **d**, mostram situações em que se formam gotículas, bolhas de ar, partes gordurosas nas paredes em que a água não escorre. É necessária uma boa limpeza com detergente e escova. Depois, chega-se a Figura 17.3B.

5º Tirar a bureta do suporte e colocar uns 10 a 15 mL do titulante, em geral, é a solução padrão (P). Enxaguar a bureta inteira (inclíná-la, rotacioná-la etc.), abrir a torneira da bureta e enxaguar a parte inferior. Repetir a operação duas a três vezes. As porções de solução do enxágue, conforme a informação técnica, devem ser estocadas numa bombona para posterior tratamento e despoluição.

6º Com a torneira da bureta fechada, enchê-la com a solução titulante, até acima do "zero" da escala. Abrir a torneira e escorrer um pouco da solução para encher a parte inferior da mesma, isto é, "o bico" da bureta, conforme Figura 17.3, A e B, item **d**. Se necessário, colocar mais solução titulante e levar o nível da solução na bureta ao "zero" da escala. Nesta operação seguir os cuidados já preconizados. Se for preciso, utilizar o conta-gotas, não esquecendo de, antes, enxaguá-lo com um pouco da solução titulante.

7º Escolher o copo Erlenmeyer, em geral, de 250 mL de capacidade. O critério é ter ao final da titulação pelo menos 2/3 do seu volume vazio. Enxaguá-lo com água destilada e deionizada duas a três vezes. Descartar as porções no tanque de limpeza do material. Com o auxílio de uma pipeta volumétrica (25 mL, 50 mL) transferir o volume exato desejado do analito (V_A) para o copo Erlenmeyer, juntamente com três a quatro gotas do indicador. O copo, assim pronto, é colocado sobre uma *placa branca de cerâmica* (azulejo branco) que, já se encontra sobre a base metálica do suporte, conforme Figura 17.3 A, item **e**. Esta placa é para visualizar melhor o momento de viragem da cor do indicador.

II Cuidados na titulação

1º Fazer uma titulação prévia e rápida para saber aproximadamente o volume necessário de solução titulante ou da solução padrão ($\pm V_p$) para alcançar o "ponto de viragem" do indicador.

2º Encher a bureta novamente com a solução titulante, zerá-la e colocá-la no suporte. Descartar a solução titulada do copo Erlenmeyer, segundo as informações técnicas de segurança dadas. Lavar e enxaguar o mesmo duas a três vezes com água destilada e deionizada. Transferir para o mesmo o volume de solução analito (V_A) com uma pipeta volumétrica. Registrar o valor de V_A.

3º Dar início a titulação, abrindo e segurando a torneira da bureta com a mão esquerda, e, o copo Erlenmeyer com a mão direita. Adicionar o titulante com uma *velocidade média regular* e agitar fortemente a solução no Erlenmeyer com a mão direita. De tempos em tempos parar a operação e com a pisseta lavar as paredes internas do copo com água destilada e deionizada. Depois, continuar a titulação. Ao faltar 1 a 2 mL para chegar ao *ponto de viragem*, diminuir a velocidade de adição do titulante e mantê-la até a viragem do indicador, sem interromper e, ao mesmo tempo, agitar fortemente a solução. Não esquecer que a reação deve ser "instantânea" no volume total da solução.

4º Em caso de difícil identificação do momento final, preparar um copo Erlenmeyer com o volume de solução final e com o indicador na cor que deve chegar neste ponto – o copo *testemunho da cor*, que é colocado ao lado do copo onde está sendo feita a titulação.

17.2 PARTE EXPERIMENTAL

17.2.1 Padronização da solução de hidróxido de sódio ±0,1 mol L⁻¹

a – Material
- *Água destilada e deionizada;*
- *Solução padrão de ácido oxálico ($H_2C_2O_4$) 0,0500 mol L^{-1};*
- *Solução de hidróxido de sódio (analito) ±0,1 mol L^{-1};*
- *Bureta com capacidade para 25mL;*
- *Copo Erlenmeyer de 250 mL;*
- *Pipeta volumétrica 10 mL de capacidade;*
- *2 Copos béquer de 50 mL;*
- *Suporte metálico com agarrador para bureta;*
- *Solução de indicador fenolftaleína;*
- *Conta-gotas;*
- *Papel-toalha;*
- *Placa de cerâmica branca (azulejo branco) para auxiliar a visualização do ponto de viragem do indicador;*
- *Material de registro: Diário de Laboratório, computador e máquina de calcular etc.*

b – Procedimento
- Conferir a calibração da escala da bureta, se ainda não foi conferida.
- Fixar a bureta no suporte universal e testar se a torneira da mesma está *emperrada, difícil* ou *dura de girar*. Caso necessário, desmontá-la, lubrificá-la com graxa de silicone e remontá-la, tomando o cuidado de não obstruir a passagem da solução com o silicone.
- Com água destilada e deionizada, verificar se a bureta apresenta vazamentos na torneira, se está com as paredes sujas (engraxadas ou engorduradas). Se necessário, fazer os devidos reparos.
- Com auxílio de um copo béquer, já enxaguado duas ou três vezes com um pouco da solução padrão de ácido oxálico 0,0500

Observação:

As condições para que uma reação seja própria para a titulação são: a reação deve ser *instantânea*; *totalmente deslocada para a direita*, isto é, *completa*, o que se verifica pela constante de equilíbrio grande; ter um *indicador de ponto final*; ser possível *balancear a reação*. O fato de agitar fortemente a solução é para dar o mínimo tempo para que a reação se dê no volume total da solução e se possível, instantaneamente. Caso contrário um ponto da solução muda de cor e outro não, e a solução titulante está sendo adicionada. Parar e adicionar gota a gota o titulante, conforme o tipo de indicador que dificulta a visualização do ponto final da titulação. Por isto, deve-se reduzir a velocidade de adição do titulante e não parar para agitar. Este é o momento crítico da titulação, que deve ser muito bem treinado pelo operador.

5º Repetir o experimento para se ter pelo menos três valores do volume da solução padrão, V_p. Os valores não podem diferenciar entre si mais do que 0,02 a 0,03 mL.

III Cuidados depois da titulação

Após finalizadas as titulações (repetições necessárias), lavar todo o material utilizado. A bureta, de preferência, se utilizada seguido, deixá-la cheia de água destilada e deionizada no suporte metálico, colocando, na parte superior, uma proteção de papel para evitar cair poeiras etc. Isto, mantém as paredes úmidas, fato que facilita o escoamento normal da solução.

mol L^{-1} (C_p) transferir um pouco da referida solução padrão para a bureta e enxaguá-la. Repetir a operação duas ou três vezes e descartar a solução utilizada, segundo orientação técnica. Encher a bureta com a solução padrão, tendo o cuidado de *encher* também a parte que fica abaixo da torneira.

- Eliminar toda e qualquer bolha de ar que por acaso tenha no interior da solução e paredes da bureta. Fixar a bureta no suporte metálico.
- Ajustar o nível da solução ao zero da escala da mesma, utilizando o conta-gotas e a torneira da bureta. Deixar a bureta pronta no suporte metálico.
- Enxaguar o copo Erlenmeyer de 250 mL, já limpo, com duas a três porções de água destilada e deionizada. Transferir 10 mL (V_A), volume exato, da solução de hidróxido de sódio (NaOH) a ser padronizada para o copo Erlenmeyer, com uma pipeta volumétrica, já enxaguada duas a três vezes com a solução de analito A. Preencher os dados solicitados da Tabela RA 17.1;
- Adicionar com uma pisseta, à solução do analito no copo Erlenmeyer, água destilada e deionizada para dar um volume de aproximadamente ±50 mL, Figura 17.4.

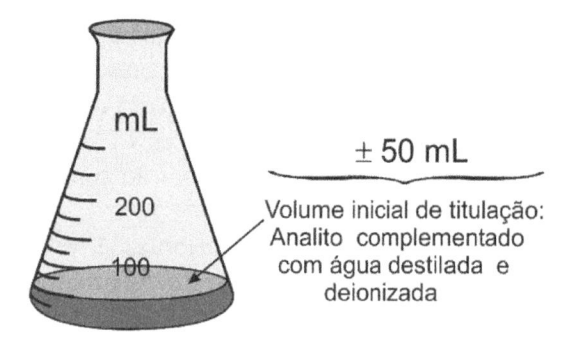

Figura 17.4 Volume de solução inicial de titulação

- Adicionar duas a três gotas de solução do indicador fenolftaleína à solução do Erlenmeyer, que deverá ficar de cor rosa-vermelha. Ao mudar de cor ficará incolor.
- Colocar o copo Erlenmeyer sobre a placa branca de cerâmica. Ajustar a bureta de tal modo que a ponta da mesma esteja dentro do copo, Figura 17.1 e Figura 17.2.
- Com a mão esquerda abrir devagar a torneira da bureta (gotejar) e com a mão direita agarrar o copo Erlenmeyer e agitá-lo para homogeneizar o sistema reagente. Como não se tem ideia de quanto de solução padrão se deve adicionar para alcançar o ponto de viragem do indicador faz-se a primeira titulação de forma rápida para saber que volume de solução padrão alcança o ponto final da titulação.
- Lavar o copo Erlenmeyer e repetir a operação mais três vezes, com os seguintes cuidados:
- Preencher os dados solicitados da Tabela RA 17.1.
- Quando se aproximar do ponto final da titulação (ou o ponto de equivalência), girar a torneira, deixando escoar gota a gota e lentamente sem parar, até a viragem de cor do indicador, e, enquanto isto, agitar fortemente a solução para homogeneizá-la, tomando o cuidado de não respingar solução nas paredes.
- Durante a titulação, suspender a operação, conforme a necessidade, e com auxílio de uma pisseta lavar as paredes do copo com pequenas porções de água destilada e deionizada;
- Caso houver dúvida quanto a ter sido ou não, atingido o ponto final, fazer a leitura do volume escorrido na bureta e adicionar mais uma gota e observar o resultado. Se necessário, usar um copo Erlenmeyer com uma *solução testemunha da cor final* que deve ter a solução e deixá-lo ao lado do copo em titulação. Visualmente comparar as cores.
- Terminada a titulação, retirar a bureta do suporte e em posição correta, ler com exatidão (algarismos significativos) o volume da solução de ácido gasto na titulação, fazendo o devido registro do valor observado na Tabela RA 17.1.
- Calcular o *valor médio das repetições* ($\overline{V}_P$) e o seu *desvio padrão* (s_p), preenchendo a Tabela RA 17.1.

- Efetuar os cálculos da concentração do analito com o valor médio de pelo menos três titulações e o respectivo desvio padrão, registrar os resultados na Tabela RA 17.1.

c – Cálculos

Supondo que a Tabela RA 17.1 tenha sido preenchida e tenham sido medidos os seguintes valores (experimentais):

$V_A = 10$ mL (volume exato);

$\overline{V}_P = 11,77$ mL $\left(-s_{e(V_P)} = 0,02 \text{ mL}\right)$, valor médio de três titulações;

$C_P = 0,0500$ mol L^{-1} $\left(\pm s_{r(C_P)} = 0,005 \text{ mol L}^{-1}\right)$;

C_A = Valor a ser calculado.

Cálculo da concentração da solução de hidróxido de sódio (NaOH)

Seguindo as etapas apresentadas no tópico "Cálculos", descrito anteriormente, tem-se:

1º Cálculo do número de mols do padrão (n_P) adicionados à solução de hidróxido de sódio.

Pela Equação (17.3), reescrevendo-a e substituindo os valores das variáveis, chega-se à Equação (17.7):

$$n_P = C_P \cdot \overline{V}_P = (0,0500 \text{ mol L}^{-1}) \cdot (0,01177 \text{ L}) = 5,89 \cdot 10^{-4} \text{ mols de ácido oxálico} \qquad (17.7)$$

2º Cálculo do número de mols de hidróxido de sódio (NaOH) que reagiram com o ácido oxálico ($H_2C_2O_4$)
A combinação do padrão com o analito é dada pela Reação (R-17.8):

$$1\ H_2C_2O_{4(aq)} + 2\ NaOH_{(aq)} \rightleftarrows 2\ Na^+_{(aq)} + C_2O_4^{2-}_{(aq)} + 2\ H_2O_{(l)} \qquad (R\text{-}17.8)$$
Padrão   Analito

Pela Equação (17.4), introduzindo nela os valores respectivos, chega-se à Equação (17.8):

$$n_A = n_P \cdot \frac{b}{a} \quad \therefore \quad \text{No caso, a} = 1 \text{ e b} = 2 \quad \therefore \quad n_A = 5,89 \cdot 10^{-4} \cdot \frac{2}{1} = 1,18 \cdot 10^{-3} \text{ mols de NaOH} \qquad (17.8)$$

3º Cálculo da concentração do analito, ou melhor, do NaOH em mol L^{-1} (C_A).

Pela Equação (17.6), nela introduzindo os respectivos valores, chega-se à Equação (17.9):

$$C_{A(\text{mol L}^{-1})} = \frac{n_A}{V_{A(L)}} = \frac{1,18 \cdot 10^{-3}}{0,010} \cdot \frac{\text{mol}}{\text{L}} = 0,118 \text{ mol L}^{-1} \qquad (17.9)$$

Detalhes 17.3

Desvio padrão propagado no cálculo da concentração do analito

O cálculo da concentração do analito implicou em operações intermediárias:

- Número de mols do Padrão: $n_P = C_P \cdot V_P$;
- Número de mols do analito que reagiu com o padrão: $n_A = n_P \cdot \frac{b}{a}$;
- Concentração do Analito:

$$C_{A(\text{mol L}^{-1})} = \frac{n_A}{V_{A(L)}}$$

Compactando as três operações numa só, pela substituição de uma variável na outra, chega-se à Equação (17.10) e (17.11):

$$C_{A(mol\,L^{-1})} = \frac{n_A}{V_{A(L)}} = \frac{1}{V_{A(L)}} \cdot \left(n_P \cdot \frac{b}{a}\right) = \frac{1}{V_{A(L)}} \cdot \left(\frac{b}{a}\right) \cdot \left(C_P \cdot V_P\right) \tag{17.10}$$

$$C_{A(mol\,L^{-1})} = \frac{1}{V_A} \cdot \left(\frac{b}{a}\right) \cdot \left(C_P \cdot V_P\right) \cdot \left[\left(\frac{1}{L}\right) \cdot \left(\frac{mol}{L} \cdot L\right)\right] = \frac{1}{V_A} \cdot \left(\frac{b}{a}\right) \cdot \left(C_P \cdot V_P\right) \cdot \left(\frac{mol}{L}\right) \tag{17.11}$$

Os valores de **a** = 1 e **b** = 2, são os coeficientes da reação entre o padrão e o analito da titulação. Substituindo-os na Equação (17.11) e compactando-a chega-se à Equação (17.12):

$$C_{A(mol\,L^{-1})} = \frac{2 \cdot C_P \cdot V_{P(L)}}{V_{A(L)}} \cdot \left(\frac{mol}{L}\right) \tag{17.12}$$

Onde, os respectivos valores com incertezas são: $V_A = 10$ mL (exato); $V_P = 11{,}77$ mL $\left(-s_{e(V_P)} = 0{,}02 \text{ mL}\right)$; $C_P = 0{,}0500 \text{ mol L}^{-1} \left(-s_{r(C_P)} = 0{,}005 \text{ mol L}^{-1}\right)$.

Introduzindo estes valores na Equação (17.12), chega-se à Equação (17.13) e (17.14).

$$C_{A(mol\,L^{-1})} = \frac{2 \cdot (0{,}0500 - 0{,}005) \cdot (0{,}01177 - 0{,}00002)}{0{,}010} \cdot \left(\frac{mol}{L}\right) \tag{17.13}$$

$$C_{A(mol\,L^{-1})} = 0{,}1177 \frac{mol}{L} = 0{,}118 \frac{mol}{L} \tag{17.14}$$

A operação dos desvios de cada variável obedece aos cálculos vistos em Unidade Didática 6 – "Propagação das Incertezas em Operações Matemáticas". Como se trata de calcular o *desvio padrão propagado*, determina-se a *variância propagada* na resposta da Equação (17.12). Esta, é dada pela Equação (17.15):

$$\text{Variância} = \left(s_{C_A}\right)^2 = \left(\frac{\partial C_A}{\partial C_P}\right)_{V_P}^2 \cdot \left(s_{C_P}\right)^2 + \left(\frac{\partial C_A}{\partial V_P}\right)_{C_P}^2 \cdot \left(s_{V_P}\right)^2 \tag{17.15}$$

Extraindo-se a raiz quadrada da Equação (17.15), chega-se ao *desvio padrão*, conforme Equação (17.16):

$$\sqrt{\text{Variância}} = s_{C_A}\left(\text{ou, } \sigma_{C_A}\right) = \sqrt{\left(\frac{\partial C_A}{\partial C_P}\right)^2_{V_P} \cdot \left(s_{C_P}\right)^2 + \left(\frac{\partial C_A}{\partial V_P}\right)^2_{C_P} \cdot \left(s_{V_P}\right)^2} \tag{17.16}$$

Derivando parcialmente a função dada pela Equação (17.16) por cada variável do cálculo, chega-se à Equação (17.17) e Equação (17.18):

$$\frac{\partial C_A}{\partial C_P} = \frac{2 \cdot V_P}{V_A} \tag{17.17}$$

$$\frac{\partial C_A}{\partial V_P} = \frac{2 \cdot C_P}{V_A} \tag{17.18}$$

Relacionando as Equações (17.17) e (17.18) com a Equação (17.16), chega-se à Equação (17.19):

$$s_{C_A}\left(\text{ou, } \sigma_{C_A}\right) = \sqrt{\left(\frac{2 \cdot V_P}{V_A}\right)^2_{V_P} \cdot \left(s_{C_P}\right)^2 + \left(\frac{2 \cdot C_P}{V_A}\right)^2_{C_P} \cdot \left(s_{V_P}\right)^2} \tag{17.19}$$

Introduzindo na Equação (17.19) os valores de cada variável, tem-se a Equação (17.21).

$V_A = 10$ mL (volume exato);

$V_P = 11,77$ mL $\left(-s_{e(V_P)} = 0,02 \text{ mL}\right)$ (valor médio de três titulações);

$C_P = 0,0500 \text{ mol L}^{-1} \left(-s_{r(C_P)} = 0,005 \text{ mol L}^{-1}\right)$

$$s_{C_A}\left(\text{ou, } \sigma_{C_A}\right) = \sqrt{\left(\frac{2 \cdot 11,77 \cdot 10^{-3}}{10 \cdot 10^{-3}}\right)^2_{V_P} \cdot \left(0,005\right)^2 + \left(\frac{2 \cdot 0,0500}{10 \cdot 10^{-3}}\right)^2_{C_P} \cdot \left(0,02 \cdot 10^{-3}\right)^2} \tag{17.20}$$

$$s_{C_A}\left(\text{ou, } \sigma_{C_A}\right) = \sqrt{1,3854 \cdot 10^{-4} + 4,00 \cdot 10^{-8}} = 0,01177 = 0,012 \frac{\text{mol}}{\text{L}} \tag{17.21}$$

Relacionando o resultado da Equação (17.14) com a Equação (17.21), chega-se ao resultado dado pela Equação (17.22).

$$C_{A(\text{mol L}^{-1})} = 0,118 - 0,012 \frac{\text{mol}}{\text{L}} \tag{17.22}$$

Alteração do rótulo do frasco-estoque

O valor da concentração ±0,1 mol L⁻¹ agora foi padronizada e é exata. No rótulo deve constar a concentração dada na Equação (17.22):

$$C_{NaOH} = 0{,}118 \pm 0{,}012 \text{ mol L}^{-1}$$

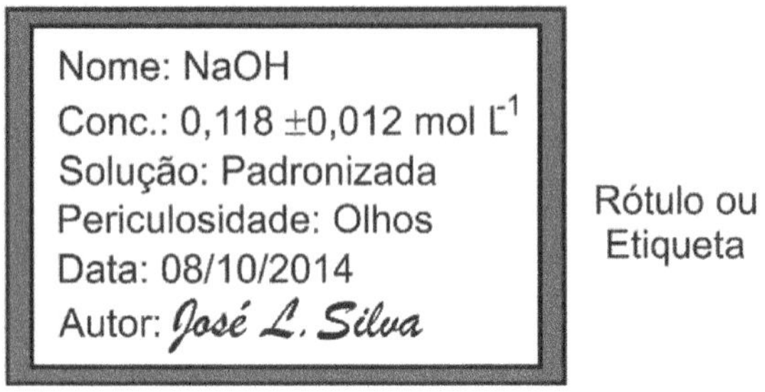

```
Nome: NaOH
Conc.: 0,118 ±0,012 mol L⁻¹
Solução: Padronizada
Periculosidade: Olhos
Data: 08/10/2014
Autor: José L. Silva
```
Rótulo ou Etiqueta

Figura 17.5 Novo rótulo ou etiqueta da solução padronizada.

17.2.2 Padronização da solução de ácido clorídrico ±0,1 mol L⁻¹

a – Material
- *Água destilada e deionizada;*
- *Solução padronizada de hidróxido de sódio (NaOH) 0,118 mol L⁻¹;*
- *Solução de ácido clorídrico $(HCl_{aq}) \pm 0{,}1$ mol L⁻¹, analito;*
- *Bureta com capacidade para 25 mL;*
- *Copo Erlenmeyer de 250 mL;*
- *Pipeta volumétrica 10 mL de capacidade;*
- *2 Copos béquer de 50 mL;*
- *Suporte metálico com agarrador para bureta;*
- *Solução de indicador fenolftaleína;*
- *Conta-gotas;*
- *Papel-toalha;*
- *Placa de cerâmica branca (azulejo branco);*
- *Material de registro: Diário de Laboratório, computador, calculadora etc.*

b – Procedimento
- Conferir a calibração da escala da bureta, se ainda não foi conferida.
- Fixar a bureta no suporte universal e testar se a torneira da mesma está *emperrada, difícil* ou *dura de girar*. Caso necessário, desmontá-la, lubrificá-la com graxa de silicone e remontá-la, tomando o cuidado de não obstruir a passagem da solução.
- Com água destilada e deionizada, verificar se a bureta apresenta vazamentos na torneira, se está com as paredes sujas (engraxadas, engorduradas etc.). Se necessário, fazer os devidos reparos e limpeza.
- Com auxílio de um copo béquer de 50 mL, já enxaguado duas a três vezes com pequenas porções da solução padronizada de hidróxido de sódio (NaOH) de concentração $C_P = 0{,}118$ mol L⁻¹, transferir um pouco da referida solução padronizada para a bureta e enxaguá-la. Repetir a operação duas a três vezes e descartar a solução utilizada segundo informações do corpo técnico. Encher a bureta com a solução padronizada tendo o cuidado de encher também a parte que fica abaixo da torneira.
- Eliminar toda e qualquer bolha de ar que por acaso tenha no interior da bureta e da solução. Verificar se, na parte abaixo da torneira ainda não há bolhas de ar ou um vazio de solução padronizada.
- Ajustar o nível da solução ao zero da escala da bureta, utilizando o conta-gotas e a torneira da mesma. Fixar a bureta pronta no suporte metálico.
- Com porções de água destilada e deionizada enxaguar duas a três vezes o copo Erlenmeyer, que já está limpo.
- Com uma pipeta volumétrica de 10 mL, já enxaguada duas a três vezes com pequenas porções de solução de analito, transferir 10 mL (V_A) da solução de ácido clorídrico (HCl) (de concentração C_A desconhecida) a ser padronizada, para o copo Erlenmeyer. Registrar os valores na Tabela RA 17.2.
- Adicionar com uma pisseta, à solução do analito no copo Erlenmeyer, água destilada e deionizada para dar um volume de aproximadamente ±50 mL.
- Adicionar duas a três gotas de solução de indicador de fenolftaleína à solução do Erlenmeyer.
- Colocar o copo Erlenmeyer sobre a cerâmica branca na base metálica do suporte, de tal

forma que a ponta da bureta esteja dentro do copo, Figura 17.1.
- Com a mão esquerda abrir devagar a torneira da bureta (gotejar) e com a mão direita agarrar o copo Erlenmeyer e agitá-lo para homogeneizar o sistema reagente. Como não se tem ideia de quanto de solução padrão se deve adicionar para alcançar o ponto de viragem do indicador faz-se a primeira titulação de forma rápida para saber que volume de solução padrão alcança o ponto final da reação. Deve-se cuidar que agora o indicador do incolor passa a cor rosa.

Observação

É quase norma colocar a solução padrão na bureta e a do analito no copo Erlenmeyer. Contudo, se pode também fazer o contrário. Esta inversão é recomendada sempre que se usa a solução padronizada de hidróxido de sódio (NaOH), pois, em caso de demora para limpar a bureta, o hidróxido de sódio pode carbonatar-se com o tempo e dificultar a movimentação da torneira.

- Lavar o copo Erlenmeyer e repetir a operação mais três vezes, com os seguintes cuidados:
- Preencher os dados solicitados da Tabela RA 17.2;
- Durante a titulação, suspender a operação sempre que necessário, e com auxílio de uma pisseta lavar as paredes do copo com pequenas porções de água destilada e deionizada;
- Quando a titulação se aproximar do ponto final ou de equivalência, girar a torneira, deixando escoar gota a gota com certa velocidade lenta, e, ao mesmo tempo, não parar de agitar o copo Erlenmeyer para homogeneizar instantaneamente a solução reagente;
- Caso houver dúvida quanto a ter sido ou não atingido o ponto final, fazer a leitura do volume escorrido na bureta e adicionar mais uma gota e observar o resultado. Se for o caso, usar uma solução num copo Erlenmeyer ao lado, com a solução na cor desejada, *copo da solução testemunha da cor*.
- Retirar a bureta do suporte, e com a mesma em posição vertical ao nível do horizonte visual, ler e registrar com exatidão (algarismos significativos) o volume da solução de ácido gasto na titulação, na Tabela RA 17.2.
- Efetuar os cálculos da concentração do analito com o valor médio de pelo menos três titulações $\overline{V}_P$ e o respectivo desvio padrão (s_{V_P}) e desvio padrão da média $\left(s_{\overline{V}_P}\right)$ registrando os valores em local próprio da Tabela RA 17.2.

c – Cálculos

Supondo que tenham sido os seguintes valores experimentais medidos e ou calculados:

V_A = 10 mL (analito = solução de HCl);
V_P = 9,53 ±0,02 mL (valor médio de três titulações);
C_P = 0,118 ±0,012 mol L^{-1};
C_A = Valor a ser calculado.

Cálculo da concentração da solução de ácido clorídrico (HCl)

Seguindo as etapas descritas anteriormente, tem-se:

1º Cálculo do número de mols do padrão (n_p) adicionados à solução de ácido clorídrico.
Pela Equação (17.3), tem-se a Equação (17.23):

$$n_p = C_p \cdot V_p = (0{,}118 \text{ mol L}^{-1}) \cdot (0{,}00953 \text{ L}) = 0{,}00113 \text{ mols de NaOH} \qquad (17.23)$$

2º Cálculo do número de mols de HCl que reagiram com o hidróxido de sódio

A combinação do padrão com o analito é dada pela Reação (R-17.9):

$$\underset{\text{Padrão}}{1\text{NaOH}_{(aq)}} + \underset{\text{Analito}}{1\text{HCl}_{(aq)}} \leftrightarrows \text{Na}^+_{(aq)} + \text{Cl}^-_{(aq)} + \text{H}_2\text{O}_{(l)} \qquad (\text{R-17.9})$$

Pela Equação (17.4), e pela introdução dos respectivos valores, chega-se à Equação (17.24):

$$n_A = n_P \cdot \frac{b}{a} \quad (a=1,\ b=1) \quad n_A = n_P = 0{,}00113 \cdot \frac{1}{1} = 0{,}00113 \text{ mols de HCl} \tag{17.24}$$

3º Cálculo da concentração do analito, ou melhor, do ácido clorídrico (HCl) em mol L^{-1} (C_A).

Pela Equação (17.6), com os respectivos valores, chega-se à Equação (17.25):

$$C_A = \frac{n_A}{V_A} = \frac{0{,}00113}{0{,}010} \ \frac{\text{mol}}{\text{L}} = 0{,}113 \text{ mol L}^{-1} \tag{17.25}$$

17.3 EXERCÍCIOS DE FIXAÇÃO

17.1. Quais os requisitos para que uma reação possa ser usada em uma titulação?

17.2. Quais as características de uma substância padrão primário?

17.3. 20 mL de uma solução de hidróxido de sódio (NaOH) foi titulada com ácido oxálico ($H_2C_2O_4$) 0,9984 mol L^{-1}. Na titulação foi gasto 11,87 mL de solução. Qual a concentração corrigida da solução de hidróxido de sódio?

17.4. Na titulação de 10,0 mL de uma solução de hidróxido de potássio (KOH) foram consumidos 18,5 mL de uma solução de ácido sulfúrico (H_2SO_4), 0,250 mol L^{-1}. Calcule a concentração em quantidade de matéria (mol L^{-1}) da solução da base?

17.5. 25,0 mL de uma solução de ácido sulfúrico (H_2SO_4) foram pipetados e transferidos para um Erlenmeyer, que na titulação exigiram 24,5 mL de uma solução 0,300 mol L^{-1} de hidróxido de sódio (NaOH). Determine a concentração da solução do ácido em mol L^{-1}.

17.6. a) Qual o volume de ácido clorídrico (HCl) necessário para preparar 250,00 mL de solução 0,1 mol/L se a densidade do ácido é 1,186 g/mL e sua pureza de 37%?

b) Após ter sido preparada a solução foi padronizada com carbonato de sódio (Na_2CO_3). Qual a concentração corrigida se na padronização 20,0 mL desta solução ácida consumiram 0,0990g de padrão primário carbonato de sódio (Na_2CO_3). Escreva a reação de neutralização. Dados: Na = 23 g/mol; C = 12 g/mol; O = 16 g/mol; Cl = 35,5 g/L; H = 1 g/mol.

17.7. Uma solução ±0,1 mol L^{-1} de ácido clorídrico (HCl) foi padronizada com carbonato de sódio (Na_2CO_3). Para neutralizar 0,053 g de Na_2CO_3 foram necessários 9,57 mL do ácido. Responda:

a) Qual a concentração corrigida do ácido clorídrico (HCl)?

b) O carbonato de sódio (Na_2CO_3) é um padrão primário ou secundário?

c) Qual o indicador que pode ser usado nesta titulação?

Dados do $CaCO_3$: M = 105,99 g mol^{-1}; Pureza= 100%

Respostas: **17.3.** 1,185; **17.4.** 0,925; **17.5.** 0,15; **17.6.** 2,08; 0,0934; **17.7.** 0,1045

17.4 RELATÓRIO DE ATIVIDADES

Universidade _____ Centro de Ciências Exatas – Departamento de Química Disciplina: QUÍMICA GERAL EXPERIMENTAL – Cód: _____ Curso: _____ Ano: _____ Professor:_____	Relatório de Atividades
_____ Nome do Acadêmico	_____ Data

UNIDADE DIDÁTICA 17: SOLUÇÕES – PADRONIZAÇÃO DE SOLUÇÕES

Tabela RA 17.1 Quadro de valores medidos referentes à padronização da solução "grosseira" de hidróxido de sódio ±0,1 mol L⁻¹, com a solução padrão de ácido oxálico 0,0500 mol L⁻¹.

	Padrão – P Solução de ácido oxálico			Analito – A (Amostra) Solução de NaOH	
Titulação (nº)	Volume gasto, V_P (mL)	Dados do Padrão (mol L⁻¹)	Dados calculados (mL)	Dados da amostra	
1	$V_{P(1)} =$	$C_P =$	$\overline{V}_P =$ (b)	$V_A =$	(e)
				$m_{Amostra} =$	(f)
2	$V_{P(2)} =$	$s_{CP} =$ (a)	$s_{VP} =$ (c)	$v_{Amostra} =$	(g)
				$V_{Amostra} =$	(h)
3	$V_{P(3)} =$		$s_{\overline{V}_P} =$ (d)	$D_{Amostralíq} =$	(i)
Resultados da Titulação					
$C_A = C_{NaOH} =$					

Tabela RA 17.2 Quadro de valores medidos referentes à padronização da solução de *grosseira* de ácido clorídrico ±0,1 mol L⁻¹, com a solução padronizada de hidróxido de sódio 0,118 mol L⁻¹.

	Padrão – P Solução padronizada de Hidróxido de sódio			Analito – A (Amostra) Solução de HCl	
Titulação (nº)	Volume gasto, V_P (mL)	Dados do Padrão (mol L⁻¹)	Dados calculados	Dados da amostra	
1	$V_{P(1)} =$	$C_P =$	$\overline{V}_P =$ (b)	$V_A =$	(e)
				$m_{Amostra} =$	(f)
2	$V_{P(2)} =$	$s_{CP} =$ (a)	$s_{VP} =$ (c)	$V_{Amostra} =$	(g)

Padrão – P Solução padronizada de Hidróxido de sódio				Analito – A (Amostra) Solução de HCl
Titulação (nº)	Volume gasto, V_P (mL)	Dados do Padrão (mol L^{-1})	Dados calculados	Dados da amostra
				$V_{Amostra} =$ (h)
3	$V_{P(3)} =$		$s_{\overline{V}_P} =$ (d)	$d_{Amostralíq} =$ (i)
Resultados da Titulação				
$C_A = C_{HCl} =$				

Para as Tabelas RA 17.1 e 17.2: (a) *Desvio padrão* da concentração da solução padrão; (b) *Volume médio* da solução padrão gasto nas titulações; (c) *Desvio padrão* do volume da solução padrão gasto; (d) *desvio padrão da média* do volume da solução padrão gasto; (e) *Volume transferido* de solução do analito para o copo Erlenmeyer-alíquota; (f) *Massa da amostra* de analito tomada inicialmente; (g) *Volume da amostra* (se for líquida) tomada inicialmente; (h) *Volume a que foi diluída a amostra*; (i) *Densidade da amostra* líquida. Observação: Fica a critério do professor da disciplina cobrar ou não o preenchimento dos itens: (f); (g); (h); (i) das Tabelas RA 17.1 e RA 17.2.

17.5 REFERÊNCIAS BIBLIOGRÁFICAS E SUGESTÕES PARA LEITURA

AMBROGI, A.; LISBÔA, J. C. F. A química fora e dentro da escola. In: **Ensino de química: dos fundamentos à prática**. São Paulo: Secretaria de Estado da Educação, 1990. Vol. 01, 46 p.

BACCAN, N.; BARATA, L. E. J. **Manual de segurança para o laboratório químico**. Campinas: Unicamp, 1982. 63 p.

BERAN, J. A. **Laboratory manual for principles of general chemistry**. 2. ed., New York: John Wiley & Sons, 1994, 514 p.

BRETHERICK, L. [Editor] **Hazards in the chemical laboratory**. 4. ed. London: The Royal Society of Chemistry, 1986. 604 p.

BUDAVARI, S. [Editor] **THE MERCK INDEX**. 12th Edition. Whitehouse Station, N.J. USA: MERCK & CO, 1996.

CHRISPINO, A. **Manual de química experimental**. São Paulo (SP): Editora Ática, 1991. 230 p.

FURR, A. K. [Editor] **CRC HANDBOOK OF LABORATORY SAFETY**. 5th Edition. Boca Raton – Florida: CRC Press, 2000. 784 p.

GORIN, G. Mole and chemical amount. **Journal of Chemical Education**. v. 71, n. 2, p. 114-116, 1994.

HORWITZ, E. (Editor). **Official Methods of Analysis in the Association of Official Analytical Chemists**. 13. ed., Washington: Association of Official Analytical Chemists, 1980.

JOYCE, R.; McKUSICK, R. B. Handling and disposal of chemicals in laboratory. *In*: LIDE, D. R. HANDBOOK OF CHEMISTRY AND PHYSICS. Boca Raton (USA): CRC Press, 1996-1997.

LEWIS, R. J. [Editor] Sax's **Dangerous Properties of Industrial Materials**. 9th Edition. New York: Van Nostrand Reinhold, 1996, (vol. I, II, III).

LUXON, S. G. [Editor] **Hazards in the chemical laboratory**. 5th. Edition. Cambridge: Royal Society of Chemistry, 1971. 675 p.

MORITA, T.; ASSUMPÇÃO, R. M. V. **Manual de soluções, reagentes & solventes – padronização, preparação e purificação**. 2. ed. (reimpressão). São Paulo: Editora Edgard Blücher, 1976. 627 p.

ODDONE, G. C.; VIEIRA, L. O.; PAIVA, M. A. D. **Guia de prevenção de acidentes em laboratório**. Rio de Janeiro: Divisão de Informação Técnica e Propriedade Industrial – Petrobras, 1980. 37 p.

POMBEIRO, A. J. L. O. **Técnicas e operações unitárias em química laboratorial**. Lisboa (Portugal): Fundação Calouste Gulbenkian, 1980. 1.069 p.

ROCHA Filho, R. C.; SILVA, R. R. Sobre o uso correto de certas grandezas em química. **Química Nova**, v. 14, n. 4, p. 300-305, 1991.

SEMISHIN, V. **Prácticas de química general inorgánica**. Traducido Del ruso por K. Steinberg. Moscu: Editorial MIR, 1967, 390 p.

SIGMA-ALDRICH CATALOG. **Biochemicals and reagents for life science research**. USA: SIGMA ALDRICH Co., 1999. 2880 p.

SILVA, R. R.; ROCHA Filho, R. C. Sobre o uso da grandeza de matéria e sua unidade, o mol. In: **Ensino de Química dos fundamentos à prática**. São Paulo: Secretaria de Estado da Educação, 1990. vol. 01, 46 p.

SILVA, R. R.; BOCCHI, N.; ROCHA Filho, R. C. **Introdução à química experimental**. Rio de Janeiro: McGraw-Hill, 1990. 296 p.

SKOOG, D. A.; WEST, D. M.; HOLLER, F. J. **Analytical chemistry**. 6. ed. Philadelphia (USA): Saunders College Publishing, 1992. 892 p.

STOKER, H. C. **Preparatory chemistry**. 4. ed. New York: Macmillan Publishing Company, 1993. p. 486-526.

THOMAS SCIENTIFIC CATALOG: 1994/1995. New Jersey (USA): Thomas Scientific Co., 1995. 1929 p.

VOGEL, A. I. **Química analítica quantitativa – volumetria y gravimetria**. Versión castellana de Miguel Catalano e Elsiades Catalano. Buenos Aires: Editorial Kapelusz, 1960. 811 p.

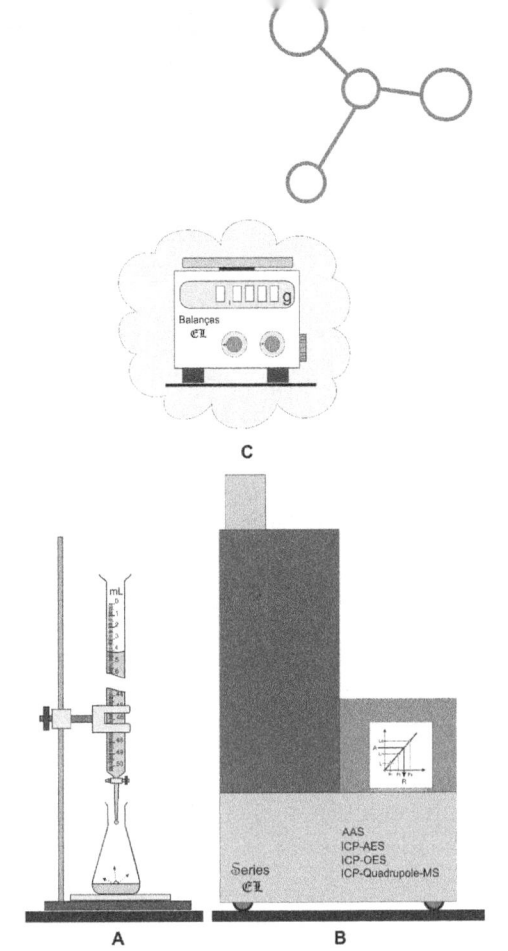

UNIDADE DIDÁTICA 18

- **A** um instrumento básico dos métodos clássicos ou químicos de análise quantitativa: a bureta, suporte universal, copo Erlenmeyer, cerâmica branca vitrificada.
- **B** a simulação do protótipo de uma série de instrumentos de análise química quantitativa que são a base dos métodos instrumentais:

  UV-VIS – Ultraviolet and Visible Spectrometry (em suas diversas modalidades)

  AAS – Atomic Absorption Spectrometry (em suas diversas modalidades);

  ICP-AES – Inductively Coupled Plasma – Atomic Emission Spectrometry;

  ICP-OES – Inductively Coupled Plasma – Optical Emission Spectrometry;

  ICP-Quadrupole–MS – Inductively Coupled Plasma Quadrupole Mass Spectrometry, entre outros.

- **C** a Balança. É bom lembrar que sem a **balança** praticamente não existe Química Analítica Quantitativa.

A Métodos químicos ou clássicos de análise química

Os métodos químicos ou clássicos de análise química são métodos baseados numa reação química. Neles, existe um momento em que é possível quantificar o Analito por:

- Pesagem direta de um *composto estável de fórmula conhecida*, (Métodos Gravimétricos);
- Cálculo estequiométrico numa *reação química apropriada* de um Padrão (P) com o Analito (A) presente na amostra, conforme segue.

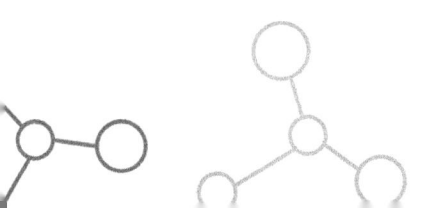

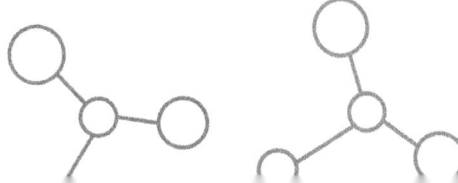

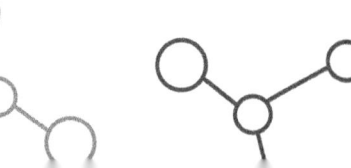

a A (Analito) + b P (Padrão) ⇌ Produtos
a mols de A → b mols de P
n_A → n_P

Resolvendo a proporção, tem-se:

$$n_{A(Analito)} = \frac{a(\text{mols de A}) \cdot n_P(\text{mols de P})}{b(\text{mols de P})}$$

$$= \frac{a \cdot n_P}{b}(\text{mols de A}) \quad \therefore \quad m_A = n_A \cdot M_A$$

B Métodos instrumentais de análise química

Os métodos instrumentais de análise química são métodos baseados numa propriedade física que uma substância possui. Num primeiro momento, introduz-se uma série de *padrões desta substância* (x = $P_1, P_2, ... P_n$) e lê-se as respectivas respostas (y = $L_1, L_2, ..., L_n$) e constrói-se a "curva de calibração" ou "curva de trabalho", y = f(x). Num segundo momento, a substância padrão, agora é o *Analito* de concentração desconhecida. Prepara-se a amostra da mesma forma que os padrões e faz-se a leitura da amostra ($L_{Amostra}$). Com este valor faz-se a regressão (isto é, o caminho contrário da construção da curva) e encontra-se por interpolação o valor da resposta ($R_{Amostra}$). Observar Figura ao lado.

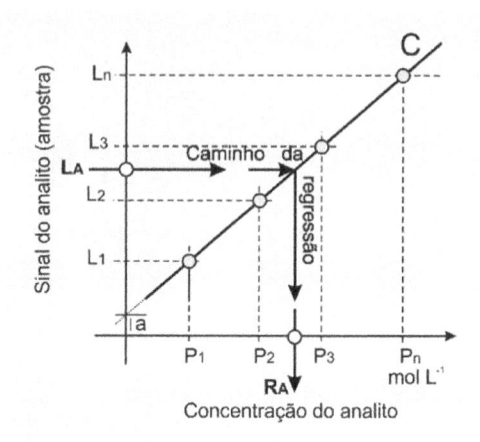

C = Curva analítica; P_i = Soluções Padrões; L_i = Leituras das soluções padrões; L_A = Leitura da amostra; R_A = Resposta obtida da regressão.

Processo de leitura no Instrumento

UNIDADE DIDÁTICA 18

CONTROLE DE QUALIDADE EM QUÍMICA ANALÍTICA

Conteúdo	Página
18.1 Aspectos Teóricos	421
18.1.1 Introdução	421
18.1.2 Controle de qualidade na produção e fiscalização de produtos químicos	422
Detalhes 18.1	422
18.1.3 Controle de qualidade	425
18.2 Parte Experimental	426
18.2.1 Conferir o teor de hidróxido de sódio (NaOH) na soda cáustica	426
18.2.2 Conferir o teor de acidez total do vinagre	429
Segurança 18.1	431
18.3 Exercícios de Fixação	432
18.4 Relatório de Atividades	434
18.5 Referências Bibliográficas e Sugestões para Leitura	436

Unidade Didática 18
CONTROLE DE QUALIDADE EM QUÍMICA ANALÍTICA

> **Objetivos**
> - Introduzir o conceito de *Controle de Qualidade*.
> - Aprender a diferenciar *componentes principais, secundários, traços* e *ultratraços* de uma amostra.
> - Conferir experimentalmente se as especificações de *Qualidade do Produto* descritas no rótulo da embalagem estão corretas, para o caso de dois produtos: o *vinagre* e a *soda caústica*.
> - Calcular e expressar os resultados de forma científica: *Valor médio; desvio padrão; desvio padrão da média*; e, *Limite de Confiança* com 95% de segurança.
> - Aprender a buscar na *internet* a legislação pertinente referente à qualidade do produto.

18.1 ASPECTOS TEÓRICOS

18.1.1 Introdução

É próprio do ser humano, baseado no princípio do livre arbítrio, ou da capacidade de ser livre, escolher o que é o *melhor*, o que é *bom*, o que mais *bonito*...

Ao ir a uma frutaria, por exemplo, na bancada das bananas, escolhe-se a banana que for mais bonita, mais saborosa, sem manchas ou machucaduras aparentes entre outras qualidades.

O moço ao namorar uma moça, ou vice-versa, escolhe a que lhe parecer mais bonita, mais bela, mais atraente, mais simpática, a que tiver mais qualidades.

Ao comprar um computador procura um que tenha mais capacidade, mais velocidade, capacidade de executar maior número de programações e também uma aparência bonita.

Ao ouvir uma música escolhe aquela que lhe dá mais emoções, mais sensações, a melhor.

A escolha deste, desta, daquele tipo, numa primeira etapa está baseada num "protótipo" ou "padrão" formado inicialmente por "instrumentos de medida naturais" que o ser humano possui que fazem as *primeiras observações*, os *sentidos*: visão, olfato, tato, audição, paladar. Estas primeiras "medidas" através do sistema nervoso-sensitivo são acumuladas na memória, onde já existem sensações armazenadas ou estocadas, de experiências anteriores. Numa segunda etapa, a imaginação junto com a capacidade de raciocinar, de posse destes dados começa a criar emoções. Numa terceira etapa, a "razão", que possui a capacidade de comparar, escolher e deliberar, diz o que é *melhor*, mais *bonito*, mais *belo*, mais *saboroso*, ..., enfim, o que possui *melhor qualidade*.

O crescimento demográfico; o desenvolvimento científico e tecnológico em todas as áreas da Ciência, entre elas, as comunicações e o transporte; a globalização da humanidade, tornaram o Planeta Terra "pequeno", no qual a comunicação, o comércio (compra e venda) de materiais de toda a natureza, a poluição gerada por um país estão, ultrapassando os limites dos continentes e das nações, apontando à "globalização". Chegou-se ao momento de *falar a mesma língua* em alguns assuntos para facilitar estas atividades, por exemplo, no Sistema Internacional de Unidades e Medidas e definições de Padrões de Qualidade.

A expressão *Padrão de Qualidade* permeia todos os ambientes e níveis em que atua o ser humano. Por exemplo: Qualidade de vida da 3ª idade; Qualidade das águas das praias, Qualidade das águas potáveis entre outras. Em todas estas situações para medir esta Qualidade, existem Padrões de Medida, definidos e convencionados, na maioria das vezes, internacionalmente.

Há uma tendência da globalização da economia baseada na:
- Qualidade dos produtos;
- Qualidade dos serviços;
- Proteção ao consumidor;
- Proteção do trabalhador (do empresário ao operário);
- Qualificação do trabalhador (do gerente ao operário);
- Proteção do meio ambiente.

Estas são preocupações cada vez mais presentes no dia a dia das empresas. Para isto, existem Organizações Governamentais e Não-Governamentais que estudam os requisitos e critérios (nacionais e internacionais) para a avaliação e certificação, analisam, normatizam e atualizam normas, por exemplo:
- ABCQ – ASSOCIAÇÃO BRASILEIRA DE CONTROLE DE QUALIDADE;
- ABNT – ASSOCIAÇÃO BRASILEIRA DE NORMAS TÉCNICAS;
- INMETRO – INSTITUTO NACIONAL DE METROLOGIA, NORMALIZAÇÃO E QUALIDADE INDUSTRIAL.

O dia 13 de novembro de cada ano é o *Dia Mundial da Qualidade*.

Amigo Leitor, ligue seu micro e através de um *site de busca eletrônica* acesse um dos itens abordados acima.

18.1.2 Controle de qualidade na produção e fiscalização de produtos químicos

A produção de reagentes químicos pode ter como objetivo à obtenção de produtos destinados: à Indústria Química; à Indústria Farmacêutica; à Indústria Alimentícia; à Agropecuária; aos diferentes ramos do Ensino e da Pesquisa, entre outros.

Por exemplo, numa pesquisa ambiental, ao se tratar da análise de uma amostra ambiental de água, os produtos químicos envolvidos na metodologia utilizada, cuja qualidade é necessitada para se obter resultados compatíveis, devem ser observados alguns cuidados.

A *amostra de água do mar*, supondo que seja feita uma análise elementar da mesma (isto é, dos elementos químicos) é constituída dos seguintes componentes: *Componentes principais* (Elementos Principais, EP); *Componentes secundários* (Elementos Secundários, ES); *Componentes traços* (Elementos Traços, ET); *Componentes ultratraços* (Elementos Ultratraços, EU). A Tabela 18.1 exemplifica cada caso.

Detalhes 18.1

Constituintes de uma amostra qualquer

I Conceitos

- *Componentes principais*

Os componentes principais são os constituintes da amostra que se encontram numa concentração maior que 1,5%. Isto é, somadas as suas concentrações chegam a 87,5% do total da amostra.

Tabela 18.1 Dados relativos à amostra de água do mar
(ambiente não poluído)

Amostra: 5 L - Amostra composta de superfície; Densidade, $D = 1.025$ g L^{-1}; Temperatura, $T = 25,0\ °C$; Pressão, $P = 1$ atm; Potencial hidrogeniônico, $pH = 7,56$.

Composição em espécies:
- Água, H_2O .... = 96,56 %;
- Salinidade, Sais .... = 3,44 %;
- Gases, O_2, CO_2, ... = Traços.

Total ..... = 100,00 %

Composição elementar:
- *Elementos Principais* (EP):
  - Oxigênio, O .... = 85,754 %;
  - Hidrogênio, H .... = 10,806 %;

- *Elementos Secundários* (ES):
  - Cloro (íon cloreto, Cl^-) .... = 1,648 %;
  - Sódio (íon sódio, Na^+) .... = 1,006 %;
  - Magnésio (íon magnésio, Mg^{2+}) ...... = 0,457 %;
  - Enxofre (íon sulfato, SO_4^{2-}) .... = 0,265 %;
  - Outros .... = 0,064 %;

(EP + ES) = Total ...... = 100,00 %

- *Elementos Traços* (ET) (*):
  - Cálcio (íon cálcio, Ca^{2+}) .... = 0,019 % (190 ppm)
  - Potássio (íon potássio, K^+) .... = 0,012 % (120 ppm)
  - Carbono (íon bicarbonato, HCO_3^-)... = 0,012 % (120 ppm)
  - Zinco (íon zinco, Zn^{2+}) .... = 0,00032 % (3,2 ppm)

- *Elementos Ultratraços* (EU) (**):
  - Chumbo, Pb .... = 0,00000012 % (1,2 ppb)
  - Níquel, Ni..................................... = 0,00000025 % (2,5 ppb)
  - Mercúrio, Hg .... = 0,000000056 % (0,56 ppb)

(ET + EU) = Total ...... = 0,043 %

% = Percentagem em massa:massa (m m^{-1}); ppm = Partes por milhão; ppb = Partes por bilhão; (*) - Em geral, não é especificada a forma em que se encontra o elemento; (**) - Salvo situações especiais, o valor citado representa o total de todas as formas em que se encontra o elemento.

- *Componentes secundários*

Os *componentes secundários* de uma amostra são os constituintes cuja concentração encontra-se num valor igual a 1,5% até 0,10%.

- *Componentes traços*

Os *componentes traços* de uma amostra são os constituintes da mesma cuja concentração se encontra na ordem de ppm (partes por milhão) ou no intervalo de 0,01 g g^{-1} a 10^{-7} g g^{-1}.

- *Componentes ultratraços*

Os *componentes ultratraços* de uma amostra são os constituintes da mesma cuja concentração se encontra na ordem de ppb (partes por bilhão ou 10^{-9} g g^{-1}) ou no intervalo de 10^{-7} g g^{-1} a valores menores, por exemplo, 10^{-11} g g^{-1}.

II Constituintes de uma *amostra composta* de água do mar

A Tabela 18.1 apresenta os resultados da análise da água do mar em termos de *elementos principais* (EP), *elementos secundários* (ES), *elementos traços* (ET) e *elementos ultratraços* (EU).

Pela Tabela 18.1 observa-se que a soma das percentagens dos Elementos Principais (EP) mais as percentagens dos Elementos Secundários (ES) fecha o 100% da composição da amostra, no caso da água do mar. A soma das percentagens dos Elementos traços (ET) mais a percentagens dos Elementos Ultratraço (UT) não alcança a concentração de 1%.

III Cálculos

- Conversão de % (m m^{-1}) em ppm (partes por milhão)

Seja o caso em que se deseja converter 0,020% em ppm ou partes por milhão. A Equação (18.1) apresenta os detalhes.

$$\text{Concentração} = 0,020\,\% = \frac{0,020\,g}{100\,g} = 0,00020\,\frac{g}{g} =$$
$$= 200 \cdot 10^{-6}\,\frac{g}{g} = 200 \cdot 10^{-6} \cdot \frac{10^6\,g}{10^6\,g} = \frac{200\,g}{10^6\,g} = 200\,\text{ppm} = \qquad (18.1)$$
$$= 200\,\text{partes (g) contidas em um milhão de partes } (10^6\,\text{partes})$$

A mesma conversão pode ser feita por uma *regra de três simples*, conforme segue.

0,020 g (ou 0,020 partes) estão em → 100 g (100 partes)

    X   → 1,0.10^6 g (1,0.10^6 partes)

Resolvendo a proporção, chega-se à Equação (18.2):

$$x = \frac{0,020 \cdot 1,0 \cdot 10^6}{100} \cdot \frac{(g\,\text{ou partes})(g\,\text{ou partes})}{(g\,\text{ou partes})} = 200\,(g\,\text{ou partes}) \qquad (18.2)$$

Ou,

200 (g ou partes) estão contidas em um milhão gramas ou partes do todo = 200 ppm.

- Conversão de % (m m^{-1}) em ppb (partes por bilhão)

Seja o caso em que se quer converter 0,000000037% em ppb ou partes por bilhão.

A Equação (18.3) mostra passo a passo a conversão de % (m m^{-1}) a ppb.

$$\text{Concentração} = 0,000000037\% = \frac{0,000000037}{100}\frac{g}{g} = 0,00000000037\frac{g}{g} =$$

$$= 0,37 \cdot 10^{-9}\frac{g}{g} = \frac{0,37 \cdot 10^{-9} \cdot 10^9}{10^9}\frac{g}{g} = \frac{0,37\,(\text{g ou partes})}{10^9\,(\text{g ou partes do todo})} = \quad (18.3)$$

$$= 0,37\text{ ppb}\,(0,37\text{ partes por bilhão})$$

A mesma conversão pode ser feita por uma *regra de três simples*, conforme segue.

0,000000037 g (ou 0,000000037 partes) estão em → 100 g (100 partes)

X → $1,0 \cdot 10^9$ g ($1,0 \cdot 10^9$ partes)

Resolvendo a proporção, chega-se à Equação (18.4):

$$x = \frac{0,000000037 \cdot 1,0 \cdot 10^9}{100}\frac{(\text{g ou partes})(\text{g ou partes})}{(\text{g ou partes})} = 0,37\,(\text{g ou partes}) \quad (18.4)$$

Logo, $0,37\,(\text{g ou partes})$ está o em $10^9\,(\text{g ou partes}) = 0,37$ ppb

O tópico Detalhes 18.1 foi colocado para mostrar que se alguém vai analisar um Elemento Principal (EP) ou um Elemento Ultratraço (EU) a pureza dos reagentes e da água suporte do processo analítico são diferentes. Em geral, as impurezas dos reagentes PA (Para a Análise) estão na ordem dos ppm (partes por milhão). Estes reagentes não servem para a análise de elementos traços e ou ultratraços, pois não se sabe se o analito objeto da análise é da amostra ou dos reagentes utilizados no processo.

Na análise dos elementos principais e secundários de uma amostra pode-se usar métodos clássicos da química. Na análise de elementos traços e ultratraços, em geral, são utilizados métodos mais sensíveis, os instrumentais.

Em termos analíticos vale o ditado: quanto menos se manipular a amostra e menos reagentes se adicionar na sua preparação, menor é a chance de contaminação.

Os reagentes, quanto maior a sua pureza, mais elevado também é o seu preço.

18.1.3 Controle de Qualidade

Aspectos gerais

O *controle de qualidade* de um produto, em geral, se faz em três momentos:

- O *primeiro* é executado pelo *fabricante* do material que *deve colocar no rótulo* as características do produto a ser comercializado. Estas características devem *obedecer à legislação pertinente*.
- O *segundo* é executado pelo *usuário*, que ao *comprar* o material *deve conferir* o que está comprando.
- O *terceiro* é executado pelo *legislador* para *conferir* se o material está dentro das Normas pertinentes, para não prejudicar o consumidor em termos de *saúde*, *bem-estar* e também em *termos econômicos*.

No presente momento, o *controle de qualidade* a ser executado no laboratório consistirá em conferir se o que está no rótulo de um produto é verdade ou não.

O treinamento será feito com dois produtos comerciais: A *soda cáustica* e o *vinagre*.

Em cada um dos dois produtos será conferida a concentração de um *componente principal* que consta no rótulo da respectiva embalagem. O método utilizado será um método químico clássico baseado na *titulometria de neutralização*.

Controle de qualidade da soda cáustica ou hidróxido de sódio

Características e especificações

Soda cáustica ou hidróxido de sódio, de fórmula NaOH, e massa molar $M = 40,00$ g mol^{-1}. Sólido esbranquiçado, em formato de pérolas (pellets), barras ou escamas, entre outras formas. Pureza maior que 95%. O rótulo da embalagem traz a pureza do lote adquirido. Em geral, 97,0%.

Periculosidade: A sua periculosidade já foi descrita anteriormente. Tomar cuidado com os olhos. Usar óculos de proteção. Evitar esfregar ou tocar os olhos com a mão, sem a devida limpeza.

Método de análise

Pesar exatamente um valor próximo de 1,500 g de soda cáustica (amostra). Num copo Erlenmeyer de 250 mL dissolver em 40 a 50 ml de água recentemente fervida (isenta de $CO_{2(g)}$) e resfriada à temperatura ambiente. Adicionar três a quatro gotas de fenolftaleína. Titular com solução padronizada 0,500 mol L^{-1} de ácido sulfúrico, (ou valor próximo deste, mas exato), até o desaparecimento da cor vermelho-rosa da solução. Ler e registrar o volume gasto de solução padronizada de ácido sulfúrico. Repetir a titulação por mais duas ou três vezes.

Controle de qualidade do vinagre

Características e especificações

O vinagre é o produto da fermentação acética do fermentado alcoólico de algum mosto (conforme artigo 77, DECRETO LEI Nº 6.871/2009). A sua acidez total, em termos de ácido acético, pode estar no limite inferior de 4,0 e limite superior de 7,99 (gramas de ácido acético por 100 mL de vinagre), conforme a INSTRUÇÃO NORMATIVA Nº 6, de 03 de abril de 2012, Ministério da Agricultura, Pecuária e Abastecimento. A densidade média (d), a 20 °C, igual 1,009 g L^{-1}. Cheiro característico de ácido acético. Cor de acordo com a matéria-prima de origem e composição.

Aspectos de Legislação

O DECRETO Nº 6.871 – Presidente da República, de 4 de junho de 2009, em seu art. 77, diz:

Art. 77. Fermentado acético é o produto com acidez volátil mínima de quatro gramas por cem mililitros, expressa em ácido acético, obtido:

I. da fermentação acética do fermentado alcoólico de mosto:

a) de fruta;
b) de cereal;
c) de outros vegetais;
d) de mel;
e) da mistura de vegetais; ou
f) da mistura hidroalcoólica.

II. adicionado opcionalmente:

a) de vegetal;
b) de partes de vegetal;
c) de extrato vegetal aromático;
d) de suco;
e) de aroma natural;
f) de condimento; ou
g) da mistura de um ou mais produtos definidos nas alíneas "a" a "f".

§ 1º O fermentado acético poderá ser adicionado de aditivo.

§ 2º O fermentado acético poderá ser denominado "vinagre de...", acrescido do nome da matéria-prima utilizada.

A INSTRUÇÃO NORMATIVA Nº 6, de 3 de abril de 2012, do Ministério da Agricultura, Pecuária e Abastecimento, coloca como *limite mínimo* de acidez na forma de ácido acético, 4,0 g/100 mL (4,0% em massa:volume) e *limite máximo* de acidez na forma de ácido acético, 7,99 g/100 mL (7,99% em massa:volume).

Método de análise do vinagre

O método de análise será o método clássico da *Titulação de neutralização* utilizando como indicador de ponto final a fenolftaleína.

18.2 PARTE EXPERIMENTAL

18.2.1 Conferir o teor de hidróxido de sódio (NaOH) na soda cáustica

a – Material
- *Água destilada, deionizada e isenta de gás carbônico (isto é, fervida e levada à temperatura ambiente);*

- *Solução padronizada de ácido sulfúrico (H_2SO_4) 0,5000 mol L^{-1}(ou próximo deste valor, mas exato) ± s_{CP} = 0,011 mol L^{-1}, preparada com água destilada, deionizada e isenta de gás carbônico;*
- *Soda cáustica;*
- *Balança analítica;*
- *Bastão de vidro;*
- *Bureta com capacidade para 50 mL;*
- *Copo Erlenmeyer de 250 mL;*
- *2 Béqueres de 50 mL;*
- *Suporte metálico com agarrador para bureta;*
- *Solução de indicador fenolftaleína;*
- *Conta-gotas;*
- *Papel-toalha;*
- *Placa de cerâmica branca (azulejo branco);*
- *Material de registro: Diário de Laboratório, computador, calculadora etc.*

Soda Cáustica é sinônimo de hidróxido de sódio (NaOH) comercial. Ver os cuidados e normas de segurança do NaOH.

"Cuidado com os olhos"

---

b – Procedimento
- A bureta de 25 mL, já com calibração conferida, fixá-la no suporte metálico e testar se a torneira da mesma está *emperrada, difícil* ou *dura de girar* etc. Caso necessário, desmontá-la, lubrificá-la com graxa de silicone e remontá-la, tomando o cuidado de não obstruir a passagem da solução.
- Com água destilada e deionizada, verificar se a bureta apresenta vazamentos na torneira, se está com as paredes sujas (engraxadas, engorduradas, ressequidas). Se necessário, fazer os devidos reparos e limpeza, Figura 18.1.
- Com auxílio de um béquer de 50 mL, já enxaguado com pequenas porções da solução padronizada de ácido sulfúrico 0,5000 mol L^{-1} (C_p), transferir um pouco da solução padronizada para a bureta e enxaguá-la. Repetir a operação de duas a três vezes e descartar a solução utilizada. Encher a bureta com a solução padrão, tendo o cuidado de completar também a parte que fica abaixo da torneira.
- Eliminar toda e qualquer bolha de ar que por acaso tenha no interior da solução e nas paredes da bureta, acima e abaixo da torneira. Levar o nível da solução da bureta ao zero da escala, com o auxílio da torneira e de um conta-gotas.
- Ajustar o nível da solução ao zero da escala da bureta, utilizando o conta-gotas e a torneira da mesma. Fixar a bureta pronta no suporte metálico.
- Enxaguar um copo Erlenmeyer de 250 mL com pequenas porções de água destilada, deionizada e fervida. Pesar 1,50 g de soda cáustica ou um valor próximo deste (m_a). Transferir quantitativamente para o Erlenmeyer com a adição de 40 a 50 mL de água destilada, deionizada e isenta de gás carbônico.
- Preencher a Tabela RA 18.1 com os dados medidos ou solicitados na referida tabela.
- Adicionar duas a três gotas de solução de indicador fenolftaleína à solução do Erlenmeyer.
- Colocar o copo Erlenmeyer sobre a *cerâmica branca* na base metálica do suporte, sob a bureta, de tal modo que a ponta da mesma esteja dentro do copo, Figura 18.1.

uma pisseta lavar as paredes do Erlenmeyer com pequenas porções de água destilada, deionizada e isenta de gás carbônico;
- Caso houver dúvida quanto a ter sido ou não atingido o *ponto final*, fazer a leitura do volume escorrido na bureta e adicionar mais uma gota e observar o resultado. Se necessário preparar um copo Erlenmeyer com a *solução testemunha*, isto é, com a solução tendo o indicador na cor que deve ficar no *ponto final da titulação* e deixá-lo ao lado do copo em que está sendo feita a titulação.
- Retirar a bureta do suporte e na posição correta de leitura, ler com cuidado (algarismos significativos), o volume da solução de ácido gasto na titulação e registrar o resultado. Registrar o valor lido na Tabela RA 18.1.
- Calcular o *valor médio* das repetições ($\bar{V}_P$), o *desvio padrão* do conjunto das leituras (s_{VP}) e o *desvio padrão da média* ($s_{\bar{V}_P}$). Registrar os valores na Tabela RA 18.1.
- Efetuar os cálculos da concentração do analito com o valor médio de pelo menos três titulações e o respectivo desvio padrão.

c – Cálculos

Supondo que tenham sido os seguintes valores medidos (experimentais) e ou calculados:

m_a = 1,50 g = massa da amostra de soda cáustica;
V_P = 36,37 ±0,02 mL (valor de uma titulação);
C_P = 0,5000 ±0,011 mol L^{-1};
C_A = Valor a ser calculado (em % m:m).

Cálculo da concentração de hidróxido de sódio (NaOH) na soda cáustica

Seguindo as etapas descritas na Unidade Didática 17, tem-se:

1º Cálculo do número de mols da solução padronizada de ácido sulfúrico (H_2SO_4) (n_p) adicionados ao analito.

Pela Equação (18.5), tem-se:

$n_p = C_p \cdot V_p$ = (0,5000 mol L^{-1}).(0,003637 L) (18.5)
       = 0,018185 mols de H_2SO_4

Figura 18.1 Visualização da limpeza da bureta e dos elementos básicos da titulação.

Legenda

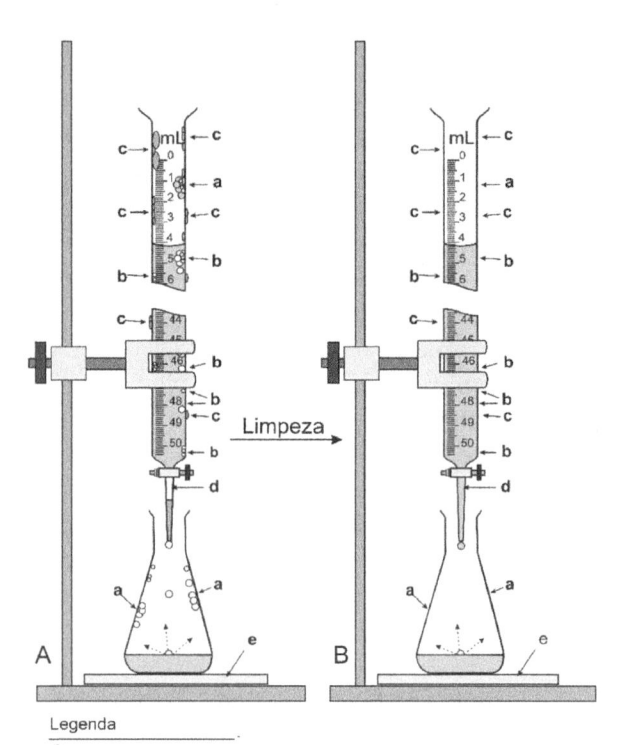

A - Bureta com problemas iniciais: **a** - «Bolhas» ou gotículas de solução; **b** - Bolhas de ar; **c** - Sujeira de gordura com solução, interna e externamente; **d** - Vazio com ar; **e** - Placa de cerâmica branca.

B - Bureta em *condições iniciais boas* de trabalho.

- Com a mão esquerda abrir devagar a torneira da bureta (gotejar) e com a mão direita agarrar o copo Erlenmeyer e agitá-lo fortemente para homogeneizar o mais instantâneo possível o sistema reagente. Como não se tem ideia de quanto de solução padrão se deve adicionar para alcançar o *ponto de viragem* do indicador faz-se a primeira titulação de forma rápida para saber que volume de solução padrão alcança o *ponto final da titulação*.
- Lavar o copo Erlenmeyer e repetir a operação mais três vezes, com os seguintes cuidados:
- Registrar todos os valores medidos na Tabela RA 18.1;
- Quando se aproximar do ponto final da titulação (o ponto de equivalência), girar a torneira, deixando escoar gota a gota, sem parar, e lentamente;
- Durante a titulação suspender a operação, sempre que necessário, e com auxílio de

2º Cálculo do número de mols de hidróxido de sódio (NaOH) que reagiram com o ácido sulfúrico

A reação entre o padrão e o analito é dada pela Reação (R-18.1):

$$1\ H_2SO_{4(aq)} + 2\ NaOH_{(aq)} \longrightarrow 2\ Na^+_{(aq)} + SO_4^{2-}_{(aq)} + 2\ H_2O_{(l)} \quad \text{(R-18.1)}$$
$$\text{Padrão} \qquad \text{Analito}$$

Pela Equação (18.6), tem-se:

$$n_A = n_P \cdot \frac{b}{a} \quad (\text{Como, } a = 1, e, b = 2) \quad \therefore \quad n_A = 0{,}018185 \cdot \frac{2}{1} = 0{,}03637 \text{ mols de NaOH} \quad (18.6)$$

3º Cálculo da massa de hidróxido de sódio (NaOH) contida nos 1,50 g titulados
Pela Equação (18.7), tem-se:

$$m_A = n_A \cdot M_A = 0{,}03637 \cdot 40{,}00 \text{ g} = 1{,}4548 \text{ g} \quad (18.7)$$

4º Cálculo da % (massa/massa)

Novamente, o estabelecimento de uma proporção direta permite o cálculo da % de hidróxido de sódio (NaOH) na amostra de soda cáustica, chega-se à Equação (18.8).

1,5000 g de soda cáustica → 1,4548 g de NaOH
100 g de soda cáustica → $C_{(\%)}$

$$C_{(\%)} = 96{,}987\% \quad (18.8)$$

Expressando o resultado com o número de algarismos significativos corretos segundo rótulo ou etiqueta do produto analisado, tem-se a Equação (18.9):

$$C_{(\%)} = 97{,}0\% \quad (18.9)$$

18.2.2 Conferir o teor da acidez total do vinagre

a – Material
- *Água destilada e deionizada;*
- *Solução padronizada de NaOH 0,118 ±0,012 mol L⁻¹;*
- *100 ml de diversos tipos de vinagre comercial;*
- *Bureta com capacidade para 50 mL;*
- *Copo Erlenmeyer de 250 mL;*
- *Pipeta volumétrica de 10 e de 25 mL de capacidade;*
- *2 Béqueres de 50 mL;*
- *Suporte metálico com agarrador para bureta;*
- *Solução de indicador fenolftaleína;*
- *Conta-gotas;*
- *Papel-toalha;*
- *Placa de cerâmica branca (azulejo branco);*
- *Material de registro: Diário de Laboratório, computador, calculadora etc.*

b – Procedimento
- Num balão volumétrico de 100 mL de capacidade, devidamente limpo e enxaguado com água destilada e deionizada, com o auxílio de uma pipeta volumétrica de 25 mL limpa e enxaguada com duas a três porções da amostra de vinagre a ser analisado, transferir 25 mL (v_a) e completar o volume do balão com água destilada e deionizada. Este volume de 100 mL é volume da amostra diluída (V_a), que lhe corresponde o volume de solução estoque de *analito*.
- Fixar a bureta, de calibração já conferida, no suporte universal e testar se a torneira da mesma está *emperrada, difícil* ou *dura de girar* etc. Caso necessário, desmontá-la, lubrificá-la com graxa de silicone e remontá-la, tomando o cuidado de não obstruir a passagem da solução.
- Com água destilada e deionizada, verificar se a bureta apresenta vazamentos na torneira, se está com as paredes sujas (engraxadas, engorduradas, ressequidas etc.). Se necessário, fazer os devidos reparos e limpeza, conforme Figura 18.1.
- Com auxílio de um copo béquer de 50 mL, já enxaguado duas a três vezes com pequenas porções da solução padronizada de hidróxido de sódio 0,118 ±0,012 mol L⁻¹ (C_p),

- transferir um pouco da mesma para a bureta e enxaguá-la. Repetir a operação duas a três vezes e descartar a solução utilizada segundo informações técnicas do laboratório.
- Encher a bureta com a solução padrão, tendo o cuidado de completar também a parte que fica abaixo da torneira. Eliminar toda e qualquer bolha de ar que por acaso tenha no interior da solução e nas paredes da mesma.
- Ajustar o nível da solução ao zero da escala da bureta, utilizando o conta-gotas e a torneira da mesma. Fixar a bureta pronta no suporte metálico.
- Com porções de água destilada e deionizada enxaguar duas a três vezes o copo Erlenmeyer, que já estava limpo.
- Com uma pipeta volumétrica de 25 mL, já enxaguada com pequenas porções de solução analito ou solução de vinagre, transferir 25 mL (V_A) da solução já preparada de vinagre a ser titulada para o copo Erlenmeyer, previamente enxaguado duas a três vezes com água destilada e deionizada. Registrar o volume transferido na Tabela RA 18.2.
- Adicionar com uma pisseta, à solução do analito no copo Erlenmeyer, água destilada e deionizada para dar um volume de aproximadamente ±50 mL.
- Adicionar duas a três gotas de solução de indicador fenolftaleína à solução do Erlenmeyer, que ficará *incolor* e no ponto final da titulação ficará *rosa-vermelho*.
- Colocar o copo Erlenmeyer sobre a cerâmica branca que está sob a bureta de tal modo que a ponta da mesma esteja dentro do copo, Figura 18.1.
- Com a mão esquerda abrir devagar a torneira da bureta (gotejar) e com a mão direita agarrar o copo Erlenmeyer e agitá-lo fortemente para homogeneizar o sistema reagente. Como não se tem ideia de quanto de solução padrão se deve adicionar para alcançar o *ponto de viragem do indicador* faz-se a primeira titulação de forma rápida para saber que volume de solução padrão alcança o *ponto final da reação*. Deve-se cuidar que agora o indicador de incolor passa a cor rosa-vermelha.
- Retirar a bureta do suporte metálico, e na posição correta, ler, com cuidado (algarismos significativos) o volume da solução de hidróxido gasto na titulação e registrar seu valor na Tabela RA 18.2.
- Lavar o copo Erlenmeyer e repetir a operação mais três vezes, com os seguintes cuidados:
- Registrar todos os valores medidos e ou calculados em local próprio da Tabela RA 18.2;
- Quando se aproximar do ponto final da titulação ou ponto de equivalência, indicado pela mudança de cor do indicador, girar lentamente a torneira, deixando escoar gota a gota, lentamente sem parar, e enquanto isto, agitar fortemente a solução no copo Erlenmeyer até que a solução mude de cor;
- Durante a titulação suspender a operação, sempre que for necessário, e com auxílio de uma pisseta lavar as paredes do copo com pequenas porções de água destilada e deionizada;
- Caso houver dúvida quanto a ter sido ou não atingido o ponto final, fazer a leitura do volume escorrido na bureta e adicionar mais uma gota e observar o resultado. Se for o caso, fazer num copo a parte uma solução idêntica à da titulação no ponto final com a cor correta, denominado *copo testemunha da cor* que deve acontecer no ponto final da titulação e colocá-lo ao lado da titulação que está acontecendo.
- Registrar os dados medidos e calculados em local próprio da Tabela RA 18.2. Calcular o *valor médio do volume* de solução padrão gasto, ($\overline{V}_P$), respectivo *desvio padrão* (s_{VP}), desvio padrão da média $\left(s_{\overline{V}_P}\right)$ preencher a Tabela RA 18.2.
- Efetuar os cálculos da concentração do analito com o valor médio de pelo menos três titulações e o respectivo desvio padrão.

Segurança 18.1

Ácido Acético ou ácido etanoico – CH_3COOH

Propriedades: Líquido incolor de odor picante e pungente; ácido acético glacial cristaliza em sólido cristalino quando resfriado.

Atenção: Inflamável e causa severas queimaduras.

Efeitos tóxicos: O vapor irrita o sistema respiratório. O vapor irrita e o líquido queima severamente os olhos. O líquido irrita fortemente a pele e queima causando úlceras. Se ingerido causa irritação interna e estragos.

Reações perigosas: Causa polimerização exotérmica do acetaldeído. Reage violenta, ou explosivamente com os oxidantes: BrF_5; CrO_3; $KMnO_4$ e Na_2O_2.

Primeiros socorros: Ver Manual de Segurança em Laboratório.

Perigo de Fogo: Ponto de fulgor 43°C; Limites de explosão 4-16%. Apagar o incêndio com spray de água, pó seco, gás carbônico.

Disposição final de resíduos: Apagar, ou desligar todas as fontes de possível ignição. Usar protetor de olhos, ou óculos e luvas. Jogá-los no tanque (recipiente próprio) e adicionar água com permanente agitação até sua diluição completa, após jogá-los no sistema de esgoto. Lavar com bastante água onde foi inicialmente colocado. Arejar o ambiente e dispersar os vapores.

FONTE: Oddone *et al.* (1980); Lewis (1996); Budavari (1996); Bretherick (1986); Luxon (1971).

c – Cálculos

Supondo que tenham sido os seguintes valores medidos (experimentais) e calculados:

V_a = 25 mL, volume de amostra vinagre transferido para o balão de 100 mL;

V_a = 100 mL, volume a que foram diluídos os 25 mL da amostra de vinagre;

V_A = 25 mL, volume da alíquota = solução de ácido acético = solução de vinagre;

V_p = 37,05 mL $\pm s_r$ = 0,02 mL, volume de solução padronizada de hidróxido de sódio (NaOH) gasto, referente a uma titulação;

C_P = 0,118 ±0,012 mol L^{-1};

C_A = Valor a ser calculado;

d = 1,01 g mL^{-1} = Densidade do vinagre.

Cálculo do teor de acidez em ácido acético na amostra de vinagre comercial

Seguindo as etapas já descritas, tem-se:

1º Cálculo do número de mols do padrão (n_p) de hidróxido de sódio (NaOH) adicionados à solução de vinagre.

Pela Equação (18.10), tem-se:

$$n_p = C_p \cdot V_p = (0,118 \text{ mol } L^{-1}) \cdot (0,03705 \text{ L}) \quad (18.10)$$
$$= 0,0043719 \text{ mols de hidróxido de sódio}$$

2º Cálculo do número de mols de ácido acético (CH_3COOH) que reagiram com o hidróxido de sódio (NaOH).

A reação entre o padrão e o analito é dada pela reação (R-18.2):

$$1\ NaOH_{(aq)} + 1\ CH_3COOH_{(aq)} \longrightarrow Na^+_{(aq)} + CH_3COO^-_{(aq)} + H_2O_{(l)} \quad \text{(R-18.2)}$$
Padrão   Analito

Pela Equação (18.11):

$$n_A = n_P \cdot \frac{b}{a} \quad (Como, a = 1, e\ b = 1) \quad \therefore \quad n_A = 0,0043710 \cdot \frac{1}{1} = 0,0043719 \frac{\text{mol de ácido acético}}{25\ \text{mL de solução}} \quad (18.11)$$

3º Cálculo do número total de mols de ácido acético nos 100 mL de solução.

25 mL da alíquota → 0,0043719 mols de ácido acético
100 mL de solução de vinagre → x

Resolvendo a proporção estabelecida, chega-se a Equação (18.12):

$$x = \frac{0,0043719 \cdot 100}{25} \frac{(\text{mol de ácido acético})(\text{mL de solução})}{(\text{mL de solução})} = 0,0174876\ \text{mol de ácido acético} \quad (18.12)$$

4º Cálculo da massa de ácido acético nos 25 mL de vinagre, diluídos a 100 mL.

A quantidade de mols nos 25 mL de vinagre é a mesma que a dos 100 mL que foram diluídos, ou seja, 0,0174876 mols de ácido acético.

Pela Equação (17.5), introduzindo os respectivos valores, chega-se à Equação (18.13):

$$m_A = n_A \cdot M_A = 0,017487 \cdot 60,053\ g = 1,050\ g\ de\ CH_3COOH \quad (18.13)$$

5º Massa de ácido acético (CH_3COOH) em 100 mL de vinagre.

Por uma simples regra de três se estabelece a proporção que segue, obtendo-se as Equações (18.14) e (18.15):

25 mL de vinagre → 1,050 g de CH_3COOH
100 mL → x_A

$$x_A = 4{,}20\ g\ de\ CH_3COOH\ por\ 100\ mL \quad (18.14)$$

$$x_A = 4{,}20\%\ (m \cdot v^{-1}) \quad (18.15)$$

18.3 EXERCÍCIOS DE FIXAÇÃO

18.1. Uma alíquota de 2,00 mL de um vinagre foi titulado com uma solução padrão de hidróxido de sódio (NaOH) 0,1007 mol L^{-1}. Foram necessários 14,3 mL da base na reação de neutralização do ácido acético presente no vinagre. Responda:

Qual a reação envolvida nesse processo?

Qual o teor de ácido acético em % (m:v) presente no vinagre?

Considerando que o rótulo deste vinagre traz o teor de 4,2% de ácido acético calcule a erro percentual.

Considerando que a densidade do vinagre estudado seja 1,13 g mL^{-1}, qual porcentagem de ácido acético (m:m)?

Dados: Fórmula do ácido acético: CH_3COOH; Massa Molar: 60,053 g mol^{-1}.

18.2. a) Como foi realizada a determinação da acidez total do vinagre? b) Qual a reação envolvida no processo? c) Qual o indicador usado? Dado: Fórmula do ácido acético = CH_3COOH.

18.3. Uma amostra de soda cáustica foi enviada para um laboratório para ser analisada. Para efetuar o processo de titulação o analista preparou uma solução com 5,75 g L^{-1} de soda cáustica. Na titulação de uma alíquota de 20,00 mL desta solução foram gastos 18,54 mL de ácido clorídrico (HCl) 0,1000 mol L^{-1}. Qual a porcentagem de pureza desta soda cáustica?

Dados: Massa molar do hidróxido de sódio (NaOH) = 40,00 g mol^{-1}.

18.4. Uma alíquota de 1,25 g soda cáustica (NaOH) foi titulada com uma solução de ácido oxálico ($H_2C_2O_4$) 1,00 mol L^{-1}, gastando 14,74 mL do ácido. Responda:

a) O ácido oxálico é um padrão primário? Explique.

b) Escreva a reação que ocorre.

c) Qual a % de pureza da soda cáustica?

Dados: Na = 23 g/mol; O = 16 g/mol; H = 1 g/mol.

18.5. Uma amostra de 50,00 mL de vinagre foi diluída para 1000,00 mL em balão volumétrico. Usando alíquotas de 25,00 mL foram efetuadas três titulações, gastando respectivamente: V_1 = 8,23 mL; V_2 = 8,35 mL; V_3 = 8,40 mL de solução de hidróxido de sódio (NaOH) 0,1010 mol L^{-1}. Qual o teor de ácido acético deste vinagre? Este teor está de acordo com a legislação?

Dados: Fórmula do ácido acético: CH_3COOH; Massa Molar: 60,053 g mol^{-1}.

Respostas: **18.1.** 4,3; 2,4; 3,8. **18.3.** 64,4; **18.4.** 94,34; **18.5.** 4,04.

18.4 RELATÓRIO DE ATIVIDADES

Universidade _____ Centro de Ciências Exatas – Departamento de Química Disciplina: QUÍMICA GERAL EXPERIMENTAL – Cód: _____ Curso: _____ Ano: _____ Professor: _____	Relatório de Atividades
_____ Nome do Acadêmico	_____ Data

UNIDADE DIDÁTICA 18: CONTROLE DE QUALIDADE EM QUÍMICA ANALÍTICA

Tabela RA 18.1 Quadro de valores medidos e calculados referentes à análise da amostra de soda-cáustica, NaOH, com a solução padronizada de ácido sulfúrico (H_2SO_4) de concentração 0,5000 mol L^{-1}.

	Padrão (P) Solução padronizada de H_2SO_4			Amostra (A) NaOH$_{(s)}$	
Titulação (n°)	Volume gasto, V_p (mL)	Dados do Padrão (mol L^{-1})	Dados calculados	Dados da amostra	
1	$V_{P(1)} =$	$C_P =$	$\overline{V}_P =$ (b)	$m_{a(1)} =$	(e)
2	$V_{P(2)} =$	$s_{CP} =$ (a)	$s_{VP} =$ (c)	$m_{a(2)} =$	
3	$V_{P(3)} =$		$s_{\overline{V}_P} =$ (d)	$m_{a(3)} =$	
Resultados da Titulação					
$C_{(\%)} =$					

(a) *Desvio padrão* da concentração da solução padrão; (b) *Volume médio* da solução padrão gasto nas titulações; (c) *Desvio padrão* do volume da solução padrão gasto; (d) *desvio padrão da média* do volume da solução padrão gasto; (e) *Massa da amostra* de analito (soda cáustica) tomada inicialmente.

Tabela RA 18.2 Quadro de valores medidos e calculados referentes à determinação da acidez total do vinagre, com a solução padronizada de hidróxido de sódio (NaOH) de concentração 0,118 mol L^{-1}.

	Padrão – Solução padronizada de NaOH			Amostra(A) – Vinagre	
Titulação (n°)	Volume gasto, V_p (mL)	Dados do Padrão (mol L^{-1})	Dados calculados	Dados da amostra	
1	$V_{P(1)} =$	$C_P =$	$\overline{V}_P =$ (b)	$V_a =$	(e)
				$V_a =$	(f)
2	$V_{P(2)} =$	$s_{CP} =$ (a)	$s_{VP} =$ (c)	$V_A =$	(g)
				$d =$	(h)

Padrão – Solução padronizada de NaOH					Amostra(A) – Vinagre	
Titulação (nº)	Volume gasto, V_P (mL)	Dados do Padrão (mol L^{-1})		Dados calculados	Dados da amostra	
3	$V_{P(3)=}$			$s_{\overline{V}_P} =$ (d)	Teor =	(i)
Resultados da Titulação						
$C_{(\%)} =$		(massa/volume) de ácido acético				

(a) *Desvio padrão* da concentração da solução padrão; (b) *Volume médio* da solução padrão gasto nas titulações; (c) *Desvio padrão* do volume da solução padrão gasto; (d) *desvio padrão da média* do volume da solução padrão gasto; (e) *Volume transferido* de amostra de vinagre para o balão volumétrico de 100 mL; (f) Volume a que foram diluídos os 25 mL de amostra de vinagre; (g) Volume da alíquota = Volume da solução da amostra de vinagre tomado para a titulação; (h) *Densidade do vinagre*; (i) *Teor de acidez* indicado no rótulo da embalagem do vinagre comercial.

18.5 REFERÊNCIAS BIBLIOGRÁFICAS E SUGESTÕES PARA LEITURA

AMBROGI, A.; LISBÔA, J. C. F. A química fora e dentro da escola. In: **Ensino de química dos fundamentos à prática**. São Paulo: Secretaria de Estado da Educação, 1990. Vol. 01, 46 p.

BACCAN, N.; BARATA, L. E. J. **Manual de segurança para o laboratório químico**. Campinas: Unicamp, 1982. 63 p.

BERAN, J. A. **Laboratory manual for principles of general chemistry**. 2. ed., New York: John Wiley & Sons, 1994. 514 p.

Brasil. DECRETO Nº 6.871, de 04 de junho de 2009. Presidência da República. **Diário Oficial da União**, Seção 1, página 20, de 5/6/2009.

Brasil. DECRETO-LEI Nº 174, de 8 de maio de 2007. Ministério da agricultura, do Desenvolvimento Rural e das Pescas. **Diário da República**, 1ª Série, Nº 88, página 2.995, de 08 de maio de 2007.

Brasil. INSTRUÇÃO NORMATIVA Nº 6, de 03 de abril de 2012. Ministério da Agricultura, Pecuária e Abastecimento, Gabinete do Ministro. **Diário Oficial da União**, Nº 66, Seção 1, p. 16, de 04/04/2012.

BRETHERICK, L. [Editor] **Hazards in the chemical laboratory**. 4. ed. London: The Royal Society of Chemistry, 1986. 604 p.

BUDAVARI, S. [Editor] **THE MERCK INDEX**. 12th Edition. Whitehouse Station, N. J. USA: MERCK & CO., 1996.

CHRISPINO, A. **Manual de química experimental**. São Paulo (SP): Editora Ática, 1991. 230 p.

FURR, A. K. [Editor] **CRC HANDBOOK OF LABORATORY SAFETY**. 5th Edition. Boca Raton – Florida: CRC Press, 2000. 784 p.

GORIN, G. Mole and chemical amount. **Journal of chemical education**, v. 71, n. 2, p. 114-116, 1994.

HORWITZ, E. (Editor). **Official Methods of Analysis in the Association of Official Analytical Chemists**, 13. ed., Washington: Association of Official Analytical Chemists, 1980.

JOYCE, R.; McKUSICK, R. B. Handling and disposal of chemicals in laboratory. *In*: LIDE, D. R. HANDBOOK OF CHEMISTRY AND PHYSICS. Boca Raton (USA): CRC Press, 1996-1997.

LEWIS, R. J. [Editor] **Sax's Dangerous Properties of Industrial Materials**. 9th Edition. New York: Van Nostrand Reinhold, 1996, (vol. I, II, III).

LUXON, S. G. [Editor] **Hazards in the chemical laboratory**. 5th. Edition. Cambridge: Royal Society of Chemistry, 1971. 675 p.

MORITA, T.; ASSUMPÇÃO, R. M. V. **Manual de soluções, reagentes & solventes – padronização, preparação e purificação**. 2. ed. (reimpressão). São Paulo: Editora Edgard Blücher, 1976. 627 p.

ODDONE, G. C.; VIEIRA, L. O.; PAIVA, M. A. D. **Guia de prevenção de acidentes em laboratório**. Rio de Janeiro: Divisão de Informação Técnica e Propriedade Industrial – Petrobras, 1980. 37 p.

POMBEIRO, A. J. L. O. **Técnicas e operações unitárias em química laboratorial**. Lisboa (Portugal): Fundação Calouste Gulbenkian, 1980. 1.069 p.

ROCHA Filho, R. C.; SILVA, R. R. Sobre o uso correto de certas grandezas em química. **Química Nova**, v. 14, n. 4, p. 300-305, 1991.

SEMISHIN, V. **Prácticas de química general inorgánica**. Traducido del ruso por K. Steinberg. Moscu: Editorial MIR, 1967. 391 p.

SIGMA-ALDRICH CATALOG. **Biochemicals and reagents for life science research**. USA: SIGMA ALDRICH Co., 1999. 2880 p.

SILVA, R. R.; ROCHA Filho, R. C. Sobre o uso da grandeza de matéria e sua unidade, o mol. In: **Ensino de Química dos fundamentos à prática**. São Paulo: Secretaria de Estado da Educação, 1990. vol. 01, 46 p.

SILVA, R. R.; BOCCHI, N.; ROCHA Filho, R. C. **Introdução à química experimental**. Rio de Janeiro: McGraw-Hill, 1990. 296 p.

SKOOG, D. A.; WEST, D. M.; HOLLER, F. J. **Analytical chemistry**. 6. ed. Philadelphia (USA): Saunders College Publishing, 1992. 892 p.

STOKER, H. C. **Preparatory chemistry**. 4. ed. New York: Macmillan Publishing Company, 1993. 629 p.

THOMAS SCIENTIFIC CATALOG: 1994/1995. New Jersey (USA): Thomas Scientific Co., 1995. 1929 p.

VOGEL, A. I. **Química analítica quantitativa – volumetria y gravimetria**. Versión castellana de Miguel Catalano e Elsiades Catalano. Buenos Aires: Editorial Kapelusz, 1960. 811 p.

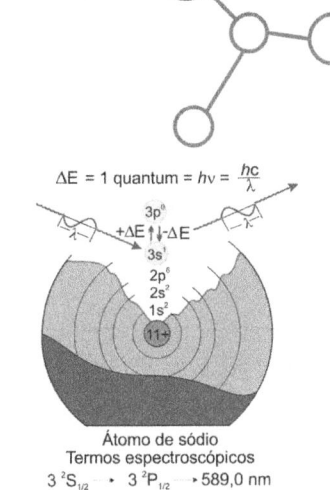

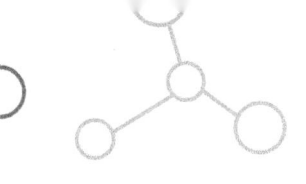

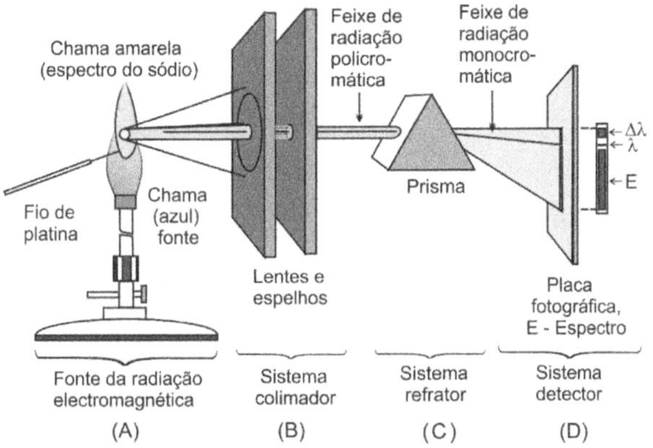

UNIDADE DIDÁTICA 19

As partes (A), (B), (C) e (D) da Figura mostram os componentes principais de um espectroscópio de emissão, onde:

(A) A *fonte de radiação* ou de emissão de radiação eletromagnética. O processo mais simples é constituído de uma chama oxidante (azul) na qual é introduzida a amostra a ser excitada, mediante um fio de platina, livre de contaminantes e interferentes. No caso a amostra é um composto de sódio: cloreto de sódio, NaCl; hidróxido de sódio, NaOH; nitrato de sódio, $NaNO_3$; outros. O sódio produz uma chama amarela.

(B) Um sistema *colimador do feixe* de radiação. A fonte emite um feixe onidirecional. Um conjunto de lentes e espelhos transforma uma parte do feixe em radiação paralela, que é dirigida sobre um meio refrator.

(C) O *meio refrator*, por exemplo, um prisma ou uma rede adequada, que separa os diferentes feixes pelo comprimento de onda (feixe monocromático).

(D) Sistema detector, que pode ser uma placa fotográfica ou um sistema de células fotoelétricas que detectam os diferentes comprimentos de onda, gerando:

- O espectro eletromagnético (E = conjunto de todos os comprimentos de onda, λ_1, λ_2, ..., λ_n);
- Uma banda do espectro-eletromagnético ($\Delta\lambda$ - um pequeno conjunto de comprimentos de onda);
- Uma raia espectral (radiação de um comprimento de onda).

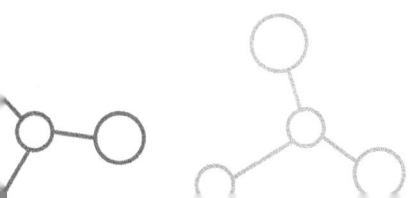

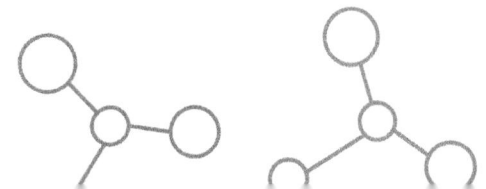

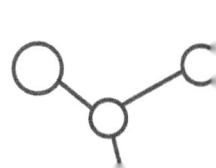

(E) Detalhes da *emissão de um quantum* ou um fóton de energia, que no visível tem uma cor específica, no caso do sódio, cor amarela. O processo de emissão se dá em duas etapas, conforme segue.

1ª *Absorção de um quantum* pelo elétron do átomo de sódio no estado fundamental, excitando-o.

$$Na_{(\text{Átomo no estado fundamental})} + h.\nu_{(\text{fóton})} \rightarrow Na^*_{(\text{Átomo excitado})}$$

2ª *Emissão do fóton* e retorno do elétron do sódio ao estado fundamental.

$$Na^*_{(\text{Átomo excitado})} \rightarrow Na_{(\text{Átomo no estado fundamental})} + h\nu_{(\text{Quantum ou fóton emitido})}$$

UNIDADE DIDÁTICA 19

ANÁLISE QUÍMICA QUALITATIVA DE ELEMENTOS PELA CHAMA

Conteúdo	Página
19.1 Aspectos Teóricos	439
19.1.1 Introdução	439
19.1.2 Radiação onda	441
19.1.3 Radiação corpúsculo	442
19.1.4 Chama azul e camisa azul	444
19.1.5 Interação da radiação do visível com a matéria	445
19.1.6 Análise química de elementos pela chama	446
19.1.7 Reações do elemento na chama	446
19.2 Parte Experimental	447
19.2.1 Observação das cores emitidas por diversos elementos na chama	447
19.3 Exercícios de Fixação	449
19.4 Relatório de Atividades	450
19.5 Referências Bibliográficas e Sugestões para Leitura	451

Unidade Didática 19
ANÁLISE QUÍMICA QUALITATIVA DE ELEMENTOS PELA CHAMA

Objetivos
- Revisar o conceito de energia eletromagnética.
- Revisar o conceito de átomo de hidrogênio segundo Niels Bohr.
- Revisar a interação da energia com matéria.
- Saltos quânticos e a cor da chama.
- Identificação de elementos mediante a cor da chama.

19.1 ASPECTOS TEÓRICOS

19.1.1 Introdução

A radiação eletromagnética é uma forma de energia radiante de natureza eletromagnética que pode ser transmitida através do espaço com a velocidade de 300.000 km s^{-1}. Ela apresenta caráter *ondulatório-corpuscular*, isto é, dual. Tem comportamento de *onda* e comportamento de *corpúsculo*. Se tratada como onda pode ser colocada em ordem crescente de comprimentos de onda em que ela se apresenta e obter um conjunto ordenado da radiação eletromagnética denominado de *espectro eletromagnético*. Nele, verifica-se que desde raios cósmicos, raios gama, raios X, raios ultravioleta, radiação visível, até ondas de rádio formam o conjunto da radiação eletromagnética emitida pelo sol. A Tabela 19.1 apresenta os diversos tipos de radiações eletromagnéticas com o respectivo comprimento de onda.

Tabela 19.1 Espectro eletromagnético com algumas características.

Tipo de radiação	Intervalo de valores de Comprimento da onda (cm)	Características da radiação
Raios cósmicos	10^{-12} a 10^{-11}	Mais energética
Raios gama	10^{-11} a 10^{-8}	
Raio X	10^{-9} a 10^{-6}	
Ultravioleta afastado	10^{-7} a 10^{-5}	
Ultravioleta	10^{-5}	
Visível	10^{-5} a 10^{-4}	Parte do violeta, azul ao vermelho
Infravermelho próximo	10^{-4}	
Infravermelho	10^{-4} a 10^{-3}	
Infravermelho afastado	10^{-3} a 10^{-2}	
Micro-onda	10^{-2} a 10^{0}	
Radar	10^{-1} a 10^{1}	
Televisão	10^{0} a 10^{2}	
Ondas de rádio	10^{3} a 10^{6}	
Corrente elétrica	10^{4} a 10^{7}	Menos energética

FONTE: Dyer, 1969; Masterton *et al.*, 1990; Russel, 1994; Skoog *et al.*, 2006; Christen, 1977; Lenzi & Favero, 2009.

Na natureza existem muitas fontes de emissão de energia eletromagnética. A luz emitida por uma lâmpada de filamento acesa, a luz de uma lâmpada fluorescente, a luz de uma vela, a luz de uma chama qualquer emitem radiação de natureza eletromagnética. O que varia entre estas fontes de radiação é tipo de radiação emitida.

O olho humano normal detecta a radiação do visível, isto é, parte do violeta e azul ao vermelho. O visível é uma banda do espectro eletromagnético. A Tabela 19.2 mostra a constituição do espectro eletromagnético para a região de comprimentos de onda do visível.

A um tipo específico de comprimento de onda denomina-se de *raia* ou *linha espectral*. A *uma fração* do espectro, isto é, a uma parte do espectro ordenado, 2, 3, ..., comprimentos de onda juntos, denomina-se de *banda espectral*.

Tabela 19.2 Detalhes do visível (banda visível do espectro eletromagnético).

Banda do Espectro ($\Delta\lambda$)	Cor do visível	Comprimento de onda λ (1 nm = 10^{-9} m)	Cores Fundamentais (*)
	Violeta	~380 a 440 nm	
	Azul	~440 a 485 nm	Azul
	Ciano	~485 a 500 nm	
Visível	Verde	~500 a 565 nm	
	Amarelo	~565 a 590 nm	Amarelo
	Laranja	~590 a 625 nm	
	Vermelho	~625 a 740 nm	Vermelho

(*) Denominou-se de cores fundamentais, pois pela "mistura" ou "sobreposição dos respectivos fótons" em proporções adequadas obtêm-se as demais cores do espectro visível.

19.1.2 Radiação onda

Uma observação mais detalhada demonstra que a radiação eletromagnética é uma onda constituída de um campo elétrico junto com um magnético que, em fase, sofrem oscilações senoidais em ângulos retos um em relação ao outro e na direção de propagação. A Figura 19.1 A mostra estes detalhes.

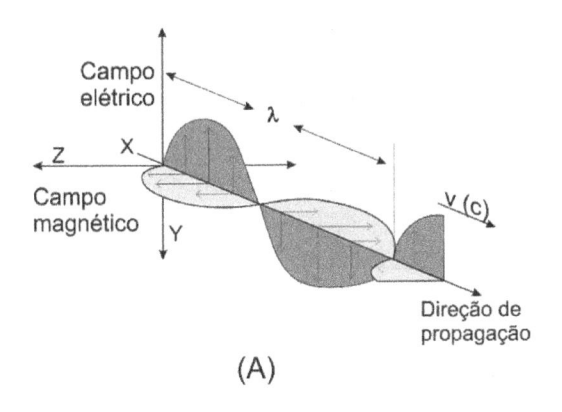

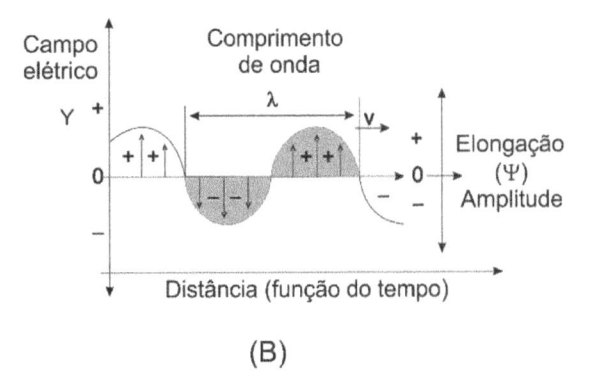

Figura 19.1 Detalhes sobre a onda eletromagnética: (A) Aspecto elétrico e magnético da onda; (B) Parâmetros da onda.

FONTE: Lenzi & Favero, 2009; Lenzi *et al.*, 2009.

Pela Figura 19.1 em (B) verifica-se que uma onda possui como características:
- o *comprimento de onda* (λ) que é a distância linear entre dois pontos máximos da onda, que lhe corresponde o comprimento de uma volta completa;
- o *período* (P) que é o tempo que a onda leva para percorrer o comprimento de um lambda (λ);
- a *elongação* (Ψ), é o deslocamento que passa de um valor máximo positivo, diminuindo passa pelo zero e alcança um valor máximo negativo, mede a *amplitude* da onda;
- a *frequência* (ν) que mede o número de ciclos por segundo;
- a *velocidade* (v ou c) que corresponde à medida do seu deslocamento.

O relacionamento destas variáveis entre si é dado pela Equação (19.1):

(velocidade de propagação) $v = n.\lambda$ (19.1)

No vácuo, a velocidade da radiação eletromagnética, torna-se independente do comprimento de onda e seu valor é máximo. Para a luz este valor é simbolizado por c e numericamente vale $2,99792.10^8$ m s^{-1}, que geralmente é aproximado para $3,00 .10^8$ m s^{-1}. No ar este valor difere no máximo de 0,03%. Portanto, para o vácuo e para o ar a Equação (19.1) adquire a forma da Equação (19.2) para a luz.

$$n.\lambda = c = 3,00.10^8 \text{ m s}^{-1} \quad (19.2)$$

Num meio diferente, por exemplo, a água, a propagação da radiação é diminuída pela interação entre o campo eletromagnético da onda e os elétrons dos átomos e moléculas da água. O índice de refração de um meio é exatamente a medida desta interação e é expresso pela Equação (19.3):

$$(\text{Índice de refração}) \, n = \frac{c \, (\text{velocidade no vácuo})}{v \, (\text{velocidade no meio})} \quad (19.3)$$

Para a maioria dos líquidos *n* varia de 1,3 a 1,8 e para os sólidos de 1,3 a 2,5 (ou maior).

A expressão *número de onda* ($\bar{\nu}$), definida como o recíproco do comprimento de onda (λ), dado em cm, conforme Equação (19.4), é usada para descrever a energia da radiação eletromagnética principalmente no estudo do infravermelho.

$$\bar{v} = \frac{1}{\lambda} cm^{-1} \qquad (19.4)$$

19.1.3 Radiação corpúsculo

O efeito fotoelétrico e o efeito Compton entre outros provam a natureza corpuscular da radiação eletromagnética. Max Planck foi o primeiro pesquisador a postular que a radiação eletromagnética, emitida por um corpo negro, era *quantizada*, isto é, em forma de pequenas quantidades de valor definido. Este "*pacote mínimo*" de energia foi denominado de "*quantum*" de energia, ou *fóton*. O valor deste quantum é dado pela Equação (19.5):

$$\text{Quantum} = \text{fóton} = \Delta E = h.n \qquad (19.5)$$

Onde: h = constante de Planck = $6,63.10^{-34}$ J s; ν = frequência da radiação.

Pelas Equações (19.1) e (19.2) relacionadas com a Equação (19.5), chega-se à Equação (19.6):

$$quantum = fóton = \Delta E = \frac{h.c}{\lambda} \qquad (19.6)$$

Onde: c = velocidade da luz no vácuo = $2,999792.10^8$ m s^{-1} $\cong 3,00.10^8$ m s^{-1}; λ = comprimento da onda eletromagnética. Este é o valor do "pacote" ou da "partícula" de energia

Niels Bohr, em meados de 1913, utilizou a teoria quântica e explicou com sucesso a estrutura da eletrosfera do átomo de hidrogênio (Figura 19.2) e consequentemente as *raias espectrais* do átomo.

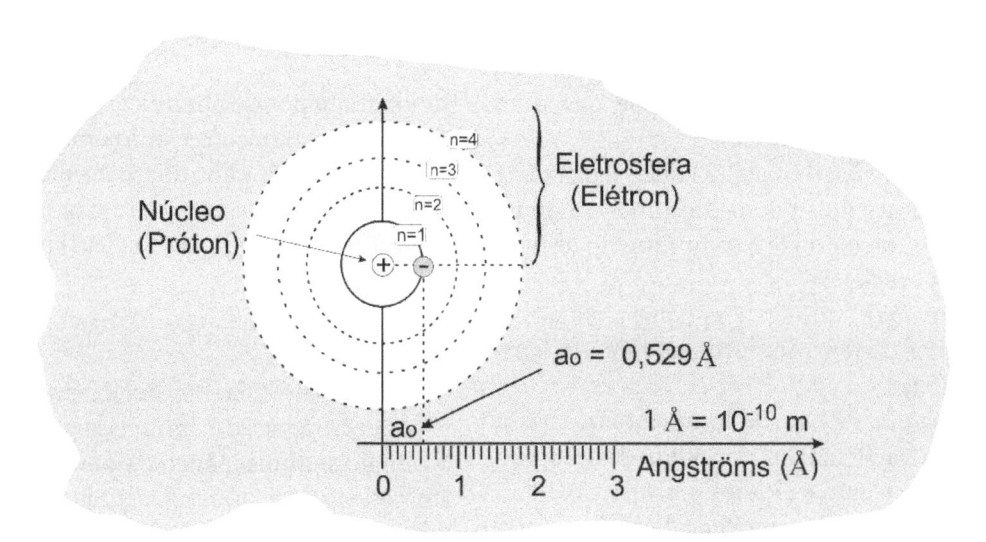

Átomo de hidrogênio no *estado fundamental* mostrando possíveis níveis quânticos.

Figura 19.2 Visualização do átomo de hidrogênio no seu estado fundamental e possíveis outros níveis quânticos.

FONTE: Lenzi & Favero, 2009; Lenzi *et al.*, 2009.

Niels Bohr, em meados de 1913, utilizou a teoria quântica e o modelo nuclear do átomo, que separa os prótons no núcleo e os elétrons na eletrosfera, Figura 19.2, para fazer seu trabalho. Atendo-se à eletrosfera, para o átomo de hidrogênio propôs os seguintes postulados:

- Os elétrons movem-se em órbitas circulares em torno do núcleo do átomo;
- A energia total de um elétron (potencial + cinética) não pode apresentar qualquer valor, mas sim, valores múltiplos de um quantum;
- Apenas algumas órbitas eletrônicas são permitidas para o elétron e ele não emite energia ao percorrê-las;
- Quando o elétron passa de uma órbita para outra, emite ou absorve um quantum de energia.

Com esta teoria explicou com sucesso a estrutura da eletrosfera do átomo de hidrogênio (Figura 19.3) e consequentemente as raias espectrais do átomo de hidrogênio resultantes dos saltos dos elétrons de uma órbita para outra, ao retornarem ao estado fundamental e a emissão de energias típicas. Originou-se o que hoje são conhecidas como as séries espectrais de Lyman, Balmer, Pashen, Brackett e Pfund, caracterizando e explicando as interações da radiação eletromagnética com a matéria. Portanto, um elétron absorve energia do espectro eletromagnético e é *excitado* (estado de energia E_2). Este estado excitado é pouco estável, e o elétron ao voltar ao seu *estado fundamental* (estado de energia E_1) emite a energia absorvida correspondente a um tipo de *quantum* (ΔE) originando uma raia espectral típica desta transição eletrônica, conforme Equação (19.7) e Figura 19.3.

$$\Delta E = E_2 - E_1 \quad (19.7)$$

Onde,
ΔE = energia de um tipo de quantum;
E_2 = energia do nível quântico mais externo;
E_1 = energia do nível quântico mais interno.

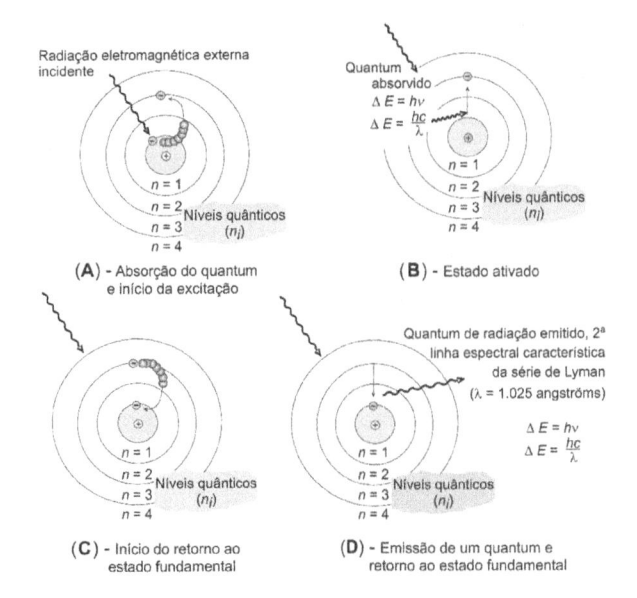

Figura 19.3 Átomo de hidrogênio segundo a teoria de Niels Bohr, apresentando um salto quântico do elétron: (A) O elétron do átomo de hidrogênio no estado fundamental, (n=1) absorve um quantum; (B) Absorvido o quantum o elétron salta para o nível n = 3, formando o estado excitado; (C) O elétron do nível n=3 começa a voltar para o estado fundamental, n=1; (D) O elétron ao voltar do nível (n=3) para o nível fundamental (n=1) emite o quantum de energia que absorveu na excitação.

FONTE: Lenzi & Favero, 2009; Lenzi *et al.*, 2009.

Pela Figura 19.3 D, mostra que a radiação emitida pelo elétron do átomo de hidrogênio, medida experimentalmente com um espectroscópio tem um comprimento de onda de λ = 1.025 Angströms, ou 102,5 nm, ou $102,5 \cdot 10^{-9}$ m, ou $102,5 \cdot 10^{-7}$ cm. Este comprimento de onda classifica o mesmo dentro do espectro eletromagnético como uma radiação do *ultravioleta afastado*, conforme Tabela 19.1. Calculando a energia associada a este comprimento de onda eletromagnética tem-se:

a) Energia do *quantum* ou do fóton
Pela Equação (19.6), abaixo repetida, tem-se:

$$quantum = fóton = \Delta E = \frac{h.c}{\lambda} \quad [19.6]$$

Sabendo que:
$h = 6,6256 \cdot 10^{-34}$ J s e tomando o valor de $6,63 \cdot 10^{-34}$ J s;

$c = 2,9979 \cdot 10^8$ m s^{-1} e tomando o valor de $3,00 \cdot 10^8$ m s^{-1};
$\lambda = 102,5$ nm $= 102,5 \cdot 10^{-9}$ m $= 1,025 \cdot 10^{-7}$ m.
Introduzindo estes valores na Equação (19.6), chega-se à Equação (19.8):

$$\text{Quantum} = \text{fóton} = \Delta E = \frac{6,63 \cdot 10^{-34} \, (J\,s) \, 3,00 \cdot 10^8 \, (m\,s^{-1})}{1,025 \cdot 10^{-7} \, (m)} = 1,94 \cdot 10^{-18} \, J \qquad (19.8)$$

b) Energia por mol de *quanta* ou fótons

Sabe-se que, 1 mol tem 1 N de unidades, e N = $6,0225 \cdot 10^{23}$ ou $6,023 \cdot 10^{23}$. Logo, é possível estruturar a proporção que segue:

$$1 \text{ quantum} \rightarrow 1,94 \cdot 10^{-18} J$$
$$\underbrace{6,023 \cdot 10^{23}}_{\text{mol}} \text{ quanta} \rightarrow x$$

Que resolvida gera o valor, x = $1,168462 \cdot 10^6$ J mol^{-1} = $1,168 \cdot 10^3$ kJ mol^{-1}.

Embora a teoria de Bohr tenha apresentado várias falhas e tenha sido substituída por outras, o conceito de energia quantizada para o elétron sobreviveu.

19.1.4 Chama azul e camisa azul

Num laboratório observa-se um bico de Bunsen aceso com uma *chama de cor azul* e ao lado um técnico com *camisa de cor azul*. Qual é a diferença dos *dois azuis*?

A diferença é a seguinte:
* A *chama azul* emite uma radiação de cor azul. A cor azul é gerada na chama. A chama é a *fonte da cor azul*. A chama *emite* a cor azul. Esta cor azul é gerada por um elétron que dentro da chama foi excitado e ao voltar ao seu estado normal emite este quantum de radiação eletromagnética.
* A *camisa azul* não gera cor nenhuma, ela recebe a radiação eletromagnética da luz solar, isto é, todos os comprimentos de onda da banda do visível, absorve uma fração e *deixa passar a outra* que dá a *cor azul da camisa*. Portanto, ela *não emite* radiação ela deixa *passar o que não foi absorvido*. A absorção de parte da radiação visível se faz pela interação do quantum da radiação com o *elétron da matéria*, no caso, da camisa azul. Para que isto aconteça deve haver compatibilidade da energia da radiação com a energia do elétron que pode se encontrar na *camada da eletrosfera do átomo* ou no *tipo de ligação* existente entre os átomos (orbital molecular sigma, σ, e orbital molecular pi, π).

Sabe-se que a vista humana (olho humano com o sentido da visão) consegue distinguir uma cor A de outra cor B, se uma, por exemplo, A, estiver 10 ou mais vezes mais concentrada que a outra, B. Caso contrário detecta uma mistura de cores que resulta numa média ponderada dos "pigmentos coloridos" (quanta) presentes.

É bom lembrar que os fótons continuam livres, independentes e não se misturam, e se o olho conseguisse *distinguir um do outro* (em termos químicos ou físico-químicos tivesse o *poder de resolução*) enxergaria cada um individualmente.

Em termos de *mistura de cores* (pigmentos), ou "sobreposição", em termos de fótons, tem 3 *cores fundamentais*: amarela, azul e vermelha. Com estas, consegue-se obter as demais. A Figura 19.4 apresenta e exemplifica a análise que está sendo feita.

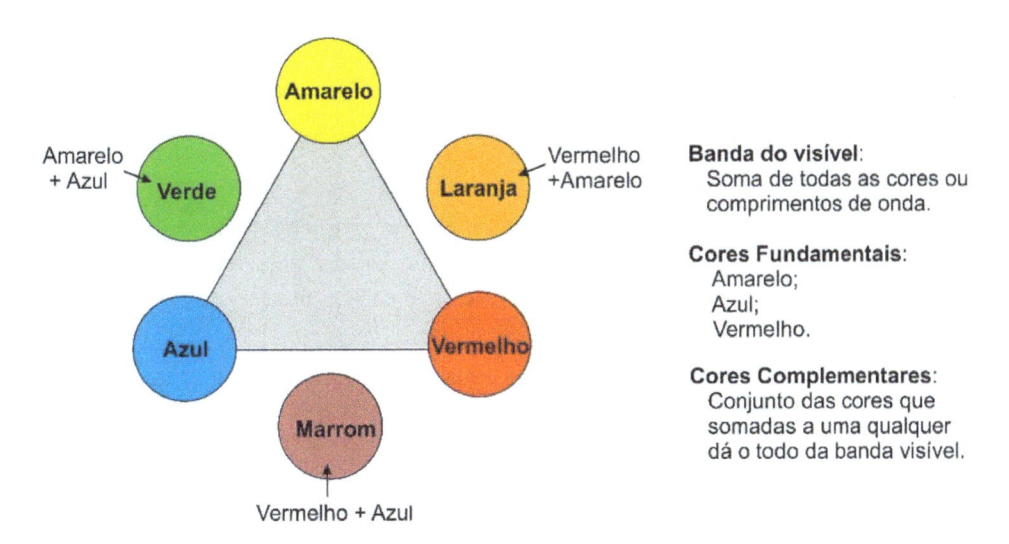

Figura 19.4 Espectro ou banda do espectro visível: Cores fundamentais; Cores complementares.

Portanto, se estou observando a *camisa azul* do técnico significa que do espectro visível a camisa *absorve a cor complementar* do azul. Isto é, absorve toda a radiação visível e *deixa passar* apenas a radiação referente à cor azul, que estou observando.

19.1.5 Interação da radiação do visível com a matéria

A interação da energia eletromagnética com a matéria se faz entre o elétron e o quantum compatível de energia em todos os níveis de energia do quantum.

Radiações altamente energéticas

A *emissão de raios gama*, *quanta* altamente energéticos, acontece no núcleo do átomo, numa reação nuclear ou "acomodamento" ou "estabilização" dos nucleontes. A sua *absorção* acontece da mesma forma.

Radiações de raios-X

A *emissão de raios X* acontece em camadas internas da eletrosfera do átomo, quando o *elétron excitado* volta ao seu *estado fundamental*. A *sua absorção* acontece da mesma forma, um quantum da fonte energética é absorvido por um elétron de camada interna da eletrosfera.

Radiações do visível

A *absorção* dos fótons da banda visível do espectro eletromagnético é feita por elétrons de orbitais moleculares (Orbital Molecular σ, Orbitais Moleculares π; Orbitais Moleculares Não-Ligantes n) que são excitados e passam a Orbitais Moleculares Anti-Ligantes (σ* e π*), conforme, parte (A) e (B) da Figura 19.5. A *emissão* da radiação, que é observada pelo olho humano, é feita pelo retorno dos elétrons dos Orbitais Moleculares Anti-Ligantes, para os mesmos orbitais Moleculares Ligantes e Não-ligantes no seu estado fundamental, conforme parte (B) da Figura 19.5.

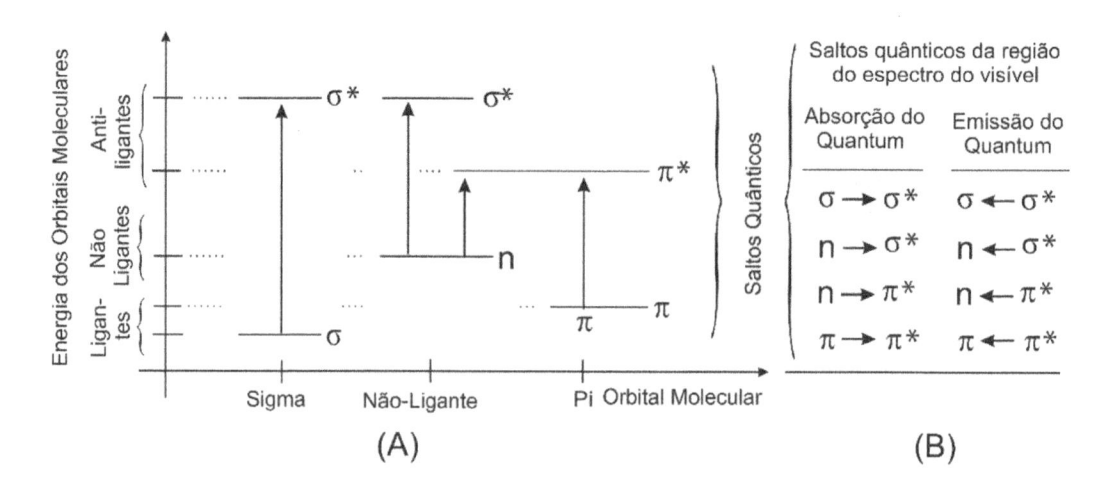

Figura 19.5 Interação da radiação eletromagnética do espectro visível com a matéria: (A) Interação do fóton com os elétrons das ligações dos orbitais moleculares: sigma (σ); não-ligante (n); pi (π). (B) Visualização dos saltos quânticos de absorção de energia e de emissão de energia.

FONTE: Dyer, 1969; Ewing, 1969; Pecsok & Shields, 1968.

19.1.6 Análise química de elementos pela chama

Conforme visto, para o elemento emitir um fóton necessita primeiramente ser excitado ou um dos seus elétrons da eletrosfera deve ser elevado para um nível quântico superior. Quando este elétron voltar ao seu estado normal emite o fóton absorvido e o observador vê a referida raia espectral.

A *chama* é uma fonte de energia para excitar os elétrons de um átomo ou da matéria. Porém, a sua energia consegue "excitar" apenas os elétrons de alguns tipos de átomos os quais necessitam de fótons com baixa energia para provocar o salto quântico do elétron.

Existem chamas mais potentes que chegam a ±2.500 °C (ar-acetileno, oxigênio-acetileno, hidrogênio-oxigênio; óxido nitroso-acetileno) ou até ±10.000 °C (Chama indutivamente acoplada –Inductively Coupled Plasma, ICP).

Na Unidade Didática 2 estudou-se o Bico de Bunsen, e outros queimadores a gás, suas partes, tipos de chama e temperatura alcançada em cada região da chama. O bico de Bunsen pode ser usado como fonte de energia para a excitação dos elétrons de um átomo. É o que será feito na parte experimental desta unidade.

19.1.7 Reações do elemento na chama

Conforme visto na Unidade Didática 02, a chama é um estado plasmático da matéria. O combustível e o comburente sofrem uma reação de oxirredução. Porém, antes de se formar os produtos, há uma desmontagem das moléculas dos reagentes. Entre a *desmontagem* e a *remontagem* das moléculas encontra-se a chama. A Figura 19.6 exemplifica o caso com o combustível propano ($C_3H_{8(g)}$) e o comburente oxigênio ($O_{2(g)}$).

No interior da chama na operação *desmontagem* e *remontagem* de outras moléculas com sobras de energia os elétrons responsáveis pelas ligações movem-se de um lado para outro. Nestes "saltos" de seus retornos para as ligações estabilizadas emitem a radiação típica da chama oxidante e ou redutora.

UNIDADE DIDÁTICA 19: ANÁLISE QUÍMICA QUALITATIVA DE ELEMENTOS PELA CHAMA

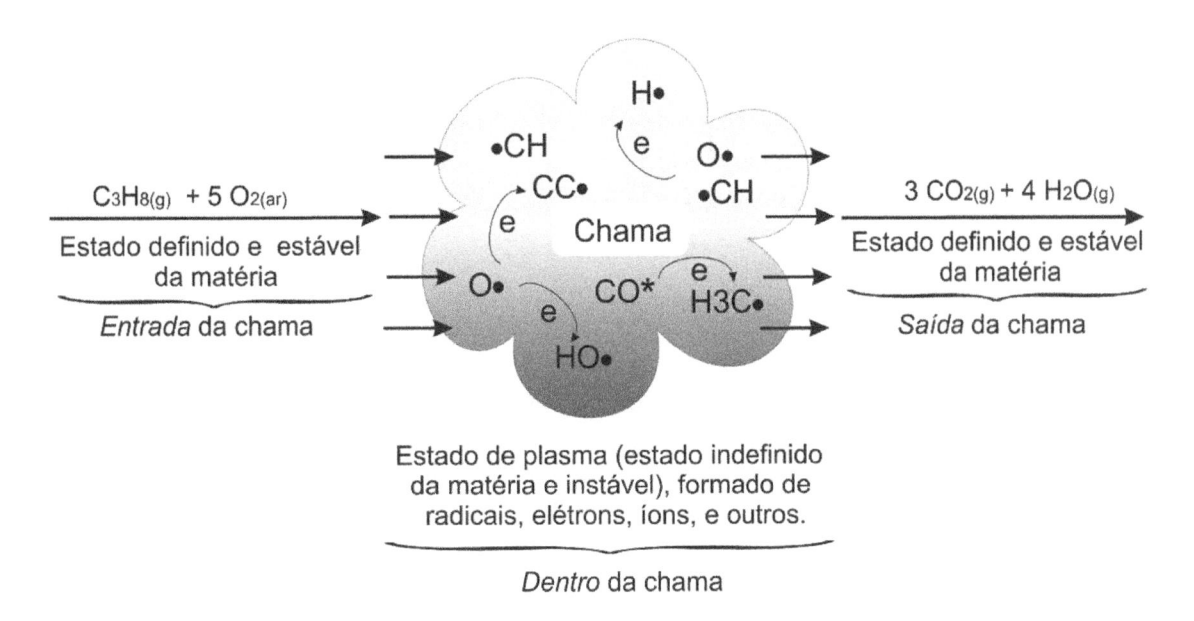

Figura 19.6 Visualização da formação do estado plasmático denominado de chama com a presença de muitos elétrons.

Nesta chama, Figura 19.6, ao se colocar nela uma solução que contenha, por exemplo, $NaCl_{(solução)}$, acontecem as seguintes transformações, nas quais aparece a formação da radiação eletromagnética típica do elemento sódio, conforme Figura 19.7.

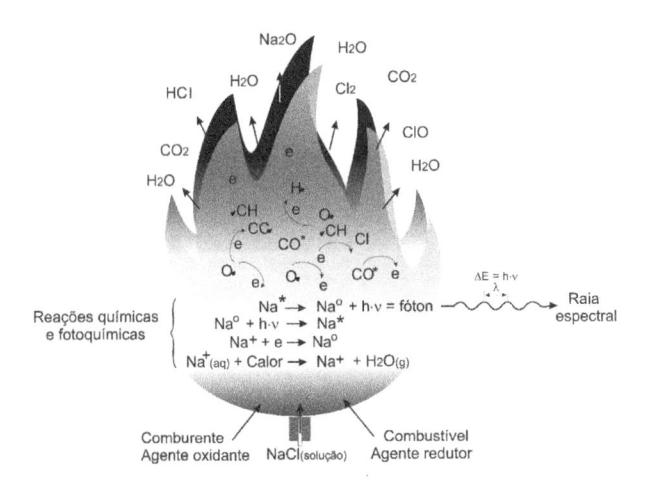

Figura 19.7 Visualização da chama como fonte de energia para excitar o elemento sódio ($Na^° \rightarrow Na^*$ + e) e provocar a emissão do fóton ou quantum típico do elemento ($Na^* \rightarrow Na^° + h\cdot\nu$).

19.2 PARTE EXPERIMENTAL

19.2.1 Observação das cores emitidas por diversos elementos na chama

a – Materiais
- *1 fio de platina, níquel-cromo ou grafite de um lápis;*
- *Bico de Bunsen (ou outro queimador a gás);*
- *8 béqueres de 10 mL;*
- *1 vidro de relógio;*
- *1 pipeta de 5 mL;*
- *1 bastão de vidro;*
- *Material de registro: Diário de Laboratório, computador, calculadora etc.*

b – Reagentes
- *Solução de: cloreto de sódio; cloreto de potássio; cloreto de lítio; cloreto de cálcio; cloreto de bário; cloreto de estrôncio; cloreto ou sulfato de cobre.*
- *Solução de ácido clorídrico concentrado ou de ácido nítrico concentrado.*

c – *Preparações*
- Solução de ácido clorídrico (HCl) 1:1
  Em béquer de 10 mL transferir cerca de 5 mL de água destilada e com auxílio de uma pipeta acrescentar 5 mL de ácido clorídrico concentrado. Agitar com um bastão de vidro.
- Soluções dos compostos a serem testados.
  Não é necessário que as soluções tenham concentrações definidas. Pode-se trabalhar com uma concentração de 0,50 mol L^{-1}, mas outras que já se encontrem preparadas no laboratório também podem ser aproveitadas. Pode-se também trabalhar com os compostos sólidos.

d – *Procedimentos*
- Etiquetar seis béqueres com o nome das soluções: cloreto de sódio; cloreto de potássio; cloreto de lítio; cloreto de cálcio; cloreto de bário; cloreto de estrôncio; sulfato de cobre.
- Transferir uma pequena porção da solução de ácido clorídrico para o vidro de relógio.
- Acrescentar em cada béquer cerca de 2 mL da solução correspondente a etiqueta.
- Acender o bico de Bunsen. É desejável que a chama esteja perfeitamente azul.
- Limpeza do fio a ser usado: Aquecer o grafite ou o fio de platina ou níquel-cromo. Mergulhar a ponta do grafite (ou fio) na solução de ácido clorídrico e voltar a chama. Repetir o processo até o grafite estar bem limpo (a chama deve permanecer azul mesmo em contato com o grafite). Usar a capela ou um ambiente bem ventilado.
- Mergulhar a ponta do grafite (ou fio) na solução a ser testada.
- Levar até a chama e observar a cor. Repetir o processo quantas vezes achar necessário.
- Limpar novamente o grafite (ou fio), e repetir o procedimento para outra solução.
- Completar a Tabela RA 19.1.

e – Observações e registros

Para preencher a Tabela RA 19.1, tomar como exemplo o cloreto de sódio (NaCl), e calcular a ΔE na excitação dos elétrons. A Figura 19.8 mostra o problema.

$$\Delta E = 1 \text{ quantum} = 1 \text{ fóton} = h \cdot \nu = \frac{h \cdot c}{\lambda}$$

Termos espectroscópicos

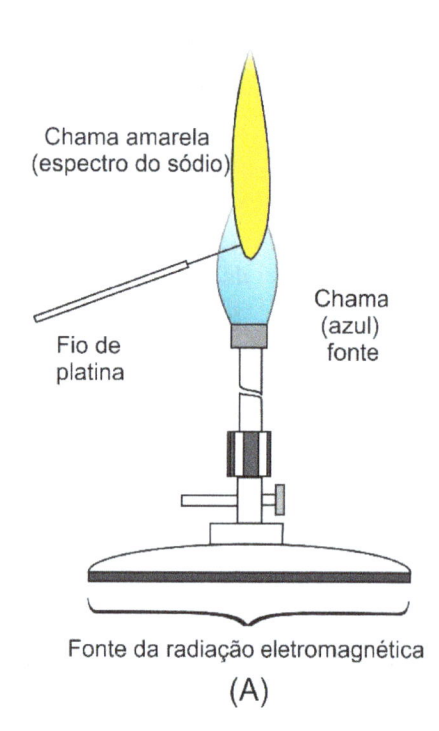

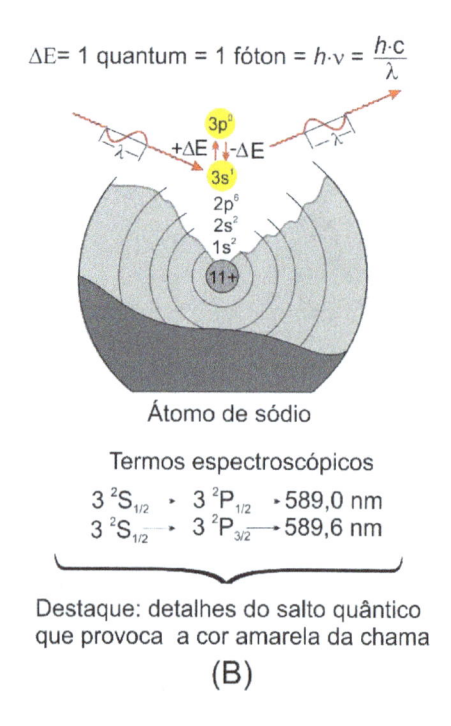

$3\,^2S_{1/2} \rightarrow 3\,^2P_{1/2} \rightarrow 589,0$ nm
$3\,^2S_{1/2} \rightarrow 3\,^2P_{3/2} \rightarrow 589,6$ nm

Destaque: detalhes do salto quântico que provoca a cor amarela da chama

Figura 19.8 Visualização da emissão da luz amarela do sódio (A) mostrando os termos espectroscópicos do salto quântico (B).

a) Energia do *quantum* ou do fóton
Pela Equação (19.6) tem-se:

$$quantum = fóton = \Delta E = \frac{h.c}{\lambda} \quad [19.6]$$

Onde:
- $h = 6{,}6256 \cdot 10^{-34}$ J s e tomando o valor de $6{,}63 \cdot 10^{-34}$ J s;
- $c = 2{,}9979 \cdot 10^8$ m s^{-1} e tomando o valor de $3{,}00 \cdot 10^8$ m s^{-1};
- $\lambda = 589{,}0$ nm $= 5{,}890 \cdot 10^{-7}$ m.

Substituindo as variáveis da Equação (19.8) pelos valores no sistema MKS chega-se à Equação (19.9) e finalmente à Equação (19.10):

$$\Delta E = \frac{6{,}63 \cdot 10^{-34} \, (\text{J s}) \, 3{,}00 \cdot 10^{8} \, (\text{m s}^{-1})}{5{,}890 \cdot 10^{-7} \, (\text{m})} = 3{,}38 \cdot 0^{-19} \text{ J} \quad (19.9)$$

$$\Delta E = 3{,}38 \cdot 10^{-19} \text{ J} \quad (19.10)$$

b) Quais são a reações químicas e fotoquímicas que na chama foram as responsáveis pela emissão do fóton visível de cor amarela do sódio?

19.3 EXERCÍCIOS DE FIXAÇÃO

19.1. Qual o comprimento de onda (em nanômetros) de uma luz que tem uma frequência de $4{,}2 \times 10^{14}$ Hz? Qual a cor desta luz? *Dados:* 1 nm = 10^{-9} m; c = $2{,}997 \times 10^8$ m s^{-1}

19.2. Descreva o modelo atômico de Bohr. Quais os experimentos que permitiram que ele chagasse a esse modelo.

19.3. Calcule a frequência (em *Hz*) e o comprimento de onda (em *nm*) de luz necessária para ionizar átomos de sódio, sendo que a primeira energia de ionização é 496 kJ mol^{-1}. *Dados:* (h= $6{,}63 \times 10^{-34}$ Js) e (c=$3{,}0 \times 10^8$ ms^{-1}).

19.4. Em laboratório, uma amostra de um mineral não identificado é pulverizada e dissolvida em uma mistura de ácidos. A solução é levada à chama que apresenta as cores vermelha-alaranjada e lilás. Podemos afirmar que este mineral contém pelo menos 2 metais. Quais são eles?

Respostas: **19.1.** 713,57; **19.3.** 1242,7; 241,4.

19.4 RELATÓRIO DE ATIVIDADES

Universidade _____ Centro de Ciências Exatas – Departamento de Química Disciplina: QUÍMICA GERAL EXPERIMENTAL – Cód: _____ Curso: _____ Ano: _____ Professor:_____	Relatório de Atividades

_____ Nome do Acadêmico	_____ Data

UNIDADE DIDÁTICA 19: ANÁLISE QUÍMICA QUALITATIVA DE ELEMENTOS PELA CHAMA

Tabela RA 19.1 Informações e observações sobre as soluções testadas no procedimento experimental.

Solução de	Fórmula do composto	Cátion observado	Cor esperada	Cor desenvolvida	ΔE liberado (J)
Cloreto de sódio	NaCl	Na$^+$	amarelo		3,38 x 10^{-19}
Cloreto de potássio					
Cloreto de lítio					
Cloreto de cálcio					
Cloreto de bário					
Cloreto de estrôncio					
Nitrato de cobre					

19.5 REFERÊNCIAS BIBLIOGRÁFICAS E SUGESTÕES PARA LEITURA

BAIRD, C. **Environmental chemistry**. Second edition. New York: W. H. Freeman and Company, 1999. 557 p.

CHRISTEN, H. R. **Fundamentos de la química general e inorgánica**. Versión española por Dr. José Beltrán. Barcelona: Editorial Reverté, 1977. 840 p.

DYER, J. R. **Aplicações da espetroscopia de absorção aos compostos orgânicos**. Tradução de Aurora Giora Albanese. São Paulo: Editora Edgard Blücher e Editora da Universidade de São Paulo, 1969. 155 p.

EWING, G. W. **Instrumental methods of chemical analysis**. Third edition. New York: McGraw-Hill Book Company, 1969. 607 p.

HARRIS, D. C. **Análise química quantitativa**. Tradução da quinta edição inglesa feita por Carlos Alberto da Silva Riehl & Alcides Wagner Serpa Guarino. Rio de Janeiro: LTC, 2001. 862 p.

LENZI, E.; FAVERO, L. O. B. **Introdução à química da atmosfera: ciência, vida e sobrevivência**. Rio de Janeiro: LTC, 2009. 465 p.

LENZI, E.; FAVERO, L. O. B.; LUCHESE, E. B. **Introdução à química da água: ciência, vida e sobrevivência**. Rio de Janeiro: LTC, 2009. 604 p.

MASTERTON, W. L.; SLOWINSKI, E. J.; STANITSKI, C. L. **Princípios de química**. Sexta Edição. Tradução de Jossyl de Souza Peixoto. Rio de Janeiro: Editora Guanabara Koogan, 1990. 681 p.

PECSOK, R. L.; SHIELDS, L. D. **Modern methods of chemical analysis**. New York: Wiley International Edition, 1968. 480 p.

RUSSEL, J. B. **Química geral**. 2ª Edição. Tradução de Márcia Guekezian, Maria Cristina Ricci, Maria Elizabeth Brotto, Maria Olívia A. Mengod, Paulo César Pinheiro, Sonia Braunstein Faldini, Wagner José Saldanha. Rio de Janeiro: Makron Books, 1994. Volume 1 e Volume 2.

SKOOG, D. A.; WEST, D. M.; HOLLER, F. J; CROUCH, S. R. **Fundamentos de química analítica**. Tradução da 8ª. ed. americana feita por Marcos Tadeu Grassi. São Paulo: Thomson Learning, 2006. 999 p.

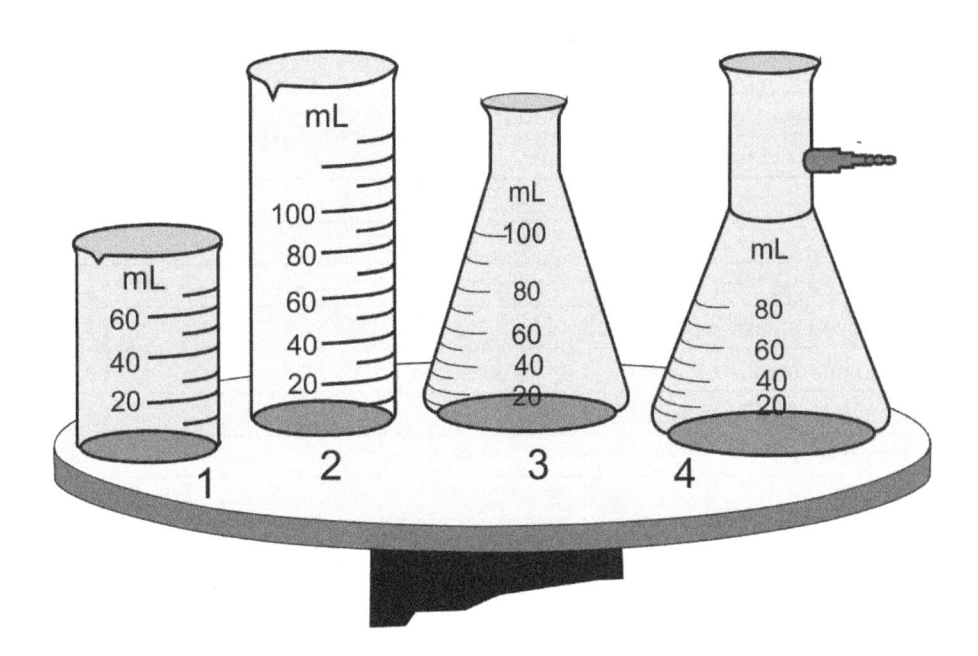

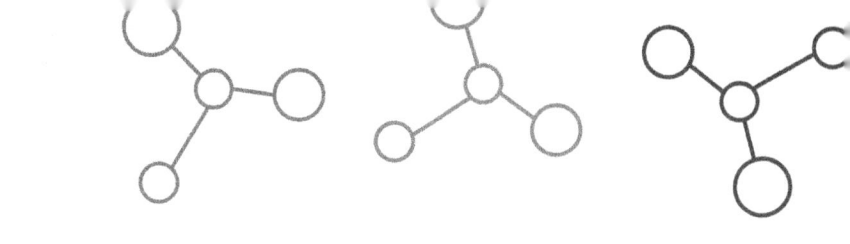

UNIDADE DIDÁTICA 20

1 – Copo de béquer (de Griffin): Forma baixa. Usados para aquecimento de líquidos, reações de precipitação etc. Existem nas mais diversas capacidades, desde 1 mL a 4000 mL. A figura apresenta a forma alargada, com bico para verter o líquido, paredes interiores uniformes, graduado. Não deve ser usado para medidas de precisão.

2 – Copo de béquer: Forma alta. Disponível nas capacidades de 15 mL à 4000 mL. Forma mais prática para acondicionar em bandejas de gelo para resfriamento, ou aquecimentos em banho-maria, pois ocupam menor espaço, devido ao seu diâmetro ser menor.

3 – Erlenmeyer: Usado para titulações e aquecimento de líquidos. Pode apresentar boca estreita ou larga, junta esmerilhada ou não e parede reforçada. A junta esmerilhada serve para conectar condensadores em caso de refluxo. Também existe a opção de tampa ou sem tampa.

4 – Kitassato: Usado nas filtrações a vácuo. Encontra-se com as seguintes capacidades, em mL: 125, 250, 500, 1000, 2000 e 4000. Feito em vidro reforçado, com saída lateral para conectar bomba de vácuo ou trompa de vácuo para fazer sucção. A graduação indica apenas os volumes aproximados.

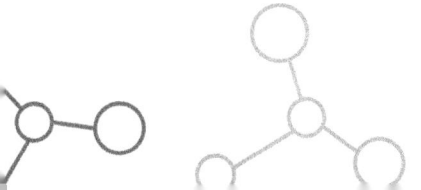

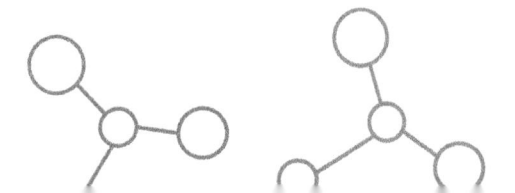

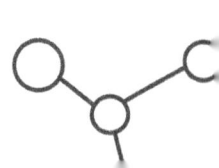

UNIDADE DIDÁTICA 20

REAÇÕES QUÍMICAS

REAÇÃO DE SÍNTESE

Conteúdo	Página
20.1 Aspectos Teóricos	455
20.1.1 Introdução	455
Detalhes 20.1	457
20.1.2 Reações endotérmicas e exotérmicas	460
20.1.3 Reações reversíveis e irreversíveis.	461
20.1.4 Reações de oxirredução	462
20.1.5 Reações de análise ou decomposição	469
20.1.6 Reações de síntese	470
20.1.7 Funções inorgânicas	471
Detalhes 20.2	473
20.2 Parte Experimental	478
20.2.1 Síntese de um óxido ácido	478
Segurança 20.1	480
20.2.2 Síntese de um óxido básico	480
Segurança 20.2	481
20.2.3 Identificação do caráter ácido e básico dos óxidos	482
Segurança 20.3	482
20.3 Exercícios de Fixação	483
20.4 Relatório de Atividades	484
20.5 Referências Bibliográficas e Sugestões para Leitura	486

Unidade Didática 20
REAÇÕES QUÍMICAS
REAÇÃO DE SÍNTESE

Objetivos
- Revisar o conceito de *reação química*.
- Revisar os conceitos de *oxidação*, *estado de oxidação* e *número de oxidação*.
- Revisar o conceito de *óxido* e *seus diferentes tipos*.
- Sintetizar um *óxido ácido* a partir do enxofre.
- Sintetizar um *óxido básico* a partir do magnésio.
- Comprovar através de indicadores de ácido-base a acidez e a basicidade dos óxidos sintetizados.

20.1 ASPECTOS TEÓRICOS

20.1.1 Introdução

Ao observar a natureza, verifica-se que o meio em que se vive está em constante mudança. Uma fruta que se comprou ontem, hoje ou amanhã, já está em decomposição. Da semente lançada na terra cresce a planta. Novos materiais surgem todos os dias no mercado. Todas estas transformações são consequências das *reações químicas*. Então, o que é uma reação química? *Uma reação química é uma transformação na composição e estrutura da matéria.* Substâncias desaparecem e aparecem outras com propriedades diferentes. Neste desaparecimento e aparecimento de espécies químicas diferentes, sempre existe um envolvimento de energia. Muitas reações liberam energia e outras absorvem energia.

Para melhor compreender este fato, pode-se diferenciar dois tipos de transformações na matéria.

Fenômeno físico

O *fenômeno físico* é a transformação da matéria sem alterar suas propriedades químicas. Modificam-se apenas as propriedades físicas, sempre há envolvimento de energia. Há uma modificação no estado físico da matéria. Por exemplo, um bloco de gelo pode quebrar-se, pode derreter, pode sublimar. Porém, a sua composição de *moléculas de água* continua a mesma tanto no gelo quebrado, quanto na água formada pelo derretimento, ou no vapor formado pela sublimação, que pode acontecer pelo abaixamento da pressão. Em todas estas modificações houve envolvimento de energia. Esta energia, quando na forma de calor, denomina-se de *entalpia*, simbolizada por H e depende do *estado inicial* e do *estado final* da transformação, por isto, é denominada de *grandeza de estado*. Quando esta energia *entra no sistema* e é *agregada nos produtos* leva o sinal de +H (ou +ΔH). Quando esta energia *sai do sistema* deixando os produtos mais pobres em calor leva o sinal negativo –H (ou -ΔH).

A Figura 20.1 visualiza um *fenômeno físico*. O gelo, água no *estado sólido*, a 0 °C, passando para água líquida, *estado líquido*, a 0 °C. O gelo é água no estado sólido, *estado inicial* (ou estado 1). A água líquida é a mesma do estado sólido, o que aconteceu é que ela, como gelo, recebeu calor (+ΔH) e derreteu ficando água no estado líquido, *estado final* do fenômeno (ou estado 2). O que mudou foi apenas o estado físico da água. Agora, se for retirado calor da água líquida (-ΔH) volta ao estado de gelo, vai solidificar. A substância neste processo, continua sendo a água.

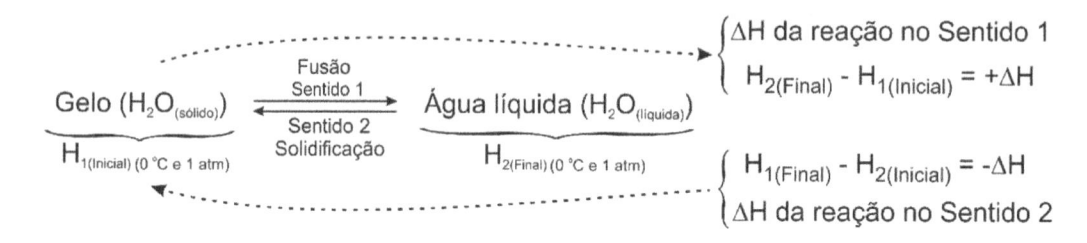

$$\text{Gelo (H}_2\text{O}_{(sólido)}) \underset{\substack{\text{Sentido 2}\\\text{Solidificação}}}{\overset{\substack{\text{Fusão}\\\text{Sentido 1}}}{\rightleftarrows}} \text{Água líquida (H}_2\text{O}_{(líquida)})$$

$H_{1(Inicial)}$ (0 °C e 1 atm) ; $H_{2(Final)}$ (0 °C e 1 atm)

$$\begin{cases} \Delta H \text{ da reação no Sentido 1} \\ H_{2(Final)} - H_{1(Inicial)} = +\Delta H \end{cases}$$

$$\begin{cases} H_{1(Final)} - H_{2(Inicial)} = -\Delta H \\ \Delta H \text{ da reação no Sentido 2} \end{cases}$$

Figura 20.1 Visualização de um *fenômeno físico*. A substância envolvida, água, não modificou sua natureza química, na transformação que sofreu, continua água (H_2O).

Fenômeno químico ou reação química

O *fenômeno químico* ou *reação química* é a transformação da matéria em que a natureza dos componentes que reagem, *reagentes*, desaparece e aparecem novos compostos, *produtos*, com propriedades químicas diferentes. A Reação (R-20.1) mostra esta definição.

$$\underbrace{1\,C_{(s)} + 1\,O_{2(g)}}_{\substack{\text{Reagentes}\\H_{R(25°C \text{ e } 1\,atm)}}} \rightleftarrows \underbrace{1\,CO_{2(g)}}_{\substack{\text{Produtos}\\H_{P(25°C \text{ e } 1\,atm)}}} \quad \begin{array}{l}\Delta H = H_P - H_R \\ \Delta H = -94,1 \text{ kcal}\end{array} \tag{R-20.1}$$

Carbono Oxigênio (ar) ; Gás carbônico

Convenções relativas à reação química:
- A reação química é representada (ou sua *notação*) por uma equação química.
- Os constituintes de cada membro da equação química apresentam coeficientes que, em princípio, são números inteiros e primos entre si. No caso da Reação (R-20.1) os coeficientes são iguais à unidade 1, que podem ou não ser escritos. Normalmente não se escreve.
- A Equação química mostra o *estado físico* dos participantes da mesma: (s) – sólido; (líq) ou (l) – líquido; (g) – gás; bem como, *outras interações* com o meio: (aq) – a espécie se encontra em solução aquosa; (sol) – solução com algum solvente, podendo ser também a água.
- Apresenta dois lados: *lado dos reagentes* (lado esquerdo de quem olha) e *lado dos produtos* (lado direito de quem olha).
- Os dois lados da reação estão separados por duas setas: a superior indicando o lado direito (ou o sentido 1) da reação, lado dos produtos. E a inferior indicando lado esquerdo, lado dos reagentes (ou sentido 2).
- Acima e abaixo das duas setas, costuma-se colocar condições do experimento.
- Os átomos que saíram do *estado de reagente* obrigatoriamente se encontram no *estado de produtos*. É a Lei de Lavoisier: Na Natureza,

nada se perde nada se cria, tudo se transforma. Este ajuste da equação denomina-se de *Balanceamento da Equação Química*.
- O duplo sentido das setas diz que, se os reagentes e os produtos formados ficarem no local da reação ela acontece nos dois sentidos. Mas se houver a formação de um gás, por exemplo, e este, separa-se do sistema, a seta do sentido 2 não tem significado. Mas, se isto não acontecer, a dupla seta diz que chegará um momento em que a reação vai alcançar o *estado de equilíbrio*. Este estado é representado por uma *constante* que mede o *estado de equilíbrio*, $K_{Equilíbrio}$.
- Uma equação química tem as propriedades de uma equação matemática.
- A equação química balanceada representa as *proporções de combinação* dos reagentes e de formação dos produtos (Lei de Proust).

A Reação (R-20.1) representa a reação entre a substância *carbono* e a substância *gás oxigênio* (reagentes) que resulta na nova substância, o *gás carbônico* (produto). Ela mostra também os estados físicos dos reagentes e produtos, e, estando equilibrada (balanceada), têm-se as proporções relativas de reação e de formação dos produtos. No exemplo dado desaparecem um átomo (ou mol de átomos) de carbono e uma molécula (ou um mol de moléculas) de oxigênio e aparece uma molécula de gás carbônico com propriedades totalmente diferentes do carbono e do oxigênio.

Uma equação química não indica as trocas de energia envolvida no processo, nem o tempo necessário para o mesmo acontecer. No caso das trocas de energia, podem vir representadas pelo valor da *entalpia* (ΔH), conforme visto, que é o conteúdo calórico do sistema. Pode ser positivo e os produtos formados apresentarem um conteúdo calorífico maior que o dos reagentes e negativo, em caso contrário. É muito comum vir acompanhada da *variação da energia livre de Gibbs* (ΔG), que também é uma grandeza de estado. Isto é, depende do estado inicial e estado final da reação. É um parâmetro termodinâmico de fundamental importância.

Para facilitar o estudo das reações químicas pode-se classificá-las em grupos, segundo os diversos fatores em análise. Isto é, quanto ao:

- *Conteúdo de energia* envolvido:
- – Reação *exotérmica*;
- – Reação *endotérmica*.
- Processo de *transferências de elétrons*
- – Reação de *oxidação*;
- – Reação de *redução*.
- *Sentido* da reação:
- – Reação *reversível*;
- – Reação *irreversível*.
- *Produto da reação* em relação aos reagentes:
- – Reação de *análise*;
- – Reação de *síntese*;
- – Reação de *deslocamento*, ou *simples troca*;
- – Reação de *dupla troca*.

Detalhes 20.1

Por que as reações químicas acontecem?

Analisando a Tabela Periódica observa-se a existência de um grupo de elementos químicos que não apresentam *tendência de combinar-se*. São os elementos que por este motivo antigamente se conheciam como gases nobres e hoje são os chamados *gases raros*. Até podem se combinar, mas, primeiramente o átomo deve ser *ativado* para isto.

Após uma série de fatos, entre eles:

- o trabalho de Mendeleyev que arranjou os elementos conhecidos na Tabela Periódica que até hoje se usa, e fez previsões de elementos desconhecidos, que mais tarde foram confirmados dentro da estrutura desta Tabela;
- a descoberta do *elétron* e a sua "*responsabilidade*" nas reações químicas;
- a consolidação da Mecânica Quântica que, usando a distribuição dos elétrons em seus *níveis*, *subníveis* e demais *números quânticos*, fez o mesmo arranjo da Tabela Periódica que Mendeleyev fez;
- os que procuravam o "por que" dos elementos reagirem entre si, começaram a postular alguns princípios empíricos.

A tendência de um elemento reagir com outro está associada à maior ou menor *estabilidade eletrônica* dos elementos em sua eletrosfera, ou melhor, em sua *camada de valência*.

Em 1893, Alfred Werner aos 26 anos de idade, postulou o princípio, que segue e interpretou a formação dos complexos ou compostos de coordenação. Esta teoria lhe mereceu o Prêmio Nobel de Química, em 1913.

Todos os elementos têm duas valências, a *valência primária* e a *valência secundária*. Eles tendem a satisfazer as duas valências. As valências secundárias estão dirigidas no espaço.

Werner, 1893

Em 1916, Langmuir e Lewis, postularam a *Teoria do Dueto* e do *Octeto*.

Todos os elementos tendem a adquirir sua estabilidade mediante a doação, recebimento, emparelhamento ou coordenação de elétrons, semelhando-se na *camada de valência* à configuração do gás nobre mais próximo da Tabela Periódica – Teoria do Dueto e do Octeto

Langmuir e Lewis, 1916.

Em 1927, Sidwick postulou a Teoria do Número Atômico Efetivo.

Todos os elementos tendem a adquirir sua estabilidade mediante a doação, recebimento, emparelhamento ou coordenação de elétrons, semelhando-se à configuração eletrônica total do gás nobre mais próximo da Tabela Periódica – Teoria do *Número Atômico Efetivo*.

Sidwick, 1927

As três teorias se referem a duas ideias básicas:

a) A tendência do elemento se estabilizar com relação às camadas de valência (*valência primária* de Werner) tendendo à configuração do gás raro que tem dois elétrons – *dueto* ou à configuração dos gases raros com oito elétrons na camada de valência – *octeto* (Lewis).

b) Contudo, apesar de satisfeita esta tendência, os átomos ainda apresentam uma *valência secundária*, segundo Werner, que lhe corresponde à tendência de coordenar pares eletrônicos e alcançar a configuração eletrônica total do gás raro mais próximo da sua posição na Tabela Periódica (Sidwick). Correspondem aos ácidos e bases de Lewis cuja reação entre si formam os *complexos* ou *compostos de coordenação*.

A Figura 20.2 visualiza estes conceitos utilizando o composto cloreto de cobalto(II) hexahidratado, $CoCl_2 \cdot 6H_2O$, ou na forma de composto de coordenação cloreto de hexaaquocobalto(II), $[Co(H_2O)_6]Cl_2$.

Inicialmente coloca-se o Estado Fundamental do átomo de cobalto, EF, em termos de níveis de energia e subníveis de energia dos 27 elétrons, conforme Figura 20.2. Depois, compactados pelo "carroço" do gás nobre Argônio [Ar] seguido pela simbologia de pares eletrônicos emparelhados e desemparelhados, conforme Figura 20.2.

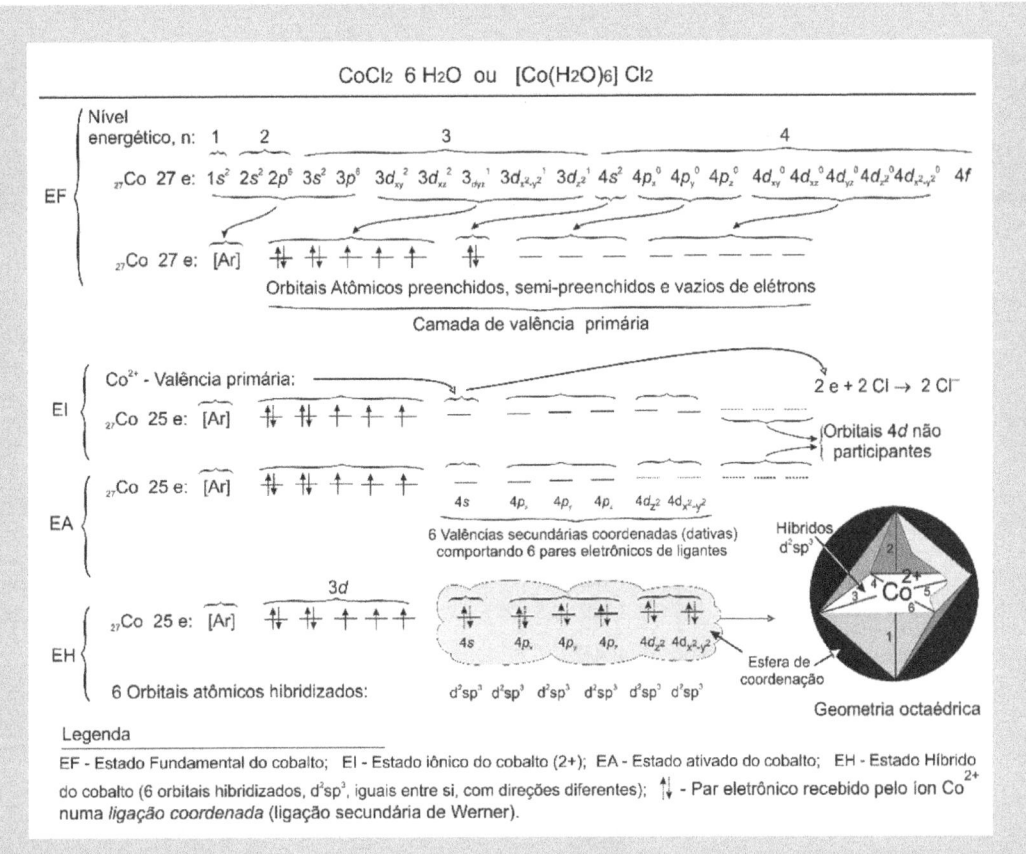

Figura 20.2 Visualização da(o): "Valência primária" e "valência secundária" do cobalto; Estado de oxidação do cobalto (**nox**) 2+; posições fixas dos orbitais hibridizados, d^2sp^3, numa geometria octaédrica.

Pela Figura 20.2 observa-se que o princípio de Sidwick que diz: o total de elétrons do átomo central mais os elétrons coordenados dos ligantes é igual ao do gás nobre mais próximo na Tabela Periódica, no caso, o criptônio (Kr) com 36 elétrons não é verificado: Co^{2+} (total de elétrons: 25 elétrons do Co^{2+} + 12 elétrons dos ligantes = 37 elétrons). Porém, o cobalto(III) confirma o princípio: Co^{3+} (total de elétrons: 24 elétrons do Co^{3+} + 12 elétrons dos ligantes = 36 elétrons.)

O leitor, através da Figura 20.2 pode refazer a mesma para o cobalto(III).

Nesta distribuição eletrônica dos elétrons em níveis, subníveis de energia, obedecendo às restrições dos números quânticos, observa-se a "camada de valência". Nesta, para o caso de um elemento de transição, que é o cobalto, encontram-se orbitais atômicos (OA) cheios de elétrons, (isto é, com dois elétrons), semipreenchidos (com um elétron), e vazios (sem elétrons), conforme Figura 20.2.

No caso de feita a ligação, isto é, satisfeita esta *primeira necessidade* de estabilização eletrônica, surge uma segunda necessidade de estabilização eletrônica, que gera um Capítulo especial da Química, que são os ácidos e bases de Lewis. As espécies que têm tendência de se estabilizarem captando pares eletrônicos e outras doando pares eletrônicos, respectivamente. Assim, na Figura 20.2 e Figura 20.3, o cobalto após doar dois elétrons, tornando-se Co^{2+}, seus orbitais mais externos e energeticamente próximos um do outro, mesmo sem elétrons, se ativam (EA) e se hibridizam (EH) criando seis orbitais atômicos hibridizados d^2sp^3, iguais entre si, diferenciando-se apenas pela direção de cada um, formando uma geometria octaédrica. Estes orbitais hibridizados do Co^{2+}, captam por coordenação, seis pares eletrônicos (nc – número de coordenação do elemento) oportunizados, no exemplo apresentado, Figura 20.3, pela molécula de H_2O.

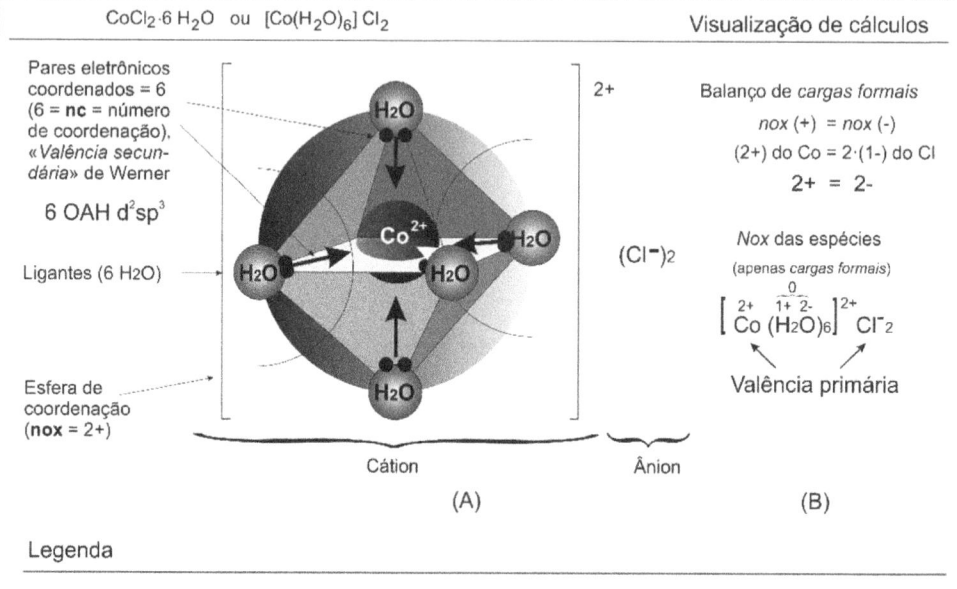

Figura 20.3 Visualização dos princípios de Werner, Langmuir-Lewis e Sidwick, materializados na Teoria do Campo Cristalino.

20.1.2 Reações endotérmicas e exotérmicas

Durante uma reação química ocorrem *trocas de energia* em forma de luz, trabalho ou calor. Portanto, pode-se classificar as reações de acordo com a energia liberada ou absorvida no processo. Uma reação é *exotérmica* quando, durante o processo reativo, libera calor (energia) para o meio ambiente. O calor ou a energia que aparece é devida à *desmontagem* das moléculas dos reagentes (mais ricas em energia) e *remontagem* das moléculas dos produtos (mais pobres), portanto, no balanço de energia, há sobra da mesma, que aparece na forma de calor. Como as condições de temperatura e pressão iniciais devem ser iguais às finais, deverá sair calor (entalpia) do processo. Dali, o sinal- ΔH nas reações exotérmicas. A Reação (R-20.2) é um exemplo de reação exotérmica.

$$1\ C_4H_{10(g)} + \frac{13}{2}\ O_{2(g)} \rightleftarrows 4\ CO_{2(g)} + 5\ H_2O_{(v)} + \text{Energia (ou } -\Delta H)$$

$$2\ \underbrace{C_4H_{10(g)}}_{\text{Butano}} + \underbrace{13\ O_{2(g)}}_{\text{Oxigênio (ar)}} \rightleftarrows \underbrace{8\ CO_{2(g)}}_{\text{Gás carbônico}} + \underbrace{10\ H_2O_{(v)}}_{\text{Água}} + \underbrace{\text{Energia}}_{\text{Energia}} \text{ (ou } -\Delta H) \quad \text{(R-20.2)}$$

$$\underbrace{\phantom{2\ C_4H_{10(g)} + 13\ O_{2(g)}}}_{\substack{\text{Reagentes}\\H_{R(25^\circ C\ e\ 1\ atm)}}} \qquad \underbrace{\phantom{8\ CO_{2(g)} + 10\ H_2O_{(v)} + \text{Energia}}}_{\substack{\text{Produtos}\\H_{P(25^\circ C\ e\ 1\ atm)}}}$$

O gás butano, $C_4H_{10(g)}$, é um dos componentes do gás de cozinha e quando reage com o oxigênio do ar, Reação (R-20.2), libera calor, que é usado no preparo de alimentos, aquecimento de caldeiras e para outros fins.

Dá-se o nome de *endotérmica* a toda reação química ou transformação física que absorve energia do meio ambiente, para que aconteça. A Reação (R-20.3) é um exemplo:

$$2\ \underbrace{H_2O_{(l)}}_{\text{Água}} + \text{Energia} \xrightarrow[\text{Eletrólise}]{\text{Energia elétrica}} 2\ \underbrace{H_{2(g)}}_{\text{Gás hidrogênio}} + 1\ \underbrace{O_{2(g)}}_{\text{Gás oxigênio}} \qquad H_P - H_R = +\Delta H \quad \text{(R-20.3)}$$

$$\underbrace{\phantom{2\ H_2O_{(l)} + \text{Energia}}}_{\substack{\text{Reagentes}\\H_{R(25^\circ C\ e\ 1\ atm)}}} \qquad \underbrace{\phantom{2\ H_{2(g)} + 1\ O_{2(g)}}}_{\substack{\text{Produtos}\\H_{P(25^\circ C\ e\ 1\ atm)}}}$$

Na decomposição da água, Reação (R-20.3), é necessário fornecer energia, o que é feito em forma de energia elétrica, possibilitando a reação.

O conteúdo calórico dos reagentes e ou dos produtos, conforme visto, é denominado de *entalpia* (H). A entalpia é uma grandeza termodinâmica, isto é, depende do estado inicial (reagentes) e final (produtos). Não depende do caminho ou etapas em que a reação se processa. Desta forma, denominando de entalpia inicial (H_i) a entalpia dos reagentes e entalpia final (H_f) a entalpia dos produtos, tem-se a Equação (20.1):

$$H_f - H_i = \Delta H \quad (20.1)$$

Pela Equação (20.1) e mais o que foi discutido, conclui-se:
- Se $\Delta H < 0$ significa que o conteúdo calórico dos produtos é menor que o dos reagentes. Portanto, houve liberação de energia calorífica. É o caso de *reações exotérmicas*.
- Se $\Delta H > 0$ significa que os produtos adquiriram um adicional de energia calorífica. É o caso de *reações endotérmicas*.

Este assunto será tratado com mais detalhes em Unidade Didática 27.

20.1.3 Reações reversíveis e irreversíveis.

Reações *reversíveis* são aquelas que se processam nos dois sentidos, isto é, dos reagentes para os produtos e dos produtos para os reagentes. Em princípio as reações químicas são todas reversíveis, desde que reagentes e produtos fiquem no sistema, pois, se um é gasoso e sai do sistema, não há como a reação ser reversível. O que acontece é que algumas reações são totais ou totalmente deslocadas para o lado dos produtos, mas, continuam reversíveis. Quem mede este estado é a *constante de equilíbrio*, no momento em que for alcançado o "*estado de equilíbrio*".

A Reação (R-20.4) é um exemplo de reação reversível, se o sistema for fechado, caso contrário, se for aberto, o gás carbônico (CO_2) formado sai do sistema e a reação toma exclusivamente o sentido da direita.

$$1\ CaCO_{3(s)} \underset{\substack{\text{Velocidade 2}\\ \text{Sentido 2}}}{\overset{\substack{\text{Sentido 1}\\ \text{Velocidade 1}}}{\rightleftarrows}} \underbrace{1\ CaO_{(s)} + 1\ CO_{2(g)}}_{\substack{\text{Produtos}\\ H_{P(25°C\ e\ 1\ atm)}}}\ H_P - H_R = +\Delta H \quad \text{(R-20.4)}$$

$$\underbrace{\text{Calcário}}_{\substack{\text{Reagentes}\\ H_{R(25°C\ e\ 1\ atm)}}} \quad \text{Óxido de Cálcio} \quad \text{Gás carbônico}$$

A decomposição do carbonato de cálcio (calcário) pelo aquecimento, em ambiente fechado, se processa de forma direta (de reagente para produto) e inversa (de produto para reagente), até que o sistema reacional entre em equilíbrio. Isto acontece quando a velocidade da reação da direta, v_1 (formação dos produtos) é igual à velocidade da reação inversa, v_2 (volta aos reagentes). Este é o *momento cinético* em que foi alcançado o *estado de equilíbrio*. Neste momento, se estabelece a *constante de equilíbrio*, Ke.

Conforme visto, em princípio, todas as reações são reversíveis. Consideram-se *Reações Irreversíveis* aparentemente aquelas que ocorrem, de forma significativa, em um único sentido. A Reação (R-20.5) é um exemplo.

$$2\ H_{2(g)} + 1\ O_{2(g)} \rightleftarrows 2\ H_2O_{(l)} \quad \text{(R-20.5)}$$

20.1.4 Reações de oxirredução

As reações de *oxirredução* formam uma importante classe dentro das reações químicas. A origem e utilização da palavra *redução* vem desde o início da história da humanidade, onde se fazia a *redução de minérios* a metais. A Reação (R-20.6) representa a obtenção do ferro metálico (Fe), a partir de óxido de ferro.

$$1\ Fe_2O_{3(s)} + 3\ CO_{(g)} \rightleftarrows 2\ Fe_{(s)} + 3\ CO_{2(g)} \quad \text{(R-20.6)}$$

Os alimentos são *oxidados*, para que os organismos vivos obtenham a energia necessária para sua sobrevivência. A Reação (R-20.7) é um exemplo.

$$\underbrace{\text{Matéria Orgânica (C, H, O, ...)} + x\ O_{2(g)}}_{\text{Reagentes}} \xrightarrow[\text{Enzimática}]{\text{Oxidação}} \underbrace{y\ CO_{2(g)} + z\ H_2O_{(g)} + \text{Energia}}_{\text{Produtos}} \quad \text{(R-20.7)}$$

Outras inúmeras reações de oxirredução ocorrem na natureza, nos laboratórios e nas indústrias. Na natureza a Reação (R-20.8) é um exemplo.

$$\underbrace{n\ \overset{1+\ 2-}{H_2O}_{(l)} + n\ \overset{4+\ 2-}{CO_2}_{(g)}}_{\substack{\text{Água}\quad\text{Gás carbônico}\\ \text{Reagentes}}} \xrightarrow[\text{Clorofila}]{\text{Luz (energia)}} \underbrace{\overset{0\ 1+\ 2-}{|CH_2O|}_{n(\text{Biomassa})} + n\ \overset{0}{O}_{2(g)}}_{\substack{\text{Bio massa}\quad\text{Oxigênio}\\ \text{Produtos}}} \quad \text{(R-20.8)}$$

Os números acima dos elementos são os *estados de oxidação* dos mesmos.

A Reação (R-20.8) é um exemplo de reação de oxirredução, na qual se formam o oxigênio da atmosfera e a biomassa, como os carboidratos: glicose, $C_6H_{12}O_6$; amido, $(C_6H_{12}O_5)_n$); entre outros.

O termo *oxidação* teve sua origem na reação de materiais, elementos etc. com o oxigênio. Portanto, oxidar era sinônimo de *reagir com oxigênio*, Reação (R-20.9), enquanto que *redução* era a reação de *remoção de oxigênio* da substância.

UNIDADE DIDÁTICA 20: REAÇÕES QUÍMICAS
REAÇÃO DE SÍNTESE

$$\underbrace{2\,\overset{0}{Mg}_{(s)}\ +\ \overset{0}{O}_{2(g)}}_{\text{Reagentes}}\ \longrightarrow\ \underbrace{2\,\overset{2+\ 2-}{MgO}_{(s)}}_{\text{Produtos}} \quad \text{(R-20.9)}$$

Magnésio · Oxigênio · Oxigênio de magnésio

Legenda: Os números acima dos elementos da reação são os *estados de oxidação* dos mesmos.

Reação de oxidação do metal magnésio.

A Tabela 20.1 compara o conceito de *oxidação* com o de *redução* através das consequências de cada ação.

Tabela 20.1 Quadro comparativo entre a oxidação e a redução.

Processo de oxidação	Processo de redução
Aumento do número de oxidação de um átomo.	Diminuição do número de oxidação de um átomo.
Perda de elétrons por um átomo.	Ganho de elétrons por um átomo.
Em termos de oxigênio – ganho de oxigênio.	Em termos de oxigênio – perda de oxigênio.

Nas Reações (R-20.8) e (R-20.9) falou-se em *estado de oxidação* e o *número de oxidação* (**nox**) que representa tal estado. Neste momento será dada uma noção do que significam. Mais à frente serão detalhados. Um átomo ou mais ao ligar-se com outro, o faz através dos seus elétrons da sua eletrosfera. Isto acontece porque o átomo não está estabilizado no tocante aos seus elétrons da camada de valência. Esta estabilização acontece mediante o emparelhamento de elétrons de cada átomo. Ao formar-se o par os dois núcleos estão se ligando entre si. Acontece também que um átomo tem mais "força" do que o outro sobre o par de elétrons, podendo deslocá-lo (o par) totalmente para si (*ligação iônica*) ou parcialmente (*ligação covalente polar*). Ou muitas vezes compartilhar um par de elétrons de um dos dois átomos que estão se ligando (*ligação coordenada*). Desta forma, o *estado de oxidação* de um átomo numa ligação mede este envolvimento maior ou menor dos seus elétrons com os vizinhos. Este envolvimento é dado por um número (0, 1, 2, 3, ...) que pode ser positivo (+), quando este átomo "perdeu o controle" do seu(s) elétron(s), isto é, cedeu o(s) elétron(s) ou negativo (-) se "ganhou o controle" do elétron do vizinho. Portanto, um e (elétron) doado total ou parcialmente conta 1+ para o átomo que deu, e 1- para o átomo que recebeu o elétron. A doação de elétrons significa perda de carga negativa e aumento da positiva, é a *oxidação* do átomo. A ação contrária é a *redução*.

A Tabela 20.2 exemplifica a oxidação e redução com elementos e substâncias antes e depois de cada ação.

Tabela 20.2 Exemplos de agentes oxidantes com o resultado sofrido em si mesmo após ação de oxidar o outro, e agentes redutores com o resultado sofrido em si mesmo após a ação de reduzir o outro.

Agente Oxidante	Produto da Reação	Agente Redutor	Produto da Reação
Oxigênio, O_2	Íon óxido, O^{2-}	Hidrogênio, H_2	Íon hidrogênio, H^+
Ácido Nítrico, HNO_3	Óxidos de nitrogênio, como NO e NO_2	Metal M, como Na, K, Fe, Al	Íons de metal, Na^+, K^+, Fe^{2+} ou Fe^{3+}, Al^{3+}
Íon dicromato, $Cr_2O_7^{2-}$	Íon cromo(III), Cr^{3+} em solução ácida	C, usado para reduzir óxidos metálicos	CO e CO_2

Atualmente, entende-se como reações de oxirredução as reações de transferência de elétrons, onde um dos participantes da reação perde elétrons (se oxida), enquanto outro ganha elétrons (se reduz). A Reação (R-20.10) é um exemplo.

$$\underbrace{\overset{2+}{Cu^{2+}}_{(aq)} + \overset{0}{Zn}_{(m)}}_{\text{Reagentes}} \underset{\text{Sentido 2}}{\overset{\text{Sentido 1}}{\rightleftarrows}} \underbrace{\overset{0}{Cu}_{(m)} + \overset{2+}{Zn^{2+}}_{(aq)}}_{\text{Produtos}} \qquad \text{(R-20.10)}$$

Cátion cobre — Zinco metálico — Cobre metálico — Cátion zinco
Agente Oxidante — Agente Redutor-R — Agente Redutor-P — Agente Oxidante-P

Legenda
Os números acima dos elementos da reação são os *estados de oxidação* dos mesmos; (aq) em solução aquosa; (m) no estado metálico.

Num processo de oxirredução a substância que se oxida provoca a redução do outro reagente, sendo chamada de *agente redutor*. O mesmo acontece ao reagente que se reduz e provoca a oxidação da outra substância, sendo chamado de *agente oxidante*. Como uma reação tem os dois sentidos (sentido 1 e sentido 2), observa-se que o agente oxidante num sentido se torna agente redutor no outro sentido da reação, conforme pode-se observar na Reação (R-20.10).

A Tabela 20.2 traz alguns exemplos de agentes oxidantes e agentes redutores.

Estado de Oxidação

O *estado de oxidação* de um elemento, representado por um número, inteiro ou não, variando de valores positivos a negativos passando por zero, mede o envolvimento (isto é, a ligação), ou não, deste elemento com outro. O *número de oxidação* (**nox**), que representa este *estado de ligação*, pode assumir os valores: x-; ...; 3-; 2-; 1-; 0; 1+; 2+; 3+; ...; x+. Os valores negativos de **nox** significam situações em que o elemento, na ligação, recebeu elétrons (formalmente ou não – quando é mais eletronegativo que o elemento ao qual está ligado). Os valores de **nox** positivo significam situações em que o elemento, na ligação, deu elétrons (formalmente ou não, quando é menos eletronegativo que o elemento ao qual está ligado). O valor zero de **nox** significa a situação do elemento que está livre, ou está ligado com outro átomo igual ou de mesma eletronegatividade, isto é, o par eletrônico pertence igualmente aos dois átomos.

Na contagem do **nox** têm-se as seguintes regras:
- Cada elétron doado (eletrovalência) ou emparelhado (covalência comum) com um elemento mais eletronegativo conta 1+ para quem doou ou é menos eletronegativo, e conta 1- para quem recebeu ou é mais eletronegativo.
- Todo par coordenado de elétrons (ligação dativa ou coordenada) na *ligação primária* conta 2+ para o elemento menos eletronegativo e 2- para o elemento mais eletronegativo.
- Não conta **nox** para nenhum elemento ligado quando os dois são iguais ou possuem a mesma eletronegatividade.

As principais situações que se apresentam são as seguintes:

1ª Átomos livres

Um átomo livre, isto é, que não está ligado com outro, tem número de oxidação (**nox**) igual a **zero**, pois a soma das cargas positivas (número de prótons) Z com as cargas negativas (número de elétrons) E é igual zero. Seja o caso do átomo de sódio.

Para o sódio, em seu estado fundamental, tem-se:

Na: Z = 11+ (prótons no núcleo), E = 11− (elétrons na eletrosfera)

Nox = Z + (E−) = 11 + (11−) = 0

Pelo *princípio da eletroneutralidade o somatório das cargas negativas e positivas de um átomo neutro é igual a zero*. A representação é **Na⁰**.

2ª Átomos ligados por eletrovalência

A *ligação eletrovalente* ou iônica é a ligação em que houve doação ou perda de um ou mais elétrons por parte de um átomo e recebimento de um ou mais elétrons por parte do outro átomo ligado. Cada elétron doado conta *um* **nox** *positivo* e cada elétron recebido conta *um* **nox** *negativo* para os respectivos elementos que doaram ou receberam. A Figura 20.4 demonstra o exposto para o composto cloreto de sódio, NaCl.

$_{11}$Na 11 e: $1s^2\ 2s^2\ 2p^6\ 3s^1$
$_{17}$Cl 17 e: $1s^2\ 2s^2\ 2p^6\ 3s^2\ 3p^5$

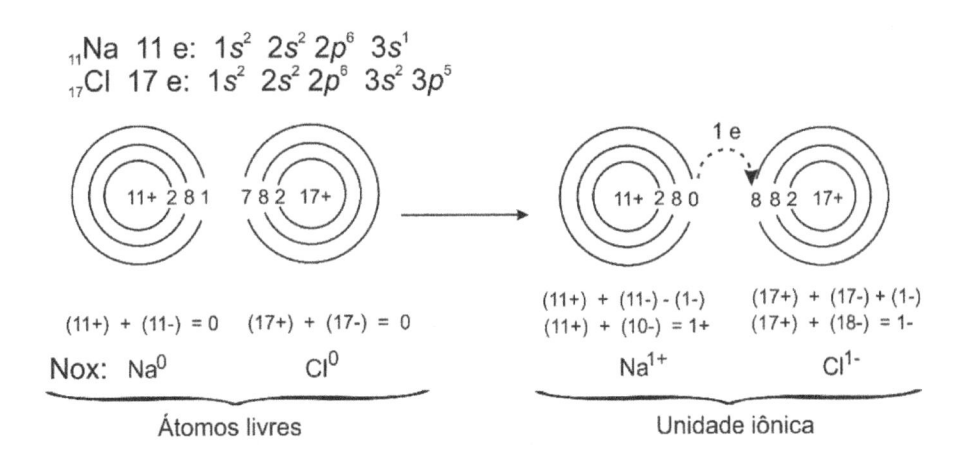

Figura 20.4 Demonstração da determinação do **nox** de cada átomo ligado numa ligação iônica.

3ª Átomos ligados por covalência (comum)

A covalência (comum) é o tipo de ligação em que os elementos, ou átomos, se ligam através do *emparelhamento eletrônico*. Isto é, cada átomo coloca um, ou mais, elétrons da sua eletrosfera em comum aos elétrons que o outro átomo também disponibilizou para formar pares de elétrons ligantes. Considerando o elétron *onda-corpúsculo* ele ocupa um espaço ao redor do núcleo denominado de *orbital atômico* (AO). Os orbitais atômicos de cada átomo envolvido na ligação, se sobrepõem adequadamente (*overlap*), obedecendo a princípios da Mecânica Quântica, tendo maior densidade entre os dois núcleos formando um *orbital molecular ligante* (OML). Este OML pode pertencer igualmente aos dois átomos ligados se tiverem a mesma eletronegatividade, ou mais a um, se este for mais eletronegativo. Se a eletronegatividade dos dois átomos for igual entre si, o **nox** de cada átomo será 0 (zero). Caso contrário, cada elétron emparelhado conta *um nox positivo* para o átomo menos eletronegativo e *um negativo* para o mais eletronegativo.

A Figura 20.5 exemplifica o exposto para a formação da molécula de hidrogênio, H_2, partindo dos átomos constituintes.

Elemento Hidrogênio: $_1$H 1 e
Distribuição eletrônica: $1s^1$
Reação: H + H $\longrightarrow$ $H_{2(G)}$
Orbitais Atômicos dos reagentes

Eletronegatividade (Pauling): $\chi = 2{,}20$
Diferença de eletronegatividades:
$\Delta\chi = \chi_H - \chi_H = 2{,}20 - 2{,}20 = 0$
Orbital Molecular Ligante sigma (OMLσ_{s-s})

OA: $1s^1$ + OA: $1s^1$ $\longrightarrow$ OMLσ_{s-s}

Número de oxidação (**nox**): H = 0 (zero) e H_2 = 0 (zero)

Legenda
OA - Orbital Atômico;
OML - Orbital Molecular Ligante;
OMLσ_{s-s} - Orbital Molecular Ligante, tipo sigma, formado do OA $1s$ e OA $1s$.

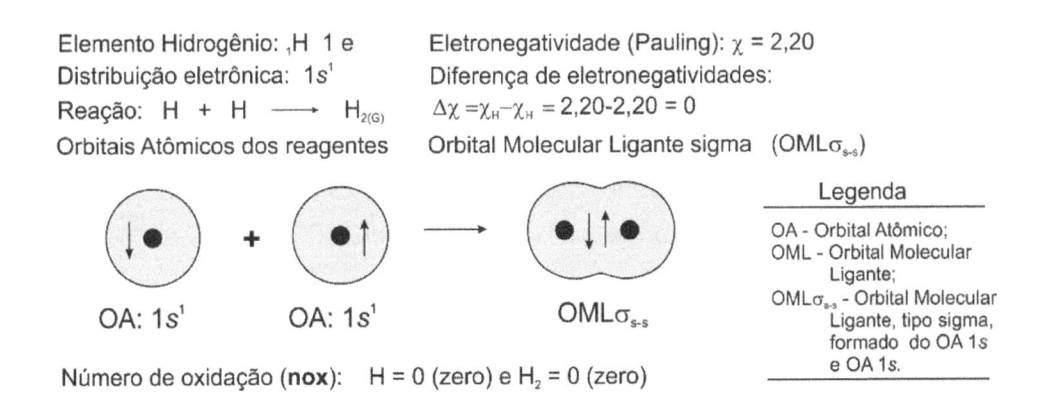

Figura 20.5 Números de oxidação (**nox**) do hidrogênio na formação da molécula de hidrogênio.

Pela própria Figura 20.5, observa-se que o orbital molecular ligante (OML) formado pela sobreposição efetiva (*overlap*) dos orbitais atômicos (OA) tipo *s*, está igualmente distribuído entre os dois átomos ligados de hidrogênio. Ou, também pode ser concluído, de forma mais racional, pela diferença das eletronegatividades dos dois átomos que é zero: $\chi_H - \chi_H = 2{,}20 - 2{,}20 = 0$. Logo, o número de oxidação (**nox**) de cada átomo livre e ligado a outro igual é 0 (zero).

A Figura 20.6 mostra o mesmo estudo para os átomos livres de cloro e os átomos ligados entre si para formar a molécula de cloro, Cl_2.

Reação do Cloro (Cl): Cl + Cl ⟶ Cl—Cl ⟶ (Cl_2)

Elemento Cloro: $_{17}Cl$ 17e: $1s^2\ 2s^2\ 2p^6\ 3s^2\ 3p_z^2\ 3p_y^2\ 3p_x^1$

Orbitais atômicos da reação ⟶ Orbital Molecular Ligante formado

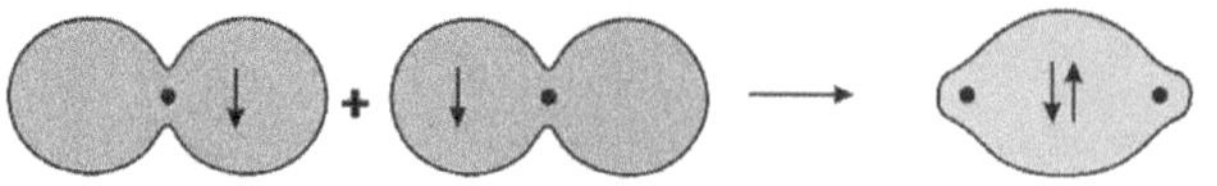

OA $3p_x^1$ OA $3p_x^1$ $OML\sigma_{p-p}$

Eletronegatividade (Pauling): $\chi_{Cl} = 3{,}16$
Diferenças de eletronegatividades: $\Delta\chi$
$\Delta\chi = \chi_{Cl} - \chi_{Cl} = 3{,}16 - 3{,}16 = 0$
Número de oxidação (**nox**): Cl = 0 e Cl_2 = 0

Legenda
OA - Orbital Atômico;
OML - Orbital Molecular Ligante;
$OML\sigma_{p-p}$ - Orbital Molecular Ligante, tipo sigma, formado do OA $3p$ e OA $3p$.

Figura 20.6 Números de oxidação (**nox**) do cloro na formação da molécula de cloro.

A Figura 20.7 mostra a determinação do número de oxidação (**nox**) para o hidrogênio e para o cloro ligados na formação da molécula de cloreto de hidrogênio, HCl.

Reação entre Hidrogênio e Cloro: H + Cl ⟶ H—Cl ⟶ HCl

Orbitais Atômicos: $_1H$ 1e: $1s^1$; 17Cl 17e: $1s^1\ 2s^2\ 2p^6\ 3s^2\ 3p_z^2\ 3p_y^2\ 3p_x^1$

Orbitais Atômicos, OA, da reação ⟶ Orbital Molecular, OM, formado

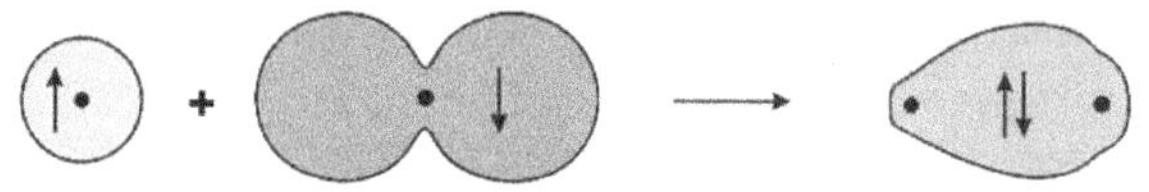

OA: $1s^1$ OA: $3p_x^1$ $OML\sigma_{s-p}$

Eletronegatividades (Pauling): $\chi_H = 2{,}20$ e $\chi_{Cl} = 3{,}16$
Diferemças de eletronegatividades: $\Delta\chi = 2{,}20 - 3{,}16 \neq 0$
Números de oxidação (**nox**): H = 1+ e Cl = 1-

Legenda
OA - Orbital Atômico;
OML - Orbital Molecular Ligante;
$OML\sigma_{s-p}$ - Orbital Molecular Ligante, tipo sigma, formado do OA $1s$ e OA $3p$.

Figura 20.7 Números de oxidação (**nox**) do hidrogênio e do cloro na formação da molécula de HCl.

4ª Átomos ligados por covalência (dativa ou coordenada)

Neste tipo de ligação também forma-se o *orbital molecular ligante* entre os dois átomos, porém, a diferença está no fato do *par eletrônico* compartilhado pertencer a um dos dois átomos. Dali, o nome *ligação dativa*. Contudo, deve ficar claro que o par não é doado, apenas há um compartilhamento do mesmo. A Figura 20.8 apresenta um exemplo desta natureza.

UNIDADE DIDÁTICA 20: REAÇÕES QUÍMICAS
REAÇÃO DE SÍNTESE

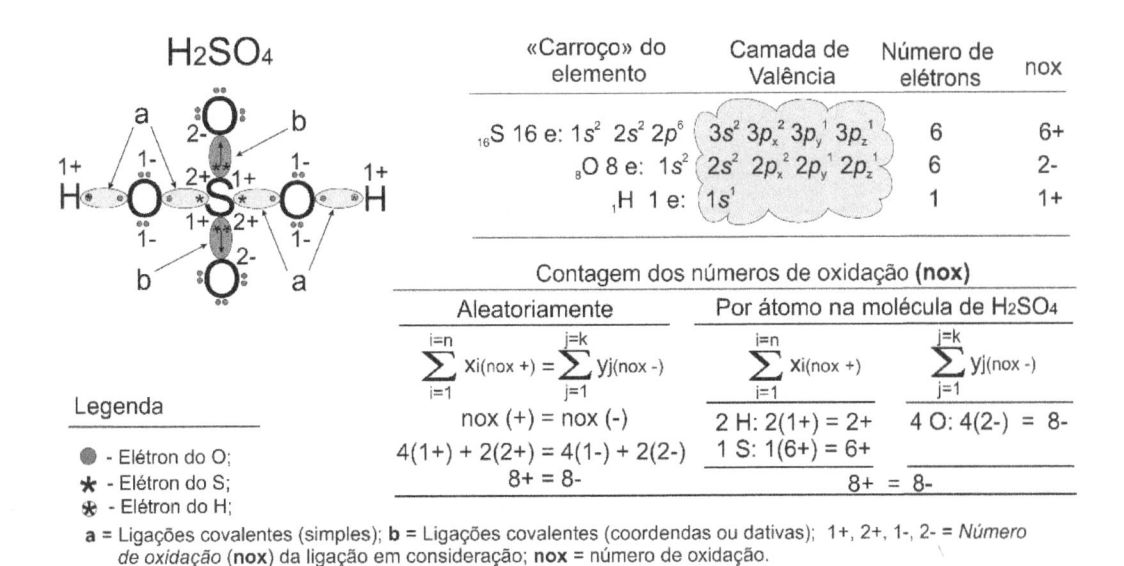

Figura 20.8 Cálculo do **nox** dos elementos de uma molécula envolvendo ligações covalentes coordenadas (ou dativas).

«Carroço» do elemento	Camada de Valência	Número de elétrons	nox
$_{16}S$ 16 e: $1s^2\ 2s^2\ 2p^6$	$3s^2\ 3p_x^2\ 3p_y^1\ 3p_z^1$	6	6+
$_8O$ 8 e: $1s^2$	$2s^2\ 2p_x^2\ 2p_y^1\ 2p_z^1$	6	2-
$_1H$ 1 e:	$1s^1$	1	1+

Contagem dos números de oxidação (**nox**)

Aleatoriamente	Por átomo na molécula de H_2SO_4	
$\sum_{i=1}^{i=n} xi(nox\ +) = \sum_{j=1}^{j=k} yj(nox\ -)$	$\sum_{i=1}^{i=n} xi(nox\ +)$	$\sum_{j=1}^{j=k} yj(nox\ -)$
nox (+) = nox (-)	2 H: 2(1+) = 2+	4 O: 4(2-) = 8-
4(1+) + 2(2+) = 4(1-) + 2(2-)	1 S: 1(6+) = 6+	
8+ = 8-	8+ = 8-	

Legenda

- ● - Elétron do O;
- ✱ - Elétron do S;
- ✻ - Elétron do H;

a = Ligações covalentes (simples); **b** = Ligações covalentes (coordendas ou dativas); 1+, 2+, 1-, 2- = *Número de oxidação* (**nox**) da ligação em consideração; **nox** = número de oxidação.

Não sendo ligações coordenadas (ou dativas) de complexos, envolvendo ácidos e bases de Lewis, cada par *doado* (ou melhor compartilhado) conta *2 **nox** positivos* para o elemento menos eletronegativo e *2 **nox** negativos* para o mais eletronegativo. A Figura 20.8 mostra este fato na ligação do enxofre com o oxigênio. Na mesma Figura 20.8 comprova-se o princípio da eletroneutralidade: *numa espécie neutra (molécula) o somatório dos **nox** é igual a zero*. Este princípio permite calcular o **nox** de átomos da molécula cujo valor é desconhecido.

Em *compostos de coordenação*, ou *complexos*, apenas as cargas negativas dos *ligantes* são somadas algebricamente às positivas do átomo central (se as tiver) para dar o **nox** da *esfera de coordenação*. O par eletrônico dativo (ou par coordenado) do ligante não altera o **nox** do átomo central. A Figura 20.9 visualiza estas informações.

Para efeito de comparação, a seguir é colocado, de forma compactada, o exemplo da Figura 20.9, no qual a esfera de coordenação é um cátion e mais um exemplo, no qual a esfera de coordenação é um ânion.

- **[Co(NH$_3$)$_6$]Cl$_3$** cloreto de hexaamincobalto(III)

onde $[Co(:NH_3)_6]^{3+}Cl^{1-}_3$ - os 6 pares eletrônicos dativos da amônia($:NH_3$) não somam **nox** para ninguém.

- **K$_3$[CoF$_6$]** hexafluorcobaltato(III) de potássio

Onde, $K^{1+}_3[Co^{3+}(:F^{1-})_6]^{3-}$ - as 6 cargas negativas dos seis fluoretos ($:F^{1-}$) são somadas com as três positivas do íon cobalto, Co^{3+} (3+ + 6- = 3-) originando o nox 3- da esfera de coordenação $[Co^{3+}(:F^{1-})_6]^{3-}$.

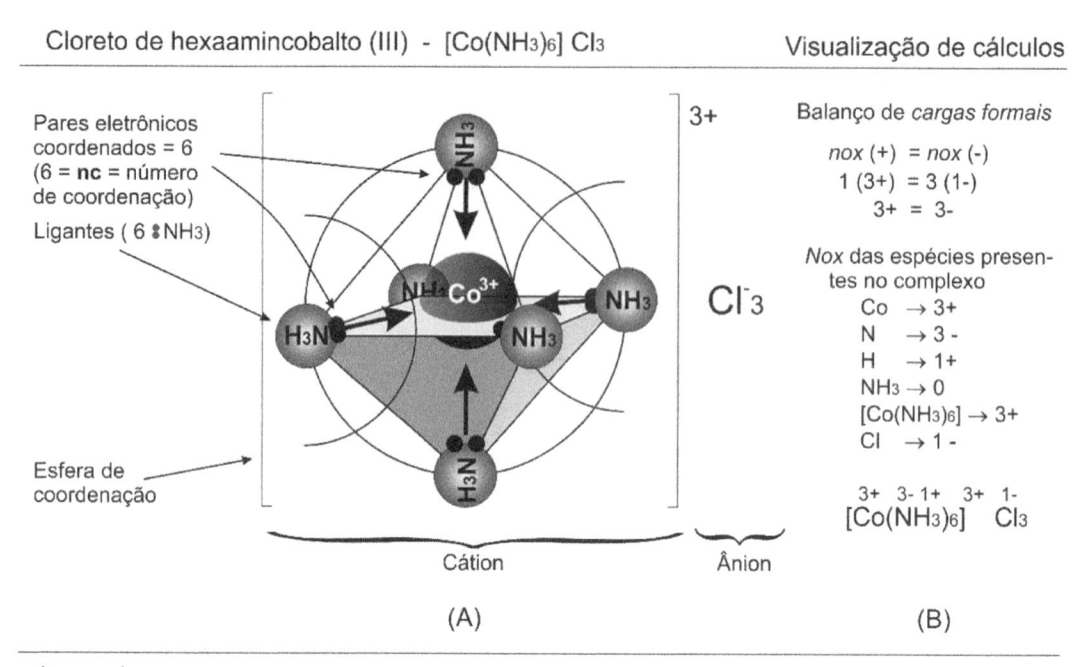

Cloreto de hexaamincobalto (III) - [Co(NH₃)₆] Cl₃   Visualização de cálculos

Pares eletrônicos coordenados = 6 (6 = **nc** = número de coordenação)

Ligantes (6 :NH₃)

Esfera de coordenação

Cátion
(A)

Ânion

Balanço de *cargas formais*

nox (+) = nox (-)
1 (3+) = 3 (1-)
3+ = 3-

Nox das espécies presentes no complexo

Co → 3+
N → 3-
H → 1+
NH₃ → 0
[Co(NH₃)₆] → 3+
Cl → 1-

$$\underset{[Co(NH_3)_6]}{3+\;\;3-\;1+}\quad\underset{Cl_3}{3+\;\;1-}$$

(B)

Legenda
(A) **Cátion** e *esfera de coordenação* do complexo, com 6 ligantes :NH₃ e **nc** = número de coordenação = 6; **Ânion**, Cl⁻. (B) Visualização do **nox** de cada espécie presente no complexo.

Figura 20.9 Visualização da estrutura do complexo cloreto de hexaamincobalto(III): (A) Esfera de coordenação com o cátion e seis ligantes, e, o ânion; (B) Os respectivos estados de oxidação da cada componente do complexo.

5ª Princípios gerais relativos aos estados de oxidação dos elementos (nox)

O princípio da *eletroneutralidade* é que regulamenta o *estado de oxidação*. Isto é, naturalmente a tendência das cargas elétricas de um ponto, local etc. tendem a se compensar. Ou seja, o somatório das cargas positivas é igual ao somatório das cargas negativas, conforme Equação (20.2).

$$\sum_{i=1}^{i=n} q_i(+) = \sum_{j=1}^{j=k} q_j(-) \quad \text{(Onde, q = unidade de carga elétrica)} \quad (20.2)$$

Quando, o "*ponto*" de consideração da eletroneutralidade for um cátion ou um ânion, o somatório das cargas deste "*ponto*" será igual à carga do íon.

6ª Regras práticas para o estabelecimento do nox de um elemento qualquer

Algumas regras e generalizações são importantes para calcular o número de oxidação:

- *O estado de oxidação (**nox**) de um elemento livre, no estado atômico, é zero.*
- *O estado de oxidação (**nox**) de ligações entre átomos iguais ou de mesma eletronegatividade é considerado igual a zero para ambos os átomos ligados.*
- *O estado de oxidação (**nox**) de todos os elementos em qualquer forma alotrópica é zero.*
- *O estado de oxidação do oxigênio é **nox** = 2- em todos os compostos exceto nos peróxidos que é 1-.*
- *O estado de oxidação do hidrogênio é **nox** = 1+ em todos os seus compostos exceto aqueles com metais, onde é 1-.*
- *O estado de oxidação (**nox**) de átomos diferentes ligados entre si, conta para o átomo mais eletronegativo, **nox** = 1- por ligação, e para o menos eletronegativo, **nox** = 1+ por ligação.*
- *Muitos elementos têm **nox** fixos, como os metais alcalinos 1+, metais alcalinos terrosos 2+.*

- *Todos os outros estados de oxidação são escolhidos de maneira que a soma algébrica dos estados de oxidação seja igual à carga efetiva da molécula ou íon.*

Exemplo: Dar o estado de oxidação, (**nox**) de cada átomo ligado na molécula de gás carbônico, CO_2.

Nox do oxigênio = (2-) x 2 = 4-. Esta multiplicação por 2 se faz necessária porque existem 2 átomos de oxigênio na molécula.

Nox do carbono = x.

Aplicando o princípio geral da eletroneutralidade, tem-se as Equações (20.3), (20.4) e (20.5).

$$x + (2- \cdot 2) = 0 \quad (20.3)$$

$$x = 4+ \quad (20.4)$$

Carga efetiva da molécula = 0   (20.5)

E, finalmente,

$$C^{4+}O_2^{2-}$$

20.1.5 Reações de análise ou decomposição

Uma reação de análise ou decomposição ocorre quando partindo de um único reagente chega-se a formação de dois ou mais produtos. A Reação (R-20.11) é um exemplo literal de reação de análise.

$$AB \leftrightarrows A + B \quad (R\text{-}20.11)$$

A Reação (R-20.12) é um exemplo real de reação de análise, a fabricação de cal virgem utilizada principalmente nas construções da Engenharia Civil e afins.

$$1\ CaCO_{3(s)} \xrightarrow{\Delta} 1\ CaO_{(s)} + 1\ CO_{2(g)} \quad (R\text{-}20.12)$$

Calcário — Óxido de Cálcio (Cal virgem) — Gás carbônico

Legenda: Δ = Símbolo que numa reação química significa calor ou fornecimento de calor.

Informação Técnica 1

$CaCO_3$ - Carbonato de Cálcio, é conhecido comercialmente como calcário.
- Na natureza é encontrado no estado de *mineral*, quando puro, e de *rocha calcária* no estado de pureza menor.
- É a matéria prima para fabricar a cal virgem ou óxido de cálcio, CaO, comercial, que tem muitas aplicações na construção civil. É um ingrediente fundamental da argamassa, na qual se encontra na forma de $Ca(OH)_2$ (ou, $CaO + H_2O$ - Leite de cal). Após aplicar a argamassa, com o tempo, ela endurece, vira "rocha", $CaCO_{3(s)}$, segundo a reação que segue:

$$Ca(OH)_{2(pastoso)} + CO_{2(gás\ da\ atmosfera)} \rightarrow CaCO_{3(s)} + H_2O_{(g)}$$

- Na Agricultura o $CaCO_3$ é utilizado na correção da acidez de solos.

A decomposição do peróxido de hidrogênio, H_2O_2, é outro exemplo de reação de decomposição, conforme Reação (R-20.13):

$$2\ H_2O_{2(l)} \rightarrow 2\ H_2O_{(l)} + O_{2(g)} \quad (R\text{-}20.13)$$

> **Informação Técnica 2**
> H_2O_2 - Peróxido de Hidrogênio, conhecido comercialmente como *água oxigenada*, na Natureza existe em quantidades muitos pequenas nas chuvas de regiões poluídas, principalmente as urbanas. É uma subtância que se decompõe espontaneamente, principalmente sob a ação da luz e de catalisadores, liberando oxigênio no estado gasoso, $O_{2(g)}$. Reage com matéria orgânica (viva ou morta) oxidando-a. Em concentrações adequadas é utilizada em ambulatórios para fazer a assepsia de materiais, partes do corpo humano que necessitam ser desinfectadas.
> Em concentrações elevadas é *perigosa*: *explosiva* no meio ambiente, deve ser guardada na geladeira; *corrosiva* dos tecidos vivos e mortos.

20.1.6 Reações de síntese

Uma reação química é considerada uma *síntese* quando dois ou mais reagentes formam um único produto.

De forma geral pode-se representar a reação de síntese, pela Reação (R-20.14):

$$A + B \leftrightarrows AB \qquad (R\text{-}20.14)$$

Os reagentes A e B podem ser substâncias elemento, composto ou composto e elemento, já o produto AB é sempre um composto. Considera-se também uma reação de síntese o conjunto de reações da qual resulta a formação de um composto.

Existem muitos exemplos de reações de síntese onde A e B são elementos. No laboratório será realizada e observada a formação de um óxido ácido, conforme Reação (R-20.15) e de um óxido básico, conforme Reação (R-20.17).

O enxofre queima em presença do oxigênio do ar, formando o óxido de enxofre(IV), SO_2.

$$\underbrace{1\ S_{(s)}\underset{\text{Enxofre}}{} +\ 1\ O_{2(g)}\underset{\text{Oxigênio (ar)}}{}}_{\text{Reagentes}} \xrightarrow{\text{Chama}\atop\text{Bico de Bunsen}} \underbrace{1\ SO_{2(s)}\atop\text{Óxido de enxofre (IV)}\atop\text{Uma substância}}_{\text{Produtos}} \qquad (R\text{-}20.15)$$

Este óxido é classificado como óxido ácido porque reagindo com a água forma um ácido (H_2SO_3), conforme Reação (R-20.16), que também é uma reação de síntese, onde o SO_2 e H_2O são substâncias compostas.

$$\underbrace{1\ SO_{2(s)}\atop\text{Óxido de enxofre}\atop\text{Duas substâncias} +\ 1\ H_2O_{2(g\text{ ou l})}\atop\text{Água (g ou l)}}_{\text{Reagentes}} \longrightarrow \underbrace{1\ H_2SO_{3(\text{Particulado})}\atop\text{Ácido sulfuroso}\atop\text{Uma substância}}_{\text{Produtos}} \qquad (R\text{-}20.16)$$

O metal magnésio é um metal alcalino-terroso reage com o oxigênio do ar, formando o óxido de magnésio, MgO. Esta reação é bastante rápida e libera grande quantidade de energia em forma de luz e calor, conforme Reação (R-20.17):

$$\underbrace{2\ Mg_{(m\text{ ou s})}\atop\text{Metal magnésio} +\ 1\ O_{2(g\text{ ou ar})}\atop\text{Oxigênio (do ar)}\atop\text{Duas substâncias}}_{\text{Reagentes}} \xrightarrow{\text{Chama}\atop\text{Bico de Bunsen}} \underbrace{2\ MgO_{(s)}\atop\text{Óxido de magnésio}\atop\text{Uma substância}}_{\text{Produtos}} \qquad (R\text{-}20.17)$$

O óxido de magnésio, reage com a água formando uma base, o hidróxido de magnésio, $Mg(OH)_2$, por isso é classificado como óxido básico, conforme Reação (R-20.18). É muito pouco solúvel em água.

$$1\ MgO_{2(s\ ou\ pó)} + 1\ H_2O_{(g\ ou\ l)} \longrightarrow 1\ Mg(OH)_{2(s)}$$
Óxido de magnésio — Água (g ou l) — Hidróxido de magnésio

Duas substâncias (Reagentes) — Uma substância (Produtos) (R-20.18)

As Reações (R-20.19) e (R-20.20), que seguem, são também exemplos de reações de síntese.

$$CO_{2(g)} + H_2O_{(l)} \rightleftarrows H_2CO_{3(aq)} \quad \text{(R-20.19)}$$

$$1\ O_{2(g)} + 2\ SO_{2(g)} \rightleftarrows 2\ SO_{3(g)} \quad \text{(R-20.20)}$$

O CO_2 tem origem na respiração animal e na queima de combustíveis, principalmente os fósseis; o SO_3 e SO_2 são emitidos para a atmosfera por indústrias químicas, uso de combustíveis fósseis contaminados com enxofre etc. Os óxidos de nitrogênio se originam em indústrias químicas, de fertilizantes e motores à explosão. Naturalmente ele é formado no ar, em dias de tempestade pela reação do nitrogênio e do oxigênio, usando como energia necessária para desencadear a reação, a energia dos relâmpagos.

Informação Técnica 2
Os óxidos ácidos derivados do enxofre são: SO_2 e SO_3. Os derivados do nitrogênio são: NO_2; N_2O_4, N_2O_3; N_2O_5; NO_x. Todos existentes na atmosfera poluída, causam, ou melhor, participam da *chuva ácida*, hoje, ja bastante controlada. Estes óxidos reagem com a água da chuva, por serem óxidos ácidos, formam ácidos, que com mais água se dissociam, liberam o $H^+_{(aq)}$, responsável éla acidez. Por exemplo:

$$SO_{3(g)} + H_2O_{(l)} \rightleftarrows H_2SO_{4(partícula)} \quad e \quad N_2O_{5(g)} + 2\ H_2O_{(l)} \rightleftarrows 2\ HNO_{3(Partícula)}$$
Ácido sulfúrico — Ácido nítrico

$$H_2SO_{4(partícula)} + \text{água da chuva} \rightleftarrows 2\ H^+_{(aq)} + SO_4^{2-}_{(aq)}$$
$$HNO_{3(partícula)} + \text{água da chuva} \rightleftarrows H^+_{(aq)} + NO_3^{1-}_{(aq)}$$

Chuva ácida

A chuva ácida modifica o pH dos solos, das águas e do meio ambiente em geral, alterando a disponibilidade dos nutrientes e dependendo do valor do pH levando a biota à destruição.

Para comprovar a formação de um ácido, no exemplo o ácido sulfuroso (H_2SO_3) e uma base, no caso da aula prática, o hidróxido de magnésio, $Mg(OH)_2$, foram usados indicadores de ácido-base, e comparadas as cores com ácidos e bases conhecidos.

20.1.7 Funções inorgânicas

Com objetivo de facilitar o estudo das substâncias químicas elas são agrupadas de acordo com suas características. A um grupo de substância que possui as mesmas propriedades se dá o nome de *função química*. As principais funções inorgânicas são: ácidos, *bases*, *sais* e óxidos. Outra função inorgânica é o grupo dos *hidretos*, porém, este grupo de compostos e outros não serão abordados neste estudo.

Óxidos

Óxidos são *compostos binários*, onde um dos elementos é sempre o oxigênio, sendo ele o mais eletronegativo do composto. Praticamente, todos os elementos da tabela periódica formam óxidos, exceto o flúor que é mais eletronegativo que o oxigênio.

Segundo a reatividade dos óxidos pode-se classificá-los em:

- *Óxidos ácidos*: São compostos moleculares, geralmente gasosos e solúveis em água. Os óxidos ácidos reagem com a água formando ácidos, conforme Reação (R-20.21) e Reação (R-20.22):

$$SO_{3(g)} + H_2O_{(l)} \leftrightarrows H_2SO_{4(l)} \quad \text{(R-20.21)}$$

$$H_2SO_{4(l)} + \text{água} \leftrightarrows 2\,H^+_{(aq)} + SO_4^{2-}_{(aq)} \quad \text{(R-20.22)}$$

E reagem com bases formando sal e água, conforme Reações (R-20.23) e (R-20.24):

$$SO_{3(g)} + 2\,NaOH_{(s)} \leftrightarrows Na_2SO_{4(s)} + H_2O_{(l)} \quad \text{(R-20.23)}$$

$$Na_2SO_{4(s)} + \text{água}_{(aq)} \leftrightarrows 2\,Na^+_{(aq)} + SO_4^{2-} \quad \text{(R-20.24)}$$

- *Óxidos básicos*: São sólidos iônicos, de alto ponto de fusão e ebulição, os óxidos formados pelos metais alcalinos são solúveis em água, enquanto os outros são pouco solúveis. Os óxidos básicos reagem com a água formando bases, Reações (R-20.25) e (R-20.26).

$$Na_2O_{(s)} + H_2O_{(l)} \rightarrow 2\,NaOH_{(s)} \quad \text{(R-20.25)}$$

$$NaOH_{(s)} + \text{água}_{(aq)} \rightarrow Na^+_{(aq)} + HO^- \quad \text{(R-20.26)}$$

E reagem com ácidos formando sal e água, conforme Reação (R-20.27) e Reação (R-20.28):

$$Na_2O_{(s)} + 2\,HNO_{3(l)} \rightarrow 2\,NaNO_{3(sol)} + H_2O_{(l)} \quad \text{(R-20.27)}$$

$$NaNO_{3(sol)} + \text{água} \rightarrow Na^+_{(aq)} + NO_3^-_{(aq)} \quad \text{(R-20.28)}$$

Os metais de baixo número de oxidação, principalmente os metais alcalinos e alcalinos terrosos, são os que formam este tipo de óxidos. Exemplo: Na_2O – óxido de sódio; CaO – óxido de cálcio; BaO – óxido de bário.

- *Óxidos anfóteros*: Os óxidos anfóteros, em geral, são sólidos, moleculares e insolúveis em água ou muito pouco solúveis. Estes óxidos reagem com os ácidos fortes formando sal e água, conforme Reação (R-20.29), e também, reagem com as bases fortes formando sal e água, conforme Reação (R-20.30).

$$ZnO_{(s)} + 2\,HCl_{(g)} \rightarrow ZnCl_{2(s)} + H_2O_{(l)} \quad \text{(R-20.29)}$$

$$ZnO_{(s)} + 2\,NaOH_{(s)} \rightarrow Na_2ZnO_{2(s)} + H_2O_{(l)} \quad \text{(R-20.30)}$$

Entre os principais óxidos anfóteros, formados por metais e semi-metais, encontram-se:

Al_2O_3 – Óxido de alumínio;	PbO – Óxido de chumbo(II);
ZnO – Óxido de zinco;	PbO_2 – Óxido de chumbo(IV);
SnO – Óxido de estanho(II);	As_2O_3 – Trióxido de arsênio;
SnO_2 – Óxido de estanho(IV);	Sb_2O_3 – Trióxido de antimônio.

- *Óxidos neutros ou indiferentes*: Os óxidos neutros não reagem com água, ácidos e bases. Portanto, não apresentam nem caráter ácido, nem básico. Mas, fazem outros tipos de reações, como a oxidação. Os principais são: CO – Monóxido de carbono; N_2O – Óxido de nitrogênio(I); e, NO – Óxido nitrogênio(II).
- *Óxidos mistos ou salinos*: Os óxidos mistos se comportam como se fossem a soma de dois diferentes óxidos do mesmo elemento. Este elemento apresenta números de oxidação distintos em cada óxido. Exemplos: $Fe_3O_4 = FeO + Fe_2O_3$; $Pb_3O_4 = 2\,PbO + PbO_2$.
- *Peróxidos*: No caso dos peróxidos o oxigênio tem número de oxidação (1-). Estes óxidos reagem com a água formando bases e água

oxigenada, conforme Reação (R-20.31) ou reagem com ácidos formando sais e água oxigenada, conforme Reação (R-20.32). Exemplos: Na_2O_2 – Peróxido de sódio; BaO_2 – Peróxido de bário; H_2O_2 – Peróxido de hidrogênio (ou água oxigenada quando em solução aquosa).

$$Na_2O_{2(s)} + 2\ H_2O_{(l)} \leftrightarrows 2\ NaOH_{(s)} + H_2O_{2(l)} \quad (R\text{-}20.31)$$

$$Na_2O_{2(s)} + 2\ HCl_{(g)} \leftrightarrows 2\ NaCl_{(s)} + H_2O_{2(l)} \quad (R\text{-}20.32)$$

Ácidos e Bases

Ácidos e bases são substâncias que apresentam conceitos mais restritos e mais amplos, dependendo da teoria.

- Ácido e Base segundo Arrhenius

Ácido

Os ácidos são substâncias de sabor azedo, que têm a propriedade de mudar a cor de certos compostos, como a fenolftaleína, tornassol, vermelho congo, chamados de *indicadores ácido-base*. A palavra ácido é derivada de *acidus* que, em Latim, significa *azedo*.

Existem diferentes conceitos para ácido. Alguns são mais restritos e outros são mais amplos. Uma das definições mais antigas é a de Arrhenius:

Ácidos são substâncias que em solução aquosa, por ionização, liberam como único cátion o íon H^+.

A Reação (R-20.33), exemplifica a definição.

$$\underbrace{\underset{\text{Ácido Clorídrico}}{HCl_{(g)}} + \underset{\text{Água}}{\text{Água}_{(l)}}}_{\text{Reagentes}} \rightleftarrows \underbrace{\underset{\text{Cátion Hidrogênio}}{H^+_{(aq)}} + \underset{\text{Ânion Cloreto}}{Cl^-_{(aq)}}}_{\text{Produtos}} \quad (R\text{-}20.33)$$

O cátion H^+ em solução aquosa não permanece livre, liga-se a moléculas de água formando o cátion hidrônio, representado por $H_3O^+_{(aq)}$, conforme Reação (R-20.34):

$$\underbrace{\underset{\text{Ácido Clorídrico}}{HCl_{(g)}} + \underset{\text{Água}}{H_2O_{(l)}}}_{\text{Reagentes}} \rightleftarrows \underbrace{\underset{\text{Cátion Hidrogênio}}{H_3O^+_{(aq)}} + \underset{\text{Ânion Cloreto}}{Cl^-_{(aq)}}}_{\text{Produtos}} \quad (R\text{-}20.34)$$

Detalhes 20.2

Formação do cátion hidrônio, H_3O^+

A Figura 20.10 mostra a formação do cátion hidrônio, H_3O^+. Aliás, sabe-se que o cátion H^+ encontra-se associado a 2, 3, 4... moléculas de água, dependendo da temperatura e da pressão ambientes, contudo, no momento, não é o assunto a ser tratado.

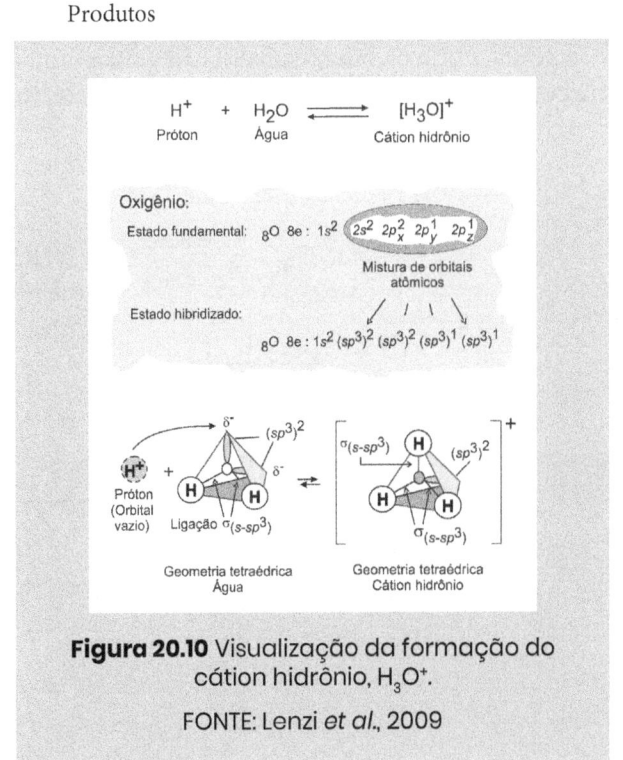

Figura 20.10 Visualização da formação do cátion hidrônio, H_3O^+.

FONTE: Lenzi *et al.*, 2009

Base

As bases ou álcalis, do arábico *al kali* (cinzas de planta), são substâncias de sabor adstringente, que neutralizam os ácidos, e também modificam a cor dos *indicadores ácido-base*. Arrhenius define bases como sendo:

Bases são as substâncias que em solução aquosa, por dissociação ou ionização, geram como único íon negativo, o ânion hidróxido, HO^-.

As Reações (R-20.35) e (R-20.36) são exemplos de bases.

$$\underbrace{\underset{\text{Hidróxido de sódio}}{NaOH_{(s)}} + \underset{\text{Solvente}}{\text{Água}}}_{\text{Reagentes}} \rightleftarrows \underbrace{\underset{\text{Cátion Sódio}}{Na^+_{(aq)}} + \underset{\text{Ânion Hidróxido}}{HO^-_{(aq)}}}_{\text{Produtos}} \quad \text{(R-20.35)}$$

$$\underbrace{\underset{\text{Gás Amônia}}{:NH_{3(s)}} + \underset{\text{Água}}{H_2O_{(l)}}}_{\text{Reagentes}} \rightleftarrows \underbrace{\underset{\text{Cátion Amônio}}{NH_4^+_{(aq)}} + \underset{\text{Ânion Hidróxido}}{HO^-_{(aq)}}}_{\text{Produtos}} \quad \text{(R-20.36)}$$

O conceito de ácido e base de Arrhenius é restrito, pois exige a presença da água. Nesta teoria existem ácidos e bases apenas em solução aquosa. Porém, outros conceitos de ácidos e bases, além da definição de Arrhenius, não fazem esta exigência, e são mais abrangentes.

- Ácido-Base segundo Brönsted – Lowry

O conceito de ácido e base nesta teoria está associado à presença (ao *excesso*) e ou à *falta* de prótons no meio.

Ácido

Nesta teoria o conceito anterior de ácidos continua valendo. Brönsted – Lowry, assim definem ácidos:

Ácidos são substâncias, meios, ambientes, locais etc. que doam prótons, H^+ ou que possuem prótons a mais.

Base

Nesta teoria o conceito de base está associado ao cátion H^+. Brönsted – Lowry, assim definem bases:

Bases são substâncias, meios, ambientes, locais etc. que recebem ou captam prótons H^+ ou que têm falta de prótons.

A Reação (R-20.37) é um exemplo de ácido, e, ao mesmo tempo, de base segundo esta teoria.

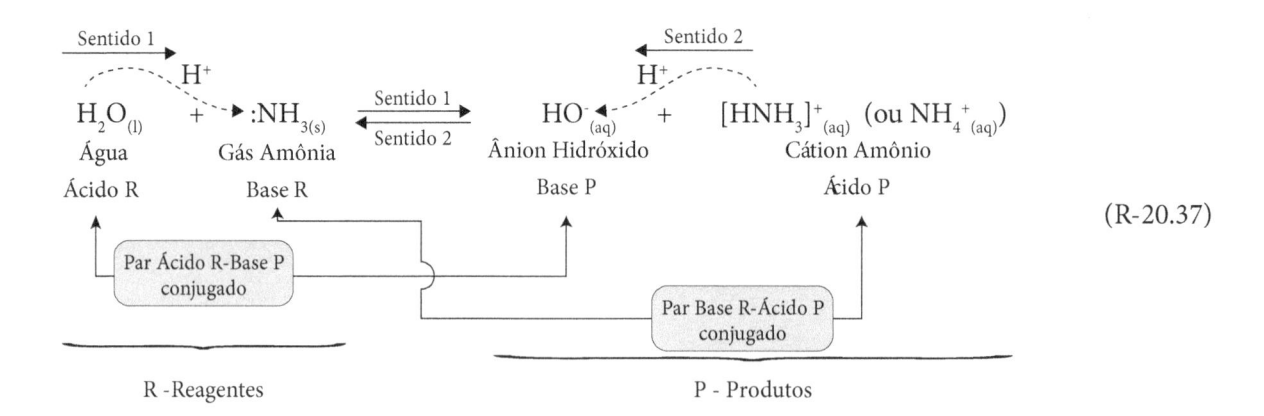

$$\underset{\substack{\text{Água} \\ \text{Ácido R}}}{H_2O_{(l)}} + \underset{\substack{\text{Gás Amônia} \\ \text{Base R}}}{:NH_{3(s)}} \underset{\text{Sentido 2}}{\overset{\text{Sentido 1}}{\rightleftarrows}} \underset{\substack{\text{Ânion Hidróxido} \\ \text{Base P}}}{HO^-_{(aq)}} + \underset{\substack{\text{Cátion Amônio} \\ \text{Ácido P}}}{[HNH_3]^+_{(aq)} \ (\text{ou } NH_4^+_{(aq)})} \quad \text{(R-20.37)}$$

Par Ácido R-Base P conjugado

Par Base R-Ácido P conjugado

R - Reagentes   P - Produtos

Na Reação (R-20.37) observa-se que, no sentido 1, a água deu o próton, logo ela é um ácido (Ácido R), e se transformou no ânion hidróxido, que no sentido 2 é capaz de captar prótons, logo, é uma base (Base P). O Ácido R e a Base P formam um *par conjugado* de ácido-base de Brönsted – Lowry. Na mesma Reação (R-20.37), o gás amônia recebeu o próton, logo, ele é uma base (Base R) e se transformou no produto cátion amônio, agora capaz de doar um próton no sentido 2, logo, é um ácido (Ácido P). Novamente formou-se um par conjugado de base-ácido de Brönsted – Lowry.

Todo o sistema de ácido-base de Brönsted – Lowry forma os pares conjugados de ácido-base e base-ácido.

- *Ácido-base segundo Lewis*

O conceito de ácido e de base segundo Lewis é ainda mais abrangente que os dois anteriores. Este conceito abrange também os cátions e ânions formando os compostos de coordenação. Está associado à *presença de pares eletrônicos* disponíveis para serem coordenados (bases) ou à sua *falta* ou orbitais vazios que podem recebê-los (ácidos).

Ácido

Nesta teoria os dois conceitos anteriores continuam válidos, ela apenas abrange mais espécies. Segundo Lewis ácidos são definidos, assim:

Ácidos são todas as espécies capazes de captar pares eletrônicos de outras.

Base

Da mesma forma que os ácidos de Lewis, as bases nas teorias anteriores continuam sendo verdades. Nesta, há uma abrangência maior. São definidas, segundo Lewis, assim:

Bases são todas as espécies capazes de ceder pares eletrônicos a outras.

A Reação (R-20.38) exemplifica a teoria.

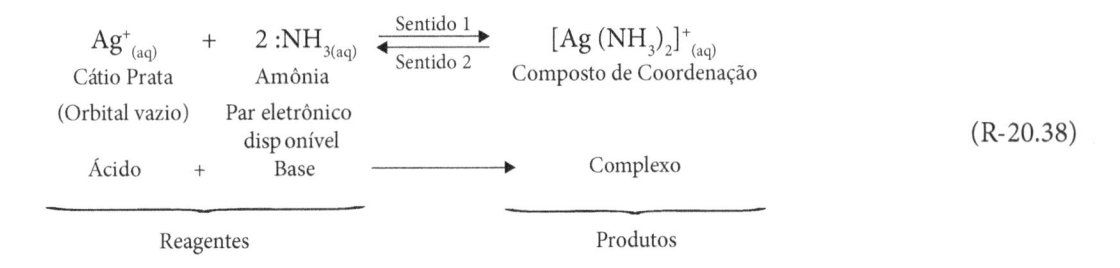

$$Ag^+_{(aq)} + 2:NH_{3(aq)} \underset{\text{Sentido 2}}{\overset{\text{Sentido 1}}{\rightleftarrows}} [Ag(NH_3)_2]^+_{(aq)}$$

Cátio Prata — Amônia — Composto de Coordenação
(Orbital vazio) — Par eletrônico disponível
Ácido + Base → Complexo

Reagentes — Produtos

(R-20.38)

Neste exemplo, o cátion Ag^+, que por ser positivo significa que perdeu elétrons deixando um orbital vazio, é o ácido. Seu orbital vazio pode sofrer alguma hibridização e receber de forma coordenada o par eletrônico da amônia ($:NH_3$), que se comporta como base.

É importante o leitor saber que na reação de um ácido com uma base de Lewis forma-se um *composto de coordenação* denominado de *complexo*. O termo *complexo* deve-se ao fato dos *produtos de adição* formados, em geral, terem uma estrutura complicada. Difícil de ser compreendida e explicada no começo da Ciência Química. Por isto era um *composto complexo*.

Sais

Sais são produtos de reações de neutralização entre um ácido e uma base de Arrhenius, conforme mostra a Reação (R-20.39). Possuem pelo menos um cátion diferente de H^+ e um ânion diferente de HO^-, embora possa, também, possuir este cátion e este ânion.

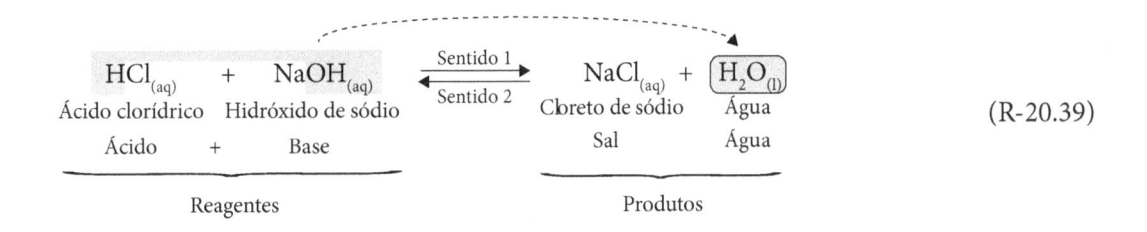

$$HCl_{(aq)} + NaOH_{(aq)} \underset{\text{Sentido 2}}{\overset{\text{Sentido 1}}{\rightleftarrows}} NaCl_{(aq)} + H_2O_{(l)}$$

Ácido clorídrico — Hidróxido de sódio — Cloreto de sódio — Água
Ácido + Base → Sal + Água

Reagentes — Produtos

(R-20.39)

Os sais podem se apresentar tendo na sua estrutura nenhum ou algum *resto* do ácido ou da base que os originou, por exemplo: NaCl – cloreto de sódio; $NaHCO_3$ – bicarbonato de sódio ou hidrogenocarbonato de sódio; CuOHCl – hidroxicloreto cúprico.

• *Sais neutros*

Os sais neutros não apresentam os íons HO^- e H^+ nas suas estruturas. Portanto, são produtos de uma reação de neutralização total, onde, todos os hidrogênios ácidos são neutralizados pelo íon hidróxido que vem da base. A Reação (R-20.40) é um exemplo.

$$\underbrace{\underset{\text{Base}}{\underset{\text{Hidróxido de magnésio}}{Mg(OH)_{2(s)}}} + \underset{\text{Ácido}}{\underset{\text{Ácido sulfúrico}}{H_2SO_{4(aq)}}}}_{\text{Reagentes}} \underset{\text{Sentido 2}}{\overset{\text{Sentido 1}}{\rightleftharpoons}} \underbrace{\underset{\text{Sal}}{\underset{\text{Sulfato de magnésio}}{MgSO_{4(aq)}}} + \underset{\text{Água}}{\underset{\text{Água}}{2\,H_2O_{(l)}}}}_{\text{Produtos}} \quad (R\text{-}20.40)$$

Ainda, como exemplos de sais neutros, têm-se: KCl – Cloreto de potássio; $AgNO_3$ – Nitrato de prata; K_2SO_4 – Sulfato de potássio; $CuSO_4$ – Sulfato cúprico ou de cobre(II).

• *Sais ácidos*

Os *sais ácidos* possuem pelo menos um hidrogênio ionizável em sua estrutura, podendo ser mais que um. Os sais ácidos são produtos de uma reação de neutralização parcial, onde, apenas parte dos hidrogênios ionizáveis foi neutralizada, ver Reação (R-20.41):

$$\underbrace{\underset{\text{Base}}{\underset{\text{Hidróxido de potássio}}{KOH_{(s)}}} + \underset{\text{Ácido}}{\underset{\text{Ácido sulfúrico}}{H_2SO_{4(aq)}}}}_{\text{Reagentes}} \underset{\text{Sentido 2}}{\overset{\text{Sentido 1}}{\rightleftharpoons}} \underbrace{\underset{\text{Sal}}{\underset{\text{Hidrogeno-Sulfato de potássio}}{KHSO_{4(aq)}}} + \underset{\text{Água}}{\underset{\text{Água}}{1\,H_2O_{(l)}}}}_{\text{Produtos}} \quad (R\text{-}20.41)$$

Este sal pode sofrer mais uma neutralização reagindo novamente com bases (a mesma ou outra diversa) formando um sal neutro (R-20.42):

$$KOH_{(s)} + KHSO_{4(s)} \rightleftharpoons K_2SO_{4(s)} + H_2O_{(l)} \quad (R\text{-}20.42)$$

Os compostos que seguem são também exemplos destes sais: NH_4HCO_3 – carbonato ácido de amônio, ou bicarbonato de amônio, ou hidrogeno carbonato de amônio; $NaHSO_3$ – sulfito ácido de sódio, ou hidrogeno sulfito de sódio; ou bissulfito de sódio.

• *Sais básicos*

Os *sais básicos* são as substâncias que têm ainda na sua estrutura um ou mais íons hidróxidos, possíveis de se dissociarem. Os sais básicos são produzidos pela reação de neutralização parcial das bases, onde os hidrogênios ácidos neutralizam apenas parte dos íons hidróxidos. A Reação (R-20.43) exemplifica tal tipo de sal.

$$\underbrace{\underset{\text{Base}}{\underset{\text{Hidróxido de magnésio}}{Mg(OH)_{2(s)}}} + \underset{\text{Ácido}}{\underset{\text{Ácido clorídrico}}{HCl_{(aq)}}}}_{\text{Reagentes}} \underset{\text{Sentido 2}}{\overset{\text{Sentido 1}}{\rightleftharpoons}} \underbrace{\underset{\text{Sal}}{\underset{\text{Hidroxicloreto de magnésio}}{Mg(OH)Cl_{(aq)}}} + \underset{\text{Água}}{\underset{\text{Água}}{1\,H_2O_{(l)}}}}_{\text{Produtos}} \quad (R\text{-}20.43)$$

Completando a neutralização chega-se a um sal neutro, conforme Reação (R-20.44):

$$MgOHCl_{(s)} + HCl_{(g)} \leftrightarrows MgCl_{2(s)} + H_2O_{(l)} \quad (R\text{-}20.44)$$

Os compostos que seguem são exemplos de sais básicos: CaOHCl – cloreto básico de cálcio ou hidroxicloreto de cálcio; $AlOHSO_4$ – sulfato básico de alumínio ou hidroxisulfato de alumínio.

- *Sais de reação ácida*

Sais de reação ácida são sais neutros que em solução aquosa reagem com a água e liberam cátions hidrônios, $H^+_{(aq)}$. Ou, segundo alguns autores, se "hidrolisam". Na realidade, a *hidrólise* é uma reação do tipo ácido-base, segundo Brönsted-Lowry. Quem provoca esta reação é o cátion do sal, que provem de uma base fraca. As Reações (R-20.45) a (R-20.48) são exemplos de hidrólise. Observa-se que há a liberação do cátion H^+.

Esta é a reação que acontece em *solos degradados*, que aos poucos se tornam ácidos e improdutivos. Alguém pode perguntar, donde vem o alumínio do solo? Sabe-se que, a formação do solo provem da decomposição da rocha-mãe, constituída de alumino-silicatos, que, no final, mediante reações secundárias, forma os solos argilosos. Caso contrário, quando a rocha contém pouco alumínio silicato, forma os solos arenosos.

1ª Etapa - Dissolução do sal

$$Al_2(SO_4)_{3(s)} + \text{Água}_{(l)} \xrightarrow{\text{Dissolução}} 2\,Al^{3+}_{(aq)} + 3\,SO_4^{2-}_{(aq)} \quad (R\text{-}20.45)$$

Sulfato de alumínio / Água / Cátion alumínio / Ânion sulfato

2ª Etapa - Reação do cátion com a água (hidrólise) ou uma reação ácido-base (Brönsted-Lowry)

$$Al^{3+}_{(aq)} + 1\,H_2O_{(l)} \underset{\text{Sentido 2}}{\overset{\text{Sentido 1}}{\rightleftarrows}} Al(OH)^{2+}_{(aq)} + H^+_{(aq)} \quad (R\text{-}20.46)$$

Cátion alumínio / Água / Cátion hidroxo-alumínio / Cátion hidrônio

$$Al^{3+}_{(aq)} + 2\,H_2O_{(l)} \underset{\text{Sentido 2}}{\overset{\text{Sentido 1}}{\rightleftarrows}} Al(OH)_2^{1+}_{(aq)} + 2\,H^+_{(aq)} \quad (R\text{-}20.47)$$

Cátion alumínio / Água / Cátion hidroxo-alumínio / Cátion hidrônio

$$Al^{3+}_{(aq)} + 3\,H_2O_{(l)} \underset{\text{Sentido 2}}{\overset{\text{Sentido 1}}{\rightleftarrows}} Al(OH)_3^{0}_{(aq)} + 3\,H^+_{(aq)} \quad (R\text{-}20.48)$$

Cátion alumínio / Água / triihidroxo-alumínio / Cátion hidrônio

Reagentes — Complexos / Acidez liberada — Produtos

- *Sais de reação básica*

Sais de reação básica são sais neutros que em solução aquosa reagem com a água e liberam os ânions hidróxido, HO^-. As Reações (R-20.49) e (R-20.50), são exemplos de reações básicas de alguns sais.

1ª Etapa - Dissolução do sal

$$KCN_{(s)} + \text{Água}_{(l)} \xrightarrow{\text{Dissolução}} K^+_{(aq)} + CN^-_{(aq)} \quad (R\text{-}20.49)$$

Cianeto de potássio / Água / Cátion potássio / Ânion cianeto

2ª Etapa - Reação do ânion com a água (hidrólise) ou uma reação ácido-base (Brönsted-Lowry)

$$CN^-_{(aq)} + H_2O_{(l)} \underset{\text{Sentido 2}}{\overset{\text{Sentido 1}}{\rightleftarrows}} HCN_{(g,\,aq)} + HO^-_{(aq)} \quad (R\text{-}20.50)$$

Cianeto de potássio / Água / Ácido cianídrico / Ânion hidróxido

Reagentes — Produtos

As espécies: KCN; $HCN_{(g)}$; $CN^-_{(aq)}$ são venenos violentos. Ao se trabalhar com elas, costuma-se usar o meio aquoso fortemente básico, evitando a forma volátil $HCN_{(g)}$. Os íons hidróxidos, HO^-, deslocam o segundo Equilíbrio para a esquerda, reduzindo a formação da espécie HCN.

20.2 PARTE EXPERIMENTAL

20.2.1 Síntese de um óxido ácido

a – *Materiais*
- *Dispositivo para combustão (tampinha de garrafa – latinha, com arame), Figura 20.11 C;*
- *Erlenmeyer de 500 mL a 1000 mL (ou frasco compatível) com rolha, ou frasco coletor de gases;*
- *Água destilada e deionizada;*
- *Fósforo;*
- *Etiquetas;*
- *Espátula;*
- *Bico de Bunsen;*
- *Enxofre;*
- *Papel toalha;*
- *Material de registro de dados: Diário de Laboratóro, calculadora e computador.*

b – *Procedimento*
- Colocar uma quantidade de enxofre, suficiente para encher a metade do dispositivo de combustão, Figura 20.11 C.

Evitar a inalação dos vapores de SO_2 produzidos na combustão do enxofre, pois são tóxicos.

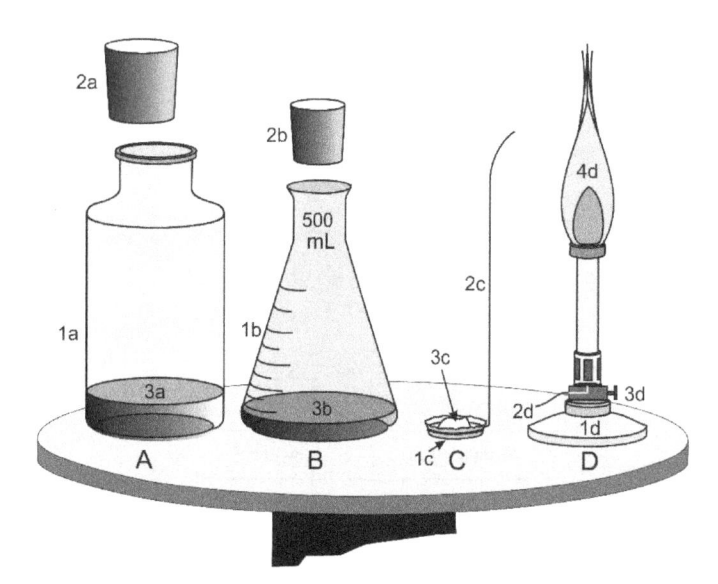

Legenda

A - Frasco ou garrafa boca larga: 1a - Frasco; 2a - Rolha de borracha; 3a - ±50 mL de água destilada e deionizada.
B - Copo Erlenmeyer: 1b - Copo; 2b - Rolha de borracha; 3b - ±50 mL de água destilada e deionizada.
C - Dispositivo para a queima do enxofre: 1c - Tampinha de garrafa (metal); 2c - Arame; 3c - Enxofre (S).
D - Bico de Bunsen: 1d - Bico; 2d - mangueira do gás; 3d - Regulador da entrada do gás; 4d - Chama oxidante.

Figura 20.11 Visualização do material necessário para fazer a combustão do enxofre (S) com o oxigênio: (A) e (B) Frascos usados na combustão; (C) Dispositivo de combustão do enxofre (S); (D) Bico de Bunsen.

- Iniciar a queima na chama do bico de Bunsen. O enxofre queima com chama azulada, conforme Figura 20.12 A.

UNIDADE DIDÁTICA 20: REAÇÕES QUÍMICAS
REAÇÃO DE SÍNTESE

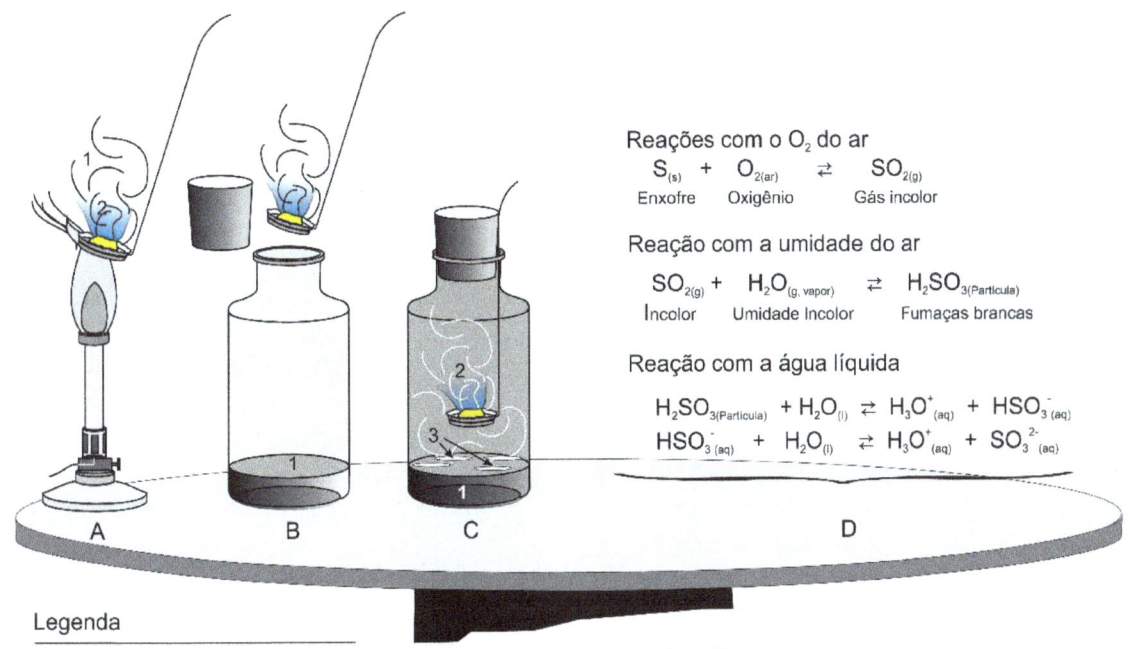

Reações com o O₂ do ar

$$S_{(s)} + O_{2(ar)} \rightleftarrows SO_{2(g)}$$
Enxofre   Oxigênio   Gás incolor

Reação com a umidade do ar

$$SO_{2(g)} + H_2O_{(g, vapor)} \rightleftarrows H_2SO_{3(Partícula)}$$
Incolor   Umidade Incolor   Fumaças brancas

Reação com a água líquida

$$H_2SO_{3(Partícula)} + H_2O_{(l)} \rightleftarrows H_3O^+_{(aq)} + HSO_3^-_{(aq)}$$
$$HSO_3^-_{(aq)} + H_2O_{(l)} \rightleftarrows H_3O^+_{(aq)} + SO_3^{2-}_{(aq)}$$

Legenda

A - Início da combustão do enxofre: 1- Fumaças brancas; 2 - Chama azulada. **B** - Introdução da tampinha com o enxofre queimando no frasco com água. **C** - Frasco tapado com o sistema queimando: 1 - Água; 2 - Fumaceira esbranquiçada; 3 - «Escamas amareladas» ou «particulados» de enxofre elementar que não queimou. **D** - Reações químicas ocorridas em **A**, **B** e **C**.

Figura 20.12 Visualização da queima do enxofre iniciada no bico de Bunsen (A) e finalizada num frasco de 500 a 1000 mL, coletando o dióxido de enxofre, sobre a água (B e C).

- Num frasco, garrafa ou copo Erlenmeyer de 500 mL (a 1000 mL), contendo ±50 mL de água destilada (Figura 20.12 B), introduzir o sistema de combustão (não deixar que a chama se apague) e tampar o mesmo com uma rolha (Figura 20.12 C). Deixar queimar até a chama se apagar.
- Quando a chama se apagar deixar em repouso. Evitar que o enxofre da tampinha entre em contato com a água. Retirar o dispositivo de combustão.
- Agitar com cuidado.
- As reações químicas ocorridas encontram-se na parte D, da Figura 20.12.
- Guardar o material (frasco e solução) para testes posteriores.
- Registrar as observações na Tabela RA 20.1 do Relatório de Atividades.

> **Observação:** A substância amarelada, sólida que se forma na superfície da água e nas paredes do frasco, trata-se do enxofre que evaporou e posteriormente cristalizou nestes locais, segundo a reação:
>
> $$S_{(s)} \rightleftarrows S_{(l)} \rightleftarrows S_{(v)}$$
>
> Esta porção do enxofre não reagiu com o oxigênio, apenas sofreu mudanças de estado físico.

Segurança 20.1

Enxofre – S

Propriedades: Cristais rômbicos amarelos ou pó amarelo. Insolúvel em água, pouco solúvel em álcalis e éter, solúvel em sulfeto de carbono, benzeno e tolueno. PF = 119 °C, PE = 444,6 °C, d = 2,07 g cm^{-3}.

Perfil de segurança: Nível alto de periculosidade. Tóxico por ingestão, intravenoso e por via intraperitoneal. Irritante aos olhos humanos. Fungicida. Inalação crônica pode causar irritação das mucosas. Inflamável quando exposto ao calor, chama, ou reação química com oxidantes. Explosivo na forma de pó quando exposto à chama. Pode reagir violentamente com halogênios, compostos halogenados, halogenetos, zinco, urânio, estanho, entre outros.

Dióxido de Enxofre – SO_2

Propriedades: Gás incolor e não inflamável, líquido sob pressão, odor pungente. Oxida-se cataliticamente pelo ar a SO_3. Solúvel em água, a solubilidade decresce com a temperatura. PF = - 75,5 °C, PE = -10,0 °C.

Perfil de segurança: Nível alto de periculosidade. Gás tóxico. Provoca mutação genética em seres humanos. Efeitos sistêmicos por inalação: depressão respiratória e outras mudanças pulmonares. É tumorígeno e teratogênico, mas, questionável quanto a ser cancerígeno. Afeta principalmente o sistema respiratório superior e os brônquios. Pode causar edema pulmonar. É corrosivo e irritante aos olhos, pele e mucosas. Contaminante comum do ar. Gás não inflamável. Reage violentamente com alumínio, cloratos, cromo, flúor e outros. Reage com água e vapor d'água formando fumaças tóxicas e corrosivas.

Ácido Sulfuroso – H_2SO_3

Propriedades: Líquido incolor, odor sufocante de enxofre (somente em solução). Presente em solução aquosa de SO_2. Oxida-se ao ar para ácido sulfúrico. Densidade aproximada de 1,03 g mL^{-1}.

Perfil de Segurança: Nível alto de periculosidade. Tóxico pela ingestão e pela inalação. Corrosivo e irritante para a pele, olhos e mucosas. Efeitos sistêmicos pela ingestão: náuseas ou vômitos; diarreia, e outros efeitos gastrointestinais. Quando aquecido, por decomposição emite vapores altamente tóxicos de SO_X.

FONTE: Luxon (1971); Oddone *et al.* (1980); Bretherick (1986); Lewis (1996); Budavari (1996); O'Malley (2009); MSDS (Material Safety Data Sheets). <http://www.ilpi.com/msds/>.

20.2.2 Síntese de um óxido básico

> Não olhar diretamente para a chama produzida pela combustão do Mg, pois, é prejudicial à vista.

a – *Materiais*
- *1 Pinça metálica;*
- *Bico de Bunsen;*
- *1 Tubo de ensaio;*
- *1 Vidro de relógio;*
- *1 Bastão de vidro;*
- *Fita de magnésio;*
- *Caixa de fósforo;*
- *Folha de papel ou vidro de relógio;*
- *Espátula pequena;*
- *Material de registro de informações: Diário de Laboratório, computador.*

b – *Procedimento*
- Fixar uma fita de magnésio (fita metálica) com uma pinça metálica, levá-la à chama do bico de Bunsen e deixar queimar totalmente, conforme Figura 20.13.
- Transferir, cuidadosamente, a cinza obtida na combustão (pó branco) para um tubo de ensaio contendo cerca de 15 mL de água destilada. Por precaução manter à mão um vidro de relógio para recolher a cinza que acidentalmente poderá cair sobre a bancada.

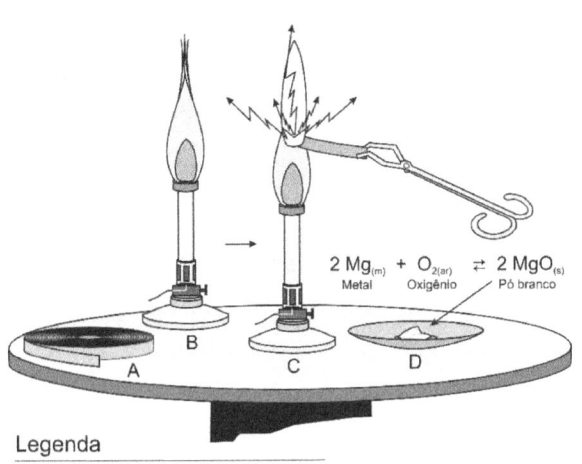

Legenda
A e B - Material necessário: **A** - Fita de metal magnésio; **B** - Bico de Bunsen; **C** - Combustão da fita de metal magnésio; **D** - Vidro de relógio com o óxido de magnésio (pó branco).

$$2\ Mg_{(m)} + O_{2(ar)} \rightleftarrows 2\ MgO_{(s)}$$
Metal   Oxigênio   Pó branco

Figura 20.13 Síntese do óxido de magnésio (óxido básico): (A) Fita de magnésio; (B) Bico de Bunsen; (C) Fita de magnésio queimando; (D) Óxido de magnésio (pó branco).

- Agitar, com o auxílio de um bastão de vidro. A solubilização não é completa.
- Guardar o tubo de ensaio para posterior experimento.
- Registrar as observações na Tabela RA 20.2 do Relatório de Atividades.

Segurança 20.2

Magnésio – Mg

Propriedades: Metal sólido de sistema cristalino hexagonal, branco-prateado, brilhante. Perde o brilho metálico em contato com o ar. PF = 651° C, PE = 1.100° C, d = 1,74 g ml^{-1}.

Perfil de segurança: Alto nível de periculosidade. A inalação do pó, ou vapores, pode causar febre. O metal em pó queima na pele causando ferimento. Partículas incrustadas na pele podem produzir bolhas de ar de difícil cicatrização. Na forma de pó, ou lâmina, quando exposto à chama, ou agentes oxidantes, pode apresentar um perigoso fogo residual. Ele pode ser aquecido acima de seu ponto de fusão antes de queimar. Entretanto, na forma finamente dividida pode pegar fogo com uma faísca, chama de um fósforo, ou até espontaneamente quando o material está pulverizado e úmido, particularmente com uma emulsão de água e óleo. Moderadamente explosivo quando exposto à chama. O magnésio reage, também com a umidade, ácidos etc., liberando hidrogênio, um gás residual perigoso, pois é inflamável e explosivo. Reage explosivamente com diferentes reagentes.

Para combater o fogo, operadores e aviões podem aproximar-se quando a chama estiver menor do que poucos pés e se não houver umidade. Água e extintores comuns, com CO_2, tetracloreto de carbono etc., não devem ser usados na chama de magnésio. Pó G-1 ou talco pulverizado podem ser usados em chama exposta.

Óxido de Magnésio – MgO

Propriedades: Pó branco, volumoso, muito fino, inodoro, incolor em cristais cúbicos, sensível à umidade. Muito pouco solúvel em água, solúvel em ácidos, insolúvel em álcali. PF = 2.832°C, PE = 3.600 °C, d = 3,65 – 3,75 g mL^{-1}.

Hidróxido de Magnésio – Mg(OH)$_2$

Propriedades: Amorfo, pó branco ou cristais hexagonais inodoro e incolor. Dissolve-se prontamente em solução aquosa de ácidos formando os sais correspondentes. Aquecido, decompõe-se formando MgO + H$_2$O. Solúvel em solução de sais de amônio e ácidos diluídos, pouco solúvel em água e álcalis. d = 2,36 g cm^{-3}, decompõe-se à 350 °C.

Perfil de segurança: Moderadamente tóxico por via intraperitoneal. Efeitos sistêmicos em seres humanos: mudanças no nível de cloretos, coma, sonolência. Incompatibilidade com anidrido maleico e fósforo.

FONTE: Luxon (1971); Oddone *et al.* (1980); Bretherick (1986); Lewis (1996); Budavari (1996); O'Malley (2009); MSDS (Material Safety Data Sheets). <http://www.ilpi.com/msds/>.

20.2.3 Identificação do caráter ácido e básico dos óxidos

a – *Materiais*
- *Estante com 10 tubos de ensaio;*
- *Água destilada e deionizada;*
- *Etiquetas;*
- *5 Pipetas de 5 mL;*
- *2 Conta-gotas;*
- *Solução de indicador fenolftaleína;*
- *Solução de indicador vermelho congo;*
- *Solução de hidróxido de sódio 0,1 mol L^{-1};*
- *Solução de ácido clorídrico 0,1 mol L^{-1};*
- *Material de registro: Diário de Laboratório; computador, calculadora.*

b – *Procedimento*
- Dispor 10 tubos de ensaio em duas séries de cinco (A e B) e numerá-los de 1A a 5A e de 1B a 5B.
- Adicionar aos tubos 1A e 1B - 5,0 mL de água destilada; aos tubos 2A e 2B - 5,0 mL de solução de hidróxido de sódio; aos tubos 3A e 3B - 5,0 mL de solução de ácido clorídrico; aos tubos 4A e 4B - 5,00 mL da solução obtida no item 20.2.1 e, finalmente, nos tubos 5A e 5B - 5,00 mL da solução obtida no item 20.2.2.
- Acrescentar aos tubos da série A, duas gotas do indicador fenolftaleína e observar.
- Acrescentar aos tubos da série B, duas gotas do indicador vermelho congo e observar.

c – *Resultados*
- Registrar as observações na Tabela RA 20.3 do Relatório de Atividades.

Segurança 20.3

Cloreto de hidrogênio – HCl

Propriedades: Gás incolor, forma fumos em ar úmido, com cheiro sufocante, PE = -85 °C. Dissolve rapidamente em água formando ácido clorídrico.

Perfil de Segurança: Gás muito irritante aos olhos, sistema respiratório e à pele e pode causar sérias queimaduras em ambos, olhos e pele.

Reage violentamente com Al, queima em contato com flúor. Reações perigosas com dissilicato de hexalítio, alguns acetilenos e tetranitrito de tetraselênio.

Hidróxido de Sódio – NaOH

Propriedades: Sólido esbranquiçado na forma de baguetas, escamas, pó. Muito higroscópico, solúvel em água.

Perfil de segurança: O sólido e soluções concentradas causam severas queimaduras nos olhos e pele. Se ingerido causa sérias irritações internas e outros danos. Soluções diluídas, mesmo abaixo de 2,5 mol L^{-1} pode prejudicar os olhos. Reações exotérmicas com quantidade limitada de água, reage vigorosamente com clorofórmio + metanol, reação explosiva se aquecido com zircônio, que acidentalmente pode contaminar o metal da espátula.

FONTE: Luxon (1971); Oddone *et al.* (1980); Bretherick (1986); Lewis (1996); Budavari (1996); O'Malley (2009); MSDS (Material Safety Data Sheets). <http://www.ilpi.com/msds/>.

20.3 EXERCÍCIOS DE FIXAÇÃO

20.1. Em uma aula de laboratório foram queimados 0,5 g de enxofre formando dióxido de enxofre.

a) Escrever e fazer o balanceamento desta reação.

b) Quantos mols de oxigênio foram necessários para reagir com enxofre?

c) Quantos gramas de dióxido de enxofre se formaram considerando que todo o enxofre foi consumido?

20.2. Para se obter 1,25 g de MgO, serão necessários:

a) Escrever e fazer o balanceamento da reação.

b) Quantos mols de Mg?

c) Quantos gramas de O$_2$?

20.3. Complete as reações de obtenção de ácidos ou bases:

a) CaO + H$_2$O   _____

b) N$_2$O$_5$ + H$_2$O   _____

c) Na$_2$O + H$_2$O   _____

d) Mn$_2$O$_7$ + H$_2$O   _____

20.4. a) A partir do dióxido de enxofre pode ser fabricado um importante reagente químico. Escreva as reações de obtenção e o nome deste reagente.

b) O dióxido de enxofre é também um severo poluente da atmosfera. Cite fontes deste poluente e os desequilíbrios que ele possa causar na natureza

c) Cite outras aplicações do SO$_2$

20.5. A queima do metal magnésio, um sólido acinzentado com brilho metálico, resultou em um sólido branco, com aspecto de cinza. Baseando – se nessas informações, responda:

a) Ocorreu uma transformação química neste caso? Justifique (coloque as evidências de que houve reação, se a resposta for sim).

b) Se a resposta de (a) for positiva, escreva a equação que representa esta interação. Escreva o nome do(s) reagente(s) e do(s) produto(s).

c) Misturando este sólido branco com água e testando com fenolftaleína a que conclusão você pode chegar em relação à basicidade ou acidez do meio.

Respostas: ***20.1.*** 0,016; 1,0 ***20.2.*** 0,031; 0,50.

20.4 RELATÓRIO DE ATIVIDADES

Universidade _____ Centro de Ciências Exatas – Departamento de Química Disciplina: QUÍMICA GERAL EXPERIMENTAL – Cód: _____ Curso: _____ Ano: _____ Professor:_____	Relatório de Atividades
_____ Nome do Acadêmico	_____ Data

UNIDADE DIDÁTICA 20: REAÇÕES QUÍMICAS – REAÇÃO DE SÍNTESE

Tabela RA 20.1 Características das substâncias e reações ocorridas no item 20.2.1

Reagente	Fórmula	Descrição da substância
Enxofre		
Oxigênio		
Dióxido de enxofre		
Escrever as reações		Evidências da reação

Tabela RA 20.2 Características das substâncias e reações ocorridas no item 20.2.2

Reagente	Fórmula	Descrição da substância
Magnésio		
Oxigênio		
Óxido de Magnésio		
Escrever as reações		Evidências da reação

Tabela RA 20.3 Análise das características ácidas e ou básicas dos óxidos sintetizados, pela comparação das cores obtidas com dois diferentes indicadores de ácido-base.

Soluções	Indicador		Conclusão
	Fenolftaleína	Vermelho Congo	
1 Água destilada	1A	1B	
2 Hidróxido de sódio	2A	2B	
3 Ácido clorídrico	1A	3B	
4 Solução 20.2.1( )*	4A	4B	
5 Solução 20.2.2( )*	5A	5B	

* Fórmula da substância.

20.5 REFERÊNCIAS BIBLIOGRÁFICAS E SUGESTÕES PARA LEITURA

BACCAN, N.; BARATA, L. E. J. **Manual de segurança para o laboratório químico**. Campinas: Unicamp, 1982. 63 p.

BASOLO, F., JOHNSON, R. **Química de los compuestos de coordinación**. Barcelona: Editorial Reverté, 1978. 174 p.

BRETHERICK, L. [Editor]. **Hazards in the chemical laboratory**. 4. ed. London: The Royal Society of Chemistry, 1986. 604 p.

BUDAVARI, S. [Editor] **THE MERCK INDEX**. 12th Edition. Whitehouse Station, N.J. USA: MERCK & CO., 1996.

CHRISPINO, A. **Manual de química experimental**. São Paulo (SP): Editora Ática, 1991. 230 p.

FELTRE, R. **Curso básico de química: química geral**. São Paulo: Editora Moderna, 1985. Vol. 1 184 p.

FURR, A. K. [Editor] **CRC HANDBOOK OF LABORATORY SAFETY**. 5th Edition. Boca Raton – Florida: CRC Press, 2000. 784 p.

JOYCE, R.; McKUSICK, R. B. Handling and disposal of chemicals in laboratory. *In*: LIDE, D. R. **HANDBOOK OF CHEMISTRY AND PHYSICS**. Boca Raton (USA): CRC Press, 1996-1997.

KOTZ, J. C.; TRICHEL, P. **Química & reações químicas**. Vol. 1. Tradução de Horácio Macedo. Rio de Janeiro: LTC, 1998. 458 p.

LENZI, E.; FAVERO, L. O. B. **Introdução à química da atmosfera – ciência, vida e sobrevivência**. Rio de Janeiro: LTC, 2009. 465 p.

LENZI, E.; FAVERO, L. O. B.; LUCHESE, E. B. **Introdução à química da água – Ciência, vida e sobrevivência**. Rio de Janeiro: LTC, 2009. 604 p.

LEWIS, R. J. [Editor] **Sax's Dangerous Properties of Industrial Materials**. 9th Edition. New York: Van Nostrand Reinhold, 1996, (vol. I, II, III).

LUXON, S. G. [Editor] **Hazards in the chemical laboratory**. 5th. Edition. Cambridge: Royal Society of Chemistry, 1971. 675 p.

MAHAN, B. H. **Química um curso universitário**. São Paulo: Ed. Edgard Blücher, 1970. 580 p.

MSDS. **Where to find Material Safety data Sheets on the Internet**. 2013. Disponível em <http://www.ilpi.com/msds/> Acessado em 22 de outubro de 2014.

O'MALLEY, G. F. [Editor] **MERCK MANUAL – HOME HEALTH HANDBOOK**. Germany: Merck, 2009.

ODDONE, G. C.; VIEIRA, L. O.; PAIVA, M. A. D. **Guia de prevenção de acidentes em laboratório**. Rio de Janeiro: Divisão de Informação Técnica e Propriedade Industrial – Petrobras, 1980. 37 p.

POMBEIRO, A. J. L. O. **Técnicas e operações unitárias em química laboratorial**. Lisboa (Portugal): Fundação Calouste Gulbenkian, 1980. 1.069 p.

RUSSEL, J. B. **Química geral**. 2. ed. Tradução e revisão técnica Márcia Guekezian. São Paulo: Makron Books, 1994. Vol.1, 621 p.

SIGMA-ALDRICH CATALOG. **Biochemicals and reagents for life science research**. USA: SIGMA ALDRICH Co., 1999. 2880 p.

STOKER, H. S. **Preparatory chemistry**. 4. ed. New York: Macmillan Publishing Company, 1993. 629 p.

THOMAS SCIENTIFIC CATALOG: 1994/1995. New Jersey (USA): Thomas Scientific Co., 1995. 1929 p.

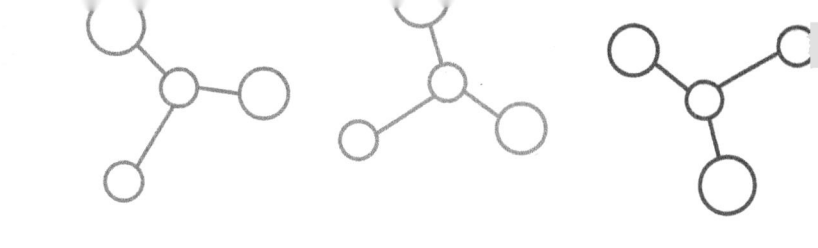

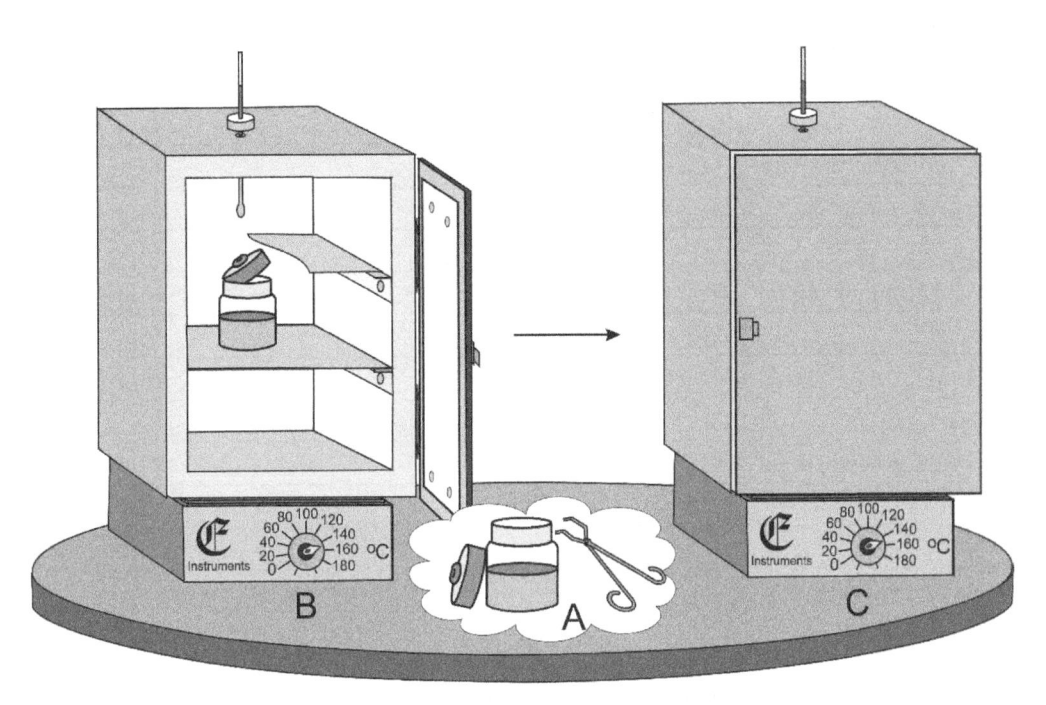

Legenda

A - Pesa-filtro com a *substância padrão* e a pinça para manipular o material.
B - Estufa aberta mostrando o pesa-filtro com a *substância padrão* para secar.
C - Estufa fechada e regulada para uma temperatura definida.

UNIDADE DIDÁTICA 21

Estufa: Usada para secagem de materiais, reagentes e amostras. A temperatura é controlada por um termostato e geralmente alcança uma faixa de 40 à 300 °C, com uniformidade de ± 2 °C. Existem diversos modelos, como atmosfera inerte de gás nitrogênio, circulação de ar, vácuo e outros.

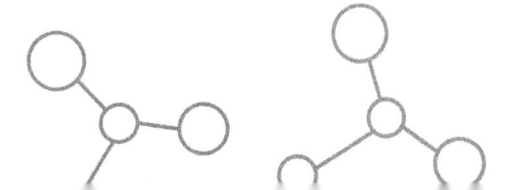

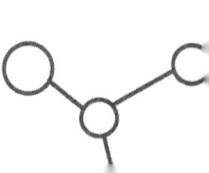

UNIDADE DIDÁTICA 21

REAÇÕES QUÍMICAS

REAÇÕES DE DUPLA TROCA E DE COMPLEXAÇÃO

Conteúdo	Página
21.1 Aspectos Teóricos	489
21.1.1 Reação de dupla troca	489
Detalhes 21.1	492
21.1.2 Reação de complexação	495
Detalhes 21.2	496
Detalhes 21.3	501
21.2 Parte Experimental	506
21.2.1 Reação de dupla troca	506
21.2.2 Reação de complexação	506
Segurança 21.1	507
21.3 Exercícios de Fixação	508
21.4 Relatório de Atividades	509
21.5 Referências Bibliográficas e Sugestões para Leitura	511

Unidade Didática 21
REAÇÕES QUÍMICAS
REAÇÕES DE DUPLA TROCA E DE COMPLEXAÇÃO

Objetivos
- Fazer, observar e analisar reações químicas de dupla troca.
- Fazer, observar e analisar reações de complexação.

21.1 ASPECTOS TEÓRICOS

21.1.1 Reação de dupla troca

Uma reação química de dupla troca sempre envolve dois compostos do tipo substância composto. Pode ser representada pela equação geral, conforme Reação (R-21.1):

$$\underbrace{AY + BX}_{\text{Reagentes}} \rightleftarrows \underbrace{BY + AX}_{\text{Produtos}} \quad \text{(R-21.1)}$$

(1ª troca: A↔B; 2ª troca)

Como pode ser observado através da Reação (R-21.1) os cátions são trocados entre si. Isto é, o cátion A vai no lugar de B e o cátion B vai no lugar de A, formando-se os novos produtos químicos, BY e AX.

As reações de dupla troca geralmente envolvem compostos iônicos e ocorrem em meio aquoso.

Um composto iônico é solúvel, ou parcialmente solúvel, em meio aquoso e a porção do mesmo que se solubiliza se encontra *ionizada* e *solvatada* (ou *hidratada*). Isto é, os íons positivos e negativos originados desta dissociação atraem as moléculas de água que são polares, formando partículas hidratadas, conforme visto na Unidade Didática 20. A Reação (R-21.2) exemplifica esta situação para o composto sulfato de cobre(II), $CuSO_4$.

Rompimento da estrutura: $CuSO_{4(s)}$ + Água $\rightleftarrows$ Cu^{2+} + SO_4^{2-}

Hidratação dos íons:
$$\begin{cases} Cu^{2+} + \text{Água} \rightleftarrows Cu^{2+}_{(aq)} \\ SO_4^{2-} + \text{Água} \rightleftarrows SO_4^{2-}_{(aq)} \end{cases}$$

(R-21.2)

Reação soma: $\underbrace{CuSO_{4(s)} + \text{Água}}_{\text{Reagentes}} \rightleftarrows \underbrace{Cu^{2+}_{(aq)} + SO_4^{2-}_{(aq)}}_{\text{Produtos}}$

Uma reação de *dupla troca* ocorre na prática, quando:

a) Um dos produtos for menos solúvel que os reagentes

Embora a água através da hidratação forme unidades isoladas no seio da solução e tende a manter os íons separados, em alguns casos, os mesmos podem se unir formando: substâncias sólidas; ou líquidas (situação mais rara); ou gasosas.

O caso da formação de *substâncias sólidas* acontece quando o produto da concentração do cátion e do ânion ultrapassa a *constante do produto de solubilidade* (Kps) daquele composto. Neste caso, ocorre a formação de um precipitado.

Seja o exemplo do brometo de prata (AgBr), que tem Kps = $5,0.10^{-13}$, conforme Tabela 21.1. Se certa quantidade de brometo de prata (AgBr) sólido, a 25 °C e 1,0 atm de pressão, for adicionada em água, apenas $7,071.10^{-7}$ mol L^{-1} se solubilizará, formando uma solução saturada, o resto do sal adicionado permanecerá no estado sólido e precipitará, conforme Figura 21.1 e Reação (R-21.3).

$AgBr_{(s)} \underset{\substack{\text{Precipitação}\\\text{Sentido 2}}}{\overset{\substack{\text{Sentido 1}\\\text{Dissolução}}}{\rightleftarrows}} \underset{7,071\cdot 10^{-7}\text{ mol L}^{-1}}{Ag^+_{(aq)}} + \underset{7,071\cdot 10^{-7}\text{ mol L}^{-1}}{Br^-_{(aq)}}$ (R-21.3)

Kps = $[Ag^+_{(aq)}][Br^-_{(aq)}]$ = $5,0\cdot 10^{-13}$

$[Ag^+_{(aq)}] = [Br^-_{(aq)}] = (5,0\cdot 10^{-13})^{1/2} = 7,071\cdot 10^{-7}$ mol L^{-1}

Condições: 25 °C e 1 atm

Dis = Dissolução; Ppt = Precipitação.

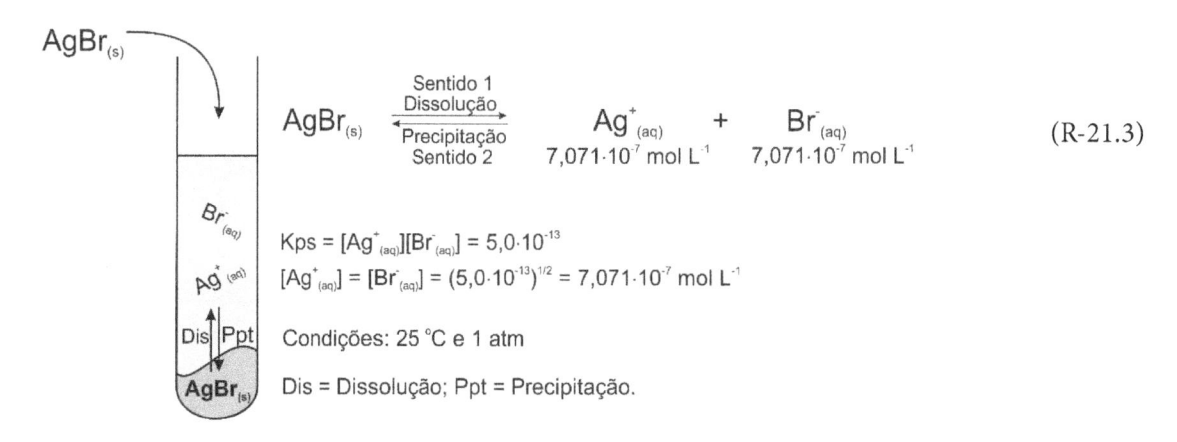

Figura 21.1 Visualização da dissolução do brometo de prata, AgBr, e precipitação do que passar do produto de solubilidade (Kps).

Portanto, a Equação (21.1) dá o fator limitante da solubilidade do brometo de prata na água destilada e deionizada, a 25 °C e a uma atmosfera de pressão.

$$Kps = [Ag^+]\cdot[Br^-] = 5,0.10^{-13} \quad (21.1)$$

Logo, $[Ag^+] = [Br^-] = 7,071.10^{-7}$ mol L^{-1}, concentração dos íons $Ag^+_{(aq)}$ e $Br^-_{(aq)}$ na solução de brometo de prata em água pura, numericamente é igual à solubilidade do brometo de prata.

Em outra situação, o brometo de prata (AgBr) pode ser formado na solução através de uma reação de dupla troca. Por exemplo, misturando-se quantidades iguais de solução de nitrato de prata ($AgNO_3$) 1,0 mol L^{-1} e brometo de sódio (NaBr) 1,0 mol L^{-1}.

Considerando que esses sais são solúveis, em solução aquosa, tem-se a Reação (R-21.4):

UNIDADE DIDÁTICA 21: REAÇÕES QUÍMICAS
REAÇÕES DE DUPLA TROCA E DE COMPLEXAÇÃO

Dissolução e
Hidratação:

$$AgNO_{3(s)} + \text{Água} \rightleftarrows Ag^+_{(aq)} + NO_3^-{}_{(aq)}$$
$$NaBr_{(s)} + \text{Água} \rightleftarrows Na^+_{(aq)} + Br^-_{(aq)}$$
$$Ag^+_{(aq)} + Br^-_{(aq)} \rightleftarrows AgBr_{(s\,ou\,solução)}$$

Reação soma:

$$\underbrace{AgNO_{3(s)} + NaBr_{(s)} + \text{Água}}_{\text{Reagentes}} \rightleftarrows \underbrace{AgBr_{(s\,ou\,solução)} + Na^+_{(aq)} + NO_3^-{}_{(aq)}}_{\text{Produtos}}$$

(R-21.4)

Como foram misturados volumes iguais de cada solução, a concentração dos íons reduziu-se a metade, isto é, 0,5 mol L^{-1}. O produto desta concentração ultrapassa o produto de solubilidade (Kps) do brometo de prata (Kps = 5·10^{-13}), portanto, ocorre a precipitação de brometo de prata (AgBr), através de uma reação de dupla troca, conforme a Reação (R-21.4).

Fazendo a mesma Reação (R-21.4), partindo das soluções prontas, tem-se as Reações (R-21.5) e (R-21.6). Onde, a Reação (R-21.6) é realmente o que acontece, pois as espécies iguais em ambos os lados podem ser eliminados da equação da reação, tendo em vista que não sofrem alterações e permanecem em solução.

$$\underbrace{Ag^+_{(aq)} + \cancel{NO_3^-{}_{(aq)}}} + \underbrace{\cancel{Na^+_{(aq)}} + Br^-_{(aq)}} \rightleftarrows AgBr_{(ppt)} + \cancel{NO_3^-{}_{(aq)}} + \cancel{Na^+_{(aq)}}$$
(R-21.5)

$$Ag^+_{(aq)} + Br^-_{(aq)} \rightleftarrows AgBr_{(ppt)}$$
(R-21.6)

A Tabela 21.1 relaciona alguns compostos pelos nomes dos ânions com os respectivos Kps, encontrados na literatura pertinente.

Tabela 21.1 Constantes do Produto de Solubilidade (Kps) de alguns compostos químicos, em água destilada e deionizada, encontrados na literatura pertinente, para as condições de 25 °C e 1 atm de pressão.

Ânions	Fórmula	Kps	Ânions	Fórmula	Kps
Acetatos	$AgC_2H_3O_2$	$2,3.10^{-3}$	Iodetos	AgI	$8,7.10^{-17}$
				PbI_2	$1,4.10^{-8}$
				Hg_2I_2	$4,5.10^{-29}$
Brometos	$AgBr$	$5,0.10^{-13}$		HgI_2	$2,5.10^{-26}$
	$PbBr_2$	$7,9.10^{-5}$			
	Hg_2Br_2	$5,6.10^{-23}$	Sulfatos	$SrSO_4$	$7,6.10^{-7}$
				Ag_2SO_4	$1,6.10^{-5}$
Carbonatos	$BaCO_3$	$5,0.10^{-9}$		$BaSO_4$	$1,1.10^{-10}$
	$CaCO_3$	$4,8.10^{-9}$		$CaSO_4$	$2,4.10^{-5}$
	$MgCO_3$	$1,0.10^{-5}$		$PbSO_4$	$1,6.10^{-8}$
	$SrCO_3$	$1,0.10^{-10}$			
	Ag_2CO_3	$6,2.10^{-12}$	Sulfetos	ZnS	$1,6.10^{-24}$
				Ag_2S	$6,3.10^{-50}$
Cloretos	$AgCl$	$1,6.10^{-10}$		CdS	$1,0.10^{-28}$

Ânions	Fórmula	Kps	Ânions	Fórmula	Kps
	Hg_2Cl_2	$1,3.10^{-18}$		CoS	$2,0.10^{-25}$
	$PbCl_2$	$1,7.10^{-5}$		CuS	$2,0.10^{-47}$
				FeS	$6,3.10^{-18}$
Cromatos	Ag_2CrO_4	$2,0.10^{-12}$		HgS	$1,6.10^{-52}$
	$BaCrO_4$	$1,2.10^{-10}$		MnS	$1,0.10^{-15}$
	$PbCrO_4$	$1,6.10^{-14}$		NiS	$1,0.10^{-19}$
	$SrCrO_4$	$3,6.10^{-5}$		PbS	$7,1.10^{-29}$
	$CaCrO_4$	$7,1.10^{-4}$			
			Fosfatos	Ag_3PO_4	$2,0.10^{-21}$
Fluoretos	BaF_2	$1,6.10^{-6}$		$Ca_3(PO_4)_2$	$1,0.10^{-29}$
	CaF_2	$4,0.10^{-11}$		$Pb_3(PO_4)_2$	$1,0.10^{-42}$
	PbF_2	$4,0.10^{-8}$		$Sr_3(PO_4)_2$	$1,0.10^{-31}$
	MgF_2	$6,3.10^{-9}$		$Ba_3(PO_4)_2$	$6,0.10^{-39}$
Hidróxidos	$Al(OH)_3$	$1,0.10^{-33}$	Sulfitos	Ag_2SO_3	$5,0.10^{-14}$
	$Cr(OH)_3$	$6,0.10^{-31}$		$BaSO_3$	$6,0.10^{-15}$
	$Fe(OH)_2$	$2,0.10^{-15}$		$MgSO_3$	$3,2.10^{-3}$
	$Fe(OH)_3$	$2,5.10^{-39}$			
	$Mg(OH)_2$	$1,0.10^{-11}$	Oxalatos	CaC_2O_4	$1,3.10^{-9}$
	$Zn(OH)_2$	$2,0.10^{-17}$		PbC_2O_4	$8,3.10^{-12}$
	$Cu(OH)_2$	$2,2.10^{-20}$		BaC_2O_4	$1,5.10^{-8}$

FONTE: Frankenthal, 1963; Bard, 1970; Semishin, 1967; Alexeyev, 1975; Atkins & Beran, 1992; Russel, 1994; Stumm & Morgan, 1996; Harris, 2001; Atkins & Jones, 2001; Skoog, 2006.

Não se faz necessário que as concentrações dos íons sejam iguais para ocorrer a reação. Porém, é necessário que o produto de suas concentrações ultrapasse o Kps.

A Tabela 21.1, traz a solubilidade de alguns sais pouco solúveis. Ela pode ser consultada para prever a precipitação de substâncias nas reações.

Detalhes 21.1

Relação da constante do produto da solubilidade, Kps, com a solubilidade, S

Para analisar o assunto será considerado um exemplo teórico de fórmula A_xB_y, conforme mostra a Reação (R-21.7). Onde: A é o cátion e B é o ânion; x = 1, 2, 3, ... é o número de vezes que o cátion é tomado, e y = 1, 2, 3, ... número de vezes que o ânion é tomado. Exemplos: Ag_1Cl_1 ou simplesmente AgCl, onde, x = 1 e y = 1; $Ca_3(PO_4)_2$ onde x= 3 e y = 2.

$$1\,A_xB_{y(s)} \leftrightarrows x\,A^{y+}_{(aq)} + y\,B^{x-}_{(aq)} \qquad (R\text{-}21.7)$$

Onde, a solubilidade, S, do precipitado $A_xB_{y(s)}$ é o número de mols de $A_xB_{y(s)}$ dissolvidos. Supondo que a solubilidade do composto seja, S = 1 mol de $A_xB_{y(s)}$ dissolvido, logo:

Pelos cátions A^{y+} dissolvidos, tem-se a Equação (21.2):

$$[A^{y+}]_{(aq)} = x.(1\,A_xB_{y(s)}) = x.S \qquad (21.2)$$

Pelos ânions B^{x-} dissolvidos, tem-se a Equação (21.3):

$$[B^{x-}]_{(aq)} = y.(1\,A_xB_{y(s)}) = y.S \qquad (21.3)$$

A constante do Produto de Solubilidade, Kps, do composto A_xB_y é dada pela Equação (21.4):

$$Kps_{\left(A_xB_{y(s)}\right)} = \left[A^{y+}_{(aq)}\right]^x \cdot \left[B^{x-}_{(aq)}\right]^y \qquad (21.4)$$

Onde, relacionando a Equação (21.4) com a Equação (21.2) e Equação (21.3), chega-se à Equação (21.5):

$$Kps_{\left(A_xB_{y(s)}\right)} = [x.S]^x \cdot [y.S]^y = \left(x^x.y^y\right).S^{(x+y)} \qquad (21.5)$$

Donde, separando o termo solubilidade, S, tem-se a Equação (21.6):

$$S_{\left(A_xB_{y(s)}\right)} = \sqrt[(x+y)]{\frac{Kps}{\left(x^x.y^y\right)}} \qquad (21.6)$$

Aplicação

Determinar a solubilidade do composto fosfato de chumbo(II), $(Pb_3(PO_4)_2)$ a 25 °C e 1 atmosfera de pressão em água destilada e deionizada, conhecendo seu Kps = $1{,}0\cdot10^{-54}$.

Identificando as variáveis da Equação (21.6), tem-se: Kps = $1{,}0\cdot10^{-54}$; x = 3; y = 2.

Introduzindo os valores destas variáveis na Equação (21.6), obtém-se a Equação (21.7), que dá a solubilidade procurada.

$$S_{\left(A_xB_{y(s)}\right)} = \sqrt[(x+y)]{\frac{Kps}{\left(x^x.y^y\right)}} = \sqrt[(3+2)]{\frac{1.10^{-54}}{\left(3^3.2^2\right)}} = \sqrt[5]{\frac{1.10^{-54}}{108}} = 6{,}213.10^{-12}\,mol\,L^{-1} \qquad (21.7)$$

Da mesma forma tendo-se a solubilidade de alguma espécie qualquer, chega-se ao valor do seu produto de solubilidade (Kps).

b) Um dos produtos for mais volátil que os reagentes

Quando em uma reação ocorre a possibilidade de formar um produto mais volátil que os reagentes, neste caso, a reação ocorre. Tem-se como exemplo de reações que formam produtos voláteis as Reações (R-21.8) e (R-21.9):

$$FeS_{(s,aq)} + 2\,HCl_{(aq)} \leftrightarrows FeCl_{2(aq)} + H_2S_{(g)} \quad (R\text{-}21.8)$$

$$2\,NaCl_{(aq)} + H_2SO_{4(aq)} \leftrightarrows Na_2SO_{4(aq)} + 2\,HCl_{(g)} \quad (R\text{-}21.9)$$

Os principais ácidos voláteis são os seguintes: HF, HCl, HBr, HI, H_2S e HCN. O H_2SO_4 é um ácido fixo.

> O HCN é um ácido volátil e extremamente tóxico, letal. Ele foi usado nas câmaras de gás para executar prisioneiros. Portanto, deve-se ter cuidados quando se manipula soluções que contenham cianetos ou ácido cianídrico.
> Uma das precauções é trabalhar em pH fortemente básico e em capela.

As substâncias que se formam numa reação de dupla troca e se decompõem espontaneamente em compostos nos quais pelo menos um é gasoso se enquadram também nesta categoria as substâncias. As Reações (R-21.10), (R-21.11) e (R-21.12) são exemplos.

$$H_2CO_{3(aq)} \leftrightarrows H_2O_{(l)} + CO_{2(g)} \quad (R\text{-}21.10)$$

$$H_2SO_{3(aq)} \leftrightarrows H_2O_{(l)} + SO_{2(g)} \quad (R\text{-}21.11)$$

$$NH_4OH_{(aq)} \leftrightarrows NH_{3(g)} + H_2O_{(l)} \quad (R\text{-}21.12)$$

A reação entre o carbonato de sódio (Na_2CO_3) e o ácido sulfúrico (H_2SO_4) tem como produto o sulfato de sódio (Na_2SO_4) e o ácido carbônico (H_2CO_3). O ácido carbônico se decompõe formando o gás carbônico (CO_2) e água. As Reações (R-21.13) e (R-21.14) são exemplos.

$$Na_2CO_{3(aq)} + H_2SO_{4(aq)} \leftrightarrows Na_2SO_{4(aq)} + H_2CO_{3(aq)} \quad (R\text{-}21.13)$$

$$H_2CO_{3(aq)} \leftrightarrows H_2O_{(l)} + CO_{2(g)} \quad (R\text{-}21.14)$$

c) Um dos produtos for menos ionizado que os reagentes.

A reação de dupla troca, ocorre na prática, também quando um dos produtos da reação for menos ionizável que os reagentes, por exemplo, um ácido mais fraco, ou for um composto molecular.

Nesta ideia, o mais importante grupo de reações são as reações de neutralização, onde, o ácido e a base são produtos ionizáveis e dão origem a água que é um *composto molecular*, reação (R-21.15):

$$\underbrace{\underset{\text{Ácido}}{HCl_{(aq)}} + \underset{\text{Base}}{NaOH_{(aq)}}}_{\text{Reagentes}} \rightleftarrows \underbrace{NaCl_{(aq)} + \underset{\text{EspécieMolecular}}{H_2O_{(l)}}}_{\text{Produtos}} \quad (R\text{-}21.15)$$

O ácido e a base ionizam-se em meio aquoso, conforme a Reação (R-21.16) e quando misturados em número equivalentes de mols reagem entre si formando sal e água, como mostram as Reações (R-21.16) e (R-21.17):

$$+\begin{array}{c}HCl_{(g)} + H_2O_{(l)} \rightleftarrows Cl^-_{(aq)} + H_3O^+_{(aq)}\\ NaOH_{(s)} + \text{água}_{(l)} \rightleftarrows Na^+_{(aq)} + HO^-_{(aq)}\end{array}$$

$$\overline{HCl_{(aq)} + NaOH_{(s)} + \cancel{H_2O_{(l)}} \rightleftarrows Na^+_{(aq)} + Cl^-_{(aq)} + \underbrace{H_3O^+_{(aq)} + HO^-_{(aq)}}_{2\,H_2O_{(l)}}}$$

(R-21.16)

$$\underbrace{HCl_{(aq)} + NaOH_{(s)}}_{\text{Reagentes}} \rightleftarrows \underbrace{Na^+_{(aq)} + Cl^-_{(aq)} + H_2O_{(l)}}_{\text{Produtos}}$$

(R-21.17)

Pode-se observar na Reação (R-21.17) que o sal cloreto de sódio (NaCl) continua em sua forma ionizada. A reação que acontece é a do íon H⁺ e do íon hidróxido, HO⁻. Portanto, pode-se representar esta reação de forma simplificada indicando apenas os íons que reagem, conforme Reação (R-21.18):

$$H^+_{(aq)} + HO^-_{(aq)} \rightleftarrows H_2O_{(l)} \quad \text{(R-21.18)}$$

21.1.2 Reação de complexação

Aspectos gerais e definição

Ao se adicionar hidróxido de amônio ($NH_4OH_{(aq)}$) em uma solução de sulfato de cobre(II), ($CuSO_4$) ocorre uma reação de *dupla troca* com a precipitação de hidróxido de cobre(II), ($Cu(OH)_2$), um hidróxido pouco solúvel, Tabela 21.1. A reação é dada em (R-21.19):

$$\overset{\text{Dupla troca}}{CuSO_{4(aq)} + 2\,NH_4OH_{(aq)}} \rightleftarrows \underset{\substack{\text{Precipitado azul}\\\text{claro "pálido"}}}{Cu(OH)_{2(aq\,e\,ppt)}} + (NH_4)_2SO_{4(aq)}$$

(R-21.19)

Porém, ao se continuar adicionando a solução de hidróxido de amônio no sistema, haverá aumento da concentração desta base na solução acontecendo o descrito na Reação (R-21.21).

O hidróxido de amônio (NH_4OH) em excesso vai liberar o ligante :$NH_{3(aq)}$, conforme Reação (R-21.21). Este ligante vai complexar o cátion cobre solubilizado, Cu^{2+}, conforme Reação (R-21.22). Esta é uma reação de complexação. Esta complexação, na realidade é um "sequestro" do cátion da Reação (R-21.20). Este "sequestro" vai deslocar o equilíbrio da Reação (R-21.20) para a direita, o que vai provocar uma solubilização do precipitado de hidróxido de cobre(II). O fato é observado pelo desaparecimento do precipitado hidróxido de cobre(II), ($Cu(OH)_2$).

$$NH_4OH_{(aq)} \downarrow \text{Excesso}$$

$$CuSO_{4(aq)} + 2\,NH_4OH_{(aq)} \rightleftarrows Cu(OH)_{2(aq\,e\,ppt)} + (NH_4)_2SO_{4(aq)} \quad [\text{R-21.19}]$$

$$\downarrow \text{Solubiliza}$$

$$Cu(OH)_{2(ppt)} \rightleftarrows \boxed{Cu^{2+}_{(aq)}} + 2\,HO^-_{(aq)} \quad [\text{R-21.20}]$$

$$NH_4OH_{(aq)} \rightleftarrows \boxed{:NH_{3(aq)}} + H_2O_{(l)} \quad [\text{R-21.21}]$$

$$\downarrow \text{Reação de complexação}$$

$$Cu^{2+}_{(aq)} + 4\,:NH_{3(aq)} \rightleftarrows \underset{\substack{\text{Cátion tetraamincobre (II)}\\\text{(Cor Azul celeste)}}}{[Cu(NH_3)_4]^{2+}_{(aq)}} \quad [\text{R-21.22}]$$

Detalhes 21.2

Formação do complexo plano-quadrado, cátion tetraamincobre(II)

Conforme visto, segundo a Teoria de Werner, os elementos têm duas valências: a *primária* e a *secundária* (hoje conhecida como *valência de coordenação*), que, todos os elementos, tendem a satisfazê-las.

A Figura 21.2 mostra o elemento cobre no seu Estado Fundamental (EF) e demais estados: (EV) Estado de valência; (EH) Estado Hibridizado.

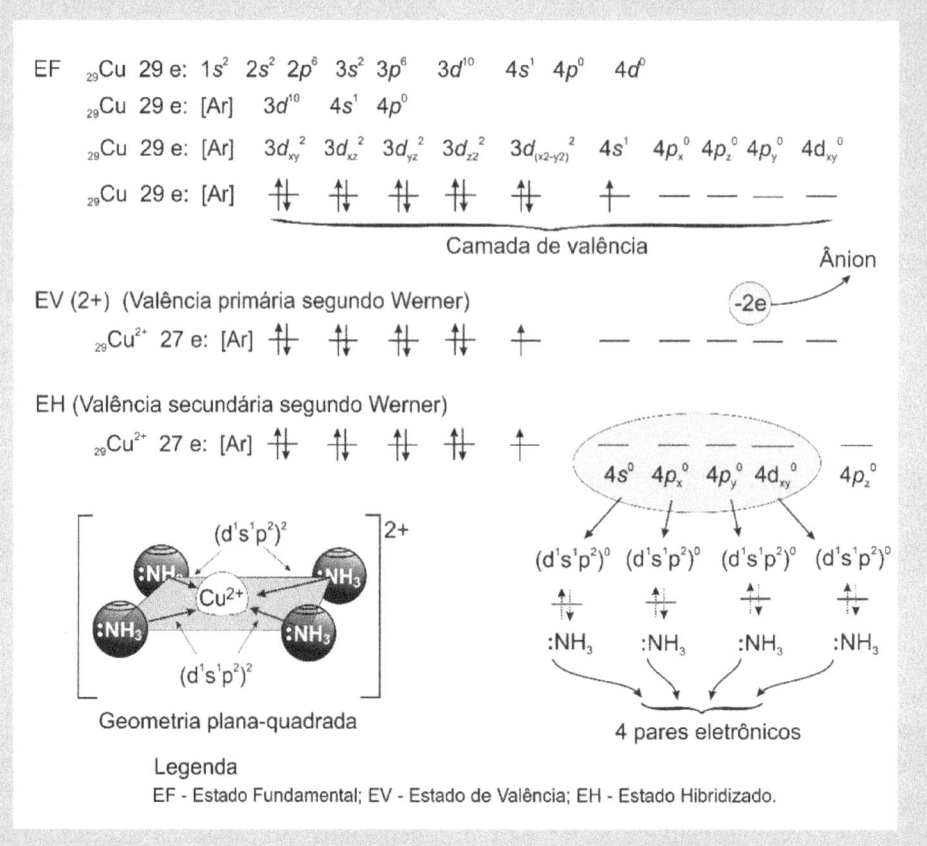

Figura 21.2 Visualização da formação do complexo cátion tetraamincobre(II) de geometria plana-quadrada.

Na formação dos quatro orbitais atômicos hibridizados, $d^1s^1p^2$ ou simplesmente dsp^2, participaram os orbitais atômicos do cobre que se encontram no plano ZY, com a exceção do orbital 4s que é esférico e não imprime caráter direcional. O complexo apresenta geometria plana-quadrada, com número de coordenação igual a quatro, nc = 4.

Um **complexo** é um *composto de coordenação* formado por um ácido de Lewis, que compõe o *elemento central*, e por *bases de Lewis*, que são os *ligantes* (ou *quelantes* quando a mesma molécula pode ceder dois ou mais pares eletrônicos). Ao número de pares eletrônicos aceitos (em ligações dativas ou coordenadas) pelo átomo central denomina-se *número de coordenação* (nc). Ao conjunto, átomo central envolvido pelos ligantes denomina-se de *esfera de coordenação*. A Reação (R-21.23) e a Figura 21.3 apresentam o exemplo do cátion complexo hexaamincobalto(III), $[Co(NH_3)_6]^{3+}$.

$$\text{Co}^{3+}_{(aq)} + 6 :\text{NH}_{3(aq)} \quad \rightleftarrows \quad [\text{Co}(\text{NH}_3)_6]^{3+}_{(aq \, e \, ppt)} \qquad \text{(R-21.23)}$$

Átomo central   Ligantes   Cátion hexaamincobalto(III)

Legenda

1 - Co^{3+} = Átomo Central (AC);
2 - NH_3 = Ligante (em n° de 6);
3 - Par eletrônico coordenado (em número de 6 = **nc** = número de coordenação);
4 - Face da geometria octaédrica;
5 - Esfera de coordenação;
6 - 3+ = Número de oxidação (**nox**) da esfera de coordenação.

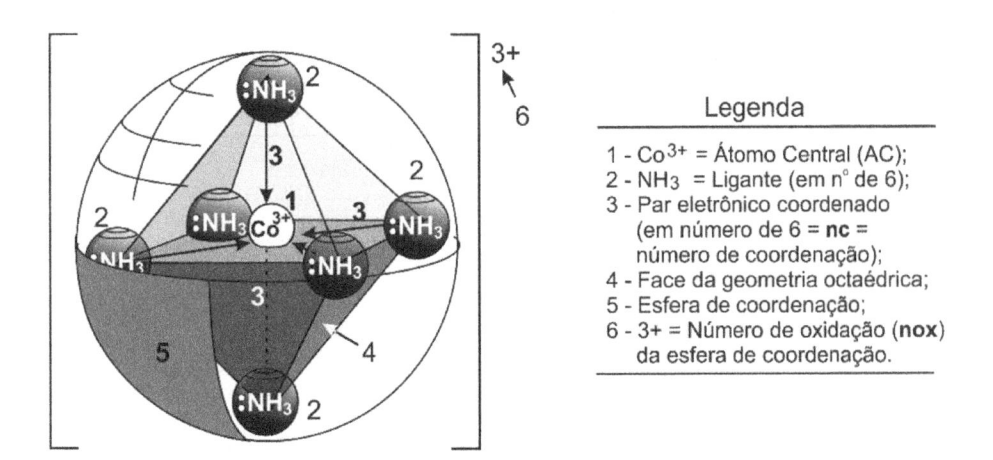

Figura 21.3 Visualização do complexo cátion hexaamincobalto(III): Esfera de coordenação do $[Co(NH_3)_6]^{3+}$; geometria octaédrica com as posições definidas dos seis ligantes $:NH_3$.

A Teoria da Valência (TV) explica a estrutura octaédrica do complexo através da hibridização dos orbitais atômicos da camada de valência do átomo central. Explicando tem-se:
- *Estado Fundamental do cobalto* (EF)

$_{27}$Co 27 e: $\underline{1s^2 \; 2s^2 \; 2p^6 \; 3s^2 \; 3p^6} \quad 3d^7 \quad 4s^2 \quad 4p^0 \quad 4d^0$

$_{27}$Co 27 e: [Ar] $3d^7 \quad 4s^2 \quad 4p^0$

$_{27}$Co 27 e: [Ar] $3d_{xy}^2 \; 3d_{xz}^2 \; 3d_{yz}^1 \; 3d_{z2}^1 \; 3d_{(x2-y2)}^1 \quad 4s^2 \quad 4p_x^0 \; 4p_z^0 \; 4p_y^0 \quad 4d_{xy}^0$

$_{27}$Co 27 e: [Ar] ⇅ ⇅ ↑ ↑ ↑ ⇅ — — — —

Camada de valência

- *Estado de Valência 3+* (EV) – Valência primária, segundo Werner

$\xrightarrow{-1e} + \xrightarrow{-2e} = \boxed{-3e} \xrightarrow{} $ Ânion

$_{27}$Co^{3+} 24 e: [Ar] $3d_{xy}^2 \; 3d_{xz}^2 \; 3d_{yz}^1 \; 3d_{z2}^1 \; 3d_{(x2-y2)}^0 \quad 4s^0 \quad 4p_x^0 \; 4p_z^0 \; 4p_y^0 \quad 4d_{xy}^0$

$_{27}$Co^{3+} 24 e: [Ar] ⇅ ⇅ ↑ ↑ — — — — — —

Orbitais vazios

Camada de valência

- *Estado Ativado* (EA)

$_{27}Co^{3+}$ 24 e: [Ar] $3d_{xy}^2$ $3d_{xz}^2$ $3d_{yz}^1$ $3d_{z2}^1$ $3d_{(x2-y2)}^0$ $4s^0$ $4p_x^0$ $4p_z^0$ $4p_y^0$ $4d_{xy}^0$

$_{27}Co^{3+}$ 24 e: [Ar] ↑↓ ↑↓ ↑↓ — — — — — — —

                                   Orbitais vazios

                                   Camada de valência

Os seis ligantes :NH_3 forçam o íon de paramagnético (elétrons de spins desemparelhados) a um íon diamagnético (elétrons emparelhados).

- *Estado hibridizado* (EH) – Valência secundária, segundo Werner

$_{27}Co^{3+}$ 24 e: [Ar] $3d_{xy}^2$ $3d_{xz}^2$ $3d_{yz}^2$ $3d_{z2}^0$ $3d_{(x2-y2)}^0$ $4s^0$ $4p_x^0$ $4p_z^0$ $4p_y^0$ $4d_{xy}^0$

$_{27}Co^{3+}$ 24 e: [Ar] ↑↓ ↑↓ ↑↓ — — — — — —

$_{27}Co^{3+}$ 24 e: [Ar] ↑↓ ↑↓ ↑↓ — — — — — —

                  $(d^2s^1p^3)^0$ $(d^2s^1p^3)^0$ $(d^2s^1p^3)^0$ $(d^2s^1p^3)^0$ $(d^2s^1p^3)^0$ $(d^2s^1p^3)^0$

6 Orbitais Atômicos Hibridizados vazios para receber 6 pares eletrônicos

Cada orbital hibridizado $d^2s^1p^3$ vazio recebe um par de elétrons do ligante :NH_3.

$_{27}Co^{3+}$ 24 e: [Ar] $3d_{xy}^2$ $3d_{xz}^2$ $3d_{yz}^2$ $3d_{z2}^0$ $3d_{(x2-y2)}^0$ $4s^0$ $4p_x^0$ $4p_z^0$ $4p_y^0$ $4d_{xy}^0$

$_{27}Co^{3+}$ 24 e: [Ar] ↑↓ ↑↓ ↑↓ — — — — — —

$_{27}Co^{3+}$ 24 e: [Ar] ↑↓ ↑↓ ↑↓ — — — — — —

                 :NH_3 :NH_3 :NH_3 :NH_3 :NH_3 :NH_3

UNIDADE DIDÁTICA 21: REAÇÕES QUÍMICAS
REAÇÕES DE DUPLA TROCA E DE COMPLEXAÇÃO

- *Distribuição espacial dos orbitais hibridizados*

A Figura 21.4 visualiza a posição geométrica dos seis orbitais hibridizados $d^2s^1p^3$.

Legenda

1 - Co^{3+} = Átomo Central (AC);
2 - $d^2s^1p^3$ = 6 Orbitais Atômicos Hibridizados vazios;
3 - Face da geometria octaédrica;
4 - Face da geometria octaédrica;
5 - Posição do ligante mono-dentado (em número de 6 = **nc** = número de coordenação);
6 - Esfera de coordenação;
7 - 3+ = Número de oxidação (**nox**) da esfera de coordenação.

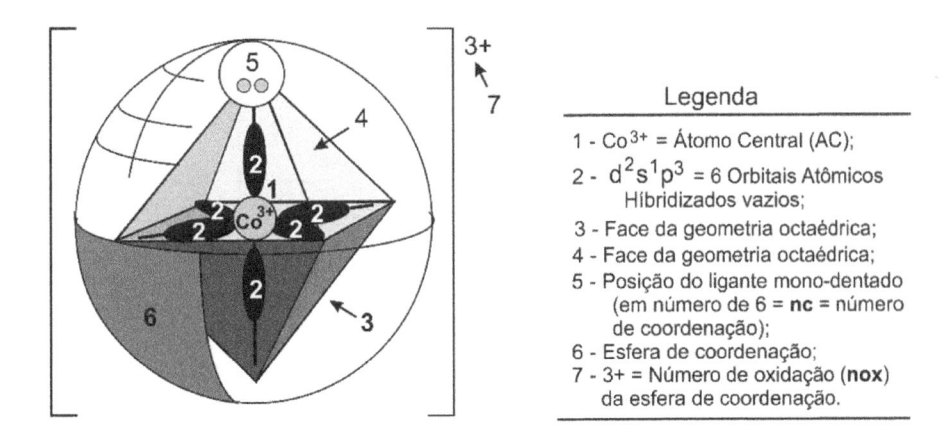

Figura 21.4 Distribuição espacial dos orbitais hibridizados **d²sp³** numa geometria octaédrica.

Os orbitais hibridizados são iguais entre si, diferenciam-se apenas pela orientação no espaço, Figura 21.4. Os ligantes ocupam as posições octaédricas, conforme item 5 da Figura 21.4.

A complexação de um íon se dá através de uma *ligação coordenada* onde, o ligante possui um ou mais par(es) eletrônico(s) disponível(is) para a ligação e o Átomo Central (AC) tem pelo menos um orbital atômico vazio. Portanto, tem-se uma ligação entre um ácido (íon a ser complexado) e uma *base* (ligante) de Lewis, Reação (R-21.24).

$$Cu^{2+}_{(aq)} + 5 :Cl^-_{(aq)} \rightleftharpoons [Cu(Cl^-)_5]^{3-}_{(aq)} \quad \text{(R-21.24)}$$

Átomo Central (Cátion cobre)   Ligantes (ânion cloreto)   Ânion pentaclorocuprato(II)
Ácido de Lewis   Base de Lewis   Composto de adição (complexo)

Pela Teoria da Valência (TV) também se explica a estrutura do complexo formado da Reação (R-21.24). Como anteriormente, a explicação será através dos diversos estados pelos quais passa o átomo central quando reage. Assim, tem-se:

- *Estado Fundamental do átomo de cobre* (EF)

$_{29}Cu$ 29 e: $1s^2\ 2s^2\ 2p^6\ 3s^2\ 3p^6\ 3d^{10}\ 4s^1\ 4p^0\ 4d^0$

$_{29}Cu$ 29 e: [Ar] $3d^{10}\ 4s^1\ 4p^0$

$_{29}Cu$ 29 e: [Ar] $3d_{xy}^2\ 3d_{xz}^2\ 3d_{yz}^2\ 3d_{z^2}^2\ 3d_{(x2-y2)}^2\ 4s^1\ 4p_x^0\ 4p_z^0\ 4p_y^0\ 4d^0$

$_{29}Cu$ 29 e: [Ar] ↑↓ ↑↓ ↑↓ ↑↓ ↑↓   ↑ — — — —

Camada de valência

- *Estado de Valência* 2+ (EV) – Valência primária, segundo Werner

Conforme segue, o átomo de cobre perde dois elétrons que são dados ao ânion. Esta é a valência primária do cobre (2+), segundo a teoria de Werner.

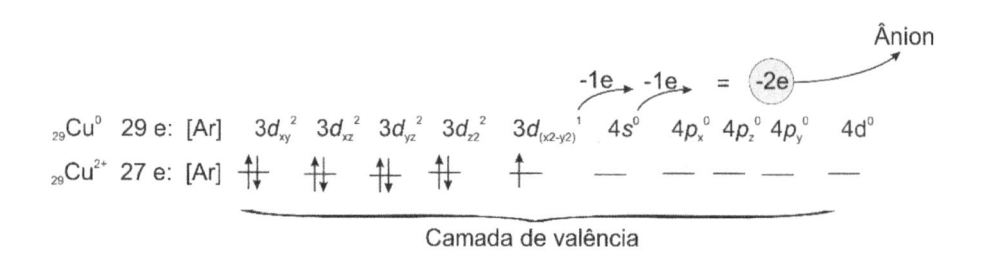

$_{29}Cu^0$ 29 e: [Ar] $3d_{xy}^2\ 3d_{xz}^2\ 3d_{yz}^2\ 3d_{z2}^2\ 3d_{(x2-y2)}^1\ 4s^0\ 4p_x^0\ 4p_z^0\ 4p_y^0\ 4d^0$

$_{29}Cu^{2+}$ 27 e: [Ar] ↑↓ ↑↓ ↑↓ ↑↓ ↑

Camada de valência

- Estado Hibridizado dos orbitais atômicos (EH) ao plano XZ do átomo.

Na sequência, o cátion cobre, Cu^{2+}, na sua camada de valência sofre uma mistura de cinco orbitais atômicos (1 s, 3 p e 1 d). O orbital d é o dirigido no eixo ortogonal Z, isto é, vertical ao plano XZ do átomo.

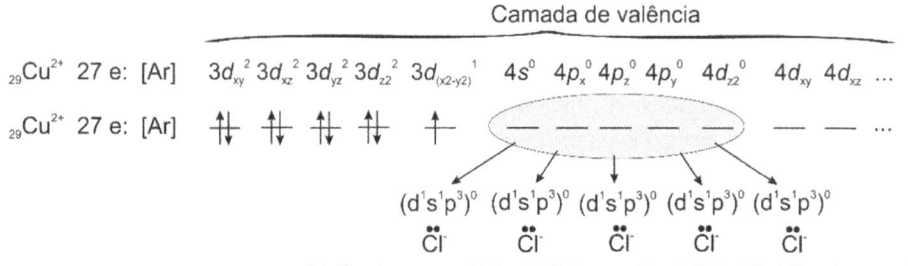

Camada de valência

$_{29}Cu^{2+}$ 27 e: [Ar] $3d_{xy}^2\ 3d_{xz}^2\ 3d_{yz}^2\ 3d_{z2}^2\ 3d_{(x2-y2)}^1\ 4s^0\ 4p_x^0\ 4p_z^0\ 4p_y^0\ 4d_{z2}^0\ 4d_{xy}\ 4d_{xz}$ ...

$_{29}Cu^{2+}$ 27 e: [Ar] ↑↓ ↑↓ ↑↓ ↑↓ ↑

$(d^1s^1p^3)^0\ (d^1s^1p^3)^0\ (d^1s^1p^3)^0\ (d^1s^1p^3)^0\ (d^1s^1p^3)^0$

:Cl⁻ :Cl⁻ :Cl⁻ :Cl⁻ :Cl⁻

Valência secundária de Werner: 5 orbitais hibridizados vazios

Os 5 orbitais, distribuídos no espaço formam uma geometria *bipiramidal de base triangular*, conforme mostra a Figura 21.5. Os três orbitais hibridizados do plano equatorial (XY) são levemente mais energéticos que os dois do plano meridional (do eixo ortogonal Z).

- Distribuição espacial dos hibridizados

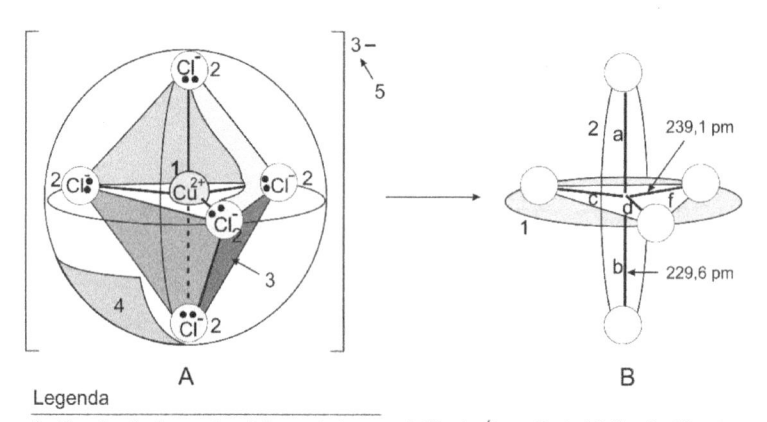

Legenda

A - Visualização do complexo ânion pentaclorocuprato(II): 1 - Átomo Central (AC); 2 - 5 ligantes monodentados; 3 - Face da geometria bipitamidal de base triangular (5 orbitais hibridizados d¹s¹p³); 4 - Esfera de coordenação; 5 - 3- = Estado de oxidação (**nox**) do complexo. **B** - 1 - Plano equatorial XY, contendo: c, d, f - Ligantes mono-dentados a uma distância de 239,1 pm; 2 - Plano meridional contendo: a, b - Ligantes mono-dentados a uma distância de 229,6 pm.

Figura 21.5 Visualização do complexo ânion pentaclorocuprato(II) com geometria bipiramidal de base triangular.

Exemplo de complexo

A Figura 21.6 apresenta um complexo em que o cátion e o ânion são complexos. Seu nome é pentaclorocuprato(II) de hexaamincobalto(III). A sua fórmula molecular é $[Co(NH_3)_6][CuCl^-_5]$. Ambas as esferas de coordenação apresentam como **nox**: 3+ (cátion) e 3- (ânion). A distribuição dos ligantes monodentados, no cátion tem *geometria octaédrica* e no ânion *geometria bipiramidal de base triangular*.

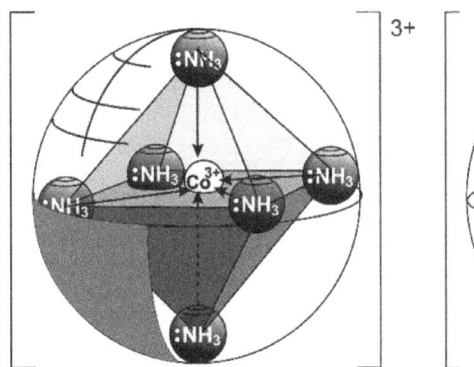

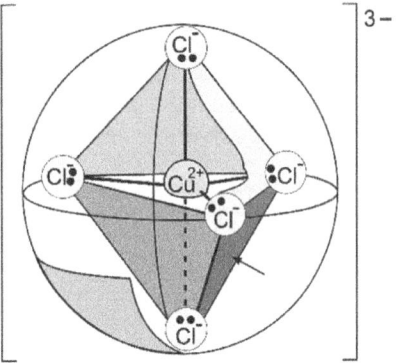

Visualização do complexo pentaclorocuprato(II) de hexaamincobalto(III), simbolizado pela notação $[Co(NH_3)_6][CuCl_5]$.

Figura 21.6 Visualização do composto em que o ânion e o cátion são complexos, o primeiro com nox igual 3+ e o segundo com nox igual 3-, de nome pentaclorocuprato(II) de hexaamincobalto(III).

Detalhes 21.3

Noções de *Notação* e *Nomenclatura* **dos complexos**

A *Notação* é um conjunto de regras, normas e convenções utilizadas para *representar* e *simbolizar* algo, no caso, um *complexo*.

A *Nomenclatura* é um conjunto de regras, normas e convenções utilizadas para *nominar* ou dar o nome a alguma coisa, no caso, um complexo.

I Notação

a) Nos compostos de coordenação iônicos, o cátion é representado à esquerda da fórmula e o ânion à direita.

b) As entidades coordenadas (esferas de coordenação) são colocadas entre colchetes *[...]*. Os ligantes são colocados entre parêntesis *(...)* quando formados por grupos de átomos.

c) O símbolo do átomo central é o primeiro dentro do colchete. A seguir os ligantes negativos, depois os neutros e finalmente os positivos (cada grupo em ordem alfabética).

d) A fórmula de certos ligantes orgânicos pode ser abreviada, conforme Tabela 21.2

e) A notação quantitativa segue a das demais espécies químicas.

Exemplos:

$[CoBrCl(H_2O)(NH_3)_3]^+Cl^-$; $[PtCl_2(NH_3)_2]°$;
$K^+_3[Co(NO_2)_6]^{3-}$; $[Pt(py)_4]^{2+}[PtCl_4]^{2-}$;

py = piridina.

Obs.: Nas fórmulas dos complexos, as cargas dos íons não são representadas. Nos exemplos acima, foram representadas apenas de forma ilustrativa.

A Tabela 21.2 apresenta o símbolo e o respectivo nome do ligante, juntamente com o número de pares eletrônicos disponíveis por molécula de ligante.

Tabela 21.2 Símbolos de alguns ligantes mono, bi, tri, ..., polidentados.

Símbolo	Nome*	Fórmula
En	Etilenodiamina	$\ddot{N}H_2\,CH_2\,CH_2\,\ddot{N}H_2$
Py	Piridina	(estrutura de piridina)
Pn	Propilenodiamina (1,2 – diaminopropano)	$\ddot{N}H_2\,CH_2\,CH(CH_3)\,\ddot{N}H_2$
dien	Dietilenotriamina	$\ddot{N}H_2\,CH_2\,CH_2\,\ddot{N}H\,CH_2\,CH_2\ddot{N}H_2$
trien	Trietilenotetramina	$\ddot{N}H_2\,CH_2\,CH_2\,\ddot{N}H\,CH_2\,CH_2\,\ddot{N}H\,CH_2\,CH_2\,\ddot{N}H_2$
bipy	2,2 – Bipiridina	(estrutura de 2,2'-bipiridina)
fen	1,10 – Fenantrolina	(estrutura de 1,10-fenantrolina)
EDTA (edta)	Etilenodiaminatetracetato	$^-\ddot{O}OCCH_2$, $^-\ddot{O}OCCH_2$ — $\ddot{N}CH_2\,CH_2\ddot{N}$ — $CH_2\,CO\ddot{O}^-$, $CH_2CO\ddot{O}^-$

* Os compostos desta tabela quando se apresentam como ligantes, a terminação de seus respectivos nomes passa de "a" para "o".

II Representação Gráfica

a) Ligações:

Ligação covalente comum (—); Ligação coordenada (→).

Exemplo:

$$\left[\begin{array}{c} H_3N \rightarrow Pt \cdots Cl \\ H_3N \rightarrow - Cl \end{array}\right]$$

Normalmente omite-se a seta para facilitar o trabalho gráfico.

b) Posições: quando necessário, numeram-se as posições dos ligantes com algarismos arábicos.

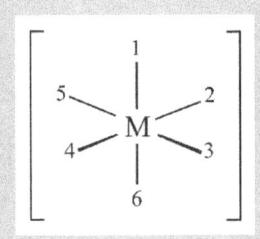

Geometria Octaédrica

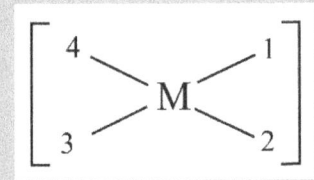

Geometria plana

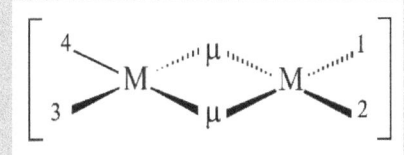

Complexo binuclear (μ = meso).

III Nomenclatura

Dos Aspectos Gerais e Entidade de Coordenação

a) Nos complexos iônicos o nome do ânion precede o do cátion intercalando-se a partícula *"de"*. Exemplos:

- $K_4[Fe(CN)_6]$ – hexacianoferrato(II) de potássio;
- $[CoCl(H_2O)(NH_3)_4]Cl_2$ – cloreto de clorotetraamimaquocobalto(III);
- $[Ptpy_4][PtCl_4]$ – tetracloroplatinato(II) de tetrapiridinoplatina(II).

b) Nos complexos moleculares (não eletrólito) o nome é formado de uma só palavra. Exemplo:

- $[Co(NO_2)_3(NH_3)_3]$ – trinitrotriamincobalto(III)

c) No nome das entidades coordenadas (cátions, ânions e moléculas neutras), o átomo central (AC) será designado depois de todos os ligantes. Nas esferas aniônicas o AC terá a terminação característica *"ato"* adicionada à raiz do nome. Quando se trata de ácidos pode-se adotar a terminação *"ico"*, aplicando-se a nomenclatura dos ácidos. Exemplos:

- $K_4[Os(CN)_6]$ – hexacianoos**mato**(II) de potássio
- $K_2[Ni(C_2S_2O_2)_2]$ – bis-ditioxalonicol**ato**(II) de potássio
- $H_2[PtCl_6]$ – hexacloroplatin**ato**(IV) de hidrogênio, ou
  – ácido hexacloroplatín**ico**
- $H_3[Fe(CN)_6]$ – hexacianoferr**ato**(III) de hidrogênio
- $H_4[Fe(CN)_6]$ – hexacianoferr**ato**(II) de hidrogênio
- $H_3[Mn(CN)_6]$ – hexacianomangan**ato**(III) de hidrogênio
- $[RuCl_2(NH_3)_4]Cl$ – cloreto de diclororotetraaminrutênio(III)
- $[Cr(NH_3)_6][Co(CN)_6]$ – hexacianocobalt**ato**(III) de hexaamincromo(III)
- $[PtCl_4(NH_3)_2]$ – tetraclorodiaminplatina(IV)
- $[Ir(NO_2)_3(NH_3)_3]$ – trinitrotriamimirídio(III)

- [Cu(C$_5$H$_7$O$_2$)$_2$] — bis(acetilcetonato)cobre(II),
- [Ni(C$_4$H$_7$O$_2$N$_2$)] — bisdimetilglioximato–N-N de níquel(II)

- $\underset{\underset{O}{\|}}{CH_3\ C}\ CH = \underset{\underset{O^-}{|}}{C\ CH_3}$ — acetilcetonato

e) Os ligantes derivados de hidrocarbonetos não levam a desinência *"ato"*. Conservarão suas características, porém, são ânions. Exemplos:

- K[B(C$_6$H$_5$)$_4$] — tetrafenilborato de potássio
- K[SbCl$_5$(C$_6$H$_5$)] — pentaclorofenilantimoniato(V) de potássio

Da Indicação das Proporções dos Constituintes

a) Cita-se, ou indica-se o **número de nox** do átomo central, logo após o nome do mesmo seguindo o sistema **STOCK** ou o sistema **EWENS – BASSET**. Exemplo:

- K$_4$[Fe(CN)$_6$] — Hexacianoferrato(II) de potássio
  — Hexacianoferrato de tetra-potássio

b) As proporções dos constituintes serão indicadas pelos prefixos: **di, tri, tetra, penta, hexa, hepta, octa, ênea** etc., para as expressões simples. E, por: **bis, tris, tetraquis, pentaquis,** quando necessário indicar um múltiplo de grupos atômicos ou já contenham prefixos numerais, neste caso o nome entre parênteses.

Exemplos:

- H$_3$[Mn(CN)$_6$] — hexacianomanganato(III) de hidrogênio
- [CoCl(NO$_2$)en$_2$]Cl — cloreto de cloronitrobis(etilenodiamina) cobalto(III)

A Tabela 21.3 apresenta alguns nomes especiais de ânions

Tabela 21.3 Nomes Especiais de Ânions.

Símbolo	Nome do Íon	Ligante	Símbolo	Nome do Íon	Ligante
H$^-$	Hidreto	Hidro	HS$^-$	Bissulfeto	Tiolo
F$^-$	Fluoreto	Fluoro	S^{2-}	Sulfeto	Tio
Cl$^-$	Cloreto	Cloro	S$_2^{2-}$		Dissulfeto
Br$^-$	Brometo	Bromo	Se^{2-}	Seleneto	Seleno
I$^-$	Iodeto	Iodo	C$_2$O$_4^{2-}$	Oxalato	Oxalo
O^{2-}	Óxido	Oxo	CN$^-$	Cianeto	Ciano
HO$^-$	Hidróxido	Hidroxo	(NO$_2$)$^-$	Nitrito	Nitro
O$_2^{2-}$	Peróxido	Peroxo	(NH$_2$)$^-$	Amideto	Amido
HO$_2^-$	Hidrogenoperóxido	Hidrogenoperoxido	(NH)$^{2-}$, N$_3^-$	Imideto Azoteto	Imido Azido

Dos Ligantes

a) Numa entidade de coordenação designar-se-ão os ligantes na seguinte ordem: negativos, neutros e só depois os positivos. Os prefixos numerais não são considerados na ordenação dos ligantes.

b) O nome dos ligantes negativos, orgânicos ou inorgânicos, terão a desinência *"o"*.

c) Os ligantes ânions inorgânicos derivados de ácidos terão as respectivas desinências, *"eto"*, *"ito"* e *"ato"*; com as exceções previstas.

Exemplos:

- $[Ru(HSO_4)_2(NH_3)_4]$ — bis(hidrogenosulfa**to**)tetramimrutênio(II)
- $NH_4[Co(SO_3)_2(NH_3)_4]$ — bis(sulf**ito**)tetramincobaltato(III) de amônio
- $NH_4[Cr(SCN)_4(NH_3)_2]$ — tetratiocia**nato**diamincromato(III) de amônio
- $K_2[OsNCl_5]$ — nitr**eto**pentacloroosmato(VI) de potássio.

Dos Ligantes Neutros e Positivos

Todos conservarão seus nomes próprios, respeitadas as exceções. Exemplos:

- $[Co(en)_3](SO_4)_3$ — Sulfato de tris-etilenodiaminocobalto(III)
- $Na_2[Fe(CN)_5NO]$ — pentacianonitrosilferrato(III) de sódio
- $H_2[Co(CO)_4]$ — tetracarbonilcobaltato(II) de hidrogênio
- $K_3[Fe(CN)_5(CO)]$ — pentacianocarbonilferrato(II) de potássio

A Tabela 21.4 apresenta exemplos alguns ligantes neutros: fórmula e nome.

Tabela 21.4 Alguns exemplos de ligantes neutros e seus respectivos nomes.

Fórmula	Nome	Fóruma	Nome
• H_2O	– aquo	• NS	– tionitrosil
• NH_3	– amim	• CO	– carbonil
• NO	– nitrosil	• CS	– tiocarbonil

Da Coordenação Alternativa de Ligantes

Quando um ligante é capaz de fixar-se ao AC por meio de átomos diferentes, indicar-se-á o símbolo do elemento coordenador no fim do nome do ligante.

Exemplos:

- $C_2S_2O_2^{2-}$ — tiooxalato
  — isotiooxalato S

- $K_3\left[Ni\left(\begin{smallmatrix}S-C\\S-C\end{smallmatrix}\right)_2\right]$ – O bis(tiooxalato–S,S)nicolato(II) de potássio

A Tabela 21.5 apresenta alguns exemplos de ligantes com nomes especiais.

Tabela 21.5 Em alguns casos usam-se nomes especiais.

Fórmula	Nome	Fórmula	Nome
– SCN	– tiocianato	– ONO	– nitrito
– NSC	– isotiocianato	– CN	– ciano
– NO_2	– nitro	– NC	– isociano

Exemplos:

- $(NH_4)_3[Cr(NCS)_6]$ – hexaquisiotiocianatocromato(III) de amônio
- $K_2[Pt(NO_2)_4]$ – tetranitroplatinato(II) de potássio
- $[Co(ONO)(NH_3)_5Cl_2]$ – cloreto de nitritopentaamincobalto(III)

FONTE: Lenzi *et al.*, 2009; Lee, 1980; Basolo & Johnson, 1978; Huheey, 1975; Krauledat, 1970;

21.2 PARTE EXPERIMENTAL

21.2.1 Reação de dupla troca

a – *Material*
- *6 Tubos de ensaio com estante;*
- *9 Pipetas de 2 mL;*
- *Etiquetas;*
- *Solução de hidróxido de amônio 0,1 mol L^{-1};*
- *Solução de nitrato de ferro(III) 0,1 mol L^{-1};*
- *Solução de nitrato de chumbo(II) 0,1 mol L^{-1};*
- *Solução de iodeto de potássio 0,1 mol L^{-1};*
- *Solução de hidróxido de sódio 0,1 mol L^{-1};*
- *Solução de cloreto de potássio 0,1 mol L^{-1};*
- *Solução de sulfato de cobre(II) 0,1 mol L^{-1};*
- *Solução de cloreto de bário 0,1 mol L^{-1};*
- *Solução de ácido clorídrico 0,1 mol L^{-1};*
- *Material de registro: Diário do Laboratório, computador e calculadora.*

b – Procedimento
- Misturar 2,0 mL de cada solução, como indicado abaixo:

Tubo 1 – hidróxido de amônio + nitrato de ferro(III).
Tubo 2 – nitrato de chumbo(II) + iodeto de potássio.
Tubo 3 – hidróxido de sódio + cloreto de potássio.
Tubo 4 – sulfato de cobre(II) + cloreto de bário.
Tubo 5 – hidróxido de amônio + ácido clorídrico.
Tubo 6 – hidróxido de sódio + cloreto de bário.

c – *Observação*
- Observar atentamente cada tubo após a mistura. Preencher a Tabela RA 21.1

21.2.2 Reação de complexação

a – *Material*
- *3 Tubos de ensaio com estante;*
- *3 Pipetas de 5 mL;*
- *3 Conta-gotas;*
- *Solução de sulfato de cobre(II) 0,1 mol L^{-1};*
- *Solução de hidróxido de amônio 0,7 mol L^{-1};*
- *Solução de hidróxido de sódio 0,1 mol L^{-1};*
- *Solução de cloreto de amônio 0,1 mol L^{-1};*
- *Material de registro: Diário do Laboratório, computador e calculadora.*

b – *Procedimento*
- Colocar 5,0 mL de solução de sulfato de cobre(II) em três tubos de ensaio numerados.

- Acrescentar ao tubo 1, gota a gota, 0,25 mL de solução de hidróxido de amônio. Agitar e observar.
- Acrescentar ao tubo 2, gota a gota, 0,25 mL de solução de hidróxido de sódio. Agitar, observar e comparar ao tubo 1.
- Acrescentar ao tubo 1, mais solução de hidróxido de amônio, gota a gota, aproximadamente 8 mL. Agitar e observar.
- Acrescentar ao tubo 2, idêntica quantidade de hidróxido de sódio. Agitar e observar.
- Acrescentar ao tubo 3, 1,0 mL de hidróxido de sódio. Agitar. Observar.
- Acrescentar, ainda no tubo 3, gota a gota, aproximadamente 5,0 mL de cloreto de amônio. Observar.

c – *Observação*
- Observar atentamente cada tubo após a mistura. Preencher a Tabela RA 21.2

Segurança 21.1

Hidróxido de amônio – NH_4OH

Propriedades: As soluções de amônia normalmente fornecidas para laboratórios são soluções a 35% em água. Quando a temperatura ambiente aumenta, aumenta também a pressão interna no frasco e pode empurrar a tampa, deve-se, portanto, tomar cuidado para o frasco não ficar aberto. Soluções a 25% estão livre deste problema.

Perfil de segurança: Vapor irritante para todas as partes do sistema respiratório. A solução causa severas queimaduras nos olhos e queima a pele. Se ingerida a solução causa grandes danos internos.

Nitrato de ferro(III) monohidratado – $Fe(NO_3)_3 \cdot H_2O$

Propriedades: Cristais incolores ou violeta pálido, deliquescente, dando solução castanha. Solúvel em água, etanol, pouco solúvel em ácido nítrico. PF = 47,2 °C.

Perfil de segurança: É moderadamente tóxico por ingestão. Quando aquecido se decompõe em vapores tóxicos de NO_x. Na forma anidra provoca mutação genética e é oxidante.

Sais de Chumbo

Propriedades: Cristais brancos, ou coloridos, ou pó.

Perfil de Segurança: Evitar respirar o pó. Se inalar o pó ou engolir, pode causar severos ferimentos internos com vômito, diarreia e desmaio. Efeitos crônicos: falta de apetite, anemia, constipação, cólica, linhas azuis na gengiva. Efeito cumulativo. A doença devida ao chumbo no organismo chama-se **saturnismo**.

Iodeto de potássio – KI

Propriedades: Grânulos incolores ou brancos, ou cristais cúbicos incolores. Muito solúvel em água e moderadamente solúvel em álcalis. PF = 681 °C, PE = 1330 °C, d = 3,13 g cm^{-3}.

Perfil de segurança: Nível alto de toxicidade. Tóxico por via intravenosa, moderadamente tóxico por ingestão e via intraperitoneal. Efeitos teratogênicos em seres humanos pela ingestão: desenvolvimento anormal do sistema endócrino. Provoca mutação de dados genéticos. Reação explosiva com percloratos, hipofluoreto de trifluoroacetila, e outros. Reação violenta ou chama em contato com sais de diazônio, pentafluoreto de bromo, trifluoreto de cloro etc. Incompatível com oxidantes, BrF_3, $FClO$, sais metálicos etc. Quando aquecido se decompõe e emite vapores muito tóxicos de K_2O e I^-.

Hidróxido de sódio – NaOH

Ver Unidade Didática 20, Segurança 20.3.

Cloreto de potássio – KCl

Propriedades: Cristais ou pó incolor, inodoro, com paladar salgado. Muito solúvel em água, solúvel em etanol. PF = 771 ºC.

Perfil de segurança: Tóxico aos seres humanos por ingestão. Experimentalmente tóxico por ingestão, intravenoso e intraperitoneal.

Sais de cobre(II) – $CuSO_4$

Propriedades: Cristais ou pó azul ou cinza azulado.

Perfil de segurança: O pó é irritante para as mucosas. O pó e a solução dos sais são irritantes aos olhos. A ingestão pode causar vômitos violentos e diarreia com intensa dor abdominal e desmaio.

Compostos de bário

Propriedades: Os cristais ou pó dos compostos de bário são todos praticamente incolores.

Perfil de segurança: Todos os compostos de bário, exceto o sulfato, podem ser considerados tóxicos quando ingeridos. Se ingeridos, compostos solúveis de bário, causam náuseas, dor no estômago e diarreia.

Ácido Clorídrico – HCl

Verificar Unidade Didática 20, Segurança 20.3

FONTE: Oddone *et al.* (1980); Lewis (1996); Budavari (1996); Bretherick (1986); Luxon (1971).

21.3 EXERCÍCIOS DE FIXAÇÃO

21.1. Classifique as reações abaixo: a) reação de síntese; b) reação de dupla troca com precipitação; c) reação de dupla troca com formação de composto volátil; d) reação de dupla troca com substância pouco iônica ou molecular, e) reação de complexação e f) não ocorre reação.

( ) $S + O_2 \rightarrow SO_2$

( ) $NaCl + AgNO_3 \rightarrow NaNO_3 + AgCl$

( ) $KNO_3 + LiOH \rightarrow KOH + LiNO_3$

( ) $2HCl + Ca(OH)_2 \rightarrow CaCl_2 + 2H_2O$

( ) $Fe^{3+} + 6\,SCN^- \rightarrow [Fe(SCN)_6]^{3-}$

( ) $2HCl + FeS \rightarrow FeCl_2 + H_2S$

( ) $MgO + H_2O \rightarrow Mg(OH)_2$

21.2. Considere as reações abaixo e responda:

I. $AgNO_3 + HCl \rightarrow$ ocorre a formação de um precipitado amarelo pálido

II. $Pb(NO_3)_2 + KI \rightarrow$ ocorre a formação de um precipitado amarelo forte.

III. $FeCl_3 + NaOH \rightarrow$ ocorre a formação de um precipitado ocre.

a) Complete as reações mostrando a equação iônica e iônica líquida, faça o balanceamento de todas as reações.

b) Com a ajuda de uma Tabela de Solubilidade ou Tabela de Kps, identifique nas substâncias formadas qual é o precipitado.

21.3. Complete com a equação iônica as reações abaixo e, consultando uma Tabela de Solubilidade ou de Kps, indique o produto insolúvel. Não se esqueça o balanceamento.

a) $Na_2CO_3 + CaCl_2 \rightarrow$

b) $Pb(NO_3)_2 + NaOH \rightarrow$

c) $BaCl_2 + K_2CrO_4 \rightarrow$

21.4. Conceitue:

a) reação de dupla troca. Quais as exigências para que uma reação de dupla troca ocorra na prática?

b) reação de complexação.

21.5. Explique porque a amônia (NH_3) pode ser um ligante na formação de um complexo enquanto o íon amônio (NH_4^+) não.

21.6. Explique porque com a adição do hidróxido de amônio (NH_4OH) no tubo contendo hidróxido de cobre(II), ($Cu(OH)_2$), insolúvel este precipitado desaparece. Escreva as reações.

21.4 RELATÓRIO DE ATIVIDADES

Universidade _____ Centro de Ciências Exatas – Departamento de Química Disciplina: QUÍMICA GERAL EXPERIMENTAL – Cód: _____ Curso: _____ Ano: _____ Professor: _____	Relatório de Atividades
_____ Nome do Acadêmico	_____ Data

UNIDADE DIDÁTICA 21: REAÇÕES QUÍMICAS

REAÇÕES DE DUPLA TROCA E DE COMPLEXAÇÃO

Tabela RA 21.1 Resultados do experimento das reações de dupla troca, item 21.2.1.

Tubo	Reagentes	Produtos*
01	$NH_4OH + Fe(NO_3)_3 \rightleftarrows$	
	Observações:	
02	$Pb(NO_3)_2 + KI \rightleftarrows$	
	Observações:	
03	$NaOH + KCl \rightleftarrows$	
	Observações:	
04	$CuSO_4 + BaCl_2 \rightleftarrows$	
	Observações:	
05	$NH_4OH + HCl \rightleftarrows$	
	Observações:	
06	$NaOH + Ba(HO)_2 \rightleftarrows$	
	Observações:	

* Indicar o produto que forma o precipitado. Balancear as equações pelo método do balanço de massa (algébrico).

Tabela RA 21.2 Resultados do experimento das reações de complexação, item 21.2.2.

Tubo	Reagentes		Produtos
01	5 ml $CuSO_{4(aq)}$ + 0,25 mL $NH_4OH_{(aq)}$ + ±8 mL de $NH_4OH_{(aq)}$	$\rightleftarrows$	
	Observações:		
02	5 ml $CuSO_{4(aq)}$ + 0,25 mL $NaOH_{(aq)}$ + ±8 mL de $NaOH_{(aq)}$	$\rightleftarrows$	
	Observações:		

Tubo	Reagentes		Produtos
03	5 ml $CuSO_{4(aq)}$ + 1,0 mL de $NaOH_{(aq)}$ + ±5 mL de $NH_4Cl_{(aq)}$	$\rightleftarrows$	
	Observações:		

Balancear as equações pelo método do balanço de massa (algébrico).

21.5 REFERÊNCIAS BIBLIOGRÁFICAS E SUGESTÕES PARA LEITURA

ALEXEYEV, V. N. **Qualitative chemical semimicroanalysis**. Translated from Russian by A. Beknazarov. Moscow: Editorial MIR, 1975. 583 p.

ATKINS, P.; JONES, L. **Princípios de química**. Tradução de Ignez Caracelli e outros. Porto Alegre: Bookman, 2001. 914 p.

ATKINS, P. W; BERAN, J. A. **General Chemistry**. 2 ed. New York: Scientific American Books, 1992. 922 p.

BARD, A. J. **Equilíbrio químico**. Traducción y adaptación de Juan de La Rubia Pacheco y José Doria Rico. Buenos Aires: Harper Row Publishers, 1970. 221 p.

BARROS, H. L. C. **Química inorgânica, uma introdução**. Belo Horizonte: Editora UFMG, 1992. 518 p.

BASOLO, F.; JOHNSON, R. **Química de los compuestos de coordinación**. Barcelona: Editorial Reverté, 1978. 174 p.

BRETHERICK, L. [Editor]. **Hazards in the chemical laboratory**. 4. ed. London: The Royal Society of Chemistry, 1986. 604 p.

CHRISPINO, A. **Manual de química experimental**. São Paulo (SP): Editora Ática, 1991. 230 p.

FELTRE, R. **Curso básico de química: química geral**. São Paulo: Editora Moderna, 1985. Vol. 1 184 p.

FRANKENTHAL, R. P. *In*: MEITES, L. [Editor]. **Handbook of analytical chemistry**. New York: McGraw-Hill, 1963,

HARRIS, D. C. **Análise química quantitativa**. Tradução da quinta edição inglesa feita por Carlos Alberto da Silva Riehl & Alcides Wagner Serpa Guarino. Rio de Janeiro: LTC, 2001. 862 p.

HUHEEY, J. **Inorganic chemistry – principles of structure and reactivity**. S.I. Units Edition. New York: Harper & Row, 1975. 737 p.

KOTZ, J. C.; TRICHEL, P. **Química & reações químicas**. Vol. 1. Tradução de Horácio Macedo. Rio de Janeiro: LTC, 1998. 458 p.

KRAULEDAT, W. G. **Notação e nomenclatura de química inorgânica**. São Paulo: Editora Edgard Blücher; Editora da Universidade de São Paulo, 1970. 114 p.

LEE, J. D. **Química inorgânica**. Tradução da 3ª edição inglesa feita por MAAR, J. H., São Paulo: Editora Edgard Blücher, 1980. 484 p.

LENZI, E.; FAVERO, L. O. B.; LUCHESE, E. B. **Introdução à química da água – ciência, vida e sobrevivência**. Rio de Janeiro: LTC, 2009. 604 p.

LEWIS, R. J. [Editor] **Sax's dangerous properties of industrial materials**. 9. Ed. New York: Van Nostrand Reinhold, 1996. Volumes 01, 02 and 03.

LUXON, S. G. [Editor] **Hazards in the chemical laboratory**. 5th. Edition. Cambridge: Royal Society of Chemistry, 1971. 675 p.

ODDONE, G. C.; VIEIRA, L. O.; PAIVA; M. A. D. **Guia de prevenção de acidentes em laboratório**. Rio de Janeiro: Divisão de Informação Técnica e Propriedade Industrial – Petrobras, 1980. 37 p.

RUSSEL, J. B. **Química geral**. 2ª Edição. Coordenação e tradução de Maria Elizabeth Brotto e outros. Rio de Janeiro: MAKRON Books do Brasil, 1994. 1.268 p. Volume 1 e Volumes 2.

SEBERA, D. K. **Estrutura eletrônica & ligação química**. São Paulo (SP): Editora Polígono, 1968. 315 p.

SEMISHIN, V. **Prácticas de química general inorgánica**. Traducido del ruso por K. Steinberg. Moscu: Editorial MIR, 1967. 390 p.

SIGMA-ALDRICH CATALOG. **Biochemicals and reagents for life science research**. USA: SIGMA ALDRICH Co., 1999. 2880 p.

SKOOG, D. A.; WEST, D. M.; HOLLER, F. J; CROUCH, S. R. **Fundamentos de química analítica**. Tradução da 8ª. ed. americana feita por Marcos Tadeu Grassi. São Paulo: Thomson Learning, 2006. 999 p.

STOKER, H. S. **Preparatory Chemistry**. 4. ed. New York: Macmillan Publishing Company, 1993. 629 p.

STUMM, W.; MORGAN, J. J. **Aquatic chemistry –** *An introduction emphasizing chemical equilibria in natural waters*. New York (USA): John Wiley & Sons, 1996. 780 p.

THOMAS SCIENTIFIC CATALOG: 1994/1995. New Jersey (USA): Thomas Scientific Co., 1995. 1929 p.

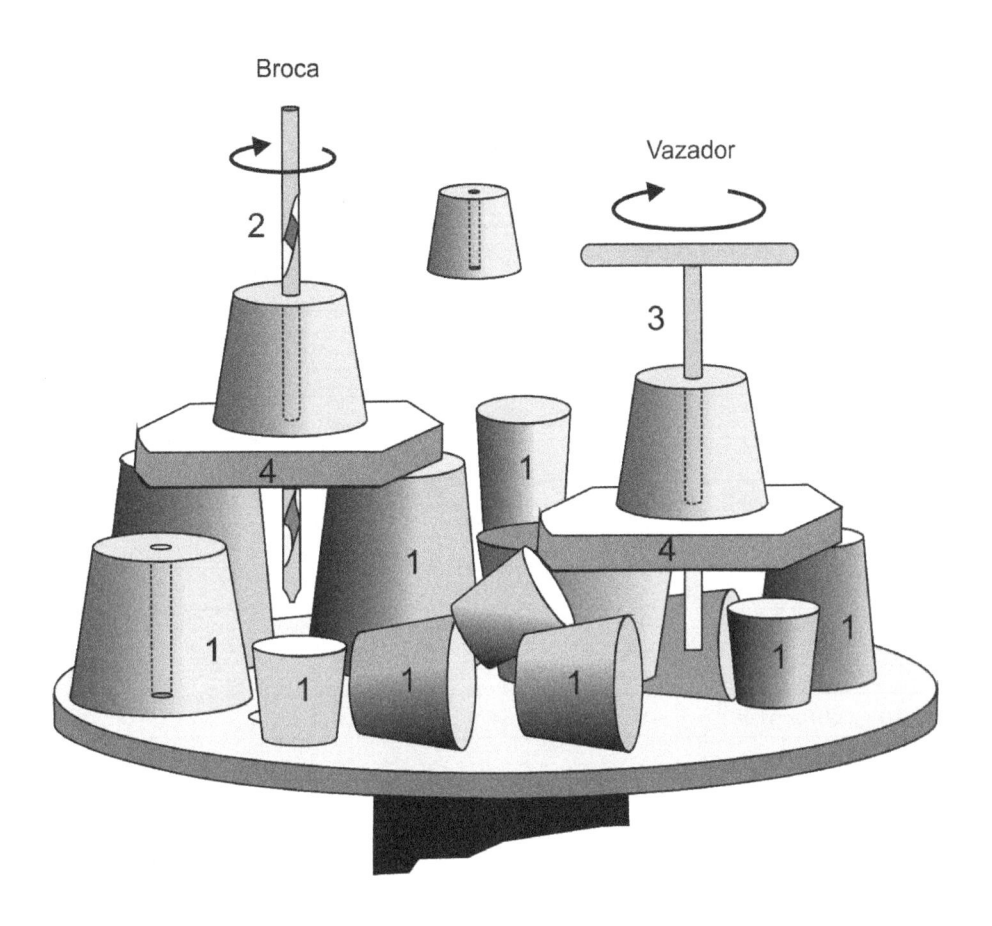

UNIDADE DIDÁTICA 22

Conjunto vazador: Utilizado para obter um orifício de diâmetro desejado em rolhas de cortiça ou borracha. Existem dois tipos no mercado: **(1)** manual e **(2)** broca elétrica. Cada tipo possui bitolas variadas.

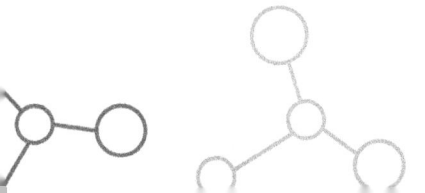

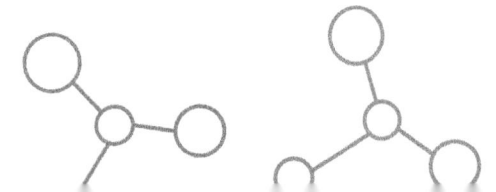

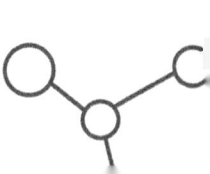

UNIDADE DIDÁTICA 22

REAÇÕES QUÍMICAS

REAÇÃO DE DESLOCAMENTO E MANIPULAÇÃO DE GASES

Conteúdo	Página
22.1 Aspectos Teóricos	515
22.1.1 Conceitos	515
22.1.2 Manipulação de gases	517
22.1.3 Medidas de volume, temperatura, pressão e leis dos gases	519
Detalhes 22.1	520
Detalhes 22.2	520
22.2 Parte Experimental	521
22.2.1 Coleta de 250 mL de ar	521
22.2.2 Deslocamento do íon cobre pelo ferro	523
22.2.3 Ação do sódio metálico na água	523
22.2.4. Obtenção do oxigênio	523
Detalhes 22.3	525
22.2.5 Obtenção do gás hidrogênio	527
22.2.6 Reação de síntese da água	528
Segurança 22.1	529
22.3 Exercícios de Fixação	530
22.4 Relatório de Atividades	532
22.5 Referências Bibliográficas e Sugestões para Leitura	533

Unidade Didática 22
REAÇÕES QUÍMICAS
REAÇÃO DE DESLOCAMENTO E MANIPULAÇÃO DE GASES

Objetivos
- Fazer, observar e analisar uma *reação de deslocamento* ou *troca simples* produzindo metais ou gases.
- Manipular gases em escala laboratorial.
- Fazer exercícios teóricos e práticos de treinamento.

22.1 ASPECTOS TEÓRICOS

22.1.1 Conceitos

De maneira geral pode-se representar uma *reação de deslocamento* ou de *simples troca*, através da Reação (R-22.1):

$$\text{Caminho da troca:} \underbrace{B_{\text{Metal}} + AX}_{\text{Reagentes}} \rightleftarrows \underbrace{BX + A}_{\text{Metal ou gás hidrogênio}} \quad \text{(R-22.1)}$$

O reagente B, em reações de troca simples, em geral, é um metal. Ao reagir, desloca A que fica livre no ambiente. O produto A pode ser outro metal, ou um não-metal, produzindo respectivamente, um metal ou um gás, A.

Nas reações de deslocamento simples, um metal pode deslocar outro, desde que seja *mais reativo* que o primeiro. Neste caso, tem-se a reação de um elemento, o metal e um sal. Como produto, forma-se também um elemento, o metal que formava o cátion do sal e outro sal.

Na reação, processou-se também uma reação de óxido-redução. A Reação (R-22.2) é um exemplo real e factível de reação de deslocamento.

$$\text{Caminho da troca:} \quad \underbrace{\overset{0}{Fe^{\circ}}_{(m)} + \overset{2+}{CuSO_4}_{(aq)}}_{\substack{\text{Ferro metálico} \quad \text{Sulfato de cobre} \\ \text{Reagentes}}} \rightleftarrows \underbrace{\overset{2+}{FeSO_4}_{(aq)} + \overset{0}{Cu^{\circ}}_{(m)}}_{\substack{\text{Sulfato de ferro} \quad \text{Cobre metálico} \\ \text{Produtos}}} \quad \text{(R-22.2)}$$

Potenciais Padrões de Eletrodo (de redução):

$Fe^{2+}_{(aq)} + 2e \rightleftarrows Fe^0_{(m)} \quad E^O_H = -0{,}440\ V \qquad Cu^{2+}_{(aq)} + 2e \rightleftarrows Cu^0_{(m)} \quad E^O_H = +0{,}337\ V$

Se o metal, for *mais reativo* que o hidrogênio, pode deslocá-lo. Na reação participam: um elemento, o metal; e um ácido. Como produto, tem-se a formação de um sal e a liberação do gás hidrogênio, conforme Reação (R-22.3):

$$\text{Caminho da troca:} \quad \underbrace{\overset{0}{Mg^{\circ}}_{(m)} + 2\ \overset{1+}{HCl}_{(aq)}}_{\substack{\text{Magnésio metálico} \quad \text{Cloreto de Hidrogênio} \\ \text{Reagentes}}} \rightleftarrows \underbrace{\overset{2+}{MgCl_2}_{(aq)} + \overset{0}{H^{\circ}}_{2(g)}}_{\substack{\text{Cloreto de magnésio} \quad \text{Hidrogênio} \\ \text{Produtos}}} \quad \text{(R-22.3)}$$

Potenciais Padrões de Eletrodo (de redução):

$Mg^{2+}_{(aq)} + 2e \rightleftarrows Mg^0_{(m)} \quad E^O_H = -2{,}363\ V \qquad 2\ H^{1+}_{(aq)} + 2e \rightleftarrows H^0_{2(m)} \quad E^O_H = 0{,}000\ V$

Os metais *mais reativos*, caso dos metais alcalinos, deslocam também o hidrogênio da água, conforme Reação (R-22.4), tendo como produtos uma base e liberação do gás hidrogênio.

$$\text{Caminho da troca:} \quad \underbrace{2\ \overset{0}{Na^{\circ}}_{(m)} + 2\ \overset{1+}{H_2O}_{(l)}}_{\substack{\text{Sódio metálico} \quad \text{Água} \\ \text{Reagentes}}} \rightleftarrows \underbrace{2\ \overset{1+}{Na^+}_{(aq)} + 2\ OH^-_{(aq)} + \overset{0}{H^{\circ}}_{2(g)}}_{\substack{\text{Cátion sódio} \quad \text{Ânion hidróxido} \quad \text{Hidrogênio} \\ \text{Produtos}}} \quad \text{(R-22.4)}$$

Potenciais Padrões de Eletrodo (de redução):

$Na^{2+}_{(aq)} + 2e \rightleftarrows Na^0_{(m)} \quad E^O_H = -2{,}714\ V \qquad 2\ H^{1+}_{(aq)} + 2e \rightleftarrows H^0_{2(m)} \quad E^O_H = 0{,}000\ V$

Nos três exemplos, Reação (R-22.2) a (R-22.4), as reações são, também, de oxirredução.

Para prever se a reação pode ou não ocorrer na prática é útil consultar a série de reatividade dos metais, citada na Tabela 22.1. Os elementos que vêm antes do H na lista dos Potenciais Padrões de Eletrodo (de redução) deslocam o mesmo, os que vêm depois dele são deslocados por ele.

UNIDADE DIDÁTICA 22: REAÇÕES QUÍMICAS
REAÇÃO DE DESLOCAMENTO E MANIPULAÇÃO DE GASES

Tabela 22.1 Sequência ordenada por decrescimento da reatividade química dos elementos.

Cs > Li > Rb > K > Ba > Sr > Ca > Na > Mg > Be > Al > Mn > Zn > Cr > Fe > Cd > Co > Ni > Sn > Pb
> H >
Sb > Bi > Cu > Hg > Ag > Pd > Pt > Au

22.1.2 Manipulação de gases

O estado gasoso é um estado físico em que se encontram muitas substâncias que necessitam ser coletadas, purificadas, estocadas. Enfim, manipuladas. Como fazer?

Na presente prática será demonstrado como coletar um gás em laboratório. Para isto, escolhe-se um líquido, com baixa pressão de vapor, no qual o gás não se dissolve ou se dissolve muito pouco. Por exemplo, o ar, que é uma mistura de nitrogênio (N_2) e oxigênio (O_2) na proporção de 79% e 21% (volume:volume - v:v) é pouco solúvel na água.

A propriedade básica utilizada será a de que **os corpos fluidos, líquidos e gases, quando misturados tendem a se separar e colocarem-se em ordem de densidade, isto é, o mais denso em baixo e o menos denso em cima**. Assim, num copo emborcado, cheio de água, qualquer bolha de ar que entrar deslocará a água e ocupará a parte superior do copo. A desvantagem é que a fase gasosa além de ter o gás recolhido terá também o vapor do líquido sobre o qual está sendo recolhido.

Coleta de 250 mL de um gás

- Enchimento Erlenmeyer do com água

Encher um copo Erlenmeyer ou uma proveta de 250 mL com água, à temperatura conhecida, tapá-lo com rolha sem deixar bolha nenhuma de ar dentro do mesmo, Figura 22.1 A e B.

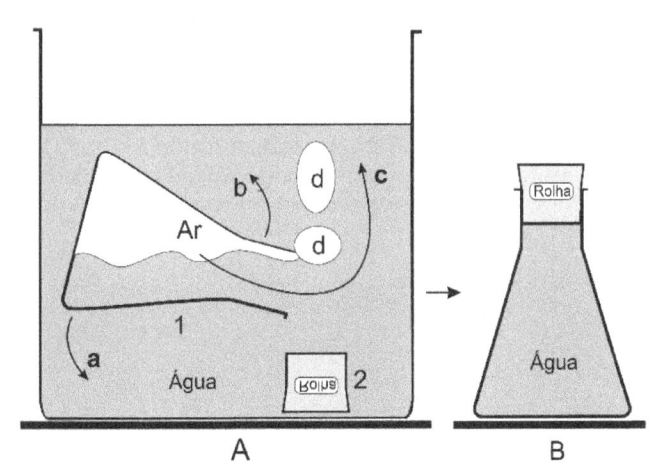

Figura 22.1 Visualização da operação de *enchimento* de um copo Erlenmeyer de 250 mL com água: (A) O copo de 250 mL cheio de ar, é "afundado" na tina de água (a água expulsa o ar e preenche o copo); (B) Copo cheio de água e tapado com uma rolha de borracha.

FONTE: Lenzi *et al.*, 2009.

Para encher o copo de 250 mL com água ou outro líquido, numa tina com água num nível apropriado, coloca-se o Erlenmeyer ou proveta de boca para cima e é mergulhado na água. Abaixo do nível da água da tina, o copo cheio de água é emborcado observando se há bolhas de ar no fundo e ou nas paredes. Se houver, endireitar o copo e agitar para que as bolhas deixem o copo e subam à superfície. A seguir, na posição de emborcado, tapá-lo com a rolha de borracha, conforme Figura 22.1 A e B.

- Transferência do gás para o copo Erlenmeyer cheio de água

Firmar o copo emborcado, cheio de água, dentro do líquido num anel metálico de um suporte universal. Com o copo emborcado, sempre dentro da água, retirar a rolha, Figura 22.2 A e B.

Pela boca do copo emborcado aberto, ou da proveta, fazer borbulhar o ar (ou o gás) a ser recolhido, o qual irá para a parte superior do copo invertido, ocupando o lugar da água, deslocando a mesma, conforme Figura 22.2 A e B.

- Coleta de um volume exato de gás oxigênio

A Figura 22.3 A, mostra a chegada do gás oxigênio e respectiva coleta.

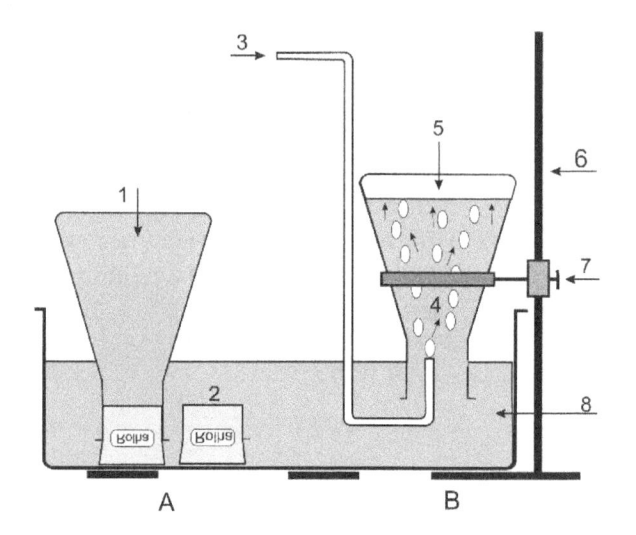

Figura 22.2 Visualização da coleta de um gás para outro recipiente em laboratório: (A) Copo Erlenmeyer cheio de água emborcado (preparado anteriormente); (B) Copo emborcado sem a rolha com o condutor do gás a ser coletado, introduzido na boca do copo, saindo o gás a ser coletado, que sobe ocupando a parte superior do copo. Em consequência o líquido desce.

FONTE: Lenzi *et al.*, 2009.

UNIDADE DIDÁTICA 22: REAÇÕES QUÍMICAS
REAÇÃO DE DESLOCAMENTO E MANIPULAÇÃO DE GASES

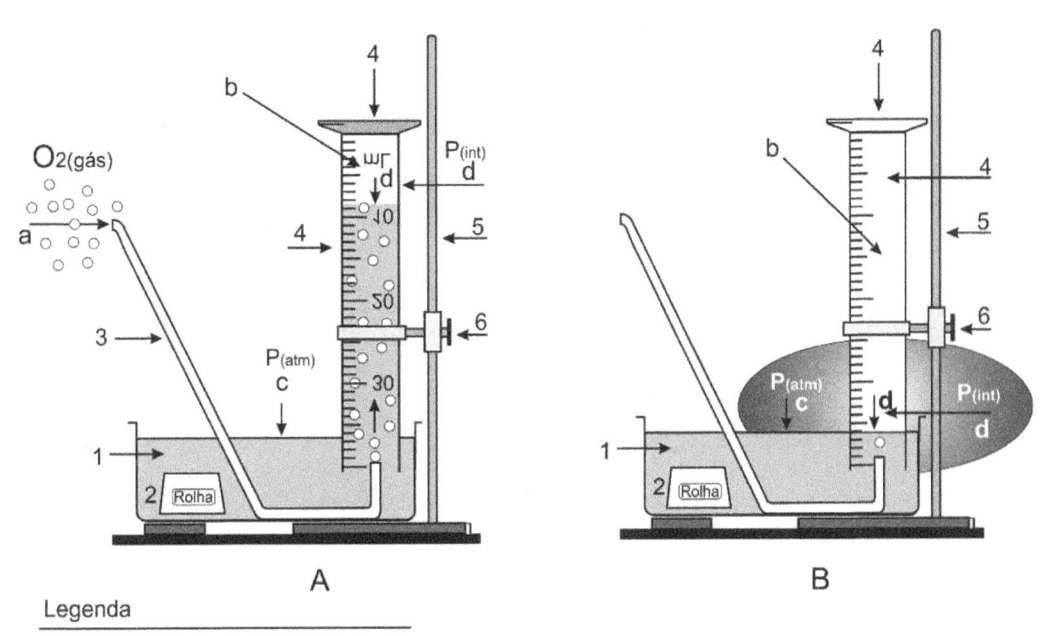

Legenda

A - Produção, coleta e armazenamento do gás oxigênio, $O_{2(g)}$: 1 - Tina ou tanque com água; 2 - Rolha de borracha para tapar a proveta; 3 - Tubo condutor do gás oxigênio (vidro ou borracha); 4 - Proveta graduada emborcada; 5 - Suporte metálico (haste e base); 6 - Garra com anel metálico que segura a proveta; **a** - Gás oxigênio vindo do reator; **b** - Reservatório de gás oxigênio coletado; **c** - Pressão ambiente ou atmosférica, (P_{atm}), que se exerce sobre a superfície do líquido; $P_{(Total)} = P_{(ambiente)} = P_{(atmosférica)}$; $P_{(interna)} = p_{(oxigênio)} + p_{(vapor\ de\ água)}$ = Soma das pressões parciais; **d** - Pressão interna dos gases (oxigênio e vapor de água) - $P_{int} = p_{(Oxigênio)} + p_{(vapor\ de\ água)}$.

B - Sistema em posição de leitura do volume do gás oxigênio armazenado, em que a pressão ambiente é igual à pressão interna dos gases ou $P_{(Atmosférica)} = P_{(Interna\ dos\ gases)}$.

Figura 22.3 Visualização da coleta de gases: (A) Produção e armazenamento do gás na proveta; (B) Coleta de um volume exato, 36,00 mL de $O_{2(g)}$, a uma pressão atmosférica de 760,0 mmHg e a 20,0 °C.

FONTE: Lenzi *et al.*, 2009.

22.1.3 Medidas de volume, temperatura, pressão e leis dos gases

A mesma Figura 22.3 B, mostra a coleta do volume exato de 36,00 mL de gás oxigênio numa proveta calibrada. A medida foi feita numa pressão atmosférica de 760,0 mmHg e a uma temperatura de 20 °C.

Ao se ajustar o nível do líquido (água) dentro da proveta invertida com o nível do lado de fora, Figura 22.3 B, significa que são alcançados os momentos descritos pelas Equações (22.1) e (22.2):

Pressão externa sobre a superfície da água, (P_{atm}) = Pressão interna sobre a superfície da água (P_{int}) (22.1)

Pressão atmosférica (P_{atm}) = Soma das pressões parciais (p_i) dos gases (i) que estão dentro da proveta (22.2)

Detalhes 22.1

Um gás é denominado **gás ideal**, ou **gás perfeito**, quando ele obedece à Lei de Clayperon, isto é, quando entre as moléculas, ou partículas, que o compõem não há interação nenhuma. Os choques entre elas são perfeitamente elásticos. O gás ideal não pode ser liquefeito por mera variação de pressão. Existe uma temperatura a partir da qual ele pode ser liquefeito. A partir deste momento este gás torna-se **gás real**.

Dentro da proveta tem-se dois gases: o *gás oxigênio* e o *vapor de água*. A pressão parcial do vapor de água é igual à pressão de vapor da água na temperatura da medida (20,0 °C). Pela Tabela 22.1 a pressão de vapor de água a 20,0 °C é igual a 17,5 mmHg. Logo, substituindo os valores na Equação (22.3) chega-se a Equação (22.4):

$$P_{(atm)} = p_{(O_2)} + p_{(H_2O_{(v)})} \quad (22.3)$$

$$p_{(O_2)} = 760,0 - 17,5 = 742,5 \text{ mmHg} \quad (22.4)$$

Tabela 22.2 Pressão de vapor de água (h mmHg) a temperatura (T °C).

T	h	T	h	T	h	T	h
10,0	9,2	16,0	13,6	22,0	19,8	28,0	28,3
11,0	9,8	17,0	14,5	23,0	21,1	29,0	30,0
12,0	10,5	18,0	15,5	24,0	22,4	30,0	31,8
13,0	11,2	19,0	16,5	25,0	23,8	40,0	55,3
14,0	12,0	20,0	17,5	26,0	25,2	50,0	92,5
15,0	12,8	21,0	18,5	27,0	26,7	100,0	760,0

FONTE: Semishin, 1967.

Detalhes 22.2

Pressão parcial de um gás A (p_A), numa mistura de gases (A, B, C, ...), é a pressão que o gás A exerceria se sozinho ocupasse o volume total da mistura (V). A soma das pressões parciais é igual à pressão total (P).

$$P = p_A + p_B + p_C + ...$$

Volume parcial de um gás A (v_A), numa mistura gases (A, B, C, ...), é o volume que o gás A ocuparia se sobre ele, sozinho no volume total, se exercesse a pressão total da mistura de gases (P). A soma dos volumes parciais é igual ao volume total (V).

$$V = v_A + v_B + v_C + ...$$

Para um gás ideal denominam-se *Condições Normais de Temperatura e Pressão* (CNTP), a temperatura de 0 °C ou 273 K e a pressão de 1 atm = 760,0 mmHg.

Para os gases ideais, nestas condições, um mol de qualquer gás (M) ocupa o volume de 22,4 L e possui 1 mol de moléculas ou $6,023 \cdot 10^{23}$ moléculas.

A Lei de Clayperon, conforme a Equação (22.5) prova que:

$$\frac{P_0 \cdot V_0}{T_0} = \frac{P_1 \cdot V_1}{T_1} = \text{Constante} = R \quad (22.5)$$

Onde, substituindo as variáveis pelos parâmetros nas condições normais de temperatura e pressão (CNTP) e para 1 mol, chega-se à Equação (22.6):

$$R = \frac{(760,0 \text{ mmHg}) \cdot (22,4 \text{ L})}{(1 \text{ mol}) \cdot (273 \text{ K})} = 62,36 \frac{\text{mmHg L}}{\text{mol K}} \quad (22.6)$$

Ou, também, Equação (22.7):

$$R = \frac{(1,0 \text{ atm}) \cdot (22,4 \text{ L})}{(1 \text{ mol}) \cdot (273 \text{ K})} = 0,0821 \frac{\text{atm L}}{\text{mol K}} \quad (22.7)$$

Onde, R = constante dos gases perfeitos. O valor de R foi calculado para *um mol*, logo,

1,0 mol (de qualquer gás ideal) ------------→ R
n mols ----------------------------------→ x

x = n.R

Logo, a Equação (22.5) se transforma na Equação (22.8) e na Equação (22.9):

$$\frac{P_1 \cdot V_1}{T_1} = \frac{P_i \cdot V_i}{T_i} = n.R \qquad (22.8)$$

E,

$$P_i \cdot V_i = n.R.T_i \qquad (22.9)$$

A Equação (22.9) é outra forma de apresentar a equação de Clayperon. Onde, o índice i, representa as novas condições do experimento, isto é, fora das CNTP (Condições Normais de Temperatura e Pressão).

Na experiência acima descrita: P_i = 742,5 mmHg; V_i = 36,0 mL = 0,036 L; e T_i = 20,0 °C = (273 + 20,0) = 295 K. Estes valores introduzidos na Equação (22.9), tem-se a Equação (22.10):

$$n = \frac{742,5 \cdot 0,036}{62,36 \cdot 293} \cdot \frac{(mmHg.L).(mol.K)}{(mmHg.L).K} = 1,463 \cdot 10^{-3} \text{ mol de } O_{2(\text{gás ideal})} \qquad (22.10)$$

Conhecendo-se o valor da massa molar (*M*) do mol do oxigênio, *M* = 32,00 g, pode-se calcular a massa do $O_{2(g)}$ presente no volume medido, conforme Equação (2.11).

$$m = n.M = 1,463 \cdot 10^{-3} \cdot 32,00 \text{ g} = 0,0468 \text{ g de oxigênio.} \qquad (22.11)$$

22.2 PARTE EXPERIMENTAL

22.2.1 Coleta de 250 mL de ar

a – *Material*
- *2 Copos tipo Erlenmeyer de 250 mL, limpos e secos;*
- *2 Rolhas próprias para os copos Erlenmeyer de 250 mL;*
- *Tina com água;*
- *Material de registro: Diário de Laboratório, computador e calculadora.*

b – *Procedimento*
- Dentro da tina (tanque ou bacia) mergulhar um dos copos Erlenmeyer, de pé, e deixar encher o copo com água, e tapá-lo com a rolha sem sobrar bolhas de ar dentro, conforme Figura 22.4 A.

QUÍMICA GERAL EXPERIMENTAL

Legenda

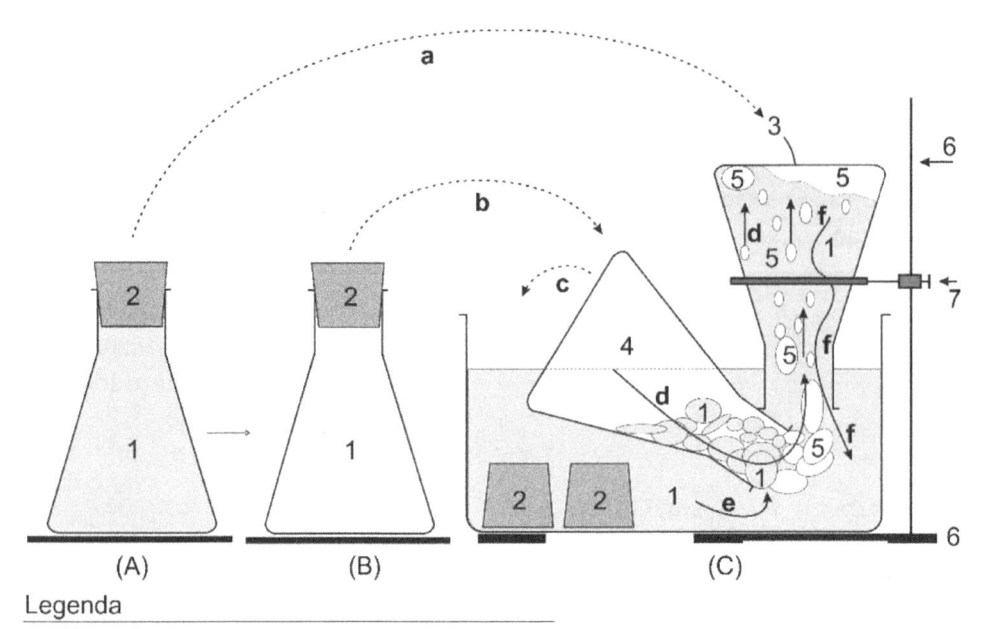

(A) Copo Erlenmeyer: 1 - Cheio de água, tapado e sem nenhuma bolha de ar; 2 - Rolha.
(B) Copo Erlenmeyer: 1 - Cheio de gás (pode ser ar), tapado; 2 - Rolha.
(C) Tina (bacia ou tanque) com água: 1 - Água da tina; água entrando no copo *inclinado* ocupando o lugar do gás a ser transferido, e, este sendo *borbulhado* para o copo emborcado, na posição vertical, cheio de água; 2 - Rolhas dos dois copos (com gás e com água); 3 - Copo emborcado com água; 4 - Copo com o gás sendo inclinado; 5 - Bolhas de gás entrando no copo com a água sendo armazenado na parte superior no lugar da mesma; 6 - Base e haste metálica; 7 - Anel metálico.

Indicação de deslocamentos: **a** - Copo com água sendo emborcado; **b** - Copo com gás sendo emborcado e inclinado dentro da água; **c** - Inclinação maior do copo com gás, **d** - Deslocamento do gás; **e** - Entrada da água da tina no copo de gás; **f** - Descida da água do copo emborcado sendo substituída pelo gás sob a ação da gravidade e diferentes densidades.

Figura 22.4 Etapas da transferência e coleta de um gás imiscível em água: (A) Preparação do copo (recipiente graduado ou não) cheio de água, tapado, sem bolhas de ar; (B) Copo cheio de ar (gás); (C) Tina com água: a) com o copo cheio de água emborcado e boca abaixo do nível da água da tina, já sem rolha; b) copo cheio de ar (gás) ajustado na boca do copo contendo a água e iniciando a transferência ou coleta do gás.

FONTE: Lenzi *et al.*, 2009.

- Se o gás a ser coletado e transferido é o ar, tomar o segundo copo Erlenmeyer de 250 mL e tapá-lo com a rolha de borracha, pois já está cheio de ar, conforme Figura 22.4 B.
- Emborcar o copo Erlenmeyer cheio de água na tina, na posição vertical, suspenso por um anel metálico do suporte, com sua boca fechado em baixo do nível da água e depois tirar a rolha deixando-a no fundo da tina, conforme mostra a Figura 22.4 C.
- Introduzir o copo Erlenmeyer cheio de ar, fechado e emborcá-lo na tina Figura 22.4 C.
- Inclinar o copo cheio de ar com ele emborcado na tina, logo abaixo do copo com a água e tirar a rolha do mesmo deixando-a no fundo da tina, conforme Figura 22.4 C.
- Incliná-lo de tal forma que o ar borbulhe para dentro do Erlenmeyer cheio de água.
- Continuar até transferir todo o ar de um copo para outro.
- Anotar o volume de ar do Erlenmeyer cheio de ar e o volume de ar transferido para o outro Erlenmeyer.
- Calcular a porcentagem do ar transferido.

22.2.2 Deslocamento do íon cobre pelo ferro

a – *Material*
- *1 Tubo de ensaio;*
- *1 Estante;*
- *Esponja de aço;*
- *Prego;*
- *Etiquetas;*
- *Solução de sulfato de cobre(II) 0,1 mol L⁻¹;*
- *Material de registro: Diário de Laboratório, computador e calculadora.*

b – *Procedimento*
- Colocar num tubo de ensaio cerca de 10 mL de solução de sulfato de cobre(II) ($CuSO_4$).
- Limpar com a esponja de aço um prego e colocá-lo no tubo de ensaio contendo solução de sulfato de cobre(II) ($CuSO_4$).
- Observar e anotar os fenômenos ocorridos.
- Com o auxílio da Tabela 22.1 escrever a reação que aconteceu. Preencher a Tabela RA 22.1, no Relatório de Atividades.

22.2.3 Ação do sódio metálico na água

a – *Material*
- *1 Vidro de relógio;*
- *Espátula de aço;*
- *Uma faca de cozinha;*
- *Papel filtro;*
- *1 Béquer de 150 mL;*
- *Bastão de vidro;*
- *Sódio metálico;*
- *Solução alcoólica de fenolftaleína;*
- *Material de registro: Diário de Laboratório, computador e calculadora.*

b – *Procedimento*
- Com o auxílio da faca, sobre um vidro de relógio, cortar um pedaço pequeno de sódio metálico e secá-lo com papel filtro.
- Colocar cerca de 60 mL de água em um béquer.
- Adicionar o sódio metálico no béquer contendo água. Cuidado, pois a reação é violenta.
- Observar.
- Após completar a reação, agitar a mistura com um bastão de vidro.
- Identificar a formação de hidróxido de sódio (NaOH) com solução alcoólica de fenolftaleína.
- Observar.
- Escrever as reações que se deram. Preencher a Tabela RA 22.1, no Relatório de Atividades.

22.2.4 Obtenção do oxigênio

a – *Material*
- *Balança analítica;*
- *1 Tubo de ensaio (±15 cm x 2 cm);*
- *2 Espátulas;*
- *Rolha de borracha com orifício adequado para o diâmetro do tubo condutor de gases;*
- *Tubo condutor diâmetro ±0,5 cm (vidro ou borracha);*
- *Provetas de 50 a 250 mL de capacidade;*
- *Copo Erlenmeyer de 250 mL de capacidade;*
- *2 Suportes universais;*
- *Garras (com prendedor de tubo de ensaio e 2 anéis metálicos);*
- *Recipiente (tina, bacia, tanque) de aproximadamente 30 a 50 litros ou mais com água;*
- *Bico de Bunsen;*
- *Clorato de potássio, p.a.;*
- *Dióxido de manganês;*
- *Peróxido de hidrogênio a 30%, ou menos concentrado;*
- *Material de registro: Diário de Laboratório, computador e calculadora.*

b – *Procedimento*
- Pesar aproximadamente 1 g de clorato de potássio ($KClO_3$), introduzi-lo num tubo de ensaio limpo e seco.
- Acrescentar pequena quantidade de dióxido de manganês (MnO_2), ao tubo de ensaio contendo clorato de potássio ($KClO_3$) e homogeneizar.
- Adequar o reator para a obtenção do gás, conforme Figura 22.5. Os gases podem ser recolhidos numa proveta e posterior transferência para um copo Erlenmeyer ou diretamente no copo Erlenmeyer.
- Aquecer brandamente o tubo de ensaio.

- Observar.
- Recolher oxigênio até 1/3 do volume do copo Erlenmeyer de 250 mL de capacidade, que precisa antes ser aferido.
- Escrever as reações na Tabela RA 22.1 no Relatório de Atividades.

Antes de recolher o gás no copo Erlenmeyer é importante que seja evacuado todo o ar presente na tubulação da Unidade geradora do gás, bem como, na Unidade coletora. O volume de 1/3 do volume do copo Erlenmeyer deve ser de gás oxigênio. Ver Detalhes 22.2.

A coleta deste volume é necessária para realizar o item 22.2.6, que trata da verificação da Lei de Gay-Lussac.

A Figura 22.5 apresenta um esquema de produção de oxigênio, $O_{2(g)}$, em laboratório, conforme reação que segue em destaque.

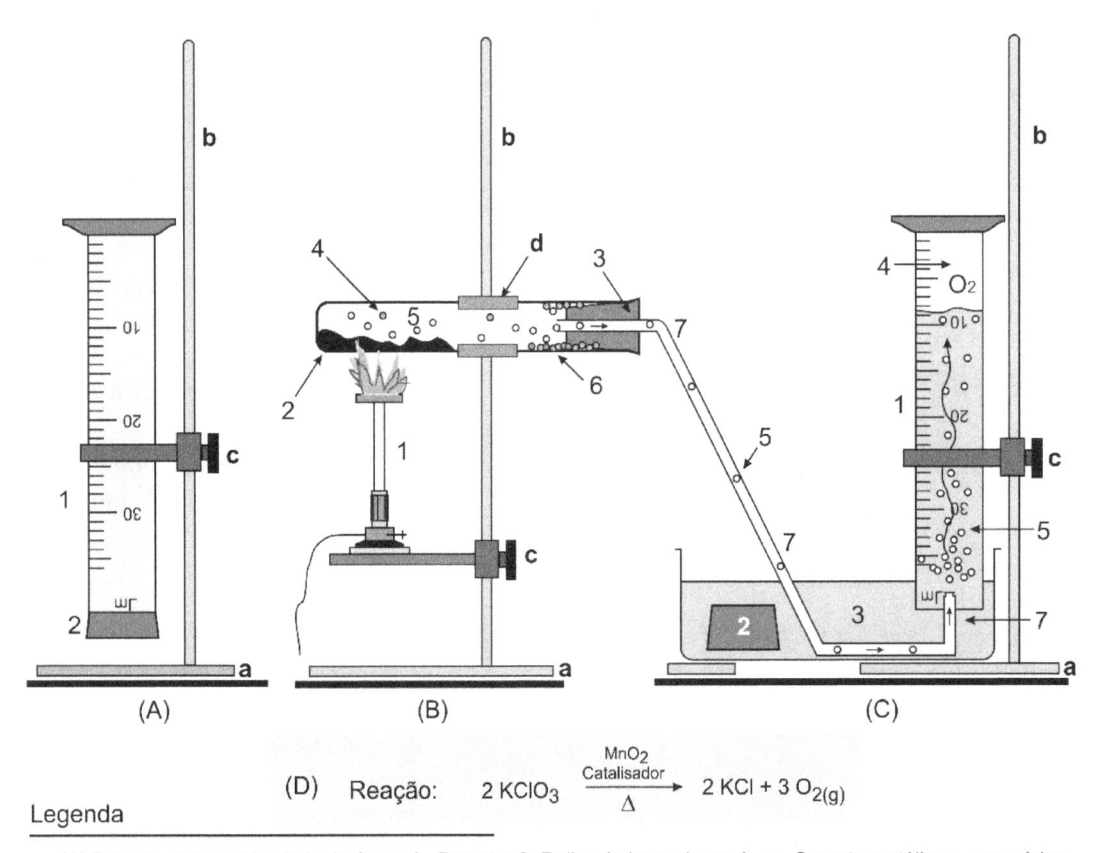

(D) Reação: $2 KClO_3 \xrightarrow[\Delta]{MnO_2 \text{ Catalisador}} 2 KCl + 3 O_{2(g)}$

Legenda

(A) Proveta emborcada cheia de água: 1 - Proveta; 2- Rolha de borracha; a, b, c - Suporte metálico e acessórios.
(B) Sistema gerador de gás oxigênio (O_2): 1 - Bico de Bunsen e acessórios; 2 - Tubo de ensaio com os reagentes ($KClO_3$ + MnO_2); 3 - Rolha de borracha; 4 - Vapor de água; 5 - Gás oxigênio; 6 - Água condensada; 7 - Tubo de vidro ou mangueira de plástico condutora do gás; a, b, c, d - Suporte metálico e acessórios.
(C) Sistema coletor de gás: 1 - Proveta emborcada cheia de água sendo substituída pelo gás coletado; 2 - Rolha; 3 - Tina (bacia ou tanque) cheio de água; 4 - Gás coletado; 5 - Bolhas de gás subindo pelo corpo d´água que é deslocado; 7 - Tubo de vidro ou mangueira condutor do gás; a, b, c, - Suporte metálico e acessórios.

Figura 22.5 Obtenção do Oxigênio: (A) Proveta cheia de água onde será coletado o gás; (B) Unidade produtora do oxigênio. Cuidado com as gotículas de água que se formam devido a umidade do clorato de potássio, $KClO_3$, e do próprio tubo, que podem voltar ao vidro incandescente e quebrá-lo; (C) Unidade coletora do gás oxigênio; (D) Reação química da produção do oxigênio.

FONTE: Lenzi *et al.*, 2009.

UNIDADE DIDÁTICA 22: REAÇÕES QUÍMICAS
REAÇÃO DE DESLOCAMENTO E MANIPULAÇÃO DE GASES

Obervação 1
A reação que segue é uma reação do *tipo decomposição*, que foi estudada na Unidade Didática 18. O dióxido de manganês $MnO_{2(s)}$ é um catalisador usado para aumentar a velocidade de reação.

$$2\ KClO_{3(s)} \xrightarrow[\Delta]{MnO_{2(s)}} 2KCl_{(s)} + 3\ O_{2(g)}$$

Clorato de potássio → Cloreto de potássio + Oxigênio

A mesma Figura 22.5, na sua parte (A) mostra uma proveta graduada emborcada, cheia de água e tapada. Esta é utilizada na parte (C) para coletar o gás. O recipiente coletor poderia ser um copo Erlenmeyer ou outro.

A Figura 22.5 B, apresenta a Unidade geradora do oxigênio constituída por um tubo de ensaio de aproximadamente 15 cm x 2 cm, ou recipiente apropriado, contendo clorato de potássio sólido, $KClO_3$, e uma *pitada* de catalisador dióxido de manganês, $MnO_{2(s)}$. Inicialmente deve-se aquecer devagar todo o tubo de ensaio para evacuar com isto, todo o ar e umidade presente ou pelo menos rarefazê-los. Se necessário, retirar o bico de Bunsen aceso do suporte e manualmente deslocá-lo ao longo do tubo que contém os reagentes. Caso contrário, há a formação de *gotículas de água* nas paredes frias do tubo, conforme mostra a Parte B 6, da Figura 22.5 que podem, conforme a inclinação do tubo, deslocarem-se para um ponto aquecido e quebrar o tubo de vidro.

Na parte (C) da mesma figura, a proveta deve ser mergulhada emborcada e dentro da água, destampada de tal maneira que não suba pelo interior da proveta nenhuma bolha de ar.

Detalhes 22.3

Aferição de um terço do copo de 250 mL

Como marcar no copo Erlenmeyer de 250 mL o volume de um terço deste volume? A Equação (22.12) mostra como fazer.

$$1/3 \text{ de } 250 \text{ mL} = 1 \cdot \frac{250}{3} \text{ mL} = 83,33 \text{ mL} \quad (22.12)$$

Agora, basta tomar uma proveta de 100 mL e nela colocar 83,33 mL de água a 20 °C e a 1 atm de pressão, e transferir este volume para o Erlenmeyer. Onde o nível da água no copo chegar coloca-se uma risca com uma caneta de retroprojetor, conforme Figura 22.6. O restante do volume corresponde a dois terços (2/3) de 250 mL.

Ou, se quiser, marcar antes dois terços (2/3) do volume de 250 mL, a Equação (22.13) mostra como fazer.

$$2/3 \text{ de } 250 \text{ mL} = 2 \cdot \frac{250}{3} \text{ mL} = 166,67 \text{ mL} \quad (22.13)$$

No copo Erlenmeyer de 250 mL, Figura 22.6, colocar água no volume de 83,33 mL. Onde o nível da água chegar colocar uma aferição.

Para marcar o volume de 2/3 de 250 mL, basta tomar novamente o volume de 83,33 mL de água e adicioná-lo ao do copo. Onde o nível da água chegar aferir o volume de 166,67 mL.

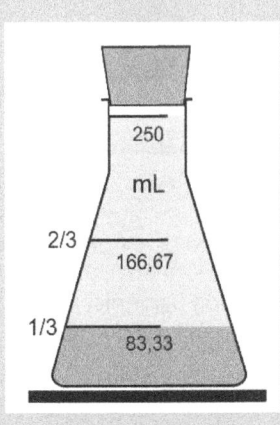

Figura 22.6 Aferição de um copo

Ou, tomar uma proveta de 200 mL e nela colocar 166,67 mL de água a 20 ºC e a uma atm de pressão. Onde o nível chegar marcar uma risca com caneta de retroprojetor. O restante do volume corresponde a 1 terço de 250 mL.

Em Laboratório, o gás oxigênio pode ser obtido de diversas formas, entre elas, além da apresentada, está a que segue, através da decomposição do peróxido de hidrogênio, $H_2O_{2(l)}$, conforme mostra o destaque e a Figura 22.7.

Observação 2
Outra forma de obter oxigênio no laboratório é a reação de decomposição do peróxido de hidrogênio também catalisada pelo dióxido de manganês $MnO_{2(s)}$, usado para aumentar a velocidade da reação.

$$2\,H_2O_{2(l)} \xrightarrow[\Delta]{MnO_{2(s)}} 2\,H_2O_{(l)} + 1\,O_{2(g)}$$
Peróxido de hidrogênio → Água + Oxigênio

Reação:
$$2\,H_2O_{2(liq)} \xrightarrow{MnO_{2(s)}} O_{2(g)} + 2\,H_2O_{(liq)}$$
(B)

Legenda

(A) Sistema gerador de gás oxigênio ($O_{2(g)}$): 1 - Tubo de ensaio (±15 cm x 2 cm); 2 - Peróxido de hidrogênio ($H_2O_{2(l)}$); 3 - Catalisador (uma *pitada* de $MnO_{2(s)}$); 4 - Gás oxigênio, $O_{2(g)}$ liberado; 5 - Rolha de borracha; 6 - Tubo de vidro (condutor do gás); 7 - Saída do gás para a Unidade coletora.   **a**, **b**, **c** - Suporte metálico e acessórios.

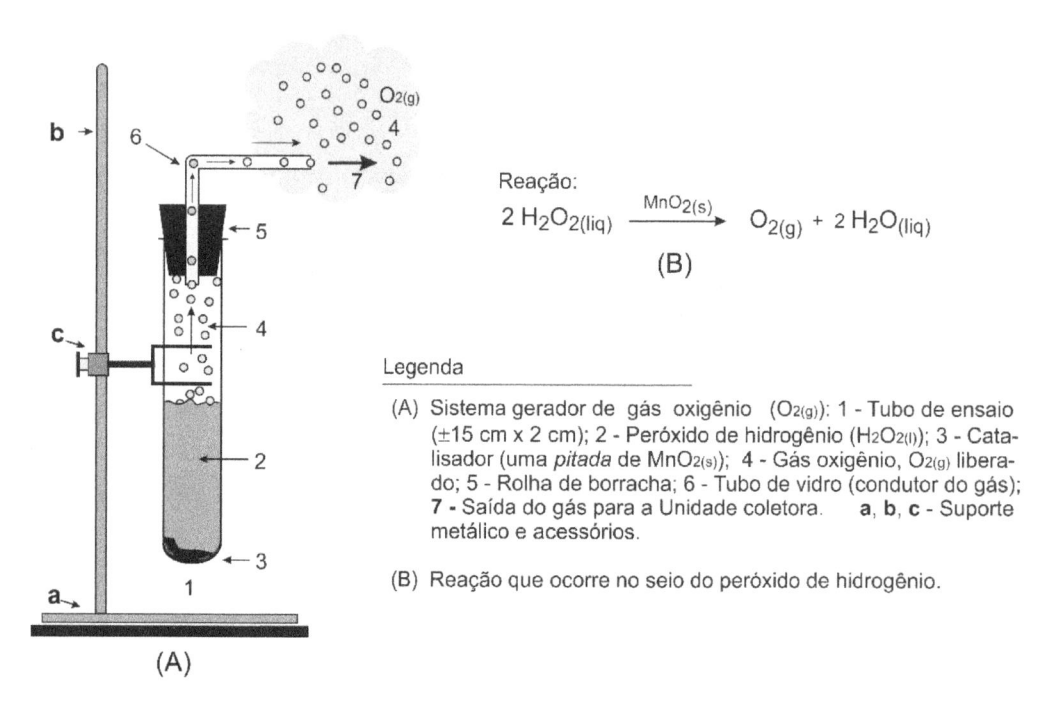

(B) Reação que ocorre no seio do peróxido de hidrogênio.

Figura 22.7 Produção de oxigênio a partir do peróxido de hidrogênio, $H_2O_{2(l)}$. (A) Unidade geradora: 1 – Tubo de ensaio (±15 cm x 2 cm); 2 – peróxido de hidrogênio; 3 – Catalisador dióxido de manganês (MnO_2); 4 – Liberação do gás oxigênio, $O_{2(g)}$; 5 – Rolha de borracha; 6 – Condutor do gás (tubo de vidro); 7 – Saída para a Unidade coletora do gás. **a**, **b**, **c** – Suporte metálico e acessórios. (B) Reação de formação do gás oxigênio.
FONTE: Lenzi *et al.*, 2009.

22.2.5 Obtenção do gás hidrogênio

a – Material
- *Esponja de aço;*
- *1 tubo de ensaio (±15 cm x 2 cm) com estante;*
- *Rolha de borracha com orifício de ∅ = ± 0,5 cm;*
- *Tubo condutor (vidro ou borracha) de diâmetro externo, ∅ = ± 0,5 cm;*
- *Provetas ou Erlenmeyer de 50 ou 100 mL com tampa (rolha de borracha);*
- *2 suportes universais;*
- *4 Garras;*
- *Recipiente de ± 50 litros com água;*
- *Bico de Bunsen;*
- *Fita de magnésio (ou zinco);*
- *Ácido clorídrico diluído 1:1;*
- *Material de registro: Diário de Laboratório, computador e calculadora.*

b – Procedimento
- Limpar, com uma esponja de aço, uma lâmina de metal zinco (Zn) ou fita de metal magnésio (Mg). Cortar em pedaços a lâmina ou a fita.
- Montar a Unidade Geradora de gás hidrogênio, conforme parte (B) da Figura 22.8.

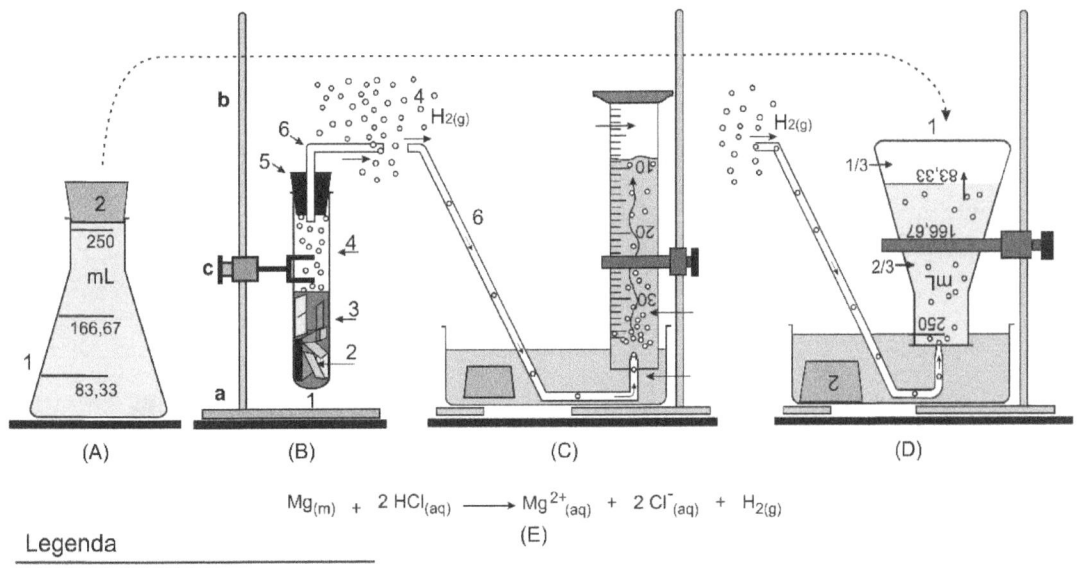

Legenda

(A) Copo Erlenmeyer de 250 mL aferido em 3 partes iguais cheio de água (1) e tapado com rolha de borracha (2). (B) Gerador de gás hidrogênio: 1 - Tubo de ensaio (±15 cm x ±2 cm); 2 - Lâminas de metal zinco (ou de metal magnésio); 3 - Solução de ácido clorídrico; 4 - Bolhas de gás hidrogênio; 5 - Rolha de borracha; 6 - Tubo de vidro para conduzir o gás hidrogênio; a, b, c - Suporte metálico (base, haste e garra). (C) Sistema coletor do gás hidrogênio, com proveta (instrumento de medida exata de volume). (D) Sistema coletor de gás hidrogênio com copo Erlenmeyer (instrumento de medida aproximado de volume). (E) Reação ocorrida no tubo gerador de gás.

$$Mg_{(m)} + 2\,HCl_{(aq)} \longrightarrow Mg^{2+}_{(aq)} + 2\,Cl^{-}_{(aq)} + H_{2(g)}$$

Figura 22.8 Produção de hidrogênio: (A) Copo Erlenmeyer com seu volume dividido em 3 partes iguais, cheio de água e tapado; (B) Unidade Produtora de gás hidrogênio (raspas de Zn, ou Mg, reagindo com ácido clorídrico diluído 1:1; (C) Unidade Coletora do gás hidrogênio (com proveta graduada); (D) Unidade Coletora de gás hidrogênio (com copo Erlenmeyer); (E) Reação química da produção do hidrogênio.

FONTE: Lenzi *et al.*, 2009.

- Deixar montada a Unidade Coletora de gás hidrogênio, conforme Parte (C) ou Parte (D) da Figura 22.8, segundo a finalidade e interesse do gás produzido.
- Colocar os pedaços da fita de magnésio ou da lâmina de zinco no tubo de ensaio contendo solução diluída 1:1 de ácido clorídrico (HCl). Observar.

- Ligar a Unidade Geradora com a Coletora e deixar um tempo para o gás hidrogênio expulsar o ar das tubulações, para poder recolher apenas hidrogênio e vapor de água.
- Recolher o gás hidrogênio (H_2) até ocupar 2/3 do volume da proveta, conforme Parte (C) da Figura 22.8 ou, conforme Parte (D) da Figura 22.8, que lhe corresponde um copo Erlenmeyer, que é mais resistente.
- Tampar o recipiente com uma rolha de borracha.
- Escrever a reação química. Preencher a Tabela RA 22.1 no Relatório de Atividades.

Os volumes dos gases hidrogênio (2 volumes) e oxigênio (1 volume) podem ser coletados em frascos diferentes e depois misturados no mesmo copo Erlenmeyer de 250 mL. Ou, também podem ser coletados no mesmo copo Erlenmeyer de 250 mL, na proporção de 1 volume de oxigênio (O_2) para 2 volumes de hidrogênio (H_2), pois é nesta proporção que se combinam para formar água.

É importante que a temperatura e a pressão ambiente sejam respectivamente ou próximos de 20 °C e 1 atm. A Figura 22.3 mostra os cuidados para coletar os gases na mesma pressão que a do ambiente.

22.2.6 Reação de síntese da água

É bom lembrar ao leitor que a reação de síntese foi tratada na Unidade Didática 20.

a – Material
- *Copo Erlenmeyer com a mistura gasosa do gás oxigênio (O_2) (1 volume) e gás hidrogênio (H_2) (2 volumes) ou na proporção volumétrica de 1:2, respectivamente.*
- *Toalha;*
- *Fósforo;*
- *Bico de Bunsen;*
- *Rolha;*
- *Material de registro: Diário de Laboratório, computador e calculadora.*

b – Procedimento
- Envolver o Erlenmeyer contendo os gases com uma toalha, para proteger-se da explosão, conforme Figura 22.9.

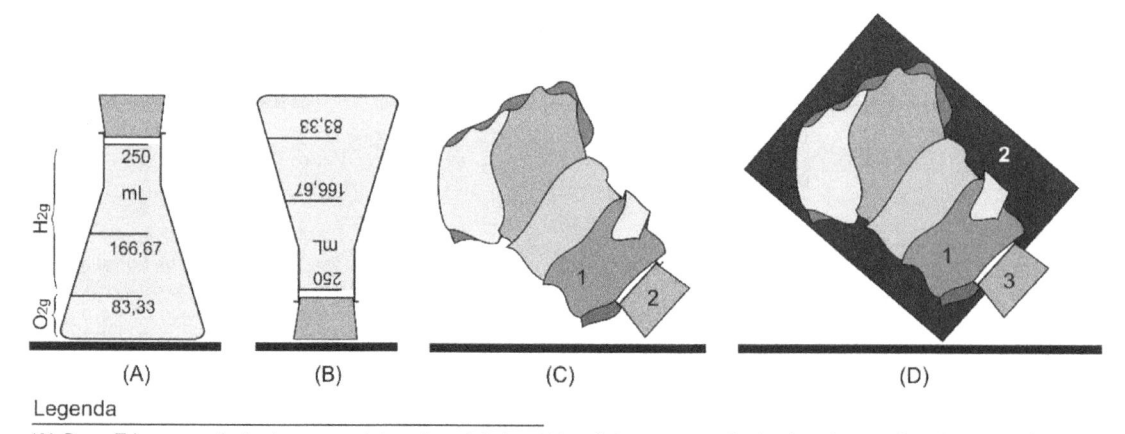

Legenda

(A) Copo Erlenmeyer fechado com a mistura de *oxigênio* e *hidrogênio* na proporção de 1 parte para 2 partes, em volume. (B) Copo Erlenmeyer com a *mistura homogeneizada*. (C) Copo Erlenmeyer com a mistura: 1 - Envolvido com uma toalha grossa, por medida de segurança; 2 - Rolha que tapa o copo, livre. (D) Copo Erlenmeyer com a mistura explosiva: 1 - Protegido com a toalha; 2 - Dentro de uma caixa apropriada de madeira, também por motivos de segurança; 3 - Rolha do copo, livre para poder abri-lo.

Figura 22.9 Visualização das diferentes etapas de proteção do ambiente contra a explosão: (A) Visualização do copo Erlenmeyer de 250 mL de capacidade com 1/3 do volume em oxigênio e 2/3 do volume em hidrogênio; (B) Copo emborcado, fechado, com a mistura homogeneizada; (C) Copo envolvido com a toalha grossa por medida de segurança, tendo a rolha livre e visível; (D) Copo além de protegido pela toalha, dentro de uma caixa apropriada de madeira, também por motivo de segurança em caso de explosão.

- Destampar o copo Erlenmeyer cuidadosamente diante e bem próximo da chama do bico de Bunsen, tendo o cuidado e proteger-se e proteger quem está por perto, conforme Figura 22.9.
- Observar e escutar o resultado da reação.

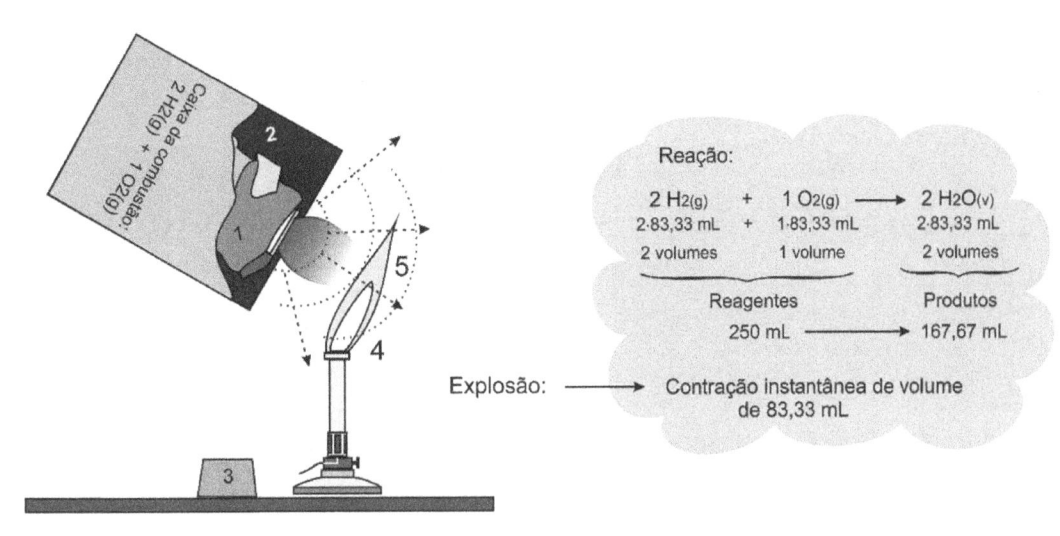

Reação:

$$2\ H_{2(g)} + 1\ O_{2(g)} \longrightarrow 2\ H_2O_{(v)}$$

2·83,33 mL + 1·83,33 mL → 2·83,33 mL
2 volumes   1 volume   2 volumes

Reagentes   Produtos
250 mL   ⟶   167,67 mL

Explosão: ⟶ Contração instantânea de volume de 83,33 mL

Legenda

Combustão da mistura de oxigênio (1 volume) com hidrogênio (2 volumes): 1 - Copo Erlenmeyer com a mistura, envolvido numa toalha e dentro de uma caixa de madeira; 2 Caixa de madeira; 3 - Rolha que foi retirada no contato com a chama; 4 - Chama do bico de Bunsen; 5 - Combustão instantânea - explosão.

Figura 22.10 Visualização da combustão da mistura explosiva de hidrogênio e oxigênio. Antes de dar início à ignição o operador deve estar seguro e ciente das normas de segurança.

- Escrever as reações químicas ocorridas. Preencher a Tabela RA 22.1, no Relatório de Atividades.
- Dar a explicação do barulho (devido a reação).

Segurança 22.1

Sulfato de cobre – $CuSO_4$

Verificar Unidade Didática 21.

Sódio – Na

Propriedades: Metal mole. Apresentado na forma de bastão, fio ou grânulos brancos. Prateado, normalmente recoberto de uma camada cinzenta de óxido ou hidróxido.

Perfil de segurança: O metal ou amálgama em contato com a umidade ou a pele pode causar queimaduras térmicas e cáusticas. Reage vigorosamente com a água formando hidróxido e gás hidrogênio que é inflamável podendo causar explosões. Esta reação pode causar queimaduras nos olhos e pele.

Hidróxido de sódio – NaOH

Verificar Unidade Didática 20.

Gás hidrogênio – H_2

Propriedades: Gás estável, incolor, inodoro, insípido. Forma compostos com quase todos os outros elementos. Muito pouco solúvel na maioria dos líquidos. PF = -259,18 °C, PE = -252,8 °C.

Perfil de segurança: Praticamente não tóxico, mas, pode ser asfixiante. Inflamável, altamente perigoso e explosivo quando exposto ao aquecimento, chama ou oxidantes. Inflamável ou explosivo quando misturado com ar, oxigênio (O_2) e cloro (Cl_2). Para combater a chama, desligar o fluxo do gás ou vedar vazamentos.

Clorato de potássio – $KClO_3$

Propriedades: Cristais monoclínicos incolores, transparentes ou pó branco, sabor salgado. Forma cristais ortorrômbicos a 2 °C. Solúvel em água.

Perfil de segurança: Moderadamente tóxico para seres humanos por qualquer via. Dados experimentais de toxicidade moderada por ingestão e via intraperitoneal. Irritante para o aparelho gastrointestinal e rins. Pode causar hemólise dos glóbulos vermelhos. Um oxidante poderoso e material muito reativo. Tem sido a causa de muitas explosões industriais. Pode explodir com aquecimento. Reações explosivas com cloreto de amônio, dióxido de enxofre dissolvido em éter ou etanol etc. Reage com flúor formando o gás explosivo perclorato de flúor. Reage violentamente ou entra em ignição com amônia, cloreto de amônio, sulfato de amônio.

Dióxido de Manganês – MnO_2

Propriedades: Pó preto, insolúvel em água. PF = 535 °C.

Perfil de segurança: A inalação do pó conduz ao aumento da incidência de infecções respiratórias. Admite-se que este composto é danoso se ingerido. Efeitos crônicos: inalação contínua do pó pode conduzir à cansaço excessivo e efeitos no sistema nervoso central. Como é um oxidante reage violentamente com Al em pó, CaH_2 etc.

Gás oxigênio – O_2

Propriedades: Gás incolor, inodoro, insípido, líquido ou cristais hexagonais. Líquido ou sólido azul, paramagnético. Reage com todos os elementos, exceto He, Ne, Ar. Comburente. Muito pouco solúvel em água, solúvel em solventes orgânicos.

Perfil de segurança: Por inalação provoca tosse e mudanças pulmonares. Efeitos teratogênicos, no feto: provoca desenvolvimento anormal do sistema cardiovascular. Provoca mutação de dados genéticos. Gás não tóxico. No estado líquido pode causar sérias "queimaduras" e danificar o tecido quando em contato com a pele devido ao frio intenso. Oxidante. Apesar de não ser combustível é essencial à combustão. O líquido explode em contato com materiais oxidáveis, especialmente em altas temperaturas.

Magnésio – Mg

Verificar Unidade Didática 20

Ácido clorídrico – HCl

Verificar Unidade Didática 20.

FONTE: Luxon (1971); Oddone *et al.* (1980); Bretherick (1986); Lewis (1996); Budavari (1996); O'Malley (2009); MSDS (Material Safety Data Sheets). < http://www.ilpi.com/msds/>.

22.3 EXERCÍCIOS DE FIXAÇÃO

22.1. Ao se colocar um pedaço de sódio metálico na água houve liberação de faíscas, a água aqueceu, também houve formação de gás, e a água ficou rosa em presença de fenolftaleína. Escreva a reação entre o sódio e a água e justifique todas essas evidências.

22.2. Considere a aula prática executada nesta Unidade. No laboratório foram executadas uma série de reações.

a) Escreva a reação de formação da água.

b) Escreva a reação de obtenção do gás hidrogênio a partir do Mg e HCl.

c) Escreva a reação de obtenção do gás oxigênio a partir do peróxido de hidrogênio (água oxigenada).

d) Classifique todas as reações escritas em: I) deslocamento; II) síntese; III) decomposição.

22.3. Em um Erlenmeyer de 500 mL de capacidade foram coletados 330 mL de gás hidrogênio. A este gás foram acrescentados 150 mL de gás oxigênio. Ambos os gases foram captados sobre a água. A temperatura do ambiente era 25 ºC e a pressão de 714 mmHg. Sendo a pressão interna do Erlenmeyer igual à pressão externa. Calcule:

a) O número de mols do gás hidrogênio e do gás oxigênio.

b) Calcule a massa de ambos os gases.

c) Calcule o número de mols e a massa de água produzida a partir destes gases.

d) Sobrou algum reagente?

22.4. Qual o número de mols de hidrogênio produzido a partir de 0,5 g de magnésio, considerando haver ácido clorídrico em excesso? Qual o volume que este gás ocupa a 25 ºC e 1 atm de pressão?

Respostas: **22.3.** (0,012; 0,0056); (0,024; 0,18) (0,0112; 0,20) **22.4.** 0,021; 513.

22.4 RELATÓRIO DE ATIVIDADES

Universidade _____	
Centro de Ciências Exatas – Departamento de Química Disciplina: QUÍMICA GERAL EXPERIMENTAL – Cód: _____ Curso: _____ Ano: _____ Professor:_____	Relatório de Atividades
_____ Nome do Acadêmico	_____ Data

UNIDADE DIDÁTICA 22: REAÇÃO DE DESLOCAMENTO E MANIPULAÇÃO DE GASES

Tabela RA 22.1 Quadro-resumo de todas as reações químicas realizadas na prática, já balanceadas*.

Prática	Reagentes		Produtos	Indícios da Reação**
22.2.2	$Fe_{(m)} + Cu^{2+}_{(aq)}$	$\longrightarrow$		
22.2.3	$Na_{(metálico)} + H_2O_{(l)}$	$\longrightarrow$		
22.2.4.	$KClO_{3(s)}$ $H_2O_{2(l)}$	$\xrightarrow{\frac{MnO_{2(s)}}{\Delta}}$ $\xrightarrow{\frac{MnO_{2(s)}}{\Delta}}$		
22.2.5.	$Mg_{(m)} + HCl_{(aq)}$	$\longrightarrow$		
22.2.6.	$H_{2(g)} + O_{2(g)}$	$\longrightarrow$		

* Balancear as equações pelo método do balanço de massa. ** Descrever o que pode ser observado enquanto a reação ocorre.

22.5 REFERÊNCIAS BIBLIOGRÁFICAS E SUGESTÕES PARA LEITURA

BACCAN, N.; BARATA, L. E. J. **Manual de segurança para o laboratório químico**. Campinas: Unicamp, 1982. 63 p.

BRETHERICK, L. [Editor]. **Hazards in the Chemical Laboratory** 4. ed. London: The Royal Society of Chemistry. 1986. 604 p.

BUDAVARI, S. [Editor] **THE MERCK INDEX**. 12th Edition. Whitehouse Station, N. J. USA: MERCK & CO., 1996.

CHRISPINO, A. **Manual de química experimental**. São Paulo (SP): Editora Ática, 1991. 230 p.

FURR, A. K. [Editor] **CRC HANDBOOK OF LABORATORY SAFETY**. 5th Edition. Boca Raton – Florida: CRC Press, 2000. 784 p.

JOYCE, R.; McKUSICK, R. B. Handling and disposal of chemicals in laboratory. *In*: LIDE, D. R. **HANDBOOK OF CHEMISTRY AND PHYSICS**. Boca Raton (USA): CRC Press, 1996-1997.

KOTZ, J. C.; TRICHEL, P. **Química & reações químicas**. Vol. 1. Tradução de Horácio Macedo. Rio de Janeiro: LTC, 1998. 458 p.

LENZI, E.; FAVERO, L. O. B.; LUCHESE, E. B. **Introdução à química da água – Ciência, vida e sobrevivência**. Rio de Janeiro: LTC, 2009. 604 p.

LEWIS, R. J. [Editor] **Sax's Dangerous Properties of Industrial Materials**. 9th Edition. New York: Van Nostrand Reinhold, 1996. (Vol. I, II, III).

LUXON, S. G. [Editor] **Hazards in the chemical laboratory**. 5th. Edition. Cambridge: Royal Society of Chemistry, 1971. 675 p.

MAHAN, B. H. **Química um curso universitário**. São Paulo: Ed. Edgard Blücher, 1970. 580 p.

MSDS. **Where to find Material Safety data Sheets on the Internet**. 2013. Disponível em < http://www.ilpi.com/msds/ > Acessado em 22 de outubro de 2014.

O'MALLEY, G. F. [Editor] **MERCK MANUAL – HOME HEALTH HANDBOOK**. Germany: Merck, 2009.

ODDONE, G. C.; VIEIRA, L. O.; PAIVA, M. A. D. **Guia de prevenção de acidentes em laboratório**. Rio de Janeiro: Divisão de Informação Técnica e Propriedade Industrial – Petrobras, 1980. 37 p.

POMBEIRO, A. J. L. O. **Técnicas e operações unitárias em química laboratorial**. Lisboa (Portugal): Fundação Calouste Gulbenkian, 1980. 1.069 p.

RUSSEL, J. B. **Química geral**. Vol. 1 e Vol. 2. 2. ed. Tradução e revisão técnica Márcia Guekezian. São Paulo: Makron Books, 1994. 1268 p.

SEMISHIN, V. **Prácticas de química general inorgánica**. Traducido del ruso por K. Steinberg. Moscu: Editorial MIR, 1967. 391 p.

SIGMA-ALDRICH CATALOG, **Biochemicals and reagents for life science research**. USA: SIGMA ALDRICH Co., 1999. 2880 p.

STOKER, H. S. **Preparatory chemistry**. 4. ed. New York: Macmillan Publishing Company, 1993. 629 p.

THOMAS SCIENTIFIC CATALOG: 1994/1995. New Jersey (USA): Thomas Scientific Co., 1995. 1929 p.

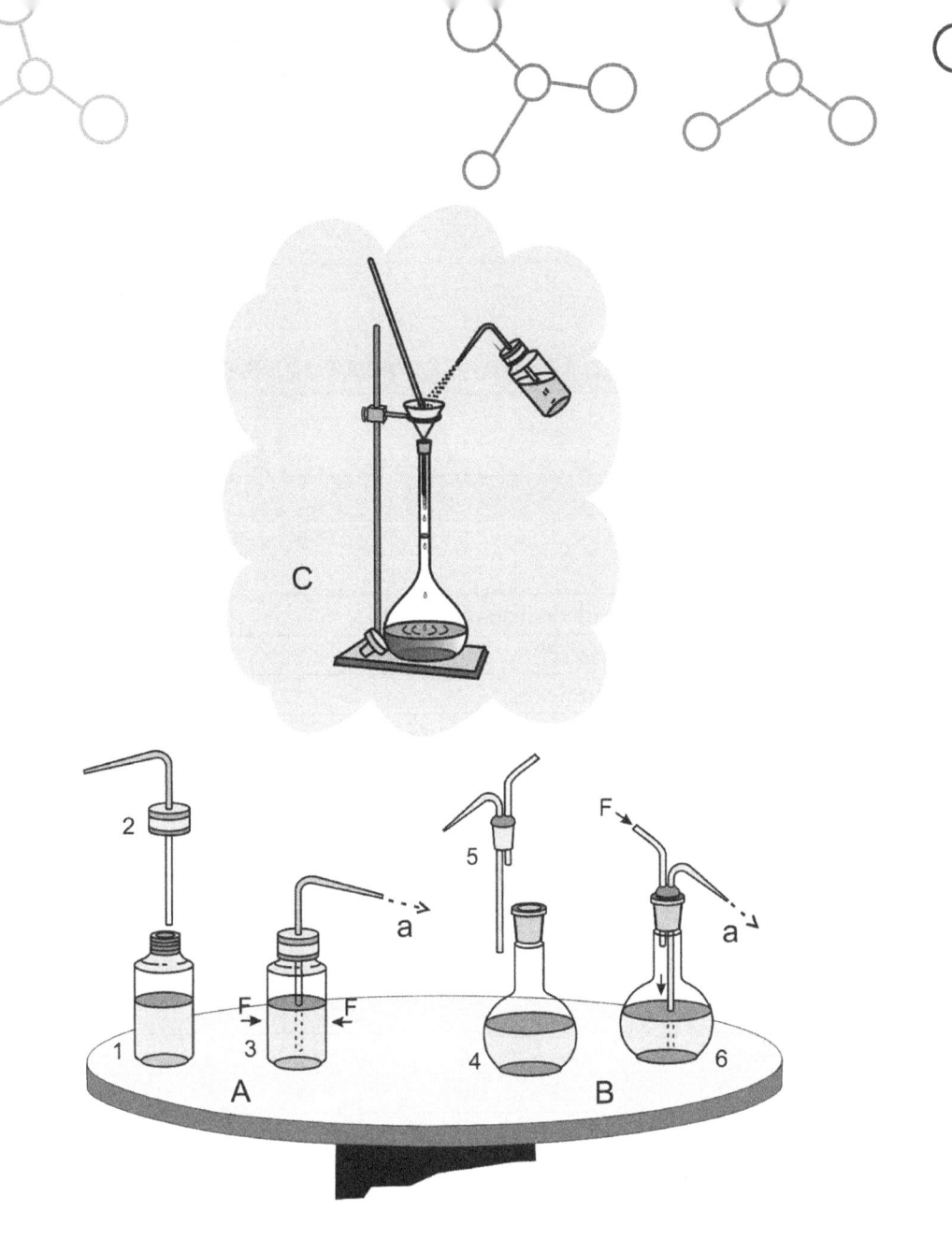

UNIDADE DIDÁTICA 23

3 – Pissetas: Usadas para lavagem, remoção de precipitados e outros fins. Frasco plástico (**1**) contendo água destilada ou soluções diluídas de ácidos usadas na limpeza de materiais e vidrarias; tampa também plástica (**2**) contendo um tubo para borrifar a água ou solução. Pisseta montada (**3**).

6 – Frasco lavador: Tem a mesma finalidade da pisseta. É constituído de um balão de fundo chato (**4**) e uma rolha de borracha com 2 tubos (**5**) um para entrar ar, e o outro para borrifar a água.

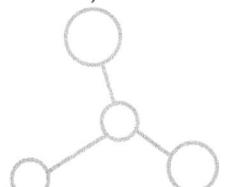

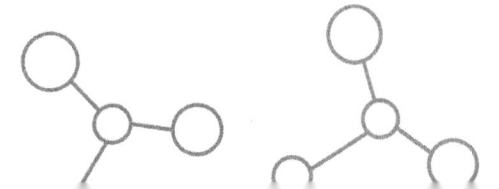

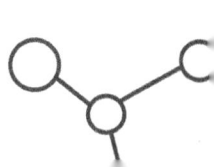

UNIDADE DIDÁTICA 23

CINÉTICA QUÍMICA

INFLUÊNCIA DA CONCENTRAÇÃO, DA TEMPERATURA E DO CATALISADOR NA VELOCIDADE DA REAÇÃO

Conteúdo	Página
23.1 Aspectos Teóricos	537
23.1.1 Introdução	537
23.1.2 Velocidade média (vm) – velocidade instantânea (vi)	538
23.1.3 Velocidade instantânea da reação (vi)	542
23.1.4 Leis de velocidade da reação química	547
23.1.5 Fatores que influenciam na velocidade das reações químicas	549
23.2 Parte Experimental	550
23.2.1 Aspectos gerais	550
Segurança 23.1	551
23.2.2 Influência da concentração de reagentes na velocidade da reação	551
23.2.3 Influência da temperatura na velocidade da reação	553
23.2.4 Influência do catalisador na velocidade da reação	554
23.3 Exercícios de Fixação	555
23.4 Relatório de Atividades	557
23.5 Referências Bibliográficas e Sugestões para Leitura	559

Unidade Didática 23
CINÉTICA QUÍMICA
INFLUÊNCIA DA CONCENTRAÇÃO, DA TEMPERATURA E DO CATALISADOR NA VELOCIDADE DA REAÇÃO

Objetivos
- Compreender os princípios fundamentais da cinética.
- Analisar os principais fatores que influenciam na velocidade da reação:
  - concentração;
  - temperatura;
  - catalisador.

23.1 ASPECTOS TEÓRICOS

23.1.1 Introdução

A Cinética Química estuda a velocidade das reações, bem como, os fatores que a alteram. O seu estudo também permite a compreensão dos mecanismos por que passa a interação dos reagentes para chegar aos produtos.

Conforme visto, da *observação* da natureza nasceram as Ciências ditas da Natureza e dentre elas a Química. Diversas reações químicas que ocorrem na natureza se processam a velocidades diferentes, permitindo algumas conclusões que facilitam o entendimento da Cinética Química e seu aproveitamento para o interesse da humanidade.

O aumento demográfico da humanidade, que em 2015 passou a cifra dos sete bilhões de pessoas com projeção de oito bilhões e meio para 2030, isto é, seres que precisam de comida, bebida (água), vestimenta, energia, transporte, moradia entre outras necessidades. Os potenciais supridores destas necessidades praticamente chegaram aos seus limites, agora há necessidade de alterar as variáveis que possam aumentar a sua eficiência. Por exemplo, a área cultivável (para a agropecuária) está toda explorada. Agora, trata-se de melhorar a adubação. As espécies de crescimento mais rápido, mais resistentes ao frio ou a seca.

A própria natureza também é pródiga nos seus exemplos. Um espectador mais atento observa e conclui: nos pesqueiros, pescadores reclamam da falta e do tamanho das tilápias no inverno (animais de sangue frio têm suas atividades vitais desaceleradas no inverno); em casa, no verão, a durabilidade dos alimentos perecíveis diminui se estiverem fora da geladeira; o corpo humano envelhece e chega a um momento que não dá mais condições à vida, as reações bioquímicas tornam-se lentas, param e vem a morte. Existem, portanto, fatores que alteram a velocidade de uma reação química.

A diversidade de fatores que influem na velocidade de uma reação e seu possível controle pode ser trabalhada em laboratório. Não vemos átomos e moléculas, portanto, necessitamos de "evidências" da reação química. Assim, desprendimento de gás, mudanças de coloração, aquecimento ou resfriamento do sistema, formação de substâncias insolúveis, entre outros são evidências de reações químicas. A *reação-relógio* é um desses meios que possibilitam estudar os fatores como, concentração; temperatura e catalisador que podem alterar a velocidade de uma reação química. Mudanças de coloração no meio reacional permitem medir o tempo da reação. Essas reações são conhecidas como "**reações-relógio**".

Nesta UNIDADE, na sua parte experimental, será utilizada uma destas *reações* para avaliar a influência de alguns fatores na velocidade de uma reação.

23.1.2 Velocidade média (v_m) – velocidade instantânea (v_i)

Por velocidade de uma reação (v_r) entende-se a quantidade de *reagente*, em mol L^{-1}, que se transforma em *produto* na unidade de tempo ou a quantidade de produto que se forma na unidade de tempo. Quimicamente falando, a velocidade de uma reação é a variação das concentrações dos reagentes, ou dos produtos, por unidade de tempo.

Para exemplificar, serão analisados os dados da Tabela 23.1, que foram plotados conforme Figura 23.1.

Tabela 23.1 Concentração dos gases pentóxido de dinitrogênio (N_2O_5), dióxido de nitrogênio (NO_2) e oxigênio (O_2) com o passar do tempo de reação de decomposição do pentóxido de dinitrogênio (N_2O_5), na temperatura de 55 °C.

Tempo (s)	$[N_2O_5]$ mol L^{-1}	$[NO_2]$ mol L^{-1}	$[O_2]$ mol L^{-1}	Tempo (s)	$[N_2O_5]$ mol L^{-1}	$[NO_2]$ mol L^{-1}	$[O_2]$ mol L^{-1}
0	0,02	0	0	300	0,012	0,016	0,004
50	0,0185	0,0033	0,0009	350	0,011	0,018	0,0045
100	0,0169	0,0063	0,0016	400	0,0101	0,0197	0,0049
150	0,0155	0,009	0,0023	450	0,0093	0,0214	0,0054
200	0,0142	0,0115	0,0029	500	0,0086	0,0229	0,0057
250	0,013	0,014	0,0035	550	0,0080	0,0237	0,0060
	Reação: $2\,N_2O_{5(g)} \rightleftarrows 4\,NO_{2(g)} + O_{2(g)}$						

FONTE: Adaptação de dados de McMurry & Fay, 1998.

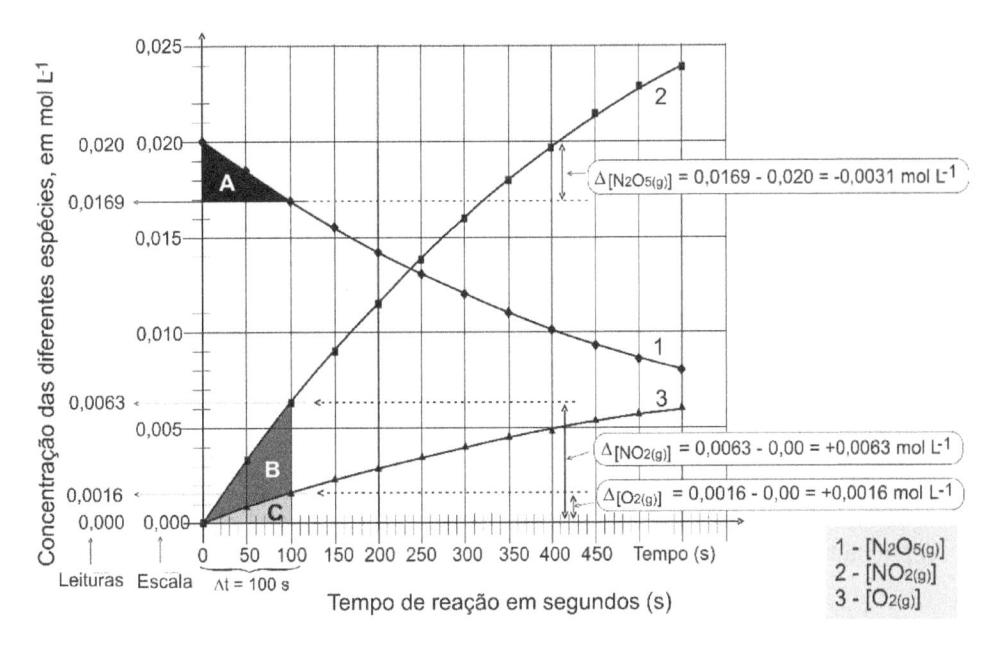

Figura 23.1 Visualização da reação de decomposição do N_2O_5 (reagente) em NO_2 e O_2 (produtos) com o tempo.

Os dados da Tabela 23.1 plotados na Figura 23.1 foram obtidos para a reação de decomposição do pentóxido de dinitrogênio (N_2O_5) em dióxido de nitrogênio (NO_2) e gás oxigênio (O_2) a 55 °C (McMurry & Fay, 1998). Dos dados, observa-se que a concentração do reagente diminui com o tempo da reação e a dos produtos aumenta, ou basta observar a Figura 23.1.

Considere-se uma reação simples em que um Reagente (R) *desaparece* (reage) e *aparece* o Produto (P) no mesmo tempo (t), conforme Reação (R-23.1), dada a seguir.

$$R_{(Reagente)} \leftrightarrows P_{(Poduto)} \qquad (R\text{-}23.1)$$

Esta reação permite definir quantitativamente a velocidade da reação durante certo intervalo de tempo. A *velocidade média* (v_m) de uma reação, em função do *reagente* R é dada pelas Equações (23.1) e (23.2). O *sinal negativo* na Equação (23.1) significa que o reagente está diminuindo (ou "desaparecendo") e formando o produto que está aumentando, conforme Equação (23.2) (positivo, que normalmente não se escreve).

$$v_m = -\frac{\Delta[R]}{\Delta t} = -\frac{[R]_2 - [R]_1}{t_2 - t_1} \qquad (23.1)$$

$$v_m = +\frac{\Delta[P]}{\Delta t} = +\frac{[P]_2 - [P]_1}{t_2 - t_1} \qquad (23.2)$$

onde, R = reagente e P = produto.

Para muitas reações, melhor do que a velocidade média, é interessante se trabalhar com a velocidade instantânea (v_i), tendo em vista que, a cada fração do tempo, as concentrações se alteram, alterando consequentemente a velocidade da reação. A velocidade instantânea é a derivada da concentração dos reagentes (R) ou produtos (P), em função do tempo, conforme Equação (23.3) e Equação (23.4):

$$v_i = \lim_{\Delta t \to 0} -\frac{\Delta[R]}{\Delta t} = -\frac{dR}{dt} \qquad (23.3)$$

$$v_i = \lim_{\Delta t \to 0} \frac{\Delta[P]}{\Delta t} = \frac{dP}{dt} \qquad (23.4)$$

De um modo geral, descreve-se uma reação química generalizada de forma literal, conforme Reação (R-23.2):

$$aA + bB \leftrightarrows cC + dD \qquad (R\text{-}23.2)$$

Onde A e B são os reagentes e C e D são os produtos formados. Os coeficientes a, b, c, d são constantes (números) que fazem o balanceamento da reação.

Aplicando à Reação (R-23.2) os conceitos de velocidade instantânea (v_i), chega-se à Equação (23.5):

$$v_{i(\text{Reação})} = v_i = -\frac{1}{a} \cdot \frac{d[A]}{dt} = -\frac{1}{b} \cdot \frac{d[B]}{dt} = \frac{1}{c} \cdot \frac{d[C]}{dt} = \frac{1}{d} \cdot \frac{d[D]}{dt} \qquad (23.5)$$

A divisão de cada termo da Equação (23.5) pelo respectivo coeficiente obtido da equação é para ter a *velocidade da reação total*, que é igual para todos os componentes da reação.

Agora, aplicando a Equação (23.5) à Reação em estudo, abaixo explicitada e numerada, Reação (R-23.3), chega-se à Equação (23.6), expressão da velocidade média da reação (v_m).

$$2\,N_2O_{5(g)} \leftrightarrows 4\,NO_{2(g)} + 1\,O_{2(g)} \qquad (R\text{-}23.3)$$

$$v_{m(\text{Reação})} = v_m = -\frac{1}{2} \cdot \frac{\Delta[N_2O_{5(g)}]}{\Delta t} = \frac{1}{4} \cdot \frac{\Delta[NO_{2(g)}]}{\Delta t} = \frac{1}{1} \cdot \frac{\Delta[O_{2(g)}]}{\Delta t} \qquad (23.6)$$

Pelos dados da Tabela 23.1 e Figura 23.1, tomando os valores de $\Delta[N_2O_{5(g)}]$, $\Delta[NO_{2(g)}]$, $\Delta[O_{2(g)}]$, em vez de $d[N_2O_{5(g)}]$, $d[NO_{2(g)}]$, $d[O_{2(g)}]$, isto é, por aproximação, e os correspondentes Δt em vez de dt, que correspondem aos catetos dos triângulos retângulos A, B e C da Figura 23.1, pode-se comprovar a Equação (23.6), conforme dados calculados na Tabela 23.2.

Tabela 23.2 Velocidade média (v_m) da reação de decomposição do $N_2O_{5(g)}$ em $NO_{2(g)}$ e $O_{2(g)}$ nos primeiros 100 s de reação.

Intervalos considerados (catetos dos triângulos A, B e C da Figura 23.1)	$v_m = -\frac{1}{2} \cdot \frac{\Delta[N_2O_{5(g)}]}{\Delta t}$ (mol L^{-1} s^{-1})	$v_m = \frac{1}{4} \cdot \frac{\Delta[NO_{2(g)}]}{\Delta t}$ (mol L^{-1} s^{-1})	$v_m = \frac{1}{1} \cdot \frac{\Delta[O_{2(g)}]}{\Delta t}$ (mol L^{-1} s^{-1})
Figura 23.1 A	$v_m =$ $= -\frac{1}{2} \cdot \frac{0{,}0169 - 0{,}0200}{100 - 0}$ $= 1{,}55 \cdot 10^{-5} = \mathbf{1{,}6 \cdot 10^{-5}}$		

UNIDADE DIDÁTICA 23: CINÉTICA QUÍMICA
INFLUÊNCIA DA CONCENTRAÇÃO, DA TEMPERATURA E DO CATALISADOR NA VELOCIDADE DA REAÇÃO

Intervalos considerados (catetos dos triângulos A, B e C da Figura 23.1)	$v_m = -\frac{1}{2} \cdot \frac{\Delta[N_2O_{5(g)}]}{\Delta t}$ (mol L^{-1} s^{-1})	$v_m = \frac{1}{4} \cdot \frac{\Delta[NO_{2(g)}]}{\Delta t}$ (mol L^{-1} s^{-1})	$v_m = \frac{1}{1} \cdot \frac{\Delta[O_{2(g)}]}{\Delta t}$ (mol L^{-1} s^{-1})
Figura 23.1 B		$v_m =$ $= \frac{1}{4} \cdot \frac{0,0063 - 0,000}{100 - 0,00}$ $= 1,57 \cdot 10^{-5} = \mathbf{1,6 \cdot 10^{-5}}$	
Figura 23.1 C			$v_m =$ $= \frac{1}{1} \cdot \frac{0,0016 - 0,000}{100 - 0,000}$ $= \mathbf{1,6 \cdot 10^{-5}}$

Observa-se, pelos dados calculados da Tabela 23.2, que a velocidade média da reação de decomposição do N_2O_5 é de $1,6 \cdot 10^{-5}$ mol L^{-1} s^{-1}, calculada a partir do produto (P) ou dos reagentes (R).

Será que se for calculada a velocidade da reação num tempo depois, por exemplo, no período de 250 a 350 segundos, vai ser a mesma que a do período de 0 a 100 segundos?

É evidente que a velocidade vai diminuindo com o tempo, pois a concentração dos reagentes vai diminuindo, mas, o resultado calculado com qualquer reagente ou produto, naquele Δt será o mesmo.

A Figura 23.2 apresenta o detalhamento para os dados da Tabela 23.1, considerando o intervalo de 250 a 350 segundos de reação para o cálculo da velocidade média (v_m).

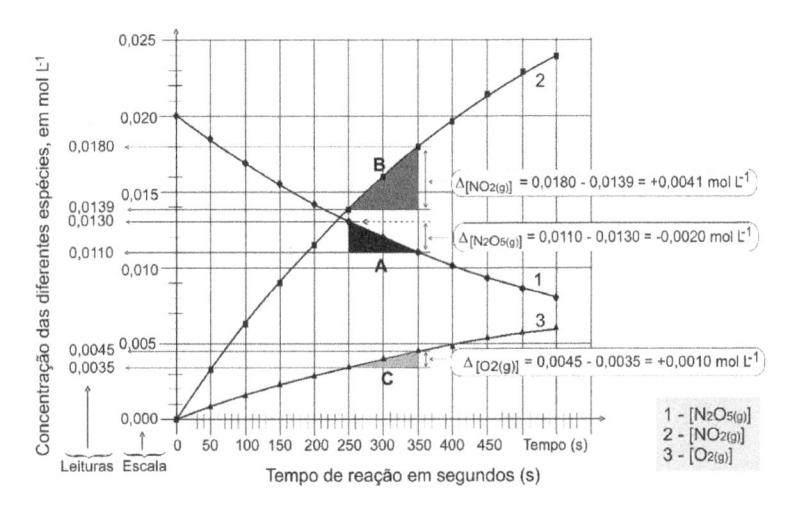

Figura 23.2 Velocidade média da reação de decomposição do $N_2O_{5(g)}$ em $NO_{2(g)}$ e $O_{2(g)}$ no período (ou intervalo) de 250 a 350 segundos.

A Tabela 23.3 apresenta os cálculos das respectivas velocidades médias (v_m).

Tabela 23.3 Velocidade média da reação (v_m) de decomposição do $N_2O_{5(g)}$ em $NO_{2(g)}$ e $O_{2(g)}$ nos 100 segundos de reação, correspondentes ao intervalo de 250 a 350 segundos de reação.

Intervalos considerados (catetos dos triângulos A, B e C da Figura 23.1)	$v_m = -\dfrac{1}{2} \cdot \dfrac{\Delta\left[N_2O_{5(g)}\right]}{\Delta t}$ (mol L^{-1} s^{-1})	$v_m = \dfrac{1}{4} \cdot \dfrac{\Delta\left[NO_{2(g)}\right]}{\Delta t}$ (mol L^{-1} s^{-1})	$v_m = \dfrac{1}{1} \cdot \dfrac{\Delta\left[O_{2(g)}\right]}{\Delta t}$ (mol L^{-1} s^{-1})
Figura 23.2 A	$v_m =$ $= -\dfrac{1}{2} \cdot \dfrac{0,0110 - 0,0130}{350 - 250}$ $= 1,00.10^{-5} = \mathbf{1,00.10^{-5}}$		
Figura 23.2 B		$v_m =$ $= \dfrac{1}{4} \cdot \dfrac{0,0180 - 0,0139}{350 - 250}$ $= 1,025.10^{-5}$ i $\mathbf{1,00.10^{-5}}$	
Figura 23.2 C			$v_m =$ $= \dfrac{1}{1} \cdot \dfrac{0,0045 - 0,0035}{350 - 250}$ $= \mathbf{1,00.10^{-5}}$

23.1.3 Velocidade instantânea da reação (v_i)

Exemplo 1

Adaptando a Equação (23.5) para o caso específico da Reação (R-23.3), abaixo transcrita, chega-se à Equação (23.7).

$$2\,N_2O_{5(g)} \leftrightarrows 4\,NO_{2(g)} + 1\,O_{2(g)} \quad\quad\quad [\text{R-23.3}]$$

$$v_{i(\text{Reação})} = -\frac{1}{2} \cdot \frac{d\left[N_2O_{5(g)}\right]}{dt} = \frac{1}{4} \cdot \frac{d\left[NO_{2(g)}\right]}{dt} = \frac{1}{1} \cdot \frac{d\left[O_{2(g)}\right]}{dt} \quad (23.7)$$

UNIDADE DIDÁTICA 23: CINÉTICA QUÍMICA
INFLUÊNCIA DA CONCENTRAÇÃO, DA TEMPERATURA E DO CATALISADOR NA VELOCIDADE DA REAÇÃO

Considerando a tangente do ponto A, conforme Figura 23.3, e α_A o ângulo formado entre o cateto adjacente e a tangente do ponto A, tem-se a Equação (23.8):

$$\frac{d\left[N_2O_{5(g)}\right]}{dt} = \text{tangente } \alpha_A = \text{tg } \alpha_A \quad (23.8)$$

Fazendo as mesmas considerações para o ponto B e depois para o ponto C da Figura 23.3, chega-se à Equação (23.9) e à Equação (23.10):

$$\frac{d\left[NO_{2(g)}\right]}{dt} = \text{tangente } \alpha_B = \text{tg } \alpha_B \quad (23.9)$$

$$\frac{d\left[O_{2(g)}\right]}{dt} = \text{tangente } \alpha_C = \text{tg } \alpha_C \quad (23.10)$$

Os ângulos α_A, α_B, e α_C são medidos experimentalmente com um transferidor, dando respectivamente: $\alpha_A = 338°$; $\alpha_B = 39°$ e $\alpha_C = 11,5°$

Relacionando as Equações (23.8) a (23.10) com a Equação (23.7), chega-se a Equação (23.11):

$$v_{i(\text{Reação})} = -\frac{1}{2} \cdot \text{tg } \alpha_A = \frac{1}{4} \cdot \text{tg } \alpha_B = \frac{1}{1} \cdot \text{tg } \alpha_C \quad (23.11)$$

A Tabela 23.4 apresenta os resultados para o cálculo da velocidade instantânea da reação em análise, no instante t = 350 segundos depois de iniciada.

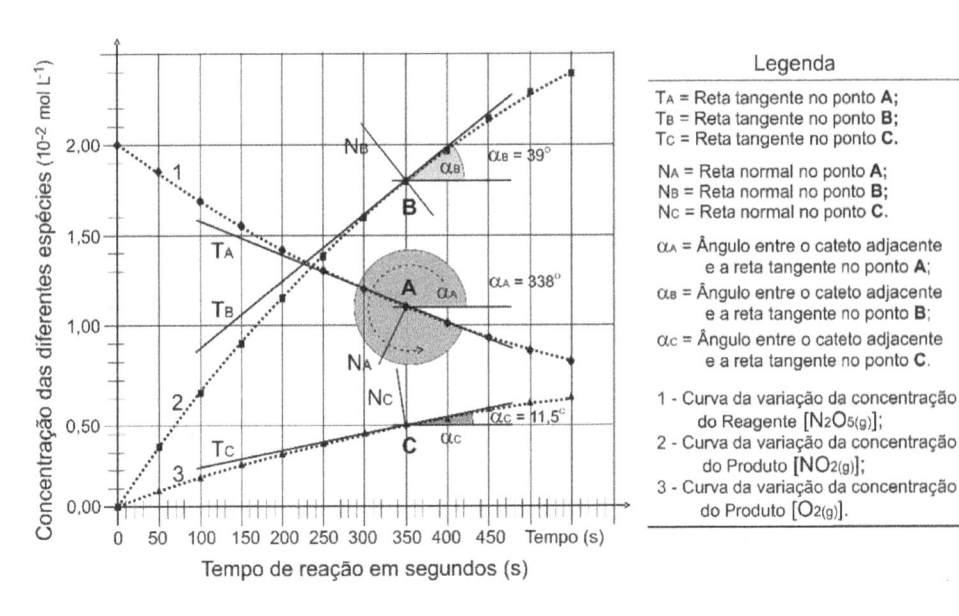

Figura 23.3 Visualização da determinação da velocidade instantânea de reação de decomposição $N_2O_{5(g)}$ em $NO_{2(g)}$ e $O_{2(g)}$ a 350 segundos após o início da reação.

Tabela 23.4 Velocidade instantânea da reação de decomposição do $N_2O_{5(g)}$ em $NO_{2(g)}$ e $O_{2(g)}$ no instante (t) igual 350 segundos de reação, após ter iniciado a reação, a 55 °C.

Intervalos considerados (catetos dos triângulos A, B e C da Figura 23.1)	$v_i = -\dfrac{1}{2}\cdot tg\,\alpha_A$ (mol L^{-1} s^{-1})	$v_i = \dfrac{1}{4}\cdot tg\,\alpha_B$ (mol L^{-1} s^{-1})	$v_i = \dfrac{1}{1}\cdot tg\,\alpha_C$ (mol L^{-1} s^{-1})
Figura 23.3 A	$V_{(i=350s)} = -(1/2).tg\,338°$ $v_{(i=350s)} = -(1/2).(-0{,}4041)$ (*) $v_{(i=350s)} = 0{,}202.10^{-2}$ mol L^{-1} $v_{(i=350°)} = 2{,}02.10^{-3}$		
Figura 23.3 B		$v_{(i=350s)} = (1/4).tg\,39°$ $v_{(i=350s)} = (1/4).(0{,}8098)$ (*) $v_{(i=350s)} = 0{,}202.10^{-2}$ mol L^{-1} $\mathbf{v_{(i=350s)} = 2{,}02.10^{-3}}$	
Figura 23.3 C			$v_{(i=350s)} = (1/1).tg\,11{,}5°$ $v_{(i=350s)} = (1/1).(0{,}2035)$(*) $v_{(i=350s)} = 0{,}204.10^{-2}$ mol L^{-1} $v_{(i=350s)} = 2{,}04.10^{-3}$

(*) O valor deve ser multiplicado pela unidade da escala das concentrações ou (10^{-2} mol L^{-1}).

Exemplo 2

Como segundo exemplo será analisada a velocidade da reação de decomposição da amônia gasosa (NH_3), Reação (R-23.4), conforme dados adaptados de (Kotz & Treichel, 1996).

$$2\,NH_{3(g)} \leftrightarrows 1\,N_{2(g)} + 3\,H_{2(g)} \qquad (R\text{-}23.4)$$

A Tabela 23.5 apresenta alguns pares coordenados de valores de *concentração* de amônia (NH_3) "desaparecendo" (ou reagindo) e os respectivos *tempos de reação*.

Tabela 23.5 Quadro de medidas do tempo de reação e da concentração do reagente $NH_{3(g)}$ que se decompõe com o tempo em $N_{2(g)}$ e $H_{2(g)}$, em condições próprias de temperatura e pressão.

Tempo de reação s (segundos)	Concentração 10^{-3} mol L^{-1}		Tempo de reação s (segundos)	Concentração 10^{-3} mol L^{-1}
120	1,90		400	1,47
200	1,78		500	1,31
300	1,62		600	1,16
		$2\ NH_{3(g)} \leftrightarrows 1\ N_{2(g)} + 3\ H_{2(g)}$		

FONTE: Adaptação de dados de Kotz & Treichel, 1996.

Aplicando à Reação (R-23.4) o conceito de velocidade instantânea de reação, conforme Equação (23.5), visto anteriormente, chega-se à Equação (23.12):

$$v_{i(Reação)} = v_i = -\frac{1}{2} \cdot \frac{d[NH_{3(g)}]}{dt} = \frac{1}{1} \cdot \frac{d[N_{2(g)}]}{dt} = \frac{1}{3} \cdot \frac{d[H_{2(g)}]}{dt} \quad (23.12)$$

Aplicando o conceito de derivada para a velocidade instantânea, chega-se às Equações (23.13), (23.14) e (23.15):

$$\frac{d[NH_{3(g)}]}{dt} = \text{tangente}\, \alpha_{[NH_{3(g)}]} = \text{tg}\, \alpha_{[NH_{3(g)}]} \quad (23.13)$$

$$\frac{d[N_{2(g)}]}{dt} = \text{tangente}\, \alpha_{[N_{2(g)}]} = \text{tg}\, \alpha_{[N_{2(g)}]} \quad (23.14)$$

$$\frac{d[H_{2(g)}]}{dt} = \text{tangente}\, \alpha_{[H_{2(g)}]} = \text{tg}\, \alpha_{[H_{2(g)}]} \quad (23.15)$$

Introduzindo as Equações (23.13) a (23.15) na Equação (23.12) chega-se à Equação (23.16):

$$v_{i(Reação)} = v_i = -\frac{1}{2} \cdot \text{tg}\, \alpha_{[NH_{3(g)}]} = \frac{1}{1} \cdot \text{tg}\, \alpha_{[N_{2(g)}]} = \frac{1}{3} \cdot \text{tg}\, \alpha_{[H_{2(g)}]} \quad (23.16)$$

Plotando os dados da Tabela 23.5, referentes ao reagente amônia ($NH_{3(g)}$), chega-se à Figura 23.4.

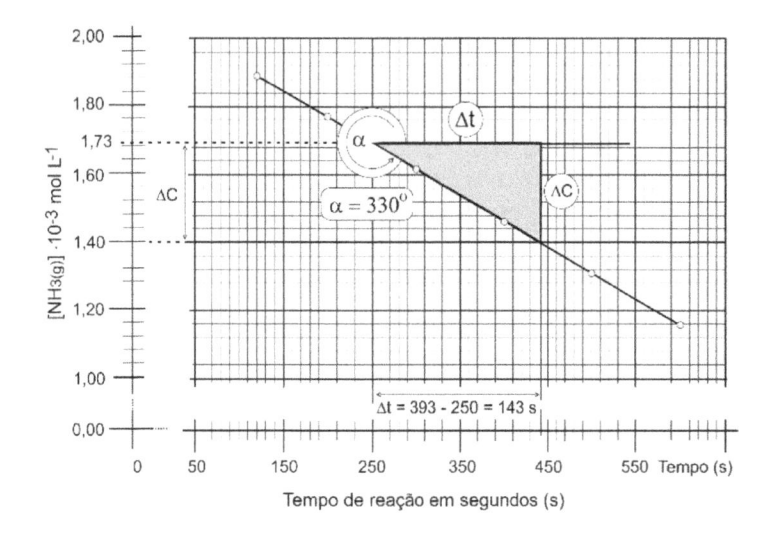

Velocidade instantânea para $NH_{3(g)}$

$$v_i = tg\,\alpha = \frac{dC}{dt} = tg\,\alpha$$
$$= tg\,330° = -0{,}577 \cdot 10^{-3}$$
$$= -5{,}77 \cdot 10^{-4}\ mol\ L^{-1}\ s^{-1}$$

Velocidade instantânea da reação

$$v_i = -\frac{1}{2} tg\,\alpha = -\frac{1}{2} \cdot tg\,330° =$$
$$= -(0{,}5) \cdot (-5{,}77 \cdot 10^{-4}\ mol\ L^{-1}\ s^{-1})$$
$$= 2{,}89 \cdot 10^{-4}\ mol\ L^{-1}\ s^{-1}$$

Velocidade média da reação (250 a 393 s)

$$v_m = -\frac{1}{2} \cdot \frac{\Delta[NH_{3(g)}]}{\Delta t} = -\frac{1}{2} \cdot \frac{-0{,}33 \cdot 10^{-3}\ mol\ L^{-1}}{143\ segundos}$$
$$v_m = 2{,}31 \cdot 10^{-6}\ mol\ L^{-1}\ s^{-1}$$
$$\Delta C = (1{,}40 - 1{,}73) \cdot 10^{-3} = -0{,}33 \cdot 10^{-3}\ mol\ L^{-1}$$

Figura 23.4 Visualização e cálculos da: Velocidade instantânea de decomposição do $NH_{3(g)}$; Velocidade instantânea da reação de decomposição do reagente e formação dos produtos $(v_{i\,reação})$; Velocidade média da reação $(v_{m\,reação})$.

- Velocidade instantânea de decomposição da amônia (NH_3) nas condições da Figura 23.4.

$$\frac{d\left[NH_{3(g)}\right]}{dt} = tangente\,\alpha_{\left[NH_{3(g)}\right]} = tg\,\alpha_{\left[NH_{3(g)}\right]} \quad [23.13]$$

Considerando a Equação (23.13), abaixo repetida, observa-se que a velocidade instantânea para este reagente é a variação da concentração de amônia (NH_3) na unidade de tempo.

Aplicando os dados da Figura 23.4, chega-se à Equação (23.17):

$$v_i = \frac{d\left[NH_{3(g)}\right]}{dt} = tg\,\alpha = tg\,330° = -0{,}577\ \text{unidade da escala} = 0{,}577 \cdot 10^{-3}\ mol\,L^{-1}s^{-1} = 5{,}77 \cdot 10^{-4}\ mol\,L^{-1}s^{-1} \quad (23.17)$$

Esta velocidade instantânea relativa à decomposição da amônia (NH_3) é constante, porém, numericamente diferente da velocidade instantânea da reação como um todo.

- Velocidade instantânea da reação

A Equação (23.16), abaixo transcrita, apresenta a expressão da velocidade instantânea da reação como um todo.

$$v_{i(Reação)} = v_i = -\frac{1}{2} \cdot tg\,\alpha_{\left[NH_{3(g)}\right]} = \frac{1}{1} \cdot tg\,\alpha_{\left[N_{2(g)}\right]} = \frac{1}{3} \cdot tg\,\alpha_{\left[H_{2(g)}\right]} \quad [23.16]$$

Como se possui apenas os dados relativos à decomposição da amônia a Equação (23.16) se transforma na Equação (23.18):

$$v_{i(\text{Reação})} = v_i = -\frac{1}{2} \cdot \text{tg}\, \alpha_{\left[NH_{3(g)}\right]} \qquad (23.18)$$

Introduzindo o valor de $\text{tg}\,\alpha_{\left[NH_{3(g)}\right]}$, isto é, $\text{tg}\,330°$, que é igual $-0,577\,(10^{-3}\,\text{mol L}^{-1})$, onde, $10^{-3}\,\text{mol L}^{-1}$ é o valor da unidade da concentração, conforme Figura 23.4, chega-se à Equação (23.19):

$$v_{i(\text{Reação})} = v_i = -\frac{1}{2} \cdot 0,577 \cdot 10^{-3}\,\text{mol L}^{-1} = 2,89 \cdot 10^{-4}\,\text{mol L}^{-1}\text{s}^{-1} \qquad (23.19)$$

O valor dado pela Equação (23.19) é constante, ao longo da reta da Figura 23.4 e quando calculado para os produtos formados nos mesmos pontos conforme Equação (23.16).

- Velocidade média da reação

O valor da velocidade média da reação (v_m), conforme Figura 23.4, depende do valor do intervalo de tempo de reação considerado. No caso do período de 250 s a 393 s, Figura 23.4, o cálculo encontra-se na Equação (23.20):

$$v_m = -\frac{1}{2} \cdot \frac{\Delta C}{\Delta t} = \frac{1}{2} \cdot \frac{(1,40 - 1,73) \cdot 10^{-3}\,\text{mol L}^{-1}}{(393 - 250)\,\text{s}} = \frac{1}{2} \cdot \frac{-0,33 \cdot 10^{-3}\,\text{mol L}^{-1}}{143\,\text{s}} = 2,31 \cdot 10^{-5}\,\frac{\text{mol L}^{-1}}{\text{s}} \qquad (23.20)$$

23.1.4 Leis de velocidade da reação química

Aspectos gerais
- Molecularidade de uma reação

Denomina-se de *molecularidade* de uma reação ao *número de moléculas* necessárias para que a reação ocorra. Sejam os seguintes exemplos:

Reação monomolecular, Reação (R-23.5).

$$1\,A_{(\text{Reagente})} \rightarrow M_{(\text{Produto})} \qquad (R\text{-}23.5)$$

Reação bimolecular, Reação (R-23.6) e Reação (R-23.7).

$$1\,A_{(\text{Reagente})} + 1\,A_{(\text{Reagente})} \rightarrow P_{(\text{Produto})} \qquad (R\text{-}23.6)$$
$$1\,A_{(\text{Reagente})} + 1\,B_{(\text{Reagente})} \rightarrow P_{(\text{Produto})} \qquad (R\text{-}23.7)$$

Nos exemplos das Reações (R-23.6) e (R-23.7) as mesmas dependem de duas moléculas, iguais ou diferentes. Assim por diante para *reações trimoleculares, reações tetramoleculares* etc.

A Reação (R-23.8) generaliza o conceito de *molecularidade* de uma reação química.

$$aA + bB + cC + \ldots \rightarrow mM + nN + oO + \ldots \qquad (R\text{-}23.8)$$

A molecularidade da reação é dada pela soma dos coeficientes dos reagentes da Reação (R-23.8), conforme Equação (23.21):

$$\begin{array}{c}\text{Molecularidade da reação (R-23.8)} =\\ a + b + c + \ldots\end{array} \qquad (23.21)$$

- Ordem da reação química

Dos exemplos colocados desde o início desta UNIDADE, conclui-se que a velocidade de uma reação química depende da *concentração dos reagentes*, quando mantidos constantes os demais fatores que possam influenciar no processo. A seguir serão colocados alguns exemplos para só depois conceituar *ordem da reação*.

Exemplo 1
Seja a Reação (R-23.5), abaixo repetida, em que o reagente A forma o produto M.

$$1 A_{(Reagente)} \rightarrow M_{(Produto)} \quad [R\text{-}23.5]$$

De maneira geral, quanto maior a concentração do reagente, [A], maior é a velocidade da reação química, mantidos constantes todos os demais fatores que possam influenciar na velocidade da reação (temperatura, pressão, luz, agitação etc.).

A expressão matemática desta afirmação para a Reação (R-23.5), pode ser escrita conforme as Equações (23.22) e (23.23):

$$v \propto [A]^1 \quad (23.22)$$
$$v = k_1 \cdot [A]^1 \quad (23.23)$$

A Equação (23.23) é conhecida como *Lei de Velocidade* para a reação em estudo, indicando como a velocidade depende da concentração do reagente, onde:
v = velocidade da reação;
k ou k_1 = constante de proporcionalidade;
$[A]^1$ = concentração do reagente A, em mol L^{-1};
1 = Expoente da concentração do reagente A = *Ordem da reação*.

A *constante de proporcionalidade* (k ou k_1), conhecida como constante de velocidade, independe da concentração, mas, é função da natureza da reação e da temperatura entre outros fatores. Reações rápidas possuem constante elevada e reações lentas possuem constantes muito pequenas. Um aumento de temperatura provoca uma variação (aumento) no valor de k, conforme será visto.

Exemplo 2
Seja a Reação (R-23.6), abaixo repetida:

$$1 A_{(Reagente)} + 1 A_{(Reagente)} \rightarrow P_{(Poduto)} \quad [R\text{-}23.6]$$

A expressão matemática da velocidade da Reação (R-23.6) é dada pela Equação (23.24) e Equação (23.25):

$$v \propto [A].[A] \text{ ou } v \propto [A]^2 \quad (23.24)$$

$$v = k_2.[A]^1.[A]^1 = k_2.[A]^2 \quad (23.25)$$

Exemplo 3
Se a reação fosse do tipo da Reação (R-23.7), abaixo repetida, a expressão da velocidade é dada pela Equação (23.26) e Equação (23.27):

$$1 A_{(Reagente)} + 1 B_{(Reagente)} \rightarrow P_{(Produto)} \quad [R\text{-}23.7]$$
$$v \propto [A].[B] \quad (23.26)$$
$$v = k_3.[A].[B] = k_3.[A]^1.[B]^1 \quad (23.27)$$

Exemplo 4
Generalizando para o exemplo da Reação (R-23.8), abaixo transcrita, chega-se à Equação (23.28):

$$aA + bB + cC + \ldots \rightarrow mM + nN + oO + \ldots \quad [R\text{-}23.8]$$
$$v = k_4.[A]^a.[B]^b.[C]^c\ldots \quad (23.28)$$

Generalizando estes quatro exemplos tem-se a Equação (23.29):

$$v = k_i.[A]^a.[B]^b.[C]^c\ldots \quad (23.29)$$

Onde:
[A]; [B]; [C]; ...= Concentração dos reagentes, em mol L^{-1};
$k_i = k_1$; k_2; k_3; k_4 = Constantes de proporcionalidade;
$x_i = 1 = x_1$; $(1 + 1 = 2) = x_2$; $(1 + 1) = 2 = x_3$; $(a + b + c + \ldots) = x_4$ = Expoentes ou soma dos expoentes das respectivas concentrações nas Equações (23.23), (23.24), (23.27), (23.28).

A *ordem de reação* é o fator de dependência da concentração na lei de velocidade, obtida experimentalmente através das velocidades iniciais em diferentes concentrações.

Na prática, *ordem de reação* é o número que expressa o expoente ou a soma dos expoentes das concentrações dos reagentes dos quais depende a velocidade da reação. Assim, tem-se:

Reação de *ordem zero* (x = 0), Equações (23.30) e (23.31)

$$v = k.[A]^0 \quad (23.30)$$

$$v = k \quad (23.31)$$

ou seja, a velocidade independe da concentração do reagente.

$$CaCO_{3(s)} \xrightarrow[800° \text{ a } 1.000°]{\text{Forno de cal}} CaO_{(s)} + CO_{2(g)} \nearrow \quad (R\text{-}23.9)$$

Carbonato de cálcio — Óxido de cálcio — Dióxido de Carbono
Calcário — Cal virgem — Gás carbono

Casos de reagentes muito diluídos ou muito concentrados a variação das respectivas concentrações podem ser desprezadas e a reação ser considerada de ordem zero com relação a estes reagentes nestas condições.

Para uma reação de *primeira ordem* (x = 1), Equação (23.32):

$$v = k.[A]^1 \quad (23.32)$$

Se a concentração do reagente é duplicada, a velocidade também a será.

Para uma reação de *segunda ordem* (x = 2), Equação (23.33):

$$v = k.[A]^2 \quad (23.33)$$

Se a concentração do reagente for duplicada, a velocidade da reação aumentara quatro vezes.

23.1.5 Fatores que influenciam na velocidade das reações químicas

Concentração

Conforme demonstrado anteriormente a velocidade é diretamente proporcional à concentração de cada reagente presente na reação desde que sua concentração não seja tal que a velocidade da reação independa dela, tornando-se de ordem zero com relação a este reagente. A Equação (23.29) mostra de forma generalizada esta dependência direta.

Temperatura

A equação da velocidade da reação dada pela Equação (23.29) introduz a constante de velocidade, k_i. A constante k envolve uma série de fatores (parâmetros) que na referida reação são mantidos constantes, entre eles a temperatura. Ou seja, para uma reação que depende da concentração do reagente X, tem-se a Equação (23.34):

$$v = k.[X] \quad (23.34)$$

Pela Equação de Arrhenius, tem-se a Equação (23.35):

$$k = A \cdot O^{\left(\frac{-E}{R \cdot T}\right)} \quad (23.35)$$

Um exemplo de reação de *ordem zero* é a reação de decomposição térmica do carbonato de cálcio ($CaCO_3$), conforme Reação (R-23.9):

Onde:
A = Fator de frequência ou fator pré-exponencial;
O = Constante 2,7182818 (base logarítmica neperiana);
R = Constante dos gases perfeitos;
T = Temperatura absoluta;
E = Entalpia da semirreação que envolve R (reagente).

Mantendo todos os parâmetros constantes na Equação (23.35) pode-se reescrever a mesma equação como função apenas da temperatura (T), conforme Equação (23.36):

$$k = \frac{1}{O^{\left(\frac{K}{T}\right)}} \quad (23.36)$$

Pela Equação (23.36) verifica-se que um aumento da temperatura (T) diminui a razão K/T, ou o expoente de O (base neperiana) e indiretamente diminui o denominador da Equação (23.36). Diminuindo o denominador aumenta o valor da razão que é igual à velocidade. Ou seja, um aumento da temperatura provoca um aumento de k que é diretamente proporcional à velocidade da reação. Uma diminuição da temperatura provoca uma diminuição da velocidade da reação. Aliás, quando se quer conservar alimentos, frutas etc., os mesmos são colocados na geladeira, ou no *freezer*, exatamente para diminuir a velocidade das reações de decomposição dos mesmos.

Outros fatores

Além da *concentração* e da *temperatura*, outros fatores podem influenciar a velocidade de uma reação química, tais como:
- a *pressão do ambiente* (um sistema fechado ou um sistema aberto) influencia fortemente, principalmente se o sistema é gasoso;
- a *natureza dos reagentes* (reações entre compostos iônicos são mais rápidas do que a de compostos covalentes);
- a *luz* (a fotossíntese não ocorre na ausência de luz);
- os *catalisadores* (muitas reações nos organismos humanos ocorrem na presença das enzimas, os catalisadores biológicos);
- a *superfície de contato* (a ferrugem da palha de aço na cozinha é causa de irritação das donas de casa e da grade de ferro, a irritação dos pintores);
- a *agitação do sistema* ou, maior ou menor "chance de contato dos reagentes", entre outros.

Assim, a velocidade de uma reação depende de diferentes fatores.

A *Teoria das Colisões* explica como os fatores concentração e temperatura afetam a velocidade das reações químicas. Esta teoria pressupõe que as reações químicas dependem das colisões entre as partículas dos reagentes: maior concentração, maior número de partículas, maior número ou frequência das colisões, portanto, maior velocidade da reação.

A frequência das colisões depende da temperatura. Um aumento na temperatura gera uma movimentação mais rápida das moléculas e as colisões tornam-se mais frequentes. Há que se destacar também que para a ocorrência de uma reação química é necessário um mínimo de energia. No início, a combustão da vela necessita da energia da queima do fósforo e depois a reação continua se processando, pois, a combustão da vela gera a energia necessária para o prosseguimento da reação.

Essa energia mínima é a *Energia de Ativação* da reação, Figura 23.5. Reações que possuem alta energia de ativação tendem a ocorrer mais lentamente do que as reações que possuem baixa energia de ativação.

O catalisador tende a diminuir a energia de ativação da reação. O ideal é a situação em que o catalisador dispensa a energia de ativação da reação.

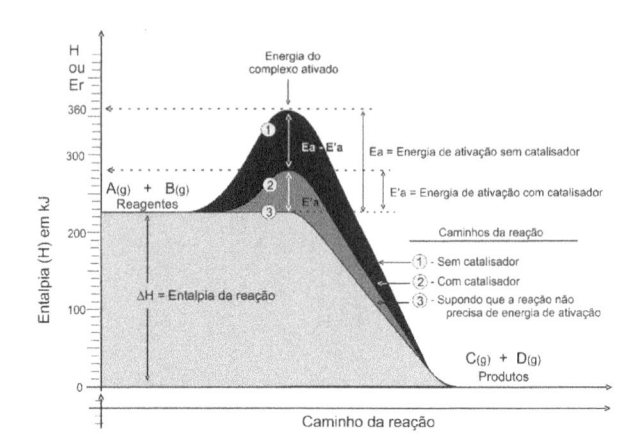

Figura 23.5 Caminhos de uma reação química com e sem catalisador.

FONTE: Adaptação de Russel, 1994.

Uma das maneiras de se alterar as energias de ativação das reações é a adição de catalisadores. Reações químicas que se utilizam dos catalisadores são denominadas de Catálise. Os catalisadores modificam o mecanismo da reação fazendo com que ocorra uma diminuição da energia de ativação, Figura 23.5, e como consequência o aumento da velocidade da reação.

23.2 PARTE EXPERIMENTAL

23.2.1 Aspectos gerais

Nesta atividade serão analisados fatores (concentração, temperatura e catalisador) que alteram a velocidade de reação de redução do íon permanganato (MnO_4^-) em meio ácido, com o íon oxalato ($C_2O_4^{2-}$), segundo a Reação (R-23.10):

$$5\,C_2O_4^{2-}{}_{(aq)} + 2\,MnO_4^-{}_{(aq)} + 16\,H^+{}_{(aq)} \rightarrow 10\,CO_{2(g)} + 2\,Mn^{2+}{}_{(aq)} + 8\,H_2O_{(l)} \qquad (R\text{-}23.10)$$

O ácido utilizado, em geral, é o ácido sulfúrico concentrado, H_2SO_4, com o qual se deve tomar alguns cuidados, conforme mostra **Segurança 23.1**.

Segurança 23.1

Ácido Sulfúrico concentrado (H_2SO_4)

Risco: Grau elevado (HR 3)

Atenção: Evitar contato com olhos, pele e material orgânico (papel, roupa etc.).

Efeitos tóxicos: O ácido sulfúrico é corrosivo a todos os tecidos humanos. Inalação do seu vapor concentrado causa sérios danos aos pulmões. O contato com os olhos pode levar à perda total da visão.

Reações perigosas: Quando aquecido emite vapores tóxicos de SO_x. Recomenda-se trabalhar na capela, utilizando-se: avental; luvas de borracha e óculos protetores.

Primeiros socorros: Ver Manual de Segurança em Laboratório.

Disposição final de resíduos: Antes de desfazer-se dos resíduos falar com o Professor.

Permanganato de potássio ($KMnO_4$)

Risco: Grau elevado (HR 3)

Efeitos tóxicos: O permanganato de potássio é corrosivo a todos os tecidos humanos. Os efeitos de sua ingestão são: dispneia, náuseas e outros efeitos gastrointestinais. Inalação do pó de permanganato pode causar danos aos pulmões e em contato com os olhos, a perda da visão.

Reações perigosas: É inflamável e explosivo. Pode ocorrer explosão em contato com substâncias orgânicas ou materiais facilmente oxidáveis.

Primeiros socorros: Ver Manual de Segurança em Laboratório.

Disposição final de resíduos: Antes de desfazer-se dos resíduos falar com o Professor.

FONTE: Lewis (1996); Budavari (1996); Bretherick (1986); Baccan & Barata (1982); Oddone *et al.* (1980); Luxon (1971).

Das espécies envolvidas na Reação (R-23.10), apenas a solução de íons permanganato é colorida (violeta). Todas as demais são incolores. A velocidade da reação pode ser observada pelo tempo necessário para que se dê o descoramento da solução. É, como foi dito, uma "reação-relógio".

Nas atividades experimentais a seguir, é importante observar o que segue:

I Acionar o cronômetro sempre no instante do início da adição ou ao término da adição dos ácidos.

II Homogeneizar a solução reagente sempre da mesma forma e velocidade de agitação. O ideal seria um agitador magnético regulado com o mesmo movimento.

III Parar o cronômetro no momento do descoramento total do permanganato de potássio.

IV Ler e registrar o tempo de reação em segundos.

23.2.2 Influência da concentração de reagentes na velocidade da reação

a – *Materiais*
- *6 Copos Erlenmeyer;*
- *1 Pipeta graduada de 10,00 mL;*
- *2 Pipetas graduadas de 5,00 mL;*
- *1 Proveta de 10,00 mL;*
- *Solução de H_2SO_4 2,5 mol L^{-1};*
- *Solução de $H_2C_2O_4$ 0,50 mol L^{-1};*
- *Solução de $KMnO_4$ 0,04 mol L^{-1};*
- *Água destilada;*

- *Papel milimetrado, régua, esquadros (45° e 60°), lápis etc.;*
- *Material de registro: Diário de Laboratório, calculadora e computador.*

b – *Procedimento*
- Numerar os seis Erlenmeyer de 1 a 6.
- Colocar em cada um dos Erlenmeyers, 4,00 mL da solução do $KMnO_4$ e água destilada e deionizada, no volume especificado na Tabela 23.6. Agitar o frasco.
- Em um copo Erlenmeyer, adicionar 10,00 mL de ácido sulfúrico (H_2SO_4) e 5,00 mL ácido oxálico ($H_2C_2O_4$) conforme descrito na Tabela 23.6. Agitar o frasco.
- Adicionar o conteúdo dos ácidos (H_2SO_4 e $H_2C_2O_4$) no Erlenmeyer de número 1.
- Observar as etapas:

I. Acionar o cronômetro sempre no instante do início da adição ou ao término da adição dos ácidos.

II. Homogeneizar a solução reagente sempre da mesma forma e velocidade de agitação. O ideal seria um agitador magnético regulado com o mesmo movimento.

III. Parar o cronômetro no momento do descoramento total do permanganato de potássio.

IV. Ler e registrar o tempo de reação (Δt) em segundos.

- Repetir as operações com os Erlenmeyers nº 2, nº 3, nº 4, nº 5 e nº 6, ou seja, adicionar 10,0 mL de ácido sulfúrico com 5,0 mL de ácido oxálico. Repetir as etapas de I a IV.
- Usar sempre o mesmo Erlenmeyer para fazer a mistura dos ácidos (H_2SO_4 e $H_2C_2O_4$).

Tabela 23.6 Estudo da influência da concentração na velocidade da Reação (23.10).

Copo Erlen-meyer	Solução de H_2SO_4 (mL)	Solução de $H_2C_2O_4$ (mL)	H_2O (mL)	Solução de $KMnO_4$ (mL)	Volume total (mL)
1	10,00	5,00	0,00	4,00	
2	10,00	5,00	10,00	4,00	
3	10,00	5,00	20,00	4.00	
4	10,00	5,00	30,00	4,00	
5	10,00	5,00	40,00	4,00	
6	10,00	5,00	50,00	4,00	

c – *Cálculos e gráficos*
- Calcular o volume total da solução de permanganato de potássio ($KMnO_4$) e calcular a concentração final da solução de cada Erlenmeyer usando a Equação (23.37).
- Com os resultados preencher a Tabela RA 23.1, no Relatório de Atividades.

$$C_1 V_1 = C_2 V_2 \qquad (23.37)$$

onde, C_1 = concentração inicial; C_2 = concentração final; V_1 = volume inicial; V_2 = volume final.

- Calcular a velocidade média ($v_{média}$) da reação para cada Erlenmeyer. Usando a Equação (23.38), e preencher a Tabela RA 23.1, no Relatório de Atividades.

$$v_{\text{mídia de reação}} = -\frac{1}{2} \cdot \frac{\Delta[KMnO_4]}{\Delta t} \left(mol\, L^{-1}\, s^{-1} \right) \quad (23.38)$$

- Num papel milimetrado fazer o gráfico da concentração da solução de $KMnO_4$ (ordenadas) versus o tempo de reação (abcissas). Qual a conclusão a tirar do gráfico?

- Usar o gráfico para calcular a velocidade média entre dois pontos (tempo) intermediários.

23.2.3 Influência da temperatura na velocidade da reação

a – *Materiais*
- *6 Copos Erlenmeyers;*
- *1 Pipeta graduada de 10,00 mL;*
- *2 Pipetas graduadas de 5,00 mL;*
- *1 Proveta de 10,00 mL;*
- *1 Termômetro;*
- *Solução de H_2SO_4 2,5 mo L^{-1};*
- *Solução de $H_2C_2O_4$ 0,50 mol L^{-1};*
- *Solução de $KMnO_4$ 0,0 4mol L^{-1};*
- *Água destilada;*
- *Papel milimetrado, régua, esquadros (45° e 60°), lápis etc.;*
- *Material de registro: Diário de Laboratório, calculadora e computador.*

b – *Procedimento*
- Numerar três Erlenmeyers: nº 1; nº 2 e nº 3. Adicionar em cada um, 4,00 mL da solução permanganato de potássio ($KMnO_4$) e 50,00 mL de água, de acordo com o especificado na Tabela 23.7.
- Numerar os outros três copos Erlenmeyers: nº 4; nº 5 e nº 6. Colocar em cada um dos três Erlenmeyers os volumes das soluções de ácido sulfúrico (H_2SO_4), e de ácido oxálico ($H_2C_2O_4$), conforme descrito na Tabela 23.7.
- Medir a temperatura das soluções dos Erlenmeyers nº 1 e nº 4. A temperatura, de ambos, deve ser a mesma. Registrar o valor na Tabela 23.8.
- Adicionar no Erlenmeyer nº 1, o conteúdo do Erlenmeyer nº 4.
- Observar as etapas:

I. Acionar o cronômetro sempre no instante do início da adição ou ao término da adição dos ácidos.

II. Homogeneizar a solução reagente sempre da mesma forma e velocidade de agitação. O ideal seria um agitador magnético regulado com o mesmo movimento.

III. Parar o cronômetro no momento do descoramento total do permanganato de potássio.

IV. Ler e registrar o tempo de reação (Δt) em segundos.

- Levar os Erlenmeyers nº 2 e nº 5 com os respectivos reagentes a um banho-maria e aquecer o mesmo a uma temperatura aproximadamente 20 °C mais elevada que a ambiente. Isto é, T = $T_{(ambiente)}$ + 20 °C.
- Com auxílio de um termômetro medir a temperatura de ambos os Erlenmeyers e registrar o valor na Tabela 23.8. A temperatura deve ser a mesma para os dois Erlenmeyers.
- Adicionar na solução do Erlenmeyer nº 2, o conteúdo do Erlenmeyer nº 5.
- Depois seguir as etapas I a IV, acima descrita.
- Levar os copos Erlenmeyers nº 3 e nº 6 com os respectivos reagentes a um banho-maria e aquecer os mesmos a uma temperatura aproximadamente 30 °C mais elevada que a ambiente. Isto é, T = $T_{(ambiente)}$ + 30 °C.
- Com auxílio de um termômetro medir a temperatura de ambos os Erlenmeyers e registrar o valor na Tabela 23.8. A temperatura deve ser a mesma para os dois Erlenmeyers.
- Adicionar na solução do copo Erlenmeyer nº 3, o conteúdo do Erlenmayer nº 6.
- Depois seguir as etapas I a IV, acima descrita.

Tabela 23.7 Estudo da influência da temperatura na velocidade de uma reação.

Copo (nº)	Solução de H_2SO_4 (mL)	Solução de $H_2C_2O_4$ (mL)	H_2O (mL)	T (°C)	Solução de $KMnO_4$ (mL)	Volume Total (mL)
1*	10,00	5,00	50,00		4,00	
2	10,00	5,00	50,00	+ 20	4,00	
3	10,00	5,00	50,00	+ 30	4,00	

(*) Guardar esta solução para o item 23.2.4.

c – *Cálculos e gráficos*
- Fazer os cálculos do volume final e da concentração do permanganato de potássio

($KMnO_4$) na solução final de cada Erlenmeyer, usando a Equação (23.37).
- Calcular a velocidade média ($v_{média}$) da reação pela Equação (23.38) e preencher a Tabela 23.8. Completar o Quadro RA 23.1 no Relatório de Atividades.
- Num papel milimetrado fazer o gráfico da velocidade da reação - $v_{média}$ (ordenadas) versus temperatura inicial dos reagentes de $KMnO_4$ (abcissas) em graus Kelvim (T = 273 + T ºC). Qual a conclusão a tirar do gráfico?

Tabela 23.8 Estudo da influência da temperatura na velocidade de uma reação.

Copo (nº)	T (ºC)	Volume Total (mL)	Conc. final do $KMnO_4$ **	Δt (s)	$v_{média}$ (mol L^{-1} s^{-1})
1*					
2					
3					

* Guardar esta solução para o item 23.2.4; ** Concentração em mol L^{-1}.

23.2.4 Influência do catalisador na velocidade da reação

a – *Materiais*
- *6 Copos Erlenmeyers;*
- *1 Pipeta graduada de 10,00 mL;*
- *2 Pipetas graduadas de 5,00 mL;*
- *1 Proveta de 10,00 mL;*
- *Solução de H_2SO_4 2,5 mol L^{-1};*
- *Solução de $H_2C_2O_4$ 0,50 mol L^{-1};*
- *Solução de $KmnO_4$ 0,04 mol L^{-1};*
- *Solução de $MnSO_4$ 0,10 mol L^{-1};*
- Água destilada;
- *Papel milimetrado, régua, esquadros (45º e 60º), lápis etc.;*
- *Material de registro: Diário de Laboratório, calculadora e computador.*

b – *Procedimento*
- Colocar em um Erlenmeyer as soluções de ácido sulfúrico e ácido oxálico, conforme dados da Tabela 23.9.
- No copo Erlenmeyer 1, sem catalisador, adicionar a solução permanganato de potássio ($KMnO_4$) e água destilada. Acrescentar a mistura de ácidos preparada no outro Erlenmeyer e acionar o cronômetro como nos demais experimentos.
- Seguir as etapas de I a IV abaixo:

I. Acionar o cronômetro sempre no instante do início da adição ou ao término da adição dos ácidos.

II. Homogeneizar a solução reagente sempre da mesma forma e velocidade de agitação. O ideal seria um agitador magnético regulado com o mesmo movimento.

III. Parar o cronômetro no momento do descoramento total do permanganato de potássio.

IV. Ler e registrar o tempo de reação (Δt) em segundos.

- Colocar novamente no copo Erlenmeyer (usar o mesmo Erlenmeyer do experimento anterior) as soluções de ácido sulfúrico e ácido oxálico, conforme dados da Tabela 23.9.
- No copo Erlenmeyer 2 adicionar o catalisador (5 gotas de solução de $MnSO_4$), a solução do permanganato de potássio, e a água destilada conforme Tabela 23.9. Após adicionar a mistura de ácidos preparada conforme Tabela 23.9, acionar o cronômetro.
- Após, seguir itens de I a IV.
- Colocar 4 mL da solução de permanganato de potássio no Erlenmeyer 3. Acrescentar o conteúdo do Erlemeyer 1 reservado do item 23.2.3. Acionar o cronometro como nos demais experimentos.
- Após, seguir os itens de I a IV.
- Registrar os resultados na Tabela 23.10.

Tabela 23.9 Estudo da influência do catalisador na velocidade de uma reação.

Copo (nº)	Solução de H_2SO_4 (mL)	Solução de $H_2C_2O_4$ (mL)	H_2O (mL)	Solução de $MnSO_4$ (gotas)	Solução de $KMnO_4$ (mL)	Volume Total (mL)
01	10,00	5,00	50,00	0,0	4,00	
02	10,00	5,00	50,00	5	4,00	
03*					4,00	

* Solução utilizada na parte 23.2.3, Erlenmeyer nº 1.

c – *Cálculos*
- Calcular o volume total em cada copo Erlenmeyer, registrar o resultado na Tabela 23.9 e transcrever para a Tabela 23.10.
- Fazer os cálculos da concentração do permanganato de potássio na solução final de cada copo Erlenmeyer, usando a Equação 23.37. Registrar o resultado na Tabela 23.10.
- Calcular a velocidade média ($v_{média}$) da reação pela Equação (23.38) e preencher a Tabela 23.10.
- Qual a conclusão obtida pelos resultados?
- Preencher o Quadro 23.2 no Relatório de Atividades.

Tabela 23.10 Estudo da influência do catalisador na velocidade de uma reação.

Copo (nº)	Solução de $MnSO_4$ (gotas)	Volume Total (mL)	Conc. final do $KMnO_4$ (**)	Δt (s)	$v_{média}$ mol L^{-1} s^{-1}
01	0,0				
02	5				
03*					

* Solução utilizada na item 23.2.3, Erlenmeyer nº 1.
** Concentração em mol L^{-1}.

23.3 EXERCÍCIOS DE FIXAÇÃO

23.1. Enumere os fatores que influenciam na velocidade de reação e explique cada um.

23.2. Diferencie velocidade média de velocidade instantânea.

23.3. O gráfico da Figura EF 23.1 é relativo à reação do ferro (Fe) com o gás oxigênio (O_2) do ar. A curva representa o consumo do oxigênio em função do tempo.

a) Calcule através do gráfico da Figura EF 23.1 a velocidade média da reação em função da concentração do O_2, entre os instantes 600 e 1100 minutos.

b) Calcule a velocidade no instante 350 minutos.

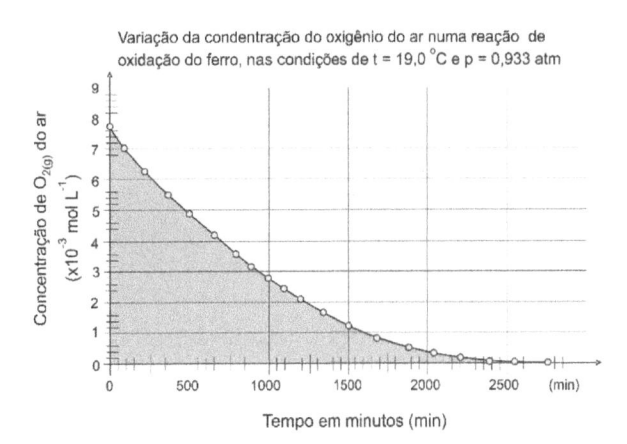

Figura EF 23.1 Variação da concentração do gás oxigênio, O_2, do ar numa reação de oxidação do ferro.

23.4. Considere,

I. A reação de oxido-redução:

$5 C_2O_4^{2-}{}_{(aq)} + 2 MnO_4^-{}_{(aq)} + 16 H^+{}_{(aq)} \rightarrow 10 CO_{2(g)} + 1 Mn^+{}_{(aq)} + 8 H_2O_{(l)}$

II. A Tabela EF 23.1 referente ao experimento executado no laboratório:

Tabela EF 23.1 Estudo da influência da concentração na velocidade da Reação

Erlenmeyer	V (mL) H_2SO_4	V (mL) $H_2C_2O_4$	V (mL) H_2O	V (mL) $KMnO_4$	Tempo (s)	[MnO_4^-] Mol/L	Velocidade Mol $L^{-1}.s^{-1}$
1	10,00	5,00	15,00	4,00	50,0		
2	10,00	5,00	30,00	4,00	65,0		
3	10,00	5,00	45,00	4,00	80,0		

Calcule a concentração do permanganato de potássio ($KMnO_4$) sabendo que a concentração da solução usada nas diluições era de 0,05 mol L^{-1}. Complete as concentrações na tabela.

Calcule as velocidades de reação para cada Erlenmeyer considerando o tempo de descoramento do $KMnO_4$. Complete as velocidades na tabela.

$$C_2O_4^{2-}{}_{(aq)} + 2\ MnO_4^-{}_{(aq)} + 16\ H^+{}_{(aq)} \rightarrow 10\ CO_{2(g)} + 1\ Mn^+{}_{(aq)} + 8\ H_2O_{(l)}$$

Com o objetivo de monitorar o tempo gasto no descoramento total do íon permanganato (MnO_4^-), foi colocado em um Erlenmeyer: 10 mL de solução de H_2SO_4 (2,5 mol L^{-1}); 5 mL de solução de $H_2C_2O_4$ (0,5 mol L^{-1}); 15 mL de água e 4 mL de solução de $KMnO_4$ (0,04 mol L^{-1}).

I) Nestas condições o tempo de descoramento total do íon permanganato foi de 125 s.

II) Após, neste mesmo Erlenmeyer foi adicionado mais 4 mL de solução do íon permanganato (0,04 mol L^{-1}). Agora o tempo de descoramento total da solução foi de 85 s.

a) Calcule a concentração do íon permanganato no item I e II.

b) Calcule a velocidade de reação para os dois itens.

c) Explique detalhadamente, usando a reação, a diferença da velocidade nestes dois casos.

Esta reação é uma reação de autocatálise. Explique e escreva a fórmula do catalisador. Por que um catalisador aumenta a velocidade de reação?

Observando a Tabela EF 23.1 de dados responda. Como varia a velocidade de reação com a concentração?

23.5. Considerando a reação de oxirredução abaixo:

Respostas: **23.3.** .3,4x10^{-6}; 4,4x10^{-6}; **23.4.** (5,70.10^{-3}; 4,08.10^{-3}, 3,12.10^{-3}) (1,0.10^{-4}, 6,28.10^{-5}; 3,91.10^{-5}); **23.5.** (4,70.10^{-3}; 4,21.10^{-3}); (3,76.10^{-5}; 4,95.10^{-5}).

23.4 RELATÓRIO DE ATIVIDADES

Universidade _____ Centro de Ciências Exatas – Departamento de Química Disciplina: QUÍMICA GERAL EXPERIMENTAL – Cód: _____ Curso: _____ Ano: _____ Professor:_____	Relatório de Atividades

_____ Nome do Acadêmico	_____ Data

UNIDADE DIDÁTICA 23: CINÉTICA QUÍMICA

INFLUÊNCIA DA CONCENTRAÇÃO, DA TEMPERATURA E DO CATALISADOR NA VELOCIDADE DA REAÇÃO

Tabela RA 23.1 Estudo da influência da concentração na velocidade da Reação (23.10).

Copo Erlenmeyer	Volume total (mL)	Concentração do $KMnO_4$**	$\Delta t(s)$*	$v_{média}$ $(mol\ L^{-1}\ s^{-1})$
1				
2				
3				
4				
5				
6				

* Utilizar um cronômetro para medir o tempo; ** Concentração a ser calculada, em mol L^{-1}.

Quadro RA 1 Influência da temperatura na velocidade da Reação (23.10) – Item 23.2.3

1 Registre os valores das velocidades médias e as respectivas temperaturas testadas no item 23.2.3 do experimento.
_____
_____

2 Como varia a velocidade de uma reação com a temperatura?
_____
_____

Quadro RA 2 Influência do catalisador na velocidade da Reação (23.10) – Item 23.2.4

1 Registre os valores das velocidades médias obtidas no item 23.2.3 do experimento.
2 Qual o Erlenmeyer obteve maior velocidade? Explique porquê?

23.5 REFERÊNCIAS BIBLIOGRÁFICAS E SUGESTÕES PARA LEITURA

AVERY, H. E. **Cinética química básica y mecanismos de reacción**. Barcelona: Editorial Reverté, 1977. 190 p.

BACCAN, N.; BARATA, L. E. J. **Manual de segurança para o laboratório químico**. Campinas: Unicamp, 1982. 63 p.

BARROW, G. M. **Química física**. Vol. 2, 2. ed. Versión española de Salvador Sarnent. Buenos Aires: Editorial Reverté, 1968. 528 p.

BRETHERICK, L. **Hazards in the chemical laboratory**. 4. ed. London: The Royal Society of Chemistry, 1986. 604 p.

BUDAVARI, S. [Editor] **THE MERCK INDEX**. 12th Edition. Whitehouse Station, N. J. USA: MERCK & CO., 1996.

CHRISPINO, A. **Manual de química experimental**. São Paulo (SP): Editora Ática, 1991. 230 p.

CHRISTEN, H. R. **Fundamentos de la química general e inorgánica**. Versión española por Dr. José Baltrán. Buenos Aires: Editorial Reverté, 1977. 840 p.

FORMOSINHO, S. J. **Fundamentos de cinética química**. Lisboa: Fundação Calouste Gulbenkian, 1982. 225 p.

FURR, A. K. [Editor] **CRC HANDBOOK OF LABORATORY SAFETY**. 5th Edition. Boca Raton – Florida: CRC Press, 2000. 784 p.

JOYCE, R.; McKUSICK, R. B. Handling and disposal of chemicals in laboratory. *In*: LIDE, D. R. **HANDBOOK OF CHEMISTRY AND PHYSICS**. Boca Raton (USA): CRC Press, 1996-1997. P. 16.4.

KOTZ, J. C.; TREICHEL, P. M. **Chemistry & chemical reactivity**. 3. ed. New York: Saunders College Publishing, 1996. 1121 p.

LATHAN, J. L. **Cinética elementar de reação**. Tradução de Mário T. Cataldi. São Paulo: Editora Edgard Blücher e Editora Universidade São Paulo, 1969. 112 p.

LEWIS, R. J. [Editor] **Sax's dangerous properties of industrial materials**. 9th Edition. New York: Van Nostrand Reinhold, 1996, (vol. I, II, III).

LUXON, S. G. [Editor] **Hazards in the chemical laboratory**. 5th. Edition. Cambridge: Royal Society of Chemistry, 1971. 675 p.

MASTERTORN, W. L.; SOLWINSKI, E. J.; STANITSKI, C. L. **Princípios de química**. 6. ed. Tradução de Jossyl de Souza Peixoto. Rio de Janeiro: Editora Guanabara Koogan, 1990. 681 p.

McMURRY, J.; FAY, R. C. **Chemistry**. 2. ed. New York: Prentice-Hall, 1998. 1025 p.

O'CONNOR, R. **Introdução à química**. Tradução de Elia Tfouni. São Paulo: HARBRA – Editora Harper & Row do Brasil, 1977. 374 p.

ODDONE, G. C.; VIEIRA, L. O.; PAIVA, M. A. D. **Guia de prevenção de acidentes em laboratório**. Rio de Janeiro: Divisão de Informação Técnica e Propriedade Industrial – Petrobras, 1980. 37 p.

RUSSEL, J. B. **Química geral**. 2. ed. Versão Brasileira de Márcia Guekezian *et al*. Rio de Janeiro: MAKRON Books do Brasil, 1994. 1268 p.

SIGMA-ALDRICH CATALOG, **Biochemicals and reagents for life science research**. USA: SIGMA ALDRICH Co., 1999. 2880 p.

THOMAS SCIENTIFIC CATALOG: 1994/1995. New Jersey (USA): Thomas Scientific Co., 1995. 1929 p.

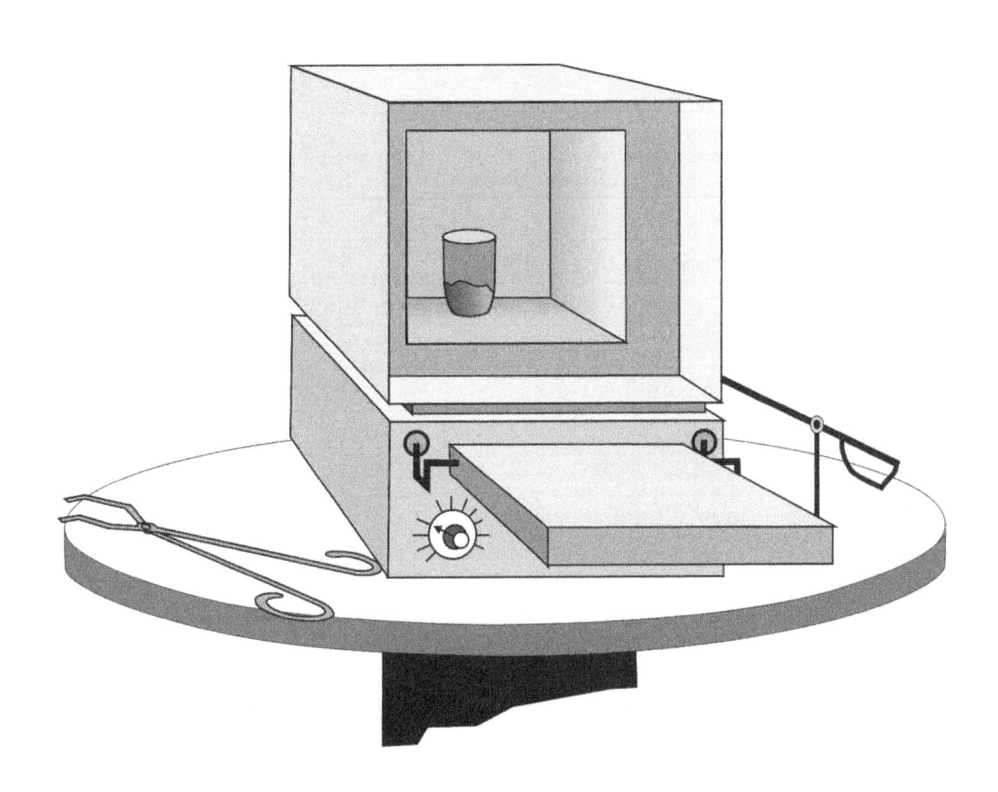

UNIDADE DIDÁTICA 24

Mufla: Usada para calcinações. Produz altas temperaturas, alguns modelos alcançam 1800 ºC. Internamente é revestida de material refratário. Possui temperatura controlada.

UNIDADE DIDÁTICA 24

EQUILÍBRIO QUÍMICO

Conteúdo	Página
24.1 Aspectos Teóricos	563
24.1.1 Conceito de equilíbrio químico	563
24.1.2 Tendência do estabelecimento do equilíbrio químico	567
24.1.3 A constante de equilíbrio	569
24.1.4 O valor e interpretação da constante de equilíbrio (K)	570
24.1.5 Efeitos causados por agentes externos sobre o estado de equilíbrio	571
24.2 Parte Experimental	576
24.2.1 Influência da temperatura no equilíbrio químico	576
Segurança 24.1	579
Detalhes 24.1	579
24.2.2 Influência da concentração no equilíbrio químico	583
Segurança 24.2	585
Detalhes 24.2	586
24.2.3 Influência da concentração dos íons H+ no equilíbrio químico	588
24.3 Exercícios de Fixação	588
24.4 Relatório de Atividades	590
24.5 Referências Bibliográficas e Sugestões para Leitura	593

Unidade Didática 24
EQUILÍBRIO QUÍMICO

Objetivos
- Compreender o conceito de *estado de equilíbrio químico*.
- Compreender o significado da *constante de equilíbrio*, sua expressão matemática e formas de sua representação (Ke, Kps, Kpa, ...).
- Conhecer o princípio de Le Chatelier e o seu significado.
- Conhecer e estudar os principais fatores que atuam sobre o *estado de equilíbrio*.
- Verificar experimentalmente o efeito da temperatura e da concentração sobre uma reação em *estado de equilíbrio*.

Observação: Esta UNIDADE DIDÁTICA necessita de dois períodos de 90 minutos para ser ministrada.

24.1 ASPECTOS TEÓRICOS

24.1.1 Conceito de equilíbrio químico

Antes de qualquer passo é necessário saber que uma reação química pode dar-se de duas maneiras distintas:

1º Os *reagentes* reagem e os *produtos* formados se dispersam ou não se encontram mais. Por exemplo, um papel queima e os gases formados se dispersam na atmosfera.

2º Os reagentes reagem e os *produtos* formados ficam juntos no sistema. Por exemplo, uma solução aquosa de ácido clorídrico (HCl) é misturada com uma solução aquosa de hidróxido de sódio (NaOH). Tudo fica limitado pela fase líquida da solução aquosa.

Outro ponto importante é ter conhecimento dos termos que envolvem uma reação química, conforme mostra a Reação generalizada (R-24.1):

$$\underbrace{aA + bB + \cdots}_{\substack{\text{Reagentes} \\ \text{Lado esquerdo da reação}}} \underset{\text{Sentido 2}}{\overset{\text{Sentido 1}}{\rightleftarrows}} \underbrace{mM + nN + \cdots}_{\substack{\text{Produtos} \\ \text{Lado direito da reação}}} \qquad (\text{R-24.1})$$

Ao se abordar o *equilíbrio químico* está-se falando do segundo tipo de reação. Isto é, *Reagentes* e *Produtos* "convivem" num ambiente definido, no qual os fatores externos ao processo podem ser controlados, podendo se constituir num "sistema fechado".

Ao se processar uma reação química tem-se a ideia de que quando ela *acontece*, começa e vai até *"parar"*, isto é, até o *"fim"*. Ali, diz-se que, chegou ao *equilíbrio*. Ou seja, quando a reação começa o(s) reagente(s) inicia(m) a "desaparecer" ou a reagir com certa velocidade (v_1) e começa(m) a "aparecer" ou formar-se o(s) produto(s). A velocidade da reação no desaparecimento dos reagentes ou no *sentido 1* da reação, no início é máxima ($v_{1 = máxima}$). Depois, vai diminuindo dando a impressão que "acaba", isto é, chega a uma velocidade zero, pois, a "reação acabou".

Na realidade, não é bem assim. No momento em que começam aparecer o(s) produto(s), é claro, num sistema fechado, eles começam a reagir entre si com uma velocidade (v_2), no *sentido 2* da reação, muito pequena (no início, v_2 = zero) para formar os reagentes que os originaram. Enquanto a velocidade v_1 tende a diminuir, a velocidade v_2 tende a crescer. Quando as duas velocidades forem iguais, isto é, $v_1 = v_2$, alcançou-se o *estado de equilíbrio*, conforme Figura 24.1. Esta é a *visão cinética* de estado de equilíbrio.

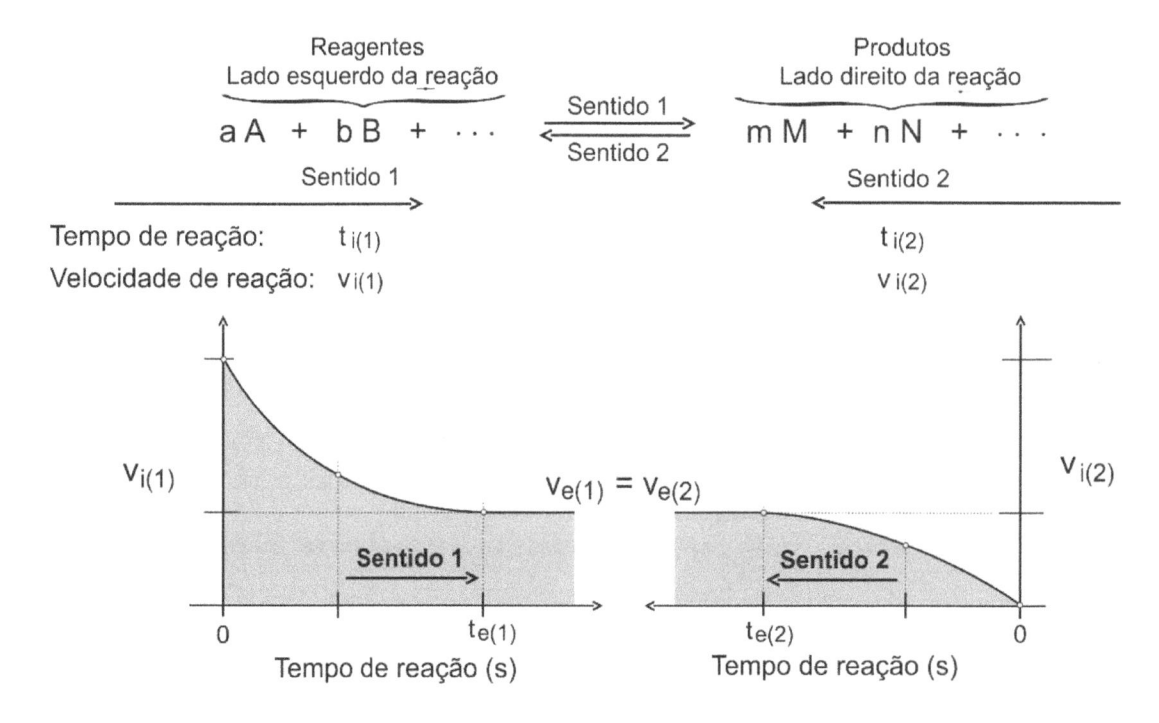

Figura 24.1 Visão qualitativa do estado de equilíbrio químico pela ótica da cinética química.

É claro, o estado de equilíbrio se estabelece com a formação de mais ou menos produto, ou aparentemente nada de produto. Isto dá a ideia de uma reação mais completa, total, ou incompleta, onde se forma maior ou menor quantidade de produto. Ou muitas vezes, dá a impressão de que a reação não se dá.

O que se pode afirmar aqui é que *todo e qualquer sistema reacional tende a um estado de equilíbrio* e em condições definidas de temperatura e pressão (entre os principais fatores), este *estado de equilíbrio* é expresso por uma *constante*, denominada de *constante de equilíbrio*, que se estabelece quando $v_1 = v_2$.

Considere-se o seguinte exemplo: são misturados os *reagentes* A e B os quais vão reagir e produzir os *produtos* C e D. Na hora da mistura (tempo de reação, t = 0) dá-se início à reação com velocidade v_1 (máxima) e diretamente proporcional à concentração dos dois reagentes. Ou, tem-se matematicamente, a Equação (24.1):

$$v_1 \propto [A].[B] \qquad (24.1)$$

O sinal de colchetes [i] envolvendo a espécie "i", significa que a mesma tem sua concentração expressa em mol L^{-1}.

Para tirar o sinal de proporcionalidade tem-se que introduzir a constante de proporcionalidade k_1, denominada de *constante de velocidade*, conforme visto na UNIDADE DIDÁTICA 23. Desta forma chega-se à Equação (24.2):

$$v_1 = k_1.[A].[B] \qquad (24.2)$$

No momento em que começarem a aparecer os produtos C e D, os mesmos, iniciam o processo de reação para formar A e B com uma velocidade v_2, conforme Equações (24.3) e (24.4):

$$V_2 \propto [C].[D] \qquad (24.3)$$
$$V_2 = k_2.[C].[D] \qquad (24.4)$$

Quando alcançado o *estado de equilíbrio*, isto é, $v_1 = v_2$ e relacionando as Equações (24.2) e (24.4), tem-se a Equação (24.5) e finalmente à Equação (24.6)

$$k_1.[A].[B] = k_2.[C].[D] \qquad (24.5)$$

$$\frac{k_1}{k_2} = \frac{[C].[D]}{[A].[B]} = K \text{ ou } Ke = \text{Constante de equilíbrio} \qquad (24.6)$$

Portanto, o *estado de equilíbrio* é um *estado dinâmico* e não *estático*, estabelecido entre as reações dos produtos e reações dos reagentes, no qual não havendo mudanças ou interações sobre ele, se mantém constante e é expresso pela constante de equilíbrio (K ou Ke), da qual se falará mais à frente.

O mesmo resultado pode-se alcançá-lo fazendo a reação da seguinte forma: preparam-se os reagentes A e B; na proporção de reação, misturam-se os mesmos marcando neste momento o tempo t = 0 (zero); observa-se o desaparecimento, ou, o aparecimento de uma propriedade, por exemplo, a cor de um componente do sistema reacional, cuja absorbância pode ser medida com um espectrofotômetro, conforme exemplo abaixo.

Primeira parte do experimento

Conforme colocado no início, o *sentido 1* de uma reação é o caminho da mesma que inicia no *lado esquerdo* da reação (lado dos reagentes) e vai para *o lado direito* (lado dos produtos). O *sentido 2* de uma reação é o caminho que inicia no lado dos produtos (*lado direito*) e segue para o lado dos reagentes (*lado esquerdo*), cujas reações tendem ao *estado de equilíbrio*, conforme Reação (R-24.1) e Figura 24.1.

O experimento a ser realizado tem duas partes. A primeira inicia com os reagentes.

Preparam-se as soluções de íons ferro (III), $Fe^{3+}_{(aq)}$, solução de cloreto de ferro (III), $FeCl_3$ e íons iodeto, $I^-_{(aq)}$, solução de iodeto de potássio, KI, nas concentrações de dois mols para três mols respectivamente. No experimento, foram utilizadas concentrações menores: 0,2 mol L^{-1} para o íon $Fe^{3+}_{(aq)}$ e 0,3 mol L^{-1} do íon $I^-_{(aq)}$, porém, na proporção estequiométrica.

No tempo, t = 0 (ao misturar os reagentes), não existem ainda produtos formados, conforme Reação (R-24.2):

$$2Fe^{3+}_{(aq)} \underset{(Amarelado)}{} + 3I^{1-}_{(aq)} \to ... + ... \qquad (R\text{-}24.2)$$

No tempo, $t_1 \neq 0$ (*sentido 1 da reação*), os produtos começam a se formar, conforme Reação (R-24.3) e aparece uma coloração marrom do ânion tri-iodeto ($I_{3\,(aq)}^-$).

$$2Fe^{3+}_{(aq)} \underset{(Amarelado)}{} + 3I^{1-}_{(aq)} \xrightarrow{V_1} 2Fe^{2+}_{(aq)} + I^{1-}_{3(aq)} \underset{(Marrom)}{} \qquad (R\text{-}24.3)$$

A Reação que acontece é detalhada em (R-24.4) e (R-24.5), que somadas geram a Reação (R-24.3):

$$2Fe^{3+}_{(aq)} \underset{(Amarelado)}{} + 2I^{1-}_{(aq)} \longrightarrow 2Fe^{2+}_{(aq)} + \cancel{I^0_{2(aq)}} \quad (a) \qquad (R\text{-}24.4)$$

$$+ \cancel{I^0_{2(aq)}} + I^{1-}_{(aq)} \longrightarrow I^{1-}_{3(aq)} \quad (b) \qquad (R\text{-}24.5)$$

$$\overline{2Fe^{3+}_{(aq)} \underset{(Amarelado)}{} + 3I^{1-}_{(aq)} \longrightarrow 2Fe^{2+}_{(aq)} + I^{1-}_{3(aq)} \underset{(Marrom)}{} \quad (c) \quad [R\text{-}24.3]}$$

A medida que a reação dada pelas Reações (R-24.2) e (R-24.3) se processa vai aparecendo um coloração *marrom* que se intensifica com o *tempo de reação*. É a cor do ânion tri-iodeto, ($I_{3\,(aq)}^-$). Pelo íon tri-iodeto, pode-se observar que há um aumento da cor marrom até uma determinada concentração, ou intensidade de cor, onde se estabiliza. Isto acontece após um tempo t_1, ou t_{e1} (tempo de equilíbrio), que é o tempo necessário para se alcançar o estado de equilíbrio pelo sentido 1 da reação.

No tempo de equilíbrio (t_{e1}), no *sentido 1* da reação, alcançou-se o estado de equilíbrio da reação, partindo da mistura dos reagentes, a Reação (R-24.6) mostra o fato.

$$\underbrace{2Fe^{3+}_{(aq)} + 3I^{1-}_{(aq)}}_{\text{Partindo dos reagentes}} \underset{\text{Sentido2}}{\overset{\text{Sentido1}}{\rightleftarrows}} 2Fe^{2+}_{(aq)} + I^{1-}_{3(aq)} \quad \text{(R-24.6)}$$
(Amarelado) (Marrom)

Segunda parte do experimento

Agora, preparam-se como reagentes, os produtos formados na Reação (R-24.6), isto é, a solução de íons ferro (II) ($Fe^{2+}_{(aq)}$), solução de cloreto de ferro (II) ($FeCl_2$) e a solução de íons tri-iodeto, ($I_{3\,(aq)}^-$), solução de KI_3, na proporção de formação dos mesmos, 2 para 1 mol ou 0,20 mol L^{-1} e 0,10 mol L^{-1} respectivamente, porém, na proporção estequiométrica da reação.

No tempo, $t_2 = 0$ s (*sentido 2* da reação), misturam-se os produtos formados na Reação (R-24.6), agora como reagentes. Neste momento da mistura, ainda não há produtos formados, conforme Reação (R-24.7):

$$2Fe^{2+}_{(aq)} + I^{1-}_{3(aq)} \rightarrow \ldots + \ldots \quad \text{(R-24.7)}$$
(Marrom)

No tempo, t_2 diferente de zero (*sentido 2* da reação), os produtos começam a se formar, conforme Reação (R-24.8) e a coloração marrom do ânion tri-iodeto ($I_{3\,(aq)}^-$), de intensidade máxima no início da mistura, agora começa a diminuir, significando que há um "desaparecimento" do ânion tri-iodeto.

$$2Fe^{2+}_{(aq)} + 1I^{1-}_{3(aq)} \xrightarrow{V_2} 2Fe^{3+}_{(aq)} + 3I^{1-}_{(aq)} \quad \text{(R-24.8)}$$
(Marrom)

No tempo de equilíbrio, (t_{e2}), no *sentido 2* da reação, alcançou-se o *estado de equilíbrio* da reação, partindo da mistura dos produtos da Reação (R-24.6). A Reação (R-24.9) mostra o fato.

$$\underbrace{2Fe^{2+}_{(aq)} + 1I^{1-}_{(aq)}}_{\text{Partindo dos produtos}} \underset{\text{Sentido-22}}{\overset{\text{Sentido-21}}{\rightleftarrows}} 2Fe^{3+}_{(aq)} + 3I^{1-}_{(aq)} \quad \text{(R-24.9)}$$
(Marrom)

A Figura 24.2 visualiza os dois experimentos, A (primeira parte) e B (segunda parte) com a concentração da espécie utilizada para medir este momento, o ânion tri-iodeto ($I_{3\,(aq)}^-$).

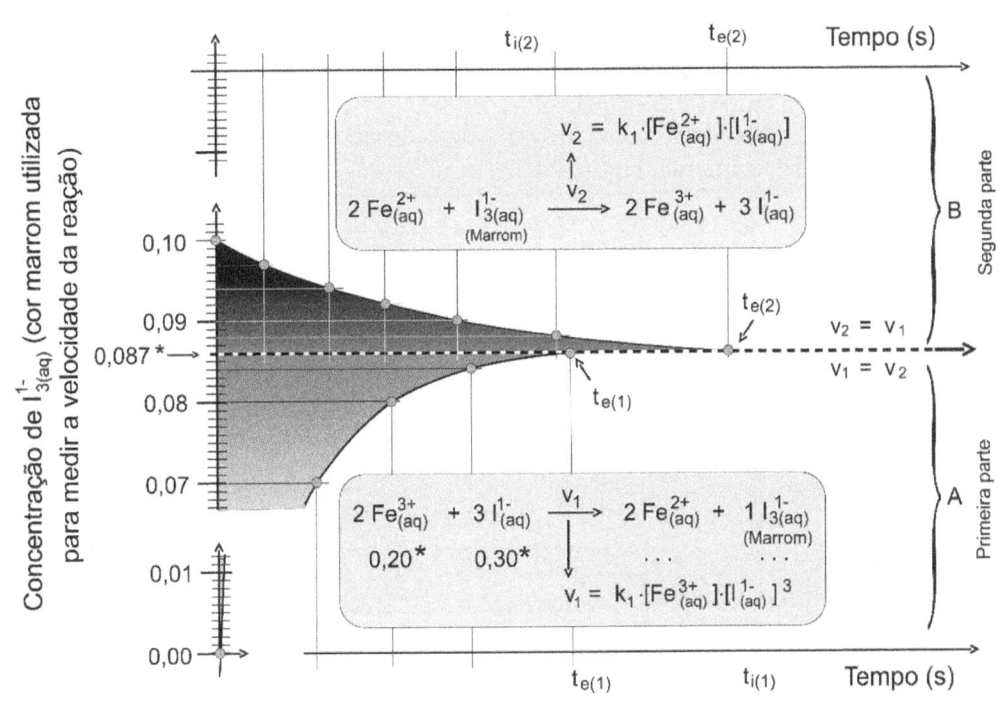

Figura 24.2 Estudo do estado de equilíbrio da reação entre o íon ferro(III), $Fe^{3+}_{(aq)}$, e o íon iodeto, $I^-_{(aq)}$: (A) Primeira parte, reação entre $2\,Fe^{3+}_{(aq)} + 3\,I^-_{(aq)}$; (B) Segunda parte, reação entre $2\,Fe^{2+}_{(aq)} + I^{1-}_{3(aq)}$; ambas, alcançando o estado de equilíbrio no tempo de reação t_{e1} e t_{e2}, respectivamente, no sentido 1 e no sentido 2.

FONTE: Peters *et al.*, 1974.

Terceira parte do experimento

Nesta etapa de experimentação são preparadas as soluções de: $FeCl_3$; KI; $FeCl_2$ e KI_3, que no ato de sua mistura gerem concentrações de: 0,20 mol L^{-1} de íons Fe^{3+}; 0,30 mol L^{-1} de íons I^-; 0,20 mol L^{-1} de íons Fe^{2+} e 0,10 mol L^{-1} de íons I_3^-, que são as proporções de combinação. Misturam-se as quatro soluções ao mesmo tempo e logo se estabelece o equilíbrio da Reação (R-24.10):

$$2Fe^{3+}_{(aq)}_{(Amarelado)} + 3\,l^{1-}_{(aq)} \underset{v_2}{\overset{v_1}{\rightleftarrows}} 2\,Fe^{2+}_{(aq)} + l^{1-}_{3(aq)}_{(Marrom)} \quad (R\text{-}24.10)$$

24.1.2 Tendência do estabelecimento do equilíbrio químico

Quando duas ou mais substâncias capazes de reagir são postas em contato, a conversão dos reagentes nos produtos geralmente é incompleta, não importando por quanto tempo a reação se processe, pois a maioria das reações é reversível. Uma *reação reversível* é uma reação que *ocorre nos dois sentidos*, isto é, dos reagentes para os produtos e dos produtos para os reagentes *de forma significativa*, pois, todas as reações químicas tendem ao equilíbrio e como tal, *sempre têm o caráter da reversibilidade*, porém, nem sempre de forma *visível*, ou palpável. Em 1914, no início da primeira Guerra Mundial, o químico alemão Fritz Haber (1868-1934) desenvolveu o processo para a fabricação de amônia, ($NH_{3(g)}$), a partir dos gases nitrogênio (N_2) e hidrogênio (H_2), conhecido como processo Haber. Um frasco fechado, a alta temperatura (cerca de 500 °C) e alta pressão (cerca de 200 atm) e na presença de um catalisador apropriado, contendo H_2 e N_2 em concentrações definidas reagem para formar NH_3, conforme Reação (R-24.11):

$$1\,N_{2(g)} \atop \text{Gás nitrogênio} + {3\,H_{2(g)} \atop \text{Gás hidrogênio}} \underset{\text{Catalisador}}{\overset{\pm 500°C/\pm 200\,atm}{\rightleftarrows}} {2\,NH_{3(g)} \atop \text{Gás amoníaco}}$$ (R-24.11)

A medida que a reação progride as concentrações de hidrogênio (H_2) e nitrogênio (N_2) diminuem e a concentração de amônia (NH_3) aumenta, Figura 24.3.

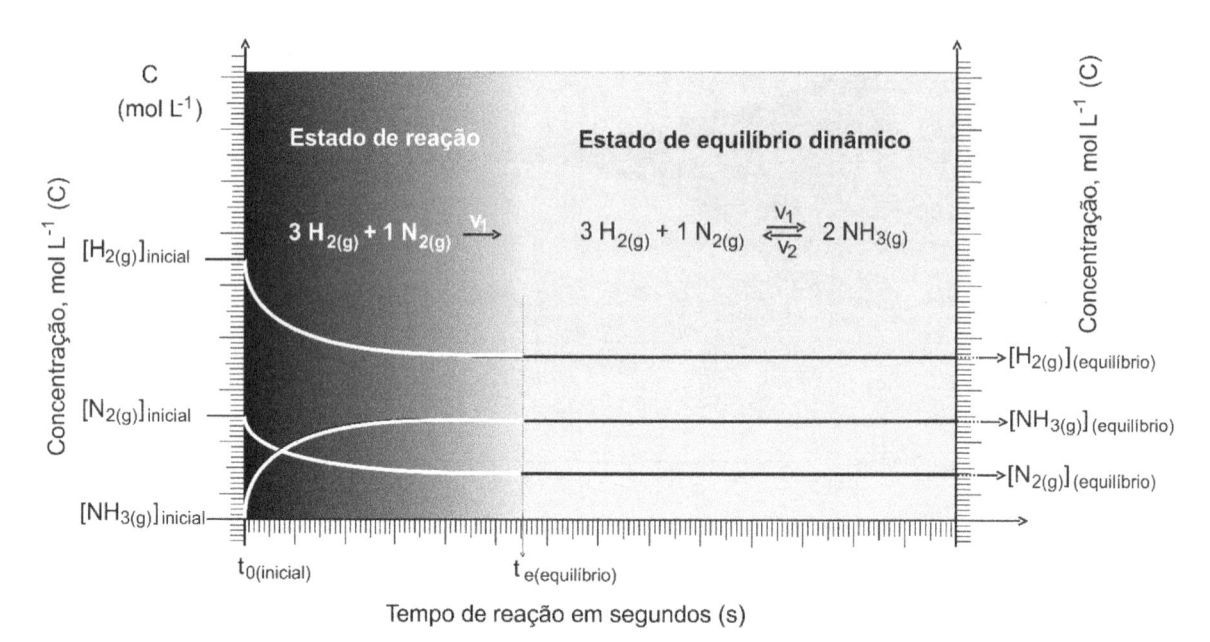

Figura 24.3 Reação dos gases hidrogênio (H_2) e nitrogênio (N_2) formando amônia (NH_3) até alcançar o estado de equilíbrio. O diagrama é qualitativo.

FONTE: Russel, 1994; Masterton *et al.*, 1985; Giesbrecht, 1982; Cotton *et al.*, 1968.

A medida que a concentração dos reagentes decresce *a velocidade da reação de formação* do produto (v_1) diminui e a *velocidade de regeneração* dos reagentes (v_2) aumenta e após certo tempo estas velocidades tornam-se iguais, $v_1 = v_2$, conforme falávamos no significado de estado de equilíbrio químico. Quando as velocidades das reações direta e inversa são iguais, uma análise do conteúdo do sistema reacional revela que as concentrações de reagentes e produtos não mais se alteram com o tempo, isto significa que o sistema atingiu o *equilíbrio químico*, Figura 24.3. A reação de formação de amônia pode ser escrita conforme Reação (R-24.12):

$${1\,N_{2(g)} \atop \text{Gás nitrogênio}} + {3\,H_{2(g)} \atop \text{Gás hidrogênio}} \underset{V_2\,(\text{Sentido 2})}{\overset{V_1\,(\text{Sentido 1})}{\rightleftarrows}} {2\,NH_{3(g)} \atop \text{Gás amoníaco}}$$ (R-24.12)

Quando "alguma" amônia for formada, ocorre uma reação inversa, a de decomposição do $NH_{3(g)}$, regenerando os reagentes $H_{2(g)}$ e $N_{2(g)}$, conforme Reação (R-24.13):

$${2\,NH_{3(g)} \atop \text{Gás amoníaco}} \underset{V_2\,(\text{Sentido 2})}{\overset{V_1\,(\text{Sentido 1})}{\rightleftarrows}} {1\,N_{2(g)} \atop \text{Gás nitrogênio}} + {3\,H_{2(g)} \atop \text{Gás hidrogênio}}$$ (R-24.13)

Se num frasco fechado for colocado amônia (NH_3) pura nas mesmas condições de temperatura e pressão mencionadas, tem-se ao final de determinado tempo uma mistura de H_2, N_2 e NH_3 em equilíbrio, conforme Figura 24.4.

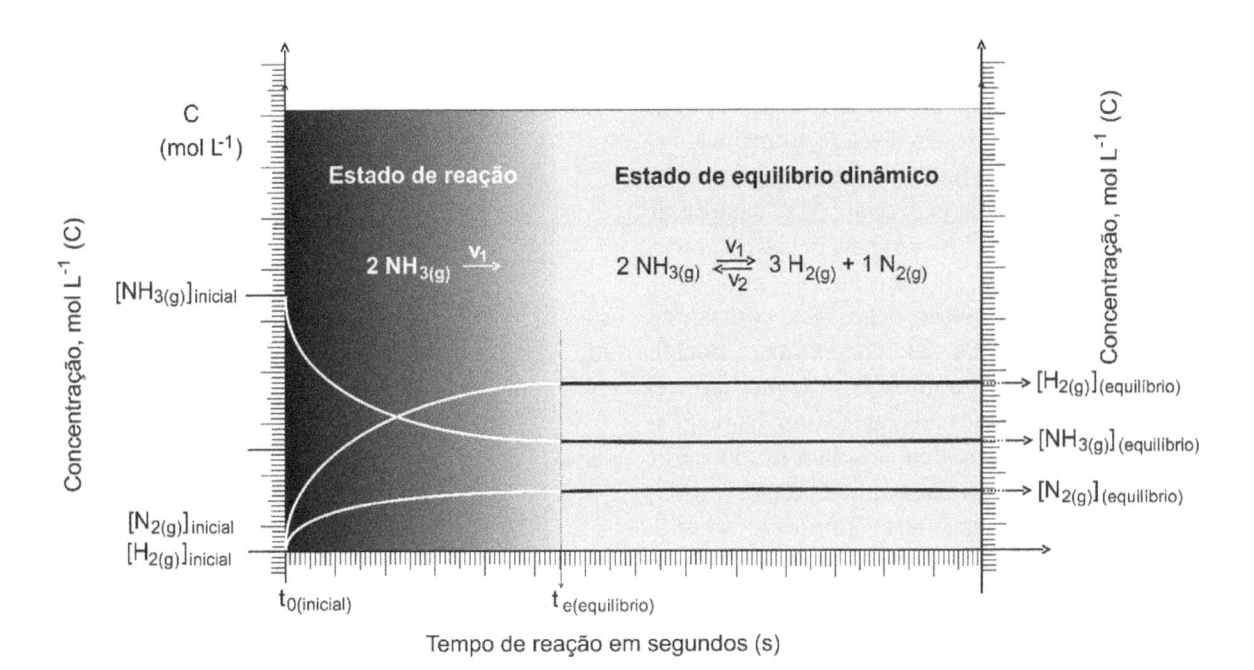

Figura 24.4 Reação do $NH_{3(g)}$ para formar $H_{2(g)}$ e $N_{2(g)}$ até chegar ao estado de equilíbrio. O diagrama é qualitativo.

FONTE: Russel, 1994; Masterton *et al.*, 1985; Giesbrecht, 1982; Cotton *et al.*

Num equilíbrio químico os reagentes e produtos são substâncias diferentes. Um equilíbrio entre duas fases de uma mesma substância é chamado *equilíbrio físico* por que as variações que ocorrem são processos físicos, por exemplo, a água líquida em equilíbrio com o seu vapor, Reação (R-24.14):

$$H_2O_{(Líquida)} \rightleftarrows H_2O_{(Vapor)} \quad (R\text{-}24.14)$$

24.1.3 A constante de equilíbrio

Verifica-se experimentalmente que cada reação tem um *estado de equilíbrio* que lhe é específico, onde há uma relação definida entre as concentrações das substâncias no equilíbrio. Em 1864, Maximilian Guldberg (1836-1902) e Peter Waage (1833-1900) enunciaram a *lei da ação das massas*, que expressa a relação entre as concentrações de reagentes e produtos na mistura reacional em equilíbrio.

Conforme se viu na Equação (24.6), agora da mesma forma, pode-se generalizar a ideia da constante de equilíbrio químico para uma reação cuja fórmula geral é dada pela Reação (R-24.15):

$$aA + bB + \ldots \underset{V_2(\text{Sentido 2})}{\overset{V_1(\text{Sentido 1})}{\rightleftarrows}} mM + nN + \ldots \quad (R\text{-}24.15)$$

Onde, a, b, m e n são os coeficientes das espécies reagentes A, B e espécies produtos M e N, necessários para estabelecer a proporção de combinação e de formação dos mesmos.

No momento em que se estabelece a igualdade dada pela Equação (24.7) alcançou-se o *estado de equilíbrio* que é quantificado pela *constante de equilíbrio* da reação a uma dada *temperatura* e *pressão*, conforme Equação (24.7) e Equação (24.8):

$$v_{1(\text{Sentido 1})} = v_{2(\text{Sentido 2})} \quad (24.7)$$

$$Kc = \frac{[M]^m \cdot [N]^n \cdot \ldots}{[A]^a \cdot [B]^b \cdot \ldots} \quad (\text{Temperatura e pressão definidas}) \quad (24.8)$$

Na Equação (24.8) o índice **c** simboliza que a constante K é calculada mediante as concentrações dos reagentes e dos produtos expressas em mol L^{-1}. O numerador da expressão da constante de equilíbrio é o produto das concentrações de todas as substâncias que estão no segundo membro da equação química, os *produtos*, cada qual elevada ao expoente do respectivo coeficiente estequiométrico. O denominador tem a mesma forma, mas, envolvendo somente substâncias que estão no primeiro membro da equação química, os *reagentes*. A expressão da constante de equilíbrio depende exclusivamente da estequiometria da reação. O valor da constante de equilíbrio, numa temperatura e pressão definidas e constantes, a princípio, não depende das concentrações iniciais dos reagentes ou dos produtos, bem como, da presença de substâncias que não reagem com os reagentes ou os produtos. Esta ideia levada a fundo não é verdadeira, pois, a única constante de estado equilíbrio químico, que é constante, é a *constante termodinâmica* deste equilíbrio, a qual, é definida em função das *atividades* de cada espécie presente no equilíbrio e não apenas das concentrações das mesmas. Em sistemas com reagentes em soluções ideais, as duas constantes são iguais.

Em uma reação química onde os reagentes e os produtos são gases, a expressão da constante de equilíbrio pode ser feita em termos das *pressões parciais*, (p_i), em lugar das concentrações em mol L^{-1}. A constante de equilíbrio assim expressa é simbolizada por Kp. Para a reação geral da Reação (R-24.15) é dada pela Equação (24.9):

$$Kp = \frac{(p_M)^m \cdot (p_N)^n \cdots}{(p_A)^a \cdot (p_B)^b \cdots} \quad \text{(Temperatura e pressão definidas)} \quad (24.9)$$

Onde, p_A, p_B, p_M e p_N são as pressões parciais de A, B, M e N.

Em geral, os valores de Kc e Kp não são iguais, pois as *pressões parciais* dos gases não são iguais suas *concentrações* em mol L^{-1}.

Contudo, existe uma relação entre as duas constantes que pode ser deduzida facilmente, conforme segue.

Pela Lei de Clayperon, ou dos gases ideais, tem-se a Equação (24.10):

$$PV = nRT \quad (24.10)$$

Onde P, V e **n** é pressão total, volume total e número total de mols dos gases, respectivamente, no sistema em estudo. A variável P pode ser substituída pela pressão parcial (p_i) desde que **n** seja substituído por n_i (número de mols da espécie i). As Equações (24.11) e (24.12) visualizam esta demonstração.

$$p_i V = n_i R T \quad (24.11)$$

E,

$$\frac{n_i}{V} = \text{concentração de } i = [i] = \frac{RT}{p_i} \text{ (mol L}^{-1}\text{)} \quad (24.12)$$

Onde: i = A, B, M, N.

Introduzindo a Equação (24.12) na Equação (24.9) deduz-se a Equação (24.13):

$$Kp = Kc\,(RT)^{\Delta n} \quad (24.13)$$

Onde,

Δn = número de mols do produto – número de mols do reagente

$\Delta n = (m + n + \ldots) - (a + b + \ldots)$

T = temperatura em graus Kelvin

R = constante dos gases ideais, cuja unidade depende do interesse dos cálculos.

A Equação (24.14) se refere a produtos e reagentes gasosos.

24.1.4 O valor e interpretação da constante de equilíbrio (K)

As constantes de equilíbrio podem ter valor muito grande, muito pequeno, ou intermediário. O valor de uma constante de equilíbrio proporciona informação muito importante sobre a mistura em equilíbrio. A Figura 24.5 mostra a relação entre constantes de equilíbrio. A referida Figura representa qualitativamente a *quantidade de reagentes* e a *quantidade de produtos* em equilíbrio, numa reação química pela área dos respectivos retângulos.

Na Parte (A) da Figura 24.5 tem-se um equilíbrio químico deslocado à direita (sentido 1) da reação. A constante de equilíbrio Ke (1) >> 1 é grande, isto é, o numerador da razão do produto das concentrações dos Produtos, conforme Equação (24.8), é bem maior que o dos Reagentes.

Na Parte (B) tem-se uma reação química deslocada à esquerda (sentido 2) da reação. A constante de equilíbrio Ke(2) << 1 é pequena, isto é, o denominador da razão do produto das concentrações dos Reagentes, conforme Equação (24.8), é bem maior que o dos Produtos.

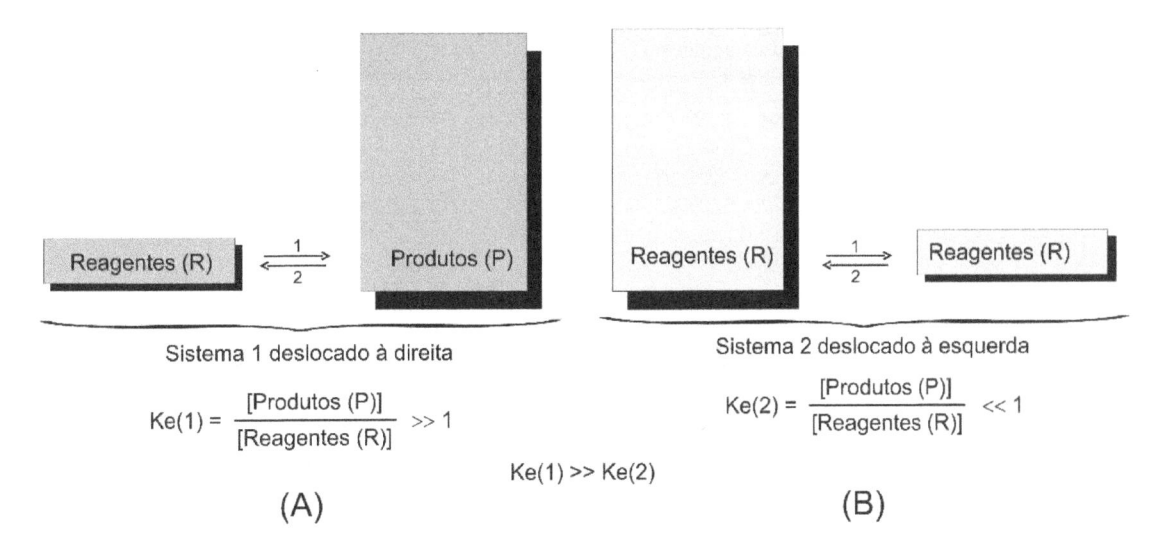

Figura 24.5 Visualização do deslocamento do estado de equilíbrio de uma reação química através do valor da constante de equilíbrio (K): (A) Ke (1) >>1 ou equilíbrio deslocado à direita, favorável aos produtos; (B) Ke (2) <<1 ou equilíbrio deslocado à esquerda, favorável aos reagentes.

A Reação (R-24.16) é uma mistura de O_2 e O_3 em equilíbrio a 2.300 °C. Tem uma constante de equilíbrio igual 2,54 x 10^{12}.

$$2\,O_{3(g)} \rightleftarrows 3\,O_{2(g)} \qquad (R\text{-}24.16)$$

Portanto, a concentração de O_2 é muito maior que a concentração de O_3 trata-se de um exemplo da parte (A) da Figura 24.5.

A Reação (R-24.17) é uma mistura dos gases Cl_2 e Cl em equilíbrio a 25 °C e tem uma constante de equilíbrio igual 1,4 x 10^{-38}, indicando muito mais Cl_2 do que Cl, exemplo da parte (B) da Figura 24.5.

$$Cl_{2(g)} \rightleftarrows 2\,Cl_{(g)} \qquad (R\text{-}24.17)$$

24.1.5 Efeitos causados por agentes externos sobre o estado de equilíbrio

Os equilíbrios químicos são dinâmicos e sensíveis às mudanças ou às perturbações. Quando um sistema em equilíbrio é perturbado devem ocorrer reações químicas para que ele seja restabelecido. A única maneira de determinar com exatidão como um equilíbrio irá responder às novas condições é utilizando os princípios da termodinâmica. Existe uma regra geral conhecida como *Princípio de Le Châtelier* (1850-1936) que é utilizada para analisar qualitativamente os efeitos da perturbação sobre o equilíbrio químico. O princípio, assim reza:

> Um sistema qualquer, em *estado de equilíbrio* ao ser perturbado (ou acionado) por um agente externo ao mesmo, ele reage no sentido de neutralizar esta ação (ou perturbação).
>
> Le Châtelier

Esta *perturbação* pode ser o aumento ou diminuição da concentração dos reagentes ou produtos, aumento ou diminuição do volume do frasco que contém as substâncias em equilíbrio, o aumento ou diminuição da temperatura, entre outros.

A Figura 24.6 mostra qualitativamente o comportamento de um sistema em equilíbrio químico, formado por: $3\,H_{2(g)} + N_{2(g)} \rightleftarrows 2\,NH_{3(g)}$; ao qual é adicionado um $\Delta[H_{2(g)}]$.

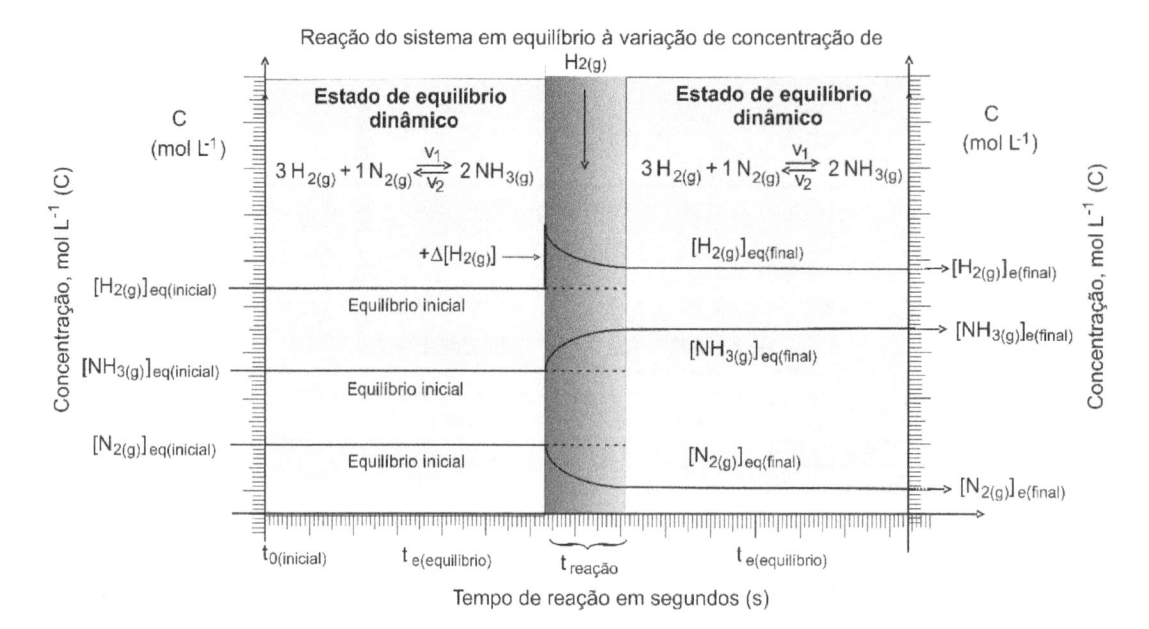

Figura 24.6 Verificação gráfica e qualitativa da influência de um acréscimo (variação) da concentração de $H_{2(g)}$, espécie comum a um sistema em estado de equilíbrio.

FONTE: Russel, 1994, Masterton *et al.*, 1985; Giesbrecht, 1982; Cotton *et al.*, 1968.

A Figura 24.7 mostra num diagrama qualitativo o comportamento de um sistema em equilíbrio químico, formado por: $3\,H_{2(g)} + N_{2(g)} \rightleftarrows 2\,NH_{3(g)}$; ao qual é adicionado um $\Delta[NH_{3(g)}]$.

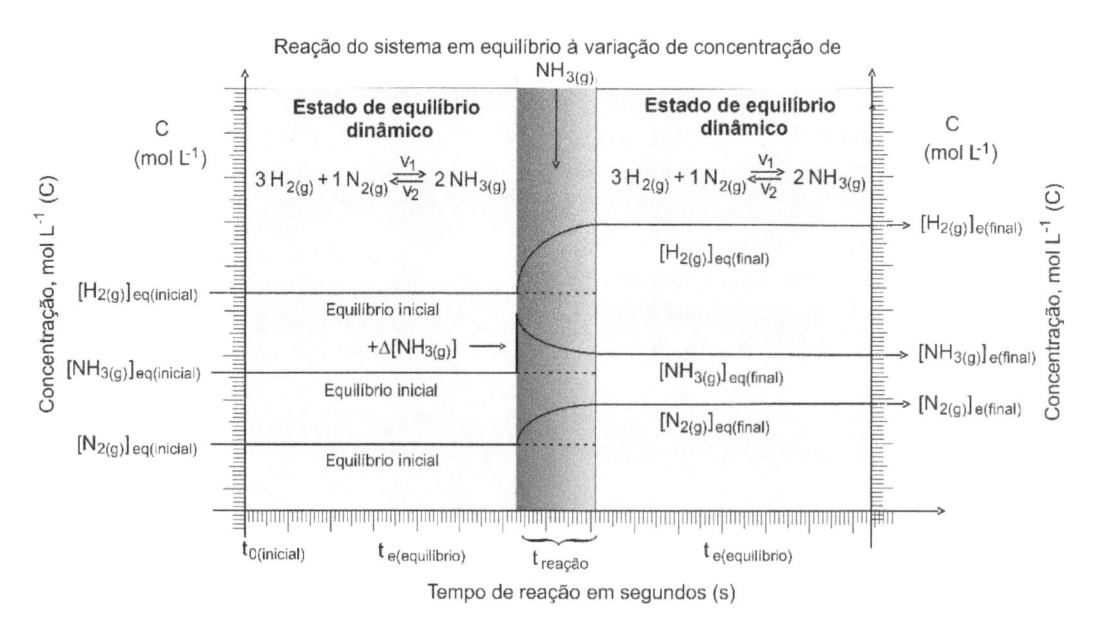

Figura 24.7 Verificação gráfica e qualitativa da influência de um acréscimo (variação) da concentração de $NH_{3(g)}$, espécie produto, comum a um sistema em estado de equilíbrio.

FONTE: Russel, 1994, Masterton *et al.*, 1985; Giesbrecht, 1982; Cotton *et al.*, 1968.

Variação da concentração

Considere-se um frasco contendo gás amoníaco ou amônia (NH_3), gás nitrogênio (N_2) e gás hidrogênio (H_2) em equilíbrio, conforme Reação (R-24.18):

$$1 N_{2(g)} + 3 H_{2(g)} \underset{V_2 \text{(Sentido 2)}}{\overset{V_1 \text{(Sentido 1)}}{\rightleftarrows}} 2 NH_{3(g)} \quad \text{(R-24.18)}$$

Gás nitrogênio   Gás hidrogênio   Gás amoníaco

À temperatura constante, a adição de gás hidrogênio (H_2) ao frasco contendo a mistura em equilíbrio aumenta temporariamente a concentração deste gás, consequentemente aumenta o valor da constante de equilíbrio, Kc, conforme Figura 24.6 e Equação (24.9) que deve manter-se constante. O sistema reagirá no sentido de consumir parte do hidrogênio (H_2) adicionado que irá reagir com gás nitrogênio (N_2) aumentando assim a concentração de gás amônia (NH_3), diminuindo a concentração dos gases nitrogênio e hidrogênio, Figura 24.6. Portanto, o equilíbrio será deslocado no sentido dos produtos. O sistema retornará ao equilíbrio mantendo o valor de Kc constante, com outros valores de $v_1 = v_2$.

Portanto, se a um sistema inicialmente em equilíbrio é adicionado reagente (Figura 24.6) ou produto (Figura 24.7), o sistema reage no sentido de consumir parte da substância adicionada. E do mesmo modo, a remoção de reagente ou produto, o sistema reagirá no sentido de repor parte da substância removida.

Influência da temperatura

Para uma reação química a constante de equilíbrio, K, tem um valor numérico fixo apenas se a temperatura permanecer constante. Uma variação de temperatura em um sistema em equilíbrio altera as concentrações das substâncias em equilíbrio bem como o valor da constante de equilíbrio.

Uma maneira simples de verificar a dependência entre a constante de equilíbrio e a temperatura, é considerar o calor da reação como se fosse um "reagente" químico. Sabemos que existem dois tipos de reações químicas, quando consideramos o calor envolvido nelas:

- As *reações endotérmicas*, que para se realizar necessitam de calor, medido pela variação da entalpia (H), ou do conteúdo calorífico ($\Delta H > 0$), conforme Figura 24.8.

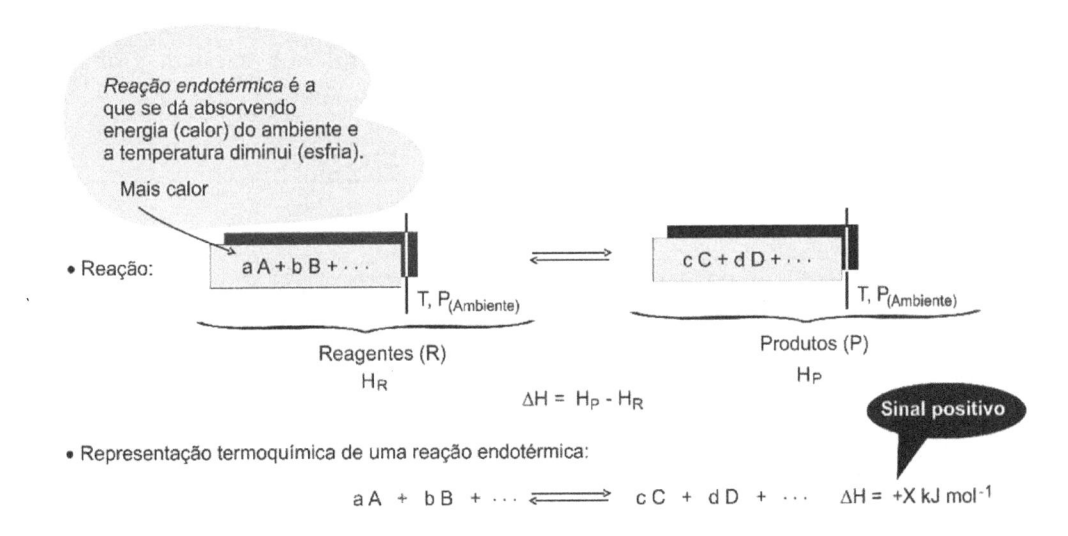

Figura 24.8 Exemplo genérico e representação termoquímica de uma reação endotérmica.

Resumindo, uma reação endotérmica é a reação que para se realizar precisa de energia (entalpia), conforme Reação (R-24.19):

$$\text{Reagentes + calor} \rightleftarrows \text{Produtos} \quad \Delta H > 0 \quad \text{(R-24.19)}$$

- As *reações exotérmicas* são as reações que para se realizarem perdem calor, com um ΔH < 0. A Figura 24.9 exemplifica genericamente as reações exotérmicas.

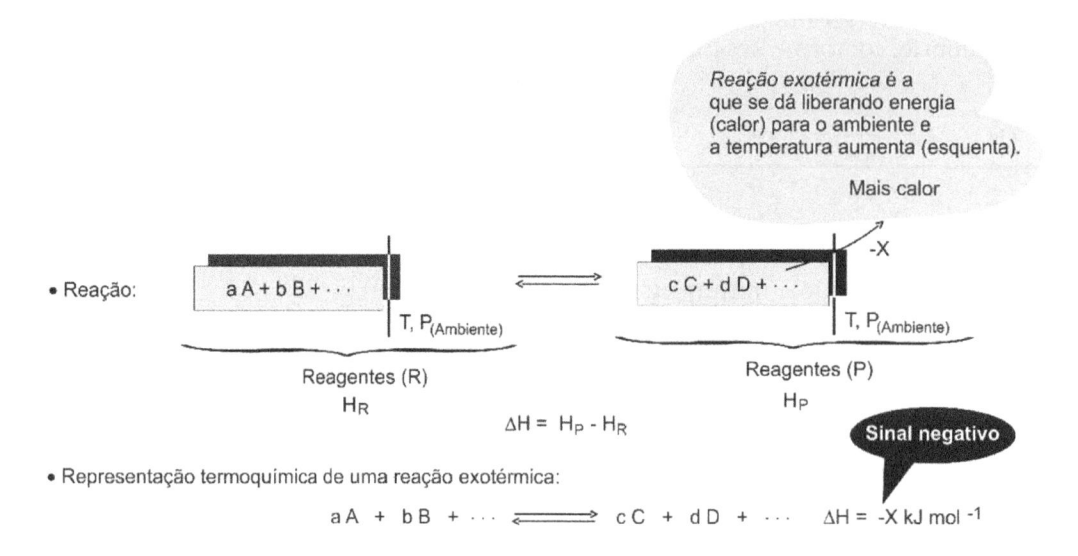

Figura 24.9 Exemplo genérico e representação termoquímica de uma reação exotérmica.

Resumindo, uma reação exotérmica é a reação que ao se realizar perde energia (entalpia) conforme Reação (R-24.20).

Reação exotérmica:

$$\text{Reagentes} \rightleftarrows \text{Produtos} + \text{calor} \qquad \Delta H < 0 \qquad \text{(R-24.20)}$$

A reação entre os gases nitrogênio (N_2) e hidrogênio (H_2) é exotérmica. A reação de formação de amônia (gás amoníaco), NH_3, a partir dos gases citados é dada pela Reação (R-24.21):

$$1\,N_{2(g)} + 3\,H_{2(g)} \underset{V_2\,(\text{Sentido 2})}{\overset{V_1\,(\text{Sentido 1})}{\rightleftarrows}} 2\,NH_{3(g)} + 92\,\text{kJ mol}^{-1} \qquad \text{(R-24.21)}$$

$$H_P - H_R = \Delta H = -92\ \text{kJ mol}^{-1}$$

Já a decomposição do NH_3, isto é, a reação em sentido contrário, é endotérmica.

Para um sistema contendo estes gases em equilíbrio, um aumento de temperatura (adição de calor), o sistema sofre uma variação que tende a usar parte desse calor. A reação favorecida é aquela que necessita de calor para ocorrer, reação endotérmica. Portanto, o equilíbrio será deslocado no sentido dos reagentes, aumentando as concentrações de N_2 e H_2 e diminuindo a concentração de NH_3.

Para uma *reação exotérmica em estado de equilíbrio*, o aumento da temperatura sobre o estado de equilíbrio desloca o mesmo para a esquerda, sentido 2 do equilíbrio, aumentando a concentração dos reagentes e diminuindo a concentração dos produtos. Com isto, *diminuindo* o valor da constante de equilíbrio, K. Uma diminuição da temperatura neste sistema em equilíbrio, provoca o contrário.

Para uma *reação endotérmica em estado de equilíbrio*, o aumento da temperatura sobre o mesmo, desloca o equilíbrio para a direita, aumentando, portanto, a concentração dos produtos e diminuindo a concentração dos reagentes, e como consequência *aumentando* o valor de K. Uma diminuição da temperatura neste sistema em equilíbrio, provoca o contrário.

Portanto, os valores das constantes, realmente são constantes, para temperaturas constantes. Variando a temperatura o estado de equilíbrio se estabelece em novos valores de concentração.

Resumindo, tem-se:

- Numa *reação química exotérmica*, em estado de equilíbrio, ao se elevar a temperatura do sistema (+ΔT), a reação desloca-se à esquerda, sentido 2, provocando uma diminuição do valor de K. E, ao se diminuir a temperatura (-ΔT) ocorre o contrário.
- Numa *reação química endotérmica, em estado de equilíbrio*, ao se elevar a temperatura do sistema (+ΔT), a reação deloca-se à direita, sentido 1, provocando um aumento do valor de K. E, ao se dimuniuir a temperatura (-ΔT) ocorre o contrário.

- E, geral, os valores tabelados das constantes de equilíbrio, de sistemas em solução aquosa, referem-se às *condições de 25 °C e uma atm de pressão.*
- A temperatura é um dos poucos fatores que altera a constante de equilíbrio.

Quantitativamente, o deslocamento do equilíbrio, bem como do valor da constante de equilíbrio pela variação da temperatura é descrito pela equação de van't Hoff. Para isto, considere-se o equilíbrio abaixo nas temperaturas $T_{(1)}$ e $T_{(2)}$, conforme Reação (R-24.22) e Reação (R-24.23):

$$(aA + bB + \cdots \rightleftarrows mM + nN + \cdots \Delta H^o)_{T(1)} \quad (R\text{-}24.22)$$

$$(aA + bB + \cdots \rightleftarrows mM + nN + \cdots \Delta H^o)_{T(2)} \quad (R\text{-}24.23)$$

Demonstra-se pela termodinâmica a relação entre as constantes de equilíbrio Ke(1) da temperatura (1) e de Ke(2) da temperatura (2), conforme Equação (24.14):

$$\ln \frac{(Ke)_{T_1}}{(Ke)_{T_2}} = \left(\frac{-\Delta H^o}{R}\right) \cdot \left(\frac{1}{T_1} - \frac{1}{T_2}\right) \quad (24.14)$$

Onde $(K_e)_1$ e $(K_e)_2$ são os valores das constantes de equilíbrio para os estados de equilíbrio nas temperaturas T_1 e T_2, respectivamente, R a constante do gás ideal, ΔH^o é o calor de reação ou entalpia de reação para reagentes e produtos no estado padrão (para os gases, pressão de 1 atm e para soluções, concentração 1 mol L^{-1}, assumindo comportamento ideal para ambos os casos). A mesma equação pode ser deduzida para os valores de K_p (constantes em função das pressões parciais dos reagentes e produtos). A validade da Equação (24.14) é para intervalos de temperatura relativamente pequenos ($\Delta T = \pm 10$ a 20 °C).

Para uma reação exotérmica ($\Delta H > 0$), o aumento da temperatura de um sistema, T_2 é maior do que T_1, assim tem-se a Equação (24.15):

$$1/T_2 < 1/T_1 \text{ e, portanto, } 1/T_1 - 1/T_2 > 0 \quad (24.15)$$

Como ΔH^o é negativo, $(-\Delta H^o)$ com o sinal negativo da Equação (24.14) $-(-\Delta H^o)$, o sinal do lado direito da equação de van't Hoff será positivo, conforme Equação (24.16):

$$\ln \frac{(Ke)_{T_1}}{(Ke)_{T_2}} > 0 \quad \text{Portanto}: (Ke)_{T_1} > (Ke)_{T_2} \quad (24.16)$$

Isto significa que Ke diminui com o aumento da temperatura para uma reação exotérmica, como prevê o princípio de Le Châtelier.

Variação da pressão

Relacionando a constante de equilíbrio de uma reação em estado de equilíbrio químico, dada em função das pressões parciais (Kp) com a do respectivo sistema dada em função das concentrações (Kc), chega-se à Equação (24.17). A Equação (24.17) explica o comportamento do sistema em estado de equilíbrio, quando sobre ele se exerce uma variação de pressão (±ΔP).

$$Kp = Kc\,(RT)^{\Delta n} \quad (24.17)$$

Um aumento de pressão sobre um sistema em equilíbrio implica como que numa diminuição do volume do sistema. Isto é, indiretamente implica num aumento de concentração das espécies presentes no estado de equilíbrio. Contudo, pode-se afirmar que, se:

a) $\Delta n = 0$ (zero)
Nesta situação, uma variação de pressão sobre um sistema em *estado de equilíbrio*, não altera o mesmo.

b) $\Delta n > 0$
Nesta situação, uma variação de pressão sobre um sistema em *estado de equilíbrio*, desloca o mesmo para o lado dos reagentes (sentido 2 da reação). O princípio diz que, o sistema em estado de equilíbrio, tende a se deslocar para o lado da reação em equilíbrio (lado dos reagentes, ou lado dos produtos) que tiver menor número de mols.

c) $\Delta n < 0$
Nesta situação, uma variação de pressão sobre um sistema em *estado de equilíbrio*, desloca o mesmo para o lado dos produtos, pois, o sistema, tende a se deslocar para o lado da reação em equilíbrio (lado dos reagentes ou lado dos produtos) que tiver menor número de mols.

Variação da força iônica do meio

A força iônica do meio é dada pela Equação (24.18):

$$I = \sum C_i (Z_i)^2 \quad (24.18)$$

Onde, observa-se que depende dos tipos de íons presentes, de sua concentração e respectiva carga. Porém, o assunto não será abordado neste momento.

Efeito do catalisador

O catalisador não altera o equilíbrio, apenas modifica as velocidades com que o equilíbrio é alcançado. Na Unidade Didática da Cinética Química foi abordado com detalhes o catalisador.

24.2 PARTE EXPERIMENTAL

Primeiro período didático

24.2.1. Influência da temperatura no equilíbrio químico

a – *Material*
- *$Pb(NO_3)_2$ p.a.;*
- *Estante para tubos de ensaio;*
- *3 Tubos de ensaio;*
- *Rolhas de borracha para os tubos de ensaio;*
- *Sistema de aquecimento em banho-maria: bico de Bunsen, fósforo, gás, tela de amianto, copo béquer de 250-mL com 180-200 mL de água de torneira;*
- *Sistema de resfriamento: banho com gelo e água ou uma mistura criogênica dependendo da temperatura desejada;*
- *2 Copos béquer de 250 mL;*
- *Pinça de madeira;*
- *Material de registro: Diário de laboratório; calculadora; computador etc.*

b – *Procedimento*
- Colocar aproximadamente 0,5 g de nitrato de chumbo(II) ($Pb(NO_3)_2$) em três tubos de ensaio, conforme Figura 24.10. A Figura 24.10 contém as Reações (R-24.24) a (R-24.28).

1 Reações prováveis por ordem de prioridade:

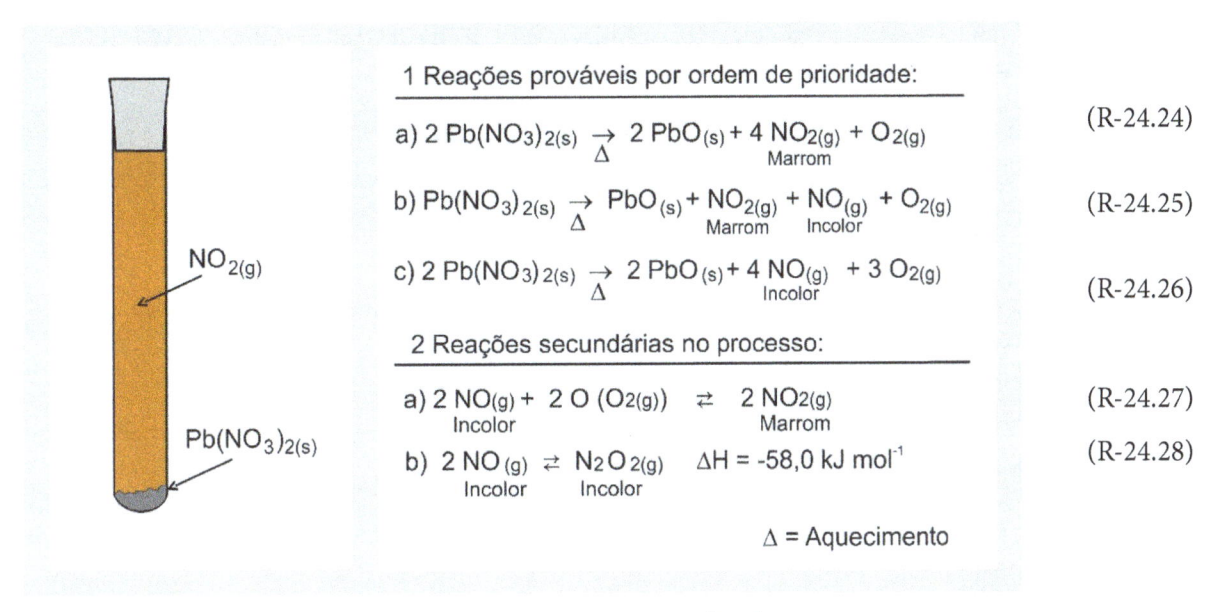

a) $2\,Pb(NO_3)_{2(s)} \xrightarrow{\Delta} 2\,PbO_{(s)} + 4\,\underset{\text{Marrom}}{NO_{2(g)}} + O_{2(g)}$ (R-24.24)

b) $Pb(NO_3)_{2(s)} \xrightarrow{\Delta} PbO_{(s)} + \underset{\text{Marrom}}{NO_{2(g)}} + \underset{\text{Incolor}}{NO_{(g)}} + O_{2(g)}$ (R-24.25)

c) $2\,Pb(NO_3)_{2(s)} \xrightarrow{\Delta} 2\,PbO_{(s)} + 4\,\underset{\text{Incolor}}{NO_{(g)}} + 3\,O_{2(g)}$ (R-24.26)

2 Reações secundárias no processo:

a) $2\,\underset{\text{Incolor}}{NO_{(g)}} + 2\,O\,(O_{2(g)}) \rightleftarrows 2\,\underset{\text{Marrom}}{NO_{2(g)}}$ (R-24.27)

b) $2\,\underset{\text{Incolor}}{NO_{(g)}} \rightleftarrows \underset{\text{Incolor}}{N_2O_{2(g)}}\quad \Delta H = -58{,}0\,kJ\,mol^{-1}$ (R-24.28)

Δ = Aquecimento

Figura 24.10 Decomposição térmica do nitrato de chumbo, $Pb(NO_3)_{2(s)}$, e as possíveis reações de decomposição.

- Trabalhar na capela com o exaustor ligado.
- Segurar um dos tubos com a pinça de madeira e aquecer na chama do bico de Bunsen. Manter o tubo inclinado e movimentá-lo para que o aquecimento seja uniforme.
- Observar dentro do tubo a formação de um gás marrom-avermelhado, o dióxido de nitrogênio, $NO_{2(g)}$. Evite cheirá-lo, pois é *altamente tóxico*. Ver reações ao lado da Figura 24.10.
- Apagar o bico de Bunsen quando o tubo estiver cheio do gás, tampar o tubo com uma rolha e colocá-lo na estante, Figura 24.10.
- Repetir o procedimento com os outros dois tubos de ensaio.
- Colocar água em um béquer de 250 mL até um pouco mais da metade da sua capacidade e aquecer até a ebulição.
- Colocar água em outro béquer de 250 mL e acrescentar-lhe algumas pedras de gelo.
- Verificar se os tubos estão bem fechados com as respectivas rolhas.
- Mergulhar um deles no béquer com água quente e o outro no béquer com água gelada e o outro serve de "tubo testemunho".
- Observar os três sistemas, principalmente a cor dos gases.
- Inverter a posição dos tubos, passando o que estava na água quente para a água gelada e vice-versa.
- Observar e registrar.

c – *Observações*

- Observar atentamente os tubos e registrar as observações na Tabela 24.1.
- Mediante as equações dadas em paralelo, dar o sentido do deslocamento do equilíbrio no Quadro Resumo da Tabela 24.1.
- Completar o Quadro RA 24.1 no Relatório de Atividades.

Tabela 24.1 Quadro Resumo da influência da temperatura num sistema químico em estado de equilíbrio.

Sistema em equilíbrio em condições distintas	Aparência física: estado, cor etc.	Deslocamento do equilíbrio (descrição)
Figura 24.11 Aquecimento de um equilíbrio químico no estado gasoso. (Sistema aquecido, $NO_{2(g)}$)		• Considerando a temperatura: $$2\,NO_{2(g)} \rightleftarrows N_2O_{4(g)}$$ (Marrom) (Incolor) • Considerando a pressão: $$2\,NO_{2(g)} \rightleftarrows N_2O_{4(g)}$$ (Marrom) (Incolor)
Figura 24.12 Resfriamento de um equilíbrio químico no estado gasoso. (Sistema resfriado, $NO_{2(g)}$)		• Considerando a temperatura: $$2\,NO_{2(g)} \rightleftarrows N_2O_{4(g)}$$ (Marrom) (Incolor) • Considerando a pressão: $$2\,NO_{2(g)} \rightleftarrows N_2O_{4(g)}$$ (Marrom) (Incolor)

Segurança 24.1

Sais de Chumbo

Propriedades: São sólidos incolores, em geral (podem ser coloridos).

Recomendações básicas: Perigoso por inalação e por ingestão. Tem efeito acumulativo. Evitar respirar poeiras contaminadas com chumbo. Possui para o CL – Control Limits, como poeiras de Pb, o valor de 0,15 mg m^{-3}.

Efeitos tóxicos: Apresenta como efeitos crônicos de intoxicação: perda do apetite, anemia, palidez, constipação, cólicas etc. Quando em níveis de toxidez a doença decorrente é chamada de "**saturnisno**".

Primeiros socorros: Se ingerido seguir o tratamento padrão:

I Se o reagente está confinado à boca apenas, lavá-la com muitas porções (e em quantidade) de água pura, ou mesmo de torneira. Porém assegurar-se que o reagente, ou solução dele não foi para o estômago.

II Se o reagente, ou solução dele foi para o estômago tomar cerca de 250 mL de água pura para diluí-lo no próprio estômago.

III Não induzir a vômitos como primeiro procedimento.

IV Levar o paciente para o Pronto Socorro, ou para o Hospital. Levar um conjunto de informações para instruir o médico: nome e fórmula do reagente ingerido; quantidade e concentração do mesmo; tempo em que aconteceu a ingestão; primeiros socorros aplicados; texto informando da toxicidade do reagente ingerido.

Despejos: Soluções com volumes pequenos, diluídas e esporádicas, podem ser diluídas mais ainda em água de torneira até chegar às concentrações preconizadas pela Resolução nº 20 do CONAMA e liberá-las no próprio tanque de lavagem para o esgoto comum. No caso dos efluentes do laboratório terem um tratamento posterior, em local próprio, podem ser liberados na pia, ou tanque, que conduz ao local de tratamento.

No caso de sólidos devem ser guardados em frascos e recolhidos em ambientes especiais.

FONTE: Luxon (1971); Oddone *et al.* (1980); Bretherick (1986); Lewis (1996); Budavari (1996); O'Malley (2009); MSDS (Material Safety Data Sheets). <http://www.ilpi.com/msds/>.

Detalhes 24.1

Decomposição térmica do nitrato de chumbo, $Pb(NO_3)_2$

Conforme se verá a decomposição térmica do nitrato de chumbo é apresentada em três possibilidades, todas elas balanceadas em termos de balanço de massa e balanço eletrônico.

Para o leitor escolher qual delas é a mais provável, são apresentadas inicialmente algumas estruturas conforme Figura 24.13.

a) Visualização do íon nitrato pelo modelo da *Teoria do Octeto*

OA - Orbitais atômico

$_7N$ 7e: $1s^2$ $2s^2$ $2p_x^1$ $2p_y^1$ $2p_z^1$

$_8O$ 8e: $1s^2$ $2s^2$ $2p_x^2$ $2p_y^1$ $2p_z^1$

Camada de valência

$\longrightarrow$ NO_3^- $\longrightarrow$ ⊖

8 e — Um e do Pb

b) Tipos de ligações formadas entre o nitrogênio e os três átomos de oxigênio

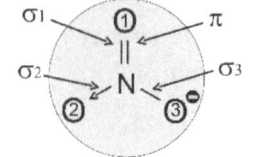

σ_1 - OML sigma, ($OA_{R(Oxigênio 1)}$ - $OA_{R(Nitrogênio)}$) - Ligação covalente comum;

π - OML pi ($OAp_{(Oxigênio 1)}$ - $OAp_{(Nitrogênio)}$) - Ligação covalente comum;

σ_2 - OML sigma ($OAp_{(Oxigênio 2)}$ - $OAp_{(Nitrogênio)}$) - Ligação coordenada (dativa);

σ_3 - OML sigma ($OAp_{(Oxigênio 3)}$ - $OAp_{(Nitrogênio)}$) - Ligação covalente comum.

c) Estrutura do íon nitrato pela *Teoria da Valência*

(I) ↔ (II) ↔ (III) ↔ (IV) ↔ ... → Híbrido

Figura 24.13 Apresentação de dados sobre o nitrato de chumbo, $Pb(NO_3)_2$: (a) Formação do ânion NO_3^- utilizando a teoria do octeto; (b) Tipos de orbitais moleculares (ligações) formadas entre os átomos de N e de O; (c) Estruturas que participam na formação do híbrido de ressonância, pela Teoria da Valência.

A Figura 24.14 mostra qualitativamente a decomposição térmica do nitrato de chumbo (II), $Pb(NO_3)_2$, sólido.

O átomo de oxigênio caracterizado pelo número 3, na parte "a" da Figura 24.13, estrutura do octeto, que se encontra na mesma estrutura da Figura 24.14, apresenta um elétron do cátion chumbo (II) (Pb^{2+}) na sua eletrosfera. Este elétron, vindo de fora, lhe dá um caráter mais negativo que o aproxima do cátion.

A excitação dos íons pela energia térmica possibilita momentaneamente, conforme da Teoria da Valência, uma das estruturas (I, II, III etc.), em que se rompe a ligação N-O em favor do cátion chumbo, formando óxido de chumbo(II) (PbO), sobrando dióxido de nitrogênio ($NO_{2(g)}$).

Esta opção de reação é detalhada e balanceada na Figura 24.15, cujo resultado final é dado pela Reação (R-24.24). No balanço eletrônico sobra oxigênio, ($O_{2(g)}$), conforme a referida reação.

A Figura 24.15 mostra o balanceamento eletrônico da primeira forma possível de decomposição térmica do nitrato de chumbo (II), $Pb(NO_3)_{2(s)}$, contendo as Reações (R-24.29) a (R-24.31).

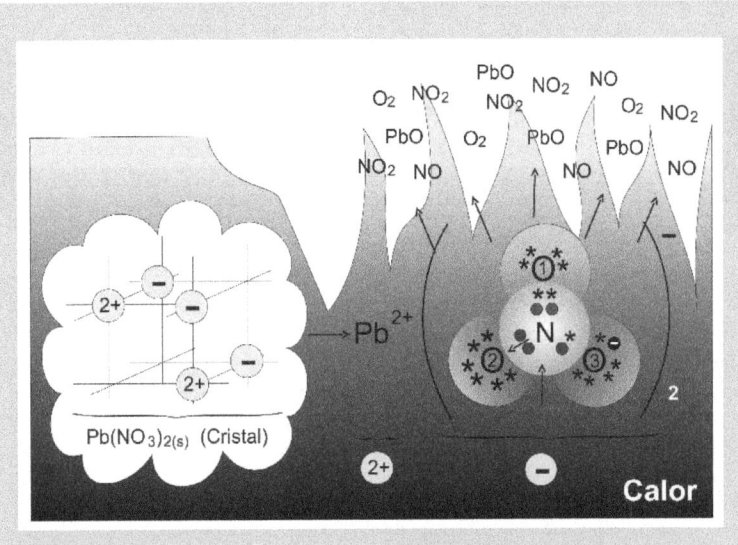

Figura 24.14 Simulação da decomposição térmica do nitrato de chumbo II, $Pb(NO_3)_{2(s)}$, visualizando a fórmula do ânion nitrato, NO_3^-, baseada na Teoria do Octeto.

Primeira possibilidade de decomposição térmica do nitrato de chumbo (II)

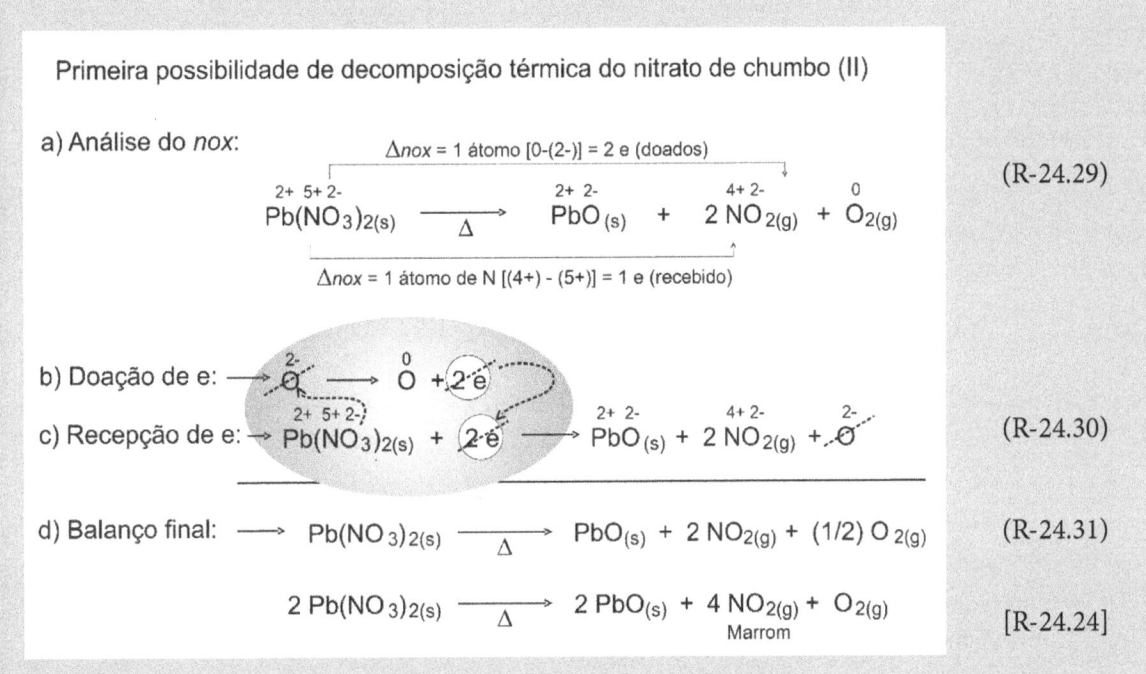

a) Análise do *nox*:

Δnox = 1 átomo [0-(2-)] = 2 e (doados)

$$\underset{2+\ 5+\ 2-}{Pb(NO_3)_{2(s)}} \xrightarrow{\Delta} \underset{2+\ 2-}{PbO_{(s)}} + 2\,\underset{4+\ 2-}{NO_{2(g)}} + \underset{0}{O_{2(g)}}$$

Δnox = 1 átomo de N [(4+) - (5+)] = 1 e (recebido)

(R-24.29)

b) Doação de e: $\underset{2-}{O} \longrightarrow \underset{0}{O} + 2\,e$

c) Recepção de e: $Pb(NO_3)_{2(s)} + 2\,e \longrightarrow PbO_{(s)} + 2\,NO_{2(g)} + O^{2-}$

(R-24.30)

d) Balanço final: $Pb(NO_3)_{2(s)} \xrightarrow{\Delta} PbO_{(s)} + 2\,NO_{2(g)} + (1/2)\,O_{2(g)}$

(R-24.31)

$2\,Pb(NO_3)_{2(s)} \xrightarrow{\Delta} 2\,PbO_{(s)} + 4\,\underset{Marrom}{NO_{2(g)}} + O_{2(g)}$

[R-24.24]

Figura 24.15 Visualização das etapas do balanceamento da reação da primeira possibilidade de decomposição térmica do nitrato de chumbo (II)."

A Figura 24.16 contendo as Reações (R-24.32) a (R-24.34) e a Figura 24.17, contendo as Reações (R-22.35) a (R-24.37), mostram as etapas de balanceamento das outras duas possibilidades de decomposição térmica do nitrato de chumbo (II).

Conforme as três possibilidades de reação de decomposição (Figura 24.15, Figura 24.16, Figura 24.17), a etapa do balanço eletrônico "b" que corresponde à doação de elétrons, é semelhante para todas, Reações (R-24.30), (R-24.33) e (R-24.36). Tudo indica que o átomo de oxigênio, da estrutura do octeto, que contém o elétron do cátion chumbo (Pb^{2+}), seria o primeiro doador do processo. Neste sentido a primeira possibilidade de reação é a mais provável.

Segunda possibilidade de decomposição térmica do nitrato de chumbo (II)

a) Análise do *nox*:

$\Delta nox = 1$ (átomo de O) $[0-(2-)] = 2$ e (doados)

$$Pb(NO_3)_{2(s)} \xrightarrow{\Delta} PbO_{(s)} + NO_{2(g)} + NO_{(g)} + O_{2(g)}$$

$\Delta nox = 1$ (átomo de N) $[(4+) - (5+)] = 1$ e (recebido)

$\Delta nox = (1$ átomo de N) $[(2+) - (5+)] = 3$ e (recebidos)

(R-24.32)

(R-24.33)

b) Doação de e: $2\,\overset{2-}{O} \longrightarrow 2\,\overset{0}{O} + 4\,e^-$

c) Recepção de e: $Pb(NO_3)_{2(s)} + 4\,e^- \longrightarrow PbO_{(s)} + NO_{2(g)} + NO_{(g)} + 2\,\overset{2-}{O}$

(R-24.34)

d) Balanço final: $Pb(NO_3)_{2(s)} \xrightarrow{\Delta} PbO_{(s)} + \underset{Marrom}{NO_{2(g)}} + \underset{Incolor}{NO_{(g)}} + O_{2(g)}$

[R-24.25]

Figura 24.16 Visualização das etapas do balanceamento da reação da segunda possibilidade de decomposição térmica do nitrato de chumbo(II), $Pb(NO_3)_2$.

Terceira possibilidade de decomposição térmica do $Pb(NO_3)_{2(s)}$

a) Análise do *nox*:

$\Delta nox = 1$ (átomo de O) $[0-(2-)] = 2$ e (doados)

$$Pb(NO_3)_{2(s)} \xrightarrow{\Delta} PbO_{(s)} + NO_{(g)} + O_{2(g)}$$

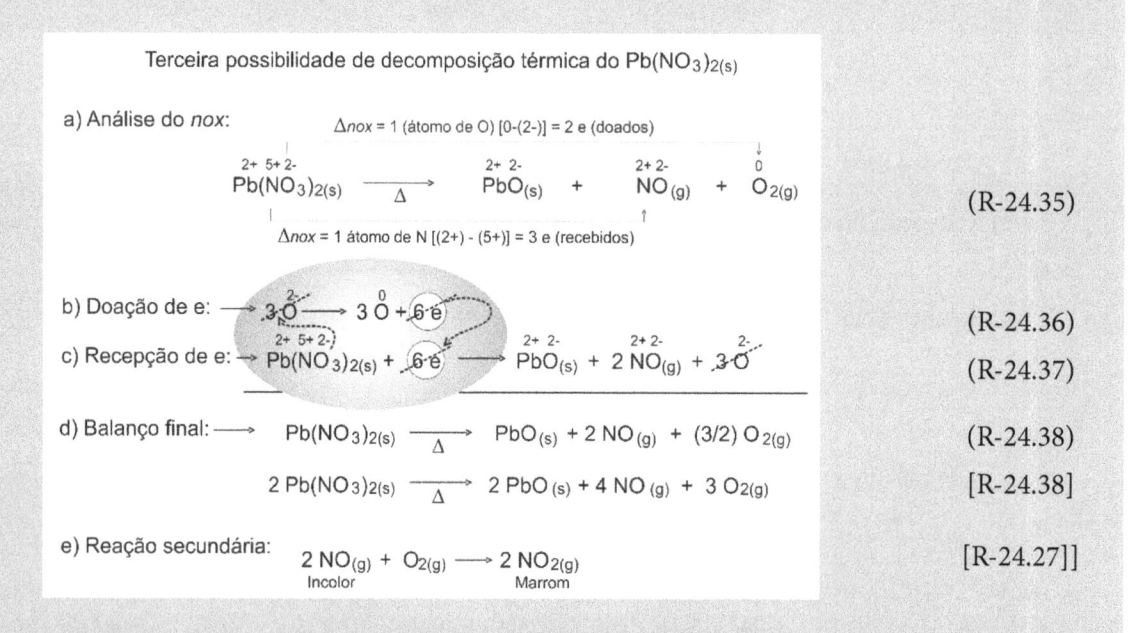

$\Delta nox = 1$ átomo de N $[(2+) - (5+)] = 3$ e (recebidos)

(R-24.35)

b) Doação de e: $3\,\overset{2-}{O} \longrightarrow 3\,\overset{0}{O} + 6\,e^-$

c) Recepção de e: $Pb(NO_3)_{2(s)} + 6\,e^- \longrightarrow PbO_{(s)} + 2\,NO_{(g)} + 3\,\overset{2-}{O}$

(R-24.36)

(R-24.37)

d) Balanço final: $Pb(NO_3)_{2(s)} \xrightarrow{\Delta} PbO_{(s)} + 2\,NO_{(g)} + (3/2)\,O_{2(g)}$

(R-24.38)

$2\,Pb(NO_3)_{2(s)} \xrightarrow{\Delta} 2\,PbO_{(s)} + 4\,NO_{(g)} + 3\,O_{2(g)}$

[R-24.38]

e) Reação secundária: $2\,\underset{Incolor}{NO_{(g)}} + O_{2(g)} \longrightarrow 2\,\underset{Marrom}{NO_{2(g)}}$

[R-24.27]]

Figura 24.17 Visualização das etapas do balanceamento da reação da terceira possibilidade de decomposição térmica do nitrato de chumbo(II), $Pb(NO_3)_2$.

24.2.2 Influência da concentração no equilíbrio químico

> **O SCN⁻ (tiocianato) apresenta propriedades teratogênicas**
>
> Lewis, 1996

a – *Material*
- *Copo béquer de 100 mL;*
- *2 Provetas de 25 mL;*
- *2 Conta-gotas;*
- *5 Tubos de ensaio;*
- *NH_4SCN (tiocianato de amônio) p.a.;*
- *Pipeta de 5 mL;*
- *Solução de tiocianato de amônio 0,01 mol L^{-1};*
- *Solução de cloreto de ferro(III) 0,01 mol L^{-1};*
- *Solução saturada de cloreto de amônio;*
- *Solução saturada de oxalato de potássio;*
- *Material de registro: Diário de laboratório; calculadora, computador etc.*

b – *Procedimento*
- Colocar no béquer de 100-mL, 25 mL de solução de tiocianato de amônio e 25 mL de água.
- Acrescentar três ou quatro gotas, da solução de cloreto de ferro(III) à solução do béquer. Agitar e observar.
- Colocar cerca de 5 mL da solução do béquer em cinco tubos de ensaio numerados de 1 a 5.
- Colocar dois ou três cristais de tiocianato de amônio no tubo 2 e comparar com o tubo 1.
- Adicionar ao tubo 3, algumas gotas de solução de cloreto de amônio. Agitar e observar. Comparar com as soluções dos demais tubos.
- Adicionar gotas de solução do cátion $Fe^{3+}_{(aq)}$ ao tubo 4. Agitar e observar. Comparar com a solução do tubo 1.
- Adicionar gotas de solução de oxalato de potássio ($C_2O_4^{2-}$ - íon oxalato) ao tubo 5. Agitar e observar. Comparar com a solução do tubo 1, que é o tubo de solução inicial (referência).
- Preencher o Quadro Resumo da Tabela 24.2, com o auxílio das principais reações químicas dadas abaixo.
- Completar o Quadro RA 24.2 no Relatório de Atividades.

c – *Reações químicas para a interpretação do experimento*

As principais reações que ocorrem neste experimento são as Reações (R-24.39) a (R-24.41).

$$\underbrace{NH_4SCN_{(s)} + \text{água}}_{\text{Sistema incolor}} \underset{\text{Sentido 2}}{\overset{\text{Sentido 1}}{\rightleftharpoons}} \underbrace{NH^+_{4(aq)} + SCN^-_{(aq)}}_{\text{Sistema incolor}} \quad (R-24.39)$$

$$FeCl_{3(s)} \underset{\text{Sentido 2}}{\overset{\text{Sentido 1}}{\rightleftharpoons}} \underbrace{Fe^{3+}_{(aq)} + 3\,Cl^{1-}_{(aq)}}_{\text{Sistema amarelado}} \quad (R-24.40)$$

$$Fe^{3+}_{(aq)} + 1\,SCN^{1-}_{(aq)} \underset{\text{Sentido 2}}{\overset{\text{Sentido 1}}{\rightleftharpoons}} \underbrace{Fe(SCN)^{2+}_{(aq)}}_{\text{Solução vermelha}} \quad (R-24.41)$$

A Reação (R-24.41) é o equilíbrio sobre o qual serão analisadas as ações de diversos agentes. Alguns são íons comuns ao equilíbrio ($SCN^-_{(aq)}$, $Fe^{3+}_{(aq)}$), outros são agentes externos ao equilíbrio em foco, como os íons $NH^+_{4\,(aq)}$ e $C_2O_4^{2-}{}_{(aq)}$.

d – *Observações*

Tabela 24.2. Quadro Resumo da verificação do efeito de reagentes (íons comuns, isto é, que estão presentes no equilíbrio) e outros não comuns, que atuam sobre a concentração de participantes do equilíbrio químico, contendo as Figuras 24.18 a Figura 24.21. Descreva na segunda coluna os efeitos observados.

Tubo (nº)*	Equilíbrio + agente causador da possível ação	Reação do equilíbrio à ação desequilibradora (colocar a seta e cores se necessário)
2	$NH_4SCN_{(s)}$ adicionado a $Fe(SCN)^{2+}_{(aq)} \underset{2}{\overset{1}{\rightleftharpoons}} Fe^{3+}_{(aq)} + SCN^{1-}_{(aq)}$ (Vermelho, Amarelado, Incolor) — **Figura 24.18 Tabela 24.2 Tubo 2.**	$Fe(SCN)^{2+}_{(aq)}$ (Vermelho) $\underset{Sentido\ 2}{\overset{Sentido\ 1}{\rightleftharpoons}}$ $Fe^{3+}_{(aq)}$ (Amarelado) $+ SCN^{1-}_{(aq)}$ (Incolor)
3	$NH^+_{4(aq)}$ adicionado a $Fe(SCN)^{2+}_{(aq)} \underset{2}{\overset{1}{\rightleftharpoons}} Fe^{3+}_{(aq)} + SCN^{1-}_{(aq)}$ (Vermelho, Amarelado, Incolor) — **Figura 24.19 Tabela 24.2 Tubo 3**	$Fe(SCN)^{2+}_{(aq)}$ (Vermelho) $\underset{Sentido\ 2}{\overset{Sentido\ 1}{\rightleftharpoons}}$ $Fe^{3+}_{(aq)}$ (Amarelado) $+ SCN^{1-}_{(aq)}$ (Incolor)
4	$Fe^{3+}_{(aq)}$ adicionado a $Fe(SCN)^{2+}_{(aq)} \underset{2}{\overset{1}{\rightleftharpoons}} Fe^{3+}_{(aq)} + SCN^{1-}_{(aq)}$ (Vermelho, Amarelado, Incolor) — **Figura 24.20 Tabela 24.2 Tubo 4.**	$Fe(SCN)^{2+}_{(aq)}$ (Vermelho) $\underset{Sentido\ 2}{\overset{Sentido\ 1}{\rightleftharpoons}}$ $Fe^{3+}_{(aq)}$ (Amarelado) $+ SCN^{1-}_{(aq)}$ (Incolor)
5	$C_2O^{2-}_{4(aq)}$ adicionado a $Fe(SCN)^{2+}_{(aq)} \underset{2}{\overset{1}{\rightleftharpoons}} Fe^{3+}_{(aq)} + SCN^{1-}_{(aq)}$ (Vermelho, Amarelado, Incolor) — **Figura 24.21 Tabela 24.2 Tubo 5**	$Fe(SCN)^{2+}_{(aq)}$ (Vermelho) $\underset{Sentido\ 2}{\overset{Sentido\ 1}{\rightleftharpoons}}$ $Fe^{3+}_{(aq)}$ (Amarelado) $+ SCN^{1-}_{(aq)}$ (Incolor)

* O tubo nº 1 é o tubo de referência para verificar se houve alguma reação do equilíbrio para diminuir a ação do agente externo sobre o mesmo.

Segurança 24.2

NO – Óxido de nitrogênio (Óxido nítrico)

Propriedades: Gás incolor. Livre na atmosfera oxida-se a dióxido de nitrogênio ($NO_{2(g)}$) que é um gás cor vermelho-marrom de odor pungente.

Recomendações básicas: Altamente tóxico por inalação. Trabalhar em capela de preferência. TLV (ThresholdLimitvalues) 25 ppm (30 mg m^{-3}).

Efeitos tóxicos: Na realidade admite-se como efeitos tóxicos os do $NO_{2(g)}$, pois o $NO_{(g)}$, converte-se imediatamente em NO_2, quando na atmosfera, isto é, em presença de $O_{2(g)}$. Pequenas exposições provocam irritações pulmonares. Depois edemas pulmonares e finalmente a morte.

Reações perigosas: Altamente endotérmico e um agente oxidante ativo. O líquido pode detonar na ausência de combustível; quando misturado com sulfeto de carbono ocorre uma explosão; incendeia misturas de H_2 e O_2; reage com boro na temperatura ambiente com chama brilhante. O carvão e o fósforo queimam com mais brilho que no ar.

Primeiros socorros: É importante tratar clinicamente casos consideráveis de exposição mesmo que não tenha havido aparentemente irritação respiratória.

Despejos: Restos de gás, ou cilindros com vazamento, devem ser liberados lentamente num sistema próprio como o "lavador" de gases.

$NO_{2(g)}$ – Dióxido de nitrogênio (gás)

Propriedades: O dióxido de nitrogênio é um gás vermelho-marrom, que aparece normalmente como subproduto das reações redox dos nitratos (NO_3^-). Se dimeriza facilmente em tetróxido de dinitrogênio ($N_2O_{4(g)}$).

Recomendações básicas: Altamente tóxico por inalação. Irrita o sistema respiratório. RL (Recommeded Limits) = 3 ppm (5 mg m^{-3}).

Efeitos tóxicos: Tem efeito irritante sobre o sistema respiratório. Antes de causar efeitos nos pulmões provoca fraquezas, calafrios, dores de cabeça, náuseas etc.; em casos mais severos convulsões, podendo ocorrer asfixia.

Reações perigosas: Reage violentamente e muitas vezes explosivamente, com diversos materiais: acetonitrila, álcoois, amônia líquida, carbonilos metálicos, carbonetos halogenados, hidrazina e seus derivados, hidrocarbonetos, nitrobenzeno, compostos orgânicos etc.

Primeiros socorros: É recomendável o atendimento médico para o caso de intoxicações com estes gases, mesmo que aparentemente não seja preocupante.

Despejos: Restos de gás, ou cilindros com vazamento, devem ser liberados lentamente num sistema próprio como o "lavador" de gases.

FONTE: Luxon (1971); Oddone *et al*. (1980); Bretherick (1986); Lewis (1996); Budavari (1996); O'Malley (2009); MSDS (Material Safety Data Sheets). <http://www.ilpi.com/msds/>.

Detalhes 24.2

Reações do íon tiocianato (SCN⁻) com o íons ferro (III)

Os íons $Fe^{3+}_{(aq)}$ reagem com íons tiocianato (SCN⁻) formando um composto de cor vermelha e muito sensível, conforme Reação (R-24.42):

$$\underbrace{Fe^{3+}_{(aq)}}_{\text{Amarelo}} + \underbrace{1\,SCN^{1-}_{(aq)}}_{\text{Incolor}} \underset{\text{Sentido 2}}{\overset{\text{Sentido 1}}{\rightleftarrows}} \underbrace{Fe(SCN)^{2+}_{(aq)}}_{\text{Solução vermelha}} \quad \text{(R-24.42)}$$

Na realidade a reação entre o $Fe^{3+}_{(aq)}$ (ácido de Lewis) e o ânion $SCN^-_{(aq)}$ (base de Lewis – o ligante) é uma reação de complexação.

Enquanto a concentração do ligante $SCN^-_{(aq)}$ for baixa formam-se os complexos com um ou dois ligantes. A medida que aumenta a concentração de $SCN^-_{(aq)}$ e chega a 0,1 mol L⁻¹, formam-se preferencialmente os complexos $[Fe(SCN)_4]^{1-}_{(aq)}$ a $[Fe(SCN)_6]^{3-}_{(aq)}$ e como consequência a cor vermelha da solução fica mais intensa (Feigl & Anger, 1972).

Na realidade, no sistema em equilíbrio estão presentes todos os compostos: $[Fe(SCN)]^{2+}_{(aq)}$; $[Fe(SCN)_2]^{1+}_{(aq)}$; $[Fe(SCN)_3]^{0}_{(aq)}$; $[Fe(SCN)_4]^{1-}_{(aq)}$; $[Fe(SCN)_5]^{2-}_{(aq)}$; $[Fe(SCN)_6]^{3-}_{(aq)}$. As respectivas concentrações podem ser calculadas, mediante as constantes de equilíbrio dadas na Tabela 24.3 e a concentração de $SCN^-_{(aq)}$ presente.

Tabela 24.3 Constantes de formação sucessiva ou por etapas dos complexos formados entre $Fe^{3+}_{(aq)}$ e $SCN^-_{(aq)}$ (ρ).

Etapa	Reação de formação sucessiva ou por etapa	Constante (k_i)[‡]
I	$Fe^{3+}_{(aq)} + 1\,SCN^{1-}_{(aq)} \rightleftarrows [Fe(SCN)]^{2+}_{(aq)}$	$k_1 = 10^{+1,96}$
II	$[Fe(SCN)]^{2+}_{(aq)} + 1\,SCN^{1-}_{(aq)} \rightleftarrows [Fe(SCN)_2]^{1+}_{(aq)}$	$k_2 = 10^{+2,06}$
III	$[Fe(SCN)_2]^{1+}_{(aq)} + 1\,SCN^{1-}_{(aq)} \rightleftarrows [Fe(SCN)_3]^{0}_{(aq)}$	$k_3 = 10^{-0,41}$
IV	$[Fe(SCN)_3]^{0}_{(aq)} + 1\,SCN^{1-}_{(aq)} \rightleftarrows [Fe(SCN)_4]^{1-}_{(aq)}$	$k_4 = 10^{-0,41}$
V	$[Fe(SCN)_4]^{1-}_{(aq)} + 1\,SCN^{1-}_{(aq)} \rightleftarrows [Fe(SCN)_5]^{2-}_{(aq)}$	$k_4 = 10^{-1,57}$
VI	$[Fe(SCN)_5]^{2-}_{(aq)} + 1\,SCN^{1-}_{(aq)} \rightleftarrows [Fe(SCN)_6]^{3-}_{(aq)}$	$k_4 = 10^{-1,51}$

(†) - Constantes de formação sucessiva ou por etapa referenciados por Butler (1965) para um meio contendo KNO_3 (1,8 mol L⁻¹); (‡) - Valores para cada etapa da reação.

> **Segundo período didático**

24.2.3 Influência da concentração dos íons H⁺ no equilíbrio químico

a – *Material*
- 6 Tubos de ensaio;
- 5 Pipetas de 5 mL;
- *Solução de dicromato de potássio 0,1 mol L⁻¹;*
- *Solução de cromato de potássio 0,1 mol L⁻¹;*
- *Solução de ácido clorídrico 1,0 mol L⁻¹;*
- *Solução de hidróxido de sódio 1,0 mol L⁻¹;*
- *Solução de cloreto de bário 0,1 mol L⁻¹;*
- *Material de registro de dados: Diário de Laboratório, calculadora; computador.*

b – *Procedimento*
- Preparar seis tubos de ensaio e numerá-los de 1 a 6.
- Adicionar 2,00 mL de solução de cromato de potássio (K_2CrO_4) aos tubos 1, 2 e 3. Aos tubos 4, 5 e 6, adicionar 2,00 mL de dicromato de potássio ($K_2Cr_2O_7$). Observar suas cores, Figura 24.22. Observar os equilíbrios presentes em cada tubo. Um mais deslocado à direita – o cromato, o outro mais para à esquerda – o dicromato.

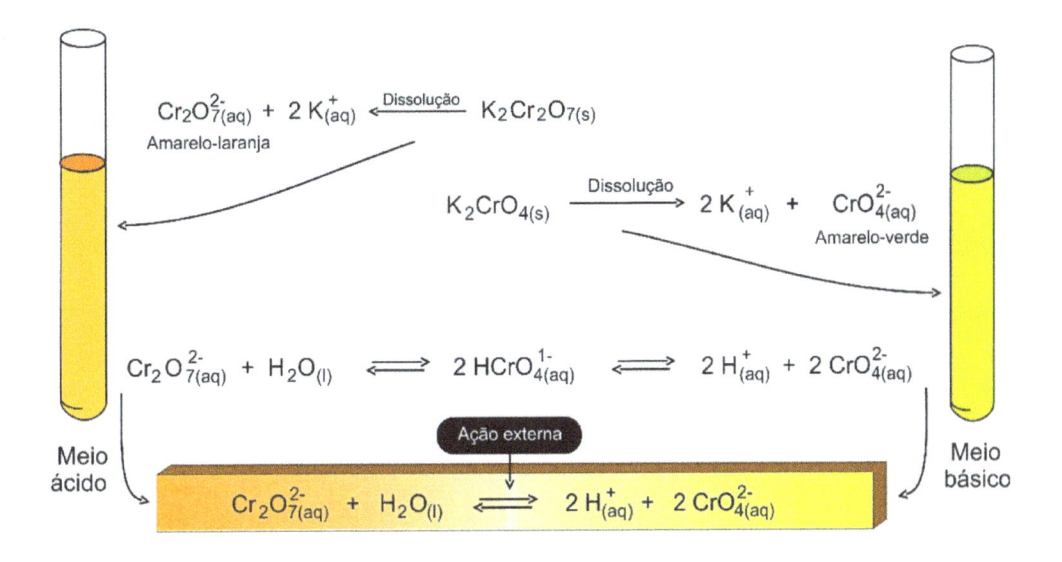

$$Cr_2O_{7(aq)}^{2-} + 2\,K_{(aq)}^{+} \xleftarrow{\text{Dissolução}} K_2Cr_2O_{7(s)}$$
Amarelo-laranja

$$K_2CrO_{4(s)} \xrightarrow{\text{Dissolução}} 2\,K_{(aq)}^{+} + CrO_{4(aq)}^{2-}$$
Amarelo-verde

$$Cr_2O_{7(aq)}^{2-} + H_2O_{(l)} \rightleftharpoons 2\,HCrO_{4(aq)}^{1-} \rightleftharpoons 2\,H_{(aq)}^{+} + 2\,CrO_{4(aq)}^{2-}$$

Meio ácido — Ação externa — Meio básico

$$Cr_2O_{7(aq)}^{2-} + H_2O_{(l)} \rightleftharpoons 2\,H_{(aq)}^{+} + 2\,CrO_{4(aq)}^{2-}$$

Figura 24.22 Estudo do equilíbrio dicromato-cromato.

- Agitando continuamente, adicionar gota a gota:

a - 2,00 mL de solução de ácido clorídrico (HCl) ao tubo 1.

b - 2,00 mL de solução de hidróxido de sódio (NaOH) ao tubo 2 e 4.

c - 2,00 mL de solução de cloreto de bário ($BaCl_2$) aos tubos 3, 5 e 6.

d - Mais 2,00 mL de solução de ácido clorídrico (HCl) ao tubo 2.

e - Mais 2,00 mL de solução de hidróxido de sódio (NaOH) ao tubo 3.

f - Mais 2,00 mL de solução de ácido clorídrico (HCl) ao tubo 5.

g - Mais 2,00 mL de solução de hidróxido de sódio (NaOH) ao tubo 6.

- Após a adição de cada reagente, observar atentamente em cada tubo de ensaio se ocorre a mudança de cor, a formação ou dissolução de precipitado.

> Observação: Na presença de íons bário ($Ba^{2+}_{(aq)}$) os íons dicromato formam *dicromato de bário solúvel* (ou bastante solúvel); na presença de cromato formam *cromato de bário insolúvel* (ou pouco solúvel).

- Preencher o Quadro Resumo da Tabela RA 24.3 no Relatório de Atividades para os itens **a, b e c**.

> Primeiro preencher a Tabela RA 24.3 para depois passar à Tabela RA 24.4.

- Preencher o Quadro Resumo da Tabela RA 24.4 no Relatório de Atividades, para os itens **d, e, f e g**.

24.3 EXERCÍCIOS DE FIXAÇÃO

24.1. Considere a reação genérica da Figura EF 24.1 em equilíbrio:

O que pode ser alterado nas condições desta reação para aumentar a produção de $XY_{(g)}$? Explique cada fator citado, de acordo com princípio de Le Chatelier.

$$X_{(g)} + Y_{(g)} \rightleftarrows XY_{(g)}$$
(Endotérmica →, ← Exotérmica)

Figura EF 24.1 Reação genérica em equilíbrio.

24.2. Considere a reação da Figura EF 24.2 em equilíbrio:

Aquecendo-se o tubo que contém estes gases em equilíbrio percebe-se uma intensificação da cor marrom avermelhada. Resfriando-se o mesmo tubo, ocorre o contrário, a cor marrom avermelhada vai desaparecendo, e o tubo se torna castanho bem claro. Considerando este fato indique na equação da Figura EF 24.2, em que sentido a reação é endotérmica e qual sentido ela é exotérmica.

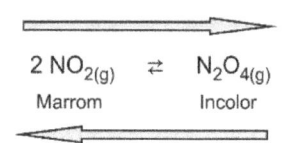

$$2\ NO_{2(g)} \rightleftarrows N_2O_{4(g)}$$
Marrom — Incolor

Figura EF 24.2 Reação de dimerização do NO_2 em equilíbrio.

24.3. Considere a reação em equilíbrio, em um recipiente fechado:

$$CaCO_{3(s)} \rightleftarrows CaO_{(s)} + CO_{2(g)}$$
Carbonato de cálcio — óxido de cálcio — gás carbônico

Quais as alterações que podem ser feitas para provocar o deslocamento do equilíbrio no sentido de aumentar a produção de óxido de cálcio.

24.4. Considere a reação em equilíbrio:
$N_{2(g)} + 3\ H_{2(g)} \rightleftarrows 2\ NH_{3(g)}$ $\Delta H = -124$ kJ mol^{-1}.
Que alteração provocará neste sistema quando:

a) O aumento da pressão desloca o equilíbrio no sentido do _____

b) O aumento da temperatura desloca o equilíbrio para _____

c) O aumento da concentração do N_2 desloca o equilíbrio para _____

d) Diminuindo a concentração de NH_3, desloca o equilíbrio para _____

24.5. Considere as reações em equilíbrio:

I- $Cr_2O_7^{2-}{}_{(aq)} + H_2O_{(l)} \rightleftarrows 2\ CrO_4^{2-}{}_{(aq)} + 2\ H^+{}_{(aq)}$
 Alaranjado   amarelo

II- $K_2CrO4 + BaCl_2 \rightleftarrows BaCrO_4 + 2\ KCl$
                              Precipitado

Sobre as reações acima, assinale as alternativas corretas:

Em meio ácido o equilíbrio da reação I se desloca no sentido de aumentar a concentração do ( ) CrO_4^{2-} / ( ) $Cr_2O_7^{2-}$

Em meio básico a solução referente ao equilíbrio I fica ( ) alaranjada / ( ) amarela

Para aumentar a quantidade de $BaCrO_4$ precipitado (reação II) deve-se aumentar ( ) a acidez / ( ) basicidade do meio.

24.6. Considere as duas equações representando equilíbrios abaixo.

I $Cr_2O_7^{2-}{}_{(aq)} + H_2O \rightleftarrows 2\ CrO_4^{2-}{}_{(aq)} + H^+{}_{(aq)}$

II $BaCrO_{4(s)} \rightleftarrows Ba^{2+}{}_{(aq)} + CrO_4^{2-}{}_{(aq)}$

Sobre esses equilíbrios assinale as alternativas corretas.

( ) A acidez ou a basicidade do meio interfere apenas no equilíbrio I.

( ) Em meio ácido aumenta a concentração do precipitado $BaCrO_4$.

( ) O equilíbrio I em meio básico apresenta cor amarela indicando maior concentração de CrO_4^{2-}.

( ) Com a adição de uma base no meio em equilíbrio o $Cr_2O_7^{2-}{}_{(aq)}$ se transforma em $CrO_4^{2-}{}_{(aq)}$.

24.7. Se uma água residual contém bário, e para descartá-la ao meio ambiente é necessário reduzir o teor deste elemento. Uma forma possível para esta redução é precipitar o bário com o cromato. Para esta operação é necessário que o meio seja ácido ou básico? Explique.

24.4 RELATÓRIO DE ATIVIDADES

Universidade _____ Centro de Ciências Exatas – Departamento de Química Disciplina: QUÍMICA GERAL EXPERIMENTAL – Cód: _____ Curso: _____ Ano: _____ Professor:_____ _____	Relatório de Atividades

_____ Nome do Acadêmico	_____ Data

Primeiro período didático

UNIDADE DIDÁTICA 24: EQUILÍBRIO QUÍMICO

Quadro RA 24.1 Influência da temperatura no equilíbrio químico – item 24.2.1.

1 Escreva a principal reação de decomposição do nitrato de chumbo(II).

_____

_____

2 Considere a reação abaixo e indique o deslocamento do equilíbrio no caso de: a) aumento de temperatura; b) diminuição da temperatura.

$$2\,NO_{2(g)} \rightleftarrows N_2O_{4(g)}$$
$$(\text{marrom}) \quad\quad (\text{incolor})$$

Quadro RA 24.2 Influência da concentração no equilíbrio químico – item 24.2.2.

Indicar no quadro o sentido do deslocamento do equilíbrio após a ação de cada agente perturbador. Justifique com reações adicionais quando julgar necessário.

Tubo (nº)*	Equilíbrio + agente causador da possível ação	Tubo (nº)*	Equilíbrio + agente causador da possível ação
2	$NH_4SCN_{(s)}$ ↓ $Fe(SCN)^{2+}_{(aq)} \underset{2}{\overset{1}{\rightleftarrows}} Fe^{3+}_{(aq)} + SCN^{1-}_{(aq)}$ Vermelho — Amarelado — Incolor	4	$NH^+_{4(aq)}$ ↓ $Fe(SCN)^{2+}_{(aq)} \underset{2}{\overset{1}{\rightleftarrows}} Fe^{3+}_{(aq)} + SCN^{1-}_{(aq)}$ Vermelho — Amarelado — Incolor

UNIDADE DIDÁTICA 24: EQUILÍBRIO QUÍMICO

Tubo (nº)*	Equilíbrio + agente causador da possível ação	Tubo (nº)*	Equilíbrio + agente causador da possível ação
3	$Fe^{3+}_{(aq)}$ adicionado a $Fe(SCN)^{2+}_{(aq)} \rightleftharpoons Fe^{3+}_{(aq)} + SCN^{1-}_{(aq)}$ (Vermelho / Amarelado / Incolor)	5	$C_2O_4^{2-}_{(aq)}$ adicionado a $Fe(SCN)^{2+}_{(aq)} \rightleftharpoons Fe^{3+}_{(aq)} + SCN^{1-}_{(aq)}$ (Vermelho / Amarelado / Incolor)

* O tubo nº 1 é o tubo de referência para verificar se houve alguma reação do equilíbrio para diminuir a ação do agente externo sobre o mesmo.

Segundo período didático

Tabela RA 24.1 Quadro Resumo do estudo da influência da concentração de $H^+_{(aq)}$, $HO^-_{(aq)}$ e $Ba^{2+}_{(aq)}$ sobre o equilíbrio cromato-dicromato.

Tubo (nº)	Equilíbrio + agente perturbador do equilíbrio químico	Reação do equilíbrio ao agente perturbador
1	$H^+_{(aq)}$ adicionado a $K_2CrO_{4(s)} \rightleftharpoons 2\,K^+_{(aq)} + CrO_4^{2-}_{(aq)}$	
2	$HO^-_{(aq)}$ adicionado a $K_2CrO_{4(s)} \rightleftharpoons 2\,K^+_{(aq)} + CrO_4^{2-}_{(aq)}$	
3	$Ba^{2+}_{(aq)}$ adicionado a $K_2CrO_{4(s)} \rightleftharpoons 2\,K^+_{(aq)} + CrO_4^{2-}_{(aq)}$	
4	$HO^-_{(aq)}$ adicionado a $K_2Cr_2O_{7(s)} \rightleftharpoons 2\,K^+_{(aq)} + Cr_2O_7^{2-}_{(aq)}$	
5	$Ba^{2+}_{(aq)}$ adicionado a $K_2Cr_2O_{7(s)} \rightleftharpoons 2\,K^+_{(aq)} + Cr_2O_7^{2-}_{(aq)}$	
6	$Ba^{2+}_{(aq)}$ adicionado a $K_2Cr_2O_{7(s)} \rightleftharpoons 2\,K^+_{(aq)} + Cr_2O_7^{2-}_{(aq)}$	

QUÍMICA GERAL EXPERIMENTAL

Tabela RA 24.2 Quadro Resumo do estudo da influência da concentração de $H^+_{(aq)}$ e $HO^-_{(aq)}$ sobre o equilíbrio cromato-dicromato, resultante de reações descritas na Tabela RA 24.1.

Equilíbrio + agente perturbador do equilíbrio químico	Reação do equilíbrio ao agente perturbador Novo estado de equilíbrio (deslocamento)
Tubo 2 $BaCrO_{4(s)} \underset{\text{Sentido 2}}{\overset{\text{Sentido 1}}{\rightleftharpoons}} Ba^{2+}_{(aq)} + CrO^{2-}_{4(aq)}$ com $H^+_{(aq)}$	
Tubo 3 $BaCrO_{4(s)} \underset{\text{Sentido 2}}{\overset{\text{Sentido 1}}{\rightleftharpoons}} Ba^{2+}_{(aq)} + CrO^{2-}_{4(aq)}$ com $HO^-_{(aq)}$	
Tubo 5 $Cr_2O^{2-}_{7(aq)} + H_2O_{(l)} \underset{\text{Sentido 2}}{\overset{\text{Sentido 1}}{\rightleftharpoons}} 2\,CrO^{2-}_{4(aq)} + 2\,H^+_{(aq)}$ $BaCrO_{4(s)} \underset{\text{Sentido 2}}{\overset{\text{Sentido 1}}{\rightleftharpoons}} Ba^{2+}_{(aq)} + CrO^{2-}_{4(aq)}$ com $H^+_{(aq)}$	
Tubo 6 $Cr_2O^{2-}_{7(aq)} + H_2O_{(l)} \underset{\text{Sentido 2}}{\overset{\text{Sentido 1}}{\rightleftharpoons}} 2\,CrO^{2-}_{4(aq)} + 2\,H^+_{(aq)}$ $BaCrO_{4(s)} \underset{\text{Sentido 2}}{\overset{\text{Sentido 1}}{\rightleftharpoons}} Ba^{2+}_{(aq)} + CrO^{2-}_{4(aq)}$ com $HO^-_{(aq)}$	

24.5 REFERÊNCIAS BIBLIOGRÁFICAS E SUGESTÕES PARA LEITURA

BACCAN, N.; BARATA, L. E. J. **Manual de segurança para o laboratório químico**. Campinas: Unicamp, 1982. 63 p.

BETTELHEIM, F.; LANDESBERG, J. **General, organic & biochemistry**. New York: Saunders College Publishing, 1995.

BRETHERICK, L. [Editor]. **Hazards in the Chemical Laboratory**. 4. ed. London: The Royal Society of Chemistry. 1986. 604 p.

BROWN, T. L.; LeMAY Jr, H. E.; BURSTEN, B. E. **Química: ciência central**. 9. ed. Tradução de Horácio Macedo. Rio de Janeiro. LTC, 1997. 972 p.

BUDAVARI, S. [Editor] **THE MERCK INDEX**. 12th Edition. Whitehouse Station, N. J. USA: MERCK & CO., 1996.

BUTLER, J. N. **Ionic equilibrium – a mathematical approach**. California: Addison-Wesley Publisher Company, 1964. 547 p.

CHANG, R. **Química**. 5. ed. Tradução de Joaquim J. Moura Ramos *et al*. Lisboa: McGraw-Hill de Portugal, 1998. 994 p.

CHRISPINO, A. **Manual de química experimental**. São Paulo (SP): Editora Ática, 1991. 230 p.

COTTON, F. A.; LYNCH, L.; MACEDO, H. **Curso de química**. Rio de Janeiro: FORUM EDITORA, 1968. 658 p.

FEIGL, F.; ANGER, V. **Spot yests in inorganic analysis**. 6th Ed. Translated by Ralph E. Oesper. New York: Elsevier Publishing Company, 1972. 669 p.

FELTRE, R. **Curso básico de química: química geral**. São Paulo: Editora Moderna, 1985. Vol. 1 184 p.

FIGUEIREDO, D. G. **Problemas resolvidos de físico-química**. Rio de Janeiro: LTC, 1982, 230 p.

FURR, A. K. [Editor] **CRC HANDBOOK OF LABORATORY SAFETY**. 5th Edition. Boca Raton – Florida: CRC Press, 2000. 784 p.

GIESBRECHT, E. (Coordenador) **Experiências de química – técnicas e conceitos básicos**. PEQ – Projetos de Ensino de Química de Professores da USP. São Paulo: Editora Moderna, 1982. 241 p.

HARRIS, D. C. **Análise química quantitativa**. Tradução da quinta edição inglesa feita por Carlos Alberto da Silva Riehl & Alcides Wagner Serpa Guarino. Rio de Janeiro: LTC, 2001. 862 p.

JOYCE, R.; McKUSICK, R. B. Handling and disposal of chemicals in laboratory. *In*: LIDE, D. R. **HANDBOOK OF CHEMISTRY AND PHYSICS**. Boca Raton (USA): CRC Press, 1996-1997.

KOTZ, J. C.; TRICHEL, P. **Química & Reações químicas**. Vol. 1. Tradução de Horácio Macedo. Rio de Janeiro: LTC, 1998. 458 p.

LEWIS, R. J. [Editor] **Sax's Dangerous Properties of Industrial Materials**. 9th Edition. New York: Van Nostrand Reinhold, 1996, (Vol. I, II, III).

LUXON, S. G. [Editor] **Hazards in the chemical laboratory**. 5th. Edition. Cambridge: Royal Society of Chemistry, 1971. 675 p.

MAHAN, B. H. **Química um curso universitário**. São Paulo: Ed. Edgard Blücher, 1970. 580 p.

MALM, L. E. **Manual de laboratório para a química – uma ciência experimental**. 2. ed. Lisboa: Fundação Gulbenkian, 1988. 223 p.

MASTERTON, W. L.; SLOWINSKI, E. J.; STANITSKI, C. L. **Princípios de química**. 6. ed. Tradução de Jossyl de Souza Peixoto. Rio de Janeiro: Editora Guanabara Koogan, 1985. 681 p.

MSDS. **Where to find material safety data sheets on the internet**. 2013. Disponível em <http://www.ilpi.com/msds/> Acessado em 22 de outubro de 2014.

O'MALLEY, G. F. [Editor] **MERCK MANUAL – HOME HEALTH HANDBOOK**. Germany: Merck, 2009.

ODDONE, G. C.; VIEIRA, L. O.; PAIVA, M. A. D. **Guia de prevenção de acidentes em laboratório**. Rio de Janeiro: Divisão de Informação Técnica e Propriedade Industrial – Petrobras, 1980. 37 p.

PETERS, D. G.; HAYES, J. M.; HIEFTJE, G. M. **Chemical separations and measurements** – Theory and practice of analytical chemistry. Philadelphia: W. B. SaundersCompany, 1974. 749 p.

POMBEIRO, A. J. L. O. **Técnicas e operações unitárias em química laboratorial**. Lisboa (Portugal): Fundação Calouste Gulbenkian, 1980. 1.069 p.

RUSSEL, J. B. **Química geral**. 2. ed. Coordenação de Tradução por Maria Elizabeth Brotto *et al.* Rio de Janeiro: MAKRON Books do Brasil Editora, 1994. 1268 p.

SIGMA-ALDRICH CATALOG, **Biochemicals and reagents for life science research**. USA: SIGMA ALDRICH Co., 1999. 2880 p.

SKOOG, D. A.; WEST, D. M.; HOLLER, F. J.; CROUCH, S. R. **Fundamentos de química analítica**. Tradução da 8ª edição americana por Marco Tadeu Grassi. São Paulo: Thomson Learning, 2006. 999 p.

STOKER, H. S. **Preparatory Chemistry**. 4. ed. New York: Macmillan Publishing Company, 1993. 629 p.

THOMAS SCIENTIFIC CATALOG: 1994/1995. New Jersey (USA): Thomas Scientific Co., 1995. 1.929 p.

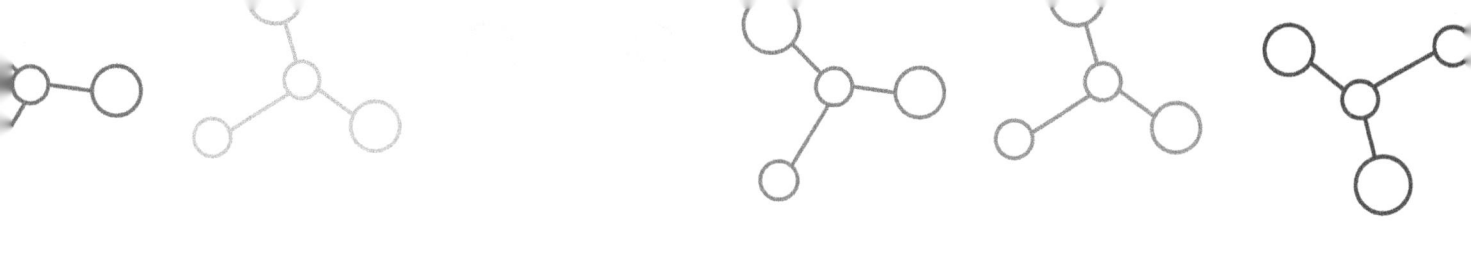

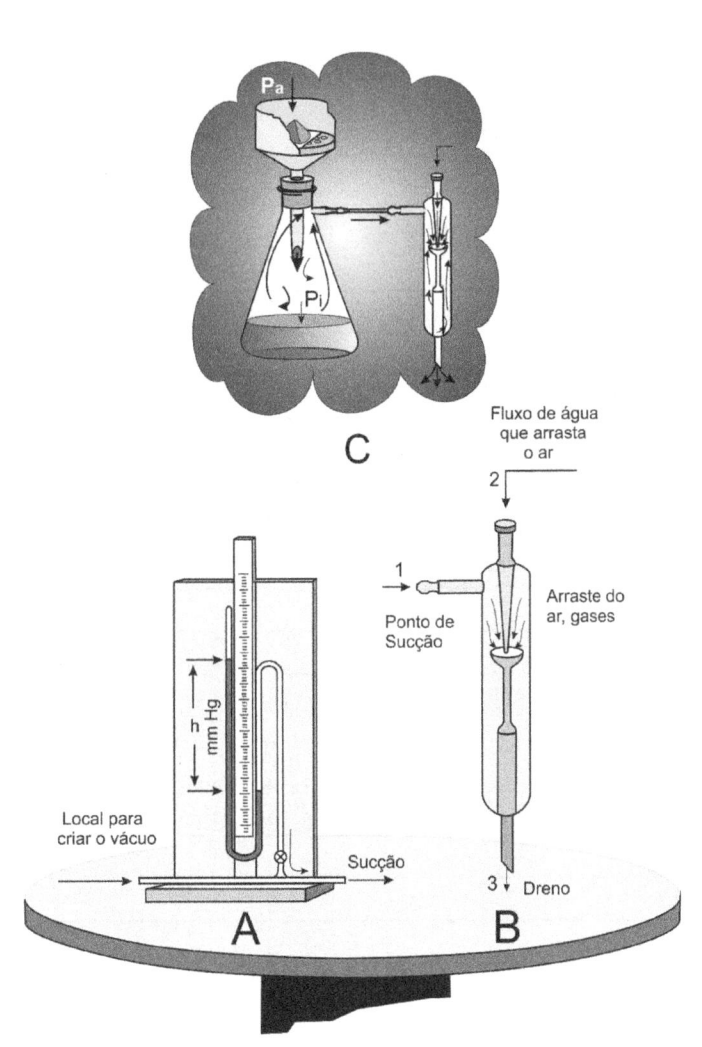

UNIDADE DIDÁTICA 25

Medidor de pressão reduzida: Instrumento para medir o vácuo, ou a sucção feita por uma bomba de vácuo, ou trompa de vácuo, chamada também de trompa d'água.

Trompa de vácuo: Dispositivo de vidro ou metal que se adapta à torneira de água, cujo fluxo arrasta o ar produzindo "vácuo", no interior do recipiente ao qual está ligado. Usada para filtrações à vácuo, em conjunto com o kitassato e funil de Büchner.

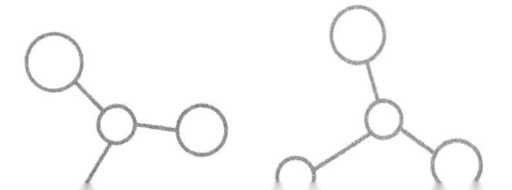

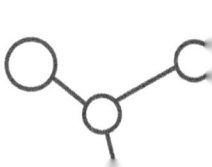

UNIDADE DIDÁTICA 25

EQUILÍBRIO QUÍMICO

ESTUDO DO EQUILÍBRIO ÁCIDO-BASE

Conteúdo	Página
25.1 Aspectos Teóricos	597
25.1.1 Conceito de ácido-base e medida da acidez	597
25.1.2 A acidez na natureza	600
25.1.3 Teoria de Brönsted e Lowry	600
Detalhes 25.1	603
25.1.4 Doação e recepção do próton	606
25.1.5 Determinação da constante de dissociação de um ácido fraco (Ka)	606
25.1.6 Indicadores ácido-base	609
25.1.7 Medidas de pH	611
25.2 Parte Experimental	611
25.2.1 Preparação de soluções padrão ácidas e básicas	611
25.2.2 Determinação da concentração de íons hidrogênio em uma solução aquosa de concentração desconhecida	613
25.2.3 Determinação da constante de dissociação de um ácido.	613
Desafio 25.1	614
25.3 Exercícios de Fixação	615
25.4 Relatório de Atividades	617
25.5 Referências Bibliográficas e Sugestões para Leitura	618

Unidade Didática 25
EQUILÍBRIO QUÍMICO
ESTUDO DO EQUILÍBRIO ÁCIDO-BASE

> **Objetivos**
> - Revisar e preparar soluções padrão de ácidos e de bases.
> - Determinar o pH de uma solução com auxílio de indicadores.
> - Determinar a constante (Ka) de ionização de um ácido fraco.
>
> Os ácidos são compostos de dois elementos, um dos quais constitui a acidez e é comum a todos os ácidos, o outro é peculiar a cada ácido e o distingue dos demais.
> *A. Lavoisier, 1789*

25.1 ASPECTOS TEÓRICOS

25.1.1 Conceito de ácido-base e medida da acidez

As definições de ácidos e bases segundo as teorias de Arrhenius, Brönsted-Lowry e Lewis, foram discutidos na Unidade Didática 20.

Segundo Brönsted-Lowry, a maior ou menor acidez de um meio qualquer, por exemplo, de uma solução aquosa, da água de uma lagoa, de um rio entre outros, é a maior ou menor atividade dos íons H_3O^+ ou simplesmente H^+, presentes no meio, que pode ser expressa em função da concentração dos íons H^+ ([H^+]) ou atividade dos íons H^+ (a_{H^+}), conforme Equação (25.1):

$$a_{H^+} = \{H^+\} = \gamma_{H^+} \cdot [H^+] \qquad (25.1)$$

onde, $\{H^+\}$ = atividade de H^+ em mol L^{-1};
γ_{H^+} = coeficiente de atividade do H^+;
[H^+] = concentração de H^+ em mol L^{-1}.

A água pura se ioniza segundo a Reação (R-25.1):

$$2\ H_2O_{(l)} + \text{água}_{(l)} \rightleftarrows H_3O^+_{(aq)} + HO^-_{(aq)} \qquad \text{(R-25.1)}$$

Ou de forma simplificada, Reação (R-25.2):

$$H_2O_{(l)} \rightleftarrows H^+_{(aq)} + HO^-_{(aq)} \qquad \text{(R-25.2)}$$

A constante de equilíbrio da Reação (R-25.2), chamada **constante de ionização da água**, Kw, é dada pela Equação (25.2):

$$Kw = \frac{a_{H^+_{(aq)}} \; a_{HO^-_{(aq)}}}{a_{H_2O_{(aq)}}} = \frac{\{H^+_{(aq)}\}\{HO^-_{(aq)}\}}{\{H_2O_{(l)}\}} \quad (25.2)$$

Para facilitar o trabalho, a Equação (25.2) é escrita sem o sufixo (aq), conforme mostra a Equação (25.3). Contudo, fica claro que se trata de um meio aquoso, caso contrário, deve estar explicitado qual é o meio.

$$Kw = \frac{a_{H^+} \; a_{HO^-}}{a_{H_2O}} = \frac{\{H^+\}\{HO^-\}}{\{H_2O\}} \quad (25.3)$$

Como, por definição, a atividade de uma *espécie química pura* no seu *estado padrão* é igual a 1,0, tem-se que a Equação (25.3) se transforma na Equação (25.4):

$$Kw = \frac{a_{H^+} a_{HO^-}}{1} = \frac{\{H^+\}\{HO^-\}}{1} = a_{H^+} a_{HO^-} = \{H^+\}\{HO^-\} \quad (25.4)$$

Em soluções diluídas a atividade é igual à concentração, pois, $\gamma_i = 1$, logo a Equação (25.4) se transforma na Equação (25.5):

$$Kw = [H^+].[HO^-] \quad (25.5)$$

Medidas experimentais da constante de dissociação da água a 25 °C e 1,0 atm de pressão mostram que seu valor é dado pela Equação (25.6):

$$Kw = [H^+][HO^-] = 1,0.10^{-14} \quad (25.6)$$

Na água pura a concentração em mol L^{-1} de H$^+$ e a concentração em mol L^{-1} de HO$^-$ proveniente da dissociação da água, são iguais, pois, cada molécula que se dissocia ou se ioniza libera um íon de cada tipo, o que, pela Equação (25.4) pode-se calcular o valor dado pelas Equações (25.7) a (25.9):

$$a_{H^+} a_{HO^-} = x^2 = Kw = 1,0.10^{-14} \quad (25.7)$$

$$x = \sqrt{Kw} = \sqrt{1,0.10^{-14}} = 1,0.10^{-7} \text{ mol L}^{-1} \quad (25.8)$$

$$a_{H^+} = a_{HO^-} = \sqrt{Kw} = \sqrt{1,0.10^{-14}} = 1,0.10^{-7} \text{ mol L}^{-1} \quad (25.9)$$

O valor 1,0.10^{-7} mol L^{-1} é um valor pequeno e a partir disso, duas definições podem ser tomadas.

1ª Definição:
Uma solução que tenha um soluto na concentração 1,0.10^{-7} mol L^{-1} é considerada praticamente diluída ao infinito e seu comportamento é tido como ideal e como tal, segue a Equação (25.10):

$$\begin{array}{c} a_{H^+} = \{H^+\} = \gamma_{H^+}[H^+] \;\; \therefore \; se, \; \gamma_{H^+} = 1,0 \\ \therefore \; logo, \; a_{H^+} = [H^+] \end{array} \quad (25.10)$$

Por esta definição tem-se que a *atividade* da espécie i é igual à *concentração* da mesma espécie.

2ª Definição:
Como uma solução neutra, isto é, nem ácida, nem básica, possui a_{H^+} = 1,0.10^{-7} mol L^{-1} que é igual a [H$^+$] = 1,0.10^{-7} mol L^{-1} e este valor é pequeno, menor que 1,0, convencionou-se trabalhar com o logaritmo deste número, tomado negativamente, denominado de **pH**. Ou seja, tem-se a Equação (25.11):

$$pH = -\log a_{H^+} = -\log [H^+] \quad (25.11)$$

Para o exemplo citado, tem-se a Equação (25.12):

$$pH = -\log 1,0.10^{-7} = 7,0 \quad (25.12)$$

Concluindo, o pH é uma forma mais simples de expressar a acidez, através de números pequenos (variando no intervalo de interesse de 0 a 14), que correspondem aos expoentes dados à base 10, tomados com sinal negativo, equivalentes aos respectivos valores da acidez. A Figura 25.1 mostra a variação do pH em função da concentração do íon hidrônio.

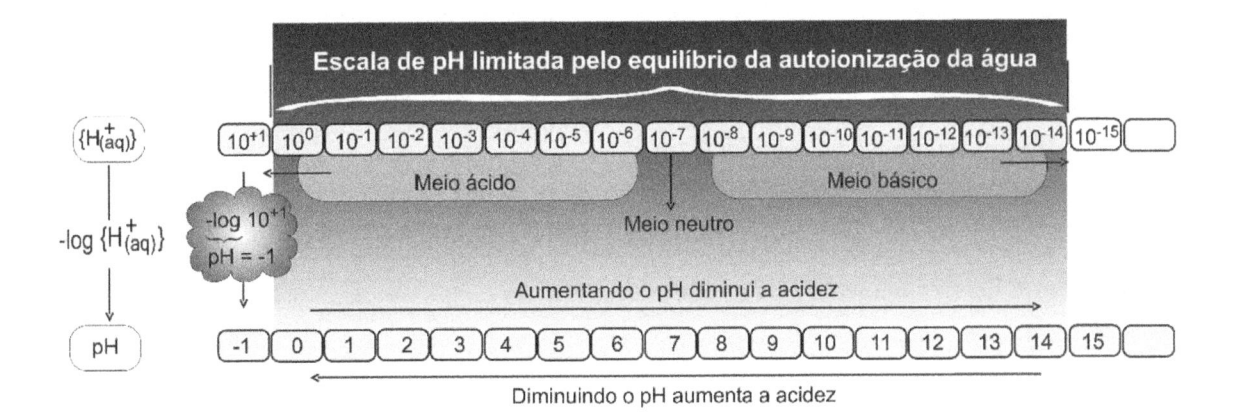

UNIDADE DIDÁTICA 25: EQUILÍBRIO QUÍMICO
ESTUDO DO EQUILÍBRIO ÁCIDO-BASE

Figura 25.1 Variação do pH em função da concentração dos íons H^+, limitado ao intervalo de 1 a 14 em função da autoionização da água.

Como visto, na água pura a atividade do íon H^+ é igual à concentração do íon H^+ que é igual à concentração do íon HO^-, Equação (25.9). Esses dois íons tem origem na dissociação da água. Mas, se for acrescentado à água, por exemplo, 0,1 mol de uma substância, como o ácido clorídrico (HCl), cuja reação de dissociação em solução aquosa está representada pela Reação (R-25.3), este, sendo um eletrólito forte irá se dissociar completamente formando 0,1 mol de H^+ e 0,1 mol de Cl^-.

$$HCl_{(g)} + água_{(l)} \rightleftarrows H^+_{(aq)} + Cl^-_{(aq)} \quad (R\text{-}25.3)$$
0,1 mol   0,1 mol   0,1 mol

Neste caso, ocorreu um desbalanço na concentração dos íons H^+ e HO^-, pois agora existe maior quantidade de H^+ na solução. O aumento da concentração de H^+ diminui a concentração de HO^- para manter o valor da constante de Kw. A Equação (25.6), abaixo repetida, pode ser usada para calcular a concentração do HO^-.

$$Kw = [H^+][HO^-] = 1,0.10^{-14} \quad [25.6]$$

Aplicando a referida Equação (25.6), chega-se à Equação (25.13):

$$[HO^-] = \frac{Kw}{[H^+]} = \frac{1,0.10^{-14}}{0,1} = 1,0.10^{-13} \text{ mol L}^{-1} \quad (25.13)$$

Com maior concentração de H^+ o meio se torna ácido. Para calcular o pH basta aplicar a Equação (25.11) e chega-se à Equação (25.14):

$$pH = -\log a_{H^+} = -\log[H^+] = -\log 0,1 = 1,0 \quad (25.14)$$

Situação inversa ocorre ao se acrescentar à água 0,1 mol de hidróxido de sódio (NaOH). Esta, em solução aquosa, vai se dissociar conforme Reação (R-25.4) aumentando a concentração de HO^-, e a concentração do H^+ vai diminuir, mantendo constante o valor de Kw.

$$NaOH_{(s)} + água \rightleftarrows Na^+_{(aq)} + HO^-_{(aq)} \quad (R\text{-}25.4)$$
0,1 mol   0,1 mol   0,1 mol

Pela Equação (25.6) pode-se calcular o quanto se tem de íons H^+ do equilíbrio de autoionização da água, em função do acréscimo de 0,1 mol de hidróxido de sódio (NaOH). A Equação (25.15) dá o resultado.

$$[H^+] = \frac{Kw}{[HO^-]} = \frac{1,0.10^{-14}}{0,1} = 1,0.10^{-13} \text{ mol L}^{-1} \quad (25.15)$$

O ácido clorídrico (HCl) e o hidróxido de sódio (NaOH) são eletrólitos fortes. Em solução aquosa estão totalmente dissociados.

25.1.2 A acidez na natureza

Os íons HO⁻ e H⁺ tomam parte em muitas reações importantes no meio ambiente natural e industrial. São catalisadores de muitas reações como, por exemplo, a decomposição do ácido fórmico com o ácido sulfúrico, onde o H⁺ age como catalisador aumentando a velocidade de reação. A acidez e a basicidade regulam o desenvolvimento dos microrganismos, os fungos aceitam uma faixa maior de pH, enquanto as bactérias desenvolvem-se melhor em pH neutro ou ligeiramente alcalino. As reações do solo também são reguladas pelo pH do mesmo. Em solos ácidos ocorre a solubilização mais acentuada de minerais como a *calcita* ($CaCO_3$), conforme Reação (R-25.5) e a *gibbsita* ($Al(OH)_3$), conforme Reação (R-25.6).

$$CaCO_{3(s)} + 2\,H_3O^+_{(aq)} \longrightarrow Ca^{2+}_{(aq)} + CO_{2(g)} + 3\,H_2O_{(l)} \qquad \text{(R-25.5)}$$
Calcita

$$Al(OH)_{3(s)} + 3\,H_3O^+_{(aq)} \rightleftarrows Al^{3+}_{(aq)} + 6\,H_2O_{(l)} \qquad \text{(R-25.6)}$$
Gibbsita

A gibbsita ao se solubilizar libera para o meio o íon Al^{3+}, que é tóxico para as plantas. A variação do pH interfere também na disponibilidade de nutrientes para as plantas. Para os micronutrientes o aumento de pH diminui a disponibilidade do zinco (Zn), ferro (Fe), manganês (Mn), cobre (Cu) e boro (B) e aumenta para o molibdênio (Mo) e cloro (Cl). A deficiência de ferro (Fe) tem sido associada a solos de pH elevados, sendo comum em solos calcários ou alcalinos, pela precipitação de hidróxido ferro(III), $Fe(OH)_3$, conforme Reação (R-25.7):

$$Fe^{3+}_{(aq)} + 3\,HO^-_{(aq)} \rightleftarrows Fe(HO)_{3(s)} \qquad \text{(R-25.7)}$$

A melhor faixa de pH para a disponibilização do macronutriente fósforo (P) está entre 6,0 e 7,0. Para pH abaixo de 6,5 a disponibilidade diminui devido a precipitação de fosfato de íons Fe^{3+} e de íons Al^{3+}, que são abundantes em solos ácidos. Para pH acima de 7,0, o fósforo (P) é adsorvido nos óxidos de ferro e alumínio formados em solos de pH alcalinos.

Nos corpos de água a acidez excessiva provocada por ações antrópicas como a chuva ácida e despejos industriais, provocam mortandade dos peixes, interferindo de maneira geral na biota local.

25.1.3 Teoria de Brönsted e Lowry

Uma das teorias com maior aplicação na química, principalmente na analítica, é a teoria ácido-base de Brönsted e Lowry.

Os dois pesquisadores, em meados de 1923, independentemente um do outro, propuseram uma definição de ácido e de base, que ampliava a de Arrhenius e baseava-se na *doação* e *aceitação* (recepção) de prótons (H^+), independente do meio ser aquoso, ou não. Segundo eles:

Ácido é toda espécie química capaz de doar, ceder, ter em excesso prótons. A Reação (R-25.8) exemplifica a definição.

$$HCl_{(g)} + NH_{3(g)} \rightleftarrows (NH_4^+ + Cl^-)_{(sólido)} \qquad \text{(R-25.8)}$$
Gás clorídrico Gás amoníaco Cloreto de amônio

Base é toda espécie química receptora de prótons ou ambiente com falta de prótons, conforme Reações (R-25.9) e (R-25.10).

$$\underset{\text{Ácido}}{HCl_{(g)}} + \underset{\text{Base}}{H_2O_{(l)}} \rightleftarrows H_3O^+_{(aq)} + :Cl^-_{(aq)} \qquad \text{(R-25.9)}$$

$$\underset{\text{Ácido}}{NH_4^+{}_{(aq)}} + \underset{\text{Base}}{CN^-_{(aq)}} \rightleftarrows HCN_{(g)} + :NH_{3(aq)} \qquad \text{(R-25.10)}$$

Esta teoria mostra que um ácido após ceder o próton torna-se uma espécie receptora de prótons, isto é, uma base, denominada de *base conjugada* do ácido. A espécie que recebeu o próton agora é capaz de ceder o próton, logo tornou-se um ácido denominado de ácido conjugado da base.

Esta teoria para um meio aquoso é de maior interesse, pois, a água nesta teoria, é *anfiprótica*. Ela pode *doar* e *pode receber* prótons. Portanto, é um ácido e, ao mesmo tempo, uma base, conforme Reação (R-25.11).

$$H_2O_{(aq)} + H_2O_{(l)} \rightleftarrows H_3O^+_{(aq)} + HO^-_{(aq)} \quad (R\text{-}25.11)$$
Ácido — Base — ácido conjugado — base conjugada

Este equilíbrio tem um *produto de atividade iônica* (Kw) cujo valor a 25 °C e 1 atm de pressão, determinado experimentalmente, vale $1,0.10^{-14}$, conforme Equação (25.4) e Equação (25.6) e novamente aqui repetidas.

$$Kw = \{H_3O^+\}\{HO^-\} = 1,0.10^{-14} \quad [25.4]$$

$$Kw = [H_3O^+][HO^-] = 1,0.10^{-14} \quad [25.6]$$

Onde: {i} = atividade da espécie i (o sinal de chaves { } em química significa atividade dada em mol L^{-1}); [i] = concentração da espécie i (o sinal de colchetes [ ] em química significa concentração em mol L^{-1}).

Corolários da teoria de Brönsted e Lowry

1º *Corolário – Força de ácidos e bases em água*
Força dos ácidos
A *força de um ácido* em solução aquosa é a medida da capacidade que ele possui de doar, ou perder, prótons para a água. E *força de uma base* é a medida da capacidade que ela possui de capturar prótons da água. Quantitativamente esta força é expressa pela magnitude da *constante de equilíbrio*, Ka – para os ácidos e Kb – para as bases. Assim, tem-se a Reação (R-25.12):

$$A_{(aq)} + H_2O_{(l)} \rightleftarrows H_3O^+_{(aq)} + B_{(aq)} \quad (R\text{-}25.12)$$
Ácido — Base conjugada

A Equação (25.16) apresenta a constante de equilíbrio, cujo valor mede a força do ácido A.

$$Ka = \frac{[H^+][B]}{[A]} \quad (25.16)$$

Exemplos de ácidos

a) Ácido acético
A Reação (R-25.13) mostra a dissociação do ácido acético. A Reação (R-25.14) apresenta o mesmo equilíbrio, porém, de forma simplificada.

$$H_3CCOOH + H_2O_{(l)} \rightleftarrows H_3O^+_{(aq)} + H_3CCOO^-_{(aq)} \quad (R\text{-}25.13)$$
Ácido acético — Base — Ácido conjugado — Acetato (base conjugada)

$$HAc \rightleftarrows H^+ + Ac^- \quad (R\text{-}25.14)$$
Ácido acético — Ácido conjugado — Acetato (base conjugada)

A Equação (25.17) dá o valor da constante de equilíbrio que mede a força do ácido acético.

$$Ka = \frac{[H^+][Ac^-]}{[HAc]} = 1,75.10^{-5} \quad (25.17)$$

b) Ácido hipocloroso
A Reação (R-25.15) mostra o sistema em equilíbrio.

$$HClO_{(aq)} + H_2O_{(l)} \rightleftarrows H_3O^+_{(aq)} + ClO^-_{(aq)} \quad (R\text{-}25.15)$$
Ácido hipocloroso — Base — Ácido conjugado — Hipoclorito (base conjugada)

A Equação (25.18) apresenta a relação matemática e com o respectivo valor da constante.

$$Ka = \frac{[H^+][ClO^-]}{[HClO]} = 3,0.10^{-8} \quad (25.18)$$

Observa-se que, $Ka_{(HAc)} \gg Ka_{(HClO)}$, logo, o HAc é muito mais forte que o HClO.

c) Ácido sulfúrico
A situação é descrita pelas Reações (R-25.16) e (R-25.17).

$$H_2SO_{4(aq)} + \text{água}_{(l)} \rightleftarrows H^+_{(aq)} + HSO_4^-{}_{(aq)} \quad (R\text{-}25.16)$$
$$Ka_1 \gg \text{grande}$$

$$HSO_4^-{}_{(aq)} + \text{água}_{(l)} \rightleftarrows H^+_{(aq)} + SO_4^{2-}{}_{(aq)} \quad (R\text{-}25.17)$$
$$Ka_2 = 1,0.10^{-2}$$

Força das bases
A Reação (R-25.18) generaliza o equilíbrio de uma base.

$$B_{(aq)} + H_2O_{(l)} \rightleftarrows A_{(aq)} + HO^-_{(aq)} \quad (R\text{-}25.18)$$
Base   **Ácido conjugado**

A Equação (25.19) mostra a expressão matemática da constante de equilíbrio de uma base, Kb.

$$Kb = \frac{[HO^-][A]}{[B]} \quad (25.19)$$

Exemplos de bases
A Reação (R-25.19) exemplifica a força da base $NH_{3(g)}$.

$$NH_{3(g)} + H_2O_{(l)} \rightleftarrows NH_4^+{}_{(aq)} + HO^-_{(aq)} \quad (R\text{-}25.19)$$

A Equação (25.20) apresenta a constante de equilíbrio Kb que mede a força da base $NH_{3(g)}$.

$$Kb = \frac{[HO^-][NH_4^+]}{[NH_3]} = 1,80.10^{-5} \quad (25.20)$$

O valor da constante decide se o ácido ou a base, perante a água, são fortes ou fracos. Não existe um valor limite que diga isto. Contudo, tacitamente, aceita-se que, uma espécie é forte, média ou fraca, conforme Equações (25.21), (25.22) e (25.23):

Espécie forte tem:

$$K_{(a \text{ ou } b)} > 5,0.10^{-2} \quad (25.21)$$

Espécie média tem:

$$5,0.10^{-2} > K_{(a \text{ ou } b)} > 2,5.10^{-4} \quad (25.22)$$

Espécie fraca tem:

$$K_{(a \text{ ou } b)} < 2,5.10^{-4} \quad (25.23)$$

Estes valores mudam perante outro solvente, que não seja a água. Inclusive a alteração do solvente é uma forma de diferenciar os ácidos fortes entre si, pois a água os nivela como *muito fortes*.

2º Corolário – Ácidos e bases polipróticos
Ácidos mono, di, tri, polipróticos são ácidos que apresentam um, dois, três, ou mais prótons possíveis de serem liberados. A cada um corresponde uma constante Ka_1, Ka_2, ... Ka_i.

As Reações (R-25.20), (R-25.21) e (R-25.22) mostram o exemplo de ácido fosfórico que é um ácido poliprótico.

$$H_3PO_{4(aq)} + \text{água}_{(l)} \rightleftarrows H^+_{(aq)} + H_2PO_4^-{}_{(aq)} \quad (R\text{-}25.20)$$
$$Ka_1 = 7,5.10^{-3}$$

$$H_2PO_4^-{}_{(aq)} + \text{água}_{(l)} \rightleftarrows H^+_{(aq)} + HPO_4^{2-}{}_{(aq)} \quad (R\text{-}25.21)$$
$$Ka_2 = 6,3.10^{-8}$$

$$HPO_4^{2-}{}_{(aq)} + \text{água}_{(l)} \rightleftarrows H^+_{(aq)} + PO_4^{3-}{}_{(aq)} \quad (R\text{-}25.22)$$
$$Ka_3 = 4,4.10^{-13}$$

Ao contrário dos ácidos, as bases mono, di, tri, polipróticas são espécies que podem receber um, dois, três, ou mais prótons (no caso, da água).

As Reações (R-25.23) e (R-25.24) exemplificam com a base conjugada oxalato.

$$C_2O_4^{2-}{}_{(aq)} + \text{água}_{(l)} \rightleftarrows HC_2O_4^-{}_{(aq)} + HO^-_{(aq)} \quad (R\text{-}25.23)$$
$$Kb_1 = 1,64.10^{-10}$$

$$HC_2O_4^{1-}{}_{(aq)} + \text{água}_{(l)} \rightleftarrows H_2C_2O_{4(aq)} + HO^-{}_{(aq)} \quad \text{(R-25.24)}$$
$$Kb_2 = 1{,}54.10^{-13}$$

3º Corolário – Relação entre as constantes de equilíbrio de um ácido com a da base conjugada

O ácido HA em contato com água doa o próton, parcialmente (se for um ácido fraco) ou totalmente (se for um ácido forte), liberando o próton H^+ e sua base conjugada B, conforme (R-25.25):

$$\underset{\text{Ácido}}{HA_{(aq)}} + \text{água}_{(l)} \rightleftarrows H_3O^+{}_{(aq)} + \underset{\substack{\text{base}\\\text{conjugada}}}{B_{(aq)}} \quad \text{(R-25.25)}$$

A expressão matemática da constante de equilíbrio é dada pela Equação (25.24):

$$Ka = \frac{\{H^+\}\{B\}}{\{HA\}} \quad (25.24)$$

A base conjugada B apresenta o equilíbrio dado pela Reação (R-25.26):

$$\underset{\textbf{Base conjugada}}{B_{(aq)}} + H_2O_{(l)} \rightleftarrows \underset{\text{ácido}}{HA_{(aq)}} + HO^-{}_{(aq)} \quad \text{(R-25.26)}$$

A Equação (25.25) dá a sua expressão matemática.

$$Kb = \frac{\{HO^-\}\{HA\}}{\{B\}} \quad (25.25)$$

Multiplicando a Equação (25.24) com a Equação (25.25), membro a membro, tem-se a Equação (25.26):

$$Ka\,Kb = \frac{\{H^+\}\{B\}\{HA\}\{HO^-\}}{\{HA\}\{B\}} = \{H^+\}\{HO^-\} = 1{,}0.10^{-14} \quad (25.26)$$

Conclusão: O produto da constante de dissociação do ácido (Ka) pela constante de dissociação de sua base conjugada (Kb) é igual à constante do produto iônico da água $1{,}0.10^{-14}$ (25 ºC e 1 atm e força iônica zero, ou seja, solução diluída).

Detalhes 25.1

Relações importantes das constantes de equilíbrio de Sistemas ácido-base conjugados

O exemplo detalhado a seguir é do ácido fosfórico (H_3PO_4) e da respectiva base conjugada (PO_4^{3-}).

I Sistema de equilíbrios de ácido

A dissociação do ácido fosfórico (H_3PO_4) por etapas gera as Reações (R-25.20), (R-25.21) e (R-25.22), respectivamente. Aqui repetidos sem o valor das constantes de equilíbrio (Ka).

$$H_3PO_{4(aq)} + \text{água}_{(l)} \rightleftarrows H^+{}_{(aq)} + H_2PO_4^-{}_{(aq)} \quad Ka_1 \quad [\text{R-25.20}]$$

$$H_2PO_4^-{}_{(aq)} + \text{água}_{(l)} \rightleftarrows H^+{}_{(aq)} + HPO_4^{2-}{}_{(aq)} \quad Ka_2 \quad [\text{R-25.21}]$$

$$HPO_4^{2-}{}_{(aq)} + \text{água}_{(l)} \rightleftarrows H^+{}_{(aq)} + PO_4^{3-}{}_{(aq)} \quad Ka_3 \quad [\text{R-25.22}]$$

A *soma de equilíbrios químicos* (apenas com o sinal mais, +) gera um novo equilíbrio cuja nova constante é o produto das respectivas constantes. No caso da soma dos três equilíbrios da dissociação do ácido fosfórico, que geram a Reação total (R-25.27).

$$H_3PO_{4(aq)} + \text{Água}_{(l)} \rightleftarrows H^+_{(aq)} + \cancel{H_2PO^-_{4(aq)}} \qquad Ka_1 \qquad [R\text{-}25.20]$$

+

$$\cancel{H_2PO^-_{4(aq)}} + \text{Água}_{(l)} \rightleftarrows H^+_{(aq)} + \cancel{HPO^{2-}_{4(aq)}} \qquad Ka_2 \qquad [R\text{-}25.21]$$

+

$$\cancel{HPO^{2-}_{4(aq)}} + \text{Água}_{(l)} \rightleftarrows H^+_{(aq)} + PO^{3-}_{4(aq)} \qquad Ka_3 \qquad [R\text{-}25.22]$$

$$H_3PO_{4(aq)} + \text{Água}_{(l)} \rightleftarrows 3H^+_{(aq)} + PO^{3-}_{4(aq)} \qquad Ka_T = Ka_1 Ka_2 Ka_3 \qquad (R\text{-}25.27)$$

A soma formada pela diferença de dois equilíbrios químicos (um com o sinal menos, -), gera um novo equilíbrio químico, cuja nova constante é a divisão da constante do primeiro pela constante do equilíbrio minuendo. No caso da diferença do equilíbrio da Reação (R-25.20) pelo equilíbrio da Reação (R-25.21), que origina a Reação (R-25.28).

$$H_3PO_{4(aq)} + \text{Água}_{(l)} \rightleftarrows H^+_{(aq)} + \cancel{H_2PO^-_{4(aq)}} \qquad Ka_1 \qquad [R\text{-}25.20]$$

-

$$\cancel{H_2PO^-_{4(aq)}} + \text{Água}_{(l)} \rightleftarrows H^+_{(aq)} + HPO^{2-}_{4(aq)} \qquad Ka_2 \qquad [R\text{-}25.21]$$

$$H_3PO_4 + \text{Água}_{(l)} \rightleftarrows 2H^+_{(aq)} + HPO^{2-}_{4(aq)} \qquad Ka_1/Ka_2 \qquad (R\text{-}25.28)$$

II Sistema de equilíbrios de bases conjugadas

Conforme visto, o ácido fosfórico apresenta três constantes de dissociação: Ka_1, conforme Reação (R-25.29); Ka_2 (R-25.30); e Ka_3 (R-25.31):

$$H_3PO_{4(aq)} + \text{água}_{(l)} \rightleftarrows H^+_{(aq)} + H_2PO^-_{4(aq)} \rightarrow Ka_1 = \frac{[H^+]\left[H_2PO^-_4\right]}{[H_3PO_4]} \qquad (R\text{-}25.29)$$

$$H_2PO^-_{4\,(aq)} + \text{água}_{(l)} \rightleftarrows H^+_{(aq)} + HPO^{2-}_{4(aq)} \rightarrow Ka_2 = \frac{[H^+]\left[HPO^{2-}_4\right]}{[H_2PO^-_4]} \qquad (R\text{-}25.30)$$

$$HPO^{2-}_{4\,(aq)} + \text{água}_{(l)} \rightleftarrows H^+_{(aq)} + PO^{3-}_{4(aq)} \rightarrow Ka_3 = \frac{[H^+]\left[PO^{3-}_4\right]}{[HPO^-_4]} \qquad (R\text{-}25.31)$$

No caso do ácido fosfórico (H_3PO_4), tem-se como *base conjugada* o ânion fosfato (PO_4^{3-}) o qual apresenta as seguintes reações da base conjugada, (R-25.32), (R-25.33) e (R-25.34), com a respectiva expressão da constante.

$$PO_4^{3-}{}_{(aq)} + H_2O_{(l)} \rightleftarrows HPO_4^{2-}{}_{(aq)} + HO^-{}_{(aq)} \rightarrow Kb_1 = \frac{\left[HO^-\right]\left[HPO_4^{2-}\right]}{\left[PO_4^{3-}\right]} \quad (R\text{-}25.32)$$

$$HPO_4^{2-}{}_{(aq)} + H_2O_{(l)} \rightleftarrows H_2PO_4^-{}_{(aq)} + HO^-{}_{(aq)} \rightarrow Kb_2 = \frac{\left[HO^-\right]\left[H_2PO_4^-\right]}{\left[HPO_4^{2-}\right]} \quad (R\text{-}25.33)$$

$$H_2PO_4^-{}_{(aq)} + H_2O_{(l)} \rightleftarrows H_3PO_4{}_{(aq)} + HO^-{}_{(aq)} \rightarrow Kb_3 = \frac{\left[HO^-\right]\left[H_3PO_4\right]}{\left[H_2PO_4^-\right]} \quad (R\text{-}25.34)$$

A *soma* e a *diferença* dos equilíbrios citados seguem a mesma regra que a dos ácidos.

III Pares conjugados de Ka_i e Kb_i

Os pares conjugados das constantes são os que, ao serem multiplicados membro a membro, geram o produto iônico da água, isto é, $[H^+][HO^-] = 1,0 \cdot 10^{-14}$, conforme Equações (25.27) e (25.28), Equações (25.29) e (25.30), e, Equações (25.31) e (25.32):

$$Ka_1 Kb_3 = \frac{\left[H^+\right]\left[H_2PO_4^-\right]}{\left[H_3PO_4\right]} \frac{\left[HO^-\right]\left[H_3PO_4\right]}{\left[H_2PO_4^-\right]} = \left[H^+\right]\left[HO^-\right] = 1,0.10^{-14} \quad (25.27)$$

$$Ka_1 Kb_3 = \left[H^+\right]\left[HO^-\right] = 1,0.10^{-14} \quad (25.28)$$

$$Ka_2 Kb_2 = \frac{\left[H^+\right]\left[HPO_4^{2-}\right]}{\left[H_2PO_4^-\right]} \frac{\left[HO^-\right]\left[H_2PO_4^-\right]}{\left[HPO_4^{2-}\right]} = \left[H^+\right]\left[HO^-\right] = 1,0.10^{-14} \quad (25.29)$$

$$Ka_2 Kb_2 = \left[H^+\right]\left[HO^-\right] = 1,0.10^{-14} \quad (25.30)$$

$$Ka_3 Kb_1 = \frac{\left[H^+\right]\left[PO_4^{3-}\right]}{\left[HPO_4^{2-}\right]} \frac{\left[HO^-\right]\left[HPO_4^{2-}\right]}{\left[PO_4^{3-}\right]} = \left[H^+\right]\left[HO^-\right] = 1,0.10^{-14} \quad (25.31)$$

$$Ka_3 Kb_1 = \left[H^+\right]\left[HO^-\right] = 1,0.10^{-14} \quad (25.32)$$

Para outros ácidos e ou bases com suas respectivas bases ou ácidos conjugados, segue-se o mesmo processo que foi descrito. Conhecendo-se o valor de uma constante pode-se calcular a outra conjugada.

25.1.4 Doação e recepção do próton

O recebimento de um próton H⁺ implica em alguém que tem um par eletrônico disponível para compartilhar com ele, pois ele possui um orbital atômico 1s vazio, conforme Figura 25.2.

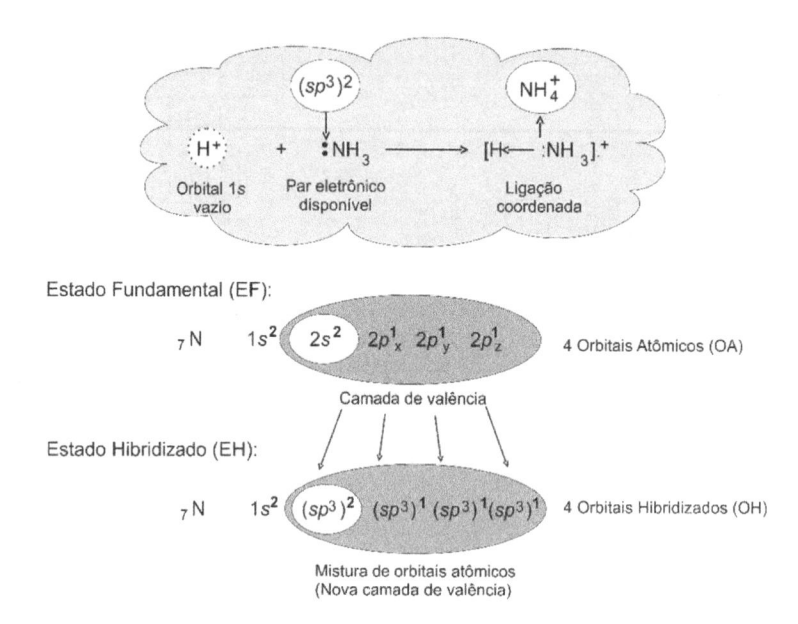

Figura 25.2 Hibridização dos orbitais atômicos do nitrogênio na formação do orbital híbrido sp^3 com um par eletrônico $(sp^3)^2$ a ser compartilhado com próton H⁺ que tem um orbital atômico 1s vazio.

Por outro lado, quem *deu prótons*, conforme Reações (R-25.9) e (R-25.10), entre outras equações citadas, "*recebeu*", ou melhor, "*ficou*" com o par eletrônico da ligação que possuía com o próton H⁺ doado. A Reação (R-25.35) mostra o mesmo fato com o ácido clorídrico (HCl).

$$H:Cl_{(g)} + \text{água}_{(l)} \rightleftarrows H^+_{(aq)} + [:Cl]^-_{(aq)} \qquad (R\text{-}25.35)$$

Par eletrônico da ligação compartilhado que "ficou" com o Cl — Par eletrônico da ligação

Estes exemplos mostram que a mesma definição de ácido e base pode ser feita levando-se em consideração o *par eletrônico recebido* ou *doado dativamente* ou *coordenado*. Esta definição foi apresentada por Lewis.

25.1.5 Determinação da constante de dissociação de um ácido fraco (Ka)

Se for medida a condutividade elétrica de uma solução de ácido acético (H_3CCOOH) 0,01 mol L⁻¹ e de uma solução de ácido clorídrico (HCl) na mesma concentração pode-se observar que no segundo caso a condutividade é bem maior. A explicação para este fato é que o ácido clorídrico, um eletrólito forte, está completamente ionizado gerando uma grande quantidade de íons, enquanto o ácido acético está parcialmente ionizado gerando uma quantidade menor de íons. Portanto, o ácido acético é um eletrólito fraco, quando comparado com o ácido clorídrico.

A reação de ionização do ácido acético é melhor representada pelo equilíbrio da Reação (R-25.36):

$$CH_3COOH_{(aq)} + \text{água}_{(l)} \rightleftarrows H^+_{(aq)} + CH_3COO^-_{(aq)} \qquad (R\text{-}25.36)$$

Ácido acético — Próton — Acetato

Para este equilíbrio existe uma constante, chamada de constante de ionização de um ácido, Ka, dada de forma genérica pela Equação (25.33):

$$Ka = \frac{[H^+][CH_3COO^-]}{[CH_3COOH]} \quad (25.33)$$

Para usar a Lei do Equilíbrio no dia a dia do laboratório é preciso conhecer o valor do Ka. Esta pode ser medida ou calculada determinando-se o pH de uma solução de concentração conhecida.

Para efeito de consulta de valores de Ka e Kb, a seguir são colocadas duas tabelas: Tabela 25.1 de valores de Ka para ácidos fracos; e Tabela 25.2 de valores de Kb para bases fracas.

Tabela 25.1 Constantes de ionização de ácidos fracos.

Nome	Reação		K_a
Ácido acético	$HC_2H_3O_{2(aq)} \rightleftarrows H^+_{(aq)} + C_2H_3O_2^-{}_{(aq)}$		$1,8 \times 10^{-5}$
Ácido ascórbico	$H_2C_6H_6O_{6(aq)} \rightleftarrows H^+_{(aq)} + HC_6H_6O_6^-{}_{(aq)}$ $HC_6H_6O_6^-{}_{(aq)} \rightleftarrows H^+_{(aq)} + C_6H_6O_6^{2-}{}_{(aq)}$	$Ka_1 =$ $Ka_2 =$	$5,0 \times 10^{-5}$ $1,5 \times 10^{-12}$
Ácido bórico	$H_3BO_{3(aq)} \rightleftarrows H^+_{(aq)} + H_2BO_3^-{}_{(aq)}$		$6,0 \times 10^{-10}$
Ácido carbônico	$H_2CO_{3(aq)} \rightleftarrows H^+_{(aq)} + HCO_3^-{}_{(aq)}$ $HCO_3^-{}_{(aq)} \rightleftarrows H^+_{(aq)} + CO_3^{2-}{}_{(aq)}$	$Ka_1 =$ $Ka_2 =$	$4,2 \times 10^{-7}$ $5,6 \times 10^{-11}$
Ácido cloroso	$HClO_{2(aq)} \rightleftarrows H^+_{(aq)} + ClO_2^-{}_{(aq)}$		$1,1 \times 10^{-2}$
Ácido pirofosfórico	$H_4P_2O_{7(aq)} \rightleftarrows H^+_{(aq)} + H_3P_2O_7^-{}_{(aq)}$ $H_3P_2O_7^-{}_{(aq)} \rightleftarrows H^+_{(aq)} + H_2P_2O_7^{2-}{}_{(aq)}$ $H_2P_2O_7^{2-}{}_{(aq)} \rightleftarrows H^+_{(aq)} + HP_2O_7^{3-}{}_{(aq)}$ $HP_2O_7^{3-}{}_{(aq)} \rightleftarrows H^+_{(aq)} + P_2O_7^{4-}{}_{(aq)}$	$Ka_1 =$ $Ka_2 =$ $Ka_3 =$ $Ka_4 =$	$3,0 \times 10^{-1}$ $4,4 \times 10^{-3}$ $2,5 \times 10^{-7}$ $5,6 \times 10^{-10}$
Ácido fluorídrico	$HF_{(aq)} \rightleftarrows H^+_{(aq)} + F^-{}_{(aq)}$		$6,7 \times 10^{-4}$
Ácido cianídrico	$HCN_{(aq)} \rightleftarrows H^+_{(aq)} + CN^-{}_{(aq)}$		$4,0 \times 10^{-10}$
Íon hidrogenossulfato	$HSO_4^-{}_{(aq)} \rightleftarrows H^+_{(aq)} + SO_4^{2-}{}_{(aq)}$		$1,2 \times 10^{-2}$
Ácido sulfídrico	$H_2S_{(aq)} \rightleftarrows H^+_{(aq)} + HS^-{}_{(aq)}$ $HS^-{}_{(aq)} \rightleftarrows H^+_{(aq)} + S^{2-}{}_{(aq)}$	$Ka_1 =$ $Ka_2 =$	$1,1 \times 10^{-7}$ $1,0 \times 10^{-14}$
Ácido hipocloroso	$HClO_{(aq)} \rightleftarrows H^+_{(aq)} + ClO^-{}_{(aq)}$		$3,2 \times 10^{-8}$
Ácido nitroso	$HNO_{2(aq)} \rightleftarrows H^+_{(aq)} + NO_2^-{}_{(aq)}$		$5,0 \times 10^{-4}$
Ácido oxálico	$H_2C_2O_{4(aq)} \rightleftarrows H^+_{(aq)} + HC_2O_4^-{}_{(aq)}$ $HC_2O_4^-{}_{(aq)} \rightleftarrows H^+_{(aq)} + C_2O_4^{2-}{}_{(aq)}$	$Ka_1 =$ $Ka_2 =$	$5,4 \times 10^{-2}$ $5,0 \times 10^{-5}$
Ácido fosforoso	$H_3PO_{3(aq)} \rightleftarrows H^+_{(aq)} + H_2PO_3^-{}_{(aq)}$ $H_2PO_3^-{}_{(aq)} \rightleftarrows H^+_{(aq)} + HPO_3^{2-}{}_{(aq)}$	$Ka_1 =$ $Ka_2 =$	$1,6 \times 10^{-2}$ 7×10^{-7}
Ácido fosfórico	$H_3PO_{4(aq)} \rightleftarrows H^+_{(aq)} + H_2PO_4^-{}_{(aq)}$ $H_2PO_4^-{}_{(aq)} \rightleftarrows H^+_{(aq)} + HPO_4^{2-}{}_{(aq)}$ $HPO_4^{2-}{}_{(aq)} \rightleftarrows H^+_{(aq)} + PO_4^{3-}{}_{(aq)}$	$Ka_1 =$ $Ka_2 =$ $Ka_3 =$	$7,6 \times 10^{-3}$ $6,3 \times 10^{-8}$ $4,4 \times 10^{-13}$
Ácido sulfuroso	$H_2SO_{3(aq)} \rightleftarrows H^+_{(aq)} + HSO_3^-{}_{(aq)}$ $HSO_3^-{}_{(aq)} \rightleftarrows H^+_{(aq)} + SO_3^{2-}{}_{(aq)}$	$Ka_1 =$ $Ka_2 =$	$1,3 \times 10^{-2}$ $6,3 \times 10^{-8}$

FONTE: Skoog *et al.*, 2006; Mendham *et al.*, 2002; Harris, 2001; Russel, 1994; O´Connor, 1977; Morita & Assumpção, 1976; Mahan, 1970; Bower & Bates, 1963.

Tabela 25.2 Constantes de dissociação de bases fracas.

Nome	Reação		K_b
Amônia	$NH_{3(g)} + H_2O_{(l)} \rightleftarrows NH_4^+{}_{(aq)} + HO^-{}_{(aq)}$		$1,76 \times 10^{-5}$
Anilina	$C_6H_5NH_{2(aq)} + H_2O_{(l)} \rightleftarrows C_6H_5NH_3^+{}_{(aq)} + HO^-{}_{(aq)}$		$3,94 \times 10^{-10}$
1-Butilamina	$CH_3(CH_2)_2CH_2NH_{2(aq)} + H_2O_{(l)} \rightleftarrows CH_3(CH_2)_2CH_2NH_3^+{}_{(aq)} + HO^-{}_{(aq)}$		$4,0 \times 10^{-4}$
Cafeína	$C_8H_{10}N_4O_{2(aq)} + H_2O_{(l)} \rightleftarrows C_8H_{10}N_4HO_2^+{}_{(aq)} + HO^-{}_{(aq)}$		$4,1 \times 10^{-4}$
Dimetilamina	$(CH_3)_2NH_{(aq)} + H_2O_{(l)} \rightleftarrows (CH_3)_2NH_2^+{}_{(aq)} + HO^-{}_{(aq)}$		$5,9 \times 10^{-4}$
Etanolamina	$HOC_2H_4NH_{2(aq)} + H_2O_{(l)} \rightleftarrows HOC_2H_4NH_3^+{}_{(aq)} + HO^-{}_{(aq)}$		$3,18 \times 10^{-5}$
Etilamina	$CH_3CH_2NH_{2(aq)} + H_2O_{(l)} \rightleftarrows CH_3CH_2NH_3^+{}_{(aq)} + HO^-{}_{(aq)}$		$4,28 \times 10^{-4}$
Etilenodiamina	$NH_2C_2H_4NH_{2(aq)} + H_2O_{(l)} \rightleftarrows NH_2C_2H_4NH_3^+{}_{(aq)} + HO^-{}_{(aq)}$ $NH_2C_2H_4NH_3^+{}_{(aq)} + H_2O_{(l)} \rightleftarrows NH_2C_2H_4NH_4^{2+}{}_{(aq)} + HO^-{}_{(aq)}$	$Kb_1 =$ $Kb_2 =$	$8,5 \times 10^{-5}$ $7,1 \times 10^{-8}$
Fosfina	$PH_{3(g)} + H_2O_{(l)} \rightleftarrows PH_4^+{}_{(aq)} + HO^-{}_{(aq)}$		1×10^{-14}
Hidroxilamina	$HONH_{2(aq)} + H_2O_{(l)} \rightleftarrows HONH_3^+{}_{(aq)} + HO^-{}_{(aq)}$		$9,1 \times 10^{-9}$
Metilamina	$CH_3NH_{2(aq)} + H_2O_{(l)} \rightleftarrows CH_3NH_3^+{}_{(aq)} + HO^-{}_{(aq)}$		$4,8 \times 10^{-4}$
Nicotina	$C_{10}H_{14}N_{2(aq)} + H_2O_{(l)} \rightleftarrows C_{10}H_{14}N_2H^+{}_{(aq)} + HO^-{}_{(aq)}$ $C_{10}H_{14}N_2H^+{}_{(aq)} + H_2O_{(l)} \rightleftarrows C_{10}H_{14}N_2H_2^{2+}{}_{(aq)} + HO^-{}_{(aq)}$	$Kb_1 =$ $Kb_2 =$	$7,4 \times 10^{-7}$ $1,4 \times 10^{-11}$
Piperidine	$C_5H_{11}N_{(aq)} + H_2O_{(l)} \rightleftarrows C_5H_{11}NH^+{}_{(aq)} + HO^-{}_{(aq)}$		$1,3 \times 10^{-3}$
Piridina	$C_5H_5N_{(aq)} + H_2O_{(l)} \rightleftarrows C_5H_5NH^+{}_{(aq)} + HO^-{}_{(aq)}$		$1,7 \times 10^{-9}$
Trimetilamina	$(CH_3)_3N_{(aq)} + H_2O_{(l)} \rightleftarrows (CH_3)_3NH^+{}_{(aq)} + HO^-{}_{(aq)}$		$6,25 \times 10^{-5}$

FONTE: Skoog *et al.*, 2006; Mendham *et al.*, 2002; Harris, 2001; Russel, 1994; O´Connor, 1977; Morita & Assumpção, 1976; Mahan, 1970; Bower& Bates, 1963.

Tome-se como exemplo uma solução de ácido benzoico 0,01 mol L^{-1}. A reação de ionização do ácido benzoico, é mostrada pela Reação (R-25.37):

$$C_6H_5COOH_{(aq)} + \text{água}_{(l)} \rightleftarrows H^+{}_{(aq)} + C_6H_5COO^-{}_{(aq)} \quad (R\text{-}25.37)$$

Ácido benzoico   Ânion benzoato
0,0100 mol L^{-1} X mol L^{-1} X mol L^{-1}

A constante de equilíbrio para o ácido benzoico, é dada pela Equação (25.34):

$$Ka = \frac{[H^+][C_6H_5COO^-]}{[C_6H_5COOH]} \quad (25.34)$$

Medindo-se o pH desta solução, por um método apropriado, encontrou-se o valor de pH igual a 3,1. Aplicando este valor na Equação (25.11), abaixo repetida, chega-se às Equações (25.35) e (25.36):

$$pH = -\log[H^+] \quad [25.11]$$

$$3,1 = -\log[H^+] \quad (25.35)$$

$$[H^+] = -10^{-3,1} = 7,9 \cdot 10^{-4} \text{ mol L}^{-1} \quad (25.36)$$

Pode-se perceber que foram adicionados $1,00 \cdot 10^{-2}$ mol L^{-1}, mas apenas $7,9 \cdot 10^{-4}$ mol L^{-1} reagiram formando íons, isto é, menos de 10%, confirmando ser este ácido um ácido fraco.

Sabendo a concentração dos íons H$^+$ pode-se calcular a constante Ka. No equilíbrio, tomando as atividades de cada espécie iguais às concentrações, tem-se, respectivamente, os seguintes valores:

$\{H+\} = [H^+] = 7{,}9 \cdot 10^{-4}$ mol L^{-1}

$\{C_6H_5COO^-\} = [C_6H_5COO^-] = 7{,}9 \cdot 10^{-4}$ mol L^{-1}

$\{C_6H_5COOH\} = [C_6H_5COOH] = 1{,}00 \cdot 10^{-2} - 7{,}9 \cdot 10^{-4}$ mol $L^{-1} = 1{,}00 \cdot 10^{-2}$ mol L^{-1} (25.37)
Valor desprezível

Portanto, aplicando os valores acima na Equação (25.33), tem-se o resultado dado pela Equação (25.38):

$$Ka = \frac{[H^+][C_6H_5COO^-]}{[C_6H_5COOH]} = \frac{7{,}9 \cdot 10^{-4} \cdot 7{,}9 \cdot 10^{-4}}{1{,}00 \cdot 10^{-2}} = 6{,}20 \cdot 10^{-5} \qquad (25.38)$$

A constante Ka é um indicativo da força do ácido. Tome-se como exemplo, dois ácidos fracos: ácido acético, Ka = $1{,}8 \cdot 10^{-5}$ e ácido bórico, Ka = $6{,}0 \cdot 10^{-10}$, ambos são fracos, mas, o ácido bórico é mais fraco, sua constante Ka é menor. A Tabela 25.1 apresenta as constantes de ionização (Ka) dos principais ácidos fracos. A Tabela 25.2 mostra as constantes de dissociação (Kb) para algumas bases fracas mais comuns.

25.1.6 Indicadores ácido-base

Algumas substâncias mudam de cor quando no meio varia a acidez, ou a basicidade. Essas substâncias podem ser naturais ou sintéticas e são chamadas de indicadores. Portanto, indicadores ácido-base são substâncias que mudam de cor com a mudança do pH. Entre as várias substâncias usadas no laboratório como indicadores cada uma possui um pH específico de viragem, isto é, de mudança de cor. A Tabela 25.3, mostra os intervalos de pH e as cores apresentadas pelos indicadores mais comuns.

Tabela 25.3 Zonas de pH para a viragem de alguns indicadores ácido-base.

Indicador	Intervalo de pH	Mudança de cor: ácido para base.
Alaranjado IV	1,4 – 2,6	Vermelho/violeta-amarelo
Azul de timol	1,2 – 2,8	Vermelho-amarelo
Alaranjado de metila	2,1 – 4,4	Laranja-amarelo
Vermelho de metila	4,2 – 6,3	Vermelho-amarelo
Azul de bromotimol	6,0 – 7,6	Amarelo-azul
Vermelho de cresol	7,2 – 8,8	Amarelo-vermelho
Fenolftaleína	8,3 – 10,0	Incolor-vermelho
Amarelo de alizarina	10,1 – 12,0	Amarelo-vermelho
Índigo-Carmim	11,4 – 13,0	Azul-amarelo

FONTE: Skoog *et al.*, 2006; Mendham *et al.*, 2002; Harris, 2001; Morita & Assumpção, 1976; Mahan, 1970; Meites, 1963.

Os indicadores ácido-base são eles próprios ácidos ou bases orgânicas fracas, que apresentam uma cor na forma molecular e outra diferente para a forma dissociada. Tome-se como exemplos:

a) alaranjado de metila (ácido) cuja fórmula está representada na Figura 25.3.

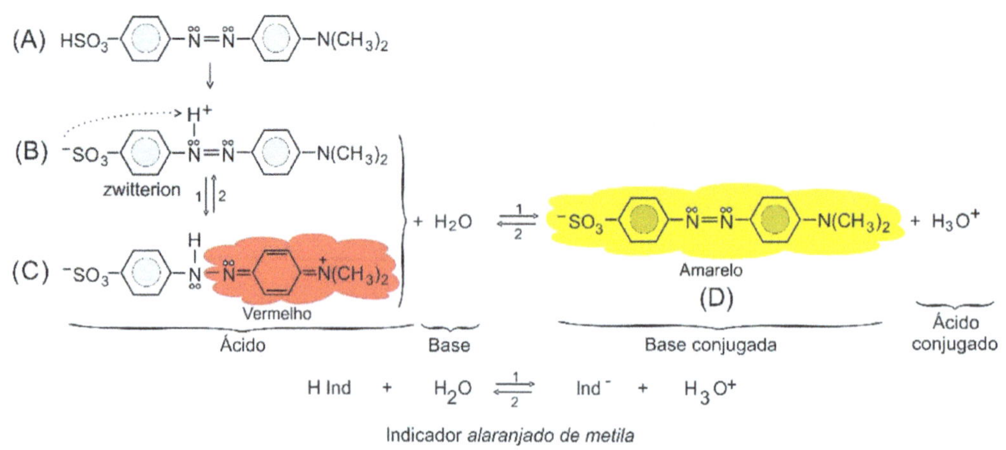

Figura 25.3 Visualização do indicador alaranjado de metila na sua forma de: (A) Ácido orgânico fraco; (B) Zwitterion (estrutura com ionização interna na molécula); (C) Estrutura com um conjunto de duplas ligações conjugadas que originam a cor vermelho-alaranjada; (D) Forma básica de coloração amarela.

b) Fenoltaleína, cuja fórmula está representada na Figura 25.4.

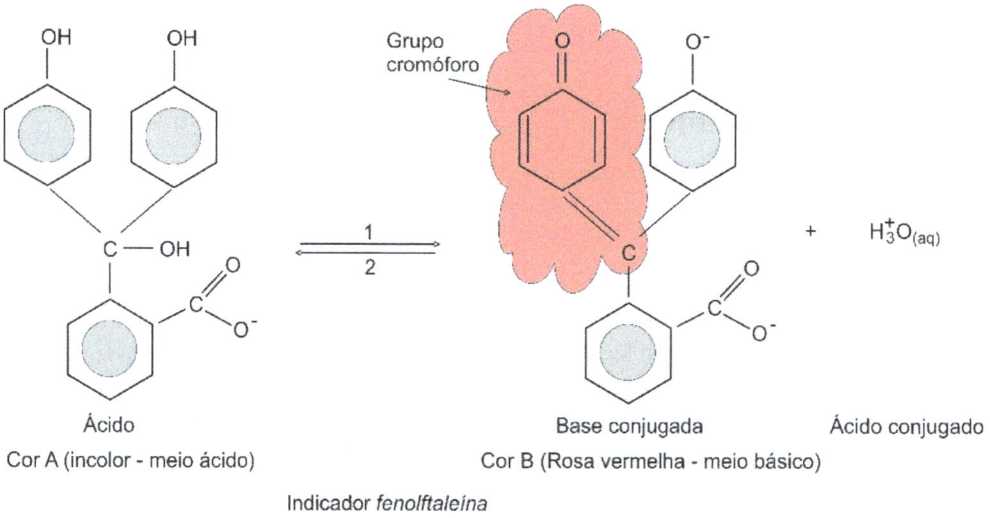

Figura 25.4 Visualização do indicador fenolftaleína mostrando a cor A (incolor) e cor B (rosa-vermelho, destacando o grupo cromóforo).

Mediante o indicador alaranjado de metila da Figura 25.3, pode-se escrever a Reação (R-25.38):

$$\underset{\text{Vermelho}}{HIn_{(aq)}} + \text{água}_{(l)} \rightleftarrows H_3O^+_{(aq)} + \underset{\text{Amarelo}}{In^-_{(aq)}} \qquad \text{(R-25.38)}$$

Como é um equilíbrio ácido-base possui uma constante K_{HInd} dada pela Equação (25.39):

$$K_{HInd} = \frac{[H^+][Ind^-]}{[HInd]} = \frac{[H^+][Amarelo]}{[Vermelho]} \quad (25.39)$$

Pela Reação (R-25.38) observa-se que o indicador libera o íon H^+, em outros casos absorve H^+, mas, como se adicionou uma quantidade muito pequena de indicador na solução, não afetará a concentração de H^+ da mesma. Porém, a concentração de H^+ da solução tem influência na ionização do indicador. Para maiores concentrações do íon H^+ na solução o equilíbrio da Reação (R-25.38) será deslocado para a esquerda, prevalecendo a cor vermelha; aumentando-se a concentração do íon HO^-, que reage com os íons H^+, o equilíbrio vai se deslocar para a direita, e a solução se torna amarela.

Matematicamente, adaptando-se a Equação (25.39), tem-se a Equação (25.40):

$$\frac{K_{HInd}}{[H^+]} = \frac{[Ind^-]}{[HInd]} = \frac{[Amarelo]}{[Vermelho]} \quad (25.40)$$

A cor da solução vai depender da concentração do íon H^+, pois quanto maior a $[H^+]$, maior será a $[HInd]$ em relação a $[Ind^-]$ prevalecendo a cor vermelha e vice-versa.

25.1.7 Medidas de pH

O pH pode ser determinado com auxílio de indicadores ácido-base e soluções padrão ácido e padrão básico, através da comparação de cores. Essas medidas são aproximadas. Para medidas mais precisas é usado o pH-metro, equipamento destinado a esse fim.

25.2 PARTE EXPERIMENTAL

25.2.1 Preparação de soluções padrão ácidas e básicas

a – Material
- *20 tubos de ensaio;*
- *2 estantes para tubos de ensaio;*
- *3 pipetas de 10 mL;*
- *6 pipetas de 1 mL;*
- *4 conta-gotas;*
- *Ácido clorídrico (solução padronizada 0,10 mol L^{-1});*
- *Hidróxido de sódio (solução padronizada 1,00 mol L^{-1});*
- *Alaranjado IV (indicador A);*
- *Alaranjado de metila (indicador B);*
- *Índigo-carmim (indicador C);*
- *Amarelo de alizarina (indicador D);*
- *Material de registro de dados: Diário de Laboratório; computador, calculadora etc.*

b – Procedimento
- Dispor e numerar dez tubos de ensaio em uma estante para tubos, em conjuntos (a, b) com 5 tubos cada.
- Adicionar ao tubo 1a; 10,00 mL de solução de ácido clorídrico 0,10 mol L^{-1}.
- Transferir para o tubo 2a; 1,00 mL da solução de ácido clorídrico 0,10 mol L^{-1} do tubo 1a e adicionar 9,00 mL de água destilada. Homogeneizar.
- Transferir para o tubo 3a; 1,00 mL da solução do tubo 2a e adicionar 9,00 mL de água destilada. Homogeneizar.
- Transferir para o tubo 4a; 1,00 mL da solução do tubo 3a e adicionar 9,00 mL de água destilada. Homogeneizar.
- Transferir para o tubo 5a; 1,00 mL da solução do tubo 4a e adicionar 9,00 mL de água destilada. Homogeneizar.

Observação: Os volumes devem ser o mais exatos possível
- Colocar a metade de cada uma das soluções nos cinco tubos restantes do conjunto (1b, 2b, ...), perfazendo assim, duas séries com cinco tubos cada. (Não é necessário usar pipeta, transferir diretamente de um tubo ao outro.)
- Preparar as soluções padrão básicas, partindo de uma solução de hidróxido de sódio (NaOH) 1,0 mol L^{-1}, repetindo os procedimentos da preparação da solução ácida, conjunto semelhante de tubos: 6 (a, b); 7 (a, b); 8 (a, b); 9 (a, b) e 10 (a, b).

A seguir:
- Adicionar à primeira série padrões de ácido (tubos: 1a; 2a; ...), duas gotas do indicador alaranjado IV e à outra série (tubos: 1b; 2b; ...), duas gotas do indicador alaranjado de metila, a cada um dos tubos.
- Adicionar à primeira série de padrões de hidróxido de sódio (tubos: 6a; 7a; ...), duas gotas do indicador índigo-carmim. Adicionar à outra série (tubos: 6b; 7b; ...), duas gotas do indicador amarelo de alizarina R.
- Completar a Tabela 25.4, anotando as cores observadas em cada uma das séries.

c – *Observações e cálculos*
- Calcular a concentração das soluções em cada tubo usando a Equação (25.41) e anotar os resultados na Tabela 25.4.

$$C_1V_1 = C_2V_2 \qquad (25.41)$$

- A partir do valor a concentração, calcular o pH e o pOH da solução usando as Equações (25.11) e (25.42). Anotar os resultados na Tabela 25.4.

$$pH = -\log [H^+] \qquad [25.11]$$

$$pOH = -\log [OH^-] \qquad (25.42)$$

- Observar as cores resultantes, bem como, as faixas nas quais cada indicador muda de cor, verificando que se um indicador não permite identificar mudanças o outro permite. **Preencher o Quadro RA 1 no Relatório de Atividade.**

Tabela 25.4 Quadro Resumo das soluções padrão ácidas e básicas, formando a escala do pH, com as cores dos respectivos indicadores, como se fossem um Tablete de Indicador Universal.

Meio	Tubos	Concentração $[H^+]$ (mol L^{-1})	pH	Concentração $[HO^-]$ (mol L^{-1})	pOH	Cores dos Indicadores	
						Tubos (série a)	Tubos (série b)
	1 (a,b)					A	B
Ácido	2 (a,b)					A	B
$[H^+_{(aq)}]$	3 (a,b)					A	B
	4 (a,b)					A	B
	5 (a,b)					A	B
Neutro $[H^+] = [HO^-]$							
	6 (a,b)					C	D
Básico	7 (a,b)					C	D
$[HO^-_{(aq)}]$	8 (a,b)					C	D
	9 (a,b)					C	D
	10 (a,b)					C	D

(A) Alaranjado IV; (B) Alaranjado de metila; (C) Carmin índigo; (D) Amarelo de alizarina.

25.2.2 Determinação da concentração de íons hidrogênio em uma solução aquosa de concentração desconhecida

a – *Material*
- *3 tubos de ensaio;*
- *3 conta-gotas;*
- *Fenolftaleína (solução);*
- *Alaranjado IV (A);*
- *Alaranjado de metila (B);*
- *Índigo-carmim (C);*
- *Amarelo de alizarina (D);*
- *Material de registro de dados: Diário de Laboratório; computador; calculadora etc.*

b – *Procedimento*
- Numerar 3 tubos de ensaio limpos e secos.
- Colocar em cada tubo cerca de 2 mL da amostra da solução desconhecida.
- Adicionar, no tubo nº 1, duas gotas do indicador fenolftaleína para testar se a solução é acida ou básica. Registrar o resultado na Tabela 25.5.
- Escolher os indicadores para colocar nos tubos nº 2 e nº 3. Alaranjado IV e alaranjado de metila se a solução desconhecida for ácida ou índigo-carmim e amarelo de alizarina se a solução for básica.
- Adicionar 2 gotas de cada indicador, um indicador no tubo nº 2 e o outro no tubo nº 3.
- Comparar a cor da amostra desconhecida com as cores dos indicadores das séries de tubos da Tabela 25.4. Tubos de 1 (a,b) à 5 (a,b) se a amostra for ácida e Tubos de 6(a,b) à 10 (a,b) se a amostra for básica, até identificar os tubos cujas cores se igualam as da amostra.
- Após identificar a igualdade das cores (ou a mais próxima), registrar o valor da concentração de [H^+] e a [HO^-] correspondente na Tabela 25.5.
- Efetuar o cálculo do pH e pOH com auxílio das Equações (25.11) e (25.42).
- Preencher o Quadro RA 25.2 no Relatório de Atividades.

c – *Observação*

Tabela 25.5 Quadro Resumo da determinação da concentração de [H^+], ou do [HO^-], e do pH de uma amostra desconhecida

Teste da fenolftaleína	Cor	Conclusão	Indicadores a ser usados	Cores	Comparar com Tabela 25.4
Amostra + fenolftaleína					
			1 ----------		Tubo ---------
			2----------		Tubo ---------
[H^+] = _____ mol L^{-1} pH = _____					
[HO^-] = _____ mol L^{-1} pOH = _____					

25.2.3 Determinação da constante de dissociação de um ácido.

a – *Material*
- *2 tubos de ensaio;*
- *1 estante para tubos de ensaio;*
- *1 pipeta de 2 mL;*
- *Ácido acético 0,1 mol L^{-1};*
- *Alaranjado IV (A);*
- *Alaranjado de metila (B);*
- *Material de registro de dados: Diário de Laboratório; computador, calculadora etc.*

b – *Procedimento*

- Colocar em dois tubos de ensaio limpos e secos cerca de 2 mL de solução de ácido acético 0,10 mol L^{-1}.
- Adicionar em um dos tubos, duas gotas do indicador alaranjado IV (A) e no outro, duas gotas do indicador alaranjado de metila (B).
- Comparar as cores nos dois tubos com as das soluções padrão ácidas, Tubos 1(a,b) à 5(a,b), Tabela 25.4.
- Anotar, na Tabela 25.6, a concentração de íons hidrogênio obtida por comparação com a solução padrão e calcular a constante de dissociação do ácido.

c – *Observações e cálculos*

- Calcular a constante de equilíbrio (Ka) do ácido acético com auxílio da Equação (25.43) e anotar os resultados na Tabela 25.6.

$$Ka = \frac{[H^+][CH_3COO^-]}{[CH_3COOH]} \quad (25.43)$$

- Preencher o Quadro RA 25.3 no Relatório de Atividades.

Tabela 25.6 Quadro Resumo da determinação da constante de dissociação do ácido acético (Ka).

Ácido	Indicadores	Cores	Comp. com tubos da Tab. 25.4	[H$^+$] Mol L^{-1}	pH

[H$^+$] = _____ mol L^{-1} pH = _____
[HO$^-$] = _____ mol L^{-1} pOH = _____
                                    Ka = _____

Desafio 25.1

Determinação do pH do solo

a– Materiais

- 1 proveta de 10 mL;
- 1 proveta de 25 mL;
- 1 pH-meter;
- Solução tampão pH 7,0 e pH 4,0;
- Amostras de solo;
- Material de registro de dados: Diário de Loboratório; computador, calculadora etc.

b – *Procedimento*

- Transferir 10 mL de TFSA (Terra Fina Seca ao Ar) para um Erlenmeyer de 50 mL.
- Adicionar 25 mL de água deionizada com uma proveta.
- Agitar durante 5 minutos (manualmente ou com auxílio de um agitador elétrico).
- Calibrar o potenciômetro (pH-meter) com as soluções tampão de pH 7,0 e pH 4,0.
- Ler o valor do pH na suspensão e anotar o resultado.

25.3 EXERCÍCIOS DE FIXAÇÃO

25.1. Qual o pH de uma solução de hidróxido de potássio (KOH) 0,001 mol L^{-1}?

25.2. Calcular a concentração de [H$^+$] de uma solução de ácido hipocloroso (HClO) 0,05 mol L^{-1}.

25.3. Calcular a constante de uma monobase hipotética cuja concentração da solução é 0,01 mol L^{-1}, e o pH 8,2.

25.4. Sabendo que o ponto de viragem do indicador índigo-carmim é do pH 12 (azul) para 14 (amarelo), preencha na Tabela EF 25.1 a concentração da solução de hidróxido de sódio e as cores do indicador.

Tabela EF 25.1 Cores do indicador índigo-carmim em função do pH.

pH	NaOH mol L^{-1}	Coloração
14		
13		
12		

25.5. A Tabela EF 25.2 mostra as cores que os indicadores índigo-carmim e amarelo de alizarina tomaram nas respectivas concentrações de OH$^-$.

Qual o pH em cada tubo?

Qual a faixa de viragem do índigo-carmim?

Qual o pH de uma solução que se apresenta vermelha no amarelo de alizarina e azul no índigo-carmim?

Tabela EF 25.2 Cores dos indicadores em função da concentração do íon hidróxido, HO$^-$.

Tubos	[OH$^-$] mol L^{-1}	pH	Cores dos indicadores	
			Índigo-carmim	Amarelo de alizarina
1	0,0001		Azul	Amarelo
2	0,001		Azul	Alaranjado
3	0,01		Azul	Vermelho
4	0,10		Verde	Vermelho
5	1,00		Amarelo	Vermelho

25.6. A Tabela EF 25.3 mostra as cores que os indicadores alaranjado de metila e alaranjado IV tomaram nas respectivas concentrações de H$^+$.

Tabela EF 25.3 Cores dos indicadores em função da concentração do íon hidrônio, H$^+$.

Tubos	[OH$^-$] mol L^{-1}	pH	Cores dos indicadores	
			Alaranjado de metila	Alaranjado IV
1	1,00		Vermelho	Violeta
2	0,10		Vermelho	Violeta
3	0,01		Vermelho	Pêssego
4	0,001		Alaranjado	Amarelo
5	0,0001		Amarelo	Amarelo

Fazendo uso da tabela responda.

a) Qual o pH em cada tubo?

b) Qual a faixa de viragem do indicador alaranjado IV?

c) Uma solução 0,1 mol L^{-1} de um ácido hipotético HA se apresenta alaranjada no alaranjado de metila e amarela no alaranjado IV. Calcular o Ka para este ácido.

Resposta: **25.1.** 11; **25.2.** 4,4; **25.3.** 2,51.10^{-10}; **25.4.** 1,0; 0,1; 0,01; **25.5.** 10, 11, 12, 13, 14; **25.6.** (0, 1, 2, 3, 4); 1,0.10^{-5}.

UNIDADE DIDÁTICA 25: EQUILÍBRIO QUÍMICO
ESTUDO DO EQUILÍBRIO ÁCIDO-BASE

25.4 RELATÓRIO DE ATIVIDADES

Universidade _____ Centro de Ciências Exatas – Departamento de Química Disciplina: QUÍMICA GERAL EXPERIMENTAL –Cód._____ Curso:_____ Ano:_____ Professor:_____	Relatório de Atividades
_____ Nome do Acadêmico	_____ Data

UNIDADE DIDÁTICA 25: EQUILIBRIO QUÍMICO

ESTUDO DO EQUILÍBRIO ÁCIDO-BASE

Quadro RA 25.1 Preparação de soluções padrão ácidas e básicas – item 25.2.1.

Tabela RA 25.1 Faixa de pH de viragem dos indicadores usados no experimento.

Indicadores	Mudança de cores	Faixa de pH
Alaranjado IV (A)		
Alaranjado de metila (B)		
Carmim índigo (C)		
Amarelo de alizarina (D)		

Quadro RA 25.2 Determinação da concentração de íons hidrogênio em uma solução aquosa de concentração desconhecida – item 25.2.2

Tabela RA 25.2 Quadro Resumo da determinação da concentração de [H+], ou do [HO-], do pH e do pOH de uma amostra de concentração desconhecida

$[H^+]$ = _____ mol L^{-1} pH = _____
$[HO^-]$ = _____ mol L^{-1} pOH = _____

Quadro RA 25.3 Determinação da constante de dissociação de um ácido – item 25.2.3

Tabela RA 25.3 Quadro Resumo da determinação da constante de dissociação do ácido acético (Ka).

$[H^+]$ = _____ mol L^{-1} pH = _____   Ka = _____
$[HO^-]$ = _____ mol L^{-1} pOH = _____

25.5 REFERÊNCIAS BIBLIOGRÁFICAS E SUGESTÕES PARA LEITURA

BOWER, V. E.; BATES, H. G. Equilibrium constants of próton-transfer reactions. *In*: MEITES, L. (Editor) **HANDBOOK OF ANALYTICAL CHEMISTRY**. First Edition. New York: McGRAW-HILL BOOK, 1963.

BROWN, T. L.; LeMAY Jr, H. E.; BURSTEN, B. E. **Química – ciência central**. 7. ed. Tradução de Horácio Macedo. Rio de Janeiro: LTC, 1999. 972 p.

CHANG, R. **Química**. 5. ed. Tradução de Joaquim J. Moura Ramos *et al*. Lisboa: Editora McGraw-Hill de Portugal, 1994. 994 p.

Chemical Educational Material Study **Química – Uma ciência experimental**. Tradução de Anita Rondon Berardinelli e Andrejus Korolkovas. São Paulo: EDART, 1975. V. 2 p. 266-282.

CHRISPINO, A. **Manual de química experimental**. São Paulo (SP): Editora Ática, 1991. 230 p.

HARRIS, D. C. **Análise química quantitativa**. 5ª Edição. Tradução de Carlos Alberto da Silva Riehl e Alcides Wagner Serpa Guarino. Rio de Janeiro: LTC, 2001. 862 p.

MAHAN, B. H. **Química um curso universitário**. São Paulo: Ed. Edgard Blücher, 1970. 580 p.

MEITES, L. (Editor) **HANDBOOK OF ANALYTICAL CHEMISTRY**. First Edition. New York: McGRAW-HILL BOOK COMPANY. 1963.

MENDHAM, J.; DENNEY, R. C.; BARNES, J. D.; THOMAS, M. **VOGEL – Análise química quantitativa**. 6ª Edição. Tradução de: Júlio Carlos Afonso; Paula Fernandes de Aguiar e Ricardo Bicca de Alencastro. Rio de Janeiro: LTC, 2002. 462 p.

MORITA, T.; ASSUMPÇÃO, R. M. V. **Manual de soluções reagentes e solventes**. 2ª ed. São Paulo: Editora Edgard Blücher, 1976. 627 p.

O´CONNOR, R. **Introdução à química**. Tradução de Elia Tfouni. São Paulo: EDITORA HARPER & ROW DO BRASIL. 1977. 374 p.

RUSSEL, J. B. **Química geral**. 2. ed. Tradução e revisão técnica Márcia Guekezian. São Paulo: Makron Books, 1994. Vol. 1 621 p.

SIGMA-ALDRICH CATALOG, **Biochemicals and reagents for life science research**. USA: SIGMA ALDRICH Co., 1999. 2880 p.

SKOOG, D. A.; WEST, D. M.; HOLLER, F. J.; CROUCH, S. R. **Fundamentos de química analítica**. Tradução da 8ª Edição Americana por Marco Tadeu Grassi. São Paulo: THOMSON, 2006. 999 p.

THOMAS SCIENTIFIC CATALOG: 1994/1995. Swedesboro, New Jersey (USA): Thomas Scientific Co, 1995. 1929 p.

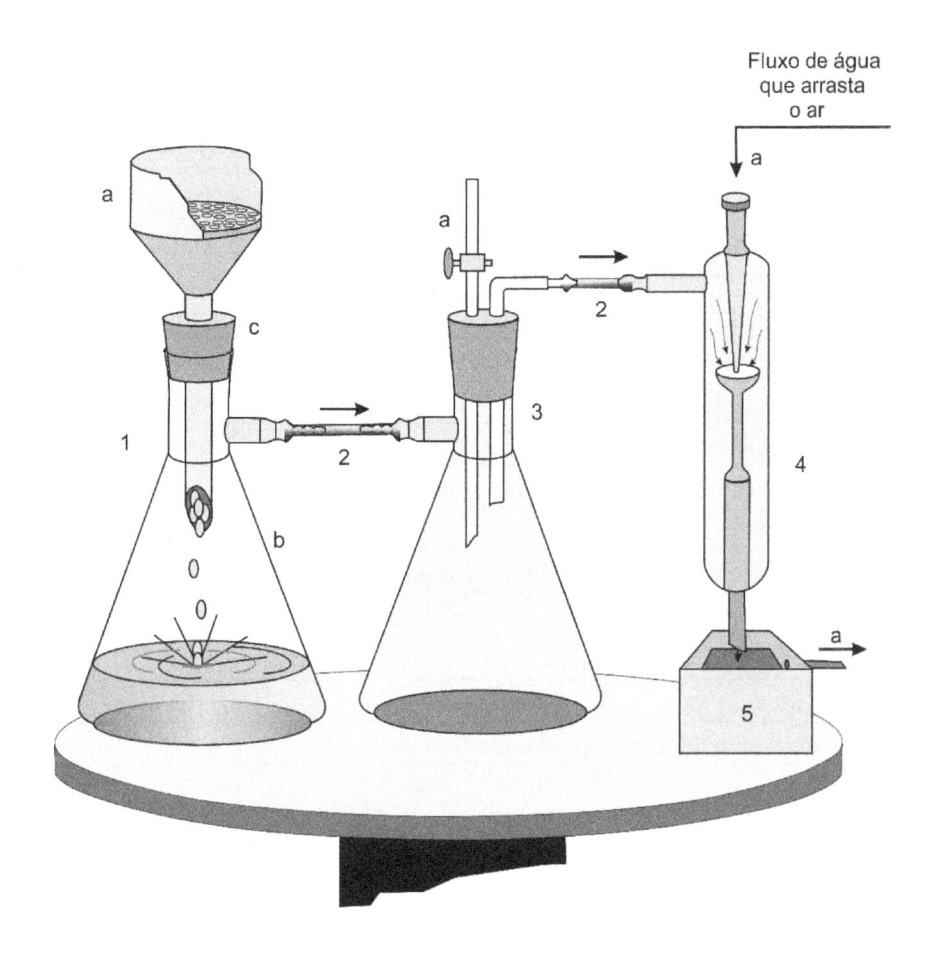

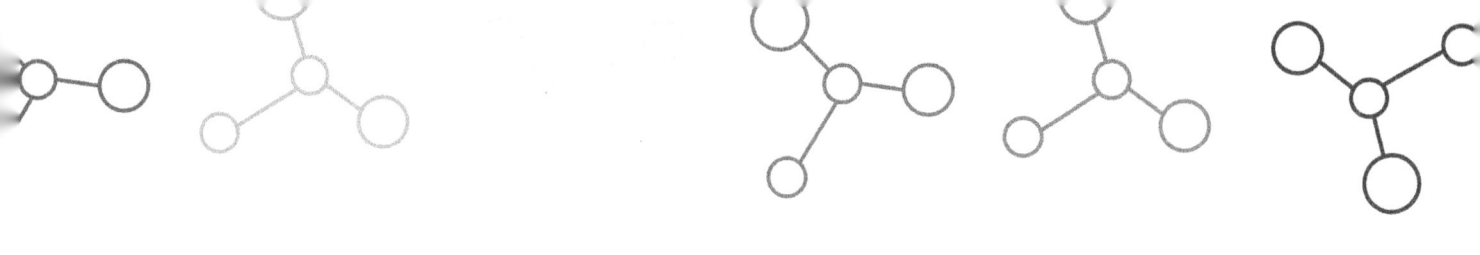

UNIDADE DIDÁTICA 26

Conjunto de filtração a vácuo com trompa de vácuo.

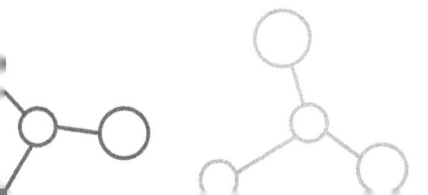

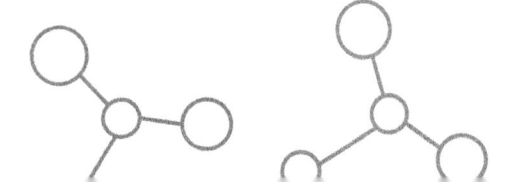

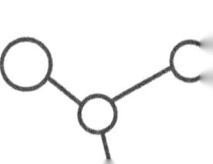

UNIDADE DIDÁTICA 26

EQUILÍBRIO QUÍMICO

PRODUTO DE SOLUBILIDADE

Conteúdo	Página
26.1 Aspectos Teóricos	621
26.1.1 Solubilidade	621
26.1.2 Constante do produto de atividade ou constante termodinâmica (Kpa)	623
26.1.3 Concentração e atividade de uma espécie i em solução	624
26.1.4 Constante do produto de atividade (Kpa) e constante do produto de solubilidade (Kps)	626
26.1.5 Solubilidade (S) e constante do produto de solubilidade (Kps)	626
Detalhes 26.1	628
26.1.6 Diagramas de solubilidade de compostos simples sem reações secundárias	630
26.1.7 Fatores que influenciam a solubilidade de um soluto	631
26.2 Parte Experimental	631
26.2.1 Determinação do produto de solubilidade do cloreto de chumbo, $PbCl_{2(s)}$	631
26.2.2 Construção de um Diagrama de log [Cátion] versus log [Ânion]	632
26.3 Exercícios de Fixação	633
26.4 Relatório de Atividades	634
26.5 Referências Bibliográficas e Sugestões para Leitura	635

Unidade Didática 26
EQUILÍBRIO QUÍMICO
PRODUTO DE SOLUBILIDADE

Objetivos
- Revisar o conceito de *solubilidade* de uma subtância química.
- Conceituar *constante de produto de solubilidade* (Kps) e *constante de produto de atividade* (Kpa) ou *constante termodinâmica*.
- Diferenciar Kpa e Kps de uma substância química.
- Detectar a importância da relação solubilidade (S) - produto de solubilidade (Kps).
- Trabalhar com diagramas de solubilidade.
- Determinar esperimentalmente o Kps do do $PbCl_{2(s)}$ e estudar a inflência da temperatura no equilíbrio:

$$PbCl_{2(s)} \underset{2}{\overset{1}{\rightleftarrows}} PbCl_{2(dissolvido)} \underset{2}{\overset{1}{\rightleftarrows}} Pb^{2+}_{(aq)} + 2\,Cl^{1-}_{(aq)}$$

26.1 ASPECTOS TEÓRICOS

26.1.1 Solubilidade

A *solubilidade* de uma substância, denominada soluto (ou *disperso*), num determinado *solvente* (ou *dispersante*) numa temperatura e pressão constantes, já foi apresentada em Unidades Didáticas anteriores.

A *solubilidade* (S) de uma substância num determinado solvente puro é uma *característica* (*propriedade*) de cada espécie, naquela temperatura e pressão. Neste momento em que se alcança o ponto da solubilidade, ao se adicionar mais alguma quantidade de soluto ele não dissolve e, em geral, vai ao fundo da solução formando uma *fase sólida* (um precipitado denominado, *corpo de fundo*) distinta da solução (*fase líquida*), Figura 26.1. A fase líquida sobrenadante que contém o máximo de soluto é dita *solução saturada*. Com esta definição colocam-se dois termos, que designam situações limites: *solução insaturada*, que contém menos soluto e *solução supersaturada*, que contém mais do que a saturada, porém, de forma instável.

A solução insaturada, por sua vez, abrange a situação em que a mesma contém:

- *pouco soluto*, denominada de *solução diluída*, que tende à solução ideal;
- *muito soluto*, denominada de *solução concentrada*, que tende à saturada.

A Figura 26.1 mostra que sempre se estabelece um equilíbrio entre o soluto precipitado e o soluto disperso ou dissolvido, definida a temperatura e pressão, que devem ser constantes. É um equilíbrio dinâmico expresso pela constante termodinâmica Kpa, ou pela constante do produto de solubilidade (Kps), como será visto mais a frente. A constante Ks0 é a constante de solubilidade quando na solução estão as espécies que se encontram juntas no estado sólido. A esta constante lhe corresponde a constante do produto de solubilidade, Kps, para soluções diluídas.

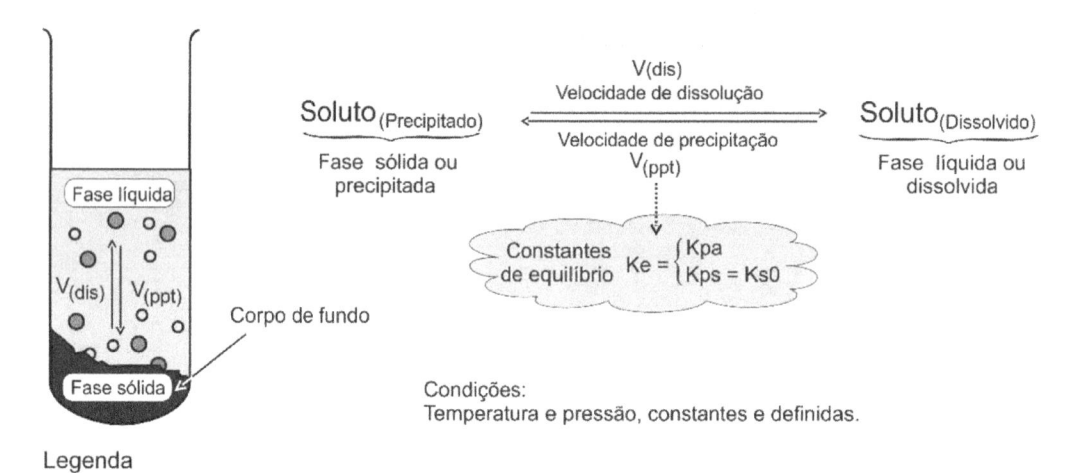

Figura 26.1 Equilíbrio entre soluto precipitado ⇌ soluto dissolvido com as respectivas indicações das velocidades de dissolução ($v_{(dis)}$) e de precipitação ($v_{(ppt)}$).

Pela Figura 26.2, observa-se com mais riqueza de detalhes, quais os equilíbrios e espécies presentes. A espécie $M_xA_{y(aq)}$ na solução tem sentido, pois, qualquer sólido tem sua pressão de vapor quando envolvido pela fase gasosa, significando que há uma concentração de moléculas etc., na fase gasosa em equilíbrio com a sólida. Estando o sólido envolvido pela fase líquida (solvente), ainda mais se for uma espécie polar, moléculas, ou unidades iônicas neutras, estarão dispersas no seio da solução e devidamente estabilizadas pela camada de *solvatação*, ou de *hidratação*, se o solvente for a água, $M_xA_{y(aq)}$. Neste processo, forma-se a etapa I da dissolução, Reação (R-26.1):

$$M_xA_{y(s)} \rightleftarrows M_xA_{y(aq)} \quad (R\text{-}26.1)$$

Num segundo momento há a dissociação da unidade molecular, na qual a força de atração entre os íons ficou enfraquecida pelas interações de natureza dipolo permanente da água – íons do monômero, etapa (II) da dissolução, Figura 26.2 e Reação (R-26.2):

$$M_xA_{y(aq)} + \text{água} \rightleftarrows xM^{y+}_{(aq)} + yA^{x-}_{(aq)} \quad (R\text{-}26.2)$$

Supondo que o sólido seja iônico e a energia reticular (U_{ret}) pela qual os íons estão "*amarrados*", ou melhor, "*ancorados*" na estrutura cristalina, é bem maior do que a do par iônico, $M_xA_{y(aq)}$, que se soltou para o seio do solvente compensando as diferenças de energias livres da interface sólido-líquido. Os pares iônicos $M_xA_{y(aq)}$ liberados para a solução estabelecem na solução uma determinada concentração constante $S°$, que é função da temperatura e da pressão do sistema. Esta concentração é denominada de *solubilidade intrínseca*, a qual tem um valor muito pequeno, mas, existe como se fosse a pressão de vapor do sólido no seio da fase líquida.

Veja-se a seguinte experiência. Tem-se íons $Na^+_{(g)}$ e íons $Cl^-_{(g)}$ em quantidades suficientes para formar um mol de pares iônicos $Na^+Cl^-_{(g)}$; um mol de quadrados iônicos $(Na^+Cl^-)_{4(g)}$ e um mol de $Na^+Cl^-_{(sólido-cristalino)}$.

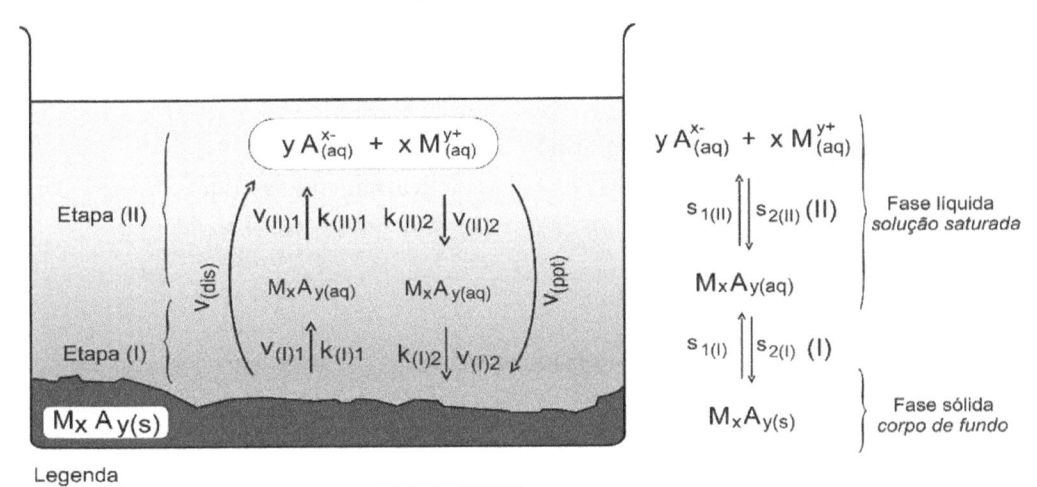

Figura 26.2 Esquema de formação de uma solução saturada pelo soluto $M_xA_{y(s)}$. Etapa (I) e Etapa (II) separação didática da formação dos equilíbrios (I) e (II).

FONTE: Lewin, 1960.

Para o exemplo citado, três reações realizam-se a partir dos íons no estado gasoso e as energias liberadas calculadas, obtendo-se os seguintes resultados:

$$Na^+_{(g)} + Cl^-_{(g)} \rightleftarrows Na^+Cl^-_{(par-g)} \quad (R-26.3)$$
$$E_{par} = -493,2 \text{ kJ}$$

$$2\, Na^+_{(g)} + 2\, Cl^-_{(g)} \rightleftarrows (Na^+Cl^-)_{2(quad-g)} \quad (R-26.4)$$
$$E_{(quadrado)} = -635,4 \text{ kJ}$$

$$n\, Na^+_{(g)} + n\, Cl^-_{(g)} \rightleftarrows (Na^+Cl^-)_{n\,(sólido-cristalino)} \quad (R-26.5)$$
$$E_{ret} = U_{ret} = -861,1 \text{ kJ}$$

FONTE: Companion, 1988

Pelas Reações (R-26.3) a (R-26.5) observa-se que o solvente água tem maior facilidade de romper as ligações nos pares isolados de $Na^+Cl^-_{(g)}$ do que atacar diretamente os íons do cristal $NaCl_{(s)}$ que possuem um adicional de energia de estabilização, a energia do retículo cristalino U_{ret}.

É importante salientar que no *estado de equilíbrio* da solução saturada a velocidade com que há a dissolução do sólido, $v_{(dissolução)}$, é a mesma com que há a precipitação da fração dissolvida, $v_{(precipitação)}$. É um estado de equilíbrio dinâmico.

26.1.2 Constante do produto de atividade ou constante termodinâmica (Kpa)

Para analisar o assunto, considere-se o que foi apresentado anteriormente e o colocado na Figura 26.2. Observa-se que para a parte (I) do equilíbrio em estudo, tem-se a Equação (26.1):

$$\text{velocidade de dissolução } (v_{(I)1}) \propto \{M_xA_{y(s)}\} \quad (26.1)$$

A expressão $\{i\}$ em química, significa atividade da espécie i, expressa em mol L^{-1}.

Para estabelecer a igualdade deve-se introduzir a constante de proporcionalidade, que, no caso, é a constante de velocidade de dissolução da etapa I, $(k_{(I)1})$, conforme Equação (26.2):

$$v_{(I)1} = k_{(I)1}\{M_xA_{y(s)}\} \qquad (26.2)$$

E, analisando a primeira etapa da precipitação do material dissolvido, tem-se a Equação (26.3):

$$\text{velocidade de precipitação } (v_{(I)2}) \propto \{M_xA_{y(aq)}\} \qquad (26.3)$$

Novamente para estabelecer a igualdade deve-se introduzir a constante de proporcionalidade, que, no caso, é a constante de velocidade de precipitação da etapa I, ($k_{(I)2}$), conforme Equação (26.4):

$$v_{(I)2} = k_{(I)2}\{M_xA_{y(aq)}\} \qquad (26.4)$$

Quando for alcançado o equilíbrio na etapa (I), tem-se a Equação (26.5):

$$v_{(I)1} = v_{(I)2} \qquad (26.5)$$

Relacionando a Equação (26.5) com a Equação (26.2) e a Equação (26.4) tem-se a Equação (26.6). Rearranjando a Equação (26.6) chega-se a Equação (26.7).

$$k_{(I)1}\{M_xA_{y(s)}\} = k_{(I)2}\{M_xA_{y(aq)}\} \qquad (26.6)$$

$$\frac{k_{(I)1}}{k_{(I)2}} = K_I = \frac{\{M_xA_{y(aq)}\}}{\{M_xA_{y(s)}\}} \qquad (26.7)$$

Da mesma forma para a Etapa II do equilíbrio em estudo, tem-se as Equações (26.8) e (26.9), e as Equações (26.10) e (26.11):

$$v_{(II)1} \propto \{M_xA_{y(aq)}\} \qquad (26.8)$$

$$v_{(II)1} = k_{(II)1}\{M_xA_{y(aq)}\} \qquad (26.9)$$

E,

$$v_{(II)2} \propto \{M^{y+}_{(aq)}\}^x \{A^{x-}_{(aq)}\}^y \qquad (26.10)$$

$$v_{(II)2} = k_{(II)2}\{M^{y+}_{(aq)}\}^x \{A^{x-}_{(aq)}\}^y \qquad (26.11)$$

Quando for alcançado o equilíbrio na etapa (II), tem-se a Equação (26.12):

$$v_{(II)1} = v_{(II)2} \qquad (26.12)$$

Relacionando a Equação (26.12) com as Equações (26.9) e (26.11) tem-se a Equação (26.13) e por rearranjo a Equação (26.14).

$$k_{(II)1}\{M_xA_{y(aq)}\} = k_{(II)2}\{M^{y+}_{(aq)}\}^x \{A^{x-}_{(aq)}\}^y \qquad (26.13)$$

$$\frac{k_{(II)1}}{k_{(II)2}} = K_{II} = \frac{\{M^{y+}_{(aq)}\}^x \{A^{x-}_{(aq)}\}^y}{\{M_xA_{y(aq)}\}} \qquad (26.14)$$

Rearranjando as Equações (26.7) e (26.14) chega-se à Equação (26.15):

$$K_I K_{II} = \frac{\{M^{y+}_{(aq)}\}^x \{A^{x-}_{(aq)}\}^y}{\{M_xA_{y(s)}\}} \qquad (26.15)$$

Na definição do *estado padrão*, ou *estado estândar*, das substâncias, convencionou-se, para efeito de definição de potencial químico (μ_i), que a atividade de uma espécie química i {i} no seu estado padrão, isto é, no seu estado de pureza, a 25 °C e a 1 atm é {i} = 1,0 mol L^{-1}.

Logo, tem-se as Equações (26.16) e (26.17):

$$\{M_xA_{y(s)}\} = 1,0 \qquad (26.16)$$

$$K_I K_{II} = \{M^{y+}_{(aq)}\}^x \{A^{x-}_{(aq)}\}^y = Kpa = \qquad (26.17)$$
$$\text{Constante termodinâmica}$$

A constante termodinâmica (Kpa) é a constante do produto de atividade, pois, na realidade não deixa de ser um produto das atividades dos íons em que se dissocia o sólido ou o composto em análise.

Observação: A partir deste momento serão suprimidos, nas fórmulas, o subscrito (aq) para facilitar a escrita.

26.1.3 Concentração e atividade de uma espécie i em solução

Ao se colocar, por exemplo, o cloreto de sódio, $NaCl_{(s)}$, na água para ter-se uma solução de concentração de 1 mol L^{-1} tem-se a Reação (R-26.6):

$$NaCl_{(s)} + \text{água}_{(l)} \rightleftarrows Na^+_{(aq)} + Cl^-_{(aq)}$$
(R-26.6)
(1 mol)   (até 1 L)   (1 mol L^{-1})   (1 mol L^{-1})

Diz-se que a concentração dos íons sódio, $Na^+_{(aq)}$, e dos íons cloreto, $Cl^-_{(aq)}$, é respectivamente 1,0 mol L^{-1} e é representada pelo símbolo dos íons entre colchetes [i], conforme segue:

[Na^+] = 1,0 mol L^{-1} (6,023.10^{23} íons, cátion sódio por litro de solução)
[Cl^-] = 1,0 mol L^{-1} (6,023.10^{23} íons, ânions cloreto por litro de solução)

Esta é a concentração denominada de *concentração formal*, ou *concentração analítica*. É a concentração que foi preparada. No entanto, quando os íons Na^+ e Cl^- entram em contato:
a) com o solvente, no caso a água;
b) com a presença de outros possíveis íons no meio;
c) com as condições de temperatura e pressão, talvez diferentes das iniciais;
d) com o maior número, ou menor número, de íons idênticos, presentes na solução, isto é, concentrações maiores, ou menores;
e) com possíveis agentes complexantes etc., neste caso, podem ter um *comportamento* como se tivessem uma *concentração maior*, ou mesmo, *menor* do que a concentração preparada 1,0 mol L^{-1}.

Este *comportamento* que depende do tipo de solvente, da concentração dos próprios íons e dos outros íons presentes, da temperatura, da pressão ambiente etc., chama-se de *atividade*. A *atividade* da espécie *i* é representada por *chaves*, {i}, ao passo que os parêntesis, [i], convencionam a *concentração*. Tanto a *atividade* quanto a *concentração* tem as mesmas unidades, *mol L^{-1}*.

Pode-se afirmar o que é dado na Equação (26.18):

$$a_i = \{i\} \propto [i] \text{ (concentração)} \quad (26.18)$$

Para se estabelecer o sinal de igualdade tem-se que introduzir uma constante de proporcionalidade, que, no caso, é γ_i, denominada de *coeficiente de atividade*, conforme Equação (26.19):

$$a_i = \{i\} = \gamma_i [i] \quad (26.19)$$

Debye-Hückel demonstraram pela físico-química o que segue nas Equações (26.20) a (26.22):

$$\log \gamma_+ = -0,50.(Z_+)^2. \sqrt{I} \quad (26.20)$$

$$\log \gamma_- = -0,50.(Z_-)^2. \sqrt{I} \quad (26.21)$$

$$\log \gamma_\pm = -0,50.(Z_+).(Z_-). \sqrt{I} \quad (26.22)$$

Nas Equações (26.20) a (26.22) tem-se símbolos com os seguintes significados:

γ_+ = coeficiente de atividade do cátion;
γ_- = coeficiente de atividade do ânion;
$\gamma_\pm$ = coeficiente de atividade médio; pois, na prática, não se consegue determinar o valor individual de cada um dos coeficientes, por não ter como separá-los um do outro na solução;
I = força iônica do meio;
Z_+ = carga do cátion;
Z_- = carga do ânion;
0,50 = constante numérica na qual estão envolvidos: fatores de conversão de unidades, temperatura do meio, constante dielétrica da água, conversão da base logarítmica, entre outros.

A força iônica do meio envolve todas as espécies iônicas presentes na solução, mesmo as que não têm nada a ver, em princípio, com o equilíbrio em estudo. Por exemplo, em vez de fazer o estudo em água pura pode-se fazer o estudo em água acidulada ou água salgada. Dali, um dos fatores por que a água doce tem um comportamento e a do mar tem outro. Outro problema prático desta natureza é a determinação do pH da solução do solo. A atividade protônica muda de acordo com o teor salino da solução.

Para calcular a força iônica do meio, determina-se a somatória da Equação (26.23):

$$I = \sum_{i=1}^{n} C_i (Z_i)^2 \quad (26.23)$$

Onde,
I = força iônica do meio;
C_i = concentração da solução;
Z_i = carga do íon.

Experimentalmente e teoricamente verifica-se que quando I tende a zero (0), isto é, a concentração C_i tende à *diluição infinita*, portanto, para soluções diluídas, o *coeficiente de atividade* é igual a 1 (unidade) e a solução é chamada de *solução ideal*. Logo, para soluções diluídas ou ideais, tem-se a Equação (26.24):

$$\text{Atividade de } \mathbf{i} = \{\mathbf{i}\} = 1\,[\mathbf{i}] = [\mathbf{i}] = \text{concentração de } \mathbf{i} \text{ (mol L}^{-1}) \quad (26.24)$$

26.1.4 Constante do produto de atividade (Kpa) e constante do produto de solubilidade (Kps)

Por definição o produto de solubilidade de um composto (Kps) é o produto das concentrações molares dos íons liberados na dissolução do soluto, elevadas ao expoente dos respectivos coeficientes do número de íons liberados. Como o composto em estudo $M_xA_{y(s)}$ libera x íons do tipo M^{y+} e y íons do tipo A^{x-}, tem-se para o Kps a Equação (26.25):

$$Kps = [M^{y+}]^x\,[A^{x-}]^y \quad (26.25)$$

Pela Equação (26.17) e Equação (26.19) tem-se que a constante termodinâmica, ou constante do produto de atividade {i}, toma a forma da Equação (26.26):

$$Kpa = \{M^{y+}\}^x\,\{A^{x-}\}^y \quad (26.26)$$

Ou,

$$Kpa = (\gamma_{y+})^x\,(\gamma_{x-})^y\,[M^{y+}]^x\,[A^{x-}]^y \quad (26.27)$$

Relacionando a Equação (26.27) com a Equação (26.25) tem-se a Equação (26.28):

$$Kpa = Kps\,(\gamma_{y+})^x\,(\gamma_{x-})^y \quad (26.28)$$

Quando se tem uma solução diluída, ou que se aproxima da idealidade, onde γ_i é igual 1,0, pode-se escrever a Equação (26.29) e a Equação (26.30):

$$Kpa = Kps \quad (26.29)$$

$$Kpa = Kps = [M^{y+}]^x\,[A^{x-}]^y \quad (26.30)$$

Portanto, a constante, que é constante, é a constante termodinâmica, Kpa, mas para as soluções diluídas, ditas ideais, Kpa é igual ao Kps

26.1.5 Solubilidade (S) e constante do produto de solubilidade (Kps)

Todo o composto iônico mais solúvel, ou menos solúvel no solvente água, apresenta uma constante denominada de produto de solubilidade (Kps). Contudo, resguarda-se o termo constante de produto de solubilidade apenas para os compostos pouco, ou quase nada solúveis.

As constantes do produto de solubilidade (Kps) para as condições de solvente água, temperatura de 25 °C e pressão de 1 atm, já se encontram tabeladas para a maioria dos produtos pouco solúveis. A Tabela 21.1 da Unidade Didática 21 apresenta alguns valores de Kps.

A importância destes valores é que com eles pode-se determinar a solubilidade dos compostos, ou tendo a sua solubilidade, determinar o valor do Kps.

Considerando as etapas de dissolução do composto $M_xA_{y(s)}$ da Figura 26.2, tem-se o esquema que segue, com a Equação (26.31):

```
┌─────────────────────────────────────────────────────────────────────────────────────┐                                (26.31)
│              Dissolução                                                             │
│  Soluto(Precipitado) |T,P ⇌ Precipitação    Soluto(Dissolvido) |T,P                 │
│  ─────────────────                          ─────────────────────────────────       │
│                                             Etapa (I)          Etapa (II)           │
│                                             ─────────          ──────────────       │
│       MₓAy(ppt)         ⇌    MₓAy(aq)   ⇌   x M^{y+}_{(aq)}  +  y A^{x-}_{(aq)}     │
│  A cada:                                                                            │
│    1 mol dissolvido     ⇌    S° = [MₓAy(aq)]  ⇌ (1-S°) x = [M^{y+}_{(aq)}]  e (1-S°) y = [A^{x-}_{(aq)}] │
│    S mol dissolvido     ⇌    S° = [MₓAy(aq)]  ⇌ (S-S°) x = [M^{y+}_{(aq)}]  e (S-S°) y = [A^{x-}_{(aq)}] │
│  Legenda                                                                            │
│  S = Solubilidade da espécie em estudo;  S° = Solubilidade intrínseca.              │
└─────────────────────────────────────────────────────────────────────────────────────┘
```

Pelo Balanço de Massa têm-se as Equações (26.32) e (26.33):

$$[M_xA_y]_{(dissolvido)}\big|_{T,P} = S = \text{Solubilidade} = S° + (S-S°) = S° + [M^{y+}]/x \quad (26.32)$$

$$[M_xA_y]_{(dissolvido)}\big|_{T,P} = S = \text{Solubilidade} = S° + (S-S°) = S° + [A^{x-}]/y \quad (26.33)$$

Como, para a maioria dos casos, o valor da solubilidade intrínseca tem um valor pequeno é possível fazer com segurança algumas aproximações, que conduzem às Equações (26.34) e (26.35):

$$[M^{y-}] = xS \quad (26.34)$$

$$[A^{x-}] = yS \quad (26.35)$$

Relacionando as Equações (26.29), (26.34) e (26.35), tem-se as Equações (26.36), (26.37) e (26.38):

$$Kps = (xS)^x (yS)^y \quad (26.36)$$

$$Kps = (x^x)(y^y)(S)^{(x+y)} \quad (26.37)$$

$$S = \left[\frac{Kps}{(x^x)(y^y)}\right]^{\frac{1}{(x+y)}} \quad (26.38)$$

Portanto, pela Equação (26.38) pode-se, através do Kps, determinar a solubilidade (S) de qualquer composto.

É bom lembrar aqui, que o subscrito "**ps**", depois do K, (Kps), significa *produto de solubilidade*, assim como "**pa**", depois do K, (Kpa), significa *produto de atividade*.

Dependendo da unidade que se está analisando, dentro do *Equilíbrio de Solubilidade*, a constante do Kps é substituída por Ks₀, onde, "**s**" significa solubilidade do soluto, e **0** (zero) refere-se ao *produto de solubilidade* específico para o caso em que as unidades do produto são idênticas às que existiam no soluto. Para entender o assunto serão colocados três equilíbrios onde aparecem Ks_0, Ks_1 e Ks_2 etc. O subscrito 1, 2, 3 ... significa que tem uma, duas, três, ou mais, unidades negativas idênticas às do soluto, no caso HO⁻, associadas com a positiva, na dissolução formando uma unidade específica. Ver o caso das Reações (R-26.7) à (R-26.10):

$$Fe(OH)_{3(s)} \rightleftarrows Fe^{3+}_{(aq)} + 3HO^{-}_{(aq)}$$
$$Ks_0 = [Fe^{3+}][HO^{-}]^3 \quad \text{(R-26.7)}$$

$$Fe(OH)_{3(s)} \rightleftarrows Fe(HO)^{2+}_{(aq)} + 2HO^{-}_{(aq)}$$
$$Ks_1 = [Fe(HO)^{2+}][HO^{-}]^2 \quad \text{(R-26.8)}$$

$$Fe(OH)_{3(s)} \rightleftarrows Fe(HO)_2^{+}_{(aq)} + 1\,HO^{-}_{(aq)}$$
$$Ks_2 = [Fe(HO)_2^{+}][HO^{-}] \quad \text{(R-26.9)}$$

$$Fe(OH)_{3(s)} \rightleftarrows Fe(HO)_3^{0}_{(aq)}$$
$$Ks_3 = [Fe(HO)_3]^0 \quad \text{(R-26.10)}$$

O leitor deve ter claro o significado de cada constante: Kpa, Kps e Ksi

Detalhes 26.1

Balanço de Massa (BM), Balanço de Carga (BC), Balanço Protônico

A massa (formada de átomos), a carga elétrica e os prótons são grandezas que não se perdem e não se criam num processo químico e ou físico qualquer. Elas se conservam. Isto pode ser compreendido melhor com um exemplo, como segue. Em um balão volumétrico de um litro foram colocados 0,10 mol de ácido fosfórico, H_3PO_4, e seu volume completado com água destilada. A solução foi homogeneizada e sua concentração é 0,10 mol L^{-1}.

Do sistema em equilíbrio, solicita-se a:

- Equação do Balanço de Massa (EBM);
- Equação do Balanço de Cargas (EBC);
- Equação do Balanço Protônico (EBP).

I Aspectos gerais do problema

Primeiramente deve-se saber como se encontra a água antes e depois de adicionado o ácido fosfórico.

No tocante à água, H_2O, moléculas se encontram autoionizadas, conforme a Reação (R-26.11):

$$H_2O_{(l)} \rightleftarrows H^+_{(aq)} + HO^-_{(aq)} \quad (R\text{-}26.11)$$
$$Kw = 1{,}0.10^{-14}$$

Portanto, a água já possui as seguintes espécies: H_2O, H^+ e HO^-. Ao se adicionar ácido fosfórico no equilíbrio dado pela Reação (R-26.11), o mesmo se desloca para a esquerda, porém, mantém o produto iônico da água, conforme Equação (26.39):

$$Kw = [H^+]_{Total}\,[HO^-]_{Total} = 1{,}0.10^{-14} \quad (26.39)$$

Pela Equação (26.39) observa-se que o valor de Kw envolve todos os H^+ e todos os HO^- do sistema, o que fica explicitado pelo subscrito "$_{Total}$".

Em segundo lugar estabelecer o que aconteceu com os 0,1 mol L^{-1} de ácido fosfórico ao dissolver-se na água.

O H_3PO_4 ao dissolver-se na água se dissociou, conforme Equações (26.40) a (26.42).

$$H_3PO_{4(aq)} \rightleftarrows H^+_{(aq)} + H_2PO_{4\,(aq)}^- \quad Ka_1 \quad (26.40)$$

$$H_2PO_{4\,(aq)}^- \rightleftarrows H^+_{(aq)} + H_1PO_{4\,(aq)}^{2-} \quad Ka_2 \quad (26.41)$$

$$H_1PO_{4\,(aq)}^{2-} \rightleftarrows H^+_{(aq)} + PO_{4\,(aq)}^{3-} \quad Ka_3 \quad (26.42)$$

A água e o ácido fosfórico formam um sistema homogêneo e o mesmo tem H^+ da água e H^+ do ácido fosfórico. Por isto é que na Equação (26.39) aparece o termo $[H^+]_{Total}$. A explicação é dada pela Equação (26.43).

$$[H^+]_{Total} = ([H^+]_{Água} + [H^+]_{Ácido\ fosfórico}) \quad (26.43)$$

Os íons hidróxidos, HO^-, existentes na solução são devidos à água, por isto é que na Equação (26.39) está subscrito Total, $[HO^-]_{Total}$.

Portanto, na solução em equilíbrio, em termos da espécie fosfato, têm-se: H_3PO_4; $H_2PO_4^-$; $H_1PO_4^{2-}$ e PO_4^{3-}. Observa-se que a massa dos 0,10 mol de ácido fosfórico se distribuiu em diversas frações. Mas, o total é a soma delas, que gera a equação do Balanço de Massa (EBM).

II Equação do Balanço de Massa (EBM)

Pelo descrito, a massa dos 0,10 mols de ácido fosfórico estão na solução de 1 litro. A soma das diferentes frações do ácido fosfórico dá o total 0,10 mols colocados no litro de água. Esta soma, em mol L^{-1}, gera a Equação do Balanço de Massa (EBM), conforme Equação (26.44):

EBM:

$$0{,}10 \text{ mol L}^{-1} = [H_3PO_4] + [H_2PO_4^-] + [H_1PO_4^{2-}] + [PO_4^{3-}] \tag{26.44}$$

III Equação do Balanço de Cargas (EBC)

O *princípio da eletroneutralidade* diz que a soma das cargas positivas de um ambiente qualquer é igual à soma das cargas negativas deste mesmo ambiente. Aplicando este princípio à solução do ácido fosfórico, chega-se à Equação do Balanço de Cargas (EBC), conforme Equação (26.45), EBC:

$$[H^+]_{Total} = 1\,[H_2PO_4^-] + 2\,[H_1PO_4^{2-}] + 3\,[PO_4^{3-}] + [HO\text{-}]_{Total} \tag{26.45}$$

Ou, simplesmente, Equação (26.46).

$$[H^+] = 1\,[H_2PO_4^-] + 2\,[H_1PO_4^{2-}] + 3\,[PO_4^{3-}] + [HO^-] \tag{26.46}$$

Observa-se que o segundo e o terceiro termos do segundo membro da Equação (26.46) são multiplicados por 2 e por 3, respectivamente. Isto se torna necessário, pois cada mol de HPO_4^{2-} leva consigo 2 mols de cargas negativas, e cada mol de PO_4^{3-}, leva consigo 3 mols de cargas negativas.

IV Equação do Balanço Protônico (EBP)

O princípio é simples: o número de mols de prótons (H^+) doados é igual ao número de mols de prótons recebidos. Seja o caso da Reação (R-26.12):

$$HCl_{(g)} + H_2O_{(l)} \rightleftarrows H_3O^+_{(aq)} + Cl^-_{(aq)} \tag{R-26.12}$$

A espécie H_3O^+ recebeu um próton. A espécie Cl^- deu um próton. Logo, confirma-se a igualdade dada pela Equação (26.47):

É bom lembrar que a igualdade dada pela Equação (26.47) refere-se à concentração em mol L^{-1}, que é igual ao número de prótons recebidos e ao número de prótons doados. Aplicando este exemplo ao caso do ácido fosfórico em solução aquosa, chega-se à Equação (26.48) e à Equação (26.49), que é a Equação de Balanço Protônico (EBP):

$$\text{Prótons recebidos em mol L}^- = \text{Prótons doados em mol L}^{-1} \tag{26.48}$$

$$[H_3O^+] = [H_2PO_4^-] + 2\,[HPO_4^{2-}] + 3\,[PO_4^{3-}] + [HO^-] \tag{26.49}$$

Observa-se que a Equação (26.49) é idêntica à Equação (26.46), contudo, nem sempre são iguais.

Estas Equações de Balanço de Massa, de Carga e de Prótons são importantes em cálculos de equilíbrios químicos.

26.1.6 Diagramas de solubilidade de compostos simples sem reações secundárias

Se for considerado o composto sulfato de bário ($BaSO_{4(s)}$), onde o x =1 e y = 1, tem-se um composto do tipo 1:1. Desprezando a sua solubilidade intrínseca, a sua dissolução se processa segundo a Reação (R-26.13):

$$BaSO_{4(s)} \rightleftarrows Ba^{2+}_{(aq)} + SO_4^{2-}_{(aq)} \quad (R\text{-}26.13)$$

Tomando o produto de solubilidade da Reação (R-26.13), chega-se à Equação (26.50):

$$Kps = [Ba^{2+}][SO_4^{2-}] \quad (26.50)$$

Tomando o logaritmo da expressão (26.50), chega-se às Equações (26.51) a (26.53):

$$\log Kps = \log[Ba^{2+}] + \log[SO_4^{2-}] \quad (26.51)$$

$$\log[Ba^{2+}] = \log Kps - \log[SO_4^{2-}] \quad (26.52)$$

Como o Kps do $BaSO_4 = 1{,}00.10^{-10}$, a Equação (26.52) se transforma na Equação (26.53):

$$\log[Ba^{2+}] = -10 - \log[SO_4^{2-}] \quad (26.53)$$

Tomando a derivada do log [cátion] em relação ao log [ânion], tem-se a Equação (26.54):

$$\frac{d\log[Ba^{2+}]}{d\log[SO_4^{2-}]} = -1 \quad (26.54)$$

Ao se fazer um gráfico tendo nas ordenadas log $[Ba^{2+}]$ e nas abcissas log $[SO_4^{2-}]$ obtêm-se a Figura 26.3.

Para este tipo de compostos (1:1) o ponto de cruzamento das duas retas com inclinação mais um (+1) ou a bissetriz do ângulo de 90°, e menos um (-1), inclinação da reta, se dá nos pontos:

$\log[Ba^{2+}] = -5$ e $[Ba^{2+}] = 10^{-5}$ mol L^{-1}
$\log[SO_4^{2-}] = -5$ e $[SO_4^{2-}] = 10^{-5}$ mol L^{-1}

Cujo produto,

$$[Ba^{2+}][SO_4^{2-}] = 10^{-5} \cdot 10^{-5} = 1{,}0.10^{-10} = Kps \quad (26.55)$$

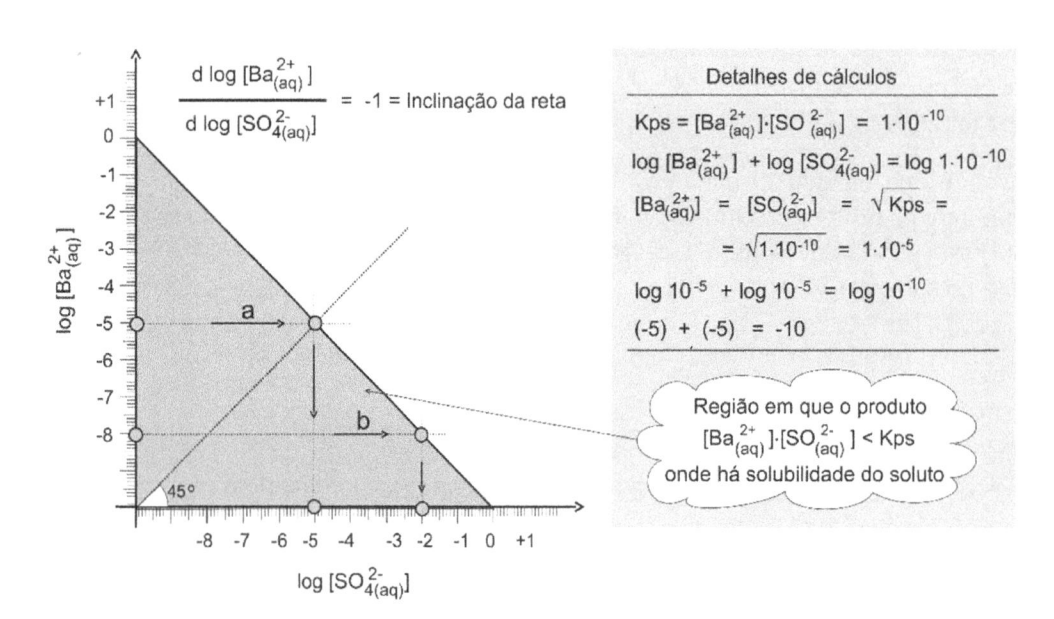

Figura 26.3 Diagrama da solubilidade do sulfato de bário, $BaSO_{4(s)}$, como função da concentração do ânion sulfato, $[SO_4^{2-}{}_{(aq)}]$.

Pela Figura 26.3, a reta com inclinação −1, cujos pontos coordenados em termos de log [i] tem como soma de suas coordenadas sempre −10, por exemplo, o caminho assinalado **a** (-5 + -5 = -10), ou o caminho assinalado **b** (-8 + -2 = -10), dá os valores das concentrações do ânion e do cátion para as quais o valor da constante do produto de solubilidade é alcançado e o composto sulfato de bário, deixa de ser solúvel e começa a precipitar.

Aqui fica a cargo da curiosidade do aluno o estudo de compostos cuja proporção (Cátion:Ânion) diferencie-se de 1:1, como, por exemplo: 1:2; 2:1; x:y, que é o caso da generalização.

26.1.7 Fatores que influenciam a solubilidade de um soluto

O equilíbrio mostrado na Figura 26.1 e mais detalhado na Figura 26.2, segundo o princípio de Le Châtelier pode modificar-se sob a ação de muitos fatores. Le Châtelier, assim postula seu princípio:

> Todo o sistema em equilíbrio ao sofrer a ação de algum agente externo qualquer (temperatura, pressão, concentração etc), reage no sentido de neutralizar, ou compensar, esta ação.
>
> Le Châtelier

Nesta Unidade Didática, não se tem o objetivo de estudar estes fatores. Contudo, serão nominados alguns deles, para posteriores cogitações. Entre estes fatores, tem-se:
- Força iônica do meio;
- Temperatura;
- Efeito do íon comum;
- Efeito do pH (H^+ e HO^-);
- Efeito da hidrólise do ânion;
- Efeito da hidrólise do cátion;
- Efeito de agentes estranhos complexantes;
- Efeito do próprio ânion formar complexos solúveis com o cátion.

Cada um destes tópicos é assunto para uma ou mais, Unidades Didáticas.

26.2 PARTE EXPERIMENTAL

26.2.1 Determinação do produto de solubilidade do cloreto de chumbo (II), $PbCl_{2(s)}$

a – *Material*
- *Dois béqueres de 50mL de capacidade;*
- *$PbCl_{2(s)}$ p.a.;*
- *Espátula de vidro;*
- *Balança com precisão de 0,001 g;*
- *Sistema de aquecimento (bico de Bunsen, tripé, tela de amianto, fósforo etc.);*
- *Dessecador;*
- *2 Cápsulas de porcelana de 50 a 100 mL de capacidade com respectivo vidro de relógio;*
- *Termômetro com escala de 0 a 120 °C;*
- *Pinça metálica;*
- *Material de registro de dados: Diário de laboratório; computador; calculadora.*

b – *Procedimento*
À temperatura ambiente
- Colocar cerca de 40 mL da solução saturada de cloreto de chumbo(II) em dois béqueres de 50mL.
- Adicionar pequena quantidade de cloreto de chumbo(II) a cada um dos dois béqueres, a fim de que se tenha o sistema:

$$\text{Soluto}_{(precipitado)} \rightleftarrows \text{Soluto}_{(dissolvido)}$$

- Registrar a temperatura das soluções, que deve ser igual à temperatura ambiente.
- Pesar a cápsula de porcelana juntamente com o vidro de relógio, previamente secos no dessecador e registrar a $m_{(c+v)}$ na Tabela RA 26.1, no Relatório de Atividades.
- Transferir com uma pipeta volumétrica 20,00 mL da parte sobrenadante da solução saturada de cloreto de chumbo(II) de um dos copos béqueres, para a cápsula com o vidro de relógio pesado. Cuidar para não recolher soluto sólido ou precipitado.
- Sobre uma tela de amianto no tripé, com o auxílio do bico de Bunsen, evaporar cuidadosamente a água da solução na cápsula coberta com o vidro de relógio, até a completa secura em todo o sistema vidro-cápsula.

Atenção: O aquecimento em temperatura elevada provoca a sublimação, isto é, perdas de $PbCl_{2(s)}$.

- Após, levar o sistema vidro-cápsula-resíduo para esfriar no dessecador, até alcançar o equilíbrio térmico (temperatura ambiente).
- Pesar o sistema vidro-cápsula-resíduo anotando a massa $m_{(c+v+r)}$ na Tabela RA 26.1, no Relatório de Atividades.
- Preencher a Tabela RA 26.1 no Relatório de Atividades.

À temperatura de 40 ºC
- Aquecer o outro béquer com a solução em equilíbrio com $PbCl_{2(s)}$ até à temperatura desejada (no caso 40 ºC);
- A seguir repetir os passos efetuados para a temperatura ambiente.
- Preencher a Tabela RA 26.1, no Relatório de Atividades.

c – *Cálculos e Discussões*
- Com a massa do resíduo (m_r), que é a massa do $PbCl_{2(s)}$ que estava no volume de 20 mL (fase líquida) da solução saturada, calcular a solubilidade (**s**) em mol L^{-1}, do cloreto de chumbo(II), a temperatura ambiente ($s_{(ambiente)}$) e a temperatura de 40 ºC ($s_{(40\ ºC)}$).
- Com a Equação (26.37), abaixo repetida, substituindo x =1 e y = 2 e **S** pelo valor calculado pelos dados experimentais, calcular o valor do Kps.

$$Kps = (x^x)(y^y)(S)^{(x+y)} \qquad [26.37]$$

- Comparar o valor experimental com o encontrado na Literatura pertinente, se possível determinar o erro relativo da medida.
- À temperatura de 40 ºC, o que aconteceu com a solubilidade? E com a constante Kps?
- Num texto de Química-Física estudar a influência do fator temperatura sobre a constante de equilíbrio para sistemas de fase condensada.
- Preencher Tabela RA 26.1 no Relatório de Atividades.

26.2.2 Construção de um Diagrama de log [Cátion] versus log [Ânion]

a – *Material*
- *Régua, esquadro, lápis, borracha, calculadora e demais materiais pessoais de desenho;*
- *Folhas de papel milimetrado;*
- *Uma Tabela bastante completa de Kps.*
- *Material de registro de dados: Diário de laboratório; computador.*

b – *Procedimento*
- Numa folha de papel milimetrado traçar os eixos cartesianos das abcissas (X, que conterá os valores de log [Ânion]) e das ordenadas (Y, que conterá os valores de log [Cátion]).
- Entre os dois semieixos traçar (em linha tracejada) a bissetriz, ou a reta com inclinação +1.
- Procurar numa Tabela de Kps o valor de um, cujo composto seja do tipo (1:1), por exemplo, as Reações (R-26.14) e (R-26.15):

$$FePO_{4(s)} \rightleftarrows Fe^{3+}_{(aq)} + PO_4^{3-}{}_{(aq)}$$
$$Kps = 1,0.10^{-22} \qquad (R\text{-}26.14)$$

$$HgS_{(s)} \rightleftarrows Hg^{2+}_{(aq)} + S^{2-}_{(aq)}$$
$$Kps = 1,0.10^{-52} \qquad (R\text{-}26.15)$$

- Pela Equação (26.38) determinar o valor de $[Fe^{3+}] = [PO_4^{3-}]$ = Solubilidade.
- Achar o log $[Fe^{3+}]$ e log $[PO_4^{3-}]$.
- Sobre a bissetriz, ou a reta com inclinação +1, que passa pela origem dos eixos cartesianos localizar o ponto $P_{(\log [Fe3+],\ \log[PO4_{3-}])}$.
- Por este ponto traçar uma reta com inclinação -1 = dlog $[Fe^{3+}]$/dlog $[PO_4^{3-}]$.
- E se o composto fosse do tipo 1:2, como ficaria?

c – *Cálculos*
- Pelo gráfico calcular a concentração de íons Fe^{3+}, que começaria a precipitar se a concentração do fosfato fosse de $1,0.10^{-15}$; $1,0.10^{-7}$ mols por litro. E se o problema fosse para o PO_4^{4-}?
- Fazer exercícios sob orientação do Professor.

26.3 EXERCÍCIOS DE FIXAÇÃO

26.1. Definir solução saturada, supersaturada e insaturada.

26.2. Na análise do produto de solubilidade do cloreto de chumbo (II) ($PbCl_2$), foi tomada uma alíquota de 10,0 mL da solução saturada e após evaporação e pesagem foi encontrado uma massa de resíduo salino de 0,08 gramas. Calcular o Kps do sal. Sabendo que o Kps teórico do cloreto de chumbo (II) é $1,6.10^{-5}$, qual o erro percentual cometido durante o procedimento experimental?

Dados: Massa molar ($PbCl_2$) = 278,7 g mol^{-1}.

26.3. Para se determinar a solubilidade do sulfato de bário ($BaSO_4$), foram coletados os seguintes dados em um experimento de laboratório:

Volume da alíquota: V_a = 500,00 mL

Massa da cápsula de porcelana + vidro de relógio: $m_{(c+v)}$ = 167,528 g

Massa da cápsula de porcelana + vidro de relógio + resíduo de $BaSO_4$: $m_{(c+v+r)}$ = 167,533 g

a) Escreva a reação de equilíbrio entre o sal sólido e o sal dissolvido.

b) Conceitue solução saturada.

c) Calcule a solubilidade do sulfato de bário.

d) Calcule o Kps do sulfato de bário.

e) Procure o valor do Kps do sulfato de bário em uma Tabela na literatura e calcule o erro do valor experimental.

Dados: Massa molar ($BaSO_4$) = 233,3 g mol^{-1}.

26.4. Para se determinar a solubilidade do $PbCl_2$ um grupo de alunos encontrou no laboratório os seguintes dados:

Volume da alíquota: V_a = 50,00 mL

Massa da cápsula de porcelana + vidro de relógio: $m_{(c+v)}$ = 53,472 g

Massa da cápsula de porcelana + vidro de relógio + resíduo de $PbCl_2$: $m_{(c+v+r)}$ = 53,693 g

a) Escreva a reação de solubilização do cloreto de chumbo(II).

b) Calcule a solubilidade do cloreto de chumbo(II) em g L^{-1} e mol L^{-1}.

c) Calcule o Kps do cloreto de chumbo(II).

26.5. Construa o diagrama do log [cátion] versus log [ânion] para o sal pouco solúvel cloreto de prata, AgCl, cujo Kps = $1,7.10^{-10}$.

Pelo gráfico calcule a concentração dos íons Ag^+ que dá início a precipitação do AgCl:

Se a concentração dos íons Cl$^-$ fosse $1,0.10^{-4}$ mol L^{-1}.

Se a concentração dos íons Cl^{-1} fosse $1,0.10^{-9}$ mol L^{-1}.

Respostas: **26.2.** 2,36. 10^{-5}; 47,5; **26.3.** 0,01; 1,84.10^{-9}; 15%; **26.4.** 4,42; 1,59.10^{-2}; 1,61.10^{-5}.

26.4 RELATÓRIO DE ATIVIDADES

Universidade _____ Centro de Ciências Exatas – Departamento de Química Disciplina: QUÍMICA GERAL EXPERIMENTAL – Cód: _____ Curso: _____ Ano: _____ Professor: _____	Relatório de Atividades

_____ Nome do Acadêmico	_____ Data

UNIDADE DIDÁTICA 26: EQUILÍBRIO QUÍMICO

PRODUTO DE SOLUBILIDADE

Tabela RA 26.1 Quadro resumo dos dados experimentais

Sistema	$Massa_{(c+v)} = m_1$ (g)	$Massa_{(c+v+r)} = m_2$ (g)	Diferença: $m_2 - m_1 = m_{(r)}$ (g)	Solubilidade (s) em mol L^{-1}	Valor de Kps
À temperatura ambiente					
À temperatura de 40 °C					
À temperaturas outras					
	Dados pesquisados: Kps do $PbCl_{2(s)}\big|_{25°C\,e\,1\,atm}$ = _____ Solubilidade do $PbCl_{2(s)}\big|_{25°C\,e\,1\,atm}$ = _____ mol L^{-1}				

c = cápsula; v = vidro; r = resíduo.

26.5 REFERÊNCIAS BIBLIOGRÁFICAS E SUGESTÕES PARA LEITURA

BARD, A. J. **Equilíbrio químico**. Traducción y adaptación de Juan de La Rubia Pacheco. New York: Harper & Row Publishers, 1970. 221 p.

BETTELHEIM, F.; LANDESBERG, J. **Laboratory experiments for general, organic & biochemistry**. Philadelphia (USA): Saunders College Publishing, 1995. 552 p.

BUTLER, J. N. **Ionic equilibrium** – *A mathematical approach*. California: Addison-Wesley Publishing Company, 1964. 547 p.

CHRISPINO, A. **Manual de química experimental**. São Paulo (SP): Editora Ática, 1991. 230 p.

COMPANION, A. L. **Ligação química**. 5. reimpressão. Tradução de Luiz Carlos Guimarães. São Paulo: Editora Edgard Blücher, 1988. 140 p.

LAITINEN, H. A. **Chemical analysis** – *An advanced text and reference*. New York: McGraw-Hill Book Company, 1960. 611 p.

LEWIN, S. **The solubility product principle** – *An introduction to its uses and limitations*. London: Sir Isaac Pitman & Sons, 1960. 116 p.

MASTERTON, W. L.; SLOWINSKI, E. J.; STANITSKI, C. L. **Princípios de química**. 6. ed. Tradução de Jossyl de Souza Peixoto. Rio de Janeiro: Editora Guanabara, 1990. 681 p.

PANKOW, J. F. **Aquatic chemistry concepts**. Michigan (USA): Lewis Publishers, 1991. 673 p.

RUSSEL, J. B. **Química geral**. 2. ed. Coordenação, tradução e revisão Maria Elizabeth Broto *et al*. Rio de janeiro: MAKRON Books do Brasil Editora e Editora McGraw-Hill, 1994. Volume 01 e 02, 1268 p.

SIGMA-ALDRICH CATALOG. **Biochemicals and reagents for life science research**. USA: SIGMA ALDRICH Co., 1999. 2880 p.

STUMM, W.; MORGAN, J. J. **Aquatic chemistry**. 3.ed. New York: John Wiley & Sons, 1996. 1022 p.

THOMAS SCIENTIFIC CATALOG: 1994/1995. New Jersey (USA): Thomas Scientific Co., 1995. 1929 p.

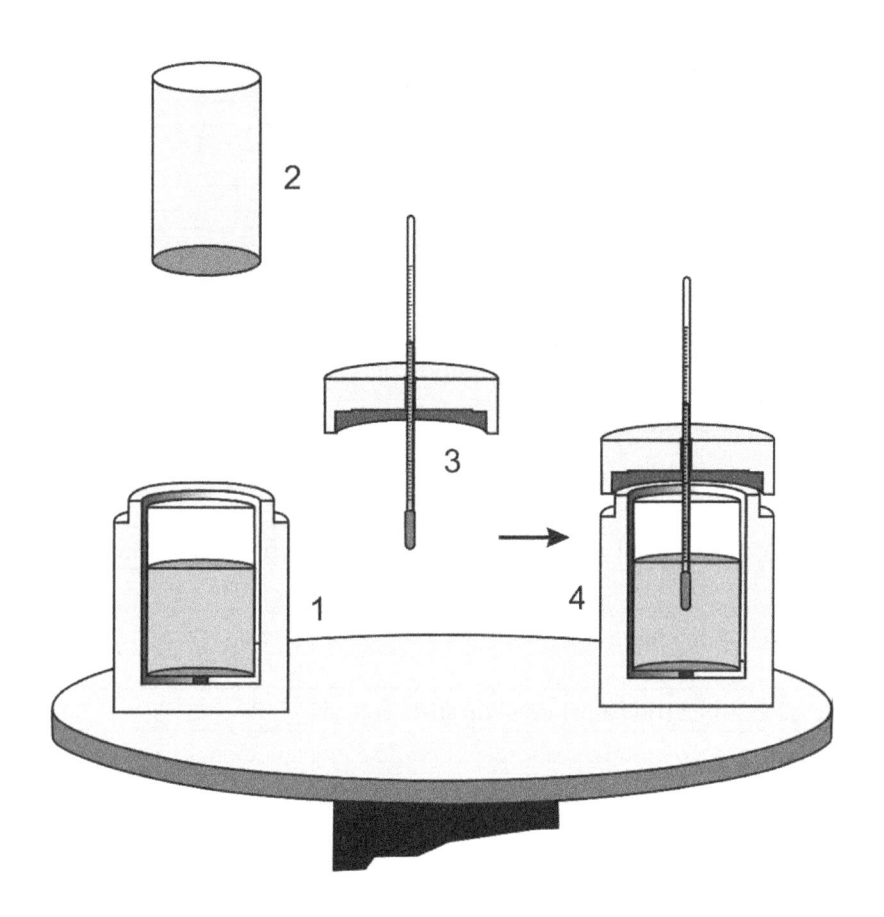

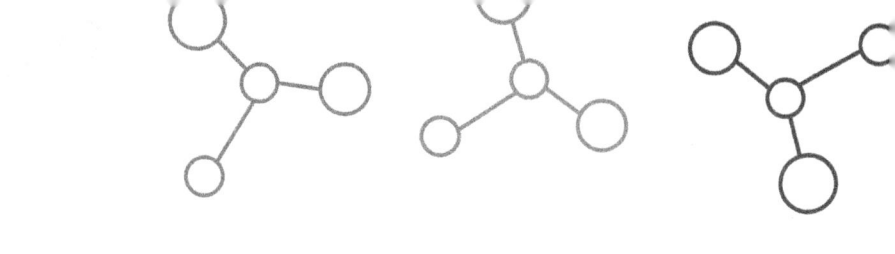

UNIDADE DIDÁTICA 27

Bomba calorimétrica: Usada para medir a variação da temperatura durante uma reação química sem perdas de calor. Recipiente feito de material que não permite trocas de calor, como o isopor. (**1**) Corte longitudinal da bomba, mostrando a cavidade interna, onde deve ser acondicionado o (**2**) recipiente de vidro onde ocorre a reação. (**3**) Tampa feita do mesmo material da bomba, com um termômetro, para medir a temperatura. (**4**) Bomba montada.

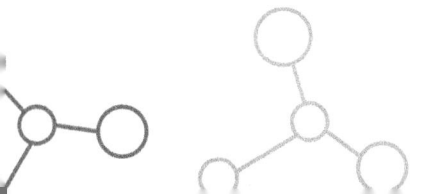

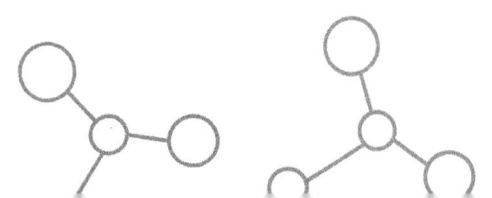

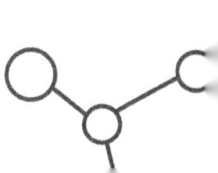

UNIDADE DIDÁTICA 27

TERMOQUÍMICA

CALOR DE REAÇÃO

Conteúdo	Página
27.1 Aspectos Teóricos	639
27.1.1 Introdução	639
27.1.2 Sistema, ambiente, função de estado, estado de um sistema	640
27.1.3 Energia, temperatura, calor, calor de reação ou entalpia	640
27.1.4 Reações endotérmicas e reações exotérmicas	641
27.1.5 Entalpia de uma reação (H)	642
27.1.6 Entalpia de solução (fase líquida)	645
Detalhes 27.1	647
27.2 Parte Experimental	649
27.2.1 Determinação do calor (entalpia) de diluição ($\Delta H_{(dil)}$) de um processo exotérmico	649
Segurança 27.1	649
27.2.2 Determinação da entalpia integral de solução ($\Delta H_{(sol)}$) do cloreto de amônio ($NH_4Cl_{(s)}$), p.a.	653
27.2.3 Determinação da entalpia (ou calor) de neutralização ($\Delta H_{(neutr)}$)	654
27.2.4 Verificação de uma reação em que a energia liberada é energia de natureza elétrica	656
27.3 Exercícios de Fixação	657
27.4 Relatório de Atividades	659
27.5 Referências Bibliográficas e Sugestões para Leitura	661

Unidade Didática 27
TERMOQUÍMICA
CALOR DE REAÇÃO

Objetivos
- Conceituar *calor de reação* ou *entalpia de reação* e suas diversas formas.
- Determinar experimentalmente o *calor integral de solução*, o *calor de diluição* e de *neutralização* de ácidos e bases fortes.
- Aprender a calcular e expressar o calor em Joule ou kJ por mol (J mol^{-1} ou kJ mol^{-1}).

27.1 ASPECTOS TEÓRICOS

27.1.1 Introdução

A *Termodinâmica* é a parte da Físico-química que estuda a energia, suas formas, suas transformações, sua eficiência no uso, suas limitações, bem como, sua disponibilidade para realizar trabalho. A determinação das variações de energia envolvidas nas reações químicas, a determinação das quantidades de reagentes e produtos através das relações de equilíbrio dos processos, a determinação da direção das transformações através das relações entre energia de ligação e estrutura, entropia e rendimentos de reação, a estabilidade de substâncias e misturas, são objeto de estudo da Termodinâmica. Para a química, portanto, a Termodinâmica exerce um papel importante. A *Termoquímica* é a parte da termodinâmica que estuda o calor absorvido ou liberado nas transformações químicas.

"Blecaute" e "horário de verão" têm-se tornado expressões e hábitos mais comuns nos últimos anos. O primeiro com menos intensidade e o segundo já é rotina todos os anos em muitos estados brasileiros. Um aumento populacional, implicando no aumento do número e da atividade industrial, tem gerado aumento no consumo de energia. Usinas hidroelétricas, usinas nucleares, usinas termoelétricas, energia solar, energia eólica e das marés, o carvão, gases naturais, o álcool e o petróleo têm sido utilizados como fontes de energia. Todas essas fontes de energia, além de não suprirem a demanda, algumas têm gerado problemas ambientais o que faz com que novas fontes alternativas de energia sejam procuradas. Em muitos destes processos citados, as reações químicas estão presentes e são os calores de reação dos processos, os geradores da energia. Atualmente muito se fala do "combustível ecológico" o *HIDROGÊNIO*, para a obtenção de energia, quer através de sua fusão, quer pela sua combustão. Este, além de ser o elemento mais abundante no universo, o produto de sua combustão não é poluente, pois, é a própria água.

Nesta UNIDADE DIDÁTICA serão discutidos os processos em que a transferência de energia ocorre sob forma de calor nas reações químicas e a medida desta energia calorífica.

27.1.2 Sistema, ambiente, função de estado, estado de um sistema

Sistema é a parte do universo físico e objeto de estudo. Na química o *sistema* inclui as substâncias envolvidas em mudanças físicas e químicas. *Ambiente ou vizinhança* é a parte do universo físico, próximo ao sistema, podendo interferir, ou ser interferido, no ou pelo sistema. Numa reação química realizada em um tubo de ensaio, os reagentes e produtos constituem o sistema e as paredes do tubo separam o sistema do ambiente.

Funções ou variáveis de estado são grandezas físicas que descrevem os sistemas, constituindo-se propriedades do sistema, ou seja, só dependem do estado em que se encontra. Portanto, são grandezas cujas variações só dependem dos estados inicial e final. Exemplo, a pressão, o volume, a temperatura, o calor etc.

Estado de um sistema é a definição de algumas de suas funções para o sistema. Exemplo, o estado de um gás é definido quando seu volume e sua pressão forem especificados.

27.1.3 Energia, temperatura, calor, calor de reação ou entalpia

Define-se potencial como a capacidade de produzir trabalho e energia o próprio trabalho, como uma das formas em que ela se manifesta. A lei de conservação de energia diz que:

> A energia não pode ser criada nem destruída, mas pode ser convertida de uma forma para outra.

Assim, a energia encontra-se denominada de diversas formas: energia térmica ou calorífica, energia mecânica, energia química, energia elétrica, energia gravitacional, energia eletrostática, energia luminosa, energia nuclear ... Todas essas formas fazem parte de duas classes de energia: a *energia cinética* e a *energia potencial*.

Energia Cinética (Ec) é a energia associada ao estado em que se encontram os corpos. A quantidade de energia cinética é dada pela Equação (27.1):

$$E_c = (1/2)\, m.v^2 \qquad (27.1)$$

Onde, m= massa e v= velocidade. Sua unidade no Sistema Internacional (SI) é o Joule (J).

A caloria (cal) não é uma unidade do Sistema Internacional (SI), mas, ainda é muito usada pelos químicos e pelo comércio em geral, principalmente em assunto de alimentos. Originalmente indicava a quantidade de energia térmica necessária para elevar de 1°C a temperatura de 1g de água. Depois foi definida como a quantidade de energia térmica necessária para elevar de 14,5 a 15,5 °C a massa de 1g de água.

Sua relação com o Joule, desde 1948, conforme estabelecido pelo SI, é dada pela Equação (27.2):

$$1\, cal = 4{,}1868\, J \qquad (27.2)$$

Energia Potencial é a energia armazenada num sistema qualquer. Por exemplo, a energia potencial gravitacional está associada à posição de um corpo em relação a um ponto considerado do sistema. A água armazenada nas usinas hidroelétricas possui energia potencial. À medida que a água desce, a energia potencial é convertida em energia cinética.

Os hidrocarbonetos possuem energia potencial em suas ligações químicas. Quando de sua combustão parte desta energia potencial é convertida em energia calorífica ou em trabalho.

As substâncias químicas são constituídas por partículas (átomos, íons, moléculas, prótons elétrons, nêutrons) e estas também possuem uma energia intrínseca, resultante dos movimentos de rotação, translação, vibração e das interações inter e intramoleculares gerando também energias cinética e potencial. Essa energia é chamada de *energia interna* (U) e a energia total então será dada pela Equação (27.3):

$$E_{Total} = E_{Cinetica} + E_{Potencial} + U \quad (27.3)$$

A *temperatura* é a medida quantitativa desse estado energético. Maior temperatura, maior conteúdo energético; menor temperatura, menor conteúdo energético. Ao passar de um sistema para outro, a energia varia de um valor definido para outro valor também definido. Em geral, o interesse é nas variações de energia e não nos valores absolutos da energia. Assim, observando-se as trocas de energia entre o sistema e o ambiente, pode-se medir as variações de energia.

A diferença de temperatura entre o sistema termodinâmico e sua vizinhança, gera uma diferença de energia, uma energia em trânsito conhecida como calor. Numa reação química, a quantidade de calor trocada (doada ou recebida) pelo sistema com as vizinhanças é denominada de calor de reação.

Na natureza existem muitas transformações químicas e físicas que sempre envolvem energia. Estas reações ou transformações podem ser do tipo: combustão, ionização, atomização, fusão, sublimação, dissociação, dissolução, afinidade eletrônica, cristalização, vaporização, ebulição, síntese, entre outras. Todas envolvem uma entalpia ou melhor uma variação de entalpia, ΔH.

27.1.4 Reações endotérmicas e reações exotérmicas

Ao dissolver hidróxido de sódio (NaOH) em água, pelo simples contato das mãos com o recipiente, observa-se uma elevação da temperatura. A reação se deu com perda de calor, reação exotérmica, houve uma diminuição do seu conteúdo calorífico.

Ao contrário, a dissolução do cloreto de amônio (NH_4Cl) em água, observa-se a condensação do vapor de água nas paredes externas do recipiente que esfria. A reação se deu com ganho de calor, aumentou seu conteúdo calorífico (reação endotérmica). A parede do recipiente esfriou, pois, a reação retirou calor do ambiente.

Da mesma maneira, muitas reações químicas também ocorrem com desprendimento de calor (*reações exotérmicas*) e absorção de calor (*reações endotérmicas*). Reações de combustão, por exemplo, a de hidrocarbonetos, são reações típicas que envolvem desprendimento de calor. Por exemplo, na combustão de um mol do gás metano (CH_4) na presença do gás oxigênio (O_2) do ar ou puro, gera um calor de reação de 890 kJ. Representando o calor como se fosse *um produto*, quando ele *sai do sistema reagente*, aquecendo o ambiente, ou representando como se fosse *um reagente* da reação, quando ele *entra na reação* para formar os produtos, esfriando o ambiente, ou exigindo um aquecimento para que a reação se dê, chega-se às Reações (R-27.1) e (R-27.2), respectivamente.

$$CH_{4(g)} + O_{2(g)} \rightleftarrows CO_{2(g)} + 2\,H_2O_{(v)} + 890 \text{ kJ mol}^{-1} (-\Delta H) \quad \text{(R-27.1)}$$

A reação entre o hidróxido de bário hidratado [$Ba(OH)_2 \cdot 8H_2O_{(s)}$] com cloreto de amônio ($NH_4Cl_{(s)}$) gerando cloreto de bário ($BaCl_{2(aq)}$), amônio ($NH_4^+{}_{(aq)}$) e água, é altamente endotérmica, necessitando de um calor de reação de aproximadamente 170 kJ mol^{-1}.

$$Ba(OH)_2 \cdot 8H_2O_{(s)} + 2\,NH_4Cl_{(s)} + 170 \text{ kJ mol}^{-1}(+\Delta H) \rightleftarrows BaCl_{2(aq)} + 2\,NH_4^+{}_{(aq)} + 2OH^-{}_{(aq)} + 8\,H_2O_{(l)} \quad \text{(R-27.2)}$$

A representação termodinâmica da entalpia de reação numa equação química é feita após o segundo membro (depois da representação dos produtos) dando ao valor da variação da entalpia (ΔH) o sinal negativo (-) quando o calor for liberado como *um produto*, trata-se de uma reação exotérmica, e, dando-lhe um sinal positivo (+) quando o calor for absorvido como *um reagente*, tratando-se de uma reação endotérmica.

Significando, no primeiro caso, que os produtos têm um conteúdo calorífico ($H_{Produtos} = H_{Final}$) menor que os reagentes ($H_{Reagentes} = H_{Inicial}$), originando um $\Delta H = H_P - H_R < 0$ (zero), correspondendo-lhe uma reação exotérmica, conforme Equação (27.4):

$$\Delta H = H_P - H_R = H_{Final} - H_{Inicial} < 0 \text{ (zero)} \quad (27.4)$$

No segundo caso, com um ΔH > 0 (zero), correspondendo-lhe uma reação endotérmica, conforme Equação (27.5):

$$\Delta H = H_P - H_R = H_{Final} - H_{Inicial} > 0 \text{ (zero)} \quad (27.5)$$

Nos exemplos das Reações (R-27.1) e (R-27.2), respectivamente, tem-se as Equações (27.6) e (27.7) escritas de forma termodinâmica.

$$CH_{4(g)} + 2\,O_{2(g)} \rightleftarrows CO_{2(g)} + 2\,H_2O_{(v)} \qquad \Delta H = -890 \text{ kJ mol}^{-1} \quad (27.6)$$

$$Ba(OH)_2 8H_2O_{(s)} + 2\,NH_4Cl_{(s)} \rightleftarrows BaCl_{2(aq)} + 2\,NH_4^+{}_{(aq)} + 8\,H_2O_{(l)} + 2\,HO^- \qquad \Delta H = +170 \text{ kJ mol}^{-1} \quad (27.7)$$

Não se pode esquecer que o calor absorvido ou desprendido em uma reação química depende das condições nas quais a reação ocorre. No laboratório, em geral, as reações ocorrem em tubos de ensaio e copos abertos e, portanto, submetidas à pressão constante da atmosfera. Portanto, o calor liberado ou absorvido engloba a variação de energia interna e o trabalho de contração ou expansão do sistema. Assim, tem-se a Equação (27.8):

$$Q_p = \Delta U + P\Delta V \quad (27.8)$$

Onde: Q_p = Quantidade de calor transferido; ΔU = Variação da energia interna do sistema; ΔV = Variação de volume; $P\Delta V$ = Trabalho.

Pela análise dimensional, no sistema MKS, tem-se:

A pressão é dada pela Equação (27.9):

$$P = \frac{F}{A} \quad \text{Onde, F = força, A = área, tendo como unidade Nm}^{-2}. \quad (27.9)$$

O trabalho, como já referido acima, é dado pela Equação (27.10):

$$W = P\Delta V \quad \text{Onde, P = pressão, } \Delta V = \text{variação do volume} \quad (27.10)$$

Resultando nas unidades abaixo especificadas:
Pressão (P) = Nm^{-2};
Volume (V) = m^3;
Trabalho (W) = Nm

Logo,
$P\Delta V = Nm^{-2}m^3 = Nm = $ Joule (J)

27.1.5 Entalpia de uma reação (H)

Entalpia (H) é uma grandeza utilizada pelos químicos e físicos para quantificar o calor que flui em um sistema que ocorre a pressão constante ou, por definição, tem-se a Equação (27.11):

$$H = U + PV \quad (27.11)$$

Ou, na forma diferencial, tem-se a Equação (27.12):

$$dH = dU + d(PV) \quad (27.12)$$

A entalpia é uma grandeza extensiva, ou seja, depende da quantidade de substância e como PV é uma função de estado, a entalpia é portanto, uma função de estado. Em uma reação, o que se mede na realidade é a variação de entalpia (ΔH), conforme Equação (27.13):

$$\Delta H = \Delta(U + PV) = Q_p \quad (27.13)$$

Como a pressão é constante, chega-se à Equação (27.14):

$$\Delta H = \Delta U + P\,\Delta V \quad (27.14)$$

Ou Equação (27.15):

$$\Delta H = \Delta U + P\,\Delta V = Q_p \quad (27.15)$$

Como,

$$\Delta H = H_{Final} - H_{Inicial} \quad (27.16)$$

ou

$$\Delta H = H_{Produtos} - H_{Reagentes} \qquad (27.17)$$

Onde, H_{Final} e $H_{Inicial}$ ou $H_{Produtos}$ e $H_{Reagentes}$, respectivamente, corresponde a entalpia depois e antes da transferência de calor. Isto demonstra a afirmação da Lei de Hess, que segue abaixo.

Convém lembrar também que a entalpia sendo uma função de estado, a variação da mesma numa dada transformação, dependerá apenas dos estados inicial e final do sistema, independendo se há etapas intermediárias em questão. Este princípio é conhecido como a *Lei de Hess*, que pode ser enunciada conforme segue.

> A variação do calor da reação (ΔH), não depende do caminho pelo qual a reação se processa ao sair de um *estado incial* para chegar a um estado final, se a temperatura e pressão nestes dois estados forem iguais. Depende apenas do estado inicial e final.
>
> Germain Henry Hess (1840)

A Figura 27.1 mostra que, partindo do $Na_{(s)} + \frac{1}{2} Cl_{2(g)}$, ambos no *estado padrão*, passando por diversas reações (etapas) e chegando aos produtos finais correspondendo aos reagentes iniciais, no seu estado padrão, se fez um ciclo, onde a energia exigida nas reações foi também liberada. Como o *estado final* é o mesmo que o *inicial*, tudo se passou como se nada tivesse acontecido.

Este ciclo é conhecido com o ciclo de Born-Haber. Ele permite, entre outras finalidades, comprovar a formação dos íons e calcular entalpias de reações.

Como existem diversas transformações que podem ocorrer com as substâncias químicas, as entalpias dessas transformações são conhecidas pelo nome das transformações que estão ocorrendo. Por isso, dentre outras, tem-se: *entalpia de atomização, entalpia de combustão, entalpia de dissolução, entalpia de formação, entalpia de hidratação, entalpia de isomerização, entalpia de vaporização, entalpia de fusão.*

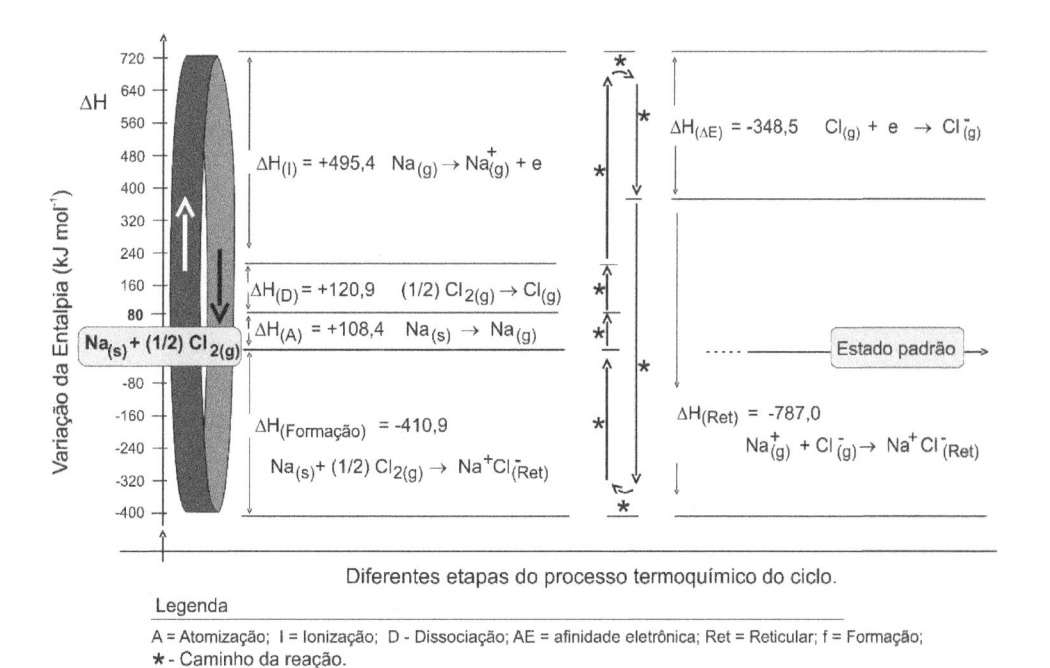

Figura 27.1 Ciclo de Born-Haber para a formação do $NaCl_{(Cristalino)}$, comprovando a Lei de Hess ou o princípio da conservação da energia.

A seguir será estudada a entalpia de formação do NaCl$_{(sólido-reticular)}$, dentro do ciclo denominado de **ciclo de Born-Haber**, onde aparecem diversos tipos de entalpias, conforme se falou, entre elas, a entalpia de formação (ΔH_f). Neste ciclo, uma série de etapas serão determinadas, partindo do metal sódio e do gás cloro nos seus *estados padrões*, conforme Reação (R-27.3):

Ao retornar ao mesmo estado inicial, isto é, quando os produtos forem novamente o sódio e gás cloro nos seus estados padrões, Figura 27.1, a somatória de todas as entalpias envolvidas ao longo do caminho será zero, ou igual ao valor da entalpia de alguma etapa a ser determinada, conforme será demonstrado abaixo.

Conjunto de etapas dadas pelas Reações (R-27.4) a (R-27.9):

$$Na_{(s)} + \tfrac{1}{2} Cl_{2(g)} \rightarrow NaCl_{(s)} \quad (R\text{-}27.3)$$
$$\Delta H_f = ? \; (kJ \; mol^{-1})$$

$$Na_{(s)} \rightarrow Na_{(g)} \qquad \Delta H_{(Atomização)} = +108,4 \; kJ \; mol^{-1} \qquad (R\text{-}27.4)$$
$+$

$$Na_{(g)} \rightarrow Na^+ + 1\,e\,(elétron) \qquad \Delta H_{(Ionização)} = +495,4 \; kJ \; mol^{-1} \qquad (R\text{-}27.5)$$
$+$

$$\tfrac{1}{2} Cl_{2(g)} \rightarrow Cl_{(g)} \qquad \Delta H_{(Dissociação)} = +120,9 \; kJ \; mol^{-1} \qquad (R\text{-}27.6)$$
$+$

$$Cl_{(g)} + 1\,e \rightarrow Cl^-_{(g)} \qquad \Delta H_{(Afinidade\,Eletrônica)} = -348,5 \; kJ \; mol^{-1} \qquad (R\text{-}27.7)$$
$+$

$$Na^+_{(g)} + Cl^-_{(g)} \rightarrow NaCl_{(Cristalino)} \qquad \Delta H_{(Reticular)} = -787,0 \; kJ\,mol^{-1} \qquad (R\text{-}27.8)$$

$$Na_{(s)} + \tfrac{1}{2} Cl_{2(g)} \rightarrow NaCl_{(Cristalino)} \qquad \Delta H^o_{f(Formação)} = ? \; kJ \; mol^{-1} \qquad (R\text{-}27.9)$$

Onde: $\Delta H_{(Atomização)} = \Delta H_{(A)}$; $\Delta H_{(Ionização)} = \Delta H_{(I)}$; $\Delta H_{(Dissociação)} = \Delta H_{(D)}$; $\Delta H_{(Afinidade\,Eletrônica)} = \Delta H_{(AE)}$; $\Delta H_{(Reticular)} = \Delta H_{(R)}$

Donde, o somatório das entalpias de todas as etapas do ciclo dá zero, conforme Equação (27.18):

$$\Delta H_{(A)} + \Delta H_{(I)} + \Delta H_{(D)} + \Delta H_{(AE)} + \Delta H_{(R)} + \Delta H^o_{(f)} = 0(zero) \qquad (27.18)$$

Separando a variável de interesse, chega-se à Equação (27.19):

$$\Delta H^o_{(f)} = \Delta H_{(A)} + \Delta H_{(I)} + \Delta H_{(D)} + \Delta H_{(AE)} + \Delta H_{(R)} \qquad (27.19)$$

Substituindo-se os valores das respectivas entalpias e calculando o resultado chega-se à Equação (27.20) e à Equação (27.21):

$$\Delta H^o_{(f)} = (+108,4) + (+495,4) + (+120,9) + (-348,5) + (-787,0) \qquad (27.20)$$

$$\Delta H°_{(f)} = -410,8 \text{ kJ mol}^{-1} \qquad (27.21)$$

A seguir, serão discutidas as entalpias de dissolução, de diluição e de neutralização que serão objeto de estudo nas atividades experimentais desta unidade.

27.1.6 Entalpia de solução (fase líquida)

Uma solução de forma estável pode ser saturada, concentrada, diluída e em diluição infinita ou solução ideal. Em função disto, o calor envolvido numa solução pode ter diferentes aspectos e denominações.

A *entalpia de solução* tem por objeto o estudo do calor envolvido em dois processos:
- Da *dissolução*, no qual, uma quantidade definida de *soluto* é solubilizada numa determinada quantidade de solvente.
- Da *diluição*, no qual, uma quantidade definida de *solução* é diluída numa determinada quantidade de solvente.

As diferentes situações de entalpias formadas, que podem surgir nestes processos, bem como, as respectivas denominações estão descritas a seguir.

Entalpia integral de solução ou *calor integral de solução* ($\Delta H_{(sol)}$) é a variação de entalpia produzida pela dissolução de um mol de substância numa dada quantidade de solvente, para dar uma solução de *concentração definida*.

A *entalpia de diluição* ou *calor de diluição* ($\Delta H_{(dil)}$) de uma substância é a variação de entalpia que acompanha a diluição de uma solução contendo um mol dessa substância de uma concentração especificada para outra, também especificada.

A *entalpia de solução em diluição infinita* é o calor envolvido na diluição de um mol da substância considerada com diluição ao infinito.

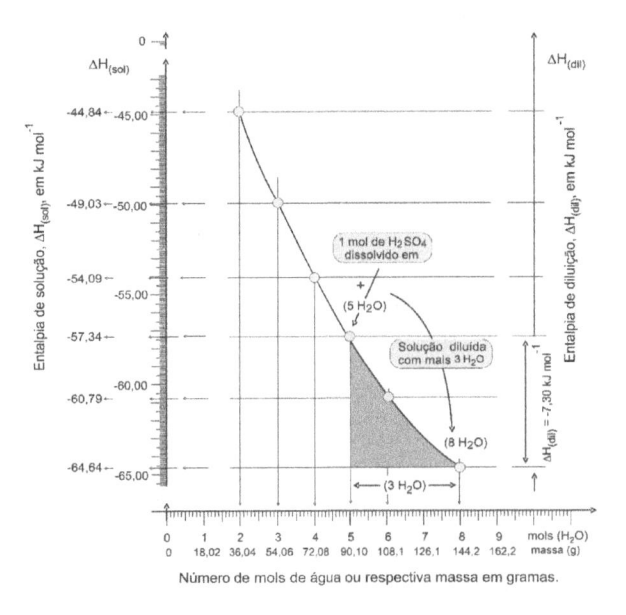

Figura 27.2 Entalpias integrais de solução e entalpias de diluição do H_2SO_4.

FONTE: Adaptação de dados de Carvalho, 1968.

A Figura 27.2 mostra graficamente os dois conceitos: entalpia integral de solução e entalpia de diluição.

Desta forma, a dissolução de um mol de H_2SO_4 (98,08 g = 53,31 mL, supondo que seja puro) em 5 mols de água (5.18,02 g = 90,10 g ≅ 90,10 mL), conforme Figura 27.2, liberam uma *Entalpia integral de solução* ($\Delta H_{(sol)}$) igual a -57,34 kJ mol^{-1}, valor interpolado no gráfico. Esta solução, que contém um mol de H_2SO_4, após estar a 25 °C ao se adicionar mais 3 mols de H_2O (54,06 g ≅ 54,06 mL), diluindo o H_2SO_4 com 5 mols de água para 8 mols de água, liberam a *Entalpia de diluição* ($\Delta H_{(dil)}$) igual -7,29 kJ mol^{-1}. Ou partindo direto, isto é, diluindo 1 mol de H_2SO_4 (puro) em 8 mols de água liberam uma *Entalpia integral de solução* ($\Delta H_{(sol)}$) igual -64,64 kJ mol^{-1}.

Os dados que seguem, em parte obtidos da Figura 27.2 e da Tabela 27.1, explicam o valor da entalpia de diluição ($\Delta H_{(dil)}$ = -7,30 kJ mol^{-1}) que consta na Figura 27.2.

Entalpia de Diluição	=	(Entalpia Integral de solução com 8 mols de H_2O)	=	-64,64 kJ mol^{-1}
		−		−
		(Entalpia Integral de solução com 5 mols de H_2O)	=	(-57,34 kJ mol^{-1})
$\Delta H_{(dil)}$	=		=	-7,30 kJ mol^{-1}

A Tabela 27.1 apresenta valores de *Entalpias integrais de solução* ($\Delta H_{(Sol)}$) para as espécies químicas: $H_2SO_{4(l)}$ p.a.; $NaOH_{(s)}$ p.a.; $NH_4Cl_{(s)}$ p.a., que possibilitam calcular as Entalpias de diluição, ou calores de diluição ($\Delta H_{(dil)}$).

Tabela 27.1 Entalpia (Calor) integral de solução (kcal mol^{-1} e kJ mol^{-1}, a 25°C e a 1 atm)(*).

Mols de água (n°)	1,000 mol de					
	$H_2SO_{4(l)}$		$NaOH_{(s)}$		$NH_4Cl_{(s)}$	
	kcal mol^{-1}	kJ mol^{-1}	kcal mol^{-1}	kJ mol^{-1}	kcal mol^{-1}	kJ mol^{-1}
1	-6,71	-28,09				
2	-10,71	-44,84				
3	-11,71	-49,03	-6,90	-28,89		
4	-12,92	-54,09	-8,23	-34,46		
6	-14,52	-60,79	-9,53	-39,90		
8	-15,44	-64,64	-10,02	-41,95		
10	-16,02	-67,07	-10,16	-42,54	3,81	15,95
25	-17,28	-72,35	-10,23	-42,83	3,78	15,83
50	-17,53	-73,39	-10,16	-42,54	3,76	15,74
100	-17,68	-74,02	-10,11	-42,33	3,75	15,69
200	-17,91	-74,99	-10,13	-42,41	3,73	15,70
1.000	-18,78	-78,63	-10,15	-42,50	3,69	15,45
5.000	-20,18	-84,49	-10,20	-42,71	3,65	15,28
...	...	...	...	...	...	...
∞	-22,99	-96,25	-10,25	-42,91	3,62	15,16

(*) Relação de conversão: 1 caloria (cal) equivale 4,1868 Joule (J).
FONTE: Carvalho, 1968, com valores adaptados.

A *entalpia integral de solução em diluição infinita* é o calor liberado ou absorvido para diluir um mol da referida substância ao infinito. A Tabela 27.1 e a literatura pertinente apresentam exemplos. Alguns casos correspondem a reações exotérmicas, como o H_2SO_4 (-96,25 kJ mol^{-1}), o HCl (-75,36 kJ mol^{-1}) e o NaOH (-48,91 kJ mol^{-1}) valores todos em kJ mol^{-1}, a 25°C e a 1 atm. Outros correspondem a reações endotérmicas, como o NH_4Cl (+15,16 kJ mol^{-1}) e o NaCl (+3,89 kJ mol^{-1}) valores todos em kJ mol^{-1}, a 25°C e a 1 atm.

Detalhes 27.1

Unidades de medida da energia: Caloria (cal) Joule (J)

I Aspectos gerais

Ao longo da história da humanidade o ser humano, nas suas atividades do dia a dia, sempre fez uso da energia nas suas mais diferentes formas. Por exemplo: o *calor* na forma de fogo para preparar os alimentos; a *luz* para iluminar à noite; o *trabalho* para produzir alimentos, ferramentas, entre outras.

Para facilitar a sua vida e diminuir a fadiga e seu sofrimento começou a utilizar o que havia ao seu redor. Por exemplo, o cavalo para transportá-lo e ajudá-lo no trabalho; o barco (canoa) para transpor corpos de água (rios, lagos e mares) e vencer distâncias.

O ser humano dotado de capacidades, tais como, pensar, observar, raciocinar, criar, construir, iniciou a estabelecer as bases do conhecimento da ciência e da tecnologia.

Começou a criar máquinas, engenhos, tais como, a alavanca, uma das máquinas mais simples; a roda e com ela o meio de transporte. Começou a utilizar todos os potenciais existentes, isto é, processos capazes de produzir energia ou trabalho, entre eles: potencial calorífico; gravitacional, hidráulico, elétrico, magnético; solar (luz); eólico; mecânico; nuclear.

Ele observou o princípio da conservação da energia e a possibilidade de converter uma forma de energia em outra.

Em Ciências da Natureza algo se torna Ciência quando pode ser medido, quantificado e sempre que possível traduzido numa equação matemática.

Entre as primeiras formas de energia que utilizou e mediu ou quantificou foram as que seguem e de interesse nesta Unidade Didática.

II Energia calorífica

A unidade básica de medida da energia calorífica foi a *caloria*, simbolizada por *cal*, com seus respectivos múltiplos e submúltiplos. A definição de caloria era a quantidade de energia necessária para elevar em 1 grau Celsius a temperatura de 1 g de água (o calor específico da água é, por definição, igual a 1).

Com a evolução e aperfeiçoamento das técnicas de medida, verificou-se que o calor específico não era constante com a temperatura. Por isso, buscou-se padronizá-lo para uma faixa estreita, e a *caloria* foi então redefinida como sendo o calor trocado quando a massa de um grama de água passa de 14,5 °C para 15,5 °C.

Para medir a quantidade de energia calorífica envolvida num processo físico ou químico foi desenvolvida uma unidade própria na Físico-química – a *Calorimetria*. Apesar da unidade caloria (cal) não pertencer ao SI e estar em desuso, a medida do calor é realizada em calorias, depois, seu valor convertido para Joule (N m) que é uma unidade do SI.

III Energia mecânica ou Trabalho

Muitas grandezas, para medi-las, necessitam da utilização de mais de uma *unidade básica*. Por exemplo, a grandeza *força* necessita das unidades básicas de medida de *massa*, *comprimento* (espaço) e *tempo*. Como cada uma pode ter múltiplos e submúltiplos foi feito um esforço para uniformizar sua utilização. Por exemplo, a medida de uma grandeza expressa no sistema CGS (utiliza estas unidades básicas em Centímetro-Grama-Segundo), no sistema MKS (utiliza estas unidades básicas em Metro-Quilograma-Segundo).

Algumas grandezas, ao longo do tempo, foram medidas com diferentes unidades. Por exemplo, o *volume* de um líquido pode ser medido e expresso com diferentes unidades: o balde, galão, litro, metro cúbico, entre outras. A área de uma superfície pode ser medida e expressa com diferentes unidades: alqueire; hectare; acre; are; metro quadrado; entre outras.

Com a globalização e o intercâmbio comercial entre as nações, a ideia de um Sistema Internacional de Unidades de Medidas (SI), tentando simplificar e uniformizar as unidades de medidas foi aceito e hoje está se tentado eliminar as unidades que não fazem parte do SI. Por exemplo, a caloria, o litro, entre outras, mundialmente conhecidos e usados estão sendo substituídos pelas unidades do SI.

IV Experimentos da equivalência – Caloria & Joule

James Prescott Joule nasceu em dezembro de 1818, em Salford, Inglaterra. Era filho de um importante cervejeiro de Manchester, e sempre manifestou interesse pelas máquinas e pela Física. Joule teve contato com grandes físicos como John Dalton que lhe ensinou ciências e matemática. Ele trabalhou com o físico William Thomson (Lord Kelvin) realizando experimentos termodinâmicos. Juntos chegaram ao efeito Joule-Thomson que relaciona a temperatura e o volume de um gás.

Ele, em 1847, demonstrou experimentalmente o valor da equivalência entre 1 caloria e seu valor no sistema MKS, medido em Newton. Metro ou N.m, que foi batizado de Joule (J), em homenagem ao grande físico-químico James Prescott Joule.

Na mesma época, o físico francês, Gustave Adolphe Hirn, com seu "experimento sobre o esmagamento do chumbo" demonstrou que o equivalente mecânico de 1 Caloria era: 1 cal equivale 4,18 J

A unidade de um Joule pode ser definida como, o trabalho necessário para exercer uma força de um Newton por uma distância de um metro (N.m). Outra definição para Joule é, o trabalho realizado para produzir um Watt de energia durante um segundo (W.s).

A partir de 1948 o SI, conforme Equação (27.2), definiu que:

1 caloria (1 cal) = 4,1868 Joules (4,1868 J) - exatamente

V Caloria-Joule na vida do ser humano

Os avanços tecnológicos com as respectivas máquinas, aos poucos, foram modificando os hábitos de vida do ser humano, tornando-o mais sedentário. Com isto, sua necessidade vital de energia diminuiu e como consequência, o consumo de alimentos pelo seu organismo. A falta deste controle deu início ao crescimento da obesidade das pessoas. Esta, gera uma série de complicações na saúde do ser humano que precisam ser controladas.

Por outro lado, as pessoas tanto mulheres quanto homens aumentaram a própria estima em ter um corpo bonito, esbelto e estético, necessitando de um controle alimentar mediante dietas apropriadas.

O controle destes dois fatores citados, em geral, é realizado mediante:

1º Um controle da quantidade e da qualidade dos alimentos consumidos, isto é, da quantidade de calorias ou Joules consumidos, via alimentos por dia. Diminuir sistematicamente a quantidade de alimentos consumidos.

2º Um consumo maior da energia armazenada pelo organismo (via alimento e sedentarismo) com caminhadas, natação, malhação, ginástica, trabalho físico, entre outros.

Hoje, a própria indústria coloca na embalagem dos alimentos vendidos o teor de Joules ou quilojoules contidos em determinada quantidade do referido alimento a ser consumido.

Observa-se que a unidade caloria (cal) está sendo substituída pelo Joule (J).

FONTE: Passos, 2009; http://mundoeducacao.bol.uol.com.br/fisica/equivalencia-entre-joule-caloria.htm; https://pt.wikipedia.org/wiki/Caloria; https://pt.wikipedia.org/wiki/Joule; https://es.wikipedia.org/wiki/Gustave_Hirn; Barrow, 1968; Mee, 1953.

Segurança 27.1

H_2SO_4 (p.a.) – Ácido sulfúrico:

Risco: Grau elevado (HR 3)

Perfil Tóxico: O ácido sulfúrico é corrosivo a todos os tecidos humanos. Inalação do seu vapor concentrado causa sérios danos aos pulmões. O contato com os olhos pode levar à perda total da visão. Quando aquecido emite vapores tóxicos de SO_x. Recomenda-se trabalhar na capela, utilizando-se luvas, avental de borracha e óculos protetores.

Primeiros socorros: Ver Manual de Segurança em Laboratório.

Disposição final de resíduos: Antes de desfazer-se dos resíduos falar com o Professor.

FONTE: Oddone *et al.* (1980); Lewis (1996); Budavari (1996); Bretherick (1986); Luxon (1971).

27.2 PARTE EXPERIMENTAL

Observação:
Apesar da caloria não ser uma unidade do SI a medida da energia calorífica envolvida numa reação exotérmica e ou endotérmica é feita num calorímetro e a medida é expressa em calorias e depois convertida em kJ mol^{-1}.

27.2.1 Determinação do calor (entalpia) de diluição ($\Delta H_{(dil)}$) de um processo exotérmico

Conforme a Figura 27.3, será determinado o calor liberado pelo processo de diluição de uma solução de ácido sulfúrico (já preparada pela diluição de 1 mol de H_2SO_4 com 5 mols de água, levada à temperatura ambiente), à qual serão adicionados mais 3 mols de água perfazendo o total de 1 mol de H_2SO_4 em 8 mols de H_2O. Será determinado o calor de diluição ($\Delta H_{(dil)}$). A manipulação do ácido sulfúrico concentrado, p.a., é perigosa para acadêmicos iniciantes. Por isto, parte-se de uma solução previamente feita pelo corpo técnico.

a – Material
- Ácido sulfúrico p.a.;
- Proveta de 250 mL de capacidade;
- Bastão de vidro;
- Água destilada;
- Termômetro de 0 a 120 °C;
- Provetas de 100 mL;
- Copo béquer de 200 ou 250 m;.
- Um calorímetro simplificado (copo béquer de 200 a 250 mL envolto por um isopor. Na tampa do isopor um orifício por onde passa o termômetro, Figura 27.3);
- Material de registro: Diário de Laboratório, computador, calculadora entre outros.

Preparação da solução de 1 mol de H_2SO_4 com 5 mols H_2O

Seja o rótulo do frasco com o H_2SO_4, p.a., contendo as seguintes informações:

> M = 98,05 g mol⁻¹; d = 1,84 g mL⁻¹;
> Título ou concentração = 96,6% (massa/massa).

1° Cálculo da massa de ácido que possui 1 mol de H_2SO_4 (M = 98,05 g mol⁻¹)

a) massa da solução do ácido concentrado

100 g de H_2SO_4, p.a. → 96,6 g de H_2SO_4 puro
x g → 98,05 g de H_2SO_4 puro

x = 101,61 g de "solução" de H_2SO_4, p.a.

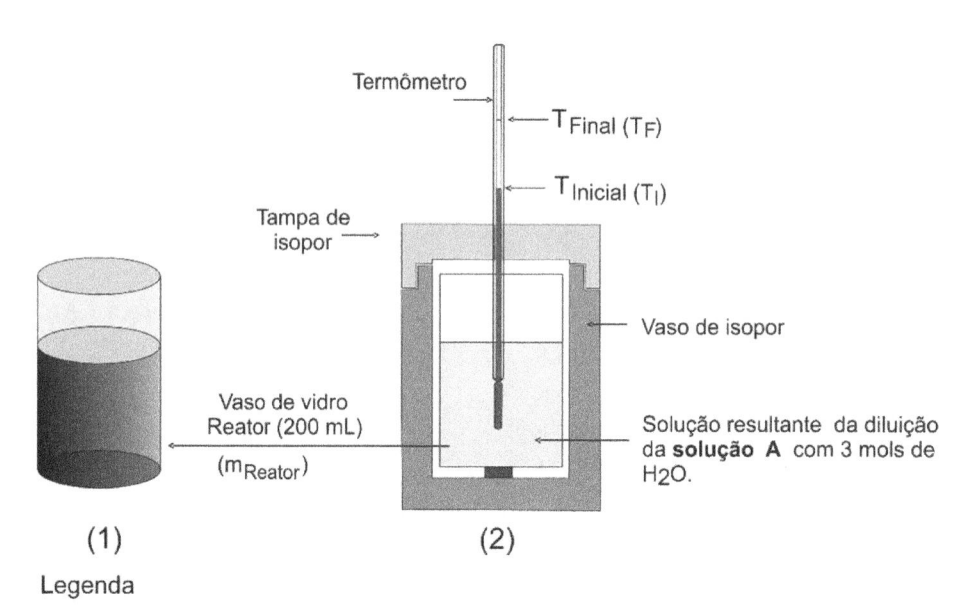

Figura 27.3 Esquema do calorímetro preparado no próprio laboratório.

Legenda

Solução A - Solução preparada com 1 mol de ácido sulfúrico ($H_2SO_{4(l)}$, p.a.) e 5 mols de água ($H_2O_{(l)}$). (1) - Reator do calorímetro; (2) - Corte frontal das partes principais do calorímetro.

b) volume da massa

A Equação (27.22) permite calcular o volume de H_2SO_4 sem ter que pesá-lo.

$$V = \frac{\text{Massa}}{\text{Densidade}} = \frac{101,61}{1,84} \frac{g}{\frac{g}{mL}} = 55,22 \text{ mL} \quad (27.22)$$

2° Volume de 5 mols de água

Fazendo a aproximação de que a água nestas condições tenha d = 1,00 g mL⁻¹, tem-se:

m = 5 mols = 5.18,02 g = 90,10 g

Como, m = v, logo,
v = 90,10 mL

3° Preparação da solução de H_2SO_4 com 5 $H_2O_{(líquida)}$

Numa proveta de 250 mL de capacidade contendo os 90,10 mL de água são derramados os 55,22 mL de ácido sulfúrico concentrado (em pequenas porções) lentamente e com homogeneização da solução com bastão de vidro, a cada fração de ácido sulfúrico concentrado adicionado, pois, a dissolução é altamente exotérmica. A solução é levada a temperatura ambiente, registrando o seu volume total (V) e guardando-a em frasco estoque, protegido de umidade e rotulada. Esta solução contém 1 mol de H_2SO_4 em 5 mols $H_2O_{(líquida)}$.

b – Procedimento

- Tomar um copo béquer de aproximadamente 200 mL, isto é, o copo (vaso) do calorímetro (Figura 27.3) e determinar-lhe a sua massa (m_c). Registrar na Tabela 27.2 o respectivo valor.
- Separar numa proveta a metade do volume (V/2) da "solução de 1 mol de H_2SO_4 em 5 mols de H_2O".
- Colocar numa proveta de 50 mL o volume de 1,5 mols de água (m_{ag} = 27,03 g), isto é, 27,03 mL de água.
- Verificar e registrar a temperatura inicial (ambiente) T_i na Tabela 27.2, tanto da solução do ácido quanto da água. Deve ser a mesma.
- Colocar a água da proveta (27,03 mL) no béquer do calorímetro e adicionar-lhe com cuidado, mas, de uma só vez a metade do volume de solução do ácido (V/2), que contém 1 mol de H_2SO_4 em 5 mols de H_2O. Rapidamente tapar o calorímetro.
- Observar com atenção que haverá uma elevação de temperatura (pois é uma reação exotérmica) e anotar a temperatura mais elevada que o termômetro registrar na dissolução, registrar na Tabela 27.2 a temperatura final, $T_{f(final)}$.
- Preencher o Quadro RA 27.1 no Relatório de Atividades.

Observação:
- O *calor específico da solução* (c_s) será adotado como sendo $c_s = 1{,}0\ cal\ g^{-1}\ {}^\circ C^{-1}$. E o calor específico do vidro $c_v = 0{,}25\ cal\ g^{-1}\ {}^\circ C^{-1}$, cujo valor varia de $0{,}15\ a\ 0{,}30\ cal\ g^{-1}\ {}^\circ C^{-1}$, conforme Chrispino (1991).
- Registrar os valores medidos e consultados no Quadro Resumo da Tabela 27.2.

Tabela 27.2 Quadro Resumo dos valores medidos, pesquisados e calculados do experimento da medida do calor de diluição da solução preparada com 1mol de H_2SO_4 em 5 mols de H_2O, em mais 3 mols de água, resultando a solução final diluída (1 mol de H_2SO_4 em 8 mols de H_2O a temperatura e pressão ambiente).

	Estado Inicial			Estado Final	Variação observada
Solução-reagente		Massa (g)	Volume V* (mL)	Massa da solução m_s (g)	(Δ) da propriedade
a) Preparação da solução	Mistura (solução)				
1 mol de H_2SO_4 + 5 mols de H_2O					
1 mol de H_2SO_4 (C=96,6%, d = 1,84 g mL^{-1})		101,61 g	55,22 mL		
5 mols de H_2O (d = 1,0 g mL^{-1})		90,10 g	90,10 mL		Deixar a temperatura
		———	———		retornar à temperatura
		191,71 g	V = 145,32 mL	m_{sol} = 191,71	ambiente
b) Preparação da diluição	Mistura (diluição)				
1H_2SO_4.8H_2O			Volume		
Solução: 1H_2SO_4 + 5 H_2O		191,71 g	V mL		

Estado Inicial			Estado Final	Variação observada
Solução-reagente	Massa (g)	Volume V* (mL)	Massa da solução m_s (g)	(Δ) da propriedade
+ 3 H_2O	54,06 g	54,06 mL		
	245,77 g	V + 54,06 mL	m_{sol}= 245,77 g	
Temperatura (°C)		$T_{(I)}$ = ____	$T_{(F)}$= ____	$\Delta T = T_F - T_I$ = ____
c) Preparação da diluição	Mistura (diluição)			
0,5 mol de H_2SO_4 .4 mols de H_2O				
Solução 0,5 mol H_2SO_4+ 2,5 H_2O	95,86 g	V/2 mL		
+ 1,5 H_2O	27,03 g	27,03		
	122,89 g	V/2 + 27,2 mL	m_{Sol} =149,92 g	
Temperatura (°C)		$T_{(F)}$ = ____	$T_{(I)}$ = ____	$\Delta T = T_F - T_I$ = ____

Outros valores medidos e ou pesquisados:

m_c = massa do copo de vidro do calorímetro = ____ g

c_s = calor específico da solução = ± 1,0 cal (g °C)$^{-1}$

c_v = calor específico do vidro, (0,15 a 0,30) = ± 0,25 cal (g °C)$^{-1}$

Fórmula de cálculo da energia de diluição

$Q = m_{sol}c_{sol}\Delta T + m_c c_v \Delta T$ = ____ cal mol^{-1}

$Q \rightarrow T_{(Trabalho)}$= ____ J mol^{-1}

$\Delta H_{(Dil)}$= ____ cal mol^{-1}

* Volume: V = volume da solução do ácido + água (a soma dos volumes individuais não significa que resulte o valor V, pois pode haver contração de volume devido ao ordenamento molecular das moléculas do solvente pelos íons do soluto).

c – *Cálculos*

A quantidade de calor Q produzida na dissolução será igual ao calor absorvido pela solução e pela massa do copo béquer (despreza-se o calor absorvido pelo termômetro, pois, está sendo calculado para mais o absorvido pelo copo béquer). As Equações (27.23) a (27.25) mostram o caminho.

Q = calor da solução + calor do copo (27.23)

$Q = m_s c_s \Delta T + m_c c_v \Delta T$ (27.24)

$\Delta T = T_F - T_I$ (27.25)

A entalpia de diluição dado em mol L^{-1} será o valor Q.2, pois o calor medido foi para 0,5 mols de H_2SO_4 em 2,5 mols de H_2O (a 25 °C) + 1,5 mols de

H$_2$O (a 25 °C). Donde, para dar o calor produzido por 1,0 mol de H$_2$SO$_4$ em 8 mols de H$_2$O, tem-se a Equação (27.26):

$$\Delta H = 2.Q \text{ cal mol}^{-1} \qquad (27.26)$$

27.2.2 Determinação da entalpia integral de solução ($\Delta H_{(sol)}$) do cloreto de amônio (NH$_4$Cl$_{(s)}$, p.a.)

Pela Tabela 27.1 pode-se encontrar para o cloreto de amônio (NH$_4$Cl) que, se for dissolvido 1 mol do mesmo (53,49 g) em 25 mols de água (450,50 mL) tem-se a absorção de +3,78 kcal mol^{-1}, que é o *calor*, ou a *entalpia integral de solução* para essa proporção de soluto e solvente água. Há absorção de calor, pois inicialmente a temperatura diminui (reação endotérmica) significando que a reação precisou de calor que buscou na própria solução, paredes do frasco e ambiente, que esfriou.

a – *Material*
- *NH$_4$Cl p.a.;*
- *Bastão de vidro;*
- *Água destilada;*
- *Termômetro de -10 a 120 °C;*
- *Provetas de 100 mL;*
- *Copo béquer de 200 ou 250 mL;*
- *Um calorímetro simplificado (copo béquer de 200 a 250 mL envolto por um isopor. Na tampa do isopor um orifício por onde passa o termômetro, Figura 27.3);*
- *Material de registro: Diário de Laboratório, calculadora, computador, entre outras.*

b – *Procedimento*

As quantidades de um mol de cloreto de amônio (53,49 g) e 25 mols de água (450,50 mL) são muito grandes (ou, melhor, são dispendiosas) para se trabalhar com elas. Por isso, as mesmas serão divididas por 10, originando, respectivamente, 5,349 g de NH$_4$Cl (p.a.) e 45,05 mL de água, que serão utilizadas no experimento.

- Com o termômetro medir e registrar na Tabela 27.3 a temperatura inicial (T$_{(I)}$) da água.
- Pesar o béquer do calorímetro. Registrar o valor na Tabela 27.3.
- Pesar 5,349 g de NH$_4$Cl$_{(s)}$ p.a., e colocá-los junto com os 45,50 mL de água no béquer do calorímetro, que deve estar dentro do vaso de isopor. Dissolver o sal com movimentos do calorímetro e com o próprio termômetro, com cuidado. Observando o abaixamento do nível do mercúrio na escala termométrica (é um processo endotérmico).
- Ao terminar a dissolução do cloreto de amônio (NH$_4$Cl) anotar a temperatura final na escala do termômetro (T$_{(F)}$) registrando-a na Tabela 27.3.
- Registrar os valores no Quadro Resumo da Tabela 27.3.

Tabela 27.3 Quadro Resumo dos valores medidos, pesquisados e calculados do experimento da medida do calor integral de solução do cloreto de amônio sólido para 1NH$_4$Cl + 25 H$_2$O ou 0,1 NH$_4$Cl + 2,5 H$_2$O.

Estado Inicial			Estado Final	Variação observada
Reagentes e variáveis	Valores	Solução	Massa da solução m$_s$ (g)	(Δ) da propriedade
NH$_4$Cl$_{(s)}$ p.a.	5,349g			
H$_2$O$_{(l)}$ p.a.	45,05g	0,1 NH$_4$Cl+2,5 H$_2$O		
	50,399g		50,399	
Temperatura inicial (T$_{(I)}$) =	_____ °C		T$_{(F)}$ = _____ °C	ΔT = _____ °C

Estado Inicial			Estado Final	Variação observada
Reagentes e variáveis	Valores	Solução	Massa da solução m_s (g)	(Δ) da propriedade
		Outros valores medidos e ou pesquisados: m_c = massa do copo de vidro do calorímetro = _____ g c_s = calor específico da solução = ± 1,0 cal (g °C)$^{-1}$ c_v = calor específico do vidro (0,15 a 0,30) = ± 0,25 cal (g °C)$^{-1}$ Fórmula de cálculo da energia integral de diluição $Q = m_{sol}c_{sol}\Delta T + m_c c_v \Delta T$ = _____ cal (0,1 mol^{-1}) $Q \to T$(Trabalho) = _____ J (0,1 mol^{-1})		
Entalpia integral de solução ($\Delta H_{(sol)}$)			$\Delta H_{(sol)}$ = _____ cal mol^{-1}	

c – *Cálculos*

- Efetuar os cálculos obedecendo às Equações (27.23), (27.24) e (27.35).
- Converter o calor Q encontrado para um mol de $NH_4Cl_{(s)}$. O valor Q foi determinado experimentalmente para 0,1 de mol.
- Observar o sinal de ΔT.
- Comparar o valor de $\Delta H_{(sol)}$ determinado experimentalmente com o da Tabela 27.1.
- Com os dados obtidos preencher o Quadro Resumo da Tabela 27.3.
- Preencher o Quadro RA 27.2 no Relatório de Atividades

27.2.3 Determinação da entalpia (ou calor) de neutralização ($\Delta H_{(Neutr)}$)

Sabe-se que um ácido ou uma base forte são espécies que no solvente água estão completamente dissociadas, isto é, as moléculas e as possíveis estruturas líquidas e ou cristalino-sólidas desaparecem e na solução aparecem os íons correspondentes (cátions – positivos e ânions – negativos). Por exemplo, para o ácido clorídrico ($HCl_{(g)}$) e para o hidróxido de sódio ($NaOH_{(s)}$), tem-se, respectivamente, as Reações (R-27.10) e (R-27.11):

$$HCl_{(g)} + H_2O_{(l)} \rightleftarrows H_3O^+_{(aq)} + Cl^-_{(aq)} \quad (R\text{-}27.10)$$

$$NaOH_{(s)} + \text{água} \rightleftarrows Na^+_{(aq)} + HO^-_{(aq)} \quad (R\text{-}27.11)$$

No caso da reação, isto é, somando os segundos termos das Reações (R-27.10) e (R-27.11) tem-se as Reação (R-27.12):

$$H^+_{(aq)} + Cl^-_{(aq)} + Na^+_{(aq)} + HO^-_{(aq)} \rightleftarrows H_2O_{(l)} + Cl^-_{(aq)} + Na^+_{(aq)} \quad (R\text{-}27.12)$$

Eliminando os termos semelhantes da Reação (R-27.12), tem-se a Reação (R-27.13):

$$H^+_{(aq)} + HO^-_{(aq)} \rightleftarrows H_2O_{(l)} + \text{Energia liberada} \quad (R\text{-}27.13)$$

Portanto, se houver envolvimento de energia nesta Reação (R-27.12) deve ser atribuída à reação dos prótons com os íons hidróxidos, Reação (R-27.13), reação esta denominada de *neutralização* e o calor (entalpia) envolvido num mol de prótons com um mol de íons hidróxidos denomina-se de *entalpia* ou *calor de neutralização*.

UNIDADE DIDÁTICA 27: TERMOQUÍMICA
CALOR DE REAÇÃO

a – *Material*
- *Solução de HCl 1 mol L^{-1};*
- *Solução de NaOH 1 mol L^{-1};*
- *Termômetro de 0 a 120 °C;*
- *Provetas de 100 mL;*
- *Um calorímetro simplificado (copo béquer de 200 a 250 mL envolto por um isopor. Na tampa do isopor um orifício por onde passa o termômetro, Figura 27.3);*
- *Material de registro: Diário de Laboratório, computador e máquina de calcular, entre outros.*

b – *Procedimento*
- No copo do calorímetro (Figura 27.3), de massa conhecida (m_c) colocar 50,00 mL de solução 1 mol L^{-1} de ácido clorídrico e aferir a temperatura inicial $T_{(I)}$, que deve ser igual à da solução de hidróxido de sódio. Registrar estes dados na Tabela 27.4.
- Numa pipeta volumétrica de 50 mL de capacidade, medir 50,00 mL da solução de NaOH 1 mol L^{-1} e adicioná-los à solução de ácido clorídrico no calorímetro. Tapar o calorímetro e agitar. Com o termômetro observar e registrar a temperatura final $T_{(F)}$, (no momento em que a mesma parar de subir na escala, isto é, se estabilizar) e registrar o valor na Tabela 27.4.
- Registrar os valores no Quadro Resumo da Tabela 27.4.

c – *Cálculos*
- Efetuar os cálculos seguindo Equações dadas em (27.23) a (27.25).
- Converter o valor do calor (entalpia) Q para a reação de um mol de $H^+_{(aq)}$ e um mol de $HO^-_{(aq)}$.
- Registrar os valores calculados no Quadro Resumo da Tabela 27.4.
- Preencher o Quadro RA 27.3 no Relatório de Atividades.

Tabela 27.4 Quadro Resumo dos valores medidos, pesquisados e calculados do experimento da medida do calor, ou entalpia, de neutralização de um ácido forte por uma base forte.

Estado Inicial			Estado Final	Variação observada
Reagentes e variáveis	Valores	Solução	Massa da solução m_s (g)	(Δ) da propriedade
Solução HCl 1 mol L^{-1}	50,00 mL			
Solução de NaOH 1 mol L^{-1}	50,00 mL			
	_____		m_s =±volume =	
	100,00 mL		100,00 g	
Temperatura inicial ($T_{(I)}$)	_____°C		$T_{(F)}$ _____°C	ΔT = _____°C

	Outros valores medidos e ou pesquisados: m_c = massa do copo de vidro do calorímetro = _____ g c_s = calor específico da solução = ± 1,0 cal (g °C)$^{-1}$ c_v = calor específico do vidro, (0,15 a 0,30) = ± 0,25 cal (g °C)$^{-1}$ Fórmula de cálculo da energia, ou entalpia, de neutralização $Q = m_s c_s \Delta T + m_c c_v \Delta T$ = _____ cal (x mol^{-1}) $Q \rightarrow T_{(Trabalho)}$ = _____ J (x mol^{-1})
Entalpia de neutralização ($\Delta H_{(Neut)}$)	ΔH = _____ cal mol^{-1}

27.2.4 Verificação de uma reação em que a energia liberada é energia de natureza elétrica

a – *Material*
- *Zinco metálico em pó $Zn_{(s)}$;*
- *Zinco metálico em lâmina $Zn_{(s)}$;*
- *100 mL de solução de sulfato de cobre 1,0 mol L^{-1};*
- *Termômetro com escala de 0 a 120 °C;*
- *2 Copos béquer de 50 mL cada;*
- *Material de registro: Diário de Laboratório, computador, calculadora, entre outros.*

b – *Procedimento*
- Nos copos béquer numerados 1 e 2 colocar respectivamente 20 mL de solução de sulfato de cobre.
- Com o termômetro registrar a temperatura inicial $(T_{(I)})$ da solução de cada copo.
- Ao copo 1 adicionar 1,00 g de zinco em pó, com o termômetro homogeneizar observando a temperatura e anotar ao final o seu valor como $(T_{(F)})$. E, observar também as modificações físicas observáveis (cor, por exemplo).
- Ao copo 2 adicionar a lâmina de zinco e observar, tanto a escala do termômetro quanto a superfície da placa de zinco. Anotar a temperatura final $(T_{(F)})$, após algum tempo de reação.
- Registrar os dados no Quadro Resumo da Tabela 27.5.
- Preencher o Quadro RA 27.4 no Relatório de Atividades.

c – *Explicação*

Pelas mudanças ocorridas conclui-se que a reação que se dá é a seguinte, Reação (R-27.14):

$$Zn^{0}_{(Metálico)} + Cu^{2+}_{(aq)} + SO^{2-}_{4(aq)} \underset{2}{\overset{1}{\rightleftarrows}} Zn^{2+}_{(aq)} + Cu^{0}_{(Metálico)} + SO^{2-}_{4(aq)} \qquad (R-27.14)$$

(−2 elétrons (Oxidou-se) do Zn para o Cu; +2 elétrons (Reduziu-se))

Ou seja, como o íon sulfato, (SO_4^{2-}), é o mesmo em ambos os lados da equação ele é subtraído, ficando as duas semirreações (R-27.15) e (R-27.16) na forma de redução.

$Zn^{2+}_{(aq)} + 2\,e \rightleftarrows Zn^{0}_{(m)}$ E° = −0,76 volts   (R-27.15)

$Cu^{2+}_{(aq)} + 2\,e \rightleftarrows Cu^{0}_{(m)}$ E° = +0,34 volts   (R-27.16)

Portanto, há a transferência de 2 elétrons do metal zinco para o íon cobre que se deposita na forma metálica. A energia envolvida na transferência dos 2 mols de elétrons é dada pela Equação (27.27):

$$\Delta G = -n\,F\,\Delta E°_{(Reação)} \qquad (27.27)$$

Onde: G = energia livre de Gibbs; n = número de mols de elétrons transferidos; F = Faraday = carga elétrica correspondente a um mol de elétrons = 96.496 Coulombs; $\Delta E°_{(Reação)}$ = Diferença de potencial, em volts, entre os dois eletrodos, isto é, do ponto donde saem os elétrons para onde chegam.

Nas condições ideais de concentração, isto é, atividade igual um, (a = 1,0 mol L^{-1}), para o cálculo do potencial da reação, tem-se as Equações (27.28) a (27.30):

$$\Delta E°_{(Reação)} = E°_{(Catodo)} - E°_{(Anodo)} \qquad (27.28)$$

$$\Delta E°_{(Reação)} = E°_{\left(Cu^{2+}_{(aq)}, Cu^{0}_{(Metálico)}\right)} - E°_{\left(Zn^{2+}_{(aq)}, Zn^{0}_{(Metálico)}\right)} \qquad (27.29)$$

$$\Delta E°_{(Reação)} = 0,34 - (-0,76) = 1,10 \text{ volts} \qquad (27.30)$$

Substituindo o valor de $\Delta E°_{(Reação)}$ da Equação (27.30) na Equação (27.27) tem-se a Equação (27.31):

$$\Delta G = -n\,F\,E°_{(Reação)} = -2.96496.1,10 \text{ C J C}^{-1} \qquad (27.31)$$

ΔG = −212.291 joules (para 2 mols de elétrons)
ΔG = −106.146 joules (para 1 mol de elétrons)
ΔG = −106,15 kJoules (para 1 mol de elétrons)

Para a energia em kcal por mol de elétrons transferidos na reação, tem-se o valor dado pela Equação (27.32):

$$\Delta G = -25{,}35 \text{ kcal mol}^{-1} \qquad (27.32)$$

Contudo, esta energia não aparece na forma de calor, se aparecer é apenas uma fração da mesma. Por isto, a temperatura inicial ($T_{(I)}$) e final ($T_{(F)}$) do sistema reacional não devem diferenciar-se muito.

Tabela 27.5 Quadro Resumo dos valores medidos, pesquisados e calculados do experimento da medida da energia não calorífica de uma reação redox.

Estado Inicial		Solução	Estado Final	Variação observada
Reagentes e variáveis	Valores		Massa da solução $m_{(Sol)}$ (g)	(Δ) da propriedade
Copo 1				
Solução de $CuSO_4$ 1 mol L^{-1}	20 mL			
Zinco em pó	1,0 g			
Temperatura inicial ($T_{(I)}$)	_____ °C		$T_{(F)}$ _____ °C	ΔT = _____ °C
Copo 2				
Solução de $CuSO_4$ 1 mol L^{-1}	20 mL			
Zn em placa (lâmina)	Uma lâmina			
Temperatura inicial ($T_{(I)}$)	_____ °C		$T_{(F)}$ _____ °C	ΔT = _____ °C

27.3 EXERCÍCIOS DE FIXAÇÃO

27.1. Com dissolução do sódio metálico na água ocorre forte aquecimento da solução formada e do béquer, o que pode ser observado pegando o béquer com as mãos. Responda:

a) Esta é uma reação endotérmica ou exotérmica?

b) Escreva a equação da reação segundo as normas da termodinâmica.

27.2. Foi colocado exatamente 200 mL de água destilada em um calorímetro e medido sua temperatura (T_1 = 22,5 °C). Depois, foi pesado exatamente 2 g de NaOH e adicionado ao calorímetro. Esta operação foi feita rapidamente. Após o calorímetro ter sido fechado a solução foi agitada com o próprio termômetro e medido a temperatura após sua estabilização (T_2 = 24,5 °C). Considerando que o calorímetro não absorveu calor e que o calor específico da solução é de 1 cal g^{-1} calcular o calor liberado na dissolução e para 1 mol de NaOH. Expresse o resultado em Kcal e J mol^{-1}.

27.3. Um corpo de 100 g, constituído de um material A, recebe 2000 cal. Não ocorre mudança de fase e a temperatura do corpo aumenta em 40 °C. Qual o calor específico do material desse corpo?

27.4. Em um experimento de calorimetria, um acadêmico obtém os dados abaixo para a reação de neutralização entre o ácido nítrico e o hidróxido de potássio.

Volume da solução de HNO_3 0,50 mol L^{-1} = 50 mL

Volume da solução de KOH 0,50 mol L^{-1} = 50 mL

Densidade da solução = 1 g mL^{-1}

Temperatura inicial = 25,0 °C

Temperatura final = 26,8 °C

Massa do copo de vidro do calorímetro = 234, 50 g

Calor específico da solução = 1 cal (g °C)$^{-1}$

Calor específico do vidro = 0,25 cal (g °C)$^{-1}$

Calcule o calor de neutralização desta reação em Kcal mol^{-1}.

Resultados: **27.2.** 404; 8080; 33,829; **27.3.** 0,5; **27.4.** 11,42.

UNIDADE DIDÁTICA 27: TERMOQUÍMICA
CALOR DE REAÇÃO

27.4 RELATÓRIO DE ATIVIDADES

Universidade _____ Centro de Ciências Exatas – Departamento de Química Disciplina: QUÍMICA GERAL EXPERIMENTAL – Cód: _____ Curso: _____ Ano: _____ Professor:_____	Relatório de Atividades

_____ Nome do Acadêmico	_____ Data

UNIDADE DIDÁTICA 27: TERMOQUÍMICA – CALOR DE REAÇÃO

Quadro RA 27.1 Observar a Tabela 27.2 com os valores medidos e calculados para o item 27.2.1 responder a questão abaixo.

Calcule a quantidade de calor Q produzida na diluição da solução de 1 mol de H_2SO_4 em 5 mols de água para 8 mols de água.
_____
_____
_____

Quadro RA 27.2 Observar a Tabela 27.3 com os valores medidos e calculados para o item 27.2.2 responder a questão abaixo.

Calcule a quantidade de calor Q produzida na dissolução integral de 1 mol de NH_4Cl em água.
_____
_____

Quadro RA 27.3 Observar a Tabela 27.4 com os valores medidos e calculados para o item 27.2.3 responder a questão abaixo.

Calcule a quantidade de calor Q produzida na neutralização de 1 mol de H^+ com 1 mol de OH^-.
_____
_____

Quadro RA 27.4 Observar a Tabela 27.5 com os valores medidos e calculados para o item 27.2.4 responder a questão abaixo.

Calcule a quantidade de energia livre ΔG produzida na reação   _____   _____   Escreva as evidências observada na reação entre a solução de sulfato de cobre e o zinco metálico em pó.   _____   _____

27.5 REFERÊNCIAS BIBLIOGRÁFICAS E SUGESTÕES PARA LEITURA

AMBROGI, A., LISBÔA, J. C. F. A química fora e dentro da escola. In: **Ensino de Química dos fundamentos à prática**. São Paulo: Secretaria de Estado da Educação, 1990. 46 p.

ATKINS, P. W., BERAN, J. A. **General chemistry**. 2. ed. New York: Scientific American Books, 1992. 922 p.

BACCAN, N.; BARATA, L. E. J. **Manual de segurança para o laboratório químico**. Campinas: Unicamp, 1982. 63 p.

BARROS, H. L. C. **Química inorgânica – uma introdução**. Belo Horizonte: Editora da UFMG (Universidade Federal de Minas Gerais) e UFOP (Universidade Federal de Ouro Preto), 1992. 518 p.

BARROW, G. M. **Química física**. Segunda Edición. Versión spañola de Salvador Senent. Barcelona: Editorial Reverté, 1968. 893 p.

BERAN, J. A. **Laboratory manual for principles of general chemistry**. 2. ed. New York: John Wiley & Sons, 1994. 514 p.

BRETHERICK, L. **Hazards in the chemical laboratory**. 4. ed. London: The Royal Society of Chemistry, 1986. 604 p.

BUDAVARI, S. [Editor] **THE MERCK INDEX**. 12th Edition. Whitehouse Station, N. J. USA: MERCK & CO, 1996.

CARVALHO, G. C. **Química moderna**. São Paulo: Livraria Nobel, 1968. Volume 3.

CHAGAS, A. P. **Termodinâmica química**. Campinas: Editora da UNICAMP, 1999. 409 p.

CHANG, R. **Química**. 5. ed. Tradução de Joaquim J. Moura Ramos *et al*. Lisboa: McGraw-Hill de Portugal, 1998. 994 p.

CHRISPINO, A. **Manual de química experimental**. São Paulo (SP): Editora Ática, 1991. 230 p.

EBBING, D. D. *Química geral*. Tradução de Horácio Macedo. Rio de Janeiro: LTC Editora, 1998. v. 1. 576 p.

FURR, A. K. [Editor] **CRC HANDBOOK OF LABORATORY SAFETY**. 5th Edition. Boca Raton – Florida: CRC Press, 2000. 784 p.

HUHEEY, J. E. **Inorganic chemsitry** – *Principles of structure and reactivity*. New York: Harper & Row, 1975. 737 p.

JOYCE, R.; McKUSICK, R. B. Handling and disposal of chemicals in laboratory. *In*: LIDE, D. R. **HANDBOOK OF CHEMISTRY AND PHYSICS**. Boca Raton (USA): CRC Press, 1996-1997.

LEWIS, R. J. [Editor] **Sax's Dangerous Properties of Industrial Materials**, 9th Edition. New York: Van Nostrand Reinhold, 1996. Vol. I, II, III.

LUXON, S. G. [Editor] **Hazards in the chemical laboratory**. 5th. Edition. Cambridge: Royal Society of Chemistry, 1971. 675 p.

MCMURRY, J.; FAY, R. C. **Chemistry**. 2. ed. New Jersey: Prentice Hall, 1998. 1025 p.

MEE, A. J. **Química física**. Versión de la 4ª. Edición Inglesa por Juan Sancho. Barcelona: Editorial Gustavo Gili, 1953. 800 p.

MORITA, T.; ASSUMPÇÃO, R. M. V. **Manual de soluções, reagentes & solventes – padronização, preparação e purificação**. 2. ed. (reimpressão). São Paulo: Editora Edgard Blücher, 1976. 627 p.

ODDONE, G. C.; VIEIRA, L. O.; PAIVA, M. A. D. **Guia de prevenção de acidentes em laboratório**. Rio de Janeiro: Divisão de Informação Técnica e Propriedade Industrial – Petrobras, 1980. 37 p.

PESSOA, J. C. Os experimentos de Joule e a primeira lei da termodinâmica. **Ver. Bras. Ensino Fís**. Vol. 31, n. 3 July/Sept, 2009.

SEMISHIN, V. **Prácticas de química general inorgánica**. Traducido del ruso por K. Steinberg. Moscu: Editorial MIR, 1967. 391 p.

SHRIVER, D. F.; ATKINS, P. W.; LANGFORD, C. H. **Inorganic chemistry**. 2. ed. Oxford: Oxford University Press, 1994. 819 p.

SIGMA-ALDRICH CATALOG. **Biochemicals and reagents for life science research**. USA: SIGMA ALDRICH, 1999. 2880 p.

STOKER, H. C. **Preparatory chemistry**. 4. ed. New York: Macmillan Publishing Company, 1993. 629 p.

THOMAS SCIENTIFIC CATALOG: 1994/1995. New Jersey (USA): Thomas Scientific Co., 1995. 1929 p.

<http://mundoeducacao.bol.uol.com.br/fisica/equivalencia-entre-joule-caloria.htm>; (Site acessado em 05 de abril de 2016).

<https://pt.wikipedia.org/wiki/Caloria>; (Site acessado em 05 de abril de 2016).

<https://pt.wikipedia.org/wiki/Joule>; (Site acessado em 05 de abril de 2016).

<https://es.wikipedia.org/wiki/Gustave_Hirn>. (Site acessado em 05 de abril de 2016).

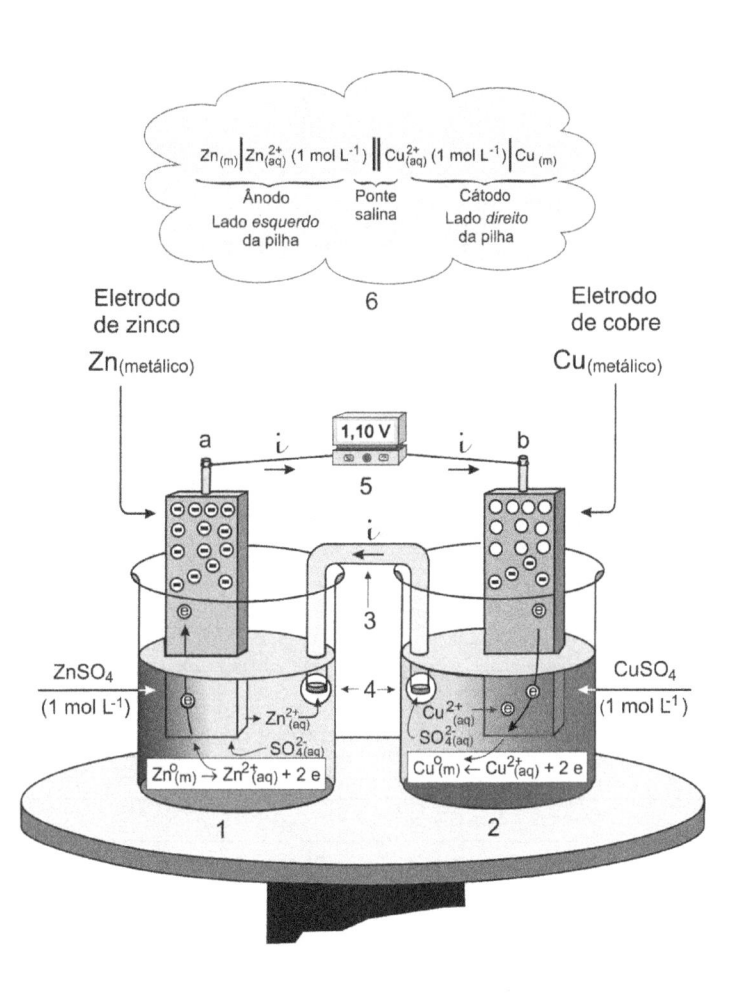

$$Zn_{(m)} | Zn^{2+}_{(aq)} (1\ mol\ L^{-1}) \| Cu^{2+}_{(aq)} (1\ mol\ L^{-1}) | Cu_{(m)}$$

Ânodo — Lado *esquerdo* da pilha
Ponte salina
Cátodo — Lado *direito* da pilha

Eletrodo de zinco — $Zn_{(metálico)}$

Eletrodo de cobre — $Cu_{(metálico)}$

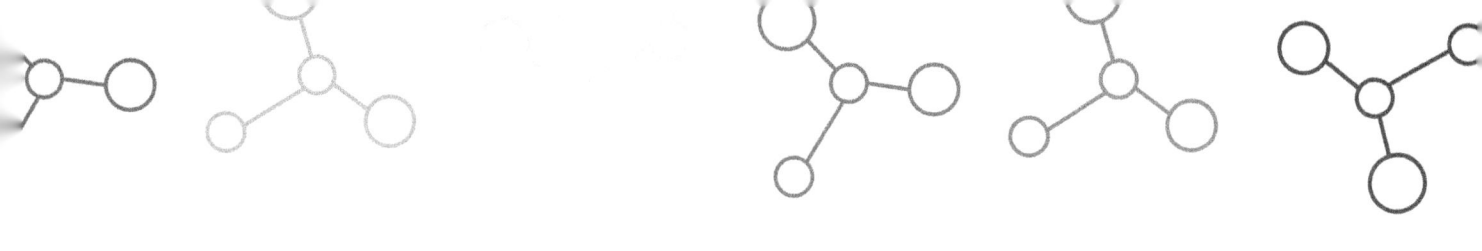

1,10 V

$ZnSO_4$ (1 mol L^{-1})

$CuSO_4$ (1 mol L^{-1})

$Zn^{2+}_{(aq)}$
$SO^{2-}_{4(aq)}$
$Zn^0_{(m)} \rightarrow Zn^{2+}_{(aq)} + 2\ e$

$Cu^{2+}_{(aq)}$
$SO^{2-}_{4(aq)}$
$Cu^0_{(m)} \leftarrow Cu^{2+}_{(aq)} + 2\ e$

UNIDADE DIDÁTICA 28

Pilha Galvânica: A meia cela da esquerda (**1**) é constituído de um eletrodo de $Zn_{(m)}$, imerso em solução de sulfato de zinco ($ZnSO_4$). A meia cela da direita (**2**) é constituída de um eletrodo de $Cu_{(m)}$, imerso em uma solução de sulfato de cobre ($CuSO_4$). A corrente de elétrons flui pelo fio metálico que liga os dois eletrodos. Um voltímetro (**5**) mede a diferença de potencial (ddp) entre os eletrodos. A corrente iônica acontece pela ponte salina: um tubo em U (**3**) que contém, normalmente, uma solução de cloreto de potássio (KCl) e liga as duas semicelas. Este tubo tem nas duas extremidades (**4**) chumaços de algodão ou outro material poroso que permite a passagens dos íons, mas retém a solução da ponte salina. Notação da pilha (**6**).

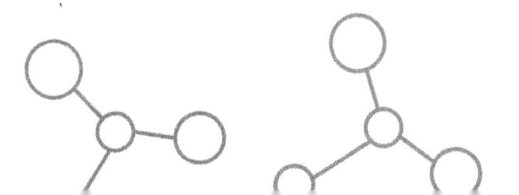

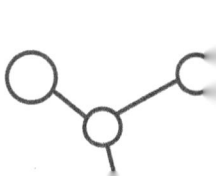

UNIDADE DIDÁTICA 28

ELETROQUÍMICA

CONCEITOS E APLICAÇÕES

Conteúdo	Página
28.1 Aspectos Teóricos	665
28.1.1 Introdução	665
28.1.2 Reação de oxirredução	666
28.1.3 Eletrodo e potencial de eletrodo	666
28.1.4 Células ou pilhas elétricas	667
28.1.5 Eletrodo padrão de hidrogênio, potenciais padrões e formais de eletrodo	670
28.1.6 Diferença de potencial de uma pilha (E) e energia livre (G)	672
28.1.7 Energia e a equação de Nernst	674
28.1.8 Cálculo do potencial elétrico de um eletrodo ou de uma reação	675
Detalhes 28.1	677
28.2 Parte Experimental	680
28.2.1 Verificação da espontaneidade de uma reação de oxirredução	680
Segurança 28.1	681
28.2.2 Pilha de corrosão	682
28.2.3 Pilha de Daniell	683
Detalhes 28.2	684
28.3 Exercícios de Fixação	687
28.4 Relatório de Atividades	689
28.5 Referências Bibliográficas e Sugestões para Leitura	690

Unidade Didática 28
ELETROQUÍMICA
CONCEITOS E APLICAÇÕES

Objetivos
- Entender e aplicar os conceitos envolvidos nas reações de *oxidação* e *redução*.
- Observar a espontaneidade de reações de oxidação e redução.
- Conhecer os *potenciais padrão de eletrodo*.
- Montar a pilha de cobre e ferro e explicar os fenômenos observados.
- Montar a pilha de zinco e cobre, e medir a *diferença de potencial* (ddp).
- Calcular o potencial de qualquer associação de potenciais de eletrodo.

28.1 ASPECTOS TEÓRICOS

28.1.1 Introdução

A *eletroquímica* é a parte da química que estuda os fenômenos químicos e elétricos gerados por reações químicas espontâneas e não espontâneas. Nas espontâneas se pode enquadrar as *pilhas*, células galvânicas ou *baterias*. Em processos não espontâneos tem-se a transformação química gerada pela passagem forçada da corrente elétrica numa solução denominada de *eletrólito* (em *células eletrolíticas*, *cubas*, ou *banhos eletrolíticos*). Os fenômenos ocorridos pela passagem da corrente elétrica no eletrólito denominam-se de *eletrólise*.

Calculadoras, telefones celulares, controles remotos fazem parte do nosso cotidiano, porém, para o seu uso, outra criação do homem tem-se tornado indispensável: a pilha ou bateria. Sente-se sua importância quando estas invenções não funcionam, e, assim necessita-se trocá-las, ou recarregá-las. Nelas ocorrem reações químicas que fornecem a energia necessária para que esses objetos (instrumentos) executem as suas funções. Na indústria química, também diversas substâncias utilizadas são obtidas através de processos eletroquímicos. Da solução aquosa de cloreto de sódio são obtidos: o cloro (processo Down), essencial à obtenção do muito utilizado PVC; o hidróxido de sódio (soda cáustica) necessário à produção de papel, tratamento de fibras têxteis, dentre outras aplicações.

No ano 2000, comemorou-se duzentos anos da invenção da pilha. Em 1800, Alessandro Volta (daí a denominação de *pilha voltaica*), empilhou diversas placas de prata e zinco separadas por panos embebidos em água salgada e percebeu um choque elétrico quando unia as duas extremidades da pilha. Volta observou também que outros metais apresentavam propriedades semelhantes. A partir de 1836, outra pilha tornou-se muito conhecida, a Pilha de Daniell que utilizava os metais zinco e cobre. Atualmente diversas pilhas são conhecidas: pilhas de Leclanché, baterias de chumbo, pilhas alcalinas, baterias de mercúrio, pilhas de níquel-cádmio. Todas estas pilhas estão baseadas nos princípios verificados por Volta e Daniell.

Nos processos químicos envolvidos nestes sistemas ocorrem reações químicas conhecidas como reações de oxidação e de redução que já foram discutidas preliminarmente na Unidade 20. Nesta UNIDADE serão tratadas especificamente as pilhas voltaicas ou galvânicas, ou seja, a reação química gerando corrente elétrica.

28.1.2 Reação de oxirredução

A reação de oxirredução é a reação em que há uma transferência de elétrons de uma espécie química para outra, dentre as espécies que participam da reação. Isto é, há uma mudança nos números de oxidação dos elementos presentes. Seja a Reação (R-28.1):

$$\overbrace{Zn^0_{(Metálico)} + Cu^{2+}_{(aq)}}^{-2\ elétrons\ (Oxidou-se)} + SO^{2-}_{4(aq)} \underset{2}{\overset{1}{\rightleftarrows}} Zn^{2+}_{(aq)} + \underbrace{Cu^0_{(Metálico)} + SO^{2-}_{4(aq)}}_{+2\ elétrons\ (Reduziu-se)} \qquad (R\text{-}28.1)$$

Na Reação (R-28.1) o íon sulfato (SO_4^{2-}), como é o mesmo em ambos os lados da equação, pode ser simplificado, e o restante da equação pode ser decomposto em duas semirreações, que são as seguintes:

1ª Semirreação

A semirreação que doou elétrons. Nesta, a espécie que doou elétrons se oxidou e provocou na outra uma redução, Reação (R-28.2):

$$Zn^o_{(m)} \rightarrow Zn^{2+}_{(aq)} + 2\ e \qquad (R\text{-}28.2)$$

2ª Semirreação

A semirreação que recebeu elétrons. Nesta, a espécie que recebeu elétrons se reduziu e provocou na outra uma oxidação, Reação (R-28.3):

$$Cu^{2+}_{(aq)} + 2\ e \rightarrow Cu^o_{(m)} \qquad (R\text{-}28.3)$$

28.1.3 Eletrodo e potencial de eletrodo

Ao se colocar uma lâmina (placa) metálica em contato com uma solução que contenha seus íons dissolvidos, estabelece-se um equilíbrio entre a lâmina e a solução, criando sobre a lâmina uma diferença de carga elétrica, que pode ser maior ou menor que a da lâmina sem estar em contato com a solução. Forma-se um eletrodo com um potencial característico deste metal (potencial de eletrodo). A Figura 28.1 mostra a formação do potencial do eletrodo de zinco e do eletrodo de cobre.

Observa-se que o metal zinco mobiliza mais elétrons que o cobre. O cobre tem mais afinidade para com os elétrons, não os "solta facilmente". Numa disputa de elétrons entre os dois observa-se que o cobre atrai para si os elétrons e o zinco cede os mesmos. Ou pode-se dizer que o eletrodo de zinco tem um potencial elétrico mais elevado em termos de capacidade de ceder elétrons frente ao cobre e seus elétrons fluem espontaneamente para o cobre, conforme será visto adiante.

Da mesma forma a solução de qualquer substância em água cria no ambiente (solução) uma atividade eletrônica maior ou menor. Quanto maior a atividade eletrônica do meio, isto é, maior a capacidade de ceder elétrons {e} o sistema é mais redutor, cede mais facilmente elétrons. Quanto menor a atividade eletrônica do meio, menos elétrons disponíveis no ambiente, menos redutor é o meio, pode-se dizer que o meio é mais oxidante. Em geral, o metal que serve para coletar, conduzir etc., os elétrons deste meio mais redutor, ou mais oxidante, é um fio de platina, pois a platina é inerte, isto é, não é atacada pela maioria dos reagentes.

Um eletrodo qualquer tem notação convencionada e padronizada, que deve ser obedecida. Por exemplo, a notação dos dois eletrodos da Figura 28.1 é a seguinte:

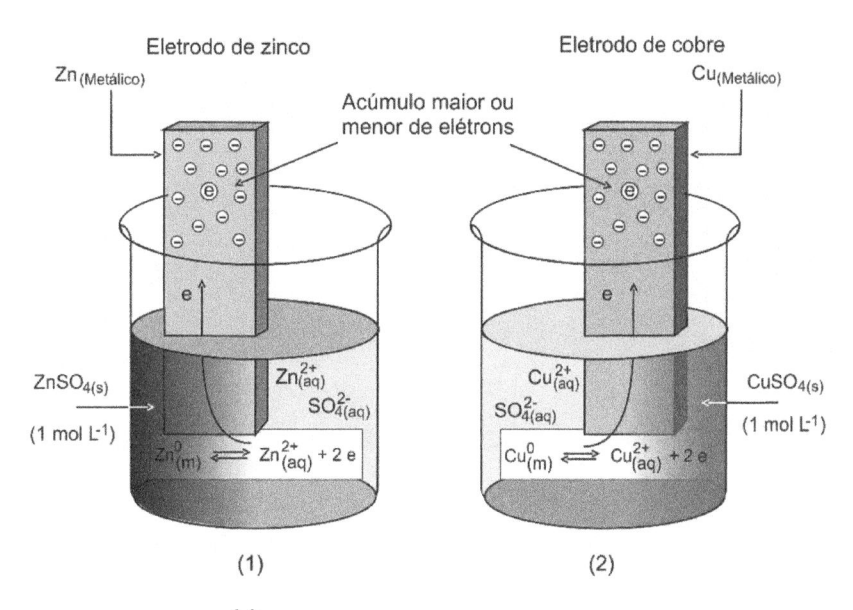

Figura 28.1 (1) Eletrodo de zinco, Zn e (2) Eletrodo de cobre, Cu, mostrando qualitativamente a formação de um potencial de eletrodo, um acúmulo ou uma falta de elétrons.

$$Zn_{(m)} | Zn^{2+}_{(aq)} (1 \text{ mol L}^{-1});$$
$$Cu_{(m)} | Cu^{2+}_{(aq)} (1 \text{ mol L}^{-1}).$$

Entende-se: (m) = metálico ou, estado sólido (s); a barra "/" separa a fase sólida da fase líquida ou dos íons aquosos.

No caso da solução aquosa de permanganato de potássio, $KMnO_4$ (x mol L^{-1}) em ácido sulfúrico, H_2SO_4 (y mol L^{-1}) dando o equilíbrio da Reação (R-28.4), após a subtração dos íons que se encontram em ambos os lados da equação, tem-se:

$$MnO_4^{1-}{}_{(aq)} + 8\,H^+{}_{(aq)} + 5\,e \rightleftarrows Mn^{2+}{}_{(aq)} + 4\,H_2O_{(l)} \quad (R\text{-}28.4)$$

A notação da semirreação é a que segue:

$$Pt_{(m)} | MnO_4^-{}_{(aq)} (x \text{ mol L}^{-1}), H^+{}_{(aq)} (y \text{ mol L}^{-1})$$

Observa-se que em todos os eletrodos a fase sólida do mesmo (que coleta os elétrons) é representada à esquerda e separada das espécies em solução por uma barra vertical, significando a separação do estado físico sólido do líquido. À direita da barra encontram-se as espécies em solução com suas concentrações discriminadas.

Na semirreação analisada utilizou-se como elemento coletor dos elétrons (eletrodo) o metal nobre, a platina (Pt), que não reage com o meio.

28.1.4 Células ou pilhas elétricas

Quando se coloca uma barra de ferro em uma solução aquosa de sulfato de cobre(II), $CuSO_4$, conforme Figura 28.2, após certo intervalo de tempo, verifica-se que a parte imersa da barra de ferro adquire uma coloração semelhante ao metal cobre e, uma observação mais atenta, detecta que a solução de azul, devido a cor característica dos íons $Cu^{2+}{}_{(aq)}$, torna-se clara a incolor, sugerindo uma deposição do metal cobre sobre a barra de ferro. A solução, com o passar do tempo fica amarelada devido aos íons $Fe^{2+}{}_{(aq)}$ que na solução aquosa exposta ao ar lentamente se oxidam a $Fe^{3+}{}_{(aq)}$.

QUÍMICA GERAL EXPERIMENTAL

Observa-se, visualmente:
- A cor azul do $Cu^{2+}_{(aq)}$ inicial, diminui;
- A placa de ferro na solução fica com cor de cobre;
- A cor final da solução fica levemente amarelada, do $Fe^{2+}_{(aq)}$.

(1) Momento inicial da mistura — tempo inicial (t = 0)

(A) - Eletrodos:

$Fe^{2+}_{(aq)} + 2e \rightleftarrows Fe^{o}_{(s)}$ $E^{o} = -0,44$ V
$Cu^{2+}_{(aq)} + 2e \rightleftarrows Cu^{o}_{(s)}$ $E^{o} = +0,34$ V

(2) Momento final de equilíbrio — tempo final (t = $t_{Equilíbrio}$)

(B) - Reação:

$Fe^{2+}_{(aq)} + 2e \longleftarrow Fe^{o}_{(m)}$ $E^{o} = -0,44$ V
$Cu^{2+}_{(aq)} + 2e \longrightarrow Cu^{o}_{(m)}$ $E^{o} = +0,34$ V

$Fe^{o}_{(m)} + Cu^{2+}_{(aq)} \rightleftarrows Fe^{2+}_{(aq)} + Cu^{o}_{(m)}$

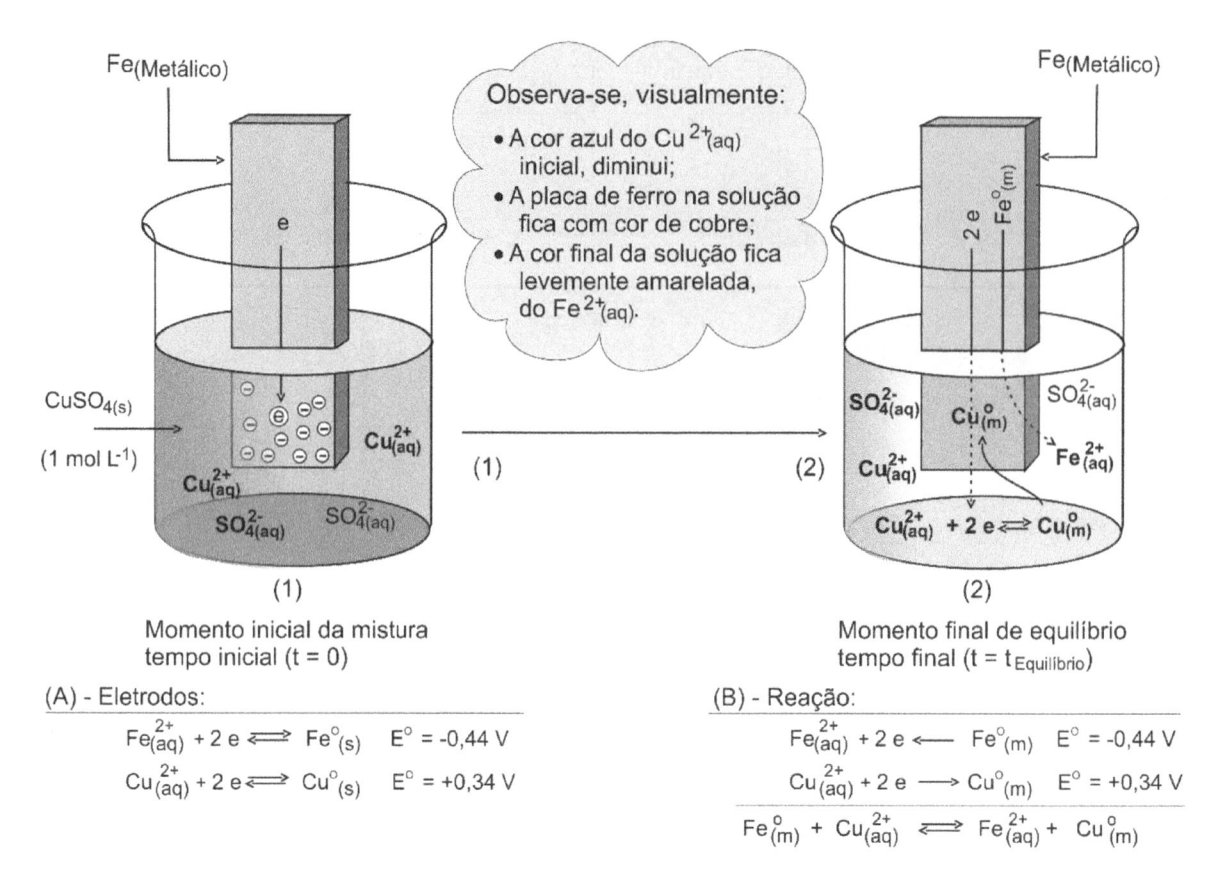

Figura 28.2 Barra de ferro, numa solução de sulfato de cobre(II): (1) Tem-se o momento inicial da reação (tempo = 0); (2) Momento final da reação em estado de equilíbrio.

Na própria Figura 28.2 constam as semirreações de dissolução do ferro e deposição do cobre sobre a barra de ferro. Na realidade têm-se duas semirreações correspondendo a dois eletrodos:

$Fe^{o}_{(m)} | Fe^{2+}_{(aq)}$ (x mol L^{-1})
$Cu^{o}_{(m)} | Cu^{2+}_{(aq)}$ (y mol L^{-1})

O ferro cede mais facilmente seus elétrons que o cobre. Isto é, tem um potencial de eletrodo, em termos de capacidade de ceder elétrons, mais elevado que o cobre, como no caso do zinco e cobre.

Assim, ligando, associando ou empilhando adequadamente, um ou mais eletrodos que têm tendência de ceder elétrons com um ou mais, que têm tendência de receber elétrons ou, eletrodo de potencial mais elevado que o outro, forma-se uma célula ou uma pilha. Isto é, elétrons fluem espontaneamente de um eletrodo para o outro enquanto se dá a reação química. Esta passagem de elétrons de um ponto para outro (de um eletrodo para outro) produz uma corrente elétrica (i). Entre os dois eletrodos se estabelece uma diferença de potencial (E) capaz de produzir trabalho, como se verá a frente. A Figura 28.3 mostra a pilha formada pelos eletrodos de zinco e cobre anteriormente descritos.

Anodo

O anodo da pilha é o polo, local, ou o eletrodo, onde são atraídos os ânions da solução, ou dali, são retirados elétrons, ocorrendo a reação de oxidação. Na pilha da Figura 28.3, corresponde à placa de zinco para onde se dirigem os ânions sulfato, (SO_4^{2-}). Só que em vez do sulfato (SO_4^{2-}) ceder os elétrons e depositar-se é mais fácil o $Zn^{o}_{(m)}$ ceder os elétrons, isto é, oxidar-se e dissolver-se na solução na forma de $Zn^{2+}_{(aq)}$, conforme Reação (R-28.2) e seus elétrons, seguirem o circuito para o outro eletrodo, o catodo.

$$Zn^{o}_{(m)} \rightarrow Zn^{2+}_{(aq)} + 2e \qquad [R-28.2]$$

UNIDADE DIDÁTICA 28: ELETROQUÍMICA
CONCEITOS E APLICAÇÕES

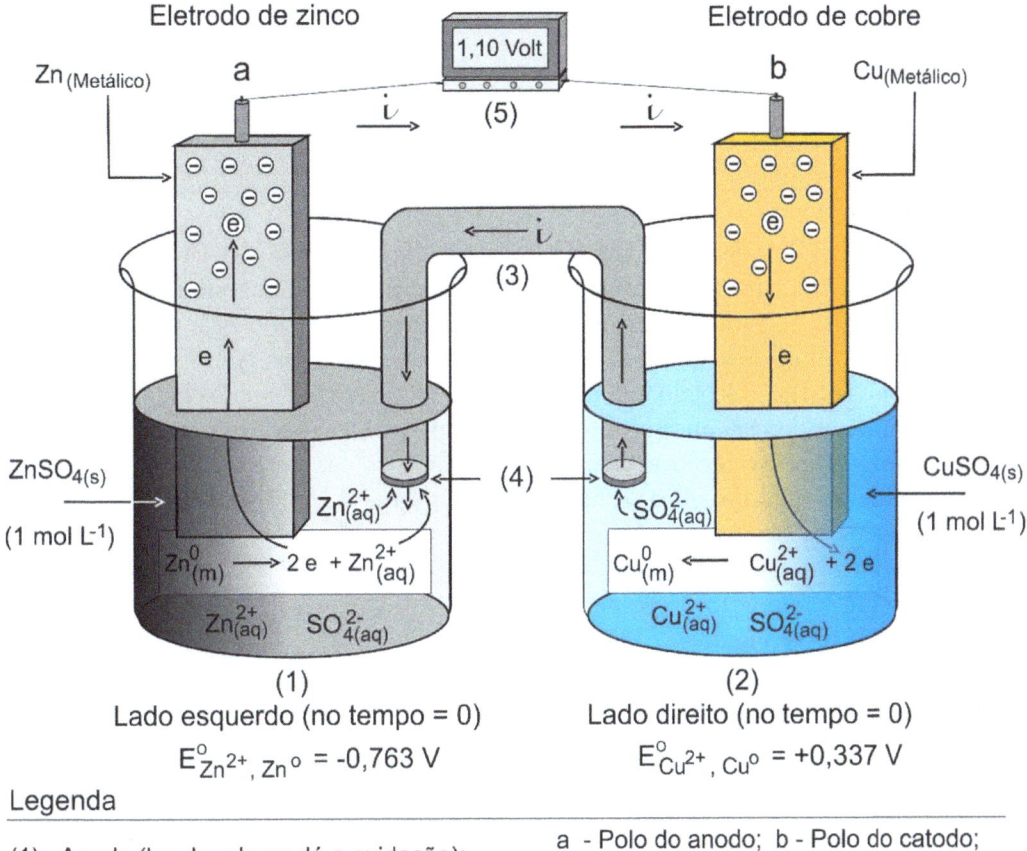

Eletrodo de zinco — $Zn_{(Metálico)}$ — a — 1,10 Volt — b — **Eletrodo de cobre** — $Cu_{(Metálico)}$

$ZnSO_{4(s)}$ (1 mol L^{-1})

$Zn^{2+}_{(aq)}$

$Zn^0_{(m)} \rightarrow 2e + Zn^{2+}_{(aq)}$

$Zn^{2+}_{(aq)} \quad SO^{2-}_{4(aq)}$

(1) Lado esquerdo (no tempo = 0)

$E^o_{Zn^{2+}, Zn^o} = -0,763\ V$

$SO^{2-}_{4(aq)}$

$Cu^0_{(m)} \leftarrow Cu^{2+}_{(aq)} + 2e$

$CuSO_{4(s)}$ (1 mol L^{-1})

$Cu^{2+}_{(aq)} \quad SO^{2-}_{4(aq)}$

(2) Lado direito (no tempo = 0)

$E^o_{Cu^{2+}, Cu^o} = +0,337\ V$

Legenda

(1) - Anodo (local onde se dá a oxidação);
(2) - Catodo (local onde se dá a redução);
(3) - Ponte salina (solução de KCl);
(4) - Membrana porosa que permite a passagem de cátions e ânions;
(5) - Voltímetro e amperímetro;

a - Polo do anodo; b - Polo do catodo;
i - Corrente elétrica (no fio fluxo de elétrons, na solução fluxo de ânions e cátions);
1,10 Volts - Diferença de potencial entre os dois eletrodos, Er;
$E^o r = E^o c - E^o a = 0,34 - (-0,76) = 1,10\ V.$

Figura 28.3 Pilha de cobre e zinco: (1) Eletrodo de zinco (anodo em que ocorre a oxidação do zinco); (2) Eletrodo de cobre (catodo em que ocorre a redução do cobre). Os elétrons cedidos pelo Zn fluem pelo circuito, formando a corrente i, passando pelo voltímetro indicando a diferença de potencial de 1,10 Volts, sendo i o sentido das cargas negativas.

Catodo

Os elétrons provenientes da oxidação zinco deixam o metal zinco passam pelo circuito metálico criando uma corrente elétrica (i), com o sentido de deslocamento das cargas negativas, Figura 28.3, e vão ao outro eletrodo ($Cu^o_{(m)}$) para onde se dirigem os cátions da solução (por isto é chamado de catodo) e ocorre o fenômeno da redução. A este eletrodo dirigem-se também os cátions (Cu^{2+}) onde são reduzidos e depositados na forma de metal $Cu^o_{(m)}$, Reação (R-28.3):

$$Cu^{2+}_{(aq)} + 2e \rightarrow Cu^o_{(m)} \quad [R-28.3]$$

> As Leis da eletrólise e os termos anodo e catodo fora, introduzidos pelo físico inglês Michael Faraday em 1833.

Assim, como o eletrodo tem convencionada sua representação, a pilha também. A representação da pilha, ou célula está representada no Quadro 28.1, conforme segue.

Quadro 28.1 Visualização de convenções da notação e nomenclatura de uma pilha.

$$\underbrace{Zn_{(m)} \mid Zn^{2+}_{(aq)}(1\,mol\,L^{-1})}_{\substack{Anodo \\ Lado\ esquerdo\ da\ pilha}} \underbrace{\parallel}_{Ponte} \underbrace{Cu^{2+}_{(aq)}(1\,mol\,L^{-1}) \mid Cu_{(m)}}_{\substack{Catodo \\ Lado\ direito\ da\ pilha}}$$

O anodo é representado à esquerda e o catodo à direita. Entre os dois, barras estão significando a ponte salina. A ponte salina é constituída de um tubo em U (invertido) cheio de uma solução salina (em geral, de cloreto de potássio, KCl) fechado em suas extremidades por membranas porosas que permitem a passagem de cátions e ânions em direção ao catodo e ao anodo respectivamente. A ponte salina fecha o circuito da pilha. Por ela passa a corrente elétrica (i) formada pelo movimento dos cátions e ânions em direções opostas, cada um sob a ação do respectivo campo elétrico (E), conforme Figura 28.5. No fio metálico a corrente (i) é formada por um fluxo de elétrons, que pode ser medido por um amperímetro intercalado no circuito.

Convenções adotadas na notação de pilhas ou células:

- Anodo ou eletrodo de oxidação: esquerda.
- Catodo ou eletrodo de redução: direita.
- Ponte salina: duas barras verticais separando os dois eletrodos.
- Fronteira de duas fases: barra simples separando o terminal metálico e a solução do eletrodo.
- Gases envolvidos na reação e seu suporte metálico: como anodo, o símbolo do metal antes da notação, separado por barra simples; se catodo, o símbolo do metal depois. Ex.: $Pt_{(m)} / H_{2(g)} / H^+_{(aq)}$.
- •Íons em solução: separados por uma vírgula. Ex.: $Fe^{3+}_{(aq)}, Fe^{2+}_{(aq)} / Pt_{(m)}$.
- •Concentração das soluções ou pressão dos gases: entre parênteses após cada espécie química. Ex.:

$Zn_{(m)} \mid Zn^{2+}_{(aq)}(1,0\,mol\,L^{-1}) \parallel H^+_{(aq)}(1,0\,mol\,L^{-1}) \mid H_2(1,0\,atm) \mid Pt_{(m)}$

Célula ou cuba eletrolítica

A célula eletrolítica é o sistema em que se dá o processo contrário de uma pilha. É um processo forçado, não espontâneo. Isto é, aplica-se uma diferença de potencial igual ou um pouco maior, que o espontâneo produzido pela pilha e os processos da pilha são invertidos, conforme Reações (R-28.5) e (R-28.6). A este fenômeno chama-se de carregamento da pilha. Estamos armazenando energia.

$$Zn°_{(m)} \leftarrow Zn^{2+} + 2\,e \quad (R\text{-}28.5)$$
$$Cu^{2+} + 2\,e \leftarrow Cu°_{(m)} \quad (R\text{-}28.6)$$

28.1.5 Eletrodo padrão de hidrogênio, potenciais padrões e formais de eletrodo

Eletrodo Padrão de Hidrogênio (EPH)

Qualquer semirreação onde um elemento alterou seu número de oxidação pode ser convertido em um eletrodo, que apresenta um acúmulo maior ou menor de elétrons, isto é, cede mais ou menos facilmente os elétrons. Tem um potencial próprio de eletrodo.

Para medir e comparar estes potenciais adotou-se um eletrodo padrão de referência, ao qual foram comparados, ou melhor, com o qual foram medidos todos os demais, que é o Eletrodo Padrão de Hidrogênio (EPH). Ao valor do potencial deste eletrodo deu-se por definição (convenção) o valor de 0,000 volts.

A Figura 28.4 mostra o funcionamento de um EPH. Este, é essencialmente constituído por um fio de platina (coletor e condutor) tendo na sua extremidade inferior uma placa coberta com negro de platina, que é mais porosa e permite um contato maior dos cátions H^+ da solução com o gás hidrogênio. Este fio de platina (Pt) está dentro de um tubo de vidro emborcado numa solução de íons H^+ com atividade igual a um, $\{H^+\} = 1\,mol\,L^{-1}$, pelo qual passa o fluxo de gás hidrogênio (H_2), com pressão de 1 atmosfera, que borbulha na solução. Portanto, ali ao redor da placa de platina se estabelece o equilíbrio dado pela Reação (R-28.7):

$$2\,H^+_{(aq)} + 2\,e \rightleftarrows H_{2(g)} \qquad (R\text{-}28.7)$$

Por convenção, o potencial deste eletrodo foi considerado igual a 0,000 Volts, conforme mostra a Reação (R-28.8):

$$2\,H^+ + 2\,e \rightleftarrows H_{2(g)} \quad E^\circ = 0,000\,V \quad (R\text{-}28.8)$$

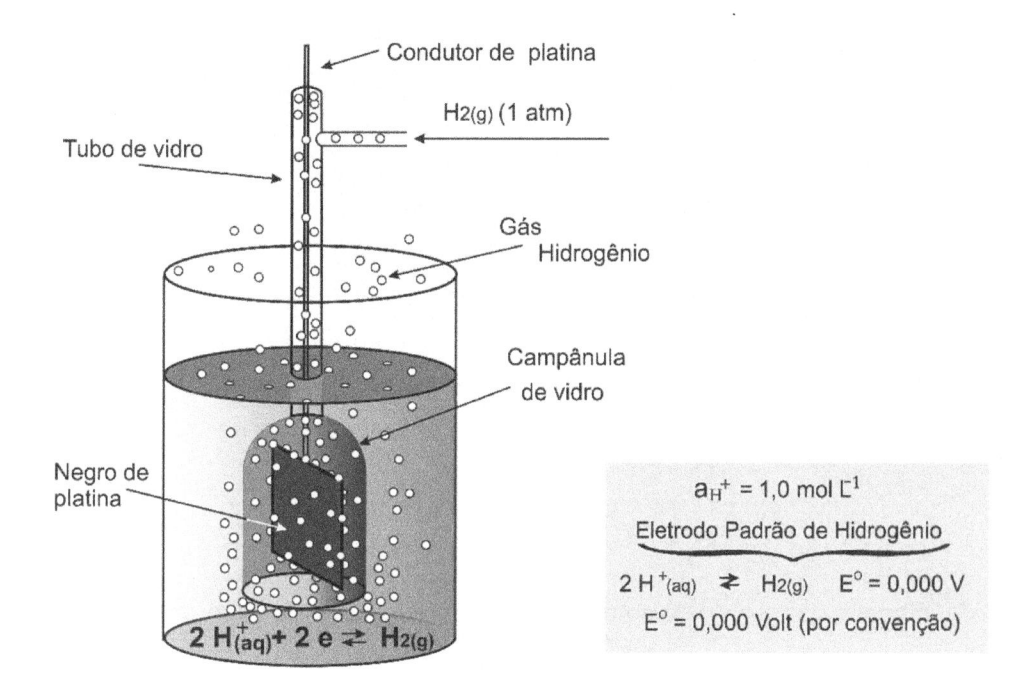

Figura 28.4 Esquematização do Eletrodo Padrão de Hidrogênio, EPH.

Potencial Padrão de Eletrodo (de Redução)

O Potencial Padrão de Eletrodo de Redução é o potencial de qualquer eletrodo medido, ou comparado com o EPH, e expresso na forma de reação de redução, tendo as espécies presentes a atividade igual a 1 mol L^{-1}. A Tabela 28.2 apresenta alguns valores de Potenciais Padrões de Eletrodo, ou chamados também de Potenciais Normais de Eletrodo. O valor presente na referida tabela, para cada semirreação, corresponde ao potencial de redução. Para achar o potencial de oxidação é só inverter o sinal do valor do potencial de redução. A Figura 28.5 mostra como são medidos os Potencias de Eletrodo Padrão (PEP) em relação ao Eletrodo Padrão de Hidrogênio (EPH). Estes potenciais são simbolizados por E°_H.

A Figura 28.5 visualiza como são medidos os Potenciais Padrões de Eletrodos, bem como os Potenciais Formais de eletrodos. Toma-se o eletrodo, cujo potencial padrão se deseja medir, e liga-se ao eletrodo padrão de hidrogênio (EPH). O resultado que aparece no voltímetro é o valor do potencial do referido eletrodo. O sinal do valor observado no instrumento pode ser positivo (+) ou negativo (-). Quando negativo significa que o eletrodo que está sendo "comparado" com o do hidrogênio, cede os elétrons para o $H^+_{(aq)}$ que se reduz na forma gás hidrogênio, $H_{2(g)}$. Quando positivo, acontece o contrário.

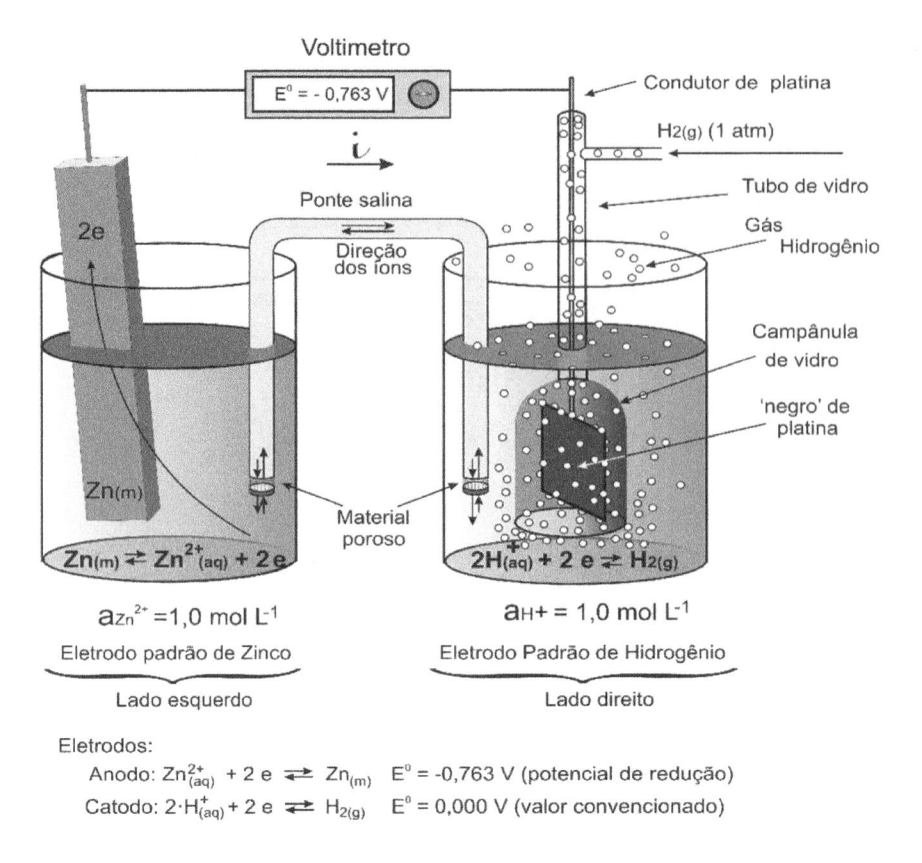

Figura 28.5 Visualização da medida do potencial do eletrodo padrão de zinco, utilizando o eletrodo padrão de hidrogênio.

Potencial Formal de eletrodo

Como na maioria dos casos as espécies presentes numa semirreação podem reagir, complexar-se, hidratar-se etc., modificando a sua atividade de 1 mol L^{-1}, costuma-se preparar o eletrodo com a concentração igual a 1 mol L^{-1} (concentração Formal) e expressar seu potencial como Potencial Formal de Eletrodo, sem se preocupar com o que acontece depois da mistura dos reagentes da semirreação, isto é, se a atividade ficou igual a um, ou não. Existem eletrodos especiais, preparados para alguma finalidade com condições próprias, não as condições padrões. O potencial medido destes eletrodos frente ao Eletrodo Padrão de Hidrogênio, são denominados de Potenciais Formais de Eletrodo, simbolizados por E^f_H.

É um potencial condicional. Isto é, depende das condições de preparação, que devem ser descritas junto com a representação (notação) do respectivo eletrodo.

Significado dos potenciais de eletrodo

A Tabela 28.2 apresenta uma série de semirreações com os respectivos valores de E°, ou E^f (potencial formal de redução de eletrodo). Quanto menor for o valor de $E°_H$ (E^f_H) maior é a tendência deste eletrodo de ceder elétrons. Portanto, mais redutora é a semirreação. Logo, ligando duas semirreações entre si os elétrons fluirão da semirreação de potencial de redução menor para o de maior valor.

28.1.6 Diferença de potencial de uma pilha (E) e energia livre (G)

A energia livre de Gibbs (G) é uma grandeza termodinâmica de estado, cujo valor depende do estado inicial (i) e final (f) do sistema. Portanto, conhece-se a sua variação, conforme Equação (28.1):

$$\Delta G = G_f - G_i \qquad (28.1)$$

A Figura 28.6 visualiza o conceito de energia potencial criada por uma carga elétrica a uma distância r da mesma.

A energia livre de um sistema mede a fração da energia deste sistema transformada em trabalho.

Todos sabem que as pilhas, células ou baterias produzem trabalho. Por exemplo, os milhões de carros que andam pelas ruas, só o fazem porque possuem uma pilha (bateria) que funciona, isto é, que produz trabalho (*atenção*: é bom lembrar que, a maior parte da energia livre produzida, que faz o carro andar, é proveniente da combustão explosiva da mistura combustível que movimenta o êmbolo no cilindro).

A Figura 28.6 apresenta os conceitos e a própria dedução da relação entre diferença de potencial (E) de uma pilha e energia livre (ΔG) produzida, na passagem dos elétrons de um eletrodo para outro. A Equação (28.2) resume o estudo.

$$\Delta G = -nFE \qquad (28.2)$$

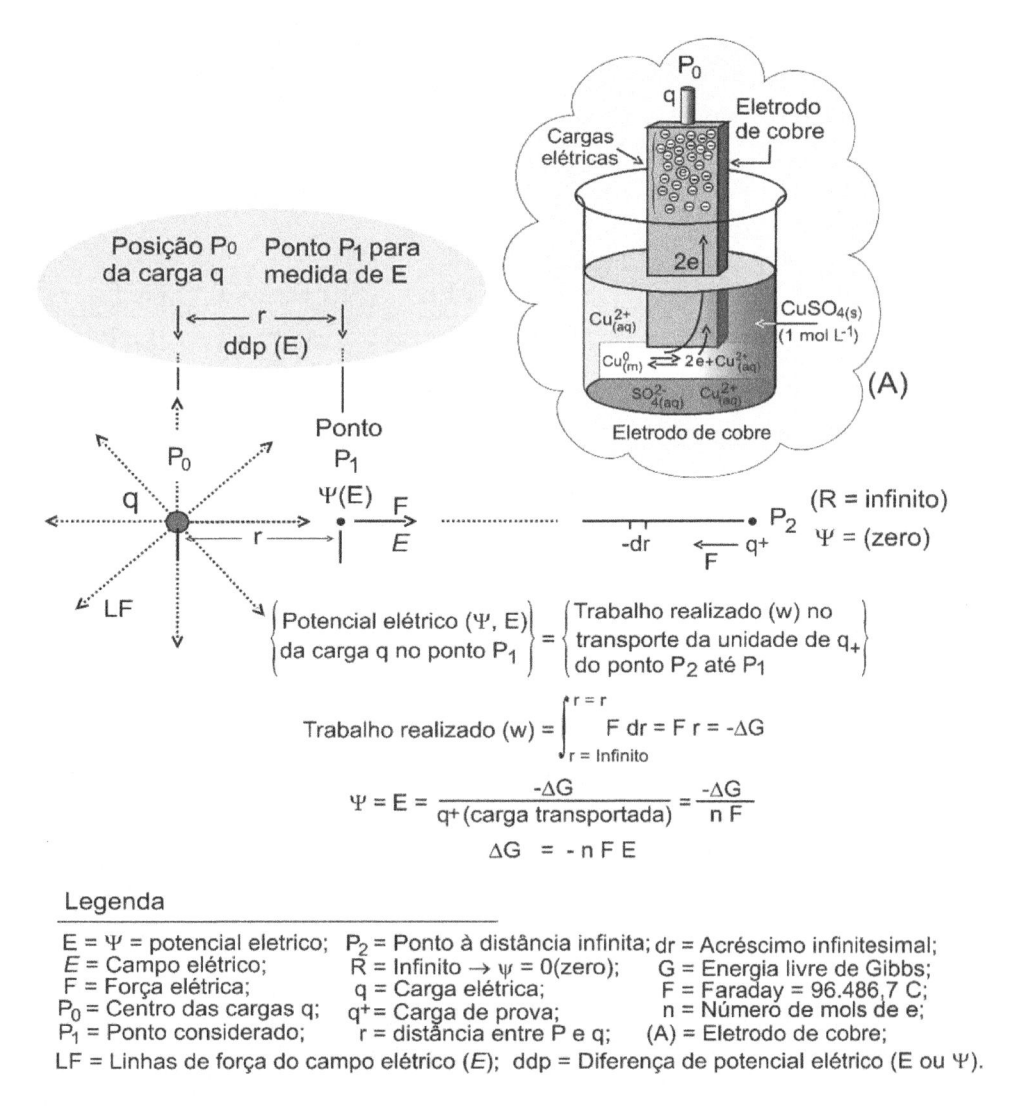

Figura 28.6 Relação entre diferença de potencial de uma pilha (ddp = E) e variação da energia livre (ΔG).

28.1.7 Energia e a equação de Nernst

Em 1889, Nernst formulou empiricamente uma expressão que relacionava o potencial de uma semirreação de uma pilha com a concentração dos reagentes. Generalizando a ideia tem-se a Reação (R-28.9):

$$Ox + n\,e \rightleftarrows Red \qquad (R\text{-}28.9)$$

Onde:
- Ox é a forma oxidada da espécie (exemplo, Cu^{2+});
- Red é a forma reduzido da espécie (exemplo, $Cu^{o}_{(m)}$).

Pelos trabalhos de Nernst, tem-se a Equação (28.3):

$$E = \text{Constante} - \left(\frac{RT}{nF}\ln\frac{[Red]}{[Ox]}\right) \qquad (28.3)$$

Onde:
- E = Potencial da semirreação;
- R = Constante dos gases perfeitos = 8,314 J $mol^{-1}K^{-1}$;
- T = Temperatura absoluta (graus Kelvin);
- n = Número de mols de elétrons transferidos pelo eletrodo;
- F = Faraday = Carga elétrica equivalente 96.500 coulombs (C), ou mais precisamente 96.486,7 Coulombs, que corresponde a carga de um mol de elétrons ($6,023 \cdot 10^{23}$ elétrons);
- ln x = 2,303.log x (fator de conversão da base logarítmica neperiana em decimal).

Substituindo, estes valores na Equação (28.3), tem-se a Equação (28.4):

$$E = \text{Constante} - \left(\frac{8,314.298}{n.96486,7} \cdot 2,303.\log\frac{[Red]}{[Ox]}\right) \qquad (28.4)$$

Resolvendo os cálculos da Equação (28.4), chega-se à Equação (28.5):

$$E = \text{Constante} - \left(\frac{0,0591}{n} \cdot \log\frac{[Red]}{[Ox]}\right) \qquad (28.5)$$

Onde o valor 0,0591, denominado de constante de Nernst, é comprovado e determinado experimentalmente.

Na época, já se sabia pela termodinâmica que, o valor da variação da energia livre para uma Reação do tipo (R-28.10) era dada pela Equação (28.6).

$$a\,A + b\,B + ... \rightleftarrows m\,M + n\,N + ... \qquad (R\text{-}28.10)$$

$$\Delta G = \Delta G^{o} + RT\cdot \ln\frac{[M]^{m}[N]^{n}...}{[A]^{a}[B]^{b}...} \qquad (28.6)$$

Donde, relacionando as Equações (28.2) e (28.6) e dividindo tudo por (-nF) tem-se a Equação (28.7):

$$\frac{-nFE}{-nF} = \frac{-nFE^{o}}{-nF} + \frac{RT}{-nF}\cdot\ln\frac{[M]^{m}[N]^{n}...}{[A]^{a}[B]^{b}...} \qquad (28.7)$$

Simplificando a Equação (28.7) chega-se à Equação (28.8):

$$E = E^{o} - \frac{RT}{nF}\cdot\ln\frac{[M]^{m}[N]^{n}...}{[A]^{a}[B]^{b}...} \qquad (28.8)$$

Onde, substituindo os valores das constantes e trocando a base logarítmica da Equação (28.8), tem-se a Equação (28.9):

$$E = E^{o} - \left(\frac{0,0591}{n}\cdot\log\frac{[M]^{m}[N]^{n}...}{[A]^{a}[B]^{b}...}\right) \qquad (28.9)$$

Onde, as Equações (28.5) e (28.9) são a Equação de Nernst para uma reação do tipo (R-28.10) em que, E é o potencial da reação nas condições definidas de temperatura, atividade e pressão. Com esta equação podem ser feitas as seguintes considerações:

1ª Consideração

O termo

$$\frac{[M]^m[N]^n\ldots}{[A]^a[B]^b\ldots} = Q = K_{(Equilíbrio)} \quad (28.10)$$

Onde, Q é a razão que tende ao equilíbrio.

2ª Consideração

Quando as atividades (concentrações no caso) de [A], [B], ..., [M], [N] ... forem iguais a 1,0 a Equação (28.9) se transforma na Equação (28.11):

$$E = E° \quad (28.11)$$

Onde, E° é constante e igual ao potencial padrão de redução de eletrodo, medido com o Eletrodo Padrão de Hidrogênio.

3ª Consideração

Quando alcançado o estado de equilíbrio chega-se à Equação (25.12):

a) $Q = K_{(Equilíbrio)} = K = \dfrac{[M]^m[N]^n\ldots}{[A]^a[B]^b\ldots} \quad (28.12)$

b) E = potencial da reação = 0,00 volts.

Com estas considerações a Equação (28.9) transforma-se na Equação (28.13) e na Equação (25.14):

$$0 = E° - \frac{0,591}{n} \cdot \log K \quad (28.13)$$

$$\log K = \frac{nE°}{0,0591} \quad (28.14)$$

Com a Equação (28.14) pode-se calcular a constante do equilíbrio (K), desde que conhecido o valor de E°. Este valor, dependendo, se for uma semirreação, ou uma reação que está sendo estudada, corresponderá ao potencial padrão E° do eletrodo, ou o potencial padrão da reação entre os eletrodos padrões, que é calculado como segue.

28.1.8 Cálculo do potencial elétrico de um eletrodo ou de uma reação

Potencial de eletrodo (E)

O potencial de eletrodo é calculado pela Equação de Nernst, conforme Equação (28.5), abaixo repetida.

$$E = \text{Constante} - \left(\frac{0,0591}{n} \cdot \log \frac{[Red]}{[Ox]}\right) \quad [28.5]$$

Em condições ideais, isto é, [Red] = [Ox] = 1,0 mol L^{-1}, o valor da "constante" da equação de Nernst é dado pela Equação (28.15):

$$E = \text{Constante (Tabelado)} = E°_{Ox, Red} = \text{Potencial de Eletrodo Padrão (PEP)} \quad (28.15)$$

Os valores correspondentes para alguns potenciais padrão de eletrodo, encontram-se na Tabela 28.2.

Em condições não ideais, basta substituir os valores das concentrações por valores das atividades das espécies Ox e Red na Equação (28.16) e calcular o resultado.

$$E = E° - \left(\frac{0,0591}{n} \cdot \log \frac{[Red]}{[Ox]}\right) \quad (28.16)$$

Potencial elétrico de uma reação (E_r)

O potencial elétrico de uma reação é dado pela Equação de Nernst, Equação (28.9) aqui transcrita, na qual são substituídas as constantes e as variáveis de acordo com os valores do problema proposto.

$$E = E° - \left(\frac{0,0591}{n} \cdot \log \frac{[M]^m[N]^n\ldots}{[A]^a[B]^b\ldots}\right) \quad [28.9]$$

Ou simplesmente pela Equação (28.17):

$$E_{(reação)} = E_{(Catodo)} - E_{(Anodo)} = E_{(Direita)} - E_{(Esquerda)} \quad (28.17)$$

Onde:
- $E_{(Catodo)}$ = Valor calculado pela Equação (28.16) na forma de redução. Em condições ideais igual $E°$ (valor tabelado). A este valor de potencial lhe corresponde o potencial do lado direito da pilha, $E_{(Direito)}$.
- $E_{(Anodo)}$ = Valor calculado pela Equação (28.16) na forma de redução. Em condições ideais igual $E°$ (valor tabelado). A este valor de potencial lhe corresponde o potencial do lado esquerdo da pilha, $E_{(Esquerdo)}$.

Exemplo
Calcular a diferença de potencial da pilha de zinco e cobre abaixo representada, conforme Quadro 28.1, aqui repetido.

Quadro 28.1 Visualização de convenções da notação e nomenclatura de uma pilha.

$$\underbrace{Zn_{(m)} \mid Zn^{2+}_{(aq)}(1\,mol\,L^{-1})}_{\substack{Anodo \\ Lado\,esquerdo\,da\,pilha}} \underbrace{\parallel}_{Ponte} \underbrace{Cu^{2+}_{(aq)}(1\,mol\,L^{-1}) \mid Cu_{(m)}}_{\substack{Catodo \\ Lado\,direito\,da\,pilha}}$$

Semirreações da pilha, escritas na forma de redução com os respectivos potenciais de redução.

Anodo: $Zn^{2+}_{(aq)} + 2e \rightleftarrows Zn°_{(m)}$
$E°_{Zn^{2+},Zn°} = -0{,}763\,V$

Catodo: $Cu^{2+}_{(aq)} + 2e \rightleftarrows Cu°_{(m)}$
$E°_{Cu^{2+},Cu°} = +0{,}335\,V$

Cálculo dos potenciais de eletrodo
O cálculo do potencial de um eletrodo é realizado pela Equação (28.16):

$$E = E° - \left(\frac{0{,}0591}{n} \cdot \log\frac{[Red]}{[Ox]}\right) \quad [28.16]$$

Potencial do catodo (E_{Catodo})
Conforme acima, sabe-se que o catodo é o eletrodo em que se processa a redução. Logo, trata-se do cobre, conforme segue.

Catodo: $Cu^{2+}_{(aq)} + 2e \rightleftarrows Cu°_{(m)}$
$E°_{Cu^{2+},Cu°} = +0{,}335\,V$

Adaptando a Equação (28.16) tem-se a Equação (28.18) e a Equação (28.19):

$$E = E° - \left(\frac{0{,}0591}{2} \cdot \log\frac{1}{1}\right) = 0{,}337\,V \quad (28.18)$$

$$E_{(Cu^{2+},Cu°)} = +0{,}337\,V \quad (28.19)$$

Potencial do anodo (E_{Anodo})
Conforme acima, sabe-se que o anodo é o eletrodo em que se processa a oxidação. Logo, trata-se do zinco, conforme segue.

Anodo: $Zn^{2+}_{(aq)} + 2e \rightleftarrows Zn°_{(m)}$
$E°_{Zn^{2+},Zn°} = -0{,}763\,V$

Fazendo os mesmos procedimentos que foram realizados para o catodo, chega-se às Equações (28.20) e (28.21):

$$E = E° - \left(\frac{0{,}0591}{2} \cdot \log\frac{1}{1}\right) = -0{,}763\,V \quad (28.20)$$

$$E_{(Zn^{2+},Zn°)} = -0{,}763\,V \quad (28.21)$$

Cujos valores introduzidos na Equação (28.17) do potencial da reação conduzem ao valor numérico do potencial da reação, E_r, conforme Equação (28.22).

$$E_{(Reação)} = E_{(Catodo)} - E_{(Anodo)} \quad [28.17]$$

$$E_r = (+0{,}337) - (-0{,}763) = 1{,}10\,V \quad (28.22)$$

Observação:
- É convenção na eletroquímica escrever as semirreações na forma de redução e o potencial que as acompanham é de redução. Nos cálculos é tomado o potencial de redução.
- Também é norma, ao montar uma pilha, colocar no lado esquerdo da mesma o anodo e no lado direito o catodo.

Potencial da reação (E_r)

O valor de E_r, potencial da reação, quanto maior e positivo significa que a reação é mais espontânea na forma como foi calculada ou arranjada, ou montada a pilha para dar tal valor de E_r. Quando o valor de E_r for negativo e expresso por um número grande, significa que a reação é não espontânea no sentido em que foi arranjada a pilha.

Detalhes 28.1

A pilha "pifou"

Comercialmente existem muitos tipos de pilhas e baterias disponíveis. A grande maioria dos instrumentos tem sua "partida" e continuidade da atividade garantida por uma bateria. Entre os exemplos práticos, tem-se, o carro ou o automóvel, o celular, o relógio, grande parte de brinquedos de crianças, entre outros.

No caso do automóvel, é muito comum, em dias de inverno, a bateria, por diversos motivos, "descarrega", "pifa" ou "não gera mais corrente elétrica". Qual é a explicação dada?

O potencial elétrico de uma bateria ou de uma pilha é mantido por uma reação química. Quando a reação química alcançou o estado de equilíbrio, isto é, potencial do catodo é igual ao do anodo, tem-se a situação da Equação (28.23) e da Equação (28.24):

$$\Delta G = 0 \text{ (zero)} \quad \Delta E = 0 \tag{28.23}$$

$$\Delta G = -n F E = -n F \, 0{,}00 = 0 \text{ (zero)} \tag{28.24}$$

A Figura 28.7 mostra a montagem da célula de Cobre/Prata. As respectivas concentrações de sulfato de cobre e de nitrato de prata foram preparadas nas condições padrões $[Cu^{2+}_{(aq)}] = [Ag^{1+}_{(aq)}] = 1$ mol L^{-1}, temperatura de 25 °C e 1 atm. Estando tudo pronto os eletrodos foram conectados e o voltímetro acusou o valor do potencial elétrico de $E° = +0{,}462$ V. Este é o potencial inicial da reação.

O Quadro 28.2 apresenta alguns detalhes da célula Cobre/Prata da Figura 28.7.

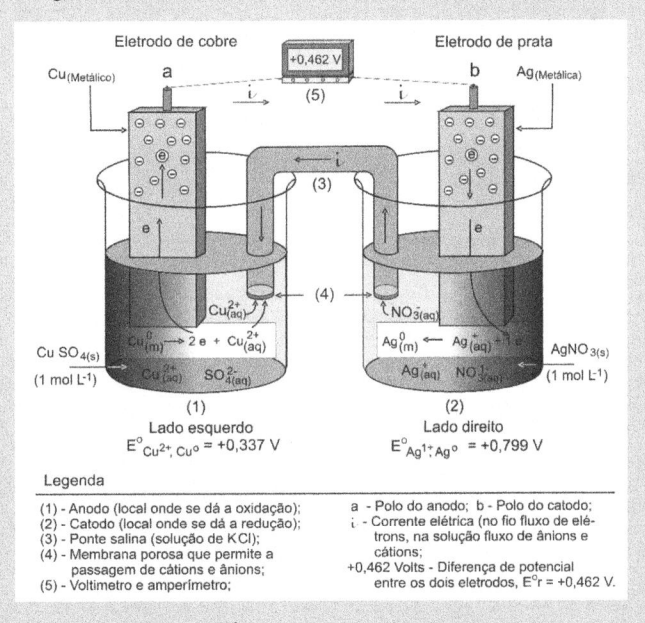

Figura 28.7 Célula de Cobre/Prata nas condições de eletrodos padrões.

Quadro 28.2 Detalhes relacionados à Figura 28.7.

(1) - **Anodo:**
$Cu^{2+}_{(aq)} + 2e \leftrightarrows Cu^0_{(m)}$ $E^0 = +0,337$ V

(2) - **Catodo:**
$Ag^{1+}_{(aq)} + 1e \leftrightarrows Ag^0_{(m)}$ $E^0 = +0,799$ V

(3) - **Reação:**

$$\frac{Cu^{2+}_{(aq)} + 2e \leftarrow Cu^0_{(m)} \quad E^0_{Esquerda}}{2\,Ag^{1+}_{(aq)} + 2e \rightarrow 2\,Ag^0_{(m)} \quad E^0_{Direita}}$$

$$Cu^0_{(m)} + 2\,Ag^{1+}_{(aq)} \leftrightarrows Cu^{2+}_{(aq)} + 2\,Ag^0_{(m)} \quad E^0_{Reação}$$

(n = 2 nº de mols de elétrons da reação)

(4) - **Potencial inicial da reação:**

$E_r = E^0_r = E^0_{Direita} - E^0_{Esquerda} = E^0_{Cat} - E^0_{An} \therefore E^0_r = E^0_{Direita} - E^0_{Esquerda} = (+0,799) - (+0,337) =$

$E^0_r = +0,462$ V

A Figura 28.8 mostra a célula cobre/prata "descarregada" ou "pifada".

A Figura 28.9 mostra o comportamento do potencial de reação da pilha, conforme o percurso da reação ABC.

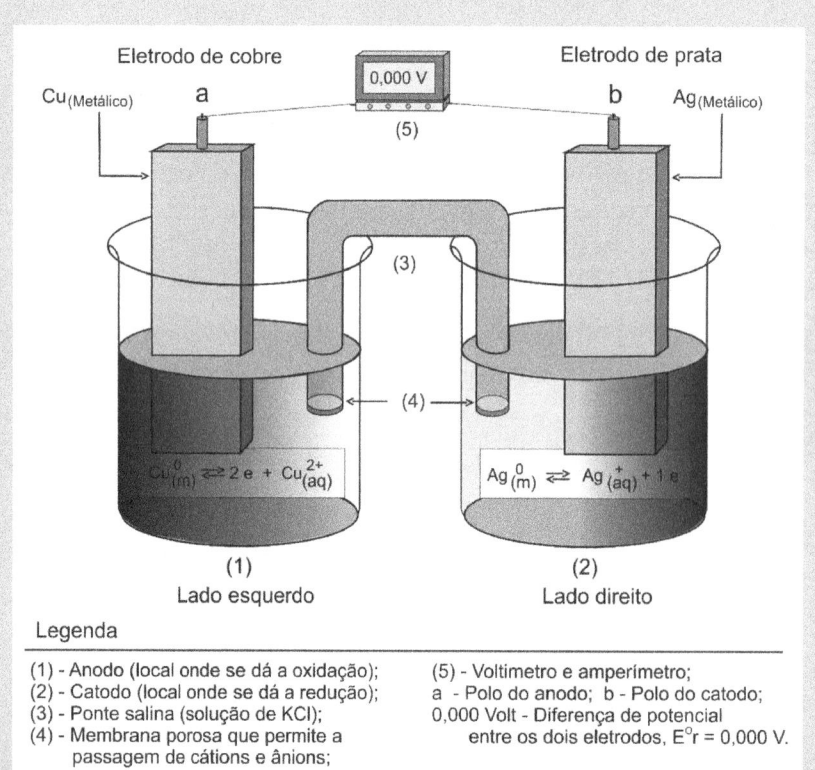

Figura 28.8 Momento que a pilha "pifou" ou se descarregou, em que o potencial da direita é igual ao potencial da esquerda.

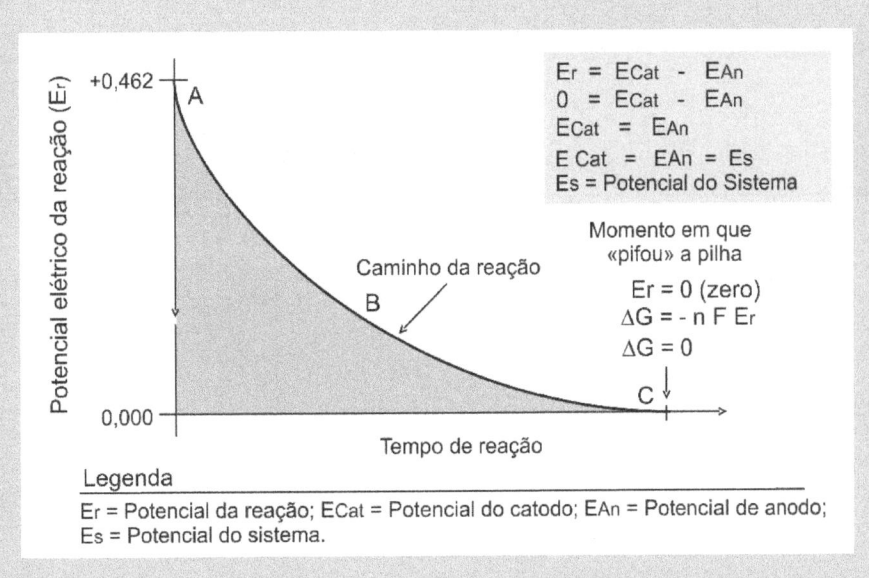

Figura 28.9 Comportamento do potencial elétrico da célula ao se descarregar ou "pifar".

Para a pilha descarregar basta ligá-la e deixá-la ligada. Chegará um momento em que deixa de funcionar. No ponto C da Figura 28.9, o potencial de reação Er é igual a zero, mas, neste momento, o potencial do catodo é igual ao potencial do anodo, que por sua vez é igual ao potencial do sistema (Es), conforme Equação (28.25). Este potencial é muito importante nas curvas de titulação de oxirredução.

$$E_{Esquerda} = E_{Direita} = E_{Cat} = E_{An} = E_s \text{ (Potencial do sistema)} \tag{28.25}$$

No momento em que se alcança esta situação da pilha, a reação chega ao seu estado de equilíbrio, que é medido pela constante de equilíbrio, Ke.

Quadro 28.3 Detalhes relacionados ao cálculo da constante de equilíbrio.

Eletrodo		Estado inicial, Estado Padrão	Estado final, Estado de equilíbrio
(1) - Anodo:	$Cu^{2+}_{(aq)} + 2e \rightleftarrows Cu^0_{(m)}$	$E^0 = +0,337$ V	$E_{An} = E_{Esquerda}$
(2) - Catodo:	$2 Ag^{1+}_{(aq)} + 2e \rightleftarrows 2 Ag^0_{(m)}$	$E^0 = +0,799$ V	$E_{Cat} = E_{Direita}$
(3) - Reação:	$Cu^0_{(m)} + 2 Ag^{1+}_{(aq)} \rightleftarrows Cu^{2+}_{(m)} + 2 Ag^0_{(m)}$	$E^0_r = +0,462$ V	$E^0_r = 0,00$ V

Pela reação (3) do Quadro 28.3, obtém-se a equação da constante de equilíbrio, conforme Equação (28.26):

$$Ke = \frac{[Cu^{2+}]}{[Ag^{1+}]^2} \tag{28.26}$$

Pelo potencial padrão de eletrodo e no ponto do sistema, conforme Equação (28.25), tem-se a Equação (28.27):

$$E^o_{Ag^+} - \frac{0,0592}{2} \cdot \log \frac{1}{[Ag^+]^2} = E^o_{Cu^{2+}} - \frac{0,0592}{2} \cdot \log \frac{1}{[Cu^{2+}]} \tag{28.27}$$

Separando os termos e arranjando-os chega-se à Equação (28.28):

$$\frac{2\left(E^o_{Ag^+} - E^o_{Cu^{2+}}\right)}{0,0592} = \log \frac{[Cu^{2+}]}{[Ag^+]^2} = \log Ke \tag{28.28}$$

Substituindo os potenciais pelos seus respectivos valores dados no Quadro 28.3, tem-se a Equação (28.29) e Equação (28.30).

$$\log Ke = \frac{2(0,799 - 0,337)}{0,0592} = 15,61 \tag{28.29}$$

$$Ke = 10^{15,61} = 4,07 \cdot 10^{15} \tag{28.30}$$

Observa-se que o estado de equilíbrio pode ser analisado pela eletroquímica, quando se trata de reações de oxirredução.

28.2 PARTE EXPERIMENTAL

28.2.1 Verificação da espontaneidade de uma reação de oxirredução:

a – Materiais
- *3 Tubos de ensaio;*
- *1 Prego de ferro (±7 a 8 cm);*
- *1 Pedaço de fio de cobre (±7 a 8 cm);*
- *Solução 0,10 mol L^{-1} de $CuSO_4$;*
- *Solução 0,10 mol L^{-1} de $FeSO_4$;*
- *Solução 0,10 mol L^{-1} de $AgNO_3$;*
- *Material de registro: Diário do Laboratório; calculadora, computador, entre outros.*

b – Procedimento

- Colocar 5,00 mL da solução de sulfato de cobre(II) no tubo de ensaio (Tubo 1) e em seguida um prego limpo (caso necessário, passar uma palha de aço), fazendo com que parte do mesmo fique mergulhada na solução e outra fora da solução.
- Observar as condições iniciais de reação e registrar na Tabela 28.1. Anotar alguma evidência de transformação com o passar do tempo, também na Tabela 28.1.
- Colocar, em outro tubo de ensaio (Tubo 2) 5,00 mL da solução de sulfato de ferro(II) e em seguida um pedaço de fio de cobre, tomando o mesmo cuidado que o do prego.

- Observar as condições iniciais da reação e registrar na Tabela 28.1. Anotar alguma evidência de transformação com o passar do tempo, também na Tabela 28.1.
- Colocar num terceiro tubo de ensaio (Tubo 3) 5,00 mL de solução de $AgNO_3$ e em seguida um pedaço de fio de cobre.
- Observar as condições iniciais da reação e registrar na Tabela 28.1. Anotar alguma evidência de transformação com o passar do tempo, também na Tabela 28.1.

c – Observações e registro

Após observar atentamente o estado inicial dos reagentes e os estados após dar início à reação, preencher a Tabela RA 28.1. Consultar a Tabela 28.2 para algumas respostas.

Segurança 28.1

$CuSO_4 \cdot 5H_2O$ – Sulfato de cobre pentaidratado

O sulfato de cobre é irritante, tóxico se ingerido e pode danificar as mucosas. Seu pó quando inalado, pode ser extremamente danoso.

$AgNO_{3(s)}$ – Nitrato de prata

O nitrato de prata é tóxico por ingestão, vias intravenosas e subcutâneas, cáustico e irritante à pele, olhos e mucosas, podendo causar queimaduras. Quando aquecido emite gases tóxicos de NO_x. Utilizar com prudência.

$ZnSO_{4(s)}$ – Sulfato de zinco

O sulfato de zinco é venenoso quando ingerido, por vias subcutâneas e intravenosas. Sua ingestão provoca edemas pulmonares, diminui a pressão sanguínea, diarreia e outras mudanças gastrointestinais. Irritante aos olhos. Quando aquecido emite gases tóxicos de SO_x e ZnO.

Primeiros socorros: Ver Manual de Segurança em Laboratório.

Disposição final de resíduos: Antes de desfazer-se dos resíduos falar com o Professor.

FONTE: Oddone *et al.* (1980); Lewis (1996); Budavari (1996); Bretherick (1986); Luxon (1971).

Tabela 28.1 Observação e registro da espontaneidade de uma reação redox.

Reagentes e início da reação (cor, estado etc)	Observações
Tubo 1: Solução de sulfato de cobre(II) + prego	Reagentes (estado inicial):
$Cu^{2+}_{(aq)} + SO_4^{2-}_{(aq)} + Fe°_{(m)} \rightarrow$	Produtos (após o estado inicial):
Conclusões:	
Tubo 2: Solução de sulfato de ferro(II) + fio de cobre	Reagentes (estado inicial):
$Fe^{2+}_{(aq)} + SO_4^{2-}_{(aq)} + Cu°_{(m)} \rightarrow$	Produtos (após o estado inicial):
Conclusões:	
Tubo 3 Solução de nitrato de prata + fio de cobre	Reagentes (estado inicial):
$Ag^+_{(aq)} + NO_3^-_{(aq)} + Cu°_{(m)} \rightarrow$	Produtos (após o estado inicial):
Conclusões:	

28.2.2 Pilha de corrosão

a – Material
- *1 Béquer de 250mL;*
- *1 Pedaço de cobre (± 10 a 12 cm);*
- *1 Prego de ferro (± 10 a 12 cm);*
- *Solução de NaCl 3% em m:v;*
- *Solução de $K_3Fe(CN)_6$ 0,1 mol L^{-1};*
- *Solução de indicador fenolftaleína 1%;*
- *Material de registro: Diário de Laboratório, calculadora; computador entre outros.*

b – Procedimento
- Colocar no béquer cerca de 200 mL da solução de cloreto de sódio, 1,00 mL de fenolftaleína e 2,0 mL de ferricianeto de potássio, Figura 28.10.
- Imergir o eletrodo de ferro (prego) e o eletrodo de cobre (fio) no béquer, imobilizando-os dentro da solução a certa distância um do outro, ligando-os por meio de um fio de cobre (que ao mesmo tempo é um condutor), conforme Figura 28.10.
- Observar e anotar alguma evidência de transformação na Tabela RA 28.1 no Relatório de Atividades.

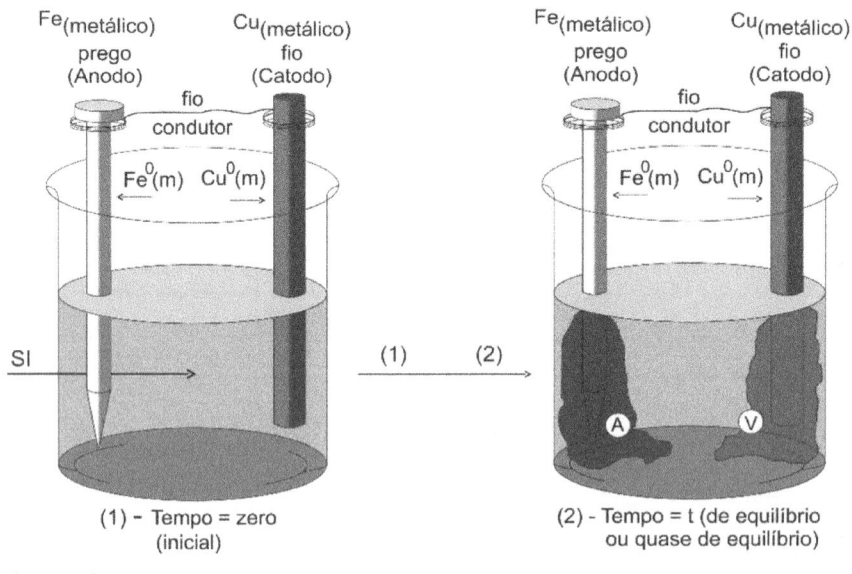

Legenda

SI = Solução inicial, preparada com: • 200 mL de solução de NaCl a 3%; • 1,0 mL de solução de fenolftaleína a 1%; • 2,0 mL de solução de ferricianeto de potássio $K_3[Fe(CN)_6]$. A - Ambiente Azul; V - Ambiente Vermelho-róseo.

Figura 28.10 Pilha de corrosão do ferro.

c – Observações e registro

Após observar atentamente o estado inicial dos reagentes, copo (1) e suas transformações para o copo (2), que acontecem no mesmo copo, analisar todas as semirreações possíveis presentes na solução do béquer e escrevê-las com os respectivos valores dos potenciais padrão de redução com o auxílio da Tabela 28.2 – Potenciais Padrão de Redução. Após dar início a reação e observar as cores que aparecem, os estados formados etc., preencher a Tabela RA 28.1 do Relatório de Atividades.

d – Considerações para interpretação do experimento

A solução de cloreto de sódio (NaCl) a 3%, que libera os íons $Na^+_{(aq)}$ e $Cl^-_{(aq)}$ na solução, corresponde ao meio condutor e à ponte salina entre o eletrodo de ferro (prego) e o eletrodo de cobre (fio). A solução de fenolftaleína é indicadora da formação de íons **HO⁻**$_{(aq)}$ caso forem produzidos (resultando uma cor rosa-vermelha). A solução de ferricianeto de potássio $K_3[Fe(CN)_6]$ serve para indicar o aparecimento de íons **Fe²⁺**$_{(aq)}$, formando o complexo azul intenso forte de $Fe_3[Fe(CN)_6]_2$, caso se formar $Fe^{2+}_{(aq)}$. Desta forma não se pode esquecer que as substâncias presentes no início e que podem reagir são: **Fe** (ferro metálico), **Cu** (cobre metálico); **H₂O**$_{(líquida)}$ e **O**$_{2(ar)}$. A corrosão é uma reação de oxidação de um metal pela ação do meio ambiente (água e ar), no caso, acelerada pelos íons Na⁺ e Cl⁺ que fazem o papel de ponte salina. Por isto que, a beira mar, em geral, os metais se oxidam mais facilmente.

Portanto, a cor azul intensa é devida à Reação (R-28.11):

$$Fe^{2+}_{(aq)} + [Fe(CN)_6]^{3+}_{(aq)} \rightleftarrows Fe_3[Fe(CN)_6]_{2(ppt)} \quad \text{(R-28.11)}$$
$$\text{Cor azul intenso}$$

A cor vermelho-rosa é devida à Reação (R-28.12):

$$\text{Indicador}_{(fenolftaleína)} + HO^-_{(aq)} \rightleftarrows \text{Composto vermelho-rosa} \quad \text{(R-28.12)}$$

A cor azul-celeste-claro na solução, típica do íon $Cu^{2+}_{(aq)}$ não se manifesta, significando que o cobre não entrou no processo. Assim, consultando a Tabela 28.2 encontram-se as seguintes semirreações, na forma de redução, que fornecem o $Fe^{2+}_{(aq)}$ e $HO^-_{(aq)}$, conforme Reação (R-28.13) e Reação (R-28.14):

$Fe^{2+}_{(aq)} + 2e \rightleftarrows Fe_{(m)} \quad E° = -0,440\ V$ (R-28.13)

$2\ H_2O + O_{2(g)} + 4e \rightleftarrows 4\ HO^-_{(aq)}\ E° = 0,40\ volts$ (R-28.14)

Com base nestas considerações preencher a Tabela RA 28.1 no Relatório de Atividades.

28.2.3 Pilha de Daniell

a – Materiais
- *2 Béquers de 30 a 50mL;*
- *1 Tubo em U;*
- *Algodão;*
- *1 Voltímetro;*
- *Solução 0,10 mol L⁻¹ de CuSO₄;*
- *Solução 0,10 mol L⁻¹ de ZnSO₄;*
- *Solução saturada de KCl;*
- *1 Placa de zinco;*
- *1 Placa de cobre;*
- *Material de registro: Diário do Laboratório; calculadora, computador, entre outros.*

b – Procedimento
- Colocar em um béquer cerca de 25 mL da solução de sulfato de cobre(II) e em outro 25 mL de solução de sulfato de zinco.
- Preparar a ponte salina: encher o tubo em U com solução saturada de KCl e em seguida colocar um chumaço de algodão nas extremidades do tubo em U, tomando o cuidado para não deixar bolhas de ar no tubo (que interrompa o circuito feito pelos íons da solução).
- Montar o sistema conforme Figura 28.3, simbolizada pelo esquema do Quadro 28.1, aqui repetida

Quadro 28.1 Visualização de convenções da notação e nomenclatura de uma pilha.

$$\underbrace{Zn_{(m)}\ |\ Zn^{2+}_{(aq)}(1\,mol\,L^{-1})}_{\substack{\text{Anodo}\\\text{Lado esquerdo da pilha}}}\ \underbrace{||}_{\text{Ponte}}\ \underbrace{Cu^{2+}_{(aq)}(1\,mol\,L^{-1})\ |\ Cu_{(m)}}_{\substack{\text{Catodo}\\\text{Lado direito da pilha}}}$$

- Fechar o circuito intercalando entre os eletrodos o voltímetro.
- Observar.

c – Observações, cálculos e registros
- Ler a diferença de potencial no voltímetro e registrar na Tabela RA 28.2 no Relatório de Atividades.
- Com o auxílio da Tabela 28.2 Potenciais Padrão de Redução, calcular a ddp, ou E_r, da pilha registrar na Tabela RA 28.2 no Relatório de Atividades.
- Comparar o valor experimental com o valor teórico. Se possível calcular o erro relativo (ε).

Detalhes 28.2

Comparação da atividade protônica com a atividade eletrônica

Na natureza os principais tipos de reações químicas podem ser agrupadas em quatro tipos:

- Reações ácido-base;
- Reações de precipitação;
- Reações de complexação;
- Reações de oxirredução.

As reações de oxirredução são as responsáveis pela síntese de bilhões de toneladas de biomassa e formação do oxigênio para os seres aeróbicos viverem. Também, pelo consumo de gás carbônico, conforme Reação (R-28.15), um dos responsáveis pelo efeito estufa.

$$\underset{\text{Água}}{n\,H_2O_{(aq)}} + \underset{\text{Gás carbônico}}{n\,CO_2} \xrightleftharpoons[\text{Ser autotrófico}]{\text{Luz, nutrientes}} \underset{\text{Biomassa}}{|CH_2O|_n} + \underset{\text{Oxigênio}}{n\,O_{2(g)}} \qquad (R\text{-}28.15)$$

As reações ácido-base, segundo Brönsted-Lowry, correspondem à doação e ou recepção de prótons, $H^+_{(aq)}$. As suas quantificações são medidas pelo pH do ambiente. O pH corresponde ao pH = $-\log \{H^+\}$ = $-\log$ (atividade protônica), conforme Equação (28.31).

$$pH = -\log \{H^+\} \qquad (28.31)$$

Um ambiente oxidante ou redutor depende da atividade eletrônica do meio, isto é, $\{e\}$. A sua medida fica, por analogia ao pH, como pe = $-\log \{e\}$ = $-\log$ (atividade eletrônica do meio), conforme Equação (28.32):

$$pe = -\log \{e\} \qquad (28.32)$$

Em Química Ambiental a atividade oxidante e ou redutora, em geral, é medida pela propriedade pe. Assim, considerando um ambiente natural, conforme a Figura 28.11, conforme a época do ano, têm-se dois ambientes distintos, um oxidante (epilímnio) e outro redutor (hipolímnio).

Num *ambiente oxidante* têm-se as espécies químicas presentes nas suas formas oxidadas, por exemplo: C com nox (número de oxidação) igual 4+, CO_2 (gás carbônico); S com nox igual 6+, SO_4^{2-} (ânion sulfato); N com nox igual 5+, NO_3^- (ânion nitrato) entre outros exemplos.

Num *ambiente redutor* têm-se as espécies químicas presentes nas suas formas reduzidas, por exemplo: C com nox igual 4-, CH_4 (gás metano); S com nox igual -2, H_2S (gás sulfídrico); N com nox igual 3-, NH_3 (gás amônia) entre outros exemplos.

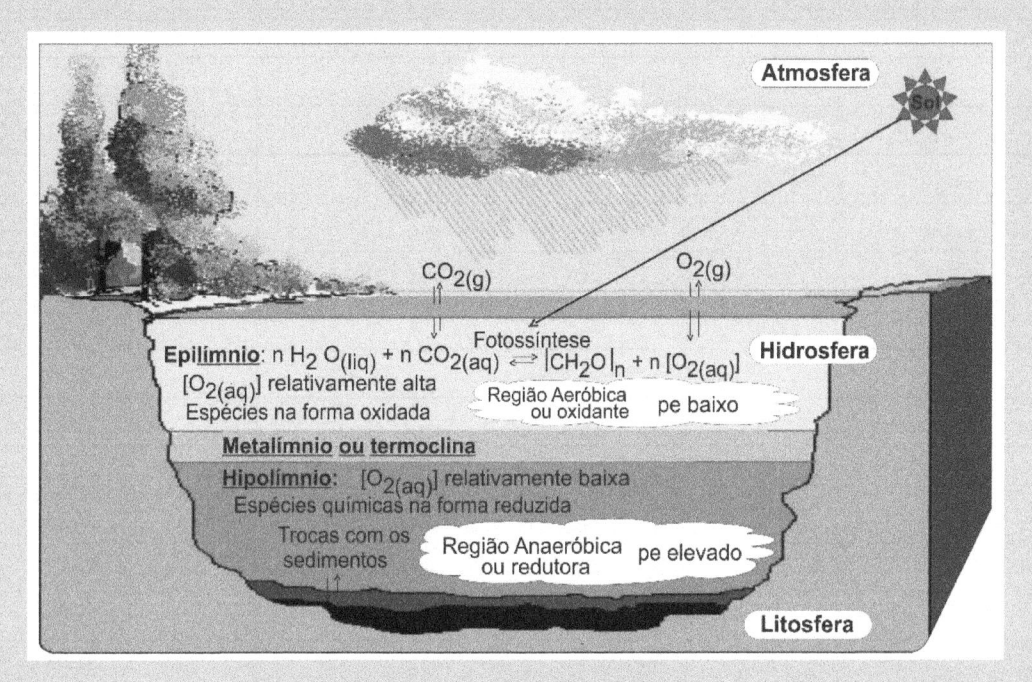

Figura 28.11 Visualização de um corpo d´água estratificado mostrando a região superior oxidante e a região inferior redutora.

FONTE: Lenzi *et al.*, 2009; Esteves, 1998; Stumm & Morgan; 1996; Manahan, 1994; Pankow, 1991; Glossário, 1987.

Para quem tem dificuldade em assimilar o conceito de pe deve associá-lo ao conceito de pH. Os dois correspondem a $-\log \{a_i\}$, onde: i são prótons (pH) e i elétrons (pe).

Demonstra-se que a relação entre pe e o potencial elétrico do meio (E_H) é dada pela Equação (28.33) nas condições padrões, e Equação (28.34) para condições quaisquer.

$$pe^° = 16,903\ E°_H \tag{28.33}$$

$$pe = 16,903\ E_H \tag{28.34}$$

Tabela 28.2 Potenciais Padrão de Redução de alguns Eletrodo em solução aquosa a 25 °C e 1 atm.

Eletrodo	Potencial ($E°_H$)* (Volts)
$Li^+_{(aq)} + 1e \rightleftarrows Li_{(s)}$	-3,04
$K^+_{(aq)} + 1e \rightleftarrows K_{(s)}$	-2,92
$Ca^{2+}_{(aq)} + 2e \rightleftarrows Ca_{(s)}$	-2,87
$Na^+_{(aq)} + 1e \rightleftarrows Na_{(s)}$	-2,71
$Mg^{2+}_{(aq)} + 2e \rightleftarrows Mg_{(s)}$	-2,38
$Al^{3+}_{(aq)} + 3e \rightleftarrows Al_{(s)}$	-1,66
$2H_2O_{(l)} + 2e \rightleftarrows H_{2(g)} + 2OH^-_{(aq)}$	-0,83
$Zn^{2+}_{(aq)} + 2e \rightleftarrows Zn_{(s)}$	-0,76
$Cr^{3+}_{(aq)} + 3e \rightleftarrows Cr_{(s)}$	-0,74
$Fe^{2+}_{(aq)} + 2e \rightleftarrows Fe_{(s)}$	-0,45
$Cd^{2+}_{(aq)} + 2e \rightleftarrows Cd_{(s)}$	-0,40
$Ni^{2+}_{(aq)} + 2e \rightleftarrows Ni_{(s)}$	-0,26
$Sn^{2+}_{(aq)} + 2e \rightleftarrows Sn_{(s)}$	-0,14
$Pb^{2+}_{(aq)} + 2e \rightleftarrows Pb_{(s)}$	-0,13
$Fe^{3+}_{(aq)} + 3e \rightleftarrows Fe_{(s)}$	-0,04
$2H^+_{(aq)} + 2e \rightleftarrows H_{2(g)}$	0,00 Volts
$Sn^{4+}_{(aq)} + 2e \rightleftarrows Sn^{2+}_{(aq)}$	0,15
$Cu^{2+}_{(aq)} + 1e \rightleftarrows Cu^+_{(aq)}$	0,16
$ClO_4^-{}_{(aq)} + H_2O_{(l)} + 2e \rightleftarrows ClO_3^-{}_{(aq)} + 2HO^-_{(aq)}$	0,36
$AgCl_{(s)} + 1e \rightleftarrows Ag_{(s)} + Cl^-_{(aq)}$	0,22
$Cu^{2+}_{(aq)} + 2e \rightleftarrows Cu_{(s)}$	0,34
$ClO_3^-{}_{(aq)} + H_2O_{(l)} + 2e \rightleftarrows ClO_2^-{}_{(aq)} + 2OH^-_{(aq)}$	0,35
$2H_2O + O_{2(g)} + 4e \rightleftarrows 4HO^-_{(aq)}$	0,40
$Cu^+_{(aq)} + 1e \rightleftarrows Cu_{(s)}$	0,52
$I_{2(s)} + 2e \rightleftarrows 2I^-_{(aq)}$	0,54
$ClO_2^-{}_{(aq)} + H_2O_{(l)} + 2e \rightleftarrows ClO^-_{(aq)} + 2OH^-_{(aq)}$	0,66
$Fe^{3+}_{(aq)} + 1e \rightleftarrows Fe^{2+}_{(aq)}$	0,77
$Hg_2^{2+}{}_{(aq)} + 2e \rightleftarrows 2Hg_{(l)}$	0,80
$Ag^+_{(aq)} + 1e \rightleftarrows Ag_{(s)}$	0,80
$Hg^+_{(aq)} + 1e \rightleftarrows Hg_{(l)}$	0,85
$ClO^-_{(aq)} + H_2O_{(l)} + 2e \rightleftarrows Cl^-_{(aq)} + 2OH^-_{(aq)}$	0,89
$2Hg^{2+}_{(aq)} + 2e \rightleftarrows Hg_2^{2+}{}_{(aq)}$	0,92
$NO_3^-{}_{(aq)} + 4H^+_{(aq)} + 3e \rightleftarrows NO_{(g)} + 2H_2O_{(l)}$	0,96

Eletrodo	Potencial $(E°_H)$* (Volts)
$Br_{2(l)} + 2e \rightleftarrows 2 Br^-_{(aq)}$	1,07
$O_{2(g)} + 4 H^+_{(aq)} + 4e \rightleftarrows 2 H_2O_{(l)}$	1,23
$Cr_2O_7^{2-}{}_{(aq)} + 14 H^+_{(aq)} + 6e \rightleftarrows 2 Cr^{3+}_{(aq)} + 7 H_2O_{(l)}$	1,33
$Cl_{2(g)} + 2e \rightleftarrows 2 Cl^-_{(aq)}$	1,36
$Ce^{4+}_{(aq)} + 1e \rightleftarrows Ce^{3+}_{(aq)}$	1,44
$MnO_4^-{}_{(aq)} + 8 H^+_{(aq)} + 5e \rightleftarrows Mn^{2+}_{(aq)} + 4 H_2O_{(l)}$	1,51
$MnO_4^-{}_{(aq)} + 4 H^+_{(aq)} + 3e \rightleftarrows MnO_{2(s)} + 2 H_2O_{(l)}$	1,69
$H_2O_{2(aq)} + 2 H^+_{(aq)} + 2e \rightleftarrows 2 H_2O_{(l)}$	1,78
$Co^{3+}_{(aq)} + 1e \rightleftarrows Co^{2+}_{(aq)}$	1,82
$S_2O_8^{2-}{}_{(aq)} + 2e \rightleftarrows 2 SO_4^{2-}{}_{(aq)}$	2,01
$O_{3(g)} + 2 H^+_{(aq)} + 2e \rightleftarrows O_{2(g)} + H_2O_{(l)}$	2,07
$F_{2(g)} + 2e \rightleftarrows 2 F^-_{(aq)}$	2,87

* - $E°_H$ – O símbolo H significa que os Potenciais Padrão de Redução de eletrodo foram medidos com o Eletrodo Padrão de Hidrogênio.
FONTE: Skoog et al., 2006; Mendham et al., 2002; Harris, 2001; O´Connor, 1977; Bard, 1966; Barros, 1992; Butler, 1964; Meites, 1963.

28.3 EXERCÍCIOS DE FIXAÇÃO

28.1. Um prego foi imerso em uma solução de nitrato de prata ($AgNO_3$), após alguns minutos observou-se no prego um depósito de um material cinza claro com brilho metálico. Sobre este experimento responda:

a) Escreva as semirreações (cátodo e ânodo) e a reação total.

b) Calcule o $\Delta E°$ para a reação.

c) Explique o depósito de material que apareceu no prego.

28.2. Esquematize uma pilha de Daniel e indique:

a) o sentido da corrente elétrica e iônica;

b) a função da ponte salina;

c) as reações do catodo e do anodo;

d) a ddp da pilha.

28.3. Uma solução de sulfato de cobre foi agitada com um bastão de: a) chumbo; b) ferro. O que pode ter acontecido em cada caso? Justifique sua resposta.

28.4. Complete as reações de deslocamento, faça o balanceamento, e justifique com o auxílio do potencial padrão de cada reação se são espontâneas ou não.

a) $Sn + FeSO_4 \rightarrow$

b) $Mg + Zn(NO_3)_2 \rightarrow$

c) $Fe + CuSO_4 \rightarrow$

d) $Cu + AgNO_3 \rightarrow$

28.5. Observe a Figura EF 28.1, abaixo. Ela Representa uma célula voltaica formada pelo cobre e pelo zinco em presença de soluções de sulfato de cobre e sulfato de zinco respectivamente. Considerando essas informações responda.

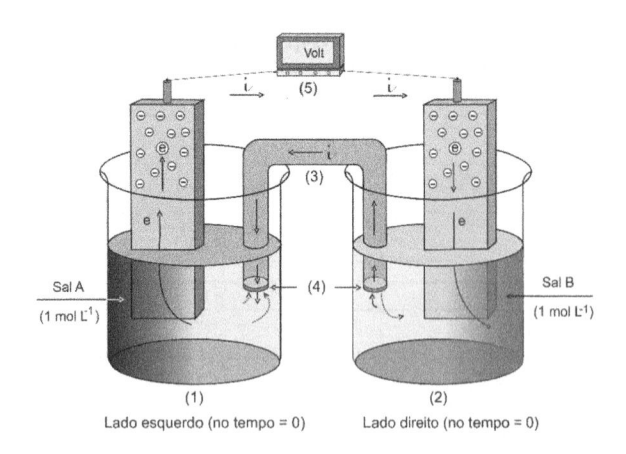

Figura EF 28.1 Representação gráfica de uma célula voltaica

a) Indique no desenho: o catodo; o anodo; a direção do fluxo de elétrons; o nome do número 3; e a direção da corrente iônica.

b) Escreva as reações que ocorrem no catodo, no anodo e total, dê o diagrama da pilha.

c) O que acontece na solução do compartimento 1 e do compartimento 2. Por quê?

d) Calcule o valor que o voltímetro (5) deve estar marcando. Leve em consideração os seguintes dados.

Potenciais de redução padrão: Cu = 0,34 V; Zn = -0,76 V. Concentração das soluções: $ZnSO_4$ = 1 mol L^{-1}; $CuSO_4$ = 1 mol L^{-1}

Respostas: **28.1.** 1,25; **28.2.** 1,10.

28.4 RELATÓRIO DE ATIVIDADES

Universidade _____ Centro de Ciências Exatas – Departamento de Química Disciplina: QUÍMICA GERAL EXPERIMENTAL – Cód: _____ Curso: _____ Ano: _____ Professor:_____	Relatório de Atividades

_____ Nome do Acadêmico	_____ Data

UNIDADE DIDÁTICA 28: ELETROQUÍMICA
CONCEITOS E APLICAÇÕES

Tabela RA 28.1 Pilha de corrosão do Ferro. Item 28.2.2

Anodo	Catodo
Cores (inicial e final):	Cores (inicial e final):
Reações possíveis:	Reações possíveis:

Tabela RA 28.2 Pilha de Daniell. Item 28.2.3

Anodo	Catodo
Antes de fechar o circuito: Cor da solução:	Antes de fechar o circuito: Cor da solução:
Equilíbrio presente (com $E°$):	Equilíbrio presente (com $E°$):
Após fechar o circuito (quase no equilíbrio): Cor da solução:	Após fechar o circuito (quase no equilíbrio): Cor da solução:
Reação presente:	Reação presente:
E_r (Potencial da reação): a) calculado _____ volts; b) medido _____ volts; c) erro relativo _____ %	

28.5 REFERÊNCIAS BIBLIOGRÁFICAS E SUGESTÕES PARA LEITURA

ATKINS, P. W., BERAN, J. A. **General chemistry**. 2. ed. New York: Scientific American Books, 1992. 922 p.

BACCAN, N.; BARATA, L. E. J. **Manual de segurança para o laboratório químico**. Campinas: Unicamp, 1982. 63 p.

BARD, A. J. **Equilíbrio químico**. Traducción y adaptación de Juan de La Rubia Pacheco y José Doria Rico. Buenos Aires: Harper Row Publishers, 1966. 222 p.

BARROS, H. L. C. **Química inorgânica, uma introdução**. Belo Horizonte: Editora UFMG, 1992. 518 p.

BERAN, J. A. **Laboratory manual for principles of general chemistry**. 2. ed., New York: John Wiley & Sons, 1994. 514 p.

BRETHERICK, L. **Hazards in the chemical laboratory**. 4. ed. London: The Royal Society of Chemistry, 1986. 604 p.

BUDAVARI, S. [Editor] **THE MERCK INDEX**. 12th Edition. Whitehouse Station, N. J., USA: MERCK & CO., 1996.

BUTLER, J. N. **Ionic equilibrium – A mathematical approach**. California: Addison-Wesley Publishing Company, 1964. 547 p.

CHRISPINO, A. **Manual de química experimental**. São Paulo: Editora Ática, 1991. 230 p.

EBBING, D. D. **Química geral**. Tradução de Horácio Macedo. Rio de Janeiro: LTC, 1998. Vol. 2. 576 p.

ESTEVES, F. A. **Fundamentos de limnologia**. Rio de Janeiro: Editora Interciência, 1998. 574 p.

FURR, A. K. [Editor] **CRC HANDBOOK OF LABORATORY SAFETY**. 5th Edition. Boca Raton – Florida: CRC Press, 2000. 784 p.

GLOSSÁRIO DE ECOLOGIA. 1ª. Edição. ACIESP, CNPq, FAPESP, Secretaria da Ciência e Tecnologia, 1987. 271 p.

HARRIS, D. C. **Análise química quantitativa**. Tradução da quinta edição inglesa feita por Carlos Alberto da Silva Riehl& Alcides Wagner Serpa Guarino. Rio de Janeiro: LTC, 2001. 862 p.

HUHEEY, J. E. **Inorganic chemistry** – *Principles of structure and reactivity*. New York: Harper & Row, Publishers, 1975. 737 p.

JOYCE, R.; McKUSICK, R. B. Handling and disposal of chemicals in laboratory. *In*: LIDE, D. R. **HANDBOOK OF CHEMISTRY AND PHYSICS**. Boca Raton (USA): CRC Press, 1996-1997.

KOTZ, J. C.; TREICHEL, P. Jr. **Química & Reações químicas**. Tradução de Horácio Macedo. Rio de Janeiro: LTC, 1996. Vol. 2. 730 p.

LENZI, E.; FAVERO, L. O. B.; LUCHESE, E. B. **Introdução à química da água – ciência, vida e sobrevivência**. Rio de Janeiro: LTC, 2009. 604 p.

LEWIS, R. J. [Editor] **Sax's Dangerous Properties of Industrial Materials**. 9th Edition. New York: Van Nostrand Reinhold, 1996, (Vol. I, II, III).

LUXON, S. G. [Editor] **Hazards in the chemical laboratory**. 5th. Edition. Cambridge: Royal Society of Chemistry, 1971. 675 p.

MANAHAN, S. E. **Environmental chemistry**. 6. ed. Boca Raton (Florida): Lewis Publishers, 1994. 811 p.

MASTERTON, W. L.; SLOWINSKI, E. J.; STANITSKI, C. L. **Princípios de química**. 6. ed. Tradução de Jossyl de Souza Peixoto. Rio de Janeiro: Editora Guanabara, 1990. 681 p.

McMURRY, J.; FAY, R. C. **Chemistry**. 2. ed. New Jersey: Prentice Hall, 1998. 1025 p.

MEITES, L. (Editor) **HANDBOOK OF ANALYTICAL CHEMISTRY**. First Edition. New York: McGRAW-HILL BOOK COMPANY. 1963.

MENDHAN, J.; DENNEY, R. C.; BARNES, J. D.; THOMAS, M. J. K. **Vogel – Análise química quantitativa**. Tradução da sexta edição inglesa feita por Júlio Carlos Afonso; Paula Fernandes de Aguiar e Ricardo Bicca de Alencastro. Rio de Janeiro: LTC Editora, 2002. 462 p.

MORITA, T.; ASSUMPÇÃO, R. M. V. **Manual de soluções, reagentes & solventes – Padronização, preparação e purificação**. 2. ed. (reimpressão). São Paulo: Editora Edgard Blücher, 1976. 627 p.

O´CONNOR, R. **Introdução à química**. Tradução de Elia Tfouni. São Paulo: EDITORA HARPER & ROW DO BRASIL, 1977. 374 p.

ODDONE, G. C.; VIEIRA, L. O.; PAIVA, M. A. D. **Guia de prevenção de acidentes em laboratório**. Rio de Janeiro: Divisão de Informação Técnica e Propriedade Industrial – Petrobras, 1980. 37 p.

PANKOW, J. F. **Aquatic chemistry concepts**. Michigan (USA): Lewis Publishers, 1991. 673 p.

RUSSEL, J. B. **Química geral**. 2. ed. Tradução e revisão técnica Márcia Guekezian. São Paulo: Makron Books, 1994. Vol.1, 619 p.

SEMISHIN, V. **Prácticas de química general inorgánica**. Traducido del ruso por K. Steinberg. Moscu: Editorial MIR, 1967, 291 p.

SHRIVER, D. F.; ATKINS, P. W.; LANGFORD, C. H. **Inorganic chemistry**. 2. ed. Oxford: Oxford University Press, 1994. 819 p.

SIGMA-ALDRICH CATALOG. **Biochemicals and reagents for life science research**. USA: SIGMA ALDRICH Co., 1999. 2.880 p.

SKOOG, D. A.; WEST, D. M.; HOLLER, F. J; CROUCH, S. R. **Fundamentos de química analítica.** Tradução da 8ª. ed. americana feita por Marcos Tadeu Grassi. São Paulo: Thomson Learning, 2006. 999 p.

SNYDER, C. H. **The extraordinary chemistry of ordinary things**. 2nd ed. New York: John Wiley & Sons, 1995. 212 p.

STOKER, H. C. **Preparatory chemistry**. 4. ed. New York: Macmillan Publishing Company, 1993. 629 p.

STUMM, W.; MORGAN, J. J. **Aquatic chemistry – chemical equilibria and rartes in natural waters**. 3.ed. New York: John Wiley, 1996. 1.022 p.

THOMAS SCIENTIFIC CATALOG: 1994/1995. New Jersey (USA): Thomas Scientific Co., 1995. 1.929 p.